深入浅出 STM8 单片机
入门、进阶与应用实例

龙顺宇　编著

北京航空航天大学出版社

内 容 简 介

本书以意法半导体公司 STM8 系列单片机作为讲述核心，深入浅出地介绍了该系列单片机片内资源及应用，本书以各种巧例解释相关原理，以资源组成构造学习脉络，选取主流开发工具构建开发环境，利用实战项目深化寄存器理解，注重"学"与"用"的结合。让读者快乐入门、进阶，并将相关知识应用到实际产品研发之中。

本书根据 STM8 系列单片机的资源脉络及初学者的进阶顺序，共分为 21 章，根据知识点的难易程度可以分为基础章节、进阶章节和应用章节。基础章节包括第 1～7 章，主要讲解单片机发展、修行方法、STM8 单片机家族成员、软/硬件开发环境搭建及调试、GPIO 资源使用和配置、LED 器件控制、常见字符/点阵型液晶模块的驱动、独立按键/矩阵键盘交互编程的相关知识和应用。进阶章节包括第 8～14 章，主要讲解单片机内部存储器资源、选项字节配置、时钟控制器、中断控制器、基本型定时/计数器、高级型定时/计数器、电源管理及功耗控制的相关知识及应用。应用章节包括第 15～21 章，主要讲解片内 BEEP 资源、片内看门狗资源、UART 资源、1－Wire 单总线串行通信协议、同步串行外设接口 SPI、I^2C 串行通信、模/数转换器 A/D 资源的相关知识和应用。

本书可作为应用型高等院校电子信息类相关专业课程辅助用书，亦可作为高职高专类院校、单片机培训机构和电子类学科竞赛的辅助教材，还可以作为单片机爱好者和工程技术人员的自学参考用书。

图书在版编目(CIP)数据

深入浅出 STM8 单片机入门、进阶与应用实例 / 龙顺宇编著. -- 北京 ：北京航空航天大学出版社，2016.8

ISBN 978－7－5124－2195－0

Ⅰ.①深… Ⅱ.①龙… Ⅲ.①单片微型计算机－基本知识 Ⅳ.①TP368.1

中国版本图书馆 CIP 数据核字(2016)第 166347 号

深入浅出 STM8 单片机入门、进阶与应用实例

龙顺宇 编著

责任编辑 胡晓柏 卫晓娜

*

北京航空航天大学出版社出版发行

北京市海淀区学院路 37 号(邮编 100191) http://www.buaapress.com.cn

发行部电话：(010)82317024 传真：(010)82328026

读者信箱：emsbook@buaacm.com.cn 邮购电话：(010)82316936

北京时代华都印刷有限公司印装 各地书店经销

*

开本：787×1 092 1/16 印张：49.75 字数：1 274 千字

2016 年 9 月第 1 版 2018 年 9 月第 2 次印刷 印数：3 001～5 000 册

ISBN 978－7－5124－2195－0 定价：118.00 元

本书的架构条理清晰,由浅入深,图文并茂,深刻地分析了各个寄存器的配置与使用方法,一目了然,并以大量的实例作为基础实验,是 STM8S 初学者必备良书。

凌观胜　风驰 STM8 开源开发平台研发工程师

一直以来,如何以通俗易懂的描述向读者呈现一个复杂的芯片内核结构是所有技术类书籍所要面对的一大难题,而该书很巧妙地解决了该问题,全书用众多生动的插图故事向读者解说单片机内核,以及如何使用 STM8 系列单片机,可谓惟妙惟肖,栩栩如生。而在机器人的控制中,STM8 系列单片机更是占据很大市场份额,愿借以此书带领更多读者走进机器人的世界。

赖荣杰　中山市大谷电子科技有限公司总经理

这是一本非常有趣的书,可以用"大话单片机"来称呼本书,那些深奥枯燥的 STM8 单片机知识都被作者以独具匠心、幽默直白的语言描述了出来,书中处处可见形象的比喻,知识点非常丰富,让读者学习起来兴趣盎然、简单易懂。这是一本非常适合初学者的好书,值得为大家推荐。

王浩　北京凌阳爱普科技有限公司(大区经理)

STM8 系列是意法半导体公司生产的高性能 8 位单片机,在 8 位单片机市场具备非常强的竞争力,是否能够快速掌握和应用这款单片机将是提高自己产品性价比非常重要的事情,该书可以让我们掌握 STM8 更加得心应手。该书单从目录上看就引人入胜,引起读者极大的阅读兴趣,给人眼前一亮的感觉。内容更是精益求精,不仅详细讲解了技术原理,更加突出了实践性,应用非常形象生动,给我的感觉就是可以在谈笑间掌握和理解抽象的技术知识,是一本非常具备实用价值的书籍。

宋雪松　《手把手教你学 51 单片机 C 语言版》作者

兴趣是最好的老师,如何对单片机产生学习的兴趣,如何将抽象和枯燥的技术原理讲好讲透,一直困扰着单片机教育者。纵览本书,语言诙谐、插图精致,用一个个精彩甚至有些无厘头的故事讲解 STM8 的内部结构和外设应用。层层递进,从入门、进阶到应用实例,思路清晰,代码丰富,让人哑然失笑之后,不由得佩服作者的良苦用心、严谨的治学态度、规范的编程风格和深厚的文字功底。技术之路是孤独和枯燥的,本书做了很多有益的探索和创新,在读者的学习过程中增添一些帮助和快乐,值得细细品读和反复练习。

孙锡亮　青岛英谷教育科技股份有限公司物联网项目部主管、教材编辑

单片机的书很多,但是真正懂学生的、按照学生能接受的方式写给学生看的书很少,而这本《深入浅出 STM8 单片机入门、进阶与应用实例》就是其中之一,能够用生动的语言把单片机的枯燥知识娓娓道来,很吸引人,也很好理解,强烈推荐这本书,也真心希望更多的人能写出这么棒的书献给亲爱的学生们!

范红刚　《AVR 单片机自学笔记》《51 单片机自学笔记》作者

读者互动交流群

推荐硬件平台

意法半导体 STM8 产品页

与非网 STM8 交流社区

思修电子工作室的"小厨师"们
一路前行，感谢有你！

前　言

仅以此书献给各位志同道合的读者！
也献给我的家人、导师、同事和我可爱的学生们！

"一盘好菜，与君共享"　写书初衷

　　亲爱的读者大大，感谢天赐的缘分让您翻开了这一页与我相逢。我是一个平凡、普通的高校教师，一直以来，我的工作都是讲授与单片机应用相关的课程，带领学生们参加各类学科竞赛，或者泡在实验室一起学习和交流。日复一日，年复一年，我也从当年的"小鲜肉"变成了"老腊肉"，青春期虽然已经过了，但青春痘还挂在脸上。授课的日子里我走访过很多企业、学校，站在学生的角度，我看到了不少单片机初学者的难处。很多初学者朋友们在单片机学习的道路上苦于"4难"：第一是难找到适合自己入门的引导书，第二是难找到适合自己的开发板，第三是难找到循序渐进、层次分明的开发例程及项目，第四是难于树立坚持不懈、永不倦怠的决心。于是乎，我有了写书的冲动，我想将自己对单片机的拙见表述出来，提供给初学者朋友们，哪怕能解答和减少初学者朋友们一丁点的疑惑也是极好的。市面上从来都不缺单片机原理类的书籍，也不缺芯片手册或参考资料，所以我想按照我的风格写一本初学者能够"消化"的书，就像是一道"开胃菜"，让读者"吃好，喝好，喝好，吃好"！

"食谱一本，任君品尝"　内容安排

　　在辅导孩子们学科竞赛的过程中我接触到了意法半导体公司生产的 STM8 系列单片机，该系列单片机的性价比很高，片上资源非常丰富，开发流程非常简单，非常适合学过 MCS-51 内核单片机的朋友们进阶学习。STM8 系列单片机是一个 8 位微控制器平台，拥有高性能 8 位内核和丰富的外设集合。在 STM8 单片机系列中又具体分为 5 个子系列，这就像是一根葫芦藤上结出的 5 个"宝葫芦"，说到这里是不是唤醒了你儿时的回忆？那就跟着小宇老师一起，预备！唱："葫芦娃，葫芦娃，一根藤上七朵花！"好吧！言归正传，所谓的"宝葫芦"是指该家族的每一个系列都有自己的"特长"，"大娃"STM8AF 主要针对汽车电子应用，"二娃"STM8AL 适用于绿色能源作为供能的汽车电子中，"三娃"STM8L 可以满足低功耗与便携设备要求，"四娃"STM8S 主要用于消费及工业控制领域，"五娃"STM8T 基于 ProxSense 技术可以用在电容接近、触摸识别产品中。

　　这么多的系列总要挑选一个"代表"来讲解吧？没错，本书主要讲解 STM8S 系列单片机。其实，STM8 各种系列单片机中的资源都是相似的，知识点都有共性和相通的地方，所以读者如果顺利"拿下"了 STM8S 系列单片机,自然也能掌握其他系列单片机的使用。

以 STM8S 系列单片机为例,这只 4 面都是脚的"小蜘蛛"可是很厉害的,在"小蜘蛛"内部拥有非常丰富的片上资源,有通用输入/输出引脚资源、内部存储器资源、选项字节单元、时钟源、中断控制单元、定时/计数器单元、电源管理单元、蜂鸣器单元、看门狗资源、通信接口资源、模拟数字转换单元等。这些资源就好比是一本"菜谱",读者需要做的就是端起菜谱认真学习,哪里不会点哪里,等到您把菜谱都"吃了个遍"的时候,就可以抛开菜谱仰天长啸:"So easy,妈妈再也不用担心我的 STM8 单片机学习了!"

本书按照 STM8 系列单片机资源脉络,共分为 21 章,其排布是按照初学者的进阶顺序安排的,根据知识点的难易程度可以分为基础篇、进阶篇和应用篇。

基础篇包括第 1～7 章,这一部分内容比较简单,与其他内核或者型号的单片机知识是类似的。第 1 章的内容是站在初学者的角度去探讨单片机的发展、应用和修行之路。第 2 章主要介绍 STM8 单片机家族系列成员,讲解各系列单片机的特点和适用,方便读者在实际应用中进行选型。第 3 章主要介绍 STM8 系列单片机软/硬件开发环境搭建及调试的相关知识。第 4 章介绍单片机 GPIO 资源的使用和配置方法。第 5 章讲解单片机控制 LED 器件的方法。第 6 章讲解单片机并行模式/串行模式下,驱动常见字符/点阵型液晶模块的方法。第 7 章讲解独立按键/矩阵键盘交互编程的相关知识。

进阶篇包括第 8～14 章,这一部分内容属于 STM8 系列单片机的基础资源,读者对这些知识点的理解会直接影响后续的应用,所以务必要细读。第 8 章主要介绍 STM8 系列单片机内部存储器资源结构及组成,这一部分知识非常重要,对该章的学习可以深化读者对单片机内部构造的认知。第 9 章讲解单片机 Option bytes 选项字节的相关功能与配置方法。第 10 章主要讲解单片机时钟控制器的相关知识,让读者理解时钟源选择、时钟源切换、时钟外设 PCG 功能、时钟安全系统 CSS 功能和时钟信号输出 CCO 功能等。第 11 章主要讲解中断控制器的相关知识。第 12 章讲解 8 位基本型定时/计数器 TIM4 资源的相关知识和应用。第 13 章讲解 16 位高级型定时/计数器 TIM1 资源的相关知识和应用。第 14 章讲解 STM8 系列单片机电源管理及功耗控制的相关知识。

应用篇包括第 15～21 章,这一部分内容偏向某些具体应用(如数据通信、外设驱动、信号转换等),这些章的内容可以由读者选择性地深入研究,在基础项目之上将各资源用起来,慢慢体会 STM8 系列单片机的优点,最终制作出合适的产品。第 15 章主要讲解单片机片内 BEEP 资源激励信号的产生与控制,介绍了有源/无源电磁讯响器的使用。第 16 章讲解单片机片内看门狗资源,重点理解独立看门狗 IWDG 资源和窗口看门狗 WWDG 资源。第 17 章主要介绍单片机系统中的数据通信模型和 STM8 系列单片机片上 UART 资源的相关知识,章节中还引入了通信电平标准、通信电平转换、TTS 语音合成技术的 XFS5152CE 芯片应用等实例。第 18 章详细介绍 1－Wire 单总线串行通信协议,以单总线数字温度传感器 DS18B20 为例,详细讲解 STM8 系列单片机 GPIO 引脚模拟单总线读/写时序、初始化时序实现传感器的功能操作。第 19 章主要讲解单片机同步串行外设接口 SPI 的相关知识,以华邦电子生产的 W25Qxx 系列 Flash 存储器芯片为例,深入讲解相关寄存器和操作时序。第 20 章主要讲解 I^2C 串行通信相关知识,以 Atmel 公司 AT24Cxx 系列 EEPROM 芯片为例,深入讲解相关寄存器和操作时序。第 21 章详细介绍 STM8 系列单片机模/数转换器 A/D 资源的原理及应用。

"色香味全，客官慢用"　本书特点

食客们一般都用色、香、味这3方面去评价一盘好菜。笔者编写此书时也力求做到"色香味全"，结合本书内容和书写风格笔者认为本书具备以下3个特点。

第1个特点是"食材新鲜，营养健康"。目前市面上的8位微控制器以MCS－51内核单片机居多，本书讲解的STM8系列单片机是基于意法半导体高性能内核的8位微控制器，产品较新，其片上资源非常丰富，产品的性价比、功耗、保密性都较好，非常适合于学习完51单片机的读者进阶学习。本书以STM8系列单片机官方最新手册（参考手册、用户手册及芯片数据手册）和勘误表作为参考文献，纠正了以往STM8系列单片机文献中的部分错误，可以让读者少走弯路，轻松"消化"相关知识，吸取"营养"。

第2个特点是"烹调用心，易于吸收"。枯燥乏味的原理和知识会让初学者望而生畏，为了让初学者"易于吸收"，全书21章中均引入了小故事、小趣闻、小笑话和各种小比喻，读者翻一翻目录一看便知。书籍中的例程均配有详尽的注释，原理结构图均有详细的分析，实验现象均有详细的说明，这样可以帮助读者加深理解，迅速拿下相关资源。

第3个特点是"科学配比，成分均衡"。在知识点的构成上基础章节、进阶章节和应用章节各占33％，知识点无缝衔接，正好符合书名中的"入门、进阶和应用"，章节中安排了实践环节，并在实践环节中又细分为基础项目和实战项目，全书基础项目39个，实战项目16个，共计55个梯级实践项目。有了难易分明的实践项目就可以帮助读者由浅入深、由简入繁地理解和掌握相关知识。

"食无定味，适口者珍"　书籍适用

"川鲁粤淮扬，闽浙湘本帮"，乍一听是不是感觉有点像化学元素周期表啊？这里说的主要是中国的菜系，不同的菜系口味不同，做法差异也很大，不同菜系来自于不同的地方，不同人群的口味和对菜肴的喜爱程度都是不一样的。打住！吃货写书的特点就是经常"跑偏"。回到正题，同一道菜给不同的人品尝，得到的评价往往褒贬不一，所谓"食无定味，适口者珍"就是这个道理，这个道理和读书、评书是一样的，书籍不分优劣，适合自己的书就是现阶段对于自己来说最好的书。所以，不同学习阶段和层次的读者对本书的内容和感觉是不同的。

菜肴是物质层面，补充能量，是人类身体的需求；书籍是精神层面，补充认知，是人类心灵的需求。主要针对STM8单片机初学人员，面向在校学生、初级工程师、单片机程序开发人员等，可以作为单片机爱好者的自学用书或者单片机培训机构的培训教材，还可以作为高等院校电子信息类专业的学习参考用书。

"盘中之餐，粒粒辛苦"　致谢

"烹制"这本"开胃菜"的路上充满了感慨，编书之路远比笔者预想的要艰难，原理讲出来要吸引人，例程给出来要看得懂，开发板做出来要用得上，章节安排得要有梯度。这一路都离不开家人、导师、同事、学生和北京航空航天大学出版社的帮助、建议和鼓励。

感谢我的家人,特别是我的父亲和母亲,正是因为有他们作为我坚实的后盾,在我写书过程中给予鼓励,这本书才得以欢快愉悦地完成。

感谢与非网(www.eefocus.com)编辑粟艳萍女士对本书的认可和推荐,笔者作为与非网STM8/STM32 社区成员之一,深深地被粟艳萍女士无私奉献的精神所感动,正是她的勤恳付出才保障了论坛的无限活力。

感谢带我入门电子世界的夏木兰、孙玉轩、占永宁、程思宁、王海荣、郝波等老师,也感谢为本书提出意见和建议的业界前辈们,他们是:风驰 STM8 开源开发平台研发工程师凌观胜先生、中山市大谷电子科技有限公司总经理赖荣杰先生、北京凌阳爱普科技有限公司(大区经理)王浩先生、《手把手教你学 51 单片机 C 语言版》一书作者宋雪松老师、青岛英谷教育科技股份有限公司物联网项目部主管与教材编辑孙锡亮老师以及《AVR 单片机自学笔记》和《51 单片机自学笔记》作者范红刚老师。

依托海南省电子信息科学与技术实验示范中心的软硬件平台,最终完成了本书实例的编写、数据的测量和试验环境的搭建,在此对海南热带海洋学院电子信息科学与技术实验示范中心的大力支持表示感谢,也感谢对本书提出建设性意见的同事朋友们。

还要感谢试读章节和验证项目例程的学生们,正是有了你们的辛苦付出,本书才能广纳意见进行修正,为的就是让读者"读得懂,用得上",这些可爱的思修电子工作室技术骨干成员分别是:张雪风、朱子超、李毅、谢华尧、曹立夫、白倩雯、刘美君、雷欣、刘坤、于永澔、李健波、董冠希、周晨炜、林英炜、彭嘉伟、宋冬雪、刘旭、万嘉诚、王光耀和张敏子等。

最后感谢秦雨同学为本书插图的制作花费了大量的时间,一并感谢一直关注本书编写和提出章节建议的电子爱好者协会的成员们,他们是:杨洪基、苏明、张文斌、潘树、刘程祥、董永祥、黄炯丹、王天韧、杨磊、程子豪和宣泽等。

"食客交流,美滋美味" 学习交流

限于小宇老师的"厨艺水平"加之时间上的仓促,本书中难免会出现些许不足和失误,对于STM8 系列单片机的精髓和原理可能存在很多没讲透的地方或者认知比较肤浅的地方,在此恳请读者海涵。我们都是单片机的爱好者、电子技术的学习者,恳请读者提出宝贵意见,使得本书能够查漏补缺,臻于完善。小宇老师是您忠实的书童,陪学、陪练、陪交流!读者可以通过笔者的电子邮箱 adfly@qq.com 或 tlongsy@163.com 与笔者进行交流,可以提出书籍修改意见或者项目合作交流等,为了方便大家进行交流,本书提供书友交流 QQ 群,群号为305348768,书中提供的硬件平台可登录 https://520mcu.taobao.com 进行咨询和购置。

龙顺宇
2015 年 12 月 12 日夜
于海南三亚

目　录

第 1 章

"麻雀虽小,五脏俱全"
开门见山谈单片机

章节导读:

  亲爱的读者,非常感谢您能选择本书开始和小宇老师一起学习,本章作为本书的第一章,并不急于介绍 STM8 单片机的具体资源和内容,而是以初学者的角度探讨单片机的发展、应用和修行之路。本章共分为 3 个部分,1.1 节中主要讲解现代集成电路的"起源"和发展,引领大家进入神奇的电子世界。1.2 节主要讲解单片机的广泛应用,将单片机控制单元比作是电子产品的"七窍玲珑芯"。1.3 节主要是与大家分享单片机的修行路,以小宇老师自己的视角和体会介绍电子基础、编程语言、学习资源、实践平台、学习方法这 5 个重要的修行方面,以笔者的拙见和单片机学习中的领悟给大家一些学习建议,让读者能在学习过程中少走弯路,找到自信和学习的快乐,学有所悟,学有所成。

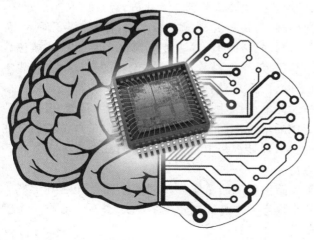

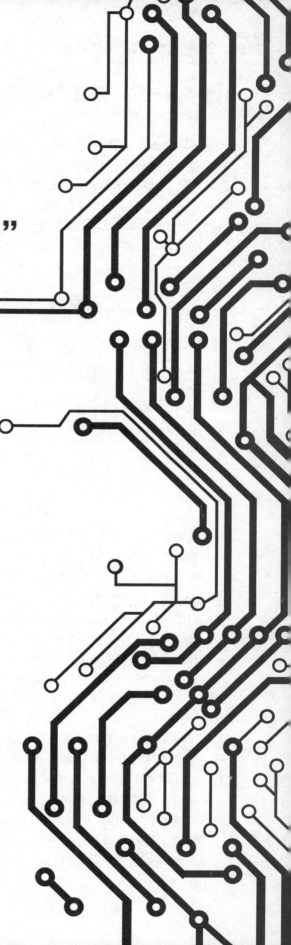

1.1 "一沙一起源，一芯一世界"集成电路王国

开篇快乐！欢迎各位亲爱的读者来到"STM8 单片机王国"，当你手捧此书翻开本页，就注定了您与小宇的缘分，智者言："一花一世界，一叶一菩提。"可见世间万物之奇妙，一朵花、一片叶都蕴藏着神奇，正如各行各业都有自己独特的魅力。正如图 1.1 所示的情形，N 年前的小宇来到了单片机王国，驻足门外观望良久，迟迟未进，有兴奋、有疑惑。幸得良师、益友、好书为伴，走进了单片机之门来到了这一片神奇的国度，从此便与单片机结下了"情缘"，小宇感言："一沙一起源，一芯一世界。"

图 1.1 N 年前小宇眼中的单片机世界

读到这里，是否感觉到了小宇那股浓浓的"文艺范儿"，有这感觉就对了，跟着感觉走，把你的兴趣融入到学习过程中，才能品味其中的真谛。

先来说说这"一沙一起源"。记得在初中的物理课上就学习过导体、半导体、绝缘体的知识，在电子技术发展初期，非常多的科学工作者致力于半导体物理的发展，找寻特殊的材料和工艺，让"电"变得可控，实现电子技术的初步探索，常见的半导体材料有硅、锗、砷化镓等。

既然是学习单片机，就要了解集成电路的"原始形态"，那么大多数集成电路芯片的原始形态是什么呢？其实就是人们熟知的"沙子"。沙子的主要成分为二氧化硅，经过选取沙子原料，净化提纯得到电子级高纯度硅锭，切割得到晶圆，再进行光刻或平板印刷、蚀刻、离子注入、金属沉积、金属层搭建、金属互连、晶圆测试与切割、核心封装、等级测试等诸多步骤后才被包装上市，而且每一个步骤中又包含更多细致的过程，最终得到了人们现在学习的集成电路芯片。

了解了集成电路芯片的原始形态是沙子以后，再来看看这"一芯一世界"的含义。绝大多数的电子器件核心都是以硅为基材做成的，因此电子产业又可以称为半导体产业。正是因为半导体技术的不断发展，才有了现在广泛应用的集成电路 IC(integrated circuit)，在人们现在接触到的计算机、手机、各种电器与信息产品中，处处都是 IC 的身影，它们被用来发挥各式各样的处理和控制功能，有如人体中的大脑与神经。

集成电路就是采用一定的工艺，把一个电路中所需的晶体管、二极管、电阻、电容和电感等元件及布线互连在一起，制作在一小块或几小块半导体晶片或介质基片上，然后封装在一个管

壳内，封装的效果如图1.2所示，最终成为具有所需电路功能的微型结构。这样一来，所有的元件在结构上就是一个整体，整个电路的体积大大缩小，且引出线和焊接点的数目也大为减少，从而使电子元件向着微型化、低功耗和高可靠性方面迈进了一大步。

图1.2　晶圆经封装后形成集成电路芯片

按照集成电路的组成和应用领域可以将其划分为：模拟集成电路、数字集成电路和混合信号集成电路（即芯片内部既有模拟信号处理单元又有数字信号处理单元）。

模拟集成电路又称为线性电路，用来产生、放大和处理各种模拟信号，这里的模拟信号是指信号数值随时间连续变化的信号，该类芯片可以完成模拟信号的放大、滤波、反馈、解调、混频等功能。常见的模拟集成电路有运算放大器芯片、模拟乘法器芯片、锁相环芯片、电源管理芯片、稳压芯片、比较器芯片、功率放大器芯片等，这一部分芯片和相关的电路一般会在《模拟电子技术》相关学习中遇到。

数字集成电路用来产生、放大和处理各种数字信号，这里的数字信号是指数值随时间离散变化的信号。该类芯片主要进行数字信号（高低电平）的处理，一个数字系统一般由控制部件和运算部件组成，在时钟脉冲的驱动下，控制部件控制运算部件完成所要执行的动作。这一部分芯片和相关的电路一般会在《数字电子技术》相关学习中遇到。通过模拟/数字转换器（ADC）、数字/模拟转换器（DAC），数字电路可以和模拟电路互相进行连接，发挥更加强大的功能。常见的数字集成电路有触发器、编码器、译码器、锁存器、计数器、逻辑门芯片等。

混合信号集成电路是把模拟和数字电路集成在一个单芯片上，以做出如模拟数字转换器和数字模拟转换器等器件，在该类芯片中一般具备模拟信号输入/输出和数字信号处理、数字信号传输等通道。配置了信号转换和信号处理单元，这种电路提供更小的尺寸和更低的成本，应用非常的广泛，即将研究的单片机芯片就基本上属于混合信号集成电路。

通过以上的介绍，读者对"集成电路王国"有了大致的了解，集成电路的问世和应用使得电子工程师不必再从分立元器件或者一个个单一晶体管开始构建电路工程，使用不同类别和功能的集成电路芯片可以大大简化电子系统的设计，综合提升电子产品的性价比、稳定性和功耗等参数，使得电子设备得到广泛运用和普及。

1.2　找寻电子界的神物"七窍玲珑芯"

放下书本，环顾四周，看看身边是不是有很多电子设备和智能化产品？接下来，本节将找寻单片机的身影，挖掘电子界的神物"七窍玲珑芯"。

如果读者在办公室或者家里，看看身旁的电器，饮水机上显示着水温和烧水状态，空调面板上显示着室内温度和空调模式，按一下遥控板可以选择电视的开启关闭和选择喜欢的电视频道,拍拍手或者走过走廊,灯光会亮起,这些电器是如何"感应"到人们的需求为人们服务的呢?

如果读者在图书馆或者书店,看看身旁的 RFID 借书卡,里面是什么样的结构通过电子方法标定了读者身份? 进出书店的大门如何检测出不法分子的"顺手牵羊"? 借阅台上的电子扫描枪是如何读取条码的? 书架旁的读者服务台里是什么核心单元"智能"地获取书库状态从而服务读者?

不管在哪里,人们身旁一定会有电子设备和产品。在这些产品中很容易发现控制单元和"智能化"核心,如果读者还是没有找到智能控制芯片,那就只能使用小宇老师的"杀手锏",把手机从楼上窗户向外一扔,在空中划出一道漂亮的曲线后,在楼下的手机碎片中读者就一定可以看到各种各样的芯片和器件,但这样做的代价太大,所以还是别尝试了。正是有了各种各样的集成电路芯片,才有了功能丰富的电子产品,如图 1.3 所示,足以看出微控制芯片广泛的应用领域。

图 1.3 "七窍玲珑芯"应用领域

本书研究和学习的对象是意法半导体公司生产的 STM8 系列单片机芯片,单片机是集成电路芯片中的一种,是采用超大规模集成电路技术把具有数据处理能力的中央处理器 CPU、随机存储器 RAM、只读存储器 ROM、多种 I/O 通道、中断系统、定时器/计时器、功能外设等资源集成到一块硅片晶圆上构成的一个"小而完善"的微型计算机系统。

封装半导体集成电路晶圆用的外壳,起着安放、固定、密封、保护芯片和增强电热性能的作用,在芯片封装时,芯片晶圆上的连接焊点会用导线连接到封装外壳的引脚上,这些引脚又通过印制电路板(PCB)上的导线与其他器件建立连接。因此,封装对集成电路起着非常重要的作用,读者如果对这一块的知识感兴趣,可以稍加发散,查找相关资料了解封装的过程、封装工艺、封装的类型、标准封装的型号等。

1.3 "师傅领进门,修行靠个人"单片机修行路

这位读者,老夫看你根骨奇佳,天赋异禀,身具慧根,实属单片机奇才啊! 来,我这有本武林绝学《深入浅出 STM8 单片机入门、进阶与应用实例》,今天你我有缘就呈给您阅读了! 秘籍在此,如图 1.4 所示,勤加修炼,必成大器。

有的时候觉得学习就是一种修行,学习过程一般都"快乐与痛苦"并存,特别是技术上的积淀,有的朋友半途而废,有的朋友修成正果。师傅指导你正确的修行方法,而用功还是要靠自己,所以读者必须不忘初心、坚定不移地走下去! 愿本书作为读者学习道路上的垫脚石,做读者 STM8 单片机启蒙之路的好朋友,小宇老师也愿意做个"小书童"陪在读者身旁。接下来,

图 1.4 单片机修行"秘籍"

就从电子基础、编程语言、学习资源、实践平台、学习方法这 5 个重要的修行方面展开讲解。

1.3.1 "根骨奇佳"电子基础

这里的"根骨"指的就是读者的电子技术基础功底,在学习单片机时最好具备一定的前导知识,并不是要求读者完全"精通"前导课程后再去学习单片机技术,而是在单片机学习过程中按照"需求"逐步获取并"吸收"相关内容。电子技术基础包括简单的模拟电子技术、数字电子技术、电子线路、电路原理、微机原理与接口技术等。

听到这些课程是否有"头都大了"的感觉? 读者如果是在校学生,对这些课程应该并不陌生,只是一直不清楚大学本科阶段的培养计划为什么要开设此类课程,学习后相关的知识用在哪里。如果读者是已经踏入工作岗位的朋友,有可能对这些课程中的知识有些生疏了,或者会选择性地"温故"一下相关的内容。那么,这些前导知识与单片机知识到底有什么样的联系呢?

其实这些前导课程和单片机的联系就像图 1.5 所示的那样,如果说这些前导知识是一颗颗晶莹剔透的"珍珠",那么单片机的学习之路就是一根"金丝线",把这一颗颗珍珠串连起来,变成一条耀眼的项链。前导课程所包含的知识不一定都用上,但是涉及的内容应该学习扎实。

图 1.5 单片机学习与基础知识的联系

在单片机的组成和原理上需要了解单片机的处理器结构、存储结构、CPU 处理流程、熟悉相关的指令系统、输入输出资源、中断以及常用的微机接口电路等知识，这些知识就可以从微机原理与接口技术类的书籍中获取，如果有了这些知识的铺垫，理解单片机的地址、总线、存储器资源划分的时候就比较容易。

在单片机外围电路的搭建上，经常需要扩展各种智能化/网络化接口、驱动功率器件、搭建信号测控电路、进行数据采集或者信号检测、构建供电电源、增强系统抗干扰能力、进行系统功耗控制等需求，构建这些功能外围所需要的知识就"藏"在模拟电子技术、数字电子技术、电子线路、电路原理或是其他课程中，所以这些前导知识非常重要。

举个例子吧！复杂的外围电路暂且不说，就拿单片机最小系统中常见的复位电路和时钟电路来说就要难倒一大批初学者，简单的阻容复位电路中就只有一个电阻加上一个电容，那么高/低电平复位原理是怎样的？如何实现复位信号产生的？电阻值和电容值怎么计算和选取的？这些问题对于初学者而言不一定能解释得清楚，这就是前导知识缺乏导致的。

这么说来，这些前导课程不学完就没有办法学习单片机了？其实不然，认真思索，就会发现所学的知识其实是一个复杂的网络体系，学习方法也不应该是"线性"学习法，所以不可能采用"等我学完某某课程再去学其他的课程"的学习方式，事实证明这样的学习方法往往会迷失在学习的路途上。

小宇老师建议在单片机学习中慢慢补充前导知识，当遇到相关问题后再去思考和补充相关知识，这样的做法效率最高，可以有效减少单片机入门时的"压力"。有前导知识铺垫固然好，但没有前导知识也不必"乱了手脚"，读者可以在后续的学习过程中慢慢补充。像模拟电子技术、数字电子技术、电子线路等电子基础课程属于"硬骨头"型的课程，必须慢慢"啃"，就好比是人体所需的维生素，不能一次吃得太多但又不能缺少，每天都补一点，才能保证好"根骨"。

1.3.2　"能说会道"编程语言

说到生活中的语言，大家都很熟悉。运用语言的目的就是进行交流，语言的运用在生活中是必不可少的。仔细想想，语言能力并非天生，而是后天逐步学习的，在后天的学习中会不断补充词汇，熟悉相关的语法，培养听、说、读、写的能力，培养自己的语感，锻炼自己的"口才"才能自由表达和交流。

说了这么多，"生活中的语言"与"单片机学习"有什么关系呢？用日常语言与单片机"交流"肯定是行不通的，毕竟交流的对象是"芯片"而不是人。打个比方，电脑在使用的过程中突然死机了，人们总不可能给它唱首歌或者批评它两句它就能好吧！因此作为单片机等可编程逻辑器件的开发人员、使用人员，就必须学会与单片机进行"交流"，要掌握一种"用于机器的编程语言"将人们的思想进行"程序化"表达，然后再"灌输"给单片机，这种"语言"就是后续需要深入学习的程序设计语言或者是硬件描述语言。同样的，对于单片机反馈回的信息，也就是单片机想对人们"说的话"，也要由编程者正确的进行接收和"理解"，这样才能进行人机交互，学一门"能和机器交流的语言"才能避免如图 1.6 所示的尴尬。

说到这里，问题就来了！什么是程序设计语言？学习哪种编程语言最好？怎么开始学习呢？要解决这些问题，就要搞清楚程序设计语言的本质和应用。

"程序设计语言"其实是用于书写计算机程序的编程语言，编程语言种类很多，按照编程机制、面向对象/过程、与硬件系统/软件系统的紧密程度也划分为高级语言、中级语言、低级语言等，在这种语言中必须包含语法、语义等要素。语法表示程序的结构或形式，语义表示程序的含义。

回到图 1.6 所示，对于编程人员交互的"语言"中，单片机只能"听懂"二进制代码，这种用二进制代码"0"和"1"描述的指令称为机器指令，全部机器指令的集合构成特定计算机或者特定单片机的机器指令集，虽说机器指令可以操作计算机或者单片机的资源，但是机器语言编写的程序难以"阅读"、难以记忆、不便书写和移植，且依赖于具体硬件体系，局限性很大，属于低级语言。

后来，人们就开始想办法，开始创造新的编程语言，让程序开发者能够便于书写，提供程序模块化成分，构造更简单、自由的语法结构，让编程人员可以很

图 1.6 人机交流的"语言"

容易地表达思想。编程语言经过不断的发展，从机器语言发展到汇编语言，然后发展中间级语言最后到高级语言。可以看出，程序语言的不断进化极大地突显了人机交互的深入和计算机应用的发展。

对于学习单片机的朋友来说，是不是应该从最高级的语言着手来开发应用呢？其实不然。不同的编程语言有着不同的特点，适用领域也不同，遇到科学工程计算、数据处理与数据库应用、实时处理、系统软件、人工智能等不同领域也应该选择"合适称手"的语言。单片机属于可编程逻辑控制领域，常见的编程语言有汇编语言、C 语言或者是硬件描述语言，下面重点介绍前两种语言。

汇编语言的实质和机器语言是相同的，都是直接对硬件进行操作，只不过汇编指令采用了"助记符"的形式，这里的"助记符"其实就是能表达特定含义的英文缩写标识符，比如"MOV"就让编程人员联想到"数据转移"类的操作，比如"ADD"就让编程人员联想到"加法运算"相关的操作，这样的"助记符"就明显比机器语言更容易理解和记忆。汇编程序一般是由指令、伪指令和宏指令组成，汇编语言的每一句都是一个功能的具体实现，哪怕是一个简单的功能，汇编语言编程的语句也很多，因此汇编源程序包含的语句一般比较冗长、结构复杂，稍不注意就容易出错。使用汇编语言必须要建立在熟悉硬件体系的基础上，每种单片机的汇编指令体系都不尽相同，所以程序移植的时候也会出现一些"头疼"的问题，说了这么多的"缺点"，那汇编语言退出历史舞台了吗？当然没有，汇编语言书写的语句和执行的操作效率不是一般中低级语言所能达到的，而且汇编源程序经汇编解释后生成的"固件"文件非常精炼、体积小、代码执行效率很高，所以在实时性要求较高的场合，汇编语言往往能"技压群芳"，突显自己的语言优势。

C 语言也是一种程序设计语言,它处于低级语言和高级语言之间,算是一种"中间级语言",它的应用范围非常广泛,具备很强的数据处理能力,语法自由、结构灵活、可移植性很好、带有非常多的库函数(数据运算、输入/输出等)。C 语言常见的标准有 C89 标准、C99 标准等,在 C89 标准中仅有 32 个关键字,读者可以将其想成 32 个"单词",凭借努力,自学掌握 C 语言完全不是难事。C 语言不仅用在操作系统软件开发上,而且经常用在各类科研中,适于编写系统软件、应用软件、单片机以及嵌入式系统开发等。

既然 C 语言优点那么多,有编程人员就展开了一场"辩论赛",正方认为:"汇编语言比 C 语言好!"反方认为:"C 语言比汇编语言好!"到底谁好? 小宇老师作为"辩论主席"说:"这个辩题本身就有问题,正反双方必定是两败俱伤,不分胜负。"首先要明白两种语言的特点,要深入研究过编程语言的人才能体会到编程语言的特点。"人无完人,金无足赤"。如果一种编程语言处处都是缺点,那不等你我进行讨论,它就早已从编程语言的家族中淘汰或"隐退"了。

所以,小宇老师建议初学单片机的读者必须要了解单片机硬件体系,了解至少一种单片机汇编指令系统,学习过基础的汇编语言,能看懂简单的操作流程,能体会汇编语言程序设计的编程"思想",在实际产品设计的时候再用 C 语言编写,发挥 C 语言的诸多"优势",必要时可以采用汇编语言和 C 语言的"混合"编程,提高程序稳定性、移植性和优化程序执行效率,减少程序时间/空间复杂度和冗余度。这样才能在以后高阶的学习中深化对单片机体系的理解,深化"语言功底"设计出更好的软件系统。所以笔者认为:"种过地的人更能明白粒粒皆辛苦","创过业的人更能明白人生须拼搏",不要在没学习过汇编语言的时候就说"这个没用""这个缺点多""这个淘汰了",发表自己见解之前至少应该先去接触一段时间,问题都是阶段性的,认识也是阶段性的,认识不足就应该去接触和深入,等学习到一定程度以后再回头一看,原来的问题已经不再是问题,原来的片面认识已经不再是现在的经验和感悟了。

1.3.3 "武功秘籍"学习资源

小宇记得在刚开始学习单片机的时候,市面上相关书籍的种类单一,大多以翻译手册类的书或者讲解原理类的书籍居多,近年来单片机类的书籍"爆增",出现了基于单片机原理类书籍、单片机技能培训类书籍、单片机趣味制作类书籍、单片机行业应用类书籍、单片机仿真技术类书籍等,种类繁多的单片机书籍就像是图 1.7 的"武功秘籍",让人们确实感觉到"知识大爆炸"时代的来临。有时候进图书馆,望着书架上的书,笔者会突发奇想,要是脑袋上长出一个"USB3.0"接口就好了,一头用数据线插在书柜上,一头插在脑袋上,把知识不断更新到大脑中。

想象终归不现实,要想学好单片机,只能不断地为自己"充电",获取相关单片机学习资源的途径有很多,接下来小宇老师谈谈自己对知识获取途径的感触。

(1)必须有单片机生产商发布的最新版本数据手册或应用笔记。在进行具体单片机学习时,生产商发布的"文档"资源是最具权威的解释和依据,不管是英文版本的还是中文版本的手册或应用笔记都必须要准备好,毕竟芯片是由厂商研发出来的一种"产品"。在学习过程中应该充分使用,遇到书籍上或者网络资源中的相关讲解与厂商手册上的讲解有"出入"时,应该先以生产商的最新版本文档解释为准,在使用文档资源时应该及时关注是否有最新版本或者相关勘误表,务必确保"知识依据"不能出错。

图 1.7 单片机学习资源"武功秘籍"

(2) 书籍的选择要"综合考量",选择 1~2 本最合适。按照相关单片机上市的时间和应用面的不同,市面上的书籍数量也是不同的,有的单片机比较"新",市面上可能没有系统的书籍去讲解,此时应该参考芯片数据手册进行学习,如果单片机的书籍不止一本,应该"综合考量",不要盲目地听信别人的推荐,必须自己按照现阶段的需求去选择。给"入门级"的朋友强行推荐别人所认为的"经典"不一定适合,弄得不好还会打压初学者的热情,反倒让人迷茫,给"高手级"的朋友看轻松入门类书籍也会让高手"食之无味"。所以书籍的选择要自己来定,"看得上眼"的阅读起来才有效率。书是人写的,作者风格各异,所以学习同一种单片机时可以找不同写作风格的 1~2 本书同时阅读,这样会在"比对"中加深对知识点的理解,以风格各异的作者视角引领读者看到不一样的"知识画卷"。

(3) 开发平台配套资源要发挥到极致。有不少的读者在学习单片机时同时购买了开发平台,平台中有软件开发、软件仿真类平台和硬件平台,这些平台在购买时通常都会配套一些学习文档、视频、音频、图片、例程等,这些资源务必要"全部吃掉、尽量消化"。这些资料一般都是可以验证和实践的,在实践过程中可以加深对理论的理解,同时也会遇到很多资料讲解之外的"问题",这些问题就是"加分项",遇到得越多越好,解决一个问题带来的收获是很多的,在攻破问题的同时读者也在慢慢"升级"。

(4) 合理利用交流平台,认清利弊,不做"十万个为什么"。随着互联网的发展,信息交互变得越来越方便,大家天天都在上微信、聊 QQ、登网站、看论坛、刷微博。获取单片机知识变得非常简便,于是出现了太多的"十万个为什么"型的朋友,这类朋友经常发问,问的问题也确实是单片机类的问题,只不过大多的问题都非常容易找到答案,所以现在的交流平台中提问是"泛滥"的,解答是"多样"的,高手遇到这样的初级问题也不愿意"现身"解答。对待交流平台,人们要慎重,平台中的解答未必是准确的,在提问之前需要自己先思考,而且不能盲目地采信解答,对于平台中涉及的知识需要先思考后验证再去吸收学习。

(5) 网络资源要"慎"用,避免"过分积累"。在网络中,共享的资源急剧增多,在搜索引擎中随便输入要找的单片机学习资源都可以查询到数以千万计的网页和资源信息,面对如此海量的资源时应该要先质疑后验证再使用,不要光顾下载,硬盘都装满了资料,但是从来不去"消化",这样的海量资源又有什么用处呢?最终它们会成为你硬盘中的"良性病毒",让人们陷入删了可惜,不删又没什么大用处的尴尬境地,所以,与其当"数据奴"求个心安,还不如好好的看看资料,学一点会一点求个踏踏实实。

1.3.4 "武器装备"实践平台

要想学好单片机少不了实践的平台,如图 1.8 所示,古时候的武将持刀弄枪,文官则伏案提笔,作为单片机学习者应该"高举开发板"!当然,这是为了博大家一笑,开发板就是常说的硬件平台,在实践平台中也包含有软件平台。有了平台才能更好地学习,随着单片机的普及,单片机开发板、单片机试验箱、单片机小系统、下载器、仿真器等工具的种类慢慢变多,价格也在不断降低,这就意味着拥有一套个人的单片机实践平台的门槛在降低。

图 1.8　合理的开发平台是学习的基石

在小宇初学单片机的时候还不会设计印制电路板(PCB),通过网购买了第一个基于 MCS-51 的单片机开发板,花费几百元,现在市面上同类资源更丰富的开发板已经跌到百元以下了。虽说硬件平台种类增多,价格降低,但是对于初学者而言应该怎么选择呢?接下来,笔者谈谈自己的想法。

对初学者来说,软件平台应该选择主流开发软件,充分探索开发平台功能,提升编程语言功底,在初学阶段不要盲目试验,应该多看、多读、多体会,规范编程习惯、形成编程风格、优化编程思想、合理编程结构,在进阶提升阶段应该扩展功能实现,多尝试编写,深化编程语言水平,注重分析优化,在高级进阶阶段应该研究细节问题,注重执行效率和复杂度,研究程序结构,掌握程序修改和移植,熟悉行业规范、扩展程序面、达到"秒懂、秒改、秒移植"。

好多初学者会有疑问,到底是选择功能强大、资源丰富的单片机开发板还是选择自由灵活的单片机小系统呢?要选择对硬件平台就需要考量选择的平台是不是具备以下 3 个要素:

(1) 资源功能安排合理,例程难度有高有低。首先要明确"开发板"不是以后需要设计的产品,是为了让人们熟悉一款单片机而设计的实验平台,如果对于初学者而言,开发平台中具备一些基础实验资源是很有必要的,比如:简单的发光二极管可以验证 GPIO 输入输出,独立按键/矩阵键盘可以让人们理解查询和中断,数码管可以让人们理解动态显示和静态显示,这些基础的资源可以让人们掌握基本的人机交互,迅速验证单片机的功能和应用,所以基础的资源必须要有。扩展的串行通信、液晶显示、串行通信接口器件等外设进阶资源也应该有，并且例程难度的分布也应该高低分明，让初学者找到"感觉"，一步一个脚印向前探索。

（2）接口齐全、灵活性高、扩展性强。接口包含基本的通信接口、外设扩展接口、下载/调试接口，这些接口应该全部具备，免得自行搭建花费时间。开发板上的电气引脚/功能引脚应该引出，这样才能保证灵活性和扩展性，板子上的资源最好可以按照需求"积木式"连接和使用，不要采用固定电气连接，以免在做后续试验时无法摆脱硬件束缚。

（3）平台配套资源丰富、容易上手。这一点十分关键，一个好的硬件开发平台应该具有详细的文档和例程资源，硬件设计得再好，也要让学习者能够顺利"上手"才行。所以，配套资源不可少。

一般来说，依赖软件平台和硬件平台学习到一定程度时，一定会逐渐"脱离"平台，自行尝试搭建和构造软硬件体系，最后实现"试验品"到"产品"的改变。在这个过程之中，读者可以补充深化电子基础、学习 PCB 设计软件，自行尝试 PCB 制作，通过小项目、小实验做出自己满意的作品，不断通过自己的创造，增强自己的信心和能力，慢慢成长为"巨人"。

1.3.5 "内功心法"学习方法

记得刚开始学习单片机的时候，笔者向"大神"们求教，"大神"们推荐了非常多的书籍、学习方法、资源途径，笔者捧起"大神"们推荐的经典书籍，看得"老泪纵横"，试用过推荐的学习方法，觉得用在自己身上的效果不大明显。结果就这样"摸爬滚打"了很长一段时间，才突然感悟到"学习方法不讲优劣，只讲适用"。每个人的思维方式是不相同的，在刚开始学习前可以虚心采纳和尝试大家推荐的方法，但是更为重要的是在尝试过程中找寻适合自己的方式。

市面上所有的单片机片内资源都存在相似性，具体单片机的开发套路、工具、方法以及应用也都大同小异，朋友们在单片机的学习旅程中更应该注重积累单片机学习的通用方法和对资源、接口以及行业协议的共性认知，在将来的求职和工作中并不需要你罗列和炫耀曾经学过的单片机种类和具体型号，在实际需求面前考验你单片机运用功底的指标之一就是看你能在多久时间内掌握一款你之前并不熟悉的微控制器。

综上 5 个方面，就是小宇老师结合自己的学习之路得到的一些较为肤浅的认识和感悟，拿出来与各位读者一起分享，希望能对大家的学习起到一些帮助。

第 2 章

"五娃出世，各显神通"
初识 STM8 系列单片机

章节导读：

　　亲爱的读者，本章将详细介绍 STM8 单片机家族系列成员。本章共分为 7 部分，2.1 节将家族单片机比喻为"葫芦娃兄弟"，主要介绍"五个娃"的主要应用领域。2.2 节介绍 AF 系列汽车电子应用。2.3 节介绍 AL 系列绿色能源应用。2.4 节介绍 L 系列低功耗和便携设备应用，2.5 节介绍 S 系列消费类、工业控制类应用。2.6 节介绍 T 系列电容接近、触摸识别应用。最后的 2.7 节介绍本书的主要讲解对象 STM8S207/208 系列单片机。通过对 STM8 系列单片机特色应用的学习，可以为读者在产品设计的选型上提供参考，根据产品设计的具体要求合理选择单片机系列和具体型号。

2.1 意法半导体 STM8 家的"五个娃"

亲爱的读者,当您翻开本章时,我们就正式开始了 STM8 单片机家族的学习。意法半导体 STM8 家族中一共有"5 个娃",这让笔者想到了一首童年里无比熟悉的歌:"葫芦娃葫芦娃,一根藤上七朵花,风吹雨打都不怕,啦啦啦啦。"在影视作品《金刚葫芦娃》中大娃力气大,二娃是千里眼、顺风耳,三娃铜头铁脑,四娃会吐火,五娃会吐水,六娃能隐身,七娃有宝葫芦。如图 2.1 所示,意法半导体 STM8 家的"五个娃"也像是一根藤上的 5 个"宝葫芦"。

图 2.1   意法半导体 STM8 家的"5 个娃"

所谓的一根藤是指同属意法半导体的一个产品系列,STM8 系列是一个 8 位微控制器平台,该平台的单片机产品拥有高性能 8 位内核和丰富的外设集合。该平台采用意法半导体专有的 130nm 嵌入式非易失性存储器技术制造而成,STM8 系列单片机的增强型堆栈指针操作、高级寻址模式和新增的指令让用户能够实现快速、安全的开发。

所谓"宝葫芦"是指该家族的每一个系列都有自己的"特长","大娃"STM8AF 主要针对汽车电子应用,"二娃"STM8AL 适用于绿色能源作为供能的汽车电子中,"三娃"STM8L 可以满足低功耗与便携设备要求,"四娃"STM8S 主要用于消费及工业控制领域,"五娃"STM8T 基于 ProxSense 技术可以用在电容接近、触摸识别产品中。

2.2   "大娃"STM8AF 善汽车电子

大娃来也! 在 STM8 微控制器家族中的"五个娃"之中"大娃"代表 STM8AF 系列单片机。意法半导体的 STM8AF 系列面向高可靠性和低系统成本的标准汽车应用。STM8AF 系列属于模块化产品,性能非常高,面向用户提供了短开发周期所需的灵活性。拥有真正的掉电非易失性数据 EEPROM 存储器,可以经受高达 150 摄氏度的环境温度,具备高稳定性和抗干扰特性,所以该系列单片机非常适用于汽车电子。

在大娃的"身体"里有三大系列:一个是 STM8AF52 系列,一个是 STM8AF62 系列,还有一个是 STM8AF63 系列。STM8AF51xx 和 STM8AF52xx 系列还配备 CAN 总线接口。

STM8AF62 系列单片机采用意法半导体的 STM8 处理器内核,能够在 24 MHz 的工作时钟频率下提供高达 20 MIPS 的处理性能,具有全套定时器、通信接口(LIN 2.1 总线、UART、SPI、I²C)、10 位 ADC 模/数转换单元、内部和外部时钟控制系统、看门狗、自动唤醒单元和集成式单线调试模块等。该系列单片机型号、封装、FLASH 大小如图 2.2 所示。

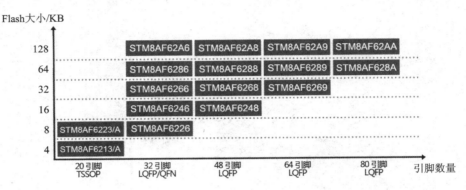

图 2.2　STM8AF62 系列单片机型号、封装和 Flash 大小

STM8AF6223 和 STM8AF6226 单片机可以应用于汽车座椅控制器、汽车车窗升降器、汽车供热通风与空气调节控制 HVAC(Heating,Ventilation and Air Conditioning)或汽车网关等空间有限的场合,扩展的工作温度范围可以让微控制器安装在发动机机舱中,以该控制器为核心的功能模块可以提供完美的连接、时序和模拟功能,该系列微控制器提供了智能特性组合,简便易用且可靠,并且具有很宽的工作条件(工作温度/工作电压)范围,例如高达 150 ℃ 的环境温度和低至 3.0 V 的电源供电电压,它是汽车应用的理想解决方案。STM8AF63 系列已经推出 32 引脚 LQFP/QFN 封装的 STM8AF6366(32 KB 大小 Flash,2 KB 大小 RAM)和 48 引脚 LQFP 封装的 STM8AF6388 型号(64 KB 大小 Flash,6 KB 大小 RAM)。

STM8AF52 系列单片机除了具备 STMAF62 系列单片机的所有特性外,还提供了 CAN 2.0B 总线资源,使得单片机适合于所有涉及 CAN 总线网络的应用,其嵌入式 LIN 总线可用于连接本地网络。该系列单片机型号、封装、FLASH 大小如图 2.3 所示。

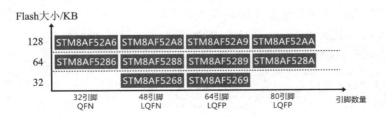

图 2.3　STM8AF52 系列单片机型号、封装和 Flash 大小

2.3 "二娃"STM8AL 攻绿色能源

二娃来也! 在 STM8 微控制器家族中的"五个娃"之中"二娃"代表 STM8AL 系列单片机。意法半导体面向汽车应用的 STM8AL 超低功耗系列单片机将绿色能源、应用安全性和功耗放在首位。它特别适于电池供电应用,例如远程无钥进入和轮胎压力监测以及功耗至关重要的应用,比如驻车制动器、配套微控制器和传感器等。

STM8AL 系列单片机基于 STM8A 系列嵌入式的特性,削减了系统成本,提高了可靠性,支持 LIN 通信,提供了更多特性,从而能够利用 LCD 驱动器、RTC、DMA、比较器、12 位 ADC 和 DAC 提升计算性能,节约功耗和节省存储空间。它为汽车应用提供了创新型与低成本解决方案的独特组合。

在二娃的"身体"里也有两大系列,一个是 STM8AL31 系列,另一个是 STM8AL3L 系列。STM8AL31 系列单片机是汽车级超低功耗 8 位单片机产品的入门版。该类产品优化了成本,并在超小型引脚封装内实现了高集成度。该系列单片机型号、封装、FLASH 大小如图 2.4 所示。

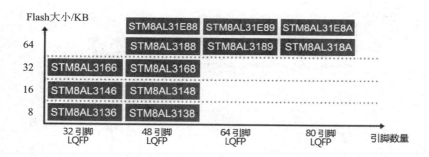

图 2.4 STM8AL31 系列单片机型号、封装和 Flash 大小

STM8AL3L 系列具有更多 FLASH、SRAM 和外设资源,以及外部晶体/时钟功能、更多模拟特性、实时时钟和增强型复位,带有真正读同时写(RWW)功能的 EEPROM、DMA、高速 ADC 和 DAC 资源。STM8AL3L 系列单片机还带有段式 LCD 驱动器。该系列单片机型号、封装、FLASH 大小如图 2.5 所示。

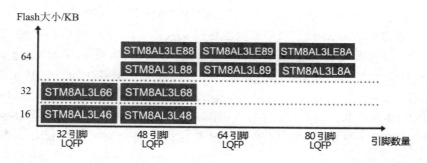

图 2.5 STM8AL3L 系列单片机型号、封装和 Flash 大小

2.4 "三娃"STM8L 会低功耗与便携

三娃来也！在 STM8 微控制器家族中的"五个娃"之中"三娃"代表 STM8L 系列单片机。意法半导体的 STM8L 系列单片机超低功耗产品线支持多种对功耗极为敏感的应用,例如便携式设备。STM8L 基于 8 位 STM8 内核,与 STM32L 系列一样采用了专有超低漏电流工艺,利用最低功耗模式实现了超低功耗(运行维持电流可低至 0.30 μA)。

在三娃的"身体"里分 4 个不同的产品线,适于需要特别注意节约功耗的应用。

首先要说的是 STM8L101 系列,该系列最低功耗模式下仅 0.30 μA 运行维持电流,动态运行模式下 150 μA/MHz 运行维持电流。STM8L101 是 STM8L 超低功耗系列的入门版产品,是最经济的低压微控制器,提供了基本功能和低功耗性能。该类单片机具有高达 8 KB 的 FLASH 存储器和高达 1.5 KB 的 SRAM。基于 STM8 内核,可以工作在 16 MHz 时钟频率下,具有更丰富的外设集,以及 USART、SPI、I^2C 接口、全套定时器、比较器和其他特性。它们采用 20 至 32 引脚封装,可以选择不同的配置来以最经济的价格满足应用需求。该系列单片机型号、封装、FLASH 大小如图 2.6 所示。

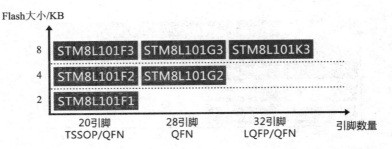

图 2.6 STM8L101 系列单片机型号、封装和 Flash 大小

接着要说 STM8L151/152 系列,该系列最低功耗模式下仅 0.35 μA 运行维持电流,动态运行模式下 180uA/MHz 运行维持电流。STM8L151/152 系列单片机是 STM8L 超低功耗系列的增强型产品。与 STM8L101 相比,这些 MCU 的性能更高,功能更多。它们基于 16 MHz 专用 STM8 内核,具有最大 64 KB FLASH 程序存储器、4 KB SRAM 和多至 2 KB 的数据 EEPROM,采用 20 至 80 引脚封装,可以选择 12 位 ADC 和 DAC、LCD 控制器和温度传感器之类的模拟特性。该系列单片机型号、封装、FLASH 大小如图 2.7 所示。

然后说到 STM8L162 系列,该系列最低功耗模式仅 0.35 μA 运行维持电流,动态运行模式下 180 μA/MHz 运行维持电流。STM8L162 系列单片机其实是由 STM8L 超低功耗系列的 STM8L151/152 产品延伸而来。除了具备 STM8L151/152 的特性外,STM8L162 还包含 1 个加密 AES 单元。这些器件基于 16 MHz 专有 STM8 内核,提供了高达 64 KB 的 FLASH 程序存储器、4 KB SRAM 和高达 2 KB 的数据 EEPROM,采用 64~80 引脚封装,可以选择 12 位 ADC 和 DAC、LCD 控制器和温度传感器之类的模拟特性。该系列单片机型号、封装、FLASH 大小如图 2.8 所示。

最后说到 STM8L051/052 系列,该系列最低功耗模式仅 0.35 μA 运行维持电流,动态运行模式下 180 μA/MHz 运行维持电流。STM8L051/052 超低功耗微控制器为成本敏感型应

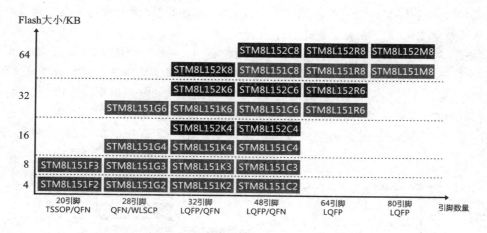

图 2.7 STM8L151/152 系列单片机型号、封装和 Flash 大小

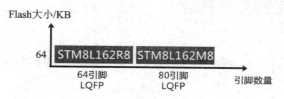

图 2.8 STM8L162 系列单片机型号、封装和 Flash 大小

用提供了最佳性价比。STM8L051/052 超低功耗系列具有与 STM8L151/152 系列类似的内核性能和外设集，优化了特性和配置，从而能够达到预算价格，为设计者实现消费类产品和大批量应用提供了帮助。该系列单片机型号、封装和 Flash 大小如图 2.9 所示。

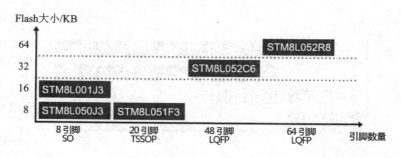

图 2.9 STM8L051/052 系列单片机型号、封装和 Flash 大小

2.5 "四娃"STM8S 主消费及工控

四娃来也！在 STM8 微控制器家族中的"五个娃"之中"四娃"代表 STM8S 系列单片机。意法半导体的 STM8S 系列主流 8 位微控制器适合于工业、消费类和计算机市场的应用，特别是要实现大批量生产的情况。基于 STM8 专有内核，STM8S 系列采用意法半导体公司的 130 纳米工艺技术和先进内核架构，工作主频可达到 24 MHz，处理能力高达 20 MIPS。嵌入式 EEPROM、RC 振荡器和全套标准外设为设计者提供了稳定且可靠的解决方案。

在四娃的"身体"里也分 4 个不同的产品线,具有不同特性,但是保持了全面兼容性和可升级性,从而减少了未来产品设计变更。

超值型 STM8S001/003/005/007 是入门级产品,具有基本功能。STM8S 超值系列提供了所有 8 位微控制器中的最高性价比,很多消费类和大批量工业电子器件均需要基本的 MCU 功能和极具竞争力的价格,与现有的低成本 MCU 相比,STM8S 超值型的成本更低,并且还能够以很低的价格实现接近于 STM8S 基本型和增强型的出色性能。所有 STM8S 超值系列微控制器的产品制造流程、封装和测试技术均得到了优化。该系列单片机型号、封装、FLASH 大小如图 2.10 所示。

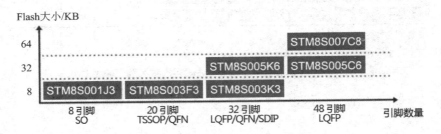

图 2.10　STM8S003/005/007 系列单片机型号、封装和 Flash 大小

基本型 STM8S103/105 属于标准多功能 8 位微控制器。作为低成本超值型产品升级的第一步,STM8S103/105 基本型提供了更多的封装、存储容量、特性和工厂编程服务选项。它基于专有 16MHz 内核,具有全套定时器、相关通信接口(UART、SPI、I²C)、10 位 ADC、内部和外部时钟控制系统、看门狗、自动唤醒单元和集成式单线调试模块。该产品系列具有高达 32KB 的 FLASH 程序存储器、高达 1 KB 的数据 EEPROM 和高达 2 KB 的 RAM,提供 20、32、44 和 48 引脚封装。该系列单片机型号、封装、FLASH 大小如图 2.11 所示。

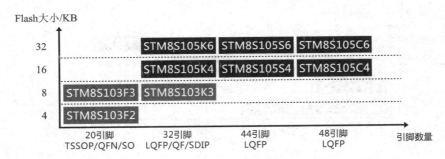

图 2.11　STM8S103/105 系列单片机型号、封装和 Flash 大小

增强型 STM8S207/208 是更高端的多功能 8 位微控制器,可以替换 STM8S103/105 基本型。它基于意法半导体的专有 24 MHz 内核,具有与基本型相同的标准特性,具有全套定时器、相关通信接口(UART、SPI、I²C)、10 位 ADC、内部和外部时钟控制系统、看门狗、自动唤醒单元和集成式单线调试模块。它还提供其它特性,例如 CAN 接口和另一个 UART。

STM8S207/208 增强型微控制器采用 32~80 引脚封装。该产品系列具有高达 128 KB 的 FLASH 程序存储器、高达 2KB 的数据 EEPROM 和高达 6 KB 的 RAM,最适于工业、消费类和其它中端或高端应用。该系列单片机型号、封装、FLASH 大小如图 2.12 所示。

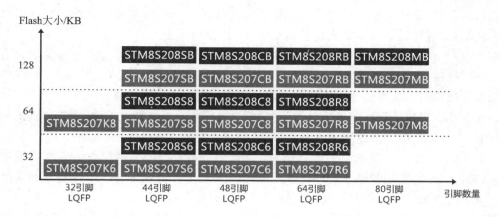

图 2.12 STM8S207/208 系列单片机型号、封装和 Flash 大小

专用型 STM8S 提供更好的模拟性能,并为 DiSEqC 应用提供了解决方案。DiSEqC 是英文"Digital Satellite Equipment Control"的缩写,即"数字卫星设备控制",适用于数字卫星电视接收机控制,发出指令集给相应设备,如切换开关、切换器、天线驱动设备和 LNB 等。DiSEqC 事实上是一个控制协议而不是某种硬件,目前拥有 DiSEqC1.0、DiSEqC1.1、DiSEqC1.2、DiSEqC2.0 等协议版本。

STM8S903 系列单片机最适于那些需要更多模拟特性和更高性能的应用。典型应用包括电机控制、电池管理、电源和功率管理。STM8S903 具有和 STM8S103/105 基本型相同的标准特性:全套定时器、相关通信接口(UART、SPI、I²C)、10 位 ADC、内部和外部时钟控制系统、看门狗、自动唤醒单元和集成式单线调试模块。设计者将得益于更多 ADC 通道、定时器同步和内部电压参考。STM8S903 基于专用 16MHz 内核,采用 20 或 32 引脚封装。程序 FLASH 存储器的容量为 8 KB,并且具有 640 B 容量数据 EEPROM 和 1 KB 容量 RAM。

STM8SPLNB1 系列单片机专门用于实现低讯降频放大器(LNB)控制,LNB 是英文"Low Noise Block downconverter"的缩写,该系列单片机是面向 DiSEqC 协议解码的完整硬件与软件解决方案。该微控制器预先设有应用固件,并且硬件实现仅需少量额外元件。

2.6 "五娃"STM8T 通电容接近、触摸识别

五娃来也! 在 STM8 微控制器家族中的"五个娃"之中"五娃"代表 STM8T 系列单片机。意法半导体的 STM8T 系列利用 ProxSense 技术的电荷转移电容采集原理,支持从基本的单点触控(包括接近感应)到能够管理 300 个触点或通道的高级矩阵的各种应用。接近检测范围最多可至 20 cm,并且容性电极可由简单的导电材料制成,例如铜垫或导电玻璃 ITO 层。

在五娃的"身体"里分 2 个不同的产品线:一个是 STM8T141/143 单通道电容式传感器,另一个是 STM8TL52/L53 电容式接近和触摸键控制器系列。

STM8T143 系列是意法半导体 STM8T 电容式接近和触摸键控制器系列的最新产品,采用电荷转移电容技术。STM8T143 可以测量电介质(例如玻璃或丙烯板)后面的电极(一般由铜垫或导电 ITO 材料制成)附近的人体电容。

STM8T143 系列是一种单通道 8 引脚器件,电流消耗极低(10uA 左右)。它嵌入了采样

电容器和稳压器,有助于提升器件灵敏度和增强系统在嘈杂环境下的抗扰性。它利用独特的电极寄生电容补偿(EPCC)功能实现了高达 25cm 的检测范围。

在手机中,STM8T143 系列具有耳朵接近检测和触摸屏停用功能,能够避免用户通话过程中无意间触碰按键。STM8T143 系列还可以满足平板电脑的 FCC 认证 SAR 测试(电磁辐射能量吸收比)要求,从而能够降低器件与用户紧密接触时的 RF 功率。

其他各种应用包括替换或增强普通开关、用户界面的接近式背光照明、接近方式的唤醒或控制功能、支持黑暗中寻找的照明设备,以及便携式设备节电附件等等。

STM8TL52/L53 系列基于采用 ProxSense 技术的 STM8L 平台。稳定的内部模块提供了强大的抗干扰性,而创新型 STM8L 系列则提供了基于低功耗 FLASH 的技术和优势。这两个高级解决方案的组合满足了要求更为苛刻的用户界面和需求。

STM8TL52/L53 系列属于意法半导体 STM8T 电容式接近和触摸键控制器产品,是最先进的解决方案。它采用 ProxSense 技术的电荷转移电容采集原理,通道数量可多达 300 个。硬件外设资源融合先进的模拟和数字处理于一身,无需占用 CPU 资源即可测量电极电容。快速投射式电容采集将外部元件的使用降至最低水平,利用多达 15 个 Tx 和 20 个 Rx 的矩阵实现了稳定的通道复用。

2.7 "主角上场"STM8S207/208 系列

初步认识了 STM8 单片机家族的"五娃"后,终于要请出本书的主角了。本书的资源讲解主要基于 STM8S207 与 STM8S208 系列单片机,在实战项目中具体使用的是 STM8S208MB 单片机芯片,该单片机属于 STM8S208 系列,本书的片内资源讲解及实战项目例程稍加修改和匹配后即可适用于 STM8 其他系列单片机应用,STM8S207/208 系列单片机的结构组成如图 2.13 所示。

STM8S207 与 STM8S208 系列单片机 CPU 时钟频率最高可达 24MHz,当 CPU 时钟频率小于或等于 16 MHz 时,访问存储器零等待。该系列单片机配备高级 STM8 内核,基于哈佛结构并具备 3 级流水线和扩展指令集,在最高 24 MHz 时钟频率下的数据处理能力可达 20 MIPS。

该系列单片机内部拥有最多 128 KB 的程序存储 FLASH,在经过 1 万次擦写后在 55 ℃环境下数据可保存长达 20 年之久,拥有最多 2 KB 真正的数据 EEPROM,擦写次数可达 30 万次,芯片 RAM 最多支持到 6 KB 容量。

该系列单片机还拥有宽泛的工作电压范围,支持 2.95~5.5 V 工作电压。具备 4 种时钟源可选,拥有灵活的时钟控制体系,可将系统工作时钟配置为外部晶体振荡器输入、外部时钟信号输入、内部 16 MHz RC 振荡器、内部低功耗 128 kHz RC 振荡器等。带有时钟监控的时钟安全保障系统(CCS),支持电源管理,可以将单片机运行模式调整为低功耗模式(等待、活跃停机、停机),片内外设的工作时钟可单独关闭,支持低功耗上电和掉电复位。

该系列单片机带有 32 个中断的嵌套控制器和 6 个外部中断向量,最多支持 37 个外部中断定时器。具备 1 个 16 位高级型定时器 TIM1,2 个 16 位通用型定时器 TIM2 和 TIM3,1 个 8 位基本型定时器 TIM4,具备自动唤醒定时器 AWU 单元、窗口看门狗 WWDG 单元和独立看门狗 IWDG 单元。

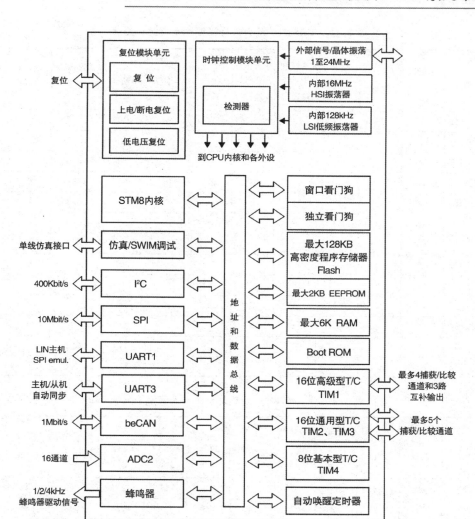

图 2.13 STM8S207/208 系列单片机结构组成

该系列单片机还拥有丰富的通信接口,具备高速 1Mbit/s 通信速率的 CAN 2.0B 接口,带有同步时钟输出的 UART 和 LIN 主模式接口,UART 兼容 LIN2.1 协议。SPI 接口数据通信速率最高可达 10 Mbit/s,I^2C 接口数据通信速率最高可达 400 Kbit/s。

该系列单片机在模拟性能和资源配备上也非常强大,拥有 10 位模/数转换器 ADC 功能,最多有 16 路转换通道,80 引脚封装芯片上最多有 60 个 I/O 引脚,包括 18 个高灌电流输出引脚,具备非常强健的 I/O 内部结构设计,对倒灌电流有非常强的承受能力。该系列单片机还提供了单线接口模块(SWIM)和调试模块(DM),用户可以方便地进行在线编程和非侵入式调试。

以上内容简要介绍了 STM8S207 与 STM8S208 系列单片机强大的功能,接下来看一看该系列单片机中具体有哪些成员,以方便读者在实际项目应用中进行选型。该系列单片机的功能配置情况和单片机型号如表 2.1 和表 2.2 所列。

表 2.1　STM8S207 系列单片机型号及资源一览表

型　号	引脚数目	GPIO数目	外部中断引脚	T/C捕获/比较通道	T/C互补输出	A/D转换通道	高灌GPIO引脚	程序存储器/KB	EEPROM/B	RAM/KB	beCAN接口
STM8S207MB	80	68	37	9	3	16	18	128	2 048	6	
STM8S207M8	80	68	37	9	3	16	18	64	2 048	6	
STM8S207RB	64	52	36	9	3	16	16	128	2 048	6	
STM8S207R8	64	52	36	9	3	16	16	64	1 536	6	
STM8S207R6	64	52	36	9	3	16	16	32	1 024	6	
STM8S207CB	48	38	35	9	3	10	16	128	2 048	6	
STM8S207C8	48	38	35	9	3	10	16	64	1 536	6	无
STM8S207C6	48	38	35	9	3	10	16	32	1 024	6	
STM8S207SB	44	34	31	8	3	9	15	128	1 536	6	
STM8S207S8	44	34	31	8	3	9	15	64	1 536	6	
STM8S207S6	44	34	31	8	3	9	15	32	1 024	6	
STM8S207K8	32	25	23	8	3	7	12	64	1 024	6	
STM8S207K6	32	25	23	8	3	7	12	32	1 024	6	

表 2.2　STM8S208 系列单片机型号及资源一览表

型　号	引脚数目	GPIO数目	外部中断引脚	T/C捕获/比较通道	T/C互补输出	A/D转换通道	高灌GPIO引脚	程序存储器/KB	EEPROM/B	RAM/KB	beCAN接口
STM8S208MB	80	68	37	9	3	16	18	128	2 048	6	
STM8S208RB	64	52	37	9	3	16	16	128	2 048	6	
STM8S208R8	64	52	37	9	3	16	16	64	2 048	6	
STM8S208R6	64	52	37	9	3	16	16	32	2 048	6	
STM8S208CB	48	38	35	9	3	10	16	128	2 048	6	
STM8S208C8	48	38	35	9	3	10	16	64	2 048	6	有
STM8S208C6	48	38	35	9	3	10	16	32	2 048	6	
STM8S208SB	44	34	31	8	3	9	15	128	1 536	6	
STM8S208S8	44	34	31	8	3	9	15	64	1 536	6	
STM8S208S6	44	34	31	8	3	9	15	32	1 536	6	

第 3 章

"工欲善其事，必先利其器"软/硬件开发环境及调试准备

章节导读：

亲爱的读者，本章将详细介绍 STM8 系列单片机软/硬件开发环境及调试的相关知识和应用。本章共分为 4 部分，3.1 节主要讲解适用于 STM8 系列单片机的两种主流开发环境 IAR 和 STVD 以及 ST 官方推出的图形化配置工具 STM8CubeMX，详细讲解了开发环境的工程建立方法、下载调试方法和环境特点。3.2 节主要讲解"躯干肢体"，列举和分析了常见开发板的特色，介绍本书推荐开发板（思修"祥云"小王子开发板）的板载资源。3.3 节主要讲解程序调试和下载方法，让读者熟悉 ST - LINK 工具、STVP 软件以及串口下载程序过程。3.4 节主要介绍两种单片机系统设计时常用的仪器。本章内容是学习 STM8 系列单片机开发的基础，读者务必要熟悉开发环境，学会调试和下载方法。

3.1 "塑造灵魂"软件开发环境

老话说得好"工欲善其事,必先利其器",足以说明工具环境对于设计开发的重要性。通过前两章的学习,我们简单地认识了 STM8 系列单片机的产品分类和产品特点,接下来我们就要准备学习 STM8 系列单片机的开发"环境",这里的"环境"指的是"软件开发环境"和"硬件开发环境"。软件开发环境的作用是编写程序、调试软件功能、下载固件到单片机中。硬件开发环境的作用是连接外围电路,驱动功能外设,实现电气功能,最终构成一个以 STM8 系列单片机作为控制核心的应用系统。

首先来说一说"软件开发环境",该环境是用来给 STM8 单片机"塑造灵魂"的,所谓的"灵魂"就是 STM8 单片机中的程序。在程序设计之初必须要经过需求分析、可行性分析、程序结构设计等阶段,以实际的需求作为导向去编写程序,最终实现功能。编程者需要选定自己比较熟悉的编程语言和开发软件去构建软件开发系统,编写源程序代码之后通过编译和链接过程就可以得到"固件"程序,然后将其烧写到指定单片机单元之中,此时编程者的"思想"就赋予了该单片机"灵魂",此时的单片机芯片就不再是"空白片",而是一个拥有"思想"的"小蜘蛛"了。

看到这里,可能有不少读者心生疑惑,什么是"固件"程序?单片机的"灵魂"从何而来?说到这里,小宇老师就需要举一个手机"刷机"的例子帮助大家理解,对于"刷机"这个名词大家一定不会感到陌生,有的时候手机出现了软件故障需要拿到手机维修点进行维修,维修员就时常提到"刷机"一词。刷机就是对现有手机中的软件系统进行升级或重装的过程。在刷机之前,维修员会找到与该手机匹配的"刷机包",这个刷机包就是我们所说的"固件",这个固件是由手机开发软件工程师们编写的,是由多个源程序代码经过封装整合得到的。如果刷机成功了,那么手机就恢复如初或者是更换了系统变得更加实用;如果刷机失败了,那手机就瞬间"变砖"了,所谓的"变砖"就是缺失软件系统导致手机无法正常使用。所以说,手机就是一个典型的软/硬件应用系统,软件就是操作系统加上各种底驱和应用程序,硬件就是手机内部的电路板,包含处理核心电路、音视频解码电路、射频通信电路、电源管理电路等等,这与我们学习的 STM8 系列单片机开发系统是相似的。

在我们学习的 STM8 系列单片机开发软件中,有两种开发软件比较主流,第一种是意法半导体自己的开发环境"ST Visual Develop",可以简称为"STVD",还有一种是 IAR 公司推出的"IAR Embedded Workbench For STM8",这两种软件都各有优势,使用起来也都比较方便。人性化的意法半导体公司已经把这两种开发软件都放在了意法半导体官方网站之中,可以供用户下载。用户可以登录意法半导体公司官方网址,在搜索文本框中直接输入"IAR"关键字,在搜索得到的"Tools & Software"页面即可看到"IAR-EWSTM8"选项,单击进入后将会跳转到 IAR 官网,用户可以进行下载。使用同样的方法在搜索文本框中直接输入"STVD"关键字,也会在搜索结果中看到"STVD‐STM8"选项,单击进入后即可进行下载,搜索页显示结果如图 3.1 所示。

在图 3.1 中两个黑色箭头所指向的软件名称就是对应的两种开发环境,第一个箭头指向的"IAR-EWSTM8"就是 IAR 公司推出的 STM8 开发环境,IAR 集成开发环境自带经过系统优化后的 C 编译器,这一点非常实用,使用 IAR 环境可以编写程序,可以通过 ST-LINK 工具对程序进行仿真和下载,也可以在 IAR 环境中配置选项字节,使用起来非常方便,一个环境就

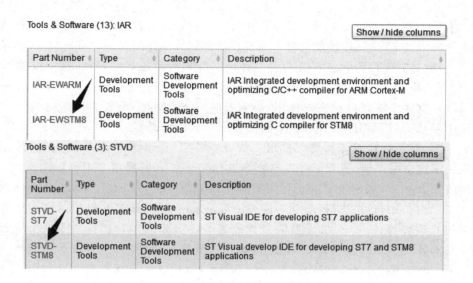

图 3.1 STM8 开发软件工具搜索结果

可以"搞定"STM8 系列单片机的软件开发需求,所以本书的所有例程都是基于 IAR 环境编写的,读者可以登录"https://www.iar.com/"网址去下载"IAR Embedded Workbench For STM8"软件,该软件的下载介绍页面如图 3.2 所示。需要读者注意的是,IAR 公司推出的开发环境很多,都是针对不同的主流微处理器而设计的,大家要正确选择然后下载、安装并且注册。

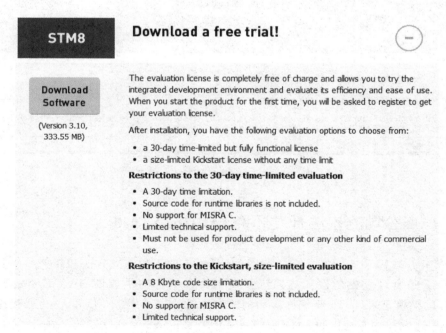

图 3.2 IAR Embedded Workbench For STM8 开发软件下载介绍页

在图 3.1 中第二个黑色箭头指向的"STVD-STM8"就是意法半导体推出的"ST Visual

Develop"开发环境,该环境也是非常的简单易用,该开发环境最重要的组成部分是"STVD"和"STVP",我们可以在 STVD 环境中开发程序,然后通过 ST-LINK 工具和 STVP 软件将固件下载到单片机中,STVP 软件还能读取当前单片机内部数据和配置单片机选项字节,功能强大且操作简单,但是需要说明的是 STVD 开发环境本身并不具备 C 编译器,这一点就和 IAR 环境不同,STVD 环境只提供了汇编语言的编译器,如果读者需要在 STVD 环境下使用汇编语言进行程序开发就可以直接安装并使用,不需要额外安装其它组件,如果读者需要在 STVD 环境下使用 C 语言进行程序开发就必须额外安装一个 C 编译器。

那么,这个额外的 C 编译器要在哪里去找呢?其实,在意法半导体公司的开发工具列表中已经提供了这个编译器,朋友们可以自行在意法半导体官网搜索文本框中输入"cosmic"在搜索得到的"Tools & Software"页面即可看到"COS-C-COMPILER"选项,单击进入后将会跳转到 Cosmic 官网,用户可以进行下载。该编译器是采用 Cosmic 公司推出的适用于 STM8 系列单片机的 C 编译器,Cosmic 编译器的工具链为 STM8 系列单片机提供了一个完整的创新设计与开发部分。早期的 STM8-Cosmic 编译器是需要注册使用的,未注册的版本具有代码大小限制,从 2016 年 3 月开始 STM8-Cosmic 编译器提供了一个无代码大小限制的版本给编程人员免费使用,这样就进一步简化了注册流程。需要朋友们注意的是,编译器安装后还需要在 STVD 环境中进行相关参数配置,需要把编译器工具配置为"STM8 Cosmic",至此就可以正常使用 STVD 环境编写和编译 C 语言程序代码了。读者可以登录"http://cosmicsoftware. com/download_stm8_free. php"网站去下载该编译器组件,下载介绍页面如图 3.3 所示。

图 3.3　Cosmic 编译器下载介绍页

3.1.1　IAR 公司的软件开发环境 IAR for STM8

我们先来了解 IAR 的开发环境,掌握 IAR 环境下的工程建立方法和相关参数配置过程。IAR Systems 是全球领先的嵌入式系统开发工具和服务的供应商,IAR Embedded Workbench 拥有世界领先的 C/C++编译器和调试工具链,基于 8 位、16 位和 32 位微处理器 MCU 的应用,注重速度和性能优化的 IAR Embedded Workbench 系列软件非常强大。IAR 嵌入式工作台"IAR Embedded Workbench for ST Microelectronics STM8"为 STM8 系列单片机产品提供了全面支持,目前已经支持 STM8AF 系列、STM8AL 系列、STM8L 系列、STM8S 系列、STM8T 系列以及 STLUX 数字控制器系列芯片。本书使用的"IAR Embedded Work-bench for ST Microelectronics STM8"开发环境是 2.10 版本（2018 年已推出 3.30 版本了，3.30 版本中支持了最新的 STM8 相关系列产品型号，用户可以自行下载使用，其用法与 2.10 大同小异），该版本支持对选项字节 Option bytes 的配置、EEPROM 的初始化变量设置和对一些新设备的改进。如图 3.4 所示，安装完成后即可使"IAR Embedded Workbench"软件。

图 3.4　IAR Embedded Workbench 程序路径

我们首先打开"IAR Embedded Workbench"软件，进入如图 3.5 所示界面，我们找到菜单栏中的"Project"选项，在该菜单选项的下拉列表中选择"Create a New Project"选项，目的在于新建一个程序工程。

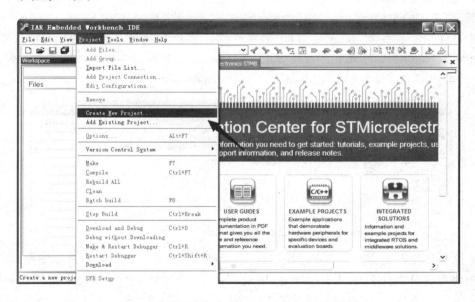

图 3.5　IAR Embedded Workbench 程序界面及工程创建

单击"Create a New Project"选项后 IAR 环境会显示出如图 3.6 所示界面，该界面用来确定所建项目的类别，在该界面中默认选择工具链（Tool chain）为"STM8 Series"，项目的类型有 4 种可选项，分别是空工程（Empty Project）、汇编语言（Asm）工程、C＋＋语言工程和 C 语言工程。由于本书的所有实验都是基于 IAR 环境下利用 C 语言编写的，所以我们选择建立一个 C 语言工程。选择完毕后就可以单击"OK"按钮结束项目类别配置。

单击"OK"按钮后，原项目类别界面自动消失，IAR 环境会让编程用户选择项目被保存的位置，我们可以在操作系统的桌面上建立一个文件夹，取名为"Project_Demo"，然后将程序工程取名为"STM8_Demo"之后再保存到桌面文件夹下即可。当然了，工程名称和存放文件夹的名称都可以由读者自行决定，假设欲设计的实验是关于 STM8 系列单片机蜂鸣器功能的，

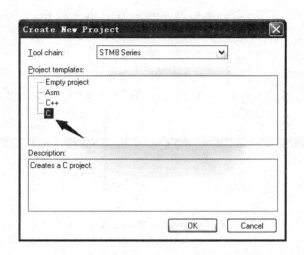

图 3.6　IAR 新建项目类别配置

也可以将程序工程名称改为"BEEP. V1.0"都是可以的,程序工程保存完毕后会进入如图 3.7 所示界面,在界面的左侧部分是工作区"Workspace",程序工程名称为"STM8_Demo-Debug",在工程中自动添加了一个"main. c"文件,该文件就是 C 语言项目文件中的主程序文件,文件中包含主函数"main()",初始化后默认设定主函数返回值类型为整形 int,形式参数类型为空类型 void,函数体中带有返回语句"return 0",返回参数为整形"0"。

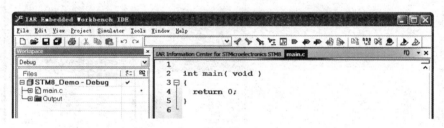

图 3.7　新工程界面及 main. C 文件内容

　　到了这一步是不是就可以编写程序了呢? 不着急,还有几个参数需要进行配置,在工程中必须明确使用的单片机系列、单片机型号、下载调试工具等等,这些参数的配置都在程序工程的"Options..."选项卡内,我们可以对工作区"Workspace"中的"STM8_Demo-Debug"工程名称单击右键,此时会弹出一个右键选项如图 3.8 所示。

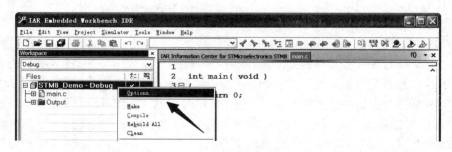

图 3.8　打开工程选项配置界面

在图 3.8 所示的右键选项中单击第一个选项"Options..."会显示出当前工程的选项配置界面如图 3.9 所示。在配置界面左侧一共有 8 个大的配置项,"Debugger"配置项中又包含 3 个小的配置项。我们首先选择常规选项"General Options"进行配置,单击常规选项配置后在右边会有很多个配置页,目标选项页"Target"中的"Device"默认为"STM8-Unspecified",此时我们需要确定单片机的系列和型号,可单击文本框后面的小按钮展开 IAR 环境所支持的单片机系列,可以看到"IAR Embedded Workbench for ST Microelectronics STM8"软件的 2.10 版本支持的 STM8 单片机系列共有 5 种。假设当前我们使用的单片机型号为 STM8S208MB,则应该展开 STM8S 系列选项,从右边选择 STM8S208MB 型号即可。

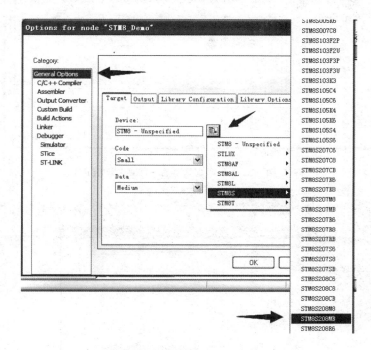

图 3.9 工程选项配置界面(单片机型号选择)

单片机型号选择完毕后就可以开始配置下载调试工具选项"Debugger",单击左侧的"Debugger"选项,配置界面变更为如图 3.10 所示,我们在"setup"选项页中的设备"Driver"下拉列表中选择"ST-LINK",这个设备是由意法半导体公司开发的一款 STM8/STM32 下载调试工具,我们会在后续的小节中进行学习,此处点选该项即可。相关参数配置完成后一定要记得单击"OK"按钮。

单片机的相关系列和型号以及下载调试工具配置完成后就可以保存 IAR 工作区"Workspace",单击 IAR 开发环境菜单栏中的"File"菜单,在下拉列表中选择"save Workspace"选项,此时会出现如图 3.11 所示界面。系统会让编程人员选择工作区名称和保存位置,此处我们选择保存到桌面上的"Project_Demo"文件夹内,并且为工作区取名为"STM8_Demo",同样的,工作区的名称也可以由用户自定义。选定保存位置并输入工作区名称后单击"保存"按钮即可。

工程建立到这里就算完成了,当然,这只能算是一个简易的工程,在工程中没有编写具体的程序,我们也没有涉及到程序工程选项卡中的复杂配置项,这一部分内容可以在读者后续的

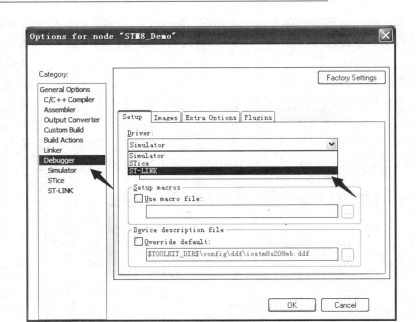

图 3.10　工程选项配置界面（调试工具选择）

图 3.11　保存 IAR 工作区

学习中慢慢体会，相关的配置及软件功能使用可以参考 IAR 公司配套的用户使用手册，也可以打开 IAR 环境菜单栏中的"help"菜单选项获取相关资料。

　　工程建立完毕后就可以开始编写 C 语言程序了，C 语言程序编写完毕后就可以单击编译链接按钮"Make"执行程序工程的编译和链接操作，最终得到可下载到单片机中的固件程序，编译链接按键位置如图 3.12 所示，图片上方黑色箭头指向的按钮即为"Make"按钮，若程序没有语法错误且书写正确，则编译链接后提示错误数为"0"且警告数也为"0"，该部分信息称之为 IAR 环境下的调试信息输出，如图 3.12 下方黑色箭头所示，编程人员可以通过查阅调试信息获知程序代码编译和链接情况，也可以通过错误和警告提示找到程序中的出错位置，并且修正代码直到没有错误为止。

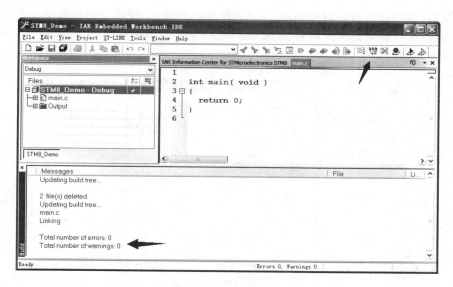

图 3.12　程序的编译链接和调试信息输出

　　源程序编译完毕后就可以按照需求配置 STM8 系列单片机的选项字节参数了,该部分的内容将在本书第 9 章做详细的讲解,选项字节就是一组与 STM8 单片机片上资源有关的选项,选项字节用于配置硬件特性、存储器保护状态、资源外设功能等,这些字节位于特定存储器的阵列之中。用 IAR for STM8 开发环境配置选项字节之前,应该正确连接 ST-LINK 设备,然后通过 SWIM 接口与单片机模块或者开发板对应的 SWIM 接口连接,确保开发板供电正常、电气连接正确后再单击菜单栏中的 ST-LINK 选项,单击打开下拉菜单中的"Option Bytes …"选项,具体操作如图 3.13 所示。

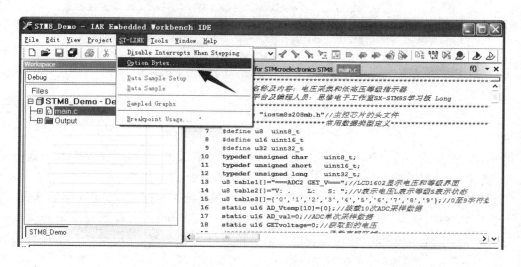

图 3.13　打开"Option Bytes…"选项字节配置页

打开的"Option Bytes…"选项如图 3.14 所示，选项卡界面中左侧的"Option"这一列便是用户可配置的选项名称，右侧的"Value"即为选项配置参数，若读者按需修改了相关参数，只需单击"OK"按钮即可完成选项的配置。当然了，现目前我们还用不到选项字节操作，读者也可以暂时跳过该步骤。

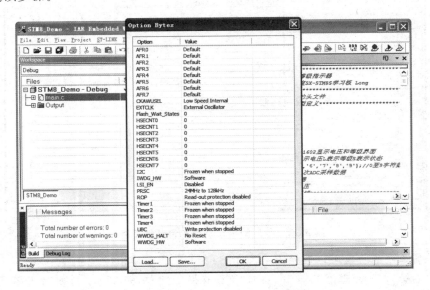

图 3.14　"Option Bytes…"选项字节配置界面

按需配置选项字节后可以将程序工程习惯性的再次编译链接一遍，然后就可以进行程序调试和下载了，此处我们使用 ST－LINK 工具进行程序下载和调试，可以单击"Download and Debug"按钮如图 3.15 黑色箭头所示。

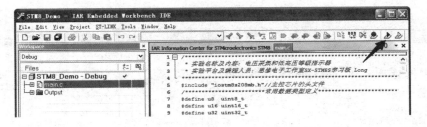

图 3.15　单击"Download and Debug"按钮进入调试界面

单击"Download and Debug"按钮之后会出现程序下载进度条，用户此时需要等待程序下载完毕，当程序下载完成后会自动进入程序仿真调试界面如图 3.16 所示。

至此我们便完成了 IAR 环境下的工程建立和程序下载调试学习，读者可以将 IAR 开发环境安装在电脑中，插上 ST-LINK 工具，并且连接好 STM8 开发板，确保开发板与调试下载工具电气正常，然后多动手练习，把工程建立的方法自己实验几遍，专门建立一个存放实验程序的文件夹，学会按照日期或者版本号进行工程文件分类和归置，养成好的编程习惯，这就算是起了一个好头。

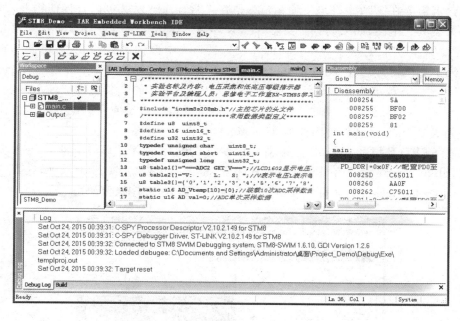

图 3.16 IAR 环境下的仿真调试界面

3.1.2 ST 公司的软件开发环境 STVD

接下来,我们开始学习意法半导体的 STVD 开发环境软件并掌握建立程序工程的方法。读者若使用意法半导体公司官方的开发工具对 STM8 系列单片机进行开发,可登录意法半导体公司网站并浏览 8 位微控制器产品相关网页中软件开发工具"Software Development Tools"页面,其中就有最新版本的开发环境和开发工具集合,我们可以在列表中找到 STVD 资源进行下载,下载后会得到一个名为"ST Toolset"的压缩包文件,其中含有 STVD 环境和相关组件的安装程序。如图 3.17 所示,安装完"ST Toolset"后,在程序列表中的"Development Tools"文件夹中会有 4 个文件,第一个就是"ST Visual Develop",简称"STVD",该程序就是意法半导体公司推出的可视化开发环境,该软件就是本节需要学习的"主角"了,第二个文件是"ST Visual Programmer",简称"STVP",该程序是意法半导体公司推出的可视化编程工具,这个软件会在后续小节中详细讲解。

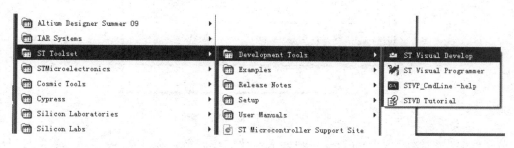

图 3.17 STVD 开发环境程序位置

如果读者需要在 STVD 环境下使用汇编语言进行程序开发就可以直接使用开发环境,不需要额外安装其它组件,如果读者需要在 STVD 环境下使用 C 语言进行程序开发就必须额外安装一个"C 编译器"。意法半导体公司的开发工具列表中提供了 Cosmic 公司推出的适用于 STM8 系列单片机的 C 编译器,读者可以登录"http://cosmicsoftware.com/download_stm8_free.php"网站去下载该编译器组件,下载完毕进行安装,具体的安装流程此处不做展开,读者可以自行参考 Cosmic 公司给出的使用资料,当 Cosmic 编译器安装完毕也会显示在计算机的所有程序列表之中,程序文件夹名称为"Cosmic Tools"。

安装了 STVD 环境和 Cosmic 编译器之后就可以进行 STVD 环境下的 C 语言程序开发了,我们打开 STVD 环境开始建立新的程序工程,单击菜单栏中的"File"选项,在下拉列表中选择"New Workspace...",其目的是建立一个新的工作区,具体操作如图 3.18 所示。

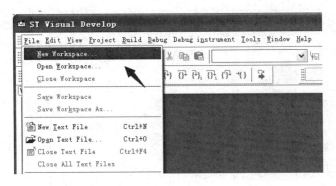

图 3.18　建立 STVD 环境下的新工作区

单击"New workspace..."选项之后会出现如图 3.19 所示界面,STVD 环境让用户选择建立的工作区类型,我们默认选择第一个创建类型即可,选定后单击"确定"按钮。

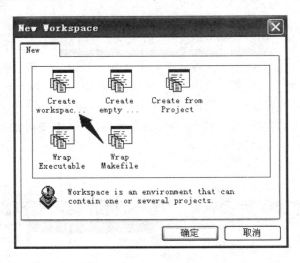

图 3.19　选择新建工作区类型

单击"确定"按钮后,STVD 会让用户输入新建工作区名称和指定存放位置,我们可以将新建工作区取名为"STM8_Demo",此时我们可以在操作系统的桌面上建立一个文件夹,为了简便也同样取名为"STM8_Demo",当然,工作区名称和存放文件夹的名称都可以由读者自行决定,接下来把新建工作区保存到桌面上的新建文件夹中,然后单击"OK"按钮,具体的操作配置如图 3.20 所示。

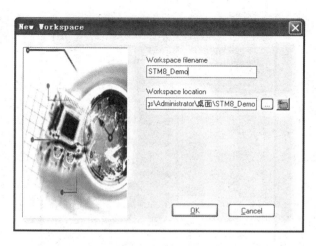

图 3.20 确定工作区名称及保存位置

接下来会出现如图 3.21 所示界面,该界面有两个作用,第一个作用是确定项目名称及保存位置,第二个作用是让编程人员选定编译器工具和编译器所在的位置。我们可以将项目名称命名为"STM8_Demo",并且指定项目存储的位置为桌面上的"STM8_Demo"文件夹。假设我们需要用 C 语言进行程序开发,此处应该配置编译器工具为"STM8 Cosmic"。如果读者在安装 Cosmic 编译器时按照默认路径安装,则 Cosmic 编译器应该在"C:\Program Files\COSMIC\CXSTM8_32K"路径之下,如果读者自行改变了 Cosmic 编译器位置,则此处重新指定编译器位置即可,在完成项目配置和编译器配置之后,单击"OK"按钮即可。

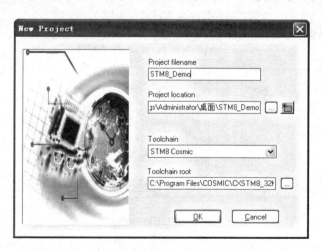

图 3.21 确定项目名称及保存位置及编译器配置

当新建工作区配置、项目配置、编译器工具配置都完成之后就可以指定具体的单片机芯片型号了,读者一定不要选错,要仔细查阅您的开发板或者查看芯片表面印字,单片机型号选择界面如图 3.22 所示,在左侧的"MCUs"中列举了非常多的单片机型号,如果您觉得不方便查找,可以在"Show MCUs containing..."后面的文本框中输入具体型号,然后单击"Select"按钮,此时的"Selected MCU"型号即为您的配置型号,若选择无误则单击"OK"按钮完成配置过程。

图 3.22　单片机型号选择界面

经过以上配置步骤之后就进入了项目工程界面,如图 3.23 所示,在左侧的工作区中包含有我们建立的"STM8_Demo"工程,在工程之中有两个 C 文件,第一个 C 文件是"main.c",该文件是项目工程中的主函数文件,文件中编写了 main()函数框架,读者可以基于该框架进行程序编写。

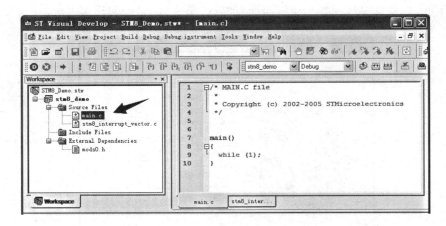

图 3.23　新建项目工程中的主函数文件

在项目工程中的第二个 C 文件是"stm8_interrupt_vector.c",该文件十分重要,双击该文件打开之后会看到其中内容如图 3.24 右侧代码区所示,该文件中书写了关于中断向量的语句,有关中断机制的相关知识点会在本书第 11 章做详细讲解,这个文件涉及到中断向量和中断源的配置,文件中的具体代码在此处不做深入展开,读者可以在后续学习中慢慢体会,此处只需记住这个 C 文件的作用,以后会用到。

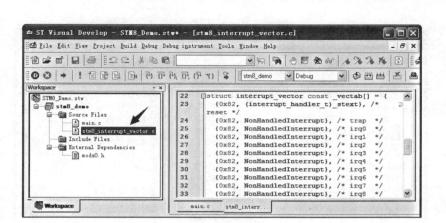

图 3.24　新建项目工程中的中断配置文件

主函数的 C 文件和中断配置 C 文件都包含在"STM8_Demo"项目的"Source Files"程序资源文件夹中，如果读者需要编写具体单片机的程序代码还需要添加相应型号的单片机头文件到程序工程之中，仔细观察，在项目中的"Source Files"文件夹下方还有一个"Include Files"文件夹，如图 3.25 所示，右击该文件夹，在快捷菜单中选择"Add Files to Folder..."选项就可以添加单片机头文件到项目中。

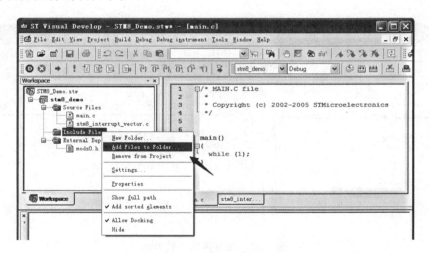

图 3.25　添加特定单片机型号头文件

一般来说，STVD 环境所支持的单片机头文件都会在程序的根目录下，如果读者没有改变 STVD 的程序安装路径，则单片机头文件应该在"C:\Program Files\STMicroelectronics\st_toolset\include"路径之下，我们可以选取"include"文件夹中对应的单片机头文件，如图 3.26 所示，假设实际开发板中我们使用的 STM8S208MB 这款单片机，我们就可以选择 "STM8S208MB.h"头文件，选定头文件之后单击"打开"按钮即可。

头文件添加完毕后会显示在"Include Files"文件夹中，接下来我们需要配置调试下载工具选项，读者可以单击 STVD 开发环境菜单栏中的"Debug instrument"菜单，在下拉列表中选择 "Target Settings..."选项，具体操作如图 3.27 所示。

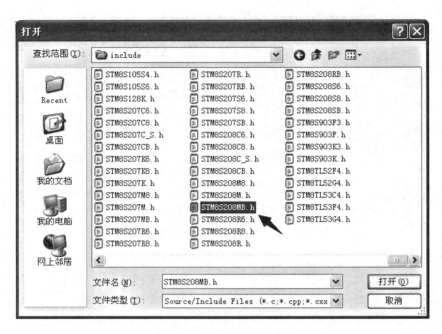

图 3.26　添加单片机头文件

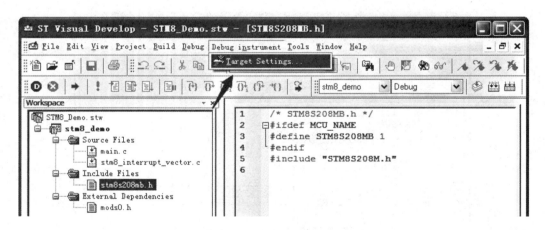

图 3.27　配置调试下载参数

　　单击"Target Settings..."选项之后会出现"Debug instrument Settings"配置页如图 3.28 所示,在配置页中需要用户选择具体的调试工具,此时我们选择"Swim ST-Link"即可。

　　工具中的"Swim"表示 STM8 系列单片机特有的单线调试接口,在实际的使用中,ST-LINK 工具与单片机之间的连接一般会有 3 根线,一根是复位线 NRST,一根是单线调试线 Swim,还有一根就是地线 GND。STM8 系列单片机的在线调试模式或应用编程模式是由一个单线硬件接口(SWIM 接口)来管理的,该接口拥有对 STM8 系列单片机内部存储器超高速编程的特性。该接口和在线调试模块相配合,可提供一种非侵入性的仿真模式,在这种仿真模式下,在线调试器的调试仿真功能非常强大,其性能已经接近于一个全功能仿真器。

　　选择了 SWIM 接口的 ST-LINK 工具作为下载调试工具之后,单击"确定"按钮即可退出配置界面。

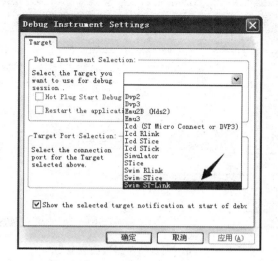

图 3.28 选定 SWIM 接口 ST-Link 工具作为调试工具

配置完成以上的参数之后，就可以由读者自行编写相关程序代码了，程序代码编写完毕后可以进行编译和链接，用户可以单击"Rebuild All"按钮如图 3.29 黑色箭头所示。

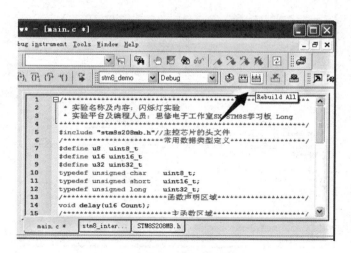

图 3.29 编译链接源程序代码

执行程序编译和链接操作之后，在 STVD 开发环境下方的"Build"信息输出窗口中会打印出相关编译链接信息，在编译过程之中会打印出非常多的信息，我们只需要关注最后的编译结果。如图 3.30 所示，若编译结果显示"0 error(s)"则表示没有错误，显示"0 warning(s)"则表示没有警告。此时程序就顺利的完成了编译链接过程。

编译链接完成之后我们就可以进入下载调试阶段，在进入调试界面前务必要正确连接 ST-LINK 设备，然后通过 SWIM 接口与单片机模块或者开发板对应的 SWIM 接口连接，确保开发板供电正常、电气连接正确后再单击"Debug"按钮如图 3.31 黑色箭头所示。

单击"Debug"按钮之后 STVD 开发环境会显示一些进度条提示当前状态，我们需要等待

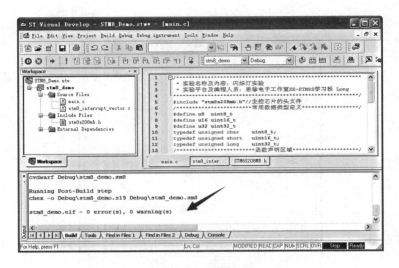

图 3.30　观察编译链接信息输出

图 3.31　进入程序工程调试界面

　　片刻就可以进入到如图 3.32 所示的调试界面，在调试界面中功能就十分丰富了，用户可以实时关注 CPU 的运行情况、变量变化、程序跳转等等，在程序运行的方式上可以执行全速运行、单步运行、重新开始运行、停止运行、跳过子函数运行等等。可以说，功能十分的强大，操作也非常方便，关于调试界面的具体功能使用可以由读者自行翻阅 STVD 使用手册，此处就不做展开了。

图3.32 STVD环境下的程序调试界面

3.1.3 图形化配置工具 STM8CubeMX 简介

接下来我们要学习的软件就很有"特色"了，STM8CubeMX 是意法半导体公司推出的一款图形化配置工具，这个软件中可以选择具体的单片机型号、官方的板卡等，用户只要轻松点几下就可以把单片机的相关功能配置好，查看功能在引脚上的分配情况，生成一些编程所需的辅助文件或者引脚配置报告等，方便开发者的开发工作。这个软件也算是意法半导体微控制器产品的一个特色。现在我们是学习 STM8 系列单片机，所以我们使用 STM8CubeMX 工具软件，等到后续学习了 STM32，又可以再使用 STM32CubeMX 工具软件，非常的灵活和方便。

STM8CubeMX 软件可以从 ST 官网下载，该软件可以在 Windows 或 Linux 操作系统中运行，但是要注意，如果读者的操作系统中没有 Java 程序运行所需要的控件和环境时 STM8CubeMX 软件就没有办法安装。这时候可以按照软件提示下载适用的 Java 环境安装软件（如：JRE、Java 虚拟机、Java 插件等）。软件安装完毕后可以新建工程，选择芯片型号开始配置，以 STM8S208MB 芯片为例，其引脚功能配置界面如图 3.33 所示。

有的读者可能会问：意法半导体为啥要要推出这种软件啊？我怎么感觉第一次看到这种软件呢？其实意法半导体设计和开发这个平台是有自己的考虑的，目的是为了让开发人员减小开发压力，更快的熟悉官方板卡及芯片，最终目的还是让大家可以简单上手该控制器芯片开发，促进芯片的使用。此类软件其实很多，图形化配置的开发工具在其他微控制器中也存在，只是软件名称、集成方式、界面风格和使用方法不一样罢了。有的软件甚至可以点几下就生成一个完整的程序工程，极大方便开发者的使用。

以时钟源选择和配置为例，很多朋友在初学 STM8 时会感觉非常头疼，始终理不清始终的关系，STM8CubeMX 环境就可以轻松解决这样的问题，读者甚至可以"看"到芯片内部的时钟传递，这样方便读者理清思路，快速分清工程配置下的时钟关系和时钟分配。还是以

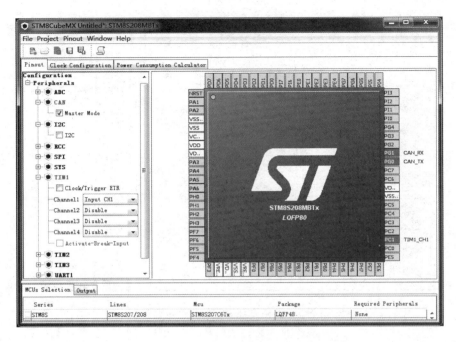

图 3.33　STM8CubeMX 环境中的引脚功能配置界面

STM8S208MB 芯片为例,其时钟功能配置界面如图 3.34 所示。

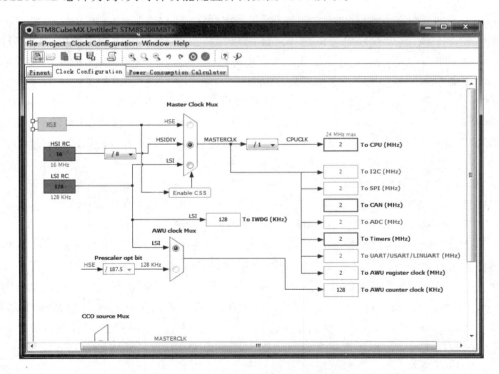

图 3.34　STM8CubeMX 环境中的时钟配置界面

总的来说,STM8CubeMX 配置工具使用十分简单,且软件配有用户使用文档,读者可以下载该软件点一点、试一试。具体的使用细节此处就不再展开了。通过本节的讲解,读者应该掌握了 IAR 和 STVD 两种开发环境下的工程建立方法,也熟悉了下载调试工具配置,还了解了 STM8CubeMX 工具的作用和意义。两种开发环境各有特点,读者可以自行选择。作为初学者来说,我们可以尝试使用两种开发环境,然后体会其特点和优势,发挥各自的长处,一句话:"不刻意比较开发工具优劣,一切为了开发,得心应手为上"。

3.2 "躯干肢体"硬件开发环境

在实际的项目中,软件工程师负责单片机核心"灵魂"的塑造,硬件工程师则负责系统"躯干肢体"的构建,一个产品的"问世"需要软件硬件相结合,产品研发人员、测试人员就是产品的"父母"。STM8 系列单片机的学习之路是一条实践之路,不仅需要读者掌握软件编写,还需要读者熟悉硬件平台,将 STM8 系列单片机的强大功能发挥到极致。所以我们需要一个硬件开发平台供我们进行各种"折腾",各种"捣鼓",最终修成"正果",脱离开发平台去聆听客户需求,然后设计产品的硬软件系统。

3.2.1 开发板的"那些事儿"

说到硬件开发平台就是我们平时说的各种"开发套件"或者"开发板",一听到"开发板"读者的第一感觉肯定是"买买买"!且慢!且听小宇老师为您分析一番。现在市面上的开发板非常之多,各式各样的开发板配置差异很大,我们可以把市面上的开发板从资源结构组成上划分为 3 类,就是完全集成类开发板、完全分立类开发板和半集成积木类开发板。这 3 类开发板的特点如表 3.1 所示。

表 3.1 开发板常见类型及特点介绍

类 型		开发板特点
完全集成类开发板	优点	无需更改线路或者板载资源连接就可以完成开发板提供的所有实验功能,开发板整体结构比较简洁,只需要用户调整程序参数即可得到不同的实验结果。
	缺点	板载外设电路硬件无法二次改动,资源重复利用受到制约,无法二次更改单片机核心芯片或者是外设电路。
完全分立类开发板	优点	所有板载外设完全独立,灵活度最高,硬件资源可以用在各种单片机核心上,适合重复利用。
	缺点	对于初学者而言,必须了解各种接线方式,熟悉各种引针接口,开始入门时进度较慢,一旦插线错误有可能损坏电路或者芯片。做实验必须翻阅接线手册,插线较多不容易分清,在插接线路中有可能存在个别接触不良的连线,不容易检查出问题,导致实验失败。
半集成积木类开发板	优点	板载资源中与单片机有关的核心实验采用短路帽已经连接完成,无需插线容易上手,对于后续实验的开展可由用户灵活配置和连接,拔掉短路帽后就变成了分立类资源,插上短路帽后就变成了集成类资源,板载资源可按需重复利用。
	缺点	各资源的安排都需要设计者考虑,增加了制作难度,各资源采用半集成设计,还要区分基础实验并且兼顾进阶实验,布线难度增加,积木模块的配备需要考究,各资源的设立都必须从核心单片机功能出发。

这 3 类开发板都可以作为硬件开发平台使用,但是稍加对比会发现半集成积木类开发板更适合作为初学者硬件开发平台。读者在选取开发板时还需要注意板载资源的配备,理想的开发板学习资源应该具备难度梯级,并且能验证单片机核心的各种功能,对于学习者来说,开发板不可能一直伴随我们,终有一天开发板会被闲置,终有一天我们需要设计自己的硬件系统,所以我们的目标只有一个,那就是:买个开发板,学会、学透、学值!

随着学习的深入,我们对开发板的依赖程度会有明显的变化,一般来说,初学者比较依赖开发板,所有实验都必须在开发板上才能实现,一旦脱离开发板就不知道该怎么办了,这是由于对硬件电路和软件的理解还处于初级阶段的原因,经过进阶学习之后会发现开发板体积很大,很多板载资源不一定都需要用到实际系统之中,这个阶段的学习者反而会觉得单片机最小系统比开发板要好用,随着学习的继续深入,学习者的理论基础和实践动手能力会进一步提升,此时又会觉得自己设计的硬件电路平台最好用,使用起来最为得心应手,这就是一个学习到模仿,模仿到创新的过程。

3.2.2　思修电子 STM8"祥云"系列开发平台简介

为了方便读者学习和实践,小宇老师也设计了多款基于 STM8 系列单片机为控制核心的硬件开发平台,并为这个系列取名为思修电子 STM8"祥云"系列。该系列下分祥云核心板和祥云"小王子"开发板,核心板也就是最小系统,方便大家后续的灵活实验,祥云"小王子"开发板属于"半集成积木类开发板",该开发平台是以 STM8S208MB 单片机作为控制核心,开发板构建了多种功能资源和接口,分别是:CH340T 芯片 USB 转 TTL 串口通信单元、LDO 电源配置单元、光敏电阻模拟信号单元、热敏电阻模拟信号单元、可调电位器模拟信号单元、DS1302实时时钟单元、4 路发光二极管单元、复位单元、SWIM 调试接口单元、图形/点阵型 12864 液晶接口、字符型 1602 液晶接口、AT24Cxx 系列 I^2C 接口 EEPROM 单元、华邦 W25Qxx 系列SPI 接口 FLASH 单元、超声波测距接口、无线模块接口、8 键独立按键单元、NE555 频率/占空比可调发生器单元、双 74HC595 串行 8 位数码管接口、2 路 1－Wire 单总线单元、无源蜂鸣器驱动单元、TJA1050 芯片 CAN 总线收发电路单元、A/B/C 多功能接口组、基础版本 TTS 语音合成单元、38kHz 红外遥控信号接收接口、PS/2 标准计算机接口单元、单片机最小系统单元和外部石英晶体振荡器单元。这些板上资源和相关接口可以轻松连接各种积木模块搭建成为各式各样的应用系统,设计"小王子"的初衷就是一句话:"突出 STM8 核心本身资源,搭配最合理的外设提供最轻松的学习路径!"思修电子 STM8 祥云"小王子"平台的资源布局及丝印如图 3.35 所示。

本开发板可以验证本书中所有的功能实验,读者还可以基于本开发板设计诸多趣味试验和项目试验,开发板功能资源的选择均是经过"深思熟虑"的,去掉了一些"华而不实"的资源。各资源的难度梯级分明,标注清晰,非常适合初学者学习,真正做到学一个、会一个、用一个、玩一个!

板子经过印制电路板(PCB)生产、表面装贴和插件焊接后就可以得到如图 3.36 所示实物,板子尺寸为 14 cm×9 cm,阻焊颜色为蓝色,板厚为 1.6 mm,开发板 4 个脚位上设计了直径 3 mm 的螺丝孔,方便其固定。

需要说明的是,读者没有这个平台依然可以进行本书的所有功能实验,因为本书的所有知

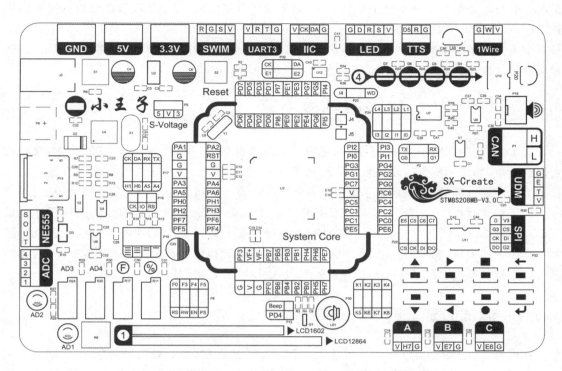

图 3.35 思修电子 STM8 祥云"小王子"平台的资源布局及丝印

图 3.36 思修电子 STM8 祥云"小王子"平台实物

识点讲解都不是绝对依赖于这个平台的,书籍上的所有基础项目/实战项目都可以由读者移植和验证,这也是本书编写的初衷。之所以介绍这个平台是为了让读者多一个选择,如果在实际开发中不方便搭建实验电路时可以直接使用本开发平台,以缩短大家搭建电路的时间,让初学者可以更加快速的验证和掌握 STM8 系列单片机的相关知识。

3.3 "形神合一"程序调试与下载

有了"灵魂"和"躯干肢体"还不行,必须把两者结合起来,构成"形神合一"的整体,就好比我们的手机,如果手机里面没有安装操作系统,那么手机就是一块"砖头",如果只有操作系统没有手机硬件电路的支持,那么手机也就只能"寄生"在计算机系统里的开发环境之中了。

如何将软硬件"形神合一"呢?那就是程序的下载和调试,下载的目的是将固件程序烧录到单片机内部 FLASH 存储器中,调试的目的就是根据软硬件联调的实际运行结果去发掘隐藏在程序中的 Bug,找出 Bug 然后再 Debug!通过研发工程师的不懈努力去构建一个"身体健康"且"心理健康"的好"孩子",然后让"孩子"投入社会"好好工作"。

3.3.1 调试仿真工具 ST-LINK 简介

在讲解 IAR 和 STVD 环境工程建立与程序调试的时候,我们就已经接触到了 ST-LINK 这个名词,我们还在两种开发环境之中选择了 ST-LINK 作为程序调试下载的工具,接下来我们就一起认识一下这个工具的"庐山真面目"!

ST-LINK 是用来在线仿真以及下载程序到单片机中的开发工具,意法半导体公司现已推出了 ST-LINK/V2 版本,ST-LINK/V2 是意法半导体公司为评估、开发 STM8 系列和 STM32 系列 MCU 而设计的一款集在线仿真与下载为一体的开发工具。STM8 系列单片机可以通过 SWIM 接口与 ST-LINK/V2 工具进行连接,STM32 系列单片机可以通过 JTAG/SWD 接口与 ST-LINK/V2 工具进行连接。ST-LINK/V2 工具是通过高速 USB2.0 接口与 PC 端进行连接的,现目前市面广泛使用的两种款式 ST-LINK/V2 工具实物如图 3.37 所示。

ST-LINK/V2 工具所支持的软件开发平台非常的多,可以直接支持意法半导体公司推出的官方集成开发环境软件 ST Visual Develop(STVD)和烧录软件 ST Visual Program(STVP)。同样也支持 IAR 和 Keil 等集成开发环境。该调试下载工具支持所有带有 SWIM 接口的 STM8 系列单片机,支持所有带有 JTAG/SWD 接口的 STM32 系列单片机。

ST-LINK/V2 工具的功能十分强大,可以烧写单片机内部的 FLASH 存储单元、EEP-ROM 存储单元、选项字节单元等等。支持全速运行、单步调试、断点调试等各种调试方法,可查看 GPIO 引脚的电平状态,变量数据等等。采用了 USB2.0 接口进行仿真调试、单步调试、断点调试,反应速度较快。进行 SWIM 接口下载或者 JTAG/SWD 接口下载时的速度也非常快。

意法半导体公司在不断地推出更多的 STM8 单片机和 STM32 单片机型号,所以读者需要下载最新的 STVD 开发环境,意法半导体公司会把新的器件型号添加入 STVD 开发环境的器件支持列表中。对于 ST-LINK/V2 工具来说,意法半导体公司也提供了升级固件的程序以便支持新的型号,升级方式为自动升级,读者可以将自己的 ST-LINK/V2 工具插入计算机的

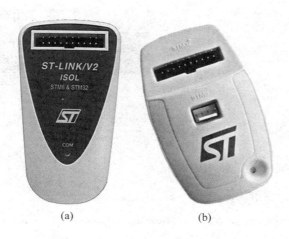

图 3.37　ST-LINK/V2 工具实物图

USB 端口,然后在计算机的所有程序中找到"ST Toolset"文件夹,这个文件夹是安装 STVD 之后就会产生的,在该文件夹中又包含了 5 个子文件夹,我们进入"Setup"文件夹中单击"Upgrade STLink"选项即可,这个图标为"小蝴蝶"的程序就是 ST-LINK 工具的固件升级程序,具体的程序位置和操作方法如图 3.38 所示。

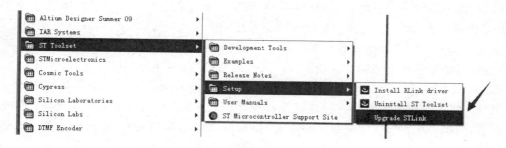

图 3.38　ST-LINK/V2 固件升级程序位置

单击打开"Upgrade STLink"程序后会出现"ST-Link Upgrade"固件升级界面如图 3.39 所示,在升级界面中首先需要单击"Device Connect"按钮,该按钮的作用是查找与当前计算机连接的 ST-LINK 设备,如果没有找到设备,软件会提示错误信息,如果找到了相关设备则"Device Connect"按钮会变成灰色,并且显示出当前 ST-LINK 设备固件版本信息,在升级界面中的"Firmware Version"后面的"V2.J28.S7 STM32＋STM8 Debugger"就是当前 ST-LINK 设备的固件版本,软件界面中显示的"Upgrade the firmware to V2.J29.S7"意思是现在已经出现了比"J28"版本更新的"J29"版本固件,此时读者就可以单击"Yes＞＞＞＞"按钮进行固件升级了。当然了,如果软件升级界面提示的固件版本与您设备的固件版本信息一致,就表示当前的 ST-LINK 设备已经是最新固件了,此时可以不再升级。

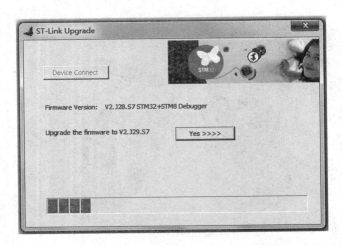

图 3.39　ST-LINK/V2 固件升级界面

3.3.2　可视化编程 STVP 软件运用

　　意法半导体公司推出的可视化编程工具(STVP)提供了一种易于使用、高效的操作环境，用于读取、写入和验证设备存储器中的数据和选项字节配置信息。STVP 是意法半导体公司的 MCU 软件工具集之一，也是意法半导体公司可视化编程(STVD)集成开发环境和汇编器/连接器的一部分。读者若使用意法半导体公司官方的开发工具对 STM8 系列单片机进行开发，可登录意法半导体公司网站并浏览 8 位微控制器产品相关网页中软件开发工具"Software Development Tools"页面，其中就有最新版本的开发环境和开发工具集合。如图 3.40 所示，安装完"ST Toolset"文件之后在计算机所有程序列表中的"Development Tools"文件夹中会有两个软件：第一个是"ST Visual Develop"，简称"STVD"，是可视化开发环境；第二个是"ST Visual Programmer"，简称"STVP"，是可视化编程工具。

图 3.40　STVP 编程工具程序位置

　　STVP 软件可以将固件程序下载到单片机 FLASH 存储器中，可以修改 STM8 系列单片机 EEPROM 存储器中的内容，也可以修改 STM8 系列单片机的选项字节参数。由于我们是初学者，我们现在就选定一个比较简单的操作去体会 STVP 软件的运用。

　　在后续一个小节之中我们会学习到 STM8 系列单片机的串口下载方式，也就是不使用 ST-LINK 工具通过串口直接把固件程序下载到单片机中的方式，这个方式下就要求 STM8 系列单片机内部选项字节中的"BOOTLOADER ENABLE"启动引导选项处于"Enabled"状态，我们就以修改"BOOTLOADER ENABLE"选项参数为例体会 STVP 软件的运用。

有的读者可能会说了,选项字节是什么呢? 启动引导选项(BOOTLOADER ENABLE)具体的作用又是什么呢? 在这里我们暂且不做详细展开,选项字节就是一组与单片机片上资源有关的选项,选项字节用于配置硬件特性、存储器保护状态、资源外设功能等,这些字节位于特定存储器的阵列之中。该部分的详细内容将在本书第9章详细展开。

以 STM8S208MB 单片机为例,接下来我们就需要使用 STVP 软件对其进行选项字节相关参数的配置。在进行选项字节的配置前,应该正确连接 ST-LINK 设备,然后通过 SWIM 接口与单片机模块或者开发板对应的 SWIM 接口连接,确保开发板供电正常、电气连接正确后再单击"ST Visual Programmer"图标,打开 STVP 软件界面如图 3.41 所示。

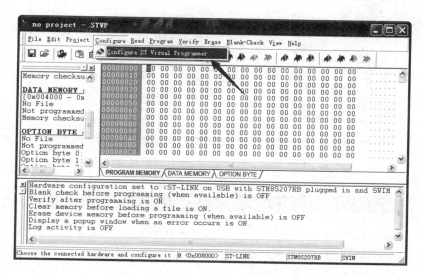

图 3.41 STVP 编程工具软件界面

打开 STVP 软件界面之后我们首先单击图 3.41 中黑色箭头所指向的"Configure"菜单选项,在下拉列表中单击"Configure ST Visual Programmer"选项,进入到如图 3.42 所示编程工具配置界面。在界面左侧的硬件设备选择(Hardware)应该配置为"ST-LINK",端口(Port)应该配置为"USB",编程模式选择(Programming mode)应该配置为"SWIM",单片机设备型号(Device)应该配置为具体的单片机型号,在本操作中选用的是 STM8S208MB 这一款单片机,所以选择对应的型号即可,配置完毕后记得要单击"OK"按钮,此时窗口会自动关闭。

配置完成"Configure ST Visual Programmer"选项之后就可以正式对 STM8S208MB 单片机进行选项配置阶段了,如图 3.43 所示,选择图中黑色箭头所指向的"OPTION BYTE"选项卡,便进入到选项字节的配置页面。界面中的"Value"是当前配置下选项字节(Option bytes)整体取值,"Name"是选项名称,"Description"是选项的配置描述。

如图 3.44 所示,以配置"BOOTLOADER ENABLE"启动引导选项为例,在选项的配置描述(Description)中可以选择"BootLoader Enabled"即使能启动引导功能,设定"BOOTLOADER ENABLE"选项为"BootLoader Enabled"之后可以发现"Value"的取值变更为"00 00 00 00 00 00 00 00 55"。

完成相关选项配置后,"Value"中的值会发生变化,也就证明了当前配置值已经是一个新的设定值了,接下来就应该把这个值写入到单片机中,这样才算完成了配置过程。写入的过程

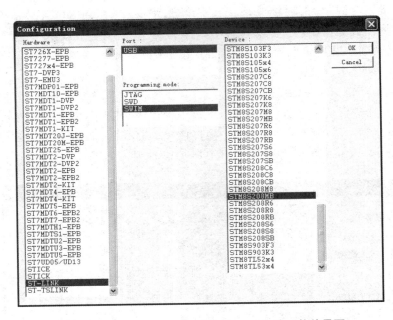

图 3.42　Configure ST Visual Programmer 选项软件界面

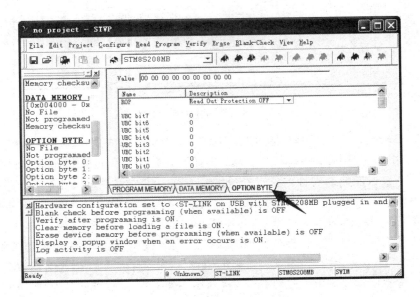

图 3.43　选择"OPTION BYTE"选项卡

需要我们单击 STVP 编程操作图标来实现,如图 3.45 所示,我们选定在"OPTION BYTE"选项卡,更改配置后需要单击第 4 个图标即可编程写入当前标签页或活动扇区内容。

在图 3.45 中,第 1 个图标的含义为打开 STVP 配置界面"Configure ST Visual Programmer"如图 3.42 所示;第 2 个下拉文本框中的 STM8S208MB 是当前操作的单片机型号;第 3 个图标是阅读当前标签页或活动扇区内容;第 4 个图标是编程当前标签页或活动扇区内容;第 5 个图标是确认当前标签页或活动扇区内容;第 6 个图标是阅读所有选项卡和活动扇区内容;第 7 个图标是编程所有选项卡和活动扇区内容;第 8 个图标是确认所有选项卡和活动扇区内

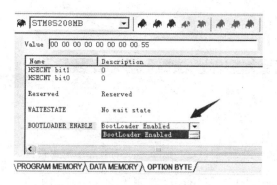

图 3.44　BOOTLOADER ENABLE 选项配置

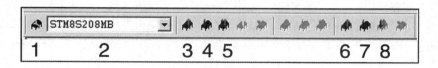

图 3.45　STVP 编程操作图标

容。熟悉了编程图标的含义就可以根据需求进行操作了, 此时我们可以单击第 4 个图标, 将当前选项字节的配置结果编程到单片机中即可。

3.3.3　Flash loader demonstrator 串口下载软件运用

接下来, 我们开始学习 STM8 系列单片机的串口下载程序方式, 该方式不需要 ST-LINK 工具, 只需要将单片机开发板的串口连接到计算机串口即可, 读者也可以将单片机开发板串口资源的相关引脚连接到 USB 转 TTL 串口模块上, 然后再将 USB 转 TTL 串口模块连接至计算机的 USB 接口上。

以 STM8S208MB 这款单片机为例, 如果采用 USB 转 TTL 串口模块进行连接, 只需将 USB 转 TTL 串口模块的串行数据发送引脚和串行数据接收引脚连接至单片机的第 10 引脚 "PA4/UART1_RX"和第 11 引脚"PA5/UART1_TX"即可, 在连线过程中需要注意 USB 转 TTL 串口模块和单片机开发板的共地问题。

使用串口方式下载程序到 STM8 系列单片机中需要注意两点: 第一点是需要在计算机端安装一个串口下载专用工具软件, 也就是我们即将要学习的"Flash loader demonstrator", 该软件可以通过登录意法半导体官方网站并查询软件资源列表后下载得到; 还有一点就是务必要保证当前单片机的"BOOTLOADER ENABLE"启动引导选项字节已经被配置为"Boot-Loader Enabled", 这一点我们已经在 STVP 软件操作时学习过了。

如果读者已经安装了"Flash loader demonstrator"软件, 则在计算机所有程序列表中会存在一个名为"STMicroelectronics"的文件夹, 在该文件夹下又有两个子文件夹, 我们需要打开一个名为"FlashLoader"的文件夹, 然后单击"Demonstrator GUI"选项, 具体操作流程及相关程序位置如图 3.46 所示。

单击"Demonstrator GUI"选项之后就会打开 Flash loader demonstrator 程序界面如

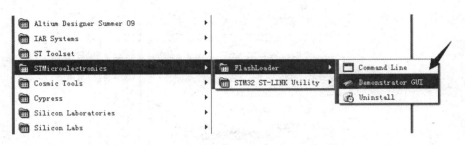

图 **3.46** Flash loader demonstrator 程序位置

图 3.47 所示。在该软件界面中需要用户配置相关的串口通信参数以启动串口下载过程,涉及
到的串口通信参数有串口号、通信波特率、数据位长度、校验位、超时时间等等。在小宇老师的
电脑中系统为 USB 转 TTL 串口模块分配的串口号为"COM7",此处的串口号是由计算机分
配的,读者在实验时不一定是"COM7"端口,具体的串口号需要在计算机设备管理器中的"端
口"项中查询。相关的串口配置参数可以参考图 3.47 所示,需要注意的是,在实际的下载过程
中如果串口连线长度较长可以适当降低通信波特率参数以保证正常下载。

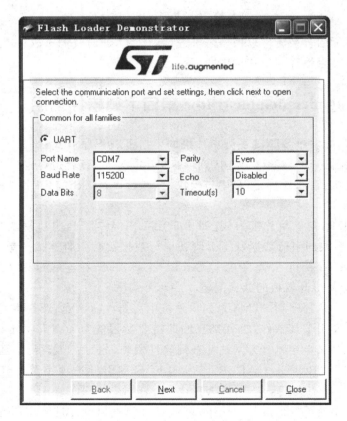

图 **3.47** 串口下载通信参数配置界面

当串口通信参数配置完成后需要进行单片机复位操作,也就是按下单片机开发板的复位
按键,在按下按键后的 1 s 时间内单击软件界面下方的"Next"按钮,此时就出现如图 3.48 所
示界面。该界面需要选择单片机的 FLASH 区域类型,我们使用的单片机为 STM8S208MB,

通过查询该芯片的数据手册可知此处应该选择"STM_128K"选项，选择完毕后单击软件界面下方的"Next"按钮。

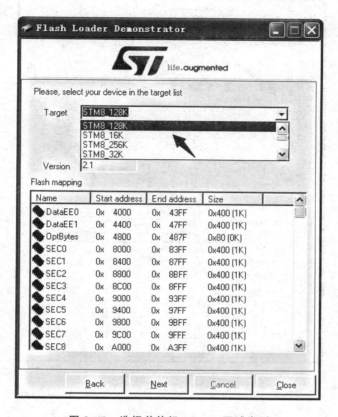

图 3.48 选择单片机 FLASH 区域类型

接下来我们会进入一个如图 3.49 所示的"操作选择"程序界面，此时我们需要下载一个固件程序到单片机中，所以我们选择"Download to device"操作。

然后我们需要指定固件的具体路径，此时按下如图 3.49 中下方箭头指向的按钮，得到如图 3.50 所示界面。根据本章 3.1.2 小节内容，我们已经在桌面上建立了名为"STM8_Demo"的程序文件夹，我们只需要找到"桌面\STM8_Demo\Debug"路径下的固件文件即可，这里的固件文件可以支持扩展名为"＊.S19"、"＊.hex"或者"＊.bin"的文件，在 STVD 环境下编译得到的固件文件格式默认就是"＊.S19"格式的，所以此处我们选择文件类型为"S19 Files（＊.S19）"，然后选择"Debug"文件夹中的"stm8_demo.s19"文件，最后单击"打开"按钮即可指定固件程序的路径了。

指定固件路径之后就可以单击"Next"按钮进行固件下载了，下载界面如图 3.51 所示，当界面中的进度条由蓝色变为绿色时表示下载完毕了，此时在进度条内会显示出"Download operation finished successfully"表示下载操作已经成功了。至此，我们就完成了 STM8 单片机串口下载程序的全过程。

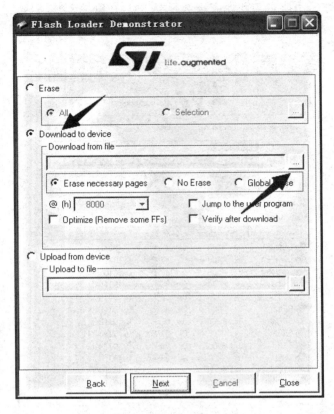

图 3.49　选择下载固件程序到单片机

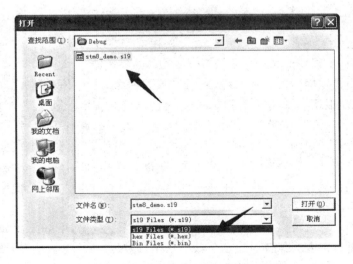

图 3.50　指定下载固件程序的路径

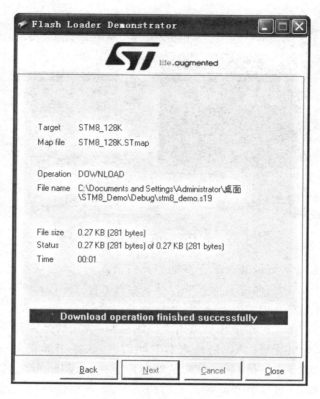

图 3.51 串口下载程序成功

3.4 "望闻问切"参数测试与分析

我们是电子技术的爱好者,是相关技术的学习者、使用者和开发者,仪器仪表是我们的良师益友,是一个"不会说假话"的朋友,是一个"给你定心丸"的朋友,是一个"拨开云雾看真相"的朋友。读者应该擅用仪器仪表,把实验和开发过程中的"可能是"变成"确定是",把"差不太多"变成"分毫不差",把"从理论计算上讲"变成"从测试数据中得",少用主观揣测,多用仪器仪表进行辅助验证,加深理论认知,发掘深层次问题,铭记难点重点,这也就是本节的重点"望闻问切",利用仪器测量相关参数、分析测试结果。

3.4.1 信号观察好搭档"示波器"

第一个要介绍的"好搭档"就是示波器。所谓"示波"就是把肉眼不能直接观测的电信号的时变规律以可见形式显示出来,提供给测试人员最直观、最形象的电气结果。以普源DS1102E 数字示波器为例,其实物外观如图 3.52 所示。

记得小宇老师在暑假写书时,从学校实验室借回了一台数字示波器,这台示波器带宽可达100MHz,双通道输入,单个通道的实时采样率可达 1GSa/s,存储深度为 1M 采样点,具有边沿、视频、脉宽、斜率、交替等多种触发方式,支持 U 盘存储波形图片,配备上位机软件可以和

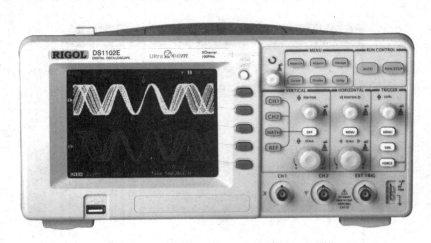

图 3.52　普源 DS1102E 数字示波器实物

电脑联调,还具备多种自动测量和数学运算能力。打开示波器,连接测试点,我母亲突然出现在我面前,疑惑的问到:"这东西能看电视吗?"我说:"不能。""那能放歌吗?",我说:"也不能。"母亲摇摇头说:"那这个有啥用?"忽然之间,我竟无言以对。

这就叫"隔行如隔山啊"!在单片机应用系统的研制中,我们经常会用到示波器,比如分析单片机 GPIO 端口的输出波形、获取信号边沿时间等等,在本书的很多章节中都有示波器的"身影"。示波器的应用非常广泛,是一种常见的时间域测量设备,可以测量输入信号的幅度、频率、周期等基本参数,还可以测量脉冲信号的高脉宽、低脉宽、占空比、边沿时间等参数,一般来说,示波器多用于模拟信号的观察。

示波器从开始研制到推广经过了很多阶段,从而产生了非常多的分类。按照原理可以将示波器分为模拟示波器和数字示波器。从信号显示数量上可以将示波器分为单踪示波器、双踪示波器、多踪示波器等。从显示器类型上可以将示波器分为阴极射线管(CRT)示波器、彩色液晶显示(LCD)示波器、PC 机虚拟示波器等。从信号测量范围又可以将示波器分为低频和超低频示波器、中频示波器、高频示波器、超高频示波器等。现在市面上的示波器品种非常多,各种示波器的性能配置不尽相同,价格也有很大差异,读者可以根据需要进行选择和购买。

3.4.2　数据分析好帮手"逻辑分析仪"

第二个要介绍的"好帮手"就是逻辑分析仪。这个"逻辑分析仪"可是不简单,它算是测量仪器中的"后起之秀"。那么,逻辑分析仪和示波器有什么区别和联系呢?逻辑分析仪是一种常见的数据域测量设备,可以测量输入信号的逻辑门限电压,也就是说逻辑分析仪"不关心"信号的模拟细节,只关心信号的"逻辑电平"。

逻辑分析仪也有台式仪器也有基于 USB 端口的便携式逻辑分析仪,读者可以根据需要进行购置,以 saleae 公司生产的便携式 Logic/Logic Pro x 系列逻辑分析仪为例(市面上常见的有 Logic 4 型号、Logic 8 型号、Logic Pro 8 型号和 Logic Pro 16 型号,各型号参数和配置均不同,可由读者登录 saleae 公司官方网站进行查询),其实物外观及内部电路如图 3.53 所示。

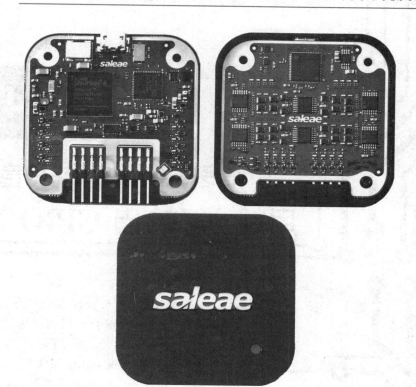

图 3.53　saleae 公司 Logic/Logic Pro x 系列逻辑分析仪实物

saleae 公司 Logic/Logic Pro x 系列就是基于 USB 接口的便携式逻辑分析仪,在使用时只需用 USB 线缆连接仪器和 PC 机,再将测量探针连接到待测电路板的测试点上,然后打开 PC 端的上位机软件即可进行信号采样和信号分析,使用非常简便,仪器体积也很小巧。

逻辑分析仪一般都具备完善而且灵活的触发方式,具备数据分析功能,可以把捕获的信号脉冲直接转换成指令或者数据,然后提供给测试人员进行分析。示波器的输入信号通道一般是 4 路以下,而逻辑分析仪的通道可达 100 路以上。逻辑分析仪可以用在多路信号时序分析上。逻辑分析仪还能进行数据"抓包",也就是把多线通信协议中的数据帧、通信位等数据进行"提取",识别信号"特征",还可以进行高速信号采样和大量数据长时间存储。某些逻辑分析仪还集成了总线分析(轻松调试 USB、CAN、SPI、I^2C 等单片机系统常用总线)、协议分析、频率计、逻辑笔等功能。一般来说,逻辑分析仪多用于数字信号的观察,特别是多通道时序信号观察。

逻辑分析仪在嵌入式、单片机系统开发中使用非常广泛,市面上的逻辑分析仪也非常多,市面上的测量仪器中还出现了"混合域"测量,比如在一个示波器上集成了频谱分析仪功能、逻辑分析仪功能等等。逻辑分析仪特别适用于各种数字电路的开发、测量、分析和调试工作,是电子研发工程师、电子测量工程师、高校师生科研开发和实践教学的得力助手。

第 4 章

"五指琴魔,智能乐章"通用输入/输出 GPIO 资源

章节导读:

亲爱的读者,本章将详细介绍 STM8 系列单片机 GPIO 资源的相关知识和应用,共分为 2 部分,4.1 节中将 GPIO 资源比作弹奏乐章的琴键,解释了 STM8 单片机 GPIO 相关模式的原理和结构,讲解了功能复用机制以及相关的电气性能,将这些知识作为后续深入学习的铺垫。4.2 节主要以 STM8S207/208 单片机为例,展开讲解单片机的常见封装形式、引脚描述及分布,随后讲解了 STM8 单片机 GPIO 相关寄存器及配置流程,"拿下"一个寄存器就编写一段 C 语言程序,力求读者能快乐入门并掌握 GPIO 基础资源,掌握 GPIO 常规配置方法,灵活配置端口模式,熟悉端口操作,便于读者在学习本章之后可以解决实际问题,合理设计产品和分配引脚资源。

4.1 GPIO 配置模式基础知识铺垫

本节学习基本的 GPIO 通用输入/输出端口,让读者由浅入深学习相关资源体系,通过简单项目实战迅速找到成就感、自信心,逐渐培养对 STM8 单片机的认知。最终了解其引脚分布,理解其模式选择,掌握其配置方法,这样才能在以后的实际应用中得心应手。

4.1.1 "Play it!"弹奏单片机的智能乐章

说到这 STM8 单片机的 GPIO 资源,让小宇老师想起了"钢琴的琴键",为什么把单片机的引脚比喻为"琴键"呢? 这需要先了解一下音乐。音乐是反映人类现实生活情感的一种艺术,如图 4.1 所示,由不同的乐器弹奏出的乐章给人以不一样的听觉感受,简单地说,只要是乐器,就能发出一种独特的声音,但那并不一定是音乐;深刻地说,如果没有音乐,乐器就成了无源之水,无本之木。音乐赋予了乐器灵魂,乐器又使音乐得以丰富完美的表达。

图 4.1 钢琴弹奏动听的音乐

单片机的 GPIO 资源是实现单片机信号发送、接收或者控制的一种资源。通过对单片机进行编程就可以控制相关的 GPIO 资源,使其实现不同的功能和模式,比如可以将相关引脚配置为输入模式的、输出模式的、输入/输出模式的;根据其端口内部电路结构的不同又可以细分为悬浮的、上拉的、下拉的、推挽的、开漏的。不同的模式具有不同的适用场合和电气特性,比如说某引脚作为外部模拟信号的输入通道,那么应该配置为悬浮输入模式,又如某引脚需要输出一个方波信号,可以将其配置为推挽输出模式,再如某引脚需要连接 I^2C 总线的从机器件,可以将其配置为开漏结构,实现 I^2C 通信线路的"线与"功能,满足通信的要求等。STM8 单片机允许 GPIO 引脚配置为多种模式,就是为了让 GPIO 资源功能更加灵活,让用户合理选择,简化电路设计,根据具体的电气需求确定配置模式。

仔细想想,单片机所完成的工作无非就是按照内部程序的逻辑输入/输出高低电平、输入/输出电平脉冲、输入/输出频率信号等。只要是单片机,一般都具有 I/O 接口,不受程序控制的"胡乱"输出电平信号并不叫智能控制和单片机运用,如图 4.2 所示,如果没有控制逻辑,GPIO 资源就没有办法完成正确的输入输出功能,无法展示出控制思想和程序精髓,也就没有办法"弹奏"出动听的"单片机智能乐章"。

图 4.2　GPIO 资源"弹奏"出"单片机智能乐章"

接下来正式开始 GPIO 模式配置相关知识的学习,有了这些基础知识就能更好地了解各种模式的特点,更深入地理解不同模式下的电气性能与应用场合,就好比学钢琴之前需要了解钢琴的琴键哪些是高音哪些是低音,如何配合、如何分块、如何弹奏等,有了乐器的基础知识才能配合乐谱弹奏出动人的音乐。有了 GPIO 配置模式的基础知识才能配合程序控制实现单片机世界里的"五彩缤纷"。

STM8 单片机的通用输入/输出端口用于芯片和外部设备或电路进行数据传输。一组 GPIO 端口可以包括多达 8 个引脚,每个引脚都可以被独立配置作为数字输入或者数字输出口。另外部分端口还可能会有如模拟输入、外部中断、片上外设的输入/输出等复用功能。但是在同一时刻仅有一个复用功能可以映射到引脚上。复用功能的启用可以配置相关资源寄存器进行设定,对于多个复用功能的映射是通过选项字节控制的(选项字节的相关内容会在本书第 9 章进行详细讲解)。

如图 4.3 所示,STM8 单片机 GPIO 可配置为输入功能和输出功能,输入功能支持悬浮输入模式、中断悬浮输入模式、上拉输入模式、中断上拉输入模式。输出功能支持推挽输出模式、开漏输出模式,不同模式具备不同的应用场合和电气特性,接来下就一一展开说明。

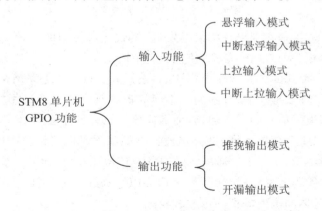

图 4.3　STM8 单片机 GPIO 资源支持的配置模式

4.1.2　如何理解悬浮输入

悬浮输入也可以称为浮空输入,这种结构下的引脚电平状态是不确定的,它会受到外部信号干扰而改变。但是这种结构的输入阻抗较高,可以用于模拟信号转换为数字信号的场合,对引脚上的电压量进行采集等。该模式对应的端口内部电路结构如图 4.4 所示,这种结构就类似于"墙头草,两边倒",到底是哪一边,不好确定,可用作外部模拟信号输入通道。

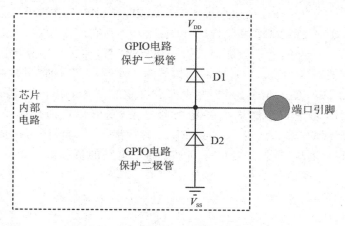

图 4.4 悬浮输入模式电路结构

4.1.3 如何理解上拉输入

上拉的作用就是将引脚上不确定的电平信号通过一个上拉电阻到高电平,电阻同时起限流作用。同理,下拉的作用是将引脚上不确定的电平信号通过一个下拉电阻到低电平。这里的"引脚状态不确定"是指当端口悬空或处于高阻态的情况。上拉作用的强度和施加在上拉电阻端电源电压大小与电阻阻值有关,若在电源电压一定的情况下,上拉电阻的阻值越大,上拉作用就越弱,上拉电阻的阻值越小,上拉作用就越强。同理,下拉电阻的阻值越大,下拉作用就越弱;下拉电阻的阻值越小,下拉作用就越强。在 STM8 单片机 GPIO 资源内部电路中的上拉电阻阻值一般是 $30 \sim 80$ kΩ,典型值为 55 kΩ,属于"Weak Pull-Up"弱上拉,可简称为"WPU"模式。该模式对应的端口内部电路结构如图 4.5 所示,该模式比较适合独立按键检测或者行列式矩阵键盘检测中使用。

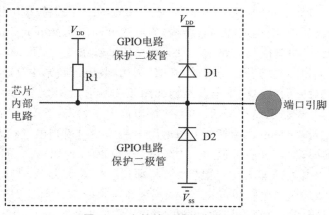

图 4.5 上拉输入模式电路结构

4.1.4 如何理解推挽输出

推挽输出结构也称为互补输出或推拉式输出结构,推挽电路由两个三极管或金属氧化物半导体场效应晶体管(简称"MOS 管")构成,以推挽方式存在于电路中,电路工作时两个对称的开关管每次只有一个导通,所以导通损耗较小、效率较高,推挽结构"Push-Pull"又可以简称为"PP"结构。该模式对应的端口内部电路结构如图 4.6 所示,若端口引脚需要输出高电平驱动外围设备,STM8 单片机内部的输出控制电路就会控制图 4.6 中的 P 沟道 MOS 管导通且 N 沟道 MOS 管关闭,若端口引脚需要变更为低电平,则单片机内部输出控制电路会控制图 4.6 中的 P 沟道 MOS 管关闭且 N 沟道 MOS 管导通。该结构既可以向负载提供驱动电流,也可以从负载吸入电流,推挽式输出一方面提高了电路的负载能力,另一方面也提高了开关速度。

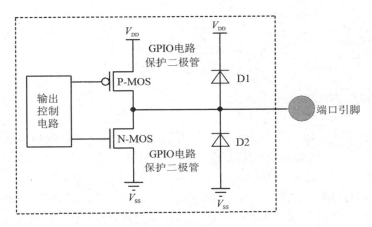

图 4.6 推挽输出模式电路结构

4.1.5 如何理解开漏输出

如果单片机端口内部电路的实现是由三极管组成的,且三极管的集电极为开路状态,则称该电路结构为"集电极开路"结构或"开集"结构,集电极开路结构"Open Collector"可以缩写为"OC"结构。如果单片机端口内部电路的实现是由 MOS 管组成的,且 MOS 管的漏极为开路状态,则称该电路结构为"漏极开路"结构或"开漏"结构,漏极开路结构"Open Drain"可以缩写为"OD"结构,该模式对应的端口内部电路结构如图 4.7 所示。

开漏结构输出与开集输出是相似的,均无法输出高电平状态,若要得到确定的高电平状态需要外接上拉电阻才行,如果不连接外部上拉电阻电路则端口引脚电平状态不确定,该端口模式适合于做电流型的驱动,其吸收电流的能力较强(一般 20 mA 以内)。如果把高电平驱动能力比作"干活",吸入电流的能力比作是"吃饭",那这种结构就是典型的"活干不了,饭吃得多"。由于该结构无法通过自身提供高电平输出,这样看来貌似该模式"用处不大",那开漏结构有什么优缺点呢?哪些场合可以用到?该模式和推挽输出模式又有什么区别呢?接下来通过 4 个方面来分析该模式的特点和应用。

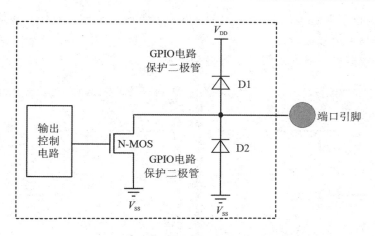

图 4.7 开漏输出模式电路结构

(1)"苦活儿累活都给你干,我来当指挥"。开漏模式必须依靠外接的上拉电阻才能输出高电平,而且驱动电流大多数都是由外部电源经过上拉电阻提供给引脚连接的电路或器件的,单片机内部几乎不需要提供驱动电流,减少了单片机自身功耗,单片机内部只需要较小的栅极控制电流即可。

(2)"高的能变低的,低的能变高的"。开漏模式可以用于电平信号标准的转换,在开漏模式中外部上拉电阻的外加电源电压是不确定的,例如可以加 5 V 电压也可以加 3.3 V 电压,而且 STM8 单片机端口是可以承受外部最高 5 V 电压的,开漏结构也可以灌入较大的电流,所以可以间接实现 TTL 电平系列或 COMS 电平系列的转换。

(3)"你连我,我连你,我不变你也不准变"。如果把多个开漏模式的引脚都连接到一起,那么就可以实现状态"与"逻辑。无论端口电平如何改变,只要有一个端口是低电平,那线路上的电平就为"0",除非是所有的端口都是高电平,线路的电平才能是"1"。这个特性也能用在总线中,如 I^{2}C 总线判断总线占用的时候就是把很多个从机器件的对应开漏引脚全部连起来,得到串行数据线 SDA 和串行时钟线 SCL 这两根线,然后在两根线上分别加上 4.7~10 kΩ 的电路实现上拉,线路连接方式如图 4.8 所示,节点的数量根据从设备地址数量和线路的驱动能力来定,R1 和 R2 即为上拉电阻。

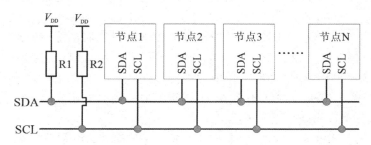

图 4.8 开漏模式"线与"逻辑总线应用

(4)"体力健,爬山快,体力弱,爬山缓"。开漏的输出结构如果使用外加上拉电阻的电路模式,则上拉电阻的阻值大小可以引起输出信号上升沿时间的变化。所谓的"体力健"是指上拉作用强,这时候的上拉电阻阻值较小,上升沿时间短、速度快。所谓的"体力弱"是指上拉作用弱，这时候的上拉电阻阻值较大，上升沿时间长、速度缓。"无图无真相"，接下来取两种不同阻值上拉电阻并测量信号边沿情况，实测结果如图 4.9 所示，图中的(a)、(b)、(c)、(d)分别展示了上拉电阻两种取值下对方波信号上升沿与下降沿的影响。

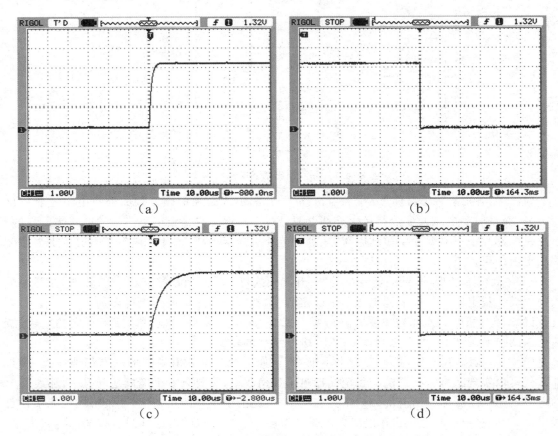

图 4.9　开漏模式下上拉电阻不同取值对信号边沿的影响对比

图 4.9 中(a)、(b)展示的是配置 STM8S208MB 单片机 PF4 引脚为开漏输出模式，外加 10 kΩ 上拉电阻到外部 3.3 V 电压时 GPIO 引脚的输出波形，可以看到上升沿时间较为迅速，下降沿也很"漂亮"。图 4.9 中(c)、(d)展示的是配置 STM8S208MB 单片机 PF4 引脚为开漏输出模式，外加 51 kΩ 上拉电阻到外部 3.3 V 电压时 GPIO 引脚的输出波形，可以看到上升沿时间较为缓慢，但是下降沿和 10 kΩ 上拉电阻时差别不大。由此可以得到一些重要的启示，当 GPIO 引脚配置为开漏输出时，外部上拉电阻的阻值越大，上拉作用越弱，上升沿越缓慢。反之，外部上拉电阻的阻值越小，上拉作用越强，上升沿越迅速。对于实际系统，应根据信号边沿要求和功耗要求合理选择外部上拉电阻大小。

STM8 单片机 GPIO 资源中的大部分引脚都可以被配置为开漏输出模式，只有特定的少数几个引脚可以被配置为真正的开漏输出模式，所谓"真正的开漏输出模式"是指该引脚内部电路中不存在上拉至数字电源的 P 沟道 MOS 管，也没有与数字电源连接的保护二极管，也就是说这种引脚不能被配置为推挽模式输出，其内部电路是固定的。参考 STM8S207/STM8S208 系列单片机数据手册可以发现，STM8S208MB 单片机中的 PE1/I^2C_SCL 引脚和 PE2/I^2C_SDA 引脚即为真正的开漏输出模式引脚，其端口内部电路结构如图 4.10 所示。

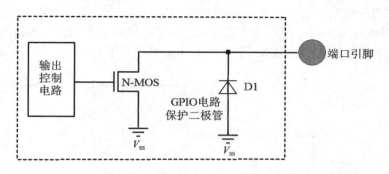

图 4.10   真正的开漏输出模式电路结构

4.1.6   如何理解 GPIO 内部保护二极管

说到 STM8 系列单片机 GPIO 资源的电气特性，其中有一个特性比较"实用"，那就是 GPIO 端口引脚都可以承受外部 5 V 电压而不致芯片烧毁，这个功能是靠什么技术保障的呢？假设当前系统中的单片机供电电压为 5 V，GPIO 引脚上施加 5 V 电压是可以承受的，但是当单片机工作在 3.3 V 供电电压时，施加在引脚上的外部 5 V 电压对于引脚内部电路来说就有 1.7 V 的压差，这种情况下内部电路是如何保护端口结构不被烧毁的呢？这是因为 GPIO 内部电路中具有保护二极管结构，端口才得以保护，其电路结构如图 4.11 所示。保护二极管 D1 和 D2 的作用是防止从外部引脚输入的电压过高或者过低从而损坏引脚电路，通常选用导通压降比较低的锗二极管或肖特基势垒二极管作为保护二极管。当单片机供电电压为 3.3 V 时，如果从引脚输入的电压超过芯片内部 V_{DD} 加在二极管 D1 的导通压降（假定在 0.6 V 左右），则二极管 D1 导通，此时真正输入到内部的信号电压不会超过 3.9 V。同理，如果从引脚输入的电压比 V_{SS} 还低，则由于二极管 D2 的作用，会把实际输入内部的信号电压保持在负 0.6 V 左右。

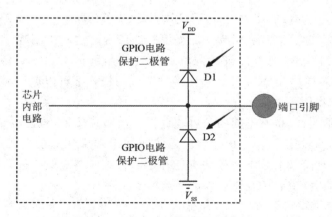

图 4.11   GPIO 端口内部保护二极管

假设单片机供电电压为 3.3 V，GPIO 引脚设置在开漏模式下，外接 47 kΩ 上拉电阻连接至 3.3 V 电源，在输出高电平"1"时测量发现最高电压为 3.28 V 左右，如图 4.12(a)所示，若此时改变上拉电阻端的外部电源电压，也就是将外接 47 kΩ 上拉电阻连接到 5 V 电源，在输出高电平"1"时测量发现最高电压为 3.88 V 左右,GPIO 引脚上的电压并不会达到 5 V,而是在 3.8～4 V 上下,如图 4.12(b)所示,这正是内部保护二极管在起作用。虽然输出电压达不到满幅的 5 V,但对于实际的数字逻辑通常 3.5 V 以上就算是高电平了。

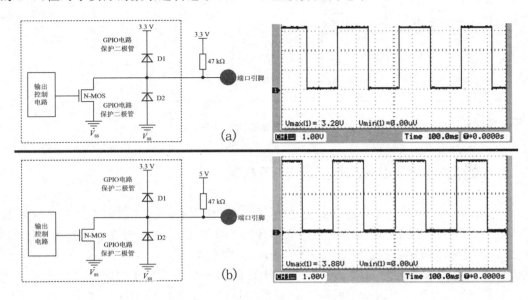

图 4.12　保护二极管功能测试

4.1.7　GPIO 引脚功能复用及意义

细心的读者可能在学习 STM8 系列单片机引脚资源时发现了一个"奇特"的现象,那就是有些引脚的说明不止一种"功能",比如 STM8S208MB 单片机的第 10 引脚,引脚说明为"PA4/UART1_RX",这个引脚上的"PA4"理解为 PA 端口组标号为"4"的引脚,"UART1_RX"理解为串口资源 1 的数据接收引脚,看到这里就"奇怪"了,一个引脚怎么能有两种或者多种身份呢? 这就是即将要学习的"引脚功能复用",如何理解这一机制呢? 单片机中的复用技术就是一种节省引脚数量,把单片机片内资源的功能与外部 GPIO 引脚结合在一起,使得 GPIO 引脚的"角色多样化"的技术。在特定条件和应用模式下可以启用 GPIO 引脚承担的复用功能,发挥另外的作用。

想一想生活中的自己,也有不同的角色和责任。当面对父母,自己的角色就是子女,承担孝顺父母的责任,当面对孩子,自己的角色就是父母,承担维系家庭的责任,生活中的自己就是"功能"的复用,不同环境和关系下角色和责任都不一样。STM8 单片机的引脚功能复用机制也是类似的,对于 GPIO 引脚的复用有以下 3 点需要注意:

(1) 部分 GPIO 端口可以被用作复用输入功能。例如某些引脚可以用作输入到定时器资源的捕捉通道。复用的输入功能是不会自动选择的,用户可以通过写相应的外设寄存器的控制位来选择端口引脚的复用功能。对于复用功能的输入,用户必须通过配置对应端口引脚的数据方向寄存器(Px_DDR)和控制寄存器 1(Px_CR1)将对应的 GPIO 引脚设置为悬浮输入模式或上拉输入模式。

(2) 复用输出功能可以是推挽输出模式或开漏输出模式。具体配置取决于外设本身的功能需求和端口引脚相关寄存器,其中包括端口引脚控制寄存器 1(Px_CR1)和控制寄存器 2(Px_CR2)的值。以 SPI 串行通信功能为例,SPI 时钟/数据输出引脚必须配置为推挽输出模式,且配置为快速斜率模式。以 UART 串行通信功能为例,串行数据发送引脚"UART_TX"可以被配置为推挽输出模式或者是带外部上拉电阻的开漏输出模式来实现多从机的配置。输出斜率的配置可以通过控制寄存器 2(Px_CR2)中的相应位进行设定。该功能既可以用在开漏输出模式也可以用在推挽输出模式的 GPIO 引脚。

(3) STM8 系列单片机的某些引脚复用的功能存在两种或两种以上,为多重功能复用。以 STM8S208MB 单片机为例,该单片机的第 30 引脚"PB4/AIN4/I^2C_SCL[AFR6]"可以作为 PB 端口中的一个普通 GPIO 引脚,也可以是模拟量转换为数字量 ADC 资源的第 4 个模拟量输入通道"AIN4",同时还可以配置为 I^2C 总线的串行时钟引脚"SCL"。对于多重功能复用的情况经常会用到 STM8 单片机的选项字节"Option Bytes"对相关的选项位"Option bit"进行配置(关于选项字节的相关知识可以参考本书第 9 章进行学习和配置)。

4.1.8　GPIO 引脚外部中断功能

通过前面几节的学习,读者了解了 STM8 系列单片机强大的 GPIO 功能,在实际应用中用户可以获取 GPIO 电平状态,然后根据程序逻辑控制 GPIO 输出,这里有一个问题,常规的 GPIO 状态获取必须先把 GPIO 引脚设定为输入模式,然后读取输入寄存器(Px_IDR)得到电平状态值(高电平或者低电平),这样就需要程序对某个引脚或者是某组端口不断的进行判断或者查询,这样的程序实现非常占用 CPU,导致程序执行效率低下,让 CPU 整天"围着你转",无法抽身。那么能不能有什么机制可以等到 GPIO 引脚发生某一动作事件(如产生下降沿或者产生上升沿)的时候通知 CPU 处理,而在未发生动作事件的时候让 CPU"安心"的处理其他的事情呢?

当然有这样的机制! 单片机之所以能实现"智能化"的一个重要原因就是具备事务的"中断处理"机制,用户可以在配置 GPIO 引脚为输入模式时通过设置控制寄存器 2(Px_CR2)中的相应位来启用某 GPIO 引脚外部中断功能。配置完成后,当 GPIO 引脚上出现了特定的边沿或电平状态时就会产生一个中断请求给 CPU。

说到这里有读者就"纳闷"了,GPIO 引脚出现的信号可能有多种情况,编程人员需要检测的信号也可能比较多样,比如某些用户只需要检测引脚信号的下降沿或者低电平,某些用户只需要检测信号的上升沿,又或者某些用户只需要检测信号的下降沿,再或者某些用户只需要检测信号的上升沿和下降沿,对于用户的多样化需求应该怎么配置呢?

这个问题不用担心,STM8 系列单片机早就想到了这一点,用户可以在启用 GPIO 引脚的外部中断功能后,通过配置外部中断控制寄存器 1(EXTI_CR1)或者外部中断控制寄存器 2(EXTI_CR2)中的相关位将中断向量进行独立编程,从而满足不同要求的触发(这两个寄存器及其配置方法在本书第 11 章会详细讲解)。需要特别注意的是引脚的外部中断功能只有在对应 GPIO 引脚被设置为输入模式下(悬浮输入模式或者弱上拉输入模式)时才有效,可以通过对控制寄存器 2(Px_CR2)中的相应位进行编程来单独使能或关闭外部中断功能,复位后和上电时 GPIO 资源的外部中断功能默认是禁止状态。

4.1.9 GPIO 引脚电气性能

GPIO 功能既然是由内部电路结构控制和实现的,那么就应该具备相关的电气性能,作为 STM8 系列单片机学习和开发设计人员,了解 GPIO 资源基本的电气性能是非常必要的,掌握了 GPIO 电气特性可以准确选型和进行外设电路搭建,从而保证系统电气安全合理。

接下来以 STM8S 系列单片机家族的 STM8S207/STM8S208 系列单片机为例说明相关电气特性,读者在查阅电气参数时应该以意法半导体公司最新发布的相关单片机数据手册参数为准。

1. STM8S207/208 系列单片机绝对电气特性

在构建完成的单片机系统中,施加在单片机上的载荷如果超过表 4.1 的电压特性和表 4.2 的电流特性中给出的数值,则会导致单片机永久性的损坏。这里只是给出能承受的最大载荷,并不意味在此条件下器件的功能性正常,器件长期工作在最大值条件下会影响器件的可靠性或者导致单片机损坏,所以读者在设计实际系统时一定要谨慎。

表 4.1 绝对最大额定值(电压特性)

符号	描述	最小值	最大值	单位
V_{DDx} 和 V_{SS}	供电电压 (包括 V_{DDA} 和 V_{DDIO})	−0.3	6.5	V
V_{IN}	在真正的开漏引脚 (PE1,PE2)上的输入电压	$V_{SS}-0.3$	6.5	
	在其他引脚上的输入电压	$V_{SS}-0.3$	$V_{DD}+0.3$	
$|V_{DDx}-V_{DD}|$	不同供电引脚之间的电压差		50	mV
$|V_{SSx}-V_{SS}|$	不同接地引脚之间的电压差		50	
V_{ESD}	ESD 静电放电电压		V_{ESD}(HBM):测试温度 25°C 时,JESD22-A114 最大 2 000 V_{ESD}(CDM):测试温度 25°C 时,JESD22-C101 最大 1 000	V

在单片机电压特性中需要注意的是,所有的电源引脚(V_{DD}、V_{DDIO}、V_{DDA})和地引脚(V_{SS}、V_{SSIO}、V_{SSA})必须一直连接到外部对应的供电引脚上,绝对不可以超过 $I_{INJ(PIN)}$ 的极限。当 V_{IN} 不超过其最大值时,$I_{INJ(PIN)}$ 也不会超过其最大值,如果 V_{IN} 超过了 V_{IN} 的最大值时,灌入电流必须通过外部电路加以限制,使其在允许的数值之内,否则就会损坏端口引脚的内部电路。当 $V_{IN}>V_{DD}$ 时,有一个正向灌入电流,当 $V_{IN}<V_{DD}$ 时,有一个负向灌入电流。对于真正开漏的引脚(例如 PE1 或 PE2),没有正向灌入电流,V_{IN} 的最大值必须得到保证,以保护 GPIO 引脚内部电路。在电压特性中提到的 $I_{INJ(PIN)}$ 参数就是引脚的灌入电流值,这个值在表 4.2 中做了详细的讲解。

表 4.2 绝对最大额定值(电流特性)

符号	描述	最大值	单位
I_{VDD}	经过 V_{DD} 电源线的总电流(拉电流)	60	
I_{VSS}	经过 V_{SS} 地线的总电流(灌电流)	60	
I_{IO}	任意 I/O 和控制引脚上的输出灌电流	20	
	任意 I/O 和控制引脚上的输出拉电流	20	
ΣI_{IO}	所有 I/O 和控制引脚上的总输出拉电流(有 2 个 V_{DDIO} 的器件)	200	
	所有 I/O 和控制引脚上的总输出拉电流(有 1 个 V_{DDIO} 的器件)	100	
	所有 I/O 和控制引脚上的总输出灌电流(有 2 个 V_{SSIO} 的器件)	160	mA
	所有 I/O 和控制引脚上的总输出灌电流(有 1 个 V_{SSIO} 的器件)	80	
$I_{INJ(PIN)}$	NRST 引脚的灌入电流	± 4	
	OSCIN 引脚的灌入电流	± 4	
	其他引脚的灌入电流	± 4	
$\Sigma I_{INJ(PIN)}$	所有 I/O 和控制引脚上的总灌入电流	± 20	

在单片机电流特性中需要注意的是，表 4.2 中的这些数据值都是基于特性总结得到的，并没有在产品上进行测试，所以这些值可以作为一个参考。所有的电源引脚(V_{DD}、V_{DDIO}、V_{DDA})和地引脚(V_{SS}、V_{SSIO}、V_{SSA})必须一直连接到外部对应的供电引脚上，用于大电流(灌电流或拉电流)的 I/O 引脚必须均匀地分配在 V_{DD} 或 V_{SSIO} 引脚之间，绝对不可以超过 $I_{INJ(PIN)}$ 的极限。当 V_{IN} 不超过其最大值时，$I_{INJ(PIN)}$ 也不会超过其最大值。如果 V_{IN} 超过 V_{IN} 的最大值时，灌入电流必须通过外部电路加以限制，使其在允许的数值之内，否则就会损坏端口引脚的内部电路。当 $V_{IN} > V_{DD}$ 时，有一个正向灌入电流，当 $V_{IN} < V_{DD}$ 时，有一个负向灌入电流。对于真正开漏的引脚(例如 PE1 或 PE2)，没有正向灌入电流，V_{IN} 的最大值必须得到保证，以保护 GPIO 引脚内部电路。负向的灌入电流会干扰器件的模拟性能，当几个 I/O 引脚同时有灌入电流时，所有 I/O 引脚和控制引脚上的总灌入电流 $\Sigma I_{INJ(PIN)}$ 的最大值为正向灌入电流与负向灌入电流的即时绝对值之和，该结果是基于 4 个 I/O 端口上的总灌入电流 $\Sigma I_{INJ(PIN)}$ 最大值的特性。

2. STM8S207/208 系列单片机 GPIO 静态电气特性

学习了 STM8S207/208 系列单片机总体的电气特性极限值后，重点来关注 GPIO 资源的静态电气特性，相关参数如表 4.3 所示。

表 4.3 I/O 口的静态特性

符号	参数	条件	最小	典型	最大	单位
V_{IL}	输入低电平		-0.3		$0.3 \times V_{DD}$	V
V_{IH}	输入高电平	$V_{DD} = 5$ V	$0.7 \times V_{DD}$		$V_{DD} + 0.3$ V	
V_{hys}	施密特触发器滞回电压			700		mV
R_{pu}	上拉电阻	$V_{DD} = 5$ V，$V_{IN} = V_{SS}$	30	55	80	$k\Omega$

续表 4.3

符号	参数	条件	最小	典型	最大	单位
t_R，t_F	上升沿和下降沿的时间 （10%-90%）	快速 I/O 口，负载＝50 pF			20	ns
		标准和高电流 I/O 口，负载＝50 pF			125	
		快速 I/O 口，负载＝20 pF			35	
		标准和高电流 I/O 口，负载＝20 pF			125	
I_{lkg}	模拟/数字输入漏电流	$V_{SS} < V_{IN} < V_{DD}$			±1	μA
$I_{lkg\ ana}$	模拟输入漏电流	$V_{SS} < V_{IN} < V_{DD}$			±250	nA
$I_{lkg(inj)}$	相邻 I/O 口的漏电流	射级电流±4 mA			±1	μA

表 4.3 中的施密特触发器滞回电压数据是基于特性总结得出，并没有在产品上进行测试，可以作为一个参考，读者在查阅电气参数时应该以意法半导体公司最新发布的相关单片机数据手册参数为准。

3. STM8S207/208 系列单片机 GPIO 电流电气特性

接下来接触比较重要的 GPIO 电流电气特性了，在 GPIO 资源中重点需要关心的是输出驱动电流的特性，标准端口、大电流端口以及真正的开漏端口的输出驱动电流特性如表 4.4、表 4.5 和表 4.6 所示，还有复位引脚 NRST 的电气特性如表 4.7 所示。

表 4.4　输出驱动电流电气特性（标准端口）

符号	参数	条件	最小	最大	单位
V_{OL}	8 引脚输出低电平灌电流	$I_{IO} = 10$ mA，$V_{DD} = 5$ V		2	V
	4 引脚输出低电平灌电流	$I_{IO} = 4$ mA，$V_{DD} = 3.3$ V		1	
V_{OH}	8 引脚输出高电平拉电流	$I_{IO} = 10$ mA，$V_{DD} = 5$ V	2.8		
	4 引脚输出高电平拉电流	$I_{IO} = 4$ mA，$V_{DD} = 3.3$ V	2.1		

表 4.5　输出驱动电流电气特性（大电流端口）

符号	参数	条件	最小	最大	单位
V_{OL}	8 引脚输出低电平灌电流	$I_{IO} = 10$ mA，$V_{DD} = 5$ V		0.8	V
	4 引脚输出低电平灌电流	$I_{IO} = 10$ mA，$V_{DD} = 3.3$ V		1	
	4 引脚输出低电平灌电流	$I_{IO} = 20$ mA，$V_{DD} = 5$ V		1.5	
V_{OH}	8 引脚输出高电平拉电流	$I_{IO} = 10$ mA，$V_{DD} = 5$ V	4.0		
	4 引脚输出高电平拉电流	$I_{IO} = 10$ mA，$V_{DD} = 3.3$ V	2.1		
	4 引脚输出高电平拉电流	$I_{IO} = 20$ mA，$V_{DD} = 5$ V	3.3		

表 4.6　输出驱动电流电气特性（真正的开漏端口）

符号	参数	条件	最大	单位
V_{OL}	2 引脚输出低电平灌电流	$I_{IO} = 10$ mA，$V_{DD} = 5$ V	1	V
		$I_{IO} = 10$ mA，$V_{DD} = 3.3$ V	1.5	
		$I_{IO} = 20$ mA，$V_{DD} = 5$ V	2	

表 4.7 复位引脚 NRST 电气特性

符号	参数	条件	最小	典型	最大	单位
$V_{IL(NRST)}$	NRST 输入低电平		-0.3 V		$0.3 \times V_{DD}$	V
$V_{IH(NRST)}$	NRST 输入高电平		$0.7 \times V_{DD}$		$V_{DD} + 0.3$	
$V_{OL(NRST)}$	NRST 输出低电平	$I_{OL} = 2$ mA			0.5	
$R_{pu(NRST)}$	NRST 上拉电阻		30	55	80	kΩ
$t_{IFP(NRST)}$	NRST 输入滤波脉冲			·	75	ns
$t_{INFP(NRST)}$	NRST 输入不滤波脉冲		500			ns
$t_{OP(NRST)}$	NRST 输出脉冲		15			μs

4.2 初识 STM8 单片机 GPIO 资源

　　经过对 GPIO 配置模式基础知识铺垫的学习,读者可以正式进入 STM8 系列单片机引脚资源的学习了,以 STM8S207/STM8S208 系列单片机为例,读者需要在意法半导体公司官方网站上下载其芯片数据手册,芯片数据手册中有对该系列单片机资源和功能的详细介绍,读者可访问意法半导体公司官方网站"www.st.com"查阅相关的文档资源。

　　读者需要下载的是芯片数据手册如图 4.13 所示,单击进入官方网站后找到 8 位微处理器产品页面,然后在资源列表中的数据手册列表中选择 STM8S208MB 对应手册进行下载,如图 4.14 所示。需要注意的是意法半导体公司官方的数据手册和相关文档资源都是在不断更新的,读者需要关注最新的资料,因为原始版本的资料可能会存在很多错误,意法半导体公司的官方文档资料中也会出现一些勘误手册,可以进行关注和更新。本书编写参考的 STM8S207xx/208xx 芯片数据手册为意法半导体公司公司 2015 年 2 月编制修订的、文件编号为 14733 第 13 版本,参考手册为意法半导体公司公司 2017 年 10 月编制修订的、文件编号为 14587 第 14 版本 RM0016。

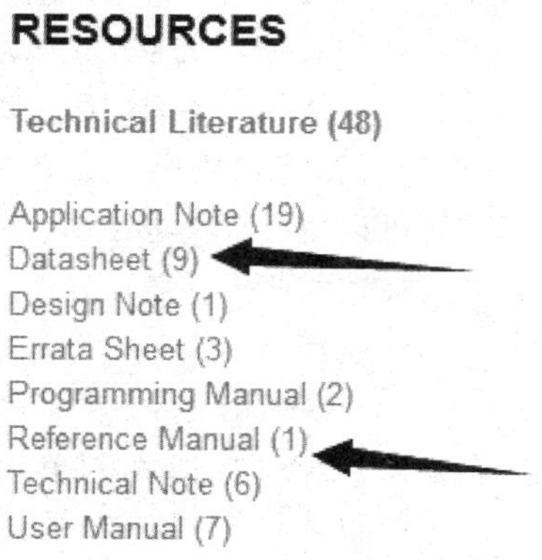

RESOURCES

Technical Literature (48)

Application Note (19)
Datasheet (9) ◄━━━━
Design Note (1)
Errata Sheet (3)
Programming Manual (2)
Reference Manual (1) ◄━━━
Technical Note (6)
User Manual (7)

图 4.13 ST 官方网站 STM8 单片机文档资源列表

	Resource Title	Version	Latest Update	Part Numbers
	DS12129 16 MHz STM8S 8-bit MCU, 8-Kbyte Flash memory, 128-byte data EEPROM, 10-bit AD...	2.0	May 24, 2017	STM8S001J3
	DS6120 Access line, 16 MHz STM8S 8-bit MCU, up to 8 Kbytes Flash, data EEPROM,10-bit A...	14.0	Aug 01, 2015	STM8S103F2...
	DS6210 16 MHz STM8S 8-bit MCU, up to 8 Kbytes Flash, 1 Kbyte RAM, 640 bytes EEPROM,10...	12.0	Aug 01, 2015	STM8S903K3...
	DS8638 Value line, 16 MHz STM8S 8-bit MCU, 32 Kbytes Flash, data EEPROM, 10-bit ADC, tim...	4.0	Aug 01, 2015	STM8S005C6...
	DS7147 Value line, 16 MHz STM8S 8-bit MCU, 8 Kbyte Flash, 128 byte data EEPROM, 10-bit A...	9.0	Sep 28, 2015	STM8S003F3...
	DS7224 DiSEqC™ slave microcontroller for SaTCR based LNBs and switchers	5.0	Aug 01, 2015	STM8SPLNB1
	DS8633 Value line, 24 MHz STM8S 8-bit MCU, 64 Kbytes Flash, true data EEPROM, 10-bit AD...	5.0	Aug 01, 2015	STM8S007C8
	DS5839 Performance line, 24 MHz STM8S 8-bit MCU, up to 128 KB Flash, integrated EEPRO...	13.0	Aug 01, 2015	STM8S207MB...
	DS5855 Access line, 16 MHz STM8S 8-bit MCU, up to 32 Kbyte Flash, integrated EEPROM, 1C...	15.0	Sep 28, 2015	STM8S105C4...

图 4.14　STM8 系列单片机官方芯片数据手册

4.2.1　STM8S207/208 系列单片机封装及引脚分布

在本书的第一章初学半导体集成电路的时候就已经接触到了"封装"这个词,单片机也是一种"麻雀虽小,五脏俱全"的半导体集成电路芯片,在生产时也是将晶圆进行封装得到不同封装样式的单片机产品,STM8 系列单片机广泛采用 LQFP 封装形式,具体的引脚数量和单片机的具体型号有关。

LQFP 也就是薄型 QFP 封装(Low-profile Quad Flat Package),指的是封装本体的厚度为 1.4 mm 的 QFP 封装,该封装形式为四方扁平式封装(Quad Flat Package),该封装形式实现的 CPU 芯片引脚之间距离很小,引脚很细,其样式如图 4.15 所示。一般大规模或超大规模集成电路都采用这种封装形式,其引脚数量一般都在 100 脚上下。该封装形式的 CPU 使用方便,可靠性高,而且封装后的外形尺寸较小,寄生参数大大减小,适合高频/高速应用,该封装形式的芯片焊接到印制电路板(PCB)时可以用手工焊接,如果是批量生产,一般采用表面组装技术(Surface Mount Technology,SMT)进行批量贴片生产。

图 4.15　STM8 单片机
LQFP 封装样式

STM8 系列单片机家族使用单片机封装形式较多,以 STM8S 系列单片机家族为例,每种型号和系列的单片机按照其内部资源的不同引脚数量也不同,具有形式多样的芯片封装形式,该家族单片机常用的封装形式如表 4.8 所列。

了解了单片机芯片常用封装可以帮助读者在设计印制电路板(PCB)时选择合适的 PCB 芯片封装,不至于选错封装形式或者选错封装引脚数,便于产品的设计和开发。接下来以 STM8S207/STM8S208 系列单片机为例,展示该系列单片机的引脚分布说明和封装形式,引脚描述和分布如图 4.16～图 4.20 所示,若读者需要了解其他系列单片机引脚分布可查阅相关芯片数据手册。

表 4.8 STM8S 系列单片机型号及常用封装形式

STM8S001xx	SO－8
单片机型号/系列	芯片常用封装形式
STM8S003XX	LQFP32、TSSOP20、UFQFPN20
STM8S005XX	LQFP32、LQFP48
STM8S007XX	LQFP48
STM8S103XX	LQFP32、UFQFPN20、UFQFPN32、SDIP32、TSSOP20、SO20W
STM8S105XX	LQFP32、LQFP44、LQFP48、UFQFPN32、SDIP32
STM8S207XX	LQFP32、LQFP44、LQFP48、LQFP64、LQFP80
STM8S208XX	
STM8S903XX	LQFP32、UFQFPN20、UFQFPN32、SDIP32、TSSOP20、SO20W

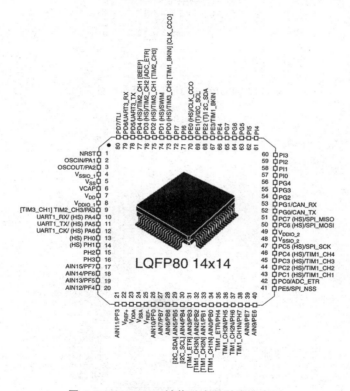

图 4.16 LQFP80 封装形式及引脚分布图

通过对 STM8S207/208 系列单片机封装形式及引脚分布图的观察可以看出,无论是"脚多"还是"脚少"的单片机,基本的一些电气引脚、功能引脚和 GPIO 端口组都是具备的,只是数量上有所差异,引脚号也有不同。读者在设计硬件系统时经常要翻阅芯片的引脚分布和说明,特别是设计印制电路板的 PCB 封装时,更要正确分配引脚号和引脚功能,若读者需要更加直观地了解各引脚的名称、功能、类型、复用情况等信息,可以参阅表 4.9 中的内容。

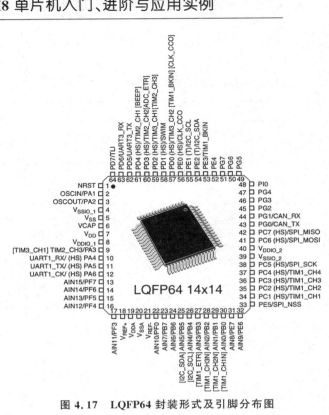

图 4.17 LQFP64 封装形式及引脚分布图

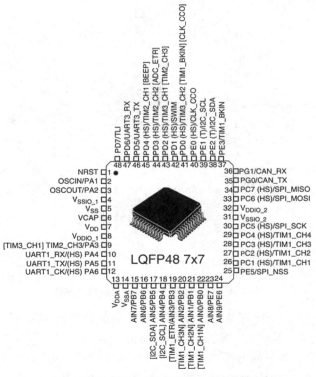

图 4.18 LQFP48 封装形式及引脚分布图

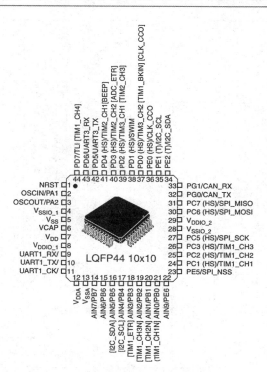

图 4.19 LQFP44 封装形式及引脚分布图

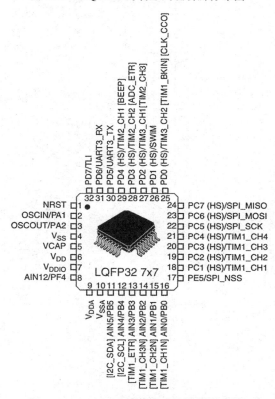

图 4.20 LQFP32 封装形式及引脚分布图

表 4.9　STM8S207/208 系列单片机引脚功能定义

引脚编号					引脚名称	类型	输入功能			输出功能				复位后的主要功能	默认功能	选项位
LQFP 80	LQFP 64	LQFP 48	LQFP 44	LQFP 32			悬浮模式	弱上拉模式	中断模式	高吸收能力	速率	漏极开路模式	推挽模式			
1	1	1	1	1	NRST	I/O	X̲	X̲						Reset		
2	2	2	2	2	PA1/OSCIN	I/O	X̲	X			O1	X	X	Port A1	Resonator/Crystal in	
3	3	3	3	3	PA2/OSCOUT	I/O	X̲	X	X		O1	X	X	Port A2	Resonator/Crystal out	
4	4	4	4	—	V$_{SSIO\_1}$	S									I/O ground	
5	5	5	5	4	V$_{SS}$	S									Digital ground	
6	6	6	6	5	VCAP	S									1.8 V regulator capacitor	
7	7	7	7	6	V$_{DD}$	S									Digital power supply	
8	8	8	8	7	V$_{DDIO\_1}$	S									I/O power supply	
9	9	9	9	—	PA3/TIM2_CH3	I/O	X̲	X	X		O1	X	X	Port A3	Timer2-channel3	TIM3_CH1 [AFR1]
10	10	10	9	—	PA4/UART1_RX	I/O	X̲	X	X	HS	O3	X	X	Port A4	UART1 receive	
11	11	11	10	—	PA5/UART1_TX	I/O	X̲	X	X	HS	O3	X	X	Port A5	UART1 transmit	
12	12	12	11	—	PA6/UART1_CK	I/O	X̲	X	X	HS	O3	X	X	Port A6	UART1 synchronous clock	
13	—	—	—	—	PH0	I/O	X̲	X	X	HS	O3	X	X	Port H0		
14	—	—	—	—	PH1	I/O	X̲	X	X	HS	O3	X	X	Port H1		
15	—	—	—	—	PH2	I/O	X̲	X	X		O1	X	X	Port H2		
16	—	—	—	—	PH3	I/O	X̲	X	X		O1	X	X	Port H3		
17	13	—	—	—	PF7/AIN15	I/O	X̲	X	X		O1	X	X	Prot F7	Analog input 15	
18	14	—	—	—	PF6/AIN14	I/O	X̲	X	X		O1	X	X	Port F6	Analog input 14	
19	15	—	—	—	PF5/AIN13	I/O	X̲	X	X		O1	X	X	Port F5	Analog input 13	
20	16	—	—	8	PF4/AIN12	I/O	X̲	X	X		O1	X	X	Port F4	Analog input 12	

续表 4.9

引脚编号					引脚名称	类型	输入功能				输出功能			复位后的主要功能	默认功能	选项位
LQFP80 FP	LQFP64 FP	LQFP48 FP	LQFP44 FP	LQFP32 FP			悬浮模式	弱上拉模式	中断模式	高吸收能力	速率	漏极开路模式	推挽模式			
21	17	—	—	—	PF3/AIN11	I/O	X	X	X		O1	X	X	Port F3	Analog input 11	
22	18	—	—	—	V_REF+	S								ADC positive reference voltage		
23	19	13	12	9	V_DDA	S								Analog power supply		
24	20	14	13	10	V_SSA	S								Analog ground		
25	21	—	—	—	V_REF-	S								ADC negative reference voltage		
26	22	15	14	—	PF0/AIN10	I/O	X	X	X		O1	X	X	Port F0	Analog input 10	
27	23	16	15	—	PB7/AIN7	I/O	X	X	X		O1	X	X	Port B7	Analog input 7	
28	24	17	16	—	PB6/AIN6	I/O	X	X	X		O1	X	X	Port B6	Analog input 6	
29	25	18	17	11	PB5/AIN5	I/O	X	X	X		O1	X	X	Port B5	Analog input 5	I^2C SDA [AFR6]
30	26	19	18	12	PB4/AIN4	I/O	X	X	X		O1	X	X	Port B4	Analog input 4	I^2C SCL [AFR6]
31	27	20	19	13	PB3/AIN3	I/O	X	X	X		O1	X	X	Port B3	Analog input 3	TIM1 ETR [AFR5]
32	28	21	20	14	PB2/AIN2	I/O	X	X	X		O1	X	X	Port B2	Analog input 2	TIM1 CH3N [AFR5]
33	29	21	21	15	PB1/AIN1	I/O	X	X	X		O1	X	X	Port B1	Analog input 1	TIM1 CH2N [AFR5]
34	30	22	22	16	PB0/AIN0	I/O	X	X	X		O1	X	X	Port B0	Analog input 0	TIM1 CH1N [AFR5]
35	—	—	—	—	PH4/TIM1_ETR	I/O	X	X	X		O1	X	X	Port H4	Timer 1-trigger input	

续表 4.9

引脚编号 LQFP80	LQFP64	LQFP48	LQFP44	LQFP32	引脚名称	类型	输入功能 悬浮模式	弱上拉模式	中断模式	高吸收能力	输出功能 速率	漏极开路模式	推挽模式	复位后的主要功能	默认功能	选项位
36	—	—	—	—	PH5/TIM1_CH3N	I/O	X	X			O1	X	X	Port H5	Timer 1-inverted channel 3	
37	—	—	—	—	PH6/TIM1_CH2N	I/O	X	X			O1	X	X	Port H6	Timer 1-inverted channel 2	
38	—	—	—	—	PH7/TIM1_CH1N	I/O	X	X			O1	X	X	Port H7	Timer 1-inverted channel 1	
39	31	23	—	—	PE7/AIN8	I/O	X	X	X		O1	X	X	Port E7	Analog input 8	
40	32	24	22	—	PE6/AIN9	I/O	X	X	X		O1	X	X	Port E6	Analog input 9	
41	33	25	23	17	PE5/SPI_NSS	I/O	X	X	X		O1	X	X	Port E5	SPI master/slave select	
42	—	—	—	—	PC0/ADC_ETR	I/O	X	X	X		O1	X	X	Port C0	ADC trigger input	
43	34	26	24	18	PC1/TIM1_CH1	I/O	X	X	X	HS	O3	X	X	Port C1	Timer 1-channel 1	
44	35	27	25	19	PC2/TIM1_CH2	I/O	X	X	X	HS	O3	X	X	Port C2	Timer 1-channel 2	
45	36	28	26	20	PC3/TIM1_CH3	I/O	X	X	X	HS	O3	X	X	Port C3	Timer 1-channel 3	
46	37	29	—	21	PC4/TIM1_CH4	I/O	X	X	X	HS	O3	X	X	Port C4	Timer 1-channel 4	
47	38	30	27	22	PC5/SPI_SCK	I/O	X	X	X	HS	O3	X	X	Port C5	SPI clock	
48	39	31	28	—	V_{SSIO_2}	S									I/O ground	
49	40	32	29	—	V_{DDIO_2}	S									I/O power supply	
50	41	33	30	23	PC6/SPI_MOSI	I/O	X	X	X	HS	O3	X	X	Port C6	SPI master out/slave in	
51	42	34	31	24	PC7/SPI_MISO	I/O	X	X	X	HS	O3	X	X	Port C7	SPI master in/slave out	
52	43	35	32	—	PG0/CAN_TX	I/O	X	X	X		O1	X	X	Port G0	beCAN transmit	
53	44	36	33	—	PG1/CAN_RX	I/O	X	X	X		O1	X	X	Port G1	beCAN receive	
54	45	—	—	—	PG2	I/O	X	X	X		O1	X	X	Port G2		
55	46	—	—	—	PG3	I/O	X	X	X		O1	X	X	Port G3		
56	47	—	—	—	PG4	I/O	X	X	X		O1	X	X	Port G4		

续表 4.9

引脚编号					引脚名称	类型	输入功能			输出功能				复位后的主要功能	默认功能	选项位
LQFP 80	LQFP 64	LQFP 48	LQFP 44	LQFP 32			悬浮模式	弱上拉模式	中断模式	高吸收能力	速率	漏极开路模式	推挽模式			
57	48	—	—	—	PI0	I/O	X	X			O1	X	X	Port I0		
58	—	—	—	—	PI1	I/O	X	X			O1	X	X	Port I1		
59	—	—	—	—	PI2	I/O	X	X			O1	X	X	Port I2		
60	—	—	—	—	PI3	I/O	X	X			O1	X	X	Port I3		
61	—	—	—	—	PI4	I/O	X	X			O1	X	X	Port I4		
62	—	—	—	—	PI5	I/O	X	X			O1	X	X	Port I5		
63	49	—	—	—	PG5	I/O	X	X			O1	X	X	Port G5		
64	50	—	—	—	PG6	I/O	X	X			O1	X	X	Port G6		
65	51	—	—	—	PG7	I/O	X	X			O1	X	X	Port G7		
66	52	—	—	—	PE4	I/O	X	X	X		O1	X	X	Port E4		
67	53	37	—	—	PE3/TIM1 BKIN	I/O	X	X	X		O1	X	X	Port E3	Timer 1-break input	
68	54	38	34	—	PE2/I^2C SDA	I/O	X	X	X		O1	T	X	Port E2	I^2C data	
69	55	39	35	—	PE1/I^2C SCL	I/O	X	X	X		O1	T	X	Port E1	I^2C clock	
70	56	40	36	—	PE0/CLK_CCO	I/O	X	X	X	HS	O3	X	X	Port E0	Configurable clock output	
71	—	—	—	—	PI6	I/O	X	X			O1	X	X	Port I6		
72	—	—	—	—	PI7	I/O	X	X			O1	X	X	Port I7		
73	57	41	37	25	PD0/TIM3 CH2	I/O	X	X	X	HS	O3	X	X	Port D0	Timer 3-channel2	TIM1 BKIN [AFR3]/ CLK_CCO [AFR2]
74	58	42	38	26	PD1/SWIM	I/O	X	X	X	HS	O4	X	X	Port D1	SWIM data interface	

续表 4.9

引脚编号 LQFP80	引脚编号 LQFP64	引脚编号 LQFP48	引脚编号 LQFP44	引脚编号 LQFP32	引脚名称	类型	输入功能 悬浮模式	输入功能 弱上拉模式	输入功能 中断模式	高吸收能力	输出功能 速率	输出功能 漏极开路模式	输出功能 推挽模式	复位后的主要功能	默认功能	选项位
75	59	43	39	27	PD2/TIM3_CH1	I/O	X̱	X	X	HS	O3	X	X	Port D2	Timer 3-channel1	TIM2_CH3 [AFR1]
76	60	44	40	28	PD3/TIM2_CH2	I/O	X̱	X	X	HS	O3	X	X	Port D3	Timer 2-channel2	ADC_ETR [AFR0]
77	61	45	41	29	PD4/TIM2_CH1 /BEEP	I/O	X̱	X	X	HS	O3	X	X	Port D4	Timer 2-channel1	BEEP output [AFR7]
78	62	46	42	30	PD5/UART3_TX	I/O	X̱	X	X		O1	X	X	Port D5	UART3 data transmit	
79	63	47	43	31	PD6/UART3_RX	I/O	X̱	X	X		O1	X	X	Port D6	UART3 data receive	
80	64	48	44	32	PD7/TLI	I/O	X̱	X	X		O1	X	X	Port D7	Top level interrupt	TIM1_CH4 [AFR4]

在表 4.9 中，为了简化引脚资源的类型、输入/输出等级、输出速度、输入/输出端口控制配置、复位状态等信息的表达，采用了一些字母或者简写，其表达的具体含义如表 4.10 所示。有了表 4.9 和表 4.10 就让读者对 STM8S207/208 系列单片机引脚资源有了很直观的了解，在后续的学习中需要经常翻阅这两个表，慢慢熟悉引脚资源，逐个理解电气特性和功能复用。

表 4.10 STM8S207/208 系列单片机引脚类型

类型		"I"表示输入类型，"O"表示输出类型，"S"表示电源类型
等级	输入	"CM"表示 CMOS
	输出	"HS"表示高灌电流
输出速度		"O1"表示慢速(最高可达 2 MHz) "O2"表示快速(最高可达 10 MHz) "O3"表示可编程的快慢与复位后的慢速一致 "O4"表示可编程的快慢与复位后的快速一致
端口控制配置	输入	"float"表示悬浮输入模式，"wpu"表示弱上拉输入模式
	输出	"T"表示真正的漏极开路输出模式，"OD"表示漏极开路输出模式，"PP"表示推挽输出模式
复位状态		加粗的黑体"**X**"(内部复位释放后的引脚状态) 除非另有说明，引脚状态与复位阶段到内部复位释放后的状态一致

4.2.2 GPIO 资源相关寄存器简介

分析表 4.9 可以发现 STM8207/208 系列单片机常用 LQFP 封装形式，最少的引脚数量有 32 个，最多的引脚可以达到 80 个，STM8S208MB 采用 LQFP80 封装形式，此处的"80"就表示该单片机拥有 80 个引脚，其中有 68 个引脚是 GPIO 引脚。下面将 GPIO 引脚进行归类！

PA 组 GPIO 端口有 6 个(PA1～PA6)、PB 组 GPIO 端口有 8 个(PB0～PB7)、PC 组 GPIO 端口有 8 个(PC0～PC7)、PD 组 GPIO 端口有 8 个(PD0～PD7)、PE 组 GPIO 端口有 8 个(PE0～PE7)、PF 组 GPIO 端口有 6 个(PF0、PF3～PF7)、PG 组 GPIO 端口有 8 个(PG0～PG7)、PH 组 GPIO 端口有 8 个(PH0～PH7)、PI 组 GPIO 端口有 8 个(PI0～PI7)，引脚分组归类完毕后，就会发现 STM8S208MB 单片机 GPIO 资源的几个特点：

(1) STM8S208MB 是 STMS208 系列单片机中引脚最多的一款单片机，一共具备有 9 组 GPIO 端口，分别是：PA、PB、PC、PD、PE、PF、PG、PH、PI，正所谓"朋友多了路好走"，引脚多了就可以让设计变得简单，对于外设资源较多、需要较多线路连接的系统就可以不必再纠结于 GPIO 不够用的情况了。当然了，GPIO 引脚数量并不是越多越好，要综合考虑系统的造价，对于某些情况可以通过 GPIO 扩展方案实现资源扩展。

(2) 每组端口不一定都有 8 个引脚，也就是说引脚的标号未必都是从 Px0～Px7 的，例如 PF 组 GPIO 端口(PF0、PF3～PF7)等。

(3) 相同端口组的 GPIO 在芯片引脚的顺序上未必是连续递增和递减的，例如：STM8S208MB 单片机的第 56 脚是 PG4，57 脚却是 PI0，发现规律后就可以提醒读者在进行引脚资源分配和制作印制线路板(PCB)时注意走线和资源对应。

了解了端口的分组就应该理解 GPIO 的功能是如何被配置的。接下来就展开对 GPIO 相关寄存器的学习,每个 GPIO 端口都分配有一个输出数据寄存器、一个输入数据寄存器、一个数据方向寄存器、两个控制寄存器,具体寄存器的名称和功能如图 4.21 所示。一个 GPIO 端口工作在输入还是输出是取决于该口的数据方向寄存器对应位的状态,输入数据状态是由数据寄存器来"反映",输出数据状态是由输出数据寄存器来"表达",至于 GPIO 是否带有外部中断功能,配置为什么样的端口模式,选择什么样的端口速率则是由两个控制寄存器来设定。

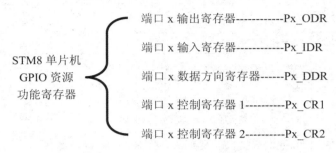

STM8 单片机
GPIO 资源
功能寄存器

端口 x 输出寄存器------------Px_ODR

端口 x 输入寄存器------------Px_IDR

端口 x 数据方向寄存器------Px_DDR

端口 x 控制寄存器 1----------Px_CR1

端口 x 控制寄存器 2----------Px_CR2

图 4.21　STM8 单片机 GPIO 功能寄存器一览

GPIO 功能配置和寄存器相关功能位的对应关系如表 4.11 所示,表格中功能模式可被配置为输入和输出模式,用户通过配置数据方向寄存器"DDR"和控制寄存器"CR1"、"CR2"中的相应位,可以配置得到不同的 GPIO 模式,该表还列举了不同配置模式下对应端口的内部电路连接结构,如上拉电阻、P 沟道 MOS 管单元、内部电路保护二极管等,读者可以在具体配置时参考本表格中的内容。

表 4.11　STM8 单片机 GPIO 配置表

功能模式	DDR 位	CR1 位	CR2 位	配置模式	上拉电阻	P 沟道 MOS 管	保护二极管 连接 V_{DD}	保护二极管 连接 V_{SS}
输入	0	0	0	悬浮输入	关闭	关闭	开启	开启
	0	1	0	上拉输入	开启			
	0	0	1	中断悬浮输入	关闭			
	0	1	1	中断上拉输入	开启			
输出	1	0	0	开漏输出,慢速模式	关闭	关闭		
	1	1	0	推挽输出,慢速模式		开启		
	1	0	1	开漏输出,快速模式		关闭		
	1	1	1	推挽输出,快速模式		开启		
	X	X	X	真正的开漏模式	未采用		未采用	

需要注意的是如果用户需要启用单片机片内模拟/数字转换"ADC"功能时,可以选择指定的 GPIO 引脚作为模拟信号的输入通道(可以参考表 4.9 中复用功能为"AINx"的引脚)。部分 GPIO 引脚内部电路中包含有一个内嵌的输入施密特触发器,可以通过施密特触发器禁止寄存器(ADC_TDR)来使能或禁止施密特触发器,当使用模拟通道时输入施密特触发器必须被关闭,具体模拟信号输入方式配置如表 4.12 所示。

表 4.12 模拟信号输入方式配置

DDR 位	CR1 位	CR2 位	ADC_TDR 位	配 置	说 明
0	0	0	1	浮空输入,无中断, 禁止施密特触发	推荐模拟输入配置方式
0	1	X	X	带上拉输入	不推荐该方式。若引脚上有模
1	0	X	X	输出	拟电压,该方式将使输入引脚产
1	1	X	X	输出	生额外电流。

4.2.3 GPIO 输入/输出模式配置流程

若实际编程中欲使用 GPIO 端口,一般需要在工程文件中编写相关 GPIO 资源的初始化函数,可以自定义函数名称为 GPIO_init(),函数中应该包含 GPIO 引脚的输入/输出方向配置、输入/输出模式、是否启用外部中断或配置端口输出斜率等,一般流程可以参考图 4.22 所示步骤。

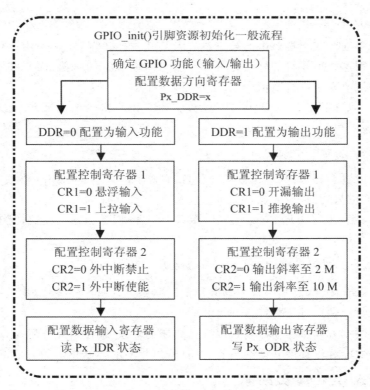

图 4.22 GPIO 初始化一般流程

读者看了图 4.22 是不是思路清楚了很多,暂且不管其他寄存器怎样去配置,首先要确定选择的 GPIO 引脚到底是输入功能还是输出功能。假设用户欲配置 GPIO 引脚为输出功能,首先应该配置端口数据方向寄存器(Px_DDR),若将端口组的方向寄存器中对应的功能位配置为"0"则表示该引脚为输入模式,配置为"1"则表示该引脚为输出模式,端口数据方向寄存器

(Px_DDR)相关位定义及功能说明如表 4.13 所示。

表 4.13　端口 x 数据方向寄存器(Px_DDR)

端口 x 数据方向寄存器(Px_DDR)						地址偏移值:(0x02)_H		
位 数	位 7	位 6	位 5	位 4	位 3	位 2	位 1	位 0
位名称	DDR7	DDR6	DDR5	DDR4	DDR3	DDR2	DDR1	DDR0
复位值	0	0	0	0	0	0	0	0
操 作	rw	rw	rw	rw	rw	rw	rw	rw
位 名	位含义及参数说明							
DDRx [7:0] 位 7:0	● 数据方向寄存器位 这些位可通过软件置"1"或清"0",选择引脚输入或输出功能							
	0	对应引脚为输入模式						
	1	对应引脚为输出模式						

若需要用 C 语言编程实现 PB 组 GPIO 端口高 4 位为输出模式低 4 位为输入模式,可编写语句:

PB_DDR = 0xF0;//对应二进制为"1111 0000",高 4 位均为"1"低 4 位均为"0"

在实际编程中欲改变组端口中的某一位或者某几位的情况,经常使用按位与"&"和按位或"|"操作符,使用这种操作符的好处是可以不用对组端口整体赋值,而是在不改变其他位原状态的情况下对欲改变位进行赋值变更。

若需要用 C 语言编程实现 PB 组 GPIO 端口 PB6 和 PB2 为输出模式,且其他位的状态保持原状态,可编写语句:

PB_DDR | = 0x44;//对应二进制为"0100 0100",PB6 为"1"PB2 为"1"

从该语句可以看出,欲对某一位或某几位置"1",则用"按位或"操作,将欲置"1"的位与"1"进行或操作,其他位与"0"进行或操作即可。

若需要用 C 语言编程实现 PB 组 GPIO 端口 PB6 和 PB2 为输入模式,且其他位的状态保持原状态,可编写语句:

PB_DDR & = 0xBB;//对应二进制为"1011 1011",PB6 为"0"PB2 为"0"

从该语句可以看出,欲对某一位或某几位清"0",则用"按位与"操作,将欲清"0"的位与"0"进行与操作,其他位与"1"进行与操作即可。

配置完端口数据方向寄存器后就可以进行具体的输入/输出模式配置了,接下来分别对这两种模式下的参数配置流程展开详细讲解,并且给出相应的初始化语句方便读者验证和掌握。

1. 输入模式 GPIO 参数配置

当端口数据方向寄存器(Px_DDR)中相应位为"0"时,GPIO 引脚被配置为输入模式,接下来需要进行输入功能的 GPIO 模式选择,可以通过端口控制寄存器 1(Px_CR1)配置相应位为悬浮输入或者上拉输入模式,控制寄存器 1(Px_CR1)相关位定义及功能说明如表 4.14 所示。

表 4.14 端口 x 控制寄存器 1(Px_CR1)

■ 端口 x 控制寄存器 1(Px_CR1)							地址偏移值:$(0x03)_H$
位　数	位 7	位 6	位 5	位 4	位 3	位 2	位 1	位 0
位名称	C17	C16	C15	C14	C13	C12	C11	C10
复位值	0	0	0	0	0	0	0	0
操　作	rw	rw	rw	rw	rw	rw	rw	rw

位　名	位含义及参数说明
C1x [7:0] 位 7:0	● 控制寄存器 1 相关位 这些位可通过软件置"1"或置"0",用来在输入或输出模式下选择不同的功能。需要注意的是,如果 GPIO 通过方向寄存器配置为输出功能,那么控制寄存器 1(Px_CR1)的配置结果对于真正的开漏输出端口是无影响的(读者可以参考表 4.9 中标志为"T"的引脚描述) 在输入模式时(Px_DDR="0")

0	浮空输入方式
1	带上拉电阻的弱上拉输入方式

在输出模式时(Px_DDR="1")	
0	模拟开漏输出(不是真正的开漏输出)
1	推挽输出,由 Px_CR2 控制寄存器 2 中相应的位做输出斜率控制

若需要用 C 语言编程实现 PB 组 GPIO 端口高 4 位为悬浮输入模式低 4 位为弱上拉输入模式,可编写语句:

```
PB_DDR = 0x00;     //对应二进制为"0000 0000",PB 全端口均为输入模式
PB_CR1 = 0x0F;     //对应二进制为"0000 1111",高 4 位悬浮输入,低 4 位上拉输入
```

在实际编程中也可以用按位或"|"或者按位与"&"进行某位或某几位输入模式选择。

配置完成输入模式后,可以按照实际需要决定是否启用外部中断功能,若欲启用相应 GPIO 端口外部中断则可以对端口控制寄存器 2(Px_CR2)中的相应位进行配置。在输入模式下若不需要启用外部中断功能也可以不用配置端口控制寄存器 2(Px_CR2),这是因为单片机复位或者上电后端口控制寄存器 2(Px_CR2)默认配置为"0x00",也就是说输入模式下的默认配置就是禁止外部中断,端口控制寄存器 2(Px_CR2)相关位定义及功能说明如表 4.15 所示。

表 4.15 端口 x 控制寄存器 2(Px_CR2)

■ 端口 x 控制寄存器 2(Px_CR2)							地址偏移值:$(0x04)_H$
位　数	位 7	位 6	位 5	位 4	位 3	位 2	位 1	位 0
位名称	C27	C26	C25	C24	C23	C22	C21	C20
复位值	0	0	0	0	0	0	0	0
操　作	rw	rw	rw	rw	rw	rw	rw	rw

续表 4.15

位 名	位 含 义 及 参 数 说 明
C2x [7:0] 位 7:0	● 控制寄存器 2 相关位 相应的位通过软件置"1"或清"0",用来在输入或输出模式下选择不同的功能。在输入模式下,由 Px_CR2 寄存器相应的位使能中断。如果该引脚无中断功能,则对该引脚无影响。在输出模式下,置位将提高 I/O 速度。此功能适用 O3 和 O4 输出类型。(读者可以参见表 4.10 中有关引脚输出速度的描述) 在输入模式时(DDR="0") <table><tr><td>0</td><td>禁止外部中断功能</td></tr><tr><td>1</td><td>使能外部中断功能</td></tr></table>在输出模式时(DDR="1") <table><tr><td>0</td><td>输出速度最大可至 2 MHz</td></tr><tr><td>1</td><td>输出速度最大可至 10 MHz</td></tr></table>

若需要用 C 语言编程实现 PB 组 GPIO 端口高 4 位为中断悬浮输入模式低 4 位为不带中断上拉输入模式,可编写语句:

```
PB_DDR = 0x00;      //对应二进制为"0000 0000",PB 全端口均为输入模式
PB_CR1 = 0x0F;      //对应二进制为"0000 1111",高 4 位悬浮输入,低 4 位上拉输入
PB_CR2 = 0xF0;      //对应二进制为"1111 0000",高 4 位启用中断,低 4 位禁用中断
```

完成输入功能下的模式配置和中断配置后,就可以读取端口输入数据寄存器(Px_IDR)中的内容了,端口输入数据寄存器(Px_IDR)相关位定义及功能说明如表 4.16 所示。

表 4.16　端口 x 输入数据寄存器(Px_IDR)

■ 端口 x 输入数据寄存器(Px_IDR)							地址偏移值:(0x01)H
位 数	位 7	位 6	位 5	位 4	位 3	位 2	位 1	位 0
位名称	IDR7	IDR6	IDR5	IDR4	IDR3	IDR2	IDR1	IDR0
复位值	x	x	x	x	x	x	x	x
操 作	r	r	r	r	r	r	r	r

位 名	位 含 义 及 参 数 说 明
IDRx [7:0] 位 7:0	● 端口 x 输入数据寄存器位 不论引脚是输入还是输出模式,都可以通过该寄存器读入引脚状态值。该寄存器为只读寄存器。

若需要用 C 语言编程实现 PB 组 GPIO 端口为不带中断上拉输入模式,读取端口状态赋值给变量"x"可编写语句:

```
PB_DDR = 0x00;      //对应二进制为"0000 0000",PB 全端口均为输入模式
PB_CR1 = 0xFF;      //对应二进制为"1111 1111",全端口为上拉输入
PB_CR2 = 0x00;      //对应二进制为"0000 0000",禁用中断
x = PB_IDR;         //读取 PB 端口状态并赋值给变量"x"
```

2. 输出模式 GPIO 参数配置

当端口数据方向寄存器（Px_DDR）中相应位为"1"时，GPIO 引脚被配置为输出模式，接下来需要进行输出功能的 GPIO 模式选择，可以通过端口控制寄存器 1（Px_CR1）配置相应位为开漏输出或者推挽输出模式。若需要用 C 语言编程实现 PB 组 GPIO 端口高 4 位为开漏输出模式低 4 位为推挽输出模式，可编写语句：

```
PB_DDR = 0xFF;    //对应二进制为"1111 1111"，PB 全端口均为输出模式
PB_CR1 = 0x0F;    //对应二进制为"0000 1111"，高 4 位开漏输出，低 4 位推挽输出
```

在实际编程中也可以用按位或"|"或者按位与"&"进行某位或某几位输出模式选择。

配置完输出模式后，可以按照实际需要决定 GPIO 端口的最大输出斜率，也就是对端口控制寄存器 2（Px_CR2）中的相应位进行配置，在输出模式下若不需要配置相应 GPIO 端口的输出斜率也可以不用配置端口控制寄存器 2（Px_CR2），这是因为单片机复位或者上电后端口控制寄存器 2（Px_CR2）默认配置为"0x00"，也就是说输出模式下的默认配置就是最大 2 MHz 的输出斜率。若需要用 C 语言编程实现 PB 组 GPIO 端口高 4 位为 2 MHz 斜率开漏输出模式，低 4 位为 10 MHz 斜率推挽输出模式，可编写语句：

```
PB_DDR = 0xFF;    //对应二进制为"1111 1111"，PB 全端口均为输出模式
PB_CR1 = 0x0F;    //对应二进制为"0000 1111"，高 4 位开漏输出，低 4 位推挽输出
PB_CR2 = 0x0F;    //对应二进制为"0000 1111"，高 4 位 2MHz 速率，低 4 位 10MHz 速率
```

在完成输出功能下的模式配置和 GPIO 斜率配置后，就可以将欲输出的"内容"写入端口输出数据寄存器（Px_ODR）中了，端口输出数据寄存器（Px_ODR）相关位定义及功能说明如表 4.17 所示。

表 4.17　端口 x 输出数据寄存器（Px_ODR）

■ 端口 x 输出数据寄存器（Px_ODR）						地址偏移值：$(0x00)_H$	
位　数	位 7	位 6	位 5	位 4	位 3	位 2	位 1	位 0
位名称	ODR7	ODR6	ODR5	ODR4	ODR3	ODR2	ODR1	ODR0
复位值	0	0	0	0	0	0	0	0
操　作	rw	rw	rw	rw	rw	rw	rw	rw
位　名	位含义及参数说明							
ODRx [7:0] 位 7:0	● 端口输出数据寄存器位 在输出模式下，写入寄存器的数值通过锁存器加到相应的引脚上。读 Px_ODR 寄存器，返回之前锁存的寄存器值。在输入模式下，写入 Px_ODR 的值被锁存到寄存器中，但不会改变引脚状态。Px_ODR 寄存器在复位后总是为"0"。位操作指令（BSET，BRST）可以用来设置 DR 寄存器来驱动相应的引脚，但不会影响到其他引脚							

若需要用 C 语言编程实现 PB 组 GPIO 端口高 4 位为 2 MHz 斜率开漏输出模式，低 4 位为 10 MHz 斜率推挽输出模式，写入端口状态"0101 0111"可编写语句：

```
PB_DDR = 0xFF;        //对应二进制为"1111 1111"，PB 全端口均为输出模式
PB_CR1 = 0x0F;        //对应二进制为"0000 1111"，高 4 位开漏输出，低 4 位推挽输出
PB_CR2 = 0x0F;        //对应二进制为"0000 1111"，高 4 位 2MHz 速率，低 4 位 10MHz 速率
PB_ODR = 0x57;        //对应二进制为"0101 0111"，即为用户自定义输出状态数据
```

看到这里，有关 GPIO 寄存器的相关内容就全部讲解完毕了，读者需要深入理解 GPIO 功能配置和输入/输出功能下的相关模式，为接下来的学习做好铺垫。

第 5 章

"光电世界，自信爆棚"
LED 器件编程应用

章节导读：

亲爱的读者，本章将详细介绍 LED 类器件的显示原理和驱动方法，章节共分为 3 个部分。5.1 节主要讲解单片机入门的经典实验"流水灯"，分析"点灯"实验的实质和意义，介绍了发光二极管模型和相关电气参数，然后进行左移/右移/花样流水灯实验，以加深读者对 STM8 系列单片机 GPIO 应用的理解。5.2 节主要讲解常用于单片机 GPIO 资源扩展的数字逻辑芯片，向读者介绍了 3 个"小帮手"，分别是 74HC138、74HC154 和 74HC164，以这 3 个芯片作为扩展器件分别开展了 3 个实践项目。5.3 节以火柴棍的游戏引出数码管原理，讲解了数码管的段、位、共阴、共阳、段码、位码等相关概念和知识，基础项目用于理解静态显示模式下的数码显示效果，实战项目基于 74HC595 芯片构建了 3 线 8 位数码管显示电路，可加深读者对动态扫描模式的理解和对 LED 类器件驱动方法的感悟。

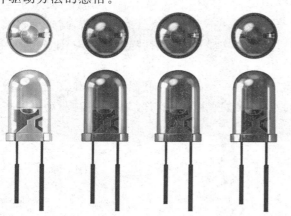

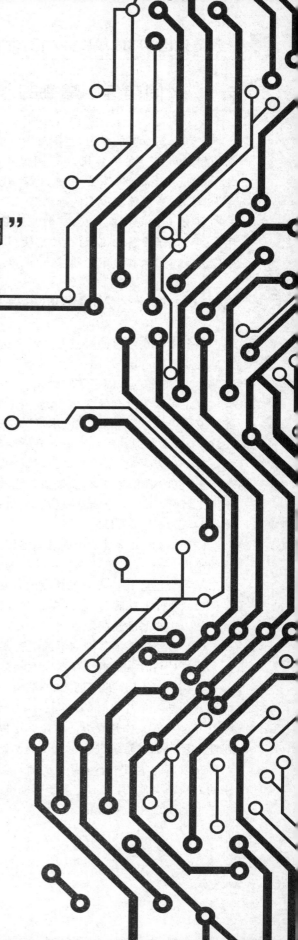

5.1 瞬间自信心爆棚的入门经典"流水灯"

又到了新章节的学习,在本章中主要讲解单片机 GPIO 引脚驱动 LED 类器件进行亮灭显示的相关知识。在单片机的外围电路资源中,LED 类器件是非常基础和常用的,LED 是 "Light Emitting Diode"的简称,也就是人们平时说的发光二极管,有时为了图方便就干脆称之为"灯"。这里需要说明的是,"灯"和发光二极管是不一样的概念,发光二极管是二极管中的一种,具有单向导电性,也有一般二极管所具有的诸多电气参数和指标。LED 类器件广泛应用在各种电子设备和仪器仪表中,使用时一般都需要串接合适阻值的限流电阻以保护器件,可以作为状态指示和显示元器件,也可以应用于环境美化或者亮化工程中。

5.1.1 为什么入门经典总是"点灯实验"

很多读者在学习的时候总会产生这样的疑问,为什么无论学习什么编程语言,入门级实验总是喜欢用"hello,Word!"呢? 为什么无论学习什么单片机,入门级实验总是喜欢用"点灯实验"呢? 不能搞点有创意的实验吗?

也正是因为这样的"呼声",市面上出现了不少改进实验,比如蜂鸣器"滴滴"报警、继电器控制家用电灯、"闪烁灯"、"流水灯"等入门实验,其实这些实验都是"点灯实验"的"变形"实验。在这里,小宇老师就和大家一起分析经典的"点灯实验"中蕴含的深意。

打个比方,孩子出生后,父母教他的第一句话应该是"妈妈"或者"爸爸",听上去很简单,字数不多,模仿难度也很低,如果孩子能学会和模仿这句话,就可以间接反映出 4 个问题,第一孩子不是聋哑、第二孩子能够模仿、第三孩子没有语言障碍,第四能让孩子和父母之间产生归属感,这就已经达到了目的。

同样的,开始学习单片机时总是设计"流水灯"或者"点灯"实验,其目的是为了降低首次实验的难度,让初学者迅速体会单片机的"玩"法,如果学习者能成功完成点灯实验,那么可以推断出学习者已经具备了以下几点的开发必备知识:

(1) 硬件上能看懂"点灯实验"原理图,了解了 GPIO 和基础外设资源分配。

(2) 软件上已经成功搭建了开发环境,配置好了调试仿真器或者下载器的连接和参数。

(3) 已经熟悉了基础的汇编语言或者 C 语言对 GPIO 的配置操作。

(4) 对 GPIO 基本寄存器或者函数库有了基础的认识。

其实点亮 LED 的原理无非就是让 GPIO 引脚按照程序逻辑输出高/低电平,回想小宇老师刚开始学习单片机时,通过书籍和资料自行点亮第一个发光二极管时的心情,高兴得整整一晚上都舍不得关掉开发板的电源。所以,通过简单的实验让初学者找到自信心是十分必要的,在此过程中也对系统进行了简单的测试和验证。

在以后的学习中还会接触到有源蜂鸣器、继电器一类的器件,其驱动方法和发光二极管的驱动方法是类似的,只不过多了驱动电路的设计环节,这些外围器件都是用各种驱动电路搭配电平控制实现相应功能的。

5.1.2 发光二极管模型及电气简介

接下来简单认识 LED 引脚和实物模型, 如图 5.1 所示。LED 电路原理图符号如图 5.1 (a)所示, LED 类器件按照制作工艺的不同会有不同的外形, 有圆头塑封、方头塑封或者其他样式, 圆头外形如图 5.1(b)所示。对于直插式 LED 而言, 在没有修剪引脚时, 长脚为正极, 短脚为负极, 如图 5.1(d)所示。若修剪了引脚之后不能通过长短区分正负极, 也可以根据塑封区域内的电极大小来判断, 常见单色双脚 LED 器件中正极内电极比较小、宽度比较窄, 负极内电极比较大、宽度比较宽。从 LED 器件的俯视切面来看, 靠近负极的塑封端不是圆弧形边缘而是直线型边缘, 读者可以通过图 5.1 的(c)和(d)进行观察, 如果通过外观还是难以分辨正负极性, 也可以借助万用表进行测量, 具体测量的方法与测量普通二极管的方法是一致的。

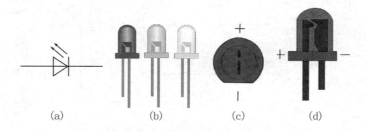

(a)　　　　　(b)　　　　　(c)　　　　　(d)

图 5.1 发光二极管引脚和实物模型图

发光二极管也可以分为可见光发光二极管和红外光发光二极管, 前者应用得比较多。发光二极管所发出的可见光有不同的颜色, 常见的有白色、红色、绿色、黄色、蓝色、橙色、紫色等, 还有一些发光二极管的制造工艺比较特殊, 表现出双色或者多色再者变色的特性, 例如市面上的红绿双色灯、七彩慢闪灯等。

发光二极管作为二极管家族的成员之一, 也具有二极管类似的电气参数, 普通二极管(硅管或锗管)的正向导通电压一般在 0.3～0.7 V, 但发光二极管的正向导通电压普遍在 1.2 V 或以上, 具体的导通电压大小与二极管的材料有很大的关系, 且发光二极管的反向耐压一般不高, 范围在 5～10 V 内, 一般指示用发光二极管工作电流在 2～20 mA 内。读者在选择一款二极管器件时可以参考厂家给出的器件手册, 查看发光二极管的电气参数之后再合理选择。

5.1.3 基础项目 A 左移/右移/花样流水灯

有了理论知识作为铺垫之后, 本小节就可以开始进行"点灯"试验了, 在实验之前首先要明确实验目的, 如果单独选定一个发光二极管进行驱动, 则只能做出闪烁灯、呼吸灯效果, 现象比较单一。所以本小节在项目 A 中使用 STM8 系列单片机一整组 GPIO 端口用于点亮 8 路 LED 灯, 发光二极管的数量增多了, "玩儿法"自然也会多样起来。可以让 8 个灯中的一个灯亮起, 然后将点亮状态依次左移或者依次右移。也可以人为控制整组 GPIO 端口在某一时刻下的输出电平, 这样一来就可以形成"花样"流水灯, 具体的"花样"就要看 GPIO 端口实际的电平输出情况了。

有了实验目标就需要构建硬件电路, 驱动发光二极管的电路比较简单, 可以采用如图 5.2

所示电路将 8 路发光二极管连接至单片机的 PB 端口上,在系统中选择了 STM8S208MB 这款单片机作为主控核心,电路图中的 R1~R8 分别为发光二极管 D1~D8 的限流电阻,实际的阻值选取了 1 kΩ,8 个发光二极管的阴极全部连接在一起形成了一个公共端,最后再将公共端接地处理即可。当 PB 端口的任何一个引脚输出高电平时,对应的发光二极管将会被点亮,若引脚输出低电平,则对应的发光二极管会熄灭。

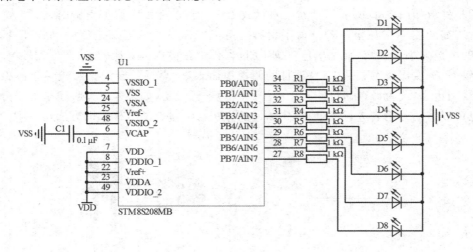

图 5.2 左移/右移/花样流水灯实验硬件电路

有了硬件电路之后就可以着手项目的软件设计了,在程序中需要实现左移、右移和花样流水灯的效果,所以分别编写 3 个功能函数去实现这些功能。可以编写 left_LED() 函数实现左移流水灯效果,首先将 PB 整组端口配置为(0x01)$_H$,其目的是让最低位 PB0 引脚的发光二极管点亮,其他的 7 个发光二极管熄灭,然后将(0x01)$_H$ 数据进行左移 1 位处理,处理完毕后再送到 PB 端口进行输出,这样一来在 PB 端口连接的 8 个发光二极管中仅有 1 个亮起,其状态会执行左移操作。同样的,可以编写 right_LED() 函数实现右移流水灯效果,然后编写 table_LED() 函数实现花样数组流水灯效果。在花样流水灯中需要提前建立一个"花样"数据数组,数组中的数据均由用户自定义,可以将两位十六进制数据转换为八位二进制值,然后与单片机的 PB 端口引脚一一对应,二进制的"1"表示引脚输出高电平,对应的发光二极管亮起,二进制的"0"表示引脚输出低电平,对应位的发光二极管熄灭。按照软件设计思路,利用 C 语言编写左移/右移/花样流水灯实验具体程序实现如下:

```
/*******************************************************************
* 实验名称及内容:左移/右移/花样流水灯
*******************************************************************/
#include "iostm8s208mb.h"        //主控芯片的头文件
/********************常用数据类型定义********************/
#define u8  uint8_t
#define u16 uint16_t
#define u32 uint32_t
typedef unsigned char    uint8_t;
typedef unsigned short   uint16_t;
typedef unsigned long    uint32_t;
```

```
/ * * * * * * * * * * * * * * * * * * * * 用户自定义数据区域 * * * * * * * * * * * * * * * * * * * * * */
u8 table[] = {0x81,0x42,0x24,0x18,0x24,0x42,0x81,0x00,0xFF,0x00,0xFF,0x01};
//花样流水灯数组"table[]"
/ * * * * * * * * * * * * * * * * * * * * * 函数声明区域 * * * * * * * * * * * * * * * * * * * * * * * */
void delay(u16 Count);              //延时函数声明
void left_LED(void);                //左移流水灯函数声明
void right_LED(void);               //右移流水灯函数声明
void table_LED(void);              //花样数组流水灯函数声明
/ * * * * * * * * * * * * * * * * * * * * * * 主函数区域 * * * * * * * * * * * * * * * * * * * * * * * * */
void main( void )
{
    PB_DDR = 0xFF;                 //配置 PB 端口为输出模式
    PB_CR1 = 0xFF;                 //配置 PB 端口为推挽输出模式
    PB_CR2 = 0x00;                 //配置 PB 端口低速率输出
    PB_ODR = 0x00;                 //初始化 PB 端口全部输出低电平
    while(1)
    {
        left_LED();               //点亮 1 个发光二极管左移流水
        right_LED();              //点亮 1 个发光二极管右移流水
        table_LED();              //高低位"碰头"再分开随后全灭全亮两次
    }
}
/ * * * * * * * * * * * * * * * * * * * * * * * * * * * * * * * * * * * * * * * * * * * * * * * * * * * * * */
//延时函数 delay(),有形参 Count 用于控制延时函数执行次数,无返回值
/ * * * * * * * * * * * * * * * * * * * * * * * * * * * * * * * * * * * * * * * * * * * * * * * * * * * * * */
void delay(u16 Count)
{
    u8 i,j;
    while (Count--)                //Count 形参控制延时次数
    {
        for(i = 0;i<50;i++)
            for(j = 0;j<20;j++);
    }
}
/ * * * * * * * * * * * * * * * * * * * * * * * * * * * * * * * * * * * * * * * * * * * * * * * * * * * * * */
//左移效果函数 left_LED(),无形参,无返回值
/ * * * * * * * * * * * * * * * * * * * * * * * * * * * * * * * * * * * * * * * * * * * * * * * * * * * * * */
void left_LED(void)
{
    u8 x = 0x01,i;
    for(i = 0;i<8;i++)
    {
        PB_ODR = x;               //向 PB 输出寄存器写入移位结果
        delay(100);               //延时状态保持(便于观察)
        x = x<<1;                 //左移 1 位运算
    }
```

```
}
/*****************************************************************/
//右移效果函数 right_LED(),无形参,无返回值
/*****************************************************************/
void right_LED(void)
{
    u8 x = 0x80,i;
    for(i = 0;i<8;i++)
    {
        PB_ODR = x;                    //向 PB 输出寄存器写入移位结果
        delay(100);                    //延时状态保持(便于观察)
        x = x>>1;                      //右移 1 位运算
    }
}
/*****************************************************************/
//花样流水灯函数 table_LED(),无形参,无返回值
/*****************************************************************/
void table_LED(void)
{
    u8 x = 0;
    do
    {
        PB_ODR = table[x];             //取数组数值写入 PB 输出寄存器
        delay(100);                    //延时状态保持(便于观察)
        x++;                           //数组下标 x 自增
    }
    while(table[x]!= 0x01);            //判断是否到达数组末尾"0x01"
}
```

通读程序可以发现程序难度较低,进入主函数 main() 之后首先配置了 PB 端口组的引脚模式,将 PB 端口组的 8 个 GPIO 引脚都配置为低速斜率推挽输出模式,然后执行"PB_ODR=0x00"语句,初始化 PB 端口全部输出低电平,所以上电后与 PB 端口组连接的 8 个发光二极管均处于熄灭状态。

端口引脚初始化完毕之后就进入 while(1) 循环体,在循环体中执行了 3 个功能子函数,分别是左移效果函数 left_LED()、右移效果函数 right_LED() 和花样流水灯函数 table_LED()。

在程序中定义了"花样"流水灯数组 table[],其中自定义数据有 12 个,具体定义语句及数组初始化数据如下:

```
u8 table[] = {0x81,0x42,0x24,0x18,0x24,0x42,0x81,0x00,0xFF,0x00,0xFF,0x01};
//花样流水灯数组"table[]"
```

将流水灯数组中的 table[0] 数据取出(在 C 语言中,数组下标从 0 开始),该数据为 $(0x81)_H$,将这个两位十六进制数据转换为 8 位二进制值,然后再把这个值与 PB 端口引脚一一对应,即为 $(1000\ 0001)_B$。也就是说,在 PB 端口组的最高位 PB7 引脚和最低位 PB0 引脚所连接的发光二极管会亮起,其余的 6 个引脚所连接的发光二极管会熄灭,这时候就是"两头亮"

的情况。相似的，数组中的"0x81,0x42,0x24,0x18,0x24,0x42,0x81"数据是以(0x18)_H数据为中心对称编写的，将这些数据依次送到 PB 端口组之后，高低位发光二极管就会被点亮，点亮的状态会向中间移动，形成"碰头"然后再分开的流水灯效果。在流水灯数组 table[]中的(0x00)_H数据表示 8 个发光二极管全部熄灭，(0xFF)_H数据表示 8 个发光二极管全部亮起。

分析完程序之后，读者已经猜到了大致的现象。此时将程序进行编译，然后下载到单片机中并运行，可以看到与 PB 端口组连接的 8 个发光二极管上电时全部熄灭，随后最低位发光二极管亮起，它的状态不断左移，当移到最高位时又开始右移，右移到最低位时两头的发光二极管同时点亮，两个亮起状态向中间移动进行"碰头"，"碰头"相遇之后再各自分开，然后再全灭全亮两次，实际现象就一直按照这个流程周而复始。

5.2　GPIO 资源扩展"小帮手"

各位读者学完左移/右移/花样流水灯实验之后是否感觉"SO easy"？在基础项目 A 中只涉及 GPIO 相关的基础寄存器，然后涉及 C 语言中的左移"＜＜"运算符、右移"＞＞"运算符，还有数组的相关知识，难度并不高。做完项目 A 读者会发现一整组端口都用作"点灯"，难免感觉有些"浪费"。能不能用两三个引脚就驱动 8 路发光二极管进行流水灯实验呢？答案是肯定的，在学习《数字电子技术基础》类课程的时候学过很多组合逻辑电路芯片和时序逻辑电路芯片，其中的二进制译码芯片和串/并数据转换芯片就可以用在单片机 GPIO 资源的扩展上，这些数字"小芯片"非常有用，如果读者还没有开始《数字电子技术基础》的学习也不要紧，因为这一节会介绍 4 位常用于 GPIO 资源扩展的"小帮手"，同时会重点介绍它们的特性及使用方法，也会给出相关程序帮助大家理解，在读者掌握这些芯片之后就可以将其用到实际的项目之中了。

5.2.1　基础项目 B 74HC138 译码器应用实验

下面有请第一位"小帮手"闪亮登场，它就是常用的 3 线 8 态二进制译码器芯片 74LS138/74HC138。该芯片的贴片式封装 SOP16 实物如图 5.3(a)所示，双列直插式封装 DIP16 实物如图 5.3(b)所示，芯片引脚名称及分布如图 5.3(c)所示。

$$(a) \qquad\qquad (b) \qquad\qquad (c)$$

图 5.3　74LS138/74HC138 芯片实物及引脚分布图

在这个"小帮手"的介绍之中有 3 个需要解释的地方，即：什么是 3 线？什么是 8 态？都是

74xx138,中间的字母"LS"和"HC"有什么区别吗?

要解释"3线"和"8态"其实很简单,也就是单片机用 3 根线与 74LS138/74HC138 译码器芯片进行连接,得到 8 种不同的输出状态。"译码器"的相关知识在读者学习《数字电子技术基础》类课程的时候会接触到,所谓的"译码器"就是将每个输入的二进制代码"翻译"成对应的高、低电平的另外一个代码,译码的过程是编码的反过程。市面上常见的译码器有二进制译码器、十进制译码器和显示译码器 3 种。本小节介绍的 74LS138/74HC138 译码器芯片就是一种典型的二进制译码器。

将 74LS138/74HC138 译码器芯片的 E1、E2 和 E3 引脚称之为"控制端",将 A0、A1 和 A2 引脚称之为"地址端",将 Y0~Y7 引脚称之为"译码输出端",如果希望译码器芯片工作在译码状态下,必须保证 E1 引脚和 E2 引脚为低电平且 E3 引脚保持高电平,此时改变 A0、A1 和 A2 引脚状态,则 Y0~Y7 引脚的状态会发生变化,74LS138/74HC138 译码器芯片输入/输出逻辑特性如表 5.1 所示。

表 5.1 74LS138/74HC138 译码器芯片特性表

控制线			输入状态			输出状态							
E1	E2	E3	A2	A1	A0	Y7	Y6	Y5	Y4	Y3	Y2	Y1	Y0
0	0	1	0	0	0	1	1	1	1	1	1	1	0
0	0	1	0	0	1	1	1	1	1	1	1	0	1
0	0	1	0	1	0	1	1	1	1	1	0	1	1
0	0	1	0	1	1	1	1	1	1	0	1	1	1
0	0	1	1	0	0	1	1	1	0	1	1	1	1
0	0	1	1	0	1	1	1	0	1	1	1	1	1
0	0	1	1	1	0	1	0	1	1	1	1	1	1
0	0	1	1	1	1	0	1	1	1	1	1	1	1

如果芯片中间的字母是"LS",则表示该芯片的内部构成上是由双极型三极管作为开关器件的,如果用三极管构成门电路,那么该芯片的输入/输出电路为 TTL 电路。如果芯片中间的字母是"HC",则表示该芯片的内部构成上是由金属氧化物半导体场效应晶体管(简称 MOS 管)作为开关器件的,如果是用 MOS 管构成门电路,那么该芯片的输入/输出电路为 CMOS 电路。需要注意的是,不一样的电路结构中高低电平阈值不同,由不同电路构成的相同逻辑功能的芯片在电气参数和功耗上也会存在差异。所以 74LS138 和 74HC138 芯片是有差异的,在替换和选择时应该分析电气需求,合理选择和使用。

说了这么多,74LS138/74HC138 译码器芯片应该如何使用呢? 既然是要"扩展"STM8 系列单片机的 GPIO 资源,那就应该遵循"用少量引脚资源换取多个引脚资源"的原则。以 74HC138 芯片为例,读者可以将 74HC138 译码器芯片的 E1 引脚和 E2 引脚连接到地(低电平)并且让 E3 引脚连接到供电端(保持高电平),其目的是为了让 74HC138 译码器芯片工作在译码状态下,此时将 A0、A1 和 A2 这 3 个引脚连接到 STM8 系列单片机的 3 个 GPIO 引脚上,当 A0、A1 和 A2 引脚上的电平状态变化时,74HC138 译码器芯片的 Y0~Y7 引脚的电平状态会发生变化,也就是说 STM8 系列单片机用 3 根引脚得到了 8 根引脚,扩展引脚的输出情况遵循表 5.1 所示关系。按照 74HC138 译码器芯片的引脚功能及项目需求,可以设计硬件电路,如图 5.4 所示。

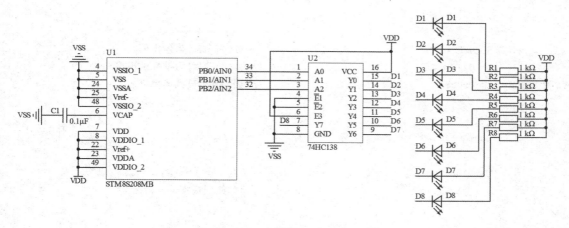

图 5.4 74HC138 译码器应用实验电路图

分析图 5.4,图中的单片机型号为 STM8S208MB,单片机分配了 3 个 GPIO 引脚连接到 74HC138 译码器芯片,PB0～PB2 引脚分别连接 74HC138 译码器芯片的"地址端"A0～A2 引脚。74HC138 译码器芯片的 E1 和 E2 引脚直接接地处理,E3 引脚接到供电端,Y0～Y7 引脚连接至 8 路发光二极管电路,电阻 R1～R8 分别为发光二极管 D1～D8 的限流电阻,实际取值为 1 kΩ。通过对表 5.1 的观察,读者发现每种输入情况(A0、A1 和 A2 引脚上的电平状态)下都只有 1 个输出引脚状态为"0",其余的 7 个输出引脚均为高电平,根据这个情况,将发光二极管 D1～D8 的阴极连接至 74HC138 译码器芯片的 Y0～Y7,将发光二极管 D1～D8 的阳极通过限流电阻连接至供电端。这种情况下就可以保证译码输出时只有 1 个灯会亮起,其余 7 个灯均会熄灭。

硬件电路搭建完毕之后就可以着手软件的编写了。一般情况下人们会想到将表 5.1 中输入"地址端"和输出"译码端"的关系用 C 语言语句一一对应起来,通过一些分支选择结构进行输出和配置,可以专门编写一个 74HC138 译码函数 U74HC138(),可以向这个函数送入不同的实参(假设取值为 1 至 8),然后得到 8 种二进制译码状态,这种方法称为"一般方法",按照这种程序思路可以利用 C 语言编写 74HC138 译码器应用实验的具体程序实现如下:

```
/******************************************************************
 * 实验名称及内容:74HC138 译码器应用实验(一般方法)
 ******************************************************************/
#include "iostm8s208mb.h"                      //主控芯片的头文件
/*********************常用数据类型定义*********************/
【略】为节省篇幅,相似语句可以直接参考本章 5.1.3 基础项目 A 中语句
/*********************端口/引脚定义区域*********************/
#define    b3    PB_ODR_ODR0                   //地址输入线 A0
#define    b2    PB_ODR_ODR1                   //地址输入线 A1
#define    b1    PB_ODR_ODR2                   //地址输入线 A2
/*********************函数声明区域*********************/
void delay(u16 Count);                         //延时函数声明
void U74HC138(u8 x);                           //74HC138 译码函数声明
```

```
/ ************************* 主函数区域 *************************/
void main(void)
{
   u8 num;                                    //定义 for 循环控制变量"num"
   PB_DDR = 0xFF;                             //配置 PB 端口为输出模式
   PB_CR1 = 0xFF;                             //配置 PB 端口为推挽输出模式
   PB_CR2 = 0x00;                             //配置 PB 端口低速率输出
   while(1)
   {
      for(num = 1;num< = 8;num + + )

          U74HC138(num);                      //送入实参 1～8 到 U74HC138 函数
          delay(100);                         //延时便于观察 LED 情况
   }
   }
}
/ *************************************************************/
//延时函数 delay(),有形参 Count 用于控制延时函数执行次数,无返回值
/ *************************************************************/
void delay(u16 Count)
【略】//延时函数,具体实现参考本章 5.1.3 基础项目 A 中语句
/ *************************************************************/
//74HC138 译码函数 U74HC138(),有形参 x 判断输出口,无返回值
/ *************************************************************/
void U74HC138(u8 x)
{
   switch(x)                                  //判断形参 x 值
   {
      case 1:{b1 = 0;b2 = 0;b3 = 0;}break;    //输出"11111110"
      case 2:{b1 = 0;b2 = 0;b3 = 1;}break;    //输出"11111101"
      case 3:{b1 = 0;b2 = 1;b3 = 0;}break;    //输出"11111011"
      case 4:{b1 = 0;b2 = 1;b3 = 1;}break;    //输出"11110111"
      case 5:{b1 = 1;b2 = 0;b3 = 0;}break;    //输出"11101111"
      case 6:{b1 = 1;b2 = 0;b3 = 1;}break;    //输出"11011111"
      case 7:{b1 = 1;b2 = 1;b3 = 0;}break;    //输出"10111111"
      case 8:{b1 = 1;b2 = 1;b3 = 1;}break;    //输出"01111111"
      default:{b1 = 0;b2 = 0;b3 = 0;}break;   //若送入实参不在 1～8(数据非法)
//则默认输出"11111110"
   }
}
```

通读程序,发现程序实现的思路比较简单,进入主函数 main()之后首先配置了 PB 端口组的引脚模式,将 PB 端口组的 8 个 GPIO 引脚都配置为低速斜率推挽输出模式,端口引脚初始化完毕之后就进入 while(1)循环体,在循环体中执行 for()循环,这个循环的目的是向74HC138 译码函数 U74HC138()中送入 1～8 的实际参数。

译码函数 U74HC138()中变量"x"的值就是传入的实际参数值,在译码函数 U74HC138()中有一个 switch 分支选择结构,不断判断变量"x"的取值,然后执行"b1"、"b2"和"b3"的赋值操作,这里的"b1"、"b2"和"b3"是由宏定义语句得到的,该部分语句位于程序起始部分,具体的定义语句如下:

```
/ * * * * * * * * * * * * * * * * * * * 端口/引脚定义区域 * * * * * * * * * * * * * * * * * * * * * * * * /
# define   b3   PB_ODR_ODR0          //地址输入线 A0
# define   b2   PB_ODR_ODR1          //地址输入线 A1
# define   b1   PB_ODR_ODR2          //地址输入线 A2
```

"b1"就代表了地址输入线 A2,"b2"就代表了地址输入线 A1,"b3"就代表了地址输入线 A0,通过对 A0、A1 和 A2 地址线的赋值就能使 74HC138 芯片的 Y0~Y7 引脚得到不同的译码输出结果,具体数据的配置都是从表 5.1 中得到的。

这种方法虽然清晰明了,但是书写起来比较麻烦,必须要把逻辑特性表中的输入状态一个一个的写出来,如果"b1"、"b2"和"b3"位的赋值出现错误,则译码输出也会出错,所以该程序还可以进行优化。观察表 5.1 可以发现地址线的输出是 3 个二进制位的排列组合,也就是 0~7,如果将 0~7 依次赋值给 PB 端口输出寄存器(PB_ODR)是不是可以简化程序呢? 按照这个思路重新修改程序,可以利用 C 语言编写 74HC138 译码器应用实验的简单方法具体程序实现如下:

```
/ * * * * * * * * * * * * * * * * * * * * * * * * * * * * * * * * * * * * * * * * * * * * * * *
 * 实验名称及内容:74HC138 译码器应用实验(简单方法)
 * * * * * * * * * * * * * * * * * * * * * * * * * * * * * * * * * * * * * * * * * * * * * * * /
# include "iostm8s208mb.h"                  //主控芯片的头文件
/ * * * * * * * * * * * * * * * * * * * * 常用数据类型定义 * * * * * * * * * * * * * * * * * * * * /
【略】为节省篇幅,相似语句可以直接参考本章 5.1.3 基础项目 A 中语句
/ * * * * * * * * * * * * * * * * * * * * * * 函数声明区域 * * * * * * * * * * * * * * * * * * * * /
void delay(u16 Count);                      //延时函数声明
/ * * * * * * * * * * * * * * * * * * * * * * * 主函数区域 * * * * * * * * * * * * * * * * * * * * /
int main()
{
  PB_DDR = 0xFF;                            //配置 PB 端口为输出模式
  PB_CR1 = 0xFF;                            //配置 PB 端口为推挽输出模式
  PB_CR2 = 0x00;                            //配置 PB 端口低速率输出
  while(1)
  {
    PB_ODR = (PB_ODR + 1) % 8;              //计算产生 0 至 7 送给 PB 端口
    delay(100);
  }
}
void delay(u16 Count)
【略】//延时函数,具体实现参考本章 5.1.3 基础项目 A 中语句
```

将程序编译后下载到单片机中并运行可以得到与"一般方法"一模一样的运行效果,这就说明改进是成功的,程序的重点是"PB_ODR=(PB_ODR+1)%8"语句,该语句实现了将 0~7

赋值给 PB 端口输出寄存器(PB_ODR)的功能。通过一般方法和简单方法的程序对比可以加深读者对 74LS138/74HC138 译码器芯片的理解,读者可以多加练习,成功"拿下"3 线 8 态二进制译码器。

5.2.2　基础项目 C 74HC154 译码器应用实验

下面有请第二位"小帮手"闪亮登场,它就是常用的 4 线 16 态二进制译码器芯片 74LS154/74HC154。该芯片的贴片式封装 SOP24 实物如图 5.5(a)所示,双列直插式封装 DIP24 实物如图 5.5(b)所示,芯片引脚名称及分布如图 5.5(c)所示。

(a)　　　　　　　　　　(b)　　　　　　　　　　(c)

图 5.5　74LS154/74HC154 芯片实物及引脚分布图

所谓"4 线 16 态"是指单片机用 4 根线与 74LS154/74HC154 译码器芯片进行连接,可以得到 16 种不同的输出状态。将 74LS154/74HC154 译码器芯片的 E0 和 E1 引脚称之为"控制端",将 A0、A1、A2 和 A3 引脚称之为"地址端",将 Y0～Y15 引脚称之为"译码输出端",如果希望译码器芯片工作在译码状态下,必须保证 E0 引脚和 E1 引脚保持为低电平,此时改变 A0、A1、A2 和 A3 引脚的状态,则 Y0～Y15 引脚的电平状态就会发生变化,74LS154/74HC154 译码器芯片输入/输出逻辑特性如表 5.2 所示。

表 5.2　74LS154/74HC154 译码器芯片特性表

| 输入状态 | | | | | | 输出状态(Y0～Y15) | | | | | | | | | | | | | | | |
E0	E1	A0	A1	A2	A3	0	1	2	3	4	5	6	7	8	9	10	11	12	13	14	15
0	0	0	0	0	0	0	1	1	1	1	1	1	1	1	1	1	1	1	1	1	1
0	0	0	0	0	1	1	0	1	1	1	1	1	1	1	1	1	1	1	1	1	1
0	0	0	0	1	0	1	1	0	1	1	1	1	1	1	1	1	1	1	1	1	1
0	0	0	0	1	1	1	1	1	0	1	1	1	1	1	1	1	1	1	1	1	1
0	0	0	1	0	0	1	1	1	1	0	1	1	1	1	1	1	1	1	1	1	1
0	0	0	1	0	1	1	1	1	1	1	0	1	1	1	1	1	1	1	1	1	1
0	0	0	1	1	0	1	1	1	1	1	1	0	1	1	1	1	1	1	1	1	1
0	0	1	0	0	0	1	1	1	1	1	1	1	0	1	1	1	1	1	1	1	1

续表 5.2

输入状态						输出状态(Y0～Y15)															
E0	E1	A0	A1	A2	A3	0	1	2	3	4	5	6	7	8	9	10	11	12	13	14	15
0	0	1	0	0	1	1	1	1	1	1	1	1	1	1	0	1	1	1	1	1	1
0	0	1	0	1	0	1	1	1	1	1	1	1	1	1	1	0	1	1	1	1	1
0	0	1	0	1	1	1	1	1	1	1	1	1	1	1	1	1	0	1	1	1	1
0	0	1	1	0	0	1	1	1	1	1	1	1	1	1	1	1	1	0	1	1	1
0	0	1	1	0	1	1	1	1	1	1	1	1	1	1	1	1	1	1	0	1	1
0	0	1	1	1	0	1	1	1	1	1	1	1	1	1	1	1	1	1	1	0	1
0	0	1	1	1	1	1	1	1	1	1	1	1	1	1	1	1	1	1	1	1	0

以 74HC154 芯片为例，本项同样是利用 74HC154 译码器芯片进行 STM8 系列单片机 GPIO 资源扩展，将扩展得到的引脚分别连接至发光二极管电路，并实现流水灯效果。将 74HC154 译码器芯片的 E0 引脚和 E1 引脚连接到地(低电平)，其目的是为了让 74HC154 译码器芯片工作在译码状态下，此时将 A0、A1、A2 和 A3 这 4 个引脚连接到 STM8 系列单片机的 4 个 GPIO 引脚上，当 A0、A1、A2 和 A3 引脚上的电平状态变化时，74HC154 译码器芯片的 Y0～Y15 引脚的电平状态会发生变化，也就是说 STM8 系列单片机用 4 根引脚得到 16 根引脚，扩展引脚的输出情况遵循表 5.2 所示关系。按照 74HC138 译码器芯片的引脚功能及项目需求，可以设计硬件电路，如图 5.6 所示。

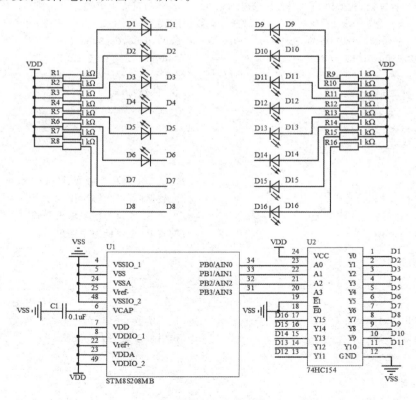

图 5.6　74HC154 译码器应用实验电路图

分析图 5.6,图中的单片机型号为 STM8S208MB,单片机分配了 4 个 GPIO 引脚连接到 74HC154 译码器芯片,PB0～PB3 引脚分别连接 74HC154 译码器芯片的"地址端"A0～A3 引脚。74HC154 译码器芯片的 E0 和 E1 引脚直接接地处理,Y0～Y15 引脚连接至 16 路发光二极管电路,电阻 R1～R16 分别为发光二极管 D1～D16 的限流电阻,实际取值为 1 kΩ。通过对表 5.2 的观察,读者发现每种输入情况(A0、A1、A2 和 A3 引脚上的电平状态)下都只有 1 个输出引脚状态为"0",其余的 15 个输出引脚均为高电平,根据这个情况,将发光二极管 D1～D16 的阴极连接至 74HC154 译码器芯片的 Y0～Y15,将发光二极管 D1～D16 的阳极通过限流电阻连接至供电端。这种情况下就可以保证译码输出时只有 1 个灯会亮起,其余 15 个灯均会熄灭。

硬件电路搭建完毕之后就可以着手软件的编写了。通过分析表 5.2 中输入"地址端"和输出"译码端"的关系,建立一个专用数组 table[],这个数组里面存放 PB 端口低 4 位(PB0～PB3)的配置值,这个配置值有 16 个,刚好对应 16 种二进制译码状态,这种方法是人们容易想到的"一般方法",按照这种程序思路可以利用 C 语言编写 74HC154 译码器应用实验的具体程序实现如下:

```
/*******************************************************************
 * 实验名称及内容:74HC154 译码器应用实验(一般方法)
 *******************************************************************/
# include "iostm8s208mb.h"                //主控芯片的头文件
/*******************常用数据类型定义********************/
【略】为节省篇幅,相似语句可以直接参考本章 5.1.3 基础项目 A 中语句
/*******************用户自定义数据区域********************/
u8 table[] = {0x00,0x01,0x02,0x03,0x04,0x05,0x06,0x07,0x08,0x09,0x0A,
0x0B,0x0C,0x0D,0x0E,0x0F};                //74HC154 配置数组"table[]"
/*******************函数声明区域********************/
void delay(u16 Count);                    //延时函数声明
void U74HC154(u8 x);                      //74HC154 译码函数声明
/*******************主函数区域********************/
void main(void)
{
  u8 num;                                 //定义 for 循环控制变量"num"
  PB_DDR = 0xFF;                          //配置 PB 端口为输出模式
  PB_CR1 = 0xFF;                          //配置 PB 端口为推挽输出模式
  PB_CR2 = 0x00;                          //配置 PB 端口低速率输出
  while(1)
  {
    for(num = 0;num<= 15;num + +)
  {
      U74HC154(num);                      //送入实参 0～15 到 U74HC154 函数
      delay(100);                         //延时便于观察 LED 情况
    }
  }
}
/*******************************************************************/
```

```
void delay(u16 Count)
【略】//延时函数,具体实现参考本章 5.1.3 基础项目 A 中语句
/ *******************************************************/
//74HC154 译码函数 U74HC154(),有形参 x 用于传入译码参数,无返回值
/ *******************************************************/
void U74HC154(u8 x)
{
    PB_ODR &= 0xF0;                        //利用按位与运算清"0"低 4 位
    PB_ODR |= table[x];                    //利用位或运算置位低 4 位
}
```

通读程序,发现实现思路比较简单,进入主函数 main()之后首先配置 PB 端口组的引脚模式,将 PB 端口组的 8 个 GPIO 引脚都配置为低速斜率推挽输出模式,端口引脚初始化完毕之后就进入 while(1)循环体,在循环体中执行 for()循环,这个循环的目的是向 74HC154 译码函数 U74HC154()中送入 0～15 的实际参数。

译码函数 U74HC154()中变量"x"的值就是传入的实际参数值,送入的实参会作为数组 table[]的下标,通过对不同数组下标的数据调用,程序会把数组 table[]中的 16 个数值依次赋值给 PB 端口输出寄存器(PB_ODR),最终实现了 PB 端口低 4 位的配置,从而改变了 74HC154 芯片的"地址端"A0～A3 的电平状态,最终得到了不同的译码输出。

这种方法虽然清晰明了,但是书写起来还是比较麻烦,必须要建立一个编码数组。仔细观察表 5.2 可以发现地址线的输出是 4 个二进制位的排列组合,也就是 0～15,如果将 0～15 依次赋值给 PB 端口输出寄存器(PB_ODR)是不是可以简化程序呢? 按照这个思路重新修改程序,可以利用 C 语言编写 74HC154 译码器应用实验简单方法的具体程序实现如下:

```
/ ********************************************************
* 实验名称及内容:74HC154 译码器应用实验(简单方法)
********************************************************/
#include "iostm8s208mb.h"                  //主控芯片的头文件
/ ****************** 常用数据类型定义 *******************/
【略】为节省篇幅,相似语句可以直接参考本章 5.1.3 基础项目 A 中语句
/ ****************** 函数声明区域 **********************/
void delay(u16 Count);                     //延时函数声明
/ ****************** 主函数区域 ***********************/
void main(void)
{
    PB_DDR = 0xFF;                         //配置 PB 端口为输出模式
    PB_CR1 = 0xFF;                         //配置 PB 端口为推挽输出模式
    PB_CR2 = 0x00;                         //配置 PB 端口低速率输出
    while(1)
    {
        PB_ODR = (PB_ODR + 1) % 16;        //计算产生 0～15 送给 PB 端口
        delay(100);
    }
}
/ *******************************************************/
```

```
void delay(u16 Count)
{【略】}//延时函数,具体实现参考本章 5.1.3 基础项目 A 中语句
}
```

将程序编译后下载到单片机中并运行,可以得到与"一般方法"一模一样的运行效果,这就说明改进是成功的,程序的重点就是"PB_ODR＝(PB_ODR＋1)％16"语句,该语句实现了将0~15 赋值给 PB 端口输出寄存器(PB_ODR)的功能。通过一般方法和简单方法的程序对比可以加深读者对 74LS154/74HC154 译码器芯片的理解,读者可以多加练习,成功"拿下"4 线16 态二进制译码器。

5.2.3　基础项目 D 74HC164"串入并出"应用实验

下面有请第三位"小帮手"闪亮登场,它就是 8 位数据串入并出(SIPO)芯片 74LS164/74HC164。该芯片的贴片式封装 SOP14 实物如图 5.7(a)所示,双列直插式封装 DIP14 实物如图 5.7(b)所示,芯片引脚名称及分布如图 5.7(c)所示。

(a)　　　　　　　　　　(b)　　　　　　　　　　(c)

图 5.7　74LS164/74HC164 芯片实物及引脚分布图

74LS164/74HC164 芯片是一款串行数据输入和并行数据输出的 8 位边沿触发移位寄存器,芯片内部原理如图 5.8 所示,CLK 为时钟信号输入端,A 和 B 为串行数据输入端,$\overline{\text{CLR}}$ 为系统主复位端,QA~QH 为 8 位并行数据输出端。

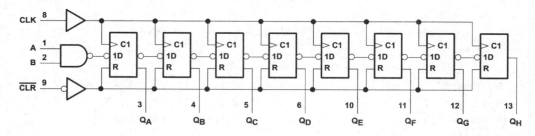

图 5.8　74LS164/74HC164 芯片内部原理

在实际系统中,串行数据是由 STM8 系列单片机的 GPIO 引脚通过 74LS164/74HC164芯片的两个输入端(A 或 B)之一进行输入的,当 A 或 B 引脚中的任何一个引脚作为串行数据输入引脚时,另一引脚不要悬空,可以将 A 和 B 引脚连在一起或者把剩下的一根引脚连接至高电平。当时钟信号输入端 CLK 出现上升沿时(由低变高),串行数据右移一位输出。当

74LS164/74HC164 芯片的主复位端 $\overline{\text{CLR}}$ 输入为低电平时,所有的其他输入将无效,并且执行异步清零寄存器操作,强制所有的输出为低电平。74LS164/74HC164 芯片的"并行输出"其实是有延时的,只是延时时间小,人们可以认为是并行输出。74LS164/74HC164 芯片的输入/输出特性如表 5.3 所示。

表 5.3　74LS164/74HC164 译码器芯片特性表

输入				输出		
$\overline{\text{CLR}}$	CLK	A	B	QA	QB…QH	
L	X	X	X	L	L	L
H	L	X	X	Q_{A0}	Q_{B0}	Q_{H0}
H	↑	H	H	H	Q_{An}	Q_{Gn}
H	↑	L	X	L	Q_{An}	Q_{Gn}
H	↑	X	L	L	Q_{An}	Q_{Gn}

在表 5.3 中,"H"表示高电平,"L"表示低电平,"X"表示任意电平,"↑"表示上升沿(低到高的电平跳变),"Q_{A0}"、"Q_{B0}"和"Q_{H0}"表示规定的稳态条件建立前的电平,"Q_{An}"和"Q_{Gn}"表示时钟信号输入最近的上升沿之前的电平。

为了加深读者对 74LS164/74HC164 芯片工作时序的理解,一个具体的移位时序如图 5.9 所示。

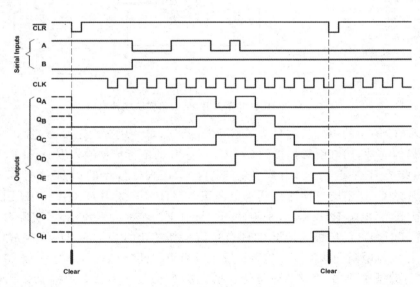

图 5.9　74LS164/74HC164 移位时序

在图 5.9 中,$\overline{\text{CLR}}$、A、B、CLK 是输入信号,QA～QH 是输出信号,从图 5.9 左边开始看起,当首次执行"Clear"动作(将主复位端 $\overline{\text{CLR}}$ 置为低电平)时 QA～QH 全部输出低电平,当第二次执行"Clear"动作时 QA～QH 再次变为低电平,分析该现象可以得出结论:当主复位端 $\overline{\text{CLR}}$ 置低时,无论 A、B、CLK 引脚电平状态如何,都会导致输出引脚全部置为低电平。

继续分析图 5.9,找寻 QA 引脚上出现的第一个上升沿,可以看到这个上升沿是与 CLK 的上升沿对齐的,也就是说输出信号在逻辑上与上升沿保持同步。细心的读者可能会发现

QA 引脚第一个上升沿之前的 CLK 线上已经发生过 3 次上升沿了,但是 QA 引脚的输出状态却始终保持低电平,这是为什么呢?这就要逐一分析每一次上升沿发生时候的 A 和 B 引脚状态,第一次上升沿时 A 和 B 引脚的输入状态分别为"1"和"0",第二次上升沿时 A 和 B 引脚的输入状态分别为"0"和"1",第三次上升沿时 A 和 B 引脚的输入状态分别为"0"和"1",第四次上升沿时 A 和 B 引脚的输入状态分别为"1"和"1"。通过分析,可以得出结论:QA 引脚要想出现上升沿到高电平,A 和 B 引脚必须同时为"1"才行。

继续看图 5.9,还可以发现 QA 和 QH 引脚上出现的电平跳变情况"很有意思",QA~QE 引脚的电平波形都是一样的,只不过是向右"推动了一格",这就是右移效果,QB~QH 的波形其实就是 QA 波形依次右移得到的。

说了这么多,接下来就开始构建"串入并出"实验电路。以 74HC164 芯片为例,按照 74HC164"串入并出"芯片的引脚功能及项目需求设计硬件电路,如图 5.10 所示。

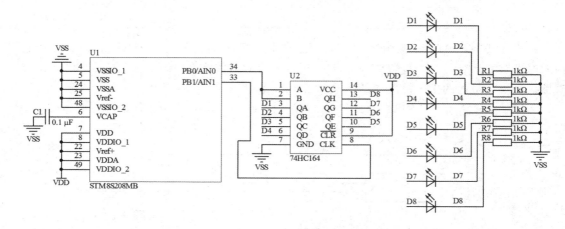

图 5.10 74HC164"串入并出"应用实验硬件电路

分析图 5.10,图中的单片机型号为 STM8S208MB,单片机分配了 2 个 GPIO 引脚连接到 74HC164 译码器芯片,PB0 引脚连接到 74HC164 芯片的串行数据输入端 A 和 B,实际电路中将 A 和 B 短接在了一起,PB1 引脚连接到了 74HC164 芯片的时钟信号输入端 CLK。74HC164 芯片的 $\overline{CLR}$ 引脚直接连接到了电源正。74HC164 芯片的 QA~QH 引脚连接至 8 路发光二极管电路,电阻 R1~R8 分别为发光二极管 D1~D8 的限流电阻,实际取值为 1 kΩ。将发光二极管 D1~D8 的阳极连接至 74HC164 译码器芯片的 QA~QH,将发光二极管 D1~D8 的阴极通过限流电阻连接到地。这种情况下就可以保证串行数据中的"1"点亮对应位的发光二极管,串行数据中的"0"熄灭对应位的发光二极管,假设当前从单片机 PB0 引脚送入的串行数据为 (0x81)$_H$,则发光二极管 D1 和 D8 亮起,D2~D7 均为熄灭状态。

硬件电路搭建完毕之后就可以着手软件的编写了。程序中必须将欲传送数据进行 8 次"拆分","取出"每一个组成二进制位通过 PB0 引脚送出,在数据传送过程中必须要满足表 5.3 规定的时序,有规律的拉高或者置低 PB1 引脚状态。按照程序思路可以利用 C 语言编写 74HC164"串入并出"应用实验的具体程序实现如下:

```
/* ************************************************************************
*  实验平台及编程人员:思修电子工作室 SX-STM8S 学习板 Long
```

```
**************************************************************/
# include "iostm8s208mb.h"                    //主控芯片的头文件
/********************* 常用数据类型定义 **********************/
【略】为节省篇幅,相似语句可以直接参考本章 5.1.3 基础项目 A 中语句
/****************** 端口/引脚定义区域 ************************/
# define   DAT   PB_ODR_ODR0                  //数据线 A/B
# define   CLK   PB_ODR_ODR1                  //时钟线 CLK
/****************** 函数声明区域 ****************************/
void delay(u16 Count);                        //延时函数声明
/****************** 主函数区域 *****************************/
void main(void)
{
  u8 num,DATOUT;                              //定义 for 循环控制变量"num"
  PB_DDR = 0xFF;                              //配置 PB 端口为输出模式
  PB_CR1 = 0xFF;                              //配置 PB 端口为推挽输出模式
  PB_CR2 = 0x00;                              //配置 PB 端口低速率输出
  DATOUT = 0x81;                              //设定欲转换数据最高位和最低位为"1"
  for(num = 0;num<8;num + + )                 //循环 8 次移位
  {
    CLK = 0;                                  //拉低时钟信号线
    DAT = DATOUT&0x01;                        //送出数据最低位
    CLK = 1;                                  //拉高时钟信号线
    DATOUT>> = 1;                             //数据右移 1 位
    //delay(50);                              //延时便于观察 LED 情况
  }
  while(1);                                   //死循环"停止"
}
/ ************************************************************
void delay(u16 Count)
【略】//延时函数,具体实现参考本章 5.1.3 基础项目 A 中语句
```

通读程序可以发现程序结构比较简单,进入主函数 main()之后首先配置 PB 端口组的引脚模式,将 PB 端口组的 8 个 GPIO 引脚都配置为低速斜率推挽输出模式,端口引脚初始化完毕之后定义一个欲转换数据"DATOUT"并为其赋值为 $(0x81)_H$,然后就进入 for()循环,控制循环次数的变量为"num",一共循环 8 次,其目的是产生 CLK 引脚的时钟信号并且将"DATOUT"数据中的逐位送出,形成串行数据,串行数据会被送到 74HC164 的 A/B 引脚,并在 74HC164 芯片内部被"转换"为并行数据从该芯片的 QA～QH 引脚输出。由于 74HC164 芯片的 QA～QH 引脚连接了 8 路发光二极管电路,所以读者可以观察到 D1 和 D8 亮起,D2～D7 熄灭的实验现象。

for()循环中的每一次循环都会将 CLK 置低(即将 PB1 引脚的电平置为低电平),然后利用"DAT=DATOUT&0x01"语句将"DATOUT"数据的最低位"取出"并赋值到 DAT(即改变 PB0 引脚的电平状态),接着再把 CLK 置高(即将 PB1 引脚的电平置为高电平),最后通过"DATOUT>>=1"语句将"DATOUT"数据右移 1 位。读者一定发现了程序中的"//delay(50)"语句被注释处理了,此处添加延时语句可以让读者更加直观地看到"移位输出"过程,当

然了,如果不需要延时观察可以将该语句注释。

　　说到这里,74HC164 芯片的相关讲解就可以告一段落了。在本节中总共请出了 3 位"小帮手",它们均是 74 系列的数字逻辑芯片,在实际的单片机系统中经常会用到 74 系列或者 CD 系列数字逻辑芯片,这些小小的数字逻辑芯片经常能帮上大忙,经常用到的芯片主要有门电路芯片(比如:与门、或门、非门、与非门、或非门、异或门、同或门、与或非门)、组合逻辑电路芯片(比如:编码器芯片、译码器芯片、数据选择器芯片、加法器芯片、数值比较器芯片)、触发/锁存器芯片(比如:电平触发/锁存器、脉冲触发/锁存器、边沿触发/锁存器)、时序逻辑电路芯片(比如:寄存器和移位寄存器芯片、计数器芯片、顺序脉冲发生器芯片、序列信号发生器芯片)等。这些芯片的相关原理和知识都蕴含在《数字电子技术基础》类课程之中,具体涉及的芯片型号非常的多,常用在单片机系统外设电路的 74 系列芯片有:74HC07、74HC14、74HC138、74HC148、74HC154、74HC164、74HC165、74HC244、74HC245、74HC273、74HC373、74HC573、74HC595 等。利用这些数字逻辑芯片可以用实现信号的组合逻辑、GPIO 扩展、中断输入资源扩展、脉冲信号计数/分频、数值比较、序列/脉冲信号发生、并/串数据转换等功能。所以,电子类的基础课程还是比较重要的,"书到用时方恨少",读者可以从基础的数字逻辑芯片着手,平时注重累积,学一个、用一个、记一个、会一个,为以后的开发项目累积经验。

5.3　火柴棍游戏说"数码管"原理

　　介绍完发光二极管后,本节来认识一个"新朋友",这位朋友名叫数码管,顾名思义,就是用来显示出"数码"的元器件。说起"数码",读者应该都不陌生,回想小学时代的自然课、劳动课。老师会让学生用火柴、牙签等小棍儿在课桌上排列出几何图形(如:三角形、正方形、长方形、平行四边形)、数字数码(如:1、2、3、A、B、C)等,排列数字数码的图样如图 5.11 所示。

图 5.11　火柴棍游戏排列数码

　　观察图 5.11 可以发现,不同的数码排列需要的火柴棍根数是不同的,比如"0"这个数码,需要 6 根火柴棍,"1"这个数码最为简单,仅需要 2 根火柴棍即可,"8"这个数码需要 7 根火柴棍才能排列出来。看到这里,读者可能纳闷儿了,这好端端的单片机书咋讲起火柴棍来了?别急别急,这小小的火柴棍游戏可是蕴藏了数码管的"精髓"。

　　假设把"8"这个数码拿出来单独研究,把"火柴棍"换成"发光二极管",将 7 个发光二极管排列成"8"这个样式,因为单独一个发光二极管存在亮/灭两种状态,所以可以让 8 个发光二极管中的特定发光二极管亮起,其余发光二极管熄灭,这样就能用 7 个发光二极管表示出 0、1、2、3、4、5、6、7、8、9、A、b、C、d、E、F 的数码样式了,实际的数码显示效果如图 5.12 所示。

　　细心的读者一定发现图 5.12 中的数码右下角有一个小圆点,这个小圆点在数值上可以作为"小数点"使用,如果不考虑小圆点的组成,则数码管显示"0、1、2、3、4、5、6、7、8、9、A、b、C、d、

图 5.12 数码管数码显示效果

E、F"数码仅用 7 个发光二极管即可，如果需要显示出"小数点"关系，则还要多加一个发光二极管，总共需要 8 个发光二极管。

在实际的数码管器件中通常把表示数字数码的发光二极管设计为长条形，把表示小数位的发光二极管设计为圆点，如果单个数码管仅由 7 个发光二极管表示一个数码位，则可以称为"七段数码管"，如果算上小数点，也可以称为"八段数码管"。需要注意的是市面上的数码管类型很多，组成数码管的"段数"不一定是 7 个，具体的"段数"要查看相应数码管产品说明书。将显示数码位的个数称之为数码管的"位数"，常见的有 1 位、2 位、3 位和 4 位等。市面上的数码管种类很多，产品外观差异很大，小宇老师选取了几款有代表性的数码管实物，如图 5.13 所示。

图 5.13 各式各样的数码管实物外观

按照数码管的封装形式可以分为直插式和贴片式的，按照发光二极管发光颜色来分，可以分为绿光数码管、蓝光数码管、红光数码管等，按照数码管的数码"形状"来分，可以分为数值数码型、"N"字型、"米"字型、"光柱"型等。数码管产品上的"小圆点"也有讲究，在右下角的小圆点可以用来表示"小数点"，两个数码中间的两个小圆点可以表示时间应用上的"时"、"分"、"秒"间隔。数码管的样式和构成一般分为通用型和定制型，通用型价格便宜，显示数码比较简单，定制型显示内容比较丰富，但是需要专门开模制作，适合批量需求。

数码管器件可以在低电压、小电流的条件下驱动内部发光二极管发光，发光的响应时间极短、高频特性好、亮度较高、体积较小、重量轻、抗冲击性能好。通常采用固态封装，稳定性高、耐热、耐腐蚀、寿命较长，使用寿命一般在 5 万小时以上，拥有比较良好的显示效果和较宽的显示视角。该类器件常用在空调、冰箱、热水器、洗衣机、DVD 设备、高级音响等家电产品中,也用于工业设备控制面板显示、电梯、电动门信息显示等场合。

5.3.1　数码管内部结构及分类

以 1 位 8 段数码管为例,其内部一共集成了 8 个发光二极管,如果按照每个发光二极管两个引脚来计算,单个 1 位 8 段数码管就应该有 16 个引脚。按理说这个计算很简单,也符合情理,当小宇老师拿起一个 1 位 8 段数码管时惊讶的发现,该数码管只有 10 个引脚,还有 6 个引脚去哪儿了呢? 还是说这个数码管坏了?

其实,数码管并没有坏,只是不了解数码管内部的构造。假设某系统需要显示"1.2.3.4.5.6.7.8."这 8 个数字(带小数点位),这时候就需要 8 个 1 位 8 段数码管,假设每个 1 位 8 段数码管有 16 个引脚,那么 8 个 1 位 8 段数码管就应该有 128 个引脚! 读者什么感觉? 是不是联想到一个全身密密麻麻全是针脚的数码管? 这么多的引脚不仅不利于制造更不利于使用和连接。能不能有一种节省引出引脚的结构呢?

当然是有的! 为了节省引脚便于生产,各个数码管生产厂家在数码管内部电路及发光二极管组成结构上做了思考和改造,目前市面上常见的数码管可以分为共阴和共阳两种结构。以 1 位 8 段单色数码管为例,共阴和共阳结构的原理图如图 5.14 所示。

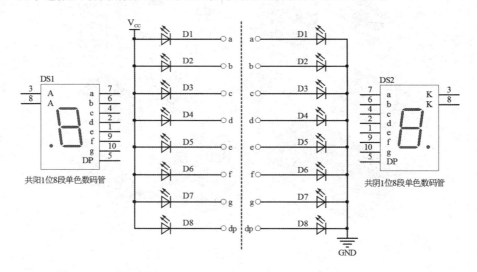

图 5.14　1 位 8 段共阴/共阳单色数码管内部结构

在图 5.14 中虚线左侧的是 1 位 8 段共阳单色数码管内部结构,从发光二极管的组成上看,一共有 8 个发光二极管 D1～D8,D1～D8 的阳极都连在了一起,成为一个"阳极公共端",在实际使用中可以连接到电源正,若某个发光二极管的负极置为低电平,则该发光二极管就会点亮,反之熄灭。该数码管的原理图封装一共有 10 个引脚,"7、6、4、2、1、9、10、5"是组成数码的"段"引脚,"3、8"是"阳极公共端"的引出脚。需要说明的是,具体产品的引脚分布及功能必须以该产品的产品说明书为准。

在图 5.14 中虚线右侧的是 1 位 8 段共阴单色数码管内部结构,从发光二极管的组成上看,一共有 8 个发光二极管 D1～D8,D1～D8 的阴极都连在了一起,成为一个"阴极公共端",

在实际使用中可以连接到电源地,若某个发光二极管的阳极置为高电平,则该发光二极管就会点亮,反之熄灭。该数码管的原理图封装一共有 10 个引脚,"7、6、4、2、1、9、10、5"是组成数码的"段"引脚,"3、8"是"阴极公共端"的引出脚。需要说明的是,具体产品的引脚分布及功能必须以该产品的产品说明书为准。

由于共阳和共阴数码管的内部结构不同,显示出同一个数码的"段"引脚电平取值也不相同,所以有了"共阳段码"和"共阴段码"的区分,为了得到统一的段码,数码管厂家在制造数码管时对各个段的分布做了规划,以 1 位 8 段数码管为例,各段位置分布如图 5.15 所示。

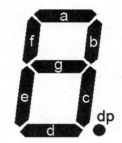

图 5.15 共阴/共阳单色数码管段排列规则

在图 5.15 中,最上面的段是"a",然后顺时针开始排列,依次是"b"、"c"、"d"、"e"、"f",然后到了中间的一段"g",最后是右下角的小圆点"DP"。如果 1 位 7 段(暂不考虑小数点显示)单色数码管是共阴型的,那么它的公共端肯定是接电源地的,如果将它的段引脚置为高电平"1",则该段就会亮起,反之该段就会熄灭。假设想要数码管显示一个"5",则亮起的段应该是"a"、"f"、"g""c"和"d",其他的段都应该熄灭,按照"1"亮起,"0"熄灭的原则,可以排列出"a"～"DP"的取值状态,如表 5.4 所示。

表 5.4　1 位 7 段共阴单色数码管显示"5"段码取值

共	段	DP	g	f	e	d	c	b	a
阴	值	0	1	1	0	1	1	0	1
段码		6				D			

将表 5.4 中的 $(01101101)_B$ 转换为十六进制数值为 $(0x6D)_H$,这个数值就是 1 位 7 段共阴单色数码管显示"5"的段码。同理,如果 1 位 7 段(暂不考虑小数点显示)单色数码管是共阳型的,那么它的公共端肯定是接电源正的,如果将它的段引脚置为低电平"0",则该段就会亮起,反之该段就会熄灭。还是以显示"5"为例,亮起的段应该是"a"、"f"、"g""c"和"d",其他段都应该熄灭,按"0"亮起,"1"熄灭的原则,可以排列出"a"～"DP"的取值状态,如表 5.5 所示。

表 5.5　1 位 7 段共阳单色数码管显示"5"段码取值

共	段	DP	g	f	e	d	c	b	a
阳	值	1	0	0	1	0	0	1	0
段码		9				2			

将表 5.5 中的 $(10010010)_B$ 转换为十六进制数值为 $(0x92)_H$,这个数值就是 1 位 7 段共阳单色数码管显示"5"的段码。为了省去段码计算过程,小宇老师以 1 位 7 段共阴/共阳单色数码管为例,分别列举了数码"0"～"F"状态,以及熄灭和全亮状态下的段码取值,如表 5.6 所示。在实际使用时,读者可将两种类型(共阳/共阴)的段码保存在两个数组中,用查表方式进行段码调用。

表 5.6　1 位 7 段共阴/共阳单色数码管段码表

显示数码	共阴段码	共阳段码	显示数码	共阴段码	共阳段码
0	3F	C0	9	6F	90
1	06	F9	A	77	88
2	5B	A4	B	7C	83
3	4F	B0	C	39	C6
4	66	99	D	5E	A1
5	6D	92	E	79	86
6	7D	82	F	71	8E
7	07	F8	熄灭	00	FF
8	7F	80	全亮	FF	00

5.3.2　基础项目 E 一位数码管 0～F 数码显示

终于到了数码管器件的实践环节,本小节先做一个入门级实验,即利用 STM8 系列单片机驱动一个 1 位 8 段数码管,让它显示出 0～F 的数码。在实际实验中选定 STM8S208MB 这款单片机作为主控制核心,选用 1 位 8 段共阴单色(红色)数码管作为显示器件,分配 PC 端口通过限流电阻连接到数码管的"段"引脚"a"～"DP",然后将数码管的"共阴公共端"连接到电源地,线路连接非常简单,硬件电路原理如图 5.16 所示。

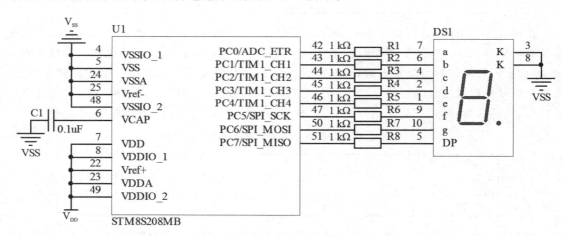

图 5.16　一位数码管 0 至 F 数码显示实验硬件电路

在图 5.16 中,DS1 即为 1 位 8 段共阴单色(红色)数码管,数码管的"7、6、4、2、1、9、10、5"引脚是"段"引脚,"3、8 引脚是"阴极公共端",R1～R8 为限流电阻,实际取值 1 kΩ,如果读者不是买的高亮数码管,可以适当减小限流电阻阻值从而获得最好的显示效果。

硬件电路构建完成之后着手软件的编写,在程序中构建两个数组用于存放共阴/共阳数码管的段码,数组 tableA[]存放共阴数码管段码 0～F,数组 tableB[]用于存放共阳数码管段码 0～F。利用 C 语言编写具体的数组定义和初始化语句如下:

```
u8 tableA[] = {0x3F,0x06,0x5B,0x4F,0x66,0x6D,0x7D,0x07,\
0x7F,0x6F,0x77,0x7C,0x39,0x5E,0x79,0x71};
//共阴数码管段码 0~F
u8 tableB[] = {0xC0,0xF9,0xA4,0xB0,0x99,0x92,0x82,0xF8,\
0x80,0x90,0x88,0x83,0xC6,0xA1,0x86,0x8E};
//共阳数码管段码 0~F
```

编写段码数组后将不同段码依次由 PC 端口输出,即可实现显示效果。在程序中定义了一个循环控制变量"num",然后编写一个循环次数为 16 次的 for()循环,以循环控制变量"num"作为段码数组下标调用数组内容,获得数组数据后再送到 PC 端口的数据输出寄存器(PC_ODR)即可。按照程序思路可以利用 C 语言编写一位数码管 0~F 数码显示实验的具体程序实现如下:

```
/*******************************************************
* 实验名称及内容:一位数码管 0~F 数码显示
*******************************************************/
#include "iostm8s208mb.h"                  //主控芯片的头文件
/******************** 常用数据类型定义 *****************/
【略】为节省篇幅,相似语句可以直接参考本章 5.1.3 基础项目 A 中语句
/****************** 端口/引脚定义区域 ******************/
#define  LED      PC_ODR                   //1 位数码管段码连接端口组
/****************** 用户自定义数据区域 *****************/
u8 tableA[] = {0x3F,0x06,0x5B,0x4F,0x66,0x6D,0x7D,0x07,\
0x7F,0x6F,0x77,0x7C,0x39,0x5E,0x79,0x71};
//共阴数码管段码 0~F
u8 tableB[] = {0xC0,0xF9,0xA4,0xB0,0x99,0x92,0x82,0xF8,\
0x80,0x90,0x88,0x83,0xC6,0xA1,0x86,0x8E};
//共阳数码管段码 0~F
/******************** 函数声明区域 ********************/
void delay(u16 Count);                     //延时函数声明
/******************** 主函数区域 *********************/
void main(void)
{
  u8 num;                                  //定义 for 循环控制变量"num"
  PC_DDR = 0xFF;                           //配置 PC 端口为输出模式
  PC_CR1 = 0xFF;                           //配置 PC 端口为推挽输出模式
  PC_CR2 = 0x00;                           //配置 PC 端口低速率输出
  while(1)
  {
    for(num = 0;num<=15;num++)             //16 次循环
    {
      LED = tableA[num];                   //送出共阴数码管段码 0~F 至 PC 端口
      //LED = tableB[num];                 //(已注释)送出共阳数码管段码 0~F 至 PC 端口
      delay(500);                          //延时便于观察 LED 情况
    }
  }
```

```
}
/************************************************************/
void delay(u16 Count)
```
{【略】//延时函数,具体实现参考本章 5.1.3 基础项目 A 中语句

将程序编译后下载到单片机中并运行,可以看到 1 位 8 段共阴单色(红色)数码管 DS1 上依次显示出 0~F 的数码,变动速度适中,适合人眼直接观察。读者如果需要慢速观察每一个数码样式可以修改主函数中 for()循环内的“delay(500)”语句,若将送入 delay()函数的实际参数值变大,则延时时间变长,有利于观察,反之延时时间变小,跳动较快不利于观察。

5.3.3 实战项目 A 基于 74HC595 串行动态数码管显示

亲爱的读者做完了一位数码管 0~F 显示实验之后有什么感悟呢? 其实基础项目 E 的难度较低,实验的重点是理解数码管“段码”,驱动一个 1 位 8 段共阴单色(红色)数码管总共使用了 8 个单片机 GPIO 引脚,引脚资源利用率较低,用了一组 GPIO 端口才得到 1 位数码显示效果,一定程度上是把单片机“大材小用”了。

在实际的单片机系统中经常需要驱动 8 位数码管,也就是显示出 8 个数码位,这种情况下如果用 8 组 GPIO 端口进行数码管控制显然是不合适的,所以小宇老师增添了这个实战项目 A,利用两片 74HC595 芯片实现 3 线驱动 8 位数码管显示。哇! 没有听错吧? 用 3 个 GPIO 口控制 8 位数码管是如何实现的呢?

要解释控制机理就必须请出 74HC595 这位“好朋友”,该芯片的贴片式封装 SOP16 实物如图 5.17(a)所示,双列直插式封装 DIP16 实物如图 5.17(b)所示,芯片引脚名称及分布如图 5.17(c)所示。

（a）   （b）   （c）

图 5.17 74LS595/74HC595 芯片实物及引脚分布图

74HC595 是一款 8 位移位寄存器/锁存器(三态输出)芯片。74HC595 芯片内部自带数据移位寄存器和三态输出锁存器,“SCLR”是清零复位端,通常可以连接高电平,“OE”是输出使能端,通常可以连接到低电平,“SDI”是串行数据输入引脚,“SCLK”是移位时钟脉冲输入引脚,“RCLK/CS”是锁存控制信号输入引脚,“QA”~“QH”为并行数据输出引脚,“SDO”引脚可以作为芯片级联使用,通过该引脚串行数据输出为下一片 74HC595 芯片提供串行数据输入。“VDD”为 74HC595 芯片电源正输入引脚,“GND”为 74HC595 芯片电源地输入引脚。

本项目使用两片 74HC595 芯片驱动 8 位共阳数码管(由两个 4 位共阳数码管组成),一片用于数码管具体"位"的选择,另一片用于配置"段"信号,实际搭建的硬件电路如图 5.18 所示。U1 芯片是选定的主控单片机芯片,其型号为 STM8S208MB,U2 芯片和 U3 芯片就是"好朋友"74HC595 芯片。U2 芯片负责进行"位选",也就是从 8 位数码管中确定其中一位进行显示。U3 芯片负责进行"段选",也就是控制"a、b、c、d、e、f、g、DP"等引脚的电平状态,U2 选中其中一位数码管后由 U3 来确定所要显示的内容(数码),U2 芯片和 U3 芯片相互配合来实现数码管的动态扫描显示功能。

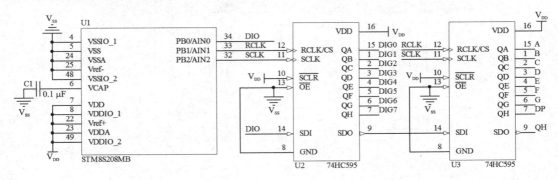

图 5.18 两片 74HC595 搭建 8 位共阳数码管驱动电路

分析图 5.18,单片机 U1 只用了 3 根线与 74HC595 进行连接,这 3 根线的电气网络分别是"DIO"、"RCLK"和"SCLK",占用了单片机的 PB0、PB1 和 PB2 引脚,所以在程序中将这 3 个引脚的输出寄存器进行宏定义方便以后使用,利用 C 语言编写具体的宏定义语句如下:

```
/********************* 端口/引脚定义区域 *********************/
#define  DIO    PB_ODR_ODR0    //串行数据输入
#define  RCLK   PB_ODR_ODR1    //锁存控制信号(上升沿有效)
#define  SCLK   PB_ODR_ODR2    //时钟脉冲信号(上升沿有效)
```

第一片 74HC595 芯片 U2 负责进行"位选",所以它的 QA~QH 引脚分别连接到数码管的公共端,实际引出的电气网络名称为"DIG0"~"DIG7"。第二片 74HC595 芯片 U3 负责进行"段选",所以它的 QA~QH 引脚分别连接到数码管的"段"引脚,实际引出的电气网络名称为"A"~"DP"。STM8S208MB 单片机 PB0 引脚送出的串行数据先通过 DIO 线路送入 U2 芯片的 SDI 端,然后再由 U2 芯片的 SDO 端连接到 U3 芯片的 SDI 端,在 U3 芯片的 SDO 端引出了一个名为"QH"的电气网络,该网络连接到了外接排针上,可以由读者再次级联另外的 74HC595 单元,构建更多位的数码管显示电路。实际引出的电气网络"DIG0"~"DIG7"、"A"~"DP"、"DIO"、"RCLK"、"SCLK"和"QH"连接到了数码管和外接排针上,具体的电气连接如图 5.19 所示。

分析图 5.19,从电路图中可以看到,P1 和 P2 是两组功能排针,如果读者不做再次级联,仅使用 P2 排针即可,如果需要更多位数码管显示,可以将 P1 排针连接到下一个 74HC595 单元。U4 和 U5 是两个分立的 4 位共阳数码管,实际的型号为 KYX3461BS。C2~C5 是用于滤波去耦的电容,在设计印制电路板(PCB)时可以将电容放置在 74HC595 芯片的电源附近,这个高频滤波电容可以减小电源干扰对 IC 的影响。读者自行设计印制电路板时必须注意该电容的布线,连线应靠近电源端并尽量粗短,否则会影响滤波去耦效果。其实不加这个电容也是

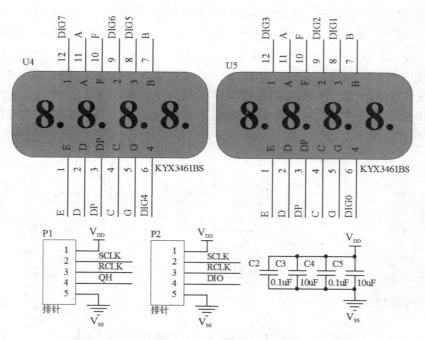

图 5.19　8 位数码管段/位连接及功能排针引出电路

可以的,但万一因为电源干扰出了问题就会很难查找根源,所以小宇老师推荐,尽量加上这些"不起眼"却有"大作用"的小电容。

需要注意的是,74HC595 芯片段选线路与数码管的连接之间最好串接 $100\sim200\ \Omega$ 的电阻作为限流电阻,电阻的取值不能太大也不能太小,更不能直接连接,这主要是考虑 74HC595 芯片引脚的拉电流能力,以保护数码管和 74HC595 内部电路。

细心的读者看了图 5.18 以后会觉得很"奇怪",第一个"奇怪"是 8 位共阳数码管(由两个 4 位共阳数码管组成)的"位"引脚(也就是每一位数码管的公共端引脚)为什么不直接连接到电源正而是单独引出呢? 第二个"奇怪"是 8 位共阳数码管(由两个 4 位共阳数码管组成)的段码"a"～"DP"分别连在了一起,导致 8 位数码管的段码合成了"a"～"DP"共计 8 个段引脚,这样一来还怎么独立控制个别位的显示数码呢?

之所以有这样的疑问是因为数码管控制方式变化了,基础项目 E 为一位 8 段共阴数码管的段码分配了独立的一组 GPIO 端口,公共端是直接接地处理的,这是因为基础项目 E 中数码管采用的静态显示方式,在本项目中"位"引脚(也就是每一位数码管的公共端引脚)和"段"引脚的处理方式适用于动态显示方式。

按照数码管的工作方式可以将数码管的驱动可以分为"静态显示"和"动态显示"这两种。所谓"静态显示"就是每一个数码管的段引脚都独自占用一个控制器的 GPIO 引脚,控制器芯片负责把"段码"送到对应的段引脚上完成数码的显示,这种模式下,段码一旦送出,直到下一次段码变更之前,显示的内容会一直保持。所谓的"动态显示"也可以称为"动态扫描",这种方式是把每一位数码管的 8 个段引脚中的"a"～"DP"分别连接在一起,然后再将这 8 个合并后的段引脚连接到控制器的 GPIO 端口上,每一位数码管的"位"引脚(也就是每一位数码管的公共端引脚)连接到控制器的另外一组 GPIO 端口上,通过这两组 GPIO 端口输出信号的相互配合(先送出段码,后送出位选码)作用来产生显示效果。在这个配合过程中,每一位数码管按照一定的顺序"轮流"显示数码,只要"轮流"的频率适当,看来就好像是"连续稳定"的显示效果,这就是人眼的"视觉暂留"现象导致的。

当然了,这两种方法各有优缺点,静态显示方法的优点是显示稳定、亮度较高、数据显示几乎没有延迟,但是会占用控制器芯片过多的 GPIO 引脚,造成 GPIO 资源浪费,而且增加了电路制作的复杂程度,一定程度上提升了硬件造价。动态显示的方法能显著降低显示部分硬件复杂度,但是数据显示会有一定的延迟,软件复杂度会提高,如果软件中动态扫描的频率没有把握好,还可能出现闪烁感。

动态显示方式还需要注意一些问题,在硬件电路中由于所有数码管的段引脚都是连接到控制器的一组公用 GPIO 端口上的,所以在每个瞬间,各个位数码管上的段引脚得到的电平状态都是一样的,如果要想在不同的位显示不同的数码,就必须采用"轮流"扫描显示的方法,在一段时间内(视觉暂留时间),只点亮其中一个数码管,其余的数码管都处于关闭状态,下一个时间段内(视觉暂留时间),点亮下一个数码管,其余的数码管都处于关闭状态。如此循环,就可以"轮流"点亮每一位,当"轮流"的频率大于 50 Hz 的时候,人眼就分辨不出来了,相当于各个位上显示的信息被"区分"开了。

需要说明的是,在动态扫描过程中,数码管显示的整体亮度与"驱动电流"、"点亮时间"和"熄灭时间"有关。如果扫描频率过高,每个位显示的时间就会很短,这样一来数码管的整体亮度就会较低,遇到环境光比较强的环境就看不清楚。如果扫描频率过低,虽然亮度会明显增加,但是会产生明显的闪烁感,给人一种"间断"显示的效果,也不利于观察。所以这个"扫描频率"的把握需要根据不同的硬件电路和数码管器件的电气特性做出不同的调整,在调试过程中不断的尝试,最终找到一个最佳的显示效果。

好! 说了这么多,下面着手软件的编写了,在程序中首先要构建一个共阳数码管的段码数组 LED_table[],用于存放共阳数码管段码 0～F,然后还要建立一个第一位至第八位位码的数组 wei_table[],用于选择单独的某一位数码管,利用 C 语言编写具体的数组定义和初始化语句如下:

```
u8 LED_table[] = {0xC0,0xF9,0xA4,0xB0,0x99,0x92,0x82,0xF8,0x80,
0x90,0x88,0x83,0xC6,0xA1,0x86,0x8E,0xFF,0xBF};
//共阳数码管段码"0123456789AbCdEF 熄灭-"
u8 wei_table[] = {0x01,0x02,0x04,0x08,0x10,0x20,0x40,0x80};
//第一位至第八位位码
```

有了段码数组和位码数组之后还需要编写两个重要的功能函数。由于 74HC595 是一款 8 位移位寄存器/锁存器(三态输出)芯片,所以送入的数据必须是"串行数据",也就是说要送出的"位码"和"段码"都要进行转换后逐位送出,这就需要编写一个单字节数据串行移位函数 LED_OUT(u8 outdata),该函数具备一个形式参数"outdata"用于传入欲转换的数据。因为本项目采用动态扫描显示方法,所以要先送段码,再送出位码,还要"轮流"切换点亮每一位数码管,这就需要编写一个数码动态显示函数 LED8_Display(void)。按照程序思路可以利用 C 语言编写基于 74HC595 串行动态数码管显示实验的具体程序实现如下:

```
/****************************************************************
 *  实验平台及编程人员:思修电子工作室 SX-STM8S 学习板 Long
```

```
*********************************************************************/
#include "iostm8s208mb.h"                    //主控芯片的头文件
/********************* 常用数据类型定义 ***********************/
{【略】}为节省篇幅,相似语句可以直接参考本章 5.1.3 基础项目 A 中语句
/********************* 端口/引脚定义区域 **********************/
#define  DIO          PB_ODR_ODR0            //串行数据输入
#define  RCLK         PB_ODR_ODR1            //锁存控制信号(上升沿有效)
#define  SCLK         PB_ODR_ODR2            //时钟脉冲信号(上升沿有效)
/********************* 用户自定义数据区域 **********************/
u8 LED_table[] = {0xC0,0xF9,0xA4,0xB0,0x99,0x92,0x82,0xF8,0x80,
0x90,0x88,0x83,0xC6,0xA1,0x86,0x8E,0xFF,0xBF};
//共阳数码管段码"0123456789AbCdEF 熄灭-"
u8 wei_table[] = {0x01,0x02,0x04,0x08,0x10,0x20,0x40,0x80};
//第一位至第八位位码
u8 LED[8];                                   //用于 LED 的 8 位显示缓存数组
/********************* 函数声明区域 **************************/
void delay(u16 Count);                       //延时函数声明
void LED8_Display(void);                      //数码动态显示函数声明
void LED_OUT(u8 outdata);                     //单字节数据串行移位函数声明
/********************* 主函数区域 ***************************/
void main(void)
{
  u8 x;
  PB_DDR = 0xFF;                             //配置 PB 端口为输出模式
  PB_CR1 = 0xFF;                             //配置 PB 端口为推挽输出模式
  PB_CR2 = 0x00;                             //配置 PB 端口低速率输出
  for(x = 0;x<8;x++)
    LED[x] = x;                              //将 0~7 存入缓存数组中显示出来
  while(1)
  {
    LED8_Display();                          //显示数码
  }
}
/*********************************************************************/
void delay(u16 Count)
{【略】}//延时函数,具体实现参考本章 5.1.3 基础项目 A 中语句
/*********************************************************************/
//数码动态显示函数 LED8_Display(),无形参,无返回值
/*********************************************************************/
void LED8_Display(void)
{
  u8 i,duan_table;                           //定义 i 用于循环次数控制,duan_table 用于保存段码
  for(i = 0;i<8;i++)                          //8 次循环
  {
    duan_table = *(LED_table + LED[i]);       //调出段码
    LED_OUT(duan_table);                      //送出段码
```

```
        LED_OUT(wei_table[i]);                    //送出位码
        RCLK = 0;
        RCLK = 1;                                 //RCLK 产生上升沿
        delay(1);
    }
}
/* * * * * * * * * * * * * * * * * * * * * * * * * * * * * * * * * * * * * * * * * * * * * */
//单字节数据串行移位函数 LED_OUT(),有形参 outdata 用于传入实际数据
//无返回值
/* * * * * * * * * * * * * * * * * * * * * * * * * * * * * * * * * * * * * * * * * * * * * */
void LED_OUT(u8 outdata)
{
    u8 i;
    for(i = 0;i<8;i + +)                          //循环 8 次
    {
        if (outdata & 0x80)                       //逐一取出最高位
            DIO = 1;                              //送出"1"
        else
            DIO = 0;                              //送出"0"
        outdata<< = 1;                            //执行左移一位操作
        SCLK = 0;
        SCLK = 1;                                 //SCLK 产生上升沿
    }
}
```

　　将程序编译后下载到单片机中并运行,可以看到 8 位数码管显示出"76543210"数码样式,如图 5.20 所示,在数码动态显示函数 LED8_Display()中的"delay(1)"语句就控制了"轮流"点亮数码管的频率,从显示效果上来看是满足视觉暂留速度的,所以读者会发现 8 位数码管上的显示数码均不相同,显示效果比较稳定。

图 5.20　扫描频率适当时的显示效果

　　如果修改数码动态显示函数 LED8_Display()中的"delay(1)"语句,将 delay()函数送入的实际参数由 1 改为 20,然后重新编译程序后下载到单片机中并运行,可以得到如图 5.21 所示的结果,此时显示的位数会出现明显的"闪烁感",个别位亮起,其他位会熄灭。

图 5.21　扫描频率过低时的显示效果

　　至此本项目就实践完毕了,本章的实践项目都是比较基础的,但是可以起到"抛砖引玉"的作用,在实际的单片机开发项目中经常会遇到 LED 类器件,驱动程序和驱动电路也不尽相同,在 LED 器件的驱动板卡上经常会出现译码器芯片、串并转换器芯片、数据锁存器芯片、端口驱动器芯片等,这些芯片的使用和驱动都需要读者去熟悉,所以,学习的路还很漫长,读者必须一步一个脚印,戒骄戒躁地前行。学习完这一章的读者还可以搭建点阵模块显示电路,驱动单双色点阵,也可以自己做一个点阵屏或者多位数码管交互板,把"学"当成"玩儿"会轻松很多! 看似简单的模块,经过自己的手做一遍,所得到的可能比之前知道的更多。

第 6 章

"点、线、面的艺术"字符/点阵型液晶编程应用

章节导读：

    亲爱的读者，本章将详细介绍 STM8S 系列单片机并行模式/串行模式驱动字符/点阵型液晶模块的方法。章节共分为 3 个部分，在章节开篇的6.1 节中介绍了单片机系统中常见的显示方案和显示单元，讲解了单片机的"显卡"。在 6.2 节中讲解经典的字符型 1602 液晶模块引脚功能、操作时序及相关功能指令，以相关知识作为前导引出 2 个基础项目，向读者演示了 1602 液晶的字符显示、进度条模拟、移屏效果等，介绍了节省 GPIO 的 4 线驱动方法。在 6.3 节中介绍了点阵型液晶模块的经典，基于 ST7920 控制器芯片展开讲解，描述了12864 液晶模块的引脚功能、操作时序及相关功能指令，以相关知识作为前导引出了 4 个基础/实战项目向读者介绍了基础的字符显示、绘图、2 线串行模式、正弦波曲线绘制等效果，选取趣味特色的项目应用力求读者能快乐的掌握基础液晶模块驱动方法，为后续应用开发做好铺垫。

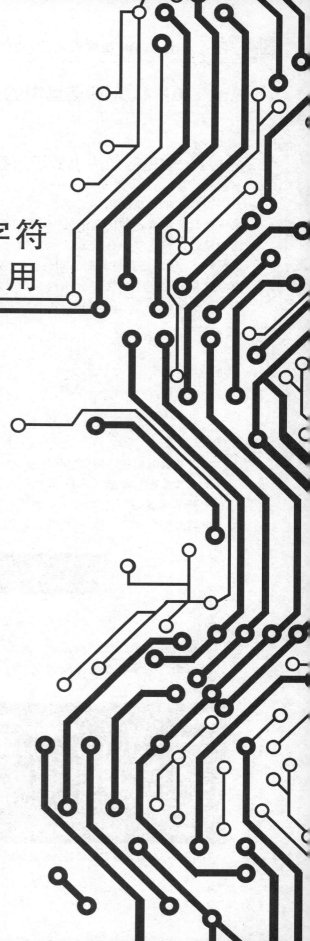

6.1 单片机人机交互中的显示单元

6.1.1 常见的单片机显示方案选择

在基于单片机应用的实际系统中,显示方案的具体选择和实际需求有紧密的联系。如果系统中欲显示表达的信息量较少,一般可通过发光二极管亮灭或者颜色变化的方式进行表达。例如设计一款空气净化机,这种系统中不需要具体参数的显示和交互,只需要反映一个大致的情况即可,让客户获得最简单和直观的空气净化体验,设定电源灯亮起代表运行状态,红色代表空气质量较差,绿色表示控制质量较好,采用全彩 RGB 多色发光二极管即可,其实物如图 6.1 所示。

图 6.1　多彩发光二极管

如果系统需要表达的信息量主要是一些简单数字码可以选择数码管,例如计程车上的行程计价器或者工业电参量采集终端的显示窗口等,若需要做室外亮化和简单字符表达可以采用 LED 点阵显示屏,其实物如图 6.2 所示。例如银行窗口用于业务宣传的点阵条,或者是火车站、动车站的大型点阵屏幕等,在这些设备的内部随处可见驱动芯片、单片机控制芯片的"影子"。

图 6.2　LED 点阵显示屏

如果需要显示的主要内容是字符或者汉字,显示方案需要小型化、高性价比和微功耗,可以选择市面上的字符型液晶或者图形/点阵型液晶,例如超市门口的自动存放柜,上面就经常会有 12864 液晶屏幕指示当前的存放柜使用情况,配合存取按键和条码识别装置实现客户随身物品的存放。如果显示的内容大致不会变化,固定有一些参数项和样式并且需求量很大的情况下,一般可以向专门的液晶片生产商定制笔段式液晶屏幕。如图 6.3 所示就是一款电动车上的液晶显示屏。

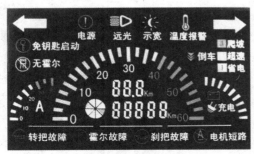

图 6.3　电动车定制笔段式液晶屏

仔细观察图 6.3 就可以发现,这款电动车的定制屏幕可以全面的反映出电动车的运行参数,这种定制液晶屏的驱动程序一般比较简单,批量价格也非常低廉,易于产品批量和兼容,除了电动车上的定制液晶屏,在生活中常见的定制屏还有计算器上的显示屏或者是空调遥控器上的显示屏等。

还有一些单片机应用系统中对显示的要求比较高,比如要求采用全彩显示并制作复杂的动态效果或者显示界面,这种情况下可以考虑 TFT 屏、OLED 屏或 LCD 屏等,在工程规划允许的条件下直接使用市面上的串口屏模组也是不错的选择。

说到串口屏"忍不住"多说两句,市面上早期出现的串口屏功能比较简单,就是通过 PC 端的一个上位机软件进行显示界面下载,然后通过单片机微控制器等单元发送串口命令把各种需要显示的界面显示出来,触摸屏版本支持串口上传坐标功能,让单片机"自己"判断对应界面中的哪一个图标/控件/按钮被按下了,在最近几年的发展中,串口屏的形态越来越多,功能也越来越强大,比如说串口屏支持组态功能,支持界面风格,拥有多样化的功能接口,还衍生出了无线通信版本、以太网版本、现场总线版本等,广泛应用于工业自动化、电力、电信、环保、医疗、金融、石油、化工、交通、能源、地质、冶金、公共查询与监控等数行业和领域中。

使用串口屏是非常方便的,相当于把显示任务"外包"了,让单片机工程师不用担心控制液晶显示控制器时存在的雪花、乱码、时序不兼容、工作温度范围窄等问题。只需要使用厂家给的上位机软件,轻松一点,按照要求把界面"画"出来,真正体现液晶时序控制上的"零代码",剩下的工作就是由开发人员把串口的交互命令控制好即可,但是市面上的串口屏都是在百元或百元以上价格,当然了,亲爱的读者也可以自己设计一款串口屏,还可以把控制接口做成 I^2C、SPI、串口、485 总线接口、以太网接口等。所以,行业的发展只有想不到没有做不到,亲爱的读者在学习单片机时也应该关注新技术,这样才能在实际项目开发中得心应手。

6.1.2 神奇的单片机"显卡"

说到显卡大家应该都很熟悉,显卡又可以称为显示接口卡或者显示适配器,是现在计算机系统功能的标配之一。有些计算机用集成显卡,有些人追求图形图像处理性能购买的独立显卡,这里的"显卡"是计算机进行图像信号转换与处理的设备,承担输出显示图形的任务。在本节中研究的显卡可不是计算机中的显卡,那么对于单片机而言,"显卡"二字代表的是什么呢?

显示模块大多都有专门的显示控制器芯片,拿即将要介绍的字符型 1602 液晶模块和图形点阵型 12864 液晶模块来说,直接控制液晶片的其实并不是单片机,而是封装在液晶模块电路板上的液晶显示控制器芯片,不同的液晶模组控制器方案不尽相同。在显示系统中,单片机的功能其实是通过特定的连接方式(串行或者并行)按照约定的时序(读取时序或者写入时序)对液晶控制器芯片进行操作,液晶控制器芯片接收到相关的命令和数据后再去驱动液晶片实现显示和信息表达,这里的液晶显示控制器芯片就相当于是单片机应用系统中的"显卡"了。

有的读者可能"纳闷",单片机还能驱动大尺寸 LCD 屏幕吗? 常见的电脑液晶显示器或者是"古董级"的阴极射线管 CRT(Cathode Ray Tube)显示器都可以吗? 当然的是! 现在市面上有很多专门为单片机设计的"显卡",这些模块有很多是基于 FPGA 和 SDRAM 实现的 VGA 信号输出,也有采用专用 VGA 信号产生芯片设计的。有的设计了 Intel 8080 接口,适合与高级单片机进行显示器像素读写和控制(例如 STM32 的 FSMC 读写模式),能方便地对显示器上的任意像素进行读写操作,还支持多种显示器的分辨率,可以调整显示刷新频率或者是色彩位数等,所以,从学习的角度出发,读者可以先从 STM8 学起,慢慢接触和体会单片机学习的乐趣,先"玩"经典的小液晶,再来驱动一个液晶显示器找找"成就感",从工程应用的角度出发,就是利用所学选择最合适的显示方案,考虑性价比和显示功能要求进行合理规划。

6.2　字符型 1602 液晶模块

　　市面上常见的单片机开发板上字符型 1602 液晶模块几乎是标配,之所以得到如此广泛的应用是因为其驱动程序简单,价格低廉且显示容量(具体指显示字符位)满足一般应用场合。1602 字符型液晶模块随着生产厂家的不同,产品型号的前缀一般不同,通常笼统地称其为"1602 液晶模块",这里的"1602"是指该液晶模块可以显示两行字符,每行可以显示 16 个字符,相似的还有 1601 模块、1604 模块、2004 模块等。如图 6.4 所示,该图为某生产厂家的字符型 1602 液晶模块字符位/尺寸图,图中所示黑色圆圈 1～16 表示液晶模块的 16 个引脚,通常1602 液晶模块有无背光板的版本和底部 LED 背光板的版本,没有背光板的模块较薄,但是不适合在光线较暗的环境中使用,底部有 LED 背光板的模块厚度稍厚,连接背光板电源后屏幕有底光,显示效果较好,但是功耗较大(背光板需要驱动电流),按照背光 LED 和屏幕的颜色,常见有蓝屏白字、黄绿屏黑字、黑屏绿字、黑屏红字、黑屏黄字、黑屏蓝字等,显示效果多种多样,尺寸大小也有差异。

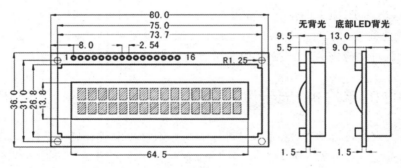

图 6.4　字符型 1602 液晶模块字符位/尺寸图

　　在 1602 液晶模块的实际构成其实分好几个部分,例如液晶片、导电胶条、液晶显示印制电路板(PCB)、贴片元器件、背光板、液晶金属框架等,液晶片通过导电胶条与 PCB 底板连接,在PCB 底板上焊接有显示控制芯片和相关的电路器件。金属框架用于装载和固定液晶片、导电胶条、背光板。细心的读者可能发现在图 6.4 中右侧所示的结构中有个弧形的凸起,这是液晶模块常用的 COB(板上芯片直装)技术,其他常见的生产工艺还有 SMT(表面安装技术)、TAB(导电胶连接方式)、COG(芯片被直接封装在玻璃上)、COF(芯片被直接封装在柔性 PCB 上)等。COB 封装其实是一种控制芯片的简易封装形式,采用的是邦定封装技术,外观上通常是一个黑色的水滴状凸起,有不少行业内的工程师"戏称"该封装结构为"牛屎芯片",字符型1602 液晶模块的实物图如图 6.5 所示。

　　图 6.5(a)所示的是 1602 液晶模块的正面,看到的黑色框架即为金属边框,底层带有 16个金属孔位的即为液晶模块的印制电路板(PCB),在电路板的 4 个角上一般具有孔径为3 mm的定位孔,方便液晶模块的安装和固定。图 6.5(a)上方的白色梯形状结构即为液晶的背光板,图 6.5(b)为液晶模块的背面,最显眼的还是这两个"牛屎芯片",在该封装下其实是两个显

（a） （b）

图 6.5 字符型 1602 液晶模块实物图

示控制芯片的"裸片"，在 PCB 的背面还可以看到相关的电路和器件。

　　说到这个邦定封装技术，在本节学习的字符型 1602 液晶模块和即将要学习的点阵型 12864 液晶模块中都会遇到，下面简单了解下该技术，邦定这个词语其实是单词"bonding"的音译，特指芯片生产工艺中的一种打线方式，一般用于封装前将芯片内部电路用金线与封装引脚或者是 PCB 上的焊盘连接。邦定后通常会用融化后具有特殊保护功能的有机材料覆盖到晶圆上来完成芯片的后期封装，例如使用黑色环氧树脂或者类似的胶体将芯片封装。

　　这种封装技术价格非常低廉，音乐卡、玩具、电话机、手机、PDA、MP3 播放器、数码相机、游戏机中非常常见，使用邦定封装技术制成的产品在防腐、抗振及稳定性方面都比较好，但是也有缺陷，若封装晶圆一旦损坏就难以维修和更换，通常只能做报废处理，所以要提醒各位亲爱的读者，使用液晶模组时一定要仔细，看清楚液晶模块的引脚定义、引脚顺序和供电范围，不要带电插拔连接线路，也不要用手去触摸背板的电路，以防止人体静电损毁液晶控制器芯片。

6.2.1　模块功能引脚定义

　　看过字符型 1602 液晶模块实物后就开始着手学习吧！首先要了解 16 个引脚的作用，通过后续的学习加深最好能记住引脚顺序和定义，方便以后在构建系统时熟练的为其分配引脚硬件资源，字符型 1602 液晶模块引脚定义及功能说明如表 6.1 所示。

表 6.1　字符型 1602 液晶模块引脚定义及功能说明

序号	名称	引脚作用	序号	名称	引脚作用
1	GND	接电源地	9	DB2	数据总线
2	VCC	接电源正	10	DB3	数据总线
3	VEE	液晶对比度偏压信号	11	DB4	数据总线
4	RS	命令/数据选择引脚	12	DB5	数据总线
5	R/W	读/写选择引脚	13	DB6	数据总线
6	EN	使能引脚	14	DB7	数据总线(高位)
7	DB0	数据总线(低位)	15	A	背光正极
8	DB1	数据总线	16	K	背光负极

字符型 1602 液晶模块的引脚可以分为电源引脚、控制信号引脚和数据信号引脚 3 大类。

电源引脚包括 VCC、GND、VEE、A、K,其中的 VEE 是液晶对比度偏压信号,一般连接一个 10 kΩ 电位器的可调端,另外两端与 VCC 和 GND 相连接,目的是产生一个可调电压为液晶模块内部电路提供偏压信号。这个电位器可以不用选择精密多圈可调的,功率 1/4 W 就已经足够了。A 和 K 是连接背光板的,是否应该直接连接 VCC 和 GND? 这里要看液晶模块的产品手册,大多数的模块 PCB 上已经安装了背光板限流电阻,这种情况可以直接连接电源,有个别的电路是没有安装限流电阻的,这时候就应该人为添加限流电阻保护背光 LED。

控制信号引脚包括 RS、R/W、EN,这 3 个引脚的配置需要参考液晶模块操作的时序图,在实际的系统中若把 1602 液晶模块当成从机,只需要涉及写入而不需要数据读出,则可以将 R/W 引脚直接连接至 GND,这样就简化了控制器连接,只需要将 RS 和 EN 引脚连接到 MCU 即可。

数据信号引脚包括 DB0~DB7,需要注意的是 1602 液晶模块的数据线连接有串行和并行两种方式,在并行方式中使用 8 根线(DB0~DB7),其中 DB0 是数据低位,DB7 是数据高位,在串行方式中只用 4 根线(DB4~DB7),其余的数据线不使用以节省端口。

6.2.2 读/写时序及程序实现

字符型 1602 液晶模块一般涉及两大类操作:读取和写入。按照数据表示的含义又可以细分为读取状态、读取数据、写入命令、写入数据,在操作过程中无非就是控制线(RS、R/W、EN)和数据线(DB0~DB7)的时序配合,接下来先了解读取时序,其时序关系如图 6.6 所示。

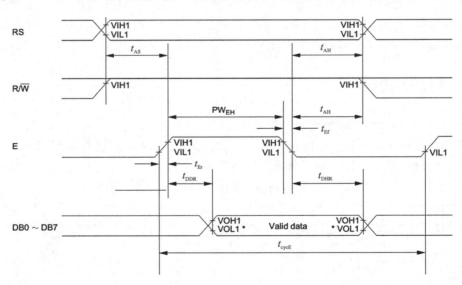

图 6.6 读取状态/数据时序图

分析图 6.6 可以看到首先把 RS 线由高电平跳变为低电平(RS="0"),并且把 R/W 线由低电平置高(R/W="1"),随后将 EN 线置"1"经过 t_{DDR} 时间后就可以从总线上取出数据了,这个数据代表当前液晶模块的状态信息。相似的,首先把 RS 线由低电平跳变为高电平(RS="1"),并且把 R/W 线由低电平置高(R/W="1"),随后将 EN 置"1"经过 t_{DDR} 时间后就可以从总线上取出数据,这个数据代表当前液晶模块的数据信息。

编写 LCD1602_Read()函数,该函数带有形式参数 readtype,readtype 为"0"表示读取液晶模块的状态信息,为"1"表示读取液晶模块的数据信息。该函数还有返回值 readdata,readdata 在函数内部定义,用于装载从数据线上取回的状态信息或数据信息。定义 LCDRS 为 RS 引脚、LCDRW 为 R/W 引脚、LCDEN 为 EN 引脚、PORT 为 DB0~DB7(实际采用并行方式连接一组 GPIO 端口),可以用 C 语言编写相关实现语句如下:

```
u8  LCD1602_Read(u8  readtype)   //读取液晶模组状态或数据
{
    u8  readdata;                //定义返回值变量(存放状态信息或数据信息)
    if(readtype == 0)            //判断读取类型
      LCDRS = 0;                 //读取状态信息
    else
      LCDRS = 1;                 //读取数据信息
    LCDRW = 1;                   //读取操作
    delay(5);                    //延时等待稳定
    LCDEN = 1;                   //模块使能
    delay(5);                    //延时等待数据返回
    readdata = PORT;             //从数据线上取回读取信息
    LCDEN = 0;                   //模块不使能
    return  readdata;            //返回信息
}
```

在实际系统中,用到读取时序的场合并不常见,原因是人们经常把字符型 1602 液晶模块当作从机来使用,也就是说只注重"写"的过程,一般不从模块"取"数据,如果读者也是这样的系统,可以将 R/W 线直接连接到 GND,不需要在程序中定义,这样一来不仅节约了一个控制引脚,而且程序也变得简单很多。接下来学习写入时序,其时序关系如图 6.7 所示。

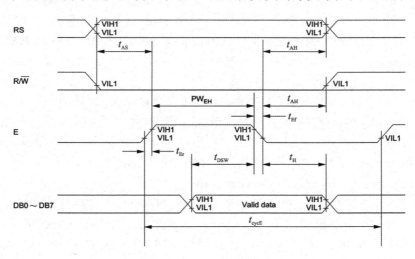

图 6.7 写入状态/数据时序图

分析图 6.7 可以看到首先把 RS 线由高电平跳变为低电平(RS="0"),并且把 R/W 线由高电平置低(R/W="0"),此时把命令信息发送至数据线上,当 EN 线由"1"变为"0"时就写入了命令信息。相似的,将 RS 线由低电平跳变为高电平(RS="1"),并且把 R/W 线由高电平置低(R/W="0"),此时把数据信息发送至数据线上,当 EN 线由"1"变为"0"时就写入了数据信息。

编写 LCD1602_Write()函数,该函数无返回值但带有形式参数 cmdordata 和 writetype,cmdordata 表示欲写入的数据,至于该数据具体表示命令信息还是数据信息就要看 writetype 这个写入类型变量了,若 writetype 为"0"表示向液晶模块写入命令信息,为"1"则表示向液晶模块写入数据信息。相似的,定义 LCDRS 为 RS 引脚、LCDRW 为 R/W 引脚、LCDEN 为 EN 引脚、PORT 为 DB0~DB7(实际采用并行方式连接一组 GPIO 端口),可以用 C 语言编写相关实现语句如下:

```
void  LCD1602_Write(u8  cmdordata , u8  writetype)   //写入液晶模组命令或数据
{
  if(writetype = = 0)                                //判断写入类型
    LCDRS = 0;                                       //写入命令信息
  else
    LCDRS = 1;                                       //写入数据信息
  LCDRW = 0;                                         //写入操作
  PORT = cmdordata;                                  //向数据线端口写入信息
  delay(5);                                          //延时等待稳定
  LCDEN = 1;                                         //模块使能
  delay(5);                                          //延时等待写入
  LCDEN = 0;                                         //模块不使能
}
```

6.2.3 液晶功能配置命令

6.1.1 小节中把液晶显示控制器芯片比做了单片机的"显卡",那么在字符型 1602 液晶中是否有控制器芯片呢? 回答是肯定的,现在市面上大多数字符型 1602 液晶模块都是基于 HD44780 控制器芯片的,该款控制器支持阿拉伯数字、英文字母的大小写、常用的符号、和日文假名的显示。

要想操作 1602 液晶正常显示,其实就是运用好这个单片机的"显卡",不光要会读取和写入时序,还必须了解 HD44780 控制器芯片的组成,在 HD44780 控制器芯片中内置了字符产生器单元 CGROM(Character Generator ROM)、用户自定义字符产生器 RAM 单元 CGRAM(Character Generator RAM)和显示数据存放 RAM 单元 DDRAM(Display Data RAM)。接下来就重点了解下这 3 个单元的作用和配置方法。

首先从 DDRAM 说起,这是一个显示数据的 RAM 单元,用来存放需要被显示的字符代码。例如需要在 1602 液晶模块的第一行的第一个字符位上写入一个"A"字符,那就需要把"A"字符的代码写到 DDRAM 的(0x00)$_H$ 地址即可。DDRAM 共有 80 个字节的大小,一行最多可以支持 40 个字节,其地址分配情况如表 6.2 所示。

表 6.2 HD44780 控制器 DDRAM 地址分配

	显示位置	1	2	3	4	5	……	40
DDRAM	第一行	00	01	02	03	04	……	27
地址	第二行	40	41	42	43	44	……	67

说到这里读者就要纳闷了,1602 液晶一行不是只有 16 个字符位吗？那剩余的 24 个地址用来做什么呢？其实,并不是所有写入 DDRAM 的字符代码都能在屏幕上显示出来,只有写在具体液晶模块屏幕显示范围内的字符才可以显示出来,写在范围外的字符将不能显示,因此用户只能使用每一行地址的前 16 个,相当于把 DDRAM 的地址变成了表 6.3 所示的情况。

表 6.3 字符型 1602 液晶模块 DDRAM 地址分配

1	2	3	4	5	6	7	8	9	10	11	12	13	14	15	16
00	01	02	03	04	05	06	07	08	09	0A	0B	0C	0D	0E	0F
40	41	42	43	44	45	46	47	48	49	4A	4B	4C	4D	4E	4F

了解了 DDRAM 概念和地址后,需要解决一个问题,即:字符的代码是什么？不管是字符还是汉字,要想在计算机或者单片机内表达就必须要变成 "1" 和 "0" 的编码。如图 6.8 所示,比如想表达 "A" 这个字符,就可以用 "○" 代表 "0",用 "■" 代表 "1" 从而显示出 'A' 这个字形,按照行和列分别取出字符字模,这个字模也就是该字符的编码表示。

```
01110        ○■■■○
10001        ■○○○■
10001        ■○○○■
10001        ■○○○■
11111        ■■■■■
10001        ■○○○■
10001        ■○○○■
```

图 6.8 字符 "A" 对应字模

明白了字模原理,问题也随之而来,难道说使用这个液晶就必须自己先做好字符编码然后再一个一个地传送进 DDRAM 中吗？当然不是,HD44780 控制器芯片中已经内置了 192 个常用字符的字模,存于字符产生器 CGROM 中,另外还有 8 个允许用户自定义的字符产生 RAM 存在于 CGRAM 中。其字模编码与字符的对应关系如图 6.9 所示。

从图 6.9 中找到 "A" 字符,字符对应的高位代码(列)为 (0100)$_B$,对应的低位代码(行)为 (0001)$_B$,按照高位在前低位在后结合起来就是 (01000001)$_B$,即 (0x41)$_H$,该编码恰好与字符 "A" 的 ASCII 码一致,这样就给用户带来了很大的方便,用户可以在 PC 上使用 "PORT = 'A';" 这样的 C 语言程序语句,程序工程经过编译后,正好得到该字符的字符代码。

有的读者可能会想,CGROM 里面固化的字符才只有 192 个常见字符,如果我要设计一个 1602 液晶屏幕显示温度值的系统,想显示一个 "℃" 摄氏度的符号怎么办？这个问题非常好,这就要讲解 CGRAM 单元了,需要注意的是 CGROM 和 CGRAM 是不一样的单元,CGROM 已固化在了 LCD1602 模块中只能读取不能修改,而 CGRAM 是可以读写的,用来存放用户自定义的字符(不在 CGROM 内置常用字符集中的字符)。也就是说如果只需要在屏幕上显示已存在于 CGROM 中的字符,那么只须在 DDRAM 中写入它的字符代码就可以了,但如果要显示 CGROM 中没有的字符,那么就必须先在 CGRAM 中定义,然后再在 DDRAM 中写入这个自定义字符的字符代码即可。程序退出或者掉电后 CGRAM 中定义的字符也不复存在,必须在下次使用时重新定义,在这里就不重点讲解 CGRAM 的字符定义方法了,感兴趣的读者

图 6.9　CGROM 字模与字符对应情况

可以自行参考 HD44780 控制器芯片数据手册进行深入学习。

　　了解了 3 大组成单元的概念后就需要学习 HD44780 控制器芯片的相关指令集及其设置，与功能配置有关的指令一共有 11 个类型，详细指令码定义和指令含义说明如表 6.4 所示，当然，在实际使用 1602 液晶时这些指令不一定能全部用上，读者可以根据实际需求灵活选择。

表 6.4　HD44780 控制器相关指令集

指令类型	指令码	指令含义
清屏 RS＝0,R/W＝0	0x01	清除显示屏显示内容，向 DDRAM 中填入"空白字符"ASCII 码为 $(0x20)_H$，光标归位，撤回到显示器左上方，地址计数器 AC 清"0"
光标归位 RS＝0,R/W＝0	0x02	光标归位，撤回到显示器左上方，地址计数器 AC 清"0"，保持 DDRAM 数据内容

续表 6.4

指令类型	指令码	指令含义
进入 模式 设置 RS=0,R/W=0	0x04	写入新数据后显示屏整体不移动仅光标左移
	0x05	写入新数据后显示屏整体右移且光标左移
	0x06	写入新数据后显示屏整体不移动仅光标右移
	0x07	写入新数据后显示屏整体右移且光标右移
显示 开关 控制 RS=0,R/W=0	0x08	显示功能关闭,无光标,光标闪烁
	0x09	显示功能关闭,无光标,光标不闪烁
	0x0A	显示功能关闭,有光标,光标闪烁
	0x0B	显示功能关闭,有光标,光标不闪烁
	0x0C	显示功能开启,无光标,光标闪烁
	0x0D	显示功能开启,无光标,光标不闪烁
	0x0E	显示功能开启,有光标,光标闪烁
	0x0F	显示功能开启,有光标,光标不闪烁
设定显示 屏或光标 移动方向 RS=0,R/W=0	0x10	光标左移 1 格,且 AC 值减 1
	0x14	光标右移 1 格,且 AC 值加 1
	0x18	显示器上的所有字符左移一格,但光标不动
	0x1C	显示器上的所有字符右移一格,但光标不动
功能设定 RS=0,R/W=0	0x20	数据总线为 4 位,显示 1 行,5×7 点阵/每字符
	0x24	数据总线为 4 位,显示 1 行,5×10 点阵/每字符
	0x28	数据总线为 4 位,显示 2 行,5×7 点阵/每字符
	0x2C	数据总线为 4 位,显示 2 行,5×10 点阵/每字符
	0x30	数据总线为 8 位,显示 1 行,5×7 点阵/每字符
	0x34	数据总线为 8 位,显示 1 行,5×10 点阵/每字符
	0x38	数据总线为 8 位,显示 2 行,5×7 点阵/每字符
	0x3C	数据总线为 8 位,显示 2 行,5×10 点阵/每字符
设定 CGRAM 地址 RS=0,R/W=0	0x40+CGRAM 地址(6 位) 6 位 CGRAM 地址的高 3 位为字符号,也就是将来要显示该字符时要用到的字符地址(000~111,最多可定义 8 个字符) 6 位 CGRAM 地址的低 3 位为行号(000~111 共 8 行)	
设定 DDRAM 地址 RS=0,R/W=0	0x80+DDRAM 地址(7 位) 用于设定下一个要存入数据的 DDRAM 的地址,对于 1602 液晶模块来说:第一行首地址:0x80+0x00=0x80,第二行首地址:0x80+0x40=0xC0	
读取忙信号 或 AC 地址 RS=0,R/W=1	若用于读取忙信号,可以判断取回数据的最高位状态,若最高位为"1"表示液晶显示器忙,暂时无法接收单片机送来的数据或指令;若最高位为"0"表示液晶显示器可以接收单片机送来的数据或指令; 若用于读取地址计数器(AC)的内容,则取低 7 位即可	

续表 6.4

指令类型	指令码	指令含义
数据写入到 DDRAM 或者 CGRAM RS＝1,R/W＝0		将字符码写入 DDRAM,以使液晶显示屏显示出相对应的字符; 或将使用者自己设计的图形存入 CGRAM
从 DDRAM 或 CGRAM 读出数据 RS＝1,R/W＝1		读取 DDRAM 或 CGRAM 中的内容

6.2.4 基础项目 A 1602 液晶字符、进度条、移屏实验

激动人心的实践环节又到了,读者准备好了吗? 首先需要做的是相对比较简单的并行控制方法,即使用 DB0～DB7 这 8 根数据线,在整个系统中读者只需要向字符型 1602 液晶模块写入操作,为了节省 GPIO 控制引脚就把 R/W 这个引脚直接接地处理,在程序中不必添加"LCDRW＝0;"这个语句。整个系统的电路原理图如图 6.10 所示,STM8S208MB 单片机分配了两个控制引脚,PC0 引脚和 PC1 引脚分别控制液晶模块的 RS 和 EN 引脚,拿出 PB 整组端口连接液晶模块的并行数据口,1602 液晶模块供电为 5 V,液晶模块 3 引脚 VEE 连接到了外部 10 kΩ 电位器的可调端,电位器其他两端连接 VDD 和 VSS,该脚电路为了得到一个 0～5 V 电压调节液晶模块显示对比度。读者需要注意,在调试模块时应该调节 R1 直至液晶模块上显示出一行"小黑块"时再编程控制,不要因为对比度配置不当,导致一直看不到现象。在电路中背光板的 A 和 K 两个引脚连接了 5 V,在连接前已经确认液晶模块 PCB 本身具备背光板

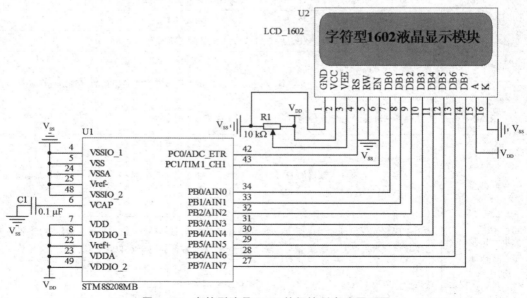

图 6.10 字符型液晶 1602 并行控制电路原理图

的限流电阻。

  确定电路连接无误后就可以开始编程了,在程序设计中重点设计和实现 6 个与字符型 1602 液晶模块有关的函数,该函数可以在读者实际的项目中进行移植,6 个函数分别是写入液晶模组命令或数据函数 LCD1602_Write()、LCD1602 初始化函数 LCD1602_init()、在设定地址写入字符数据函数 LCD1602_DIS_CHAR()、显示字符函数 LCD1602_DIS()、移屏效果函数 LCD1602_MOV()、显示组合图形函数 LCD1602_DIS_FACE()等。有的读者可能会问,为什么不来个 DDRAM 显示地址配置函数呢?因为显示地址非常简单,已经在各个函数中得到体现了,不需要单独做一个函数,就像是命令或数据函数 LCD1602_Write(),不管是写入命令还是写入数据时序都很相似,所以就可以合并为一个函数,用形参区别写入类型即可。

  在程序中有两点需要注意,第一是慎重选择并行数据的 GPIO 端口组,STM8S 系列单片机的 GPIO 端口有的类型很特殊,比如启用 I²C 资源时 PE1 引脚和 PE2 引脚默认是开漏模式,并且是真正的开漏模式引脚。读者要是选择 PE 端口作为并行数据线端口就可能出现调试失败的情况,所以在后续程序中统一将端口配置为推挽输出,当然,使用开漏形式也是可以的,只不过需要在数据线上统一加上上拉电阻,这样就比较麻烦一些。第二点需要注意的是单片机与液晶控制器芯片时序交互时的时间,时序时间若把握不正确就算是程序编写正确也看不到效果,所以读者在编程时一定要注意时序。利用 C 语言编写的具体程序实现如下:

```c
/*********************************************
 * 实验名称及内容:1602 液晶字符、进度条、移屏实验
 *********************************************/
#include "iostm8s208mb.h"              //主控芯片的头文件
/****************** 常用数据类型定义 ******************/
【略】为节省篇幅,相似语句可以直接参考之前章节
/****************** 端口/引脚定义区域 ******************/
#define LCDRS           PC_ODR_ODR0     //LCD1602 数据/命令选择端口
#define LCDEN           PC_ODR_ODR1     //LCD1602 使能信号端口
#define LCDDATA         PB_ODR          //LCD1602 数据端口 D0~D7
/****************** 用户自定义数据区域 ******************/
u8 table1[] = " = = System   init = = ";    //LCD1602 显示字符串数组 1 显示效果用
u8 table2[] = "(^_^)Loving life";           //LCD1602 显示字符串数组 2 移屏效果用
u8 table3[] = "Loving work(^_^)";           //LCD1602 显示字符串数组 3 移屏效果用
/****************** 函数声明区域 ******************/
void delay(u16 Count);                              //延时函数声明
void LCD1602_Write(u8 cmdordata,u8 writetype);      //写入液晶模组命令或数据
void LCD1602_init(void);                            //LCD1602 初始化函数
void LCD1602_DIS_CHAR(u8 x,u8 y,u8 z);              //在设定地址写入字符数据
void LCD1602_DIS(void);                             //显示字符函数
void LCD1602_MOV(void);                             //移屏效果函数
void LCD1602_DIS_FACE(void);                        //显示组合图形函数
/****************** 主函数区域 ******************/
void main(void)
{
    PC_DDR = 0xFF;                      //配置 PC 端口为输出模式
    PC_CR1 = 0xFF;                      //配置 PC 端口为推挽输出模式
```

```
    PC_CR2 = 0x00;                      //配置 PC 端口低速率输出
    PC_ODR = 0xFF;                      //初始化 PC 端口全部输出高电平
    PB_DDR = 0xFF;                      //配置 PB 端口为输出模式
    PB_CR1 = 0xFF;                      //配置 PB 端口为推挽输出模式
    PB_CR2 = 0x00;                      //配置 PB 端口低速率输出
    LCDDATA = 0xFF;                     //初始化 PB 端口全部输出高电平
    LCD1602_init();                     //LCD1602 初始化
    LCD1602_DIS();                      //显示字符
    LCD1602_MOV();                      //移屏效果
    LCD1602_Write(0x01,0);              //清屏
    LCD1602_DIS_FACE();                 //显示组合图形函数
    while(1);
}
/* ***********************************************************************/
//延时函数 delay(),有形参 Count 用于控制延时函数执行次数,无返回值
/* ***********************************************************************/
void delay(u16 Count)                   //延时函数
{
    u8 i,j;
    while (Count--)                     //Count 形参控制延时次数
    {
        for(i = 0;i<50;i+ +)
            for(j = 0;j<20;j+ +);
    }
}
/* ***********************************************************************/
//写入液晶模组命令或数据函数 LCD1602_Write(),有形参 cmdordata 和
//writetype,无返回值
/* ***********************************************************************/
void LCD1602_Write(u8 cmdordata,u8 writetype)
{
    if(writetype = = 0)                 //判断写入类型
        LCDRS = 0;                      //写入命令信息
    else
        LCDRS = 1;                      //写入数据信息
    LCDDATA = cmdordata;                //向数据线端口写入信息
    delay(5);                           //延时等待稳定
    LCDEN = 1;                          //模块使能
    delay(5);                           //延时等待写入
    LCDEN = 0;                          //模块不使能
}
/* ***********************************************************************/
//LCD1602 初始化函数 LCD1602_init(),无形参和返回值
/* ***********************************************************************/
void LCD1602_init(void)
{
```

```
    LCD1602_Write(0x38,0);        //数据总线为8位,显示2行,5*7点阵/每字符
    LCD1602_Write(0x0C,0);        //设置开显示,不显示光标
    LCD1602_Write(0x06,0);        //写字符后地址自动加1
    LCD1602_Write(0x01,0);        //显示清0,数据指针清0
}
/ * * * * * * * * * * * * * * * * * * * * * * * * * * * * * * * * * * * * * * * * * */
//显示字符函数 LCD1602_DIS(),无形参和返回值
/ * * * * * * * * * * * * * * * * * * * * * * * * * * * * * * * * * * * * * * * * * */
void LCD1602_DIS(void)
{
    u8 i;                         //定义控制循环变量i
    LCD1602_Write(0x80,0);                //选择第一行
    for(i = 0;i<16;i + + )
    {
        LCD1602_Write(table1[i],1);delay(5);    //写入 table1[]内容
    }
    LCD1602_Write(0xC0,0);                //选择第二行
    for(i = 0;i<16;i + + )
    {
        LCD1602_Write('>',1);delay(50);      //带延时逐一显示字符">"模拟进度条
    }
}
```

从程序中的 LCD1602_DIS() 函数可以看到,首先是定义了一个循环变量 i,然后向 1602 液晶模块写入了命令 0x80,用于选择第一行 DDRAM 显示地址的首地址,这里的 0x80 可以理解为"0x80+0x00",然后进入一个 for 循环(循环 16 次刚好对应 16 个字符位),循环写入 table1[]内容,屏幕第一行会显示出"==System init=="字样,然后程序再向 1602 液晶模块写入了命令 0xC0,用于选择第二行 DDRAM 显示地址的首地址,这里的 0xC0 可以理解为 "0x80+0x40",然后进入一个 for 循环(循环 16 次刚好对应 16 个字符位),循环写入字符 ">",屏幕第二行逐一显示出字符">"。程序执行的实际效果如图 6.11 所示,如果延时控制恰当在视觉上就像是"进度条"的动画效果。

```
/ * * * * * * * * * * * * * * * * * * * * * * * * * * * * * * * * * * * * * * * * * */
//移屏效果函数 LCD1602_MOV(),无形参和返回值
/ * * * * * * * * * * * * * * * * * * * * * * * * * * * * * * * * * * * * * * * * * */
void LCD1602_MOV(void)
{
    u8 i;                         //定义控制循环变量i
    LCD1602_Write(0x01,0);                //清屏
    LCD1602_Write(0x90,0);                //选择第一行的末尾(不可见)
    for(i = 0;i<16;i + + )
    {
        LCD1602_Write(table2[i],1);    //写入 table2[]内容
        delay(2);
    }
```

```
LCD1602_Write(0xD0,0);                //选择第二行的末尾(不可见)
for(i = 0;i<16;i + +)
{
    LCD1602_Write(table3[i],1);      //写入 table3[]内容
    delay(2);
}
for(i = 0;i<16;i + +)
{
    LCD1602_Write(0x18,0);           //循环 16 次逐一右移屏幕
    delay(50);
}
}
```

图 6.11　简单进度条动态显示效果

移屏函数 LCD1602_MOV()的关键是怎么理解写入 DDRAM 的显示地址问题，"LCD1602_Write(0x90,0)"和"LCD1602_Write(0xD0,0)"语句，写入的地址分别是"0x90"（理解为 0x80+0x10）和"0xD0"（理解为 0x80+0x50），按照所学习的字符型 1602 液晶模块 DDARM 显示地址分配来说，这两个地址是不可见的，写入的地址是第一行的第 17 个字符位和第二行的第 17 个字符位，也就是说，正是因为写入到了 16 个可见字符位之后，才需要把它们"移"出来，写完两行数据后，再使用了 16 次 0x18 命令把数据从不可见的地址逐一左移到了可见的地址并显示出来，实际效果如图 6.12 所示，可以看到 table2[]和 table3[]的内容逐一左移显示出来了。

```
/**************************************************************/
//设定地址写入字符函数 LCD1602_DIS_CHAR(),有形参 x、y、z 无返回值
//x 表示 1602 液晶的行地址,y 表示列地址,z 表示欲写入的字符
/**************************************************************/
void LCD1602_DIS_CHAR(u8 x,u8 y,u8 z)
{
    u8 address;                       //定义存放 DDRAM 地址的变量
    if(x = = 1)                       //若欲显示在第一行
        address = 0x80 + y;           //第一行的行首地址 + 列地址
    else
        address = 0xC0 + y;           //第二行的行首地址 + 列地址
    LCD1602_Write(address,0);         //设定显示地址
    LCD1602_Write(z,1);               //写入字符数据
```

```
}
/*****************************************************************/
//组合图形显示函数 LCD1602_DIS_FACE(),无形参和返回值
/*****************************************************************/
void LCD1602_DIS_FACE(void)
{
    LCD1602_DIS_CHAR(1,1,'*');          LCD1602_DIS_CHAR(2,2,'o');
    LCD1602_DIS_CHAR(1,3,'*');          LCD1602_DIS_CHAR(1,4,'|');
    LCD1602_DIS_CHAR(2,4,'|');          LCD1602_DIS_CHAR(1,5,'*');
    LCD1602_DIS_CHAR(2,6,'_');          LCD1602_DIS_CHAR(1,7,'*');
    LCD1602_DIS_CHAR(1,8,'|');          LCD1602_DIS_CHAR(2,8,'|');
    LCD1602_DIS_CHAR(1,9,'*');          LCD1602_DIS_CHAR(2,10,'x');
    LCD1602_DIS_CHAR(1,11,'*');         LCD1602_DIS_CHAR(1,12,'|');
    LCD1602_DIS_CHAR(2,12,'|');         LCD1602_DIS_CHAR(1,13,'*');
    LCD1602_DIS_CHAR(2,14,'v');         LCD1602_DIS_CHAR(1,15,'*');
}
```

图 6.12 移屏显示效果

接下来的 LCD1602_DIS_CHAR() 函数和 LCD1602_DIS_FACE() 函数对于读者来说重点要掌握前者,在设定位置显示字符函数中 x 表示 1602 液晶的行地址,y 表示列地址,z 表示欲写入的字符,重点要学会"address=x+y"这种地址设定形式和计算方法,而 LCD1602_DIS_FACE() 函数只是调用了 LCD1602_DIS_CHAR() 函数实现了 4 个表情(惊讶、平常、伤心、微笑),实际效果如图 6.13 所示。

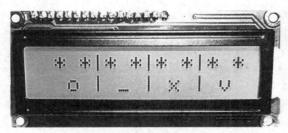

图 6.13 单个字符组合简单图形显示效果

6.2.5 基础项目 B 四线驱动 1602 节省 GPIO 实验

通过对基础项目 A 的学习,读者肯定发现了并行方式的"弊端",就是占用的连接线太多,想驱动一个液晶模块就得"浪费"掉一组 GPIO 端口,有什么办法可以节省 GPIO 引脚资源呢?

这就要说到 1602 液晶模块的串行控制方法，所谓串行驱动 1602 液晶模块就是去掉 DB0～DB3 这 4 根线，只留下数据线的高 4 位。在整个系统中只需要向字符型 1602 液晶模块写入操作，为了节省 GPIO 控制引脚把 R/W 引脚直接接地，在程序中就不必添加"LCDRW＝0;"这个语句。整个系统的电路原理图如图 6.14 所示，STM8S208MB 单片机分配了两个控制引脚 PC0 和 PC1 分别控制液晶模块的 RS 和 EN 引脚，拿出 PB 端口的高 4 位连接液晶模块的 DB4～DB7 引脚，其他的数据引脚不连接数据线。

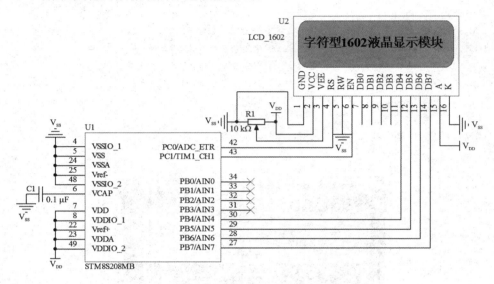

图 6.14　字符型液晶 1602 串行控制电路原理图

确定电路连接无误后就可以开始编程了，串行驱动程序与基础项目 A 并行驱动程序中的 6 个函数其实非常相似，读者只需要改写 LCD1602 初始化函数 LCD1602_init() 和写入液晶模组命令或数据函数 LCD1602_Write() 即可，需要注意的是串行方式由于节省了硬件 GPIO 数据线，在软件上就要麻烦一点，主要是把数据进行高 4 位和低 4 位分开传送，利用 C 语言编写的具体程序实现如下：

```
/****************************************************************
* 实验名称及内容:四线驱动 1602 节省 GPIO 实验
****************************************************************/
# include "iostm8s208mb.h"//主控芯片的头文件
/******************** 常用数据类型定义 ********************/
【略】为节省篇幅,相似语句可以直接参考之前章节
/******************** 端口/引脚定义区域 ********************/
# define LCDRS          PC_ODR_ODR0      //LCD1602 数据/命令选择端口
# define LCDEN          PC_ODR_ODR1      //LCD1602 使能信号端口
# define LCDDATA        PB_ODR           //LCD1602 数据端口 D0 至 D7
/******************** 用户自定义数据区域 ********************/
u8 table1[] = " = = SYS PASSWORD = = ";    //LCD1602 显示字符串数组 1
u8 table2[] = "****************";           //LCD1602 显示字符串数组 2
/******************** 函数声明区域 ********************/
void delay(u16 Count);                      //延时函数声明
```

```
void LCD1602_Write(u8 cmdordata,u8 writetype);  //写入液晶模组命令或数据
void LCD1602_init(void);                         //LCD1602 初始化函数
void LCD1602_DIS(void);                          //显示字符函数
/*********************** 主函数区域 ***********************/
void main(void)
{
  PC_DDR = 0xFF;                                 //配置 PC 端口为输出模式
  PC_CR1 = 0xFF;                                 //配置 PC 端口为推挽输出模式
  PC_CR2 = 0x00;                                 //配置 PC 端口低速率输出
  PC_ODR = 0xFF;                                 //初始 PC 端口全部输出高电平
  PB_DDR = 0xFF;                                 //配置 PB 端口为输出模式
  PB_CR1 = 0xFF;                                 //配置 PB 端口为推挽输出模式
  PB_CR2 = 0x00;                                 //配置 PB 端口低速率输出
  PB_ODR = 0xFF;                                 //初始化 PB 端口全部输出高电平
  LCD1602_init();                                //LCD1602 初始化
  LCD1602_DIS();                                 //显示字符
  while(1);
}
/*********************************************************/
void delay(u16 Count)
{【略】}                                          //延时函数
/*********************************************************/
//LCD1602 初始化函数 LCD1602_init(),无形参和返回值
/*********************************************************/
void LCD1602_init(void)
{
  LCD1602_Write(0x28,0);                         //数据总线为 4 位,显示 2 行,5 * 7 点阵/每字符
  LCD1602_Write(0x0D,0);                         //显示功能开启,无光标,光标不闪烁
  LCD1602_Write(0x06,0);                         //写入新数据后显示屏整体不移动仅光标右移
  LCD1602_Write(0x01,0);                         //写入清屏命令
}
/*********************************************************/
//显示字符函数 LCD1602_DIS(),无形参和返回值
/*********************************************************/
void LCD1602_DIS(void)
{
  u8 i;                                          //定义控制循环变量 i
  LCD1602_Write(0x80,0);                         //选择第一行
  for(i = 0;i<16;i + +)
  {
    LCD1602_Write(table1[i],1);delay(5);         //写入 table1[]内容
  }
  LCD1602_Write(0xC0,0);                         //选择第二行
  for(i = 0;i<16;i + +)
  {
```

```
    LCD1602_Write(table2[i],1);delay(50);        //写入 table2[]内容
  }
}
/* ************************************************************ */
//写入液晶模组命令或数据函数 LCD1602_Write(),有形参 cmdordata 和
//writetype,无返回值
/* ************************************************************ */
void LCD1602_Write(u8 cmdordata,u8 writetype)
{
LCDRS = writetype;                          //判断写入类型"0"为命令"1"为数据
delay(5);
LCDDATA & =  0x0F;                          //清高 4 位
LCDDATA | = cmdordata & 0xF0;               //写高 4 位
LCDEN = 1;delay(5);                         //使能置"1"
LCDEN = 0;delay(5);                         //使能清"0"
cmdordata = cmdordata << 4;                 //低 4 位移到高 4 位
LCDDATA & =  0x0F;                          //清高 4 位
LCDDATA | = cmdordata & 0xF0;               //写低 4 位
LCDEN = 1;delay(5);                         //使能置"1"
LCDEN = 0;delay(5);                         //使能清"0"
}
```

读者看完程序会不会有这样的疑问：1602 液晶模块上去掉了 4 根线，电路其他部分并没有产生什么变化，那么 1602 液晶是怎么切换到串行模式的呢？如果有这个疑问说明读者思考很细致，需要注意 LCD1602 初始化函数 LCD1602_init()中的语句变化，在做 8 根线并行数据时用"LCD1602_Write(0x38,0);"语句，目的是将 1602 液晶模组配置为数据总线为 8 位，显示 2 行，5 * 7 点阵/每字符的模式，而改写后的初始化函数中用"LCD1602_Write(0x28,0);"语句，目的是将 1602 液晶模组配置为数据总线为 4 位，显示 2 行，5 * 7 点阵/每字符的模式。执行程序后的实际效果如图 6.15 所示，需要说明的是串行驱动方式更加要注意时序和速率问题，操作速度对比并行驱动方式应稍慢一些。

图 6.15　串行驱动方式下的字符显示效果

6.3 图形/点阵型 **12864** 液晶模块

学习完字符型 1602 液晶模块后读者肯定会感觉到显示字符容量较小,而且无法显示图片和中文汉字,虽然可以用 1602 液晶的 CGRAM"造"出一个汉字字模,但是也仅限于简单汉字的显示,汉字笔画稍微多一点自定义字符就非常困难了,在字符型液晶模块中不支持画点画线和自定义图形显示,所以,特定的功能实现要选择适合的方案,对于刚刚提到的这些功能应该选择图形/点阵型液晶模块来实现最为合适。12864 液晶模块就是在市面上常见的图形/点阵型液晶模块其中之一,与字符型 1602 液晶模块相似,12864 是一类液晶模块的"统称",代表液晶模块显示分辨率为 128×64 点。如图 6.16 所示,该图为某生产厂家生产的图形/点阵型 12864 液晶模块外形及点位尺寸图,图中所示黑色小格 1～20 表示液晶的 20 个引脚,通常 12864 液晶模块也有无背光板的版本和底部 LED 背光板的版本,没有背光板的模块较薄,但是不适合在光线较暗的环境中使用,底部有 LED 背光板的模块稍厚,连接背光板电源后屏幕有底光,显示效果较好,但是功耗较大(背光板需要驱动电流),按照背光 LED 和屏幕的颜色,常见有蓝屏白字、黄绿屏黑字等效果,各厂家生产的 12864 液晶模块尺寸大小也有差异。

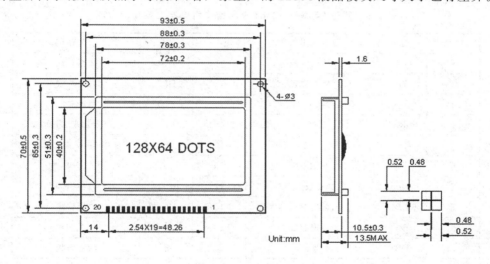

图 6.16 图形/点阵型液晶 12864 外形及点位尺寸图

在 12864 液晶模块的实际构成中也有好几个部分,例如液晶片、导电胶条、液晶显示印制电路板(PCB)、贴片元器件、背光板、金属液晶框架等,常用 COB(板上芯片直装)技术进行液晶控制器芯片的封装,图形/点阵型 12864 液晶模块的实物如图 6.17 所示。

本节学习的 12864 液晶模块是基于 ST7920 液晶控制器芯片的,液晶模块型号为"QC12864B",该款模块具有 4 位/8 位并行、2 线或 3 线串行接口方式,内部含有国标一级、二级简体中文字库,其显示分辨率为 128×64,内置 8 192 个 16×16 点汉字和 128 个 16×8 点 ASCII 字符集。可以显示 4 行 16×16 点阵的汉字,也可完成图形显示,利用该模块灵活的接口方式和简单方便的操作指令,可构建全中文人机交互图形界面。

（a）　　　　　　　　　　　　　　　（b）

图 6.17　图形/点阵型液晶 12864 实物图

6.3.1　模块功能引脚定义

接下来认识一下 12864 液晶模块的功能引脚，相关引脚名称及其作用如表 6.5 所示，共计有 20 只引脚，按照功能划分也可以分为电源引脚、控制信号引脚和数据信号引脚 3 大类。

表 6.5　图形/点阵型 12864 液晶模块引脚定义及功能说明

序号	名称	引脚作用	序号	名称	引脚作用
1	GND	接电源地	11	DB4	数据总线
2	V_{CC}	接电源正	12	DB5	数据总线
3	V_{EE}	液晶对比度偏压信号	13	DB6	数据总线
4	RS	命令/数据选择引脚	14	DB7	数据总线（高位）
5	R/W	读/写选择引脚	15	PSB	串/并模式选择
6	EN	使能引脚	16	NC	空脚
7	DB0	数据总线（低位）	17	RST	复位引脚
8	DB1	数据总线	18	V_O	电压输出
9	DB2	数据总线	19	A	背光正极
10	DB3	数据总线	20	K	背光负极

电源引脚包括 V_{CC}、GND、V_{EE}、V_O、A、K，其中的 VEE 是液晶对比度偏压信号，一般连接一个 10 kΩ 电位器的可调端，这个电位器可以不用选择精密多圈的，功率 1/4 W 就已经足够。但是有的液晶模块 PCB 上自带了贴片式的可调电阻，用户可以利用螺丝刀调节贴片可调电阻大小从而调节液晶对比度，该引脚可以悬空。另外两端与 V_{CC} 和 GND 相连接，需要注意供电电压大小和模块电气参数有关，同样是基于 ST7920 控制器芯片的 12864 模块也有常见的 3 V 屏和 5 V 屏，所以购买液晶模块时一定要查看模块使用手册和确认电气参数。V_O 引脚是模块内部稳压输出，一般可做悬空处理，有的 12864 液晶模块直接标注为"NC"空脚。A 和 K 是连接背光板的，是否应该直接连接到 V_{CC} 和 GND？这里要看液晶模块的产品手册，大多数的模块 PCB 上已经安装了背光板限流电阻，这种情况可以直接连接电源，有个别的电路是没有安装限流电阻的，这时候就应该人为添加限流电阻保护背光 LED。

控制信号引脚包括 RS、R/W、EN、PSB、RST，这几个引脚的配置需要参考液晶模块操作的时序图,在实际系统中若把 12864 液晶模块当成从机,只需要涉及写入而不需要数据读出,则可以将 R/W 引脚直接接 GND,这样就节省一个引脚,只将 RS 和 EN 连接到 MCU 即可。PSB 是串/并模式选择引脚,若需要用并行方式(DB0～DB7)则将 PSB 引脚置"1"或者将其连接到 VCC 上以节省单片机控制引脚。若将 PSB 引脚置"0"或接地则采用串行模式,使用 RS、R/W、EN 这 3 根线进行通信,此时 RS 引脚变更为 CS 串行片选功能,R/W 引脚变更为 SID 串行数据输入/输出功能,EN 引脚变更为 CLK 串行时钟功能。RST 引脚是复位信号引脚,低电平有效,有很多 12864 液晶模块背板 PCB 自带低电平复位电路,因此在不需要经常复位的场合可将该端悬空,具体的连接方法读者可以参考模块的使用说明书查阅。

数据信号引脚包括 DB0～DB7,在并行方式中使用 8 根线(DB0 至 DB7),其中 DB0 是数据低位,DB7 是数据高位,串行方式中则使用 RS、R/W、EN 这 3 根线进行通信。

6.3.2 读/写时序及程序实现

与字符型 1602 液晶模块相似,图形/点阵型 12864 液晶模块也有两大类操作:读取和写入。按照数据表示的含义又可以细分为读取状态、读取数据、写入命令、写入数据,在操作过程中无非就是控制线(RS、R/W、EN)和数据线(DB0～DB7)的时序配合,下面介绍读取时序,其时序关系如图 6.18 所示。

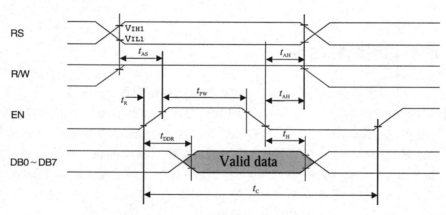

图 6.18 ST7920 读取数据时序图

从图 6.18 可以看到,控制器首先把 RS 线由高电平置为低电平(RS="0"),并且把 R/W 线由低电平置高(R/W="1"),随后将 EN 线置"1"经过 t_{PW} 时间后就可以从总线上取出数据,这个数据代表当前液晶模块的状态信息。相似的,控制器把 RS 线由低电平置为高电平(RS="1"),并且把 R/W 线由低电平置高(R/W="1"),随后将 EN 置"1"经过 t_{PW} 时间后就可以从总线上取出数据了,这个数据代表当前液晶模块的数据信息。

实际系统中经常把图形/点阵型 12864 液晶模块当作从机来使用,可以将 R/W 线直接连接到 GND,不需要在程序中定义,这样一来不仅节约了一个控制引脚,而且程序也变得简单很多。但是涉及 12864 的忙标志读取时还是会用到读时序,若读取回的"BF"标志为"1",则表示液晶正在进行内部操作,反之可以接收外部命令或数据,一般情况 12864 内部控制器处理速度较快,通常可用适当时间的延时取代忙标志位检测。下面介绍写入时序,其时序关系如

图 6.19 所示。

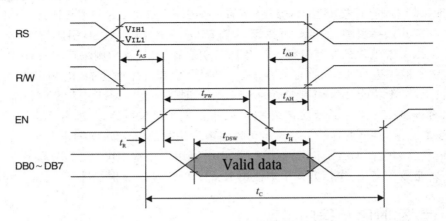

图 6.19　ST7920 写入数据时序图

从图 6.19 可以看到,控制器首先把 RS 线由高电平置为低电平(RS＝"0"),并且把 R/W 线由高电平置低(R/W＝"0"),此时把命令信息发送至数据线上,当 EN 线由"1"变为"0"时写入命令信息。相似的,控制器将 RS 线由低电平置为高电平(RS＝"1"),并且把 R/W 线由高电平置低(R/W＝"0"),此时把数据信息发送至数据线上,当 EN 线由"1"变为"0"时就写入了数据信息。

6.3.3　液晶功能配置命令

市面上的 12864 液晶模块生产厂商众多,基于不同控制器设计的模块通信时序和配置命令都有差异,12864 液晶模块中也存在着单片机的"显卡",即液晶控制器芯片,市面上常见的控制芯片有很多,如 KS0108、T6963、ST7920 等。本节所学习的 12864 液晶模块是基于 ST7920 控制器设计的,与 1602 液晶类似,在 ST7920 控制器内部也包含有字符产生器单元 CGROM(Character Generator ROM)、用户自定义字符产生器 RAM 单元 CGRAM(Character Generator RAM)、显示数据存放 RAM 单元 DDRAM(Display Data RAM)和绘图 RAM 单元 GDRAM(Graphic RAM),其功能与字符型 1602 液晶相关单元类似。

基于 ST7920 控制芯片的 12864 模块有两种指令集,通过"RE"位的取值选择指令集,这里的"RE"是功能设定指令所对应指令码的第 3 位,当"RE"位为"0"时采用基本指令集,基本指令集中包含清除显示、地址归位、进入点设定、显示状态开/关、游标或显示移位控制、功能设定、设定 CGRAM 地址、设定 DDRAM 地址、读取忙标志和地址、写数据到 RAM 等 10 种基本指令,相关指令功能及指令码配置如表 6.6 所示。当"RE"位为"1"时采用扩展指令集,扩展指令集中包含待命模式、卷动地址或 IRAM 地址选择、反白选择、睡眠模式、扩充功能设定、设定绘图 RAM 地址等 6 种扩展指令,相关指令功能及指令码配置如表 6.7 所示。

表 6.6　图形/点阵型 12864 液晶模块基本指令集（ST7920 控制器芯片，RE＝0）

指令功能及作用说明	指令码									
	RS	R/W	D7	D6	D5	D4	D3	D2	D1	D0
● 清除显示：向 DDRAM 填满 0x20，并设定 DDRAM 的地址计数器 AC 到 0x00	0	0	0	0	0	0	0	0	0	1
● 地址归位：设定 DDRAM 的地址计数器 AC 到 0x00，并将游标移到开头原点位置，该指令不改变 DDRAM 的内容	0	0	0	0	0	0	0	0	1	X
● 进入点设定：指定在数据读取与写入时，设定游标的移动方向及指定显示的移位	0	0	0	0	0	0	0	1	I/D	S
● 显示状态开/关：D＝1 则整体显示开启，C＝1 则游标开启，B＝1 则游标位置反白允许	0	0	0	0	0	0	1	D	C	B
● 游标或显示移位控制：设定游标的移动与显示的移位控制位，该指令不改变 DDRAM 的内容	0	0	0	0	0	1	S/C	R/L	X	X
● 功能设定：DL＝0 则为 4 位数据，DL＝1 则为 8 位数据，RE＝1 则使用扩充指令操作，RE＝0 则使用基本指令操作	0	0	0	0	1	DL	X	RE＝0	X	X
● 设定 CGRAM 地址	0	0	0	1	AC5	AC4	AC3	AC2	AC1	AC0
● 设定 DDRAM 地址：第一行显示地址为：0x80～0x87，第二行显示地址为：0x90～0x97	0	0	1	AC6＝0	AC5	AC4	AC3	AC2	AC1	AC0
● 读取忙标志和地址：读取忙标志"BF"可以确认内部动作是否完成，同时可以读出地址计数器（AC）的值	0	1	BF	AC6	AC5	AC4	AC3	AC2	AC1	AC0
● 写数据到 RAM：将数据 D7～D0 写入到内部的 RAM（DDRAM/CGRAM/IRAM/GRAM）	1	0	数据（D7～D0）							
● 读出 RAM 的值：从内部 RAM 读取数据 D7～D0（DDRAM/CGRAM/IRAM/GRAM）	1	1	数据（D7～D0）							

表 6.7　图形/点阵型 12864 液晶模块扩充指令集（ST7920 控制器芯片，RE＝1）

指令功能及作用说明	指令码									
	RS	R/W	D7	D6	D5	D4	D3	D2	D1	D0
● 待命模式：进入待命模式，执行其他指令都可终止待命模式	0	0	0	0	0	0	0	0	0	1
● 卷动地址或 IRAM 地址选择：SR＝1 则允许输入垂直卷动地址，SR＝0 则允许输入 IRAM 和 CGRAM 地址	0	0	0	0	0	0	0	0	1	SR

续表 6.7

指令功能及作用说明	指令码									
	RS	R/W	D7	D6	D5	D4	D3	D2	D1	D0
● 反白选择:选择 2 行中的任一行作反白显示,并可决定反白与否。初始值 R1、R0 均为 0,第一次设定为反白显示,再次设定变回正常	0	0	0	0	0	0	0	1	R1	R0
● 睡眠模式:SL=0 则进入睡眠模式,SL=1 则脱离睡眠模式	0	0	0	0	0	0	1	SL	X	X
● 扩充功能设定:DL=0 则为 4 位数据,DL=1 则为 8 位数据,RE=1 则使用扩充指令操作,RE=0 则使用基本指令操作。G=1 则开启绘图功能,反之关闭	0	0	0	0	1	DL	X	RE=1	G	0
● 设定绘图 RAM 地址:设定绘图 RAM,先设定垂直(列)地址 AC6 至 AC0,再设定水平(行)地址 AC3 至 AC0 将以上 16 位地址连续写入即可	0	0	1	AC6	AC5	AC4	AC3	AC2	AC1	AC0

6.3.4 汉字坐标与绘图坐标

12864 液晶模块的汉字显示功能最为常用,有的 12864 液晶模块 CGROM 内置中文字库,有的没有字库,有字库的模块使用非常方便,不带字库的模块则需要编程人员对汉字预先进行取字模,然后存放在程序中,需要显示时调用数组字模数据。本节学习的 12864 是内置汉字字库的,每屏可显示 4 行 8 列共 32 个 16×16 点阵的汉字,每个显示 RAM 可显示 1 个中文字符或 2 个 16×8 点阵全高 ASCII 码字符,即每屏最多可实现 32 个中文字符或 64 个 ASCII 码字符的显示。字符显示 RAM 在液晶模块中的地址(0x80)$_H$ 至(0x9F)$_H$。字符显示的 RAM 地址与 32 个字符显示区域有着一一对应的关系,其对应关系如表 6.8 所示。

表 6.8 图形/点阵型 12864 液晶模块显示 RAM 地址分配

Y 方向	X 方向							
第一行	80	81	82	83	84	85	86	87
第二行	90	91	92	93	94	95	96	97
第三行	88	89	8A	8B	8C	8D	8E	8F
第四行	98	99	9A	9B	9C	9D	9E	9F

基于 ST7920 控制器的图形/点阵型 12864 液晶模块还支持绘图功能,说到绘图功能就必须介绍 GDRAM 单元,绘图功能就是把 12864 屏幕当成一个大的"画布",图形显示 GDRAM 有 64×256 位映射内存空间,其地址映射如图 6.20 所示。用户在更改 GDRAM 时,首先要写入水平地址和垂直地址的坐标值,然后再写入 2 个字节的数据,地址计数器(AC)接收到 16 位数据动作后自动加一。

在写入 GDRAM 时必须要关闭绘图显示,遵循以下的配置过程:

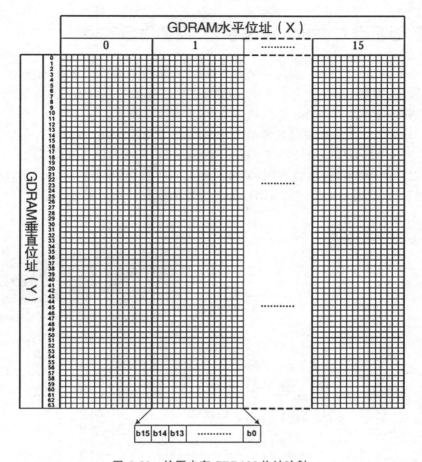

图 6.20 绘图内存 GDRAM 位址映射

(1) 使用扩展指令集且关闭绘图显示功能,可执行如"LCD12864_Write(0x34,0)"语句向液晶模块写入(0x34)ᴴ 命令,含义为使用扩充指令集且关闭绘图显示。

(2) 设置垂直地址(Y)的坐标写入 GDRAM,可执行如"LCD12864_Write(0x80+j,0)"语句写入 Y 坐标地址,这里的 0x80 是列坐标首地址,j 是个变量,代表 Y 方向的地址偏移。

(3) 设置水平地址(X)的坐标写入 GDRAM,可执行如"LCD12864_Write(0x80,0)"语句写入 X 坐标地址。需要注意图形显示 GDRAM 有 64×256 位位映射内存空间,只需要用整个空间的一半(64×128),因此要显示出 64×128 点阵大小的图片其实是把整个 GDRAM 分为两个屏幕部分,对应 X 坐标有(0x80)ᴴ 和(0x88)ᴴ。

(4) 将 D15～D8 写入到 GDRAM(第一个字节)。

(5) 将 D7～D0 写入到 GDRAM(第二个字节)。

(6) 打开绘图显示功能,可执行如"LCD12864_Write(0x36,0)"语句实现。

启用液晶的绘图功能的配置过程必须要遵守这个顺序,如果对配置顺序的理解不深可以先行记忆,本章的实战项目 D 会介绍 12864 液晶进度条动画效果实验,其中就会编写绘图功能函数。

6.3.5　基础项目 C 12864 液晶字符、汉字显示实验

又到了图形/点阵型 12864 液晶模块的实践环节,各位亲爱的读者,做实验前首先要确定所使用的图形/点阵型 12864 液晶供电电压范围(3 V 屏或 5 V 屏),然后确定液晶控制器芯片型号,这关系到程序控制时序及功能体现,对于本实践项目来说必须选择基于 ST7920 控制器的液晶模块,最后要仔细检查液晶模块的 PSB 引脚配置情况,有的液晶模组在生产时已经通过液晶背板 PCB 上的 0 Ω 电阻硬件将 PSB 引脚置为低电平"0",默认选择了串行方式,这种情况下如果贸然将 PSB 引针连接到 VDD 就会出现电源短路,是十分危险的。所以读者在实验前一定要对照厂家给出的液晶使用说明仔细检查液晶模块的默认配置参数,若检查完毕就可以按照图 6.21 搭建电路。

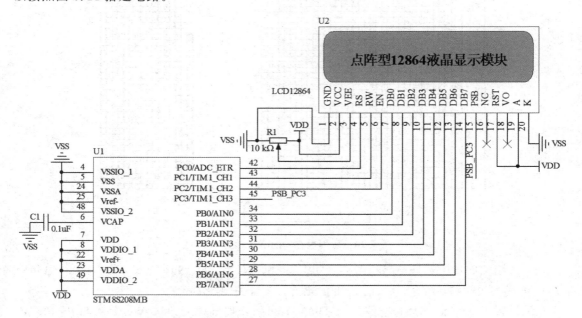

图 6.21　图形/点阵型液晶 12864 并行控制电路原理图

再次检查电路连接无误后就可以开始编程了,在程序设计中重点设计和实现 3 个与图形/点阵型 12864 液晶模块有关的函数,该函数可以在读者实际的项目中进行移植,3 个函数分别是 12864 液晶初始化函数 LCD12864_init()、液晶显示字符串函数 Display12864()、写入液晶模组命令或数据函数 LCD12864_Write(),利用 C 语言编写的具体程序实现如下:

```
/ * * * * * * * * * * * * * * * * * * * * * * * * * * * * * * * * * * * * * * * * *
 *  实验名称及内容:12864 液晶字符、汉字显示实验
 * * * * * * * * * * * * * * * * * * * * * * * * * * * * * * * * * * * * * * * * */
# include "iostm8s208mb.h"               //主控芯片的头文件
/ * * * * * * * * * * * * * * * * 常用数据类型定义 * * * * * * * * * * * * * * * * */
{【略】}为节省篇幅,相似语句可以直接参考之前章节
/ * * * * * * * * * * * * * * * 端口/引脚定义区域 * * * * * * * * * * * * * * * * * */
# define PORT             PB_ODR               //LCD12864 数据端口 D0 至 D7
```

```
#define LCDRS          PC_ODR_ODR0        //LCD12864 数据/命令选择端口
#define LCDRW          PC_ODR_ODR1        //LCD12864 读写控制端口
#define LCDEN          PC_ODR_ODR2        //LCD12864 使能信号端口
#define LCDPSB         PC_ODR_ODR3        //LCD12864 串/并行数据选择端口
/******************** 函数声明区域 ********************/
void delay(u16 Count);                    //延时函数声明
void LCD12864_init(void);                 //12864 液晶初始化函数
void LCD12864_Write(u8 cmdordata,u8 writetype); //写入液晶模组命令或数据
void Display12864(u8 row,u8 col,u8 * string);  //液晶显示字符串
/******************** 主函数区域 ********************/
void main(void)
{
  PC_DDR = 0xFF;                          //配置 PC 端口为输出模式
  PC_CR1 = 0xFF;                          //配置 PC 端口为推挽输出模式
  PC_CR2 = 0x00;                          //配置 PC 端口低速率输出
  PC_ODR = 0xFF;                          //初始化 PC 端口全部输出高电平
  PB_DDR = 0xFF;                          //配置 PB 端口为输出模式
  PB_CR1 = 0xFF;                          //配置 PB 端口为推挽输出模式
  PB_CR2 = 0x00;                          //配置 PB 端口低速率输出
  PB_ODR = 0xFF;                          //初始化 PB 端口全部输出高电平
  LCD12864_init();                        //12864 液晶模块初始化
  Display12864(1,0,"STM8S208 系统界面");   //显示第一行数据
  Display12864(2,0,"================");   //显示第二行数据
  Display12864(3,0,"并行数据控制方式");    //显示第三行数据
  Display12864(4,0,"ST7920 控制器液晶");   //显示第四行数据
  while(1);
}
/**************************************************/
void delay(u16 Count)
{{【略】}}//延时函数 delay()
/**************************************************/
//初始化液晶模块函数 LCD12864_init(),无形参和返回值
/**************************************************/
void LCD12864_init(void)
{
  LCDPSB = 1;                             //使用并行控制模式,若硬件置"1"该语句可省略
  delay(10);
  LCD12864_Write(0x30,0);delay(5);        //启用基本指令集
  LCD12864_Write(0x0C,0);delay(5);        //显示开,关光标
  LCD12864_Write(0x01,0);delay(5);        //清屏
}
/**************************************************/
//命令或数据写入函数 LCD12864_Write(),有形参 cmdordata 和 writetype
//cmdordata 是欲写入数据,writetype 是写入类型,无返回值
/**************************************************/
void LCD12864_Write(u8 cmdordata,u8 writetype)
```

```
{
  if(writetype = = 0)                    //判断写入类型
    LCDRS = 0;                           //写入命令信息
  else
    LCDRS = 1;                           //写入数据信息
  LCDRW = 0;                             //写入操作
  LCDEN = 0;                             //使能置"0"
  delay(5);                              //延时等待稳定
  PORT = cmdordata;                      //向数据端口写入信息
  LCDEN = 1;                             //使能置"1"
  delay(5);                              //延时等待稳定
  LCDEN = 0;                             //使能置"0"
}
/ * * * * * * * * * * * * * * * * * * * * * * * * * * * * * * * * * * * * * * * * * * * * * * * * * /
//字符串显示函数 Display12864(),有形参 row、col、* string
//row 表示行,col 表示列,字符指针 string 指向字符串数据,无返回值
/ * * * * * * * * * * * * * * * * * * * * * * * * * * * * * * * * * * * * * * * * * * * * * * * * * /
void Display12864(u8 row,u8 col,u8 * string)
{
  switch(row)                            //判断行
  {
    case 1:row = 0x80;break;             //第一行 DDRAM 首地址为 0x80
    case 2:row = 0x90;break;             //第二行 DDRAM 首地址为 0x90
    case 3:row = 0x88;break;             //第三行 DDRAM 首地址为 0x88
    case 4:row = 0x98;break;             //第四行 DDRAM 首地址为 0x98
    default:row = 0x80;                  //默认选择第一行 DDRAM 首地址为 0x80
  }
  LCD12864_Write(row + col,0);           //写入行列地址
  while( * string! = '\0')               //判断字符串结束标志 '\0'
  {
    LCD12864_Write( * string,1);         //写入字符串数据
    string + +;                          //指针后移
  }
}
```

  程序中的 LCD12864_init()函数主要负责对 12864 液晶模块进行初始化,写入基本指令集操作命令,随后写入显示开和关光标命令,最后清除 12864 液晶屏幕,这个过程不涉及绘图功能,所以选择的是基本指令集。清屏命令非常重要,通过该命令可以防止写入时的乱码情况。LCD12864_Write()函数与 6.2 节讲解的字符型 1602 液晶模块非常类似,主要是时序的体现,主函数中的"Display12864(1,0,"STM8S208 系统界面")"语句主要实现字符串显示功能,送入 Display12864()函数的第一个实参"1"表示第一行,第二个实参"0"表示第 0 列,这样一来就相当于是从第一行首地址(0x80)$_H$ 开始往后显示,第三个实参"STM8S208 系统界面"是欲显示的字符串,此处是直接把字符串以实参形式送入函数,读者也可以将字符串存放于数组中,将数组首地址传入函数。程序下载并运行可以得到如图 6.22 所示效果。

6.3.6 实战项目 A 12864 液晶进度条动画效果

本小节稍作功能延展,在基础项目 C 的基础上通过并行控制方式启用扩充指令集实现绘图功能。硬件依然采用图 6.22 所示的图形/点阵型液晶 12864 并行控制电路,软件需要解决 2 个问题,第一个是需要制作 128×64 像素大小的单色图片并且得到图片取模数据,第二个是需要用 C 语言编写绘图功能函数。明确了任务需求,项目就变得简单了。

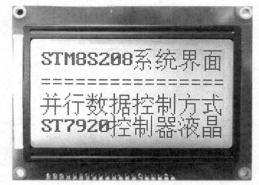

图 6.22 图形/点阵型液晶 12864 并行显示效果

首先解决图像绘制和取模,以进度条效果为例,读者可以先用专业的图像处理软件(如:Adobe Photoshop)绘制简单线条或者直接使用现成的图片,将图片转换为单色并更改图像大小,最终处理得到单色位图,也就是黑白两色组成的扩展名为".bmp"的图像文件。

得到欲转换和显示的图片后利用图片取模软件进行取模,图像的取模过程和文字取模非常相似,由于项目中的点阵型 12864 液晶模块不支持灰度显示,所以点阵屏中的点只有"亮"或者"灭"两种状态,也就是说用"1"表示像素点为"黑",用"0"表示像素点为"白"。

打开取字模软件,打开图像图标读入单色图片,然后对图像进行取模得到十六进制取模数据,通过复制、粘贴的方式直接将点阵取模数据粘贴到程序工程源代码中,通常建立无符号字符型数组存放图片取模数据以备使用,图像取模效果如图 6.23 所示,取模操作及步骤由读者具体使用的图像取模软件来定,此处不再赘述。

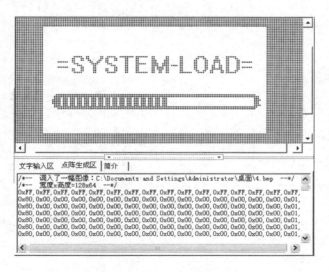

图 6.23 单色位图取模效果

得到了图像取模数据后就要想办法把数据"画"出来,也就是要利用 C 语言编程实现绘图函数,所谓绘图其实就是一个字节一个字节的向 12864 液晶填充数据,也就是让点阵屏幕上的点按照取模数据选择性的"亮"或者"灭"。绘图功能的启用也要按照相应的操作步骤实现,首先要使用扩展指令集且关闭绘图显示功能,然后设置垂直地址(Y)的坐标写入 GDRAM,紧接着设置水平地址(X)的坐标写入 GDRAM,将第一个字节数据 D15~D8 写入到 GDRAM,随后将第二个字节数据 D7~D0 写入到 GDRAM,最后打开绘图显示功能,按照步骤即可轻松实现绘图功能,利用 C 语言编写的具体程序实现如下:

```c
/* ********************************************************
 * 实验名称及内容:12864 液晶进度条动画效果
 ******************************************************** /
# include "iostm8s208mb.h"                    //主控芯片的头文件
/* ******************** 常用数据类型定义 ******************** /
{【略】}为节省篇幅,相似语句可以直接参考之前章节
/* ******************** 端口/引脚定义区域 ******************** /
# define PORT              PB_ODR             //LCD12864 数据端口 D0~D7
# define LCDRS            PC_ODR_ODR0         //LCD12864 数据/命令选择端口
# define LCDRW            PC_ODR_ODR1         //LCD12864 读写控制端口
# define LCDEN            PC_ODR_ODR2         //LCD12864 使能信号端口
# define LCDPSB           PC_ODR_ODR3         //LCD12864 串/并行数据选择端口
/* ******************** 用户自定义数据区域 ******************** /
u8 dis[] = {//128 * 64 点阵"进度条效果"图画取模数据
//【略】为了节省篇幅省略了具体取模数据,读者可参见程序源码
};
/* ******************** 函数声明区域 ******************** /
void delay(u16 Count);                        //延时函数声明
void LCD12864_init(void);                     //12864 液晶初始化函数声明
void LCD12864_Write(u8 cmdordata,u8 writetype); //写入液晶命令或数据函数声明
void LCD12864_DrawPic(u8 * Picture);          //绘图显示函数声明
/* ******************** 主函数区域 ******************** /
void main(void)
{
  CLK_CKDIVR = 0x00;                          //配置 STM8 主时钟为 16 MHz
  PC_DDR = 0xFF;                              //配置 PC 端口为输出模式
  PC_CR1 = 0xFF;                              //配置 PC 端口为推挽输出模式
  PC_CR2 = 0x00;                              //配置 PC 端口低速率输出
  PC_ODR = 0xFF;                              //初始化 PC 端口全部输出高电平
  PB_DDR = 0xFF;                              //配置 PB 端口为输出模式
  PB_CR1 = 0xFF;                              //配置 PB 端口为推挽输出模式
  PB_CR2 = 0x00;                              //配置 PB 端口低速率输出
  PB_ODR = 0xFF;                              //初始化 PB 端口全部输出高电平
  LCD12864_init();                            //12864 液晶模块初始化
  LCD12864_DrawPic(dis);                      //绘图显示
  while(1);
}
/* ******************************************************** /
void delay(u16 Count)
```

```
【略】                                    //延时函数
void LCD12864_init(void)
【略】                                    //12864 液晶初始化函数
void LCD12864_Write(u8 cmdordata,u8 writetype)
【略】                                    //写入液晶命令或数据函数
/* ********************************************************************
//绘图显示函数 LCD12864_DrawPic(),有形参字符型指针变量 Picture,无返回值
/* ********************************************************************
void LCD12864_DrawPic(u8 * Picture)
{
  u8 i,j,k;                              //定义 i 变量用于半屏控制,j 和 k 用于行列控制
  LCD12864_Write(0x34,0);               //使用扩充指令集且关闭绘图显示
  for(i = 0;i<2;i + +)                   //分上下两屏写
  {
    for(j = 0;j<32;j + +)
    {
      LCD12864_Write(0x80 + j,0);       //写 Y 坐标
      if(i = = 0)                        //写 X 坐标
        LCD12864_Write(0x80,0);
      else
        LCD12864_Write(0x88,0);
      for(k = 0;k<16;k + +)             //写一整行数据
      {
        LCD12864_Write( * Picture + + ,1);  //写入数据
      }
    }
  }
  LCD12864_Write(0x36,0);               //向 LCD 写入命令 0x36,即打开绘图开关,此时显示图形
  LCD12864_Write(0x30,0);               //向 LCD 写入命令 0x30,返回基本指令集设定状态
}
```

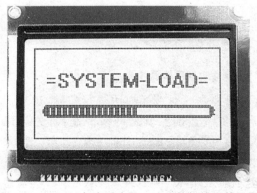

图 6.24 图形/点阵型液晶 12864 并行绘图效果图

程序下载并运行后可以得到如图 6.24 所示的效果,在编写程序时考虑到取模数据较多,数据处理和传输的速率较低,所以在程序中添加了"CLK_CKDIVR = 0x00"语句配置 STM8 单片机主时钟为 16 MHz,这样就加快了单片机数据处理速度。构建了 LCD12864_DrawPic()函数用于实现绘图功能,函数定义的形式参数是一个字符型指针变量,指向字符数组 dis[]的首地址,通过指针所指向地址的自增逐一"取出"图像取模数据。进入该函数后首先执行了"LCD12864_Write(0x34,0)"语句,目的是让 12864 液晶从基础指令集(0x30)$_H$切换到扩展指令集(0x34)$_H$,随后送入行列地址和数据,最后执行"LCD12864_Write(0x36,0)"语句开启绘图显示,这样才能看见所绘图形,

图形绘制完毕后执行"LCD12864_Write(0x30,0)"语句回到基础指令集以便文字显示。

6.3.7　基础项目 D 两线驱动 12864 节省 GPIO 实验

与字符型 1602 液晶显示模块类似,图形/点阵型 12864 液晶模块也具备串行数据控制方式,若启用串行模式需要把液晶模块的 PSB 引脚置"0"或接地,使用 RS、R/W、EN 这 3 根线进行通信,此时 RS 引脚变更为 CS 串行片选功能,R/W 引脚变更为 SID 串行数据输入/输出功能,EN 引脚变更为 CLK 串行时钟功能。

对于具体的 12864 模块首先要确定其控制器芯片,一定要选用 ST7920 控制器的液晶模块才可以使用本项目中的程序,然后仔细检查液晶模块的 PSB 引脚配置情况,小宇老师手头上使用的 12864 液晶模块型号为"QC12864B V3.0",参考厂家给出的默认配置,液晶的 PSB 引脚已经通过 0 Ω 电阻硬件连接到 VCC 上了,所以此处要用烙铁拆卸掉这个 0 Ω 电阻(相当于导线作用),然后再将 PSB 引脚置"0"或者接地。切记要注意不能贸然连接液晶模块的相关引脚,一定要参考厂家给出的液晶使用说明仔细检查液晶模块的默认配置参数,若检查完毕就可以按照图 6.25 搭建电路。

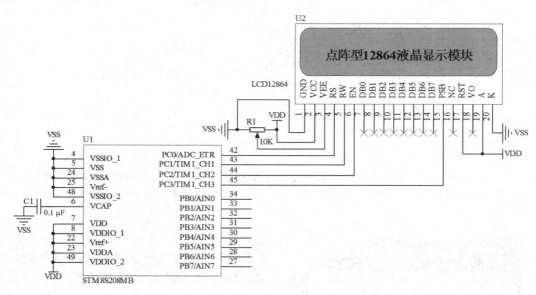

图 6.25　图形/点阵型液晶 12864 串行控制电路原理图

有的读者可能已经发现,图 6.25 中使用的是 4 根控制线对液晶模块进行控制,这貌似与本节标题不符啊!说好的两线控制呢?其实电路稍加改造确实就是两线控制,首先可以把 PSB 引脚直接连接到 VSS,项目使用液晶的串行模式,所以确保 PSB 引脚为"0"即可。再来看 CS 引脚,因为这里把液晶模块当成从机使用,所以可以直接将 CS 引脚(也就是并行模式下的 RS 引脚)置"1"或者连接到 VDD 即可,这样一来就只剩下了 R/W 引脚和 EN 引脚,也就是真正意义上的"两线驱动"了。

一般来说硬件电路"简化"了,程序实现上就会变得稍微"复杂"一些,本项目使用的串行模式就要遵循 ST7920 控制器芯片的串行控制模式时序图,要想解决程序编写问题就要了解和读懂时序,串行数据传送共分 3 个字节完成,具体时序如图 6.26 所示。

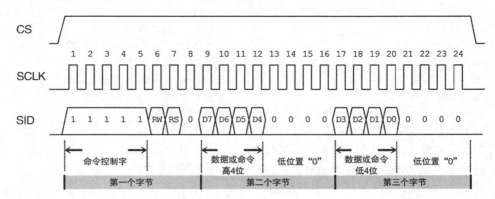

图 6.26 ST7920 串行控制模式时序图

串行数据传送的第一个字节是命令控制字节,由 8 位构成,高 5 位固定为高电平"1",第 2 位为 R/W 位,第 1 位为 RS 位,最低位(第 0 位)固定为低电平"0",整体格式可以表示为 (11111AB0)$_B$。R/W 配置位"A"为数据传送方向控制,若配置为"1"则表示数据从液晶模块到 MCU,配置为"0"则表示数据从 MCU 到液晶模块,RS 配置位"B"表示数据类型,配置为"1"表示数据信息,配置为"0"表示命令信息。

串行数据传送的第 2 个字节和第 3 个字节其实就是对原有并行数据高低 8 位的"拆分",第 2 个字节是 8 位数据的高 4 位,格式为 (DDDD 0000)$_B$,第 3 个字节是 8 位数据的低 4 位,格式为 (0000 DDDD)$_B$,其中的"D"表示具体数据。假设并行数据为 (0x81)$_H$,容易转换为二进制数得到 (1000 0001)$_B$,此时的第二个字节应为 (1000 0000)$_B$,第 3 个字节应为 (0001 0000)$_B$。

了解了串行模式时序和字节组成后再编程就容易多了,利用 C 语言编写的具体程序实现如下:

```
/*************************************************************
 * 实验名称及内容:两线驱动 12864 节省 GPIO 实验
 **************************************************************/
# include "iostm8s208mb.h"              //主控芯片的头文件
/******************** 常用数据类型定义 ***********************/
【略】为节省篇幅,相似语句可以直接参考之前章节
/****************** 端口/引脚定义区域 ***********************/
# define LCDCS        PC_ODR_ODR0       //LCD12864 片选端口(原 RS)
# define LCDDIO       PC_ODR_ODR1       //LCD12864 串行数据输入/输出(原 RW)
# define LCDCLK       PC_ODR_ODR2       //LCD12864 串行时钟(原 EN)
# define LCDPSB       PC_ODR_ODR3       //LCD12864 串/并行数据选择端口
/********************** 函数声明区域 ************************/
void delay(u16 Count);                  //延时函数声明
void LCD12864_init(void);               //12864 初始化函数声明
void LCD12864_SBYTE(u8 byte);           //逐位写入串行数据函数声明
void LCD12864_Write(u8 cmdordata,u8 writetype); //写入液晶命令或数据函数声明
void Display12864(u8 row,u8 col,u8 * string);   //显示字符串函数声明
/********************** 主函数区域 *************************/
```

```
void main(void)
{
  PC_DDR = 0xFF;                              //配置 PC 端口为输出模式
  PC_CR1 = 0xFF;                              //配置 PC 端口为推挽输出模式
  PC_CR2 = 0x00;                              //配置 PC 端口低速率输出
  PC_ODR = 0xFF;                              //初始化 PC 端口全部输出高电平
  LCD12864_init();                            //初始化 12864 液晶
  Display12864(1,0,"STM8S208 系统界面");       //显示第 1 行数据
  Display12864(2,0," ==============="); //显示第 2 行数据
  Display12864(3,0,"串行数据控制方式");         //显示第 3 行数据
  Display12864(4,0,"ST7920 控制器液晶");        //显示第 4 行数据
  while(1);
}
/ * * * * * * * * * * * * * * * * * * * * * * * * * * * * * * * * * * * * * * * * * * * * * * * * * * * /
void delay(u16 Count)
{【略】}                                       //延时函数
/ * * * * * * * * * * * * * * * * * * * * * * * * * * * * * * * * * * * * * * * * * * * * * * * * * * * /
//初始化液晶模块函数 LCD12864_init(),无形参和返回值
/ * * * * * * * * * * * * * * * * * * * * * * * * * * * * * * * * * * * * * * * * * * * * * * * * * * * /
void LCD12864_init(void)
{
  LCDPSB = 0;                                 //选择串行模式将 PSB 清"0"或直接接地
  LCDCS = 1;                                  //片选 12864
  delay(10);                                  //延时等待稳定
  LCD12864_Write(0x30,0);                     //选择基本指令集
  LCD12864_Write(0x0C,0);                     //开显示,无游标,不反白
  LCD12864_Write(0x01,0);                     //清除显示屏幕
}
/ * * * * * * * * * * * * * * * * * * * * * * * * * * * * * * * * * * * * * * * * * * * * * * * * * * * /
//逐位写入串行数据函数 LCD12864_SBYTE(),有形参 byte,无返回值
/ * * * * * * * * * * * * * * * * * * * * * * * * * * * * * * * * * * * * * * * * * * * * * * * * * * * /
void LCD12864_SBYTE(u8 byte)
{
  u8 i;
  for(i = 0;i<8;i + + )                       //一个字节由 8 位组成故而循环 8 次写入
  {
    LCDCLK = 0;                               //拉低时钟线
    if((byte<<i)&0x80)                        //取位操作
      LCDDIO = 1;                             //写入数据"1"
    else
      LCDDIO = 0;                             //写入数据"0"
    LCDCLK = 1;                               //拉高时钟线
  }
}
/ * * * * * * * * * * * * * * * * * * * * * * * * * * * * * * * * * * * * * * * * * * * * * * * * * * * /
//命令或数据写入函数 LCD12864_Write(),有形参 cmdordata 和 writetype
```

```
//cmdordata 是欲写入数据,writetype 是写入类型,无返回值
/******************************************************************/
void LCD12864_Write(u8 cmdordata,u8 writetype)
{
    if(writetype = = 0)                          //判断写入类型
        LCD12864_SBYTE(0xF8);                    //"1111 1000"表示写入命令信息
    else
        LCD12864_SBYTE(0xFA);                    //"1111 1010"表示写入数据信息
    LCD12864_SBYTE(0xF0&cmdordata);              //取高四位传送
    LCD12864_SBYTE(0xF0&(cmdordata<<4));         //取低四位传送
}
/******************************************************************/
//字符串显示函数 Display12864(),有形参 row,col, * string,row 表示行
//col 表示列,字符指针 string 指向字符串数据,无返回值
/******************************************************************/
void Display12864(u8 row,u8 col,u8 * string)
{
    switch(row)                                  //行变量判断
    {
        case 1:row = 0x80;break;                 //第 1 行 DDRAM 首地址为 0x80
        case 2:row = 0x90;break;                 //第 2 行 DDRAM 首地址为 0x90
        case 3:row = 0x88;break;                 //第 3 行 DDRAM 首地址为 0x88
        case 4:row = 0x98;break;                 //第 4 行 DDRAM 首地址为 0x98
        default:break;
    }
    LCD12864_Write(row + col,0);                 //写入行列地址
    while( * string!= '\0')                      //输出字符串直到结束标志'\0'
    {
        LCD12864_Write( * string,1);             //写入字符数据
        string + + ;                             //指针后移
    }
}
```

细读程序发现功能核心就是逐位写入串行数据函数 LCD12864_SBYTE()和命令或数据写入函数 LCD12864_Write(),在 LCD12864_Write()函数中有形参 cmdordata 和 writetype,cmdordata 是欲写入数据,writetype 是写入类型,需要理解的是(0xF8)$_H$ 转换为二进制数是(1111 1000)$_B$ 表示写入命令信息,(0xFA)$_H$ 转换为二进制数是(1111 1010)$_B$ 表示写入数据信息。得到了第一个串行字节后就是通过移位运算得到并行数据的高低 4 位了,然后再通过 LCD12864_SBYTE()函数将数据逐位写入,这样看来串行模式的实现也十分简单,显示字符串、设定 DDRAM 地址和初始化液晶模块的相关函数其实与并行模式程序也是相似的。将程序下载并运行可以得到如图 6.27 所示效果。

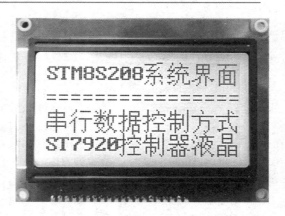

图 6.27   图形/点阵型液晶 12864 串行显示效果

6.3.8   实战项目 B 两线串行模式正弦波打点绘图

实践动手要"趁热打铁",本小节基于串行模块实现一个正弦波曲线的绘制,其原理就是先用标准数学运算库文件中的 sin()函数得到一个正弦波数据数组,然后用绘点函数将数据绘制到屏幕上,在这个过程中需要用到 ST7920 控制器的扩展指令集,绘点完成后会看到像"海浪"一样美丽的正弦波曲线,然后再切换到基础指令集实现屏幕汉字显示,本项目主要体现指令集切换和正弦波产生,至于具体的绘点、绘线函数的相关算法可以由读者进一步学习和研究。

项目的硬件电路依然采用图 6.25 所示的串行控制电路原理图,可以将 CS 引脚直接置"1"或者连接到 VDD,将 PSB 引脚直接清"0"或者连接到 VSS,让电路变成真正的"两线串行"模式。在软件的编程上需要增添一个数学运算函数支持的头文件"math.h",然后重点实现打点函数 LCD_DRAW_Word(u8 * x,u8 y)和正弦波数据产生及绘制函数 Print_sin(void),利用 C 语言编写的具体程序实现如下:

```
/ ***************************************************************
 * 实验名称及内容:两线串行模式正弦波打点绘图
 ***************************************************************/
# include "iostm8s208mb.h"              //主控芯片的头文件
# include "math.h"                      //数学运算支持头文件,后续要用到 sin()函数
/ ***************************** 常用数据类型定义 ********************/
{【略】}为节省篇幅,相似语句可以直接参考之前章节
/ ***************************** 端口/引脚定义区域 ********************/
# define LCDCS          PC_ODR_ODR0     //LCD12864 片选端口(原 RS)
# define LCDDIO         PC_ODR_ODR1     //LCD12864 串行数据输入/输出(原 RW)
# define LCDCLK         PC_ODR_ODR2     //LCD12864 串行时钟(原 EN)
# define LCDPSB         PC_ODR_ODR3     //LCD12864 串/并行数据选择端口
/ ***************************** 函数声明区域 ********************/
void delay(u16 Count);                  //延时函数声明
void LCD12864_init(void);               //12864 初始化函数声明
void LCD12864_SBYTE(u8 byte);           //逐位写入串行数据函数声明
void LCD12864_Write(u8 cmdordata,u8 writetype);//写入液晶命令或数据函数声明
```

```c
void Display12864(u8 row,u8 col,u8 * string);      //显示字符串函数声明
void LCD_DRAW_Word(u8 * x,u8 y);                    //打点函数声明
void Print_sin(void);                               //正弦波数据产生及绘制函数声明
/********************* 主函数区域 **********************/
void main(void)
{
    PC_DDR = 0xFF;                                  //配置PC端口为输出模式
    PC_CR1 = 0xFF;                                  //配置PC端口为推挽输出模式
    PC_CR2 = 0x00;                                  //配置PC端口低速率输出
    PC_ODR = 0xFF;                                  //初始化PC端口全部输出高电平
    LCD12864_init();                                //初始化12864液晶
    Print_sin();                                    //绘制正弦波曲线
    //Display12864(2,0,"      漂亮的点      ");      //显示第2行数据
    //Display12864(3,0,"      漂亮的线      ");      //显示第3行数据
    while(1);
}
/******************************************************/
void delay(u16 Count)
{【略】}                                            //延时函数
void LCD12864_init(void)
{【略】}                                            //12864初始化函数
void LCD12864_SBYTE(u8 byte)
{【略】}                                            //逐位写入串行数据函数
void LCD12864_Write(u8 cmdordata,u8 writetype)
{【略】}                                            //写入液晶命令或数据函数
void Display12864(u8 row,u8 col,u8 * string)
{【略】}                                            //显示字符串函数
/******************************************************/
//打点函数LCD_DRAW_Word(),有形参字符型x指针,字符型y,无返回值
//其中x表示数组的首地址,y表示纵坐标的值,也就是表示第多少行
/******************************************************/
void LCD_DRAW_Word(u8 * x,u8 y)
{
    u8 i,j,k,m,n,count = 0;
    u8 hdat,ldat;
    u8 y_byte,y_bit;                                //存放纵坐标的字节,纵坐标的位
    u8 a[16];
    LCD12864_Write(0x34,0);                         //打开扩展指令集
    y_byte = y/32;
    y_bit = y % 32;
    for(j=0;j<8;j++)
    {
        hdat = 0;                                   //清零行数据变量
        ldat = 0;                                   //清零列数据变量
        n = j * 16;
        for(k=n;k<n+16;k++)
```

```
    {
      if(x[k] = = y)                        //检测数组
      {
        a[count] = k;                       //若数组中有数等于 y,就把第 y 行的数全部打出
        count + + ;
      }
    }
    for(m = 0;m<count;m + +)
    {
      i = a[m]-n;
      if(i<8)                               //如果 x_bit 位数小于 8
        hdat = hdat|(0x01<<(7-i));          //写高字节,坐标是从左向右
      else
        ldat = ldat|(0x01<<(15-i));
    }
    LCD12864_Write(0x80 + y_bit,0);         //垂直地址(上)
    LCD12864_Write(0x80 + j + 8 * y_byte,0); //水平坐标(下)
    LCD12864_Write(hdat,1);                 //写行数据
    LCD12864_Write(ldat,1);                 //写列数据
  }
  LCD12864_Write(0x36,0);                   //向 LCD 写入命令 0x36,即打开绘图开关,此时显示图形
  LCD12864_Write(0x30,0);                   //向 LCD 写入命令 0x30,返回基本指令集设定状态
}
/ * * * * * * * * * * * * * * * * * * * * * * * * * * * * * * * * * * * * * * * * * * * * * * * * * * * /
//正弦波产生及绘制函数 Print_sin(),无形参和返回值
/ * * * * * * * * * * * * * * * * * * * * * * * * * * * * * * * * * * * * * * * * * * * * * * * * * * * /
void Print_sin(void)
{
  u8 i;
  u8 y_sin[128];                            //定义屏幕上要打的正弦波的纵坐标
  float y;
  for(i = 0;i<128;i + +)
  {
    y = 31 * sin(0.15 * i);
    y_sin[i] = (u8)(32-y);
  }
  for(i = 0;i<64;i + +)
  LCD_DRAW_Word(y_sin,i);
}
```

整个程序中比较重点的是正弦波产生及绘制函数 Print_sin(),该函数首先定义了 y_sin [ ]数组用于存放运算得到的正弦波曲线数据,标准的纯正弦函数公式应为式(6.1)所示,其中 $sin(x)$ 为正弦函数。

$$y = \sin(x) \qquad\qquad [式6.1]$$

但是在程序中读者需要绘制具体的正弦波曲线,所以使用的正弦曲线公式如式 6.2:

$$y = A \cdot \sin(\omega t \pm \theta)$$

[式 6.2]

式 6.2 中的 A 为正弦波幅度(对应 12864 液晶屏幕的纵轴方向),"ω"为角频率(程序中设定为 0.15),"t"为时间(对应 12864 液晶屏幕的横轴方向),"θ"为相偏移(横轴左右)。在编写具体的程序时需要注意曲线的显示是以 128 * 64 点为最大"画布"的,所以要考虑 A 的取值,经过实际测试当 A 取值为 31 时,曲线的波峰和波谷正好位于纵轴方向的边界,看上去比较美观,若读者调整变小 A 的取值会得到"幅值"变小的正弦波曲线。ω 取 0.15,ω 的取值大小会改变正弦波的周期,读者可以调整 ω 取值为 0.2,就可以看到周期发生了明显的变化,按照公式和实际测试利用 C 语言编写正弦波产生语句如下:

```
y = 31 * sin(0.15 * i);           //产生正弦波曲线数据赋值给变量 y
y_sin[i] = (u8)(32-y);            //通过外层循环将 y 强制类型转换后存入正弦波数组中
```

得到的正弦波曲线数据存放于 y_sin[]数组中,再将数组首地址作为实参送入打点函数 LCD_DRAW_Word()中进行打点,程序下载并运行后得到如图 6.28 所示的效果。

如果去掉程序主函数中语句"Display12864(2,0,"   漂亮的点   ")"和语句"Display12864(3,0,"   漂亮的线   ")"前面的单行注释符"\\"会出现文字与正弦波曲线叠加显示的效果,这是因为在 LCD_DRAW_Word(u8 * x,u8 y)函数中最后两句实现了打开绘图开关显示图形并且返回基本指令集的功能,只要用户不执行清屏命令,则绘制图形就会和文字同时显示出来,具体效果如图 6.29 所示。

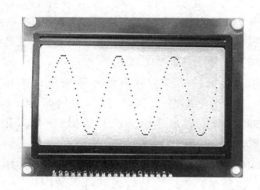

图 6.28 扩充指令集单独绘制正弦波效果图

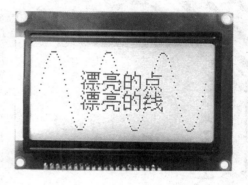

图 6.29 扩充/基本指令集切换
显示汉字与正弦波效果图

项目做完了,长舒一口气,本章的 6 个基础/实战项目介绍了 STM8S208MB 单片机对字符型 1602 液晶模块和图形/点阵型 12864 液晶模块的显示控制方法及相关命令的使用,读者是否体会到了"小模块中也有大知识"? 如果有这样的感觉,说明读者正在知识积淀的过程中,需要仔细阅读相关器件手册、体会控制时序、掌握 STM8 单片机外设资源控制思想及编程实现,小宇老师愿与读者一起学习进步,收获快乐!

第 7 章

"0101，我是键码！"独立 按键/矩阵键盘交互编程

章节导读：

　　亲爱的读者，本章将详细介绍基于 STM8 系列单片机 GPIO 引脚的独立按键/矩阵键盘交互编程的相关知识和应用。章节共分为 4 个部分，7.1 节重点讲解人机交互中的"输入设备"，将输入设备比作是人机交互的"桥梁"。7.2 节讲解了轻触按键的分类和组成以及按键的"抖动"成因及"去抖"方法。7.3 节主要讲解按键的组织形式，挑选独立按键形式和矩阵键盘形式展开讲解，引入两个基础项目验证独立按键计数和矩阵键盘键值识别功能。7.4 节引入基于 PS/2 串行通信的 PC 键盘相关知识，着重讲述通信协议和数据帧构成，让读者理解通码、断码和扫描码集，最后引入了密码锁和 Shift 键大小写功能实验，"抛砖引玉"地介绍了 PS/2 键盘在单片机参数输入系统中的应用。

7.1 "输入设备"人机交互中的"桥梁"

每一章的开篇都是新知识学习的开始，小宇老师愿意做忠实的"书童"陪伴在读者身边，一起学习每个知识点，一起找寻每一份开心与快乐。在介绍本章内容之前读者先回忆一下身边的计算机外设组成结构，整个计算机系统中的显示器、音响、打印机、投影仪都被我们称之为"输出设备"，人们可以将信息通过这些设备进行"表达"，通过显示器可以观看图形图像，通过音响可以感受动听的音乐。计算机系统中还有"输入设备"，比如手写板、游戏手柄、鼠标、键盘，人们通过这些设备将信息传递给计算机，让计算机能"理解"人们的需求。

说到键盘和鼠标就不得不说它们的组成原理和构造，先来说说键盘，键盘上有非常多的按键，每个按键上印刷了这个按键对应的含义或功能，当按下按键时，计算机就会接收到按键的"身份信息"然后有所动作（字符输入、功能响应等）。鼠标也是一样，一般都有左键、右键和滑动滚轮，左键右键都可以单击或者双击操作，计算机识别到信号后也会有所动作（打开文件、滑动页面等）。那么这些按键是怎么发挥作用的呢？按键按下后计算机又是怎么识别的呢？

其实，键盘或者鼠标自身就是一个小系统，在这个系统中有控制器芯片、相关的电路还有轻触按键和机械结构。以键盘为例，键盘中有非常多的按键以阵列形式组织和排布，当交叉点的按键被按下时，键盘中的控制器电路单元（编码芯片）会及时获取按键信号，将对应的键值码通过键盘接口或者其他协议接口传送给计算机，计算机中键盘控制器（解码芯片）会将获取到的键值码对应成一套规则（扫描码）从而才有了特定键值的特定功能。

试想一下，一台家用计算机拔掉鼠标去掉键盘，还能正常的使用吗？电子产品中去掉了参数调整单元和输入设备单元还能发挥作用吗？可见，输入设备非常的重要，该单元就是人机交互系统中的"桥梁"。

键盘的组成和原理其实并不复杂，是由单片机学习中常见的按键所构成的。按键又叫按键开关，使用时需要向开关的操作方向施压，这时候开关内部结构会功能闭合，当撤销压力时开关会断开或者自锁。其内部结构大多是靠金属弹片受力变化来实现通断的，在实际的电路中开关可以用来连通/切断电信号或者是实现电信号的跳变。

有的读者看到这里就有疑问了，为什么开篇要详细介绍鼠标和键盘这些计算机才能使用的输入设备呢？难道是想把计算机键盘用到 STM8 单片机系统中吗？本章除了讲解经典的独立按键和矩阵键盘外还会和大家一起把真正的计算机键盘"玩儿"起来！

7.2 轻触按键基础知识与应用

要把真正的计算机键盘"玩儿"起来也需要基础知识的铺垫，本节由浅入深地介绍单片机人机交互的重要器件"轻触按键"，了解其组成结构和使用方法，为后续章节做好铺垫。这里说的"轻触"其实指的是按键开关的行程一般很短，这类按键开关在电路中的作用主要是产生电信号的跳变。

7.2.1 轻触按键分类及组成结构

轻触按键的实现原理有多种，常见的有机械式、导电胶式、导电薄膜式等，机械式的按键应用非常多,手感较好,导通电阻较低,但根据生产指标的不同按键寿命差异性很大,质量不好的机械式按键不仅按键寿命短而且容易产生虚接和"抖动"。导电胶式和导电薄膜式的轻触按键根据质量不同手感差异较大,导通电阻一般大于机械式按键。图 7.1 中所展示的为某款机械式按键实物(c)、外观(a)及结构(b)。

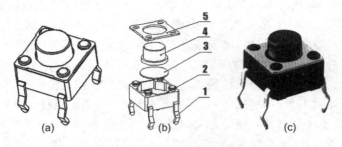

图 7.1　某款轻触按键开关外观、实物及结构图

图 7.1 中(b)即为该款机械式轻触按键的组成结构,1 是轻触按键的连线端子,一般焊接在印制电路板(PCB)上,图中共有 4 个连线引脚,可以用万用表测量内部的导通连接情况。2 为按键底座,底座的材料一般为塑料,用来封装按键内部结构。3 为反作用力簧片,当按键按下时簧片会向下弯曲导致触点连接,失去作用力时簧片向上弹起,触点与簧片分离。4 为按键手柄,按键手柄多为塑料材质,手柄的高度也不一样,选型时可以根据实际需要轻触按键样式、外观、结构的选择。5 为按键开关盖,一般采用薄金属片制作。

7.2.2　轻触按键电压波形

轻触按键的使用方法十分简单,其类型一般都是非自锁的按键开关,也就是说按下时电路接通,一旦松手则按键内部触点断开,根据该原理容易搭建出如图 7.2(a)所示的硬件电路。R1 电阻为限流保护电阻同时对 A 点也有上拉作用,当 S1 按下时 A 点应该为低电平"0",当 S1 松手弹起时 A 点应该是高电平"1",是不是这样的效果呢?

如图 7.2(a)所示电路,用万用表电压档位测量了按键按下和松手时 A 点的电压,确实和设想的一样。然后用 STM8 单片机编写简单的引脚状态判断程序,程序功能很简单,就是每按下按键一次,数码管加 1 显示,程序上电后数码管首次显示"0",当按下 1 次按键后发现数码管显示的居然是"5"而不是"1",原因何在呢?

遇到这样的问题是最"头疼"的,因为程序难度很低,思路也很清晰,但是结果却让人"费解"。于是搬出仪器,用示波器好好观察一番,果然有了突破,按键电压波形的实际测量结果如图 7.2(b)所示,读者可以明显的观察到松手后的瞬间按键产生的上升沿可能不止一个,波形上还存在很多的"毛刺",这些信号就是由于簧片与触点的不稳定接触所造成的,称之为"抖动"信号。

抖动信号是不是按键质量不好导致的呢?这算是原因之一,但是更多的是机械式轻触按键的"特点",也就是簧片和触点的接触性问题。正是因为抖动信号的干扰让程序误以为是按键多次被按下,才导致了数码管显示的异常,图 7.3 可以解释这个过程。

按照理想状态来说,按键从按下到弹起应该只有一个下降沿和一个上升沿,边沿也应该是

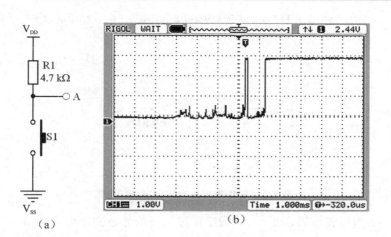

图 7.2　示波器测量按键上升沿"抖动"情况

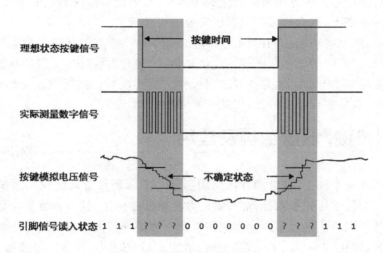

图 7.3　按键信号的"抖动"

非常陡峭没有"毛刺"的(如图 7.3 中的理想状态)，然而由于机械式弹片与触点的接触并不是非常稳定和牢靠，实际产生的电压情况类似于图 7.3 中的按键模拟电压信号，这种不确定状态的信号传送至引脚时会被单片机识别为多个窄脉冲，通常情况下，轻触按键的"抖动期"持续时间在 5～10 ms，导致读入状态在这段"抖动期"中变得异常。

7.2.3　常见按键"去抖动"方法

通过对轻触按键电压波形的实测可以发现抖动信号会干扰单片机对按键状态的判别，从而导致输入信号异常。那么应该如何去除或者抑制抖动信号的产生呢？这个还真没有办法，抖动信号和按键的组成也有一定的关系，既然不能从根源上彻底消除，那么就从信号的处理上想想办法。

第一个想法：抖动信号其实是一种边沿带有"短时间毛刺"的信号，如果在这个信号达到引脚之前让其经过 RC 低通电路，然后再进入施密特触发器中进行整形不就滤除和修正了波形吗？想法可行，这就是"硬件去抖"法，其硬件构成可以参考图 7.4 所示电路。

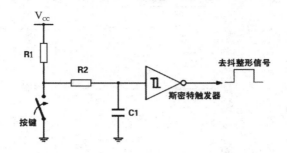

图 7.4   硬件方法去除按键"抖动"电路

图 7.4 中 R1 为限流电阻，R2 和 C1 构成按键信号的低通滤波电路，R 和 C 的具体取值要经过计算，将时间常数取值为 10ms 左右，经过 RC 电路后即可送入斯密特触发器中整形最终得到去抖整形后的信号。该方法虽可以达到去抖目的，但随着按键数量的增多，硬件成本和电路的复杂度进一步增大，读者可以根据实际需要进行选择。

第二个想法：既然抖动持续的时间大致是 5～10 ms，能不能让单片机忽略掉这个"抖动期"然后去读取"稳定区"的电平状态呢？这就是软件"延时去抖"法，所谓延时去抖就是检测到按键按下后首先延时 10～20ms，等待渡过"抖动期"后再次判断按键状态，这样的方法不需要增加额外的成本，软件实现难度较低，因此非常通用。

7.3   基础按键/键盘结构及应用

在实际的单片机系统中，按键的具体组织形式与实际硬件资源情况和系统需求有关。如果项目需要做一个红外遥控板系统，那按键的数量就非常多了，这时候就要考虑矩阵式键盘或者是专用芯片进行端口扩展以节约硬件引脚资源。如果项目需要设计一个车载 MP3 解码器，只需要用到播放、停止、上一首、下一首、快进、增加音量、减少音量等常用按键，这种情况完全可以使用独立按键。本节介绍独立按键和矩阵式键盘，读者在学习中需要进行实际操作加深对按键组织形式的理解。

7.3.1   独立按键结构及电路

独立按键结构非常的简单，就是"一个萝卜一个坑"，如果需要 5 个功能按键就需要 5 个 GPIO 引脚资源进行分配，在 STM8 单片机中连接按键的 GPIO 通常被配置为带上拉的输入模式，通过端口的数据输入寄存器判断具体引脚的电平情况。一般来说独立按键的结构适合于功能按键小于或等于 8 个的情况（考虑到一组 GPIO 端口总共只有 8 个引脚），常见的电路形式如图 7.5 所示。

为了防止端口上拉电流过大，最好在引脚和按键之间连接限流电阻，图 7.5 中 R1～R8 都是限流电阻，按键的公共端引脚接地。

在独立按键结构中可以采用两种方法对按键状态进行检测和识别，第一种方法是查询法（轮询法），就是不断的检测对应端口的数据输入寄存器状态，获取数据变化。这种方法会一直

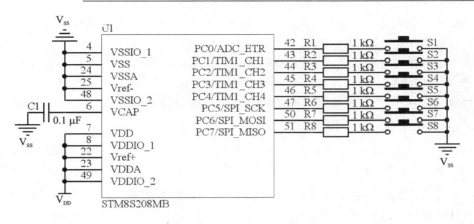

图 7.5 独立按键电路原理图

占用 CPU,使得程序代码执行效率低下。

还有一种方法是中断法,这种方法需要启用 GPIO 端口的外部中断功能,当端口电平变化时会产生外部中断,中断请求会传递给 CPU,CPU 接收到中断请求后作出响应,然后再去执行按键检测,这种方法就将 CPU 从轮询中"解放"出来了,CPU 在未产生外部中断的时间段内可以执行其他任务,当外部中断产生后再由 CPU 去处理中断内容。与中断有关的知识和实现方法将会在本书的第 11 章详细介绍。

7.3.2 基础项目 A 独立按键检测与控制实验

终于到了激动人心的实践环节,在实验之前先为轻触按键设计一个功能,这个功能要非常的直观。例如第 5 章介绍的 LED 灯,按下按键点亮 LED 灯,再次按下按键 LED 灯熄灭,这个功能只涉及到 LED 灯引脚的状态取反操作,过于简单,本小节重新设计一个功能,利用数码管显示一个数字,设定两个轻触按键,一个按键用来加 1 操作,一个按键用来减 1 操作,其硬件电路原理图如图 7.6 所示。

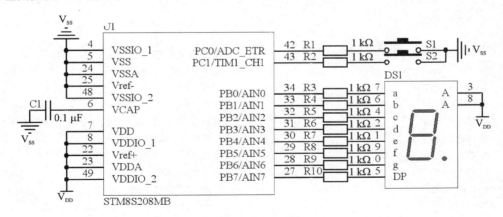

图 7.6 独立按键检测与控制实验电路原理图

图 7.6 中轻触按键 S1 的一端接地另一端通过限流电阻 R1 连接到 PC0 引脚,轻触按键 S2 的一端接地另一端通过限流电阻 R2 连接到 PC1 引脚,PB0~PB7 这 8 个 GPIO 引脚连接 1

位 8 段单色共阳数码管 DS1,数码管的 3、8 引脚为公共端接 VDD。各段码引脚与单片机 PB
端口之间也添加限流电阻 R3～R10。

　　硬件电路搭建完成后就可以开始编程,考虑到硬件电路的 DS1 数码管为一位 8 段单色共
阳数码管,在程序编写之初应该建立好数码管类型对应的段码数组,为了方便程序移植和兼容
数码管类型(共阴或共阳),在程序中构建共阴数码管段码数组 tableA[]和共阳数码管段码数
组 tableB[],读者可以参考如下程序语句:

```
u8 tableA[] = {0x3F,0x06,0x5B,0x4F,0x66,0x6D,0x7D,0x07,0x7F,0x6F};  //共阴数码管段码 0-9
u8 tableB[] = {0xC0,0xF9,0xA4,0xB0,0x99,0x92,0x82,0xF8,0x80,0x90};  //共阳数码管段码 0-9
```

　　程序采用软件延时法去除按键抖动,有两个功能按键,因此定义两个按键声明,利用 C 语
言编写的具体程序实现如下:

```
/*****************************************************************
 * 实验名称及内容:独立按键检测与控制实验
 *****************************************************************/
# include "iostm8s208mb.h"                    //主控芯片的头文件
/********************** 常用数据类型定义 ***********************/
【略】为节省篇幅,相似语句可以直接参考之前章节
/********************** 端口/引脚定义区域 ***********************/
# define   LED      PB_ODR               //1 位共阳数码管段码连接端口组
# define   KEY1     PC_IDR_IDR0          //轻触按键 K1 连接引脚 PC0(按键加 1)
# define   KEY2     PC_IDR_IDR1          //轻触按键 K2 连接引脚 PC1(按键减 1)
/********************** 用户自定义数据区域 ***********************/
u8 tableA[] = {0x3F,0x06,0x5B,0x4F,0x66,0x6D,0x7D,0x07,0x7F,0x6F};
//共阴数码管段码 0-9
u8 tableB[] = {0xC0,0xF9,0xA4,0xB0,0x99,0x92,0x82,0xF8,0x80,0x90};
//共阳数码管段码 0-9
/********************** 函数声明区域 ***********************/
void delay(u16 Count);                     //延时函数声明
/********************** 主函数区域 ***********************/
void main(void)
{
  u8 i = 0;                              //定义自增控制变量 i
  PB_DDR = 0xFF;                         //配置 PB 端口为输出模式
  PB_CR1 = 0xFF;                         //配置 PB 端口为推挽输出模式
  PB_CR2 = 0x00;                         //配置 PB 端口低速率输出
  PB_ODR = 0xC0;                         //初始化 PB 端口输出 0xC0(上电数码管显示"0")
  PC_DDR_DDR0 = 0;                       //配置 PC0 端口为输入模式
  PC_CR1_C10 = 1;                        //配置 PC0 端口为带上拉的输入模式
  PC_CR2_C20 = 0;                        //配置 PC0 端口外中断禁止
  PC_DDR_DDR1 = 0;                       //配置 PC1 端口为输入模式
  PC_CR1_C11 = 1;                        //配置 PC1 端口为带上拉的输入模式
  PC_CR2_C21 = 0;                        //配置 PC1 端口外中断禁止
  while(1)
  {
    if(KEY1 = = 0)                       //若检测到按键 K1 按下
```

```
    {
        delay(50);                          //延时去除按键"抖动"
        if(KEY1 = = 0)                      //再次检测按键 K1 状态,若依然为按下状态
        {
            if(i> = 9)                      //如果 i 大于等于 9
                i = 0;                      //则清零 i 变量,防止 tableB[]数组下标引用越界
            else
                i+ = 1;                     //否则自加操作
            LED = tableB[i];                //将所得结果共阳段码送去数码管显示
            while(! KEY1);                  //等待按键 K1 松手释放
        }
    }
    if(KEY2 = = 0)                          //若检测到按键 K2 按下
    {
        delay(50);                          //延时去除按键"抖动"
        if(KEY2 = = 0)                      //再次检测按键 K2 状态,若依然为按下状态
        {
            if(i = = 0)                     //如果 i 等于 0
                i = 0;                      //则清零 i 变量,防止 tableB[]数组下标引用越界
            else
                i- = 1;                     //否则自减操作
            LED = tableB[i];                //将所得结果共阳段码送去数码管显示
            while(! KEY2);                  //等待按键 K2 松手释放
        }
    }
    }
}
/*******************************************************************/
void delay(u16 Count)
{【略】}//延时函数 delay()
```

通读程序可以发现该程序十分简单,进入主函数后首先是初始化相关引脚,包括将 PC0 配置为上拉输入,PC1 配置为上拉输入,PB 端口全部配置为推挽输出。然后就开始不断的检测 KEY1(S1 按键)和 KEY2(S2 按键),本例采用的就是查询法(轮询法),当检测到按键按下时利用软件延时法除去按键抖动,然后执行递增或者递减操作,最后将欲显示数据的共阳段码送到数码管显示。将程序下载到单片机中并运行,得到如图 7.7 所示的测试效果。

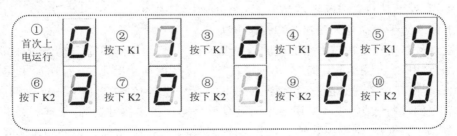

图 7.7 独立按键检测与控制实验效果

首次上电运行时，数码管显示"0"的共阳段码(0xC0)$_H$，按下 K1 开始自增显示，再按下 K2 显示数值开始递减，当减到"0"后再执行递减也会显示"0"，同样，当自增到"9"时再递增就会变到"0"重新开始递增，因为 1 位数码管显示数字只能是 0～9，所以在程序中有自增/自减变量的取值限定语句。

7.3.3 行列式矩阵键盘结构

"单丝不成线，孤木不成林"，这句话用在生活中表示个人的力量是有限的，但是团结一致的力量那就大大不同了。用在单片机外设里，这句话也有另外的意思，单个独立按键表现出的功能比较单一，但是多个按键经过一定的规则进行组合能表达的含义就会丰富起来。

将单个按键比作是一个棋子，那么行列矩阵键盘就好比是一张棋盘。说到这里，小宇老师的文艺范儿又开始"复苏"，特意做了一张如图 7.8 所示的幽默图片和读者一起探讨一下围棋，然后引出矩阵键盘的规则。围棋是一种策略性的两人棋类游戏，中国古时候称下棋为"弈"，对局双方各执一色棋子，黑先白后交替下子，每次只能下一子。围棋有很多"讲究"，比如说棋子只能下在棋盘上的交叉点上，棋子落子后，不得向其他位置移动等。

围棋的规则和即将要介绍的行列式矩阵键盘非常的相似，"棋子只能下在棋盘上的交叉点"，矩阵键盘的按键也是在行列的交叉点上，一旦按下按键则该行该列的电平都会变成一致。

图 7.8　围棋幽默故事说矩阵键盘规则

"棋子落子后，不得向其他位置移动"，矩阵键盘的电路连接固定后，每个键都有唯一的"键值"也不能再移动和调整了，若用户需要为每个按键赋予专门的功能，可以把取回的键值对应特定的功能。

行列式矩阵键盘在单片机系统外设中是很常见的，由于 STM8 单片机一组 GPIO 端口的引脚数量为 8 个，所以可以构造 4 行 4 列的 16 按键矩阵键盘，行数和列数可以按照具体的单片机硬件引脚资源进行分配。矩阵键盘可以节约引脚端口，比如扩展得到 16 个按键只需要 8 个 GPIO 引脚，换做是独立按键则需要 16 个，在矩阵键盘中还有一些"异型"矩阵，可以用一些硬件电路上的取巧手段简化线路连接和扫码方法。

矩阵键盘虽然比独立按键占用的引脚数量要少很多，但是不够精简，若扩展的按键数多于 16 个就不止使用 8 个 GPIO 引脚，在这种情况下可以考虑使用其他方法，比如采用"并入串出"类芯片进行电路调整，把键盘行列情况变成串行数字脉冲信号，再由 GPIO 取回串行数据经过移位后得到并行数据，或者采用专用的键盘扩展芯片扩展按键资源，又或者是利用 ADC 模数转换做"单线"键盘(本书模数转换章节会详细讲解)。总之，键盘外设的构建形式很多，读者可以根据实际情况选择搭建方案。

7.3.4　基础项目 B 矩阵键盘"线反转式"扫码法实验

矩阵键盘的扫码方法主要有"逐行逐列"扫码法和"线反转式"扫码法，两种方法各有优缺点，读者可以自行展开深入研究，本项目使用"线反转式"扫码法，因为该方法的程序实现较为简单，并且很适用于引脚输入/输出模式可切换的情况。这种扫码方法会将 STM8 的 GPIO 口配置为推挽输出或者上拉输入，通过反转行列电平和变换引脚方向分别取得行值和列值，最后再判断即可得到具体按键的键值码。

选定了扫码方法后就可以着手搭建硬件电路了，硬件电路原理图如图 7.9 和图 7.10 所示。

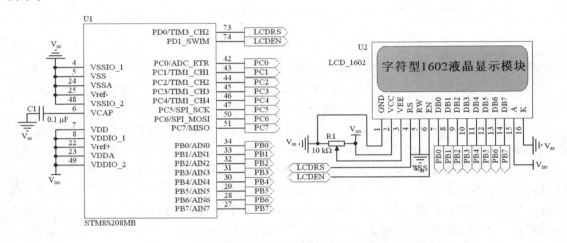

图 7.9　矩阵键盘"线反转式"扫码法实验电路原理图

图 7.9 中单片机使用了 3 组端口，第一组端口 PB 分配给了字符型 1602 液晶模块数据端口，通过并行方式向 1602 液晶写入数据。第二组端口 PD 中只使用了两根线，PD0 连接 1602 液晶模块的数据/命令选择端，PD1 连接 1602 液晶模块的使能信号端口，在整个系统中只需要向 1602 液晶写入数据而不需要从 1602 液晶模块读取数据，所以将 1602 液晶模块的 RW 引脚直接接地处理了。第三组端口 PC 分配给矩阵键盘，行线连接 PC4～PC7，列线连接 PC0～PC3。行列式矩阵键盘的具体电气连接如图 7.10 所示。

硬件电路搭建好以后首先要明确行列式矩阵键盘的"扫码"思想，如果扫码思想没有想明白程序上是很难编写的。下面重点介绍图 7.10，读者需要仔细推敲扫码流程，理解"线反转式"的内涵。

图 7.10 中的行列式矩阵键盘共有 4 根行线，4 根列线，占用了整个 PC 端口。矩阵键盘的行线连接 PC4～PC7，列线连接 PC0～PC3，确认硬件连接后就开始模拟矩阵键盘的扫码流程：当单片机上电后开始执行内部程序，首先应该配置 PC 端口高 4 位为推挽输出（行线），低 4 位为上拉输入（列线），然后向端口赋值 $(0000\ 1111)_B$，目的是让 4 条行线全部输出低电平且 4 条列线由于上拉作用都保持高电平，这样一来 PC 端口就是"一半低一半高"。假设这时候没有按键按下，那么读取 PC 端口的值肯定应该是 $(0x0F)_B$，若读回的值与预想值不相等，那么可以肯定是有按键被按下了。当按键按下时 4 条列线上就不再是高电平了（应该有 1 个位变为低

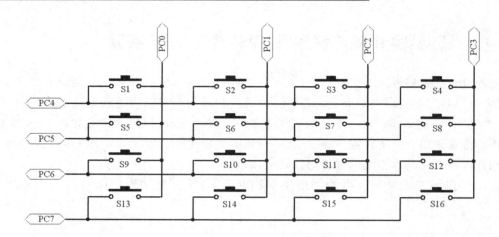

图 7.10   矩阵键盘电路连接图

电平),PC 端口读取的值就有 4 种可能性,若取回端口状态值为(0x0E)$_H$ 则为第 0 列按下了,若为(0x0D)$_H$ 则为第 1 列按下了,若为(0x0B)$_H$ 则为第 2 列按下了,若为(0x07)$_H$ 则为第 3 列按下了,这样就先得到了按键按下时的列值。

得到列值以后就要进行关键性的一步,即"线反转",所谓"反转"的意思是行列线的端口引脚方向会发生变化,输出的值也要进行反向,首先应该配置 PC 端口高 4 位为上拉输入(行线),低 4 位为推挽输出(列线),然后向端口赋值(1111 0000)$_B$,目的是让 4 条行线由于上拉作用保持高电平且 4 条列线全部输出低电平,这样一来 PC 端口就是"一半高一半低",这里的操作与取得列值的操作恰好相反。假设这时候没有按键按下,那么读取 PC 端口的值肯定应该是(0xF0)$_B$,若读回的值与预想值不相等,那么可以肯定是有按键被按下了。当按键按下时 4 条行线上就不再是高电平了(应该有 1 个位变为低电平),PC 端口读取的值就有 4 种可能性,若取回端口状态值为(0xE0)$_H$ 则为第 0 行按下了,若为(0xD0)$_H$ 则为第 1 行按下了,若为(0xB0)$_H$ 则为第 2 行按下了,若为(0x70)$_H$ 则为第 3 行按下了,这样就得到了按键按下时的行值。

列值也有了,行值也有了,接着需要做的就是"顺藤摸瓜"了,通过行列值轻松得到具体按键的键码,然后把键码与具体功能对应即可。

理清了扫码思路就可以开始编程了,使用字符型液晶 1602 模块作为键值码的显示单元,程序重点编写 4×4 行列式矩阵键盘扫描函数 KeyScan() 的功能实现,其他有关 1602 液晶的函数可以回顾本书第 6 章进行查看,利用 C 语言编写的具体程序实现如下:

```
/*********************************************************
 * 实验名称及内容:矩阵键盘"线反转式"扫码法实验
 *********************************************************/
# include "iostm8s208mb.h"                        //主控芯片的头文件
/********************** 常用数据类型定义 *******************/
〖【略】〗为节省篇幅,相似语句可以直接参考之前章节
/******************** 端口/引脚定义区域 ********************/
# define   LCDRS        PD_ODR_ODR0               //LCD1602 数据/命令选择端口 PD0
```

```
# define   LCDEN          PD_ODR_ODR1              //LCD1602 使能信号端口 PD1
# define   LCDDATA        PB_ODR                   //LCD1602 数据端口 D0～D7 连接至 PB
# define   KeyPort_out         PC_ODR
//矩阵键盘输出(PC4～PC7 为行线,PC0～PC3 为列线)
# define   KeyPort_in    PC_IDR
//矩阵键盘输入(PC4～PC7 为行线,PC0～PC3 为列线)
/*********************** 用户自定义数据区域 ***********************/
u8 table1[] = " = = 4 * 4 Keyboard = = ";          //LCD1602 显示矩阵键盘界面
u8 table2[] = "[Keynum]:          ";                //LCD1602 显示输入键值(0～15)
u8 table3[] = {'0','1','2','3','4','5','6','7','8','9'}; //0～9 字符数组
/********************** 函数声明区域 ***********************/
void delay(u16 Count);                              //延时函数声明
u8 KeyScan(void);                                   //4 * 4 行列式矩阵键盘扫描函数声明
void LCD1602_Write(u8 cmdordata,u8 writetype);      //写入液晶模组命令或数据
void LCD1602_init(void);                            //LCD1602 初始化函数
void LCD1602_DIS_CHAR(u8 x,u8 y,u8 z);              //在设定地址写入字符数据
void LCD1602_DIS(void);                             //显示字符函数
/********************* 主函数区域 ***********************/
void main(void)
{
    u8 keynum = 0,x = 0,y = 0;                      //keynum 为键值,x 为键值十位,y 为键值个位
    PD_DDR_DDR0 = 1;                               //配置 PD0 为输出模式
    PD_CR1_C10 = 1;                                //配置 PD0 为推挽输出模式
    PD_CR2_C20 = 0;                                //配置 PD0 低速率输出
    PD_DDR_DDR1 = 1;                               //配置 PD1 为输出模式
    PD_CR1_C11 = 1;                                //配置 PD1 为推挽输出模式
    PD_CR2_C21 = 0;                                //配置 PD1 低速率输出
    PB_DDR = 0xFF;                                 //配置 PB 端口为输出模式
    PB_CR1 = 0xFF;                                 //配置 PB 端口为推挽输出模式
    PB_CR2 = 0x00;                                 //配置 PB 端口低速率输出
    PB_ODR = 0xFF;                                 //初始化 PB 端口全部输出高电平
    LCD1602_init();                                //LCD1602 初始化
    LCD1602_DIS();                                 //显示矩阵键盘功能界面
    while(1)
    {
        keynum = KeyScan();                        //扫描矩阵键盘取回键值 0～15
        if(keynum = = 0xFF)                        //无按键按下
        {
            LCD1602_DIS_CHAR(2,12,'N');            //显示 NO 表示无按键状态
            LCD1602_DIS_CHAR(2,13,'O');
        }
        else                                       //存在按键按下
        {
            x = keynum/10;                         //取键值的十位
            y = keynum % 10;                       //取键值的个位
            LCD1602_DIS_CHAR(2,12,table3[x]);      //显示十位值到 1602 液晶
```

```
        LCD1602_DIS_CHAR(2,13,table3[y]);        //显示个位值到 1602 液晶
        delay(500);                              //延时停留给用户观察
      }
    }
}
/* ****************************************************************** */
void delay(u16 Count)
{{【略】}}//延时函数 delay()
void LCD1602_Write(u8 cmdordata,u8 writetype)
{{【略】}}//写入液晶模组命令或数据函数
void LCD1602_init(void)
{{【略】}}//LCD1602 初始化函数
void LCD1602_DIS(void)
{{【略】}}//显示字符函数
void LCD1602_DIS_CHAR(u8 x,u8 y,u8 z)
{{【略】}}//设定地址写入字符函数
/* ****************************************************************** */
//4 * 4 矩阵键盘扫描函数 KeyScan(),使用"线反转式"扫描法
//无形参,有返回值,PC4~PC7 为行线,PC0~PC3 为列线
/* ****************************************************************** */
u8 KeyScan(void)
{
  u8 Val = 0xFF;                      //定义取键值变量 val
  PC_DDR = 0xF0;                      //配置 PC 端口高 4 位为输出,低 4 位为输入
  PC_CR1 = 0xFF;                      //配置 PC 端口高 4 位为推挽输出,低 4 位为上拉输入
  PC_CR2 = 0x00;                      //配置 PC 端口高 4 位低速率输出,低 4 位外中断禁止
  KeyPort_out = 0x0F;                 //行线全部输出低电平,列线在上拉作用下保持高电平
  if(KeyPort_in! = 0x0F)              //检测是否有按键按下
  {
    delay(10);                        //延时去除按键"抖动"
    if(KeyPort_in! = 0x0F)            //检测是否有按键按下
    {
        switch(KeyPort_in)            //确实有按键按下并判断是哪一列
        {
          case 0x0E:Val = 0;break;    //"0000 1110"第 0 列
          case 0x0D:Val = 1;break;    //"0000 1101"第 1 列
          case 0x0B:Val = 2;break;    //"0000 1011"第 2 列
          case 0x07:Val = 3;break;    //"0000 0111"第 3 列
          default:Val = 0xFF;break;   //非正常单列按下
        }
    }
  }
  PC_DDR = 0x0F;                      //配置 PC 端口高 4 位为输入,低 4 位为输出
  PC_CR1 = 0xFF;                      //配置 PC 端口高 4 位为上拉输入,低 4 位为推挽输出
  PC_CR2 = 0x00;                      //配置 PC 端口高 4 位外中断禁止,低 4 位低速率输出
  KeyPort_out = 0xF0;                 //列线全部输出低电平,行线在上拉作用下保持高电平
```

```
if(KeyPort_in! = 0xF0)                //检测是否有按键按下
{
  delay(10);                          //延时去除按键"抖动"
  if(KeyPort_in! = 0xF0)              //检测是否有按键按下
  {
      switch(KeyPort_in)             //确实有按键按下并判断是哪一行
      {
        case 0xE0:Val + = 0;break;    //"1110 0000"第 0 行
        case 0xD0:Val + = 4;break;    //"1101 0000"第 1 行
        case 0xB0:Val + = 8;break;    //"1011 0000"第 2 行
        case 0x70:Val + = 12;break;   //"0111 0000"第 3 行
        default:Val = 0xFF;break;     //非正常单行按下
      }
  }
}
return Val;                            //返回键值 0~15
}
```

按照程序中设定的键值对应关系,可以将图 7.10 的键盘电路抽象为图 7.11 的键值码对应关系。

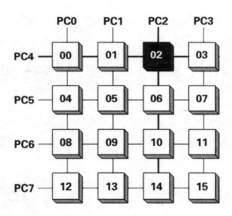

图 7.11 矩阵键盘键值分布

图 7.11 中键值从 0~15 排列,键值与具体按键的对应关系可以由编程人员自行定义。将程序下载到单片机后运行,可以在字符型 1602 液晶模块上得到图 7.12 所示界面。

在图 7.12 中分两行显示,第一行显示"= = 4 * 4 Keyboard = =",第二行显示具体的按键值,此时没有按键按下所以显示"NO",若此时按下"02"号按键,则显示界面会变更为图 7.13 所示的效果,原来的"NO"位置变成了实际按下的按键键值。

该实验是一个 4×4 行列式键盘搭配字符型 1602 液晶显示按键键码的简单实验,在实验中还可以制作显示菜单,比如把液晶模块换成图形点阵 12864 液晶模块或者是更高级的 TFT 液晶模块或串口屏模块,设定几个按键为上翻页、下翻页、上一级页面、下一级页面、确定、返回、退出等。还可以实现键盘的分区,比如设定数字区(0~9 按键)和功能按键区(F 功能键、确认键、清除键等),甚至还可以自己设定组合键、长短按键效果(1 s 内按键对应某种功能,3 s

图 7.12　矩阵键盘实验未按键显示效果

图 7.13　矩阵键盘实验按键显示效果

以上按键又对应某种功能)等,这些效果都可以由读者掌握该项目后自由发挥,小小的矩阵键盘也可以反映出多种多样的控制思想,读者可以多实践多体会。

7.4　不曾遗忘的"IBM PS/2"键盘/鼠标协议及应用

　　读者还记得在 7.1 节介绍"输入设备"时小宇老师的承诺吗?本节就把计算机键盘给"玩儿"起来,这里说的计算机键盘主要是指 PS/2 接口的键盘,不管是用在超市收银上的小键盘还是家用的 101 标准按键键盘都是可以的。

　　说到键盘就让小宇老师回忆起了往事,记得很小的时候家里买了第一台家用计算机,计算机配置非常不错,CPU 是奔腾 2 处理器,主机带光驱和软驱,安装了非常流行的操作系统 Windows 98,显示器是 CRT 阴极射线管显示器,开关机的时候用手摸一摸显示器屏幕就能听见"兹拉兹拉"的静电声音,使用起来感觉非常好,玩儿个"纸牌"游戏画面一点也不卡顿。当时记忆非常深刻,这台计算机的鼠标和键盘就是圆形的多针接口,也就是 PS/2 键盘/鼠标接口。

　　有的读者会说 PS/2 是一种协议或是一种接口,其实这种说法是不准确的,PS/2 其实是 IBM 公司在 1987 年推出的一个计算机系列,该系列又分低档配置(8086 作为 CPU)、中档配置(80286 作为 CPU)和高档配置(80386 作为 CPU),在现在 8086 系列的 CPU 已经成为了"淘汰品种中的古董级"了,但是在当时这样的计算机功能已经足够强大了,PS/2 系列计算机中的键盘与增强型的 AT 键盘是类似的,还增加了 3 个指示灯,这就是现在键盘的雏形,虽然 PS/2 系列计算机已经被淘汰了,但是键盘的技术特征却被普及开来,所以现在也把 PS/2 说成一种键盘/鼠标的规范。

　　标准 PS/2 键盘接口通信协议简单,在系统中占用软硬件资源少,具有高可靠性,表达信息量大因此得到了越来越广泛的应用,在嵌入式系统特别是工控系统中更是随处可见。本节介绍 PS/2 相关知识，并最终把计算机键盘用到 STM8 单片机系统中。

7.4.1　回到"XT、AT、PS/2"的时代

IBM 公司最早推出 XT 键盘和 AT 键盘的时候是 1981 年，XT 键盘比 AT 键盘还要"古老"，老式的 AT 键盘共有 83 个按键，使用 5 脚的 DIN 连接器，俗称"大口"，这里的"DIN"其实是德国标准化组织建立的一个标准。1984 年 IBM 公司推出了增强型的 AT 键盘，按键数量增加到 84～101 个，仍然使用 5 脚的 DIN 连接器，其 5 脚 DIN 公头接口的样式如图 7.14(a)所示，5 脚 DIN 母头接口的样式如图 7.14(c)所示。1987 年 IBM 推出了 PS/2 系列计算机，该系列计算机键盘上增加了 3 个指示灯，按键数量依然是 84～101 个，使用 6 脚的迷你 DIN 连接器(6 Pin Mini DIN)，其 6 脚迷你 DIN 公头接口的样式如图 7.14(d)所示，6 脚迷你 DIN 母头接口的样式如图 7.14(b)所示。为了统一增强型 AT 键盘和 PS/2 键盘的接口，市面上又出现了很多如图 7.14(c)(d)样式的转接线。

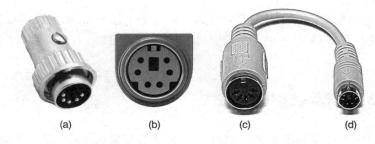

(a)　　　　(b)　　　　(c)　　　　(d)

图 7.14　5 脚 DIN 和 6 脚迷你 DIN 实物接口

现在市面上几乎已经看不到 AT 键盘了，就连 PS/2 键盘也比较少见了，广泛使用的都是 USB 键盘，所以，XT、AT、PS/2 就成为了一个"渐渐遗忘"的时代。现在的便携式笔记本计算机上几乎已经没有 5 脚或者 6 脚的 DIN 接口了，取而代之的都是 USB 接口，现在的台式计算机上有的主板还支持 6 脚迷你 DIN 接口，这些接口非常显眼，它们位于主机箱的功能接口区，按照计算机相关颜色规范，鼠标口通常是浅绿色的一个 6 针的圆形接口，键盘口通常是紫色的一个 6 针的圆形接口。

PS/2 键盘可以双向通信，也就是说计算机可以接收来自键盘或者鼠标的信息，也可以配置鼠标或者键盘内部的参数，鼠标和键盘内部有"键值编码单元"，计算机中对应存在"键值解码单元"，称计算机端为主机(Host)，称鼠标或者键盘为设备(Device)。PS/2 采用 5 V 系列 TTL 电平标准，可以方便的应用到单片机或者嵌入式板卡中，在单片机驱动键盘时，单片机就变成了主机(Host)，在有的应用中不需要键盘成品或者因为体积和功能的限制，甚至可以利用单片机自行设计并制作一个 PS/2 设备。主机与设备之间的 PS/2 连接线按照功能的不同可以划分为两类，第一类是供电线(电和地)，第二类是通信线(串行时钟和串行数据)。5 脚公头/母头 DIN 连接器和 6 脚迷你 DIN 公头/母头连接器的引脚/针孔分布如图 7.15 所示。

图 7.15(a)为 5 脚母头 DIN 引脚分布，图 7.15(b)为 5 脚公头 DIN 引脚分布，图中上方半圆形缺口是防误设计，5 脚 DIN 接口中第 1 脚是串行通信的时钟线，第 2 脚是串行通信的数据线，这两根都属通信线。第 3 脚没有功能，保留使用。第 4 脚是电源地，第 5 脚是 5 V 供电

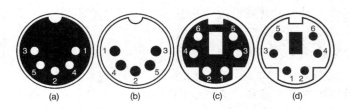

图 7.15　5 脚 DIN 和 6 脚迷你 DIN 引脚分布

引脚。

图 7.15(c)为 6 脚母头迷你 DIN 引脚分布,图 7.15(d)为 6 脚公头迷你 DIN 引脚分布,插座/插孔中间的塑料正方形孔/针也是防误和固定用的,还有个作用就是防止引针被外力"碰歪"连接到一起导致无法使用。6 脚迷你 DIN 接口中第 1 脚是串行通信的数据线,第 2 脚没有功能,保留使用。第 3 脚电源地,第 4 脚是 5 V 供电引脚,第 5 脚是串行通信的时钟线,第 6 脚没有功能,保留使用。

在这些引脚中通信线(串行时钟和串行数据)都是集电极开路的,所以需要添加上拉电阻,当 PS/2 线路要连接到 STM8 单片机系统时,应该把对应连接的 GPIO 端口模式配置为上拉输入模式。

7.4.2　PS/2 通信及数据帧构成

本小节介绍 PS/2 设备和主机之间的通信规则及数据帧的结构,学习之前还是要提出几个问题,然后依次解答。第 1 个问题,PS/2 是单向还是双向通信,特点是什么,速率有多高?第 2 个问题,传输双方如何启动传输流程? 第 3 个问题,通信位数多少,数据帧怎么组织的?

首先解决第 1 个问题,PS/2 接口的通信是一种双向同步串行通信,通信数据即可以从设备到主机,也可以从主机到设备。在这种通信机制中,主机不产生时钟信号,用于串行通信的时钟信号只能由设备产生,比如说计算机和 PS/2 键盘通信,无论是哪个方向的通信,串行时钟都是键盘来"负责"产生。如果是设备到主机的通信方向,设备发送的串行数据在串行时钟的下降沿被主机采集,如果是主机到设备的通信方向,主机发送出的串行数据在串行时钟的上升沿被设备采集。通信线路上最大的时钟频率可以达到 33 kHz,但是绝大多数的设备通信速率都在 10～20 kHz。

再来看看第 2 个问题,传输双方要启动传输必须先检查线路的状态,正常情况下,数据线和时钟线都应该保持高电平,这时候就是通信空闲状态。如果设备欲发送数据给主机首先要检查时钟线是否为高电平,如果时钟线是高电平就可以开始数据发送,如果时钟线是低电平,说明主机不允许设备向它发送数据,这种情况就叫做"主机抑制通信"。还有一种情况就是在主机到设备的通信中,主机要请求设备通信时需要把数据线拉低,时钟线维持高电平,若设备检测到了主机的请求会在不超过 10 ms 的间隔内产生时钟,然后与主机进行交互。这就是主要的 3 种通信情况,其时钟/数据配置如表 7.1 所示。

表 7.1 串行时钟/数据线及通信状态

串行通信时钟线 SCK	串行通信数据线 SDA	通信状态
0	1	主机抑制通信(禁止通信)
1	0	主机请求通信
1	1	通信空闲

最后解决第 3 个问题,PS/2 通信也是按照"帧"结构来组织传输数据的,一帧数据的位数是 11 或者 12 位,当设备传送数据到主机时,一帧数据由 11 个数据位构成,满足"1-8-1-1"结构,这个结构其实是小宇老师"自创"的,并不严谨但是很好记忆,所谓"1-8-1-1"指的是"1 个起始位＋8 个数据位＋1 个校验位＋1 个停止位",其通信时序如图 7.16 所示。

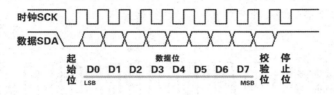

图 7.16 设备到主机通信时序

这里的起始位必须是"0"低电平,8 个数据位的组织形式是低位(LSB)在前面,高位(MSB)在后面,所以当主机接收到该数据时应该要通过移位运算重新组织数据,得到低位在后高位在前的数据。校验位是用来简单校验数据位情况的,这里采用的是奇校验的方法,如果数据位中"1"的个数是偶数个则校验位会被置为"1",这样一来就得到了奇数个"1",如果数据位中"1"的个数是奇数个则校验位会被置为"0",这样一来就始终保证了在数据位＋校验位中的"1"是奇数个。停止位是用来表示一帧数据的"尽头",该位始终为"1"。

当主机传送数据到设备时,一帧数据由 12 个数据位构成,满足"1-8-1-1-1"结构,这个结构同样是小宇老师"自创"的,并不严谨但是很好记忆,所谓"1-8-1-1-1"指的是"1 个起始位＋8 个数据位＋1 个校验位＋1 个停止位＋1 个应答位",这里的起始位、数据位、校验位、停止位与"1-8-1-1"结构中的对应位是完全一样的,唯一不同的就只差一个"应答位",这个位其实就是设备做出的一种"回应",主机发送数据给设备后,设备给一个"应答"给主机,主机才能知道设备的接收情况,其通信时序如图 7.17 所示。

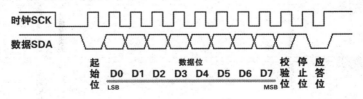

图 7.17 主机到设备通信时序

需要注意的是,在通信过程中通信时钟频率一般都在 10～20 kHz 之间,要想正确获取数据就必须处理好时钟信号的边沿。从时钟脉冲的上升沿到数据转变的时间至少要有 5 μs,数据变化到时钟脉冲的下降沿的时间至少要有 5～25 μs 的时间,这个时间的把握特别重要,这是利用 STM8 单片机进行 PS/2 时序模拟或者 PS/2 协议通信的时序依据。

7.4.3　PS/2 键盘的通码、断码和扫描码集

学习完 PS/2 通信及数据帧构成的相关知识后,就必须考虑一个问题,PS/2 键盘或者是鼠标传输的数据究竟是什么样子的呢? 全世界有那么多键盘和鼠标的生产厂商,做出来的键盘样式、键盘的个数、键盘模块中的键值编码器芯片都不尽相同,怎么做到兼容和统一呢?

以 PS/2 键盘为例,要解决上述的问题就必须了解 PS/2 键盘的通码、断码和扫描码集,这是 3 个从未接触到的新名词,带上"好奇心"开始逐一学习吧!

先不解释这 3 个名词,按照小宇老师的方法,先看图,再思考,然后提问,最后解决。如图 7.18 所示为 PS/2 通信波形图。示波器 A 通道连接的是 PS/2 时钟线,示波器 B 通道连接的是 PS/2 数据线,在得到这张图时必须按下按键,当松开按键时又会出现与这个波形不一致的波形,也就是说按下有"数据",松手又有另外的"数据"。

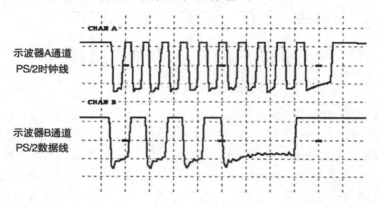

图 7.18　"Q"键按下时的 PS/2 通信波形

示波器不能长时间采集数据,采集的数据反映的是实际电压信号波形,存在边沿"毛刺"也不太方便观察对应的时序,因此将 PS/2 时钟线和 PS/2 数据线连接到逻辑分析仪中,设置逻辑分析仪的采样速率后再次按下键盘上的"Q"键然后松手,从逻辑分析仪上位机中截取得到如图 7.19 所示的电平情况,从图中可以观察到按键按下到松手分别产生了 3 个电平区域,即 A 区域、B 区域、C 区域。

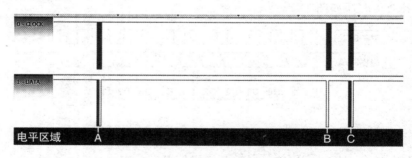

图 7.19　逻辑分析仪采集按键按下至松手期间电平情况

A 区域是按键按下时键盘向单片机发送的"数据",A 区域到 B 区域的时间是按键按下的持续时间,B 区域和 C 区域是按键松手时键盘向单片机发送的"数据",这两个"数据"明显不一样。

前者的 A 区域就是要介绍的"通码",是唯一代表按键接通和按下的代码,后者的 B 区域和 C 区域是要介绍的"断码",是唯一代表按键断开和松手的代码。通码和断码都叫做扫描码。

将 3 个电平区域都"展开",即将水平时间轴变细化,详细观察的电平情况如图 7.20 所示。A 区域对应图 7.20(a)所示,B 区域对应图 7.20(b)所示,C 区域对应图 7.20(c)所示。

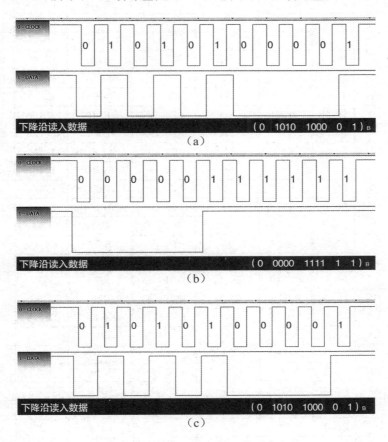

图 7.20 "Q"键通/断码时序波形

按照 PS/2 的规定,时钟信号都由设备端产生,PS/2 键盘和单片机的通信系统中键盘就是设备端,设备发送的串行数据在串行时钟的下降沿被主机采集,按照这个规则,下面分析图 7.20 所示的 3 个电平时序。

图 7.20(a)被主机读回的数据是(01010100001)$_B$,取回数据组成了一个数据帧,该帧由 11 个数据位构成,首位为起始位,实际读入为"0"满足 PS/2 数据帧规定,接下来是 8 位数据位 "10101000",低位在前高位在后,现在将其反过来变成高位在前低位在后,即(00010101)$_B$ 也就是(0x15)$_H$。数据位后面是校验位,在校验位和数据位构成的 9 位数据中"1"的个数有 3 个,恰好是奇数个满足奇校验规则,最后一个位是停止位,规定为高电平"1"。

相似的,图 7.20(b)(c)取回的数据分别为(0xF0)$_H$ 和(0x15)$_H$,也就是说按下"Q"键时通码为(0x15)$_H$,断码为(0xF0)$_H$ 和(0x15)$_H$。读者会不会有个疑问,这个码值代表什么呢?小宇老师找遍了实验室所有的键盘,各个厂家的都有,都按下"Q"键进行测量,通码和断码都一致,我才恍然大悟,这不就是统一的标准嘛!

这个标准就是 PS/2 键盘设备遵循的"键盘扫描码集",从原来的扫描码集发展到现在使用的扫描码集一共有 3 套,现在的键盘一般使用第 2 套扫描码集,第 2 套扫描码集的"样子"如表 7.2 所示。

表 7.2 PS/2 第 2 套键盘扫描码(常用部分)

按 键	通 码	断 码	按 键	通 码	断 码	按 键	通 码	断 码
A	1C	F0,1C	9	46	F0,46	[	54	F0,54
B	32	F0,32	`	0E	F0,0E	INSERT	E0,70	E0,F0,70
C	21	F0,21	-	4E	F0,4E	HOME	E0,6C	E0,F0,6C
D	23	F0,23	=	55	F0,55	PG UP	E0,7D	E0,F0,7D
E	24	F0,24	\	5D	F0,5D	DELETE	E0,71	E0,F0,71
F	2B	F0,2B	BKSP	66	F0,66	END	E0,69	E0,F0,69
G	34	F0,34	SPACE	29	F0,29	PG DN	E0,7A	E0,F0,7A
H	33	F0,33	TAB	0D	F0,0D	U ARROW	E0,75	E0,F0,75
I	43	F0,43	CAPS	58	F0,58	L ARROW	E0,6B	E0,F0,6B
J	3B	F0,3B	L SHFT	12	F0,12	D ARROW	E0,72	E0,F0,72
K	42	F0,42	L CTRL	14	F0,14	R ARROW	E0,74	E0,F0,74
L	4B	F0,4B	L GUI	E0,1F	E0,F0,1F	NUM	77	F0,77
M	3A	F0,3A	L ALT	11	F0,11	KP /	E0,4A	E0,F0,4A
N	31	F0,31	R SHFT	59	F0,59	KP *	7C	F0,7C
O	44	F0,44	R CTRL	E0,14	E0,F0,14	KP -	7B	F0,7B
P	4D	F0,4D	R GUI	E0,27	E0,F0,27	KP +	79	F0,79
Q	15	F0,15	R ALT	E0,11	E0,F0,11	KP EN	E0,5A	E0,F0,5A
R	2D	F0,2D	APPS	E0,2F	E0,F0,2F	KP .	71	F0,71
S	1B	F0,1B	ENTER	5A	F0,5A	KP 0	70	F0,70
T	2C	F0,2C	ESC	76	F0,76	KP 1	69	F0,69
U	3C	F0,3C	F1	05	F0,05	KP 2	72	F0,72
V	2A	F0,2A	F2	06	F0,06	KP 3	7A	F0,7A
W	1D	F0,1D	F3	04	F0,04	KP 4	6B	F0,6B
X	22	F0,22	F4	0C	F0,0C	KP 5	73	F0,73
Y	35	F0,35	F5	03	F0,03	KP 6	74	F0,74
Z	1A	F0,1A	F6	0B	F0,0B	KP 7	6C	F0,6C
0	45	F0,45	F7	83	F0,83	KP 8	75	F0,75
1	16	F0,16	F8	0A	F0,0A	KP 9	7D	F0,7D
2	1E	F0,1E	F9	01	F0,01	]	5B	F0,5B
3	26	F0,26	F10	09	F0,09	;	4C	F0,4C
4	25	F0,25	F11	78	F0,78	'	52	F0,52
5	2E	F0,2E	F12	07	F0,07	,	41	F0,41
6	36	F0,36	PRINT SCRN	E0,12, E0,7C	E0,F0,7C, E0,F0,12	.	49	F0,49
7	3D	F0,3D	SCROLL	7E	F0,7E	/	4A	F0,4A
8	3E	F0,3E	PAUSE	E1,14,77, E1,F0,14, F0,77	NONE			

通过观察表 7.2 可以发现大多数的按键通码都只有 1 个字节,比如刚才测试的"Q"键,断码一般都是 2 个字节,都是(0xF0)_H加上通码的形式。但是也有少数按键搞"特殊化",按键的通码是 2 个字节或者 4 个字节,断码有 3 个字节或者 6 个字节,但是这类按键也有特征,它们的通码第一个字节一般都是(0xE0)_H或者(0xE1)_H。

通过学习扫描码集读者清楚的理解了按键的工作流程,其实就是通码和断码组成的序列传送到了单片机或者计算机,然后再将特定的键值码与功能字符对应起来,比如(0x5A)_H是一个通码,但是它的作用是回车。单一按键按下的情况比较简单,那么组合键如何表示呢?例如需要书写"Yes"这 3 个字母应该怎么敲击键盘按键呢?

首先要按下 Shift 键(假设是键盘左侧的 Shift 键),同时按下"Y"键,然后再松开"Y"键和 Shift 键,接着按下"e"键和"s"键。查找相应按键的通码和断码可以推导出这样的扫描码序列:按下 Shift 键发送通码(0x12)_H(需要注意 Shift 键在标准 101 键盘上有两个,通码和断码均不一样),同时按下"Y"键发送通码(0x35)_H,然后松开"Y"键发送断码(0xF0)_H和(0x35)_H,接着松开 Shift 键发送断码(0xF0)_H和(0x12)_H,随后按下"e"键发送通码(0x24)_H,松开"e"键发送断码(0xF0)_H和(0x24)_H,最后按下"s"键发送通码(0x1B)_H,松开"s"键发送断码(0xF0)_H和(0x1B)_H。把通码和断码连接起来就是一串扫描码序列(1235F035F01224F0241BF01B)_H,到了这里才算是书写完成了"Yes"这 3 个字母,由此可见小小的键盘也并不简单,它是人机交互中的"大功臣"。

7.4.4　PS/2 设备到主机通信流程

本章主要介绍 PS/2 键盘设备,内容是设备到主机方向上的通信,也就是设备发送时钟和数据,主机去采集和接收的模式,这种方向的通信必须要有个操作流程,熟悉这个流程有助于程序编写和对后续实战项目的理解。

从键盘角度分析的流程如图 7.21 所示,键盘欲向主机(单片机或者电脑)方向传送数据,首先检测时钟线上的电平情况,如果时钟线为低电平"0",则是主机不允许设备"发言",此时是主机抑制了通信线路,设备无法发送数据,只能是延时 50 μs 等待,等待完毕后再重新尝试发送。如果时钟线上的电平信号是高电平"1"则继续向下执行。接下来应该检测数据线上的电平情况,若数据线为高电平"1"则继续执行,如果数据线上是低电平"0"则放弃发送(此时主机正在向设备端发送数据,所以 PS/2 设备端要转移到接收程序处接收数据)。接下来延时 20 μs(如果此时正在发送起始位,则应延时 40 μs,紧接着就是发送相应的位,在发送过程中需要注意的是在送出每一位后都要检测时钟线电平状态,以确保主机没有抑制设备端通信,如果有,则中止发送。)首先输出起始位"0"到数据线上,然后从低位到高位输出 8 个数据位到数据线上,接着输出校验位,最后输出停止位"1"。各位都传输完成后再延时 30 μs(如果在发送停止位时释放时钟信号则应延时 50 μs)。

从单片机或计算机角度分析的流程如图 7.22 所示,主机接收的过程非常简单,就是不断检测时钟线上的电平状态是否出现下降沿,一旦出现下降沿就从数据线上取回电平数据,然后把数据进行识别取"1-8-1-1"结构中的 8 位数据位,其余的位都不需要,然后进行数据的移位和重组即可得到数据值。利用 C 语言编程实现的取码和检测过程可参考如下语句:

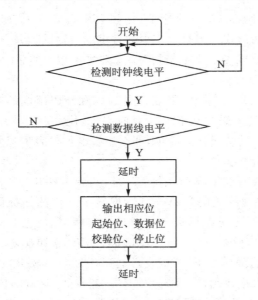

图 7.21 设备端发送数据流程

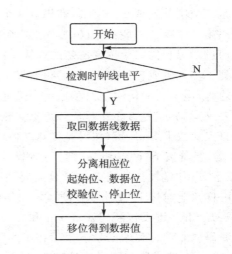

图 7.22 主机端接收数据流程

```
void check(void)
{
  static u8 rcvBits = 0;                      //接收次数
  if(! GET_PS2CLK)                            //若 PS2 时钟线出现下降沿
  {
    if((rcvBits>0) && (rcvBits<9))            //只取帧结构中的数据位部分
    {
      keyVal = keyVal>>1;                      //数据排列(满足 PS2 数据位格式)
      if(GET_PS2DATA)                          //获取 PS2 数据线上状态(0 或者 1)
      keyVal = keyVal|0x80;                    //若数据线状态为 1 则或上最高位为 1
    }
    rcvBits + + ;                              //接收次数递增
    while(! GET_PS2CLK);                       //等待 PS2 时钟线产生上升沿
    if(rcvBits>10)                             //若接收位数大于 10 位则表示已接收完一帧数据
    {
      rcvBits = 0;                             //清零接收次数变量
      rcvF = 1;                                //置 1 布尔变量 rcvF 标识有字符已经输入
    }
  }
}
```

7.4.5 实战项目 A PS/2 小键盘加 1602 液晶密码锁实验

学习了 PS/2 的相关基础知识后就可以开始动手实践了,为了降低学习难度,用如图 7.23 所示的小键盘来做实验,读者看到这种小键盘是不是非常"眼熟"? 是不是有点像银行业务柜台上的密码输入器,是不是又有点像是超市的小键盘? 这种小键盘应用非常广泛,不同厂家的不同型号产品的按键数量和对应功能不尽相同,本项目主要使用 0～9 的数字按键。实验项目依然选用熟悉的字符型 1602 液晶模块作为显示单元。选定了基本的外围器件后就可以开始设计实验功能了,假设只实现键盘键值的显示功能貌似没有什么"好玩儿"的,那就设计并制作一个简易 4 位密码锁。

图 7.23　20 键 PS/2 小键盘实物

　　有了设计目标就可以着手搭建硬件结构了,系统的主控电路原理图如图 7.24 所示,字符型 1602 液晶模块显示电路如图 7.25 所示,在图 7.24 中单片机使用到了 3 组端口,第一组端口 PB 分配给了字符型 1602 液晶模块数据端口,通过并行方式向 1602 液晶写入数据。第二组端口 PD 中只使用了 3 根线,PD0 连接 1602 液晶模块的数据/命令选择端,PD1 连接 1602 液晶模块的使能信号端口,在整个系统中只需要向 1602 液晶写入数据而不需要从 1602 液晶模块读取数据,所以将 1602 液晶模块的 RW 引脚直接接地处理了。PD3 通过限流电阻 R1 连接到了 D1 发光二极管的阴极,D1 阳极连接 VDD,该发光二极管用作状态的指示。第三组端口 PH 分配给 PS/2 的 6 脚迷你 DIN 接口 P1,PH6 连接数据线,PH7 连接时钟线。

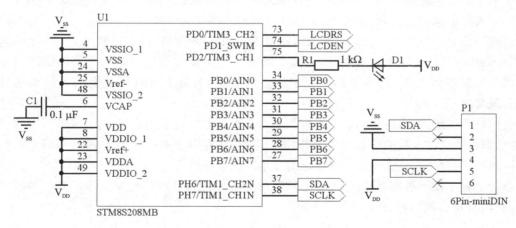

图 7.24　主控电路电路原理图

　　密码锁在智能家居中应用得非常广泛,本项目中键盘是输入设备,字符液晶模块是输出设备,当用户输入正确密码后显示"OK",输入错误密码后显示"NO"。当然,输入的密码位数和

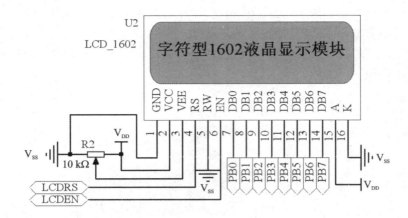

图 7.25　字符型 1602 液晶显示电路

密码匹配后的具体操作都属于自定义功能,读者可以自行设计和实现,比如做一个密码门禁系统,设置 6 位密码,每输入一位密码蜂鸣器会发出"滴"声,当输入 6 位密码后开始进行密码匹配,若匹配成功可以通过 TTS 语音合成单元播报"密码输入正确,欢迎主人回家",这时候驱动继电器单元打开门磁锁,房间门就可以打开了,若密码输入错误则播报"你走不走? 不走我要报警了",接着响起警报。更多有趣的功能都可以由读者自行发挥。

在程序设计时主要构造和实现 PS2 键盘扫码及取键值函数 check(),该函数的作用是不断检测 PS/2 串行时钟的下降沿,当时钟线出现下降沿时从数据线上取出数据位,然后再经过移位运算得到键值码数据。

得到键值码数据后还不能直接使用,因为不知道键值码对应的功能字符是哪一个,所以需要按照第二套 PS/2 键盘扫描码中通码和功能字符的对应关系建立一个 PS2NUM[][2]二维数组,为什么数组要建立成二维的? 这是因为通码和功能字符不能随便的单一存放,而需要一种类似于表格的对应关系,二维数组的行数和具体通码数量有关,列数设定为 2,也就是一张多行 2 列表,找到键值时,该行的第 2 列即为该键值对应的功能字符了,例如"0x1C, 'a'",(0x1C)$_H$ 表示键盘的通码,后面的 'a' 表示该通码对应的功能字符。

得到了功能字符后就可以将它写入字符型 1602 的显示位置,同时还要建立一个密码暂存数组 password[4],该数组用于存放 4 位输入数据。当 4 位数据依次获取并写入密码暂存数组后就开始密码匹配过程,设定的正确密码是"1314",若输入密码与设定密码一致则显示"OK",反之显示"NO"。

有的读者在想,输入的密码要是被别人看见了怎么办? 这个想法很好,说明读者有安全意识,要想保证数据输入后的状态不被轻易"偷看"可以在输入密码位后的一段时间将原密码位用"＊"星号字符覆盖,这样一来就保证了数据输入的安全性。

理清了程序设计思路,论证了关键性问题的解决办法后就可以开始程序的具体编写和实现了,利用 C 语言编写的具体程序实现如下:

```
/*************************************************************
 * 实验名称及内容:PS2 小键盘加 1602 液晶密码锁实验
 *************************************************************/
# include "iostm8s208mb.h"                    //主控芯片的头文件
```

```
/******************** 常用数据类型定义 ********************/
【略】为节省篇幅，相似语句可以直接参考之前章节
/******************** 端口/引脚定义区域 ********************/
#define   LCDRS           PD_ODR_ODR0        //LCD1602 数据/命令选择端口
#define   LCDEN           PD_ODR_ODR1        //LCD1602 使能信号端口
#define   LCDDATA         PB_ODR             //LCD1602 数据端口 D0 至 D7
#define   SET_PS2DATA     PH_ODR_ODR6        //PS2 数据引脚输出
#define   SET_PS2CLK      PH_ODR_ODR7        //PS2 时钟引脚输出
#define   GET_PS2DATA     PH_IDR_IDR6        //PS2 数据引脚输入
#define   GET_PS2CLK      PH_IDR_IDR7        //PS2 时钟引脚输入
#define   LED             PD_ODR_ODR2        //状态指示 LED(是否有键按下)
/******************** 用户自定义数据区域 ********************/
u8 table1[] = " = PS/2   Password = ";      //LCD1602 显示 PS/2 密码锁界面
u8 table2[] = "[Input]:           ";        //LCD1602 显示输入密码
u8 password[4] = {0,0,0,0};                 //密码暂存数组
u8 PS2NUM[][2] = {0x1C,'a',0x32,'b',0x21,'c',0x23,'d',0x24,'e',0x2B,'f',0x34,'g',0x33,'h',
0x43,'i',0x3B,'j',0x42,'k',0x4B,'l',0x3A,'m',0x31,'n',0x44,'o',0x4D,'p',0x15,'q',0x2D,'r',
0x1B,'s',0x2C,'t',0x3C,'u',0x2A,'v',0x1D,'w',0x22,'x',0x35,'y',0x1A,'z',0x45,'0',0x16,'1',
0x1E,'2',0x26,'3',0x25,'4',0x2E,'5',0x36,'6',0x3D,'7',0x3E,'8',0x46,'9',0x0E,'ᶜ',0x4E,'-',
0x55,'=',0x5D,'\\',0x29,' ',0x54,'[',0x5B,']',0x4C,';',0x52,'\"',0x41,',',0x49,'.',0x4A,'/',
0x71,'.',0x70,'0',0x69,'1',0x72,'2',0x7A,'3',0x6B,'4',0x73,'5',0x74,'6',0x6C,'7',0x75,'8',
0x7D,'9',0x66,' ',// back};                 //常用 60 个标准 PS2 第二套键盘扫描码与对应字符
_Bool rcvF = 0;                             //布尔型变量 rcvF 用于标志是否收到字符
u8 keyVal;                                  //键盘键值
/******************** 函数声明区域 ********************/
void delay(u16 Count);                      //延时函数声明
void PS2_Init(void);                        //PS2 时序初始化函数声明
void check(void);                           //PS2 键盘扫码及取键值函数声明
void LCD1602_Write(u8 cmdordata,u8 writetype); //写入液晶模组命令或数据
void LCD1602_init(void);                     //LCD1602 初始化函数
void LCD1602_DIS_CHAR(u8 x,u8 y,u8 z);       //在设定地址写入字符数据
void LCD1602_DIS(void);                      //显示字符函数
/******************** 主函数区域 ********************/
void main(void)
{
  u8 x = 0,y = 8,z = 0,i;                   //x用于存放键值对应字符,y用于设定 1602 显示地址
                                            //z用于访问密码数组充当数组下标,i用于循环控制变量
  PD_DDR_DDR0 = 1;                          //配置 PD0 为输出模式
  PD_CR1_C10 = 1;                           //配置 PD0 为推挽输出模式
  PD_CR2_C20 = 0;                           //配置 PD0 低速率输出
  PD_DDR_DDR1 = 1;                          //配置 PD1 为输出模式
  PD_CR1_C11 = 1;                           //配置 PD1 为推挽输出模式
  PD_CR2_C21 = 0;                           //配置 PD1 低速率输出
  PD_DDR_DDR2 = 1;                          //配置 PD2 为输出模式
  PD_CR1_C12 = 1;                           //配置 PD2 为推挽输出模式
  PD_CR2_C22 = 0;                           //配置 PD2 低速率输出
```

```
PB_DDR = 0xFF;                            //配置 PB 端口为输出模式
PB_CR1 = 0xFF;                            //配置 PB 端口为推挽输出模式
PB_CR2 = 0x00;                            //配置 PB 端口低速率输出
PB_ODR = 0xFF;                            //初始化 PB 端口全部输出高电平
PS2_Init();                               //初始化 PS2 端口所用引脚
LCD1602_init();                           //LCD1602 初始化
LCD1602_DIS();                            //LCD1602 显示密码锁界面
while(1)
{
  check();                                //检查是否有按键按下并取回键值
  LED = 1;                                //熄灭 LED 指示(无按键按下)
  if(rcvF)                                //若按键按下标志位为 1
  {
    LED = 0;                              //点亮 LED 指示(有按键按下)
    for(i = 0;PS2NUM[i][0]!= keyVal && i<59;i++);
                                          //查找对应的二维数组键码与字符位置
    if(PS2NUM[i][0] == keyVal)            //若键值码与二维数组匹配
    {
        x = PS2NUM[i][1];                 //将键值码对应的字符赋值给 x
    }
    rcvF = 0;                             //清除按键检测标志位
    LCD1602_DIS_CHAR(2,y,x);              //在设定地址写入字符数据 x
    password[z] = x;                      //将 x 存放进密码数组
    delay(200);                           //延时让用户看见输入情况
    LCD1602_DIS_CHAR(2,y,'*');            //在设定地址写入字符数据'*'掩盖原密码
    y++;                                  //LCD1602 显示地址递增
    z++;                                  //密码数组的数组下标递增
    if(y>11)                              //若输入 4 位密码"****"则进入判断
    {
      if(password[0] == '1'&&password[1] == '3'
         &&password[2] == '1'&&password[3] == '4')
                                          //输入密码与设定密码"1314"进行匹配
      {
        LCD1602_DIS_CHAR(2,13,'O');       //匹配成功显示"OK"
        LCD1602_DIS_CHAR(2,14,'K');
        LCD1602_DIS_CHAR(2,8,' ');        //清除原密码第 1 位
        LCD1602_DIS_CHAR(2,9,' ');        //清除原密码第 2 位
        LCD1602_DIS_CHAR(2,10,' ');       //清除原密码第 3 位
        LCD1602_DIS_CHAR(2,11,' ');       //清除原密码第 4 位
        y = 8;z = 0;                      //重新对 y 和 z 进行赋值
      }
      else
      {
        LCD1602_DIS_CHAR(2,13,'N');       //匹配失败显示"NO"
        LCD1602_DIS_CHAR(2,14,'O');
        LCD1602_DIS_CHAR(2,8,' ');        //清除原密码第 1 位
```

```
            LCD1602_DIS_CHAR(2,9,' ');              //清除原密码第 2 位
            LCD1602_DIS_CHAR(2,10,' ');             //清除原密码第 3 位
            LCD1602_DIS_CHAR(2,11,' ');             //清除原密码第 4 位
            y = 8;z = 0;                            //重新对 y 和 z 进行赋值
        }
      }
    }
  }
}
/ * * * * * * * * * * * * * * * * * * * * * * * * * * * * * * * * * * * * * * * * * * * * * * * * * * * */
void delay(u16 Count)
{【略】}//延时函数
void LCD1602_Write(u8 cmdordata,u8 writetype)
{【略】}//写入液晶模组命令或数据
void LCD1602_init(void)
{【略】}//LCD1602 初始化函数
void LCD1602_DIS(void)
{【略】}//在设定地址写入字符数据
void LCD1602_DIS_CHAR(u8 x,u8 y,u8 z)
{【略】}//显示字符函数
/ * * * * * * * * * * * * * * * * * * * * * * * * * * * * * * * * * * * * * * * * * * * * * * * * * * * * */
//PS2 时序初始化函数 PS2_Init(),无形参,无返回值
/ * * * * * * * * * * * * * * * * * * * * * * * * * * * * * * * * * * * * * * * * * * * * * * * * * * * * */
void PS2_Init(void)
{
  //PH6 引脚连接 PS2 的数据 DATA 引脚
  //PH7 引脚链接 PS2 的时钟 CLK 引脚
  PH_DDR_DDR6 = 1;                         //配置 PH6 为输出模式
  PH_CR1_C16 = 1;                          //配置 PH6 为推挽输出模式
  PH_CR2_C26 = 0;                          //配置 PH6 低速率输出
  SET_PS2DATA = 1;                         //配置 PH6 端口输出高电平
  PH_DDR_DDR7 = 1;                         //配置 PH7 为输出模式
  PH_CR1_C17 = 1;                          //配置 PH7 为推挽输出模式
  PH_CR2_C27 = 0;                          //配置 PH7 低速率输出
  SET_PS2CLK = 1;                          //配置 PH7 端口输出高电平
  delay(10);
  PH_DDR_DDR6 = 0;                         //配置 PH6 为输入模式
  PH_CR1_C16 = 1;                          //配置 PH6 为上拉输入模式
  PH_CR2_C26 = 0;                          //配置 PH6 外中断禁止
  PH_DDR_DDR7 = 0;                         //配置 PH7 为输入模式
  PH_CR1_C17 = 1;                          //配置 PH7 为上拉输入模式
  PH_CR2_C27 = 0;                          //配置 PH7 外中断禁止
}
/ * * * * * * * * * * * * * * * * * * * * * * * * * * * * * * * * * * * * * * * * * * * * * * * * * * * * */
//PS2 键盘扫码及取键值函数 check(),无形参,无返回值,需要注意该函数
//会改变全局变量 keyVal(键盘键值码)、rcvF(按键按下标志位)的值
```

```
/*******************************************************************/
void check(void)
{
    static u8 rcvBits = 0;                  //接收次数
    if(! GET_PS2CLK)                        //若 PS2 时钟线出现下降沿
    {
        if((rcvBits>0) && (rcvBits<9))      //只取帧结构中的数据位部分
        {
            keyVal = keyVal>>1;             //数据排列(满足 PS2 数据位格式)
            if(GET_PS2DATA)                 //获取 PS2 数据线上状态(0 或者 1)
            keyVal = keyVal|0x80;           //若数据线状态为 1 则或上最高位为 1
        }
        rcvBits + + ;                       //接收次数递增
        while(! GET_PS2CLK);                //等待 PS2 时钟线产生上升沿
        if(rcvBits>10)                      //若接收位数大于 10 位则表示已接收完一帧数据
        {
            rcvBits = 0;                    //清零接收次数变量
            rcvF = 1;                       //置 1 布尔变量 rcvF 标识有字符已经输入
        }
    }
}
```

将程序下载到单片机中并运行,观察字符型 1602 液晶模块显示界面,如图 7.26 所示,字符型液晶第一行显示"= PS/2 Password=",第二行显示键盘输入数据,在第二行中因为"[Input]:"占用了 8 个字符位置,所以在主程序中特意把用于设定 1602 显示地址的变量 y 赋初值为 8,目的是让后续键盘输入的字符从第 8 个字符位开始显示(注意显示地址从 0 开始,显示位其实是第 9 个)。

图 7.26　密码锁实验上电显示效果

当密码被 PS/2 小键盘逐位输入后,首先获得通码键值码,然后通过以下语句进行匹配:

```
for(i = 0;PS2NUM[i][0]!= keyVal && i<59;i + +);
//查找对应的二维数组键码与字符位置
if(PS2NUM[i][0] = = keyVal)        //若键值码与二维数组匹配
{
    x = PS2NUM[i][1];              //将键值码对应的字符赋值给 x
}
```

语句中的 i<59 是一个循环控制条件,取值 59 的原因是建立的 PS2NUM[][2] 二维数组只有 60 个常用的通码,数组的下标都是从 0 开始,所以取值 59 的意思是遍历整个数组,找到对应的通码行 PS2NUM[i][0],然后把该行通码对应的功能字符 PS2NUM[i][1] 取出后赋值给 x 变量,再将其写入字符型 1602 液晶模块中。

为了增加输入密码的安全性,编写了如下代码行:

```
LCD1602_DIS_CHAR(2,y,x);          //在设定地址写入字符数据 x
password[z] = x;                  //将 x 存放进密码数组
delay(200);                       //延时让用户看见输入情况
LCD1602_DIS_CHAR(2,y,'*');        //在设定地址写入字符数据'*'星号掩盖原密码
```

"LCD1602_DIS_CHAR(2,y,x);"该语句是把功能字符写入 1602 液晶模块的显示位置,写入后用户是可见的,紧接着把 x 写入了密码暂存数组 Password[]中,z 为自增下标。延时一段时间后,程序将原来可见的 x 字符替换为了" * "星号字符,密码输入和星号掩盖效果如图 7.27 所示。

图 7.27 密码锁实验输入密码过程中 * 号掩盖效果

在图 7.27 中输入的密码恰好就是设定密码"1314",可以看到 4 是最后一个被输入的,所以" * "星号字符还没有来得及覆盖整个密码区域,当完成 4 位密码输入后程序会执行密码匹配程序,即:

```
if(y>11)                          //若输入 4 位密码" * * * * "则进入判断
{
    if(password[0] = = '1'&&password[1] = = '3'
    &&password[2] = = '1'&&password[3] = = '4')
    //输入密码与设定密码"1314"进行匹配
    ……
```

可以看到所谓的密码匹配过程其实就是把密码暂存数组中的每一位分别拿出来与设定密码"1314"做等值比较,如果 4 个条件都正确则与逻辑运算结果为"1",if()条件为真,则字符 1602 液晶屏幕上显示出"OK",其显示效果如图 7.28 所示。若密码匹配失败,即 4 位密码中至少有 1 位密码与设定密码不符,则字符 1602 液晶屏幕上显示出"NO",其显示效果如图 7.29 所示。

图 7.28 密码锁实验密码匹配成功效果

图 7.29 密码锁实验密码匹配失败效果

7.4.6　实战项目 B PS/2 大键盘 Shift 键大小写功能实验

做完 PS/2 小键盘实验后觉得还不"过瘾",毕竟只用到了单一的按键,在程序中只用到了 0~9 的数字键,做简单的输入还可以,做复杂的字符串编写就很"吃力"了,本小节尝试驱动 PS/2 大键盘,实现 Shift 键选定符号输入、大小写切换等组合键功能。

接下来将 PS/2 小键盘从 PS/2 接口上拔掉,插上大键盘,单片机运行实战项目 A 的程序也是兼容的,使用大键盘一样可以输入 0~9 数字键充当密码输入。读者可以在实战项目 A 的基础上做功能延展,硬件电路图依然采用实战项目 A 中的电路。只是将小键盘替换为如图 7.30 所示的大键盘即可。

图 7.30　PS/2 大键盘实物

在硬件上的唯一改动就是将小键盘变更为大键盘,但是在软件上需要改变的地方就非常多了。要实现 Shift 键选定符号输入、大小写切换等组合键功能,必须考虑单一按键和组合了 Shift 按键后的"组合按键"对应的通码以及功能字符的变化,怎么描述两种情况下的通码变化呢? 第一想到建立一张多行 4 列的表格,即需要构建一个 4 维数组,但是这样的数组在遍历数据时会显得非常麻烦,循环控制变量的定义和具体的下标引用方法都比较繁琐。那就改变思路,构建两个二维数组 NO_shift[][2] 和 YES_shift[][2],从字面上就非常容易理解,NO_shift[][2] 数组中装载的是没有 Shift 按键按下情况下的 60 个常见按键通码,YES_shift[][2] 数组中装载的是 Shift 按键按下情况下的 60 个常见按键通码。

通码问题解决后,就要重点检测按键是不是被"组合按下"了,这时候就需要编写实现一个 Shift 按键情况的键值码处理函数 keyHandle(),该函数主要实现 Shift 码的"监控",考虑到 PS/2 大键盘上有两个 Shift 按键,而且左右 Shift 按键的通码还不一致,这样一来就要"监控"左边 Shift 按键的通码(0x12)$_{\mathrm{H}}$ 和右边 Shift 按键的通码(0x59)$_{\mathrm{H}}$,当取回的按键序列中存在"12＋具体按键通码＋具体按键断码＋F0 12"或者"59＋具体按键通码＋具体按键断码＋F0 59"情况就必须把具体按键的键码按照 Shift 按下情况送到 NO_shift[][2] 或 YES_shift[][2] 数组中进行匹配,然后取得对应的功能字符,再送到字符型 1602 液晶模块中进行显示。

说到 1602 字符液晶就要引出一个显示的问题,1602 液晶模块一行只能是显示 16 个字符,输入字符超过 16 个就不能被正确显示了,所以应该启用 PS/2 大键盘上的"Back Space"按键功能,当按下这个按键时即可清除输入行数据信息,这样一来就又可以重新输入了。要实现这个功能其实并不复杂,"Back Space"按键的通码是$(0x66)_H$,将该通码的功能字符定义为' '空格字符(不可见字符),当主程序检测到输入的字符为' '时就将对应区域的 1602 显示字符位全部覆盖上空格字符即可,这个操作就相当于清除了显示数据,可用 C 语言编写功能实现语句如下:

```
if(x = = ' ')                          //若按键为"Back"键
{
    for(z = 3;z<16;z + + )             //循环清除输出区字符
    LCD1602_DIS_CHAR(2,z,x);           //向显示字符位填充覆盖不可见的空格字符
    y = 3;                             //重新赋值显示地址
}
```

理清了程序思路和关键问题的解决方法就可以尝试编程了,利用 C 语言编写的具体程序实现如下:

```
/**********************************************************
 * 实验名称及内容:PS2 大键盘 Shift 键大小写功能实验
 **********************************************************/
# include "iostm8s208mb.h"             //主控芯片的头文件
/****************** 常用数据类型定义 ********************/
【略】为节省篇幅,相似语句可以直接参考之前章节
/****************** 端口/引脚定义区域 ********************/
# define  LCDRS          PD_ODR_ODR0   //LCD1602 数据/命令选择端口
# define  LCDEN          PD_ODR_ODR1   //LCD1602 使能信号端口
# define  LCDDATA        PB_ODR        //LCD1602 数据端口 D0 至 D7
# define  SET_PS2DATA    PH_ODR_ODR6   //PS2 数据引脚输出
# define  SET_PS2CLK     PH_ODR_ODR7   //PS2 时钟引脚输出
# define  GET_PS2DATA    PH_IDR_IDR6   //PS2 数据引脚输入
# define  GET_PS2CLK     PH_IDR_IDR7   //PS2 时钟引脚输入
# define  LED            PD_ODR_ODR2   //状态指示 LED(大写功能)
/****************** 用户自定义数据区域 ********************/
u8 table1[] = " = PS2 FShift A/a = ";  //LCD1602 显示 SHIFT 功能界面
u8 table2[] = "In:              ";     //LCD1602 显示大小写切换字符
u8 NO_shift[][2] = {0x1C,'a',0x32,'b',0x21,'c',0x23,'d',0x24,'e',0x2B,'f',0x34,'g',0x33,'h',
0x43,'i',0x3B,'j',0x42,'k',0x4B,'l',0x3A,'m',0x31,'n',0x44,'o',0x4D,'p',0x15,'q',0x2D,'r',
0x1B,'s',0x2C,'t',0x3C,'u',0x2A,'v',0x1D,'w',0x22,'x',0x35,'y',0x1A,'z',0x45,'0',0x16,'1',
0x1E,'2',0x26,'3',0x25,'4',0x2E,'5',0x36,'6',0x3D,'7',0x3E,'8',0x46,'9',0x0E,'└',0x4E,'-',
0x55,' = ',0x5D,'\\',0x29,' ',0x54,'[',0x5B,']',0x4C,';',0x52,'\'',0x41,',',0x49,'.',0x4A,'/',
0x71,'.',0x70,'0',0x69,'1',0x72,'2',0x7A,'3',0x6B,'4',0x73,'5',0x74,'6',0x6C,'7',0x75,'8',
0x7D,'9',0x66,' ',// back};
//未按下 shift 按键时常用 60 个标准 PS2 第二套键盘扫描码与对应字符
u8 YES_shift[][2] = {0x1C,'A',0x32,'B',0x21,'C',0x23,'D',0x24,'E',0x2B,'F',0x34,'G',
0x33,'H',0x43,'I',0x3B,'J',0x42,'K',0x4B,'L',0x3A,'M',0x31,'N',0x44,'O',0x4D,'P',
0x15,'Q',0x2D,'R',0x1B,'S',0x2C,'T',0x3C,'U',0x2A,'V',0x1D,'W',0x22,'X',0x35,'Y',
0x1A,'Z',0x45,'0',0x16,'1',0x1E,'2',0x26,'3',0x25,'4',0x2E,'5',0x36,'6',0x3D,'7',0x3E,'8',
0x46,'9',0x0E,'~',0x4E,'_',0x55,' + ',0x5D,'|',0x29,' ',0x54,'{',0x5B,'}',0x4C,':',0x52,'"',
0x41,'<',0x49,'>',0x4A,'? ',0x71,'.',0x70,'0',0x69,'1',0x72,'2',0x7A,'3',0x6B,'4',0x73,'5',
0x74,'6',0x6C,'7',0x75,'8',0x7D,'9',0x66,' ',      // back};
```

```
//按下 shift 按键时常用 60 个标准 PS2 第二套键盘扫描码与对应字符
_Bool rcvF = 0;                                     //布尔型变量 rcvF 用于标志是否收到字符
u8 keyVal;                                          //键盘键值
/****************** 函数声明区域 ************************/
void delay(u16 Count);                              //延时函数声明
void PS2_Init(void);                                //PS2 时序初始化函数声明
void check(void);                                   //PS2 键盘扫码及取键值函数声明
u8 keyHandle(u8 val);                               //SHIFT 按键的键值码处理函数声明
void LCD1602_Write(u8 cmdordata,u8 writetype);      //写入液晶模组命令或数据
void LCD1602_init(void);                            //LCD1602 初始化函数
void LCD1602_DIS_CHAR(u8 x,u8 y,u8 z);              //在设定地址写入字符数据
void LCD1602_DIS(void);                             //显示字符函数
/****************** 主函数区域 ************************/
void main(void)
{
  u8 x = 0,y = 3,z;                                 //x 用于存放键值对应字符,y 用于设定 1602 显示地址
  PD_DDR_DDR0 = 1;                                  //配置 PD0 为输出模式
  PD_CR1_C10 = 1;                                   //配置 PD0 为推挽输出模式
  PD_CR2_C20 = 0;                                   //配置 PD0 低速率输出
  PD_DDR_DDR1 = 1;                                  //配置 PD1 为输出模式
  PD_CR1_C11 = 1;                                   //配置 PD1 为推挽输出模式
  PD_CR2_C21 = 0;                                   //配置 PD1 低速率输出
  PD_DDR_DDR2 = 1;                                  //配置 PD2 为输出模式
  PD_CR1_C12 = 1;                                   //配置 PD2 为推挽输出模式
  PD_CR2_C22 = 0;                                   //配置 PD2 低速率输出
  PB_DDR = 0xFF;                                    //配置 PB 端口为输出模式
  PB_CR1 = 0xFF;                                    //配置 PB 端口为推挽输出模式
  PB_CR2 = 0x00;                                    //配置 PB 端口低速率输出
  PB_ODR = 0xFF;                                    //初始化 PB 端口全部输出高电平
  PS2_Init();                                       //初始化 PS2 端口所用引脚
  LCD1602_init();                                   //LCD1602 初始化
  LCD1602_DIS();                                    //LCD1602 显示大写/小写切换功能界面
  LED = 1;                                          //上电初始化大写指示 LED 为熄灭状态
  while(1)
  {
    check();                                        //检查是否有按键按下并取回键值
    if(rcvF)                                        //若按键按下标志位为 1
    {
      x = keyHandle(keyVal);                        //处理 SHIFT 情况下的键值码并赋值给 x
      if(x! = 0xFF)
      {
        LCD1602_DIS_CHAR(2,y,x);                    //在设定地址写入字符数据 x
        y + +;                                      //LCD1602 显示地址递增
        if(y>15)y = 3;                              //判断 LCD1602 显示地址是否超出显示区域
        if(x = = ' ')                               //若按键为"Back"键
        {
          for(z = 3;z<16;z + + )                    //循环清除输出区字符
          LCD1602_DIS_CHAR(2,z,x);                  //向显示字符位填充覆盖不可见的空格字符
          y = 3;                                    //重新赋值显示地址
```

```
                }
            }
        }
    }
}
/***********************************************************************/
void delay(u16 Count)
{【略】}//延时函数
void LCD1602_Write(u8 cmdordata,u8 writetype)
{【略】}//写入液晶模组命令或数据
void LCD1602_init(void)
{【略】}//LCD1602 初始化函数
void LCD1602_DIS(void)
{【略】}//显示字符函数
void LCD1602_DIS_CHAR(u8 x,u8 y,u8 z)
{【略】}//在设定地址写入字符数据
/***********************************************************************/
//PS2 时序初始化函数 PS2_Init(),无形参,无返回值
/***********************************************************************/
void PS2_Init(void)
{
    //PH6 引脚连接 PS2 的数据 DATA 引脚
    //PH7 引脚链接 PS2 的时钟 CLK 引脚
    PH_DDR_DDR6 = 1;                        //配置 PH6 为输出模式
    PH_CR1_C16 = 1;                         //配置 PH6 为推挽输出模式
    PH_CR2_C26 = 0;                         //配置 PH6 低速率输出
    SET_PS2DATA = 1;                        //配置 PH6 端口输出高电平
    PH_DDR_DDR7 = 1;                        //配置 PH7 为输出模式
    PH_CR1_C17 = 1;                         //配置 PH7 为推挽输出模式
    PH_CR2_C27 = 0;                         //配置 PH7 低速率输出
    SET_PS2CLK = 1;                         //配置 PH7 端口输出高电平
    delay(10);
    PH_DDR_DDR6 = 0;                        //配置 PH6 为输入模式
    PH_CR1_C16 = 1;                         //配置 PH6 为上拉输入模式
    PH_CR2_C26 = 0;                         //配置 PH6 外中断禁止
    PH_DDR_DDR7 = 0;                        //配置 PH7 为输入模式
    PH_CR1_C17 = 1;                         //配置 PH7 为上拉输入模式
    PH_CR2_C27 = 0;                         //配置 PH7 外中断禁止
}
/***********************************************************************/
//PS2 键盘扫码及取键值函数 check(),无形参,无返回值,需要注意该函数
//会改变全局变量 keyVal(键盘键值码)、rcvF(按键按下标志位)的值
/***********************************************************************/
void check(void)
{
    static u8 rcvBits = 0;                  //接收次数
    if(! GET_PS2CLK)                        //若 PS2 时钟线出现下降沿
    {
        if((rcvBits>0) && (rcvBits<9))      //只取帧结构中的数据位部分
```

```
    {
      keyVal = keyVal>>1;                          //数据排列(满足 PS2 数据位格式)
      if(GET_PS2DATA)                              //获取 PS2 数据线上状态(0 或者 1)
      keyVal = keyVal|0x80;                        //若数据线状态为 1 则或上最高位为 1
    }
    rcvBits + + ;                                  //接收次数递增
    while(! GET_PS2CLK);                           //等待 PS2 时钟线产生上升沿
    if(rcvBits>10)                                 //若接收位数大于 10 位则表示已接收完一帧数据
    {
      rcvBits = 0;                                 //清零接收次数变量
      rcvF = 1;                                    //置 1 布尔变量 rcVF 标识有字符已经输入
    }
  }
}
/*********************************************************************/
//SHIFT 按键情况的键值码处理函数 keyHandle(),有形参 val,有返回值
/*********************************************************************/
u8 keyHandle(u8 val)
{
  u8 i;                                            //i 用于做循环控制变量
  static _Bool isUp = 0;                           //按键释放动作标志
  static _Bool shift = 0;                          //SHIFT 按键按下标志
  rcvF = 0;                                        //清除按键按下标志位
  if(! isUp)                                       //判定按键释放动作
  {
    switch(val)                                    //判断传入实参
    {
      case 0xF0:isUp = 1;break;                    //发送断码动作,置 1 按键释放标志
      case 0x12:{shift = 1;LED = 0;}break;         //SHIFT 标志置 1(左)LED 点亮指示
      case 0x59:{shift = 1;LED = 0;}break;         //SHIFT 标志置 1(右)LED 点亮指示
      default:
      if(! shift)                                  //如果没有按下 SHIFT 按键的情况
      {
        for(i = 0;NO_shift[i][0]!= val && i<59;i+ +);
                                                   //查找对应的二维数组键码与字符位置
        if(NO_shift[i][0] = = val)                 //若键值码与二维数组匹配
        {
          val = NO_shift[i][1];return val;         //将键值码对应的字符赋值给 val 并返回值
        }
      }
      else                                         //如果按下 SHIFT 按键的情况
      {
        for(i = 0;YES_shift[i][0]!= val && i<59;i+ +);
                                                   //查找对应的二维数组键码与字符位置
        if(YES_shift[i][0] = = val)                //若键值码与二维数组匹配
        {
          val = YES_shift[i][1];return val;        //将键值码对应的字符赋值给 val 并返回值
        }
      }
```

```
            }
        }
        else
        {
            isUp = 0;                                    //清除按键释放动作标志
            switch(val)                                  //判断传入实参(若只按下了SHIFT键未构成组合形式)
            {
                case 0x12:{shift = 0;LED = 1;}break;     //SHIFT标志清零(左)LED熄灭指示
                case 0x59:{shift = 0;LED = 1;}break;     //SHIFT标志清零(右)LED熄灭指示
            }
        }
    return 0xFF;
}
```

将程序下载到单片机中并运行,观察 1602 字符液晶可以看到如图 7.31 所示的显示效果。

图 7.31 所示的液晶模块显示出两行数据,字符型液晶第一行显示"= PS2 FShift A/a =",第二行显示键盘输入数据,在第二行中因为"In:"占用了 3 个字符位置,所以主程序特意把用于设定 1602 显示地址的变量 y 赋初值为 3,目的是让后续键盘输入的字符从第 3 个字符位开始显示(注意显示地址从 0 开始,显示位其实是第 4 个)。

在程序中还专门使用了一个 PD2 引脚,在硬件上该引脚连接了一个发光二极管,当 PD2 输出高电平时发光二极管熄灭,反之亮起,在 keyHandle()函数中就用到了这个资源。当左边或者右边的 Shift 按键按下时发光二极管就会亮起,所以该发光二极管是一个组合键功能"指示灯"。

接下来验证组合键输入功能,小写"a"加上 Shift 按键后可以变成大写的"A","="符号加上 Shift 按键后可以变成"+"符号,相似的"["、"]"、";"、"/"等符号加上 Shift 按键后可以分别变成"{"、"}"、":"、"?"。这样一来就实现了组合键的不用功能字符对应关系,实际输入和测试效果如图 7.32 所示。

图 7.31 Shift 组合按键功能界面显示效果

图 7.32 Shift 组合按键输入显示效果

说到这里按键章节的基础知识就要结束了,这一章的内容非常重要,虽然讲解的知识点并不复杂,但是变化和扩展很多,读者可以在工作中和项目设计中进一步体会和加深学习。学习完成 PS/2 键盘后应该向自己提出更多更有意思的挑战,比如设计一个应用于单片机的"输入法"程序,给这种输入法起一个响亮的名字,比如"轻量级易移植 STM8 叮咚叮咚敲不停牌儿输入法程序",又或者利用 PS/2 键盘和液晶模组做一个"贪吃蛇游戏"、"简易网络调试工具"等,只要敢"折腾"必定有"收获"!

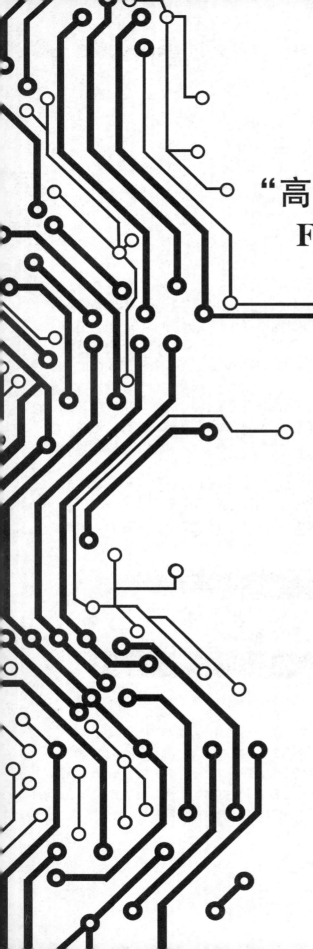

第 8 章

"高楼大厦,各有功用"
Flash 程序存储器
与 EEPROM

章节导读:

  亲爱的读者,本章将详细介绍 STM8 单片机
存储器资源结构及组成。本章共分为 6 个部分,存
储器资源及配置都比较"抽象",所以在章节内容
的表达上笔者引出了很多比喻,旨在降低章节知
识的难度让读者可以快乐的学习。8.1 节构建了
小宇老师的"高楼大厦"用于解释存储器资源分配
及构成。8.2 节将各个组成单元细分并展开讲解。
8.3 节主要讲解了与存储器有关的寄存器及其配
置流程。因为在存储器资源中存在很多新名词和
模式,所以增加了 8.4 节详细介绍 IAP、ICP、字节
编程、字编程、块编程、标准编程、快速编程等名词
和机制让读者深入理解,活学活用。8.5 节主要讲
解存储器保护机制及 MASS 系统。最后的 8.6 节
引入 EEPROM 断电不丢失数据的验证实验,深化
读者的理解。

存储器结构中的
"高楼大厦"
STM8低/中/高密度存储器

8.1　小宇老师的"高楼大厦"

　　快乐开篇！学习完 GPIO 的基础知识和应用后开始"摸索"STM8 的内部资源和结构。说到单片机内部资源，存储器资源就是"老大"级别的，就好比一所大学里面有二级学院，学院里面又有专业划分，要介绍大学起码应该说明下设的学院及专业构成。在存储器资源中会遇到很多的名词，比如 RAM、ROM、Flash ROM、EEPROM、Boot ROM、Option bytes、registers、Interrupt Vectors 等，如果一开始就对各个名词进行解释难免比较枯燥，但是跳过本章又不利于后续章节知识的基础积淀，导致理解不深，那怎么学习呢？让小宇老师引出 2 个问题和 1 张比喻图来化解"尴尬"。

　　先来说第一个问题：买房为什么要分小户型，中户型，大户型？

　　读者齐声呼喊："吓死本宝宝了"，这是要卖房？当然不是，搞清这个问题是为了说明 STM8 单片机中的高密度（高配置）、中等密度（中配置）、低密度（低配置）这 3 种产品系列。如果买房，需求肯定是第一位，一对小情侣买个小户型蛮好，3 口之家买个中户型也够用，有老有少的大家庭那就适合买个大户型。选单片机也是这个道理，意法半导体公司推出的 STM8 就按照存储器结构及配置分为 3 个产品系列，那么各种密度（配置）的单片机存储结构究竟有什么差别呢？主要是 3 个差别，第一是存储器的组成，随着产品系列的不同有的资源配置会发生变化，拿 Boot ROM 来说，低密度产品就没有这个结构，这个其实很好理解，就像是买房的时候小户型的一般都没有阳台。第二是各结构容量不一样，最明显的是 RAM 容量和 Flash 容量差别很大，这个也好理解，大户型的卫生间也修得"高大上"一点。第三是存储器的组织结构不一样，主要表现为页大小、块大小和容量大小等方面，这个暂不理解也不要紧，随着章节学习的逐步深入读者会慢慢领悟，如果把组织结构比喻为"地板和瓷砖"读者就应该能"秒懂"了，大户型的客厅很大，所以用的瓷砖也大，小户型客厅很小，所以用小瓷砖比较精致一些。

　　再来看看第二个问题：户型结构决定了什么？

　　这个问题很好理解，户型结构很大程度上反映了购房的需求。回到本章的知识点上就是反应了开发者对单片机资源的一个要求，根据单片机选型表选择符合项目要求的单片机，比如需要在 STM8 单片机上"跑"一个 RTOS（实时操作系统），可能需要选择 RAM 大一点的单片机型号；又或者用在工业设备参数调整的项目中，可能需要 EEPROM 大一点的单片机型号，因为断电后需要存储的数据较多。

　　解决了以上两个问题后，本节就正式开始介绍 STM8 单片机存储器，首先来看看 STM8S 系列单片机的存储器资源有哪些特色和"亮点"。

　　STM8S 系列单片机具有最多至 128 KB 大小的 Flash 程序存储器，拥有最多至 2 KB 字节的数据 EEPROM（包括选择字节"Option byte"），本章讲解的内容就是基于 STM8S208MB 这款高密度单片机产品的，不同的单片机型号存储器资源的组成及配置情况有一定差异，但大部分都是相似的，只是具体的容量可能有所不同，所以读者在具体单片机选型时可以参考具体单片机型号对应的芯片数据手册。

　　在编程模式上支持字节编程和自动快速字节编程（没有擦除操作）、字编程、块编程和快速块编程（没有擦除操作）等方式，非常的灵活实用，在编程/擦除操作结束时和发生非法编程操作时可以产生中断，某些型号的 STM8S 单片机还支持读同时写（RWW）功能，支持应用编程

（IAP）和在线编程（ICP）模式。

在存储器读写的保护方面也做得很好，STM8S 系列单片机具备存储器读保护（ROP）、基于存储器存取安全系统（MASS 密钥）的程序存储器（Flash）写保护、基于存储器存取安全系统（MASS 密钥）的数据存储器（EEPROM）写保护、可编程的用户启动代码区域（UBC）写保护等，这一部分内容会在 8.5 节中详细介绍。

意法半导体公司还特别注重单片机本身的功耗问题，所以在单片机待机（Halt）模式和活跃待机（Active-halt）模式下，可以把存储器配置为运行状态或者是掉电状态，这样一来就节省了功耗。

说到这里大家对 STM8S 的存储器资源及特点有了大致的了解，接下来就可以继续深入了，回到本节开篇的时候说过的要展示一张比喻图，其实是将 STM8 单片机的存储结构比喻成一栋"高楼大厦"。由于 STM8S 系列单片机存储器内部结构对初学者来说还比较抽象，所以小宇老师又把 ST 公司高密度 STM8S 单片机产品的"高楼大厦"重新构造，如图 8.1 所示。

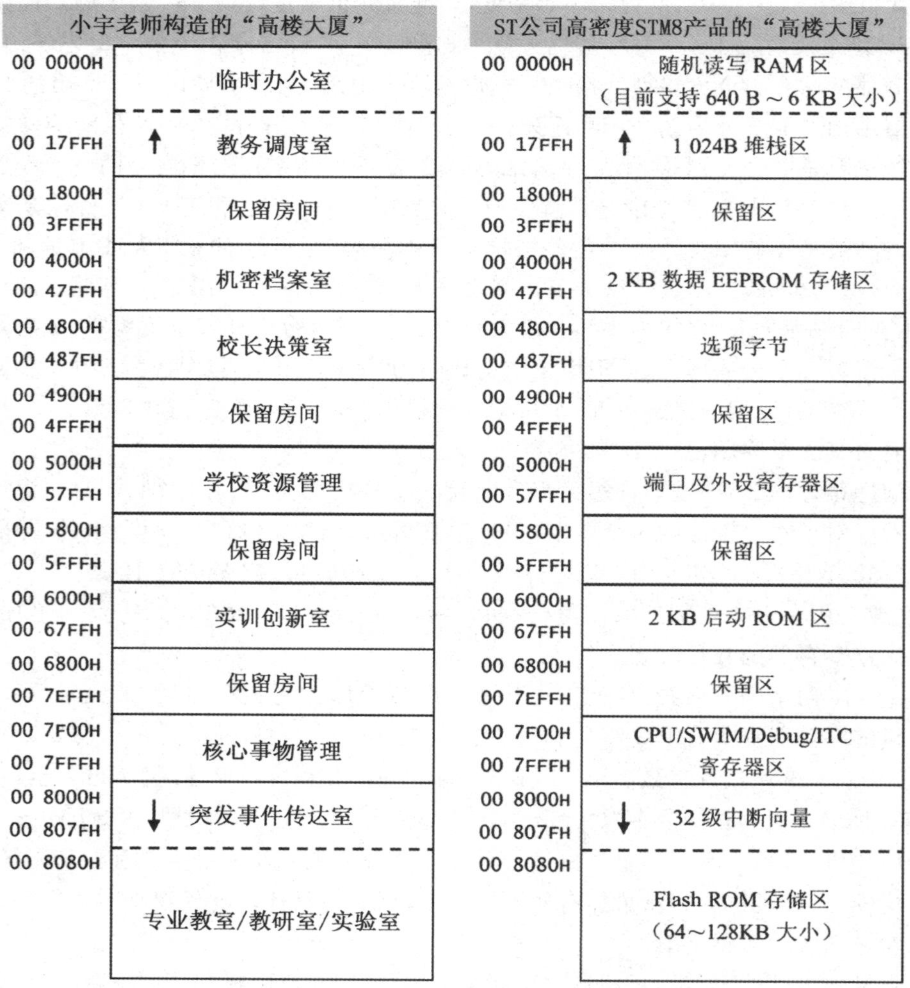

小宇老师构造的"高楼大厦"		ST公司高密度STM8产品的"高楼大厦"	
00 0000H	临时办公室	00 0000H	随机读写 RAM 区（目前支持 640 B ~ 6 KB 大小）
00 17FFH	↑ 教务调度室	00 17FFH	↑ 1 024B 堆栈区
00 1800H ~ 00 3FFFH	保留房间	00 1800H ~ 00 3FFFH	保留区
00 4000H ~ 00 47FFH	机密档案室	00 4000H ~ 00 47FFH	2 KB 数据 EEPROM 存储区
00 4800H ~ 00 487FH	校长决策室	00 4800H ~ 00 487FH	选项字节
00 4900H ~ 00 4FFFH	保留房间	00 4900H ~ 00 4FFFH	保留区
00 5000H ~ 00 57FFH	学校资源管理	00 5000H ~ 00 57FFH	端口及外设寄存器区
00 5800H ~ 00 5FFFH	保留房间	00 5800H ~ 00 5FFFH	保留区
00 6000H ~ 00 67FFH	实训创新室	00 6000H ~ 00 67FFH	2 KB 启动 ROM 区
00 6800H ~ 00 7EFFH	保留房间	00 6800H ~ 00 7EFFH	保留区
00 7F00H ~ 00 7FFFH	核心事物管理	00 7F00H ~ 00 7FFFH	CPU/SWIM/Debug/ITC 寄存器区
00 8000H ~ 00 807FH	↓ 突发事件传达室	00 8000H ~ 00 807FH	↓ 32 级中断向量
00 8080H	专业教室/教研室/实验室	00 8080H	Flash ROM 存储区（64~128KB 大小）

图 8.1　高密度 STM8 单片机存储器结构比喻

观察并思考图 8.1,将存储结构比喻成"高楼大厦",理解左边的"高楼大厦"较为容易,00 0000H～00 8080H 都表示楼层编号,唯一与现实生活中的不同在于楼层的编号顶端是最低楼层,底端才是最高楼层,在左边的"高楼大厦"里面划分了各种功用的房间,有临时办公室、教务调度室、机密档案室、校长决策室等,这些特定功能的房间都一一对应图 8.1 右边的"高楼大厦",具体的对应关系在 8.2 节详细讲解,有的读者可能会有疑问,为什么 STM8 的存储器资源都是一个接一个规则的连接?为什么各种资源没有离散的分布呢?

这是由于 STM8S 单片机在设计时为了读写指令和寻址的方便,特意把 RAM、EEP-ROM、Boot ROM、Flash ROM 以及相关的寄存器全部"统一编址"在内存空间内了,所以各资源之间是连在一起的。

8.2 细说"高楼大厦"之功用

8.1 节引入了"高楼大厦"的比喻,这一节就要仔细琢磨和分解其功用了,读者可以细细体会,以最快乐、轻松的方式接受它们,相信在后续的学习中会得到不一样的领悟。

8.2.1 "临时办公室"随机读/写 RAM

先来说说位于"高楼大厦"最低楼层的"临时办公室",为什么叫临时办公室呢? 因为它的作用就是个办公的临时场合,不能用来居住也不能用来开展学科实验,一般来说上班时间就有人在,下班时间就人去楼空。仔细想一想,随机读写 RAM 单元就很像这样的"房间",当单片机上电工作时就会把程序中的临时数据或者变量存放在 RAM 单元中进行处理(上班时间),RAM 单元提供一个运算处理和用于 CPU 数据交互的临时场合,当处理结束后 CPU 会收回相应内存空间(下班时间),RAM 单元具有随机存取、读写速度快、断电后数据不能保存等特点。

在 STM8S 系列单片机产品中,各型号 RAM 容量的配置都有差别,具体大小在 640 B～6 KB 之间,从 (0x000000)$_H$ 地址起始,具体的结束地址和 RAM 资源配置有关,以 STM8S207/208 系列单片机来说,RAM 容量的大小主要有 2 KB、4 KB、6 KB 共 3 种,具体的起始地址和结束地址如表 8.1 所示。

表 8.1 STM8S207/208 系列单片机 RAM 资源配置及起止地址

存储器区域	容量大小/B	起始地址	结束地址
RAM	2 K	0x00 0000	0x00 07FF
	4 K	0x00 0000	0x00 1000
	6 K	0x00 0000	0x00 17FF

读者可以按照实际需求选择不同型号的单片机,比如需要在 STM8 单片机上"跑"RTOS系统,或者是加载图形图像的界面,又或者是需要加载一些网络的协议栈或者数据处理算法等,对 RAM 的开销都必须考虑。

8.2.2 "教务调度室"堆栈

本小节介绍"教务调度室",什么叫教务调度呢?比如说"调停课",任课老师突然感觉不舒服,上不了课了,那就可以申请改天再上。或者是暂时有些事物处理了一半没有处理完,突发一些情况需要转手去做另外的事情,对于这样的情况就需要有这么一个机构单元。

那么这个区域在 RAM 中的哪里呢?通过图 8.1 可知,这个叫做"堆栈"的区域位于 RAM 存储器的高地址段,堆栈是个特殊的存储区,主要功能是暂时存放数据和地址,通常用来保护断点和现场。举个例子,例如现在有一个函数调用了另外一个函数,那么调用前的一些变量或数据就要放入堆栈中,当被调用函数执行完毕后又把变量或数据从堆栈中取出来实现数据运算和传递。

堆栈有个特点就是"FILO",这啥意思?所谓的"FILO"是先进后出(First In Last Out)的意思,也就是说先压入堆栈的数据最后才能出栈。读者可以把堆栈理解成一个单口取球的羽毛球筒,也就是说要取出羽毛球必须一个一个从最接近出口的地方取出来,要是你想取球筒的最底下一个羽毛球怎么办?那就要把上面的羽毛球全部取出来才行。正是因为堆栈的结构特殊性才表现出它特殊的作用。

堆栈的容量大小和起止地址与具体的单片机型号配置有关,以 STM8S207/208 系列单片机为例,堆栈区有 1 024 B,关于 STM8 其他系列的单片机读者可以参见具体芯片的数据手册进行查询和了解。

若读者欲对堆栈区进行访问和操作应注意堆栈指针和堆栈溢出问题。

8.2.3 "专业教室"Flash ROM

一个学校最多的房间应该就是教室了,这里的"专业教室"就是指 STM8 单片机的 Flash ROM 程序存储器区域,该区域的起始地址是 $(0x008000)_H$ 单元,结束地址与具体的单片机型号容量配置有关,如图 8.1 左侧"高楼"所示,在这个区域里面还包含有"突发事件传达室"和用户启动代码区(UBC 区"User Boot Code")这两个特殊的区域,"突发事件传达室"其实表示 32 级中断向量,在图 8.1 中已经画出,但是这个 UBC 区并没有画出,原因是这个区域的有无与大小和实际配置有关,随后我们会仔细介绍。

有的读者很好奇,既然 32 级中断向量和 UBC 区都在 Flash ROM 程序存储器区域内,它们的占用区域怎么来划分呢?32 级中断向量占用的区间其实是固定的,但是 UBC 区域的大小就要看用户的配置了。如果用户需要 UBC 区域可以通过 STM8 的 Option byte 选项字节 OPT1 来配置,这种情况下 32 级中断向量和 UBC 区都会占用一部分 Flash ROM 程序存储器,剩下的部分称为"主程序区",如果用户没有启用 UBC 区域,则 Flash ROM 程序存储器中除了 32 级中断向量外全部都是"主程序区",其起始地址为 $(0x008080)_H$(因为 $(0x008000)_H$ ~ $(0x00807F)_H$ 已经被 32 级中断向量占用),为了方便读者理解,两种情况的结构示意图如图 8.2 所示。

为了调节 UBC 区域大小和剩下的 Flash ROM 程序存储器区域大小,意法半导体在设计 STM8 单片机时特别引入了"页"和"块"的概念。其实读者早就接触过这两个词,在开篇之初

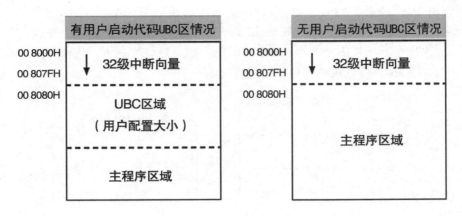

图 8.2　中断向量/UBC 区域/主程序区域关系

就将其比喻为"瓷砖",大户型用大瓷砖,小户型用小瓷砖,也就是说"瓷砖"的大小是有差别的。

同样,在 STM8S 系列单片机的 3 种密度(配置)产品中页和块的总数及容量均不相同,其关系如表 8.2 所示。

表 8.2　各密度(配置)产品中页/块总数及容量关系

Flash ROM 容量/B	页 page		块 Block	
	总页数	每页容量/B	总块数	每块容量/B
低密度 8 K	128	64	128	64
中等密度 16～32 K	32～64	512	128～256	128
高密度 64～128 K	128～256	512	512～1024	128

小容量 STM8S 系列单片机拥有 8 KB 大小的 Flash 程序存储器,每页 64 B,共 128 页。具有 640 B 的数据 EEPROM,每页 64 B,共 10 页。数据 EEPROM 包括一页的选项字节(64 B)。

中容量 STM8S 单片机拥有从 16～32 KB 的 Flash 程序存储器,每页 512 B,最多 64 页。具有 1 KB 的数据 EEPROM,每页 512 B,共 2 页。数据 EEPROM 包括一页的选项字节(512 B)。

大容量 STM8S 单片机拥有从 64～128 KB 的 Flash 程序存储器,每页 512 B,最多 256 页。具有 1～2 KB 的数据 EEPROM,每页 512 B,共 4 页。数据 EEPROM 包括一页的选项字节(512 B)。

UBC 区域究竟是用来做什么的? 什么情况下需要配置? 其实用户启动区域(UBC)内包含有复位和中断向量表,它可以用于存储 IAP 及通信程序。UBC 区域的有无与大小都是用户来决定,可以通过对选项字节 OPT1 的配置来实现,选项字节的具体内容会在本书第 9 章详细介绍。

既然 UBC 区域存储的是 IAP 及通信程序,那就十分重要,需要一定的"保护机制"防止被随意修改,所以意法半导体的 STM8 产品中,UBC 区域总是写保护的,有一个两级保护结构可保护用户代码及数据在 IAP 编程中免于无意的擦除或修改,而且写保护不能通过使用 MASS 密钥来解锁,关于存储器安全性的问题会在本章 8.5 节详细说明。

在 ICP 模式下（使用 SWIM 接口）可以通过修改选项字节来配置 UBC 的大小。UBC 选项字节指定了分配在 UBC 中的页的数量，UBC 区域的起始地址是 $(0x008000)_H$，用户可以通过读取 UBC 选项字节配置值来获得 UBC 区域的大小。以 STM8 单片机的高密度（配置）产品为例，图 8.3 即为 UBC 区域的存储器映射情况。

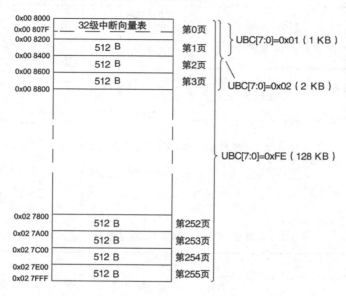

图 8.3 高密度单片机 UBC 区域存储映射

图 8.3 中展示了 UBC[7:0] 的 3 种不同配置下对应的 UBC 区域大小，UBC[7:0]＝0x01 时 UBC 区域的大小为 1 KB，UBC[7:0]＝0x02 时 UBC 区域的大小为 2 KB，UBC[7:0]＝0xFE 时 UBC 区域的大小为 128 KB。对于高密度产品来说，可以将 UBC 区域配置为 1～128 KB 大小，低密度和中密度产品配置方法类似，但是对应的页大小不同，读者在具体配置时应该按照两步走来配置：

（1）查询清楚所用的单片机是低密度、中密度还是高密度产品。

（2）查询 STM8 发布的最新参考手册 RM0016 中关于 UBC 区域存储映射的内容。

需要注意的是，若配置 UBC[7:0]＝0x00 就意味着没有定义用户启动区域，在图 8.3 中的头两页（1 KB）中包含有中断向量表，中断向量表只占用 128 B（32 级中断向量）。

8.2.4 "机密档案室"EEPROM

"档案"一般会和"机密"联系到一起，原因是"档案"一般都很重要，而且需要找个安全的地方存放很长一段时间。比如学生的学籍档案、事业单位的人事档案，虽然"数据量"并不多，但是需要专人负责，长期保存。STM8 单片机存储器资源中也有这样一个单元，这个单元就是电可擦除可编程只读存储器"Electrically Erasable Programmable Read-Only Memory"，简称为"EEPROM"或者"E^2PROM"。

该资源让小宇老师联想到一个幽默故事，愿与读者一起分享，从故事中思考道理并加深印象。幽默故事如图 8.4 所示，故事中假设小金鱼的记忆很短暂，小金鱼和金鱼妈妈的对话让不少朋友感觉十分有趣。

至于小金鱼的记忆是否只有 7 s 需要科学工作者去探索和论证,这里只把它当成一个幽默故事,故事中的小金鱼由于记忆保持的时间非常短,导致了记忆在转眼间丢失,还好,小金鱼还没有忘记谁是它的妈妈! 通过这个故事提出的疑问是,怎样让单片机中的数据(机密档案)长时间保存而不丢失? 单片机存储器资源内为什么要配置 EEPROM 单元? 其作用和特点是什么?

EEPROM 是保障单片机中的数据(机密档案)长时间保存而不丢失的单元,主要用来保存经常需要改写的非易失性数据,EEPROM 最大优点是可直接用电信号擦除,也可用电信号写入,其擦写次数和数据保存的能力强。

有的读者不禁产生疑问,电信号擦写也算是

图 8.4 幽默故事小金鱼的记忆

优点吗? 毫无疑问,这是一个技术的"飞跃"了,其实 EEPROM 技术的前身是 EPROM 技术,别看只缺少了一个"E",这是两种不同的技术,EPROM 指的是可擦写可编程只读存储器,即 "Erasable Programmable Read-Only Memory"。它的特点是具有紫外线可擦除功能,擦除后即可进行再编程,但是缺点是擦除需要使用紫外线照射一定的时间,这一类芯片有个非常 "显眼"的外观,其封装芯片中央都含有"石英玻璃窗",一个编程后的 EPROM 芯片的"石英玻璃窗"一般使用黑色不干胶纸盖住,以防止遭到阳光直射,相比较 EEPROM,确实麻烦很多。

STM8 单片机产品中 EEPROM 的起始地址为 $(0x004000)_H$ 单元,其容量大小一般在 640 B～2 KB 之间,EEPROM 中的页和块的大小和 Flash ROM 中的配置是一样的,以 STM8S207/208 系列单片机为例,其 EEPROM 资源配置及起止地址如表 8.3 所示。

表 8.3 STM8S207/208 系列单片机 EEPROM 资源配置及起止地址

存储器区域	容量大小/B	起始地址	结束地址
数据 EEPROM	1024	0x00 4000	0x00 43FF
	1536	0x00 4000	0x00 45FF
	2048	0x00 4000	0x00 47FF

数据 EEPROM(DATA)区域可用于存储用户具体项目所需的数据,默认情况下,DATA 区域是写保护的,这样可以在主程序工作在 IAP 模式时防止 DATA 区域被无意地修改,只有使用特定的 MASS 密钥才能对 DATA 区域写保护解锁,这一部分的内容会在 8.3 节相关寄存器操作中详细讲解。

8.2.5 "校长决策室"选项字节

校长是一个学校的最高领导之一,校长的决策可能会关系到学校发展的方方面面,可见校长的决策对学校的整体影响很大。STM8 单片机也有这样一个"机构",这个机构中向用户提供了很多"选项",这些"选项"关系到单片机片内资源配置、引脚复用功能、时钟功能配置、UBC 区域的有无与大小等。

STM8 单片机的硬件选项地址从（0x004800）$_H$ 开始，到（0x00487F）$_H$ 结束，一共占用 128 B，该区域包含有一个存储器读保护的选项以及 8 对与单片机片内资源和硬件配置有关的选项和对应的反码选项，具体的选项地址、选项名称及选项序号如表 8.4 所示。

表 8.4 STM8 单片机选项字节配置

选项字节地址	选项名称	选项序号
（4800）$_H$	读出保护（ROP）	OPT0
（4801）$_H$	用户代码启动区（UBC）	OPT1
（4802）$_H$		NOPT1
（4803）$_H$	引脚复用功能配置（AFR）	OPT2
（4804）$_H$		NOPT2
（4805）$_H$	看门狗选项	OPT3
（4806）$_H$		NOPT3
（4807）$_H$	时钟选项	OPT4
（4808）$_H$		NOPT4
（4809）$_H$	石英晶体振荡器稳定时间	OPT5
（480A）$_H$		NOPT5
（480B）$_H$	保留	OPT6
（480C）$_H$		NOPT6
（480D）$_H$	等待状态配置	OPT7
（480E）$_H$		NOPT7
（487E）$_H$	启动引导选项字节	OPTBL
（487F）$_H$		NOPTBL

选项字节的作用是配置硬件特性和存储器保护状态，这些字节位于同一页的特定存储器阵列中。选项字节可以在 ICP/SWIM 模式中或 IAP 模式中被修改，注意此时要保证 Flash_CR2 中的 OPT 位为"1"以及 FLASH_NCR2 中的 NOPT 位为"0"，关于选项字节的配置方法和配置工具的使用会在本书第 9 章介绍，在第 9 章中小宇老师会特别请出两位"外科医生"详细讲解配置方法。

8.2.6 "学校资源管理"端口及外设寄存器

一个大学通常都有很多个大门，比如学校东门、南门、西门、北门，这些门就相当于进出学校的重要通道，在单片机中称之为"端口"。除了端口之外在学校的内部还有功能各异的单元，比如体育馆、行政楼、图书馆、超市、食堂、宿舍楼、实验室、教学楼、音乐厅、学术报告厅、国际交流中心等，在单片机中称之为"外设"。

端口和外设的控制是通过各种功能寄存器来实现的，该部分的寄存器区在（0x005000）$_H$

～(0x0057FF)_H 之间,以 STM8S207/208 系列单片机为例,通过查询芯片数据手册可以得知该系列芯片最多可以有 9 组 GPIO 端口,分别是 Port A、Port B、Port C、Port D、Port E、Port F、Port G、Port H、Port I,与 GPIO 端口组有关的寄存器是 Px_ODR、Px_IDR、Px_DDR、Px_CR1、Px_CR2(其中 x 表示 A 至 I),其端口组相关寄存器地址分配情况如表 8.5 所示。

表 8.5 STM8S207/208 系列单片机端口寄存器地址分配

端口组	相关寄存器地址	端口组	相关寄存器地址
Port A	0x005000～0x005004	Port F	0x005019～0x00501D
Port B	0x005005～0x005009	Port G	0x00501E～0x005022
Port C	0x00500A～0x00500E	Port H	0x005023～0x005027
Port D	0x00500F～0x005013	Port I	0x005028～0x00502C
Port E	0x005014～0x005018		

这个寄存器的地址怎么理解?编程者怎么使用?其实,这些常规的资源寄存器地址已经由意法半导体编成头文件供用户使用。假设读者用 IAR 环境进行 STM8 单片机编程与开发,在程序中打开相应单片机的头文件观察其中语句,以 STM8S208MB 单片机为例,打开"iostm8s208mb.h"头文件,可以看到如下语句:

```
__IO_REG8_BIT(PA_ODR,0x5000,__READ_WRITE,__BITS_PA_ODR);
__IO_REG8_BIT(PA_IDR,0x5001,__READ,__BITS_PA_IDR);
__IO_REG8_BIT(PA_DDR,0x5002,__READ_WRITE,__BITS_PA_DDR);
__IO_REG8_BIT(PA_CR1,0x5003,__READ_WRITE,__BITS_PA_CR1);
__IO_REG8_BIT(PA_CR2,0x5004,__READ_WRITE,__BITS_PA_CR2);
```

语句中的 0x5000～0x5004 就是 STM8S207/208 系列单片机 Port A 端口组对应的寄存器地址。

外设相关寄存器包含 Flash(存储器资源)、ITC(中断资源)、RST(复位)、CLK(时钟)、WWDG(窗口看门狗)、IWDG(独立看门狗)、AWU(自动唤醒单元)、BEEP(蜂鸣器)、SPI(SPI 串行通信)、I²C(I²C 串行通信)、UART1(串口)、UART3(串口)、TIM1(定时/计数器)、TIM2(定时/计数器)、TIM3(定时/计数器)TIM4(定时/计数器)、ADC2(模数转换)、beCAN(CAN 总线)等资源的相关寄存器,这些寄存器都有对应的物理地址,从(0x005050)_H 开始(位于端口寄存器之后)至(0x0057FF)_H 结束。相关的地址在这里就不一一列出了,相关的功能会在后续章节逐一展开。

8.2.7 "实训创新室"引导启动 ROM

说到实训创新就是一个学校的特色和亮点了,这个区域的作用是在不使用 SWIM 接口和专用硬件的情况下通过 UART、SPI、CAN 等接口把应用程序下载到内部存储器。好比说有人参观学校不一定要按照"官方"的安排,可以通过多种途径(比如先到实训创新室)间接获取对学校的评价。读者可以回顾第 3 章中关于串口下载程序到 STM8 单片机的介绍,这就是一种典型的引导启动 ROM 应用,这种方式不用买专用下载器(ST-Link)从而节省了成本,所以众多开发者都非常"喜欢"。

需要注意并不是所有的 STM8 单片机都具备这个区域,在某些 STM8 型号中有 1024 B～2 KB 的内部 Boot ROM,其中包含 Boot loader 启动代码。这段代码的主要作用是利用 STM8 的 SPI、CAN 或 UART 接口将应用程序代码、数据、选项字节(Option byte)和中断向量表下载到内部的 Flash 和 EEPROM 中去,在复位以后,启动代码开始执行。

什么是"Boot loader"? 作用是什么呢? STM8 单片机所谓的"Boot loader"其实是在上电进入 Flash ROM 运行之前在 Boot ROM 中执行的一段小程序,通过这段小程序,用户可以初始化硬件设备、建立内存的空间映射表、建立适当的系统软硬件环境,为最终调用片内相关资源做好准备。

如果读者对该部分的知识非常感兴趣,或者需要做脱机程序下载器、离线程序烧录等项目研发可以参考意法半导体 ST 公司公布的 UM0560 用户手册,这个手册中就详细讲解了 Boot loader 的引导程序激活流程、引导程序的命令和代码、以及 UART、SPI、CAN 等接口读写存储器的相关操作。

8.2.8 "核心事务管理"CPU/SWIM/Debug/ITC 寄存器

所谓"核心事务"表示该事务对于学校来说非常重要,核心事物需要及时处理否则就会影响学校的相关工作。对于单片机而言,这样的事务指的是 CPU 的控制及运算状态、单线调试接口 SWIM 配置、DM 调试模块、ITC 中断等事务,这些"核心事务"的相关寄存器分布在 $(0x007F00)_H$～$(0x007FFF)_H$ 地址内。

同样的,意法半导体公司做好了相关单片机的头文件,假设读者用的 IAR 环境进行 STM8 单片机编程与开发,则可以在程序中打开相应单片机的头文件观察其中语句,以 STM8S208MB 单片机为例,打开"iostm8s208mb.h"头文件,可以看到如下语句:

```
__IO_REG8(CPU_A, 0x7F00, __READ_WRITE);
__IO_REG8(CPU_PCE, 0x7F01, __READ_WRITE);
__IO_REG8(CPU_PCH, 0x7F02, __READ_WRITE);
__IO_REG8(CPU_PCL, 0x7F03, __READ_WRITE);
__IO_REG8(CPU_XH, 0x7F04, __READ_WRITE);
__IO_REG8(CPU_XL, 0x7F05, __READ_WRITE);
__IO_REG8(CPU_YH, 0x7F06, __READ_WRITE);
__IO_REG8(CPU_YL, 0x7F07, __READ_WRITE);
__IO_REG8(CPU_SPH, 0x7F08, __READ_WRITE);
__IO_REG8(CPU_SPL, 0x7F09, __READ_WRITE);
__IO_REG8_BIT(CPU_CCR, 0x7F0A, __READ_WRITE, __BITS_CPU_CCR);
```

在语句段中发现 $(0x7F00)_H$ 开始的这些寄存器都是与 CPU 的控制及运算状态有关的,$(0x7F00)_H$ 地址对应的 CPU_A 寄存器其实就是 CPU 的累加器,相似的,CPU_PCE 表示程序计数器扩展寄存器,CPU_PCH/CPU_PCL 表示程序计数器高位/低位,CPU_XH/CPU_XL 表示 X 索引寄存器高位/低位,CPU_YH/CPU_YL 表示 Y 索引寄存器高位/低位,CPU_SPH/CPU_SPL 表示堆栈指针寄存器高位/低位,CPU_CCR 表示 CPU 条件码寄存器。

有了现成的头文件就把寄存器地址进行了"抽象",就好比说一个具体的经纬度坐标范围对应成一个城市名称一样,非常方便用户处理"核心事物",在使用时就可以直接书写寄存器名称而不用关心寄存器具体的地址。

8.2.9 "突发事件传达室"32 级中断向量

一听见"传达室"3 个字是不是会联想到送信的"王大爷"? 这里的传达室传达的内容可不是一般的"信件"而是来自 32 级中断向量汇报的"突发事件",即中断请求。

生活中的突发事件非常多,比如看书的时候电话响了,做饭的时候有人敲门都是中断事件。单片机系统中的"中断"简单来概括是一种处理机制和过程,是 CPU 在执行程序时,接收到来自硬件或软件的中断请求(自身或外界)作出的一种反应和处理过程。CPU 接收中断请求并及时响应,暂停正在执行的程序,保护现场后跳转到中断函数的入口地址执行中断服务,处理完成中断事件后返回断点,继续完成被打断的程序。该部分的内容会在本书第 11 章中详细讲解。

STM8 单片机中的 32 级中断向量从 $(0x8000)_H$ 开始至 $(0x807F)_H$ 结束,具体的中断源及中断向量地址如表 8.6 所示,读者可以做基础了解,把这张表当成朋友,第 11 章的细致讲解中还会遇到这位"老朋友",小宇老师会构造出一幅"临朝治政,百官进言"的场面让读者了解STM8 单片机的中断知识,充分表现笔者的"文艺范儿",做好准备,保持兴趣继续学习吧!

表 8.6 STM8 单片机的 32 级中断向量

中断向量	中断源	中断描述	向量地址
	RESET	单片机复位(不可屏蔽)	$(8000)_H$
	TRAP	软件中断(不可屏蔽)	$(8004)_H$
0	TLI	外部最高级中断(不可屏蔽)	$(8008)_H$
1	AWU	自动唤醒停机模式中断	$(800C)_H$
2	CLK	时钟控制器	$(8010)_H$
3	EXTI0	端口 A 外部中断	$(8014)_H$
4	EXTI1	端口 B 外部中断	$(8018)_H$
5	EXTI2	端口 C 外部中断	$(801C)_H$
6	EXTI3	端口 D 外部中断	$(8020)_H$
7	EXTI4	端口 E 外部中断	$(8024)_H$
8	beCAN	beCAN RX 中断	$(8028)_H$
9	beCAN	beCAN TX/ER/SC 中断	$(802C)_H$
10	SPI	发送完成	$(8030)_H$
11	TIM1	更新/上溢出/下溢出/触发/刹车	$(8034)_H$
12	TIM1	捕获/比较	$(8038)_H$
13	TIM2	更新/上溢出	$(803C)_H$

续表 8.6

中断向量	中断源	中断描述	向量地址
14	TIM2	捕获/比较	$(8040)_H$
15	TIM3	更新/上溢出	$(8044)_H$
16	TIM3	捕获/比较	$(8048)_H$
17	UART1	发送完成中断	$(804C)_H$
18	UART1	接收寄存器满	$(8050)_H$
19	I^2C	I^2C 中断	$(8054)_H$
20	UART2/3	发送完成中断	$(8058)_H$
21	UART2/3	接收寄存器满	$(805C)_H$
22	ADC	转换结束	$(8060)_H$
23	TIM4	更新/上溢出	$(8064)_H$
24	Flash	编程结束/禁止编程	$(8068)_H$
25～29	25～29 中断向量号保留，没有定义		$(806C)_H$ ～$(807C)_H$

8.3　存储器资源相关寄存器简介

初步认识存储器相关资源后就可以开始学习重要的功能寄存器了，STM8 单片机内部的 Flash 程序存储器和数据 EEPROM 都是由一组通用寄存器来控制的，一共有 8 个，具体寄存器分类及名称如图 8.5 所示。用户可以使用这些寄存器来编程或擦除存储器的内容、设置写保护或者配置特定的低功耗模式，也可以对器件的选项字节（Option byte）进行编程。

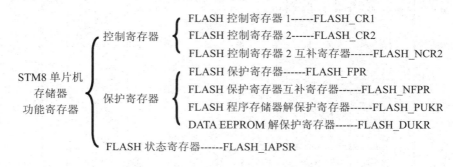

图 8.5　STM8 单片机存储器功能寄存器一览

8.3.1　FLASH_CR1/FLASH_CR2 控制寄存器

存储器控制的 3 个寄存器分别是 Flash 控制寄存器 1、Flash 控制寄存器 2 与其互补寄存器，Flash 控制寄存器 1 的主要作用是控制存储器在单片机不同工作模式下的运行状态、中断控制以及编程时间，具体位定义及功能说明如表 8.7 所示。

表 8.7 STM8 单片机 Flash 控制寄存器 1

■ Flash 控制寄存器 1(FLASH_CR1)							地址偏移值:(0x00)$_H$	
位 数	位 7	位 6	位 5	位 4	位 3	位 2	位 1	位 0
位名称	保留				HALT	AHALT	IE	FIX
复位值	0	0	0	0	0	0	0	0
操 作	—	—	—	—	rw	rw	rw	rw
位 名	位含义及参数说明							
保留 位 7:4	● 保留位 必须保持清"0"							
HALT 位 3	● 停机(Halt)模式下掉电 该位可由软件来置"1"或清零"0"							
	0	当 MCU 在停机(Halt)模式时 Flash 处于掉电模式						
	1	当 MCU 在停机(Halt)模式时 Flash 处于运行模式						
AHALT 位 2	● 活跃停机(Active halt)模式下掉电							
	0	当 MCU 在活跃停机模式时 Flash 处于运行模式						
	1	当 MCU 在活跃停机模式时 Flash 处于掉电模式						
IE 位 1	● FLASH 中断使能							
	0	中断禁止						
	1	中断使能,当 FLASH_IAPSR 寄存器中的 EOP 或 WR_PG_DIS 位被置"1"时产生中断						
FIX 位 0	● 固定的编程时间							
	0	当存储器已经被擦除过时,编程时间为标准编程时间的一半(1/2 t_{prog}),否则为标准的编程时间 t_{prog}						
	1	编程时间固定为标准编程时间 t_{prog}						

Flash 控制寄存器 2 与其互补寄存器主要用于控制和确定 Flash 存储器的编程方式,具体位定义及功能说明如表 8.8 和表 8.9 所示。

表 8.8 STM8 单片机 FLASH 控制寄存器 2

■ Flash 控制寄存器 2(FLASH_CR2)							地址偏移值:(0x01)$_H$	
位 数	位 7	位 6	位 5	位 4	位 3	位 2	位 1	位 0
位名称	OPT	WPRG	ERASE	FPRG	保留			PRG
复位值	0	0	0	0	0	0	0	0
操 作	rw	rw	rw	rw	—	—	—	rw
位 名	位含义及参数说明							
OPT 位 7	● 对选项字节进行写操作 该位可由软件来置"1"或清"0"							
	0	对选项字节进行写操作被禁止						
	1	对选项字节进行写操作被使能						

WPRG 位 6	● 字编程 当操作完成时,该位由硬件来置"1"或清"0"	
	0	字编程操作被禁止
	1	字编程操作被使能
ERASE 位 5	● 块擦除 当操作完成时,该位由硬件来置"1"或清"0",当存储器忙时,ERASE 和 FPRG 位被锁住	
	0	块擦除操作被禁止
	1	块擦除操作被使能
FPRG 位 4	● 快速块编程 当操作完成时,该位由硬件来置"1"或清"0",当存储器忙时,ERASE 和 FPRG 位被锁住	
	0	快速块编程操作被禁止
	1	快速块编程操作被使能
保留 位 3:1	● 保留位 必须保持清"0"	
PRG 位 0	● 标准块编程 当操作完成时,该位由硬件来置"1"或清"0"	
	0	标准块编程操作被禁止
	1	标准块编程操作被使能

表 8.9　STM8 单片机 FLASH 控制寄存器 2 互补寄存器

■ Flash 控制寄存器 2 互补寄存器(FLASH_NCR2)							地址偏移值:(0x02)_H
位　数	位 7	位 6	位 5	位 4	位 3	位 2	位 1	位 0
位名称	NOPT	NWPRG	NERASE	NFPRG	保留			NPRG
复位值	1	1	1	1	1	1	1	1
操　作	rw	rw	rw	rw	—	—	—	rw
位　名	位含义及参数说明							
NOPT 位 7	● 对选项字节进行写操作 该位可由软件来置"1"或清"0"							
	0	对选项字节进行写操作被使能						
	1	对选项字节进行写操作被禁止						
NWPRG 位 6	● 字编程 当操作完成时,该位由硬件来置"1"或清"0"							
	0	字编程操作被使能						
	1	字编程操作被禁止						

NERASE 位 5	● 块擦除	
	当操作完成时,该位由硬件来置"1"或清"0",当存储器忙时,ERASE 和 FPRG 位被锁住	
	0	块擦除操作被使能
	1	块擦除操作被禁止
NFPRG 位 4	● 快速块编程	
	当操作完成时,该位由硬件来置"1"或清"0",当存储器忙时,ERASE 和 FPRG 位被锁住	
	0	快速块编程操作被使能
	1	快速块编程操作被禁止
保留 位 3:1	● 保留位	
	必须保持清"0"	
NPRG 位 0	● 标准块编程	
	当操作完成时,该位由硬件来置"1"或清"0"	
	0	标准块编程操作被使能
	1	标准块编程操作被禁止

8.3.2 FLASH_FPR 保护寄存器

Flash 保护寄存器 FLASH_FPR 以及其互补寄存器主要是用来保护用户启动代码 UBC 区域内容的,具体位定义及功能说明如表 8.10 和表 8.11 所示。

表 8.10 STM8 单片机 Flash 保护寄存器

■ Flash 保护寄存器(FLASH_FPR)						地址偏移值:(0x03)$_H$		
位 数	位 7	位 6	位 5	位 4	位 3	位 2	位 1	位 0
位名称	保留		WPB5	WPB4	WPB3	WPB2	WPB1	WPB0
复位值	0	0	0	0	0	0	0	0
操 作	—	—	ro	ro	ro	ro	ro	ro
位 名	位含义及参数说明							
保留 位 7:6	● 保留位 必须保持清"0"							
WPB[5:0] 位 5:0	● 用户启动代码保护位 这些位指示用户启动代码的大小,其值在启动时从 UBC 选项字节装载							

表 8.11 STM8 单片机 Flash 互补保护寄存器

■ Flash 互补保护寄存器(FLASH_NFPR)						地址偏移值:(0x04)$_H$		
位 数	位 7	位 6	位 5	位 4	位 3	位 2	位 1	位 0
位名称	保留		NWPB5	NWPB4	NWPB3	NWPB2	NWPB1	NWPB0
复位值	1	1	1	1	1	1	1	1

续表 8.11

操　作	—	—	ro	ro	ro	ro	ro	ro
位　名	位含义及参数说明							
保留 位 7:6	● 保留位 必须保持清"0"							
NWPB[5:0] 位 5:0	● 用户启动代码保护位 这些位指示用户启动代码的大小,其值为 NUBC 选项字节的对应字节							

8.3.3 FLASH_PUKR 程序存储器解保护寄存器

　　单片机上电复位后,Flash 程序存储器默认是被保护的,若需要对该区域内容进行改写,则可以向 Flash 程序存储器解保护寄存器 FLASH_PUKR 首先写入(0x56)$_H$ 然后再写入(0xAE)$_H$ 即可解除保护状态,具体的解锁内容及流程在 8.5 节会详细介绍,该寄存器具体位定义及功能说明如表 8.12 所示。

表 8.12　STM8 单片机 Flash 程序存储器解保护寄存器

■ Flash 程序存储器解保护寄存器(FLASH_PUKR)							地址偏移值:(0x08)$_H$
位　数	位 7	位 6	位 5	位 4	位 3	位 2	位 1	位 0
位名称	PUK[7:0]							
复位值	0	0	0	0	0	0	0	0
操　作	rw	rw	rw	rw	rw	rw	rw	rw
位　名	位含义及参数说明							
PUK[7:0] 位 7:0	● 主程序存储器解锁密钥 该位可由软件来进行写操作(在任何模式下),当读该寄存器时返回值为(0x00)$_H$							

8.3.4 FLASH_DUKR 数据 EEPROM 解保护寄存器

　　单片机上电复位后,数据 EEPROM 默认是被保护的,这一点和 Flash 程序存储器是相似的。若需要对该区域内容进行改写,则可以向数据 EEPROM 解保护寄存器 FLASH_DUKR 首先写入(0xAE)$_H$ 然后再写入(0x56)$_H$ 即可解除保护状态,具体的解锁内容及流程在 8.5 节会详细介绍,该寄存器具体位定义及功能说明如表 8.13 所示。

表 8.13　STM8 单片机 DATA EEPROM 解保护寄存器

■ DATA EEPROM 解保护寄存器(FLASH_DUKR)							地址偏移值:(0x0A)$_H$
位　数	位 7	位 6	位 5	位 4	位 3	位 2	位 1	位 0
位名称	DUK[7:0]							
复位值	0	0	0	0	0	0	0	0
操　作	rw	rw	rw	rw	rw	rw	rw	rw

续表 8.13

位 名	位含义及参数说明
DUK[7:0] 位 7:0	● DATA EEPROM 解锁密钥 该位可由软件来进行写操作(在任何模式下),当读该寄存器时返回值为$(0x00)_H$

8.3.5 FLASH_IAPSR 状态寄存器

除了控制相关的寄存器和保护相关的寄存器外,还必须要有状态反映的寄存器,FLASH_IAPSR 状态寄存器的作用就是提供相应的位反映存储器当前的状态,让编程者能够根据状态做出决策。具体位定义及功能说明如表 8.14 所示。

表 8.14　STM8 单片机 Flash 状态寄存器

■ Flash 状态寄存器(FLASH_IAPSR)							地址偏移值:$(0x05)_H$
位 数	位 7	位 6	位 5	位 4	位 3	位 2	位 1	位 0
位名称	保留	HVOFF	保留		DUL	EOP	PUL	WR_PG_DIS
复位值	0	1	0	0	0	0	0	0
操 作	—	r	—	—	rc_w0	rc_r	rc_w0	rc_r

位 名	位含义及参数说明	
保留 位 7	● 保留位 必须保持清"0"	
HVOFF 位 6	● 高电压结束标志 该位由硬件来置"1"或清"0"	
	0	高电压开,开始真正的编程
	1	高电压关,高压结束
保留 位[5:4]	● 保留位 必须保持清"0"	
DUL 位 3	● DATA EEPROM 区域解锁标志 该位由硬件置"1",可由软件清"0"	
	0	DATA EEPROM 区域写保护使能
	1	DATA EEPROM 区域写保护可通过使用 MASS 密钥来解除
EOP 位 2	● 编程结束(写或擦除操作)标志	
	0	没有 EOP 事件发生
	1	有 EOP 事件发生,若 FLASH_CR1 中的 IE 位为"1",将有中断产生
PUL 位 1	● 快速程序存储器结束标志 该位由硬件置"1",可由软件清"0"	
	0	主程序存储器区域写保护使能
	1	主程序存储器区域写保护可通过使用 MASS 密钥来解除

WR_PG_DIS 位 0	● 试图向被保护页进行写操作的标志 该位由硬件置"1",可由软件通过读该寄存器来清"0"	
	0	没有 WR_PG_DIS 事件发生
	1	试图向被保护页进行写操作事件发生,若 FLASH_CR1 中的 IE 位为"1",将有中断产生

8.4 Flash ROM 的编程方式简介

8.3 节介绍存储器相关功能寄存器时出现很多新名词,首先对存储器数据更新的方式分为 IAP 方式和 ICP 方式,然后又在 Flash 控制寄存器 2 与其互补寄存器中接触到了 Flash 存储器的编程方式,分别是字节编程方式、字编程方式和块编程方式,从几种编程方式中还引出了"标准编程方式"和"快速编程方式",有的 STM8 单片机还支持读同时写功能,也就是"RWW"功能,对于这些名词如何理解呢?

本节就逐一介绍,通过对这些名词的学习可以深化读者对 STM8 系列单片机存储器操作的理解,让读者体会 STM8 单片机存储器资源的灵活和优势。

8.4.1 什么是 IAP 和 ICP

首先介绍 IAP 和 ICP,乍一看两个名词很相似,其实这是两种完全不同的编程更新方式。在本书的第 9 章中我们会介绍选项字节,在更新选项字节参数时就会用到这两种方式,所以读者必须理解和掌握。

ICP 编程方式从字面上理解是基于电路编程"In Circuit Programing",通过该方式可以更新整个存储器的内容,ICP 方式使用 SWIM 接口把用户的程序装载到微控制器中,SWIM 接口(单线接口模块)使用 SWIM 引脚和编程工具相连接,简单说就是用 ST-Link 下载工具通过 SWIM 接口连接到单片机开发板上,然后用计算机上的上位机软件把程序"固件"烧录进单片机中即可。打个比方,这种方式就好比是自己从头到尾修建一栋"高楼大厦",把整个存储器全部更新。

IAP 编程方式从字面上理解是基于应用编程"In applicating Programing",这种方式允许在应用程序运行中对 Flash 程序存储器的内容重新编程。IAP 编程方式不使用 SWIM 接口,而是使用 STM8 支持的任意通信接口(GPIO、I^2C、SPI、UART 等)来下载需要烧录进存储器中的数据。如果要使用 IAP 编程方式,必须通过 ICP 方式对 Flash 程序存储器预先编程。打个比方,这种方式就好比是自己对自己家的"装修",是利用单片机中的程序自己对自己进行编程更新。

8.4.2 如何理解标准/快速编程以及 RWW 功能

STM8 存储器资源的编程方式有标准编程和快速编程两种方式,这两者有什么区别呢?

如果欲写入的单元并不是空白的,则应该先擦除单元的内容然后再写入,这样一来,操作的时间就比较长,操作的时间数就是擦除时间加上写入时间,这种方式就是"标准编程方式"。有的读者会思考,如果说欲写入的单元本来就是空白的呢? 这种情况就可以直接写入,所用的时间就很短,这种方式就是"快速编程方式"。

如果觉得这样的编程方式不高效,意法半导体公司推出的部分 STM8 单片机(具体单片机型号可以通过查寻数据手册获知)还支持 RWW 特性,所谓的"RWW"就是读同时写功能"Read while write"。拥有这种功能的单片机允许用户在执行程序和读程序存储器时对 DATA EEPROM 区域进行写操作,因此执行的时间被进一步缩短。但是反过来的操作是不允许的,也就是说不可以在写程序存储器时对 DATA EEPROM 进行读操作。

8.4.3 如何理解字节编程

字节编程的意思是应用程序可以直接向目标地址写入单字节数据,也就是说以单个字节为单位逐个地址编程,STM8 单片机存储器资源中的主程序存储器区域、数据 EEPROM 区域、选项字节都是支持该编程方式的。

先来思考一些重要问题,比如用什么方法检测字节编程结束了? 欲使用字节编程方式怎么来配置? 对各区域操作流程一样吗? 有了问题就要解决问题,下面逐一介绍。

首先介绍用什么方法检测字节编程结束,主要的方法有两种,一种是查询法;另一种是中断检测法。

很明显,查询法就是不断地去判断一个标志位,不断地去检测这个标志位的状态,在查询法的情况下中断功能是被禁止的,用户可以配置 Flash 控制寄存器 1(FLASH_CR1)中的"IE"位,将该位配置为"0"即可禁止中断功能,然后再用程序去判断 Flash 状态寄存器(FLASH_IAPSR)中的"EOP"位,若该位为"1"则表示编程结束了。

再来看看中断法,用户可以配置 Flash 控制寄存器 1(FLASH_CR1)中的"IE"位为"1"启用中断功能,当 Flash 状态寄存器(FLASH_IAPSR)中的"EOP"位为"1"(编程结束情况)或"WP_PG_DIS"位为"1"(试图向被保护页进行写操作)时就会触发中断。

了解了这两种方法后再来解决另外两个问题,对于不同的区域使用字节编程方式的步骤和流程是不相同的,接下来介绍主程序存储器区域、数据 EEPROM 区域和选项字节这 3 个区域的配置方法。

1. 主程序存储器区域下的字节编程配置流程

在主程序存储器中执行字节编程操作时,CPU 会停止应用程序的运行,所以采用查询方式比较合理,具体配置流程可以参考如下的 6 个步骤:

① 禁止中断功能采用查询方式,即配置 Flash 控制寄存器 1(FLASH_CR1)中的"IE"位为"0",查询 Flash 状态寄存器(FLASH_IAPSR)中的"EOP"位状态。

② 解锁主程序区,即向 Flash 程序存储器解保护寄存器(FLASH_PUKR)首先写入$(0x56)_H$ 然后再写入$(0xAE)_H$,操作完成后判断 Flash 状态寄存器(FLASH_IAPSR)中的"PUL"位是否为"1",只有该位为"1"才能说明解锁成功。

③ 向目标地址写入单字节数据,若需要擦除地址数据,写入$(0x00)_H$ 即可。

④ 查询 Flash 状态寄存器(FLASH_IAPSR)中的"EOP"位状态判断编程是否结束。

⑤ 查询 Flash 状态寄存器(FLASH_IAPSR)中的"WP_PG_DIS"位是否为"0",若该位不为"0"说明发生了向保护页写数据的错误。

⑥ 按照实际需要对数据进行校验然后再软件清除 Flash 状态寄存器(FLASH_IAPSR)中的"PUL"位,重新对主程序区域写保护以防止数据篡改。

2. 数据 EEPROM 区域下的字节编程配置流程

在数据 EEPROM 区域中执行字节编程操作时,要先判断单片机是否支持"RWW"读同时写功能,如果读者使用的单片机具备 RWW 功能,在 IAP 模式下,应用程序不停止运行,字节编程利用 RWW 功能进行操作。如果读者使用的单片机没有 RWW 功能,当字节编程操作执行时,应用程序会停止运行,这样一来就要分情况来选择到底是用查询法还是中断法。具体配置流程可以参考如下的 6 个步骤:

① 按照实际情况选择查询法和中断法,即配置 Flash 控制寄存器 1(FLASH_CR1)中的"IE"位后选择性的查询 Flash 状态寄存器(FLASH_IAPSR)中的"EOP"位状态。

② 解锁数据 EEPROM 区,即向 DATA EEPROM 解保护寄存器(FLASH_DUKR)首先写入$(0xAE)_H$ 然后再写入$(0x56)_H$,操作完成后不要忘记判断 FLASH 状态寄存器(FLASH_IAPSR)中的"DUL"位是否为"1",只有该位为"1"才能说明解锁成功。

③ 向目标地址写入单字节数据,若需要擦除地址数据,写入$(0x00)_H$ 即可。

④ 等待中断产生或者是查询 Flash 状态寄存器(FLASH_IAPSR)中的"EOP"位状态判断编程是否结束。

⑤ 查询 Flash 状态寄存器(FLASH_IAPSR)中的"WP_PG_DIS"位是否为"0",若该位不为"0"说明发生了向保护页写数据的错误。

⑥ 按照实际需要对数据进行校验然后再软件清除 FLASH 状态寄存器(FLASH_IAPSR)中的"DUL"位,重新对数据 EEPROM 区域写保护以防止数据篡改。

通过对比以上两个区域的配置步骤可以看出主程序存储器区域和数据 EEPROM 区域下的字节编程流程非常的相似,只是在一些具体的细微操作上有点差异,其实选项字节的编程操作也类似,只不过多了一个步骤,即需要配置 Flash 控制寄存器 2(FLASH_CR2)中的"OPT"位为"1"以及 Flash 控制寄存器 2 互补寄存器(FLASH_NCR2)中的"NOPT"位为"0"以允许对选项字节进行写操作,此处的内容会以 C 语言源程序的方式在第 9 章出现并展开讲解。

字节编程中根据目标地址初始化内容的不同(有可能为"空"或者"非空"),编程持续时间可能也有所不同。如果一个字(4 个字节)中包含不为空的字节,在编程前整个字会被自动擦除。相反,如果字为空,由于不会执行擦除操作是直接写入方式从而缩短了编程时间。这么一来编程的时间就是非固定的了,编程时间的长短取决于目标地址的初始化内容。能不能获得固定的编程时间呢? 答案是肯定的,那就是"不管三七二十一"统统执行先擦除后写入的方法,可以通过对 Flash 控制寄存器 1(FLASH_CR1)中的"FIX"位置"1"来强迫执行系统擦除操作而不管目标地址内容是否为空,这样一来编程时间就成为了固定值。

8.4.4　如何理解字编程

字编程和字节编程其实非常相似,无非就是写入的单位容量变大了,一个字等于 4 个字节,字编程就是一次对目标地址写入整个 4 字节的内容,这样一来就可以缩短编程时间。

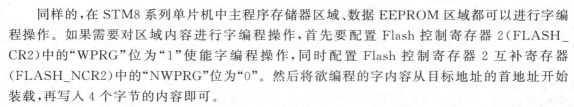

同样的，在 STM8 系列单片机中主程序存储器区域、数据 EEPROM 区域都可以进行字编程操作。如果需要对区域内容进行字编程操作，首先要配置 Flash 控制寄存器 2（FLASH_CR2）中的"WPRG"位为"1"使能字编程操作，同时配置 Flash 控制寄存器 2 互补寄存器（FLASH_NCR2）中的"NWPRG"位为"0"。然后将欲编程的字内容从目标地址的首地址开始装载，再写入 4 个字节的内容即可。

字编程方式也可以按照实际情况选择查询法和中断法检测编程是否结束，具体配置方法可以参考字节编程流程，这里就不再赘述了。

8.4.5　如何理解块编程

在块编程方式中写入的单位容量进一步变大了，字编程中的一个字是 4 个字节，而块编程中的一个块都是数十个字节或者以上，具体的块大小与单片机的密度类型有关，记得本章开始介绍 STM8 单片机存储器时将块比喻为"瓷砖"，所以这里的"瓷砖总数"和"瓷砖大小"都与具体的单片机产品有关。以 STM8S208MB 单片机为例，该款单片机属于高密度型，块的大小是128 B，读者可以查看 8.2 节中的表 8.2 获取块总数及容量。

与字节编程和字编程相比，块编程是速度最快效率最高的。主程序存储器区域或者数据 EEPROM 区域可以执行块操作，在块编程操作中，整个块的编程或擦除在一个编程周期内就可以完成。但是也有一些制约性的条件，比如说在主程序存储器区域中编程时要求用于块编程的程序代码必须全部在 RAM 中执行，这样一来就对编程者提出了"考验"，编程者就要合理规划程序来达到块编程要求。在数据 EEPROM 区域中使用块编程方式时还要考虑器件是否具有 RWW 读同时写特性，对于具备 RWW 功能的器件来说，数据 EEPROM 块操作可以在主程序存储器中执行，然而数据装载阶段必须在 RAM 中执行。对于没有 RWW 功能的器件来说，用于块编程的代码必须全部在 RAM 中执行。

在块编程中总共有 3 种块操作，分别是块编程（也叫标准块编程）、快速块编程、块擦除。需要注意的是在标准块编程中整个块在编程前会被自动擦除，但是在快速块编程中并不会预先把块擦除掉，在进行块编程时中断会被硬件自动屏蔽。下面详细介绍这 3 种块操作。

1. 块编程（标准块编程）

块编程操作允许一次对整个块进行编程，整个块在编程之前会被自动擦除。为了对整个块进行编程，首先需要配置 Flash 控制寄存器 2（FLASH_CR2）中的"PRG"位为"1"使能标准块编程，同时配置 Flash 控制寄存器 2 互补寄存器（FLASH_NCR2）中的"NPRG"位为"0"，然后需要向主程序存储器或数据 EEPROM 区域的目标地址依次写入要编程的数据，这样数据会被锁存在内部缓存中，最后再利用查询法或者中断法检测编程是否结束。

2. 快速块编程

快速块编程允许在不擦除存储器内容（目标地址内容原本就是空白）的情况下对块直接进行编程，因此快速块编程的编程速度是标准块编程的两倍（节约了擦除时间）。

快速块编程的步骤和标准块编程的步骤大致一样，首先需要配置 Flash 控制寄存器 2（FLASH_CR2）中的"FPRG"位为"1"使能快速块编程，同时配置 Flash 控制寄存器 2 互补寄存器（FLASH_NCR2）中的"NFPRG"位为"0"，然后需要向主程序存储器或数据 EEPROM 区

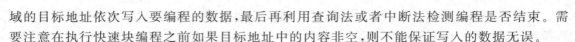

域的目标地址依次写入要编程的数据,最后再利用查询法或者中断法检测编程是否结束。需要注意在执行快速块编程之前如果目标地址中的内容非空,则不能保证写入的数据无误。

3. 块擦除

块擦除允许擦除整个块。为了擦除整个块,需要配置 Flash 控制寄存器 2(FLASH_CR2)中的"ERASE"位为"1"使能块擦除操作,同时配置 Flash 控制寄存器 2 互补寄存器(FLASH_NCR2)中的"NERASE"位为"0",然后对块中所有的字(4 个字节)写入(0x00000000)$_H$ 来擦除整个块。字的起始地址必须以(0)$_H$、(4)$_H$、(8)$_H$ 或(C)$_H$ 作为结尾,最后再利用查询法或者中断法检测编程是否结束。

8.5 存储器读/写保护与控制

说到存储器数据的保护问题,很多初学者并不理解,存储器数据保护的意义是什么? 在做一个产品或者项目时,工程师需要花大量的时间和劳动获取客户需求,设计硬件体系,编写软件实现,做好产品测试,注意产品包装,然后花人力物力去推广和销售,假设工程师花了数月编写的程序可以被轻易的读出和复制,这样一来产品的研发和销售就会受到"威胁",工程师所投入的辛苦也会付之东流,所以越来越多的研发部门注重单片机的保密性能。

8.5.1 ROP 存储器读出保护

STM8 系列单片机就具备存储器的读出保护功能,即 ROP 功能"Read-out protection",读出保护功能可以阻止在 ICP 模式和调试模式下用户对 Flash 程序存储器和数据 EEPROM 存储器数据的读出操作。一旦读出保护功能使能后(选项字节中的 ROP 字节被编程为(0xAA)$_H$),任何尝试改变其状态的操作都会将 Flash 程序存储器、UBC 区域、数据 EEPROM 区域以及选项字节中的内容全部擦除,相当于单片机启动"自毁"程序,这样一来基于该单片机设计的产品瞬间就"变砖"了,从而最大限度的实现了数据保密性。尽管没有保护措施被认为是完全不可破解的,但是这个功能还是为通用单片机提供了一个非常高等级的保护措施。

8.5.2 "接头暗号"MASS 存储器存取安全系统

ROP 功能是读出保护,可以有效防止用户非法读取存储器关键区域数据,但是存储器资源的操作不只有读取,还会涉及写入的问题。为了避免由于软件故障导致的对 Flash 程序存储器和数据 EERPOM 的意外擦写,STM8 单片机还专门提供了写保护功能,即 WP 功能"Write protection"。也就是接下来要详细介绍的 MASS 系统(存储器操作安全保障系统"Memory Access Security System")。MASS 系统始终有效并保护主要的 Flash 程序存储器、数据 EEPROM 和选项设置字节。那么,在 MASS 系统的保护机制下如何去掉写保护呢?

MASS 保护机制非常像"暗号接头"的过程,用户只需正确输入两个与硬件密钥相同的密钥值即可解除区域的写保护状态,解除写保护状态后就可以修改数据了。如图 8.6 所示,图中的"小红军"(用户)向"红军战士"(MASS 系统)说出了两个"接头暗号",图中的"黄河黄河我是长江"就相当于第一个硬件密钥"(0x56)$_H$","长江长江我是黄河"就相当于第二个硬件密钥

"$(0xAE)_H$",如果两句"暗号"都说正确了,"红军战士"(MASS 系统)会说"同志,你好!",也就是说写保护解除了。

图 8.6 "接头暗号"MASS 密钥机制

如果用户需要执行 IAP 编程,可以向控制寄存器中写入 MASS 密钥去掉写保护,然后应用程序就可以向主程序存储器、数据 EEPROM 或者是设备选项字节中写入数据。

如果用户需要执行 ICP 编程,UBC 区域仍然保持写保护,也就是说 MASS 密钥是不能解锁 UBC 区域的,读者可以通过设置 UBC 区域相关的选项字节按页增减 UBC 区域的大小从而把程序存储器分成两部分,第一个部分是用户启动代码区域 UBC,该区域最大可以配置到 128 KB,第二个部分是主程序存储器区域,该区域最多可以是 128 KB 减去 UBC 区域的大小。

当单片机上电复位后,主程序存储器区域和数据 EEPROM 区域都会被自动保护以防止无意或非法的写操作。如果用户需要修改其内容就必须对其进行解锁操作,也就是刚才提到的"接头暗号"存储器存取安全系统(MASS),一旦存储器的内容被修改完毕,千万别忘记重新使能写保护以防止数据被破坏。接下来详细介绍对主程序存储器区域和数据 EEPROM 区域的写操作步骤。

1. 对主程序存储器的写操作

当单片机上电复位后,可以通过向程序存储器解保护寄存器(FLASH_PUKR)连续写入两个 MASS 密钥值来解除主程序存储器的写保护,这两个写入 FLASH_PUKR 寄存器的值会和两个硬件密钥值相比较,第一个硬件密钥是$(0101\ 0110)_B$,也就是$(0x56)_H$,第二个硬件密钥$(1010\ 1110)_B$,也就是$(0xAE)_H$。具体的解除主程序存储器区域写保护方法可以参考以下步骤:

① 向程序存储器解保护寄存器(FLASH_PUKR)写入第一个 8 位密钥$(0x56)_H$。当该寄存器被首次写入时,数据总线上的值并没有被直接锁存到该寄存器中,而是和第一个硬件密钥值$(0x56)_H$相比较。

② 如果第一个密钥输入错误,FLASH_PUKR 寄存器会被一直锁住,除非触发一次复位操作。在下一次复位前,再向该寄存器进行的任何写操作都会被系统忽略掉,也就是说"一次

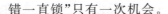

错一直锁"只有一次机会。

③ 如果第一个密钥与第一个硬件密钥相同则输入正确,当 FLASH_PUKR 寄存器被第二次写入值时,数据总线上的值依然没有被直接锁存到这个寄存器中,而是和第二个硬件密钥值(0xAE)$_H$ 相比较。

④ 如果第二个密钥输入错误,FLASH_PUKR 寄存器会被一直锁住,除非触发一次复位操作。在下一次复位前,再向该寄存器进行的任何写操作都会被系统忽略掉,这样的机制就保证了两次密钥输入都必须要正确。

⑤ 如果第二个密钥与第二个硬件密钥相同则输入正确,主程序存储器写保护被成功解除,同时 Flash 状态寄存器(FLASH_IAPSR)中的"PUL"位会被硬件置"1"表示主程序存储器区域已经被解锁。

⑥ 解锁完毕后就可以向主程序存储器区域写入内容,编程结束后重新为其写保护,即配置 Flash 状态寄存器(FLASH_IAPSR)中的"PUL"位为"0"。

2. 对数据 EEPROM 区域的写操作

单片机上电复位后,可以通过向数据 EEPROM 解保护寄存器(FLASH_DUKR)连续写入两个 MASS 密钥值来解除据 EEPROM 区域的写保护,这两个写入 FLASH_DUKR 寄存器的值会和两个硬件密钥值相比较,第一个硬件密钥是(1010 1110)$_B$,也就是(0xAE)$_H$,第二个硬件密钥(0101 0110)$_B$,也就是(0x56)$_H$。具体的解除据 EEPROM 区域写保护方法可以参考以下步骤:

① 向数据 EEPROM 解保护寄存器(FLASH_DUKR)写入第一个 8 位密钥(0xAE)$_H$。当该寄存器被首次写入时,数据总线上的值并没有被直接锁存到该寄存器中,而是和第一个硬件密钥值(0xAE)$_H$ 相比较。

② 如果第一个密钥输入错误,FLASH_DUKR 寄存器会被一直锁住,除非触发一次复位操作。在下一次复位前,再向该寄存器进行的任何写操作都会被系统忽略掉,也就是说"一次错一直锁"只有一次机会。

③ 如果第一个密钥与第一个硬件密钥相同则输入正确,当 FLASH_DUKR 寄存器被第二次写入值时,数据总线上的值依然没有被直接锁存到这个寄存器中,而是和第二个硬件密钥值(0x56)$_H$ 相比较。

④ 如果第二个密钥输入错误,FLASH_DUKR 寄存器会被一直锁住,除非触发一次复位操作。在下一次复位前,再向该寄存器进行的任何写操作都会被系统忽略掉,这样的机制就保证了两次密钥输入都必须要正确。

⑤ 如果第二个密钥与第二个硬件密钥相同则输入正确,数据 EEPROM 区域写保护被成功解除,同时 Flash 状态寄存器(FLASH_IAPSR)中的"DUL"位会被硬件置"1"表示数据 EEPROM 区域已经被解锁。

⑥ 解锁完毕后就可以向数据 EEPROM 区域写入内容,编程结束后重新为其写保护,即配置 Flash 状态寄存器(FLASH_IAPSR)中的"DUL"位为"0"。

8.6 基础项目 A：1 位数码管计数状态掉电不丢失实验

学习了整章知识发现本章有"3 多",新名词多、新概念多、新寄存器多,这"3 多"就会让读者感觉到存储器资源相关知识过于抽象,不太好理解。本节动手做一个关于数据 EEPROM

区域的读写实验,在构建实践项目之前需要理清思路设计实验功能,得到最直观和最容易理解的现象以验证所学的知识。

首先,需要构建硬件体系,硬件电路原理图如图 8.7 所示,从图中可以观察到硬件电路构成较为简单,需要注意的是在电路中选择的数码管 DS1 为一位 8 段共阴数码管,其中 DS1 数码管引脚的 3 脚和 8 脚接地,其余引脚为数码管的段码引脚。

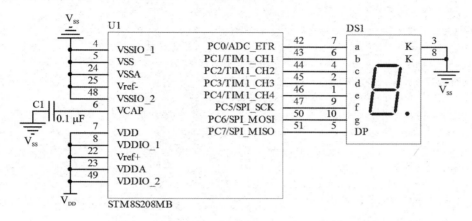

图 8.7 1 位数码管计数状态掉电不丢失电路原理图

硬件电路搭建完成后就可以开始软件编写了,考虑到硬件电路的 DS1 数码管为一位 8 段共阴数码管,在程序编写之初应该建立好数码管类型对应的段码数组,为了方便程序移植和兼容数码管类型(共阴或共阳),在程序中构建共阴数码管段码数组 tableA[] 和共阳数码管段码数组 tableB[],读者可以参考如下程序语句:

```
u8 tableA[] = {0x3F,0x06,0x5B,0x4F,0x66,0x6D,0x7D,0x07,0x7F,0x6F};  //共阴数码管段码 0～9
u8 tableB[] = {0xC0,0xF9,0xA4,0xB0,0x99,0x92,0x82,0xF8,0x80,0x90};  //共阳数码管段码 0～9
```

接下来就是项目功能的编程实现,要让程序实现计数状态应该先配置一个自增变量,程序中自增变量会不断加 1,然后把数值显示到数码管上,但是数码管只有 1 位,所以需要限定自增变量其值域在 0～9,得到自增变量值后需要不断将 0～9 的数值显示到数码管上同时存进数据 EEPROM 单元,然后通过"断电"操作来验证是否系统是否保存了断电前的计数状态值。细心的读者会发现这个过程中存在以下 2 个问题需要解决。

第一个问题,上电后数码管应该如何显示才能看出断电前的计数状态?

单片机上电后首先初始化连接数码管的 GPIO 端口组引脚类型和输出电平,然后读取数据 EEPROM 单元目标地址中的数据,判断读出的数据是否为 $(0x00)_H$,如果为 $(0x00)_H$ 则表明该单片机是第一次上电或者是上一次断电前的计数数值刚好为"0",这种情况下就让数码管显示"0"即可,如果读出的数据不为 $(0x00)_H$,则装载的一定是上一次断电前所保存下来的计数数值,这时候应该读出该数值送去显示,并且把该数值赋值给自增变量,让自增变量从该数值往后自增,比如读出是 $(0x03)_H$,则让数码管显示"3"并且把 $(0x03)_H$ 赋值给自增变量,让其从 $(0x03)_H$ 开始往后自增。

第二个问题,怎么指定数据 EEPROM 单元的目标地址? 如何进行写入数据?

编写 C 语言语句"u8 disnum_EEPROM @0x4000;"来指定地址,此处的@0x4000 即为数据 EEPROM 的首地址,有了目的地址后就要按照数据 EEPROM 区域的存取方法来存取数据,也就是解锁 EEPROM 区域,所以需要构建一个解锁函数 unlock_EEPROM(void),在该函数中向 MASS 系统送入两个密钥,并且检测解锁状态,如果解锁成功/失败都应该返回一个状态便于上级调用函数获知执行结果。

利用 C 语言编写的具体程序实现如下:

```
/****************************************************************
* 实验名称及内容:1 位数码管计数状态掉电不丢失实验
****************************************************************/
#include "iostm8s208mb.h"                    //主控芯片的头文件
/****************** 常用数据类型定义 ******************/
{【略】}为节省篇幅,相似语句可以直接参考之前章节
/****************** 端口/引脚定义区域 ******************/
#define   LED   PC_ODR                       //1 位数码管段码连接端口
/****************** 用户自定义数据区域 ******************/
u8 tableA[] = {0x3F,0x06,0x5B,0x4F,0x66,0x6D,0x7D,0x07,0x7F,0x6F};
//共阴数码管段码 0-9
u8 tableB[] = {0xC0,0xF9,0xA4,0xB0,0x99,0x92,0x82,0xF8,0x80,0x90};
//共阳数码管段码 0-9
u8 disnum_EEPROM @0x4000;
//指定 disnum_EEPROM 指向 0x4000 地址,即 EEPROM 起始地址
/****************** 函数声明区域 ******************/
void delay(u16 Count);                        //延时函数声明
u8 unlock_EEPROM(void);                       //解锁 EEPROM 函数声明
/****************** 主函数区域 ******************/
void main(void)
{
  u8 i = 0;                                   //定义自增控制变量 i
  PC_DDR = 0xFF;                              //配置 PC 端口为输出模式
  PC_CR1 = 0xFF;                              //配置 PC 端口为推挽输出模式
  PC_CR2 = 0x00;                              //配置 PC 端口低速率输出
  PC_ODR = 0x00;                              //初始化 PC 端口全部输出低电平(数码管熄灭)
  while(unlock_EEPROM());                     //等待数据 EEPROM 区域解锁成功
  if(disnum_EEPROM! = 0)                      //如果 EEPROM 首地址装载数值不为 0
  {
    LED = tableA[disnum_EEPROM];             //显示 EEPROM 数值
    i = disnum_EEPROM;                        //将 EEPROM 数值赋值给 i
    delay(200);                               //延时停留
  }
  else
    LED = tableA[i];                          //若 EEPROM 数值为 0 则数码管显示'0'
  while(1)
  {
      i = (i + 1) % 10;                       //限定 i 取值范围在 0~9
      LED = tableA[i];                        //将 0~9 段码送到数码管显示
      disnum_EEPROM = i;                      //将 0~9 数值存入 EEPROM 首地址
      while((FLASH_IAPSR & 0x40) = = 0);      //等待写入成功
```

```
        delay(200);                                    //延时停留
    }
}
/************************************************************/
void delay(u16 Count)
{略}//延时函数 delay()
/************************************************************/
//解锁 EEPROM 函数 unlock_EEPROM()，无形参，有返回值"0"或者"1"
//若返回值为"1"则解锁失败，若返回值为"0"则解锁成功
/************************************************************/
u8 unlock_EEPROM(void)
{
    //1.首先写入 MASS 密匙以解锁 EEPROM
    FLASH_DUKR = 0xAE;
    FLASH_DUKR = 0x56;
    //2.判断 DUL 位是否解锁成功
    if(FLASH_IAPSR & 0x08)
        return 0;                                      //解锁成功
    else
        return 1;                                      //解锁失败
}
```

　　整个程序看起来并不复杂，对于目标地址指定语句"u8 disnum_EEPROM @0x4000;"中的地址值(0x4000)$_H$ 也可以按照实际需求进行更改，在项目中实际采用的 STM8S208MB 单片机，该单片机的数据 EEPROM 具有 2 KB，存放的数据可以很多，若读者需要写入多个目标地址还可以定义多条语句。在数据 EEPROM 的解锁函数中首先写入了两个 MASS 密钥，然后再通过"if(FLASH_IAPSR & 0x08)"语句检测状态寄存器中的"DUL"位确保解锁成功，最后再根据返回结果"0"或者"1"判断解锁状态。将程序下载后并运行，实测得到图 8.8 所示效果。

图 8.8　EEPROM 计数值断电不丢失实测效果

　　首次上电运行后，数据 EEPROM 中的目标地址内容为空，所以数码管显示"0"，随着程序的运行自增变量开始自增并显示在数码管上和存入 EEPROM 目标地址单元，运行到"4"时突然断电，然后过一段时间再次上电运行，数码管显示数据并不是从"0"开始，而是从上一次断电前的计数数值"4"开始往后自增，这样一来也就验证了数据 EEPROM 的功能，从而达到了需要的效果。

第 9 章

"单片机的外科手术"
Option bytes 配置及应用

章节导读：

　　亲爱的读者，本章将详细介绍 STM8S 系列单片机 Option bytes 选项字节的相关知识和应用。章节共分为 5 个部分，9.1 节把 Option bytes 配置过程比喻成为单片机的外科手术，趣味生动地讲解了使用 ICP 方式和 IAP 方式下的 Option bytes 更改方法。9.2 节主要讲解 Option bytes 的选项内容和配置含义，读者务必要详细阅读和掌握。9.3 节和 9.4 节讲解了基于 STVP 和 IAR for STM8 两款主流开发环境下的选项字节配置流程，好比是两位"医生"给 STM8 单片机做"手术"，章节中给出了详细的操作图示。9.5 节是用 IAP 方式通过单片机内部程序自行修改选项字节参数，好比是自己给自己动"手术"，该实验可以加深读者对选项字节的理解又可以巩固第 8 章有关存储器资源编程和 MASS 系统的相关知识，在后续的项目开发中可以为读者提供参考和帮助。

9.1 "开始手术"配置系统参数及外设功能

通过对以往章节的学习,读者了解了 STM8 单片机强大的 GPIO 端口资源及复用功能,对于某 GPIO 端口上的多重复用功能如何进行配置和选择呢? 观察 STM8S208MB 单片机引脚分布,不难发现某些端口上复用功能不止两种,例如第 9 引脚,作为普通的 GPIO 来说它是 PA3 端口,第 2 个"身份"是定时器 2 的通道 3(TIM2_CH3),还有第 3 个"身份"是定时器 3 的通道 1(TIM3_CH1)。又例如第 29 引脚,作为普通的 GPIO 来说它是 PB5 端口,第 2 个"身份"是模拟信号输入的第 5 通道(Analog input 5),还有第 3 个"身份"是 I^2C 总线的串行数据引脚(I^2C_SDA)。相似情况的引脚还有第 30 脚、31 脚、32 脚、33 脚、34 脚、73 脚、75 脚、76 脚、77 脚、80 脚等。那么,问题就来了,一个引脚的多重"身份"在实际系统中到底是如何进行区分的呢?

这就要用即将讲解的主角"Option bytes"来实现多重复用功能的具体选择。"Option bytes"可以理解为单片机的功能选项字节,选项字节用于配置硬件特性、存储器保护状态、资源外设功能,这些字节位于特定存储器阵列中,第 8 章就将选项字节比作"校长决策室",可见该资源的重要性和特殊性。配置选项字节常用的方法有两种,一种是用 SWIM 接口配合上位机软件进行修改,也就是"ICP 方式",还有一种是通过单片机内部程序"自己"给"自己"配置选项字节,也就是"IAP 方式"。下面重点介绍这两种方式的配置方法和含义。

首先要讲解的是基于 SWIM 接口配合上位机软件进行选项修改的"ICP 方式",该方式用于更新 STM8 单片机整个存储器的内容。ICP 方式使用 SWIM 接口把用户的程序装载到微控制器中,同时提供迅速而有效的设计迭代并且去除了不必要的封装处理,SWIM 接口(单线接口模块)使用 SWIM 引脚和编程工具相连接。上位机软件一般是意法半导体公司的 STVP 软件或者 IAR For STM8 开发环境。

如图 9.1 所示,使用 ST-LINK 调试/下载器通过 SWIM 接口对 STM8 单片机的 Option bytes 进行配置就像是一场"外科手术",左边的"医生"是来自意法半导体公司的 STVP,右边的"医生"是来自 IAR 公司的 IAR For STM8,两个"医生"正在忙着为躺在手术台上的"STM8

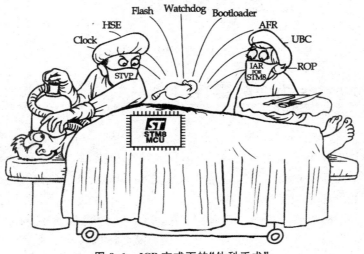

图 9.1 ICP 方式下的"外科手术"

芯片"配置选项字节。在"手术"过程中,用户可以不修改单片机中的程序,即可实现存储器读出保护 ROP、用户代码区域 UBC、端口复用功能映射 AFR、时钟及看门狗、自动唤醒、晶振稳定时间、等待状态、启动引导等选项进行配置和设定。

接下来介绍第二种方法,也就是通过单片机内部程序"自己"给"自己"配置选项字节,即"IAP 方式",相对于 ICP 方式,在 IAP 应用编程中可使用 STM8 支持的任意通信接口(I/O、I²C、SPI、UART 等)来下载要写入存储器中的数据。IAP 方式允许在应用程序运行中对 Flash 程序存储器的内容重新编程,然而要想使用 IAP 方式,必须通过 ICP 方式对 Flash 程序存储器预先编程。如图 9.2 所示,利用 STM8 单片机 IAP 方式配置选项字节就像是"自己"给"自己"动手术,STM8 单片机自己拿着"手术刀",对选项字节的有关选项进行配置。但是这种方法是有风险的,假设编程用户对存储器读出保护选项"ROP"进行了读出操作或者是解除读出保护操作都会使单片机的程序存储器区、UBC 区、DATA 区以及选项字节的其他配置选项全部擦除,相当于启动了单片机的"自毁"程序,从而造成不可逆转的情况。又或者程序正在对选项字节进行配置时突然产生了不可预料的运行故障导致配置中断,也会产生不可预料的结果,所以读者应该谨慎使用 IAP 方式进行选项配置。

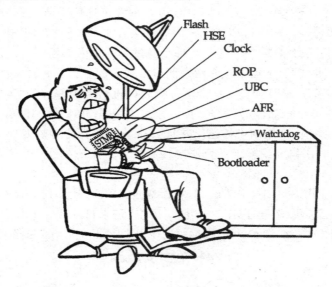

图 9.2 IAP 方式下的"自行手术"

9.2 Option bytes 选项配置详解

大致了解了选项字节的作用和配置方式后,就可以开始学习选项字节中具体的配置项了。在学习之前,首先需要明确的是在 STM8S 系列单片机中根据型号的不同内部存储器结构是略有差异的,这就导致了选项字节的起止地址有可能不同,读者在查询具体芯片的选项字节时应该参考最新版本的芯片数据手册。以 STM8S208MB 单片机为例,选项字节的地址位于 2 KB 大小的 EEPROM 之后,用 Flash ROM 作为存储介质,地址空间在 $(0x004800)_H \sim (0x00487F)_H$ 之间,共计 128 B,具体的选项字节地址及名称如表 9.1 所示。

表 9.1 STM8 单片机选项字节配置

选项字节地址	选项名称	选项序号
(4800)ₕ	读出保护(ROP)	OPT0
(4801)ₕ	用户代码启动区(UBC)	OPT1
(4802)ₕ		NOPT1
(4803)ₕ	引脚复用功能配置(AFR)	OPT2
(4804)ₕ		NOPT2
(4805)ₕ	看门狗选项	OPT3
(4806)ₕ		NOPT3
(4807)ₕ	时钟选项	OPT4
(4808)ₕ		NOPT4
(4809)ₕ	石英晶体振荡器稳定时间	OPT5
(480A)ₕ		NOPT5
(480B)ₕ	保留	OPT6
(480C)ₕ		NOPT6
(480D)ₕ	等待状态配置	OPT7
(480E)ₕ		NOPT7
(487E)ₕ	启动引导选项字节	OPTBL
(487F)ₕ		NOPTBL

认真观察表 9.1 中的内容,可以发现选项名称这一列中一共有 9 大项,涉及单片机功能的很多方面。首先看到的是读出保护(ROP)选项,其地址是(0x4800)ₕ,选项序号是 OPT0,这个选项只有一行,很好理解。接着往下看,下一行是用户代码启动区(UBC),占用的地址有两个,OPT1 选项占用了(0x4801)ₕ,还有一个 NOPT1 占用了(0x4802)ₕ,这里的 NOPT1 就是 OPT1 的"互补选项",也就是说选项字节的组成上其实是一个 OPT0 选项(ROP 读出保护)加上 8 对与单片机片内资源和硬件配置有关的选项和对应的互补选项构成。下面逐一对 Option bytes 选项内容进行了解和配置。

1. 存储器读出保护(ROP)选项配置

首先要讲解的是表 9.1 中的第一行,也就是读出保护选项"ROP",这里的"ROP"是英文"Read Out Protection"的缩写,含义为读出保护。该选项序号为 OPT0,选项的地址是(0x4800)ₕ,这个选项是用来对整个 STM8 单片机的 Flash 区域进行读出保护的,具体参数如表 9.2 所示。

表 9.2 读出保护 ROP 选项参数

地址	选项名称	选项序号	选项位								复位值
			7	6	5	4	3	2	1	0	
4800h	读出保护 ROP	OPT0	ROP[7:0]								00h

该选项一共有 8 个位,即 ROP[7:0],如果将 ROP[7:0]设定为(10101010)$_B$ 即(AA)$_H$ 时,读出保护生效,用户就不能再对 Flash 区域进行读出操作了。该位可以用 SWIM 接口配合上位机软件的 ICP 方式进行修改也可以用单片机内部程序基于 IAP 方式进行修改,但修改该位后单片机内部程序存储器区、用户启动区 UBC、DATA 区和 Option bytes 中的参数和数据都会被擦除,相当于单片机启动了"自毁"程序,芯片内部被还原到出厂默认,可重新对其进行编程。

2. 用户代码启动区(UBC)选项配置

用户启动区(UBC)选项 OPT1 的地址是(0x4801)$_H$,用来互补的 NOPT1 选项的地址是(0x4802)$_H$,该选项是用来调整用户启动代码区域的有无与大小的,用户启动区域"User Boot Code"包含有复位和中断向量表,它可用于存储 IAP 及通信程序。UBC 区域有一个两级保护结构可保护用户代码及数据在 IAP 编程中免于无意的擦除或修改,这意味着该区域总是写保护的,而且写保护不能通过使用 MASS 密钥来解锁。在 ICP 模式下(使用 SWIM 接口)可以通过修改选项字节来配置 UBC 的大小,该选项的具体参数如表 9.3 所示。

表 9.3　用户启动区 UBC 选项参数

地址	选项名称	选项序号	选项位								复位值
			7	6	5	4	3	2	1	0	
4801h	用户启动区	OPT1	UBC[7:0]								00h
4802h	UBC	NOPT1	NUBC[7:0]								FFh

UBC 选项字节指定了分配在 UBC 区域中的"页"数量,可以通过读取 UBC 选项字节来获得 UBC 区域的大小信息,例如可以对 UBC[7:0]这 8 个位进行配置。

若配置为(0x00)$_H$,则配置为不存在 UBC 区,没有写保护;

若配置为(0x01)$_H$,则配置 UBC 区大小为 0～1 页,存储器写保护;

若配置为(0x02)$_H$,则配置 UBC 区大小为 0～3 页,存储器写保护;

若配置为(0x03)$_H$,则配置 UBC 区大小为 0～4 页,存储器写保护;

以此类推,若配置为(0xFE)$_H$,则配置 UBC 区大小为 0～255 页,存储器写保护;

若配置为(0xFF)$_H$,保留定义。

需要注意的是这里的"页"在不同 STM8S 单片机中容量是不一样的,STM8S 单片机中由于型号很多,单片机具体的功能很多都与实际容量有关,这里的页大小也和实际容量有关,STM8S 单片机又可以分为小容量(密度)、中容量(密度)、大容量(密度)3 种。

小容量 STM8S 器件拥有 8 KB Flash 程序存储器,每页容量为 64 B,共 128 页;640 B 数据 EEPROM,每页容量为 64 B,共 10 页。数据 EEPROM 中包括 1 页的选项字节(占用 64 B)。

中容量 STM8S 器件拥有 16～32 KB Flash 程序存储器,每页容量为 512 B,最多 64 页;1 KB 数据 EEPROM,每页容量为 512 B,共 2 页。数据 EEPROM 包括 1 页的选项字节(占用 512 B)。

大容量 STM8S 器件拥有 64～128 KB Flash 程序存储器,每页容量为 512 B,最多 256 页;1～2 KB 数据 EEPROM,每页容量为 512 B,共 4 页。数据 EEPROM 包括 1 页的选项字节(占用 512 B)。

在具体的配置中,读者可以按照实际需求对 UBC 区域大小进行配置,以 STM8S208MB 单片机为例,若设定 UBC[7:0] 为 $(0000\ 0001)_B$,即 $(0x01)_H$,则设定 UBC 区域大小为 0～1 页,由于 STM8S208MB 单片机属于大容量(密度)系列单片机,这样配置后得到的 UBC 区域容量大小就是 512 B,也就是 1 个页的容量。

3. 引脚复用功能(AFR)选项配置

引脚复用功能(AFR)选项的 OPT2 选项地址是 $(0x4803)_H$,用来互补的选项 NOPT2 的地址是 $(0x4804)_H$,该选项是用来对 STM8 单片机硬件端口复用功能进行选择配置的,具体参数如表 9.4 所示。

表 9.4 引脚复用功能配置 AFR 选项参数

地 址	选项名称	选项序号	选项位								复位值
			7	6	5	4	3	2	1	0	
4803h	引脚复用功能	OPT2	AFR7	AFR6	AFR5	AFR4	AFR3	AFR2	AFR1	AFR0	00
4804h		NOPT2	NAFR7	NAFR6	NAFR5	NAFR4	NAFR3	NAFR2	NAFR1	NAFR0	FF

OPT2 和 NOPT2 选项字节各自都有 8 个选项位,因为 NOPT2 中的选项位都是和 OPT2 中的选项位互补的,所以下面着重介绍 OPT2 中每个选项位的功能和配置。

(1) 引脚复用功能重映射选项的第 7 位为 AFR7,该位为"0"则端口 D4 备选功能为定时/计数器 2 的通道 1"TIM2_CH1"。该位为"1"则端口 D4 备选功能为蜂鸣器"BEEP"输出引脚。

(2) 引脚复用功能重映射选项的第 6 位为 AFR6,该位为"0"则端口 B5 备选功能为模拟信号输入通道 5"AIN5",端口 B4 备选功能为模拟信号输入通道 4"AIN4"。该位为"1"则端口 B5 备选功能为 I^2C 通信的串行数据引脚"I^2C_SDA",端口 B4 备选功能为 I^2C 通信的串行时钟引脚"I^2C_SCL"。

(3) 引脚复用功能重映射选项的第 5 位为 AFR5,该位为"0"则端口 B3 备选功能为模拟信号输入通道 3"AIN3",端口 B2 备选功能为模拟信号输入通道 2"AIN2",端口 B1 备选功能为模拟信号输入通道 1"AIN1",端口 B0 备选功能为模拟信号输入通道 0"AIN0"。该位为"1"则端口 B3 备选功能为定时/计数器 1 的 ETR 功能引脚"TIM1_ETR",端口 B2 备选功能为定时/计数器 1 的互补通道 3"TIM1_CH3N",端口 B1 备选功能为定时/计数器 1 的互补通道 2"TIM1_CH2N",端口 B0 备选功能为定时/计数器 1 的互补通道 1"TIM1_CH1N"。

(4) 引脚复用功能重映射选项的第 4 位为 AFR4,该位为"0"则端口 D7 备选功能为最高等级的外部中断引脚"TLI"。该位为"1"则端口 D7 备选功能为定时/计数器 1 的通道 4"TIM1_CH4"。

(5) 引脚复用功能重映射选项的第 3 位为 AFR3,该位为"0"则端口 D0 备选功能为定时/计数器 3 的通道 2"TIM3_CH2"。该位为"1"则端口 D0 备选功能为定时/计数器 1 的刹车信号输入引脚"TIM1_BKIN"。

(6) 引脚复用功能重映射选项的第 2 位为 AFR2,该位为"0"则端口 D0 备选功能为定时/计数器 3 的通道 2"TIM3_CH2",该位为"1"则端口 D0 备选功能为系统时钟输出引脚"CLK_CCO"。

(7) 引脚复用功能重映射选项的第 1 位为 AFR1,该位为"0"则端口 A3 备选功能为定时/

计数器 2 的通道 3"TIM2_CH3",端口 D2 备选功能为定时/计数器 3 的通道 1"TIM3_CH1"。该位为"1"则端口 A3 备选功能为定时/计数器 3 的通道 1"TIM3_CH1",端口 D2 备选功能为定时/计数器 2 的通道 3"TIM2_CH3"。

（8）引脚复用功能重映射选项的第 0 位为 AFR0,该位为"0"则端口 D3 备选功能为定时/计数器 2 的通道 2"TIM2_CH2"。该位为"1"则端口 D3 备选功能为模拟数字转换 ADC 单元的专用外部触发引脚"ADC_ETR"。

需要注意的是很多读者在做硬件端口复用功能调试的时候,一直都没有成功,很有可能就是该选项没有正确配置的原因。

4. 看门狗选项配置

看门狗选项 OPT3 的地址是（0x4805）$_H$,用来互补的选项字节 NOPT3 的地址是（0x4806）$_H$,该选项包含了 4 个选项位,可以对 STM8 单片机的片内低速时钟"LSI"进行使能、激活独立看门狗、激活窗口看门狗和配置芯片进入暂停模式时窗口看门狗的复位动作,具体参数如表 9.5 所示。

表 9.5　看门狗选项参数

地址	选项名称	选项序号	选项位								复位值
			7	6	5	4	3	2	1	0	
4805h	看门狗选项	OPT3	保留				LSI_EN	IWDG_HW	WWDG_HW	WWDG_HALT	00h
4806h		NOPT3	保留				NLSI_EN	NIWDG_HW	NWWDG_HW	NWWDG_HALT	FFh

（1）看门狗选项的第 3 位为 LSI_EN,作用为低速内部时钟使能,该位为"0"则 128 kHz 频率的 LSI 低频时钟不能被用作 CPU 的时钟源,该位为"1"则 128 kHz 频率的 LSI 低频时钟可以被用作 CPU 的时钟源。

（2）看门狗选项的第 2 位为 IWDG_HW,作用为独立看门狗激活方式位,该位为"0"则独立看门狗 IWDG 由软件激活,该位为"1"则独立看门狗 IWDG 由硬件激活。

（3）看门狗选项的第 1 位为 WWDG_HW,作用为窗口看门狗激活方式位,该位为"0"则窗口看门狗 WWDG 由软件激活,该位为"1"则窗口看门狗 WWDG 由硬件激活。

（4）看门狗选项的第 0 位为 WWDG_HALT,作用为配置芯片进入暂停模式时窗口看门狗的复位动作,如果窗口看门狗使能且该位为"0"则当芯片进入暂停模式时不产生复位,如果窗口看门狗使能且该位为"1"则当芯片进入暂停模式时可以产生复位。

5. 时钟选项配置

时钟选项 OPT4 的地址是（0x4807）$_H$,用来互补的选项字节 NOPT4 的地址是（0x4808）$_H$,该选项包含了 3 功能,可以对 STM8 单片机的外部时钟选择、自动唤醒单元/时钟和自动唤醒单元的时钟分频进行配置,具体参数如表 9.6 所示。

（1）时钟选项的第 3 位为 EXT_CLK,作为外部时钟选择位,该位为"0"则外部晶体振荡器连接到 OSCIN/OSCOUT 引脚上,该位为"1"则外部时钟信号输入连接到 OSCIN 引脚上。

表 9.6 时钟选项参数

地址	选项名称	选项序号	选项位							复位值
			7	6	5	4	3	2	1 和 0	
4807h	时钟选项	OPT4	保留				EXT_CLK	CKAWU SEL	PRSC[1:0]	00h
4808h		NOPT4	保留				NEXT_CLK	NCKAWU SEL	NPRSC[1:0]	FFh

(2) 时钟选项的第 2 位为 CKAWUSEL,作用是自动唤醒单元/时钟选择位,该位为"0"则 128 kHz 频率的 LSI 低频时钟源作为自动唤醒单元(AWU)的时钟,该位为"1"则外部晶体振荡器时钟源(HSE)分频后的时钟作为自动唤醒单元(AWU)的时钟源。

(3) 时钟选项的第 1 位和第 0 位为 PRSC[1:0],是用来配置自动唤醒单元(AWU)时钟预分频系数,这两位的取值和分频系数关系如下:

若配置为"00",则配置为 24 MHz 到 128 kHz 分频;
若配置为"01",则配置为 16 MHz 到 128 kHz 分频;
若配置为"10",则配置为 8 MHz 到 128 kHz 分频;
若配置为"11",则配置为 4 MHz 到 128 kHz 分频。

6. 石英晶体振荡器稳定时间选项配置

晶振稳定时间选项 OPT5 的地址是 $(0x4809)_H$,用来互补的选项字节 NOPT5 的地址是 $(0x480A)_H$,该选项包含了 8 个功能位,可以对 STM8 单片机的外部晶体振荡器时钟源(HSE)的稳定时间进行配置,具体参数如表 9.7 所示。

表 9.7 晶振稳定时间选项参数

地址	选项名称	选项序号	选项位								复位值
			7	6	5	4	3	2	1	0	
4809h	晶振稳定时间	OPT5	HSECNT[7:0]								00h
480Ah		NOPT5	NHSECNT[7:0]								FFh

读者可能有疑问,什么叫做晶振稳定时间?石英晶体振荡器是有起振时间的,在刚启动的时候输出振荡频率信号往往不稳定,这时候希望让单片机略过这段"不稳定"时间,工作在振荡稳定后的时钟信号下,所以可以用插入时钟周期间隔的方法来实现"启动延时",在时钟稳定时间选项中有 8 个位,即 HSECNT[7:0],通过对其进行赋值可以配置不同的外部晶体振荡器时钟源(HSE)的稳定时间如下:

若配置为"0x00",则配置为 2 048 个 HSE 周期;
若配置为"0xB4",则配置为 128 个 HSE 周期;
若配置为"0xD2",则配置为 8 个 HSE 周期;
若配置为"0xE1",则配置为 0.5 个 HSE 周期。

7. 保留选项说明

保留选项 OPT6 的地址是 $(0x480B)_H$,用来互补的选项字节 NOPT6 的地址是

$(0x480C)_H$，该选项为系统保留选项，可不进行配置，具体参数如表 9.8 所示。

表 9.8　保留选项参数

地址	选项名称	选项序号	选项位								复位值
			7	6	5	4	3	2	1	0	
480Bh	保留	OPT6	保留								00h
480Ch		NOPT6	保留								FFh

8. 等待状态配置

等待状态配置选项 OPT7 的地址是 $(0x480D)_H$，用来互补的选项字节 NOPT7 的地址是 $(0x480E)_H$，该选项包含了 1 个功能位，可以对 STM8 单片机的等待状态进行配置，具体参数如表 9.9 所示。

表 9.9　等待状态配置选项参数

地址	选项名称	选项序号	选项位								复位值
			7	6	5	4	3	2	1	0	
480Dh	等待状态配置	OPT7	保留							WAITSTATE	00h
480Eh		NOPT7	保留							NWAITSTATE	FFh

时钟选项的第 0 位为 WAITSTATE，作为等待状态配置位，这个选项用于设置从 Flash 或 EEPROM 存储器中读取数据时插入的等待周期。当 $f_{CPU} > 16$ MHz 时需要一个等待周期，该位为"0"则无等待周期，该位为"1"则等待周期为 1。需要注意的是若在实际的单片机系统中使用晶振超过了 16 MHz，则应配置该选项位为"1"，否则单片机无法正常工作。

9. 启动引导选项字节配置

启动引导选项 OPTBL 的地址是 $(0x487E)_H$，用来互补的选项字节 NOPTBL 的地址是 $(0x487F)_H$，该选项可以决定 STM8 单片机内部启动引导区（BOOT ROM）是否启动，具体参数如表 9.10 所示。

表 9.10　启动引导选项参数

地址	选项名称	选项序号	选项位								复位值
			7	6	5	4	3	2	1	0	
487Eh	启动引导选项字节	OPTBL	BL[7:0]								00h
487Fh		NOPTBL	NBL[7:0]								FFh

该选项中的 BL[7:0]是系统启动引导选项字节，复位后启动引导区（BOOT ROM）中的程序会检查这个选项，同时根据复位向量中的内容决定 CPU 跳到引导程序还是复位向量运行。

读者需要适当记忆这 9 个选项的内容和配置方法，在后续的项目应用中经常会用到，在特殊的片内资源启用时，一定要联想到引脚的多重复用和选项字节有关，活学活用，不要因为对选项字节的忽视导致调试时走很多"弯路"。

9.3 利用 STVP 修改选项字节方法及流程

意法半导体公司推出的可视化编程工具（STVP）提供了一种易于使用、高效的操作环境，用于读取，写入和验证设备存储器中的数据和选项字节配置信息。STVP 是意法半导体公司的 MCU 软件工具集之一，也是意法半导体公司可视化编程（STVD）集成开发环境和汇编器/连接器的一部分。读者若选择使用意法半导体公司官方的开发工具对 STM8 单片机进行开发，可登录意法半导体公司网站并浏览 8 位微控制器产品相关网页中软件开发工具"Software Development Tools"页面，其中就有最新版本的开发环境和开发工具集合。如图 9.3 所示，安装完"ST Toolset"后在计算机所有程序列表中的 Development Tools 文件夹中会有两个软件，"ST Visual Develop"简称"STVD"，是可视化开发环境，"ST Visual Programmer"简称"STVP"是可视化编程工具。以 STM8S208MB 单片机为例，下面介绍 STVP 对其进行选项字节相关参数的配置。

图 9.3 STVD 开发环境和 STVP 编程工具

第 1 步：在进行选项字节的配置前，应该正确连接 ST-LINK 设备，然后通过 SWIM 接口与单片机模块或者开发板对应的 SWIM 接口连接，确保开发板供电正常、电气连接正确后再单击"ST Visual Programmer"图标，打开 STVP 软件界面如图 9.4 所示。

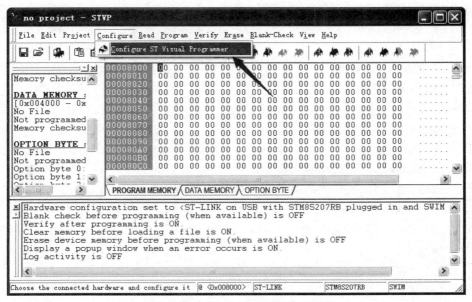

图 9.4 STVP 编程工具软件界面

第 2 步：如图 9.4 所示，进入 STVP 软件界面后，单击图中黑色箭头所指 Configure 选项，在选项菜单下打开 Configure ST Visual Programmer，进入到如图 9.5 所示界面。在软件界面中显示出硬件选择 Hardware 应配置为"ST-LINK"，Port 应配置为"USB"，编程模式选择 Programming mode 应配置为"SWIM"，单片机设备型号 Device 应配置为具体的单片机型号，在本操作中选用的是 STM8S208MB 这一款，所以选择对应的型号即可，选择完毕后单击"OK"按钮，此时窗口会自动关闭。

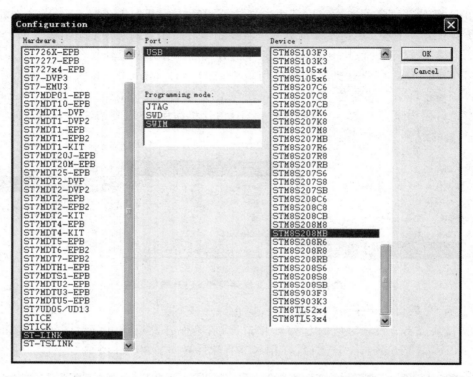

图 9.5　Configure ST Visual Programmer 选项软件界面

第 3 步：配置完成 Configure ST Visual Programmer 选项后就可以正式对 STM8S208MB 单片机进行选项配置了，如图 9.6 所示，选择图中黑色箭头所指向的"OPTION BYTE"选项卡，便进入到选项字节的配置页面。调整 STVP 程序界面大小，获得"OPTION BYTE"选项卡的全部内容如图 9.7 所示，Value 是当前配置下 Option bytes 的整体取值，Name 是选项名称，Description 是选项的配置描述。

如图 9.8 所示，以配置 ROP 读出保护选项为例，在 Description 选项的配置描述中可以选择"Read Out Protection OFF"即读出保护解除和"Read Out Protection ON"即启用读出保护这两个配置描述，若设定 ROP 读出保护选项为"Read Out Protection ON"后可以发现 Value 的取值变更为"AA 00 00 00 00 00 00 00 00"。前面的"AA"就是将 ROP$[7:0]$ 设定为 $(10101010)_B$ 即 $(AA)_H$，写入 Option bytes 当前配置后，读出保护生效，用户就不能再对 Flash 区域进行读出操作了。

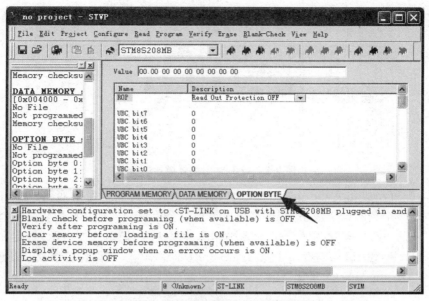

图 9.6 选择"OPTION BYTE"选项卡

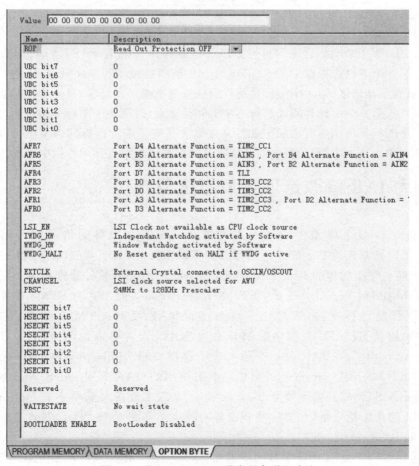

图 9.7 "OPTION BYTE"选项卡详细内容

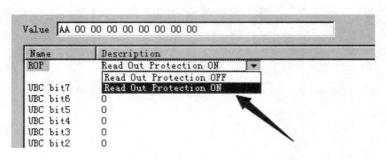

图 9.8　ROP 选项配置描述选择

第 4 步：配置完成相关 Option bytes 选项后，Value 中的值会发生变化，也就证明了当前配置值已经是一个新的设定值了，接下来就应该把这个值写入到单片机中，这样才算完成了配置过程。写入的过程需要单击 STVP 编程操作图标来实现，如图 9.9 所示，选定在"OPTION BYTE"选项卡，更改配置后需要单击第 4 个图标即可编程写入当前标签页或活动扇区。

图 9.9　STVP 编程操作图标

在图 9.9 中，第 1 个图标含义为打开 STVP 配置界面"Configure ST Visual Programmer"如图 9.5 所示；第 2 个下拉选择框中的 STM8S208MB 是当前操作的单片机型号；第 3 个图标是阅读当前标签页或活动扇区；第 4 个图标是编程当前标签页或活动扇区；第 5 个图标是确认当前标签页或活动扇区；第 6 个图标是阅读所有选项卡和活动扇区；第 7 个图标是编程所有选项卡和活动扇区；第 7 个图标是确认所有选项卡和活动扇区。了解了编程图标的含义就可以根据需求进行操作了，此时单击第 4 个图标，将当前选项字节的配置结果编程到单片机中即可。

9.4　利用 IAR 修改选项字节方法及流程

IAR Systems 是全球领先的嵌入式系统开发工具和服务的供应商，IAR Embedded Workbench 是世界领先的 C／C＋＋编译器和调试工具链，基于 8 位，16 位和 32 位 MCU 的应用，注重速度和性能优化的 IAR Embedded Workbench 系列软件非常强大。IAR 嵌入式工作台"IAR Embedded Workbench for ST Microelectronics STM8"为 STM8 单片机产品提供全力支持，现目前已经支持 STM8AF 系列、STM8AL 系列、STM8L 系列、STM8S 系列、STM8T 系列，以及 STLUX™ 数字控制器系列芯片。读者可以访问 IAR 的官方网站"http://www.iar.com/"，在 IAR 公司产品列表中选择"IAR-Embedded-Workbench"嵌入式开发环境产品"ST Microelectronics STM8"。本书使用的"IAR Embedded Workbench for ST Microelectronics STM8"开发环境是 2.10 版本，这个版本支持对选项字节 Option bytes 的配置、EEPROM 的初始化变量，和对一些新设备的改进。如图 9.10 所示，安装完成后可以打开"IAR Embedded Workbench"。

第一步：与 STVP 配置选项字节的步骤相似，用 IAR for STM8 配置选项字节之前，也应该正确连接 ST-LINK 设备，然后通过 SWIM 接口与单片机模块或者开发板对应的 SWIM 接

图 9.10 IAR Embedded Workbench 程序位置

口连接,确保开发板供电正常、电气连接正确后再单击 IAR Embedded Workbench 图标,打开程序工程,需要注意的是在工程选项配置中应该注意单片机型号的选择、Debugger 的选择。如图 9.11 所示,在 Workspace 窗口选中当前 Project 的名称,右键单击选择黑色箭头指向的"Options"选项。

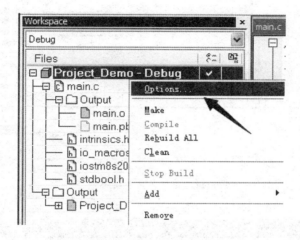

图 9.11 程序工程选项配置

程序工程选项配置界面如图 9.12 所示,在 Category 中选择 General Options,并在 Target 选项卡中 Device 一栏右侧的按钮中选择所使用的单片机型号,本例使用 STM8S208MB 单片机,就找到 STM8S 系列,然后展开该系列单片机选择具体型号即可。

接下来打开程序工程选项中的 Debugger 选项,如图 9.13 所示,选择 Driver 为 ST-LINK,这个步骤就是确定以 ST-LINK 作为调试/下载工具,然后单击"OK"即可完成工程配置。

第二步:等待工程配置完成后,可以先对工程进行编译,然后再选择菜单栏中的 ST-LINK 选项,如图 9.14 所示,选择"Option bytes"选项。打开的"Option bytes",如图 9.15 所示,选项卡界面中的 Option 便是用户可配置的选项名称,右侧的 Value 即为选项配置参数,以 Flash_Wait_States 这个选项为例,右键单击 Value 处会出现一个选项框,内容为"0"和"1",这个选项用于设置从 Flash 或 EEPROM 存储器中读取数据时插入的等待周期。该位为"0"则无等待周期,该位为"1"则等待周期为 1,修改参数后单击"OK"即可完成选项的配置。

需要注意的是图 9.15 中软件界面的下方有 4 个按钮,"Load"按钮的作用是选择一个以往的配置文件,该文件的扩展名为".obc","Save"按钮的作用是将当前 Option bytes 配置参数保存为一个".obc"文件便于以后使用,"OK"按钮的作用是确定当前配置参数,"Cancel"按钮的作用是取消并退出 Option bytes 配置界面。

第三步:配置完成 Option bytes 选项后,编译一下程序工程,就可以把 Option bytes 参数

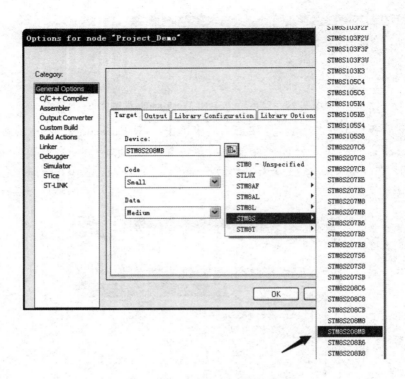

图 9.12　工程单片机型号选择

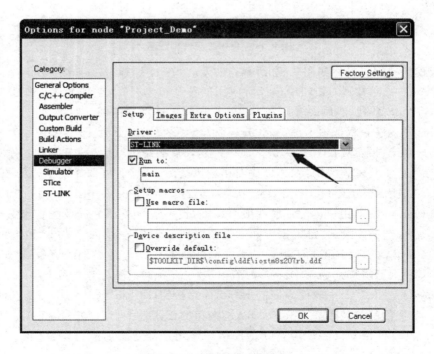

图 9.13　工程调试工具选择

图 9.14 ST-LINK 选项卡

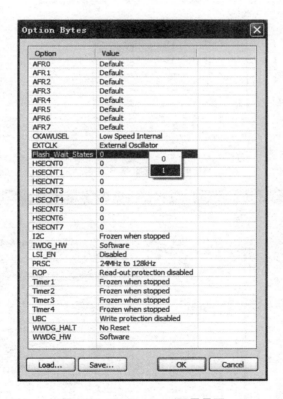

图 9.15 Option bytes 配置界面

和程序本身一起下载进所选择的单片机了。如图 9.16 所示,单击下载调试按钮,将程序和相关配置进行烧录和调试,单击按钮后会显示如图 9.17 所示的下载程序过程,最终进入图 9.18 所示的调试界面,这时候的 Option bytes 已经生效了。若读者进入调试界面后还需要对 Option bytes 进行配置和修改,可以进行参数设定,然后重新下载即可。

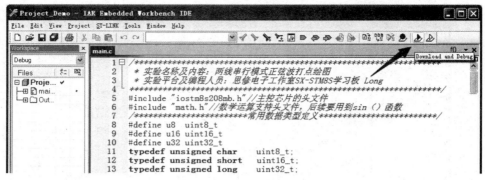

图 9.16 下载调试功能

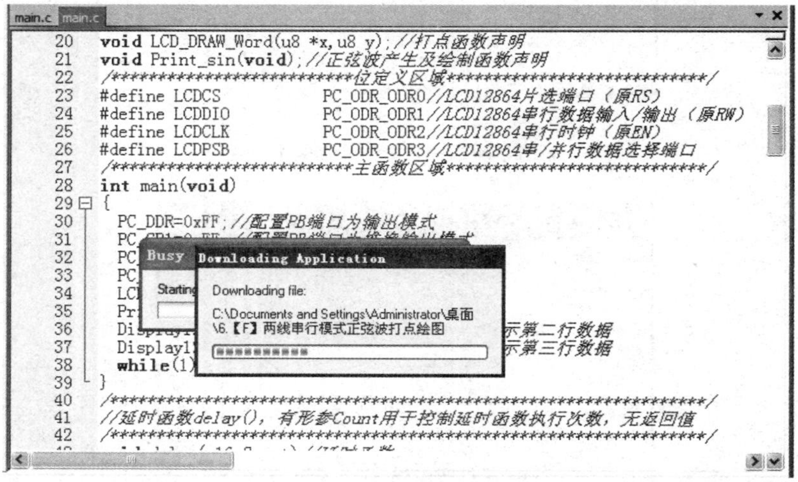

图 9.17 下载程序过程

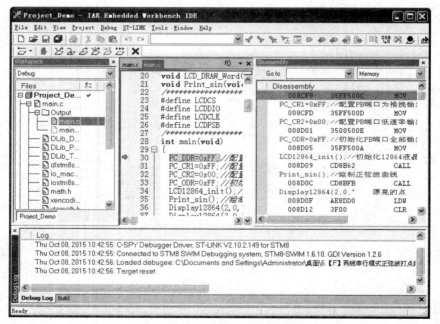

图 9.18 程序调试界面

9.5　基础项目 A 基于 IAP 方式修改选项配置实验

通过对 9.3 节和 9.4 节的学习,读者会感受到用上位机软件进行选项字节的配置还是非常简单的,只需要动动鼠标即可对选项进行修改,下面介绍利用单片机内部程序自行修改 Option bytes 选项配置的方法,因为程序在单片机中的运行状态受诸多因素的影响,可能会出现难以预测的情况,所以请读者谨慎采取这种方式去修改 Option bytes 选项配置,以免带来一些系统灾难。

利用程序对 Option bytes 选项进行配置有几个固定步骤的,首先要解除单片机内部 DATA EEPROM 区域的写保护,这就需要理解存储器存取安全系统 MASS,并且明确解锁的步骤。然后再开启选项字节的写使能,随后依次写入 OPT 选项配置值,最后再重新对 DATA EEPROM 数据存储区"上锁"。

在复位以后,主程序区域和 DATA EEPROM 区域都被自动保护以防止无意的写操作对其解锁,而解锁的机制由存储器存取安全系统 MASS 来管理。在器件复位后,可以通过向数据 EEPROM 解保护寄存器(FLASH_DUKR)连续写入两个被叫作"MASS 密钥"的值来解除主程序存储器的写保护,这两个写入数据 EEPROM 解保护寄存器(FLASH_DUKR)的值会和两个硬件密钥值相比较,第一个硬件密钥:(1010 1110)$_B$,即(0xAE)$_H$;第二个硬件密钥:(0101 0110)$_B$,即(0x56)$_H$。用户需要通过如下 5 个步骤来解除数据区域的写保护:

步骤 1:向数据 EEPROM 解保护寄存器(FLASH_DUKR)写入第一个 8 位密钥。在系统复位后,当这个寄存器被首次写入值时,数据总线上的值没有被直接锁存到这个寄存器中,而是和第一个硬件密钥值(0xAE)$_H$ 相比较。

步骤 2:如果密钥输入错误,应用程序可以尝试重新输入这两个 MASS 密钥来对 DATA 区域进行解锁。

步骤 3:如果第一个硬件密钥正确,当这个寄存器被第二次写入值时,数据总线上的值没有被直接锁存到这个寄存器中,而是和第二个硬件密钥值(0x56)$_H$ 相比较。

步骤 4:如果密钥输入错误,DATA EEPROM 区域在下一次系统复位之前将一直保持写保护状态。在下一次复位前,再向该寄存器进行的任何写操作都会被系统忽略掉。

步骤 5:如果第二个硬件密钥正确,DATA 区域的写保护被解除,同时 Flash 状态寄存器(FLASH_IAPSR)中的"DUL"位为"1"。

用 C 语言写出的核心程序语句如下:

```
do//输入 MASS 密匙用于解锁 DATA EEPROM 的写保护
{
    FLASH_DUKR = 0xAE;      //硬件密匙 1
    FLASH_DUKR = 0x56;      //硬件密匙 2
}
while(! (FLASH_IAPSR & 0x08));
//等待解锁 Flash 完成,即 FLASH_IAPSR 中的"DUL"位为"1"
```

在开始编程之前,应用程序可以通过校验"DUL"位是否被有效地置"1"来确认 DATA 区域是否已经将写保护解锁。应用程序可以在任意时刻通过清除"DUL"位来重新禁止对 DA-

TA 区域的写操作。

对选项字节的写操作步骤和对 DATA EEPROM 的操作大致相同。但是要注意到 Flash 控制寄存器 2（FLASH_CR2）中的"OPT"位要为"1"以及 Flash 控制寄存器 2 互补寄存器（FLASH_NCR2）中的"NOPT"位要为"0"，这样才可以对选项字节进行写操作。

用 C 语言写出核心程序语句如下：

```
FLASH_CR2  = 0x80;          //对选项字节进行写操作被使能
FLASH_NCR2 = 0x7F;          //互补控制寄存器 FLASH_NCR2 中的 NOPT 位要为"0"
```

接下来就可以建立一个 OPT 数组，用于存放用户自定义的 Option bytes 选项参数，用 C 语言建立数组如下：

```
u8 OPT[9] = {0,0,0x80,0,0,0,0,0,0x55};      //用户自定义选项参数数组
```

然后把数组的内容分别赋值给地址空间$(0x004800)_H \sim (0x00487F)_H$，共计 128 B 即可完成选项字节参数配置。这里有一个问题，就是这个 OPT 数组如何得到呢？

最简单的方法就是在 STVP 里面直接生成，然后抄下来写到数组里，不需要思考和计算。现在读者再次回忆下 STVP 环境中的 OPT 数组取值，假设现在要启用 PD4 引脚为 Beep 蜂鸣器引脚，而且需要开启系统 Boot loader 功能，则配置参数如图 9.19 和图 9.20 所示。配置完成后得到图 9.21 所示的取值，把这个取值抄写到定义的 OPT[9] 数组中即可。

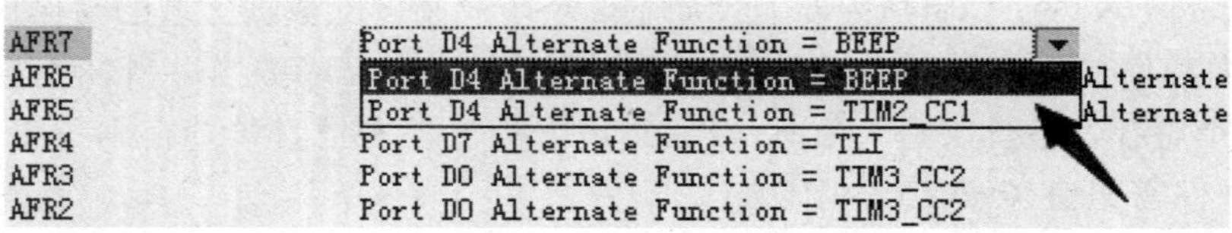

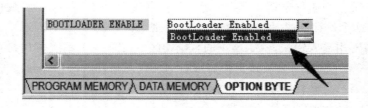

图 9.19　修改 AFR7 为 D4 蜂鸣器引脚

图 9.20　修改启用系统 Bootloader

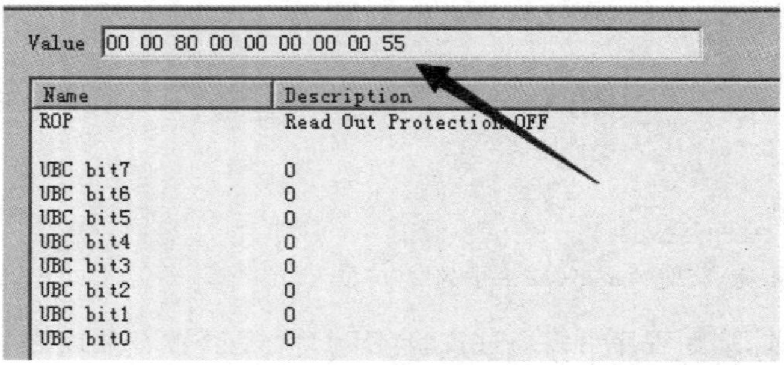

图 9.21　STVP 配置后得到的选项值

经过以上流程,即可得到利用单片机内部程序自行修改 Option bytes 选项的功能程序,利用 C 语言编写的具体程序实现如下:

```
/* **********************************************************
 * 实验名称及内容:基于 IAP 方式修改选项配置实验
 **********************************************************/
#include "iostm8s208mb.h"                  //主控芯片的头文件
/* ******************** 常用数据类型定义 *********************/
{【略】}为节省篇幅,相似语句可以直接参考之前章节
/* ******************** 端口/引脚定义区域 *********************/
#define  LED    PC_ODR                     //1 位数码管段码连接端口
#define led1   PF_ODR_ODR5                 //PF5 引脚输出连接至 LED
/* ******************** 用户自定义数据区域 *********************/
u8 OPT[9] = {0,0,0x80,0,0,0,0,0,0x55};     //用户自定义选项参数数组
/* ******************** 函数声明区域 *********************/
void OPTconfig(void);                      //OPT 选项字节配置函数声明
/* ******************** 主函数区域 *********************/
void main( void )
{
  CLK_CKDIVR = (u8)0x00;                   //设置内部 16 MHz 高速时钟 HSI 作为主时钟
  PF_DDR_DDR5 = 1;                         //配置 PF5 端口为输出模式
  PF_CR1_C15 = 1;                          //配置 PF5 端口为推挽输出模式
  PF_CR2_C25 = 0;                          //配置 PF5 端口低速率输出
  led1 = 1;                                //PF5 输出高电平,LED 熄灭
  OPTconfig();                             //进行 OPT 选项字节配置
  led1 = 0;                                //PF5 输出低电平,LED 亮起
  while(1);
}
/* **********************************************************/
//OPT 选项字节配置函数 OPTconfig(),无形参,无返回值
/* **********************************************************/
void OPTconfig(void)
{
  do                                       //输入 MASS 密匙用于解锁 DATA EEPROM 的写保护
  {
    FLASH_DUKR = 0xAE;                      //硬件密匙 1
    FLASH_DUKR = 0x56;                      //硬件密匙 2
  }
  while(! (FLASH_IAPSR & 0x08));            //等待解锁 Flash 完成
  FLASH_CR2 = 0x80;                         //对选项字节进行写操作被使能
  FLASH_NCR2 = 0x7F;                        //互补控制寄存器 FLASH_NCR2 中的 NOPT 位要为"0"
  *((u8 *)0X4800) = OPT[0];                 //配置 ROP 选项
  *((u8 *)0x4801) = OPT[1];                 //配置 UBC 选项
  *((u8 *)0x4802) = ~OPT[1];                //配置 UBC 选项的互补字节
  *((u8 *)0x4803) = OPT[2];                 //配置 AFR 选项
  *((u8 *)0x4804) = ~OPT[2];                //配置 AFR 选项的互补字节
  *((u8 *)0x4805) = OPT[3];                 //配置看门狗选项
  *((u8 *)0x4806) = ~OPT[3];                //配置看门狗选项的互补字节
  *((u8 *)0x4807) = OPT[4];                 //配置时钟选项
```

```
    * ((u8 * )0x4808) = ~OPT[4];              //配置时钟选项的互补字节
    * ((u8 * )0x4809) =  OPT[5];              //配置 HSE 选项
    * ((u8 * )0x480A) = ~OPT[5];              //配置 HSE 选项的互补字节
    // * ((u8 * )0x480B) =  OPT[6];           //保留位无需配置
    // * ((u8 * )0x480C) = ~OPT[6];           //保留位无需配置
    * ((u8 * )0x480D) =  OPT[7];              //配置 Flash 等待时间
    * ((u8 * )0x480E) = ~OPT[7];              //配置 Flash 等待时间的互补字节
    * ((u8 * )0x487E) =  OPT[8];              //配置 Bootloader 选项
    * ((u8 * )0x487F) = ~OPT[8];              //配置 Bootloader 选项的互补字节
}
```

在程序中还需要说明的是为了验证程序是否正确被执行,读者可以在编程的时候定义一个 GPIO 端口,通过一个限流电阻连接至发光二极管,如图 9.22 所示。执行选项字节配置前先让 GPIO 输出高电平使得 D1 熄灭,执行完毕 OPTconfig()函数后再让 GPIO 输出低电平使得 LED 灯亮起,这样就显得非常直观。

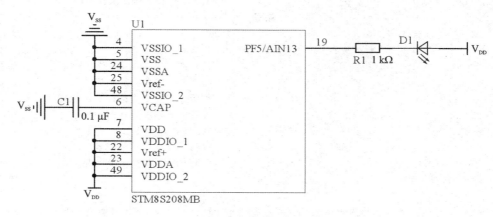

图 9.22   运行状态辅助指示灯电路

由于选项字节的$(0x480B)_H$ 和$(0x480C)_H$ 是保留选项,所以在程序中不需要对其进行配置,可以直接将如下两行赋值语句进行注释。

```
// * ((u8 * )0x480B) =  OPT[6];        //保留选项无需配置
// * ((u8 * )0x480C) = ~OPT[6];        //保留选项无需配置
```

至此,IAP 方式下的程序自行修改选项字节实验就顺利完成了。修改完成后,读者也可以使用 STVP 上位机工具软件配合 ST-LINK 通过 SWIM 接口读取目标单片机选项字节配置情况,以验证程序配置是否成功。

第 10 章

"内藏三心, 坚实比金"
时钟控制器
配置及应用

章节导读:

　　亲爱的读者, 本章将详细介绍 STM8S 系列单片机时钟控制器相关知识和应用。章节共分为 8 个部分, 10.1 节运用"唐僧的心"引入了 STM8 的 3 种时钟源。10.2 节构造了"时钟树"讲解时钟分频和 6 种时钟在单片机内部的联系。10.3、10.4、10.5 节分别讲述了 3 种不同时钟源特性及配置方法, 引入了切换机制内容, 让读者可以方便管理时钟源。10.6 节主要讲解时钟外设 PCG 功能, 引入"树枝修剪"比喻其功能。10.7 节引入"比干挖心"讲述和验证时钟安全系统 CSS 功能。10.8 节讲解 CCO 时钟信号输出功能, 本章内容非常重要, 望读者多思考多实验, 熟练掌握时钟配置及相关功能。

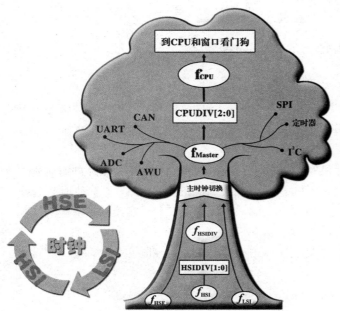

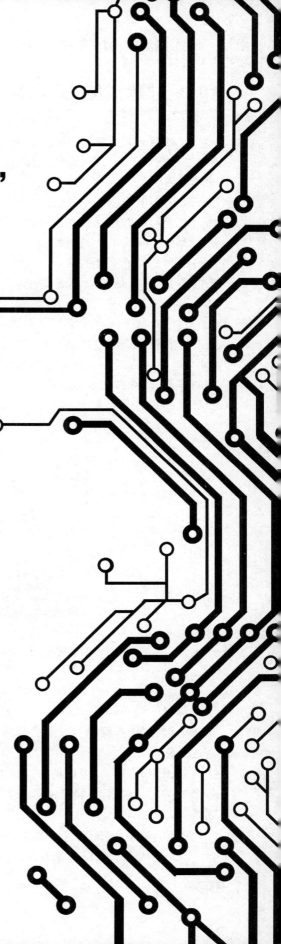

10.1 "唐僧的心"说 STM8 时钟源选择

经过前几章的学习,读者是否已经感受到了 STM8 单片机的强大？本章介绍 STM8 单片机的"心脏",在进行时钟源学习之前,按照惯例,小宇老师又要现身说法,举个让大家都能记住的趣味例子。

话说在电视剧版本的《西游记》中,唐僧师徒路过比丘国,妖怪国丈要唐僧的心做药引子,孙悟空变幻成唐僧说到:"我和尚可有的是心,不知道你要的是哪一颗啊"？ 妖怪国丈说:"嗯？ 这和尚得了疯病了! 我要的是你那颗黑心"! 悟空说:"黑心？ 好! 等我吐出来给你找找看……这颗是拜佛求经的诚心、这颗是普济众生的佛心、这颗是悲天悯人的善心、这颗是救苦救难的慈心、这颗是矢志不渝的忠心、这颗是降妖除怪的决心,颗颗都是好心,就是没你要的黑心"!

相信对这个故事大家都记得,如图 10.1 所示,故事里的唐僧有 6 颗"心",正是因为西行路上有这六颗"心"的陪伴,才能最终修成正果取得真经。在单片机发挥片内资源实现智能化控制中,时钟源占据一个至关重要的地位,正是因为 STM8 单片机内藏"三心",才能使其发挥强大的作用,时钟源的多样选择和时钟功能的多样配置在一定程度上决定了这个单片机的性能和资源配置的灵活度。

图 10.1　唐僧的 6 心和 STM8 的 3 心

简单的说,时钟源的作用就是为 STM8 单片机提供工作时钟信号,这里的时钟信号好比是跳街舞的"伴舞旋律",或者是眼保健操的"节拍音乐",有了这个"节拍",单片机才能有条不紊地工作。

如图 10.2 所示,可以把 STM8 单片机时钟源分为两个大类(片内时钟源和片外时钟源),每个大类下又包含 2 个时钟源,STM8 单片机总共具备 4 个可选时钟源,这 4 种时钟源分别是:

(1) 1～24 MHz 高速外部晶体振荡器(High Speed External crystal oscillator);

(2) 最大 24 MHz 高速外部时钟信号(High Speed user-external clock);

（3）16 MHz 高速内部 RC 振荡器（High Speed Internal RC oscillator）；

（4）128 kHz 低速内部 RC 振荡器（Low Speed Internal RC）。

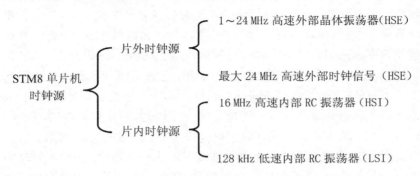

图 10.2　STM8 单片机时钟源分类

如果不刻意区分,可以把片外的最大 24 MHz 高速外部时钟信号和 1～24 MHz 高速外部晶体振荡器合并成一个"外部时钟源",简单缩写为"HSE",即 STM8 单片机具备 3 个可选时钟源。需要注意的是此处的最大时钟频率因单片机系列和型号的不同会略有差别,比如 STM8S208MB 这款单片机支持最大时钟频率 24 MHz,而 STM8S103 支持的最大时钟频率仅 16 MHz,故而用户在选择外部时钟源时应参考对应单片机的芯片数据手册。

读者看完上述内容可能会有这样一些疑惑:时钟源有必要进行选择吗? 统一规定选择一种固定的时钟源不就行了? 既然已经有了内部时钟源了还要外部时钟源干嘛? 片内有 16 MHz 的 RC 振荡器了还要 128 kHz 的振荡器干什么? 基于 MCS-51 内核的某些厂家单片机外部晶振都能到 30 MHz 以上了,是不是说明"51"单片机比 STM8 单片机还快呢? 如果有这些问题,说明读者看书时在思考,值得表扬! 如果没有,那就应该培养这样的思想。小宇老师提倡:先有问题,再想解决方法,带着问题学习叫做探索求真,没有问题死记叫做无病呻吟! 接下来请读者通过学习自己找出这些问题的答案。

先介绍 1～24 MHz 高速外部晶体振荡器（HSE）这个片外时钟源,这里提到的晶体振荡器一般指无源石英晶体振荡器,如图 10.3 所示,以 STM8S208MB 单片机为例,石英晶体振荡器 Y1 加上辅助起振的阻容器件 C2、C3 构成振荡发生电路后连接至 STM8S208MB 单片机的

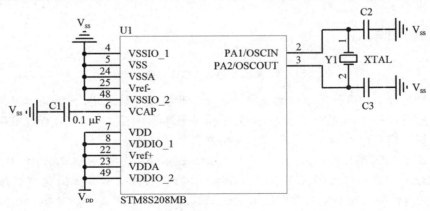

图 10.3　高速外部晶体振荡器连接示意

"PA1/OSCIN"引脚和"PA2/OSCOUT"引脚。振荡的频率取决于石英晶体振荡器 Y1 的振荡频率,C2 和 C3 是起振电路中的负载电容,有辅助振荡和微调振荡信号频率的作用。读者若使用该种方式制作印制电线路板(PCB)时,应该注意时钟信号的电气布线,尽量将振荡电路置于单片机时钟信号输入/输出引脚的近端,以减小输出失真和信号干扰,该负载电容值必须根据所选择的振荡器频率和线路板基板材料进行调整(一般取值在几 pF 至几十 pF 级),并且要注意外围布线,必要时可以用禁止布线层或 PCB 开槽工艺进行电气划分以防止干扰和辐射。

若选用 1~24 MHz 高速外部晶体振荡器(HSE)这个片外时钟源作为系统时钟源,需要注意石英晶体振荡器在起振开始时信号是否稳定的,这时候需要让单片机略过这段不稳定的时间,就需要第 9 章的知识,合理设定晶振稳定时间选项 OPT5 中的选项参数。

最大 24 MHz 高速外部时钟信号(HSE)也属于片外的时钟源,这里说的时钟信号可以来自于有源晶振或者其他芯片/电路产生的时钟信号,又或者干脆就用信号发生器输出一个信号直接给单片机使用,信号可以是一定幅值的正弦波、三角波或者占空比为 50% 的方波,信号输入方式如图 10.4 所示。需要注意的是如果使用这种方式,只需要将信号送进"PA1/OSCIN"引脚即可,此时"PA2/OSCOUT"引脚可作为通用输入/输出 GPIO 引脚。若选用最大 24 MHz 高速外部时钟信号(HSE)这个片外时钟源作为系统时钟源,也需要第 9 章有关选项字节配置的知识,需要对时钟选项 OPT4 中的第 3 位"EXT_CLK"进行配置,若将该位配置为"0"则外部晶体振荡器连接到 OSCIN/OSCOUT 引脚上,若配置该位为"1"则外部时钟连接到 OSCIN 引脚上,OSCOUT 引脚作为 GPIO 引脚使用。

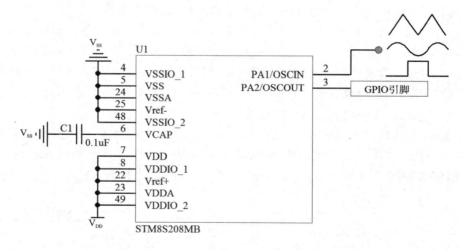

图 10.4　高速外部时钟信号连接示意

片外两种时钟源的选择可以按照开发人员具体开发的系统来定,石英晶体振荡器的振荡频率精度一般都比较高,温度漂移比较小,外接信号发生器的误差也很小,所以采用外部的晶体振荡或者标准信号输入方式可以得到非常精准的系统时钟。

下面介绍 STM8 单片机片内的 16 MHz 高速内部 RC 振荡器(HSI)和 128 kHz 低速内部 RC 振荡器(LSI)。这两种时钟源在 STM8 单片机的内部,HSI 时钟源的典型振荡频率值为 16 MHz,LSI 时钟源的典型振荡频率值为 128 kHz,片内时钟源具有启动快和所需启动稳定时间比较短的优点,但是产生的时钟精度比较低,而且振荡频率很容易受供电电压、工作环境温度等影响导致频率漂移。但在系统时钟精度要求不太苛刻的环境下使用很普遍,也能节约成本,降低电路设计复杂度,还能在一定程度下节省 PCB 空间,所以读者可以按照自己的系统合理选择时钟源。

16 MHz 高速内部 RC 振荡器(HSI)时钟源通过时钟分频寄存器(CLK_CKDIVR)配置分频系数进行时钟分频后,可以得到 16 MHz、8 MHz、4 MHz 和 2 MHz 等时钟频率作为系统的主时钟频率。在单片机系统上电后,默认选择的就是该时钟的 8 分频状态,即 STM8 单片机上电后默认工作在 HSI 模式下,此时的系统主时钟频率就是 16 MHz/8=2 MHz,之所以设定为 8 分频是因为 2 MHz 的频率下对单片机供电电源 VDD 要求较低,能保证系统上电后在少许波动的供电电压下安全启动。这也就是为什么在前几章的程序中都没有对时钟源和分频系数进行配置和初始化的原因,系统单片机上电的时候已经默认选择和配置了。

在整个时钟功能寄存器中有几个与 HSI 有关的寄存器和重要功能位,例如要开启 HSI 时钟可以通过对内部时钟寄存器(CLK_ICKR)中的第 0 位"HSIEN"置"1"来实现;又如需要检测 HSI 是否准备就绪可以通过检测内部时钟寄存器(CLK_ICKR)中的第 1 位"HSIRDY"是否为"1"来实现;再如想要修正 HSI 时钟频率可以用程序向 HSI 时钟修正寄存器(CLK_HSITRIMR)写入修正值实现,该部分内容在后续小节中会详细说明。

说到 128 kHz 频率的低速内部 RC 振荡器(LSI)时钟源,就非常值得一提了。首先要说明的是 STM8 单片机的 HSI 与 LSI 是两个独立的时钟源,而且两者的功能和应用也不相同。LSI 是一个低功耗、低成本的时钟源,产生的时钟信号也可以替代主时钟源,主要用于在停机(Halt)模式下作为维持独立看门狗(IWDG)和自动唤醒单元(AWU)运行的低功耗时钟源。

10.2 好大的一棵"时钟树"

通过 10.1 节中的相关讲述读者简单认识了 STM8 单片机的"三心",初步了解了每个时钟源的特性和作用,并接触到了"分频"或者是"主时钟"等概念,那么,系统为什么需要分频?片内资源的时钟又是怎么搭配和工作的呢? 这就需要了解 STM8 单片机内部时钟工作流程、切换方式和配置方法。

为了方便表达和给读者最直观的概念,小宇老师搬来如图 10.5 所示的一棵"时钟树"。从树根部向上看,树根有 3 个椭圆圈,分别代表 HSE 高速外部晶体振荡器时钟源、HSI 高速内部 RC 振荡器和 LSI 低速内部 RC 振荡器这 3 个可选时钟源。用户可以通过配置主时钟分频寄存器(CLK_CKDIVR)中的"HSIDIV[1:0]"这两位对 HSI 时钟源进行分频设定最终得到 f_{HSIDIV} 时钟。f_{HSE} 时钟、配置分频因子后的 f_{HSIDIV} 时钟以及 f_{LSI} 时钟是"时钟树"的树干部分,但是 STM8 单片机只能指定 1 个明确的时钟来源,那么就需要用户进行主时钟的选择或者说在 3 者之间进行切换,这个操作可以通过配置主时钟状态寄存器(CLK_CMSR)和主时钟切换寄存器(CLK_SWR)来实现。

时钟源的选择和配置确定了单片机的主时钟 f_{MASTER} 的来源及频率。得到主时钟后就如同分频树得到了"养分",就可以服务于 STM8 单片机的片内资源了,如 CAN 总线资源所需时钟、UART/USART 串行接口所需时钟、ADC 模数信号转换所需时钟、AWU 自动唤醒单元所需时钟、SPI 同步串行接口所需时钟、T/C 定时/计数器单元所需时钟以及 I^2C 总线接口所需时钟等。在得到主时钟 f_{MASTER} 后,用户还可以通过配置主时钟分频寄存器(CLK_CKDIVR)中的"CPUDIV[2:0]"这 3 位对主时钟进行分频因子设定,最终得到 f_{CPU} 时钟送到 CPU 和窗

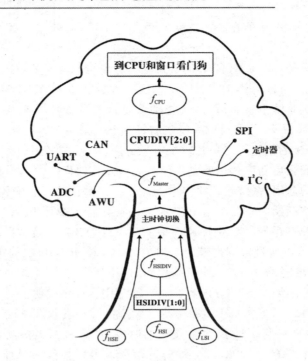

图 10.5 STM8 单片机"时钟树"

口看门狗中进行应用。

　　理清思路,已经接触到的 6 种时钟分别是:f_{HSE}(高速外部晶体振荡器时钟)、f_{HSI}(高速内部 RC 振荡器时钟)、f_{HSIDIV}(分频后的高速内部 RC 振荡器时钟)、f_{LSI}(低速内部 RC 振荡器时钟)、f_{MASTER}(单片机工作主时钟)以及 f_{CPU}(CPU 时钟)。与时钟分频有关的寄存器为主时钟分频寄存器(CLK_CKDIVR),与主时钟状态和切换选择有关的寄存器为主时钟状态寄存器(CLK_CMSR)和主时钟切换寄存器(CLK_SWR)。理清了单片机内部各种时钟的关系才能在后续的学习中正确运用。

10.3　配置系统主时钟为 HSI

　　STM8 单片机上电后默认选择 HSI 作为系统主时钟源,HSI 时钟源是 STM8 单片机芯片内部的高速 RC 振荡器,典型振荡频率为 16 MHz,HSI 启动速度比 HSE 晶体振荡器快,但是精度不高,本节后续内容会提到 HSI 时钟频率修正方法,但是修正后的精度仍然比 HSE 晶体振荡器要低。如果用户对时钟的精度没有太高要求,或者考虑产品成本和电路体积或复杂度,可以不用安装外部晶体振荡器,直接利用 STM8 单片机片内时钟源。用户可以通过配置主时钟分频寄存器(CLK_CKDIVR)中的"HSIDIV[1:0]"这两位对 HSI 时钟源进行分频设定,最终得到 f_{HSIDIV} 时钟,即 f_{HSI} 分频后的时钟。主时钟分频寄存器中的相关位的功能说明及配置含义如表 10.1 所示。

表 10.1 STM8 单片机 CLK_CKDIVR 时钟分频寄存器

■ 时钟分频寄存器(CLK_CKDIVR)							地址偏移值:$(0x06)_H$
位 数	位 7	位 6	位 5	位 4	位 3	位 2	位 1	位 0
位名称	保留			HSIDIV[1:0]		CPUDIV[2:0]		
复位值	0	0	0	1	1	0	0	0
操 作	—	—	—	rw	rw	rw	rw	rw
位 名	位含义及参数说明							

保留 位 7:5	● 保留位 必须保持清"0"				
HSIDIV [1:0] 位 4:3	● 高速内部时钟预分频器 由软件写入,用于指定 HSI 分频因子				
	00	$f_{HSIDIV} = f_{HSI}$ 输出	01	$f_{HSIDIV} = f_{HSI}$ 输出/2
	10	$f_{HSIDIV} = f_{HSI}$ 输出/4	11	$f_{HSIDIV} = f_{HSI}$ 输出/8
CPUDIV [2:0] 位 2:0	● CPU 时钟预分频器 由软件写入,用于指定 CPU 时钟预分频因子				
	000	$f_{CPU} = f_{MASTER}$	001	$f_{CPU} = f_{MASTER}/2$
	010	$f_{CPU} = f_{MASTER}/4$	011	$f_{CPU} = f_{MASTER}/8$
	100	$f_{CPU} = f_{MASTER}/16$	101	$f_{CPU} = f_{MASTER}/32$
	110	$f_{CPU} = f_{MASTER}/64$	111	$f_{CPU} = f_{MASTER}/128$

若用户欲将 STM8 单片机上电运行后的工作时钟配置为 4 MHz 的内部 f_{HSI} 时钟,可用 C 语言编写程序语句:

```
CLK_CKDIVR = 0x10;    //对应二进制为"00010000",HSIDIV = 10,CPUDIV = 000
```

在这个简单语句中,完成的功能实际是将主时钟分频寄存器(CLK_CKDIVR)中的高速内部时钟分频器 HSI 分频因子设定为"10",其含义是"$f_{HSIDIV} = f_{HSI}$ 输出/4",并且对 CPU 时钟分频器的 CPU 时钟预分频因子设定为"000",其含义是"$f_{CPU} = f_{MASTER}$"。

需要弄明白的是单片机上电后默认选择 HSI 时钟源作为系统工作主时钟源,也就是说单片机工作的主时钟 f_{MASTER} 由 f_{HSI} 时钟源产生,若用户需要得到 4 MHz 的主时钟频率,则可以对 f_{HSI} 时钟进行 4 分频操作。细心的读者可能发现 f_{CPU} 时钟由主时钟 f_{MASTER} 分频得到,语句中将"CPUDIV[2:0]"这 3 个位配置为"000",并没有对主时钟 f_{MASTER} 进行分频,而是直接得到了 f_{CPU} 时钟,也就是说此时的 f_{CPU} 时钟频率等于主时钟 f_{MASTER} 频率,当然了,用户如果需要对其进行分频操作也可以配置"CPUDIV[2:0]"这 3 位改变 CPU 时钟预分频因子。

需要了解的是这个振荡频率并非绝对的精准,振荡频率值会受到芯片工作电压 VDD 和芯片工作环境温度等的影响而产生漂移(有关测试的曲线数据可参考对应型号单片机的芯片数据手册)。针对用户实际应用的情况,STM8 单片机还提供了一个可以修正 HSI 振荡频率的寄存器。如表 10.2 所示,用户可以向 HSI 时钟修正寄存器(CLK_HSITRIMR)中的"HSITRIM[3:0]"这 4 位写入 HSI 频率修正值,从而修正 HSI 时钟。

表 10.2　STM8 单片机 HSI 时钟修正寄存器 CLK_HSITRIMR

■ HSI 时钟修正寄存器（CLK_HSITRIMR）						地址偏移值：$(0x0C)_H$	
位　　数	位 7	位 6	位 5	位 4	位 3	位 2	位 1	位 0
位名称	保留				HSITRIM[3:0]			
复位值	0	0	0	0	0	0	0	0
操　　作	—	—	—	—	rw	rw	rw	rw
位　　名	位含义及参数说明							
保留位 7:4	● 保留位，必须保持清"0"							
HSITRIM [3:0] 位 3:0	● HSI 修正值，由软件写入，用于微调 HSI 的校准值							

需要注意的是在大容量产品 STM8S 系列单片机和 STM8AF 系列单片机上，时钟修正寄存器中的"HSITRIM[3:0]"这 4 位中只有"位 2:0"这 3 位是可用的，该情况的修正设定和步进值可以参考表 10.3。

表 10.3　HSI 时钟修正 3 位微调值设定及步进表

修正位值	修正步进调节	修正位值	修正步进调节
$(011)_B$	+3	$(111)_B$	-1
$(010)_B$	+2	$(110)_B$	-2
$(001)_B$	+1	$(101)_B$	-3
$(000)_B$	0	$(100)_B$	-4

在其他产品上，"HSITRIM[3:0]"这 4 位均可以配置，这样一来就可以更好的实现 HSI 的校准，该情况的修正设定和步进值可以参考表 10.4。

表 10.4　HSI 时钟修正 4 位微调值设定及步进表

修正位值	修正步进调节	修正位值	修正步进调节
$(0111)_B$	+7	$(1111)_B$	-1
$(0110)_B$	+6	$(1110)_B$	-2
$(0101)_B$	+5	$(1101)_B$	-3
$(0100)_B$	+4	$(1100)_B$	-4
$(0011)_B$	+3	$(1011)_B$	-5
$(0010)_B$	+2	$(1010)_B$	-6
$(0001)_B$	+1	$(1001)_B$	-7
$(0000)_B$	0	$(1000)_B$	-8

以 STM8S208MB 单片机为例，该单片机属于大容量产品 STM8S 系列单片机，所以在该单片机的时钟修正寄存器中"HSITRIM[3:0]"这 4 位中只有"位 2:0"是可用的，若用户欲将 STM8 单片机内部 f_{HSI} 时钟进行校准调节，可用 C 语言编写程序语句：

```
CLK_HSITRIMR = 0x00;    //对应二进制为"00000000"，修正步进调节 0
CLK_HSITRIMR = 0x03;    //对应二进制为"00000011"，修正步进调节 +3
```

```
CLK_HSITRIMR = 0x04;        //对应二进制为"00000100",修正步进调节 - 4
```

若读者在程序中有关 HSI 时钟初始化语句后添加修正频率语句,就会对 HSI 时钟频率产生修正效果,在同一单片机开发板、环境温度和供电电压的情况下,经过实际测量,发现执行"CLK_HSITRIMR=0x03"语句后 HSI 振荡频率相对于未修正状态的 HSI 振荡频率有明显升高,执行"CLK_HSITRIMR=0x04"语句后 HSI 振荡频率相对于未修正状态的 HSI 振荡频率有明显下降,具体的修正参数可以由读者或开发人员在实际系统中进行调节确定。

进行完理论知识学习,就开始动手验证吧!想观察 HSI 时钟源分频后的效果就要选择比较直观的实验来验证。电路简单、效果明显的实验非发光二极管莫属了,对同一个闪烁灯程序,HSI 时钟频率配置完成后,主时钟频率也就随之确定了,那么闪烁的间隔快慢也应该一定,若改变 HSI 时钟频率,那么相当于改变了单片机的主时钟频率。分频后的 f_{HSIDIV} 时钟频率越高/越低,执行程序的速度越快/越慢,导致发光二极管的亮灭时间间隔就越短/越长,构建如图 10.6 所示电路,在电路中发光二极管阳极连接 V_{DD},阴极通过限流电阻 R1 后连接 STM8S208MB 单片机的 PF5 引脚,并且在 PF5 引脚上还连接有逻辑分析仪的探针,方便用户通过上位机软件观察该引脚的电平变化,若 PF5 输出高电平则 D1 熄灭,反之 D1 亮起。

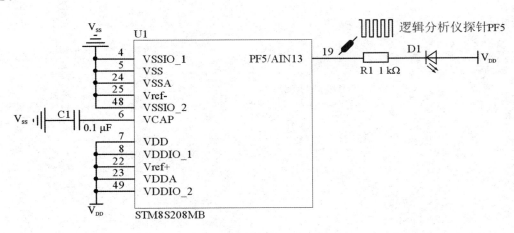

图 10.6 HSI 分频实验电路原理图

编写程序改变 HSI 时钟分频因子并且让 PF5 引脚电平状态取反,可以观察到 D1 形成不同速率的闪烁灯效果,利用 C 语言编写的具体程序实现如下:

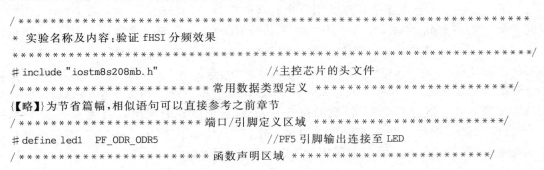

```
/****************************************************************
 * 实验名称及内容:验证 fHSI 分频效果
 ***************************************************************/
# include "iostm8s208mb.h"              //主控芯片的头文件
/*****************常用数据类型定义 *****************/
【略】为节省篇幅,相似语句可以直接参考之前章节
/*****************端口/引脚定义区域 *****************/
# define led1   PF_ODR_ODR5             //PF5 引脚输出连接至 LED
/*****************函数声明区域 *****************/
```

```
    void delay(u16 Count);                              //延时函数声明
    void led(void);                                     //闪烁 LED 功能函数声明
    /********************* 主函数区域 *********************/
    void main(void)
    {
        PF_DDR_DDR5 = 1;                                //配置 PF5 引脚为输出引脚
        PF_CR1_C15 = 1;                                 //配置 PF5 引脚为推挽输出模式
        PF_CR2_C25 = 0;                                 //配置 PF5 引脚低速率输出模式
        led1 = 1;                                       //PF5 输出为高电平,D1 熄灭
        while(1)
        {
            CLK_CKDIVR = 0x00;                          //HSI 的分频系数为 00,不分频,STM8 工作在 16 MHz
            led();                                      //图 10.7 所示【A】区域电平状态
            CLK_CKDIVR = 0x08;                          //HSI 的分频系数为 01,2 分频,STM8 工作在 8 MHz
            led();                                      //图 10.7 所示【B】区域电平状态
            CLK_CKDIVR = 0x10;                          //HSI 的分频系数为 10,4 分频,STM8 工作在 4 MHz
            led();                                      //图 10.7 所示【C】区域电平状态
            CLK_CKDIVR = 0x18;                          //HSI 的分频系数为 11,8 分频,STM8 工作在 2 MHz
            led();                                      //图 10.7 所示【D】区域电平状态
        }
    }
    /***************************************************************/
    void delay(u16 Count)
    {【略】}//延时函数 delay()
    /***************************************************************/
    //闪烁 LED 功能函数 led(),无形参,无返回值
    /***************************************************************/
    void led(void)
    {
        u8 x;                                           //定义变量 x 做循环闪灯使用
        for(x = 0;x<5;x + +)
        {
            led1 = 0;delay(10);
            led1 = 1;delay(10);
        }
        led1 = 1;
    }
```

将程序下载到单片机后,在 PC 上观察逻辑分析仪上位机软件如图 10.7 所示的电平状态。通过实测电平状态图示可以给用户最直观的理解,当 HSI 的分频系数为"00",即对 f_{HSI} 时钟不分频,STM8 主时钟工作在 16 MHz,执行 led()这个自定义函数速度非常快,得到的电平区域 A 显得非常的密集。当 HSI 的分频系数为"01",即对 f_{HSI} 时钟 2 分频,STM8 主时钟工作在 8 MHz,执行 led()这个自定义函数速度较快,得到的电平区域 B 显得比较的密集。当 HSI 的分频系数为"10",即对 f_{HSI} 时钟 4 分频,STM8 主时钟工作在 4 MHz,执行 led()这个自定义函数速度就开始变慢,得到的电平区域 C 显得比较的稀疏。当 HSI 的分频系数为"11",即对 f_{HSI} 时钟 8 分频,STM8 主时钟工作在 2 MHz,执行 led()这个自定义函数速度就变得更慢,得到的电平区域 D 显得比电平区域 B 更加稀疏。

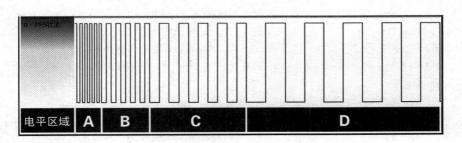

图 10.7 逻辑分析仪测量电平状态

通过图 10.7 所示的电平状态观察比较直观，再配上表 10.5 就显得更加清晰了，表 10.5 中列出了程序配置语句所对应的 HSI 分频数和 CPU 分频数，以及实测电平跳变的周期和频率帮助读者建立更深的体会和理解。需要说明的是 HSI 频率不一定精确，实际测试系统的电气参数也有差异，所以实测的周期和频率值与读者在实际测试时所得到的数据可能有差异，故表 10.5 中数据只能作为一个参考。通过观察不难发现，在 f_{CPU} 时钟分频系数一定时，随着 f_{HSI} 时钟频率的降低，电平跳变周期越来越大，跳变频率也越来越低。

表 10.5 HSI 时钟分频效果测试数据

电平区域	CLK_CKDIVR 寄存器配置	HSI 分频数	CPU 分频数	跳变周期	跳变频率
A	$(0000\ 0000)_B$ 即 CLK_CKDIVR=0x00	f_{HSI}	f_{CPU}	32.86 ms	30.42 Hz
B	$(0000\ 1000)_B$ 即 CLK_CKDIVR=0x08	$f_{HSI}/2$	f_{CPU}	65.68 ms	15.22 Hz
C	$(0001\ 0000)_B$ 即 CLK_CKDIVR=0x10	$f_{HSI}/4$	f_{CPU}	0.13 s	7.61 Hz
D	$(0001\ 1000)_B$ 即 CLK_CKDIVR=0x18	$f_{HSI}/8$	f_{CPU}	0.26 s	3.80 Hz

细心的读者一定会发现，上面的实验只对 f_{HSI} 时钟进行了分频数设定，即系统的主时钟"$f_{MASTER} = f_{CPU} = f_{HSIDIV} = f_{HSI}/$分频因子"，此时的 f_{CPU} 时钟的分频因子"CPUDIV[2:0]"这 3 个位配置为"000"，也就是说 f_{CPU} 没有进行分频就等于主时钟频率。接下来让 $f_{MASTER} = f_{HSI}$，固定 f_{HSI} 时钟频率，在主时钟频率一定的情况下改变 f_{CPU} 时钟分频数，观察程序运行的效果。利用 C 语言编写的具体程序实现如下：

```
/*********************************************************
* 实验名称及内容：验证 fCPU 分频效果
*********************************************************/
# include "iostm8s208mb.h"          //主控芯片的头文件
/***************** 常用数据类型定义 *****************/
{略}为节省篇幅，相似语句可以直接参考之前章节
/***************** 端口/引脚定义区域 *****************/
# define led1    PF_ODR_ODR5           //PF5 引脚输出连接至 LED
```

```
/ ********************** 函数声明区域 ***************************/
void delay(u16 Count);                         //延时函数声明
void led(void);                                //闪烁 LED 功能函数声明
/ ********************** 主函数区域 ***************************/
void main(void)
{
  PF_DDR_DDR5 = 1;                             //配置 PF5 引脚为输出引脚
  PF_CR1_C15 = 1;                              //配置 PF5 引脚为推挽输出模式
  PF_CR2_C25 = 0;                              //配置 PF5 引脚低速率输出模式
  led1 = 1;                                    //PF5 输出为高电平,D1 熄灭
  while(1)
  {
    CLK_CKDIVR = 0x01;                         //HSI 不分频,CPU 时钟 2 分频,STM8 工作在 8 MHz
    led();                                     //图 10.8 所示【A】区域电平状态
    CLK_CKDIVR = 0x03;                         //CPU 时钟 8 分频,STM8 工作在 2 MHz
    led();                                     //图 10.8 所示【B】区域电平状态
    CLK_CKDIVR = 0x05;                         //CPU 时钟 32 分频,STM8 工作在 0.5 MHz
    led();                                     //图 10.8 所示【C】区域电平状态
    CLK_CKDIVR = 0x07;                         //CPU 时钟 128 分频,STM8 工作在 0.125 MHz
    led();                                     //图 10.8 所示【D】区域电平状态
  }
}
/ ********************************************************/
void delay(u16 Count)
{【略】}//延时函数 delay()
/ ********************************************************/
//闪烁 LED 功能函数 led(),无形参,无返回值
/ ********************************************************/
void led(void)
{
  u8 x;                                        //定义变量 x 做循环闪灯使用
  for(x = 0;x<1;x + +)
  {
    led1 = 0;delay(10);
    led1 = 1;delay(10);
  }
  led1 = 1;
}
```

将程序工程编译后下载到单片机中并运行,得到的实测效果如图 10.8 所示,当 f_{HSI} 时钟不分频,f_{CPU} 时钟 2 分频时,STM8 工作在 8 MHz 频率下,执行 led()这个自定义函数后测量得到图 10.8 所示【A】区域电平状态,当程序改变 f_{CPU} 时钟分频数为 8 分频、32 分频、128 分频后分别得到了图 10.8 所示【B】区域、【C】区域和【D】区域的电平状态。

通过图 10.8 所示的电平状态观察比较直观,再配上表 10.6 就显得更加清晰了,表 10.6 列出了程序配置语句所对应的 HSI 分频数和 CPU 分频数,以及实测电平跳变的周期和频率

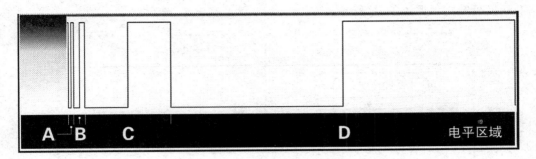

图 10.8 逻辑分析仪测量电平状态

可以帮助读者建立更深的体会和理解。需要说明的是 HSI 频率不一定精确，实际测试系统的电气参数也有差异，所以实测的周期和频率值与读者在实际测试时所得到的数据可能有差异，故而表 10.6 中的数据只能作为一个参考。通过观察不难发现，在 f_{HSI} 时钟分频系数一定时，随着 f_{CPU} 时钟频率的降低，电平跳变周期越来越大，跳变频率也越来越低。

表 10.6 CPU 时钟分频效果测试数据

电平区域	CLK_CKDIVR 寄存器配置	HSI 分频数	CPU 分频数	跳变周期	跳变频率
A	$(0000\ 0001)_B$ 即 CLK_CKDIVR＝0x01;	f_{HSI}	$f_{CPU}/2$	65.75 ms	15.20 Hz
B	$(0000\ 0011)_B$ 即 CLK_CKDIVR＝0x03;	f_{HSI}	$f_{CPU}/8$	0.26 s	3.81 Hz
C	$(0000\ 0101)_B$ 即 CLK_CKDIVR＝0x05;	f_{HSI}	$f_{CPU}/32$	1.05 s	0.95 Hz
D	$(0000\ 0111)_B$ 即 CLK_CKDIVR＝0x07;	f_{HSI}	$f_{CPU}/128$	4.20 s	0.23 Hz

10.4 配置系统主时钟为 HSE

STM8 单片机上电后，系统默认选择的时钟源为 HSI，若用户欲使用外部时钟源就需要进行时钟源的切换，时钟切换功能就是一种为用户提供易用、快速、安全的机制，从一种时钟源切换到另一种时钟源的途径。切换的方式有自动切换时钟源和手动切换时钟源两种，两种切换方法都可以进行时钟源切换，但在处理的机制上存在着差别，下面分别介绍两种切换时钟源的方式和相关寄存器的配置过程。

10.4.1 自动切换时钟源步骤及配置过程

在自动切换时钟源方式中大多数切换流程都是硬件自动完成的，用户编写的软件配置代码很少，在启动自动切换机制后，原来的旧时钟源依然供程序运行使用，在程序内不用考虑切换过程所需要的时间，切换完成后可以产生中断事件，向 CPU"汇报完成情况"，轻松完成切换过程,切换机制流程如图 10.9 所示。

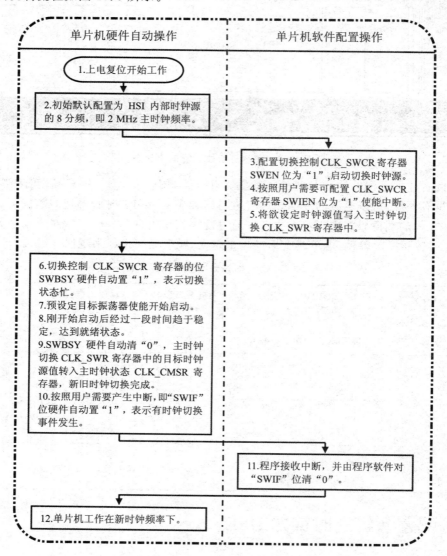

图 10.9 自动切换时钟源切换机制流程图

通过分析图 10.9 可以发现,需要单片机软件配置的其实就只有几个简单的操作,首先启动时钟源切换,然后按照用户的实际需求选择性地使能中断,再将欲设定的时钟源值写入主时钟切换寄存器中,最后就等待中断事件来"汇报完成情况"了,自动转换机制的流程需要读者记住,还需要掌握在这种时钟切换机制中涉及的 3 个重要寄存器。

1. STM8 单片机 CLK_SWCR 切换控制寄存器

该寄存器是用来控制时钟源切换流程的,寄存器中包含有 4 个非常重要的功能位。有切换的启停配置位"SWEN",还有执行切换过程的忙标志位"SWBSY",也有关于"汇报完成情况"功能的中断标志位"SWIF"和使能或禁止中断的配置位"SWIEN"。正是有了这些位才能控制切换的流程,相应位的功能说明及配置含义如表 10.7 所示。

表 10.7 STM8 单片机 CLK_SWCR 切换控制寄存器

■ 切换控制寄存器(CLK_SWCR)							地址偏移值:(0x05)_H
位 数	位 7	位 6	位 5	位 4	位 3	位 2	位 1	位 0
位名称	保留				SWIF	SWIEN	SWEN	SWBSY
复位值	—	—	—	—	—	—	—	—
操 作					rc_w0	rw	rw	rw
位 名	位含义及参数说明							

保留 位 7:4	● 保留位 必须保持清"0"

SWIF 位 3	● 时钟切换中断标志位 由硬件置"1"或软件清"0"。该位的含义取决于 SWEN 位的状态,也就是说对于 SWIF 位状态所表达的含义而言,用户选择的时钟源切换方式不同就有不一样的含义 手动切换模式下(SWEN=0)
	0 目标时钟源未准备就绪
	1 目标时钟源准备就绪
	自动切换模式下(SWEN=1)
	0 无时钟切换事件发生
	1 有时钟切换事件发生

SWIEN 位 2	● 时钟切换中断使能 由软件置"1"或清"0"
	0 时钟切换中断禁用
	1 时钟切换中断使能

SWEN 位 1	● 切换启动/停止 由软件置"1"或清"0",向该位写"1"将切换主时钟至寄存器 CLK_SWR 指定的时钟源
	0 禁止时钟切换的执行
	1 使能时钟切换的执行

SWBSY 位 0	● 切换忙 由硬件置"1"或清"0",可由软件清"0"以复位时钟切换过程
	0 无时钟切换在进行
	1 时钟切换正在进行

2. STM8 单片机 CLK_SWR 主时钟切换寄存器

该寄存器是用来写入欲选择的时钟源值的,可以向该寄存器写入的值有 3 种,也就是前面介绍的 3 种时钟源,欲配置 HSI 为主时钟源则应该写入(0xE1)_H;欲配置 LSI 为主时钟源则应该写入(0xD2)_H;欲配置 HSE 为主时钟源则应该写入(0xB4)_H。相应位的功能说明及配置含义如表 10.8 所示。

表 10.8　STM8 单片机 CLK_SWR 主时钟切换寄存器

主时钟切换寄存器(CLK_SWR)							地址偏移值:(0x04)_H
位　数	位 7	位 6	位 5	位 4	位 3	位 2	位 1	位 0
位名称	SWI[7:0]							
复位值	1	1	1	0	0	0	0	1
操　作	rw	rw	rw	rw	rw	rw	rw	rw

SWI [7:0] 位 7:0	● 主时钟选择位 由软件写入,用于选择主时钟源。当时钟切换正在进行(SWBSY＝"1")时,该寄存器中的内容将被写保护。如果时钟安全系统寄存器(CLK_CSSR)中的"AUX"位为"1",则该寄存器将被设定为复位值(复位值为 0xE1,默认选择 HSI 作为主时钟源)。如果选择了快速Halt 唤醒模式(内部时钟寄存器(CLK_ICKR)中的"FHW"位为"1"),当从停机(Halt)/活跃停机(Active Halt)唤醒时,该寄存器将被硬件设置为 0xE1(选择 HSI 作为主时种源)	
	0xE1	HSI 为主时钟源(复位默认值)
	0xD2	LSI 为主时钟源(仅当"LSI_EN"选项字节位配置为"1"时)
	0xB4	HSE 为主时钟源

3. STM8 单片机 CLK_CMSR 主时钟状态寄存器

该寄存器是用来反应当前主时钟源的具体配置,如果该寄存器中的值为无效值(即寄存器中的值不是(0xE1)_H、(0xD2)_H 或(0xB4)_H 这 3 种中的一种),则单片机复位,相应位的功能说明及配置含义如表 10.9 所示。

表 10.9　STM8 单片机 CLK_CMSR 主时钟状态寄存器

主时钟状态寄存器(LK_CMSR)							地址偏移值:(0x03)_H
位　数	位 7	位 6	位 5	位 4	位 3	位 2	位 1	位 0
位名称	CKM[7:0]							
复位值	1	1	1	0	0	0	0	1
操　作	r	r	r	r	r	r	r	r
位　名	位含义及参数说明							

CKM [7:0] 位 7:0	● 主时钟状态位 由硬件置"1"或清"0",用于指示当前所选的主时钟源。如果该寄存器中的值为无效值,则产生 MCU 复位	
	0xE1	HSI 为主时钟源(复位默认值)
	0xD2	LSI 为主时钟源(仅当"LSI_EN"选项字节位配置为"1"时)
	0xB4	HSE 为主时钟源

10.4.2　基础项目 B HSI 与 HSE 自动切换时钟源

学习了解以上 3 个重要的寄存器后,读者可以尝试编写自动切换时钟源程序。实践项目涉及两种时钟源的切换,所以需要在硬件上构建外部石英晶体振荡器电路,以 STM8S208MB

单片机为例,在单片机的第 2 引脚"PA1/OSCIN"和第 3 引脚"PA2/OSCOUT"引脚上安装 12 MHz 振荡频率的石英晶体振荡器,在电路中依然采用发光二极管观察实验现象,发光二极管 D1 的阳极连接 VDD,阴极通过限流电阻 R1 后连接 STM8S208MB 单片机的 PF5 引脚,并且在 PF5 引脚上连接逻辑分析仪的探针,方便用户通过上位机软件观察该引脚的电平变化,系统整体的硬件电路原理图如图 10.10 所示。

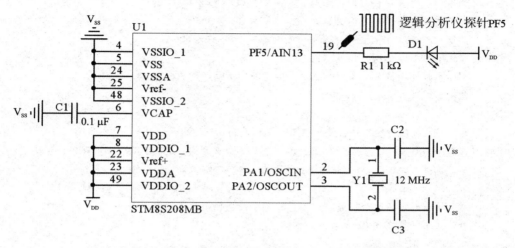

图 10.10 HSI 与 HSE 自动切换时钟源实验电路原理图

硬件电路搭建完毕后,就可以开始构思软件功能。上电后单片机默认使用片内 HSI 时钟源的 8 分频,即系统工作在 2 MHz 频率下,此时应该启动自动切换时钟源程序,将系统时钟源由原来的 HSI 切换至 HSE,则系统工作频率由原来的 2 MHz 变为 12 MHz 频率,执行闪烁灯函数,执行完毕后再将系统时钟源由 HSE 切换至原来的 HSI,则系统工作频率由 12 MHz 重新变为 2 MHz 频率,再次执行闪烁灯函数,观察实验现象。利用 C 语言编写的具体程序实现如下:

```
/ ***********************************************************
*  实验名称及内容:HSI 与 HSE 自动切换时钟源
***********************************************************/
# include "iostm8s208mb.h"              //主控芯片的头文件
/ *****************常用数据类型定义 *********************/
【略】为节省篇幅,相似语句可以直接参考之前章节
/ ***************端口/引脚定义区域 ******************/
# define led1   PF_ODR_ODR5             //PF5 引脚输出连接至 LED
/ ***************函数声明区域 *********************/
void delay(u16 Count);                  //延时函数声明
void led(void);                         //闪烁 LED 功能函数声明
/ ***************主函数区域 *********************/
void main( void )
{
    PF_DDR_DDR5 = 1;                    //配置 PF5 引脚为输出引脚
    PF_CR1_C15 = 1;                     //配置 PF5 引脚为推挽输出模式
```

```
PF_CR2_C25 = 0;                              //配置 PF5 引脚低速率输出模式
led1 = 1;                                    //PF5 输出为高电平,D1 熄灭
while(1)
{
  // * * * * * * * * * * * * HSI->HSE 时钟自动切换流程及注释说明 * * * * * * * * * * * *
  //如果 CLK_CMSR 中的主时钟源为 HSI,则 CLK_CMSR = 0xE1
  //如果 CLK_CMSR 中的主时钟源为 LSI,则 CLK_CMSR = 0xD2
  //如果 CLK_CMSR 中的主时钟源为 HSE,则 CLK_CMSR = 0xB4
  if(CLK_CMSR! = 0xB4)
  //判断主时钟状态寄存器 CLK_CMSR 中的主时钟源是否是 HSE
  //若不是则进入 if 程序段
  {
    //1.首先要配置时钟切换使能位 SWEN = 1,使能切换过程
    CLK_SWCR| = 0x02;                        //展开为二进制 0000 0010 SWEN 位 = 1
    //2.选择主时钟源,对主时钟切换寄存器 CLK_SWR 写入欲切换时钟
    CLK_SWR = 0xB4;                          //配置 CLK_CMSR 中的主时钟源为 HSE
    //3.等待时钟切换控制寄存器 CLK_SWCR 中的切换中断标志位 SWIF = 1
    while((CLK_SWCR & 0x08) = = 0);
    //4.清除相关标志位
    CLK_SWCR = 0;
  }
  // * * * * * * * * * * * * * * * * * * * * * * * * * * * * * * * * * * * * * * * * * * * *
  led();      //图 10.9 所示【A】区域电平状态
  // * * * * * * * * * * * * * * * * * * * * * * * * * * * * * * * * * * * * * * * * * * * *


  // * * * * * * * * * * * * HSE->HSI 时钟自动切换流程及注释说明 * * * * * * * * * * * *
  //如果 CLK_CMSR 中的主时钟源为 HSI,则 CLK_CMSR = 0xE1
  //如果 CLK_CMSR 中的主时钟源为 LSI,则 CLK_CMSR = 0xD2
  //如果 CLK_CMSR 中的主时钟源为 HSE,则 CLK_CMSR = 0xB4
  if(CLK_CMSR! = 0xE1)
  //判断主时钟状态寄存器 CLK_CMSR 中的主时钟源是否是 HSI
  //若不是则进入 if 程序段
  {
    //1.首先要配置时钟切换使能位 SWEN = 1,使能切换过程
    CLK_SWCR| = 0x02;                        //展开为二进制 0000 0010 SWEN 位 = 1
    //2.选择主时钟源,对主时钟切换寄存器 CLK_SWR 写入欲切换时钟
    CLK_SWR = 0xE1;                          //配置 CLK_CMSR 中的主时钟源为 HSI
    //3.等待时钟切换控制寄存器 CLK_SWCR 中的切换中断标志位 SWIF = 1
    while((CLK_SWCR & 0x08) = = 0);
    //4.清除相关标志位
    CLK_SWCR = 0;
  }
  // * * * * * * * * * * * * * * * * * * * * * * * * * * * * * * * * * * * * * * * * * * * *
```

```
    led();        //图 10.9 所示【B】区域电平状态
    // ****************************************************************
    }
}
/ ****************************************************************
void delay(u16 Count)
{【略】}//延时函数 delay()
/ ****************************************************************
//闪烁 LED 功能函数 led(),无形参,无返回值
/ ****************************************************************
void led(void)
{
    u8 x;                              //定义变量 x 做循环闪灯使用
    for(x = 0;x<10;x + +)
    {
      led1 = 0;delay(10);
      led1 = 1;delay(10);
    }
    led1 = 1;
}
```

将程序下载到单片机中并运行,在 PC 上观察逻辑分析仪上位机软件中如图 10.11 所示的电平状态。程序上电后先初始化了 PF5 引脚将其配置为推挽输出模式,目的在于驱动发光二极管正常亮灭,接着就启动了 HSI 时钟源到 HSE 时钟源的自动切换程序,切换完成后执行了闪烁灯函数 led(),此时 STM8 单片机工作在 HSE 时钟下,也就是 12 MHz 频率的情况,实测得到的电平状态如 A 电平区域所示,显得非常的密集,说明跳变的速度很快。执行完成一遍闪烁函数 led()后,再次启动了 HSE 时钟源到 HSI 时钟源的自动切换程序,切换完成后又执行了闪烁灯函数 led(),此时 STM8 单片机工作在 HSI 时钟的 8 分频情况下,也就是 2 MHz频率,实测得到的电平状态如 B 电平区域所示,显得比较稀疏,说明跳变的速度明显变慢。

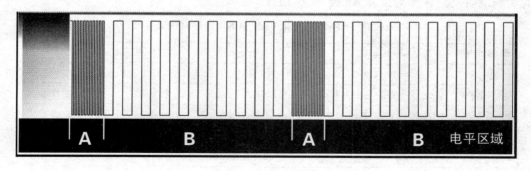

图 10.11　逻辑分析仪测量电平状态

通过实测电平状态图示可以非常直观的理解,再配上表 10.10 就显得更加清晰了。从表 10.10 可以看出,电平 A 区域单片机的工作频率是 12 MHz,此时跳变频率高,灯的闪烁速度快。电平 B 区域单片机的工作频率是 2 MHz,此时跳变频率明显变低,灯的闪烁速度变慢。

表 10.10　HSI 与 HSE 自动切换时钟源效果测试数据

电平区域	自动切换时钟源	HSI 频率	HSE 频率	跳变周期	跳变频率
A	HSI 时钟切换为 HSE 时钟	2 MHz	12 MHz	43.70 ms	22.88 Hz
B	HSE 时钟切换为 HSI 时钟	2 MHz	12 MHz	0.26 s	3.80 Hz

需要说明的是,有的读者做出来的效果比较"异常",比如 12 MHz 工作时,没有看出发光二极管在闪烁,倒像是"一直亮着",这是为什么呢? 这是因为发光二极管处于 A 电平区域时由于跳变的频率较高,闪烁的速度很快,但是人的眼睛有"视觉暂留"特性,所以"感觉"灯一直亮着,对于这样的情况,读者就必须借助仪器来观察跳变信号了。

10.4.3　手动切换时钟源步骤及配置过程

手动切换时钟源的方式与自动切换时钟源的方式是明显不同的,在自动切换时钟源的方式中,一开始就把切换控制寄存器(CLK_SWCR)中的"SWEN"位置为"1",启动了时钟源切换。而在手动方式中却是首先等待目标时钟源准备就绪,触发中断信号,然后提交给 CPU 中断请求,意思是"我已经准备好了,可以切换了",这时候 CPU 才能去响应中断,最后再启动时钟源切换。

也就是说手动切换方式不能实现"立即切换",时钟的切换需要分"两步走",但是在该切换方式中,用户可以精确的把握目标时钟源的就绪状态并且精准控制切换事件的发生时间,该方式下具体的切换操作流程如图 10.12 所示。

在手动切换时钟源的过程中,若遇到某种原因导致切换失败,可以通过程序对切换忙标志位"SWBSY"进行清"0"操作以复位当前的切换过程,复位过程后主时钟切换寄存器(CLK_SWR)的配置会重新恢复到原时钟源。

在自动切换和手动切换这两种方式中,切换后的原时钟源并不会被自动关闭,若读者欲关闭原时钟源节省系统功耗,可以配置内部时钟寄存器(CLK_ICKR)和外部时钟寄存器(CLK_ECKR)中的"LSIEN"位、"HSIEN"位和"HSEEN"位来关闭相应的时钟源,这两个寄存器相应位的功能说明及配置含义如表 10.11 和表 10.12 所示。

表 10.11　STM8 单片机 CLK_ICKR 内部时钟寄存器

■ 内部时钟寄存器(CLK_ICKR)							地址偏移值:(0x00)H
位　数	位 7	位 6	位 5	位 4	位 3	位 2	位 1	位 0
位名称	保留		REGAH	LSIRDY	LSIEN	FHW	HSIRDY	HSIEN
复位值	0	0	0	0	0	0	0	1
操　作	—	—	rw	r	rw	rw	r	rw
位　名	位含义及参数说明							
保留 位 7:6	● 保留位 必须保持清"0"							

REGAH 位 5	● 活跃停机（Active Halt）模式下电压调节器关闭 由软件置"1"或清"0"，该位为"1"时，一旦 MCU 进入活跃停机（Active Halt）模式，主电压调节器将关闭，从而导致唤醒时间将比较长	
	0	活跃停机（Active Halt）模式下主电压调节器处于开启状态
	1	活跃停机（Active Halt）模式下主电压调节器处于关闭状态
LSIRDY 位 4	● 低速内部 RC 振荡器准备就绪 由硬件置"1"或清"0"	
	0	LSI 时钟未准备就绪
	1	LSI 时钟准备就绪
LSIEN 位 3	● 低速内部 RC 振荡器使能位 由软件置"1"或清"0"，如果 LSI 为必需的，则硬件将该位置"1"例如： 当时钟源切换至 LSI 时（参见寄存器 CLK_SWR）； 当 LSI 被指定为时钟输出源 CCO 时（参见寄存器 CLK_CCOR）； 当 BEEP 被使能时（寄存器 BEEP_CSR 的位 BEEPEN＝"1"）； 当 LSI 测量被使能时（寄存器 AWU_CSR 的位 MSR＝"1"）； 当 LSI 被指定为主时钟源/CCO 时钟源/AWU/IWDG 的时钟源时，该位不能被清除	
	0	关闭低速内部 RC 振荡器 LSI
	1	开启低速内部 RC 振荡器 LSI
FHW 位 2	● 从停机（Halt）或活跃停机（Active Halt）模式快速唤醒 由软件置"1"或清"0"	
	0	从停机（Halt）或活跃停机（Active Halt）模式快速唤醒禁用
	1	从停机（Halt）或活跃停机（Active Halt）模式快速唤醒使能
HSIRDY 位 1	● 高速内部振荡器准备就绪 由硬件置"1"或清"0"	
	0	HSI 未准备就绪
	1	HSI 准备就绪
HSIEN 位 0	● 高速内部 RC 振荡器使能 由软件置"1"或清"0"。如果 HSI 为必需的，则硬件将该位置"1"，例如： 当被 CSS 激活，做为安全备用振荡器； 当时钟源切换至 HSI（参见寄存器 CLK_SWR）； 当 HSI 被指定为时钟输出源 CCO 时（参见寄存器 CLK_CCOR）； 当 HSI 被指定为主时钟源/CCO 时钟源/安全备份（辅助时钟源）时，该位不能被清除	
	0	关闭高速内部 RC 振荡器 HSI
	1	开启高速内部 RC 振荡器 HSI

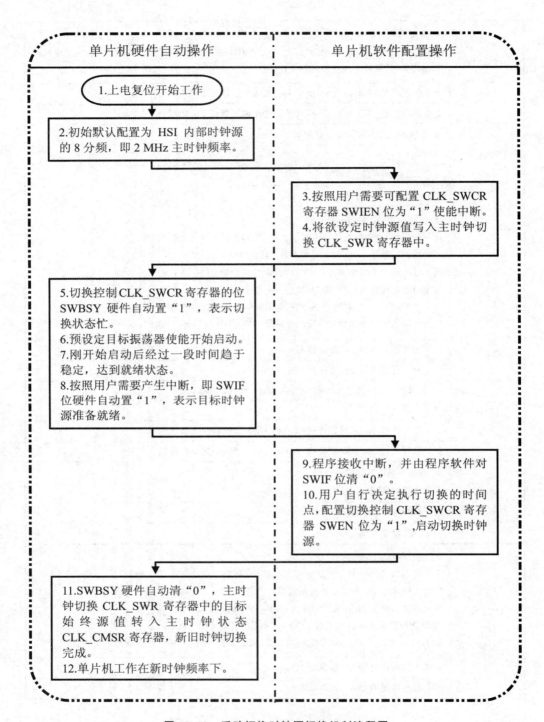

图 10.12　手动切换时钟源切换机制流程图

表 10.12　STM8 单片机 CLK_ECKR 外部时钟寄存器

■ 外部时钟寄存器(CLK_ECKR)						地址偏移值:(0x01)_H	
位　数	位 7	位 6	位 5	位 4	位 3	位 2	位 1	位 0
位名称	保留						HSERDY	HSEEN
复位值	0	0	0	0	0	0	0	0
操　作	—	—	—	—	—	—	r	rw
位　名	位含义及参数说明							
保留 位 7:2	● 保留位 必须保持清"0"							
HSERDY 位 1	● 高速外部晶体振荡器准备就绪 由硬件置"1"或清"0"							
	0	HSE 未准备就绪						
	1	HSE 准备就绪						
HSEEN 位 0	● 高速外部晶体振荡器使能 由软件置"1"或清"0",用于打开或关闭外部晶体振荡器。下列情况下,由硬件将该位置"1": 当时钟源切换至 HSE(参见寄存器 CLK_SWR); 当 HSE 被指定为时钟输出源 CCO 时(参见寄存器 CLK_CCOR); 当 HSE 被指定为主时钟源/CCO 时钟源时,该位不能被清除							
	0	关闭高速外部晶体振荡器 HSE						
	1	开启高速外部晶体振荡器 HSE						

10.4.4　基础项目 C HSI 与 HSE 手动切换时钟源

手动切换时钟源流程也需要用到切换控制寄存器(CLK_SWCR)、主时钟切换寄存器(CLK_SWR)和主时钟状态寄存器(CLK_CMSR),利用 C 语言编写的手动切换时钟源程序实现如下:

```
/******************************************************************
* 实验名称及内容:HSI 与 HSE 手动切换时钟源
******************************************************************/
#include "iostm8s208mb.h"              //主控芯片的头文件
/****************** 常用数据类型定义 *******************/
【略】为节省篇幅,相似语句可以直接参考之前章节
/****************** 端口/引脚定义区域 *******************/
#define led1   PF_ODR_ODR5             //PF5 引脚输出连接至 LED
/****************** 函数声明区域 *******************/
void delay(u16 Count);                 //延时函数声明
void led(void);                        //闪烁 LED 功能函数声明
/****************** 主函数区域 *******************/
void main(void)
```

```
  {
    PF_DDR_DDR5 = 1;                          //配置 PF5 引脚为输出引脚
    PF_CR1_C15 = 1;                           //配置 PF5 引脚为推挽输出模式
    PF_CR2_C25 = 0;                           //配置 PF5 引脚低速率输出模式
    led1 = 1;                                 //PF5 输出为高电平,D1 熄灭
    while(1)
    {
      // * * * * * * * * * * * * HSI->HSE 时钟手动切换流程及注释说明  * * * * * * * * * * * *
      //如果 CLK_CMSR 中的主时钟源为 HSI,则 CLK_CMSR = 0xE1
      //如果 CLK_CMSR 中的主时钟源为 LSI,则 CLK_CMSR = 0xD2
      //如果 CLK_CMSR 中的主时钟源为 HSE,则 CLK_CMSR = 0xB4
      //1.开启时钟切换中断使能,也就是时钟切换寄存器 CLK_SWCR 中的 SWIEN = 1
      CLK_SWCR| = 0x04;
      //2.选择主时钟源,对主时钟切换寄存器 CLK_SWR 写入欲切换时钟
      CLK_SWR = 0xB4;                          //配置 CLK_CMSR 中的主时钟源为 HSE
      //3.开启全局中断
      asm("rim");
      // * * * * * * * * * * * * * * * * * * * * * * * * * * * * * * * * * * * * * * * * * * * * *
      led();     //图 10.13 所示【A】区域电平状态
      // * * * * * * * * * * * * * * * * * * * * * * * * * * * * * * * * * * * * * * * * * * * * *
      // * * * * * * * * * * * * HSE->HSI 时钟手动切换流程及注释说明  * * * * * * * * * * * *
      //如果 CLK_CMSR 中的主时钟源为 HSI,则 CLK_CMSR = 0xE1
      //如果 CLK_CMSR 中的主时钟源为 LSI,则 CLK_CMSR = 0xD2
      //如果 CLK_CMSR 中的主时钟源为 HSE,则 CLK_CMSR = 0xB4
      //1.开启时钟切换中断使能,也就是时钟切换寄存器 CLK_SWCR 中的 SWIEN = 1
      CLK_SWCR| = 0x04;
      //2.择主时钟源,对主时钟切换寄存器 CLK_SWR 写入欲切换时钟
      CLK_SWR = 0xE1;                          //配置 CLK_CMSR 中的主时钟源为 HSI
      //3.开启全局中断
      asm("rim");
      // * * * * * * * * * * * * * * * * * * * * * * * * * * * * * * * * * * * * * * * * * * * * *
      //CLK_CKDIVR = (u8)0x10;                 //用户调整 HSI 时钟源分频因子
      // * * * * * * * * * * * * * * * * * * * * * * * * * * * * * * * * * * * * * * * * * * * * *
      led();     //图 10.13 所示【B】区域电平状态
      // * * * * * * * * * * * * * * * * * * * * * * * * * * * * * * * * * * * * * * * * * * * * *
    }
  }
/* * * * * * * * * * * * * * * * * * * * * * * * * * * * * * * * * * * * * * * * * * * * * * * * * */
void delay(u16 Count)
{【略】}                                       //延时函数
void led(void)
{【略】}                                       //闪烁 LED 功能函数
// * * * * * * * * * * * * * * * * * * * * 中断函数区域 * * * * * * * * * * * * * * * * * * * * * * *
#pragma vector = 4
__interrupt void CLK_IRQHandler(void)          //时钟源切换中断函数
{
```

```
CLK_SWCR & = 0xF7;                    //清除 SWIF 中断标志位
CLK_SWCR | = 0x02;                    //对 SWEN 置位"1"，启动切换
}
```

程序中比较难理解的是"asm("rim")"语句和中断函数区域内的语句，接下来为读者做一个详细的说明。

该程序和以往章节程序一致，程序代码都是在 IAR 开发环境中编写并运行，"asm("rim")"语句的作用是改变程序运行时的 CPU 条件代码寄存器(CPU_CCR)中的"I1"和"I0"这两位，从而改变中断优先级。直接的作用就是把 main()函数的优先级降低到"0"，这样就能允许其他的中断请求打断 main()函数的执行了，读者不用着急去查阅相关寄存器内容，关于中断的相关知识会在本书的第 11 章详细讲解，此处的中断语句可以先行了解。

下面介绍中断函数区域内的语句，在 IAR 开发环境中，用关键字"__interrupt"来标示一个中断函数。用"♯pragma vector"来定义中断函数的入口地址。"♯pragma vector＝4"这个语句的含义就是表明当前中断向量为"4"，自定义的中断处理函数名称为"CLK_IRQHandler()"，从函数名称的字面上看，这个函数是一个有关 CLK 时钟源的中断函数，中断处理函数中的"CLK_SWCR & = 0xF7"语句功能是对切换控制寄存器(CLK_SWCR)中的"SWIF"位进行清"0"，"CLK_SWCR | = 0x02"语句的功能是对切换控制寄存器(CLK_SWCR)中的"SWEN"位置"1"，目的是启动时钟源切换过程。读者可以回忆一下手动切换时钟源的流程，这样就可以理解语句的含义和目的了。

同样以 STM8S208MB 单片机为例，在单片机的第 2 引脚"PA1/OSCIN"和第 3 引脚"PA2/OSCOUT"引脚上安装 12 MHz 振荡频率的石英晶体振荡器，实验项目依然采用图 10.10 所示的硬件电路。上电后单片机默认使用片内 HSI 时钟源的 8 分频，即系统工作在 2 MHz 频率下，启动手动切换时钟源程序，将系统时钟源由原来的 HSI 切换至 HSE，则系统工作频率由原来的 2 MHz 变为 12 MHz，执行闪烁灯函数，此时单片机工作频率为 12 MHz，闪烁速度快，跳变频率高，跳变情况如图 10.13 中 A 电平区域。随后再将系统时钟源由 HSE 切换至原来的 HSI，则系统工作频率由 12 MHz 重新变为 2 MHz，再次执行闪烁灯函数，观察实验现象，此时单片机工作频率为 2 MHz，闪烁速度慢，跳变频率低，跳变情况如图 10.13 中 B 电平区域。

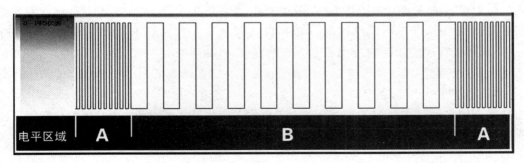

图 10.13　逻辑分析仪测量电平状态

通过实测电平状态图示可以非常直观的理解，再配上表 10.13 就显得更加清晰了。

表 10.13　HSI 与 HSE 手动切换时钟源效果测试数据

电平区域	自动切换时钟源	HSI 频率	HSE 频率	跳变周期	跳变频率
A	HSI 时钟切换为 HSE 时钟	2 MHz	12 MHz	35.50 ms	28.16 Hz
B(图 10.13) HSI 为 8 分频	HSE 时钟切换为 HSI 时钟	2 MHz	12 MHz	0.21 s	4.68 Hz
B(图 10.14) HSI 为 4 分频	HSE 时钟切换为 HSI 时钟	4 MHz	12 MHz	0.10 s	9.36 Hz

在程序中特别需要注意的是当系统时钟源由 HSE 手动切换至原来的 HSI 时钟源后,单片机默认工作在 HSI 时钟 8 分频情况下,也就是说系统工作频率由 12 MHz 重新变为 2 MHz,并不是变为 HSI 未分频时的 16 MHz 频率。如果用户希望时钟源切换后,HSI 时钟源以其他分频因子继续工作,可以在手动切换至 HSI 时钟源后加上分频因子设定语句,如 "CLK_CKDIVR=(u8)0x10"(该语句在程序中被注释了)语句,有了这条语句用户就可以根据需求自行调整 HSI 时钟源分频因子了,若将该语句注释符号去掉重新下载运行程序,得到的 HSI 时钟源将会是 4 MHz 而不是原本的 8 分频情况下的 2 MHz,修改后的实测电平状态如图 10.14 所示。

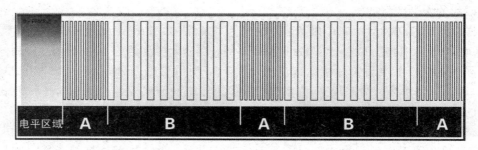

图 10.14　逻辑分析仪测量电平状态

对比图 10.13 和图 10.14 可以发现,电平区域 A 没有发生变化,但是 B 区域电平有明显变化。当 HSI 时钟源手动转换至 HSE 时钟源后,系统主时钟频率为 12 MHz,执行闪烁函数速度很快,电平跳变频率高,如两幅图中电平区域 A 所示。当 HSE 时钟源手动转换至 HSI 时钟源后,单片机默认工作在 HSI 时钟 8 分频情况下,得到图 10.13 所示的 B 电平区域,显得比较稀疏,当 HSE 时钟源手动转换至 HSI 时钟源后,自定义修改了 HSI 分频因子,使 HSI 分频因子由"8 分频"变为"4 分频"后得到图 10.14 所示的 B 电平区域,经过比对可以发现图 10.14 中的 B 电平区域明显比图 10.13 中的 B 电平区域要密集,也就是说 HSI 时钟的分频因子已经修改成功,随着 HSI 时钟频率的升高,执行速度明显变快。

10.5　配置系统主时钟为 LSI

在 STM8 单片机 3 个时钟源的切换和启用上,LSI 时钟源是比较特殊的。LSI 时钟源是 STM8 单片机片内低速 RC 振荡时钟源,起振的速度比较快,但是振荡频率并不十分精准,和

HSI 时钟源一样,也容易受到单片机供电电压 VDD 波动和工作环境温度影响,典型的振荡频率是 128 kHz。以 STM8S207/208 系列单片机为例,LSI 时钟源的最小振荡频率是 110 kHz,最大振荡频率是 146 kHz(该参数是参考具体型号单片机的芯片数据手册得到的)。LSI 时钟源是一个低成本、低功耗的时钟源,可以在停机(Halt)模式下作为独立看门狗(IWDG)和自动唤醒单元(AWU)运行所需的时钟源。

用户如果需要启用 LSI 时钟源作为系统的主时钟源,必须首先配置 STM8 单片机选项字节中的"LSI_EN"位,将"LSI_EN"置"1"后的时钟源切换操作与之前章节中的其他时钟源切换方法类似。读者回忆第 9 章的相关知识可知,"LSI_EN"位是片内低速 RC 振荡器 LSI 时钟源的使能位,该功能位是看门狗选项 OPT3 的第 3 位,该位若为"0"则 128 kHz 的 LSI 低频时钟不能被用作 CPU 的时钟源,该位若为"1"则 128 kHz 的 LSI 低频时钟可以被用作 CPU 的时钟源。说到这里,问题就来了！为什么启用 LSI 时钟需要搞得这么麻烦？直接采用类似于 HSI 和 HSE 的切换方式不是更方便吗？

LSI 时钟源切换之所以那么特殊是因为它承担了别的时钟源没有承担的"任务和责任"。独立看门狗(IWDG)运行所需的时钟源就是 LSI 时钟源,为了保证 CPU 在系统异常的时候不与独立看门狗使用同一个时钟源,所以刻意把这个内部低速时钟源 LSI 单独配置了一个使能位在选项字节中。如果独立看门狗和 CPU 用同一个时钟源,一旦时钟源出问题,那么整个系统就崩溃了,看门狗就不能检测到程序"跑飞",也不能强制执行复位操作,单片机系统就无法从异常状态中"恢复正常"。

用户配置选项字节可以利用上位机软件进行设定或者利用单片机内部程序进行修改。如果是利用上位机软件,常见的可以利用 STVP 或者 IAR 修改选项字节,接下来先讲解利用 STVP 编程工具软件的修改方法,配置界面如图 10.15 所示。

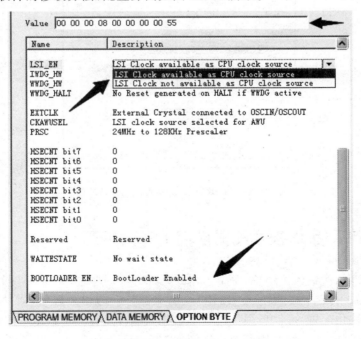

图 10.15 STVP 编程软件修改 LSI_EN 位

图 10.15 中间部分的箭头位置指向了"LSI_EN"选项,该选项就是 LSI 时钟的使能位,单击该选项后发现该位有两个可选配置值,若用户将其配置为"LSI Clock available as CPU clock source"则表示启用 LSI 时钟作为主时钟,若配置为"LSI Clock not available as CPU clock source"则表示禁用 LSI 时钟作为主时钟。此处单击启用 LSI 时钟作为主时钟并且使能 Boot loader 功能,发现 Value 数组中的值变为"00 00 00 08 00 00 00 00 55",随后再单击编程写入当前标签页即可,详细操作步骤读者可以回顾选项字节章节相关内容。

如果用户使用 IAR 开发环境对"LSI_EN"位进行配置,可以在进入软件开发环境后在菜单栏单击 ST-LINK,选择下拉菜单中的"Option bytes"选项,打开的软件界面如图 10.16 所示,在界面中用户可以找到箭头指向的"LSI_EN"选项,发现有两个可选配置值,若配置为"Disable"则表示禁用 LSI 时钟作为主时钟,若配置为"Enable"则表示启用 LSI 时钟作为主时钟。配置为"Enable"后单击"OK"按钮,习惯性编译一下程序工程然后进入调试界面,就可以把 Option bytes 参数和程序本身一起下载进所选择的单片机了。

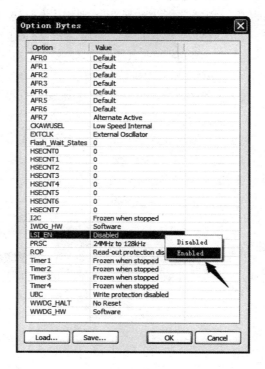

图 10.16　IAR 开发软件修改 LSI_EN 位

10.5.1　基础项目 D 程序配置启用 LSI 时钟源

上位机配置方法比较简单,只需要单击鼠标就能完成"LSI_EN"位的配置,但是在实际项目中往往需要采用 IAP 方式,用程序自行修改选项字节中的相关选项,如果用户朋友需要对选项字节进行个性化配置,可以巧用 STVP 编程工具软件中 Value 数组中的值,若采用 STVP 软件启用 LSI 时钟作为主时钟,则配置后得到的 Value 数组中的值为"00 00 00 08 00 00 00 00 55",参考这个值读者可以很容易的建立数组"u8 OPT[9]={0,0,0,0x08,0,0,0,0,0x55}",然

后将数组中的取值逐一写入选项字节,即可完成选项配置。按照这个思路,可用 C 语言编写
程序如下:

```
/ *******************************************************************
* 实验名称及内容:程序配置启用 LSI 时钟源
*******************************************************************/
# include "iostm8s208mb.h"                    //主控芯片的头文件
/ ******************* 常用数据类型定义 **************************/
【略】为节省篇幅,相似语句可以直接参考之前章节
/ ******************* 端口/引脚定义区域 **********************/
# define led1   PF_ODR_ODR5                   //PF5 引脚输出连接至 LED
/ ******************* 用户自定义数据区域 **********************/
u8 OPT[9] = {0,0,0,0x08,0,0,0,0,0x55};        //用户自定义选项字节参数数组
/ ******************* 函数声明区域 **********************/
void OPTconfig(void);                         //选项字节配置函数声明
/ ******************* 主函数区域 **********************/
void main( void )
{
  PF_DDR_DDR5 = 1;                            //配置 PF5 引脚为输出引脚
  PF_CR1_C15 = 1;                             //配置 PF5 引脚为推挽输出模式
  PF_CR2_C25 = 0;                             //配置 PF5 引脚低速率输出模式
  led1 = 1;                                   //PF5 输出为高电平,D1 熄灭
  OPTconfig();                                //进行选项字节配置
  led1 = 0;                                   //PF5 输出为低电平,D1 亮起
  while(1);
}
/ *******************************************************************/
//选项字节配置函数 OPTconfig(),无形参,无返回值
/ *******************************************************************/
void OPTconfig(void)
{
  do                                          //输入 MASS 密匙用于解锁 DATA EEPROM 的写保护
  {
    FLASH_DUKR = 0xAE;                        //硬件密匙 1
    FLASH_DUKR = 0x56;                        //硬件密匙 2
  }
  while(! (FLASH_IAPSR & 0x08));
  //等待解锁 Flash 完成,即 FLASH_IAPSR 中的 DUL 位为"1"
  FLASH_CR2 = 0x80;                           //对选项字节进行写操作被使能
  FLASH_NCR2 = 0x7F;
  //互补控制寄存器 FLASH_NCR2 中的 NOPT 位要为"0"
  *((u8 *)0X4800) = OPT[0];                   //配置 ROP 选项
  *((u8 *)0x4801) = OPT[1];                   //配置 UBC 选项
  *((u8 *)0x4802) = ~OPT[1];                  //配置 UBC 选项的互补字节
  *((u8 *)0x4803) = OPT[2];                   //配置 AFR 选项
  *((u8 *)0x4804) = ~OPT[2];                  //配置 AFR 选项的互补字节
```

```
     * ((u8 * )0x4805) = OPT[3];                    //配置看门狗选项
     * ((u8 * )0x4806) = ～OPT[3];                   //配置看门狗选项的互补字节
     * ((u8 * )0x4807) = OPT[4];                    //配置时钟选项
     * ((u8 * )0x4808) = ～OPT[4];                   //配置时钟选项的互补字节
     * ((u8 * )0x4809) = OPT[5];                    //配置 HSE 选项
     * ((u8 * )0x480A) = ～OPT[5];                   //配置 HSE 选项的互补字节
   // * ((u8 * )0x480B) = OPT[6];                    //保留位无需配置
   // * ((u8 * )0x480C) = ～OPT[6];                   //保留位无需配置
     * ((u8 * )0x480D) = OPT[7];                    //配置 Flash 等待时间
     * ((u8 * )0x480E) = ～OPT[7];                   //配置 Flash 等待时间的互补字节
     * ((u8 * )0x487E) = OPT[8];                    //配置 Bootloader 选项
     * ((u8 * )0x487F) = ～OPT[8];                   //配置 Bootloader 选项的互补字节
     FLASH_IAPSR = 0x40;
     //程序存储区(FLASH)上锁,数据存储区(EEPROM)上锁
 }
```

通读程序可以看出 OPTconfig() 函数中所采用的方法是对整个选项字节逐一写入,哪怕没有涉及到 LSI 时钟源启动的选项也全部被修改,这样一来程序语句就会较多,而且增加配置过程的"风险",可以重新改写 OPTconfig() 函数,并遵循一个新的原则,也就是"哪里需要改哪里"! 其他不用配置的选项就不用进行更改了,可用 C 语言重新编写 OPTconfig() 函数实现如下:

```
/***************************************************************/
//改写后的选项字节配置函数 OPTconfig_new(),无形参,无返回值
/***************************************************************/
void OPTconfig_new(void)
{
   do       //输入 MASS 密匙用于解锁 DATA EEPROM 的写保护
   {
     FLASH_DUKR = 0xAE;                      //硬件密匙 1
     FLASH_DUKR = 0x56;                      //硬件密匙 2
   }
   while(! (FLASH_IAPSR & 0x08));            //等待解锁 Flash,采用直到型循环
   //等待解锁 Flash 完成,即 FLASH_IAPSR 中的 DUL 位为"1"
   FLASH_CR2 = 0x80;                         //对选项字节进行写操作被使能
   FLASH_NCR2 = 0x7F;                        //互补控制寄存器
    * ((u8 * )0x4805) = 0x08;                 //配置看门狗选项 OPT3
   //软件修改 Option Byte 选项字节使得 OPT3 中的 LSI_EN 位为 1
    * ((u8 * )0x4806) = 0xF7;                 //配置看门狗选项的互补字节
    * ((u8 * )0x487E) = 0x55;                 //配置 Bootloader 选项
    * ((u8 * )0x487F) = 0xAA;                 //配置 Bootloader 选项的互补字节
   FLASH_IAPSR = 0x40;
   //程序存储区(FLASH)上锁,数据存储区(EEPROM)上锁
 }
```

10.5.2 基础项目 E HSI 与 LSI 自动切换时钟源

本小节开始尝试时钟切换,选定 HSI 和 LSI 两种时钟源进行切换实验,等待使能 LSI 时钟源后即可与 HSI 时钟源进行切换,同样执行闪烁灯函数,观察实现现象。在这个项目中因为没有涉及到外部时钟源 HSE,所以就不用搭建外部石英晶体振荡器电路了,硬件电路中只需要在 PF5 引脚上连接发光二极管电路即可,硬件电路如图 10.17 所示。

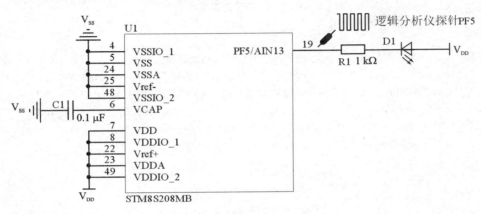

图 10.17　HSI 分频实验电路原理图

在进行时钟源切换前,用户必须保证选项字节中看门狗选项 OPT3 的第 3 位"LSI_EN"为"1"。当然了,为了让时钟源切换过程能够"一气呵成",可以在程序中直接编写选项字节的配置函数 OPTconfig(),这样一来就不用事先配置"LSI_EN"选项位了。按照这个思路,可用 C 语言编写具体的程序实现如下:

```
/************************************************************
* 实验名称及内容:HSI 与 LSI 自动切换时钟源
*************************************************************/
# include "iostm8s208mb.h"              //主控芯片的头文件
/*******************常用数据类型定义 *********************/
【略】为节省篇幅,相似语句可以直接参考之前章节
/*****************端口/引脚定义区域 *********************/
# define led1   PF_ODR_ODR5             //PF5 引脚输出连接至 LED
/*****************函数声明区域 *************************/
void delay(u16 Count);                  //延时函数声明
void led(void);                         //闪烁 LED 功能函数声明
void OPTconfig(void);                   //选项字节配置函数声明
/*****************主函数区域 *************************/
void main(void)
{
  PF_DDR_DDR5 = 1;                      //配置 PF5 引脚为输出引脚
  PF_CR1_C15 = 1;                       //配置 PF5 引脚为推挽输出模式
  PF_CR2_C25 = 0;                       //配置 PF5 引脚低速率输出模式
  led1 = 1;                             //PF5 输出为高电平,D1 熄灭
```

```
    OPTconfig();                                   //进行选项字节配置
    while(1)
    {
      // ***********HSI->LSI 时钟自动切换流程及注释说明 ************
      //如果 CLK_CMSR 中的主时钟源为 HSI,则 CLK_CMSR = 0xE1
      //如果 CLK_CMSR 中的主时钟源为 LSI,则 CLK_CMSR = 0xD2
      //如果 CLK_CMSR 中的主时钟源为 HSE,则 CLK_CMSR = 0xB4
      if(CLK_CMSR! = 0xD2)
      //判断主时钟状态寄存器 CLK_CMSR 中的主时钟源是否是 LSI
      //若不是则进入 if 程序段
      {
        //1.首先要配置时钟切换使能位 SWEN = 1,使能切换过程
        CLK_SWCR| = 0x02;                          //展开为二进制 0000 0010 SWEN 位 = 1
        //2.选择主时钟源,对主时钟切换寄存器 CLK_SWR 写入欲切换时钟
        CLK_SWR = 0xD2;                            //配置 CLK_CMSR 中的主时钟源为 LSI
        //3.等待时钟切换控制寄存器 CLK_SWCR 中的切换中断标志位 SWIF = 1
        while((CLK_SWCR & 0x08) = = 0);
        //4.清除相关标志位
        CLK_SWCR = 0;
      }
      // *************************************************************
      led();//图 10.18 所示【A】区域电平状态
      // *************************************************************
      // ***********LSI->HSI 时钟自动切换流程及注释说明 ************
      //如果 CLK_CMSR 中的主时钟源为 HSI,则 CLK_CMSR = 0xE1
      //如果 CLK_CMSR 中的主时钟源为 LSI,则 CLK_CMSR = 0xD2
      //如果 CLK_CMSR 中的主时钟源为 HSE,则 CLK_CMSR = 0xB4
      if(CLK_CMSR! = 0xE1)
      //判断主时钟状态寄存器 CLK_CMSR 中的主时钟源是否是 HSI
      //若不是则进入 if 程序段
      {
        //1.首先要配置时钟切换使能位 SWEN = 1,使能切换过程
        CLK_SWCR| = 0x02;                          //展开为二进制 0000 0010 SWEN 位 = 1
        //2.选择主时钟源,对主时钟切换寄存器 CLK_SWR 写入欲切换时钟
        CLK_SWR = 0xE1;                            //配置 CLK_CMSR 中的主时钟源为 HSI
        //3.等待时钟切换控制寄存器 CLK_SWCR 中的切换中断标志位 SWIF = 1
        while((CLK_SWCR & 0x08) = = 0);
        //4.清除相关标志位
        CLK_SWCR = 0;
      }
      // *************************************************************
      led();//图 10.18 所示【B】区域电平状态
      // *************************************************************
    }
}
/ *****************************************************************/
```

```
void delay(u16 Count)
【略】                                      //延时函数
/******************************************************************/
//闪烁 LED 功能函数 led(),无形参,无返回值
/******************************************************************/
void led(void)
{
  u8 x;                                     //定义变量 x 做循环闪灯使用
  for(x = 0;x<2;x + +)
  {
    led1 = 0;delay(10);
    led1 = 1;delay(10);
  }
  led1 = 1;
}
/******************************************************************/
//选项字节配置函数 OPTconfig(),无形参,无返回值
/******************************************************************/
void OPTconfig(void)
{
  do       //输入 MASS 密匙用于解锁 DATA EEPROM 的写保护
  {
    FLASH_DUKR = 0xAE;                      //硬件密匙 1
    FLASH_DUKR = 0x56;                      //硬件密匙 2
  }
  while(! (FLASH_IAPSR & 0x08));            //等待解锁 Flash,采用直到型循环
  //等待解锁 Flash 完成,即 FLASH_IAPSR 中的 DUL 位为"1"
  FLASH_CR2 = 0x80;                         //对选项字节进行写操作被使能
  FLASH_NCR2 = 0x7F;                        //互补控制寄存器
  *((u8 *)0x4805) = 0x08;                   //配置看门狗选项 OPT3
  //软件修改 Option Byte 选项字节使得 OPT3 中的 LSI_EN 位为 1
  *((u8 *)0x4806) = 0xF7;                   //配置看门狗选项的互补字节
  *((u8 *)0x487E) = 0x55;                   //配置 Bootloader 选项
  *((u8 *)0x487F) = 0xAA;                   //配置 Bootloader 选项的互补字节
  FLASH_IAPSR = 0x40;
  //程序存储区(FLASH)上锁,数据存储区(EEPROM)上锁
}
```

将程序编译后下载到单片机中并执行,用逻辑分析仪测量 PF5 引脚电平状态,如图 10.18 所示,通过波形可以明显的观察出 A 电平区域波形较宽,这是因为程序开始执行时,首先进行了选项字节的配置,将"LSI_EN"位配置为"1"从而使能了 LSI 时钟源,然后又将 HSI 时钟源切换成了 LSI 时钟源,导致主时钟频率变为 LSI 时钟的 128 kHz,执行闪烁灯函数的速度很慢,电平跳变频率很低。B 电平区域波形明显变得密集,这是因为在执行完一次闪烁灯函数后,程序中又将时钟源从 LSI 时钟源切换为 HSI 时钟源的 8 分频,即主时钟此时由 128 kHz 变成了 2 MHz,执行闪烁灯速度大大提升,跳变频率明显升高。

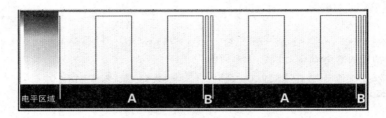

图 10.18 HSI 与 LSI 自动切换实验效果

通过图 10.18 所示的电平状态观察比较直观,再配上表 10.14 就显得更加清晰了,从表中的数据就可以看出不一样的主频对于同一个闪烁灯函数的执行效果有着非常大的差别。读者在实际实验时可以看到非常明显的效果,但是也要注意,如果时钟源切换至 HSI 时,用户自定义的分频系数不是默认的 8 分频时有可能造成闪烁速度过快,导致肉眼不能区分到底有没有闪烁,这时候就必须借助仪器来观察跳变波形了。

表 10.14 HSI 与 LSI 自动切换时钟源效果测试数据

电平区域	自动切换时钟源	HSI 频率	LSI 频率	跳变周期	跳变频率
A	HSI 时钟切换为 LSI 时钟	2 MHz	128 kHz	0.21 s	4.70 Hz
B	LSI 时钟切换为 HSI 时钟	2 MHz	128 kHz	3.23 s	0.30 Hz

10.5.3 基础项目 F HSI 与 LSI 手动切换时钟源

本小节再编写一个 HSI 与 LSI 手动时钟源切换程序,该程序大体上与自动时钟源切换程序是相似的,只是个别的流程上稍有改动,而且多了中断处理函数,读者可以根据自己的理解尝试编写,为了节省篇幅,小宇老师挑选了核心程序实现展示给大家,利用 C 语言编写的核心程序如下:

```
/ * * * * * * * * * * * * * * * * * * * * * * * * * * * * * * * * * * * * * * * * * * * * * * * * * *
 * 实验名称及内容:HSI 与 LSI 手动切换时钟源
 * * * * * * * * * * * * * * * * * * * * * * * * * * * * * * * * * * * * * * * * * * * * * * * * * */
……(此处省略具体程序语句,省略了头文件及数据类型定义等)
void main(void)
{
  PF_DDR_DDR5 = 1;                      //配置 PF5 引脚为输出引脚
  PF_CR1_C15 = 1;                       //配置 PF5 引脚为推挽输出模式
  PF_CR2_C25 = 0;                       //配置 PF5 引脚低速率输出模式
  led1 = 1;                             //PF5 输出为高电平,D1 熄灭
  OPTconfig();                          //进行选项字节配置
  while(1)
  {
    // * * * * * * * * * * HSI->LSI 时钟自动切换流程及注释说明 * * * * * * * * * * * *
    //如果 CLK_CMSR 中的主时钟源为 HSI,则 CLK_CMSR = 0xE1
    //如果 CLK_CMSR 中的主时钟源为 LSI,则 CLK_CMSR = 0xD2
```

```
    //如果 CLK_CMSR 中的主时钟源为 HSE,则 CLK_CMSR = 0xB4
    //1.开启时钟切换中断使能,也就是时钟切换寄存器 CLK_SWCR 中的 SWIEN = 1
    CLK_SWCR| = 0x04;
    //2.选择主时钟源,对主时钟切换寄存器 CLK_SWR 写入欲切换时钟
    CLK_SWR = 0xD2;                         //配置 CLK_CMSR 中的主时钟源为 LSI
    //3.开启全局中断
    asm("rim");
    // *********************************************************
    led();
    // *********************************************************
    // ************ LSI->HSI 时钟手动切换流程及注释说明 ************
    //如果 CLK_CMSR 中的主时钟源为 HSI,则 CLK_CMSR = 0xE1
    //如果 CLK_CMSR 中的主时钟源为 LSI,则 CLK_CMSR = 0xD2
    //如果 CLK_CMSR 中的主时钟源为 HSE,则 CLK_CMSR = 0xB4
    //1.开启时钟切换中断使能,也就是时钟切换寄存器 CLK_SWCR 中的 SWIEN = 1
    CLK_SWCR| = 0x04;
    //2.选择主时钟源,对主时钟切换寄存器 CLK_SWR 写入欲切换时钟
    CLK_SWR = 0xE1;                         //配置 CLK_CMSR 中的主时钟源为 HSI
    //3.开启全局中断
    asm("rim");
    // *********************************************************
    led();
    // *********************************************************
  }
}
/ *********************************************************/
void delay(u16 Count)
{【略】}//延时函数
void led(void)
{【略】}//闪烁 LED 功能函数
void OPTconfig(void)
{【略】}//选项字节配置函数
// ********************* 中断函数区域 ***************************
# pragma vector = 4
__interrupt void CLK_IRQHandler(void)        //时钟源切换中断函数
{
  CLK_SWCR &= 0xF7;                          //清除 SWIF 中断标志位
  CLK_SWCR | = 0x02;                         //对 SWEN 位置"1",启动切换
}
```

程序执行后的效果与自动切换时钟源的效果一致,说明切换时钟源是成功的,读者在尝试编程的时候应该梳理清楚各种时钟源的启用方法和配置流程,这样才能保证程序功能的实现。

10.6　修剪"时钟树枝"降低系统功耗

每当四季交替,随处可见园林工作人员为园林植物修剪枝条,这样做的目的是什么呢? 当初小宇老师每次看到都很困惑,枝条多了不是显得更茂盛吗? 其实对于观花、观果植物而言,正确修剪可使养分集中到保留的枝条,通过整形修剪,各级枝序的分布和排列会更科学、更合理,使各层主枝上排列分布有序、错落有致,各占一定位置和空间,互不干扰,层次分明,减少无用树枝吸取养分,从而让树长得更好,可见,树枝的修剪也是一门大学问。

对于 STM8 单片机也是一样,时钟源的时钟频率供给片内资源使用就像是园林植物的养分供给树枝树叶生长,但是在实际的系统中有很多资源其实并没有全部利用上造成了"养分"的浪费。如图 10.19 所示,单片机的使用者、开发者也可以对"时钟树"进行合理"修剪",关闭暂未使用的外设时钟供给,减少系统功耗。单片机外设时钟的管理者就是"PCG"(外设时钟门控)模式,用户可以通过外设时钟门控寄存器 1(CLK_PCKENR1)和外设时钟门控寄存器 2(CLK_PCKENR2)这两个寄存器使能或禁止 f_{MASTER} 时钟与对应外设的连接,相应位的功能说明及配置含义如表 10.15 和表 10.16 所示。

图 10.19　PCG 模式正在修剪外设时钟"树枝"

需要了解的是,STM8 单片机上电复位后,默认将全部外设时钟都启用了,也就是说片上的外设都处于"准备工作"的状态,这样一来就会增加很多无用的系统功耗。如果用户需要关闭相应外设的时钟供给可以进行"两步走",首先通过外设资源的控制位或者使能位禁用欲关闭的外设资源,然后通过配置外设时钟门控寄存器 1 或 2 中的相应位关闭外设时钟。

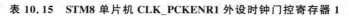

表 10.15 STM8 单片机 CLK_PCKENR1 外设时钟门控寄存器 1

■ 外设时钟门控寄存器1(CLK_PCKENR1)						地址偏移值:(0x07)_H		
位 数	位 7	位 6	位 5	位 4	位 3	位 2	位 1	位 0
位名称				PCKEN1[7:0]				
复位值	1	1	1	1	1	1	1	1
操 作	rw	rw	rw	rw	rw	rw	rw	rw
PCKEN1 [7:0] 位 7:0	● 外设时钟使能 由软件写入,使能或禁止 f_{MASTER} 时钟与对应外设的连接。 使能位 PCKEN17 对应外设为 TIM1 使能位 PCKEN16 对应外设为 TIM3 使能位 PCKEN15 对应外设为 TIM2/TIM5(根据具体产品决定) 使能位 PCKEN14 对应外设为 TIM4/TIM6(根据具体产品决定) 使能位 PCKEN13/PCKEN12 对应外设为 UART1/2/3/4(需要根据具体产品决定) 使能位 PCKEN11 对应外设为 SPI 使能位 PCKEN10 对应外设为 I^2C							
	0	禁止 f_{MASTER} 与对应外设连接						
	1	使能 f_{MASTER} 与对应外设的连接						

表 10.16 STM8 单片机 CLK_PCKENR2 外设时钟门控寄存器 2

■ 外设时钟门控寄存器2(CLK_PCKENR2)						地址偏移值:(0x0A)_H		
位 数	位 7	位 6	位 5	位 4	位 3	位 2	位 1	位 0
位名称				PCKEN2[7:0]				
复位值	1	1	1	1	1	1	1	1
操 作	rw	rw	rw	rw	rw	rw	rw	rw
位 名				位含义及参数说明				
PCKEN2 [7:0] 位 7:0	● 外设时钟使能 由软件写入,使能或禁止 f_{MASTER} 时钟与对应外设的连接。 使能位 PCKEN27 对应外设为 CAN(寄存器时钟,而非 CAN 时钟) 使能位 PCKEN26 对应外设为保留 使能位 PCKEN25 对应外设为保留 使能位 PCKEN24 对应外设为保留 使能位 PCKEN23 对应外设为 ADC 使能位 PCKEN22 对应外设为 AWU(寄存器时钟,而非计数器时钟) 使能位 PCKEN21 对应外设为保留 使能位 PCKEN20 对应外设为保留							
	0	禁止 f_{MASTER} 与对应外设连接						
	1	使能 f_{MASTER} 与对应外设的连接						

相应的,如果用户需要重新开启外设时钟连接,也可以进行"两步走",首先配置外设时钟门控寄存器 1 或 2 中的相应位启用外设时钟,然后通过外设资源的控制位或者使能位启用外设资源。

需要特别注意的是,SMT8 单片机中的自动唤醒单元(AWU)属于外设资源中比较特殊的一个,因为该资源是独立于 f_{MASTER} 时钟的,该资源所使用的时钟是由内部时钟源 f_{LSI} 或者外部晶体振荡器时钟源 f_{HSE} 驱动的,所以就算把 AWU 寄存器的时钟关掉,AWU 单元的计数器时钟依然在工作。

10.7 时钟安全系统 CSS"比干的心"

随着对 STM8 单片机时钟控制器学习的逐步深入,读者是否感觉到了时钟信号在数字电子系统中的重要性,假设没有时钟源,单片机这棵"大树"就像是没有了树根,不能再为枝干输送"养分",那么大树就会枯萎死去。就好比是人无心不能活的道理一样,说到这里让小宇老师想到《封神榜》故事中有这样一个情节:"纣王听说妲己有心痛之疾,唯玲珑心可愈。听说皇叔比干有玲珑心,乞借一片作汤,治疾若愈,此功莫大焉。比干厉声大叫道:"昏君!你是酒色昏迷,糊涂狗彘!心去一片,吾即死矣"!遂解带现躯,将剑往脐中刺入,将腹剖开,其血不流。比干将手入腹内,摘心而出,往下一掷,掩袍不语,面似淡金,径下鹿台去了",这个故事就是大家熟悉的比干丞相挖心的故事。

在故事中比干丞相挖出了心脏,故事还没有结束,如图 10.20 所示,他来到城门外卖空心菜的地方问卖菜人:"菜无心可活,人无心可活否?",卖菜人说:"人无心当然要死了",随后比干丞相口吐鲜血,从马背倒下来便去世了。这个情节让小宇老师觉得非常的惋惜,想想单片机,要是外部石英晶体振荡器坏了是不是意味着单片机系统中没有了时钟来源?相当于单片机没有了"心脏",此时程序不能执行,功能不能实现,电路系统都变成了"砖头"。庆幸的是,意法半导体公司专门为 STM8 单片机设计了时钟安全系统"CSS"功能,哪怕 HSE 时钟源"挂掉"了,HSI 内部时钟源又可以马上启动"替补",保障系统功能的正常运行。

图 10.20 比干挖心"CSS"保命

STM8 单片机时钟安全系统就是为了监测外部晶体振荡器 HSE 时钟源是否有效,在实际的产品应用中经常会有机械抖动或者是磕碰导致石英晶体振荡器脱落，也可能是石英晶体振荡器质量不过关导致损坏、断开、起振异常等。这时候 CSS 系统就会及时把单片机主时钟从 HSE 时钟强制切换到 HSI 时钟的 8 分频，即主时钟频率为 2 MHz，当然了，如果用户并没有使用 HSE 时钟作为单片机时钟源，也就可以不启用 CSS 系统。CSS 系统一旦执行切换，单片机就会一直使用 HSI 时钟的 8 分频作为系统时钟，直到下一次复位。

但是想要启动 CSS 时钟安全系统也是有前提条件的，如果能满足以下 3 个条件，单片机就能做到"挖心不死"，如果条件不满足，一旦发生 HSE 时钟源异常，那么电路系统就只能变"砖"了。

条件 1：外部时钟寄存器(CLK_ECKR)中的"HSEEN"位必须为"1"，这一点毋庸置疑，因为启用的就是外部晶体振荡器时钟源 HSE，硬件上已经自动设置好了，可以安心看第二个条件了。

条件 2：HSE 时钟源设定为"1~24 MHz 高速外部晶体振荡器"，这个需要配置选项字节 OPT4 选项中的"EXT_CLK"位，这一个条件也不用用户操心，因为 OPT4 选项"EXT_CLK"位的默认配置值就是需要设定的参数值。

如果读者使用的单片机 OPT4 选项的"EXT_CLK"位已经被人为配置过，非默认参数值，就需要将"EXT_CLK"位改回默认值。可以用上位机软件来配置也可以用程序修改方式配置。这里主要讨论上位机开发软件配置方法，常用的 STVP 和 IAR 操作界面有一些不同，先说 STVP 工具配置的情况。如图 10.21 所示，"EXT_CLK"选项位有两个选项配置值，需要设定为"External Crystal connect to OSCIN/OSCOUT"值，含义是使用"1~24 MHz 高速外部晶体振荡器"。如果该项配置为"External Clock signal on OSCIN"则表示使用的是"最大 24 MHz 高速外部时钟信号"。

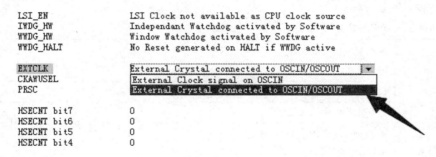

图 10.21　STVP 选项字节 OPT4 的 EXTCLK 位

如果用户使用 IAR 工具配置，如图 10.22 所示，"EXT_CLK"选项位有两个选项配置值，"EXTCLK"设定为"External Oscillator"值，表示是使用"1~24 MHz 高速外部晶体振荡器"。如果设定为"External Direct Drive"则表示使用"最大 24MHz 高速外部时钟信号"。

条件 3：该条件非常重要，打个比方，前两步的作用是洗了菜放进锅，这一步的作用就是开火、开电、开始烹饪。忘记这一个条件，前面做的都是"白搭"，这个条件就是开启 CSS 系统使能位，用户只需配置时钟安全系统寄存器(CLK_CSSR)中的"CSSEN"位为"1"即可，CLK_CSSR 寄存器相应位的功能说明及配置含义如表 10.17 所示。

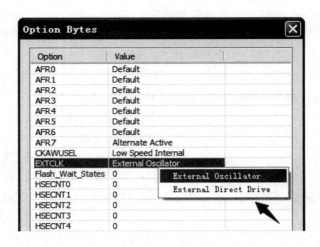

图 10.22　IAR 选项字节 OPT4 的 EXTCLK 位

表 10.17　STM8 单片机 CLK_CSSR 时钟安全系统寄存器

■ 时钟安全系统寄存器(CLK_CSSR)							地址偏移值：$(0x08)_H$
位　数	位 7	位 6	位 5	位 4	位 3	位 2	位 1	位 0
位名称	保留				CSSD	CSSDIE	AUX	CSSEN
复位值	0	0	0	0	0	0	0	0
操　作	—	—	—	—	rc_wo	rw	r	rwo
位　名	位含义及参数说明							
保留 位 7:4	● 保留位 必须保持清"0"							
CSSD 位 3	● 时钟安全系统监测 由硬件置"1"或软件清"0" 0　CSS 关或未检测到 HSE 失效 1　检测到 HSE 失效							
CSSDIE 位 2	● 时钟安全系统监测中断使能 由软件置"1"或清"0" 0　时钟安全系统监测中断禁用 1　时钟安全系统监测中断使能							
AUX 位 1	● 辅助振荡器连接至主时钟 由硬件置"1"或清"0" 0　辅助振荡器关 1　辅助振荡器($f_{HSI}/8$)开,并做为当前的主时钟源							
CSSEN 位 0	● 时钟安全系统使能 可读,但只能由软件写一次 0　时钟安全系统关 1　时钟安全系统开							

　　如果具备了以上的 3 个条件,单片机时钟安全系统 CSS 就部署完毕了。一旦遇到 HSE 时钟源失效,就会立即启用 HSI 时钟的 8 分频作为系统运行的主时钟。具体的功能机制是什么呢? 如何实现的"挖心不死"的效果呢?

　　其实 CSS 系统从检测到 HSE 时钟源失效到启动 HSI 时钟作为"替补",这个过程中需要经过如下 5 个步骤:

　　第一步是要知道 HSE 时钟到底有没有失效,不能 HSE 时钟还正常运行着,就强制切换到 HSI 时钟源,所以检测 HSE 时钟的运行状态是关键。CSS 系统通过时钟安全系统寄存器(CLK_CSSR)中的"CSSD"位获取当前 HSE 时钟状态,如果"CSSD"位为"0"则说明 HSE 时钟运行正常并未失效,反之为"1"则可以判断 HSE 时钟失效或异常了。

　　第二步是要及时处理,既然 HSE 时钟"挂掉"了,就要准备好向 HSI 时钟源进行切换,首先要把主时钟状态寄存器(CLK_CMSR)和主时钟切换寄存器(CLK_SWR)同时复位,复位后这两个寄存器的值都是$(0xE1)_H$,即默认选择 HSI 时钟作为主时钟源。而且还要对时钟分频器寄存器(CLK_CKDIVR)进行复位,复位后将自动配置 HSI 时钟的分频因子为 8,即系统主时钟将工作在 2 MHz。

　　第三步是正式启动 HSI 时钟源,也就是对内部时钟寄存器(CLK_ICKR)中的"HSIEN"位置"1",使能 HSI 时钟。

　　第四步是把已经"挂掉"的失效时钟 HSE 彻底关闭掉,也就是对外部时钟寄存器(CLK_ECKR)中的"HSEEN"位清"0",禁止 HSE 时钟。

　　第五步就是"汇报成果"了,要让用户知道现在切换成功了,这个"结果"就是让"AXU"位置"1",需要读者注意的是"AXU"位与"CSSD"位不同,"CSSD"位可以通过程序软件清除,但是"AXU"位只能由复位方式来清除。

　　经历了以上的 5 个步骤,CSS 系统就圆满完成了它的使命,内部时钟源 HSI 开始工作了,需要注意的是单片机主时钟频率可能已不是原来 HSE 时钟的频率了,所以出现问题后用户也应该及时检测并更换检修外部石英晶体振荡器,让电路功能正常后,再进行单片机系统的复位,使系统重新正常运行。

基础项目 G "挖心不死"效果验证

　　为了验证"挖心不死"的神奇效果,读者是否已经迫不及待准备"围观"了呢? 本小节设计一个"挖心"实验,以 STM8S208MB 单片机为例,在单片机的第 2 引脚"PA1/OSCIN"和第 3 引脚"PA2/OSCOUT"引脚上安装 12 MHz 的石英晶体振荡器,需要注意的是晶体振荡器不是直接焊接在系统 PCB 上的,而是通过可插拔的晶振座子连接到 PCB 上,这样做的目的是可以人为拔掉晶振,使得晶振彻底与电路断开。在电路中依然采用发光二极管观察实验现象,发光二极管 D1 的阳极连接 VDD,阴极通过限流电阻 R1 后连接 STM8S208MB 单片机的 PF5 引脚,并且在 PF5 引脚上连接逻辑分析仪的探针,方便通过上位机软件观察该引脚的电平变化,系统整体的硬件电路原理图如图 10.23 所示。

　　上电后单片机默认使用片内 HSI 时钟源的 8 分频,即系统工作在 2 MHz 下,首先在单片机上电后自动切换时钟源,由上电默认的时钟源 HSI 自动切换到外部时钟源 HSE 并打开时钟安全系统 CSS,即配置时钟安全系统寄存器(CLK_CSSR)中的"CSSEN"位为"1",然后循环

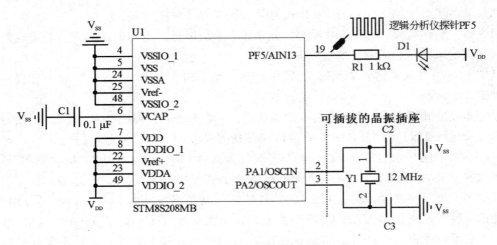

图 10.23 "挖心不死"实验硬件电路图

执行闪烁灯函数。按照预想,闪烁灯函数在主时钟 12 MHz 频率下会非常快速,此时人为拔掉 12 MHz 石英晶体振荡器再次观察闪烁灯电平状态以验证 CSS 系统是否成功启动,若 CSS 系统成功启动,则 PF5 引脚上仍有跳变信号输出,只不过跳变频率会明显降低,这是因为 CSS 系统启动后单片机的主时钟变更为 HSI 时钟,且工作在 HSI 时钟的 8 分频状态下。根据想法,可用 C 语言编写主函数程序实现如下:

```
/***********************************************************
* 实验名称及内容:"挖心不死"效果验证
***********************************************************/
# include "iostm8s208mb.h"                     //主控芯片的头文件
/******************* 常用数据类型定义 ********************/
【略】为节省篇幅,相似语句可以直接参考之前章节
/****************** 端口/引脚定义区域 ********************/
# define led1    PF_ODR_ODR5                   //PF5 引脚输出连接至 LED
/******************** 函数声明区域 *********************/
void delay(u16 Count);                          //延时函数声明
void led(void);                                 //闪烁 LED 功能函数声明
/******************** 主函数区域 *********************/
void main(void)
{
    PF_DDR_DDR5 = 1;                            //配置 PF5 引脚为输出引脚
    PF_CR1_C15 = 1;                             //配置 PF5 引脚为推挽输出模式
    PF_CR2_C25 = 0;                             //配置 PF5 引脚低速率输出模式
    led1 = 1;                                   //PF5 输出为高电平,D1 熄灭
    //************* HSI->HSE 时钟自动切换流程及注释说明 **********
    //如果 CLK_CMSR 中的主时钟源为 HSI,则 CLK_CMSR = 0xE1
    //如果 CLK_CMSR 中的主时钟源为 LSI,则 CLK_CMSR = 0xD2
    //如果 CLK_CMSR 中的主时钟源为 HSE,则 CLK_CMSR = 0xB4
    if(CLK_CMSR! = 0xB4)
    //判断主时钟状态寄存器 CLK_CMSR 中的主时钟源是否是 HSE
```

```
//若不是则进入 if 程序段
{
    //1.首先要配置时钟切换使能位 SWEN=1,使能切换过程
    CLK_SWCR | = 0x02;                    //展开为二进制 0000 0010 SWEN 位 = 1
    //2.选择主时钟源,对主时钟切换寄存器 CLK_SWR 写入欲切换时钟
    CLK_SWR = 0xB4;                       //配置 CLK_CMSR 中的主时钟源为 HSE
    //3.等待时钟切换控制寄存器 CLK_SWCR 中的切换中断标志位 SWIF = 1
    while((CLK_SWCR & 0x08) = = 0);
    //4.清除相关标志位
    CLK_SWCR = 0;
}
CLK_CSSR = 0x01;                          //配置 CSS 时钟安全系统
while(1)
{
    led();                               //执行闪烁灯函数
}
}
/ ***********************************************************/
void delay(u16 Count)
{【略】}//延时函数
void led(void)
{【略】}//闪烁 LED 功能函数
/ ***********************************************************/
```

将程序编译后下载到单片机中并运行,实际测试得到的电平状态如图 10.24 所示,在整个验证过程中出现了 6 个电平区域状态,首先单片机上电复位,电平状态如 A 区域,此时 PF5 引输出高电平,还未执行时钟切换。随后进行时钟切换,由 HSI 时钟的 8 分频切换为 HSE 时钟的 12 MHz 并执行闪烁灯函数,出现电平状态如 B 区域,跳变频率高,跳变状态很密集。此时人为拔掉外部石英晶体振荡器,发现系统还在继续工作,只是跳变频率明显变慢,如 C 区域所示,得到 C 区域后立刻恢复外部石英晶体振荡器(重新将晶振插入到晶振座子中),发现电平跳变频率并未产生变化,也就是说 CSS 系统一旦生效,哪怕是恢复了 HSE 时钟也不能还原到 A 区域的效果了,除非是复位单片机系统。

接下来把 HSE 时钟的外部石英晶体振荡器进行恢复(重新将晶振插入到晶振座子中),然后按下单片机系统的复位按键,出现上电复位状态如 D 区域,随后程序再次执行时钟源切换程序,切换至 HSE 时钟后再次执行闪烁灯函数出现电平状态如 E 区域,然后再次拔掉石英晶体振荡器,又出现 F 所示电平区域。

通过图 10.24 所示的电平状态观察比较直观,再配上表 10.18 就显得更加清晰了。表 10.18 中记录了各个电平区域的测试参数,实验非常成功,不但验证了 CSS 系统已经起效,还验证了 CSS 一旦起效后 HSI 时钟的 8 分频就会取代失效的 HSE 时钟继续工作,恢复工作状态后哪怕 HSE 时钟恢复了正常,主时钟源也依然使用 HSI 时钟的 8 分频作为运行时钟,除非用户对系统进行了复位,这时候才能重新回到 HSE 时钟频率下工作。

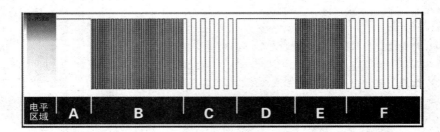

图 10.24　逻辑分析仪测量电平状态

表 10.18　"挖心不死"时钟安全系统效果测试数据

电平区域	自动切换时钟源	HSI 频率	HSE 频率	跳变周期	跳变频率
A	无切换（上电复位）				
B	HSI 时钟切换为 HSE 时钟	2 MHz	12 MHz	33.06 ms	30.24 Hz
C	HSE 时钟切换为 HSI 时钟	2 MHz	12 MHz	0.19 s	5.02 Hz
D	无切换（上电复位）				
E	HSI 时钟切换为 HSE 时钟	2 MHz	12 MHz	33.06 ms	30.24 Hz
F	HSE 时钟切换为 HSI 时钟	2 MHz	12 MHz	0.19 s	5.02 Hz

10.8　可配置时钟输出"CCO"功能

在实际的单片机应用系统中有着非常多不同功能的外部电路或者是除单片机之外的其他芯片,这些电路有的是处理模拟信号的,有的是处理数字信号的,外围的芯片种类也有数字芯片、模拟芯片和混合信号芯片等。在这些系统中经常需要一些不同频率的时钟源为电路或者其他芯片提供时钟信号。如果在一般的时钟要求场合上,能用单片机输出一路时钟信号供给外部电路是最方便不过的了。STM8 单片机就恰好有这一功能,即可配置时钟输出功能"CCO"。

CCO 功能可以选择 6 种时钟信号通过 CCO 指定的引脚进行时钟信号输出,这 6 种时钟信号分别是:f_{HSE}(高速外部晶体振荡器时钟)、f_{HSI}(高速内部 RC 振荡器时钟)、f_{HSIDIV}(分频后的高速内部 RC 振荡器时钟)、f_{LSI}(低速内部 RC 振荡器时钟)、f_{MASTER}(单片机工作主时钟)以及 f_{CPU}(CPU 时钟),其中 f_{CPU}(CPU 时钟)还可以配置为 7 种分频因子进行时钟输出,即不分频、2 分频、4 分频、8 分频、16 分频、32 分频和 64 分频。可以看出 CCO 功能支持的输出时钟种类很丰富,具体时钟输出源的选定可以通过时钟输出寄存器(CLK_CCOR)中的"CCOSEL[3:0]"这 4 位来配置,可配置时钟输出寄存器相应位的功能说明及配置含义如表 10.19 所示。

表 10.19 STM8 单片机 CLK_CCOR 可配置时钟输出寄存器

■ 可配置时钟输出寄存器(CLK_CCOR)							地址偏移值:$(0x09)_H$
位 数	位 7	位 6	位 5	位 4	位 3	位 2	位 1	位 0
位名称	保留	CCOBSY	CCORDY	CCOSEL[3:0]				CCOEN
复位值	0	0	0	0	0	0	0	0
操 作	—	r	r	rw	rw	rw	rw	rw

保留位 7	● 保留位 必须保持清"0"		

CCOBSY 位 6	● 可配置时钟输出忙 由硬件置"1"或清"0",用于指示所选的 CCO 时钟源正处于切换状态或稳定状态,当"CCOBSY"位为"1"时,"CCOSEL"位将被写保护,"CCOBSY"位保持为"1"直至 CCO 时钟被使能		
	0	CCO 时钟空闲	
	1	CCO 时钟忙	

CCORDY 位 5	● 可配置时钟输出准备就绪 由硬件置"1"或清"0",用于指示 CCO 时钟的状态		
	0	CCO 时钟可用	
	1	CCO 时钟不可用	

CCOSEL [3:0] 位 4:1	● 可配置时钟输出源选择 由软件写入,用于选择 CLK_CCO 引脚上的输出时钟源。当"CCOBSY"为"1"时,该位域被写保护					
	0000	f_{HSIDIV}	0001	f_{LSI}	0010	f_{HSE}
	0011	保留	0100	f_{CPU}	0101	$f_{CPU}/2$
	0110	$f_{CPU}/4$	0111	$f_{CPU}/8$	1000	$f_{CPU}/16$
	1001	$f_{CPU}/32$	1010	$f_{CPU}/64$	1011	f_{HSI}
	1100	f_{MASTER}	1101	f_{CPU}	1110	f_{CPU}
	1111	f_{CPU}				

CCOEN 位 0	● 可配置时钟输出使能 由软件置"1"或清"0"		
	0	禁止 CCO 时钟输出	
	1	使能 CCO 时钟输出	

接下来介绍如何配置 CCO 功能,让 STM8 单片机的 CCO 功能引脚输出时钟信号。问题就来了! CCO 功能要输出时钟信号是不是应该选定引脚? 所有的 GPIO 引脚都可以输出时钟信号吗? 引脚应该配置为什么模式呢?

这是典型的"买一问送两问"。要解决这 3 个问题首先要知道 CCO 功能是需要事先选定好时钟信号输出引脚的,用户可以参考所选单片机的数据手册,以 STM8S208MB 单片机为例,CCO 功能启用后默认由第 70 引脚"PE0/CLK_CCO"输出时钟信号,用户也可以通过更改选项字节 OPT2 中的"AFR2"位选择从第 73 引脚"PD0/TIM3_CH2"输出时钟信号,也就是说

CCO 功能引脚并不是任何的 GPIO 都可以"充当"的。引脚应该配置为推挽输出模式,即端口控制寄存器 1(Px_CR1)中对应的引脚应该配置为"1"。

若需要启用 CCO 功能默认选择第 70 引脚"PE0/CLK_CCO"输出时钟信号,首先要配置引脚"PE0/CLK_CCO"引脚模式,然后开启系统 CCO 功能。假设想要 PE0 引脚输出系统当前 f_{HSIDIV} 时钟的信号,可以用 C 语言编写语句如下:

```
PE_DDR_DDR0 = 1;      //配置 PE0 引脚为输出引脚
PE_CR1_C10 = 1;       //配置 PE0 引脚为推挽输出模式
PE_CR2_C20 = 1;       //配置 PE0 引脚高速率输出模式
CLK_CCOR = 0x01;      //CCOSEL[3:0] = 0000,CCOEN = 1
//选定"HSIDIV"时钟并使能 CCO 输出
```

若需要启用 CCO 功能从第 73 引脚"PD0/TIM3_CH2"输出时钟信号,则需要事先更改选项字节 OPT2 中的"AFR2"位,具体操作方法也可以分为两种,即利用 STVP 或者 IAR 等上位机开发环境工具软件进行修改和利用程序进行修改。此处选择利用程序修改,可以用 C 语言编写选项字节配置函数实现如下:

```
/* **************************************************************** */
//选项字节配置函数 OPTconfig(),无形参,无返回值
/* **************************************************************** */
void OPTconfig(void)
{
    do      //输入 MASS 密匙用于解锁 DATA EEPROM 的写保护
    {
        FLASH_DUKR = 0xAE;                  //硬件密匙 1
        FLASH_DUKR = 0x56;                  //硬件密匙 2
    }
    while(! (FLASH_IAPSR & 0x08));          //等待解锁 Flash,采用直到型循环
    //等待解锁 Flash 完成,即 FLASH_IAPSR 中的 DUL 位为"1"
    FLASH_CR2 = 0x80;                       //对选项字节进行写操作被使能
    FLASH_NCR2 = 0x7F;                      //互补控制寄存器
    *((u8 *)0x4803) = 0x04;                 //配置 AFR 选项 OPT2
    //软件修改 Option Byte 选项字节使得 OPT2 中的 AFR2 位为 1
    *((u8 *)0x4804) = 0xFB;                 //配置 AFR 选项的互补字节
    *((u8 *)0x487E) = 0x55;                 //配置 Bootloader 选项
    *((u8 *)0x487F) = 0xAA;                 //配置 Bootloader 选项的互补字节
    FLASH_IAPSR = 0x40;
    //程序存储区(FLASH)上锁,数据存储区(EEPROM)上锁
}
```

将选项字节配置完成后再对"PD0/TIM3_CH2"引脚的工作模式进行配置,即可完成 CCO 功能的 PD0 引脚输出,可以用 C 语言编写语句如下:

```
PD_DDR_DDR0 = 1;      //配置 PD0 引脚为输出引脚
PD_CR1_C10 = 1;       //配置 PD0 引脚为推挽输出模式
PD_CR2_C20 = 1;       //配置 PD0 引脚高速率输出模式
CLK_CCOR = 0x01;      //CCOSEL[3:0] = 0000,CCOEN = 1
```

//选定"HSIDIV"时钟并使能 CCO 输出

基础项目 H 可配置时钟输出"CCO"实验

光说不练假把式! 本小节就利用所学构建硬件电路,设计软件程序,控制 STM8 单片机输出一路时钟信号。以 STM8S208MB 单片机为例,在单片机的第 2 引脚"PA1/OSCIN"和第 3 引脚"PA2/OSCOUT"引脚上安装 12 MHz 振荡频率的石英晶体振荡器。在项目中考虑到输出信号频率较高,故而不再采用发光二极管观察实验现象,直接将"PE0/CLK_COO"引脚或者"PD0/TIM3_CH2"引脚连接至示波器通道并观察该引脚的电平变化,系统整体的硬件电路原理图如图 10.25 所示。

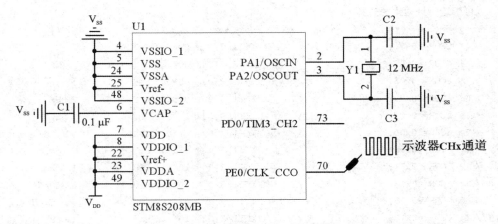

图 10.25 可配置时钟输出"CCO"实验硬件电路

在程序中应该编写 PE0 引脚输出模式的初始化语句,还有 PD0 引脚的输出模式初始化语句。但是要注意,输出信号只能是在 PE0 和 PD0 这两个引脚之中选择其一,若配置 PE0 输出时钟信号就比较简单,直接编写时钟输出语句即可,但是要配置 PD0 输出时钟信号就要"麻烦"一些,必须要事先修改选项字节 OPT2 中的"AFR2"位,当然了,也可以在程序中编写函数 OPTconfig()来实现选项配置。

程序中编写了 6 种时钟源输出的配置语句,具体时钟输出源的选定可以通过时钟输出寄存器(CLK_CCOR)中的"CCOSEL[3:0]"这 4 位来配置,上电后单片机默认使用片内 HSI 时钟源的 8 分频,即系统工作在 2 MHz 频率下,所以此时单片机的 f_{HSIDIV}、f_{MASTER}、f_{CPU} 时钟源频率均为 2 MHz,若用户修改了 HSI 时钟的分频因子,那么此时的 f_{HSIDIV}、f_{MASTER}、f_{CPU} 等时钟就不一定是 2 MHz 了。按照设计思路,可用 C 语言编写程序实现如下:

```
/**********************************************************
 * 实验名称及内容:可配置时钟输出"CCO"实验
 **********************************************************/
#include "iostm8s208mb.h"          //主控芯片的头文件
/********************* 常用数据类型定义 ********************/
【略】为节省篇幅,相似语句可以直接参考之前章节
/********************* 函数声明区域 ***********************/
```

```
void OPTconfig(void);                   //选项字节配置函数声明
/********************* 主函数区域 **************************/
void main(void)
{
  PE_DDR_DDR0 = 1;                      //配置 PE0 引脚为输出引脚
  PE_CR1_C10 = 1;                       //配置 PE0 引脚为推挽输出模式
  PE_CR2_C20 = 1;                       //配置 PE0 引脚高速率输出模式
  PD_DDR_DDR0 = 1;                      //配置 PD0 引脚为输出引脚
  PD_CR1_C10 = 1;                       //配置 PD0 引脚为推挽输出模式
  PD_CR2_C20 = 1;                       //配置 PD0 引脚高速率输出模式
  //OPTconfig();     //选项字节 OPT2 中 AFR2 位配置 PD0 为 CCO 输出引脚配置语句
  // *************************************************************
  //可配置时钟输出源选择
  // *************************************************************
  //CLK_CCOR = 0x01;           //CCOSEL[3:0] = 0000, f HSIDIV     2 MHz
  //CLK_CCOR = 0x03;           //CCOSEL[3:0] = 0001, f LSI        128 kHz
  //CLK_CCOR = 0x05;           //CCOSEL[3:0] = 0010, f HSE        外部晶振频率
  //CLK_CCOR = 0x09;           //CCOSEL[3:0] = 0100, f CPU        2 MHz
  //CLK_CCOR = 0x0B;           //CCOSEL[3:0] = 0101, f CPU/2      1 MHz
  //CLK_CCOR = 0x0D;           //CCOSEL[3:0] = 0110, f CPU/4      500 kHz
  //CLK_CCOR = 0x0F;           //CCOSEL[3:0] = 0111, f CPU/8      250 kHz
  //CLK_CCOR = 0x11;           //CCOSEL[3:0] = 1000, f CPU/16     125 kHz
  //CLK_CCOR = 0x13;           //CCOSEL[3:0] = 1001, f CPU/32     62.5 kHz
  //CLK_CCOR = 0x15;           //CCOSEL[3:0] = 1010, f CPU/64     31.25 kHz
  //CLK_CCOR = 0x17;           //CCOSEL[3:0] = 1011, f HSI        16 MHz
  //CLK_CCOR = 0x19;           //CCOSEL[3:0] = 1100, f MASTER     2 MHz
  //CLK_CCOR = 0x1B;           //CCOSEL[3:0] = 1101, f CPU        2 MHz
  //CLK_CCOR = 0x1D;           //CCOSEL[3:0] = 1110, f CPU        2 MHz
  //CLK_CCOR = 0x1F;           //CCOSEL[3:0] = 1111, f CPU        2 MHz
  // *************************************************************
  while(1);
}
/****************************************************************/
//选项字节配置函数 OPTconfig(),无形参,无返回值
/****************************************************************/
void OPTconfig(void)
{
  do      //输入 MASS 密匙用于解锁 DATA EEPROM 的写保护
  {
    FLASH_DUKR = 0xAE;                  //硬件密匙 1
    FLASH_DUKR = 0x56;                  //硬件密匙 2
  }
  while(! (FLASH_IAPSR & 0x08));        //等待解锁 Flash,采用直到型循环
  //等待解锁 Flash 完成,即 FLASH_IAPSR 中的 DUL 位为"1"
  FLASH_CR2 = 0x80;                     //对选项字节进行写操作被使能
  FLASH_NCR2 = 0x7F;                    //互补控制寄存器
```

```
* ((u8 * )0x4803) = 0x04;                    //配置 AFR 选项 OPT2
//软件修改 Option Byte 选项字节使得 OPT2 中的 AFR2 位为 1
* ((u8 * )0x4804) = 0xFB;                    //配置 AFR 选项的互补字节
* ((u8 * )0x487E) = 0x55;                    //配置 Bootloader 选项
* ((u8 * )0x487F) = 0xAA;                    //配置 Bootloader 选项的互补字节
FLASH_IAPSR = 0x40;
//程序存储区(FLASH)上锁,数据存储区(EEPROM)上锁
}
```

分析程序可以看出,在程序主函数中默认注释了 OPTconfig()函数的执行,也就是说 PD0 引脚并不是 CCO 功能引脚,程序中选定的时钟信号输出引脚为"PE0/CLK_COO"引脚。程序之中编写的"时钟源输出选择"语句一共有 15 条,有 14 条语句前面都加了注释,默认执行了 "CLK_CCOR=0x19"语句,也就是配置时钟输出寄存器(CLK_CCOR)中的"CCOSEL[3:0]" 这 4 位为"1100",其目的是让 STM8 单片机输出 2 MHz 频率的主时钟 f_{MASTER} 信号。此时将程序编译后下载到单片机中并运行,将 PE0 引脚连接至示波器 CH1 通道观察输出时钟信号波形,如图 10.26 所示。

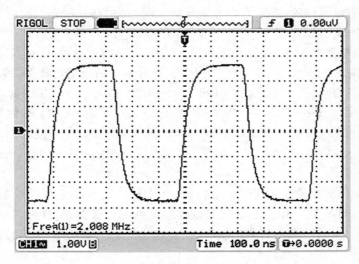

图 10.26　主时钟 f_{MASTER} 信号输出效果

图 10.26 中输出的波形是系统主时钟 f_{MASTER} 的时钟信号,可以看到实际测量频率值为 2.008 MHz,与理想的 2 MHz 是存在偏差的,这个偏差主要来自于片内高速 RC 振荡器 HSI 时钟的偏差,因为 f_{MASTER} 时钟是来源于 f_{HSI} 时钟的 8 分频,从时钟波形上看存在一定的失真,不是理想的方波。

如果此时将程序之中编写的"时钟源输出选择"语句部分进行调整,只执行"CLK_CCOR =0x03"语句,把其他的 14 条语句都注释掉,也就是配置时钟输出寄存器(CLK_CCOR)中的 "CCOSEL[3:0]"这 4 位为"0001",其目的是让 STM8 单片机输出 128 kHz 频率的片内低速 RC 振荡器 f_{LSI} 信号。此时将程序重新编译后下载到单片机中并运行,将 PE0 引脚连接至示波器 CH1 通道观察输出时钟信号波形,如图 10.27 所示。

图 10.27 中输出的波形是片内低速 RC 振荡器 f_{LSI} 信号,可以看到实际测量频率值为 128.9 kHz,与理想的 128 kHz 也是存在偏差的,这个实验也验证了片内时钟的振荡频率(HSI

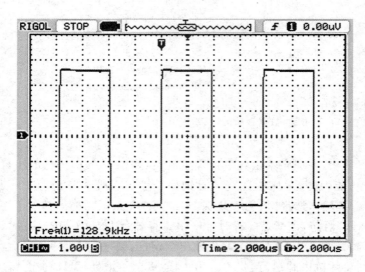

图 10.27　片内低速 RC 振荡器 f_{LSI} 时钟信号输出效果

或者 LSI)都不是绝对精准的,低频的时钟信号与频率较高的时钟信号相比,信号波形上比较"漂亮"接近于理想的方波。

　　读者还可以调整程序中的"时钟源输出选择"语句部分,可以输出 f_{HSE}(高速外部晶体振荡器时钟)、f_{HSI}(高速内部 RC 振荡器时钟)、f_{HSIDIV}(分频后的高速内部 RC 振荡器时钟)、f_{LSI}(低速内部 RC 振荡器时钟)、f_{MASTER}(单片机工作主时钟)以及 f_{CPU}(CPU 时钟),CPU 时钟还支持进一步分频,可以得到 $f_{CPU/2}$(CPU 时钟的 2 分频)、$f_{CPU/4}$(CPU 时钟的 4 分频)$f_{CPU/8}$(CPU 时钟的 8 分频)$f_{CPU/16}$(CPU 时钟的 16 分频)$f_{CPU/32}$(CPU 时钟的 32 分频)、$f_{CPU/64}$(CPU 时钟的 64 分频)等。输出的时钟信号可谓是非常"齐全",灵活多变的配置只需要"简简单单一句话"的配置。

　　读者需要多做实验去验证和理解本章内容,本章所讲是 STM8 单片机的"心脏",在后续各个章节中还会遇到相关知识点,所以要特别注意时钟源的种类、特性和切换方法等,在此基础上理解时钟门控"PCG"、时钟安全"CSS"和时钟输出"CCO"等功能,为后续应用打好基础。

第 11 章

"轻重缓急，有条不紊"
中断控制器配置及应用

章节导读：

　　亲爱的读者,本章将详细介绍 STM8 单片机中断控制器的相关知识和应用。章节共分为 6 个部分,11.1 节主要解释了"中断"机制的含义以及在单片机系统中的作用。11.2 节讲解了 8 个与中断机制有关的名词。11.3 节引入了"临朝治政,百官进言"的例子,将 3 大"不可屏蔽"中断比喻为"皇帝"、"皇后"和"皇太后","文武百官"就是各资源外设所产生的中断,随后讲解了中断指令和中断处理流程。11.4 节主要讲解两种中断管理模式。11.5 节讲解了中断控制器相关寄存器。11.6 节是本章的实践环节,引入了查询法和中断法方式下独立按键的识别做对比,以加深读者对两种方法的理解。本章内容非常重要,章节中所涉及的处理机制会在后续各个章节中得以体现,读者一定要多加练习和体会,用好这一"智能化"的机制。

11.1 何谓中断？意义何在？

新的一章，新的知识！当翻开本章时读者是否从本章的目录和封皮中感受到了小宇老师骨子里的"文艺范儿"？如果感受到了说明读者已经准备好新的学习旅程了，如果没有感受到，请翻到章节页好好地再感受！

每次开篇都会以大家熟知的事例或者生活中的趣例入手，本章也不例外。想象自己一天的生活，是不是感觉"事儿多"？是不是感觉"计划赶不上变化"？其实这个很正常，换一个思维来想，自己就像是"CPU"，生活中的那些琐碎的事情就是"打断"正常进程的源头，人们也会按照琐碎事情的"轻重缓急"去处理事务。正确处理生活中的"突发事件"可以体现人们的决策和灵活，正是因为生活充满变数和未知，才需要人们机智地去面对和处理。

生活中处处都有"中断"，生活中有非常多的中断源，不停的发生各种各样的中断请求，人们忙着处理中断响应，不停的进入中断服务程序，有的时候甚至还出现中断嵌套。当然了，人们也可以"闭门谢客"，这样一来就可以"两耳不闻窗外事"，这也就是中断的屏蔽。

如果读者感觉自己已经变成了个"单片机"了，那感觉就对了。开篇先不急着介绍这些看不懂的名词，先来说说中断是什么，有什么意义。

简单的说，单片机系统中的"中断"就是一种处理机制和过程，是 CPU 在执行程序时，接收到来自硬件或软件的中断请求（自身或外界）而作出的一种反应和一系列动作。CPU 接收中断请求并正确响应，暂停正在执行的程序，保留现场后自动转去处理相应的事件，处理完中断事件后返回断点，继续完成被打断的原程序。

在单片机的领域里，中断机制和中断系统是非常重要的内容。采取中断机制对单片机数据处理和单片机应用上有什么样的具体意义呢？学习这一章不能只为了解知识而来，需要探究中断的知识是出于什么样的目的产生的。笔者认为中断机制对于单片机系统起码有以下 4 点意义：

（1）实现系统实时性要求：在单片机硬件系统和软件系统的运行过程中会不断出现新的状态、新的数据、新的事件和新的任务，这些事件往往要求 CPU 在限定的时间内完成，并得到预期的结果。这就是单片机控制的"实时性"要求，如果单片机使用了中断机制，就能按照任务优先级合理规划，确保实时性要求较高的任务优先完成。

（2）实现处理速度匹配和 CPU 效率最大化：在单片机系统中各资源的工作时钟是有差异的，各资源需要 CPU 处理的事务也不尽相同；比如 CPU 要读写 GPIO 的状态、读写 Flash 中的数据、读写定时计数器的数值、读写串行通信的数据，这些过程中的数据产生和传送速度肯定有快有慢，CPU 就会出现"忙得要命"和"闲的发慌"的情况，如果使用了中断机制，情况就会大大改观。CPU 先快速处理当前任务，当慢速外设准备好后，由中断机制通知 CPU 转去处理外设，实现速度匹配，通过合理的时间安排来保障 CPU 的处理效率最大化。

（3）实现功耗控制：有的读者会想中断机制和系统功耗怎么能有联系呢？其实很简单，非常多的实际系统中 CPU 并不需要连续处理数据，数据的产生和运算事件有可能是间歇性的，这时候可以让单片机进入功耗较低的停机状态或者等待状态，当需要 CPU 进行工作时再由中断将其"唤醒"即可，由于正常运行状态下的功耗与停机或等待状态下的功耗差别很大，所以可以利用中断机制实现不同运行状态的切换，这样一来就可以间接控制系统功耗了。

（4）实现单片机的灵活处理：在整个单片机系统功能构建中，存在非常多的中断源可以影响程序的执行，引入了中断机制后就能实现各中断源请求的灵活处理，让系统能判断"轻重缓急"，从而"有条不紊"地执行各种任务，最终实现单片机控制的智能化。

11.2　"中断"了！咋处理？

了解中断的概念和意义后，本节进行中断知识的入门学习，首先要"扫清名词障碍"，了解中断系统中常见名词的含义以便清楚地理解中断机制的运作过程，下面对中断系统中的 8 个名词逐一解释并掌握其含义。

中断源：凡是能引起中断事件的来源就叫中断源，比如 STM8 单片机中 GPIO 端口的外部中断、定时/计数器溢出中断、EEPROM 读/写操作中断、A/D 转换完成中断等。

中断请求：当中断源发生中断事件的时候，需要向 CPU"汇报"，告知 CPU 中断发生并且请求 CPU 立即采取处理动作，这一事件即为中断请求。

中断响应：当 CPU"获知"中断源的中断请求后转去处理中断的过程就叫做中断响应，该过程会涉及暂停当前的程序进度、保护现场参数、识别和获取中断源信息、跳转到中断入口地址等一系列步骤。

中断服务程序：中断服务程序是执行中断的主体部分，不同的中断请求，有各自不同的中断服务内容，需要根据中断源所要完成的功能，事先编写相应的中断服务子程序，等待中断请求响应后调用执行，这部分的内容主要就是由用户自己编写实现了。

中断优先级：为了让系统能及时响应并处理发生的所有中断，系统根据引起中断事件的重要性和紧迫程度，由硬件或者是软件方法将中断源分为若干个级别，称作中断优先级。在 STM8 单片机的优先级中既有硬件优先级又有软件优先级，还支持用户自定义调整优先级参数，配置非常的灵活。

中断嵌套：如果在中断响应后开始执行中断服务程序，突然这时候又有另外高优先级的中断或者不可屏蔽的中断源发出中断请求，这时候 CPU 就会根据中断事件的"轻重缓急"优先处理高优先级或不可屏蔽的中断请求，这就是所谓的"一波未平一波又起"，也就是中断的嵌套，此时 CPU 会进入高优先级的中断服务程序，执行完毕后，再回到原来被打断的地方接着执行原程序。

中断返回：在执行完中断服务程序后会执行中断返回，CPU 会返回到上一次被"打断"的地方继续执行原程序，在返回断点后进行恢复现场参数，这里的"恢复现场"与中断响应中的"保护现场"是对应的，所谓的"现场"只是程序运行过程中的堆栈指针、缓存变量、函数调用等相关信息，保护现场的作用就是把当前程序执行的环境状态给保存下来，等到中断返回时再"恢复如初"，让原程序继续从被打断的地方运行下去。

中断屏蔽：很多时候希望 CPU"两耳不闻窗外事"，但是中断源又客观存在，怎么处理呢？这时候就可以通过相应寄存器和相应位的配置实现中断请求的"无视"，即对中断请求的屏蔽，在后续的讲解中会涉及到具体的配置与实现。

了解了以上的常见名词后，下面介绍"中断"发生后应该怎么处理？处理流程如图 11.1 所示，图中有很多圆圈标号和箭头。

图 11.1 中共有 3 个中断源，图中横向的箭头代表优先级的高低，优先级最高的是中断源

C,次高是中断源 B、次低是中断源 A、最低是主程序。也就是说优先级高的可以"打断"优先级低的事务。

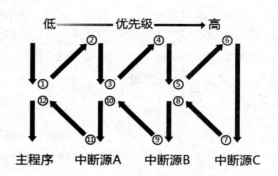

图 11.1　中断机制处理流程

单片机上电运行后开始执行主程序,主程序执行到图中圆圈 1 时及时响应了中断源 A 的中断请求转到圆圈 2(中断源 A 入口)开始执行中断服务程序,执行到圆圈 3 时又被高一级中断源 B"打断"转到圆圈 4(中断源 B 入口)开始执行中断服务程序,执行到圆圈 5 时又被更高一级的中断源 C"打断"跳到圆圈 6(中断源 C 入口)执行中断服务程序,在执行过程中没有出现再一次的"打断"现象,终于顺顺利利执行完毕了中断源 C 的中断服务程序,然后到达圆圈 7,此时发生中断返回,返回到了最近一次的中断源 B 的圆圈 8"打断处",然后继续执行中断源 B 的中断服务程序,执行完毕后到达圆圈 9 又产生中断返回,到达中断源 A 圆圈 10 的"打断处"继续执行中断源 A 的中断服务程序,执行完毕后到达圆圈 11 又产生中断返回,回归到主程序最早被"打断"的地方圆圈 12,这才继续执行主程序。

解释完了中断的处理机制,看着挺累但是原理很简单,无非就是 3 点:

(1) 理解中断优先级:一般情况下优先级高的中断源请求可以打断优先级低的中断源请求。在 STM8 单片机的中断系统中还存在硬件优先级与软件优先级之分,中断源类型可以分为两种,一种是不可屏蔽中断,优先级是最高的,CPU 必须无条件的响应。另一种是可屏蔽中断,一般是片上外设的各类中断源,优先级低于不可屏蔽中断。发生中断请求后 CPU 会按照图 11.2 所示的优先级处理流程进行中断响应和处理。

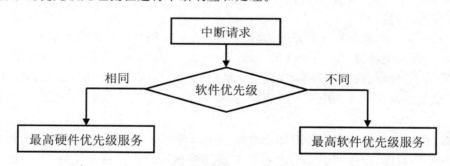

图 11.2　STM8 中断优先级处理流程

看到这里,有不少读者会有疑问,STM8 单片机的硬件优先级是怎么定义的? 什么是软件优先级? 哪种优先级是固定的,哪种优先级可以由用户调整? 下面是一段"宫廷剧"片段。电视里演的"上朝"场景中,除了皇帝、皇后、皇太后会坐在龙椅以外,下面是不是很多"大臣"? 能进"金銮殿"的大臣肯定都不是一般的臣子,大臣们能进殿面圣则"软件优先级"相同,"上朝"开始后一般都是"官儿大"的先说话,然后轮到"芝麻小官儿",这就是"硬件优先级"。说白了,软件优先级和硬件优先级都有用,软件优先级是由软件优先级寄存器(ITC_SPRx)中的相应位进行配置得到,软件优先级不同的时候,就按照软件优先级谁"最高"就先服务谁,如果软件优先级是一样的,那么就看硬件优先级谁高。读者肯定会问,那硬件优先级也一样怎么办? 小宇老师的回答是:"还能不能好好看书了"? 当然,这是玩笑话,有这个疑问很好,其实 STM8 单片机中断向量的地址是固定的,以 STM8S207/208 系列单片机为例,该系列单片机的中断向量位于内存空间的 $(0x008004)_H \sim (0x00807C)_H$ 地址段中,其地址顺序即为硬件的优先级顺序,也就是说硬件优先级是"唯一"的,也是不可能相同的。

(2) 理解中断处理过程:首先接收中断请求,然后保护现场响应中断源请求并且跳转到中断源入口地址处开始执行中断源服务程序,处理完毕后执行中断返回并且恢复现场,再回到原来的"打断处"继续执行原任务。

(3) 理解中断流程后"看透"背后的实际操作:比如:保护现场何时进行? 保护的参数是哪些? 是谁记忆了"断点"的位置? 中断入口地址的含义是什么? 服务程序执行完毕后怎样返回? 使用什么操作去恢复现场? 这些问题就需要后续的学习和体会了。

11.3 "临朝治政,百官进言"中断源及分类

STM8 系列单片机的片上外设资源很多,这就意味着中断源可能很多,如果中断源同时都向 CPU 提出中断请求,CPU 应该如何处理呢? 怎么保证事件处理的"轻重缓急"呢? 这些问题只能是通过深入的学习逐一解决,小宇老师充分发挥自己的"文艺范儿",给大家展示一个"STM8 中断皇朝"的场景,如图 11.3 所示。

图 11.3 "临朝治政,百官进言"中断源

细细品味如图 11.3 的"STM8 中断皇朝","龙椅"之上坐着皇帝、皇后和皇太后,这 3 位可都是"一言九鼎"的主儿,也就是 STM8 单片机中断源类型中的"不可屏蔽中断"。"朝堂"上跪着很多臣子,有"辅政大臣"AWU、有"内阁大臣"CLK、有"外交大臣"UART、有"军机大臣"ADC 等,"文武百官"就是 STM8 单片机中的各种外设中断源,属于中断源类型中的"可屏蔽中断",这些大臣在朝堂之上必须听命于皇帝、皇后和皇太后,也就是说不可屏蔽中断可以"打断"可屏蔽中断,其优先级是"至高无上"的。可屏蔽中断中也有高低之分,其优先级也可以进行更改和配置。

STM8 单片机还具有灵活的优先级管理机制,支持中断嵌套和同级中断管理,多达 4 个软件可编程的嵌套等级,最多支持 32 个中断向量,其中断入口地址是由硬件固定的。在这 32 个中断源中"不可屏蔽中断"有 3 个,即复位中断 RESET(图 11.3 中的"皇帝")、软件中断 TRAP(图 11.3 中的"皇太后")和最高优先级的硬件中断 TLI(图 11.3 中的"皇后"),除了这 3 个,剩下的都是"可屏蔽中断"。

11.3.1 "皇帝、皇后、皇太后"谁敢惹?

本小节介绍 STM8 单片机中断系统中的 3 个"不可屏蔽中断",不可屏蔽中断是 STM8 单片机中断源类型中的一种,所谓的"不可屏蔽"就是没有人能"忽略它",当该中断发生时 CPU 必须响应,无条件的执行和跳转,优先级是最高级的,这 3 个中断源是不受 STM8 单片机专用汇编指令"RIM"或"SIM"控制的。不可屏蔽中断也不会考虑 CPU 条件代码寄存器(CCR)中"I1"位和"I0"位的状态,仅当软件中断 TRAP 中断发生的时候会将程序计数器 PC、索引寄存器 X、索引寄存器 Y、累加器 A 和 CPU 条件代码寄存器(CCR)中的内容进行压入堆栈操作(现场保护)。

在这 3 个不可屏蔽中断源中优先级最高的是 RESET 中断源,如果当软件中断 TRAP 和最高等级外部中断 TLI 同时发生的时候,CPU 会先响应 TRAP 中断源请求,也就是说,"皇后"和"皇太后"同时提出请求的时候,会"尊老为先"首先处理"皇太后"的请求。

RESET 复位中断源就是"皇帝",复位中断是 STM8 单片机软件和硬件中断的最高优先级,也就是"至尊"型中断源。单片机上电复位后,片上所有的中断源都会被禁止,此时不能响应其他中断请求,上电后单片机从主函数开始执行程序代码,如果系统中需要单片机响应中断请求,就必须先"开启"中断使能,必须将主函数的优先级降到最低,中断请求才能"打断"主函数的执行,这一操作就要用到 STM8 单片机专用汇编指令"RIM",这个指令在实践环节中会使用到。复位中断可以将 CPU 从停机(Halt)模式下退出,关于停机模式的知识会在本书第 14 章做具体的说明,此处可以稍加记忆。

能够引起系统复位的事件不止一种,系统可以通过置低 NRST 引脚(持续 500 ns 以上)的方式、上电复位 POR 方式、断电复位 BOR 方式、独立看门狗 IWDG 方式、窗口看门狗 WWDG 方式、软件复位方式、SWIM 复位方式、非法操作码复位方式和 EMC 复位方式等 9 种途径让系统复位。

最高等级的外部中断 TLI 中断源就是"皇后",在特定的 TLI 引脚上出现中断信号时将产生硬件中断,在 TLI 中断服务子程序中禁止使用软件中断 TRAP 指令,这是因为 TLI 和 TRAP 都是同级优先级的,并且都是不可屏蔽中断,所以不允许嵌套,就好比"皇后命令皇太后做某事儿"，这确实不妥。

软件中断 TRAP 就是"皇太后"，TRAP 其实是 STM8 单片机中的一个专用汇编指令，当执行"TRAP"指令时，CPU 就响应软件中断，TRAP 中断不能使处理器从停机（Halt）模式下退出。

11.3.2 "文武百官"挨个来

很明显，"文武百官"就是 STM8 单片机中的"可屏蔽中断"源，如果要 CPU 正确响应并执该类中断就必须符合如下的两个条件：

条件 1：相应可屏蔽中断源的中断资源必须是"使能"状态，意思就是说要先启用该类资源的中断功能。

条件 2：可屏蔽中断源的软件优先级一定要比当前正在执行的中断优先级高，这就要看具体的可屏蔽中断源在软件优先级寄存器（ITC_SPRx）中的配置情况了。

如果以上的 2 个条件中的任何一个不满足，则该中断会被锁存并保持在等待状态，推迟中断响应和执行服务程序。STM8 单片机的可屏蔽中断也有两种，一种是外部中断，另一种是外设中断。

先介绍外部中断，回忆第 4 章所讲解的 GPIO 知识，STM8 单片机所有的 GPIO 引脚都具有外部中断能力，当配置 GPIO 端口为输入模式时，向控制寄存器 2（Px_CR2）中写入"1"就可以使能 GPIO 外部中断功能，在中断系统中有不同的中断向量号和中断向量地址对应不同的端口组。

外部中断可以用来把 MCU 从停机（Halt）模式或者活跃停机（Active Halt）模式下唤醒，外部中断触发方式可以通过配置外部中断控制寄存器 1（EXTI_CR1）和外部中断控制寄存器 2（EXTI_CR2）的相应位来实现。

以 STM8S207/208 系列单片机为例，该系列单片机就专门分配了 5 个外部中断向量与 GPIO 中断事件一一对应，这 5 个外部中断向量和对应的端口组分别是：

外部中断向量"EXTI0"管理 GPIO 端口 A 的 5 个引脚：PA[6:2]；

外部中断向量"EXTI1"管理 GPIO 端口 B 的 8 个引脚：PB[7:0]；

外部中断向量"EXTI2"管理 GPIO 端口 C 的 8 个引脚：PC[7:0]；

外部中断向量"EXTI3"管理 GPIO 端口 D 的 7 个引脚：PD[6:0]；

外部中断向量"EXTI4"管理 GPIO 端口 E 的 8 个引脚：PE[7:0]。

读者看到这里是否觉得"怪怪的"？感觉外部中断向量对应的引脚分配有点"不对劲儿"，第 1 个"不对劲儿"是 GPIO 端口 A 为什么是"PA[6:2]"，少了 3 个脚呢？这是因为 PA0 引脚和 PA7 引脚在 STM8S 系列中不存在，而 PA1 引脚因为"身份特殊"也不在管理之中。PA1 引脚完整的端口描述为"PA1/OSCIN"，这个引脚可作为外部时钟的输入引脚，所以一般不用做 GPIO 外部中断引脚使用。

第 2 个"不对劲儿"是 GPIO 端口 D 为什么是"PD[6:0]"，少了 1 个引脚呢？这是因为 PD7 引脚在所有外部中断输入引脚中最为"特殊"，它是外部中断最高优先级中断源 TLI 的输入引脚，这个引脚如果发生中断，所对应的中断向量并不是"EXTI3"而是"TLI"，其中断向量号为"0"，可以看得出 PD7 引脚是 PD 端口中"深藏不露"的一个"不可屏蔽中断源输入引脚"，需要特别说明的是 STM8 单片机的封装形式很多,引脚数量也有多有少,不同型号的单片机差别很大,外部中断最高优先级中断源 TLI 引脚也不一定总是 PD7,所以读者一定要以对应芯片的芯片数据手册为准。

需要特别注意的是,如果一个端口组的多个 GPIO 引脚都被配置为中断输入的时候,比如说 PC 端口组的 PC0～PC7 引脚全部都开启外部中断功能,这时的外部中断向量"EXTI2"就同时对应 8 个 GPIO 引脚,引脚与外部中断的关系是"逻辑或"的关系。也就是说 PC0～PC7 这 8 个引脚中的任何一个引脚出现电平触发信号时都会导致整个 PC 端口组的中断。当 GPIO 引脚上的电平触发信号保持到中断服务程序执行结束的时候还依然存在,那么该电平信号将再次触发中断,这时候可以在中断服务程序中暂时禁用该中断触发,以避免中断请求的重复产生。

接下来再介绍外设中断。STM8 单片机片上外设资源种类很多,与外设相关的寄存器中一般都具有"某某外设控制寄存器"和"某某外设状态寄存器",若使能了外设控制寄存器中的"中断使能位",当外设状态寄存器中的"中断标志位"被置"1"时将会产生一个外设中断请求。此时 CPU 就可以响应该中断请求并且跳转到中断入口地址,然后执行该中断源的中断服务程序。

11.3.3 "圣旨到!"STM8 中断指令

STM8 系列单片机有一些专用的中断指令,这些中断指令对中断流程控制来说非常重要,就好比是皇帝颁发的"圣旨"。假设笔者身处古代,突然接到了圣旨,"今提升小宇老师为内阁大学士",那我就升官了,"来啊! 把小宇老师拖出去斩!",那本书就没有后面的章节了。这些指令的使用会对 CPU 的工作状态和优先级配置产生影响,等到皇上"圣旨"一发,单片机内部程序就要立刻执行这些指令,调整 CPU 条件代码寄存器(CCR)中的相应位。读者可以大概了解一下这些指令,会加深对中断处理流程的理解,具体的专用中断指令如表 11.1 所示。

表 11.1 STM8 单片机专用中断指令表

指令	描述	功能/例子	CPU 条件代码寄存器位					
			I1	H	I0	N	Z	C
HALT	进入 HALT 停机模式		1		0			
IRET	中断程序返回	POP CCR、A、X、Y、PC	I1	H	I0	N	Z	C
JRM	若优先级为 3 则跳转	I1 和 I0 等于"11"?						
JRNM	若优先级不为 3 则跳转	I1 和 I0 不等于"11"?						
POP CCR	CCR 出栈	恢复 CCR 参数,恢复现场	I1	H	I0	N	Z	C
PUSH CCR	CCR 入栈	暂存 CCR 参数,保护现场						
RIM	使能中断(0 级设置)	配置 I1="1",I0="0"	1		0			
SIM	禁止中断(3 级设置)	配置 I1="1",I0="1"	1		1			
TRAP	软件中断	不可屏蔽中断	1		1			
WFI	进入 Wait 等待模式		0		0			

11.3.4   "STM8 中断皇朝"游戏攻略

在庞大的"STM8 中断皇朝"里肯定存在一套游戏攻略，中断的处理必须按照一定的"游戏规则"去执行，这样既确保 CPU 对中断请求的正确响应，又能按照中断源优先级进行"有条不紊"的处理，STM8 单片机中断处理流程如图 11.4 所示。

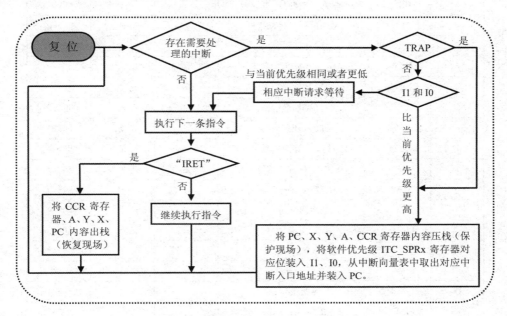

图 11.4   STM8 单片机中断处理流程

从图 11.4 中可以观察到在单片机复位后首先判断是否存在中断请求需要处理，如果是存在中断请求，那么就继续判断这个请求是不是软件中断 TRAP 请求。如果是软件中断 TRAP请求就直接响应；如果不是，就判断这个中断的优先级，如果是发生了中断的嵌套，就先响应优先级高的，让优先级低的进入等待状态，延后响应，响应中断时需要进行保护现场操作。如果处理完了中断服务程序，则产生中断返回 IRET，回到"断点"处进行恢复现场操作并且继续执行原程序。

认真理解图 11.4 后，中断的处理就显得非常的简单，当一个中断请求被响应时会将程序计数器 PC、索引寄存器 X、索引寄存器 Y、累加器 A 和 CPU 条件代码寄存器（CCR）中的内容自动压入堆栈，这一步就是"保护现场"，也就是对"打断"程序时的状态"记忆"，通过中断向量载入中断服务程序的入口地址，接着对中断服务程序的第一条指令进行取址操作并执行，执行完毕后产生中断返回，并且恢复现场，"回忆"起当初被"打断"的地方，继续执行原程序。

知道了"游戏规则"就知道怎么"玩儿"了，下面为大家奉上 STM8S207/208 系列单片机中断源及向量一览表，如表 12.2 所示。表中按照硬件向量地址（硬件优先级）排列了STM8S207/208 系列单片机中的各种中断源，并且对中断源进行了简要描述，读者可以稍加记忆。

表 11.2 STM8S207/208 系列单片机中断源及向量一览表

中断向量	中断源	中断描述	从停机模式唤醒	从活跃停机模式唤醒	向量地址
	RESET	单片机复位(不可屏蔽)	是	是	$(8000)_H$
	TRAP	软件中断(不可屏蔽)	—	—	$(8004)_H$
0	TLI	外部最高级中断(不可屏蔽)	—	—	$(8008)_H$
1	AWU	自动唤醒停机模式中断	—	是	$(800C)_H$
2	CLK	时钟控制器	—	—	$(8010)_H$
3	EXTI0	端口 A 外部中断	是	是	$(8014)_H$
4	EXTI1	端口 B 外部中断	是	是	$(8018)_H$
5	EXTI2	端口 C 外部中断	是	是	$(801C)_H$
6	EXTI3	端口 D 外部中断	是	是	$(8020)_H$
7	EXTI4	端口 E 外部中断	是	是	$(8024)_H$
8	beCAN	beCAN RX 中断	是	是	$(8028)_H$
9	beCAN	beCAN TX/ER/SC 中断	—	—	$(802C)_H$
10	SPI	发送完成	是	是	$(8030)_H$
11	TIM1	更新/上溢出/下溢出/触发/刹车	—	—	$(8034)_H$
12	TIM1	捕获/比较	—	—	$(8038)_H$
13	TIM2	更新/上溢出	—	—	$(803C)_H$
14	TIM2	捕获/比较	—	—	$(8040)_H$
15	TIM3	更新/上溢出	—	—	$(8044)_H$
16	TIM3	捕获/比较	—	—	$(8048)_H$
17	UART1	发送完成中断	—	—	$(804C)_H$
18	UART1	接收寄存器满	—	—	$(8050)_H$
19	I^2C	I^2C 中断	是	是	$(8054)_H$
20	UART3	发送完成中断	—	—	$(8058)_H$
21	UART3	接收寄存器满	—	—	$(805C)_H$
22	ADC2	转换结束	—	—	$(8060)_H$
23	TIM4	更新/上溢出	—	—	$(8064)_H$
24	Flash	编程结束/禁止编程	—	—	$(8068)_H$
25~29		25~29 中断向量号保留,没有定义			$(806C)_H$ ~$(807C)_H$

从表 11.2 可以看到 STM8S207/208 系列单片机可支持 32 个中断源,中断服务程序的入口地址称为中断向量,中断向量放在内存空间的$(0x008000)_H$~$(0x00807C)_H$ 地址段中,每个中断向量占用 4 个字节,也就是 4 * 32 共计 128 个字节。其向量号排列顺序即为硬件的优先级顺序,也就是说硬件优先级是"唯一"的,也是不可能相同的。

观察表 11.2 还可以发现复位中断源 RESET 和软件中断源 TRAP 是没有中断向量号的,这是因为这两个中断源的优先级默认是最高的,所以在软件优先级寄存器(ITC_SPRx)中也没有与之相应的功能位,但是软件优先级寄存器 1(ITC_SPR1)中的"VECT0SPR[1:0]"位是留给最高等级的外部中断源 TLI 的,所以 TLI 中断源就有向量号为"0"的中断向量。

表 11.2 中的中断向量号"25"~"29"是系统保留的,也就是说,该段中断向量并没有实际对应的中断源,所以软件优先级寄存器 7(ITC_SPR7)中的"VECT25SPR[1:0]"、"VECT26SPR[1:0]"和"VECT27SPR[1:0]"这 6 个位,还有软件优先级寄存器 8(ITC_SPR8)中的"VECT28SPR[1:0]"和"VECT29SPR[1:0]"这 4 个位,总共 10 个位是没有意义的。特别需要注意的是软件优先级寄存器 8(ITC_SPR8)中的高 4 位是由硬件强制置"1"的,读者在后续配置中必须要注意。

表 11.2 中的内容对于编程者来说有什么作用呢? 这个作用非常大,用户可以根据表 11.2 中的内容配置各中断源的中断入口地址,构造各中断源的中断服务函数。以 IAR For STM8 开发环境为例,利用 C 语言编写 STM8S207/208 系列单片机常用中断源的中断服务函数如下:

```
/ ************************ 中断函数区域 ************************/
# pragma vector = 0x01                          //软件中断(不可屏蔽)
__interrupt void TRAP_IRQHandler(void)
{//此处添加用户编写的中断服务程序内容}
# pragma vector = 0x02                          //外部最高级中断(不可屏蔽)
__interrupt void TLI_IRQHandler(void)
{//此处添加用户编写的中断服务程序内容}
# pragma vector = 0x03                          //自动唤醒停机模式中断
__interrupt void AWU_IRQHandler(void)
{//此处添加用户编写的中断服务程序内容}
# pragma vector = 0x04                          //时钟控制器
__interrupt void CLK_IRQHandler(void)
{//此处添加用户编写的中断服务程序内容}
# pragma vector = 0x05                          //端口 A 外部中断
__interrupt void EXTI_PORTA_IRQHandler(void)
{//此处添加用户编写的中断服务程序内容}
# pragma vector = 0x06                          //端口 B 外部中断
__interrupt void EXTI_PORTB_IRQHandler(void)
{//此处添加用户编写的中断服务程序内容}
# pragma vector = 0x07                          //端口 C 外部中断
__interrupt void EXTI_PORTC_IRQHandler(void)
{//此处添加用户编写的中断服务程序内容}
# pragma vector = 0x08                          //端口 D 外部中断
__interrupt void EXTI_PORTD_IRQHandler(void)
{//此处添加用户编写的中断服务程序内容}
# pragma vector = 0x09                          //端口 E 外部中断
__interrupt void EXTI_PORTE_IRQHandler(void)
{//此处添加用户编写的中断服务程序内容}
# pragma vector = 0x0C
__interrupt void SPI_IRQHandler(void)           //SPI 发送完成
{//此处添加用户编写的中断服务程序内容}
```

```
# pragma vector = 0x0D                                      //TIM1 更新/上溢出/下溢出/触发/刹车
__interrupt void TIM1_UPD_OVF_TRG_BRK_IRQHandler(void)
{//此处添加用户编写的中断服务程序内容}
# pragma vector = 0x0E                                      //TIM1 捕获/比较
__interrupt void TIM1_CAP_COM_IRQHandler(void)
{//此处添加用户编写的中断服务程序内容}
# pragma vector = 0x0F                                      //TIM2 更新/上溢出
__interrupt void TIM2_UPD_OVF_BRK_IRQHandler(void)
{//此处添加用户编写的中断服务程序内容}
# pragma vector = 0x10                                      //TIM2 捕获/比较
__interrupt void TIM2_CAP_COM_IRQHandler(void)
{//此处添加用户编写的中断服务程序内容}
# pragma vector = 0x11                                      //TIM3 更新/上溢出
__interrupt void TIM3_UPD_OVF_BRK_IRQHandler(void)
{//此处添加用户编写的中断服务程序内容}
# pragma vector = 0x12                                      //TIM3 捕获/比较
__interrupt void TIM3_CAP_COM_IRQHandler(void)
{//此处添加用户编写的中断服务程序内容}
# pragma vector = 0x13                                      //UART1 发送完成中断
__interrupt void UART1_TX_IRQHandler(void)
{//此处添加用户编写的中断服务程序内容}
# pragma vector = 0x14                                      //UART1 接收寄存器满
__interrupt void UART1_RX_IRQHandler(void)
{//此处添加用户编写的中断服务程序内容}
# pragma vector = 0x15                                      //I²C 中断
__interrupt void I2C_IRQHandler(void)
{//此处添加用户编写的中断服务程序内容}
# pragma vector = 0x16                                      //UART3 发送完成中断
__interrupt void UART3_TX_IRQHandler(void)
{//此处添加用户编写的中断服务程序内容}
# pragma vector = 0x17                                      //UART3 接收寄存器满
__interrupt void UART3_RX_IRQHandler(void)
{//此处添加用户编写的中断服务程序内容}
# pragma vector = 0x18                                      //ADC2 转换结束
__interrupt void ADC2_IRQHandler(void)
{//此处添加用户编写的中断服务程序内容}
# pragma vector = 0x19                                      //TIM4 更新/上溢出
__interrupt void TIM4_UPD_OVF_IRQHandler(void)
{//此处添加用户编写的中断服务程序内容}
# pragma vector = 0x1A                                      //编程结束/禁止编程
__interrupt void EEPROM_EEC_IRQHandler(void)
{//此处添加用户编写的中断服务程序内容}
/ ****************************************************************/
```

接下来对编写的中断服务函数进行详细的讲解,让读者掌握 IAR 环境下的中断服务函数编写方法。在 IAR 开发环境中,标准的中断服务函数定义"模板"如下:

```
#pragma vector=中断向量号
__interrupt void 自定义中断服务函数名(void)
{
    //此处添加用户编写的中断服务程序内容
}
```

"#pragma vector=中断向量号"这条语句给中断服务函数指明中断入口。用关键字"_interrupt"来修饰这个函数,表示函数的类型是中断服务函数。在 IAR 编译器里用关键字"_interrupt"来定义一个中断函数,用"#pragma vector"来提供中断函数的入口地址,当中断发生时,就能根据填入的函数首地址自动跳转到中断服务函数。

细心的读者可能会问,"#pragma vector"后面所赋值的中断向量号和表 11.2 中的向量号并不是一一对应的,这是什么原因呢? 这是因为表 11.2 所示的中断向量地址从(0x00800)ₕ 开始,但是在 IAR 环境中的中断向量编号是从"0"开始的。中断向量号是按照中断地址依次递增的。如:复位中断向量地址是(0x008000)ₕ,在 IAR 环境中对应复位中断向量号是(0x00)ₕ,软件中断 TRAP 的中断地址是(0x008004)ₕ,在 IAR 环境中对应软件中断向量号是(0x01)ₕ,后面的中断源向量号也是按照这个方法以此类推。

看到这里,是不是觉得很"神奇"? 用户只需要用"#pragma vector=中断向量号"这条语句就可以赋值中断向量了,比如赋值一个(0x03)ₕ 就表示自动唤醒单元 AWU 的中断向量了。那么,IAR 编译器又是怎么通过赋值的向量号找到对应中断源的呢? 要弄明白这个问题就需要打开 IAR 环境下对应型号的单片机头文件进行查看,以 STM8S208MB 这款单片机为例,查阅该单片机在 IAR 环境下的头文件"iostm8s208mb.h",发现头文件中含有定义中断向量号的语句,相关定义语句如下:

```
/*------------------------------------------------------------
*       Interrupt vector numbers
*------------------------------------------------------------ */
#define      AWU_vector                    0x03
#define      CLK_CSS_vector                0x04
#define      CLK_SWITCH_vector             0x04
#define      beCAN_FMP_vector              0x0A
#define      beCAN_FULL_vector             0x0A
#define      beCAN_FOVR_vector             0x0A
#define      beCAN_EWGF_vector             0x0B
#define      beCAN_EPVF_vector             0x0B
#define      beCAN_BOFF_vector             0x0B
#define      beCAN_LEC0_vector             0x0B
#define      beCAN_LEC1_vector             0x0B
#define      beCAN_LEC2_vector             0x0B
#define      beCAN_RQCP0_vector            0x0B
#define      beCAN_RQCP1_vector            0x0B
#define      beCAN_RQCP2_vector            0x0B
#define      beCAN_WKUI_vector             0x0B
#define      SPI_TXE_vector                0x0C
#define      SPI_RXNE_vector               0x0C
```

```
# define    SPI_WKUP_vector              0x0C
# define    SPI_MODF_vector              0x0C
# define    SPI_OVR_vector               0x0C
# define    SPI_CRCERR_vector            0x0C
# define    TIM1_OVR_UIF_vector          0x0D
# define    TIM1_CAPCOM_BIF_vector       0x0D
# define    TIM1_CAPCOM_TIF_vector       0x0D
# define    TIM1_CAPCOM_CC1IF_vector     0x0E
# define    TIM1_CAPCOM_CC2IF_vector     0x0E
# define    TIM1_CAPCOM_CC3IF_vector     0x0E
# define    TIM1_CAPCOM_CC4IF_vector     0x0E
# define    TIM1_CAPCOM_COMIF_vector     0x0E
# define    TIM2_OVR_UIF_vector          0x0F
# define    TIM2_CAPCOM_TIF_vector       0x10
# define    TIM2_CAPCOM_CC1IF_vector     0x10
# define    TIM2_CAPCOM_CC2IF_vector     0x10
# define    TIM2_CAPCOM_CC3IF_vector     0x10
# define    TIM3_OVR_UIF_vector          0x11
# define    TIM3_CAPCOM_TIF_vector       0x12
# define    TIM3_CAPCOM_CC1IF_vector     0x12
# define    TIM3_CAPCOM_CC2IF_vector     0x12
# define    TIM3_CAPCOM_CC3IF_vector     0x12
# define    UART1_T_TXE_vector           0x13
# define    UART1_T_TC_vector            0x13
# define    UART1_R_RXNE_vector          0x14
# define    UART1_R_OR_vector            0x14
# define    UART1_R_IDLE_vector          0x14
# define    UART1_R_PE_vector            0x14
# define    UART1_R_LBDF_vector          0x14
# define    I2C_SB_vector                0x15
# define    I2C_ADDR_vector              0x15
# define    I2C_ADD10_vector             0x15
# define    I2C_STOPF_vector             0x15
# define    I2C_BTF_vector               0x15
# define    I2C_WUFH_vector              0x15
# define    I2C_RXNE_vector              0x15
# define    I2C_TXE_vector               0x15
# define    I2C_BERR_vector              0x15
# define    I2C_ARLO_vector              0x15
# define    I2C_AF_vector                0x15
# define    I2C_OVR_vector               0x15
# define    UART3_T_TXE_vector           0x16
# define    UART3_T_TC_vector            0x16
# define    UART3_R_RXNE_vector          0x17
# define    UART3_R_OR_vector            0x17
# define    UART3_R_IDLE_vector          0x17
```

```
#define        UART3_R_PE_vector                    0x17
#define        UART3_R_LBDF_vector                  0x17
#define        UART3_R_LHDF_vector                  0x17
#define        ADC2_AWDG_vector                     0x18
#define        ADC2_EOC_vector                      0x18
#define        TIM4_OVR_UIF_vector                  0x19
#define        FLASH_EOP_vector                     0x1A
#define        FLASH_WR_PG_DIS_vector               0x1A
```

看到这里才恍然大悟，原来 IAR 环境下的头文件中已经将中断向量与赋值的中断向量号进行了关系对应。以自动唤醒中断源 AWU 的中断服务函数为例，可以将其写成两种形式，第一种形式是用"♯pragma vector＝中断向量号"的形式，利用 C 语言编写的具体实现如下：

```
#pragma vector = 0x03                      //自动唤醒停机模式中断
__interrupt void AWU_IRQHandler(void)
{//此处添加用户编写的中断服务程序内容}
```

第二种形式是用 IAR 环境中编写的"中断向量名称"，"♯pragma vector＝中断向量名称"的形式，利用 C 语言编写的具体实现如下：

```
#pragma vector = AWU_vector                //自动唤醒停机模式中断
__interrupt void AWU_IRQHandler(void)
{//此处添加用户编写的中断服务程序内容}
```

这两种写法都是可以的，读者可以根据自己的编程习惯去选择，中断函数名称"AWU_IRQHandler"是自定义的，用户可以进行修改，需要注意的是，中断服务函数会自动保护局部变量，但不会保护全局变量。

中断服务函数的书写方法务必要掌握，在后续的很多章节中都会用到，需要说明的是，IAR 环境下的单片机头文件中有关中断向量号定义的部分会随着型号的不同而有所差异，这是因为 STM8 各系列单片机片上资源配置不一定相同，所以读者需要按照具体的型号查阅对应的芯片数据手册。

11.4　中断管理模式

再一次回到宫廷剧、古代片，小宇老师觉得古时候的上朝很有意思，有的时候在朝堂之上大臣们一个接一个的进言，不抢不争，一团和气。比如这样的对话："微臣有本请奏"，"张爱卿请讲"，"微臣也有本启奏陛下"，"好！朱爱卿请讲"。这种时候大家有条不紊，一般都是比较"和气"的朝政。当然了，也有"红脸"的时候，可能臣子们都为了一个问题起了争执，"李爱卿说此事当从长计议"，"谢爱卿说此事当刻不容缓"。不管是"和气"的还是"红脸"议事局面，等臣子们说完了以后，太监总管站出来吼一嗓子"退朝"，大臣们也就纷纷散去了。

在"STM8 中断皇朝"里也会出现这样的情况，对于这样的情况就要看单片机的中断机制采用的是什么样的管理方法，STM8 单片机中有两种中断管理模式，一种是非嵌套模式，也就是软件优先级相同的情况，还有一种是嵌套模式，也就的是软件优先级不同的情况。当然了，不管是哪种模式，硬件优先级肯定都是不同且唯一的，硬件优先级的高低排列一定是遵循中断向量来排序的,接下来联系实际情况深入理解并体会两种模式下的中断处理方法。

11.4.1 非嵌套模式"微臣有本请奏"

在一般时候的上朝会议中,大臣们有的有急事儿,就先站出来说,因为大家都在这金銮殿里,所以大家都有"话语权",从"软件优先级"角度上看,大家都是一样的,都是皇帝的臣子。等第一个大人说完话,再轮到第二个大人,一个接一个的说,不争不抢很和气。如果当第一个大人说完后,这时候突然有 3 个臣子都想说,分别是"皇太子"、"辅政大臣"、"工部尚书",这下 3 个人就"撞一起了",怎么办呢? 稍加分析,就能知道,这种情况下肯定是让皇太子先说,然后再是辅政大臣,最后轮到工部尚书。为什么呢? 虽然软件优先级大家都一样,但是还有"硬件优先级"要考虑,不能乱了"尊卑",尚书大人或者辅政大臣也不能抢在太子前面先说话,这样一来皇太子多没"面子"。这种情况就是"非嵌套模式",即软件优先级相同,重点看硬件优先级的情况。

在这种模式下,除了"不可屏蔽中断源"TLI、RESET 或 TRAP 之外,所有中断的软件优先级都是 3 级,要在这种情况下处理中断请求,主要看硬件中断优先级谁高谁低,优先级及响应处理示例如图 11.5 所示。

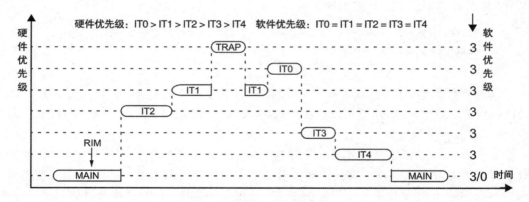

图 11.5 非嵌套模式下的中断处理示例

图 11.5 中一共有 7 个"角色",有主程序 main、中断源 IT0、IT1、IT2、IT3、IT4 和软件中断 TRAP。在系统上电后,相当于是开始"上朝"了,"main"是单片机的主程序,程序需要在 main 函数中执行专用汇编指令"RIM"之后才能接收可屏蔽中断源的中断请求,"RIM"指令执行之后相当于是"使能中断"功能,其原理是把 main 程序的优先级由 3 级降低至 0 级(配置 CPU 条件代码寄存器(CCR)中的"I1"位为"1","I0"位为"0"),"RIM"指令的执行非常有必要,相当于太监总管站出来吼一嗓子"有事启奏,无事退朝"! 正是因为这个语句,这个"早朝"才能开始,大臣们才敢说话。

"早朝"开始后,IT2 先说话,这时候大家要"保持沉默",认真听完。随后 IT1 开始说话,不巧的是正当 IT1 在说话时"皇太后"TRAP 也有话说,这时候 IT1"摸摸脑袋"一想,这"皇太后"想说话,我一个臣子还能拦得住吗? 那 IT1 就只能是等"皇太后"先说完再继续说话。"皇太后"说完话以后,IT1 继续说话。IT1 刚一说完,突然有 3 个"大臣"都想说话,分别是:IT0、IT3、和 IT4,这时候 3 个中断源请求就"撞一起了",怎么办呢? 比较它们 3 个的"硬件优先级",按照硬件优先级的高低先执行 IT0,然后是 IT3,最后再轮到 IT4。等到大臣们都说完话了,太监总管站出来吼一嗓子"退朝",这"早朝"就可以结束了,太监总管说的这声"退朝"就是 main 函数的末尾。

11.4.2 　嵌套模式"大人此言差矣"

　　有的时候"上朝"是专门要讨论解决某一问题的,比如皇帝想要确立太子人选,征求群臣意见,这时候群臣的意见自然会有不同。朝堂之上就会出现这样的言论:"我认为大皇子可立为太子","大人此言差矣,三皇子更适合立为太子"! 这时候在"文武百官"中的"软件优先级"也会发生变化,有的大臣和皇子亲近,那自然会偏袒,"软件优先级"就高。有的大臣和皇子没有什么关系,就按照皇子的"综合评价"来提建议,"软件优先级"就低。

　　除了这软件优先级的不一致以外,还得说到硬件优先级的问题,有的大臣虽说是和皇子沾亲,但是自己的位卑职小,害怕自己说的话不一定比得上朝中重臣或者权臣的分量。

　　所以,在这种模式下"皇帝"应该怎么办呢?"软件优先级"和"硬件优先级"都要考虑,这时的"皇帝"其实更看重的是软件优先级,因为皇帝认为"亲近"的大臣更了解皇子,就更有话语权,当然了,如果两个大臣都和皇子"亲近"(软件优先级一致),这时候皇帝又会考虑他们两个人的职位高低(硬件优先级),决定谁的话更有分量一些。

　　在该模式下,软件优先级不能同时为 3 级,也就是说所有的中断请求中至少有一个软件优先级低于 3 级的,这才能体现出软件优先级的不一致,该模式下优先级及响应处理示例如图 11.6 所示。

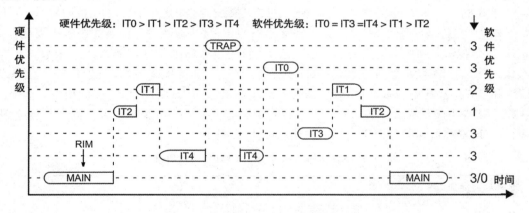

图 11.6　嵌套模式下的中断处理示例

　　在图 11.6 中也有 7 个"角色",还是主程序 main、中断源 IT0、IT1、IT2、IT3、IT4 和软件中断 TRAP 这 7 个"老演员"。与非嵌套模式不同的是中断源 IT0、IT1、IT2、IT3、IT4 的软件优先级不再相同,IT0、IT3、IT4 的软件优先级都为最高 3 级,TI1 为 2 级,IT2 为最低 1 级。但是它们的硬件优先级是 IT0>IT1>IT2>IT3>IT4 关系。在系统上电后,程序执行"RIM"指令把 main 程序的优先级由 3 级降低至 0 级(配置 CPU 条件代码寄存器(CCR)中的"I1"位为"1","I0"位为"0")。

　　然后开始正式"早朝",首先是 IT2 中断源提出请求被 CPU 响应,IT2 开始说话(开始执行 IT2 中断服务程序),突然间 IT1 站出来说"此言差矣"! 因为 IT1 软件优先级比 IT2 要高,所以 IT1 就不顾 IT2 的感受开始说话了,刚一说话没多会儿,IT4 又说"一派胡言"! 因为软件优先级 IT4＞IT1＞IT2，所以只能是由它说吧！IT4 正说得起劲儿，皇太后 TRAP 说话了"这个，那啥，同志们，我插一句啊"！突然间，朝堂上鸦雀无声，大家在想，皇太后都说话了，谁敢接茬，没人敢打断皇太后说话，只能由皇太后 TRAP 说完。

随后 IT4 再说，IT4 终于讲完了，眼看就应该是 IT1 接着说了吧！可谁料到 IT0 和 IT3 也想说，这时候 IT0、IT1 和 IT3 这 3 个中断源请求就"撞上了"，因为软件优先级 IT0＝IT3＞IT1，那接下来的时间里肯定轮不到 IT1 说话了。这时候就该看 IT0 和 IT3 的"硬件优先级"了，很明显，硬件优先级 IT0＞IT3，所以 IT0 先说，然后 IT3 再说。IT3 也说完了，IT1 才"委屈"地接着说"我容易吗我"？等 IT1 终于说完了，这时候 IT2 已经是"老泪纵横"了，IT2 抹一抹眼泪说"我等到花儿都谢了"，等到 IT2 也说完后。这次"早朝"才算是结束了。

11.5　中断功能相关寄存器详解

终于到了向"实践"迈步的第一个阶段，了解和熟悉中断机制有关的寄存器及相关功能配置。想要学习这些寄存器应该建立在熟悉中断的基础知识之上，与中断功能有关的寄存器一共有 4 个，难度都很低，只要看懂功能位含义就很容易使用。

11.5.1　CPU 条件代码寄存器 CCR

首先要介绍的是 CPU 条件代码寄存器（CCR），"在哪里？在哪里见过你"？是在介绍 STM8 单片机专用中断指令的表 11.1 中"见过"CCR 寄存器的"样子"。使用"RIM"等专用汇编指令时，其实就是操作和改变了 CCR 寄存器中的相应位，导致程序的优先级发生变化。

CCR 寄存器是一个 8 位寄存器，用于指示执行的指令结果及处理器当前的状态。其中包含有溢出标志位"V"、负数标志位"N"、零标志位"Z"、半进位标志位"H"、进位标志位"C"及"I1"位和"I0"位。在中断章节中，读者需要重点了解和掌握"I1"位和"I0"位的配置，这两个位就决定了软件中断优先级配置，CCR 寄存器中其他位的含义及功能配置可由读者自行学习和理解。CCR 寄存器相关位定义及功能说明如表 11.3 所示。

表 11.3　STM8 单片机 CCR　CPU 条件代码寄存器

■ CPU 条件代码寄存器（CCR）							
位　数	位 7	位 6	位 5	位 4	位 3	位 2	位 1	位 0
位名称	V	保留	I1	H	I0	N	Z	C
复位值	0	0	1	0	1	0	0	0
操　作	r	r	rw	r	rw	r	r	r
位　名	位含义及参数说明							
V 位 7	● 溢出标志位 在有符号数的算术运算中，如果结果的最高位有溢出情况发生，则该位被置"1"							

续表 11.3

保留 位 6	● 保留位 必须保持清"0"
I1 位 5	● 软件中断优先级位 1 在 CCR 寄存器中的"I1"位和"I0"位搭配在一起,表明当前中断请求的优先级。当一个中断请求发生时,相应的中断向量的软件优先级自动从软件优先级寄存器(ITC_SPRx)中载入"I1"和"I0"。通过执行 RIM、SIM、HALT、WFI、IRET、PUSH 或 POP 等 STM8 单片机专用汇编指令可对"I1"位和"I0"位置"1"或清"0"
H 位 4	● 半进位标志位 在执行 ADD 或 ADC 操作的过程中,当 ALU 的第 3 位和第 4 位间发生进位时,"H"位会被置"1",这对于 BCD 码算术运算很有意义
I0 位 3	● 软件中断优先级位 0 在 CCR 寄存器中的"I1"位和"I0"位搭配在一起,表明当前中断请求的优先级。当一个中断请求发生时,相应的中断向量的软件优先级自动从软件优先级寄存器(ITC_SPRx)中载入"I1"和"I0"。通过执行 RIM、SIM、HALT、WFI、IRET、PUSH 或 POP 等 STM8 单片机专用汇编指令可对"I1"位和"I0"位置"1"或清"0"
N 位 2	● 负数标志位 当上一次的算术、逻辑或数据操作的结果是负的情况下,"N"位被置"1"(例如计算结果的最高位 MSB 为"1"的情况)
Z 位 1	● 零标志位 当上一次的算术、逻辑或数据操作的结果是零时,"Z"位被置"1"
C 位 0	● 进位标志位 在执行算术操作中,如果数据的最高位 MSB 发生进位或借位时,则该位被置"1"

在 CCR 寄存器中特别要讲解软件中断优先级"I1"位和"I0"位,如表 11.4 所示。当"I1"和"I0"位配置为"10"时 CPU 当前所处的优先级最低,在讲解中断方式时已经提到,单片机上电后程序执行"RIM"指令把 main 程序的优先级由 3 级降低至 0 级(配置 CPU 条件代码寄存器(CCR)中的"I1"位为"1","I0"位为"0"),所说的配置流程就是对 CCR 寄存器中的"I1"位和"I0"位进行改写,如果没有执行"RIM"指令,main 程序的优先级其实应该为"11"即最高级 3 级。这样一来,中断源优先级等于 3 级或者是低于 3 级的,就没有办法在执行主程序时被正确响应了,所以在主函数中执行"RIM"指令相当于是间接允许其他中断的请求,等同于"开启中断"。

表 11.4 软件中断优先级"I1"/"I0"位配置含义

软件中断优先级位 I1/I0 配置值		级别
I1 位	I0 位	
1	0	0(最低)
0	1	1(次低)
0	0	2(次高)
1	1	3(最高)

11.5.2 软件优先级寄存器 ITC_SPRx

在学习中断时了解过 STM8 中断源有硬件优先级和软件优先级之分，硬件优先级按照中断向量地址排序，硬件优先级是固定的、唯一的。但是软件优先级却可以进行调整和配置，其配置方法则是通过修改软件优先级寄存器中的相应位来实现。软件优先级寄存器（ITC_SPRx）中的"x"表示 1～8，即有 8 个软件优先级寄存器，每个寄存器管理的中断源不一样，这 8 个寄存器的相关位定义及功能说明如表 11.5 所示。

表 11.5　STM8 单片机 ITC_SPRx 软件优先级寄存器 x

■ 软件优先级寄存器 1(ITC_SPR1)							地址偏移值:(0x00)H
位　数	位 7	位 6	位 5	位 4	位 3	位 2	位 1	位 0
位名称	VECT3SPR[1:0]		VECT2SPR[1:0]		VECT1SPR[1:0]		VECT0SPR[1:0]	
■ 软件优先级寄存器 2(ITC_SPR2)							地址偏移值:(0x01)H
位名称	VECT7SPR[1:0]		VECT6SPR[1:0]		VECT5SPR[1:0]		VECT4SPR[1:0]	
■ 软件优先级寄存器 3(ITC_SPR3)							地址偏移值:(0x02)H
位名称	VECT11SPR[1:0]		VECT10SPR[1:0]		VECT9SPR[1:0]		VECT8SPR[1:0]	
■ 软件优先级寄存器 4(ITC_SPR4)							地址偏移值:(0x03)H
位名称	VECT15SPR[1:0]		VECT14SPR[1:0]		VECT13SPR[1:0]		VECT12SPR[1:0]	
■ 软件优先级寄存器 5(ITC_SPR5)							地址偏移值:(0x04)H
位名称	VECT19SPR[1:0]		VECT18SPR[1:0]		VECT17SPR[1:0]		VECT16SPR[1:0]	
■ 软件优先级寄存器 6(ITC_SPR6)							地址偏移值:(0x05)H
位名称	VECT23SPR[1:0]		VECT22SPR[1:0]		VECT21SPR[1:0]		VECT20SPR[1:0]	
■ 软件优先级寄存器 7(ITC_SPR7)							地址偏移值:(0x06)H
位名称	VECT27SPR[1:0]		VECT26SPR[1:0]		VECT25SPR[1:0]		VECT24SPR[1:0]	
■ 软件优先级寄存器 8(ITC_SPR8)							地址偏移值:(0x07)H
位名称	保留				VECT29SPR[1:0]		VECT28SPR[1:0]	
复位值	1	1	1	1	1	1	1	1
操　作	rw	rw	rw	rw	rw	rw	rw	rw
位　名	位含义及参数说明							
VECTxSPR[1:0] 位 7:0	● 向量"x"的软件优先级位 这里说的"x"就表示"VECTxSPR[1:0]"中的"x"，其取值范围是 0～29，通过软件对这 8 个读/写寄存器(ITC_SPR1 到 ITC_SPR8)操作，可以定义各个中断向量的软件优先级，禁止写入 10，也就是优先级为"0"的情况 ITC_SPR1 寄存器中的"VECT0SPR[1:0]"位由硬件强制设置"1"，其代表不可屏蔽中断源 TLI。ITC_SPR8 寄存器中的位 7:4 由硬件强制设置"1"							

表 11.5 中软件优先级寄存器 1(ITC_SPR1)中的"VECT0SPR[1:0]"位就是中断向量号为"0"的中断源"TLI"的软件优先级配置位，"VECT1SPR[1:0]"位就是中断向量号为"1"的中断源"AWU"的软件优先级配置位，"VECT2SPR[1:0]"位就是中断向量号为"2"的中断源"CLK"的软件优先级配置位，"VECT3SPR[1:0]"位就是中断向量号为"3"的中断源"EXTI0"

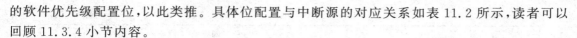

的软件优先级配置位,以此类推。具体位配置与中断源的对应关系如表 11.2 所示,读者可以回顾 11.3.4 小节内容。

若用户欲调整中断源的软件优先级,可以参考表 11.4,将软件优先级寄存器(ITC_SPRx)中的对应位配置为 3 级"11"、2 级"00"、1 级"01"等,一般不配置为 0 级"10",0 级软件优先级是最低级,一般是将主程序 main 配置为 0 级。

【例 11.1】假设用户欲配置 GPIO 端口 C 外部中断软件优先级为 2 级,GPIO 端口 E 外部中断软件优先级为 1 级,应如何用 C 语言编写程序语句进行配置?

解答:首先要知道 GPIO 端口 C 和端口 E 对应的外部中断源中断向量号,具体向量号可以通过查询表 11.2 得到,GPIO 端口 C 外部中断"EXTI2"的中断向量号为"5",GPIO 端口 E 外部中断"EXTI4"的中断向量号为"7"。得到中断向量号之后再来对软件优先级寄存器 2(ITC_SPR2)中的"VECT5SPR[1:0]"位和"VECT7SPR[1:0]"位这 4 位进行配置,可用 C 语言语句实现参数配置:

```
ITC_SPR2 = 0x73;        //赋值"01110011"改变 VECT5SPR[1:0] = 00
//改变 VECT7SPR[1:0] = 01,实现 C 端口和 E 端口软件优先级配置
```

11.5.3 外部中断控制寄存器 EXTI_CRx

在使用 GPIO 的外部中断功能时,首先需要确定 GPIO 接收到的电信号以怎样的方式触发中断,这个触发方式通常分为电平触发方式和边沿触发方式,所谓电平触发方式是指按照电平的高/低实现电信号的识别和触发,边沿触发方式是指电平跳变时的上升沿(低电平跳变到高电平)或者下降沿(高电平跳变到低电平)触发产生中断信号。

如果要让 STM8 单片机实现 GPIO 引脚的外中断功能,首先要配置好触发方式。STM8 系列单片机的 GPIO 引脚支持 4 种触发方式的配置,分别为下降沿和低电平触发、仅上升沿触发、仅下降沿触发、上升沿和下降沿触发等,触发方式的多样性很大程度上决定了外部中断功能的灵活度。

STM8 系列单片机的外部中断控制寄存器 EXTI_CRx 有 2 个,外部中断控制寄存器 1(EXTI_CR1)可以配置端口 A、B、C 和 D 的触发方式,该寄存器的相关位定义及功能说明如表 11.6 所示。外部中断控制寄存器 2(EXTI_CR2)可以配置端口 E 和 TLI 输入引脚的触发方式。该寄存器的相关位定义及功能说明如表 11.7 所示。

表 11.6 STM8 单片机 EXTI_CR1 外部中断控制寄存器 1

■ 外部中断控制寄存器 1(EXTI_CR1)						地址偏移值:(0x00)H	
位　数	位 7	位 6	位 5	位 4	位 3	位 2	位 1	位 0
位名称	PDIS[1:0]		PCIS[1:0]		PBIS[1:0]		PAIS[1:0]	
复位值	0	0	0	0	0	0	0	0
操　作	rw	rw	rw	rw	rw	rw	rw	rw

位 名	位含义及参数说明			
PDIS [1:0] 位 7:6	● 端口 D 的外部中断触发位 这些位用来定义端口 D 的外部中断触发,这些位仅在 CCR 寄存器的"I1"位和"I0"位为 "1"(软件中断优先级别为 3 级)时才可以写入			
	00	下降沿和低电平触发	01	仅上升沿触发
	10	仅下降沿触发	11	上升沿和下降沿触发
PCIS [1:0] 位 5:4	● 端口 C 的外部中断触发位 这些位用来定义端口 C 的外部中断触发,这些位仅在 CCR 寄存器的"I1"位和"I0"位为 "1"(软件中断优先级别为 3 级)时才可以写入			
	00	下降沿和低电平触发	01	仅上升沿触发
	10	仅下降沿触发	11	上升沿和下降沿触发
PBIS [1:0] 位 3:2	● 端口 B 的外部中断触发位 这些位用来定义端口 B 的外部中断触发,这些位仅在 CCR 寄存器的"I1"位和"I0"位为 "1"(软件中断优先级别为 3 级)时才可以写入			
	00	下降沿和低电平触发	01	仅上升沿触发
	10	仅下降沿触发	11	上升沿和下降沿触发
PAIS [1:0] 位 1:0	● 端口 A 的外部中断触发位 这些位用来定义端口 A 的外部中断触发,这些位仅在 CCR 寄存器的"I1"位和"I0"位为 "1"(软件中断优先级别为 3 级)时才可以写入			
	00	下降沿和低电平触发	01	仅上升沿触发
	10	仅下降沿触发	11	上升沿和下降沿触发

表 11.7 STM8 单片机 EXTI_CR2 外部中断控制寄存器 2

■ 外部中断控制寄存器 2(EXTI_CR2)						地址偏移值:(0x01)$_H$		
位 数	位 7	位 6	位 5	位 4	位 3	位 2	位 1	位 0
位名称	保留					TLIS	PEIS[1:0]	
复位值	0	0	0	0	0	0	0	0
操 作	—	—	—	—	—	rw	rw	rw
位 名	位含义及参数说明							
保留 位 7:3	● 保留位 必须保持清"0"							
TLIS 位 2	● 高级中断触发位 此位由软件设置,此位仅在外部相应的中断引脚 PD7 禁止中断的时候才能写入,因为 PD7 引脚比较特殊,它是最高优先级 TLI 中断源的输入引脚,需要注意的是在各种封装形式和 产品型号的 STM8 单片机中 TLI 中断源输入引脚不一定总是 PD7 引脚,具体引脚标号需 要读者以该型号单片机的最新芯片数据手册为准							
	0	下降沿触发			1	上升沿触发		

续表 11.7

PEIS [1:0] 位 1:0	● 端口 E 的外部中断触发位 这些位用来定义端口 E 的外部中断触发,这些位仅在 CCR 寄存器的"I1"位和"I0"位都为 "1"(软件中断优先级别为 3 级)时才可以写入			
	00	下降沿和低电平触发	01	仅上升沿触发
	10	仅下降沿触发	11	上升沿和下降沿触发

【例 11.2】假设用户欲配置 PA5 引脚外部中断触发方式为下降沿和低电平触发、PB2 引脚外部中断触发方式为仅上升沿触发、PC3 引脚外部中断触发方式为仅下降沿触发、PD4 引脚外部中断触发方式为上升沿和下降沿触发,并且配置 GPIO 端口 C 外部中断软件优先级为 2 级,GPIO 端口 E 外部中断软件优先级为 1 级,应如何用 C 语言编写程序语句进行配置?

解答:根据用户的配置需求,涉及端口 A、B、C 和 D,具体的引脚也没有规律可循,这时候用逐一配置方法比较"靠谱",在进行配置时可以按照配置触发方式、设定软件优先级、确立端口输入/输出类型、选择引脚模式、开启引脚外部中断使能这 5 个步骤逐一进行配置。

由于外部中断触发方式位仅在 CPU 条件代码寄存器(CCR)中的"I1"位和"I0"位都为"1"(中断软件优先级别为 3 级)时才可以写入,所以要确保程序语句在配置过程中的"主程序 main"软件优先级保持最高级(3 级)。由于端口 A、B、C 和 D 的触发方式配置位都在外部中断控制寄存器 1(EXTI_CR1)之中,所以配置起来十分简单。

写完外部中断控制寄存器配置参数后需要进行 GPIO 输入/输出类型选择、引脚模式配置、GPIO 外部中断功能使能等操作才可以完成整体设定,最后别忘记将"主程序 main"的软件优先级由 3 级降低至 0 级,相当于是"开总中断",以允许外部中断请求能够被 CPU 响应。按照程序思路,利用 C 语言编写具体程序实现如下:

```
/************************ 主函数区域 ************************/
void main()
{
    ......(此处省略具体程序语句)
    asm("sim");                      //main 程序的优先级配置为 3 级(关总中断)
    EXTI_CR1 = 0xE4;                 //配置 PA 为下降沿和低电平触发,PB 为仅上升沿触发
    //PC 为仅下降沿触发,PD 为上升沿和下降沿触发
    ITC_SPR2 = 0x73;                 //赋值"01110011"改变 VECT5SPR[1:0] = 00
    //改变 VECT7SPR[1:0] = 01,实现 C 端口和 E 端口软件优先级配置
    //配置 PA5 为输入模式(下降沿和低电平触发)*****************
    PA_DDR_DDR5 = 0;                 //配置 PA5 端口为输入模式
    PA_CR1_C15 = 1;                  //配置 PA5 端口为弱上拉输入模式
    PA_CR2_C25 = 1;                  //使能 PA5 端口外部中断功能
    //配置 PB2 为输入模式(仅上升沿触发)*******************
    PB_DDR_DDR2 = 0;                 //配置 PB2 端口为输入模式
    PB_CR1_C12 = 1;                  //配置 PB2 端口为弱上拉输入模式
    PB_CR2_C22 = 1;                  //使能 PB2 端口外部中断功能
    //配置 PC3 为输入模式(仅下降沿触发)*******************
    PC_DDR_DDR3 = 0;                 //配置 PC3 端口为输入模式
    PC_CR1_C13 = 1;                  //配置 PC3 端口为弱上拉输入模式
```

```
        PC_CR2_C23 = 1;              //使能 PC3 端口外部中断功能
    //配置 PD4 为输入模式(上升沿和下降沿触发)********************
        PD_DDR_DDR4 = 0;             //配置 PD4 端口为输入模式
        PD_CR1_C14 = 1;              //配置 PD4 端口为弱上拉输入模式
        PD_CR2_C24 = 1;              //使能 PD4 端口外部中断功能
    asm("rim");                      //main 程序的优先级由 3 级降低至 0 级(开总中断)
    ......(此处省略具体程序语句)
}
```

在配置完中断源软件优先级、GPIO 引脚模式、外部中断电平/边沿触发方式之后,外部中断触发参数就配置完成了。别忘记在程序中加上对应中断源的中断服务程序,正确书写中断向量号,当中断触发信号来到时才能找到中断服务函数入口并执行用户自定义编写的服务函数体,利用 C 语言编写 GPIO 端口组 A、B、C 和 D 的中断服务函数如下:

```
# pragma vector = 0x05                      //端口 A 外部中断
__interrupt void EXTI_PORTA_IRQHandler(void)
{//此处添加用户编写的中断服务程序内容}
# pragma vector = 0x06                      //端口 B 外部中断
__interrupt void EXTI_PORTB_IRQHandler(void)
{//此处添加用户编写的中断服务程序内容}
# pragma vector = 0x07                      //端口 C 外部中断
__interrupt void EXTI_PORTC_IRQHandler(void)
{//此处添加用户编写的中断服务程序内容}
# pragma vector = 0x08                      //端口 D 外部中断
__interrupt void EXTI_PORTD_IRQHandler(void)
{//此处添加用户编写的中断服务程序内容}
```

【例 11.3】假设用户欲配置 TLI 中断输入引脚(以 STM8S208MB 这款单片机为例,TLI 输入引脚为 PD7)为下降沿触发方式,应如何用 C 语言编写程序语句进行配置?

解答:TLI 是最高等级的外部中断,配置过程比较特殊一些,配置 TLI 中断输入引脚触发方式要求必须是在 PD7 引脚关闭外部中断的时候,所以在配置时首先应该禁用 PD7 引脚的外部中断功能,然后再对外部中断控制寄存器 2(EXTI_CR2)中的"TLIS"位进行配置,在进行配置时可以按照关闭外部中断功能、配置触发方式、确立端口输入/输出类型、选择引脚模式、开启外部中断使能这 5 个步骤逐一进行配置。按照程序思路,利用 C 语言编写具体程序实现如下:

```
/********************* 主函数区域 *********************/
void main()
{
    ......(此处省略具体程序语句)
    asm("sim");                      //main 程序的优先级配置为 3 级(关总中断)
    EXTI_CR2& = 0x03;                //将"TLIS"位清"0"
    PD_DDR_DDR7 = 0;                 //配置 PD7 端口为输入模式
    PD_CR1_C17 = 1;                  //配置 PD7 端口为弱上拉输入模式
    PD_CR2_C27 = 1;                  //使能 PD7 端口外部中断功能
    asm("rim");                      //main 程序的优先级由 3 级降低至 0 级(开总中断)
```

......(此处省略具体程序语句)

}

在配置完中断源软件优先级、GPIO 引脚模式、外部中断电平/边沿触发方式之后，外部中断触发参数就配置完成了。别忘记在程序中加上对应中断源的中断服务程序，正确书写中断向量号，当中断触发信号来到时才能找到中断服务函数入口并执行用户自定义编写的服务函数体，利用 C 语言编写外部最高级中断 TLI 的中断服务函数如下：

```
# pragma vector = 0x02                        //外部最高级中断(不可屏蔽)
__interrupt void TLI_IRQHandler(void)
{//此处添加用户编写的中断服务程序内容}
```

11.6 基础项目 A 查询法/中断法独立按键对比实验

中断章节知识的应用会贯穿本书，所以对中断机制的深入理解和运用至关重要，在本项目中会以最基础的资源来验证查询法和中断法的区别，读者需要仔细体会这两种方法的区别，根据功能要求合理选择。为了突出两种方法的区别，选用独立按键检测作为实验内容。在进行实验之前首先要搭建硬件平台，采用如图 11.7 所示的电路。

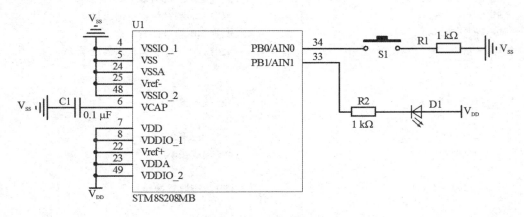

图 11.7 独立按键电路原理图

分析图 11.7，在硬件电路中选用 STM8S208MB 这款单片机作为主控制器芯片，使用了两个 GPIO 引脚，分别是 PB0 引脚和 PB1 引脚，PB0 引脚需要被配置为弱上拉输入模式，外接了 S1 轻触按键，R1 为按键电路中的限流电阻，PB1 引脚需要被配置为推挽输出模式，连接到了发光二极管电路上，D1 为发光二极管，R2 为限流电阻，根据发光二极管电气连接可以得出，当 PB1 输出高电平时 D1 熄灭，反之 D1 亮起。

有了硬件电路后就可以开始程序设计了，首先编写查询法独立按键检测程序，编写该程序的主要思想是："CPU 啥也别做了，就围着 PB0 引脚状态转"！也就是说配置完相关 GPIO 引脚模式后就进入一个死循环"while(1)"，然后不停的检测 PB0 引脚状态，如果 PB0 引脚上出现了低电平则执行按键去抖程序，去除抖动电平信号后再次检测 PB0 引脚状态，若依然保持为低电平则说明确实有按键按下了，此时让 PB1 引脚的状态进行取反操作。

按照设想，每次按下轻触按键 S1 之后，发光二极管 D1 的状态都会取反一次，按照软件设

计思路,利用 C 语言编写查询法独立按键检测的具体程序实现如下:

```
/*********************************************************
 *  实验名称及内容:查询法独立按键实验
 *********************************************************/
# include "iostm8s208mb.h"                    //主控芯片的头文件
/******************** 常用数据类型定义 *******************/
{【略】}为节省篇幅,相似语句可以直接参考之前章节
/******************** 端口/引脚定义区域 ******************/
# define KEY    PB_IDR_IDR0                    //连接至 KEY 引脚
# define LED    PB_ODR_ODR1                    //连接至 LED 引脚
/******************** 函数声明区域 **********************/
void delay(u16 Count);                         //延时函数声明
/******************** 主函数区域 ***********************/
void main(void)
{
  PB_DDR_DDR0 = 0;                             //配置 PB0 端口为输入模式
  PB_CR1_C10 = 1;                              //配置 PB0 端口为弱上拉输入模式
  PB_CR2_C20 = 0;                              //禁止 PB0 端口外部中断
  PB_DDR_DDR1 = 1;                             //配置 PB1 端口为输出模式
  PB_CR1_C11 = 1;                              //配置 PB1 端口为推挽输出模式
  PB_CR2_C21 = 0;                              //配置 PB1 端口低斜率输出
  LED = 1;                                     //上电后让 PB1 引脚输出高电平
  while(1)                                     //死循环
  {
    if(KEY = = 0)                              //KEY 按键按下
    {
      delay(5);                                //延时法去除按键抖动
      if(KEY = = 0)                            //KEY 确实按下了
      {
        LED = ! LED;                           //LED 状态取反操作
      }
      while(! KEY);                            //KEY 按键松手检测
    }
  }
}
/*********************************************************/
void delay(u16 Count)
{【略】}//延时函数 delay()
```

通读程序,发现这个程序太简单了,在主程序的"while(1)"循环体内,不断地检测"PB_IDR_IDR0"的状态值,也就是不断检测 PB0 引脚上的电平值,这种方法确实可以实现独立按键检测,但是会降低 CPU 工作效率,付出了大量的时间去"等待"PB0 引脚上出现电平跳变。但是这种方法也有优点,就是不需要配置外部中断参数,不需要书写外部中断服务函数,在程序编写上非常的简单。

接下来,在查询法实验的基础之上进行修改,将独立按键的检测方法变更为中断法。编写

中断法程序的主要思想是:"没有中断时 CPU 该干啥干啥,中断来了再去处理中断服务"! 也就是说程序中不需要不停的检测 PB0 引脚状态,PB0 引脚上出现触发信号(高低电平或者是跳变边沿)时会产生一个"外部中断请求",这时候 CPU 放下"手头"上的事情转到特定中断向量地址,执行相关中断服务函数,执行完毕后再执行中断返回,继续执行原来的任务。程序中不需要定义"PB_IDR_IDR0"语句,也不用在"while(1)"循环体内书写任何按键判断程序,但是需要在程序中配置外部中断触发方式、GPIO 输入/输出模式,还需要利用"RIM"指令和"SIM"指令调整"主程序 main"的软件优先级,最后别忘记编写相关中断源的中断服务程序,在中断服务程序中书写 PB1 引脚状态的取反操作。

按照设想,每次按下轻触按键 S1 之后,发光二极管 D1 的状态都会取反一次,按照软件设计思路,利用 C 语言编写中断法独立按键检测的具体程序实现如下:

```
/*********************************************************
* 实验名称及内容:中断法独立按键实验
*********************************************************/
#include "iostm8s208mb.h"                //主控芯片的头文件
/********************** 常用数据类型定义 **********************/
〖略〗为节省篇幅,相似语句可以直接参考之前章节
/******************* 端口/引脚定义区域 *******************/
#define LED     PB_ODR_ODR1               //连接至 LED 引脚
/********************** 主函数区域 **********************/
void main(void)
{
  asm("sim");                            //main 程序的优先级配置为 3 级(关总中断)
  EXTI_CR1| = 0x08;                      //配置 PB 为仅下降沿触发
  //EXTI_CR1| = 0x04;                    //配置 PB 为仅上升沿触发
  PB_DDR_DDR0 = 0;                       //配置 PB0 端口为输入模式
  PB_CR1_C10 = 1;                        //配置 PB0 端口为弱上拉输入模式
  PB_CR2_C20 = 1;                        //使能 PB0 端口外部中断
  PB_DDR_DDR1 = 1;                       //配置 PB1 端口为输出模式
  PB_CR1_C11 = 1;                        //配置 PB1 端口为推挽输出模式
  PB_CR2_C21 = 0;                        //配置 PB1 端口低斜率输出
  LED = 1;                               //上电后让 PB1 引脚输出高电平
  asm("rim");                            //main 程序的优先级由 3 级降低至 0 级(开总中断)
  while(1);                              //死循环(可添加用户程序于循环体内)
}
//********************** 中断函数区域 **********************
#pragma vector = 0x05
__interrupt void EXTI_PORTA_IRQHandler(void)
{///此处添加用户编写的中断服务程序内容}
#pragma vector = 0x06
__interrupt void EXTI_PORTB_IRQHandler(void)
{
  LED = ! LED;                           //外部触发信号触发 PB 端口中断服务程序
}
#pragma vector = 0x07
```

```
__interrupt void EXTI_PORTC_IRQHandler(void)
{//此处添加用户编写的中断服务程序内容}
#pragma vector = 0x08
__interrupt void EXTI_PORTD_IRQHandler(void)
{//此处添加用户编写的中断服务程序内容}
#pragma vector = 0x09
__interrupt void EXTI_PORTE_IRQHandler(void)
{//此处添加用户编写的中断服务程序内容}
// *************************************************************
```

通读程序,发现中断法程序与查询法程序差别很大,主要差别表现在以下 3 个地方:

第一个"差别"是主函数中多了"asm("sim")"和"asm("rim")"这两个语句,"asm("sim")"语句的作用是将"主程序 main"的软件优先级配置为最高级(3 级),此时的外部中断请求是没有办法被 CPU 响应的,执行该语句的作用相当于是"关总中断","asm("rim")"语句和"asm("sim")"正好是相反的作用,该语句是将"主程序 main"的软件优先级由 3 级降低至最低级(0 级),相当于是"开总中断"。在程序代码起始时执行"asm("sim")"语句的目的是确保主程序的软件优先级为最高级(3 级),只有这种情况下才能配置外部中断控制寄存器 1(EXTI_CR1)中的参数,该参数决定了 GPIO 端口的外部中断触发信号类型。

第二个"差别"是在"while(1)"循环体中,在中断法的"while(1)"循环体内不存在任何语句,这是因为中断后的功能体现是靠执行中断服务程序来实现的,当然了,主函数中的"while(1)"循环体内可以添加用户自己的程序代码,不一定非得是执行空语句的死循环。在没有发生 GPIO 外部中断时,主函数会一直执行"while(1)"循环体内的程序语句,当发生 GPIO 外部中断请求时,原程序会被"打断",CPU 会跳转到相关 GPIO 端口外部中断入口地址处执行中断服务程序,执行完毕之后才能返回主程序,继续执行"while(1)"循环体内的用户代码。

第三个"差别"是多了 GPIO 外部中断服务函数,这个部分的代码前面已经介绍,此处就不再赘述了。

将程序编译后下载到单片机中并运行,此时按下轻触按键 S1 之后,发光二极管 D1 由熄灭状态变为亮起状态,再次按下轻触按键 S1 之后,发光二极管 D1 的状态变为熄灭状态,这个现象说明实验已经成功了,但是"美中不足"。为什么会这样说呢?这是因为读者没有"亲眼看见"发光二极管 D1 发生跳变的准确时间,也不知道 PB0 引脚触发信号边沿与 PB1 引脚跳变信号边沿的具体关系。

怎么解决呢?其实很简单,利用逻辑分析仪来观察两路信号的时序,将逻辑分析仪的通道 0 连接到 PB0 引脚上,为其命名为"KEY",该路信号可以反映出轻触按键 S1 的状态变化,将逻辑分析仪的通道 1 连接到 PB1 引脚上,为其命名为"LED",该路信号可以反映出发光二极管 D1 的状态变化。将逻辑分析仪探针连接至两路信号后还需要将逻辑分析仪的地线与单片机系统共地处理,此时将 PC 端的逻辑分析仪上位机软件打开,选择合适的采样率,然后连续的按下多次 S1 按键,每次按下动作之间应该保持一定的时间间隔,等待采样结束后可以得到如图 11.8 所示的时序。

在中断法独立按键监测程序中,小宇老师故意没有在 PB 端口的中断服务函数中添加轻触按键 S1 的"去抖"程序和松手检测,目的是为了看清 PB0 引脚触发信号边沿与 PB1 引脚跳变信号边沿的具体关系,从实测效果图 11.8 中也可以观察到,当"KEY"这一路信号出现下降

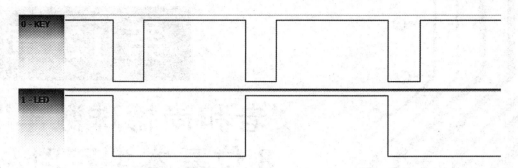

图 11.8　PB0 引脚仅下降沿触发中断效果

沿时"LED"这一路信号立刻发生取反跳变，当"KEY"这一路信号再次出现下降沿时，"LED"这一路信号又一次翻转。看到这里，就能更加深刻的体会到主函数中"EXTI_CR1|=0x08"这条语句的作用，这条语句配置 PB 端口的触发方式为"仅下降沿触发"，所以当"KEY"这一路信号发生上升沿时不会产生外部中断。

　　假设将"EXTI_CR1|=0x08"这条语句进行注释，启用主函数中的另一条语句"EXTI_CR1|=0x04"，将程序重新编译后下载到单片机中并运行，此时将 PC 端的逻辑分析仪上位机软件打开，选择合适的采样率，然后连续的按下多次 S1 按键，每次按下动作之间应该保持一定的时间间隔，等待采样结束后可以得到如图 11.9 所示的时序。

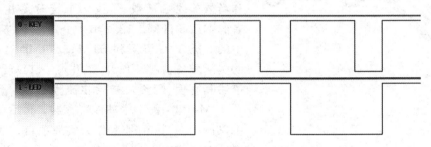

图 11.9　PB0 引脚仅上升沿触发中断效果

　　从实测效果图 11.9 可以观察到，当"KEY"这一路信号出现上升沿时"LED"这一路信号立刻发生取反跳变，当"KEY"这一路信号再次出现上升沿时，"LED"这一路信号又一次翻转。"EXTI_CR1|=0x04"这条语句配置 PB 端口的触发方式为"仅上升沿触发"，所以当"KEY"这一路信号发生下降沿时不会产生外部中断。

　　GPIO 外部中断的触发方式很灵活，可以由用户设定为下降沿和低电平触发、仅上升沿触发、仅下降沿触发、上升沿和下降沿触发等 4 种方式，读者可以在本项目的基础上加以修改，敢于尝试，只有这样才能掌握相关配置和应用。

　　不知不觉间，中断章节就已经学习完了，细细回想，本章所讲解的 STM8 单片机中断机制和中断资源的学习内容都比较基础，STM8 单片机中断所涉及的寄存器也很简单，但是用好中断却不容易，所以说，读者应该多实践，多思考，深入体会中断机制，编好中断服务函数，解决实际项目需求。

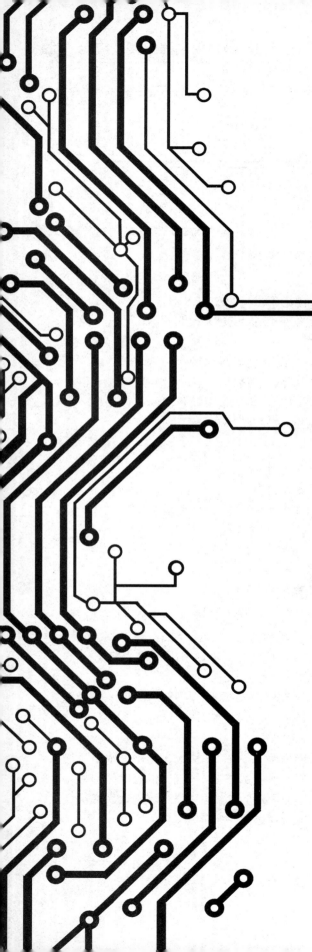

第 12 章

"老和尚捻珠数羊" 8 位基本型定时/计数器 TIM4

章节导读：

    亲爱的读者,本章将详细介绍 STM8 单片机 8 位基本型定时/计数器 TIM4 的相关知识和应用。章节共分为 5 个部分,12.1 节引入"老和尚捻珠数羊"的趣味例子,用老和尚捻珠比喻定时器,用老和尚数羊比喻计数器,说明了定时器和计数器两者的本质和区别。12.2 节中介绍了 STM8 单片机中的 3 类 T/C 资源和 STM8S208MB 这款单片机的实际配备情况。12.3 节引入了 TIM4"结构树"描述其原理、配置及初始化流程。12.4 节中介绍了 TIM4 相关的 7 个功能寄存器。最后的 12.5 节中以产生 1 Hz 信号源作为实战项目,利用程序配置体现了 TIM4 资源的具体操作及使用。本章内容需要读者熟练掌握,为学习第 13 章的高级型 16 位 TIM1 资源做好基础铺垫。

TIM4_ARR

12.1 单片机定时/计数器本质及区别

说到 STM8 单片机的定时/计数器资源,这可是片上资源中的"重头戏"。单从名词字面上去理解,就可以感觉到定时器和计数器有着密切的关系,从本质上讲两者其实都是靠计数去实现的。为了弄明白定时/计数器的差别,小宇老师特意做了一张如图 12.1 所示的"老和尚捻珠数羊图"展示给大家,读者需要分析图片含义、体会其中的道理。

图 12.1 老和尚捻珠数羊图

先看图 12.1 中的"老和尚"这个角色,只见老和尚手持念珠位于图片左侧,老和尚手持念珠几十载,对于拨动念珠非常的熟悉,假设老和尚 1 s 拨动一颗念珠,一串念珠有 60 颗珠子,那么老和尚拨动一圈念珠所花费的时间就正好是 1 min,也就是说 60 个 1 s 就是 1 min,这个道理很简单。为了联系本章内容,现将老和尚与念珠的"体系"关联到单片机领域中,念珠的个数用一个寄存器来装,捻动速度为时钟脉冲的周期,由于捻动速度是一定的(即时钟周期一定),那么捻动念珠一圈的时间就是念珠个数与捻动速度的乘积,这个时间就是定时时间。

此时定时/计数器资源表现为"定时功能"。也就是说,当计数的脉冲来自于单片机内部时钟时,定时/计数器资源在固定周期的时钟脉冲条件下进行计数,达到寄存器设定的计数值后发生"溢出"产生相应事件或者触发中断,由于计数时钟周期是定值,所以可以通过脉冲个数与时钟周期的乘积得到具体的定时时间。

接下来体会图 12.1 中的老和尚"数羊"的过程,老和尚在数羊的时候其实并不能确定羊儿什么时候出现,有可能每隔 1 s 就来 1 只羊,也有可能捻动念珠 1 圈(1 min)后才只出现了 3 只羊,也就是说羊儿出现的时间是随机的、不确定的。同样将老和尚数羊的"体系"关联到单片机领域中,羊儿的个数为外部的脉冲,至于脉冲到来的时间和个数都是"非固定"的,所以计数的个数与实际情况有关。

此时定时/计数器资源表现为"计数功能"。也就是说,当计数的脉冲来自于单片机外部时钟时,根据外部引脚输入的电平脉冲进行计数,在计数体系中,用户可以选择具体的触发方式,当计数值达到寄存器设定的计数值后发生"溢出"产生相应事件或者触发中断。

综上,定时器和计数器的本质其实都是计数器,根据计数脉冲的来源不同,通过对定时/计数器资源进行功能上的配置就可以达到逻辑上的"转换和统一",这也就是本节开头所提到的定时器和计数器这两者的"密切联系"。

定时/计数器资源几乎成为了所有单片机控制芯片中的"标配",原因在于单片机所构成的系统中经常会需要定时/计数功能,例如定时查询端口状态、定时输出控制信号、定时执行数据通信、对 GPIO 外部脉冲进行计数、对传感器脉冲信号进行计数等。定时功能还可以当作"精确延时",由于时钟脉冲周期是比较精确的,所以采用定时/计数器资源进行延时的方法相比程序循环执行空语句的方法更为精确。

12.2　STM8S 单片机定时/计数器资源

定时/计数器资源在单片机中的配备情况一定程度上决定了单片机在定时/计数功能实现方面的灵活性和功能性。定时/计数器资源的计数位数、资源的配备数量、触发方式、输入/输出脉冲处理模式等都是本节学习的重点。

12.2.1　STM8S 定时/计数器分类

STM8S 系列单片机一共具备 3 种不同功能配置的定时/计数器资源,它们虽有不同功能但都基于共同的架构,此共同的架构使得采用各个定时/计数器资源来设计应用变得非常容易与方便。

第一种:高级型 T/C 资源。该类型的定时/计数器资源计数位数为 16 位,该资源的代表为 TIM1 单元,该资源是 STM8S 系列单片机中功能最为强大的,在本书的 13 章会作详细讲解和学习。

第二种:通用型 T/C 资源。该类型的定时/计数器资源计数位数为 16 位,该资源的代表为 TIM2、TIM3 或 TIM5 单元,这 3 个资源比 TIM1 的功能略低,需要注意的是,不是所有的 STM8S 系列单片机都同时具备 TIM2、TIM3 或 TIM5,单片机的具体配备需查看具体芯片手册来确定,例如 STM8S207 系列、STM8S208 系列、STM8S105 系列的通用型定时/计数器资源中就没有 TIM5。

第三种:基本型 T/C 资源。该类型的定时/计数器资源计数位数为 8 位,该资源的代表为 TIM4 或 TIM6 单元,这两个资源是所有的定时/计数器资源中功能最简单的,本章重点讲解的就是该类型资源,从该类型资源入手熟悉基础名词和资源结构配置对进入 13 章的学习大有帮助,且基本型资源难度较低,学习"阻力"小,需要注意的是,并非所有的 STM8S 系列单片机都同时具备 TIM4 或 TIM6,单片机的具体配备需查看具体芯片手册来确定。

以上几种类型的定时/计数器资源功能情况如表 12.1 所示,表中介绍了各资源计数方向、计数位数长度、分频系数设定、捕获/比较通道数量、是否具备有互补输出、重复计数器情况、外部刹车功能配备、与其他定时器之间的关联关系和计数脉冲源的选择。从表中"TIM4"资源这一行的最后一个参数"计数脉冲源"中可以看到,TIM4 的计数脉冲源是不可以进行选择的,固

定设置为 f_{MASTER} 时钟,也就是说 TIM4 资源仅能用作内部脉冲计数的"定时功能",不能用作外部脉冲的"计数功能"。在所有的定时/计数器资源中 TIM1 与 TIM2、TIM3、TIM4 之间不存在关联关系,但是与 TIM5、TIM6 之间存在关联关系。

表 12.1 STM8S 系列单片机定时/计数器资源一览表

资源	计数方向	计数长度	分频系数	捕获/比较通道数	互补输出	重复计数器	外部刹车输入	与其他定时器级联	计数脉冲源
TIM1	向上向下	16	1～65536任意整数	4	3	有	1	TIM5 TIM6	可选有外部触发输入
TIM2	向上	16	1～32768任意2的指数幂	3	—	—	—	—	不可选固定为 f_{MASTER}
TIM3				2					
TIM5				3				有	可选无外部触发输入
TIM4	向上	8	1～128任意2的指数幂	—	—	—	—	—	不可选固定为 f_{MASTER}
TIM6								有	可选无外部触发输入

12.2.2 STM8S208MB 定时器/计数器简介

以 STM8S208MB 单片机为例,查询该单片机芯片数据手册可以发现,该芯片中的定时/计数器资源有 4 个,分别是高级型的 TIM1 单元、通用型的 TIM2、TIM3 单元和基本型的 TIM4 单元。本小节就对这 4 个定时/计数器资源进行简要介绍,让读者对它们有个大概的了解和印象,通过后续的学习不断加深对它们的理解,最终掌握其组成原理及运用方法。

TIM1 资源是一个专门为控制应用设计的 16 位高级控制定时器,带有互补输出、死区控制和中心对齐的 PWM 功能,典型应用领域包括马达控制、照明和半桥驱动等。TIM1 资源组成中配备有 16 位预分频的 16 位递增、递减和双向(递增/递减)自动重载计数器,有 4 个独立的捕获/比较通道,可配置成输入捕获、输出比较、PWM 产生(边沿或中心对齐模式)和单脉冲模式输出等。可以用来控制带有外部信号的定时器的同步模式、强制定时器输出进入预定状态的 Break 输入、可调整死区时间的 3 个互补输出、还具备编码器模式。可以产生更新事件、上溢出、下溢出、触发、刹车、捕获、比较等中断。

TIM2 和 TIM3 资源是一个 16 位通用定时器,在资源的组成中配备有 16 位向上计数单元和自动装载计数器,支持 15 位的预分频器,分频系数可调整为 1～32768 之间任意 2 的指数幂,带有 3 个或者 2 个独立可配置的捕获/比较通道,支持 PWM 模式,可以产生 2 个或 3 个输入捕获/输出比较中断,1 个更新事件和更新事件中断。

TIM4 资源是本章介绍的重点,该资源是一个 8 位基本型定时器,在资源的组成中配备有 8 位自动装载可调整的预分频器,分频系数可调整为 1～128 之间任意 2 的指数幂,计数脉冲源固定为 f_{MASTER} 时钟,可以产生 1 个更新事件和更新事件中断。

12.3　TIM4 系统结构及配置方法

　　运用和配置 TIM4 资源就必须先理解 TIM4 的组成原理和功能结构,小宇老师又搬出一颗 STM8S 系列单片机"功能森林"中的"TIM4 结构树"帮助大家理解。如图 12.2 所示,在这颗"大树"中的树根部分是 TIM4 资源计数脉冲时钟源的选择和配置,由于在 TIM4 资源中的计数脉冲来源只能是来自于 f_{MASTER} 时钟,所以 TIM4 只能表现为"定时功能"。

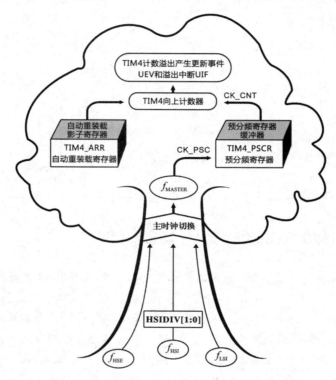

图 12.2　TIM4 结构树

　　采取"从下到上"的看图方法,认真分析图 12.2。"树根"中有 3 个椭圆圈,分别代表高速外部晶体振荡器时钟源"HSE"、高速内部 RC 振荡器"HSI"、低速内部 RC 振荡器"LSI"这 3 个可选的时钟源。这里所说的"可选时钟源"不是指 TIM4 资源的计数时钟源,而是指单片机主时钟的时钟源,也就是本书第 10 章讲解的"内藏三心"。f_{HSE} 时钟、配置分频因子后的 f_{HSIDIV} 时钟以及 f_{LSI} 时钟是"TIM4 结构树"的树干部分,但是 STM8 单片机需要指定 1 个明确的时钟来源,需要用户进行主时钟源的具体选择或者说在 3 者之间进行切换,这个操作可以通过配置主时钟状态寄存器(CLK_CMSR)和主时钟切换寄存器(CLK_SWR)来实现,关于时钟选择和配置的内容可以由读者返回时钟章节(本书第 10 章)进行回顾。

　　经过时钟源的选择和配置流程后,用户确定了单片机的主时钟来源及频率,即 f_{MASTER}。得到主时钟后就如同"TIM4 结构树"得到了"养分",就可以服务于 STM8 单片机的定时/计数器资源了,TIM4 资源的计数时钟连接到 f_{MASTER} 后并不是直接用其进行计数,而是将主时钟信号通过 CK_PSC 时钟线连接到预分频器,这时主时钟的频率也就是 CK_PSC 时钟的频率了,然后将 CK_PSC 时钟(计数时钟源输入时钟)经过分频处理后最终得到 CK_CNT 时钟(TIM4 资源计数时钟)。

说到这里,很多读者可能会有疑问,什么要把 f_{MASTER} 主时钟再次分频呢?其实很简单,对主时钟频率进行再次分频后,时钟频率就会发生改变,时钟周期也会变化,最终影响的是定时时间的范围。还用"老和尚捻珠数羊"的例子来说,计数时钟分频后的周期变化就像是老和尚拨动念珠的"速度"产生了变化,假定念珠还是 60 颗,如果分频后捻动念珠的速度变成了 2 s拨动一颗珠子,那么捻动一整圈念珠就由原来的 60 s 增加到了现在的 120 s 了。也就是说,将主时钟信号进行再次分频可以使得 TIM4 的定时时间范围更宽、更灵活,也就更加适合实际应用了。

TIM4 资源的计数时钟源只能是主时钟,主时钟的分频需要通过用户设定预分频寄存器(TIM4_PSCR)中的低 3 位"PSC[2:0]"来实现,分频系数可以调整为 1~128 之间的 2 的任意次幂(包括 1、2、4、8、16、32、64、128 这几种分频因子),也就是 2^n 分频系数,n 的取值范围是0~7。理解了分频系数,就容易得到主时钟(CK_PSC 时钟)与 CK_CNT 时钟(TIM4 计数时钟)之间的计算关系,如式 12.1 所示。

$$f_{\text{CK\_CNT}} = \frac{f_{\text{CK\_PSC}}}{2^{\text{PSC}[2:0]}} \tag{12.1}$$

得到 CK_CNT 时钟后,TIM4 资源组成结构中的向上计数器从"0"开始递增计数,在计数过程中计数器中的计数值与自动重装载寄存器(TIM4_ARR)的影子寄存器中的设定值之间会不断的进行比较,当计数值达到影子寄存器中的设定值时会发生计数"溢出",如果此时定时/计数资源控制寄存器 1(TIM4_CR1)中的"UDIS"位为"0"则产生 1 个更新事件,状态寄存器(TIM4_SR)中的"UIF"位(更新事件中断标志)被硬件自动置"1"。如果使能了更新中断功能,即中断使能寄存器(TIM4_IER)中的"UIE"位为"1",则在更新事件产生的同时产生 1 个更新事件中断。

读者一定会发现,在图 12.2 中有两个结构单元的"框图外形"比较"特别",这两个单元分别是预分频寄存器单元和自动重装载单元,小宇老师特意把它们的"框图外形"画成了"立方体"。

先来看看预分频寄存器的"立方体",立方体的"白色底色面"表示预分频寄存器(TIM4_PSCR),"灰色底色面"是预分频寄存器的"缓冲器"。当用户配置预分频参数时,首先配置TIM_PSCR 寄存器的低 3 位"PSC[2:0]",然后配置值会在发生更新事件的时候送入"灰色底色面"的预分频寄存器的缓冲器中,这时候新的配置值才能生效。很显然,这个"缓冲器"就相当于一个上次设定分频值的"锁存单元"。通过预分频参数的配置就可以得到 CK_CNT 时钟了,有了计数时钟 TIM4 资源的计数器才能正常工作。

再来看看图 12.2 所示的第二个"立方体"单元,立方体的"白色底色面"是自动重装载寄存器(TIM4_ARR),"灰色底色面"是自动重装载寄存器的"影子寄存器",影子寄存器中的值来自于 TIM4_ARR 寄存器。这个寄存器里面存放的就是"计数的最大值",TIM4 资源正常工作时,计数器中的计数值会从"0"开始递增计数,如果计数值达到了 TIM4_ARR 寄存器中设定的数值时就会发生"计数溢出"。

在实际计数过程中,TIM4 资源的向上计数器需要与 TIM4_ARR 寄存器中设定的数值进行不断的比较,通过比较才能确定是否发生"计数溢出",而实际参与比较的并不是 TIM4_

ARR 寄存器本身,而是它的影子寄存器(自动重装载寄存器的"灰色底色面"单元),这样做的好处是在计数最大值的配置发生改变时,让计数器溢出条件按照改变之前的参数执行。也就是说虽然 TIM4_ARR 寄存器的数值发生了修改,但是其影子寄存器中的数值还没有"来得及"改变成最新的设定值,所以计数溢出条件还是按照原来的数值(改动前的配置值)进行比较。

如果 TIM4 单元发生"计数溢出"且此时定时/计数资源控制寄存器 1(TIM4_CR1)中的"UDIS"位为"0"则产生 1 个更新事件,状态寄存器(TIM4_SR)中的"UIF"位(更新事件中断标志)被硬件自动置"1",如果使能了更新中断功能,即中断使能寄存器(TIM4_IER)中的"UIE"位为"1"则在更新事件产生的同时产生 1 个更新事件中断。一般称更新事件中断为"UIF",更新事件为"UEV",读者需对这两个名词稍加记忆,在学习相关寄存器的时候会用到。

12.3.1 如何理解计数模式?

如图 12.2 所示的"TIM4 结构树"中有一个单元专门用于"计数",在图中表示为"TIM4 向上计数器"。不少读者可能会有疑问,什么叫向上计数? 莫非还有向下计数? 还有向上后再向下计数? STM8 单片机的定时/计数器资源(简称 T/C 资源)确实有这 3 种计数方式,计数方式的多样化会使 T/C 资源的功能更加丰富,也更贴近于特定的应用。接下来,介绍 STM8 系列单片机 T/C 资源中的 3 种计数增长方式。

首先说第一种方式,即向上计数模式,其计数增长方式如图 12.3 所示,该模式也可以称为递增计数模式。本章所讲解的 TIM4 资源正是利用这种方式实现计数,简单来说就是计数值从"0"开始,递增至自动重装载寄存器(TIM4_ARR)影子寄存器中的计数最大值时发生"向上计数溢出",然后产生更新事件和更新事件中断。

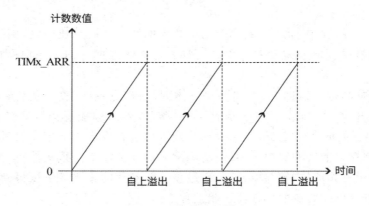

图 12.3　向上计数模式

然后说第二种方式,即向下计数模式,其计数增长方式如图 12.4 所示,该模式也可以称为递减计数方式。简单来说就是计数值从自动重装载寄存器(TIM4_ARR)影子寄存器中的计数最大值递减至"0"时发生"向下计数溢出",然后产生更新事件和更新事件中断。

最后说第三种方式,即向上向下计数模式,其计数增长方式如图 12.5 所示,该模式也可以称为双向计数方式。简单来说就是计数值从"0"开始,递增至自动重装载寄存器(TIM4_ARR)影子寄存器中的计数最大值时发生"向上计数溢出",然后计数值再从自动重装载寄存

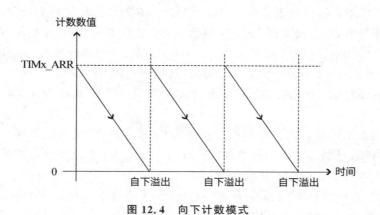

图 12.4　向下计数模式

器(TIM4_ARR)影子寄存器中的计数最大值递减至"0"发生"向下计数溢出",不管是"向上计数溢出"或者"向下计数溢出"都可以产生更新事件和更新事件中断。

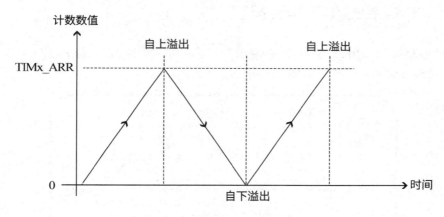

图 12.5　向上向下计数模式

12.3.2　更新事件 UEV 的意义

如图 12.2 所示的"TIM4 结构树"的"树顶"代表计数溢出时发生的更新事件"UEV"和更新事件中断"UIF",那么,这两者有什么关系呢？有更新事件就一定会产生更新事件中断吗？更新事件的作用是什么？在更新事件发生时相关寄存器会有什么变化？要解决这些问题就要弄清楚什么时候会产生更新事件,弄清本质再来看更新事件带来的影响。

TIM4 向上计数器中的计数值达到自动重装载影子寄存器中的设定值时发生计数"溢出",如果此时定时/计数资源控制寄存器 1(TIM4_CR1)中的"UDIS"位为"0"则产生 1 个更新事件,状态寄存器(TIM4_SR)中的"UIF"位(更新事件中断标志)被硬件自动置"1",如果使能了更新中断功能,即中断使能寄存器(TIM4_IER)中的"UIE"位为"1"则在更新事件产生的同时产生 1 个更新事件中断。

也就是说发生更新事件未必会有更新事件中断,要想发生更新事件,必须保证控制寄存器 1(TIM4_CR1)中的禁止更新位"UDIS"为"0",更新事件发生时主要完成以下的动作：

（1）更新事件发生后自动重装载寄存器（TIM4_ARR）中的配置数据会存放进入自动重装载寄存器的影子寄存器，也就是图 12.2 中自动重装载寄存器的"灰色底色面"单元中。

（2）更新事件发生后预分频器寄存器（TIM4_PSCR）中的预分频值会写入到预分频器的缓冲器中，也就是图 12.2 中预分频器寄存器的"灰色底色面"单元中。

（3）更新事件发生后状态寄存器（TIM4_SR）中的"UIF"位（更新事件中断标志）会被硬件自动置为"1"。

也就是说更新事件的意义就是实现配置值的"重新装载"和置位更新事件标志位"UIF"，简单说，更新事件就是刷新了相关的寄存器配置值。若用户欲启用更新事件中断，则配置中断使能寄存器（TIM4_IER）中的"UIE"位为"1"即可。

读者一定要分清楚自动重装载寄存器与它的"影子寄存器"，还有预分频器寄存器与它的"缓冲器"，这 2 个单元中的 4 个结构务必牢记于心，这样才能理解后续的寄存器配置和具体操作的含义。

12.3.3　TIM4 初始化流程及配置

通过对"TIM4 结构树"的学习，可以顺着"结构树"的"脉络"总结得到 TIM4 资源的初始化流程，可供参考的初始化步骤如图 12.6 所示。

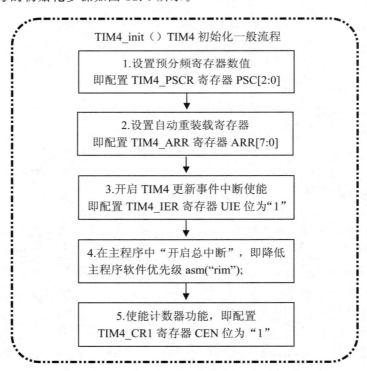

图 12.6　TIM4 初始化流程及配置

按照 TIM4 资源的初始化流程，利用 C 语言编写 TIM4_init()初始化函数和主程序配置语句如下：

```
void TIM4_init()                            //TIM4 初始化函数
{
  TIM4_PSCR = 0xXX;                         //设置预分频寄存器数值得到具体计数频率
  TIM4_ARR = 0xXX;                          //设置自动重装载寄存器
  TIM4_IER = 0x01;                          //开启 TIM4 更新事件中断使能
  TIM4_CNTR = 0xXX;                         //配置 TIM4 定时器初值
}
void main(void)                             //主程序
{
  ......(此处省略具体程序语句)
  TIM4_init();                              //调用用户定义子函数(TIM4 初始化函数)
  asm("rim");                               //调整主函数软件优先级"开启总中断"
  TIM4_CR1 |= 0x01;                         //使能计数器功能
  ......(此处省略具体程序语句)
}
```

在 TIM4 初始化函数中需要注意,TIM4_PSCR、TIM4_ARR、TIM4_CNTR 的配置值暂时写成了"0xXX"表示用户具体配置值,使用该程序模板时可以修改为实际值。

12.4　TIM4 相关寄存器简介

通过对前几节理论知识的学习,读者了解了"TIM4 结构树"和配置流程,本节开始介绍 TIM4 相关寄存器,熟练掌握寄存器相关位配置及含义。与 TIM4 相关的寄存器一共有 7 个,寄存器名称及功能如图 12.7 所示。

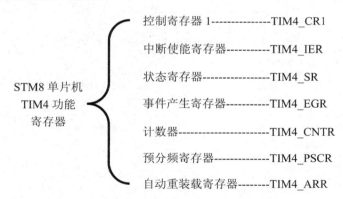

STM8 单片机
TIM4 功能
寄存器

控制寄存器 1----------------TIM4_CR1

中断使能寄存器-----------TIM4_IER

状态寄存器-----------------TIM4_SR

事件产生寄存器-----------TIM4_EGR

计数器-----------------------TIM4_CNTR

预分频寄存器-------------TIM4_PSCR

自动重装载寄存器-------TIM4_ARR

图 12.7　TIM4 寄存器名称及功能

在这 7 个相关寄存器中,控制寄存器 1(TIM4_CR1)主要用于配置和控制 TIM4 自动重装载的载入功能、计数器的运行状态、更新事件和更新中断的功能配置以及计数器的启用和关闭。中断使能寄存器(TIM4_IER)用于配置更新中断的启用与禁止。状态寄存器(TIM4_SR)中反应出是否发生了更新事件,事件产生寄存器(TIM4_EGR)主要是提供一种软件更新事件的配置位,计数器(TIM4_CNTR)就是 TIM4 的向上计数器中的计数值,预分频寄存器(TIM4_PSCR)用于配置对 CK_PSC 时钟的分频系数从而得到 CK_CNT 时钟。自动重装载寄存器(TIM4_ARR)的作用就是装载用户设定的计数最大值,需要注意的是预分频寄存器有

"缓冲器"结构,自动重装载寄存器有对应的"影子"寄存器。

12.4.1 TIM4_CR1 控制寄存器 1

下面按照图 12.7 中的顺序逐一介绍相关寄存器,首先要接触的是控制寄存器 1(TIM4_CR1),相关位定义及功能说明如表 12.2 所示。

表 12.2 STM8 单片机 TIM4_CR1 控制寄存器 1

■ 控制寄存器 1(TIM4_CR1)							地址偏移值:(0x00)$_H$
位 数	位 7	位 6	位 5	位 4	位 3	位 2	位 1	位 0
位名称	ARPE	保留			OPM	URS	UDIS	CEN
复位值	0	0	0	0	0	0	0	0
操 作	rw	—	—	—	rw	rw	rw	rw
位 名	位含义及参数说明							
ARPE 位 7	● 自动预装载使能位							
	0	自动重装载寄存器(TIM4_ARR)的配置值立即写入自动重装载影子寄存器,不必等待更新事件发生						
	1	在下一次更新事件发生时自动重装载寄存器(TIM4_ARR)的配置值才会写入自动重装载影子寄存器						
保留 位 6:4	● 保留位 必须保持清"0"							
OPM 位 3	● 单脉冲模式							
	0	计数器在更新事件时不停止						
	1	在下一次更新事件时计数器停止计数("CEN"位被硬件清"0")						
URS 位 2	● 更新中断请求							
	0	当更新中断使能时("UIE"位为"1"),寄存器发生更新事件(计数器向上溢出或者软件更新置位"UG"位为"1")时立即发送一个更新中断请求						
	1	当更新中断使能时("UIE"位为"1"),仅当计数器达到向上溢出时才发送一个更新中断请求						
UDIS 位 1	● 禁止更新							
	0	当计数器向上溢出或者软件更新置位"UG"位为"1"时,立即产生一次更新事件,自动重装载寄存器(TIM4_ARR)中的值立即加载到自动重装载影子寄存器中						
	1	禁止产生更新事件,自动重装载寄存器(TIM4_ARR)的影子寄存器和预分频器(TIM4_PSC)的缓冲器保持当前的值。如果此时"UG"位置"1",则计数器和预分频器被重新初始化						
CEN 位 0	● 计数器使能位							
	0	禁止计数器						
	1	使能计数器						

如表 12.2 所示的控制寄存器 1(TIM4_CR1)中单脉冲模式位"OPM"、更新中断请求

位"URS"、禁止更新位"UDIS"和计数器使能位"CEN"都比较好理解,其中自动预装载使能位"ARPE"需要特别说明一下。

若自动预装载使能位"ARPE"配置为"0"则自动重装载寄存器(TIM4_ARR)中的配置值会立即写入自动重装载影子寄存器,不必等待更新事件发生,该情况下的工作状态如图 12.8 所示。

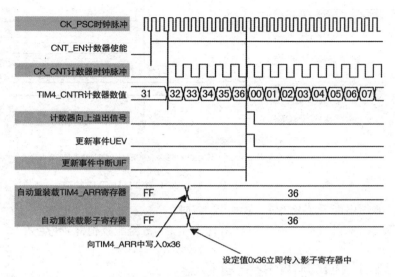

图 12.8　ARPE＝0,预分频数为 2 时 TIM4 工作状态

图 12.8 展示了自动预装载使能位"ARPE"位配置为"0"时,预分频数为 2 时 TIM4 的工作状态。在图中,CK_PSC 时钟脉冲 2 分频后得到了 CK_CNT 计数器时钟脉冲,在"CNT_EN"计数器使能(即"CEN"位为"1")的情况下开始向上计数。此时重点关注自动重装载寄存器(TIM4_ARR)和自动重装载影子寄存器中配置的数值,一开始两个寄存器中都存放着$(0xFF)_H$,后来人为修改 TIM4_ARR 寄存器的配置值为$(0x36)_H$,由于"ARPE"位为"0",所以配置立即生效,TIM4_ARR 寄存器立刻把设定值传送给它的影子寄存器,当计数器(TIM4_CNTR)中的数值由"0"慢慢向上增长至$(0x36)_H$ 时发生"计数溢出",此时产生更新事件"UEV"和更新事件中断"UIF"(前提是更新事件允许产生、更新事件中断允许产生)。

若自动预装载使能位"ARPE"配置为"1",则自动重装载寄存器(TIM4_ARR)中的配置值不会立即写入自动重装载影子寄存器,而是等待下一次更新事件发生时自动重装载寄存器(TIM4_ARR)的配置值才会写入自动重装载影子寄存器,该情况下的工作状态如图 12.9 所示。

图 12.9 中展示了自动预装载使能位"ARPE"位配置为"1"时,预分频数为 1 时 TIM4 的工作状态。在图中,CK_PSC 时钟脉冲和 CK_CNT 计数器时钟脉冲频率一致,在"CNT_EN"计数器使能(即 CEN 位为"1")的情况下开始向上计数。此时,重点关注自动重装载寄存器(TIM4_ARR)和自动重装载影子寄存器中配置的数值,一开始两个寄存器中都存放的$(0xFF)_H$配置值,后来人为修改 TIM4_ARR 寄存器中的配置值为$(0x36)_H$,由于"ARPE"位为"1",配置并不是立即生效,此时计数器(TIM4_CNTR)中的数值依旧按照原配置值计数至$(0xFF)_H$ 时发生"计数溢出",产生更新事件"UEV"和更新事件中断"UIF"(前提是更新事件

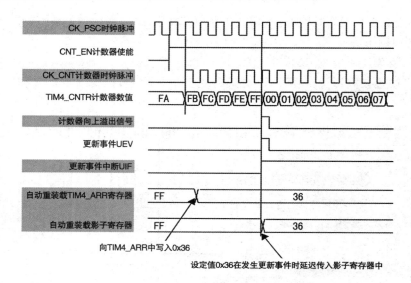

图 12.9　ARPE＝1,预分频数为 1 时 TIM4 工作状态

允许产生、更新事件中断允许产生)。这时候 TIM4_ARR 寄存器才把设定值(0x36)_H 传送给它的影子寄存器,也就是说在下一次更新事件发生后,新的配置值才能"生效"。

12.4.2　TIM4_IER 中断使能寄存器

　　TIM4 发生"计数溢出"后可以产生更新事件,若用户需要在更新事件产生的同时产生一个更新中断信号,则需要配置该寄存器的"UIE"位为"1"。该寄存器相关位定义及功能说明如表 12.3 所示。

表 12.3　STM8 单片机 TIM4_IER 中断使能寄存器

■ 中断使能寄存器(TIM4_IER)							地址偏移值:(0x01)_H	
位　数	位 7	位 6	位 5	位 4	位 3	位 2	位 1	位 0
位名称	保留							UIE
复位值	0	0	0	0	0	0	0	0
操　作	—	—	—	—	—	—	—	rw
位　名	位含义及参数说明							
保留 位 7:1	● 保留位 必须保持清"0"							
UIE 位 0	● 更新中断使能							
	0	更新事件发生时禁止更新中断						
	1	更新事件发生时使能更新中断						

12.4.3　TIM4_SR 状态寄存器

　　在发生更新事件后,硬件会自动对更新事件标志位"UIF"置"1",用户可以通过查询该寄

存器中 UIF 位的状态判定更新事件是否发生,该寄存器相关位定义及功能说明如表 12.4
所示。

表 12.4 STM8 单片机 TIM4_SR 状态寄存器

■ 状态寄存器(TIM4_SR)								地址偏移值:(0x02)H
位 数	位 7	位 6	位 5	位 4	位 3	位 2	位 1	位 0
位名称	保留							UIF
复位值	0	0	0	0	0	0	0	0
操 作	—	—	—	—	—	—	—	rc_w0
位 名	位含义及参数说明							
保留 位 7:1	● 保留位 必须保持清"0"							
UIF 位 0	● 更新中断标志 此位在更新事件发生时由硬件置"1",可以由软件清"0"							
	0	无更新事件产生						
	1	有更新事件发生						

12.4.4 TIM4_EGR 事件产生寄存器

TIM4 的更新事件可以由"计数溢出"后产生,也可以由用户人为的"安排",这种方式就是
软件更新事件,如果用户对该寄存器中"UG"位置"1"则产生一个更新事件,哪怕计数器并没
有真的计数溢出也会产生该更新事件,从而刷新相关寄存器配置。该寄存器相关位的定义及
功能说明如表 12.5 所示。

表 12.5 STM8 单片机 TIM4_EGR 事件产生寄存器

■ 事件产生寄存器(TIM4_EGR)								地址偏移值:(0x03)H
位 数	位 7	位 6	位 5	位 4	位 3	位 2	位 1	位 0
位名称	保留							UG
复位值	0	0	0	0	0	0	0	0
操 作	—	—	—	—	—	—	—	w
位 名	位含义及参数说明							
保留 位 7:1	● 保留位 必须保持清"0"							
UG 位 0	● 更新事件产生							
	0	当 UDIS 位为"1"(禁止产生更新事件)时,置位"UG"位为"0"不产生更新事件,但是计 数器和预分频器会被初始化						
	1	当 UDIS 位为"0"(允许产生更新事件)时,置位"UG"位为"1"则产生软件更新事件						

12.4.5　TIM4_CNTR 计数器

在 TIM4 向上计数时其计数值装载在计数器(TIM4_CNTR)中,该寄存器就是计数的"场合",该寄存器相关位定义及功能说明如表 12.6 所示。

表 12.6　STM8 单片机 TIM4_CNTR 计数器

■ 计数器(TIM4_CNTR)							地址偏移值:(0x04)$_H$
位　数	位 7	位 6	位 5	位 4	位 3	位 2	位 1	位 0
位名称	CNT[7:0]							
复位值	0	0	0	0	0	0	0	0
操　作	rw	rw	rw	rw	rw	rw	rw	rw
位　名	位含义及参数说明							
CNT[7:0]位 7:0	● 计数器值							

12.4.6　TIM4_PSCR 预分频寄存器

TIM4 资源的计数器如果需要对 CK_PSC 时钟进行再次分频,则需要用户设定预分频寄存器(TIM4_PSCR)中的低 3 位"PSC[2:0]"来实现,CK_PSC 时钟经过分频后得到 CK_CNT 时钟用于计数。预分频系数可以配置为 1～128 之间的 2 的任意次幂(包括 1、2、4、8、16、32、64、128 这几种分频因子),也就是 2^n 分频系数,n 的取值范围是 0～7。该寄存器相关位定义及功能说明如表 12.7 所示。

表 12.7　STM8 单片机 TIM4_PSCR 预分频寄存器

■ 预分频寄存器(TIM4_PSCR)							地址偏移值:(0x05)$_H$
位　数	位 7	位 6	位 5	位 4	位 3	位 2	位 1	位 0
位名称	保留					PSC[2:0]		
复位值	0	0	0	0	0	0	0	0
操　作	—	—	—	—	—	rw	rw	rw
位　名	位含义及参数说明							
保留 位 7:3	● 保留位 必须保持清"0"							
PSC[2:0] 位 2:0	● 预分频值 用户配置预分频值后需要等待更新事件的发生,所设定的预分频值才会生效,CK_PSC 时钟经过分频后得到 CK_CNT 时钟用于计数,其计算关系如本章公式 12.1 所示							

12.4.7 TIM4_ARR 自动重装载寄存器

该寄存器用于配置用户设定的计数最大值,该寄存器还有一个"影子"寄存器单元,该寄存器相关位的定义及功能说明如表 12.8 所示。

表 12.8 STM8 单片机 TIM4_ARR 自动重装载寄存器

■ 自动重装载寄存器(TIM4_ARR)							地址偏移值:(0x06)$_H$	
位 数	位 7	位 6	位 5	位 4	位 3	位 2	位 1	位 0
位名称	ARR[7:0]							
复位值	1	1	1	1	1	1	1	1
操 作	rw	rw	rw	rw	rw	rw	rw	rw
位 名	位含义及参数说明							
ARR[7:0] 位 7:0	● 自动重装载值							

12.5 基础项目 A 自定义 1 Hz 信号输出实验

学习完基础的理论知识就开始动手吧! 小宇老师以 1 Hz 信号为题设计该实验。要想得到 1 Hz 信号可以用的方法其实很多,有的读者可能会想到 555 时基电路硬件搭建,也有读者会使用振荡器加上分频电路来实现,但是学习了 STM8 单片机以后就可以通过几条简单的语句来输出。在编程之前先设计验证思路,输出的频率为 1 Hz,也就是 1 s 内跳变一次,将输出信号连接到一个发光二极管电路上就可以用肉眼看到"闪烁"状态,再在选定的 GPIO 引脚上连接逻辑分析仪探针,这样一来就可以测量出周期和跳变频率了。按照设计思路构建的硬件电路如图 12.10 所示。

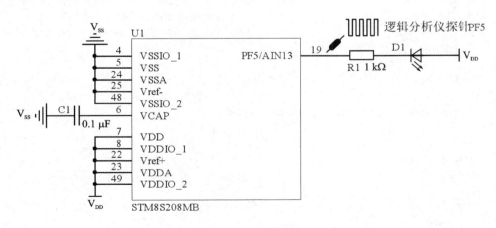

图 12.10 1Hz 信号输出电路原理图

在图 12.10 中,1 Hz 信号由 PF5 引脚输出,D1 为发光二极管,R1 为限流电阻。程序中需要将 PF5 引脚配置为推挽输出模式,如果输出"0"则 D1 亮起,如果输出"1"则 D1 熄灭。根据前几节的学习,按照 TIM4 初始化流程配置相关的寄存器,可用 C 语言编写程序实现如下:

```c
/*******************************************************
 * 实验名称及内容:自定义 1Hz 信号输出实验
 *******************************************************/
# include "iostm8s208mb.h"              //主控芯片的头文件
/*****************常用数据类型定义****************/
{【略】}为节省篇幅,相似语句可以直接参考之前章节
/*****************端口/引脚定义区域****************/
#define led1   PF_ODR_ODR5              //PF5 输出 1 Hz 信号
/*****************用户自定义数据区域****************/
u16 num = 0;                           //全局变量 num 用于存放 ms 数自增运算结果
/*****************函数声明区域****************/
void TIM4_init();                      //TIM4 初始化函数声明
/*****************主函数区域****************/
void main(void)
{
  PF_DDR_DDR5 = 1;                     //配置 PF5 引脚为输出引脚
  PF_CR1_C15 = 1;                      //配置 PF5 引脚为推挽输出模式
  PF_CR2_C25 = 0;                      //配置 PF5 引脚低速率输出模式
  led1 = 1;                            //PF5 输出为高电平,D1 熄灭
  TIM4_init();                         //TIM4 初始化
  asm("rim");                          //改变主程序软件优先级"开启中断"
  TIM4_CR1 |= 0x01;                    //使能计数器功能 TIM4_CR1 寄存器 CEN 位为"1"
  while(1);                            //程序死循环等待 TIM4 更新事件中断发生
}
void TIM4_init()
{
  TIM4_PSCR = 0x03;                    //设置预分频寄存器数值得到 250 kHz 计数频率
  TIM4_ARR = 0xF9;                     //设置自动重装载寄存器为 250,得到定时时间为 1 ms
  TIM4_IER = 0x01;                     //开启 TIM4 更新事件中断使能
  TIM4_CNTR = 0xFA;                    //配置 TIM4 定时器初值,使得开始计数时发生第一次溢出
  //产生更新事件和更新事件中断
}
// *****************中断函数区域****************
# pragma vector = 0x19                 //TIM4 计数溢出更新事件中断响应函数
__interrupt void TIM4_UPD_OVF_IRQHandler(void)
{
    num + + ;
    TIM4_SR = 0;                       //清除更新事件中断标志位 UIF
    if(num = = 500)                    //500 ms 跳变,周期为 1 s,频率即为 1 Hz
    {
      led1 = ! led1;                   //GPIO 状态取反输出秒信号 1 Hz 脉冲
      num = 0;                         //清零 num 值
    }
}
```

通读程序可以看出,单片机上电后从 main() 函数开始执行该程序,首先是初始化 GPIO

端口的配置,配置 PF5 引脚为推挽输出模式,然后开始初始化 TIM4 相关寄存器。由于需要产生 1 Hz 信号,那 500 ms 就需要反转 PF5 引脚的状态 1 次,所以首先想到能否得到一个 1 ms 的定时值,如果能得到,那么 500 ms 也就是"计数溢出"500 次即可。因此得到 1 ms 定时时间就显得非常重要。

因为单片机上电时默认选择 HSI 时钟源的 8 分频作为系统主时钟源频率,即 f_{MASTER} 时钟频率为 2 MHz。这个频率对于本项目来说"太高了",所以需要将主时钟频率进一步分频,将频率值降下来。也就是说将主时钟源频率(也就是 CK_PSC 时钟频率)经过分频后得到 CK_CNT 时钟用于计数。需要设定预分频寄存器(TIM4_PSCR)中的低 3 位"PSC[2:0]",此处将其配置为"011",分频系数就是 2^3 等于 8 分频。有的读者会有疑问,为什么非要 8 分频,如何选择的呢?其实,分频系数的选择是按照实际需求大致选定的,本项目中欲得到 1 ms 定时时间,也就要求计数时钟周期小于 1 ms,分频数可以由用户决定,大致得到一个适合计算的计数频率即可。此时根据本章公式 12.1,将相关参数代入可得计数时钟频率:

$$f_{\text{CK\_CNT}} = \frac{f_{\text{CK\_PSC}}}{2^{\text{PSC}[2:0]}} = \frac{2\ \text{MHz}}{2^3} = 250\ \text{kHz}$$

得到 CK_CNT 时钟频率后就能求得 CK_CNT 时钟周期为 1/250 kHz,即 0.000004 s。那么,1 ms 定时时间也就是 250 个 CK_CNT 时钟周期。考虑到自动重装载寄存器(TIM4_ARR)数值为"0x00"时也要占用 1 个 CK_CNT 时钟周期,则利用 C 语言语句对自动重装载寄存器(TIM4_ARR)进行赋值 $(249)_D$ 也就是 $(0xF9)_H$ 即可。在 TIM4_init()这个初始化函数中,多了一句"TIM4_CNTR = 0xF9;"其目的是让 TIM4 初始化时自动重装载影子寄存器和计数器中数值相等,首次发生"计数溢出"从而产生更新事件和更新事件中断。

在程序中还有一个"小细节"就是变量"num",该变量一定要配置为全局变量,并且应该在变量定义时对变量"num"进行赋值为"0"的操作,因为变量"num"的用处是实现中断次数的累计,所以初始数值应该为"0"。有的读者可能在做实验时习惯性把"num"的定义配置在了中断响应函数 TIM4_UPD_OVF_IRQHandler()中,这样一来每当 TIM4 更新事件中断发生时"num"都被重复定义并赋初值,导致计数值无法正确累计从而使得实验失败或异常。

程序运行后,上位机软件采集逻辑分析仪测得的波形如图 12.11 所示,可以看到 PF5 引脚 0.5 s 跳变一次,周期为 1 s,电平跳变频率为 1 Hz,位于系统硬件电路中的发光二极管 D1 也规律的闪烁,至此就算是成功的完成了实验。

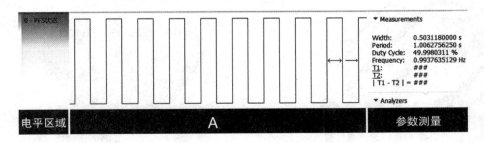

图 12.11 1 Hz 信号测量结果

若用户需要输出其他频率信号或者欲得到不同的定时值,可以按照本项目的方法重新计算相关参量进行程序修改即可,至此已经成功的熟悉了 TIM4 资源,但是要"拿下"TIM4 资源的应用还有一段路要走,读者需要多练习,多思考。

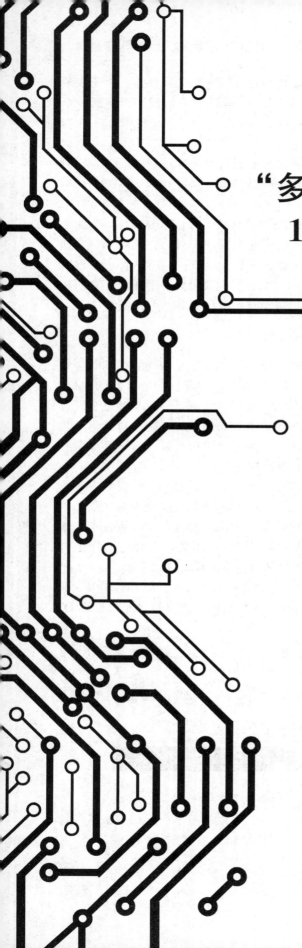

## 第 13 章

"多才多艺,功能王者" 16 位高级型定时/计数器 TIM1

章节导读:

亲爱的读者,本章将详细介绍 STM8 单片机 16 位高级型定时/计数器 TIM1 的相关知识和应用。章节共分为 5 个部分,13.1 节主要是介绍"功能王者"TIM1 资源的功能及特性。13.2 节主要讲解 TIM1 定时功能,重点理解时基单元的组成及定时有关的寄存器配置。13.3 节主要讲解 TIM1 资源的计数功能,引出了外部时钟源模式 1 和外部时钟源模式 2 的相关内容,然后加以实践。13.4 节主要讲解 TIM1 资源的输入捕获功能,利用捕获功能测量方波信号频率和占空比参数,讲解了周期测量机制及方法,利用复位触发模式完成了占空比参数测量。13.5 节主要讲解 TIM1 资源的输出比较功能,以边沿对齐方式和中间对齐方式展开讲解和实践。本章内容非常重要,需要读者熟练掌握,加深对 TIM1 资源的理解。

13.1 TIM1 资源功能及特性简介

本章开始学习 STM8 单片机功能最强大的定时/计数器 TIM1 资源,第 12 章介绍了 8 位基本型定时/计数器 TIM4,该资源只能被配置为定时器功能,功能比较单一,配置流程和方法也很简单,配置相关寄存器的数量也较少,所以学习起来比较容易。本章要接触和学习的 16 位高级型定时/计数器 TIM1 功能就要比 TIM4 复杂很多,涉及的寄存器有 32 个之多,但是读者也不必紧张,这 32 个寄存器都是按照功能和用途划分的,每种功能涉及的寄存器并不多,所以本章的内容是按照 TIM1 资源的具体功能来安排的,按照这个思路就可以"逐一拿下,轻松掌握"。

在学习开始之前,简单了解一下 TIM1 资源。TIM1 资源主要是由一个 16 位的自动装载计数器组成,它由一个可编程的预分频器驱动。高级型定时/计数器 TIM1 适用于许多不同的用途,比如可以完成最基本的定时功能,可以测量输入信号的脉冲宽度(输入捕获功能),产生输出波形(输出比较功能、PWM 功能和单脉冲模式功能),还可以对应于不同事件(捕获、比较、溢出、刹车、触发)产生相关中断以及与 TIM5/TIM6 或者外部信号(外部时钟、复位信号、触发和使能信号)进行同步等。高级型定时/计数器 TIM1 广泛适用于各种控制应用中,包括那些需要中间对齐模式 PWM 的应用,该模式支持互补输出和死区时间控制。高级型定时/计数器 TIM1 的时钟源可以是内部时钟,也可以是外部信号,具体的选择可以通过相关寄存器进行配置。

读者感觉怎么样?通过简介就足以感受到 TIM1 资源的"强大",所以小宇老师为其取名"功能王者",概括性的说,TIM1 资源包含有以下的特性:

(1) TIM1 资源可以配置为 16 位向上、向下、向上/向下自动装载计数模式;

(2) 允许在指定数目的计数器周期之后更新定时器寄存器的重复计数器;

(3) 拥有 16 位可编程(可以实时修改)预分频器,计数器时钟频率的分频系数可以配置为 1~65535 之间的任意数值;

(4) 配备同步电路,可用于使用外部信号控制定时器以及定时器之间的互联(某些型号的芯片没有定时器互联功能,具体功能可以由读者参考具体型号单片机的数据手册);

(5) 拥有多达 4 个独立通道可以被配置为输入捕获、输出比较、PWM 生成(边沿或中间对齐模式)和单脉冲模式输出等,还拥有 3 个支持互补输出并且死区时间可编程的通道;

(6) 刹车输入信号可以将定时器输出信号置于复位状态或者一个已知状态;

(7) 拥有外部触发输入引脚(ETR);

(8) 产生中断的事件比较"丰富",包括更新事件(计数器向上溢出/向下溢出,计数器初始化,通过软件或者内部/外部触发)、触发事件(计数器启动、停止、初始化或者由内部/外部触发计数)、输入捕获事件、输出比较事件和刹车信号输入事件等。

为了让读者轻松掌握 TIM1 资源功能,本章按照功能的难易程度逐一"攻破",首先讲解 TIM1 资源的定时功能,然后讲解计数功能,随后以方波的频率和占空比测量引出输入捕获功能,最后讲解 PWM 信号输出比较功能。

13.2 "小菜一碟"定时功能

第一个要"拿下"的功能就是定时功能,这个功能其实和本书第 12 章所讲解的 TIM4 资源很相似,但是功能又要强大一些,分频系数可以配置为 1～65535 之间的任意数值,计数方式也多样化一些,定时功能会涉及 5 类寄存器,这些寄存器分别是预分频寄存器高位/低位(TIM1_PSCRH、TIM1_PSCRL)、自动重装载寄存器高位/低位(TIM1_ARRH、TIM1_ARRL)、16 位计数器高位/低位(TIM1_CNTRH、TIM1_CNTRL)、中断使能寄存器(TIM1_IER)以及控制寄存器 1(TIM1_CR1)共计 8 个。

有的读者会问这些寄存器都干嘛用的?怎么去配置它们?有此一问很正常,在配置这些寄存器之前应该了解定时功能是如何实现的,各种寄存器间的关系是什么,要解决这些疑问就必须"看透"这个单元结构。

13.2.1 TIM1 资源时基单元结构

本小节详细介绍 TIM1 资源内部时基单元的结构及各种结构之间的关系。如图 13.1 所示,图片左边输入的 $f_{\text{CK\_PSC}}$ 时钟就是送到 TIM1 时基单元的时钟信号,该时钟信号经过预分频器进行分频后得到 $f_{\text{CK\_CNT}}$ 时钟,即计数时钟信号,该信号控制计数器的计数速度。这个预分频器可以被配置为 1～65535 之间的任意数值,这样一来计数时钟频率配置就非常的灵活了,无非就是向预分频寄存器高位/低位(TIM1_PSCRH、TIM1_PSCRL)送入预分频因子即可。TIM1 资源的时基单元内还包含一个 16 位的向上/向下计数器,这个单元就是计数的场合,因为是 16 位的,所以分为了高低两个寄存器来存放当前的计数数值,也就是之前提到的 16 位计数器高位/低位(TIM1_CNTRH、TIM1_CNTRL)。在 16 位计数器上方有个自动重装载寄存器,这个寄存器主要存放用户设定的计数初值,自动重载寄存器由预装载寄存器和影子寄存器(灰色影子部分)组成,该寄存器也分为高位/低位(TIM1_ARRH、TIM1_ARRL)。观察细致的读者一定会发现图片中的"UEV"和"UIF"箭头,"UEV"表示一个更新事件,"UIF"表示一个中断事件。图片右边所示的重复计数寄存器和重复计数器会在后续功能中提到,此处不做展开。在 TIM1 资源的时基单元中,16 位计数器、预分频器、自动重载寄存器和重复计数器寄存器都可以通过软件进行读写操作。

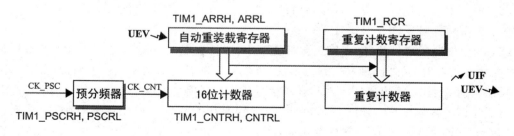

图 13.1 TIM1 时基单元结构图

接下来仔细分析图 13.1,图中左侧的 $f_{\text{CK\_PSC}}$ 时钟就是送到 TIM1 时基单元的时钟信号,该信号可以有 4 种来源,第一种是单片机的内部主时钟(f_{MASTER}),第二种是外部时钟模式 1 情况下的外部时钟输入（TIx），第三种是外部时钟模式 2 的外部触发输入 ETR，第四种是内部触发输入（ITRx）时使用一个定时器做为另一个定时器的预分频时钟。可见，$f_{\text{CK\_PSC}}$ 时钟来源比较多样，可以满足一些特殊的功能需要。

既然这个 $f_{\text{CK\_PSC}}$ 时钟来源多样，那么怎样才能确定具体的时钟来源呢？这就要看 TIM1 资源被配置为什么样的"模式"，如果是禁止了触发模式控制器和外部触发输入的情况（从模式控制寄存器（TIM1_SMCR）中的"SMS"位为"000"，外部触发寄存器（TIM1_ETR）中的"ECE"位为"0"），TIM1 资源就是"普通模式"。在定时功能中需要将 TIM1 资源配置为"普通模式"，在该模式下，一旦控制寄存器 1（TIM_CR1）中的"CEN"位被置为"1"，计数器就开始工作，此时预分频器的时钟 $f_{\text{CK\_PSC}}$ 就由内部时钟 f_{MASTER} 提供，至于什么时候选择其他时钟源作为 $f_{\text{CK\_PSC}}$ 时钟就要涉及其他的模式和功能，这一部分的内容先不做详细展开。

有了 $f_{\text{CK\_PSC}}$ 时钟信号应该怎么做呢？假设 $f_{\text{CK\_PSC}}$ 时钟选取 f_{MASTER} 时钟作为时钟源，得到 $f_{\text{CK\_PSC}}$ 时钟后不经过分频直接得到 $f_{\text{CK\_CNT}}$ 时钟，f_{MASTER} 时钟若为 16 MHz，$f_{\text{CK\_CNT}}$ 时钟周期就是 0.0000 000625 s，这个频率过快，导致计数速度过快，虽然 TIM1 计数器是 16 位的，但是在快速的计数操作后得到的定时时间会很短，用不了多久计数器就会溢出，这样一来用处就很局限了，这时候的计数器初值就好比是"金山银山"，$f_{\text{CK\_CNT}}$ 时钟周期就是"消耗的速度"，过日子要"细水长流"，由于 $f_{\text{CK\_CNT}}$ 时钟的"挥霍无度"，这"金山银山"也迟早要用完，所以意法半导体生产商在 TIM1 资源的时基模块中引入了"预分频器"单元，这个单元可以实现用户对 $f_{\text{CK\_PSC}}$ 时钟灵活的分频配置，使得 $f_{\text{CK\_CNT}}$ 时钟频率在较宽的范围内驱动计数器进行计数，这样一来就直接影响了定时时间长度，使得 TIM1 定时功能更为灵活、更为强大。

TIM1 预分频器（TIM1_PSCR）是一个由 16 位寄存器控制的 16 位计数器。因为是 16 位的寄存器，所以分为高低两个 8 位寄存器，分别是 TIM1_PSCRH 和 TIM1_PSCRL。由于这个控制寄存器带有缓冲器，因此它能够在运行时被改变，预分频器可以将计数器的时钟频率按 1～65536 之间的任意值进行分频，计数器的计数频率可以通过式 13.1 计算得到：

$$f_{\text{CK\_CNT}} = \frac{f_{\text{CK\_PSC}}}{\text{PSCR}[15{:}0] + 1} \qquad (\text{式 13.1})$$

式 13.1 中的"PSCR[15:0]"就表示预分频器（TIM1_PSCR）中装载的分频因子，这个数值由用户来配置，假设用户配置为"0"，按照式 13.1 进行计算，此时的计数器时钟频率 $f_{\text{CK\_CNT}}$ 就等于 $f_{\text{CK\_PSC}}$ 时钟频率，也就是不分频的意思。预分频器的设定值由预装载寄存器写入，保存了当前使用值的影子寄存器会在低位被写入时载入。在程序操作时需要两次单独的写操作语句来设定具体的分频因子，程序先写高位 TIM1_PSCRH 寄存器，然后再写低位 TIM1_PSCRL 寄存器，新的预分频器的值会在下一次更新事件到来的时候被采用。

接下来看看"16 位计数器"单元，计数器中装载的计数值在上电时默认为"0"，所以用户初始化 TIM1 资源时一般需要给计数器置一个计数初值，这个过程就要涉及到计数器的写入操作，由于计数器的写操作没有缓存单元，用户便可以在任何时候改写 TIM1_CNTRH 和 TIM1_CNTRL 寄存器中的内容，但是最好不要在计数器运行的时候突然写入新的数值，以免导致计数发生错误。

虽然写计数器的操作没有缓存单元，但是读计数器的操作却带有一个 8 位的缓存单元，设定一个读操作的 8 位缓存器有什么作用呢？要想理解设置该缓存器的目的，就需要仔细分析图 13.2 中的读操作流程。

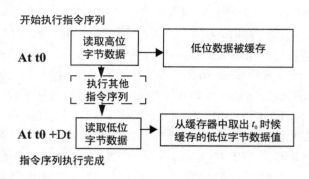

图 13.2　计数器读操作的执行流程

当用户开始执行读操作指令序列时，程序会先把高位字节 TIM1_CNTRH 寄存器中的内容"取走"，然后再去取低位 TIM1_CNTRL 寄存器中的内容。因为写计数器的操作没有缓存单元，也就是说计数器的数值随时都能改变，假设用户在读取计数器数值时，刚把高位字节寄存器内容"取走"之后，计数器就被写入了新数值，这时候原来的低位寄存器中的值就会被新写入的值覆盖和替换掉，这样一来，低位寄存器中的值就"不复存在"了，读取的数值就必定是一个"错误值"，所以在用户读取了计数器高位寄存器内容之后，低位寄存器中的数值必须被"缓存"起来，必须确保数据在读操作指令完成之前不会有变化，这样才能保障读操作的有效性和正确性。

通过上述讲解，读者应该对 TIM1 资源的时基单元有了初步的了解，接下来以"定时功能"为例，讲解时基单元配置中具体要使用到的寄存器，了解寄存器各个功能位的作用，掌握相应的配置方法，为实现基础项目 A 做好铺垫。

13.2.2　定时功能配置流程及相关寄存器简介

正如本节开始时讲的，第一个要"拿下"的功能就是定时功能，定时功能会涉及 5 类寄存器，共计 8 个。这些寄存器分别是预分频寄存器高位/低位（TIM1_PSCRH、TIM1_PSCRL）、自动重装载寄存器高位/低位（TIM1_ARRH、TIM1_ARRL）、16 位计数器高位/低位（TIM1_CNTRH、TIM1_CNTRL）、中断使能寄存器（TIM1_IER）以及控制寄存器 1（TIM1_CR1）。要成功配置"定时功能"就必须按照一定的流程去配置，推荐的配置流程如图 13.3 所示。

在配置流程中一共有 6 个主要步骤，接下来就按照步骤的顺序逐一讲解配置流程，然后引出相关的寄存器，解说相应功能位。

第一步：设置预分频寄存器数值。该步骤主要用来确定预分频系数，使得 f_{CK_PSC} 时钟经过分频后得到 f_{CK_CNT} 时钟，然后驱动计数器计数，TIM1 资源的预分频计数器是 16 位的，所以要分别配置预分频器高 8 位寄存器（TIM1_PSCRH）和预分频器的低 8 位寄存器（TIM1_PSCRL），高低位寄存器相关位定义及功能说明如表 13.1 和表 13.2 所示。

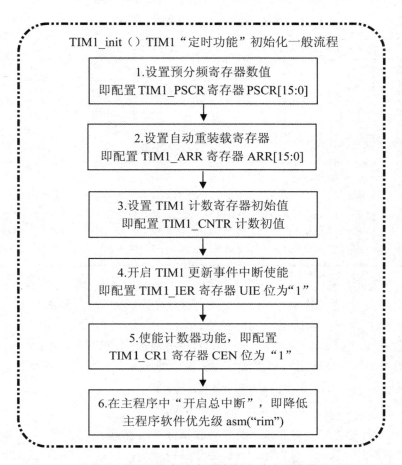

图 13.3 TIM1"定时功能"初始化流程及配置

表 13.1 STM8 单片机 TIM1_PSCRH 预分频器高 8 位

■ 预分频器高 8 位(TIM1_PSCRH)							地址偏移值:$(0x10)_H$
位 数	位 7	位 6	位 5	位 4	位 3	位 2	位 1	位 0
位名称	PSC[15:8]							
复位值	0	0	0	0	0	0	0	0
操 作	rw	rw	rw	rw	rw	rw	rw	rw
位 名	位含义及参数说明							
PSC [15:8] 位 7:0	● 预分频器的高 8 位值 预分频器用于对 f_{CK_PSC} 时钟进行分频,计数器的时钟频率 f_{CK_CNT} 等于 f_{CK_PSC}/(PSCR [15:0]+1),PSCR 包含了当更新事件产生时装入当前预分频器寄存器的值(更新事件包括计数器被事件产生寄存器(TIM1_EGR)中的产生更新事件位"UG"清"0"或被工作在复位模式的从控制器清"0"),这就意味着为了使新值起作用,必须产生一个更新事件							

表 13.2　STM8 单片机 TIM1_PSCRL 预分频器低 8 位

■ 预分频器低 8 位(TIM1_PSCRL)						地址偏移值:(0x11)$_H$	
位　数	位 7	位 6	位 5	位 4	位 3	位 2	位 1	位 0
位名称	PSC[7:0]							
复位值	0	0	0	0	0	0	0	0
操　作	rw	rw	rw	rw	rw	rw	rw	rw
位　名	位含义及参数说明							
PSC [7:0] 位 7:0	● 预分频器的低 8 位值 预分频器用于对 f_{CK_PSC} 时钟进行分频,计数器的时钟频率 f_{CK_CNT} 等于 f_{CK_PSC}/(PSCR [15:0]+1),PSCR 包含了当更新事件产生时装入当前预分频器寄存器的值(更新事件包 括计数器被事件产生寄存器(TIM1_EGR)中的产生更新事件位"UG"清"0"或被工作在复 位模式的从控制器清"0"),这就意味着为了使新的值起作用,必须产生一个更新事件							

　　用户需要配置预分频寄存器时,需要注意设定的分频因子与实际分频数之间的关系,该关系在之前的式 13.1 中已经描述了。假设当前的系统主时钟 f_{MASTER} 频率为 16 MHz,TIM1 资源的 f_{CK_PSC} 时钟选取系统主时钟作为时钟源,则 f_{CK_PSC} 时钟也为 16 MHz,若此时需要进行 16 分频让计数时钟 f_{CK_CNT} 的频率变为 1 MHz,则分频因子应该配置为 15,而不是 16。此时可以利用 C 语言编写 TIM1 定时功能初始化函数中的预分频数配置语句如下:

```
TIM1_PSCRH = 0;        //配置分频系数高位寄存器
TIM1_PSCRL = 15;       //配置分频系数低位寄存器
```

　　第二步:设置自动重装载寄存器。配置完成预分频寄存器后,就得到了计数时钟 f_{CK_CNT},计数器会在计数时钟 f_{CK_CNT} 的"节拍"下按照计数模式进行计数,当计数溢出后产生相应的事件和中断。假设在 TIM1 资源中采用的是向上计数模式,计数值会从"0"开始,递增至自动重装载寄存器(TIM1_ARR)影子寄存器中的计数最大值时发生"向上计数溢出",然后就会产生更新事件和更新事件中断,其计数过程如图 13.4 所示。

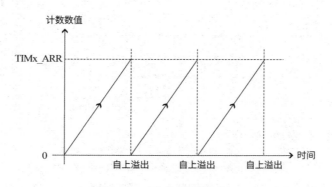

图 13.4　向上计数模式

　　自动重装载寄存器(TIM1_ARR)用于配置用户设定的计数最大值,该寄存器还有一个影子寄存器单元,由于寄存器是 16 位的,所以也分为高低两个 8 位寄存器,分别是 TIM1_ARRH 寄存器和 TIM1_ARRL 寄存器,相关位定义及功能说明如表 13.3 和表 13.4 所示。

表 13.3 STM8 单片机 TIM1_ARRH 自动重装载寄存器高 8 位

■ 自动重装载寄存器高 8 位(TIM1_ARRH)							地址偏移值:(0x12)$_H$
位 数	位 7	位 6	位 5	位 4	位 3	位 2	位 1	位 0
位名称	ARR[15:8]							
复位值	1	1	1	1	1	1	1	1
操 作	rw	rw	rw	rw	rw	rw	rw	rw
位 名	位含义及参数说明							
ARR[15:8] 位 7:0	● 自动重装载的高 8 位值 ARR 包含了将要装载入实际的自动重装载寄存器的值,需要特别注意的是当自动重装载的值为空时,计数器不工作							

表 13.4 STM8 单片机 TIM1_ARRL 自动重装载寄存器低 8 位

■ 自动重装载寄存器低 8 位(TIM1_ARRL)							地址偏移值:(0x13)$_H$
位 数	位 7	位 6	位 5	位 4	位 3	位 2	位 1	位 0
位名称	ARR[7:0]							
复位值	1	1	1	1	1	1	1	1
操 作	rw	rw	rw	rw	rw	rw	rw	rw
位 名	位含义及参数说明							
ARR[7:0] 位 7:0	● 自动重装载的低 8 位值 ARR 包含了将要装载入实际的自动重装载寄存器的值,需要特别注意的是当自动重装载的值为空时,计数器不工作							

用户需要配置自动重装载寄存器时,需要注意将计数值的高 8 位和低 8 位分开赋值,先写高 8 位 TIM1_ARRH 寄存器,再写低 8 位 TIM1_ARRL 寄存器,而且自动重装载的计数值不能设定为"0",否则计数器会停止工作。

假设欲设定的计数值为"set_num",则可以利用 C 语言编写 TIM1 定时功能初始化函数中的自动重装载配置语句如下:

```
TIM1_ARRH = (u8)(set_num>>8);        //配置自动重装载寄存器高位
TIM1_ARRL = (u8)set_num&0x00FF;      //配置自动重装载寄存器低位
```

第一条语句将"set_num"数值右移 8 位的目的是将"set_num"数值的高 8 位赋值给 TIM1_ARRH 寄存器,在第二条语句中将 set_num 数值和(0x00FF)$_H$ 进行"按位与"操作,目的是将"set_num"数值的低 8 位赋值给 TIM1_ARRL 寄存器。

第三步:设置 TIM1 计数寄存器初始值。这一步是非必须的步骤,计数器寄存器是 TIM1 资源计数的场合,里面存放的是当前的计数值,上电的时候默认为"0",当然了,也可以人为设定初始值,如果设定的初始值刚好等于自动重装载寄存器(TIM1_ARR)中的计数值,则在 TIM1 模块启动后就立即发生一次溢出事件。由于计数器寄存器也是 16 位的,所以也分为高低两个 8 位寄存器,分别是 TIM1_CNTRH 寄存器和 TIM1_CNTRL 寄存器,寄存器相关位定义及功能说明如表 13.5 和表 13.6 所示。

表 13.5 STM8 单片机 TIM1_CNTRH 计数器高 8 位

■ 计数器高 8 位(TIM1_CNTRH)						地址偏移值:(0x0E)H		
位　数	位 7	位 6	位 5	位 4	位 3	位 2	位 1	位 0
位名称	CNT[15:8]							
复位值	0	0	0	0	0	0	0	0
操　作	rw	rw	rw	rw	rw	rw	rw	rw
位　名	位含义及参数说明							
CNT[15:8] 位 7:0	● 计数器的高 8 位值							

表 13.6 STM8 单片机 TIM1_CNTRL 计数器低 8 位

■ 计数器低 8 位(TIM1_CNTRL)						地址偏移值:(0x0F)H		
位　数	位 7	位 6	位 5	位 4	位 3	位 2	位 1	位 0
位名称	CNT[7:0]							
复位值	0	0	0	0	0	0	0	0
操　作	rw	rw	rw	rw	rw	rw	rw	rw
位　名	位含义及参数说明							
CNT[7:0] 位 7:0	● 计数器的低 8 位值							

　　假设用户需要 TIM1 模块启动后立即发生溢出事件,可以将计数器寄存器(TIM1_CNTR)中的值和自动重装载寄存器(TIM1_ARR)中的值配置为相等的数值,假设自动重装载寄存器中的计数值为"set_num",则计数器寄存器也初始化为"set_num",可以利用 C 语言编写 TIM1 定时功能初始化函数中的计数器数值配置语句如下:

```
TIM1_CNTRH =(u8)(set_num>>8);        //配置计数器高位
TIM1_CNTRL =(u8)set_num&0x00FF;      //配置计数器低位
```

　　第四步:开启 TIM1 更新事件中断使能。这一个步骤非常关键,当 TIM1 时基单元中的计数器发生计数溢出时,需要及时掌握溢出情况和发生的更新事件,所以需要允许更新中断产生,中断使能寄存器(TIM1_IER)相关位的定义及功能说明如表 13.7 所示。

表 13.7 STM8 单片机 TIM1_IER 中断使能寄存器

■ 中断使能寄存器(TIM1_IER)						地址偏移值:(0x04)H		
位　数	位 7	位 6	位 5	位 4	位 3	位 2	位 1	位 0
位名称	BIE	TIE	COMIE	CC4IE	CC3IE	CC2IE	CC1IE	UIE
复位值	0	0	0	0	0	0	0	0
操　作	rw	rw	rw	rw	rw	rw	rw	rw

续表 13.7

位　名	位含义及参数说明		
BIE 位 7	● 允许刹车中断		
	0	禁止刹车中断	
	1	允许刹车中断	
TIE 位 6	● 触发中断使能		
	0	禁止触发中断	
	1	使能触发中断	
COMIE 位 5	● 允许 COM 中断		
	0	禁止 COM 中断	
	1	允许 COM 中断	
CC4IE 位 4	● 允许捕获/比较 4 中断		
	0	禁止捕获/比较 4 中断	
	1	允许捕获/比较 4 中断	
CC3IE 位 3	● 允许捕获/比较 3 中断		
	0	禁止捕获/比较 3 中断	
	1	允许捕获/比较 3 中断	
CC2IE 位 2	● 允许捕获/比较 2 中断		
	0	禁止捕获/比较 2 中断	
	1	允许捕获/比较 2 中断	
CC1IE 位 1	● 允许捕获/比较 1 中断		
	0	禁止捕获/比较 1 中断	
	1	允许捕获/比较 1 中断	
UIE 位 0	● 允许更新中断		
	0	禁止更新中断	
	1	允许更新中断	

若需要允许更新中断的产生,将中断使能寄存器(TIM1_IER)中的"UIE"位配置为"1"即可。可以利用 C 语言编写 TIM1 定时功能初始化函数中的允许更新中断产生配置语句如下:

```
TIM1_IER |= 0x01;          //开启溢出中断,将"UIE"位置"1"
```

若需要关闭该更新中断,可以执行:

```
TIM1_IER &= 0xFE;          //关闭溢出中断,将"UIE"位清"0"
```

开启了更新中断后还没有结束,允许更新中断后当更新事件发生时会产生中断请求,CPU 需要响应请求并且跳转到中断向量处执行中断响应函数,所以还需要在程序中构建具体的中断响应函数,也就是说明"中断来了,你想做什么"。可以利用 C 语言编写 TIM1_UPD_OVF_TRG_BRK_IRQHandler()中断响应函数,具体的函数实现如下:

```
/*************************************************************
//TIM1 计数溢出中断函数 TIM1_UPD_OVF_TRG_BRK_IRQHandler()
/*************************************************************
# pragma vector = 0x0D
__interrupt void TIM1_UPD_OVF_TRG_BRK_IRQHandler(void)
{
    ......(此处省略具体程序语句)
    TIM1_SR1& = 0xFE;                //清除溢出中断标志位"UIF"
    ......(此处省略具体程序语句)
}
```

第五步:使能计数器功能。"万事具备,只欠东风",前面几个步骤已经大致完成了 TIM1 "定时功能"的参数配置,需要注意的是在配置参数的过程中 TIM1 资源必须处于未工作的情况下,也就是控制寄存器 1(TIM1_CR1)中的"CEN"位应该为"0",配置完成后再使能计数器,即将"CEN"位置"1"。控制寄存器 1(TIM1_CR1)相关位定义及功能说明如表 13.8 所示。

表 13.8　STM8 单片机 TIM1_CR1 控制寄存器 1

■ TIM1 控制寄存器 1(TIM1_CR1)						地址偏移值:(0x00)_H	
位　数	位 7	位 6	位 5	位 4	位 3	位 2	位 1	位 0
位名称	ARPE	CMS[1:0]		DIR	OPM	URS	UDIS	CEN
复位值	0	0	0	0	0	0	0	0
操　作	rw	rw	rw	rw	rw	rw	rw	rw
位　名	位含义及参数说明							
ARPE 位 7	● 自动预装载允许位							
	0	TIM1_ARR 寄存器没有缓冲,它可以被直接写入						
	1	TIM1_ARR 寄存器由预装载缓冲器缓冲						
CMS [1:0]位 6:5	● 选择中央对齐模式位 在计数器开启时,即"CEN"位为"1"的时候不允许从边沿对齐模式转换到中央对齐模式,在中央对齐模式下,编码器模式(TIM1_SMCR 寄存器中的"SMS"位配置为"001"、"010"或者"011")必须被禁止							
	00	配置为边沿对齐模式,计数器依据方向位"DIR"决定向上/向下计数						
	01	配置为中央对齐模式 1,计数器交替地向上和向下计数。配置为输出通道(TIM1_CCMRx 寄存器中的"CCiS"位为"00")的输出比较中断标志位,只在计数器向下计数时被置"1"。"CCiS"位中的"i"代表 1、2、3、4 分别对应于 4 个不同的捕获/比较通道。						
	10	配置为中央对齐模式 2,计数器交替地向上和向下计数。配置为输出的通道(TIM1_CCMRx 寄存器中的"CCiS"位为"00")的输出比较中断标志位,只在计数器向上计数时被置"1"。"CCiS"位中的"i"代表 1、2、3、4 分别对应于 4 个不同的捕获/比较通道。						
	11	配置为中央对齐模式 3,计数器交替地向上和向下计数。配置为输出的通道(TIM1_CCMRx 寄存器中的"CCiS"位为"00")的输出比较中断标志位,在计数器向上和向下计数时均被置"1"。"CCiS"位中的"i"代表 1、2、3、4 分别对应于 4 个不同的捕获/比较通道。						

位 名		位含义及参数说明
DIR 位 4		● 计数方向配置位 当计数器配置为中央对齐模式或编码器模式时,该位为只读
	0	计数器向上计数
	1	计数器向下计数
OPM 位 3		● 单脉冲模式位
	0	在发生更新事件时,计数器不停止
	1	在发生下一次更新事件(清除"CEN"位)时,计数器停止
URS 位 2		● 更新请求源位
	0	如果 UDIS 位配置为允许产生更新事件,则下述 3 个事件中的任一事件都会产生一个更新中断且更新中断标记"UIF"位由硬件置"1" 事件 1:寄存器被更新(计数器上溢/下溢) 事件 2:软件设置"UG"位(产生更新事件位)为"1" 事件 3:时钟/触发控制器产生的更新
	1	如果 UDIS 位配置为允许产生更新事件,则只有当发生寄存器被更新(计数器上溢/下溢)事件时才产生更新中断,产生中断后更新中断标记"UIF"位由硬件置"1"
UDIS 位 1		● 禁止更新位
	0	一旦发生下列 3 个事件,产生更新(UEV)事件: 事件 1:寄存器被更新(计数器上溢/下溢) 事件 2:软件设置"UG"位(产生更新事件位)为"1" 事件 3:时钟/触发控制器产生的更新 被缓存的寄存器被装入它们的预装载值。
	1	不产生更新事件,影子寄存器(ARR、PSC、CCRx)保持它们的值,如果软件设置了"UG"位(产生更新事件位)或时钟/触发控制器发出了一个硬件复位,则计数器和预分频器被重新初始化
CEN 位 0		● 允许计数器位 在软件设置了"CEN"位后,外部时钟、门控模式和编码器模式才能工作,然而触发模式可以自动地通过硬件设置"CEN"位
	0	禁止计数器
	1	使能计数器

配置完成其他参数后若需要使能计数器,可以利用 C 语言编写 TIM1 定时功能初始化函数中的使能计数器配置语句如下:

```
TIM1_CR1 | = 0x01;              //使能计数器使得 TIM1_CR1 寄存器 CEN 位为"1"
```

若需要禁止计数器,可以执行:

```
TIM1_CR1& = 0xFE;              //关闭计数器使得 TIM1_CR1 寄存器 CEN 位为"0"
```

第六步:在主程序中"开启总中断"即降低主程序软件优先级。这个步骤的作用是调整主函数的优先级,使得 TIM1 资源的更新中断可以被正确响应,可以利用 C 语言编写语句如下:

    asm("rim");   //改变主程序软件优先级"开启中断"

经过以上 6 个步骤,TIM1 的"定时器"功能就配置完成了,利用 C 语言编写大致的程序结构和框架如下:

```
/************************ 主函数区域 *********************/
void main(void)
{
    ......(此处省略具体程序语句)
    GPIO_init();                  //初始化相关 GPIO 引脚配置
    TIM1_CR1 &= 0xFE;             //关闭计数器使得 TIM1_CR1 寄存器 CEN 位为"0"
    delay(10);                    //延时等待稳定
    TIM1_init(0,159,50000);       //TIM1 相关功能配置初始化
    TIM1_CR1 |= 0x01;             //使能计数器使得 TIM1_CR1 寄存器 CEN 位为"1"
    asm("rim");                   //改变主程序软件优先级"开启中断"
    while(1)
    {
        ......(此处省略具体程序语句)
    }
}
/*******************************************************
//TIM1 定时功能初始化函数 TIM1_init(),有 3 个形参 x,y 和 set_num
//x 和 y 用于配置分频系数,set_num 表示计数值,无返回值
/*******************************************************
void TIM1_init(u8 x,u8 y,long set_num)
{
    TIM1_PSCRH = x;               //配置分频系数高位
    TIM1_PSCRL = y;               //配置分频系数低位
    TIM1_IER = 0x01;              //开启溢出中断
    TIM1_ARRH = (u8)(set_num>>8);
    TIM1_ARRL = (u8)set_num&0x00FF;   //配置自动重装载寄存器高低位
    TIM1_CNTRH = (u8)(set_num>>8);
    TIM1_CNTRL = (u8)set_num&0x00FF;
    //配置计数器的值使得定时开始便产生更新事件
}
```

13.2.3 基础项目 A 配置输出 1/1 kHz/10 kHz/100 kHz 方波实验

13.2.2 小节末尾的程序只能算是个 TIM1 资源"定时功能"的程序"框架",在框架中既不知道定时时间是多长,也不知道定时溢出后会有什么现象,所以还需要为这个"骨架"添加"血肉",让读者能从流程中体会配置步骤、验证理论知识、得到实际效果,这就需要进入"实践"环节。

首先设计一个实验目标,如果为 TIM1 定时功能随便设定一个定时值并按照配置流程使能计数器,当计数溢出时让某一个 GPIO 引脚的电平状态进行自身"取反",这样就会在 GPIO 引脚上输出方波信号,但是随便设定的定时值输出的信号频率没有什么实际意义,所以这里采用"倒推法",事先设定一个欲得到信号的频率值,然后倒推计算出定时值。

在硬件电路搭建时,将输出信号连接到示波器的一个通道上,这样就可以观察输出波形和频率了,为了体现定时值对定时时间的影响,可以设定多个定时值输出多种频率的方波信号做对比,在硬件电路搭建时设定 3 个功能按键,若没有按键按下时,选定的 GPIO 引脚输出 1 Hz 频率方波信号,若 3 个功能按键中的某一个按下就可以对应输出 1 kHz、10 kHz 或者 100 kHz 频率的方波信号,这样一来就相当于做了 3 个档位和一个默认输出(1 Hz),按照设计思想可以构建如图 13.5 所示的电路。

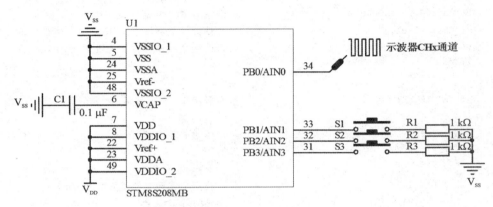

图 13.5 配置输出 1/1k/10k/100kHz 方波实验电路原理图

在图 13.5 中,方波信号由 PB0 引脚输出,连接置示波器的输入通道。PB1 连接 S1 轻触按键,用于设定 1 kHz 方波信号输出,PB2 连接 S2 轻触按键,用于设定 10 kHz 方波信号输出,PB3 连接 S3 轻触按键,用于设定 100 kHz 方波信号输出。

硬件构建完毕后就可以开始着手软件的编写,在程序中重点实现 TIM1 的初始化配置函数 TIM1_init(u8 x,u8 y,long set_num),设置 3 个形式参数 x,y,set_num,用于灵活地改变分频因子和计数值,实现 3 个按键的判断以执行不同的参数配置最终达到不同频率信号的输出。按照定时功能相关寄存器配置流程和程序设计思想,可用 C 语言编写程序的具体实现如下:

```
/******************************************************
 * 实验名称及内容:配置输出 1/1 k/10 k/100 kHz 方波实验
 ******************************************************/
# include "iostm8s208mb.h"                //主控芯片的头文件
/******************常用数据类型定义
【略】为节省篇幅,相似语句可以直接参考之前章节
/*****************端口/引脚定义区域 *******************/
# define   S_OUT              PB_ODR_ODR0     //PB0 引脚输出方波信号
# define   SET_1K_KEY         PB_IDR_IDR1     //PB1 引脚设定 1 kHz 输出
# define   SET_10K_KEY        PB_IDR_IDR2     //PB2 引脚设定 10 kHz 输出
# define   SET_100K_KEY       PB_IDR_IDR3     //PB3 引脚设定 100 kHz 输出
```

```
/ ********************** 函数声明区域 *********************/
void GPIO_init(void);                          //GPIO 端口初始化配置函数声明
void delay(u16 Count);                         //延时函数声明
void TIM1_init(u8 x,u8 y,long set_num);        //TIM1 初始化函数声明
/ ********************** 主函数区域 *********************/
void main(void)
{
  CLK_CKDIVR = 0x00;                           //设置系统时钟为 HSI 内部 16 MHz 高速时钟
  delay(10);                                   //延时等待稳定
  GPIO_init();                                 //初始化相关 GPIO 引脚配置
  TIM1_CR1& = 0xFE;                            //关闭计数器使得 TIM1_CR1 寄存器 CEN 位为"0"
  delay(10);                                   //延时等待稳定
  TIM1_init(0,159,50000);                      //TIM1 相关功能配置初始化
  TIM1_CR1| = 0x01;                            //使能计数器使得 TIM1_CR1 寄存器 CEN 位为"1"
  asm("rim");                                  //改变主程序软件优先级"开启中断"
  while(1)
  {
    if(SET_1K_KEY = = 0)                       //设定 1 kHz 方波输出
    {
      delay(5);                                //延时去除按键"抖动"
      if(SET_1K_KEY = = 0)
      {
        asm("sim");                            //改变主程序软件优先级"关闭中断"
        delay(5);                              //延时等待稳定
        TIM1_CR1& = 0xFE;                      //关闭计数器使得 TIM1_CR1 寄存器 CEN 位为"0"
        delay(10);                             //延时等待稳定
        TIM1_init(0,15,500);                   //TIM1 相关功能配置初始化
        TIM1_CR1| = 0x01;                      //使能计数器使得 TIM1_CR1 寄存器 CEN 位为"1"
        while(! SET_1K_KEY);                   //设定按键松手检测
        asm("rim");                            //改变主程序软件优先级"开启中断"
        delay(5);                              //延时等待稳定
      }
    }
    if(SET_10K_KEY = = 0)                      //设定 10 kHz 方波输出
    {
      delay(5);                                //延时去除按键"抖动"
      if(SET_10K_KEY = = 0)
      {
        asm("sim");                            //改变主程序软件优先级"关闭中断"
        delay(5);                              //延时等待稳定
        TIM1_CR1& = 0xFE;                      //关闭计数器使得 TIM1_CR1 寄存器 CEN 位为"0"
        delay(10);                             //延时等待稳定
        TIM1_init(0,0,800);                    //TIM1 相关功能配置初始化
        TIM1_CR1| = 0x01;                      //使能计数器使得 TIM1_CR1 寄存器 CEN 位为"1"
        while(! SET_10K_KEY);                  //设定按键松手检测
        asm("rim");                            //改变主程序软件优先级"开启中断"
```

```
        delay(5);                               //延时等待稳定
      }
    }
    if(SET_100K_KEY = = 0)                       //设定 100 kHz 方波输出
    {
      delay(5);                                 //延时去除按键"抖动"
      if(SET_100K_KEY = = 0)
      {
        asm("sim");                             //改变主程序软件优先级"关闭中断"
        delay(5);                               //延时等待稳定
        TIM1_CR1& = 0xFE;                       //关闭计数器使得 TIM1_CR1 寄存器 CEN 位为"0"
        delay(10);                              //延时等待稳定
        TIM1_init(0,0,80);                      //TIM1 相关功能配置初始化
        TIM1_CR1| = 0x01;                       //使能计数器使得 TIM1_CR1 寄存器 CEN 位为"1"
        while(! SET_100K_KEY);                  //设定按键松手检测
        asm("rim");                             //改变主程序软件优先级"开启中断"
        delay(5);                               //延时等待稳定
      }
    }
  }
}
/ * * * * * * * * * * * * * * * * * * * * * * * * * * * * * * * * * * * * * * * * * * * * * * *
//GPIO 端口初始化配置函数 GPIO_init(),无形参,无返回值
/ * * * * * * * * * * * * * * * * * * * * * * * * * * * * * * * * * * * * * * * * * * * * * * *
void GPIO_init(void)
{
  PB_DDR_DDR0 = 1;                              //配置 PB0 引脚为输出引脚
  PB_CR1_C10 = 1;                               //配置 PB0 引脚为推挽输出模式
  PB_CR2_C20 = 1;                               //配置 PB0 引脚为快速斜率输出
  S_OUT = 0;                                    //PB0 上电输出为低电平
  PB_DDR_DDR1 = 0;                              //配置 PB1 引脚为输入引脚
  PB_CR1_C11 = 1;                               //配置 PB1 引脚为弱上拉输入模式
  PB_CR2_C21 = 0;                               //配置 PB1 引脚关闭外部中断
  PB_DDR_DDR2 = 0;                              //配置 PB2 引脚为输入引脚
  PB_CR1_C12 = 1;                               //配置 PB2 引脚为弱上拉输入模式
  PB_CR2_C22 = 0;                               //配置 PB2 引脚关闭外部中断
  PB_DDR_DDR3 = 0;                              //配置 PB3 引脚为输入引脚
  PB_CR1_C13 = 1;                               //配置 PB3 引脚为弱上拉输入模式
  PB_CR2_C23 = 0;                               //配置 PB3 引脚关闭外部中断
}
/ * * * * * * * * * * * * * * * * * * * * * * * * * * * * * * * * * * * * * * * * * * * * * * *
void delay(u16 Count)
{【略】}//延时函数 delay()
/ * * * * * * * * * * * * * * * * * * * * * * * * * * * * * * * * * * * * * * * * * * * * * * *
//TIM1 功能初始化函数 TIM1_init(),有 3 个形参 x,y 和 set_num
//x 和 y 用于配置分频系数,set_num 表示计数值,无返回值
```

```
/*********************************************************************
void TIM1_init(u8 x,u8 y,long set_num)
{
    TIM1_PSCRH = x;                        //配置分频系数高位
    TIM1_PSCRL = y;                        //配置分频系数低位
    TIM1_IER = 0x01;                       //开启溢出中断
    TIM1_ARRH = (u8)(set_num>>8);
    TIM1_ARRL = (u8)set_num&0x00FF;        //配置自动重装载寄存器高低位
    TIM1_CNTRH = (u8)(set_num>>8);
    TIM1_CNTRL = (u8)set_num&0x00FF;
    //配置计数器的值使得定时开始便产生更新事件
}
/*********************************************************************
//TIM1 计数溢出中断函数 TIM1_UPD_OVF_TRG_BRK_IRQHandler()
/*********************************************************************
#pragma vector = 0x0D
__interrupt void TIM1_UPD_OVF_TRG_BRK_IRQHandler(void)
{
    S_OUT = ! S_OUT;                       //PB0 引脚状态取反输出方波信号
    TIM1_SR1& = 0xFE;                      //清除溢出中断标志位"UIF"
}
```

　　程序有两个地方需要讲解,第一个地方就是关于 TIM1 计数溢出时发生更新中断的中断响应函数 TIM1_UPD_OVF_TRG_BRK_IRQHandler(),在该函数中的"S_OUT＝! S_OUT"语句非常简单易懂,就是每一次溢出更新中断产生后都让 PB0 引脚状态进行"取反"操作,但是后一句"TIM1_SR1&＝0xFE"就需要解释一下,"TIM1_SR1"是 TIM1 的状态寄存器1,"按位与"上(0xFE)$_H$ 的目的是将该寄存器的最低位"UIF"清"0",这样做的目的是清除溢出中断标志,等待下一次的溢出。

　　另一个需要讲解的是在主函数程序段中的"TIM1_init(0,159,50000)"语句,从子函数调用的角度看,该语句其实并不复杂,也就是送入了 3 个实际参数到 TIM1 的初始化配置函数 TIM1_init(u8 x,u8 y,long set_num)中,读者需要理解的是,这个参数是如何被设置的。

　　送入的"0"对应 TIM1_init()函数的形参 x,"159"对应形参 y,50 000 对应形参 set_num,也就是说分频因子设定为(0＋159)等于 159,50 000 就是设定的计数值。在进入主函数时执行了"CLK_CKDIVR＝0x00"语句,其目的是设置系统主时钟为 HSI 内部 16 MHz 高速时钟,又已知分频因子是 159,将这些数据带入计数时钟的计算公式可得:

$$f_{\text{CK\_CNT}} = \frac{16 \text{ MHz}}{159 + 1} = 0.1 \text{ MHz}$$

　　要注意该计算式中分母部分加上的"1"是公式固有的,代入参数计算出的结果是 0.1 MHz,即计数时钟 $f_{\text{CK\_CNT}}$ 的频率为 0.1 MHz,计数时钟周期是 0.00001 s,又已知设定的计数值为 50 000,那么 50 000 乘以 0.00001 s 就是 0.5 s,也就是说每隔 0.5 s 后 PB0 引脚的状态就"取反"1 次,产生的方波周期就刚好为 1 Hz,若将程序编译后下载到单片机中并运行,无按键(S1、S2、S3)按下的时候,实测 PB0 引脚输出信号如图 13.6 所示。

　　图 13.6 中测得方波信号的频率为 1.008 Hz,与理论计算值 1 Hz 存在一定误差,主要

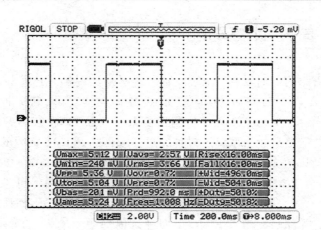

图 13.6 配置输出 1Hz 方波效果

和单片机内的时钟源精度和分频电路精度或者是测量仪器有关,误差在容忍范围之内,波形也比较"漂亮"。在系统运行时,若按下 S3 按键将设定 PB0 引脚 100 kHz 方波信号输出,按键判断程序中的重点是"TIM1_init(0,0,80)"语句,此处设定分频因子为(0+0)等于 0,即计数时钟为 16 MHz,周期就是 0.0000000625 s,设定的计数值为 80,那么 80 乘以 0.0000000625 s 就是 0.000005 s,产生的方波周期就刚好为 100 kHz,实测 PB0 引脚输出信号如图 13.7 所示。

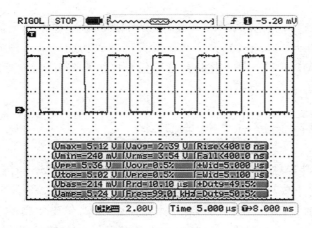

图 13.7 配置输出 100kHz 方波效果

图 13.7 中测得方波信号的频率为 99.01 kHz,与理论计算值 100 kHz 存在一定误差,主要和单片机内的时钟源精度和分频电路精度或者是测量仪器有关,误差在容忍范围之内,波形也还算"漂亮"。同理,按下 S1 按键将设定 PB0 引脚 1 kHz 方波信号输出,按下 S2 按键将设定 PB0 引脚 10 kHz 方波信号输出,计算方法也是类似的,读者做完这个实验也可以先确定输出信号频率,然后定下分频因子,然后倒推计算出计数值即可。

13.3 "轻松拿下"计数功能

学习了 TIM1 资源的定时功能,感觉如何? 是不是觉得和 TIM4 资源的启用非常相似? 其实,TIM1 资源和第 12 章讲解的 TIM4 资源在"定时功能"方面确实非常相似,唯一不同的是 TIM1 的时基单元组成上比 TIM4 显得稍微复杂一些。TIM4 资源只能用于定时,这是因为驱动计数器工作的信号只能由系统主时钟经过分频得到,TIM1 资源的计数时钟就显得"多种多样"一些了。回想 13.2 小节在介绍 TIM1 定时/计数器时基单元的时候研究过 f_{CK_PSC} 时钟,这个时钟就是送到 TIM1 时基单元的时钟信号,该信号可以由 4 种来源提供,第一种是单片机的内部主时钟(f_{MASTER}),第二种是外部时钟模式 1 情况下的外部时钟输入(TIx),第三种是外部时钟模式 2 的外部触发输入 ETR,第四种是内部触发输入(ITRx)时使用一个定时器做为另一个定时器的预分频时钟。

13.2 小节主要讲解了 f_{CK_PSC} 时钟信号来源于单片机的内部主时钟(f_{MASTER})的情况,由于内部主时钟的频率是一定的,所以 TIM1 得到的计数数值就可以反映出计数过程的"时间",该情况下 TIM1 表现出的功能就是"定时功能",本节研究 TIM1 的"计数功能",指的是 TIM1 资源接收单片机外部时钟脉冲信号,该信号频率不一定是固定的,所以 TIM1 得到的计数数值就只能反映出计数过程中信号边沿的跳变次数,而不能得到具体的时间,此时的 f_{CK_PSC} 时钟信号来源于外部时钟源模式 1 情况下的外部时钟输入(TIx)或者是外部时钟源模式 2 情况下的外部触发输入 ETR。

TIM1 资源可以支持两种方式的外部脉冲信号输入,第一种方式是启用捕获/比较通道,将外部脉冲信号连接至通道,通过相关功能配置实现计数功能。第二种方式是启用外部触发信号引脚,也就是 TIM1_ETR 引脚,将外部脉冲信号连接至该引脚后,通过相关功能配置实现计数功能。

13.3.1 外部时钟源模式 1 计数功能

首先讲解第一种外部脉冲信号"计数"方式,即外部时钟源模式 1 计数方式。若选择该方式实现外部脉冲信号计数,则 TIM1 时基单元中的 f_{CK_PSC} 时钟信号来源于外部时钟输入(TIx)。若要配置当前 TIM1 资源为外部时钟源模式 1,则需要将模式控制寄存器(TIM1_SMCR)中的"SMS[2:0]"位配置为"111",此时将外部脉冲信号连接到 STM8 单片机的捕获/比较通道引脚,然后配置相关寄存器即可启用该功能,实现选定输入端的每个上升沿或下降沿计数。

以 STM8S208MB 这款单片机为例,该款单片机共有 4 个捕获/比较通道引脚。作为外部时钟源模式 1 的时候只能是使用 CH1 或者 CH2 这两个通道,此处以使用 CH1 通道为例,外部脉冲信号送入引脚后会经过如图 13.8 所示的流程,最后得到 f_{CK_PSC} 时钟信号。

认真分析图 13.8,一张图就讲清了外部时钟模式 1 的计数流程和功能配置。外部脉冲信号由 TIM1_CH1 引脚输入,输入的信号为"TI1",信号首先经过滤波器,此时用户可以根据输入信号的特性决定是否要进行滤波处理,可以配置捕获/比较模式寄存器(TIM1_CCMR1)中的"IC1F[3:0]"位来决定输入信号的采样频率和数字滤波器长度。

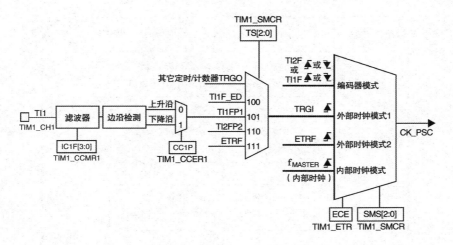

图 13.8 外部时钟模式 1 情况下 CH1 通道计数流程

经过滤波处理的信号会进入边沿检测器,以实现用户对信号特定边沿(上升沿、下降沿)的识别和触发,边沿极性的选择可以通过配置捕获/比较使能寄存器 1(TIM1_CCER1)中的"CC1P"位来实现。配置完成信号的滤波和边沿检测后就应该决定同步计数器的触发输入源了,此时应该配置从模式控制寄存器(TIM1_SMCR)中的"TS[2:0]"位来确定输入源信号,由于外部脉冲信号是由 CH1 通道进入处理,所以应该选择"滤波后的定时器输入 1(TI1FP1)"作为输入源。

确定同步计数器的触发输入源为 TI1FP1 信号后就可以配置从模式控制寄存器(TIM1_SMCR)中的"SMS[2:0]"位来启用外部时钟源模式 1,得到 f_{CK_PSC} 时钟信号后再驱动后续处理单元进行脉冲计数。

13.3.2 模式 1 配置流程及相关寄存器简介

按照对图 13.8 的分析,可以总结出外部时钟源模式 1 计数功能的配置流程主要涉及到 3 个寄存器,即捕获/比较模式寄存器(TIM1_CCMR1)、捕获/比较使能寄存器(TIM1_CCER1)和从模式控制寄存器(TIM1_SMCR)。配置流程是按照信号输入后经过的路径来决定,推荐的初始化配置流程如图 13.9 所示。

配置流程一共有 5 个主要步骤,接下来按照步骤的顺序逐一讲解配置流程,然后引出相关的寄存器,解说相应功能位。

第一步:设置特定通道采样率及滤波器。该步骤主要是用来确定通道的采样频率和滤波器的长度,也就是确定捕获/比较通道 1(TIM1_CH1)作为"输入(捕获)模式"时"ICiF[3:0]"位的取值。具体的参数配置可以按照信号的"质量"来考虑,采样率的大小一般要高于实际信号频率的 2 倍以上,以确保采样准确。滤波器的长度配置是非必需的,可以不用配置。

捕获/比较通道 1(TIM1_CH1)寄存器相比之前学习的寄存器来说比较"特殊",该寄存器可以被配置为两个"身份",既可以配置为输入(捕获模式)又可以配置为输出(比较模式),具体的通道方向由捕获/比较模式寄存器 1(TIM1_CCMR1)中的"CC1S[1:0]"位来决定。

这个寄存器在输入和输出情况下会表现出非常"奇特"的一面,除了"CC1S[1:0]"位的其

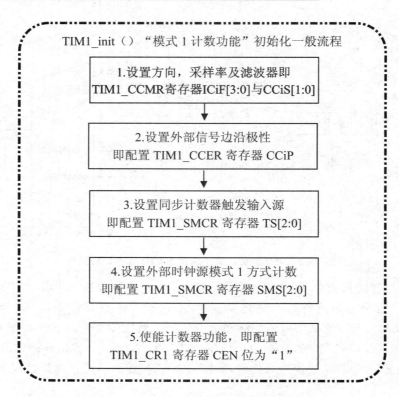

图 13.9 "模式 1 计数功能"初始化流程及配置

他位的功能在输入模式和输出模式下是不同的,因此必须要注意。本小节主要讲解捕获/比较通道 1(TIM1_CH1)进行"外部电平脉冲计数"的情况,所以此时看到的应该是捕获/比较模式寄存器 1(TIM1_CCMR1)作为"输入捕获模式"的"一面",在该模式下寄存器相关位定义及功能说明如表 13.9 所示。

表 13.9 STM8 单片机 TIM1_CCMR1 捕获/比较模式寄存器 1(输入捕获模式)

■ 捕获/比较模式寄存器 1(TIM1_CCMR1)						地址偏移值:$(0x08)_H$	
位　数	位 7	位 6	位 5	位 4	位 3	位 2	位 1	位 0
位名称	IC1F[3:0]				IC1PSC[1:0]		CC1S[1:0]	
复位值	0	0	0	0	0	0	0	0
操　作	rw	rw	rw	rw	rw	rw	rw	rw
位　名	位含义及参数说明							
IC1F [3:0] 位 7:4	● 输入捕获 1 滤波器 这 4 位定义了 TI1 信号输入的采样频率及数字滤波器的长度,数字滤波器是由一个事件计数器组成的,只有发生了 N 个事件后输出的跳变才被认为有效,需要注意的是即使对于带互补输出的通道,该位域也是非预装载的,并且不会考虑控制寄存器 2(TIM1_CR2)中"CCPC"位的值							
	0000	无滤波器,$f_{SAMPLING} = f_{MASTER}$						
	0001	采样频率 $f_{SAMPLING} = f_{MASTER}$,N=2						

续表 13.9

位 名	位含义及参数说明	
IC1F [3:0] 位 7:4	0010	采样频率 $f_{\text{SAMPLING}} = f_{\text{MASTER}}$，N＝4
	0011	采样频率 $f_{\text{SAMPLING}} = f_{\text{MASTER}}$，N＝8
	0100	采样频率 $f_{\text{SAMPLING}} = f_{\text{MASTER}}/2$，N＝6
	0101	采样频率 $f_{\text{SAMPLING}} = f_{\text{MASTER}}/2$，N＝8
	0110	采样频率 $f_{\text{SAMPLING}} = f_{\text{MASTER}}/4$，N＝6
	0111	采样频率 $f_{\text{SAMPLING}} = f_{\text{MASTER}}/4$，N＝8
	1000	采样频率 $f_{\text{SAMPLING}} = f_{\text{MASTER}}/8$，N＝6
	1001	采样频率 $f_{\text{SAMPLING}} = f_{\text{MASTER}}/8$，N＝8
	1010	采样频率 $f_{\text{SAMPLING}} = f_{\text{MASTER}}/16$，N＝5
	1011	采样频率 $f_{\text{SAMPLING}} = f_{\text{MASTER}}/16$，N＝6
	1100	采样频率 $f_{\text{SAMPLING}} = f_{\text{MASTER}}/16$，N＝8
	1101	采样频率 $f_{\text{SAMPLING}} = f_{\text{MASTER}}/32$，N＝5
	1110	采样频率 $f_{\text{SAMPLING}} = f_{\text{MASTER}}/32$，N＝6
	1111	采样频率 $f_{\text{SAMPLING}} = f_{\text{MASTER}}/32$，N＝8
IC1PSC [1:0] 位 3:2	● 输入/捕获 1 预分频器 这 2 位定义了捕获/比较通道 1 输入信号（IC1）的预分频系数，一旦捕获/比较使能寄存器（TIM1_CCER1）寄存器中的"CC1E"位（输入捕获/比较 1 输出使能位）为"0"，则预分频器复位	
	00	无预分频器，捕获输入口上检测到的每一个边沿都触发一次捕获
	01	每 2 个事件触发一次捕获
	10	每 4 个事件触发一次捕获
	11	每 8 个事件触发一次捕获
CC1S [1:0] 位 1:0	● 捕获/比较 1 方向选择 这 2 个位定义了捕获/比较 1 通道的方向（输入/输出）及输入通道脚的选择。需要注意的是，"CC1S[1:0]"位仅在欲配置的通道关闭时（捕获/比较使能寄存器（TIM1_CCER1）寄存器中的"CC1E"位（输入捕获/比较 1 输出使能位）为"0"）才能被写入	
	00	CC1 通道被配置为输出
	01	CC1 通道被配置为输入，IC1 映射在 TI1FP1 上
	10	CC1 通道被配置为输入，IC1 映射在 TI2FP1 上
	11	CC1 通道被配置为输入，IC1 映射在 TRC 上，此模式仅工作在内部触发器输入被选中时，也就是从模式控制寄存器（TIM1_SMCR）寄存器中的"TS[2:0]"位来选择

　　若用户需要计数的信号脉冲由捕获/比较通道 1 输入且经过外部时钟模式 1 计数结构流程后得到了"TI1FP1"信号，则应该配置捕获/比较模式寄存器 1（TM1_CCMR1）中的 CC1S[1:0]为"01"，选定 CC1 通道为输入，IC1 映射在 T11FP1 信号上。

　　接下来用户需要配置输入捕获 1 的采样率和滤波器。假设需要配置当前采样频率 f_{SAMPLING} 等于系统主时钟频率 f_{MASTER}，且滤波器长度 N 等于 8，则可以将捕获/比较模式寄存器 1(TIM1_CCMR1)中的"IC1F[3：0]"配置为"0011",此时利用 C 语言编写 TIM1 外部时钟源模式 1 计数功能初始化函数中通道方向、采样率及滤波器的配置语句如下：

```
//1.配置输入捕获通道 CH1 滤波器参数"IC1F[3:0] = 0011,CCIS[1:0] = 01"
TIM1_CCMR1| = 0x31;
```

第二步：设置外部信号边沿极性。由于外部脉冲信号经过滤波器后需要被正确"识别"和检测，所以要区分信号的边沿，实现计数。用户需要选定特定的边沿（上升沿/下降沿）进行触发，即配置捕获/比较使能寄存器(TIM1_CCER1)中的"CC1P"位来确定触发边沿。该寄存器相关位定义及功能说明如表 13.10 所示。

表 13.10　STM8 单片机 TIM1_CCER1 捕获/比较使能寄存器 1

■ 捕获/比较使能寄存器 1(TIM1_CCER1)						地址偏移值：(0x0C)_H	
位　数	位 7	位 6	位 5	位 4	位 3	位 2	位 1	位 0
位名称	CC2NP	CC2NE	CC2P	CC2E	CC1NP	CC1NE	CC1P	CC1E
复位值	0	0	0	0	0	0	0	0
操　作	rw	rw	rw	rw	rw	rw	rw	rw
位　名	位含义及参数说明							
CC2NP 位 7	● 输入捕获/比较 2 互补输出极性 (可参考本寄存器中关于 CC1NP 位的描述，两者是相似的)							
CC2NE 位 6	● 输入捕获/比较 2 互补输出使能 (可参考本寄存器中关于 CC1NE 位的描述，两者是相似的)							
CC2P 位 5	● 输入捕获/比较 2 输出极性 (可参考本寄存器中关于 CC1P 位的描述，两者是相似的)							
CC2E 位 4	● 输入捕获/比较 2 输出使能 (可参考本寄存器中关于 CC1E 位的描述，两者是相似的)							
CC1NP 位 3	● 输入捕获/比较 1 互补输出极性 需要注意的是一旦刹车寄存器(TIM1_BKR)中的"LOCK[1:0]"位设为锁定级别 3 或 2 并且捕获/比较模式寄存器 1(TIM1_CCMR1)中的"CC1S[1:0]"位为"00"(CC1 通道配置为输出)，则该位不能被修改。对于有互补输出的通道，该位是预装载的，如果控制寄存器 2(TIM1_CR2)中的"CCPC"位为"1"，那么只在 COM 事件发生时，"CC1NP"位才从预装载位中取新值							
	0	OC1N 高电平有效						
	1	OC1N 低电平有效						
CC1NE 位 2	● 输入捕获/比较 1 互补输出使能 对于有互补输出的通道，该位是预装载的，如果控制寄存器 2(TIM1_CR2)中的"CCPC"位为"1"，那么只有在 COM 事件发生时，"CC1NE"位才从预装载位中取新值							
	0	OC1N 禁止输出，因此 OC1N 的输出电平依赖于 MOE、OSSI、OSSR、OIS1、OIS1N 和 CC1E 位的值						
	1	OC1N 信号输出到对应的输出引脚，其输出电平依赖于 MOE、OSSI、OSSR、OIS1、OIS1N 和 CC1E 位的值						

位 名	位含义及参数说明	
CC1P 位 1	● 输入捕获/比较 1 输出极性 需要注意的是一旦刹车寄存器(TIM1_BKR)中的"LOCK[1:0]"位设为锁定级别 3 或 2,则该位不能被修改。对于有互补输出的通道,该位是预装载的,如果控制寄存器 2(TIM1_CR2)中的"CCPC"位为"1",那么只有在 COM 事件发生时,"CC1P"位才从预装载位中取新值 当 CC1 通道配置为输出时:	
	0	OC1 高电平有效
	1	OC1 低电平有效
	当 CC1 通道配置为触发时:	
	0	触发发生在 TI1F 的高电平或上升沿
	1	触发发生在 TI1F 的低电平或下降沿
	当 CC1 通道配置为输入时:	
	0	捕捉发生在 TI1F 或 TI2F 的高电平或上升沿
	1	捕捉发生在 TI1F 或 TI2F 的低电平或下降沿
CC1E 位 0	● 输入捕获/比较 1 输出使能 对于有互补输出的通道,该位是预装载的,如果控制寄存器 2(TIM1_CR2)中的"CCPC"位为"1",那么只有在 COM 事件发生时,"CC1E"位才从预装载位中取新值 当 CC1 通道配置为输出时:	
	0	OC1 禁止输出,因此 OC1 的输出电平依赖于 MOE、OSSI、OSSR、OIS1、OIS1N 和 CC1NE 位的值
	1	OC1 信号输出到对应的输出引脚,其输出电平依赖于 MOE、OSSI、OSSR、OIS1、OIS1N 和 CC1NE 位的值
CC1E 位 0	当 CC1 通道配置为输入时: 该位决定了计数器的值是否能捕获入 TIM1_CCR1 寄存器	
	0	捕获禁止
	1	捕获使能

假设用户需要配置外部信号下降沿或者低电平实现检测,则可以配置捕获/比较使能寄存器(TIM1_CCER1)中的"CC1P"位为"1"。此时利用 C 语言编写 TIM1 外部时钟源模式 1 计数功能初始化函数中的边沿检测配置语句如下:

```
//2.配置边沿检测器极性(低电平或者是下降沿)"CC1P = 1"
TIM1_CCER1 = 0x02;
```

第三步:设置同步计数器触发输入源。这一步主要是确定计数器的计数"对象"是哪一个触发输入。可供选择的触发输入源有 6 种,即内部触发 ITR0 连接到 TIM6 定时器的 TRGO 信号、内部触发 ITR2 连接到 TIM5 定时器的 TRGO 信号、TI1 的边沿检测器(TI1F_ED)、滤波后的定时器输入 1(TI1FP1)、滤波后的定时器输入 2(TI2FP2)和外部触发输入(ETRF)。毫无疑问,这里肯定选择"TI1FP1"信号,即配置从模式控制寄存器(TIM1_SMCR)中的"TS[2:0]"为"101",此时就可以利用 C 语言编写 TIM1 外部时钟源模式 1 计数功能初始化函数中

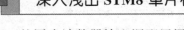
的同步计数器输入源配置语句如下：

//3.配置同步计数器的触发输入"TS[2:0] = 101"
TIM1_SMCR| = 0x50;

第四步：设置外部时钟源模式 1 方式计数。当完成了外部信号的采样、滤波并确定了计数器的输入源后就剩下关键性的"一步"，即确定用什么样的模式进行计数，此处使用外部时钟模式 1，则配置从模式控制寄存器（TIM1_SMCR）中的"SMS[2:0]"位为"111"即可。此时利用 C 语言编写 TIM1 模式 1 计数功能初始化函数中的模式选择配置语句如下：

//4.配置从模式选择"SMS[2:0] = 111"
TIM1_SMCR| = 0x07;

从模式控制寄存器（TIM1_SMCR）相关位定义及功能说明如表 13.11 所示。

表 13.11　STM8 单片机 TIM1_SMCR 从模式控制寄存器

■ 从模式控制寄存器（TIM1_SMCR）						地址偏移值：(0x02)$_H$	
位　数	位 7	位 6	位 5	位 4	位 3	位 2	位 1	位 0
位名称	MSM	TS[2:0]			保留	SMS[2:0]		
复位值	0	0	0	0	0	0	0	0
操　作	rw	rw	rw	rw	—	rw	rw	rw
位　名	位含义及参数说明							
MSM 位 7	● 主/从模式							
	0	无作用						
	1	触发输入（TRGI）上的事件被延迟了，以允许定时器 1 与它的从定时器间的完美同步（通过 TRGO）						
TS [2:0] 位 6:4	● 触发选择 这 3 位用于选择同步计数器的触发输入，这些位只能在未用到（如"SMS[2:0]"位为"000"）时被改变，以避免在改变时产生错误的边沿检测							
	000	内部触发 ITR0 连接到 TIM6 定时器的 TRGO						
	001	保留						
	010	内部触发 ITR2 连接到 TIM5 定时器的 TRGO						
	011	保留						
	100	TI1 的边沿检测器（TI1F_ED）						
	101	滤波后的定时器输入 1（TI1FP1）						
	110	滤波后的定时器输入 2（TI2FP2）						
	111	外部触发输入（ETRF）						
保留 位 3	● 保留位 必须保持清"0"							

位 名		位含义及参数说明
SMS [2:0] 位 2:0		● 时钟/触发/从模式选择 当选择了外部信号,触发信号(TRGI)的有效边沿与选中的外部输入极性相关。需要注意的是,如果 TI1F_ED 被选为触发输入("TS[2:0]"位为"100"时),不要使用门控模式,这是因为 TI1F_ED 在每次 TI1F 变化时,只是输出一个脉冲,然而门控模式是要检查触发输入的电平
	000	时钟/触发控制器禁止:如果控制寄存器 1(TIM1_CR1)中的"CEN"位(计数器使能位)为"1",则预分频器直接由内部时钟驱动
	001	编码器模式 1: 根据 TI1FP1 的电平,计数器在 TI2FP2 的边沿向上/下计数
	010	编码器模式 2: 根据 TI2FP2 的电平,计数器在 TI1FP1 的边沿向上/下计数
	011	编码器模式 3:根据另一个输入的电平,计数器在 TI1FP1 和 TI2FP2 的边沿向上/下计数
	100	复位模式:在选中的触发输入(TRGI)的上升沿重新初始化计数器,并且产生一个更新寄存器的信号
	101	门控模式:当触发输入(TRGI)为高时,计数器的时钟开启,一旦触发输入变为低,则计数器停止(但不复位),计数器的启动和停止都是受控的
	110	触发模式:计数器在触发输入 TRGI 的上升沿启动(但不复位),只有计数器的启动是受控的
	111	外部时钟模式 1:选中的触发输入(TRGI)的上升沿驱动计数器

第五步:使能计数器功能。配置完成其他参数后若需要使能计数器,可以利用 C 语言编写 TIM1 外部时钟源模式 1 计数功能初始化函数中的使能计数器配置语句如下:

```
//5.使能 TIM1 计数器功能"CEN = 1"
TIM1_CR1| = 0x01;
```

经过以上 5 个主要的配置流程,就可以得到完整的外部时钟源模式 1 计数功能初始化函数,用 C 语言编写 TIM1_init()函数的具体实现如下:

```
/*****************************************************************
//TIM1 功能初始化函数 TIM1_init(),无形参,无返回值
/*****************************************************************
void TIM1_init(void)
{
    //1.配置输入捕获通道 CH1 滤波器参数"IC1F[3:0] = 0011,CC1S[1:0] = 01"
    TIM1_CCMR1| = 0x31;
    //2.配置边沿检测器极性(低电平或者是下降沿)"CC1P = 1"
    TIM1_CCER1 = 0x02;
    //3.配置同步计数器的触发输入"TS[2:0] = 101"
    TIM1_SMCR| = 0x50;
```

```
    //4.配置从模式选择"SMS[2:0] = 111"
    TIM1_SMCR| = 0x07;
    //5.使能 TIM1 计数器功能"CEN = 1"
    TIM1_CR1| = 0x01;
}
```

实现了初始化函数的编写是不是就算是完成了功能配置呢？其实不是的,在 TIM1 资源启用外部时钟源模式 1 时用到了专门的捕获/比较通道,也就是 TIM1_CHx 引脚,以 STM8S208MB 这款单片机为例,"x"的取值可以是 1、2、3、4,但是用作外部时钟模式 1 计数功能的只能是 TIM1_CH1 和 TIM1_CH2 通道,而这两个功能其实是与普通的 GPIO 引脚进行"功能复用"的。

PC1 引脚号为 43,复用功能为捕获/比较通道 1(TIM1_CH1),PC2 引脚号为 44,复用功能为捕获/比较通道 2(TIM1_CH2),PC3 引脚号为 45,复用功能为捕获/比较通道 3(TIM1_CH3),PC4 引脚号为 46,复用功能为捕获/比较通道 4(TIM1_CH4)。上述讲解中使用的是捕获/比较通道 1,所以应该将 PC1 引脚配置为上拉输入方式以允许外部信号输入,且不启用引脚的外部中断功能,用 C 语言编写 PC1 端口初始化函数 GPIO_init()的具体实现如下:

```
/******************************************************
//GPIO 端口初始化配置函数 GPIO_init(),无形参,无返回值
/******************************************************
void GPIO_init(void)
{
    //1.配置 TIM1 的 CH1 捕获/比较通道为上拉输入
    PC_DDR_DDR1 = 0;              //配置 PC1 引脚为输入引脚
    PC_CR1_C11 = 1;              //配置 PC1 引脚为弱上拉输入模式
    PC_CR2_C21 = 0;              //配置 PC1 引脚关闭外部中断
    ......(此处省略具体程序语句)
}
```

13.3.3 基础项目 B 捕获/比较通道脉冲计数实验

学习完基础的理论知识就开始动手吧！要实现外部时钟源模式 1 计数功能,首先要想好计数的数值如何显示,若用数码管进行显示,则连线较为复杂,所以在基础项目 B 中采用字符型 1602 液晶模块进行显示,外部脉冲信号连接到 STM8S208MB 单片机的 PC1 引脚(复用功能为捕获/比较通道 1),1602 液晶采用并行方式驱动,数据端口为 PB 端口,为了节省 GPIO 控制引脚就把 R/W 这个引脚直接接地处理了,分配 PC0 引脚连接液晶数据/命令选择端口 RS,PC2 引脚连接液晶使能信号端口 EN,按照设计思想构建电路如图 13.10 所示。

硬件电路设计完成后就可以着手软件功能的编写,按照之前介绍的 5 个主要配置流程,就可以得到完整的外部时钟源模式 1 计数功能初始化函数,在 TIM1 资源功能初始化之前别忘记将 PC1(捕获/比较通道 1)引脚配置为弱上拉输入模式。在程序中需要初始化相关 GPIO 配置、编写字符型 1602 液晶的相关函数,将计数值从计数器高位寄存器(TIM1_CNTRH)与计数器低位寄存器(TIM1_CNTRL)中取回并拼合,赋值给一个长整形变量"count",在读取计

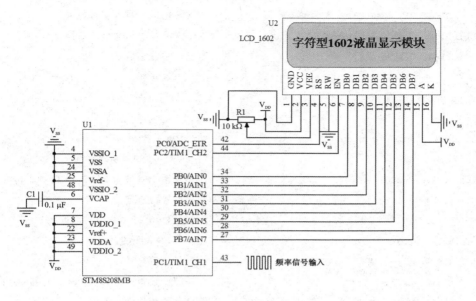

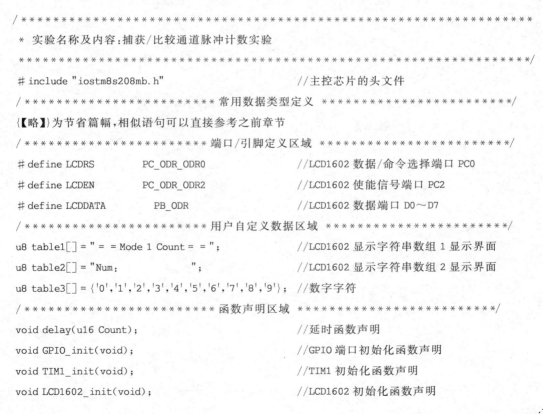

图 13.10 捕获/比较通道脉冲计数实验电路原理图

数器寄存器时要注意先读取高位值,然后右移 8 位后再与低位值进行"按位或"操作,从而实现高位字节和低位字节的拼合,最终得到计数数值"count"。接下来就把"count"变量的万位、千位、百位、十位和个位分别取出,显示到字符型 1602 液晶的指定字符位即可。

按照软件设计思路可以利用 C 语言编写具体的程序实现如下:

```
/ * * * * * * * * * * * * * * * * * * * * * * * * * * * * * * * * * * * * * * * * * * * * * * * *
 * 实验名称及内容:捕获/比较通道脉冲计数实验
 * * * * * * * * * * * * * * * * * * * * * * * * * * * * * * * * * * * * * * * * * * * * * * * */
# include "iostm8s208mb.h"                       //主控芯片的头文件
/ * * * * * * * * * * * * * * * * * * * 常用数据类型定义 * * * * * * * * * * * * * * * * * * * * * /
{【略】}为节省篇幅,相似语句可以直接参考之前章节
/ * * * * * * * * * * * * * * * * * * * 端口/引脚定义区域 * * * * * * * * * * * * * * * * * * * * * /
# define LCDRS          PC_ODR_ODR0             //LCD1602 数据/命令选择端口 PC0
# define LCDEN          PC_ODR_ODR2             //LCD1602 使能信号端口 PC2
# define LCDDATA        PB_ODR                  //LCD1602 数据端口 D0~D7
/ * * * * * * * * * * * * * * * * * * * 用户自定义数据区域 * * * * * * * * * * * * * * * * * * * * /
u8 table1[] = " = = Mode 1 Count = = ";         //LCD1602 显示字符串数组 1 显示界面
u8 table2[] = "Num:               ";            //LCD1602 显示字符串数组 2 显示界面
u8 table3[] = {'0','1','2','3','4','5','6','7','8','9'};  //数字字符
/ * * * * * * * * * * * * * * * * * * * 函数声明区域 * * * * * * * * * * * * * * * * * * * * * * * /
void delay(u16 Count);                          //延时函数声明
void GPIO_init(void);                           //GPIO 端口初始化函数声明
void TIM1_init(void);                           //TIM1 初始化函数声明
void LCD1602_init(void);                         //LCD1602 初始化函数声明
```

```
    void LCD1602_DIS_CHAR(u8 x,u8 y,u8 z);              //在设定地址写入字符数据
    void LCD1602_Write(u8 cmdordata,u8 writetype);      //写入液晶模组命令或数据
    void LCD1602_DIS(void);                             //显示字符函数
/*********************** 主函数区域 ***********************/
    void main(void)
    {
        u8 i,wan,qian,bai,shi,ge;                       //i 为循环控制,其他为取位变量
        long count = 0;                                 //count 存放 16 位计数值
        CLK_CKDIVR = 0x00;                              //设置系统时钟为 HSI 内部 16 MHz 高速时钟
        delay(10);                                      //延时等待稳定
        GPIO_init();                                    //初始化相关 GPIO 引脚配置
        LCD1602_init();                                 //LCD1602 初始化
        LCD1602_DIS();                                  //显示字符
        TIM1_CR1&= 0xFE;                                //关闭计数器使得 TIM1_CR1 寄存器 CEN 位为"0"
        delay(10);                                      //延时等待稳定
        TIM1_init();                                    //TIM1 相关功能配置初始化
        LCD1602_Write(0xC0,0);                          //选择第二行
        for(i = 0;i<16;i + +)
        {
            LCD1602_Write(table2[i],1);                 //写入 table2[]内容
            delay(50);
        }
        while(1)
        {
            count = TIM1_CNTRH;                         //读操作计数器高位寄存器
            count = (count<<8)|TIM1_CNTRL;              //读操作计数器低位寄存器(拼合)
            wan = count/10000;                          //取出万位
            qian = count % 10000/1000;                  //取出千位
            bai = count % 10000 % 1000/100;             //取出百位
            shi = count % 10000 % 1000 % 100/10;        //取出十位
            ge = count % 10;                            //取出个位
            LCD1602_DIS_CHAR(2,4,table3[wan]);          //万位显示到 2 行第 4 字符位
            LCD1602_DIS_CHAR(2,5,table3[qian]);         //千位显示到 2 行第 5 字符位
            LCD1602_DIS_CHAR(2,6,table3[bai]);          //百位显示到 2 行第 6 字符位
            LCD1602_DIS_CHAR(2,7,table3[shi]);          //十位显示到 2 行第 7 字符位
            LCD1602_DIS_CHAR(2,8,table3[ge]);           //个位显示到 2 行第 8 字符位
        }
    }
/****************************************************************/
```

```
//GPIO 端口初始化配置函数 GPIO_init(),无形参,无返回值
/ * * * * * * * * * * * * * * * * * * * * * * * * * * * * * * * * * * * * * * * * * * * * * * * * * *
void GPIO_init(void)
{
    //1.配置 TIM1 的 CH1 捕获/比较通道为上拉输入
    PC_DDR_DDR1 = 0;                        //配置 PC1 引脚为输入引脚
    PC_CR1_C11 = 1;                         //配置 PC1 引脚为弱上拉输入模式
    PC_CR2_C21 = 0;                         //配置 PC1 引脚关闭外部中断
    //2.配置 LCD1602 数据口 PB,RS 引脚,EN 引脚
具体引脚初始化语句已略,可参考 1602 液晶显示示例
/ * * * * * * * * * * * * * * * * * * * * * * * * * * * * * * * * * * * * * * * * * * * * * * * * * *
//TIM1 功能初始化函数 TIM1_init(),无形参,无返回值
/ * * * * * * * * * * * * * * * * * * * * * * * * * * * * * * * * * * * * * * * * * * * * * * * * * *
void TIM1_init(void)
{
    //1.配置输入捕获通道 CH1 滤波器参数"IC1F[3:0] = 0011,CC1S[1:0] = 01"
    TIM1_CCMR1 |= 0x31;
    //2.配置边沿检测器极性(低电平或者是下降沿)"CC1P = 1"
    TIM1_CCER1 = 0x02;
    //3.配置同步计数器的触发输入"TS[2:0] = 101"
    TIM1_SMCR |= 0x50;
    //4.配置时钟/触发/从模式选择"SMS[2:0] = 111"
    TIM1_SMCR |= 0x07;
    //5.使能 TIM1 计数器功能"CEN = 1"
    TIM1_CR1 |= 0x01;
}
void delay(u16 Count)
{【略】}为节省篇幅,相似语句可以直接参考之前章节
/ * * * * * * * * * * * * * * * * * * * * * * * * * * * * * * * * * * * * * * * * * * * * * * * * * *
void LCD1602_init(void)
{【略】}//LCD1602 初始化函数
void LCD1602_DIS_CHAR(u8 x,u8 y,u8 z)
{【略】}//设定地址写入字符函数
void LCD1602_Write(u8 cmdordata,u8 writetype)
{【略】}//写入液晶模组命令或数据函数
void LCD1602_DIS(void)
{【略】}//显示字符函数
```

将程序编译后下载到单片机中并运行,可以观察到字符型 1602 液晶模块上的第二行显示"Num:00000",没有任何的计数数值,这是为何? 原因在于没有向 PC1 引脚输入外部脉冲信

号,要产生外部脉冲信号可以采用两种常见方法,第一种是在 PC1 引脚上连接一个按键 S1,通过限流电阻 R1 连接到地,其硬件原理图如图 13.11 中(a)图所示,当按键 S1 按下时 PC1 引脚变为低电平,当松开 S1 按键时 PC1 引脚电平在内部上拉的电阻作用下恢复至高电平。

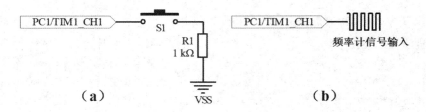

图 13.11　常见外部脉冲信号连接方法

采用按键方法得到的外部脉冲频率较低,计数值增长较为缓慢,所获得的显示效果较好,可以清晰地看到数值变动情况,当 S1 按键被连续按下 31 次后,实测字符型 1602 液晶模块的显示效果如图 13.12 所示。

按键按动下的显示效果虽然稳定,但是在实际需求中计数脉冲源往往来自于外部脉冲信号,这也就是第二种脉冲输入方式,其硬件原理图如图 13.11 中(b)图所示,即直接将外部脉冲信号源连接至 STM8 单片机的 PC1 引脚,为了方便测试,采用标准信号发生器直接产生外部 1 kHz 方波信号输入,实测字符型 1602 液晶模块显示效果如图 13.13 所示。

图 13.12　按键产生外部脉冲计数效果

图 13.13　信号发生器产生外部脉冲计数效果

通过图 13.13 可以观察到,当外部送入 1 kHz 方波信号到 PC1 引脚进行计数时,计数值变动得非常快,导致字符型 1602 液晶的百位、十位和个位上都出现了"鬼影",导致数字跳动,但是将外部信号断开后显示值就会稳定在一个固定数值。

13.3.4　外部时钟源模式 2 计数功能

本小节介绍 TIM1 资源实现"计数功能"的第二种方法,即启用外部时钟源模式 2 进行计数,在外部时钟源模式 2 中采用了一个"专用的"外部信号输入引脚,即 TIM1_ETR 引脚,计数器能够在外部触发输入 ETR 信号的每一个上升沿或下降沿进行计数,将外部触发寄存器(TIM1_ETR)中的"ECE"位(外部时钟模式 2 使能位)置"1",即可选定外部时钟源模式 2,该模式下的计数流程如图 13.14 所示。

首先从外部信号输入的源头开始分析,信号从单片机指定的 ETR 引脚进行输入,这里的 ETR 引脚需要单独说一说,以 STM8S208MB 这款单片机为例,TIM1_ETR 功能引脚默认情

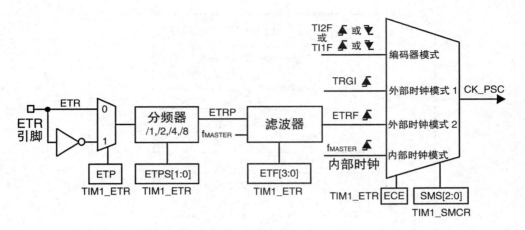

图 13.14　外部时钟源模式 2 情况下的计数流程

况下与 GPIO 第 35 引脚的 PH4"功能复用",如果直接进行外部时钟源模式 2 的功能配置,外部信号就应该连接至 PH4 引脚。但是通过查阅该款单片机数据手册的引脚功能之后发现,若用户配置选项字节中的"AFR5"选项之后,GPIO 第 31 引脚的 PB3 也能作为 TIM1_ETR 引脚使用,这样一来,就有两个引脚都能"担任"ETR 引脚进行输入,这个时候就必须在外部时钟源模式 2 功能配置之前选择好到底是由哪一个引脚"担任"外部脉冲输入的"角色"。

　　假设此处保持单片机默认功能,不配置选项字节中的"AFR5"选项,那么外部脉冲信号就应该连接到"PH4/TIM1_ETR"引脚上。观察图 13.14,外部脉冲信号从 ETR 引脚输入之后得到了"ETR"信号,首先要确定信号触发的边沿极性,确定到底是上升沿触发还是下降沿触发,边沿极性是通过外部触发寄存器(TIM1_ETR)中的"ETP[1:0]"位来决定。

　　确定触发边沿之后,信号会经过预分频器,按照用户的需求配置进行分频操作,这一个环节非常"有用",若外部脉冲信号频率较高,可以先进行分频之后再送去计数器驱动计数过程,然后将计数值乘以分频系数就可以还原得到实际的计数数值,若外部脉冲信号频率较低,也可以选择不分频送去计数器,计数器得到的计数值就是实际的计数数值,预分频的功能是通过配置外部触发寄存器(TIM1_ETR)中的"ETPS[1:0]"位来决定,分频后得到"ETRP"信号。

　　经过分频后的"ETRP"信号会进入触发滤波器单元,用户可以根据信号的实际参数和"质量"决定信号采样频率以及是否需要进行滤波操作,可以配置外部触发寄存器(TIM1_ETR)中的"ETF[3:0]"位来决定外部触发信号的采样频率和数字滤波器长度。

　　经过滤波器后的"ETRP"信号变成了"ETRF"信号,在用户启用外部时钟源模式 2 之后,"ETRF"信号就成为了计数脉冲来源,并且最终得到 f_{CK_PSC} 时钟信号,再驱动后续处理单元进行脉冲计数。

13.3.5　模式 2 配置流程及相关寄存器简介

　　按照对图 13.14 的分析和理解,可以看出外部时钟源模式 2 计数功能的配置流程都是围绕外部触发寄存器(TIM1_ETR)进行的,比如信号极性的配置、预分频器的配置、采样率和滤波器配置以及外部时钟源模式 2 的使能均是在该寄存器中配置得到,配置流程还是按照外部信号输入后所经过的路径来决定,推荐的初始化配置流程如图 13.15 所示。

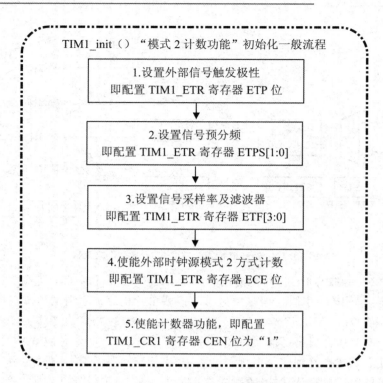

图 13.15 "模式 2 计数功能"初始化流程及配置

配置流程一共有 5 个主要步骤,接下来就按照步骤的顺序逐一讲解配置流程,然后引出相关的寄存器,解说相应功能位。

第 1 步:设置外部信号触发极性。由于外部脉冲信号从 ETR 引脚输入后需要被正确的"识别"和检测,所以要区分信号的边沿以实现计数过程,用户需要选定特定的边沿(上升沿/下降沿)进行触发,即配置外部触发寄存器(TIM1_ETR)中的"ETP"位来确定触发边沿。该寄存器相关位定义及功能说明如表 13.12 所示。

表 13.12 STM8 单片机 TIM1_ETR 外部触发寄存器

■ 外部触发寄存器(TIM1_ETR)						地址偏移值:(0x03)$_H$		
位 数	位 7	位 6	位 5	位 4	位 3	位 2	位 1	位 0
位名称	ETP	ECE	ETPS[1:0]		ETF[3:0]			
复位值	0	0	0	0	0	0	0	0
操 作	rw	rw	rw	rw	rw	rw	rw	rw
位 名	位含义及参数说明							
ETP 位 7	● 外部触发极性 该位决定是 ETR 还是 $\overline{ETR}$ 用于触发操作							
	0	ETR 不反相,即高电平或上升沿有效						
	1	ETR 反相,即低电平或下降沿有效						

位　名	位含义及参数说明	
ECE 位 6	● 外部时钟源使能 该位用于使能外部时钟模式 2,需要注意的是,将"ECE"位置"1"的效果与选择把 TRGI 连接到 ETRF 的外部时钟源模式 1 是相同的,即配置从模式控制寄存器(TIM1_SMCR)中的"SMS[2:0]"位为"111"和"TS[2:0]"位为"111"。 外部时钟源模式 2 可与触发标准模式、触发复位模式、触发门控模式同时使用,但是,此时 TRGI 绝对不能与 ETRF 相连,也就是说从模式控制寄存器(TIM1_SMCR)中的"TS[2:0]"位不能为"111"。 外部时钟源模式 1 与外部时钟源模式 2 同时使能,外部时钟源输入为"ETRF"信号	
	0	禁止外部时钟源模式 2
	1	使能外部时钟源模式 2,计数器的时钟为"ETRF"的有效沿
ETPS [1:0] 位 5:4	● 外部触发预分频器 外部触发信号"ETRP"的频率最大不能超过 $f_{MASTER}/4$,可用预分频器来降低"ETRP"信号的频率,当"ETRP"信号的频率很高时,它非常有用	
	00	预分频器关闭
	01	"ETRP"信号的频率/2
	10	"ETRP"信号的频率/4
	11	"ETRP"信号的频率/8
ETF [3:0] 位 3:0	● 外部触发滤波器选择 这 4 位定义了"ETRP"信号的采样频率及数字滤波器的长度,数字滤波器是由一个事件计数器组成的,只有发生了 N 个事件后输出的跳变才被认为有效	
	0000	无滤波器,$f_{SAMPLING} = f_{MASTER}$
	0001	采样频率 $f_{SAMPLING} = f_{MASTER}$,N=2
	0010	采样频率 $f_{SAMPLING} = f_{MASTER}$,N=4
	0011	采样频率 $f_{SAMPLING} = f_{MASTER}$,N=8
	0100	采样频率 $f_{SAMPLING} = f_{MASTER}/2$,N=6
	0101	采样频率 $f_{SAMPLING} = f_{MASTER}/2$,N=8
ETF [3:0] 位 3:0	0110	采样频率 $f_{SAMPLING} = f_{MASTER}/4$,N=6
	0111	采样频率 $f_{SAMPLING} = f_{MASTER}/4$,N=8
	1000	采样频率 $f_{SAMPLING} = f_{MASTER}/8$,N=6
	1001	采样频率 $f_{SAMPLING} = f_{MASTER}/8$,N=8
	1010	采样频率 $f_{SAMPLING} = f_{MASTER}/16$,N=5
	1011	采样频率 $f_{SAMPLING} = f_{MASTER}/16$,N=6
	1100	采样频率 $f_{SAMPLING} = f_{MASTER}/16$,N=8
	1101	采样频率 $f_{SAMPLING} = f_{MASTER}/32$,N=5
	1110	采样频率 $f_{SAMPLING} = f_{MASTER}/32$,N=6
	1111	采样频率 $f_{SAMPLING} = f_{MASTER}/32$,N=8

假设用户需要配置外部信号下降沿或者低电平实现检测,则可以配置外部触发寄存器

(TIM1_ETR)中的"ETP"位为"1"。此时就可以利用 C 语言编写 TIM1 外部时钟源模式 2 计数功能初始化函数中的边沿检测配置语句如下：

```
//1.配置外部输入触发信号极性"ETP = 1"
TIM1_ETR| = 0x80;
```

第 2 步：设置信号预分频。外部信号预分频参数可以按照用户实际需求配置为不分频、2 分频、4 分频或者 8 分频，假设外部脉冲信号的频率是 8 MHz，经过 8 分频后就会变为 1 MHz，对外部脉冲信号进行预分频的目的是使得测量的频率范围可以更大、更灵活且不用构建单片机外围分频电路，只需要简单的软件配置即可。

实际操作是配置外部触发寄存器(TIM1_ETR)中的"ETPS[1:0]"位，假设需要对输入信号进行 8 分频配置，此时就可以利用 C 语言编写 TIM1 外部时钟源模式 2 计数功能初始化函数中的信号预分频配置语句如下：

```
//2.配置外部信号预分频参数"ETPS[1:0] = 11"
TIM1_ETR| = 0x30;
```

第 3 步：设置信号采样率及滤波器。该步骤主要是用来确定通道的采样频率和滤波器的长度，也就是配置外部触发寄存器(TIM1_ETR)中的"ETF[3:0]"位，具体的参数配置可以按照信号的"质量"来考虑，采样率的大小一般要高于实际信号频率的 2 倍以上，以确保采样准确。滤波器的长度配置是非必需的，可以不用配置。

假设需要配置当前采样频率 $f_{SAMPLING}$ 等于系统主时钟频率 f_{MASTER}，且滤波器长度 N 等于 8，则可以将外部触发寄存器(TIM1_ETR)中的"ETF[3:0]"位配置为"0011"，此时就可以利用 C 语言编写 TIM1 外部时钟源模式 2 计数功能初始化函数中的采样率及滤波器配置语句如下：

```
//3.配置外部触发滤波器"ETF[3:0] = 0011"
TIM1_ETR| = 0x03;
```

第 4 步：使能外部时钟源模式 2 方式计数。

选定外部时钟源模式 2 的操作非常简单，只需要在配置完相关参数后将外部触发寄存器(TIM1_ETR)中的"ECE"位(外部时钟模式 2 使能位)置"1"即可，此时就可以利用 C 语言编写 TIM1 外部时钟源模式 2 计数功能初始化函数中的使能模式 2 配置语句如下：

```
//4.配置使能外部时钟模式 2"ECE = 1"
TIM1_ETR| = 0x40;
```

第 5 步：使能计数器功能。配置完成其他参数后若需要使能计数器，可以利用 C 语言编写 TIM1 外部时钟源模式 2 计数功能初始化函数中的使能计数器配置语句如下：

```
//5.使能 TIM1 计数器功能"CEN = 1"
TIM1_CR1| = 0x01;
```

经过以上 5 个主要的配置流程，就可以得到完整的外部时钟源模式 2 计数功能初始化函数 TIM1_init()，因为涉及到 TIM1_ETR 引脚的使用，所以在程序中还应该对其进行初始化配置，此处以 STM8S208MB 单片机为例，选用默认的"PH4/TIM_ETR"引脚作为外部脉冲信号输入，应该将 PH4 引脚配置为弱上拉输入方式，且不启用引脚的外部中断，用 C 语言编写端

口初始化函数 GPIO_init()实现如下:

```
/************************************************************
//GPIO 端口初始化配置函数 GPIO_init(),无形参,无返回值
/************************************************************
void GPIO_init(void)
{
    //1.配置 TIM1 的外部触发引脚 ETR 为弱上拉输入
    PH_DDR_DDR4 = 0;                    //配置 PH4 引脚为输入引脚
    PH_CR1_C14 = 1;                     //配置 PH4 引脚为弱上拉输入模式
    PH_CR2_C24 = 0;                     //配置 PH4 引脚关闭外部中断
    ......(此处省略具体程序语句)
}
```

13.3.6 基础项目 C 外部触发引脚脉冲计数实验

又到了实践阶段,深呼吸开始着手实验吧!要实现外部时钟源模式 2 的计数功能,首先要搭建硬件平台,本项目依然采用基础项目 B 类似的硬件电路,采用字符型 1602 液晶模块进行显示,外部脉冲信号连接到 STM8S208MB 单片机的"PH4/TIM_ETR"引脚(复用功能为外部脉冲信号输入),字符型 1602 液晶模块采用并行驱动方式,数据端口为 PB 端口,关于 PB 端口需要进行一些说明。

在之前关于 TIM_ETR 引脚的描述中介绍,对于 STM8S208MB 这款单片机而言,ETR 引脚可以是默认的 PH4 引脚,也可以是配置选项字节后的 PB3 引脚,若读者选定 PB3 引脚来连接外部脉冲信号,则 PB3 引脚就不能再去连接字符型 1602 液晶模块了,这一点务必要注意,这种情况下可以采用其他组 GPIO 端口或者采用串行 4 线方式去驱动字符型 1602 液晶模块。若启用 PB3 的 ETR 功能,需要配置选项字节,具体的配置方法可以回顾本书第 9 章 Option bytes 配置及应用的相关内容。

为了节省 GPIO 控制引脚就把字符型 1602 液晶模块的"R/W"这个引脚直接接地处理了,分配 PC0 引脚连接液晶数据/命令选择端口 RS,PC2 引脚连接液晶使能信号端口 EN,按照设计思想构建电路如图 13.16 所示。

硬件电路设计完成后就可以着手软件功能的编写,按照之前介绍的 5 个主要配置流程,就可以得到完整的外部时钟模式 2 计数功能初始化函数,在 TIM1 资源功能初始化之前别忘记将"PH4/TIM1_ETR"引脚配置为弱上拉输入模式。在程序中需要初始化相关 GPIO 配置、编写字符型 1602 液晶的相关函数,然后用一个长整形变量"count"将计数值从计数器高位寄存器(TIM1_CNTRH)与计数器低位寄存器(TIM1_CNTRL)中取回并拼合,要注意先读取高位值,然后右移 8 位后再与低位值进行"按位或"操作,从而实现高位字节和低位字节的拼合,最终得到计数数值。接下来就把计数数值的万位、千位、百位、十位和个位分别取出,显示到字符型 1602 液晶的指定字符位即可。

按照软件设计思路可以利用 C 语言编写具体的程序实现如下:

```
/************************************************************
 * 实验名称及内容:外部触发引脚脉冲计数实验
```

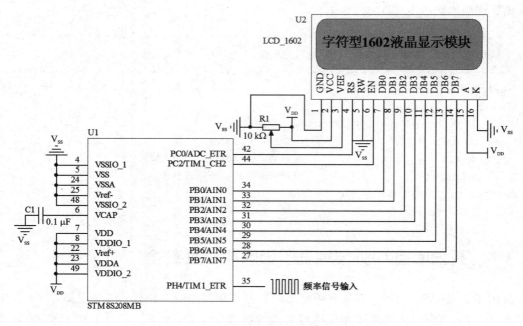

图 13.16　外部触发引脚脉冲计数实验电路原理图

```
*****************************************************************/
# include "iostm8s208mb.h"                    //主控芯片的头文件
/****************** 常用数据类型定义 *****************************/
【略】为节省篇幅，相似语句可以直接参考之前章节
/****************** 端口/引脚定义区域 ***************************/
# define LCDRS          PC_ODR_ODR0          //LCD1602 数据/命令选择端口
# define LCDEN          PC_ODR_ODR2          //LCD1602 使能信号端口
# define LCDDATA        PB_ODR               //LCD1602 数据端口 D0～D7
/****************** 用户自定义数据区域 *************************/
u8 table1[] = " = = Mode 2 Count = = ";     //LCD1602 显示字符串数组 1 显示界面
u8 table2[] = "Num：             ";          //LCD1602 显示字符串数组 2 显示界面
u8 table3[] = {'0','1','2','3','4','5','6','7','8','9'};//数字字符
/****************** 函数声明区域 ******************************/
void delay(u16 Count);                       //延时函数声明
void GPIO_init(void);                        //GPIO 端口初始化配置函数声明
void TIM1_init(void);                        //TIM1 初始化函数声明
void LCD1602_init(void);                     //LCD1602 初始化函数
void LCD1602_DIS_CHAR(u8 x,u8 y,u8 z);       //在设定地址写入字符数据
void LCD1602_Write(u8 cmdordata,u8 writetype);//写入液晶模组命令或数据
void LCD1602_DIS(void);                      //显示字符函数
/****************** 主函数区域 ********************************/
void main(void)
{
    u8 i,wan,qian,bai,shi,ge;                //i 为循环控制，其他为取位变量
    long count = 0;                          //count 存放 16 位计数值
    CLK_CKDIVR = 0x00;                       //设置系统时钟为 HSI 内部 16 MHz 高速时钟
```

```
    delay(10);                          //延时等待稳定
    GPIO_init();                        //初始化相关 GPIO 引脚配置
    LCD1602_init();                     //LCD1602 初始化
    LCD1602_DIS();                      //显示字符
    TIM1_CR1& = 0xFE;                   //关闭计数器使得 TIM1_CR1 寄存器 CEN 位为"0"
    delay(10);                          //延时等待稳定
    TIM1_init();                        //TIM1 相关功能配置初始化
    LCD1602_Write(0xC0,0);              //选择第二行
    for(i = 0;i<16;i + +)
    {
        LCD1602_Write(table2[i],1);     //写入 table2[]内容
        delay(50);
    }
    while(1)
    {
      count = TIM1_CNTRH;               //读操作计数器高位寄存器
      count = (count<<8)|TIM1_CNTRL;    //读操作计数器低位寄存器(拼合)
      wan = count/10000;                //取出万位
      qian = count % 10000/1000;        //取出千位
      bai = count % 10000 % 1000/100;   //取出百位
      shi = count % 10000 % 1000 % 100/10; //取出十位
      ge = count % 10;                  //取出个位
      LCD1602_DIS_CHAR(2,4,table3[wan]); //万位显示到 2 行第 4 字符位
      LCD1602_DIS_CHAR(2,5,table3[qian]); //千位显示到 2 行第 5 字符位
      LCD1602_DIS_CHAR(2,6,table3[bai]); //百位显示到 2 行第 6 字符位
      LCD1602_DIS_CHAR(2,7,table3[shi]); //十位显示到 2 行第 7 字符位
      LCD1602_DIS_CHAR(2,8,table3[ge]);  //个位显示到 2 行第 8 字符位
    }
}
/***************************************************************
//GPIO 端口初始化配置函数 GPIO_init(),无形参,无返回值
/***************************************************************
void GPIO_init(void)
{
    //1.配置 TIM1 的外部触发引脚 ETR 为上拉输入
    PH_DDR_DDR4 = 0;                    //配置 PH4 引脚为输入引脚
    PH_CR1_C14 = 1;                     //配置 PH4 引脚为弱上拉输入模式
    PH_CR2_C24 = 0;                     //配置 PH4 引脚关闭外部中断
    //2.配置 LCD1602 数据口 PB
具体引脚初始化语句已略,可参考 1602 液晶示例
/***************************************************************
//TIM1 功能初始化函数 TIM1_init(),无形参,无返回值
/***************************************************************
void TIM1_init(void)
{
    //1.配置外部输入触发信号极性"ETP = 1"
```

```
    TIM1_ETR| = 0x80;
    //2.配置外部信号预分频参数"ETPS[1:0] = 11"
    TIM1_ETR| = 0x30;
    //3.配置外部触发滤波器"ETF[3:0] = 0011"
    TIM1_ETR| = 0x03;
    //4.配置使能外部时钟源模式 2"ECE = 1"
    TIM1_ETR| = 0x40;
    //5.使能 TIM1 计数器功能"CEN = 1"
    TIM1_CR1| = 0x01;
}
/ ************************************************************
void delay(u16 Count)
{【略】}                                      //延时函数
void LCD1602_init(void)
{【略】}                                      //LCD1602 初始化函数
void LCD1602_DIS_CHAR(u8 x,u8 y,u8 z)
{【略】}                                      //在设定地址写入字符数据
void LCD1602_Write(u8 cmdordata,u8 writetype)
{【略】}                                      //写入液晶模组命令或数据
void LCD1602_DIS(void)
{【略】}                                      //显示字符函数
/ ************************************************************
```

将程序编译后下载到单片机中并运行,可以观察到字符型 1602 液晶模块上的第二行显示"Num:00000",没有任何的计数数值,这是因为"PH4/TIM1_ETR"引脚上还没有输入外部脉冲信号,此时用标准信号发生器产生 1 kHz 方波信号,连接到 PH4 引脚,输出信号维持 5 s 后断开,得到的显示数值如图 13.17 所示。

图 13.17　分频系数为 8,给定 1 kHz 信号持续 5 s 后的计数值

为什么要把给定的信号断开呢? 持续 5 s 的用意是什么呢? 其实,这样做的目的是验证给定的外部脉冲信号是否被"预分频"了。程序将外部时钟源模式 2 配置为了 8 分频,也就是说外部给定的 1 kHz 经过分频后应该变为 125 Hz,那么计数数值就可能比较小,通过观察实测数据,计数值为 683,读者暂且记住这个数值,稍后对程序进行"改动",再次进行观察。

接下来验证"预分频"参数是否起作用,将 TIM1 功能初始化函数 TIM1_init()第 2 步(配置外部信号预分频参数)中的"ETPS[1:0]"位改为"00",也就是不分频处理,直接注释掉"TIM1_ETR|=0x30;"语句,重新编译程序并下载,此时用标准信号发生器产生 1kHz 方波信

号，连接到 PH4 引脚，输出信号维持 5 s 后断开，得到的显示数值如图 13.18 所示。

图 13.18　不分频，给定 1 kHz 信号持续 5 s 后的计数值

通过观察，不分频时，信号持续 5 s 后计数值为 5 459，这个值与 8 分频时测得的值 683 之间恰好为 8 倍的数值关系，细心的读者可能会问，这两个数值相除并不是整数 8，原因何在？这是因为小宇老师在做实验的时候是用手机上的秒表来"卡"时间的，由于是手工操作，加上思维不太敏捷，手机屏幕迟钝，总之信号的通断时间会有差异，所以造成了数据误差，但是通过实验结果，读者也可以大致看出分频系数确实起了作用。

对于分频后所得计数值与实际值不等的问题其实很好解决，用户可以在计数数值处理时加上"count * ＝x"语句，运算表达式中的"x"就是实际的分频因子（1、2、4、8），假设此时配置"ETPS[1:0]"位为"00"，就是不分频，那么执行"count * ＝1"语句，运算后的计数值仍是原计数数值，若配置"ETPS[1:0]"位为"11"，就是 8 分频，那么执行"count * ＝8"语句，计算后的计数值就是原计数数值乘以 8，这才是实际的真实计数值。

13.4　输入捕获之"轻松测量"信号周期及占空比

TIM1 资源的定时和计数功能明显比 TIM4 资源要强大很多，特别是计数方式，支持两种方式外部电平脉冲的输入，配置也非常的灵活，从上一节的基础项目中也能感受到计数功能的实用性，若外部脉冲的频率较高，还可以启用预分频功能，可以说各个环节的配置都比较方便和实用。

有的读者就会说了，虽然计数功能可以对外部脉冲的"跳变"边沿进行"识别"和计数，而且计数值变动也能随着外部频率的升高而加快，但是看不出跳变的频率是多高，也不能有效的计算出来。

这确实是一个问题，在实际系统中可能会遇到周期信号的"参数测量"应用，这类应用中就需要测量波形的幅值、周期和频率等，对于方波信号而言还有占空比参数的测量，所以在市面上还有专门的频率计、占空比表等产品。那么，STM8 单片机的 TIM1 资源可以用于测量周期和占空比参数吗？当然可以，要想实现对信号周期和占空比的测量就要用到 TIM1 资源的一个重要的功能，即"输入捕获"功能，这也就是本节要重点介绍的内容。

13.4.1　谈谈方波信号的频率及占空比测量

首先以方波为例，认真体会下频率和占空比的概念，从概念的认知上得到测量相关参数的方法。方波信号也叫做矩形波信号，该信号只有高/低电平，在单片机的学习中极为常见。接下来,观察如图 13.19 所示的两种方波波形。

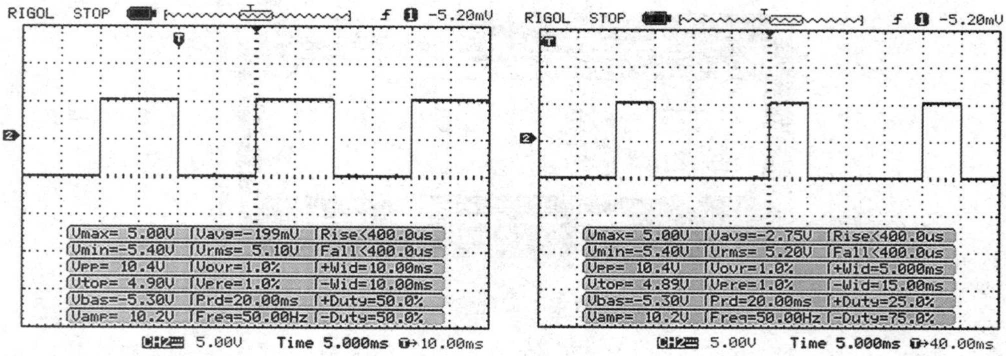

图 13.19　频率 50Hz 下占空比为 50％和 25％时的方波信号

简单的观察,图 13.19(a)中方波信号的峰峰值(Vpp)为 10.4 V,有效值(Vrms)为 5.10 V,方波信号的周期(Prd)为 20.00 ms,频率(Freq)为 50.00 Hz。这里所说的周期就是信号波形中相邻两个高/低电平持续时间之和,一般用时间值为单位。频率就是每秒钟信号中高/低电平变化的次数,即是周期的倒数,一般用 Hz 为单位。从原理上看,只要能得到信号的周期,也就相当于得到了信号的频率。

如果需要用 STM8 单片机的 TIM1 资源进行频率测量,就可以检测信号的边沿,选定一个边沿(如下降沿)就开始定时计数,等待信号再次出现这个选定边沿(如下降沿)时停止定时计数,通过计数值就可以算出定时的时间,测量的时间得到了,信号周期就知道了,有了信号的周期,那么频率值也就是求个倒数这么简单了。

仔细观察图 13.19(a)和(b),会发现两个波形信号的峰峰值(Vpp)、有效值(Vrms)、周期(Prd)、频率(Freq)都是一样的,但是波形看起来却完全不同,图 13.19(a)中方波信号的 1 个周期共占用横向 4 个格子,高电平和低电平各占一半,而在图 13.19(b)中方波信号的 1 个周期中,高电平只占 1 个格子,低电平占了 3 个格子,单从这一点看两个波形就不一样。

说到这里就要引出方波信号的占空比概念,所谓的"占空比"就是数字信号波形中高电平脉宽与信号周期的比值,一般用％表示,图 13.19(a)为占空比(Duty)50％的信号,图 13.19(b)为占空比(Duty)25％的信号,利用 STM8 单片机 TIM1 资源测量占空比的方法和测量信号周期的方法是类似的,在后续的内容中会进行深入。

13.4.2　TIM1 资源的输入捕获功能

在频率测量或者是占空比测量系统中,首先要明确外部信号的采集、检测、处理的问题,这就会涉及到信号的通道连接和处理过程,首先要确定输入通道,然后还要涉及通道内部的功能配置,这些配置就是由 TIM1 资源中的输入捕获单元来具体配置和实现的,输入捕获功能的总体结构如图 13.20 所示。

分析图 13.20,在该图中没有功能寄存器的配置说明,也没有信号处理流程的详细路径。所以,该图只能算是一个"简略"的功能结构图,在图中的左侧部分有 4 个通道,以

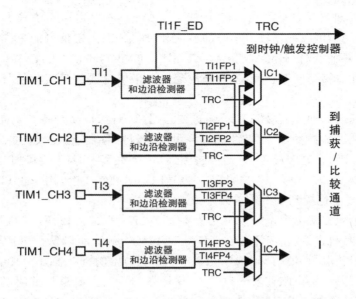

图 13.20 TIM1 资源输入捕获功能总体结构

STM8S208MB 单片机为例,这 4 个输入捕获通道分布在第 43 脚(PC1/TIM1_CH1)、第 44 脚(PC2/TIM1_CH2)、第 45 脚(PC3/TIM1_CH3)和第 46 脚(PC4/TIM1_CH4)。外部信号由 TIM1_CHx(x 表示 1、2、3、4)通道进入后产生"TIx"信号,对应通道的"TIx"信号会经过滤波器和边沿检测器,随后产生两路相同的信号"TIxFP1"和"TIxFP2"。以输入捕获通道 1 为例,外部信号由 TIM1_CH1 进入后产生"TI1"信号,然后经过滤波器和边沿检测器,随后产生两路相同的信号"TI1FP1"和"TI1FP2","TI1FP1"信号送入 IC1 单元(输入捕获 1)可以用于测量信号周期,"TI1FP2"信号送入 IC2 单元中可以用于配合测量信号占空比。

需要注意的是每个"ICx"单元上除了"TIxFP1"和"TIxFP2"信号外,还有"TRC"信号输入,对于 STM8S208MB 单片机而言,不存在该信号,原因是该单片机没有 TIM5 和 TIM6 资源。

初步了解了 TIM1 资源的输入捕获功能结构后,就可以将 4 个通道中的其中一个"拿"出来单独研究,这样会看得更细致,相关的寄存器、功能位、处理流程都会一目了然,以 TIM1_CH1 通道为例,拆分细化后的通道内部结构如图 13.21 所示。

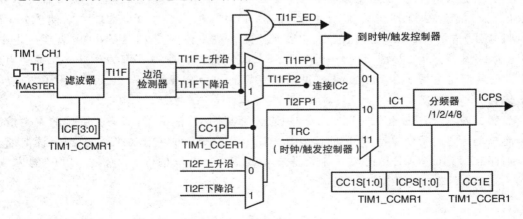

图 13.21 TIM1 资源输入捕获通道 1 内部结构

分析图 13.21,外部脉冲信号由 TIM1_CH1 引脚输入,得到输入信号为"TI1",信号首先经过滤波器,此时用户可以根据输入信号的特性和"质量"来决定信号的采样率和是否要进行滤波处理,可以配置捕获/比较模式寄存器(TIM1_CCMR1)中的"IC1F[3:0]"位来决定输入信号的采样频率和数字滤波器长度,一般来说配置的采样率要高于实际信号频率 2 倍以上才可以。

经过采样和滤波处理的信号"TI1F"会进入边沿检测器,以实现用户对信号特定边沿(上升沿、下降沿)的识别和触发,边沿极性的选择可以通过配置捕获/比较使能寄存器 1(TIM1_CCER1)中的"CC1P"位来实现。经过边沿检测器后,产生了"TI1FP1"和"TI1FP2"两路信号,"TI1FP1"信号送入了 IC1 单元中,"TI1FP2"信号则是送到 IC2 单元中,由 TIM1_CH2 通道产生的"TI2FP1"信号也连接到了 IC1 单元中。

此时在 IC1 单元上就出现了"3 大信号",分别为"TI1FP1"、"TI2FP1"和"TRC"信号,对于 STM8S208MB 单片机来说,由于不存在 TIM5 和 TIM6 资源,所以没有"TRC"信号,剩下的两种信号可以通过捕获/比较模式寄存器(TIM1_CCMR1)中的"CC1S[1:0]"位进行配置选择。选择信号源后还可以由用户配置预分频因子,这样做的目的主要是为了使得信号测量的范围更广,预分频功能是通过捕获/比较模式寄存器(TIM1_CCMR1)中的"ICPS[1:0]"位进行配置,可以将外部信号配置为不分频、2 分频、4 分频和 8 分频。

配置完成以上各个操作,那就"只差一步"了,即使能输入捕获功能。用户可以配置捕获/比较使能寄存器 1(TIM1_CCER1)中的"CC1E"位为"1"来使能输入捕获功能,这样一来,之前的配置才能生效和发挥作用,接下来就可以开始信号的捕获过程了。

当检测到"ICx"单元的相应边沿后,TIM1 资源的计数器高位寄存器(TIM1_CNTRH)和计数器低位寄存器(TIM1_CNTRL)中的计数数值就会被锁存到相应的捕获/比较寄存器(TIM1_CCRx)中,此时的捕获/比较寄存器(TIM1_CCRx)变为只读。由于输入捕获通道有 4 个,所以"ICx"单元也有 4 个,捕获/比较寄存器(TIM1_CCRx)就有 8 个,读者可能会有疑问,这捕获/比较寄存器是用来装载计数值的,怎么会有 8 个呢?原因是计数值是 16 位的,所以也分为高低位寄存器,所以有 8 个,分别是捕获/比较寄存器 1(TIM1_CCR1H、TIM1_CCR1L)、捕获/比较寄存器 2(TIM1_CCR2H、TIM1_CCR2L)、捕获/比较寄存器 3(TIM1_CCR3H、TIM1_CCR3L)和捕获/比较寄存器 4(TIM1_CCR4H、TIM1_CCR4L)。

当发生捕获事件时,状态寄存器 1(TIM1_SR1)中相应的"CCxIF"标志位会被置"1",表示计数值已被捕获(拷贝)至捕获/比较寄存器(TIM1_CCRx)中了,如果中断使能寄存器(TIM1_IER)中的"CCxIE"位被置"1",也就是使能相关捕获/比较事件的中断,就会产生中断请求。状态寄存器 1(TIM1_SR1)中的"CCxIF"标志位置"1"后,如果又发生了一次捕获事件,那么此时状态寄存器 2(TIM1_SR2)中的"CCxOF"标志位会被置"1",以表示发生了"重复"捕获事件。

当然了,"CCxIF"标志位和"CCxOF"标志位都是用来"指示"当前捕获事件的发生情况,也不能总是让它们两个保持为"1"的状态。"CCxIF"标志位可以用软件写"0"或者读取捕获/比较寄存器(TIM1_CCRx)的方法来清除,"CCxOF"标志位也可以用软件写"0"的方法来清除。

13.4.3 周期测量功能配置流程

读者可以把"自己"当作是从 TIM1_CH1 通道进入的"信号",根据 13.4.2 小节的讲解就可以很容易得到输入捕获功能对信号周期测量的配置流程,列出具体的参考步骤如图 13.22 所示。

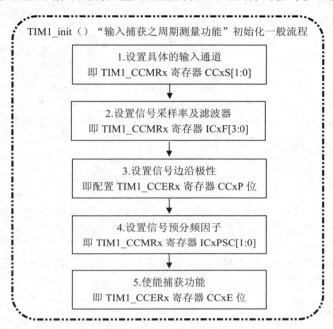

图 13.22 "输入捕获之周期测量功能"初始化流程及配置

分析图 13.22,在配置流程中一共是 5 个主要步骤,接下来就按照步骤的顺序逐一讲解配置流程,然后引出相关的寄存器,解说相应功能位。

第 1 步:设置具体的输入通道。以 STM8S208MB 这款单片机来说,该款单片机具备 4 个捕获/比较通道,外部信号要想进入通道进行输入捕获,首先要确定通道的选择。通道的具体选定通过配置捕获/比较模式寄存器(TIM1_CCMRx)中的"CCxS[1:0]"位得到,捕获/比较模式寄存器一共有 4 个,每一个寄存器中都有一个对应的"CCxS[1:0]"位。捕获/比较模式寄存器 1(TIM1_CCMR1)在输入捕获模式下的相关位定义及功能说明已经在 13.3.2 小节中讲述,此处重点讲解在输入捕获模式下的 TIM1_CCMR2、TIM1_CCMR3 和 TIM1_CCMR4 寄存器,这 3 个寄存器相关位定义及功能说明分别如表 13.13、13.14 和 13.15 所示。

表 13.13 STM8 单片机 TIM1_CCMR2 捕获/比较模式寄存器 2(输入捕获模式)

■ 捕获/比较模式寄存器 2(TIM1_CCMR2)						地址偏移值:(0x09)$_H$	
位 数	位 7	位 6	位 5	位 4	位 3	位 2	位 1	位 0
位名称	IC2F[3:0]				IC2PSC[1:0]		CC2S[1:0]	
复位值	0	0	0	0	0	0	0	0
操 作	rw	rw	rw	rw	rw	rw	rw	rw

位 名	位含义及参数说明		
IC2F[3:0] 位 7:4	● 输入捕获 2 滤波器 (具体内容可参考表 13.9 中相应位)		
IC2PSC[1:0] 位 3:2	● 输入/捕获 2 预分频器 (具体内容可参考表 13.9 中相应位)		
位 名	位含义及参数说明		
CC2S [1:0] 位 1:0	● 捕获/比较 2 方向选择 这 2 位定义了捕获/比较 2 通道的方向(输入/输出)及输入通道脚的选择。需要注意的是,"CC2S[1:0]"位仅在欲配置的通道关闭时(捕获/比较使能寄存器(TIM1_CCER1)寄存器中的"CC2E"位(输入捕获/比较 1 输出使能位)为"0"和"CC2NE"位为"0")才能被写入		
	00	CC2 通道被配置为输出	
	01	CC2 通道被配置为输入,IC2 映射在 TI2FP2 上	
	10	CC2 通道被配置为输入,IC2 映射在 TI1FP2 上	
	11	CC2 通道被配置为输入,IC2 映射在 TRC 上,此模式仅工作在内部触发器输入被选中时,也就是从模式控制寄存器(TIM1_SMCR)寄存器中的"TS[2:0]"位来选择	

表 13.14　STM8 单片机 TIM1_CCMR3 捕获/比较模式寄存器 3(输入捕获模式)

位 名	位含义及参数说明						
■ 捕获/比较模式寄存器 3(TIM1_CCMR3)						地址偏移值:(0x0A)$_H$	
位 数	位 7	位 6	位 5	位 4	位 3	位 2	位 1	位 0
位名称	IC3F[3:0]				IC3PSC[1:0]		CC3S[1:0]	
复位值	0	0	0	0	0	0	0	0
操 作	rw	rw	rw	rw	rw	rw	rw	rw

位 名	位含义及参数说明		
IC3F[3:0] 位 7:4	● 输入捕获 3 滤波器 (具体内容可参考表 13.9 中相应位)		
IC3PSC[1:0] 位 3:2	● 输入/捕获 3 预分频器 (具体内容可参考表 13.9 中相应位)		
CC3S [1:0] 位 1:0	● 捕获/比较 3 方向选择 这 2 位定义了捕获/比较 3 通道的方向(输入/输出)及输入通道脚的选择。需要注意的是,"CC3S[1:0]"位仅在欲配置的通道关闭时(捕获/比较使能寄存器(TIM1_CCER2)寄存器中的"CC3E"位(输入捕获/比较 1 输出使能位)为"0"和"CC3NE"位为"0")才能被写入		
	00	CC3 通道被配置为输出	
	01	CC3 通道被配置为输入,IC3 映射在 TI3FP3 上	
	10	CC3 通道被配置为输入,IC3 映射在 TI4FP3 上	
	11	预留	

表 13.15　STM8 单片机 TIM1_CCMR4 捕获/比较模式寄存器 4(输入捕获模式)

■ 捕获/比较模式寄存器 4(TIM1_CCMR4)							地址偏移值:(0x0B)_H	
位 数	位 7	位 6	位 5	位 4	位 3	位 2	位 1	位 0
位名称	IC4F[3:0]				IC4PSC[1:0]		CC4S[1:0]	
复位值	0	0	0	0	0	0	0	0
操 作	rw	rw	rw	rw	rw	rw	rw	rw
位 名	位含义及参数说明							
IC4F[3:0] 位 7:4	● 输入捕获 4 滤波器 (具体内容可参考表 13.9 中相应位)							
IC4PSC[1:0] 位 3:2	● 输入/捕获 4 预分频器 (具体内容可参考表 13.9 中相应位)							
CC4S [1:0] 位 1:0	● 捕获/比较 4 方向选择 这 2 位定义了捕获/比较 4 通道的方向(输入/输出)及输入通道脚的选择。需要注意的是,"CC4S[1:0]"位仅在欲配置的通道关闭时(捕获/比较使能寄存器(TIM1_CCER2)寄存器中的"CC4E"位(输入捕获/比较 1 输出使能位)为"0"和"CC4NE"位为"0")才能被写入							
	00	CC4 通道被配置为输出						
	01	CC4 通道被配置为输入,IC4 映射在 TI4FP4 上						
	10	CC4 通道被配置为输入,IC4 映射在 TI3FP4 上						
	11	预留						

用户需要选择 TIM1_CH1 作为信号输入通道时,可以配置捕获/比较模式寄存器 1 (TIM1_CCMR1)中的"CC1S[1:0]"位为"01",其含义是 CC1 通道被配置为输入,IC1 单元映射在"TI1FP1"上,此时就可以利用 C 语言编写 TIM1 输入捕获之周期测量功能初始化函数中的信号通道选择配置语句如下:

```
//1.CC1 通道被配置为输入,IC1 映射在 TI1FP1 上"CC1S[1:0] = 01"
TIM1_CCMR1 | = 0x01;
```

第 2 步:设置信号采样率及滤波器。假设需要配置当前采样时钟 $f_{SAMPLING}$ 频率等于系统主时钟 f_{MASTER} 频率,且滤波器长度 N 等于"0"(考虑到外部信号是由信号发生器产生,故而信号"质量"较好,可以不使用滤波器),则可以将捕获/比较模式寄存器 1(TIM1_CCMR1)中的"IC1F[3:0]"位配置为"0000",此时就可以利用 C 语言编写 TIM1 输入捕获之周期测量功能初始化函数中的采样率及滤波器配置语句如下:

```
//2.配置采样率为主时钟频率,无滤波器"IC1F[3:0] = 0000"
TIM1_CCMR1& = 0x0F;
```

第 3 步:设置信号边沿极性。信号输入后需要选定用于"识别"信号的边沿,若用户需要设定在"TI1F"或"TI2F"的低电平或者下降沿发生捕捉,可以配置捕获/比较使能寄存器 1 (TIM1_CCER1)中的"CC1P"位为"1",此时就可以利用 C 语言编写 TIM1 输入捕获之周期测量功能初始化函数中的信号边沿极性配置语句如下:

```
//3.配置信号边沿极性为 TI1F 或 TI2F 的低电平或下降沿"CC1P = 1"
```

```
TIM1_CCER1 | = 0x02；
```

表 13.10 已经介绍捕获/比较使能寄存器 1(TIM1_CCER1)的相关位定义及功能说明，"CC1P"、"CC2P"位就在该寄存器中，若用户在具体参数配置时不是采用 TIM1_CH1 或者 TIM1_CH2 通道作为信号输入，那么在信号边沿极性配置上可能会涉及到"CC3P"、"CC4P"位，这两个位则是在捕获/比较使能寄存器 2(TIM1_CCER2)中，该寄存器相关位定义及功能说明如表 13.16 所示。

表 13.16　STM8 单片机 TIM1_CCER2 捕获/比较使能寄存器 2

■ 捕获/比较使能寄存器 2(TIM1_CCER2)						地址偏移值：(0x0D)_H	
位　数	位 7	位 6	位 5	位 4	位 3	位 2	位 1	位 0
位名称	保留		CC4E	CC4NP	CC3NE	CC3P	CC3E	CC3E
复位值	0	0	0	0	0	0	0
操^rw作	—		rw	rw	rw	rw	rw
位　名	位含义及参数说明						
保留 位 7:6	● 保留位 必须保持清"0"						
CC4P 位 5	● 输入捕获/比较 4 输出极性 （具体内容可参考表 13.10 中相应位）						
CC4E 位 4	● 输入捕获/比较 4 输出使能 （具体内容可参考表 13.10 中相应位）						
CC3NP 位 3	● 输入捕获/比较 3 互补输出极性 （具体内容可参考表 13.10 中相应位）						
CC3NE 位 2	● 输入捕获/比较 3 互补输出使能 （具体内容可参考表 13.10 中相应位）						
CC3P 位 1	● 输入捕获/比较 3 输出极性 （具体内容可参考表 13.10 中相应位）						
CC3E 位 0	● 输入捕获/比较 3 输出使能 （具体内容可参考表 13.10 中相应位）						

第 4 步：设置信号预分频因子。配置信号的预分频参数有利于测量频率较高的信号，若用户选定 TIM1_CH1 通道输入外部信号，需要将该信号进行 8 分频处理，则可以配置捕获/比较模式寄存器 1(TIM1_CCMR1)中的"IC1PSC[1:0]"位为"11"，此时就可以利用 C 语言编写 TIM1 输入捕获之周期测量功能初始化函数中的预分频配置语句如下：

```
//4.配置输入/捕获 1 通道预分频器因子为 8 分频"IC1PSC[1:0] = 11"
TIM1_CCMR1 | = 0x0C；
```

第 5 步：使能捕获功能。配置完成以上的各个操作后，还需要使能输入捕获功能。用户可以配置捕获/比较使能寄存器 1(TIM1_CCER1)中的"CC1E"位为"1"来使能输入捕获功能，此时就可以利用 C 语言编写 TIM1 输入捕获之周期测量功能初始化函数中的使能捕获配置语句如下：

//5. 使能 TIM1_CH1 输入捕获功能"CC1E = 1"

TIM1_CCER1│= 0x01;

当然了,以上 5 个步骤是主要的输入捕获功能的配置,如果用户需要,还可以开启捕获中断,配置方法是将中断使能寄存器(TIM1_IER)中的"CCxIE"位置"1"即可,这里的"x"可以取值为 1、2、3、4,具体的选择要看用户的通道配置。在配置完成后还需要使能 TIM1 资源的计数器,使其等待开始计数,可以用 C 语言编写语句如下:

//6. 使能 TIM1 计数器功能"CEN = 1"

TIM1_CR1│= 0x01;

主要的配置步骤已经介绍完,有的读者可能要问了,配置完成这些步骤以后,信号周期怎么计算出来? 看了半天也没有看到哪一步能取回"周期"值或者是计算出频率啊! 不要着急,之前的所有配置正是为了引出下面要介绍的周期测量方法,有了前面几个步骤的铺垫,接下来的事情就好办多了。

在前面介绍方波频率和占空比时,已经探讨过关于周期的测量方法,在某一设定边沿信号后,到下一个相同边沿的时间就是该周期信号的周期时间,边沿的"识别"很简单,通过配置捕获/比较使能寄存器 1(TIM1_CCER1)中的"CC1P"位即可,如果捕获到了边沿以后呢? 就要查询捕获标志位状态,在程序中可以用中断法也可以用查询法。

如果选定 TIM1_CH1 通道作为信号的输入通道,则对应的捕获标志位就是"CC1IF",以查询法为例,要获取当前的捕获状态就是对"CC1IF"位取值进行判断,这个关键的"捕获标志"在 TIM1 的状态寄存器中,接下来介绍 TIM1 资源的两个状态寄存器,这两个寄存器相关位定义及功能说明分别如表 13.17 和 13.18 所示。

表 13.17　STM8 单片机 TIM1_SR1 状态寄存器 1

■ 状态寄存器 1(TIM1_SR1)						地址偏移值:(0x05)$_H$	
位　数	位 7	位 6	位 5	位 4	位 3	位 2	位 1	位 0
位名称	BIF	TIF	COMIF	CC4IF	CC3IF	CC2IF	CC1IF	UIF
复位值	0	0	0	0	0	0	0	0
操　作	rc_w0	rc_w0	rc_w0	rc_w0	rc_w0	rc_w0	rc_w0	rc_w0
位　名	位含义及参数说明							
BIF 位 7	● 刹车中断标记 一旦刹车输入有效,该位会由硬件置"1",如果刹车输入无效,则该位可由软件清"0"							
	0	无刹车事件产生						
	1	刹车输入上检测到有效电平						
TIF 位 6	● 触发器中断标记 当发生触发事件(从模式控制器处于除门控模式外的其他模式时,在 TRGI 输入端检测到有效边沿,或门控模式下的任一边沿)时由硬件对该位置"1",它由软件清"0"							
	0	无触发器事件产生						
	1	触发中断等待响应						

位 名	位含义及参数说明	
COMIF 位 5	● COM 中断标记 一旦产生 COM 事件(当捕获/比较控制位:"CCiE"、"CCiNE"、"OCiM"已被更新)时该位由硬件置"1",它由软件清"0"	
	0	无 COM 事件产生
	1	COM 中断等待响应
位 名	位含义及参数说明	
CC4IF 位 4	● 捕获/比较 4 中断标记 参考 CC1IF 描述	
CC3IF 位 3	● 捕获/比较 3 中断标记 参考 CC1IF 描述	
CC2IF 位 2	● 捕获/比较 2 中断标记 参考 CC1IF 描述	
CC1IF 位 1	捕获/比较 1 中断标记 如果通道"CC1"配置为输出模式: 当计数器值与比较值匹配时该位由硬件置"1",但在中心对称模式下除外(参考控制寄存器 1(TIM1_CR1)中的"CMS"位配置),它由软件清"0"。 在中心对称模式下,当计数器值为"0"时,向上计数,当计数器值为自动重装载寄存器 ARR 的值时,向下计数(它从 0 向上计数到自动重装载寄存器 ARR 的值减去 1,再由自动重装载寄存器 ARR 的值向下计数到 1)。 因此,对所有的"SMS"位值,这两个值都不置位标记。但如果捕获/比较寄存器 1 的值 CCR1 大于自动重装载寄存器 ARR 的值,则当计数器寄存器 CNT 的值达到自动重装载寄存器 ARR 的值时,"CC1IF"位被置"1"	
	0	无匹配发生
	1	TIM1_CNT 的值与 TIM1_CCR1 的值匹配
	如果通道"CC1"配置为输入模式: 当捕获事件发生时该位由硬件置"1",它由软件清"0"或通过读捕获/比较寄存器 1(TIM1_CCR1L)清"0"	
	0	无输入捕获产生
	1	计数器值已被捕获(拷贝)至捕获/比较寄存器 1(TIM1_CCR1),在 IC1 上检测到与所选极性相同的边沿
UIF 位 0	● 更新中断标记 当产生更新事件时,该位由硬件置"1",它由软件清"0"	
	0	无更新事件产生
	1	更新事件等待响应,当寄存器被更新时该位由硬件置"1" 更新事件包括:若控制寄存器 1(TIM1_CR1)中的"UDIS"位为"0",当计数器上溢或下溢时。若控制寄存器 1(TIM1_CR1)中的"UDIS"位为"0"、URS 位为"0",当设置 TIM1_EGR 寄存器的 UG 位软件对计数器 CNT 重新初始化时。若控制寄存器 1(TIM1_CR1)中的"UDIS"位为"0"、URS 位为"0",当计数器 CNT 被触发事件重新初始化时(参考从模式控制寄存器 TIM1_SMCR)

表 13.18　STM8 单片机 TIM1_SR2 状态寄存器 2

■ 状态寄存器 2(TIM1_SR2)						地址偏移值:(0x06)$_H$	
位　数	位 7	位 6	位 5	位 4	位 3	位 2	位 1	位 0
位名称	保留			CC4OF	CC3OF	CC2OF	CC1OF	保留
复位值	0	0	0	0	0	0	0	0
操　作	—	—	—	rw_w0	rw_w0	rw_w0	rw_w0	
位　名	位含义及参数说明							
保留 位 7:5	● 保留位 必须保持清"0"							
CC4OF 位 4	● 捕获/比较 4 重复捕获标记 参见 CC1OF 描述							
CC3OF 位 3	● 捕获/比较 3 重复捕获标记 参见 CC1OF 描述							
CC2OF 位 2	● 捕获/比较 2 重复捕获标记 参见 CC1OF 描述							
CC1OF 位 1	● 捕获/比较 1 重复捕获标记 仅当相应的通道被配置为输入捕获时,该标记可由硬件置"1",软件写"0"可清除该位							
	0	无重复捕获产生						
	1	计数器的值被捕获到捕获/比较寄存器 1(TIM1_CCR1)寄存器时,位于状态寄存器 1(TIM1_SR1)中的"CC1IF"位的状态已经为"1"						
保留 位 0	● 保留位 必须保持清"0"							

　　用户可以在程序中判断相关的"捕获标志位",以"CC1IF"捕获标志位为例,若该位为"0"则说明没有输入捕获产生,反之在"IC1"单元上检测到与所选极性相同的边沿,与此同时,计数器值已被捕获(拷贝)至捕获/比较寄存器 1(TIM1_CCR1)。

　　需要说明的是捕获/比较寄存器也分为高低 8 位两个寄存器,以 STM8S208MB 单片机为例,捕获/比较通道一共有 4 个,捕获/比较寄存器就有 8 个,因为这 8 个寄存器都是"相似"的,为了节省篇幅,我们以捕获/比较寄存器 1(TIM1_CCR1)的高低两个寄存器为例进行讲解,这两个寄存器相关位定义及功能说明分别如表 13.19 和 13.20 所示。

表 13.19　STM8 单片机 TIM1_CCR1H 捕获/比较寄存器 1 高 8 位

■ 捕获/比较寄存器 1 高 8 位(TIM1_CCR1H)						地址偏移值:(0x15)$_H$	
位　数	位 7	位 6	位 5	位 4	位 3	位 2	位 1	位 0
位名称	CCR1[15:8]							
复位值	0	0	0	0	0	0	0	0
操　作	rw	rw	rw	rw	rw	rw	rw	rw

续表 13.19

位　名	位含义及参数说明
CCR1 [15:8] 位 7:0	● 捕获/比较 1 的高 8 位值 　　若"CC1"通道配置为输出：也就是捕获/比较模式寄存器 1(TIM1_CCMR1)中的"CC1S"位为"00"，此时捕获/比较寄存器 1(TIM1_CCR1)包含了装入当前捕获/比较 1 寄存器的值(预装载值)。如果捕获/比较模式寄存器 1(TIM1_CCMR1)中的"OC1PE"位为"0"，则表示禁止预装载功能，写入的数值会立即传输至当前寄存器中，否则只有当更新事件发生时，此预装载值才传输至当前捕获/比较 1 寄存器中。当前捕获/比较寄存器的值同计数器寄存器(TIM1_CNT)的值相比较，并在 OC1 端口上产生输出信号。 　　若"CC1"通道配置为输入：此时捕获/比较寄存器 1(TIM1_CCR1)中包含了上一次输入捕获 1 事件(IC1)发生时的计数值，此时该寄存器为只读

表 13.20　STM8 单片机 TIM1_CCR1L 捕获/比较寄存器 1 低 8 位

■ 捕获/比较寄存器 1 低 8 位(TIM1_CCR1L)						地址偏移值：(0x16)$_H$	
位　数	位 7	位 6	位 5	位 4	位 3	位 2	位 1	位 0
位名称				CCR1[7:0]				
复位值	0	0	0	0	0	0	0	0
操　作	rw	rw	rw	rw	rw	rw	rw	rw
位　名	位含义及参数说明							
CCR1[7:0] 位 7:0	● 捕获/比较 1 的低 8 位值							

　　明确了程序操作方法和捕获标志，程序编写就比较简单了，在程序开始的时候可以先对捕获/比较寄存器 1(TIM1_CCR1)的高低位进行清零操作，以免取回错误的数值。接下来使能捕获功能，等待"CC1F"捕获标志位第一次置"1"，需要注意的是，该标志位是由硬件自动为其置"1"，所以在程序中可以用 while 语句加条件实现"状态等待"。若"CC1F"捕获标志位第一次置"1"后就将第一次捕获得到的捕获/比较寄存器 1(TIM1_CCR1)的高低位数值取出并存放在变量"A_num"中，由于程序中对 TIM1_CCR1 寄存器进行了读操作，原有的"CC1F"捕获标志位会被自动清"0"，所以程序可以再写一次 while 语句加条件实现"状态等待"，其目的是等待"CC1F"捕获标志位第二次置"1"，当再次置"1"后将第二次捕获得到的捕获/比较寄存器 1(TIM1_CCR1)的高低位数值取出并存放在变量"B_num"中。

　　得到了第一次捕获值"A_num"和第二次捕获值"B_num"后，就可以禁止捕获功能，然后用二次捕获值"B_num"减去一次捕获值"A_num"得到信号周期的计数值"SYS_num"，接下来就可以计算出频率值了，需要注意的是如果在输入捕获初始化配置中对信号进行了预分频处理，应该"还原"信号本来的频率值，也就是说要把分频系数考虑进频率值的计算中，这样才能得到真实频率。

　　该部分功能的实现可以用 C 语言编写相关语句如下：

```
/**************************************************************
......(此处省略具体程序语句)
TIM1_CCR1H = 0x00;                    //清除捕获/比较寄存器 1 高 8 位
```

```
TIM1_CCR1L = 0x00;                    //清除捕获/比较寄存器 1 低 8 位
TIM1_CCER1│= 0x01;                    //捕获功能使能

while((TIM1_SR1&0x02) == 0);          //等待捕获比较 1 标志位 CC1IF 变为"1"
A_num = (u16)TIM1_CCR1H<<8;           //取回捕获/比较寄存器 1 高 8 位
A_num│= TIM1_CCR1L;                   //取回捕获/比较寄存器 1 低 8 位并与高 8 位拼合

while((TIM1_SR1&0x02) == 0);          //等待捕获比较 1 标志位 CC1IF 变为"1"
B_num = (u16)TIM1_CCR1H<<8;           //取回捕获/比较寄存器 1 高 8 位
B_num│= TIM1_CCR1L;                   //取回捕获/比较寄存器 1 低 8 位并与高 8 位拼合

TIM1_CCER1& = 0xFE;                   //捕获功能禁止
F_num = (8 * SYS_CLOCK)/SYS_num;      //计算频率值
......(此处省略具体程序语句)
/ ********************************************************
```

13.4.4　基础项目 D 简易 1 kHz～1 MHz 方波信号频率计

本项目需要设计一个简易的方波信号频率计,依然采用字符型 1602 液晶模块进行频率值信息显示,外部脉冲信号连接到 STM8S208MB 单片机的"PC1/TIM1_CH1"引脚(复用功能为捕获/比较通道 1),外部信号是由标准信号发生器产生,信号频率为 1 kHz～1 MHz,字符型 1602 液晶采用并行驱动方式,数据端口为 PB 端口,为了节省 GPIO 控制引脚就把字符型 1602 液晶的 R/W 这个引脚直接接地处理了,分配 PC0 引脚连接液晶数据/命令选择端口 RS, PC2 引脚连接液晶使能信号端口 EN,按照设计思想构建硬件电路如图 13.23 所示。

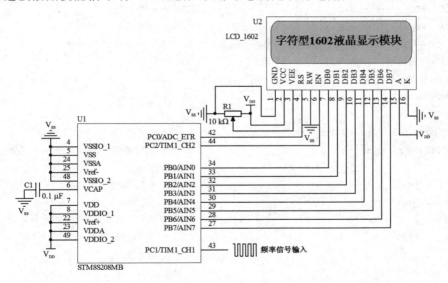

图 13.23　简易 1kHz 至 1MHz 方波信号频率计电路原理图

硬件电路设计完成后就可以着手软件功能的编写,按照之前介绍的 5 个主要配置流程和信号周期测量的方法,可以计算得到频率值,接下来就把频率值的百万位、十万位、万位、千位、百位、十位和个位分别取出,显示到字符型 1602 液晶的指定字符位即可。按照软件设计思路可以利用 C 语言编写的具体程序实现如下:

```
/******************************************************
 * 实验名称及内容:简易 1 kHz～1 MHz 方波信号频率计
 ******************************************************/
#include "iostm8s208mb.h"                    //主控芯片的头文件
/******************** 常用数据类型定义 ********************/
【略】为节省篇幅,相似语句可以直接参考之前章节
/******************* 端口/引脚定义区域 ********************/
#define LCDRS         PC_ODR_ODR0            //LCD1602 数据/命令选择端口 PC0
#define LCDEN         PC_ODR_ODR2            //LCD1602 使能信号端口 PC2
#define LCDDATA       PB_ODR                 //LCD1602 数据端口 D0～D7
/******************* 用户自定义数据区域 ********************/
u8 table1[] = " = Frequency Test = ";       //LCD1602 显示字符串数组 1 显示界面
u8 table2[] = "f:            Hz";            //LCD1602 显示字符串数组 2 显示界面
u8 table3[] = {'0','1','2','3','4','5','6','7','8','9'}; //数字字符
static u16 A_num,B_num,SYS_num;
//定义 A_num、B_num 变量用于装载两次边沿时间
//SYS_num 用于存放周期计数值
static unsigned long F_num;                  //用于存放频率值
#define  SYS_CLOCK  8034400UL                //定义系统当前 fmaster 频率值
/******************** 函数声明区域 ********************/
void delay(u16 Count);                       //延时函数声明
void GPIO_init(void);                        //GPIO 端口初始化配置函数声明
void TIM1_init(void);                        //TIM1 初始化函数声明
void LCD1602_init(void);                     //LCD1602 初始化函数
void LCD1602_DIS_CHAR(u8 x,u8 y,u8 z);       //在设定地址写入字符数据
void LCD1602_Write(u8 cmdordata,u8 writetype); //写入液晶模组命令或数据
void LCD1602_DIS(void);                      //显示字符函数
/******************** 主函数区域 ********************/
void main(void)
{
    u8 i,baiwan,shiwan,wan,qian,bai,shi,ge;  //i 为循环控制,其他为取位变量
    CLK_CKDIVR = 0x08;                       //设置系统时钟为 HSI 内部 8 MHz 时钟
    delay(10);                               //延时等待稳定
    GPIO_init();                             //初始化相关 GPIO 引脚配置
    LCD1602_init();                          //LCD1602 初始化
    LCD1602_DIS();                           //显示字符
    TIM1_init();                             //TIM1 相关功能配置初始化
    TIM1_CCER1& = 0xFE;                      //捕获功能禁止
    LCD1602_Write(0xC0,0);                   //选择第二行
    for(i = 0;i<16;i++)
    {
        LCD1602_Write(table2[i],1);          //写入 table2[]内容
        delay(5);
```

```
    }
    while(1)
    {
      TIM1_CCR1H = 0x00;                      //清除捕获/比较寄存器 1 高 8 位
      TIM1_CCR1L = 0x00;                      //清除捕获/比较寄存器 1 低 8 位
      TIM1_CCER1| = 0x01;                     //捕获功能使能
      while((TIM1_SR1&0x02) = = 0);           //等待捕获比较 1 标志位 CC1IF 变为"1"
      A_num = (u16)TIM1_CCR1H<<8;             //取回捕获/比较寄存器 1 高 8 位
      A_num| = TIM1_CCR1L;                    //取回捕获/比较寄存器 1 低 8 位并与高 8 位拼合
      while((TIM1_SR1&0x02) = = 0);           //等待捕获比较 1 标志位 CC1IF 变为"1"
      B_num = (u16)TIM1_CCR1H<<8;             //取回捕获/比较寄存器 1 高 8 位
      B_num| = TIM1_CCR1L;                    //取回捕获/比较寄存器 1 低 8 位并与高 8 位拼合
      TIM1_CCER1& = 0xFE;                     //捕获功能禁止
      SYS_num = B_num-A_num;                  //得到信号周期计数值
      F_num = (8 * SYS_CLOCK)/SYS_num;        //计算频率值
      baiwan = F_num/1000000;                 //取出百万位
      shiwan = F_num % 1000000/100000;        //取出十万位
      wan = F_num % 100000/10000;             //取出万位
      qian = F_num % 10000/1000;              //取出千位
      bai = F_num % 1000/100;                 //取出百位
      shi = F_num % 100/10;                   //取出十位
      ge = F_num % 10;                        //取出个位
      LCD1602_DIS_CHAR(2,4,table3[baiwan]);   //百万位显示到 2 行第 4 字符位
      LCD1602_DIS_CHAR(2,5,'.');              //显示分隔小数点
      LCD1602_DIS_CHAR(2,6,table3[shiwan]);   //十万位显示到 2 行第 6 字符位
      LCD1602_DIS_CHAR(2,7,table3[wan]);      //万位显示到 2 行第 7 字符位
      LCD1602_DIS_CHAR(2,8,table3[qian]);     //千位显示到 2 行第 8 字符位
      LCD1602_DIS_CHAR(2,9,'.');              //显示分隔小数点
      LCD1602_DIS_CHAR(2,10,table3[bai]);     //百位显示到 2 行第 10 字符位
      LCD1602_DIS_CHAR(2,11,table3[shi]);     //十位显示到 2 行第 11 字符位
      LCD1602_DIS_CHAR(2,12,table3[ge]);      //个位显示到 2 行第 12 字符位
    }
}
/* ************************************************************** */
//GPIO 端口初始化配置函数 GPIO_init(),无形参,无返回值
/* ************************************************************** */
void GPIO_init(void)
{
  //1.配置 LCD1602 数据口 PB,RS 引脚,EW 引脚
具体引脚初始化语句已略,可参考 1602 液晶显示示例
/* ************************************************************** */
//TIM1 功能初始化函数 TIM1_init(),无形参,无返回值
/* ************************************************************** */
void TIM1_init(void)
{
  //1.CC1 通道被配置为输入,IC1 映射在 TI1FP1 上"CC1S[1:0] = 01"
```

```
TIM1_CCMR1| = 0x01;
//2.配置采样率为主时钟频率,无滤波器"IC1F[3:0] = 0000"
TIM1_CCMR1& = 0x0F;
//3.配置信号边沿极性为 TI1F 或 TI2F 的低电平或下降沿"CC1P = 1"
TIM1_CCER1| = 0x02;
//4.配置输入/捕获 1 通道预分频器因子为 8 分频"IC1PSC[1:0] = 11"
TIM1_CCMR1| = 0x0C;
//5.使能 TIM1_CH1 输入捕获功能"CC1E = 1"
TIM1_CCER1| = 0x01;
//6.使能 TIM1 计数器功能"CEN = 1"
TIM1_CR1| = 0x01;
}
/ * * * * * * * * * * * * * * * * * * * * * * * * * * * * * * * * * * * * * * * * * * * *
void delay(u16 Count)
{【略】}                                            //延时函数
void LCD1602_init(void)
{【略】}                                            //LCD1602 初始化函数
void LCD1602_DIS_CHAR(u8 x,u8 y,u8 z)
{【略】}                                            //在设定地址写入字符数据
void LCD1602_Write(u8 cmdordata,u8 writetype)
{【略】}                                            //写入液晶模组命令或数据
void LCD1602_DIS(void)
{【略】}                                            //显示字符函数
/ * * * * * * * * * * * * * * * * * * * * * * * * * * * * * * * * * * * * * * * * * * * *
```

　　将程序编译后下载到单片机中,可以观察到 1602 液晶模块上的第二行显示"Num:Hz",没有任何的频率数值,这是因为"PC1/TIM1_CH1"引脚上还没有输入外部脉冲信号,此时用标准信号发生器产生频率为 1MHz,占空比为 50% 的方波信号,输出信号可以用频率计或者示波器进行测量,实测波形和相关参数如图 13.24 所示。

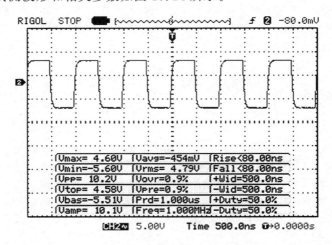

图 13.24　实测信号发生器给定标准 1MHz 频率方波信号

　　此时就可以把信号发生器的输出连接到单片机系统中的 PC1/TIM1_CH1 引脚,连接的时候要注意共地，即信号发生器的地线要与单片机系统的地线相连。连接后就可以观察到字符型 1602 液晶的第二行显示出实测频率值，如图 13.25 所示。

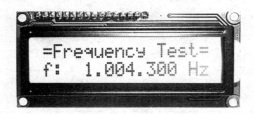

图 13.25　输入 1MHz 方波信号频率实测效果

有的读者在实践过程中得到的实测效果可能与本项目中的实测效果存在偏差，这是为什么呢？其实频率测量最大的误差来源是信号本身和单片机内部时钟精度，第一个比较好理解，如果给定的 1 MHz 本身有较大偏差，肯定会导致频率测量数值的偏差。第二个"单片机内部时钟精度"就要重点讲解一下了，程序使用的是 STM8 单片机内部高速 RC 时钟源 f_{HSI}，且对其进行了 2 分频操作，通过执行"CLK_CKDIVR＝0x08"语句后得到的主时钟 f_{MASTER} 频率应该为 8 MHz，主时钟频率确定后，TIM1 计数器的计数时钟频率就确定了，但是由于内部时钟源 HSI 频率存在误差，分频后的主时钟频率不可能是理想的 8 000 000 Hz。导致内部时钟偏差的原因很多，比如芯片的供电电压、运行环境的温度、制造工艺的差异等。在后续的计算中需要对其进行"修正"，此时实测频率与预分频因子、计数器频率和两次捕获值之间的关系就可以通过式 13.2 进行计算：

$$f_{\text{外部信号}} = \frac{\text{预分频因子} \ast \text{计数器时钟频率}}{\text{二次捕获值} - \text{一次捕获值}} \qquad (\text{式 13.2})$$

从计算关系上看，预分频因子是用户设定的不分频、2 分频、4 分频或者是 8 分频，这个因子是确定的，分子部分的两个捕获值也是确定的，那么计数器时钟频率数值的确定就非常重要了，所以在程序中关于频率的计算采用了以下的 C 语言语句来实现：

```
SYS_num = B_num-A_num;              //得到信号周期计数值
F_num = (8 * SYS_CLOCK)/SYS_num;    //计算频率值
```

变量"SYS_num"用来存放两次捕获值的差值，变量"F_num"为欲求频率值，"SYS_CLOCK"是系统的主时钟频率，主时钟频率是以宏定义（♯define）的方式书写在了程序起始部分，具体定义语句如下：

```
♯define  SYS_CLOCK  8034400UL    //定义系统当前 fmaster 频率值
```

需要注意的是此处的频率值并不是理想的 8 000 000，而是 8 034 400UL，定义中的"UL"表示该值是一个无符号长整形数值，多出的 34 400 Hz 是用户对系统主时钟的"修正"，该值的计算可以通过 CCO（时钟信号输出）功能去实测得到，或者根据信号发生器标准频率值和字符型 1602 液晶模块上的实测值计算出误差参数，然后倒推计算出计数器时钟的真实频率。

"修正"相关参数后的测量数据就比较"靠谱"了，以 1 kHz、5 kHz、10 kHz、100 kHz、250.8 kHz、500 kHz、1 MHz 等频率点分别做了实测，误差都在 0.5% 左右，作为一般精度要求的频率测量应用还是可以的，实测结果如表 13.21 所示。

表 13.21 简易 1 kHz～1 MHz 方波信号频率计性能测试

1 kHz～1 MHz 方波信号，V_{rms}＝4.79 V，占空比为 50% 条件下					
给定频率/kHz	实测频率/kHz	误差%	给定频率/kHz	实测频率/kHz	误差%
1	0.999	0.10	250.8	251.075	0.11
5	4.999	0.02	500	498.257	0.35
10	10.000	0	1000	1 004.300	0.43
100	99.961	0.04			

13.4.5 PWM 信号占空比测量

讲完了方波频率的测量，本小节就"趁热打铁"介绍方波占空比参数的测量，所谓的"占空比"就是数字信号波形中高电平脉宽与信号周期的比值，一般用% 为单位。信号周期读者已经会测量了，如果 STM8 单片机的 TIM1 资源能够测量得到高电平脉宽就能解决占空比的计算。

接下来分析图 13.26 所示内容，先看该图上面部分的加粗线条，这个线条表示实际的 PWM 输入信号，可以看出该信号的占空比肯定不是 50%，因为高电平的脉宽明显小于低电平的脉宽，观察该波形，若能求出高电平脉宽，又知道信号周期，只需要用前者除以后者再乘上 100% 就能得到实际的占空比参数了。

虽然原理很简单，但是该怎么求出两个值呢？这就要说到 TIM1 资源输入捕获的"边沿"检测功能，因为信号的边沿"识别"是可以由用户来决定的，可以通过不同的配置实现上升沿和下降沿的检测。如果检测到第一个上升沿后，让定时器开始计数，然后到第一个下降沿的时候取出并保存当前计数值，命名该值为"捕获值 1"，这个计数值就是波形中"1"的持续时间，也就是高电平脉宽。

说到这里是不是结束了？当然不是，取出第一个计数值（高电平脉宽）后还要继续计数，当检测到第二个上升沿时再把计数值取出另行存放，命名该值为"捕获值 2"，这个值就是"高电平脉宽＋低电平脉宽"，也就是信号周期了，接下来用捕获值 1 除以捕获值 2 再乘以 100% 就能得到实际的占空比参数了，这个过程也就是图 13.26 的下半部分。

了解了测量原理就要配置相关的功能，要配置功能就必须用到寄存器，要实现捕获、取值和判断相关标志位等，这就要回忆输入捕获的流程和信号走向了，假设外部待测信号由捕获/比较通道 1（TIM1_CH1）输入，信号的整体走向如图 13.27 所示。

分析图 13.27，TIM1_CH1 信号输入后得到"TI1"信号，该信号首先经过滤波器和边沿检测器，然后得到了两路"孪生"信号，一个是"TI1FP1"信号，这路信号连接到了"IC1"单元上，另一路是"TI1FP2"信号，这路信号连接到了"IC2"单元上。前面已经提到，要想对输入信号进行占空比测量，必须要"识别"波形的边沿（上升沿或者下降沿），由于一路信号的边沿只能是设定为一种识别方式，所以，可以对"TI1FP1"信号和"TI1FP2"信号采用两种不同的边沿"识别"方法。

比如可以设置"IC1"单元的边沿"识别"采用上升沿，"IC2"单元的边沿"识别"采用下降沿，当第一个上升沿来到的时候"IC1"单元就"捕获"到了，然后开始计数，当信号中高电平脉宽结束后会产生一个下降沿，这时候"IC2"单元就会"捕获"到这个状态，然后把当前计数器中的数值保

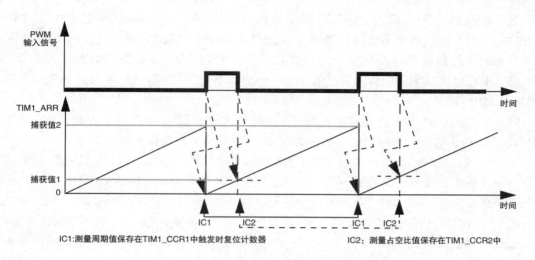

IC1:测量周期值保存在TIM1_CCR1中触发时复位计数器　　　　IC2:测量占空比值保存在TIM1_CCR2中

图 13.26　输入捕获之占空比测量原理

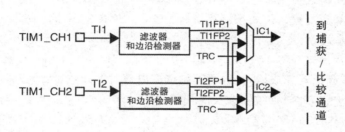

图 13.27　TIM1 输入捕获通道及信号走向

存到捕获/比较寄存器 2(TIM1_CCR2)的高低两个 8 位寄存器中,这个值就是"捕获值 1"。

　　已经有了"捕获值 1"事情就好办多了,就差"捕获值 2"了,这时候只需要等待"IC1"单元上再次出现一个上升沿即可,当第二个上升沿来到后就可以把当前计数器中的数值保存到捕获/比较寄存器 1(TIM1_CCR1)的高低两个 8 位寄存器中,这个值就是"捕获值 2"。

　　两个值都有了,只需要一个"简单"的数学公式,就能"见证奇迹"了。

　　说到这里,读者需要琢磨测量原理是不是"严谨",是不是"可行",稍微一思考,发现情况"不好"！有没有可能出现这样的情况呢？假设把"IC1"单元配置为了上升沿"触发",当第一次上升沿触发时应该启动计数器进行计数,第二次上升沿触发时按理说应该把计数值取出,如果正在取数的操作中又来了一次上升沿怎么办？这时候的计数值还要不要取出？下一次的计数值是否立即开始？怎么样做到计数值的成功取出,又不妨碍下一次的开始呢？只有一个情况是比较满意的,那就是在又一次上升沿到来的时候,先将当前计数器值取出存放,然后自动清零计数器,紧接着开始下一次的启动,这个机制就是下面要介绍的"复位触发模式"。

13.4.6　什么是复位触发模式?

　　说到这个模式,就不得不深入地理解一下,TIM1 资源的计数器允许多种触发输入,常见的有 ETR、TI1、TI2 和来自 TIM5/TIM6 资源的 TRGO 信号,TIM1 资源的计数器使用 3 种模式与外部的触发信号同步,分别是标准触发模式、复位触发模式和门控触发模式。

这里说的"复位触发模式"就是三大模式中的一种,把该模式从字面上拆分为"复位"和"触发"来解释,"触发"这两个字比较好理解,也就是边沿的捕获,"复位"的含义就比较特殊了,指的是当触发事件到来的时候会重新对计数器和预分频器进行"初始化",如果控制寄存器 1(TIM1_CR1)中的"URS"位为"0",还将产生一个更新事件"UEV",然后所有的预装载寄存器(TIM1_ARR、TIM1_CCRx)都会被更新。

如果将相关资源配置为复位触发模式,这时候的捕获过程就会发生一些变化,下面以TIM1_CH1 通道实现外部信号输入捕获为例,用 3 个步骤完成复位模式的配置:

第一步:配置捕获/比较通道 1(TIM1_CH1)用于检测输出信号"TI1"的上升沿,在具体配置中假设不需要配置任何滤波器,可以将捕获/比较模式寄存器 1(TIM1_CCMR1)中的"IC1F[3:0]"位保持为"0000"。如果触发操作中不使用捕获预分频器,可以不用配置。捕获/比较模式寄存器 1(TIM1_CCMR1)中的"CC1S[1:0]"位仅用于选择输入捕获源,也不需要配置,只需要重点配置捕获/比较使能寄存器 1(TIM1_CCER1)中的"CC1P"位为"0"来选择极性(检测上升沿有效)即可。

第二步:配置从模式控制寄存器(TIM1_SMCR)中的"SMS[2:0]"位为"100",选择定时器为复位触发模式,然后配置从模式控制寄存器(TIM1_SMCR)中的"TS[2:0]"位为"101",选择"TI1FP1"作为输入源。

第三步:配置控制寄存器 1(TIM1_CR1)中的"CEN"位为"1",启动计数器工作。

以上的 3 个步骤配置完成后,计数器开始依据内部时钟计数,然后正常计数直到输入信号"TI1"出现一个上升沿,此时计数器会被清"0",然后从"0"开始重新计数,与此同时,状态寄存器 1(TIM1_SR1)中的"TIF"位(触发标志)会被置"1",如果使能了中断(中断使能寄存器(TIM1_IER)中的"TIE"位为"1"),则产生一个中断请求。

为了更清楚的理解复位触发模式,可以如图 13.28 所示的时序图。

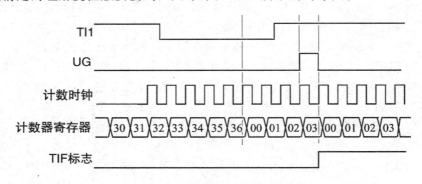

图 13.28 复位触发模式时序

分析图 13.28,"TI1"为外部输入信号,"UG"是时间产生寄存器(TIM1_EGR)中的"UG"位,表示更新事件的产生,若该位为"1"则表示重新初始化计数器,并产生一个更新事件。计数时钟就是"节拍"信号,计数器寄存器就是计数的场合,在该图中自动重装载寄存器(TIM1_ARR)已经被设置为"0x36","TIF"标志是状态寄存器 1(TIM1_SR1)中的"TIF"位,若该位为"1"则说明产生了触发中断。

当外部信号"TI1"信号由高电平变为低电平时,计数器寄存器依然在计数,当计数寄存器中数值为$(0x36)_H$时重新由$(0x00)_H$开始计数,当计数值从$(0x00)_H$计数到$(0x01)_H$时外部信号(TI1)突然出现了上升沿，这就触发了复位触发机制，经过一段延时后，计数器的值重新变为(0x00)$_H$，"UG"位也被置"1"，"TIF"标志也被置"1"。

在"TI1"信号的上升沿来到后，计数器寄存器中的清零操作为什么会有延时呢？这是因为上升沿被"识别"时到计数器实际复位之间会因为外部信号"TI1"输入端内部的"重同步电路"原因而产生一定延时，所以清零动作和相关标志的置位都会有一定的延时。

13.4.7 占空比测量功能配置流程

掌握了占空比测量原理，也熟悉了"复位触发"模式后，就可以配置占空比测量功能了，需要注意的是占空比测量功能配置流程和周期测量功能配置的部分步骤是一样的，重点就是理解一路信号处理(TI1FP1 信号)和两路信号处理(TI1FP1 与 TI1FP2 信号)的不同，在周期测量中就是一路信号处理，而在占空比测量中需要把两路信号配置为不同的边沿触发模式，当然了，在捕获使能上也需要同时禁止或者使能两种信号。

通过对 TIM1 资源输入捕获单元的理解，参考频率测量时的初始化步骤，不难得到占空比测量的配置流程，推荐的配置流程如图 13.29 所示，在配置中会涉及到捕获/比较寄存器(TIM1_CCMRx)、捕获/比较使能寄存器(TIM1_CCERx)、从模式控制寄存器(TIM1_SMCR)和捕获/比较寄存器(TIM1_CCRx)的高低位寄存器。在具体配置时，读者可以根据实际选定的捕获/比较通道合理选择相应寄存器中的功能位。

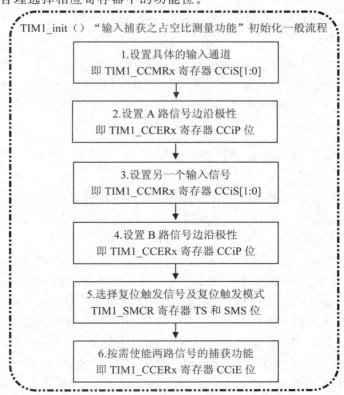

图 13.29 "输入捕获之占空比测量功能"初始化一般流程

分析图 13.29,每个步骤中的寄存器都有"x"或者"i"在其中,这是因为外部信号的输入通道由用户来选定,所以在流程中就只能用"x"或者"i"来表示,接下来以外部信号从捕获/比较通道 1(TIM1_CH1)输入为例,把每个流程步骤都"程序化",这样一来就会清楚很多。

第 1 步:设置具体的输入通道。选择捕获/比较 1 通道作为外部信号的输入,也就是配置捕获/比较模式寄存器 1(TIM1_CCMR1)中的"CC1S[1:0]"位为"01",此时的 CC1 通道被配置为输入,"TI1FP1"信号连接到了"IC1"单元上,用 C 语言编写的程序配置语句如下:

```
//1.CC1 通道被配置为输入,IC1 映射在 TI1FP1 上"CC1S[1:0] = 01"
TIM1_CCMR1| = 0x01;
```

第 2 步:设置 A 路信号边沿极性。将两路信号(TI1FP1 与 TI1FP2 信号)中的一路(TI1FP1 信号)配置为上升沿触发,也就是把捕获/比较使能寄存器 1(TIM1_CCER1)中的"CC1P"位置"0",即捕捉发生在"TI1FP1"信号的高电平或上升沿,用 C 语言编写的程序配置语句如下:

```
//2.配置 TI1FP1 信号边沿极性为上升沿"CC1P = 0"
TIM1_CCER1& = 0xFD;
```

第 3 步:设置另一个输入信号。此处选择另一个输入信号,也就是配置捕获/比较模式寄存器 2(TIM1_CCMR2)中的"CC2S[1:0]"位为"10",此时的 CC2 通道被配置为输入,"TI1FP2"信号连接到了"IC2"单元上,用 C 语言编写的程序配置语句如下:

```
//3.CC2 通道被配置为输入,IC2 映射在 TI1FP2 上"CC2S[1:0] = 10"
TIM1_CCMR2| = 0x02;
```

第 4 步:设置 B 路信号边沿极性。将 A 路信号"TI1FP1"配置为上升沿触发后,还需要把 B 路信号"TI1FP2"配置为下降沿触发,也就是把捕获/比较使能寄存器 1(TIM1_CCER1)中的"CC2P"位置"1",即捕捉发生在"TI1FP2"信号的低电平或下降沿,用 C 语言编写的程序配置语句如下:

```
//4.配置 TI1FP2 信号边沿极性为下降沿"CC2P = 1"
TIM1_CCER1| = 0x20;
```

第 5 步:选择复位触发信号及复位触发模式。等待用户配置完成两路信号的触发输入和触发边沿以后,就可以选定具体的复位触发信号和启用复位触发模式了,这两个功能的配置都是通过设置从模式控制寄存器(TIM1_SMCR)来实现的。

复位触发输入信号由从模式控制寄存器(TIM1_SMCR)中的"TS[2:0]"位来决定,可供选择的触发输入源有 6 种,即内部触发 ITR0 连接到 TIM6 定时器的 TRGO 信号、内部触发 ITR2 连接到 TIM5 定时器的 TRGO 信号、TI1 的边沿检测器(TI1F_ED)、滤波后的定时器输入 1(TI1FP1)、滤波后的定时器输入 2(TI2FP2)和外部触发输入(ETRF)。此处我们选择滤波后的定时器输入 1(TI1FP1),所以将"TS[2:0]"配置为"101"。

复位触发模式由从模式控制寄存器(TIM1_SMCR)中的"SMS[2:0]"位来决定,可供选择的模式共有 8 种,即时钟/触发控制器禁止、编码器模式 1、编码器模式 2、编码器模式 3、复位模式、门控模式、触发模式和外部时钟模式 1。此处我们选择复位模式,所以将"SMS[2:0]"配置为"100"。

明确了配置参数后,用 C 语言编写的程序配置语句如下:

```
//5.配置触发输入信号为 TI1FP1,"TS[2:0] = 101"
TIM1_SMCR| = 0x50;
//6.配置触发模式为复位触发,"SMS[2:0] = 100"
TIM1_SMCR| = 0x04;
```

第 6 步:按需使能两路信号的捕获功能。两路信号(TI1FP1 与 TI1FP2 信号)分别连接到了"IC1"单元和"IC2"单元,需要同时将两路信号捕获使能,即配置捕获/比较使能寄存器(TIM1_CCER1)中的"CC2E"和"CC1E"位为"1",若要禁止捕获功能,则将两个功能位清"0",用 C 语言编写的程序配置语句如下:

```
TIM1_CCER1| = 0x11;              //捕获功能使能"CC1E = 1、CC2E = 1"
TIM1_CCER1& = 0xEE;              //捕获功能禁止"CC1E = 0、CC2E = 0"
```

当然了,测量占空比参数的相关寄存器和功能配置完毕后,还需要使能计数器功能,用 C 语言编写的程序配置语句如下:

```
//7.使能 TIM1 计数器功能"CEN = 1"
TIM1_CR1| = 0x01;
```

以上的配置都完成以后就是具体的占空比测量了,在占空比参数的测量中会得到两个值,第一个值是高电平脉宽,也就是"捕获值 1",程序使用变量"A_num"来存放,另一个值是信号的周期,也就是"捕获值 2",程序使用变量"B_num"来存放,变量"F_num"用于存放计算出的频率值,变量"Duty"用于存放计算出的占空比值。按照占空比测量原理和相关操作时序(主要指 TIM1_CCR1 和 TIM1_CCR2 计数值的取出和计数值的具体含义),可以用 C 语言编写实现占空比参数测量的核心语句如下:

```
/*****************************************************************
......(此处省略具体程序语句)
TIM1_SR1& = 0xF9;                    //清除 CC1IF、CC2IF 标志位
TIM1_SR2& = 0xFD;                    //清除 CC1OF 标志位
TIM1_CCER1| = 0x11;                  //捕获功能使能"CC1E = 1、CC2E = 1"
while((TIM1_SR1&0x02) = = 0);        //等待捕获比较 1 标志位 CC1IF 变为"1"
while((TIM1_SR1&0x04) = = 0);        //等待捕获比较 2 标志位 CC2IF 变为"1"
A_num = (u16)TIM1_CCR2H<<8;          //取回捕获/比较寄存器 2 高 8 位
A_num| = TIM1_CCR2L;                 //取回捕获/比较寄存器 2 低 8 位并与高 8 位拼合
while((TIM1_SR2&0x02) = = 0);        //等待重复捕获比较 1 标志位 CC1OF 变为"1"
B_num = (u16)TIM1_CCR1H<<8;          //取回捕获/比较寄存器 1 高 8 位
B_num| = TIM1_CCR1L;                 //取回捕获/比较寄存器 1 低 8 位并与高 8 位拼合
TIM1_CCER1& = 0xEE;                  //捕获功能禁止"CC1E = 0、CC2E = 0"
F_num = SYS_CLOCK/B_num;             //计算实测频率值
......(此处省略具体程序语句)
Duty = (A_num * 10000/B_num);        //计算占空比
......(此处省略具体程序语句)
/*****************************************************************
```

程序其实非常的简单,为了让读者有个更直观深刻的认识,可以一起来看图 13.30 所示的

占空比测量过程。

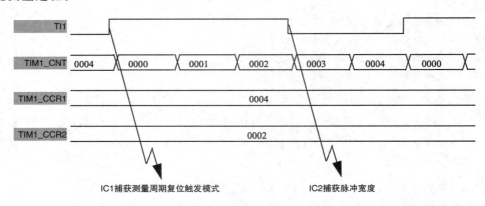

图 13.30　占空比测量过程

分析图 13.30,"TI1"信号为 TIM1_CH1 通道输入的外部信号,TIM1_CNT 是计数器寄存器,TIM1_CCR1 和 TIM1_CCR2 是捕获/比较寄存器 1 和寄存器 2,里面装载的是从计数器寄存器(TIM1_CNT)中取回的计数值。

由于占空比测量中启用了"复位触发模式",当 TI1 出现第一个上升沿时,计数器寄存器(TIM1_CNT)中的计数值会被清零,重新开始计数,当出现第一个下降沿时,边沿触发会让相关标志位产生变化,此时取出计数器寄存器(TIM1_CNT)中的计数值保存到捕获/比较寄存器 2(TIM1_CCR2)中,也就是图中所示的"0002",命名该值为"捕获值 1",这个值就是高电平脉宽。取出第一个计数值(高电平脉宽)后计数器会继续计数,当检测到第二个上升沿时又会取出计数器寄存器(TIM1_CNT)中的计数值保存到捕获/比较寄存器 1(TIM1_CCR1)中,也就是图中所示的"0004",命名该值为"捕获值 2",这个值就是信号周期。

有了捕获值 2(变量 B_num),就可以求得信号的频率,在程序中执行"F_num = SYS_CLOCK/B_num"即可,语句中的"SYS_CLOCK"就是计数器时钟频率。有了捕获值 1 和 2(变量 A_num 和变量 B_num),就可以求得占空比,在程序中执行"Duty = (A_num * 10000/B_num)"即可,需要注意语句中的"乘以 10000"操作,其实是为了保留小数位,方便后续取位运算。

13.4.8　基础项目 E 简易 PWM 信号占空比测量实验

基础项目 D 中已经介绍了信号的周期测量,从而计算出了信号的频率,在此基础之上又进一步介绍了占空比的测量,本小节开始实践环节。在本项目中需要测量方波信号的频率和占空比,硬件电路依然用基础项目 D 中的电路,硬件电路如图 13.23 所示。在硬件电路中依然采用字符型 1602 液晶模块进行频率值信息显示,外部脉冲信号连接到 STM8S208MB 单片机的"PC1/TIM1_CH1"引脚(复用功能为捕获/比较通道 1),外部信号是由标准信号发生器产生,信号频率为 1～50 kHz,字符型 1602 液晶采用并行驱动方式,数据端口为 PB 端口,为了节省 GPIO 控制引脚就把字符型 1602 液晶模块的 R/W 这个引脚直接接地处理了,分配 PC0 引脚连接液晶数据/命令选择端口 RS,PC2 引脚连接液晶使能信号端口 EN。

硬件电路设计完成后就可以着手软件功能的编写,按照之前介绍的 6 个主要的配置流程和信号占空比测量的方法,可以计算得到频率值和占空比值,接下来就把频率值的百万位、十万位、万位、千位、百位、十位和个位分别取出，然后把占空比的十位、个位、第一个小数位和第二个小数位显示到字符型 1602 液晶的指定字符位即可。按照软件设计思路可以利用 C 语言编写具体的程序实现如下：

```
/*******************************************************
*  实验名称及内容:简易 PWM 信号占空比测量实验
********************************************************/
# include "iostm8s208mb.h"                    //主控芯片的头文件
/********************* 常用数据类型定义 *****************/
{【略】}为节省篇幅,相似语句可以直接参考之前章节
/******************* 端口/引脚定义区域 *****************/
# define LCDRS          PC_ODR_ODR0           //LCD1602 数据/命令选择端口
# define LCDEN          PC_ODR_ODR2           //LCD1602 使能信号端口
# define LCDDATA        PB_ODR                //LCD1602 数据端口 D0～D7
/****************** 用户自定义数据区域 *****************/
u8 table1[] = " = Frequency Test = ";        //LCD1602 显示字符串数组 1 显示界面
u8 table2[] = "f:           Hz";             //LCD1602 显示字符串数组 2 显示界面
u8 table3[] = "Duty:        % ";             //LCD1602 显示字符串数组 3 显示界面
u8 table4[] = {'0','1','2','3','4','5','6','7','8','9'}; //数字字符
static unsigned long A_num,B_num;             //定义 A_num、B_num 用于装载两次捕获时间
static unsigned long Duty;                    //Duty 为信号占空比值
static unsigned long F_num;                   //用于存放频率值
# define   SYS_CLOCK   16000162UL             //定义系统当前 fmaster 频率值
/***************** 函数声明区域 ***********************/
void delay(u16 Count);                        //延时函数声明
void GPIO_init(void);                         //GPIO 端口初始化配置函数声明
void TIM1_init(void);                         //TIM1 初始化函数声明
void LCD1602_init(void);                      //LCD1602 初始化函数
void LCD1602_DIS_CHAR(u8 x,u8 y,u8 z);        //在设定地址写入字符数据
void LCD1602_Write(u8 cmdordata,u8 writetype);//写入液晶模组命令或数据
void LCD1602_DIS(void);                       //显示字符函数
/***************** 主函数区域 ************************/
void main(void)
{
    u8 i,baiwan,shiwan,wan,qian,bai,shi,ge;   //实测频率值的取位变量
    u8 dshi,dge,dp1,dp2;                       //占空比的十位、个位、小数 1 和小数 2
    CLK_CKDIVR = 0x00;                         //设置系统时钟为 HSI 内部高速 16 MHz 时钟
    delay(10);                                 //延时等待稳定
    GPIO_init();                               //初始化相关 GPIO 引脚配置
    LCD1602_init();                            //LCD1602 初始化
    LCD1602_DIS();                             //显示字符
    TIM1_init();                               //TIM1 相关功能配置初始化
    LCD1602_Write(0x80,0);                     //选择第一行
    for(i = 0;i<16;i + + )
    {
        LCD1602_Write(table2[i],1);            //写入 table2[]内容
```

```
        delay(5);
    }
    LCD1602_Write(0xC0,0);                      //选择第二行
    for(i = 0;i<16;i + +)
    {
        LCD1602_Write(table3[i],1);             //写入 table3[]内容
        delay(5);
    }
    while(1)
    {
        TIM1_SR1& = 0xF9;                        //清除 CC1IF、CC2IF 标志位
        TIM1_SR2& = 0xFD;                        //清除 CC1OF 标志位
        TIM1_CCER1| = 0x11;                      //捕获功能使能"CC1E = 1、CC2E = 1"
        while((TIM1_SR1&0x02) = = 0);            //等待捕获比较 1 标志位 CC1IF 变为"1"
        while((TIM1_SR1&0x04) = = 0);            //等待捕获比较 2 标志位 CC2IF 变为"1"
        A_num = (u16)TIM1_CCR2H<<8;              //取回捕获/比较寄存器 2 高 8 位
        A_num| = TIM1_CCR2L;                     //取回捕获/比较寄存器 2 低 8 位并与高 8 位拼合
        while((TIM1_SR2&0x02) = = 0);            //等待重复捕获比较 1 标志位 CC1OF 变为"1"
        B_num = (u16)TIM1_CCR1H<<8;              //取回捕获/比较寄存器 1 高 8 位
        B_num| = TIM1_CCR1L;                     //取回捕获/比较寄存器 1 低 8 位并与高 8 位拼合
        TIM1_CCER1& = 0xEE;                      //捕获功能禁止"CC1E = 0、CC2E = 0"
        F_num = SYS_CLOCK/B_num;                 //计算实测频率值
        baiwan = F_num/1000000;                  //取出百万位
        shiwan = F_num % 1000000/100000;         //取出十万位
        wan = F_num % 100000/10000;              //取出万位
        qian = F_num % 10000/1000;               //取出千位
        bai = F_num % 1000/100;                  //取出百位
        shi = F_num % 100/10;                    //取出十位
        ge = F_num % 10;                         //取出个位
        LCD1602_DIS_CHAR(1,4,table4[baiwan]);    //百万位显示到 1 行第 4 字符位
        LCD1602_DIS_CHAR(1,5,'.');               //显示分隔小数点
        LCD1602_DIS_CHAR(1,6,table4[shiwan]);    //十万位显示到 1 行第 6 字符位
        LCD1602_DIS_CHAR(1,7,table4[wan]);       //万位显示到 1 行第 7 字符位
        LCD1602_DIS_CHAR(1,8,table4[qian]);      //千位显示到 1 行第 8 字符位
        LCD1602_DIS_CHAR(1,9,'.');               //显示分隔小数点
        LCD1602_DIS_CHAR(1,10,table4[bai]);      //百位显示到 1 行第 10 字符位
        LCD1602_DIS_CHAR(1,11,table4[shi]);      //十位显示到 1 行第 11 字符位
        LCD1602_DIS_CHAR(1,12,table4[ge]);       //个位显示到 1 行第 12 字符位
        Duty = (A_num * 10000/B_num);            //计算占空比
        dshi = Duty/1000;                        //取出千位(其实是占空比十位)
        dge = Duty % 1000/100;                   //取出百位(其实是占空比个位)
        dp1 = Duty % 100/10;                     //取出十位(其实是占空比小数位 1)
        dp2 = Duty % 10;                         //取出个位(其实是占空比小数位 2)
        LCD1602_DIS_CHAR(2,7,table4[dshi]);      //十位显示到 2 行第 7 字符位
        LCD1602_DIS_CHAR(2,8,table4[dge]);       //个位显示到 2 行第 8 字符位
        LCD1602_DIS_CHAR(2,9,'.');               //显示分隔小数点
```

```
        LCD1602_DIS_CHAR(2,10,table4[dp1]);                //小数 1 位显示到 2 行第 10 字符位
        LCD1602_DIS_CHAR(2,11,table4[dp2]);                //小数 2 位显示到 2 行第 11 字符位
    }
}
/* ****************************************************************** */
//GPIO 端口初始化配置函数 GPIO_init(),无形参,无返回值
/* ****************************************************************** */
void GPIO_init(void)
{
    //1.配置 LCD1602 数据口 PB,RS 引脚,EN 引脚
具体引脚初始化语句已略,可参考 1602 液晶显示示例
/* ****************************************************************** */
//TIM1 功能初始化函数 TIM1_init(),无形参,无返回值
/* ****************************************************************** */
void TIM1_init(void)
{
    //1.CC1 通道被配置为输入,IC1 映射在 TI1FP1 上"CC1S[1:0] = 01"
    TIM1_CCMR1| = 0x01;
    //2.配置 TI1FP1 信号边沿极性为上升沿"CC1P = 0"
    TIM1_CCER1& = 0xFD;
    //3.CC2 通道被配置为输入,IC2 映射在 TI1FP2 上"CC2S[1:0] = 10"
    TIM1_CCMR2| = 0x02;
    //4.配置 TI1FP2 信号边沿极性为下降沿"CC2P = 1"
    TIM1_CCER1| = 0x20;
    //5.配置触发输入信号为 TI1FP1,"TS[2:0] = 101"
    TIM1_SMCR| = 0x50;
    //6.配置触发模式为复位触发,"SMS[2:0] = 100"
    TIM1_SMCR| = 0x04;
    //7.使能 TIM1 计数器功能"CEN = 1"
    TIM1_CR1| = 0x01;
}
/* ****************************************************************** */
void delay(u16 Count)
{【略】}                                                    //延时函数
void LCD1602_init(void)
{【略】}                                                    //LCD1602 初始化函数
void LCD1602_DIS_CHAR(u8 x,u8 y,u8 z)
{【略】}                                                    //在设定地址写入字符数据
void LCD1602_Write(u8 cmdordata,u8 writetype)
{【略】}                                                    //写入液晶模组命令或数据
void LCD1602_DIS(void)
{【略】}                                                    //显示字符函数
/* ****************************************************************** */
```

　　将程序编译后下载到单片机中并运行,将标准的信号发生器连接到单片机系统的"PC1/TIM1_CH1"引脚,需要注意信号发生器和单片机系统的共地处理。调节信号发生器使其输出

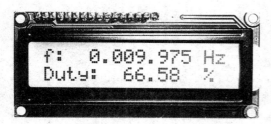

图 13.31　频率 10 kHz，占空比 66.6%测量效果

10 kHz 频率方波信号，调节占空比到 66.6%，当然了，这个占空比数值是小宇老师随便定义的，读者可以配置成其他的占空比和频率值，经过单片机系统测量后，字符型 1602 液晶显示效果如图 13.31 所示。

有的读者在实践过程中得到的实测效果可能与本项目中的实测效果存在偏差，误差主要来源是信号本身和单片机内部时钟精度。这两个原因前面已经介绍，程序中已经对计数器时钟进行了"修正"，在程序中使用内部高速 16 MHz 时钟源作为主时钟源，参与频率值计算的计数器时钟"SYS_CLOCK"取值并不是理想状态的"16 000 000"，而是"修正"后的"16 000162UL"，数值后面的"UL"表示无符号长整形数。

在系统搭建完毕之后，保持占空比参数为固定的 66.6%，将频率值进行调节，范围从 1~50 kHz，采集了该范围内的 7 个频率值和占空比参数数据，具体实测情况如表 13.22 所示。

表 13.22　简易 PWM 信号测量实验（频率变动，占空比固定）

1~50 kHz 方波信号，V_{rms}=4.79 V，占空比固定为 66.6%条件下				
给定频率/kHz	实测频率/kHz	频率误差%	实测占空比%	占空比误差%
1	0.996	0.4	66.60	0
5	4.986	0.28	66.59	0.02
10	9.975	0.25	66.58	0.03
20	19.975	0.13	66.54	0.09
30	30.019	0.06	66.41	0.29
40	40.1	0.25	66.50	0.15
50	50.157	0.31	66.45	0.23

分析表 13.22 可以看出一个"奇特"的现象，给定频率为 20 kHz 时的实测误差是 0.13%，以 20 kHz 频率为中心向两端观察，实测频率误差随着偏移程度会逐渐增大，这是为什么呢？这是因为小宇老师在"修正"计数器时钟时是选取了频率测量范围的中心值进行"修正"的，因为自定义的频率测量范围是 1~50 kHz，所以进行数据修正时的频率选择了 25 kHz，频率值越靠近 25 kHz 时实测误差就越小，之所以选择一个中间值，也是为了均衡下两端的最大误差，让频率范围内的整体误差在容忍范围之内。

从数据表 13.22 中还可以观察到随着输入频率的增大，占空比参数的测量误差总体上在增大，其中个别的数据测试结果出现了"抖动"，这是因为单片机内部时钟频率误差、计数器时钟频率值波动、工作电压和采集电路等多方面原因导致的。

接下来，让方波信号的频率值一定（测试中选择 1 kHz），调节占空比输出，使得占空比输出范围为 1%～99%，采集了范围内的 7 个频率值和占空比参数数据，具体实测情况如表 13.23 所示。

表 13.23 简易 PWM 信号测量实验(占空比变动,频率固定)

频率固定为 1 kHz 方波信号,V_{rms}=4.79 V,占空比为 1%~99%条件下				
给定占空比%	实测频率/kHz	频率误差%	实测占空比%	占空比误差%
1	0.996	0.4	0.99	1
5	0.996	0.4	4.98	0.4
10	0.996	0.4	9.99	0.1
25	0.996	0.4	24.99	0.04
50	0.996	0.4	50.00	0
75	0.996	0.4	75.00	0
99	0.996	0.4	98.99	0.01

分析表 13.23,在外部信号为 1 kHz 下,频率误差为 0.4%,占空比为 1%~99%的整个范围内误差都比较小,满足一般测量的需要,在实际测量的过程中,小宇老师发现随着频率值的上升,占空比测量的误差会有所增大,特别是在占空比百分比较小的时候,测量结果抖动明显,误差较大,读者可以根据实际项目的具体指标确定 STM8 占空比测量的相关参数和配置,选定测量参数较好的测量区间,确保测量数据的有效性。

13.5 "灵活自由"的输出比较功能

各位读者学习了 TIM1 资源的输入捕获功能,感觉如何呢? 小宇老师的第一感觉是使用比较方便,在输入捕获功能下测量信号的频率或者占空比的初始化配置语句其实并不多,用到的寄存器"翻来覆去"也就这么几个,所以理清了配置流程就不会很难。第二感觉是 STM8S 系列单片机 TIM1 资源的 4 个输入/比较通道真的非常"神奇",内部的单元结构在不同寄存器的配置下可以表现出不同的功能实现。

本节介绍 TIM1 资源的"输出比较"功能,使用该功能就可以通过 4 个输入/比较通道输出 4 路周期可控,占空比可调的信号了,功能强大且易用,同样也是简简单单的初始化配置,就可以让信号"乖乖"的输出,且占用 CPU 资源很少,效率和输出精度都非常不错。

看到这里,可能会有很多用过其他单片机的读者会有疑问,STM8 单片机的输出比较功能到底有多方便呢,不也就是让定时/计数器初始化,控制输出"1"和"0"的频率和时间间隔,然后还要响应中断或者查询标志位,最后交给 CPU 处理吗? 读者要是这样想的,那就大错特错了,读者可以把 TIM1 资源的输出比较功能理解成一种"专用"的机制,既不用专门去判断中断和标志位,又不用 CPU 时时刻刻"围着它"进行处理,简简单单用一条类似于"CH1_PWM_SET(16 000,0.2)"的语句就能使 TIM1_CH1 通道输出一个 1 kHz,占空比为 20%的 PWM 波形。这是真的假的? 当然是真的,这条语句就是从本章项目中"提取"的,当然了,语句是调用了一个功能子函数,函数中也有具体的功能实现。各位读者想知道配置方法吗? 那就随着小宇老师一起开始学习吧!

13.5.1 输出比较功能结构及用途

与学习输入捕获功能的时候一样,首先要讲解的是输出比较单元的结构组成,TIM1 资源输出比较功能单元的总体结构如图 13.32 所示,读者需要分析资源结构,看一看信号究竟是"怎么产生",然后"怎样输出",搞清楚了这两个问题,就算是成功"拿下"了输出比较单元。

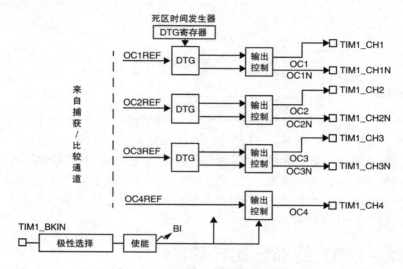

图 13.32　TIM1 资源输出比较功能总体结构

一起来分析图 13.32,从图片的左边开始看,参考波形"OCiREF"信号一共有 4 路(其中的"i"可以是 1、2、3、4),均是来自捕获/比较通道内部,参考波形的产生是根据相应通道的捕获/比较模式寄存器(TIM1_CCMRx)中的"OCiM[2:0]"位配置得到的。前 3 路参考波形信号首先经过了一个"死区时间发生器",这个发生器主要是为了调节互补通道输出时的死区持续时间,然后经过输出控制单元,最终输出 3 对"死区时间可控的互补输出",分别是 TIM1_CH1 和它的互补信号 TIM1_CH1N、TIM1_CH2 和它的互补信号 TIM1_CH2N 还有 TIM1_CH3 和它的互补信号 TIM1_CH3N。需要注意的是第 4 个参考波形信号"OC4REF"的输出路径中没有死区时间发生器,也没有互补信号输出,只有 TIM1_CH4 本身。

分析完成图 13.32 后,还是感觉结构比较"粗略",没有涉及到具体的寄存器,也没有功能位的配置说明,这不要紧!下面以 TIM1_CH1 通道为例,通过观察图 13.33 分析信号是如何产生和输出的。

还是从图片的左边开始分析,左边有两个"数值比较关系",分别是"计数值＞CCR1"和"计数值＝CCR1",其中"计数值"是 TIM1 资源当前计数器寄存器中的数值,"CCR1"是捕获/比较寄存器 1(TIM1_CCR1)中的数值,从名称上理解都很简单,但是两者的"数值比较关系"有什么含义呢?

不知道读者是否考虑过现在所介绍的"输出比较"为什么不叫"输出"而多了两个字"比较"呢?这是因为输出波形就是靠"计数值"和"CCRi 数值"进行比较后得到的,当两个值产生数值比较关系时,特定的引脚就会输出电平信号,用户需要配置相关参数和功能位,最重要是配置好 2 个主要的寄存器,第一个是自动重装载寄存器(TIM1_ARR),另一个就是捕获/比较寄存

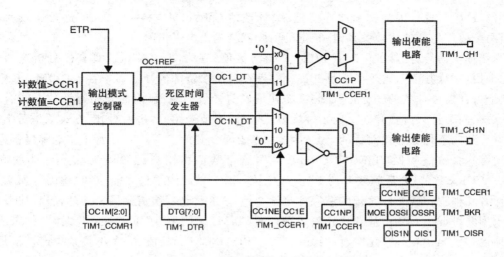

图 13.33　TIM1 资源输出比较通道 1 内部结构

器(TIM1_CCRx)了。这两者的关系和配置就是产生 PWM 的关键,后续详细介绍。

　　"计数值"和"CCR1"的"数值比较关系"会经过输出模式控制器,该控制器单元受捕获/比较模式寄存器(TIM1_CCMRx)中的"OCiM[2:0]"位控制,也就是前面介绍过的"参考波形信号"的产生,输出模式有多种,后面会详细介绍,此处先不做展开。有了参考波形信号后可以选择性的进行死区时间发生器的配置,如果输出信号是互补信号,且需要人为调节死区时间,那么可以配置死区寄存器(TIM1_DTR)。

　　要想将特定通道的信号进行输出,还必须使能相关通道和它的互补通道,以图 13.33 中的 TIM1_CH1 通道为例,需要配置捕获/比较使能寄存器(TIM1_CCER1)中的"CC1E"位为"1",使能"OC1"信号输出,如果启用了互补输出且配置了死区时间,那么还需要配置捕获/比较使能寄存器(TIM1_CCER1)中的"CC1NE"位为"1",使能"OC1N"信号输出。

　　使能了信号之后还需要确定信号的"有效边沿",边沿极性的配置可以通过捕获/比较使能寄存器(TIM1_CCER1)中的"CC1P"位和"CC1NP"位来实现,若配置为"0"则输出信号高电平有效,反之低电平有效。

　　说到这里,"计数值"和"CCR1 数值"的"数值比较关系"确定了,输出模式也确定了,死区时间也配置了,边沿极性也选择了,这就能输出信号了吧! 小宇老师只能说"5 关未过,同志们还需努力"! 最后的"一关"是最关键的,那就是使能信号输出,有的读者会有疑问,在之前的配置中已经配置了捕获/比较使能寄存器(TIM1_CCER1)中的"CC1E"位和"CC1NE"位,难道信号还不能输出吗? 确实如此,信号要想输出,还要有一个"主输出"使能,这是一个输出"总开关",该功能位就是刹车寄存器(TIM1_BKR)中的"MOE"位,用户需要在配置完成全部的参数后将该位置"1"后才能使能输出。

　　在输出信号的配置中还有一项参数,是关于"输出空闲状态"时的电平配置,若用户需要配置死区时间后的信号状态,可以通过输出空闲状态寄存器(TIM1_OISR)中的相关位进行配置。

13.5.2　什么叫做"边沿对齐"方式?

　　在解说 TIM1 资源输出比较通道 1 内部结构时,"输出比较"为什么不叫"输出"而多了两个字"比较"呢？这是因为输出波形就是靠"计数值"和"TIM1_CCRx 数值"进行比较后得到的,当两个值产生数值比较关系时,特定的引脚就会输出电平信号。

既然输出信号与"计数值"和"TIM1_CCRx 数值"有关,那就要认认真真的分析这两个数值,先来说说"计数值",这个值在哪儿呢？它就在 TIM1 资源的计数器寄存器(TIM1_CNTR)中,这个寄存器是计数的场合,里面装载的就是当前计数的数值,前面介绍过计数方式有向上计数方式、向下计数方式和向上向下计数方式 3 种,本节介绍的"边沿对齐"方式就是对于向上计数方式和向下计数方式而言的,为什么呢？怎么就边沿对齐了呢？且听小宇老师慢慢道来。

还有一个数值叫做"TIM1_CCRx 数值",这个数值由用户配置得到,有了"计数值"和"TIM1_CCRx 数值"之后就要对两者进行"比较","比较"后的结果才能控制"输出",那么比较结果会有几种呢？两个数比较的结果肯定就 3 种,这 3 种情况会有不同模式的输出,比较情况究竟采用哪种输出方式由捕获比较模式寄存器(TIM1_CCMR)中的"OCiM[2:0]"位来决定。简单地说,"输出比较"的"比较"由"计数值"和"TIM1_CCRx 数值"的大小关系决定,"输出"就是由"OCiM[2:0]"位的配置来决定。

捕获比较模式寄存器(TIM1_CCMR)在 13.3.1 小节有关外部时钟源模式 1 计数功能的介绍中就已经提及,通过查询并没有发现小宇老师说的"OCiM[2:0]"位啊！其实,这个位确实存在,只不过是在捕获比较模式寄存器(TIM1_CCMR)"担任"输出比较模式"角色"的时候才会出现,13.3.1 小节介绍的时候,捕获比较模式寄存器(TIM1_CCMR)"担任"的"角色"是输入捕获模式,所以找不到"OCiM[2:0]"位。所以,读者必须要注意,这个寄存器在"输入捕获"和"输出比较"情况下会表现出非常"奇特"的一面,除了"CC1S[1:0]"位的其他位的功能在输入模式和输出模式下是完全不同的。

既然捕获比较模式寄存器(TIM1_CCMR)中的"OCiM[2:0]"位直接关系到数值比较结果下的输出情况,就需要读者仔细研究一番,"OCiM[2:0]"位配置含义如表 13.24 所示。

表 13.24　捕获比较模式寄存器(TIM1_CCMR)中的"OCiM[2:0]"位功能配置

配置值	配置模式
000	冻结:捕获/比较寄存器 1(TIM1_CCRx)与计数器(TIM1_CNT)间的比较对"OCiREF"信号不起作用
001	匹配时设置通道 1 的输出为有效电平:当 TIM1_CNT＝TIM1_CCRx 时,强制"OCiREF"信号为高
010	匹配时设置通道 1 的输出为无效电平:当 TIM1_CNT＝TIM1_CCRx 时,强制"OCiREF"信号为低
011	翻转:当 TIM1_CNT＝TIM1_CCRx 时,翻转"OCiREF"信号的电平
100	强制为无效电平:强制"OCiREF"信号为低
101	强制为有效电平:强制"OCiREF"信号为高
110	PWM 模式 1:在向上计数时,若 TIM1_CNT＜TIM1_CCRx 时通道 i 输出高电平,否则输出低电平;在向下计数时,若 TIM1_CNT＞TIM1_CCRx 时,通道 i 输出低电平,否则输出高电平
111	PWM 模式 2:在向上计数时,若 TIM1_CNT＜TIM1_CCRx 时通道 i 输出低电平,否则输出高电平;在向下计数时,若 TIM1_CNT＞TIM1_CCRx 时,通道 i 输出高电平,否则输出低电平

观察表 13.24,"OCiM[2:0]"位一共有 8 种可选的配置值,也就对应了 8 种输出方式,本小节重点介绍"001"、"010"、"011"、"110"和"111"这 5 种。刚刚提到两数比较肯定有 3 种比较结果,下面就对比较结果及"OCiM[2:0]"位配置展开分析。

第一种情况:"计数值"和"TIM1_CCRx 数值"相等,也就是 TIM1_CNT＝TIM1_CCRx 的

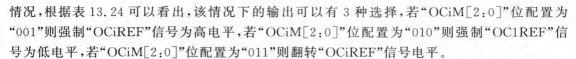

情况,根据表 13.24 可以看出,该情况下的输出可以有 3 种选择,若"OCiM[2:0]"位配置为"001"则强制"OCiREF"信号为高电平,若"OCiM[2:0]"位配置为"010"则强制"OC1REF"信号为低电平,若"OCiM[2:0]"位配置为"011"则翻转"OCiREF"信号电平。

第二种情况:"计数值"和"TIM1_CCRx 数值"不相等,也就是 TIM1_CNT>TIM1_CCRx 或者 TIM1_CNT<TIM1_CCRx 的情况,根据表 13.24 可以看出,该情况下的输出可以有 2 种模式选择,分别是 PWM 模式 1 和 PWM 模式 2。

若"OCiM[2:0]"位配置为"110"则选择 PWM 模式 1,在向上计数时,若 TIM1_CNT 计数数值小于 TIM1_CCRx 数值时通道 i 输出高电平,否则输出低电平;在向下计数时,若 TIM1_CNT 计数数值大于 TIM1_CCRx 数值时,通道 i 输出低电平,否则输出高电平。

若"OCiM[2:0]"位配置为"111"则选择 PWM 模式 2,在向上计数时,若 TIM1_CNT 计数数值小于 TIM1_CCRx 数值时通道 i 输出低电平,否则输出高电平;在向下计数时,若 TIM1_CNT 计数数值大于 TIM1_CCRx 数值时,通道 i 输出高电平,否则输出低电平。

可以看出 PWM 模式 1 和 PWM 模式 2 其实是相反的。"OCiM[2:0]"位还可以被配置为"000",那就是冻结"OCiREF"信号,配置为"100",那就是强制"OCiREF"信号为低电平,配置为"101",那就是强制"OCiREF"信号为高电平,具体的配置值可以由用户来决定,从输出结果的"多种多样"也可以看出 STM8 单片机输出比较的"灵活度"。

有了"比较"和"输出"的概念之后,读者就可以学习"边沿对齐"PWM 输出方式了,在该方式下,计数器的计数方式只能选择向上计数方式或者向下计数方式,以向上计数方式为例对"边沿对齐"模式进行讲解,请读者先来观察图 13.34 所示的原理。

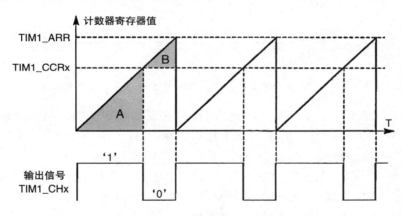

图 13.34 边沿对齐方式 PWM 输出原理

分析图 13.34,图片上半部分是一个数值比较关系图,下半部分是输出信号图。接下来就对这两个部分做详细的解释,在数值比较关系图中,x 轴表示时间,y 轴表示计数器值,也就是计数器寄存器(TIM1_CNTR)中的数值,计数值从"0"开始,随着时间的推移,计数值慢慢变大,当数值还未达到 TIM1_CCRx 寄存器中数值时,也就是图中灰色三角形 A 区域,输出信号 TIM1_CHx 引脚上输出高电平"1",当计数值继续变大等于 TIM1_CCRx 寄存器中数值时输出信号发生翻转,当计数值继续变大,最后大于 TIM1_CCRx 寄存器中数值且小于 TIM1_ARR 数值时,也就是图中灰色三角形 B 区域,输出信号 TIM1_CHx 引脚上输出低电平"0",当计数值继续变大,等于 TIM1_ARR 数值时计数值发生溢出,产生更新事件,计数器的计数值

被清零,输出信号 TIM1_CHx 引脚上的电平再次翻转。

下面把对图片的理解再加深一个层次,灰色三角形 A 区域其实就是"高电平脉宽",灰色三角形 B 区域其实就是"低电平脉宽",TIM1_CCRx 寄存器中的数值大小可以调节"高电平脉宽",TIM1_ARR 数值可以影响计数溢出的时间,也就是说 TIM1_CCRx 寄存器中的数值用来调整"占空比",TIM1_ARR 数值用来设定信号的"周期",按照图 13.34 中的输出关系,可以分析出该图采用了 PWM 模式 1 输出信号。

综上所述,PWM 信号输出对于用户而言最重要的是配置好 2 个寄存器的"数值",第一个是自动重装载寄存器(TIM1_ARR),另一个就是捕获/比较寄存器(TIM1_CCRx)了。这两者的关系和配置是产生 PWM 的关键。如图 13.35 所示的比较情况可以加深读者对这两个寄存器的理解。

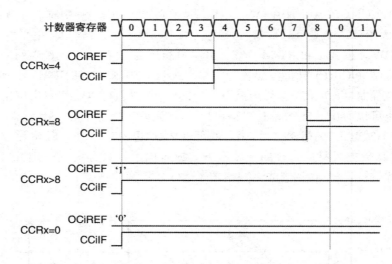

图 13.35　PWM 模式 1 边沿对齐,TIM1_ARR 为 8 时的比较情况

图 13.35 中自动重装载寄存器(TIM1_ARR)数值已经配置为"8",也就是说当计数器寄存器中数值从"0"开始计数到"8"时就会发生计数溢出,可以产生溢出中断和更新事件。图中一共列举了捕获/比较寄存器(TIM1_CCRx)数值等于 4、等于 8、大于 8 和等于 0 这 4 种情况。当计数器数值小于 CCRx 数值时,PWM 参考信号"OCiREF"为高电平,反之为低电平。当CCRx 数值大于 ARR 数值时(CCRx>8),PWM 参考信号"OCiREF"保持为高电平,当 CCRx数值为 0(CCRx=0),PWM 参考信号"OCiREF"保持为低电平。

13.5.3　怎么理解"中间对齐"方式?

在边沿对齐方式中,计数器的计数方式只能是采用向上计数方式或者向下计数方式,假设计数器采用的计数方式为向上向下方式,那么此时的 PWM 对齐方式就是中间对齐方式。在向上向下计数方式中,计数器的溢出中断情况和"对齐方式"都与控制寄存器 1(TIM1_CR1)中的"CMS[1:0]"位有关,这个寄存器在 13.2.2 小节已经介绍当时只是启用计数器计数,用到了该寄存器中的"CEN"位,现在需要研究该寄存器的"CMS[1:0]"位来配置输出信号"对齐"方式。

为什么在边沿对齐方式中没有用到"CMS[1:0]"位来配置输出信号"对齐"方式呢?这个问题很好,这是因为"CMS[1:0]"位在复位后默认是"00",而这个配置值就是选择的边沿对齐方式,所以,上电之后如果启用边沿对齐方式输出 PWM 信号可以不用特意的去配置控制寄存器 1(TIM1_CR1)中的"CMS[1:0]"位。

中间对齐方式其实不止一种,具体的方式与"CMS[1:0]"位配置有关,通过配置该位可以得到"中央对齐模式 1"、"中央对齐模式 2"和"中央对齐模式 3",具体的配置值与配置模式如表 13.25 所示。

表 13.25 控制寄存器 1(TIM1_CR1)中的"CMS[1:0]"位功能配置

配置值	配置模式
00	配置为边沿对齐模式,计数器依据方向位"DIR"决定向上/向下计数
01	配置为中央对齐模式 1,计数器交替地向上和向下计数。配置为输出的通道(TIM1_CCMRx 寄存器中的"CCiS"位为"00")的输出比较中断标志位,只在计数器向下计数时被置"1"。"CCiS"位中的"i"代表 1、2、3、4 分别对应于 4 个不同的捕获/比较通道。
10	配置为中央对齐模式 2,计数器交替地向上和向下计数。配置为输出的通道(TIM1_CCMRx 寄存器中的"CCiS"位为"00")的输出比较中断标志位,只在计数器向上计数时被置"1"。"CCiS"位中的"i"代表 1、2、3、4 分别对应于 4 个不同的捕获/比较通道。
11	配置为中央对齐模式 3,计数器交替地向上和向下计数。配置为输出的通道(TIM1_CCMRx 寄存器中的"CCiS"位为"00")的输出比较中断标志位,在计数器向上和向下计数时均被置"1"。"CCiS"位中的"i"代表 1、2、3、4 分别对应于 4 个不同的捕获/比较通道。

同样的,中间对齐方式中的"比较"过程依然跟"计数值"和"TIM1_CCRx 数值"有关,"输出"的配置依然由捕获比较模式寄存器(TIM1_CCMR)中的"OCiM[2:0]"位来决定,要想启用中间对齐方式输出 PWM 信号,对于用户而言最重要的是配置好 2 个寄存器的"数值",第一个是自动重装载寄存器(TIM1_ARR),另一个就是捕获/比较寄存器(TIM1_CCRx)了,这两者的关系和配置是产生 PWM 的关键。中间对齐方式下的 PWM 输出原理图如图 13.36 所示。

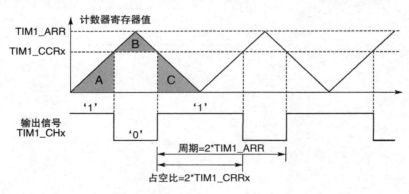

图 13.36 中间对齐方式 PWM 输出原理

分析图 13.36,图片上半部分是一个数值比较关系图,下半部分是输出信号图。下面就对这两个部分做详细的解释,在数值比较关系图中,x 轴表示时间,y 轴表示计数器值,也就是计数器寄存器(TIM1_CNTR)中的数值,计数值从"0"开始,随着时间的推移,计数值慢慢变大,当数值还未达到 TIM1_CCRx 寄存器中数值时,也就是图中灰色三角形 A 区域,输出信号 TIM1_CHx 引脚上输出高电平"1",当计数值继续变大等于 TIM1_CCRx 寄存器中数值时输出信号发生翻转,当计数值继续变大,最后大于 TIM1_CCRx 寄存器中数值且小于 TIM1_ARR 数值时,也就是图中灰色三角形 B 区域,输出信号 TIM1_CHx 引脚上输出低电平"0",当计数值继续变大,等于 TIM1_ARR 数值时计数值发生向上溢出,可产生更新事件,但是计数器的计数值没有被直接清零,而是开始向下计数的过程,当计数值继续减小到小于 TIM1_CCRx 寄存器中数值时,也就是图中灰色三角形 C 区域,输出信号 TIM1_CHx 引脚上的电平再次发生翻转,由低电平"0"再次变为高电平"1",计数值会继续向下递减直到变成"0",当计数值变成"0"时,TIM1_CHx 引脚依然保持高电平"1",此时计数器又重新开始向上计数,这个过程就一直这样循环下去。

下面把对图片的理解再加深一个层次,灰色三角形 A 区域和 C 区域其实就是"高电平脉宽",灰色三角形 B 区域其实就是"低电平脉宽",TIM1_CCRx 寄存器中的数值大小可以调节"高电平脉宽",TIM1_ARR 数值可以影响计数溢出的时间,也就是说 TIM1_CCRx 寄存器中的数值用来调整"占空比",TIM1_ARR 数值用来设定信号的"周期",但是与边沿对齐方式不同,中间对齐方式中 PWM 的周期是由两倍的 TIM1_ARR 数值决定的,脉冲宽度同样变大了,所以说,对于同样的 TIM1_CCRx 和 TIM1_ARR 配置,边沿对齐方式产生的 PWM 频率是中间对齐方式的 2 倍,但是占空比参数是一样的。按照图 13.36 中的输出关系,可以分析出该图是采用了 PWM 模式 1 输出信号。如图 13.37 所示的比较情况可以加深读者对中间对齐方式的理解。

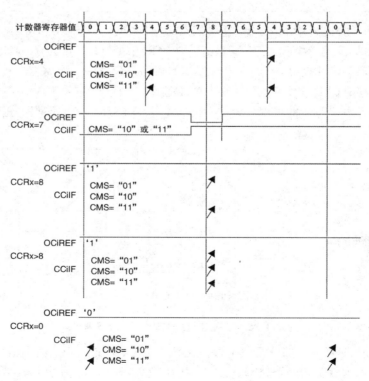

图 13.37　PWM 模式 1 中间对齐,TIM1_ARR 为 8 时的比较情况

图 13.37 中自动重装载寄存器(TIM1_ARR)数值已经配置为"8"，黑色箭头表示触发溢出中断。图中一共列举了捕获/比较寄存器(TIM1_CCRx)数值等于 4、等于 7、等于 8、大于 8和等于 0 这 5 种情况。当 CCRx 数值大于 ARR 数值时(CCRx＞8)，PWM 参考信号"OCiR-EF"保持为高电平，当 CCRx 数值为 0(CCRx＝0)，PWM 参考信号"OCiREF"保持为低电平。从图中计数器寄存器数值也可以看出，计数值从"0"向上递增至"8"然后再向下递减至"0"，这一点与边沿对齐方式中的单向递增或单向递减是不同的，读者可加以对比，以加深对两种对齐方式下 PWM 比较机制与输出结果的理解。

13.5.4　边沿/中间对齐 PWM 输出配置流程

学习完两种对齐方式后，读者加深了对计数器计数方式的理解，清楚了所谓的"比较"和"输出"的概念，引出了计数器寄存器(TIM1_CNTR)、自动重装载寄存器(TIM1_ARR)、和捕获比较寄存器(TIM1_CCRx)这 3 者之间"千丝万缕"的关系。还知道了 PWM 输出模式受控于捕获比较模式寄存器(TIM1_CCMR)中的"OCiM[2:0]"位，对齐方式配置受控于控制寄存器 1(TIM1_CR1)中的"CMS[1:0]"位。有了整体的概念和认识之后，就可以在此基础上总结出边沿/中间对齐方式的 PWM 输出配置流程，推荐的配置流程如图 13.38 所示。

在配置流程中一共有 6 个主要步骤，接下来就按照步骤的顺序逐一讲解配置流程，然后引出相关的寄存器，解说相应功能位。

第一步：设置自动重装载数值。该步骤主要是用来配置自动重装载寄存器(TIM1_ARR)中的数值，这个数值的大小直接关系到 PWM 输出信号的频率，假设欲设定的重装载数值为"F_PWM_SET"，则可以通过以下两条 C 语言语句将"F_PWM_SET"数值的高 8 位赋值给自动重装载寄存器高位寄存器(TIM1_ARRH)，将"F_PWM_SET"数值的低 8 位赋值给自动重装载寄存器低位寄存器(TIM1_ARRL)。

```
TIM1_ARRH = F_PWM_SET/256;            //配置自动重装载寄存器高位"ARRH"
TIM1_ARRL = F_PWM_SET % 256;          //配置自动重装载寄存器低位"ARRL"
```

第一条语句中是将"F_PWM_SET"数值除以 256，运算结果就是取高 8 位，第二条语句中是将"F_PWM_SET"数值与 256 进行取模运算，得到的就是低 8 位，这里的 256 其实就是 2 的 8 次方，用这样的计算语句就非常方便，可以移植到用户的程序中，只需要设定"F_PWM_SET"数值即可。

第二步：设置捕获比较数值。该步骤主要是用来配置捕获/比较寄存器(TIM1_CCRx)中的"CCRi[15:0]"数值，该数值的大小直接关系到 PWM 输出信号的"占空比"。占空比是指信号波形中高电平脉宽与信号周期的比值，假设信号周期是 100 ms，高电平脉宽占 60 ms，那么占空比参数就是 60%，反过来说，假设知道周期参数是 100 ms，欲得到 60% 的占空比信号，那就可以用周期乘以 0.6，然后把得到的配置值高 8 位赋值给捕获/比较寄存器高位寄存器(TIM1_CCRxH)，把配置值的低 8 位赋值给捕获/比较寄存器低位寄存器(TIM1_CCRxH)即可。按照这个思路，以捕获/比较寄存器 1 为例，可以用 C 语言编写具体的语句如下：

```
float a;                              //变量用于占空比计算
a = Duty_CH1 * F_SET_CH1;             //计算占空比参数
TIM1_CCR1H = ((u16)(a))/256;          //配置捕获/比较寄存器 1 高位"CCR1H"
```

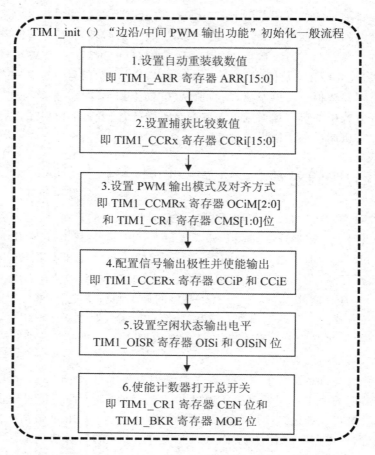

TIM1_init（） "边沿/中间 PWM 输出功能"初始化一般流程

1.设置自动重装载数值
即 TIM1_ARR 寄存器 ARR[15:0]

2.设置捕获比较数值
即 TIM1_CCRx 寄存器 CCRi[15:0]

3.设置 PWM 输出模式及对齐方式
即 TIM1_CCMRx 寄存器 OCiM[2:0]
和 TIM1_CR1 寄存器 CMS[1:0]位

4.配置信号输出极性并使能输出
即 TIM1_CCERx 寄存器 CCiP 和 CCiE

5.设置空闲状态输出电平
TIM1_OISR 寄存器 OISi 和 OISiN 位

6.使能计数器打开总开关
即 TIM1_CR1 寄存器 CEN 位和
TIM1_BKR 寄存器 MOE 位

图 13.38 "边沿/中间 PWM 输出功能"初始化一般流程

```
TIM1_CCR1L = ((u16)(a)) % 256;          //配置捕获/比较寄存器 1 低位"CCR1L"
```

在程序语句中,定义了一个单精度浮点型变量"a",这个变量用于存放欲写入"CCRi[15:0]"位的数值,变量"a"是通过信号周期变量"F_SET_CH1"乘以占空比参数变量"Duty_CH1"计算得到的,这里的"F_SET_CH1"变量和"Duty_CH1"变量都是由用户进行配置的,计算后的"a"是个单精度浮点型数值,所以不能直接赋值给捕获/比较寄存器 1,这时候就需要进行"强制类型转换",得到"u16"类型数据后再赋值给高位寄存器和低位寄存器。

第三步:设置 PWM 输出模式及对齐方式。该步骤主要是用来选择数值"比较"后的输出应该采用什么样的形式,PWM 输出模式有很多,具体模式可以通过捕获/比较模式寄存器(TIM1_CCMRx)中的"OCiM[2:0]"位配置得到,对齐方式主要分为边沿对齐方式和中间对齐方式,具体对齐方式的选择通过控制寄存器 1(TIM1_CR1)中的"CMS[1:0]"位来确定。该步骤中会涉及到作为输出比较模式"角色"下的捕获/比较模式寄存器(TIM1_CCMRx),其中的"x"取值为 1、2、3 和 4,这 4 个寄存器相关位定义及功能说明分别如表 13.26、表 13.27、表 13.28 和表 13.29 所示。

表 13.26 STM8 单片机 TIM1_CCMR1 捕获/比较模式寄存器 1(输出比较模式)

捕获/比较模式寄存器 1(TIM1_CCMR1)						地址偏移值:(0x08)ₕ	
位 数	位 7	位 6	位 5	位 4	位 3	位 2	位 1	位 0
位名称	OC1CE	OC1M[2:0]			OC1PE	OC1FE	CC1S[1:0]	
复位值	0	0	0	0	0	0	0	0
操 作	rw	rw	rw	rw	rw	rw	rw	rw
位 名	位含义及参数说明							

（表格续，位含义说明部分）

OC1CE 位 7	● 输出比较 1 清零使能 该位用于使能 TIM1_TRIG 引脚上的外部事件来清零通道 1 的输出信号"OC1REF"	
	0	"OC1REF"不受"ETRF"输入的影响(来自 TIM1_ETR 引脚)
	1	一旦检测到"ETRF"输入高电平,就将"OC1REF"信号清"0"

OC1M [2:0] 位 6:4	● 输出比较 1 模式 该 3 位定义了输出参考信号"OC1REF"的动作,而"OC1REF"信号决定了"OC1"单元的值, "OC1REF"信号是高电平有效,而"OC1"单元的有效电平取决于"CC1P"位。 一旦 LOCK 级别设为"3"(TIM1_BKR 寄存器中的"LOCK"位)并且"CC1S"位为"00"(该通道配置成输出)则该位不能被修改。 在 PWM 模式 1 或 PWM 模式 2 中,只有当比较结果改变了或在输出比较模式中从冻结模式切换到 PWM 模式时,"OCiREF"信号电平才改变。 在有互补输出的通道上,这些位是预装载的。如果 TIM1_CR2 寄存器的"CCPC"位为"1", "OCiM"位只有在 COM 事件发生时,才从预装载位取新值	
	000	冻结:捕获/比较寄存器 1(TIM1_CCR1)与计数器(TIM1_CNT)间的比较对"OC1REF"信号不起作用
	001	匹配时设置通道 1 的输出为有效电平:当 TIM1_CNT = TIM1_CCR1 时,强制"OC1REF"信号为高
	010	匹配时设置通道 1 的输出为无效电平:当 TIM1_CNT = TIM1_CCR1 时,强制"OC1REF"信号为低
	011	翻转:当 TIM1_CNT = TIM1_CCR1 时,翻转"OC1REF"信号的电平
	100	强制为无效电平:强制"OC1REF"信号为低
	101	强制为有效电平:强制"OC1REF"信号为高
	110	PWM 模式 1:在向上计数时,若 TIM1_CNT＜TIM1_CCR1 时通道 1 输出高电平, 否则输出低电平;在向下计数时,若 TIM1_CNT＞TIM1_CCR1 时,通道 1 输出低电平,否则输出高电平
	111	PWM 模式 2:在向上计数时,若 TIM1_CNT＜TIM1_CCR1 时通道 1 输出低电平, 否则输出高电平;在向下计数时,若 TIM1_CNT＞TIM1_CCR1 时,通道 1 输出高电平,否则输出低电平

位 名	位含义及参数说明	
OC1PE 位 3	● 输出比较 1 预装载使能 一旦 LOCK 级别设为"3"(TIM1_BKR 寄存器中的"LOCK"位)并且"CC1S"位为"00"(该通道配置成输出)则该位不能被修改。为了操作正确,在 PWM 模式下必须使能预装载功能,但在单脉冲模式下(TIM1_CR1 寄存器的"OPM"位为"1")它不是必须的	
	0	禁止 TIM1_CCR1 寄存器的预装载功能,可随时写入 TIM1_CCR1 寄存器,并且新写入的数值立即起作用
	1	开启 TIM1_CCR1 寄存器的预装载功能,读写操作仅对预装载寄存器操作,TIM1_CCR1 的预装载值在更新事件到来时被加载至当前寄存器中
OC1FE 位 2	● 输出比较 1 快速使能 该位用于加快 CC 输出对触发输入事件的响应,"OCiFE"只在通道被配置成 PWM 模式 1 或 PWM 模式 2 时起作用	
	0	根据计数器与 CCR1 的值,CC1 正常操作,即使触发器是打开的。当触发器的输入有一个有效沿时,激活 CC1 输出的最小延时为 5 个时钟周期
	1	输入到触发器的有效沿的作用就像发生了一次比较匹配。因此,OC 被设置为比较电平而与比较结果无关,采样触发器的有效沿和 CC1 输出间的延时被缩短为 3 个时钟周期
CC1S [1:0] 位 1:0	● 捕获/比较 1 选择 这 2 位定义通道的方向(输入/输出)及输入脚的选择,"CC1S"仅在通道关闭时(TIM1_CCER1 寄存器中的"CC1E"位为"0")时才是可写的	
	00	CC1 通道被配置为输出
	01	CC1 通道被配置为输入,IC1 映射在 TI1FP1 上
	10	CC1 通道被配置为输入,IC1 映射在 TI2FP1 上
	11	CC1 通道被配置为输入,IC1 映射在 TRC 上。此模式仅工作在内部触发器输入被选中时(由 TIM1_SMCR 寄存器的"TS"位选择)

表 13.27　STM8 单片机 TIM1_CCMR2 捕获/比较模式寄存器 2(输出比较模式)

■ 捕获/比较模式寄存器 2(TIM1_CCMR2)						地址偏移值:(0x09)$_H$	
位 数	位 7	位 6	位 5	位 4	位 3	位 2	位 1	位 0
位名称	OC2CE	OC2M[2:0]			OC2PE	OC2FE	CC2S[1:0]	
复位值	0	0	0	0	0	0	0	0
操 作	rw	rw	rw	rw	rw	rw	rw	rw
位 名	位含义及参数说明							
OC2CE 位 7	● 输出比较 2 清零使能 该位用于使能 TIM1_TRIG 引脚上的外部事件来清零通道 2 的输出信号"OC2REF"							
	0	"OC2REF"不受"ETRF"输入的影响(来自 TIM1_ETR 引脚)						
	1	一旦检测到"ETRF"输入高电平,就将"OC2REF"信号清"0"						

位 名	位含义及参数说明
OC2M [2:0] 位 6:4	● 输出比较 2 模式 (具体内容可参考表 13.26 中的相应位)
OC2PE 位 3	● 输出比较 2 预装载使能 (具体内容可参考表 13.26 中的相应位)
OC2FE 位 2	● 输出比较 2 快速使能 (具体内容可参考表 13.26 中的相应位)
CC2S [1:0] 位 1:0	● 捕获/比较 2 选择 这 2 位定义通道的方向(输入/输出)及输入脚的选择,"CC2S"仅在通道关闭时(TIM1_CCER1 寄存器中的"CC2E"位为"0"和"CC2NE"位为"0"且已被更新)时才是可写的
	00 CC2 通道被配置为输出
	01 CC2 通道被配置为输入,IC2 映射在 TI2FP2 上
	10 CC2 通道被配置为输入,IC2 映射在 TI1FP2 上
	11 保留

表 13.28 STM8 单片机 TIM1_CCMR3 捕获/比较模式寄存器 3(输出比较模式)

■ 捕获/比较模式寄存器 3(TIM1_CCMR3)						地址偏移值:(0x0A)$_H$	
位 数	位 7	位 6	位 5	位 4	位 3	位 2	位 1 位 0
位名称	OC3CE	OC3M[2:0]			OC3PE	OC3FE	CC3S[1:0]
复位值	0	0	0	0	0	0	0 0
操 作	rw	rw	rw	rw	rw	rw	rw rw

位 名	位含义及参数说明
OC3CE 位 7	● 输出比较 3 清零使能 该位用于使能 TIM1_TRIG 引脚上的外部事件来清零通道 3 的输出信号"OC3REF"
	0 "OC3REF"不受"ETRF"输入的影响(来自 TIM1_ETR 引脚)
	1 一旦检测到"ETRF"输入高电平,就将"OC3REF"信号清"0"
OC3M [2:0] 位 6:4	● 输出比较 3 模式 (具体内容可参考表 13.26 中的相应位)
OC3PE 位 3	● 输出比较 3 预装载使能 (具体内容可参考表 13.26 中的相应位)
OC3FE 位 2	● 输出比较 3 快速使能 (具体内容可参考表 13.26 中的相应位)

续表 13.28

位　名	位含义及参数说明	
CC3S [1:0] 位 1:0	● 捕获/比较 3 选择 这 2 位定义通道的方向（输入/输出）及输入脚的选择，"CC3S"仅在通道关闭时（TIM1_CCER2 寄存器中的"CC3E"位为"0"和"CC3NE"位为"0"且已被更新）时才是可写的	
	00	CC3 通道被配置为输出
	01	CC3 通道被配置为输入，IC3 映射在 TI3FP3 上
	10	CC3 通道被配置为输入，IC3 映射在 TI4FP3 上
	11	预留

表 13.29　STM8 单片机 TIM1_CCMR4 捕获/比较模式寄存器 4(输出比较模式)

■ 捕获/比较模式寄存器 4(TIM1_CCMR4)						地址偏移值:(0x0B)H		
位　数	位 7	位 6	位 5	位 4	位 3	位 2	位 1	位 0
位名称	OC4CE	OC4M[2:0]			OC4PE	OC4FE	CC4S[1:0]	
复位值	0	0	0	0	0	0	0	0
操　作	rw	rw	rw	rw	rw	rw	rw	rw

位　名	位含义及参数说明	
OC4CE 位 7	● 输出比较 4 清零使能 该位用于使能 TIM1_TRIG 引脚上的外部事件来清零通道 4 的输出信号"OC4REF"	
	0	"OC4REF"不受"ETRF"输入的影响（来自 TIM1_ETR 引脚）
	1	一旦检测到"ETRF"输入高电平，就将"OC4REF"信号清"0"
OC4M [2:0] 位 6:4	● 输出比较 4 模式 （具体内容可参考表 13.26 中的相应位）	
OC4PE 位 3	● 输出比较 4 预装载使能 （具体内容可参考表 13.26 中的相应位）	
OC4FE 位 2	● 输出比较 4 快速使能 （具体内容可参考表 13.26 中的相应位）	
CC4S [1:0] 位 1:0	● 捕获/比较 4 选择 这 2 位定义通道的方向（输入/输出）及输入脚的选择，"CC4S"仅在通道关闭时（TIM1_CCER2 寄存器中的"CC4E"位为"0"和"CC4NE"位为"0"且已被更新）时才是可写的	
	00	CC4 通道被配置为输出
	01	CC4 通道被配置为输入，IC4 映射在 TI4FP4 上
	10	CC4 通道被配置为输入，IC4 映射在 TI3FP4 上
	11	预留

若用户是启用捕获/比较通道 1(TIM1_CH1)来输出 PWM 信号，且输出比较模式配置为"PWM 模式 1"，则需要配置捕获/比较模式寄存器(TIM1_CCMR1)中的"OC1M[2:0]"位为"110"，可以利用 C 语言编写配置语句如下：

```
TIM1_CCMR1 = 0x60;          //配置为 PWM 模式 1 输出
```

若用户欲配置 PWM 对齐方式为"边沿对齐模式"并且计数方向为向上计数,可以利用 C 语言对控制寄存器 1(TIM1_CR1)进行如下配置:

```
TIM1_CR1& = 0x8F;       //向上计数模式边沿对齐
// * * * * * * * * * * * * * * * * * * * * * * * * * * * * * * * * * *
//展开 TIM1_CR1 赋值二进制数值为:1000 1111
//含义:ARPE = x;              自动预装载允许位保持原状态
//      CMS[1:0] = 00;         选择边沿对齐模式
//      DIR = 0;               计数器向上计数
//      OPM = x;               单脉冲模式保持原状态
//      URS = x;               更新请求源保持原状态
//      UDIS = x;              禁止更新保持原状态
//      CEN = x;               计数器使能保持原状态
// * * * * * * * * * * * * * * * * * * * * * * * * * * * * * * * * * *
```

在配置语句中只需要将"CMS[1:0]"位配置为"00"且将"DIR"位配置为"0",所以用了"按位与"的方法,将 TIM1_CR1"按位与"上(0x8F)$_H$,只清零 CMS[1:0]"和"DIR"位,其他位均保持原状态不变。

若用户欲配置 PWM 对齐方式为"中间对齐模式 3",则计数方向一定是向上向下计数方式,可以利用 C 语言对控制寄存器 1(TIM1_CR1)进行如下配置:

```
TIM1_CR1 | = 0x60;       //向上向下计数模式中间对齐
// * * * * * * * * * * * * * * * * * * * * * * * * * * * * * * * * * *
//展开 TIM1_CR1 赋值二进制数值为:0110 0000
//含义:ARPE = x;              自动预装载允许位保持原状态
//      CMS[1:0] = 11;         选择边沿对齐模式
//      DIR = x;               计数器方向保持原状态
//      OPM = x;               单脉冲模式保持原状态
//      URS = x;               更新请求源保持原状态
//      UDIS = x;              禁止更新保持原状态
//      CEN = x;               计数器使能保持原状态
// * * * * * * * * * * * * * * * * * * * * * * * * * * * * * * * * * *
```

在配置语句中只需要将"CMS[1:0]"位配置为"11",所以用了"按位或"的方法,将 TIM1_CR1"按位或"上(0x60)$_H$,只置位 CMS[1:0]"位,其他位均保持原状态不变。

第四步:配置信号输出极性并使能输出。该步骤主要是用来配置输出信号的极性并使能信号的输出,当对应的"CCi"通道配置为输出时,可以通过捕获/比较使能寄存器(TIM1_CCERx)中的"CCiP"位配置输出信号的极性为高电平有效或者是低电平有效。若用户启用捕获/比较通道 1(TIM1_CH1)来输出 PWM 信号,需要配置输出信号高电平有效,可以利用 C 语言编写如下语句:

```
TIM1_CCER1& = 0xFD;     //配置 CC1P = 0,OC1 信号高电平有效
TIM1_CCER1 | = 0x01;     //配置 CC1E = 1,使能 OC1 输出
```

第一句语句主要是让"CC1P"位清"0",用于配置"OC1"单元为输出时的信号极性,选择高

电平有效,第二条语句是让"CC1E"位置"1",目的是开启"OC1"信号输出到对应的输出引脚,也就是让"OC1"单元的信号从捕获/比较通道1(TIM1_CH1)输出。需要注意的是,如果用户需要配置多个通道 PWM 信号输出,就要配置捕获/比较使能寄存器(TIM1_CCERx)中的"CCiP"位和"CCiE"位。

第五步:设置空闲状态输出电平。该步骤主要用来配置空闲状态时相关通道的输出信号,所谓的"空闲状态"是指刹车寄存器(TIM1_BKR)中的"MOE"位(主输出使能位)为"0"的时候所产生的状态,此时"OCi"和"OCiN"信号被禁止,输出强制为空闲状态。此时引脚上的电平就由输出空闲状态寄存器(TIM1_OISR)中的"OISi"和"OISiN"位来决定。该寄存器相关位定义及功能说明如表 13.30 所示。

表 13.30　STM8 单片机 TIM1_OISR 输出空闲状态寄存器

位　数	位 7	位 6	位 5	位 4	位 3	位 2	位 1	位 0
位名称	保留	OIS4	OIS3N	OIS3	OIS2N	OIS2	OIS1N	OIS1
复位值	0	0	0	0	0	0	0	0
操　作	—	rw	rw	rw	rw	rw	rw	rw
位　名	位含义及参数说明							
保留 位 7	● 保留位 必须保持清"0"							
OIS4 位 6	● 输出空闲状态 4(OC4 输出) (可参考本寄存器中关于 OIS1 位的描述,两者是相似的)							
OIS3N 位 5	● 输出空闲状态 3(OC3N 输出) (可参考本寄存器中关于 OIS1N 位的描述,两者是相似的)							
OIS3 位 4	● 输出空闲状态 3(OC3 输出) (可参考本寄存器中关于 OIS1 位的描述,两者是相似的)							
OIS2N 位 3	● 输出空闲状态 2(OC2N 输出) (可参考本寄存器中关于 OIS1N 位的描述,两者是相似的)							
OIS2 位 2	● 输出空闲状态 2(OC2 输出) (可参考本寄存器中关于 OIS1 位的描述,两者是相似的)							
OIS1N 位 1	● 输出空闲状态 1(OC1N 输出) 已经设置了 LOCK(TIM1_BKR 寄存器)级别 1、2 或 3 后,该位不能被修改							
	0	当"MOE"位为"0"时,则在一个死区时间后,"OC1N"位为"0"						
	1	当"MOE"位为"0"时,则在一个死区时间后,"OC1N"位为"1"						
OIS1 位 0	● 输出空闲状态 1(OC1 输出) 已经设置了 LOCK(TIM1_BKR 寄存器)级别 1、2 或 3 后,该位不能被修改							
	0	当"MOE"位为"0"时,如果"OC1N"使能,则在一个死区后,"OC1"单元为"0"						
	1	当"MOE"位为"0"时,如果"OC1N"使能,则在一个死区后,"OC1"单元为"1"						

若用户启用捕获/比较通道 1(TIM1_CH1)来输出 PWM 信号,需要配置该引脚在空闲状态时的输出电平为高电平,则可以用 C 语言编写如下语句:

```
TIM1_OISR| = 0x01;      //空闲状态时为高电平
```

　　该语句是通过"按位或"的方法将输出空闲状态寄存器（TIM1_OISR）中的"OIS1"位置"1"，该位控制"OC1"单元在空闲状态下的输出电平。若"OIS1"位为"1"，则当"MOE"位为"0"时，如果"OC1N"使能，则在一个死区后，"OC1"单元输出为"1"。

　　第六步：使能计数器打开总开关。该步骤是非常重要的一步，使能计数器操作就是将控制寄存器 1（TIM1_CR1）中的"CEN"位置"1"，以允许计数器工作，这样才能产生用于"比较"的计数值，这一步很好理解，但是有这一步还不行，还需要打开信号输出"总开关"。有的读者会有疑问，在之前的配置中已经配置了捕获/比较使能寄存器（TIM1_CCER1）中的"CC1E"位和"CC1NE"位，难道信号还不能输出吗？确实如此，信号要想输出，还要有一个"主输出"使能，这是一个输出"总开关"，该功能位就是刹车寄存器（TIM1_BKR）中的"MOE"位，用户需要在配置完成前 5 步参数后将该位置"1"才能使能 PWM 信号输出。刹车寄存器（TIM1_BKR）相关位的定义及功能说明如表 13.31 所示。

表 13.31　STM8 单片机 TIM1_BKR 刹车寄存器

■ 刹车寄存器（TIM1_BKR）						地址偏移值：(0x1D)$_H$		
位　数	位 7	位 6	位 5	位 4	位 3	位 2	位 1	位 0
位名称	MOE	AOE	BKP	BKE	OSSR	OSSI	LOCK	
复位值	0	0	0	0	0	0	0	0
操　作	rw	rw	rw	rw	rw	rw	rw	rw
位　名	位含义及参数说明							
MOE 位 7	● 主输出使能 一旦刹车输入有效，该位被硬件异步清"0"，根据"AOE"位的设置值，该位可以由软件置"1"或被自动置"1"，它仅对配置为输出的通道有效							
	0	禁止 OCi 和 OCiN 输出或强制为空闲状态						
	1	如果设置了相应的使能位（TIM1_CCERx 寄存器的 CCiE 位），则使能 OCi 和 OCiN 输出						
AOE 位 6	● 自动输出使能 一旦 LOCK 级别设为"1"（TIM1_BKR 寄存器中的"LOCK"位），则该位不能被修改							
	0	MOE 只能被软件置"1"						
	1	MOE 能被软件置"1"或在下一个更新事件被自动置"1"（如果刹车输入无效）						
BKP 位 5	● 刹车输入极性 一旦 LOCK 级别设为"1"（TIM1_BKR 寄存器中的"LOCK"位），则该位不能被修改							
	0	刹车输入低电平有效						
	1	刹车输入高电平有效						
BKE 位 4	● 刹车功能使能 一旦 LOCK 级别设为"1"（TIM1_BKR 寄存器中的"LOCK"位），则该位不能被修改							
	0	禁止刹车输入（BRK）						
	1	开启刹车输入（BRK）						

位 名	位含义及参数说明	
OSSR 位 3	● 运行模式下"关闭状态"选择 该位用于当"MOE"位为"1"且通道为互补输出时,一旦 LOCK 级别设为"2"(TIM1_BKR 寄存器中的"LOCK"位),则该位不能被修改	
	0	当定时器不工作时,禁止 OCi/OCiN 输出(OCi/OCiN 使能输出为"0")
	1	当定时器不工作时,一旦"CCiE"位为"1"或"CCiNE"位为"1",首先开启 OCi/OCiN 并输出无效电平,然后置 OCi/OCiN 使能输出为"1"
OSSI 位 2	● 空闲模式下"关闭状态"选择 该位用于当"MOE"位为"0"且通道设为输出时,一旦 LOCK 级别设为"2"(TIM1_BKR 寄存器中的"LOCK"位),则该位不能被修改	
	0	当定时器不工作时,禁止 OCi/OCiN 输出(OCi/OCiN 使能输出为"0")
	1	当定时器不工作时,一旦"CCiE"位为"1"或"CCiNE"位为"1",OCi/OCiN 首先输出其空闲电平,然后 OCi/OCiN 使能输出信号为"1"
LOCK 位 1:0	● 锁定设置 该位为防止软件错误而提供写保护,在系统复位后,只能写一次"LOCK"位,一旦写入"TIM1_BDR"寄存器,则其内容保持不变直至复位	
	00	锁定关闭,寄存器无写保护
	01	锁定级别 1,不能写入 TIM1_BKR 寄存器的"BKE"、"BKP"、"AOE"位和 TIM1_OISR 寄存器的"OISi"位
	10	锁定级别 2,不能写入锁定级别 1 中的各位,也不能写入 CC 极性位(一旦相关通道通过"CCiS"位设为输出,CC 极性位是 TIM1_CCERx 寄存器的 CCiP 位)以及"OSSR/OSSI"位
	11	锁定级别 3,不能写入锁定级别 2 中的各位,也不能写入 CC 控制位(一旦相关通道通过"CCiS"位设为输出,CC 控制位是 TIM1_CCMRx 寄存器的"OCiM/OCiPE"位)

观察表 13.31,可以得到一个结论,由于该寄存器中的"BKE"位、"BKP"位、"AOE"位、"OSSR"位和"OSSI"位可以被锁定(依赖于"LOCK"位),因此在第一次写 TIM1_BKR 寄存器时必须对它们进行设置。

若用户需要使能计数器和开启"总开关",可以用 C 语言编写如下语句:

```
TIM1_CR1 |= 0x01;          //使能 TIM1 计数器功能"CEN = 1"
TIM1_BKR = 0x80;           //打开"主输出"开关输出 PWM 信号"MOE = 1"
```

至此,边沿/中间 PWM 输出功能初始化流程的 6 个步骤就讲解完了,读者需要仔细体会,对相关功能位的配置方法稍加记忆,接下来进入实践环节,将配置流程变为程序,观察实验结果加深对边沿对齐模式和中间对齐模式的理解。

13.5.5　基础项目 F 边沿对齐方式四路 PWM 信号输出

本小节就要见证"奇迹"了,前面讲解了非常多 PWM 信号输出的知识,现在就要动手去验证 STM8 单片机的 PWM 输出是不是真有那么灵活和易用。在进行实验之前必须要有一个验证思想，即希望配置 4 路边沿对齐方式的 PWM 信号进行输出，实际项目中采用 STM8S208MB 这款单片机作为主控芯片，启用 4 路捕获/比较通道同时输出 4 路频率一致，占空比各异的信号，芯片第 43 引脚的捕获/比较通道 1(TIM1_CH1)输出 1 kHz 频率，占空比为 20% 的 PWM 信号，芯片第 44 引脚的捕获/比较通道 2(TIM1_CH2)输出 1 kHz 频率，占空比为 40% 的 PWM 信号，芯片第 45 引脚的捕获/比较通道 3(TIM1_CH3)输出 1 kHz 频率，占空比为 60% 的 PWM 信号，芯片第 46 引脚的捕获/比较通道 4(TIM1_CH4)输出 1kHz 频率，占空比为 80% 的 PWM 信号，在实际测试时是将这 4 个引脚连接到示波器的测量通道中。按照项目设计思想，搭建的硬件电路原理图如图 13.39 所示。

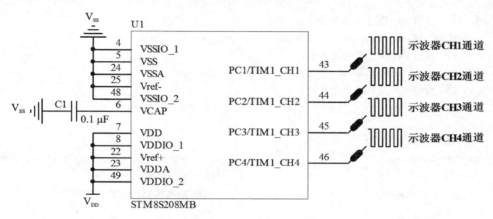

图 13.39　边沿/中间对齐方式四路 PWM 信号输出电路原理图

硬件电路设计完成后就可以着手软件功能的编写，按照之前介绍的 6 个主要的配置流程，读者可以重点编写 TIM1 输出比较功能初始化函数 TIM1_PWM_SET(unsigned long F_PWM_SET)，设定一个变量"F_PWM_SET"用于配置 PWM 信号的频率，项目中选择 STM8 单片机片内高速 RC 振荡器 HSI 作为系统时钟源，主时钟源频率就直接采用不分频的 HSI 时钟 16 MHz 频率。设定"F_PWM_SET"变量为 16000，则 PWM 输出频率为 1 kHz。然后再编写 4 个捕获/比较通道的配置函数 CHx_PWM_SET(unsigned long F_SET_CHx,float Duty_CHx)，函数名 CHx_PWM_SET()中的"x"表示 1～4，形式参数"F_SET_CHx"传入用于计算 PWM 频率的参数值，形式参数"Duty_CHx"用于传入欲设定的占空比参数，按照这个思想设计出如下 4 条配置语句：

```
CH1_PWM_SET(F_PWM_SET,0.2);      //配置通道 1 输出信号占空比 20%
CH2_PWM_SET(F_PWM_SET,0.4);      //配置通道 2 输出信号占空比 40%
CH3_PWM_SET(F_PWM_SET,0.6);      //配置通道 3 输出信号占空比 60%
CH4_PWM_SET(F_PWM_SET,0.8);      //配置通道 4 输出信号占空比 80%
```

看到这里，是不是觉得"眼前一亮"？紧接着就是"按捺不住内心的激动开始使劲儿往后翻页"？在本项目的边沿对齐 PWM 输出配置中确实就是依靠这 4 条语句和它们的子函数来实现的。带着好奇心，按照软件的设计思路就可以利用 C 语言编写具体的程序实现如下：

```
/**********************************************************
*  实验名称及内容:边沿对齐方式 4 路 PWM 信号输出
```

```
******************************************************************/
# include "iostm8s208mb.h"                      //主控芯片的头文件
/*********************** 常用数据类型定义 **********************/
{【略】}为节省篇幅,相似语句可以直接参考之前章节
/*********************** 函数声明区域 ***************************/
void delay(u16 Count);                          //延时函数声明
void TIM1_PWM_SET(unsigned long F_PWM_SET);
//TIM1 输出比较功能初始化函数声明
void CH1_PWM_SET(unsigned long F_SET_CH1,float Duty_CH1);
//TIM1_CH1 通道 PWM 信号输出配置函数声明
void CH2_PWM_SET(unsigned long F_SET_CH2,float Duty_CH2);
//TIM1_CH2 通道 PWM 信号输出配置函数声明
void CH3_PWM_SET(unsigned long F_SET_CH3,float Duty_CH3);
//TIM1_CH3 通道 PWM 信号输出配置函数声明
void CH4_PWM_SET(unsigned long F_SET_CH4,float Duty_CH4);
//TIM1_CH4 通道 PWM 信号输出配置函数声明
/*********************** 主函数区域 ***************************/
void main(void)
{
  CLK_CKDIVR = 0x00;                  //设置系统时钟为 HSI 内部高速 16 MHz 时钟
  delay(10);                          //延时等待稳定
  TIM1_PWM_SET(16000);                //TIM1 输出比较功能初始化配置
  while(1)
  {
      //添加用户自定义代码
  }
}
/*******************************************************************
void delay(u16 Count)
{【略】}//延时函数 delay()
/*******************************************************************
//TIM1 输出比较功能初始化函数 TIM1_init(),有形参 F_PWM_SET,无返回值
/*******************************************************************
void TIM1_PWM_SET(unsigned long F_PWM_SET)
{
  TIM1_ARRH = F_PWM_SET/256;          //配置自动重装载寄存器高位"ARRH"
  TIM1_ARRL = F_PWM_SET % 256;        //配置自动重装载寄存器低位"ARRL"
  TIM1_CR1& = 0x8F;                   //向上计数模式边沿对齐
  CH1_PWM_SET(F_PWM_SET,0.2);         //配置通道 1 输出信号占空比 20 %
  CH2_PWM_SET(F_PWM_SET,0.4);         //配置通道 2 输出信号占空比 40 %
  CH3_PWM_SET(F_PWM_SET,0.6);         //配置通道 3 输出信号占空比 60 %
  CH4_PWM_SET(F_PWM_SET,0.8);         //配置通道 4 输出信号占空比 80 %
  TIM1_CR1 | = 0x01;                  //使能 TIM1 计数器功能"CEN = 1"
  TIM1_BKR = 0x80;                    //打开"主输出"开关输出 PWM 信号"MOE = 1"
}
/*******************************************************************
```

```
//TIM1_CH1 通道 PWM 信号输出配置函数 CH1_PWM_SET(),有形参 F_SET_CH1、
//Duty_CH1,F_SET_CH1 用于配置捕获/比较寄存器 1 高低位,Duty_CH1 用于
//配置 PWM 信号占空比,无返回值
/* * * * * * * * * * * * * * * * * * * * * * * * * * * * * * * * * * * * * * * * * * */
void CH1_PWM_SET(unsigned long F_SET_CH1,float Duty_CH1)
{
    float a;                            //变量用于占空比计算
    a = Duty_CH1 * F_SET_CH1;           //计算占空比参数
    TIM1_CCR1H = ((u16)(a))/256;        //配置捕获/比较寄存器 1 高位"CCR1H"
    TIM1_CCR1L = ((u16)(a)) % 256;      //配置捕获/比较寄存器 1 低位"CCR1L"
    TIM1_CCMR1 = 0x60;                  //配置为 PWM 模式 1
    TIM1_CCER1& = 0xFD;                 //配置 CC1P = 0,OC1 信号高电平有效
    TIM1_CCER1| = 0x01;                 //配置 CC1E = 1,使能 OC1 输出
    TIM1_OISR| = 0x01;                  //空闲状态时 OC1 为高电平
}
/* * * * * * * * * * * * * * * * * * * * * * * * * * * * * * * * * * * * * * * * * * */
//TIM1_CH2 通道 PWM 信号输出配置函数 CH2_PWM_SET(),有形参 F_SET_CH2、
//Duty_CH2,F_SET_CH2 用于配置捕获/比较寄存器 2 高低位,Duty_CH2 用于
//配置 PWM 信号占空比,无返回值
/* * * * * * * * * * * * * * * * * * * * * * * * * * * * * * * * * * * * * * * * * * */
void CH2_PWM_SET(unsigned long F_SET_CH2,float Duty_CH2)
{
    float b;                            //变量用于占空比计算
    b = Duty_CH2 * F_SET_CH2;           //计算占空比参数
    TIM1_CCR2H = ((u16)(b))/256;        //配置捕获/比较寄存器 2 高位"CCR2H"
    TIM1_CCR2L = ((u16)(b)) % 256;      //配置捕获/比较寄存器 2 低位"CCR2L"
    TIM1_CCMR2 = 0x60;                  //配置为 PWM 模式 1
    TIM1_CCER1& = 0xDF;                 //配置 CC2P = 0,OC2 信号高电平有效
    TIM1_CCER1| = 0x10;                 //配置 CC2E = 1,使能 OC2 输出
    TIM1_OISR| = 0x04;                  //空闲状态时 OC2 为高电平
}
/* * * * * * * * * * * * * * * * * * * * * * * * * * * * * * * * * * * * * * * * * * */
//TIM1_CH3 通道 PWM 信号输出配置函数 CH3_PWM_SET(),有形参 F_SET_CH3、
//Duty_CH3,F_SET_CH3 用于配置捕获/比较寄存器 3 高低位,Duty_CH3 用于
//配置 PWM 信号占空比,无返回值
/* * * * * * * * * * * * * * * * * * * * * * * * * * * * * * * * * * * * * * * * * * */
void CH3_PWM_SET(unsigned long F_SET_CH3,float Duty_CH3)
{
    float c;                            //变量用于占空比计算
    c = Duty_CH3 * F_SET_CH3;           //计算占空比参数
    TIM1_CCR3H = ((u16)(c))/256;        //配置捕获/比较寄存器 3 高位"CCR3H"
    TIM1_CCR3L = ((u16)(c)) % 256;      //配置捕获/比较寄存器 3 低位"CCR3L"
    TIM1_CCMR3 = 0x60;                  //配置为 PWM 模式 1
    TIM1_CCER2& = 0x3D;                 //配置 CC3P = 0,OC3 信号高电平有效
```

```
    TIM1_CCER2| = 0x01;                        //配置 CC3E = 1,使能 OC3 输出
    TIM1_OISR| = 0x10;                         //空闲状态时 OC3 为高电平
}
/ ************************************************************************
//TIM1_CH4 通道 PWM 信号输出配置函数 CH4_PWM_SET(),有形参 F_SET_CH4、
//Duty_CH4,F_SET_CH4 用于配置捕获/比较寄存器 4 高低位,Duty_CH4 用于
//配置 PWM 信号占空比,无返回值
/ ************************************************************************
void CH4_PWM_SET(unsigned long F_SET_CH4,float Duty_CH4)
{
    float d;                                   //变量用于占空比计算
    d = Duty_CH4 * F_SET_CH4;                  //计算占空比参数
    TIM1_CCR4H = ((u16)(d))/256;               //配置捕获/比较寄存器 4 高位"CCR4H"
    TIM1_CCR4L = ((u16)(d)) % 256;             //配置捕获/比较寄存器 4 低位"CCR4L"
    TIM1_CCMR4 = 0x60;                         //配置为 PWM 模式 1
    TIM1_CCER2& = 0x1F;                        //配置 CC4P = 0,OC4 信号高电平有效
    TIM1_CCER2| = 0x10;                        //使能 CC4E = 1,使能 OC4 输出
    TIM1_OISR| = 0x40;                         //空闲状态时 OC4 为高电平
}
```

通读程序,发现 STM8 单片机输出 PWM 信号确实是简单易用,在进入主函数时仅仅是执行了一条"TIM1_PWM_SET(16000)"语句,"转眼"之间 4 路频率一致,占空比各异的 PWM 信号就已经配置完毕了,确实没有占用 CPU 宝贵的时间,用户把自己的程序编写在主函数的 while(1)循环体内即可。

将程序编译后下载到单片机中并运行,观察 TIM1_CH1 引脚和 TIM1_CH2 引脚的输出波形,如图 13.40(a)所示,观察 TIM1_CH3 引脚和 TIM1_CH4 引脚的输出波形,如图 13.40 (b)所示。

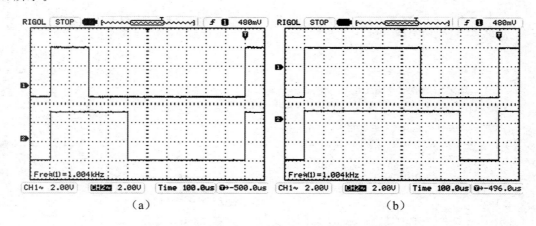

（a）　　　　　　　　　　　　　　（b）

图 13.40　边沿对齐方式四路 PWM 信号输出效果

在实际测试时使用的数字示波器为双踪示波器,仅支持两路信号输入,故而将 4 路 PWM 信号分为两次进行观察,图 13.40(a)中的 CH1 通道(上半部分)所示为频率 1 kHz,占空比为

20％的 PWM 信号,CH2 通道(下半部分)所示为频率 1 kHz,占空比为 40％的 PWM 信号。图 13.40(b)中的 CH1 通道(上半部分)所示为频率 1 kHz,占空比为 60％的 PWM 信号,CH2 通道(下半部分)所示为频率 1 kHz,占空比为 80％的 PWM 信号。

通过实验效果,读者可以清晰地看出 PWM 信号占空比的变化,说明配置是正确的,4 路信号的起始边沿都是对齐的,正好是边沿对齐方式的特征。

13.5.6　基础项目 G 中间对齐方式四路 PWM 信号输出

做完了边沿对齐方式的 PWM 输出实验之后,下面继续在基础项目 F 的基础上修改程序,编写出中央对齐方式的 PWM 输出。在实验之前,务必要理清思路,采用中间对齐方式时,计数器的计数方向就不再是单一的向上或者是向下计数,而变成了向上向下计数方式,这就要求在配置控制寄存器 1(TIM1_CR1)的时候将"CMS[1:0]"位配置为"01"(中央对齐模式 1)、"10"(中央对齐模式 1)或者"11"(中央对齐模式 3)。除此之外的配置步骤与基础项目 F 是类似的,本项目的硬件电路平台依然采用基础项目 F 中的电路,如图 13.39 所示。

硬件电路设计完成后就可以着手软件功能的编写,按照两种对齐模式的差异,在基础项目 F 上对程序进行修改,利用 C 语言编写中间对齐方式下的 4 路 PWM 输出程序实现如下:

```
/*****************************************************
 * 实验名称及内容:中间对齐方式 4 路 PWM 信号输出
 ****************************************************/
# include "iostm8s208mb.h"                    //主控芯片的头文件
/***************** 常用数据类型定义 *****************/
【略】为节省篇幅,相似语句可以直接参考之前章节
/***************** 函数声明区域 *****************/
void delay(u16 Count);                         //延时函数声明
void TIM1_PWM_SET(unsigned long F_PWM_SET);
//TIM1 输出比较功能初始化函数声明
void CH1_PWM_SET(unsigned long F_SET_CH1,float Duty_CH1);
//TIM1_CH1 通道 PWM 信号输出配置函数声明
void CH2_PWM_SET(unsigned long F_SET_CH2,float Duty_CH2);
//TIM1_CH2 通道 PWM 信号输出配置函数声明
void CH3_PWM_SET(unsigned long F_SET_CH3,float Duty_CH3);
//TIM1_CH3 通道 PWM 信号输出配置函数声明
void CH4_PWM_SET(unsigned long F_SET_CH4,float Duty_CH4);
//TIM1_CH4 通道 PWM 信号输出配置函数声明
/***************** 主函数区域 *****************/
void main(void)
{
    CLK_CKDIVR = 0x00;                        //设置系统时钟为 HSI 内部高速 16MHz 时钟
    delay(10);                                //延时等待稳定
    TIM1_PWM_SET(16000);                      //TIM1 输出比较功能初始化配置
    while(1)
    {
        //添加用户自定义代码
```

```
    }
  }
/ * * * * * * * * * * * * * * * * * * * * * * * * * * * * * * * * * * * * * * * * * * * * * * * * * * * *
void delay(u16 Count)
{【略】}//延时函数 delay()
/ * * * * * * * * * * * * * * * * * * * * * * * * * * * * * * * * * * * * * * * * * * * * * * * * * * * *
//TIM1 输出比较功能初始化函数 TIM1_init(),有形参 F_PWM_SET,无返回值
/ * * * * * * * * * * * * * * * * * * * * * * * * * * * * * * * * * * * * * * * * * * * * * * * * * * * *
void TIM1_PWM_SET(unsigned long F_PWM_SET)
{
  TIM1_ARRH = F_PWM_SET/256;               //配置自动重装载寄存器高位"ARRH"
  TIM1_ARRL = F_PWM_SET % 256;             //配置自动重装载寄存器低位"ARRL"
  TIM1_CR1| = 0x60;                        //向上向下计数模式中间对齐
  CH1_PWM_SET(F_PWM_SET,0.2);              //配置通道 1 输出信号占空比 20%
  CH2_PWM_SET(F_PWM_SET,0.4);              //配置通道 2 输出信号占空比 40%
  CH3_PWM_SET(F_PWM_SET,0.6);              //配置通道 3 输出信号占空比 60%
  CH4_PWM_SET(F_PWM_SET,0.8);              //配置通道 4 输出信号占空比 80%
  TIM1_CR1| = 0x01;                        //使能 TIM1 计数器功能"CEN = 1"
  TIM1_BKR = 0x80;                         //打开"主输出"开关输出 PWM 信号"MOE = 1"
}
/ * * * * * * * * * * * * * * * * * * * * * * * * * * * * * * * * * * * * * * * * * * * * * * * * * * * *
//TIM1_CH1 通道 PWM 信号输出配置函数 CH1_PWM_SET(),有形参 F_SET_CH1、
//Duty_CH1,F_SET_CH1 用于配置捕获/比较寄存器 1 高低位,Duty_CH1 用于
//配置 PWM 信号占空比,无返回值
/ * * * * * * * * * * * * * * * * * * * * * * * * * * * * * * * * * * * * * * * * * * * * * * * * * * * *
void CH1_PWM_SET(unsigned long F_SET_CH1,float Duty_CH1)
{
  float a;                                 //变量用于占空比计算
  a = Duty_CH1 * F_SET_CH1;                //计算占空比参数
  TIM1_CCR1H = ((u16)(a))/256;             //配置捕获/比较寄存器 1 高位"CCR1H"
  TIM1_CCR1L = ((u16)(a)) % 256;           //配置捕获/比较寄存器 1 低位"CCR1L"
  TIM1_CCMR1 = 0x60;                       //配置为 PWM 模式 1
  TIM1_CCER1& = 0xFD;                      //配置 CC1P = 0,OC1 信号高电平有效
  TIM1_CCER1| = 0x01;                      //配置 CC1E = 1,使能 OC1 输出
  TIM1_OISR| = 0x01;                       //空闲状态时 OC1 为高电平
}
/ * * * * * * * * * * * * * * * * * * * * * * * * * * * * * * * * * * * * * * * * * * * * * * * * * * * *
//TIM1_CH2 通道 PWM 信号输出配置函数 CH2_PWM_SET(),有形参 F_SET_CH2、
//Duty_CH2,F_SET_CH2 用于配置捕获/比较寄存器 2 高低位,Duty_CH2 用于
//配置 PWM 信号占空比,无返回值
/ * * * * * * * * * * * * * * * * * * * * * * * * * * * * * * * * * * * * * * * * * * * * * * * * * * * *
void CH2_PWM_SET(unsigned long F_SET_CH2,float Duty_CH2)
{
  float b;                                 //变量用于占空比计算
  b = Duty_CH2 * F_SET_CH2;                //计算占空比参数
  TIM1_CCR2H = ((u16)(b))/256;             //配置捕获/比较寄存器 2 高位"CCR2H"
```

```
    TIM1_CCR2L = ((u16)(b)) % 256;              //配置捕获/比较寄存器 2 低位"CCR2L"
    TIM1_CCMR2 = 0x60;                          //配置为 PWM 模式 1
    TIM1_CCER1& = 0xDF;                         //配置 CC2P = 0,OC2 信号高电平有效
    TIM1_CCER1| = 0x10;                         //配置 CC2E = 1,使能 OC2 输出
    TIM1_OISR| = 0x04;                          //空闲状态时 OC2 为高电平
}
/****************************************************************
//TIM1_CH3 通道 PWM 信号输出配置函数 CH3_PWM_SET(),有形参 F_SET_CH3、
//Duty_CH3,F_SET_CH3 用于配置捕获/比较寄存器 3 高低位,Duty_CH3 用于
//配置 PWM 信号占空比,无返回值
/****************************************************************
void CH3_PWM_SET(unsigned long F_SET_CH3,float Duty_CH3)
{
    float c;                                    //变量用于占空比计算
    c = Duty_CH3 * F_SET_CH3;                   //计算占空比参数
    TIM1_CCR3H = ((u16)(c))/256;                //配置捕获/比较寄存器 3 高位"CCR3H"
    TIM1_CCR3L = ((u16)(c)) % 256;              //配置捕获/比较寄存器 3 低位"CCR3L"
    TIM1_CCMR3 = 0x60;                          //配置为 PWM 模式 1
    TIM1_CCER2& = 0x3D;                         //配置 CC3P = 0,OC3 信号高电平有效
    TIM1_CCER2| = 0x01;                         //配置 CC3E = 1,使能 OC3 输出
    TIM1_OISR| = 0x10;                          //空闲状态时 OC3 为高电平
}
/****************************************************************
//TIM1_CH4 通道 PWM 信号输出配置函数 CH4_PWM_SET(),有形参 F_SET_CH4、
//Duty_CH4,F_SET_CH4 用于配置捕获/比较寄存器 4 高低位,Duty_CH4 用于
//配置 PWM 信号占空比,无返回值
/****************************************************************
void CH4_PWM_SET(unsigned long F_SET_CH4,float Duty_CH4)
{
    float d;                                    //变量用于占空比计算
    d = Duty_CH4 * F_SET_CH4;                   //计算占空比参数
    TIM1_CCR4H = ((u16)(d))/256;                //配置捕获/比较寄存器 4 高位"CCR4H"
    TIM1_CCR4L = ((u16)(d)) % 256;              //配置捕获/比较寄存器 4 低位"CCR4L"
    TIM1_CCMR4 = 0x60;                          //配置为 PWM 模式 1
    TIM1_CCER2& = 0x1F;                         //配置 CC4P = 0,OC4 信号高电平有效
    TIM1_CCER2| = 0x10;                         //配置 CC4E = 1,使能 OC4 输出
    TIM1_OISR| = 0x40;                          //空闲状态时 OC4 为高电平
}
```

　　将程序编译后下载到单片机中并运行，观察 TIM1_CH1 引脚和 TIM1_CH2 引脚的输出波形，如图 13.41(a)所示，观察 TIM1_CH3 引脚和 TIM1_CH4 引脚的输出波形，如图 13.41(b)所示。

　　在实际测试时使用的数字示波器为双踪示波器，仅支持两路信号输入，故而将 4 路 PWM 信号分为两次进行观察，图 13.41(a)中的 CH1 通道（上半部分）所示为频率 500 Hz，占空比为 20%的 PWM 信号，CH2 通道（下半部分）所示为频率 500 Hz，占空比为 40%的 PWM 信号。

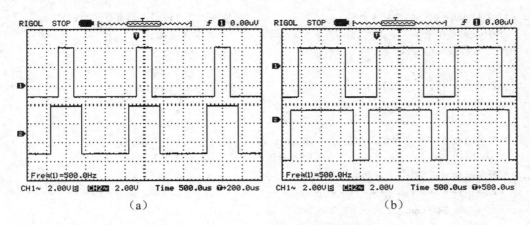

图 13.41　中间对齐方式四路 PWM 信号输出效果

图 13.41(b)中的 CH1 通道(上半部分)所示为频率 500 Hz,占空比为 60％的 PWM 信号,CH2 通道(下半部分)所示为频率 500 Hz,占空比为 80％的 PWM 信号。

有的读者看到这里会产生不解,在基础项目 F 中产生的 PWM 信号频率明明是 1 kHz,怎么使用了中间对齐方式后就变成了 500 Hz 呢? 通读程序,发现进入主函数时仅仅是执行了一条"TIM1_PWM_SET(16000)"语句,设定的 TIM1_CCRx 数值和 TIM1_ARR 数值与基础项目 F 中的参数是"一模一样"的,但是输出频率确实变小了,这就有点"费解"了。

其实这个实验效果是非常成功的,介绍中间对齐方式的时候提到过,该方式与边沿对齐方式不同,在中间对齐方式中 PWM 的周期是由两倍的 TIM1_ARR 数值决定的,脉冲宽度同样变大了,所以说,对于同样的 TIM1_CCRx 和 TIM1_ARR 配置,边沿对齐方式产生的 PWM 频率是中间对齐方式的 2 倍,但是占空比参数是一样的。在图 13.41 中可以清晰的看出 PWM 信号占空比的变化,PWM 信号的频率刚好是边沿对齐时频率的一半,说明配置是正确的。

至此,中间对齐方式的 4 路 PWM 信号输出实验就验证成功了,读者可以多加练习,优化函数的参数配置,调整通道函数配置流程,使得输出 PWM 信号更加便捷。也可以在实验项目的基础之上扩展外围电路和器件,搭建直流电机调速系统、呼吸灯调光系统等。

第 14 章

"摇身一变睡美人儿" 电源模式管理及系统功耗控制

章节导读:

  亲爱的读者,本章将详细介绍 STM8 单片机电源管理及功耗控制的相关知识和应用。章节共分为 5 个部分,14.1 节以机器人瓦力的"生命"这一故事引入系统功耗问题,让读者思考功耗控制的意义。14.2 节中简要介绍常见的功耗控制方法,结合笔者经验从硬件体系和软件体系两方面提出调整和优化方案。14.3 节切入正题,对 STM8 单片机的功耗管理进行分析展开,给出电源管理的 3 大模式。14.4 节中讲解自动唤醒 AWU 单元功能,并且通过实践项目加深对其的理解。14.5 节中介绍了超低功耗的 STM8L 系列单片机以便读者在产品设计中选型和应用,本章内容是现代电子产品的研究方向,望读者掌握电源管理内容,在实践中多积累功耗控制经验。

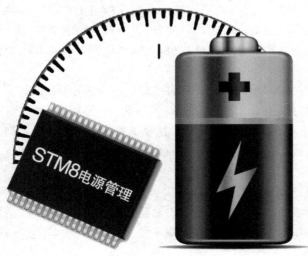

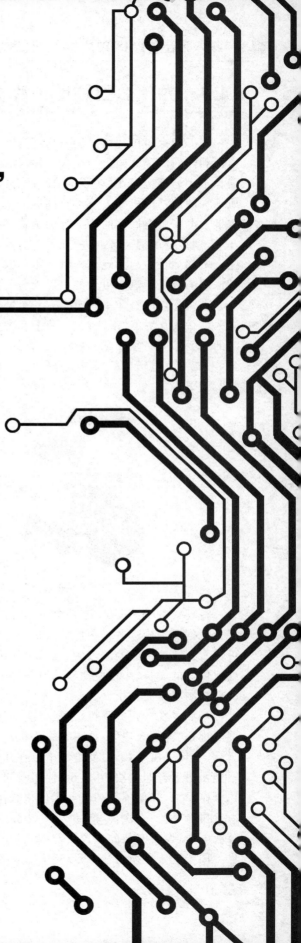

14.1　为什么要注重单片机系统功耗？

这一章探讨单片机系统的功耗问题，说一说低功耗为什么成为单片机系统中的一个重要指标和热门研究方向。如往常一样，先引出一个故事，再来思考现代电子产品、电子技术的发展。小宇老师记得在 2008 年的时候看过一部电影，中文名称是《机器人总动员》，故事讲述了地球上的清扫型机器人"瓦力"偶遇并爱上了机器人"伊娃"后，追随她进入太空历险的一系列故事。电影里有好多的情节打动了我，其中有个情节是瓦力每天定时起床到太阳下充电，然后开工，到垃圾场把垃圾放进"肚子"里，然后一使劲儿把垃圾压成方块再"吐"出来，最后再把这些方块都摞在一起。晚上按时下班回家，准时休眠等待第二天起床继续工作。看完电影后，笔者深深的爱上了这个可爱的机器人"瓦力"，也对故事里的诸多情节产生了一些感悟。

在"瓦力"的身体里一定会有一个蓄电单元，也一定会有电池的耗电时间，所以电量能维持多久就代表瓦力能"活"多久。晚上瓦力为什么不工作呢？因为夜晚没有阳光，就不能充电，这时的"瓦力"就必须休眠，等待第二天的阳光赐予瓦力"生命"。这个故事里让人们深深的感悟到，电能对于电子产品来说就是"生命"，如图 14.1 所示，可爱的"瓦力"如若一直有电，就能一直"活"下去。

图 14.1　电能就是"瓦力"机器人的"生命"

在现代电子产品中，系统电气实现广泛采用集成 IC 搭配各种功能外围来实现，在系统中还会根据需求构建各种各样的人机交互以实现电子产品的不同功能。在这些电子产品中随处可以看到单片机微处理器的身影，单片机应用已经走进了各式各样的领域，在这些领域中不乏电池供电的设备、小型便捷移动设备等。对于这类设备而言单片机选型、外设资源设计和电能功耗控制显得尤为重要。

例如现在的智能手机，手机系统中的软件操作系统、CPU、各种 APP 应用程序和手机的大屏幕都是"耗电大户"。使得智能手机几乎都是一天一充，如果通话次数较多，再看看电影、听听歌、玩玩手机游戏，可能电池电量在几个小时内就能消耗殆尽。这是人们所不希望的，人们希望手机运行速度快，耗电少，使用时间长。那么，功耗问题就是瓶颈，要选择低功耗 CPU、优化操作系统、降低屏幕亮度或者优化制作工艺实现系统节能。

再如某些"一次性"产品，某些小型无线终端、探测设备、分布式传感单元等在其系统内部装有电池，设备安装的位置可能都是野外的或者运行环境中不具备电网连接的情况，这些产品也不便于统一更换电池，所以耗电时长几乎就等于产品的生命周期。

由此可见降低电子产品系统功耗显得十分必要,通过优化产品设计达到便携、低功耗和高可靠性。而在其中的单片机选型环节就显得更加重要,单片机低功耗设计并不仅仅是为了省电,同时也降低了电源模块和散热模块的成本,使产品小型化。通过系统功耗控制有效延长了电池的工作时间,减少了电磁辐射和热噪声,随着设备耗能产热的降低,设备的寿命也可以得到延长。故而低功耗的节能应用系统将会带来很好的社会效益和经济效益。

14.2 如何降低单片机系统功耗?

体会到了单片机系统功耗的重要性后,人们就需要对系统进行优化,降低其运行功耗。要想对系统进行优化,首先要抓出"罪魁祸首",分析功耗控制突破点,按照实际需求自定义功耗控制策略,分对象进行功耗控制。

常规单片机系统中的"耗电大户"有哪一些呢?这就需要从系统组成上进行排查。在核心控制部分,首先想到的就是单片机微处理器本身的功耗,还有在系统中的硬软件外设资源,简单归纳可以分为硬件和软件这两个对象。

14.2.1 功耗控制之硬件调整

在单片机系统硬件体系中存在非常多的电能消耗,如图 14.2 所示,在硬件体系中可以通过优化电路设计、优化电源供电、调节单片机时钟频率、选择单片机或者外围的工作电压、管理单片机片上资源、自定义电源管理方案、管理模拟或者数字外设、配置 I/O 端口模式、合理进行功能分析和单片机处理器选型等手段实现硬件体系的功耗调整。

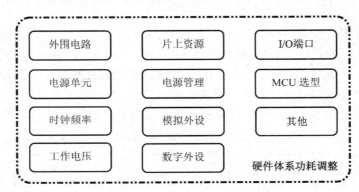

图 14.2 单片机硬件体系功耗调整

将单片机硬件体系进行分类,我们发现硬件体系非常庞大,图 14.2 所示的功耗调整项也只是常见的一些较为基础的调整项,读者可以结合实际系统进行功耗调整。下面,小宇老师就结合自己在单片机系统开发过程中遇到的硬件体系功耗问题列举以下几个方面进行简要分析。

(1)电源单元的低功耗设计:电源是单片机系统中必不可少的重要核心,电源的效率和质量直接关系到单片机系统的功耗和稳定性。在电源设计中应该合理分析系统的用电需求,选取效率高、发热损耗低、纹波参数合理、电源性能满足的供电单元。不用追求电源的个别性能,

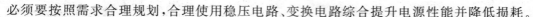

必须要按照需求合理规划，合理使用稳压电路、变换电路综合提升电源性能并降低损耗。

（2）功能外设的低功耗设计：功能外设是单片机系统构成的主体，外设电路中通常包含数字单元、模拟单元，通过搭配和设计实现译码、编码、存储、通信、传输、变换、调制、解调、放大和滤波等功能。在外设电路中应该尽量选择低功耗的集成化电路或者器件，合理设计供电电路和散热单元。对于数字芯片应合理控制片选引脚，合理配置和使用芯片端口，注重拉电流、灌电流影响。对于模拟芯片应尽量选择单电源供电，降低电源设计的复杂度，选用效率高和供电电压相对较低的器件，仔细查找并分析耗电较多的电路单元予以更改设计方案或者优化。

（3）注重电路设计的小细节：例如上/下拉电阻应当慎用，确实需要的情况下才使用，并且应该合理选择阻值，以免造成不必要的电源消耗。暂未使用的 I/O 端口需要合理配置，不能随意连接到 VDD 或者 VSS，端口的模式也需要根据实际需求进行配置。还有一些常见的指示灯电路、蜂鸣器驱动电路和继电器驱动电路等都可以"动脑筋"让其正常发挥作用的同时消耗最小的电能。

（4）合理选型单片机核心：这是本章的"重头戏"，选择一款适用的单片机就可以让低功耗系统构建变得简单。在系统构建时并不是一味的追求性能最好、资源最丰富、CPU 位数最高的单片机型号，而是应该选择最合适的单片机型号，因为随着单片机晶圆制作复杂度的提升，单片机芯片的静态功耗（比如芯片漏电流）参数也会增加。观察低功耗系统中的单片机芯片，都具备一些共同的特点，例如支持宽电源电压范围、具备多种时钟源、时钟源参数可配置、片上资源可选择、具备多样电源管理模式、支持唤醒或休眠和端口模式可自定义配置等。

14.2.2 功耗控制之软件优化

在单片机系统中有一部分功耗是"间接"导致的，为什么说是间接呢？这是因为不合理的控制逻辑或者低效率的程序导致的，这就需要人们对单片机软件体系进行优化。如图 14.3 所示，在软件体系中可以通过编译优化程序代码、用软件实现部分简单功能的硬件、短时间全速执行任务、采用"中断法"替代"轮询法"、减少复杂运算、改变编程思路、优化通信协议或参数、合理使用电源管理模式、合理配置 A/D 采样速度等手段实现软件体系的功耗优化。

图 14.3　单片机软件体系功耗优化

将单片机软件体系进行分析,人们发现软件体系和硬件体系不一样,软件是在硬件的层次之上,软件程序的效率和策略对功耗影响非常大。所以要求编程人员站在系统和资源的角度去思考,不能只注重功能的实现。下面,小宇老师也结合自己的感悟列举以下几个方面进行分析。

(1)注重程序的结构优化和编译优化:可能刚进阶的单片机"程序猿"认为程序能运行,在板子上能有现象就 OK 了,不需要刻意进行优化,其实不然。程序的正常运行,只是最基本的要求。更多的还要考虑程序的性能、运行效率、组织结构、实时性、复杂度和重用性等。所以要求单片机"程序猿"们在程序编写中选用合适的算法和数据结构、优化程序控制逻辑、注重程序的时间/空间复杂度、选择合适的编程语言和开发环境等,这也是提高程序综合性能的主要方法。

编程的最终其目的是给单片机"阅读",那么编译器的优化就不能忽略了。世界上没有万能的东西,编译器也一样。编译器都会对源代码进行优化,以提高程序的性能。比如 Keil 或者 IAR 开发环境中的编译器就支持软件开发人员自行调整编译器优化等级,一般情况下,随着编译器优化等级的升高,对源程序编译所得到的文件性能就越好。对于给定的代码,编译器并不能保证能得到最好的性能,它也有局限性。所以才需要程序员写出编译器易于理解和优化的代码。

若注重程序结构优化和编译优化就能使得最终得到的程序文件简洁、高效、指令执行时间短,从而间接缩短了 CPU 的处理时间,也节省了存储器的存储容量和缩短了数据存取时间,让单片机的功耗得到进一步的降低。

(2)尝试将功能简单的硬件单元"软件化":也就是说用程序实现代替简单的硬件单元。单片机系统中经常有编码、译码和滤波等电路单元,其中不少电路是由硬件搭建,这样功耗较大。这时候可以尝试软件实现方法,例如去掉编码译码的数字芯片,换成单片机程序控制 GPIO 来实现。去掉硬件滤波电路,改为程序滤波法来实现。但是这样的方法有利有弊,一般地,采取硬件实现速度较高、响应性好、CPU 性能要求低,而采取软件实现速度较低、响应性不好、CPU 性能要求高。所以读者可以综合实际情况之后再权衡处理速度和功耗这两者关系,选择性地对实际系统加以改造,尝试硬件单元的"软件化"。

(3)注重"劳逸结合",擅用事件驱动机制:在单片机系统中,CPU 的运行时间与系统功耗紧密相关,如果 CPU 一直在进行大量数据运算和操作,功耗就会居高不下。所以应该采取一种"劳逸结合"的运行策略。有数据需要处理时,应该中断唤醒 CPU,让它"起床工作"并且在短时间内完成数据的处理,然后就进入"休息"状态,即空闲或掉电方式。在关机状态下让它完全进入掉电状态,可用定时中断、外部中断或系统复位将它唤醒。除了 CPU 本身运行策略的优化外,还有一些程序设计上的小细节,比如轮询可以用中断来代替,使用中断方式时 CPU 可以"抽身"做另外的工作或者干脆"休息",等待事件发生后 CPU 再去处理,这就比轮询方式要好很多,擅用事件驱动程序设计方法可以很好的控制系统功耗,实现"劳逸结合"。

(4)少让 CPU "动脑子",多在程序上想办法:这一目的主要是优化程序运算,减少 CPU 的运算工作量。在单片机中经常会连续处理非常多的数字信号,以数字滤波为例,滤波方法多种多样,常见的有限幅滤波法、中位值滤波法、算术平均值滤波法、一阶滞后滤波法和加权递推平均滤波法等,处理方法很多,处理效果也不尽相同。这时候就要权衡 CPU 运算量和滤波效果这两者,在精度允许的情况下,使用简单滤波代替复杂滤波,这样就可以有效地减轻 CPU 运

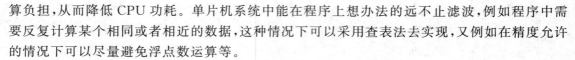

算负担,从而降低 CPU 功耗。单片机系统中能在程序上想办法的远不止滤波,例如程序中需要反复计算某个相同或者相近的数据,这种情况下可以采用查表法去实现,又例如在精度允许的情况下可以尽量避免浮点数运算等。

(5) 做好程序小细节,"省"出电量:在实际系统中,单片机控制核心不可能由一个独立的芯片构成,要构成功能完备的系统需要外围电路的支持,需要芯片之间的数据处理的通信。常见的小细节有很多,例如两个单片机或者多个单片机需要串行通信,此时应该采用中断接收机制,不需要轮询发送/接收状态,可以采用合适的通信速率来减少传输时间。再如 A/D 转换中可以选择合适的采样转换速率,避免采样转换过快导致功耗过高。又如连接在单片机外围的驱动单元和显示单元,可以采用"间歇性控制",在满足功能要求的前提下适当减少控制持续时间以节省功耗。

总之,降低单片机系统功耗的方法很多,除了小宇老师以上介绍的软硬件方法之外还有很多,读者需要站在实际系统的角度去思考,找到功耗与性能的"平衡点"。在整个系统的设计过程中深入理解单片机低功耗特性,最终设计出符合功能要求和功耗要求的产品。

14.3 STM8 单片机功耗管理

通过对前两节知识的学习让读者更加体会到功耗控制的必要,现代电子产品也正是向着易操作、高性价比、微体积、低功耗和多种类的方向在不断进化,各种微控制器芯片生产厂商也都看准了发展趋势,推出了各种内核、架构、资源和性能的单片机芯片。意法半导体也不例外,本书所讲解的 STM8 单片机家族中也会涉及单片机的低功耗设计和功耗管理。

其实每个厂商的单片机对于降低功耗都有不同的处理方式,虽然很多单片机都有休眠状态或可以实现很低的运行耗电量,但是大部分芯片在处于低功耗状态时,基本功能资源也所剩无几了,假设在配置的"低功耗"状态下没有了时钟、不能操作 RAM 和 Flash、不能处理和运算数据,相关片上资源也都停用了,那这样的状态也未必就是人们所希望的。所以对于"低功耗"这一追求必须是建立在能够正常完成功能的前提上,否则单方面追求"不耗电"也就会导致系统"没作用"。

14.3.1 STM8 低功耗优势

如果需要构建低功耗的单片机系统,必须选择支持功耗调整的单片机核心。核心的功耗调节灵活度就决定了开发的难易程度,本书所涉及的 STM8 单片机芯片在低功耗设计上就拥有非常多的优势,这些低功耗特性在要求节省电能的应用中非常重要。

首先,STM8 单片机支持宽泛的供电电压,以 STM8S207/208 系列单片机为例,其供电电压支持 2.95～5.5 V,其中就包含常见的 3.3 V 和 5.0 V 的供电电压标准,选取 3.3 V 电压供电时功耗与 5.0 V 相比会有所下降。

然后,STM8 单片机具备灵活的模拟性能,STM8 单片机的 GPIO 可以配置为输入模式或者是输出模式,在输入模式中又可以配置为悬浮输入、上拉输入模式,在输出模式中又可以配置为推挽输出、开漏输出模式。每种模式的电气特性皆不相同,针对具体的需求,用户可以配置特定的 GPIO 模式以实现功能,对于闲置未启用的 GPIO 也可以配置相应的端口模式以降低功耗。

其次,STM8 单片机支持多种电源管理方式,STM8 单片机可以配置为运行模式、等待模式、活跃停机模式和停机模式等,灵活多变的运行模式为单片机功耗调整提供了支持。

最后,STM8 单片机拥有多样时钟源和外设时钟门控功能,各种时钟源的运行参数均不相同,功耗参数自然也不一致,时钟源的多样性就能尽量满足用户的功耗需求。外设时钟门控功能可以管理片上数字资源和时钟的连接,从而控制外设资源电流消耗。

14.3.2 STM8 供电电压/时钟功耗影响

在 STM8 单片机具备的低功耗优势中,灵活的时钟源选择配置和外设时钟门控 PCG 功能显得非常重要,时钟源的选择和单片机工作频率的高低很大程度上决定了单片机运行时的电流消耗。

空口无凭,看点"真货",有数据才有真相! 现在让读者看两个由意法半导体 STM8S207/208 系列单片机芯片数据手册中给出的 MCU 运行模式下的总电流消耗情况表和 STM8 片上外设电流消耗情况表,相关测试数据如表 14.1、表 14.2 和表 14.3 所示。

表 14.1　当 V_{DD}=5.0 V 时 MCU 运行模式总电流消耗情况

对象	参数	测定条件(V_{DD}=5.0 V,T_A≤105 ℃)		典型	最大	单位
单片机系统运行电流 I_{DD}	在运行模式下,程序代码从 RAM 中执行时的电源电流。	$f_{CPU}=f_{MASTER}$=24 MHz	HSE 晶振输入(24 MHz)	4.4		mA
			HSE 外部信号(24 MHz)	3.7	7.3	
		$f_{CPU}=f_{MASTER}$=16 MHz	HSE 晶振输入(16 MHz)	3.3		
			HSE 外部信号(16 MHz)	2.7	5.8	
			HSI 内部高速 RC(16 MHz)	2.5	3.4	
		$f_{CPU}=f_{MASTER}$/128=125 kHz	HSE 外部信号(16 MHz)	1.2	4.1	
			HSI 内部高速 RC(16 MHz)	1.0	1.3	
		$f_{CPU}=f_{MASTER}$/128=15.625 kHz	HSI 内部高速 RC(16 MHz/8)	0.55		
		$f_{CPU}=f_{MASTER}$= 128 kHz	LSI 内部低速 RC(128 kHz)	0.45		
	在运行模式下,代码从 Flash 中执行时的电源电流。	$f_{CPU}=f_{MASTER}$=24 MHz	HSE 晶振输入(24 MHz)	11.4		
			HSE 外部信号(24 MHz)	10.8	18.0	
		$f_{CPU}=f_{MASTER}$=16 MHz	HSE 晶振输入(16 MHz)	9.0		
			HSE 外部信号(16 MHz)	8.2	15.2	
			HSI 内部高速 RC(16 MHz)	8.1	13.2	
		$f_{CPU}=f_{MASTER}$=2 MHz	HSI 内部高速 RC(16 MHz/8)	1.5		
		$f_{CPU}=f_{MASTER}$/128=125 kHz	HSI 内部高速 RC(16 MHz)	1.1		
		$f_{CPU}=f_{MASTER}$/128=15.625 kHz	HSI 内部高速 RC(16 MHz/8)	0.6		
		$f_{CPU}=f_{MASTER}$=128 kHz	LSI 内部低速 RC(128 kHz)	0.55		

表 14.2 当 $V_{DD}=3.3$ V 时 MCU 运行模式总电流消耗情况

对象	参数	测定条件($V_{DD}=3.3$ V, $T_A \leqslant 105$ ℃)		典型	最大	单位
单片机系统运行电流 I_{DD}	在运行模式下,程序代码从 RAM 中执行时的电源电流。	$f_{CPU}=f_{MASTER}=24$ MHz	HSE 晶振输入(24 MHz)	4.0		mA
			HSE 外部信号(24 MHz)	3.7	7.3	
		$f_{CPU}=f_{MASTER}=16$ MHz	HSE 晶振输入(16 MHz)	2.9		
			HSE 外部信号(16 MHz)	2.7	5.8	
			HSI 内部高速 RC(16 MHz)	2.5	3.4	
		$f_{CPU}=f_{MASTER}/128=125$ kHz	HSE 外部信号(16 MHz)	1.2	4.1	
			HSI 内部高速 RC(16 MHz)	1.0	1.3	
		$f_{CPU}=f_{MASTER}/128=15.625$ kHz	HSI 内部高速 RC(16 MHz/8)	0.55		
		$f_{CPU}=f_{MASTER}=128$ kHz	LSI 内部低速 RC(128 kHz)	0.45		
	在运行模式下,代码从 Flash 中执行时的电源电流。	$f_{CPU}=f_{MASTER}=24$ MHz	HSE 晶振输入(24 MHz)	11.0		
			HSE 外部信号(24 MHz)	10.8		
		$f_{CPU}=f_{MASTER}=16$ MHz	HSE 晶振输入(16 MHz)	8.4		
			HSE 外部信号(16 MHz)	8.2		
			HSI 内部高速 RC(16 MHz)	8.1		
		$f_{CPU}=f_{MASTER}=2$ MHz	HSI 内部高速 RC(16 MHz/8)	1.5		
		$f_{CPU}=f_{MASTER}/128=125$ kHz	HSI 内部高速 RC(16 MHz)	1.1		
		$f_{CPU}=f_{MASTER}/128=15.625$ kHz	HSI 内部高速 RC(16 MHz/8)	0.6		
		$f_{CPU}=f_{MASTER}=128$ kHz	LSI 内部低速 RC(128 kHz)	0.55		

表 14.3 STM8 片上外设电流消耗

对象	参数	典型值	单位
$I_{DD(TIM1)}$	TIM1 电源电流	220	μA
$I_{DD(TIM2)}$	TIM2 电源电流	120	
$I_{DD(TIM3)}$	TIM3 电源电流	100	
$I_{DD(TIM4)}$	TIM4 电源电流	25	
$I_{DD(UART1)}$	UART1 电源电流	90	
$I_{DD(UART3)}$	UART3 电源电流	110	
$I_{DD(SPI)}$	SPI 电源电流	40	
$I_{DD(I^2C)}$	I^2C 电源电流	50	
$I_{DD(CAN)}$	beCAN 电源电流	210	
$I_{DD(ADC2)}$	ADC2 转换时的电源电流	1000	

通过对比分析表 14.1 和表 14.2,容易看出两表中相似项的很多数据在不同测量参数下有着微妙的差别,表 14.3 中的片上外设运行所需电流也可以客观反映出片上资源的功耗情况,让设计人员轻松找到"耗电大户"。从以上 3 表的数据中可以"提炼"出 4 个重要

发现：

发现 1：供电电压影响运行功耗。通过对比分析表 14.1 和表 14.2，首先可以看出在其他条件参数一致的情况下，供电电压取 5.0 V 的时候比供电电压取 3.3 V 时的功耗更高。

发现 2：代码执行位置影响运行功耗。代码从 RAM 中执行时的电源电流在其他条件参数一致的情况下比代码从 Flash 中执行时的电源电流要小，说明 RAM 存取速度快，执行效率高。

发现 3：时钟源及频率影响运行功耗。通过对数据的分析发现在相同频率振荡信号情况下，HSE 石英晶体振荡器方式比 HSE 外部信号输入方式消耗的电流更多。若对不同时钟源所消耗的功耗进行排序，相同频率振荡信号情况下是 HSE 时钟源比 HSI 时钟源消耗的电流高，HSI 时钟源又比 LSI 时钟源消耗的电流高。

发现 4：片上外设影响运行功耗。针对具体的应用，编程人员往往只需要启用单片机的部分片上资源，而非全部启用，即便是全部启用了，也存在分时运行的情况。对比分析数据发现 A/D 转换和 T/C 资源都是"耗电大户"，片上外设消耗的电流就不能忽视，对此类资源的合理控制就显得非常必要。

综上数据分析和数据比对，读者就能初步了解影响运行功耗的因素，在实际的单片机系统构建时可以合理降低供电电压，选择低电压供电的外围芯片和电路。合理处理变量和数据类型，优化程序结构和编译器优化等级，优化分配程序代码存储位置。按照实际需求选择时钟源并且配置时钟参数。用户可以通过写时钟分频寄存器（CLK_CKDIVR）中的位"CPUDIV[2：0]"，以降低 f_{CPU} 的时钟频率，虽然这会降低 CPU 的运行速度，但也可以合理控制 CPU 的功耗。其他外设（由 f_{MASTER} 提供时钟）不会受此设置影响。在运行模式下，任何时候需要恢复全速运行，只需将"CPUDIV[2：0]"位清"0"即可。对于未启用的片上资源，可以使用外设时钟门控"PCG"功能进行合理控制，使能或者禁止系统主时钟与对应外设的时钟连接从而进一步降低系统运行功耗。

14.3.3 STM8 运行模式

默认情况下在系统上电复位后，MCU 处于运行模式。在这种模式下，CPU 由 f_{CPU} 提供运行时钟并执行程序代码，系统主时钟 f_{MASTER} 分别为各个处于激活状态的片上外设提供时钟，MCU 功耗可以达到最大。但是，如果对于某些系统需求，CPU 并不需要一直保持运行模式，这时就可以使用 STM8 单片机电源管理技术提供的 3 种低功耗运行模式。

STM8 单片机拥有出色的电源管理模式，支持用户根据实际情况进行模式配置，可配置单片机运行状态为等待模式（Wait）、活跃停机模式（Active-Halt）（可配置为慢速或快速唤醒）、停机模式（Halt）（可配置为慢速或快速唤醒）这 3 种模式。用户可合理选择以上 3 种模式中的一种，在最低功耗、最快唤醒速度和可使用的唤醒源之间获得最佳平衡点。具体的运行模式和模式下的运行状态如表 14.4 所示。

表 14.4　STM8 低功耗运行模式

运行模式	主电压调节器	时钟振荡	CPU	外设	唤醒/触发事件
等待模式	（开启）	（开启）	（关闭）	（开启） 需要确保外设时钟未被 PCG（外设时钟门控）功能禁用	所有的内部中断、AWU 或者是外部中断（包含通信外设中断）、复位事件
活跃停机模式	（开启）	（关闭） LSI 或 HSE 除外	（关闭）	（仅 AWU）	AWU 或者是外部中断（包含通信外设中断）、复位事件
活跃停机模式主电压调节器自动关机	（关闭） 低功耗电压调节器开	（关闭） 仅 LSI 除外	（关闭）	（仅 AWU）	AWU 或者是外部中断（包含通信外设中断）、复位事件
停机模式	（关闭） 低功耗电压调节器开	（关闭）	（关闭）	（关闭）	外部中断（包含通信外设中断）、复位事件

　　从表 14.4 可以看出停机模式是功耗最低的模式，若启用该模式后时钟振荡器和 CPU 以及外设均被关闭，功耗较低的是活跃停机模式，其次是等待模式。需要注意的是在活跃停机模式和停机模式下的外设资源，如果自动唤醒"AWU"单元被激活，那么蜂鸣器"BEEP"或独立看门狗"IWDG"相应的选择位就会被启用，在这种情况下，STM8 单片机片内低速 RC 振荡器时钟 LSI 就会被强制执行。

14.3.4　Wait 等待模式

　　在运行模式下执行 STM8 单片机专用中断指令"WFI"后，即可进入等待模式。用户若选择 IAR 作为开发环境，可用 C 语言编写如下程序语句：

```
void main(void)
{
    ......（此处省略具体程序语句）
    asm("WFI");                //STM8 单片机专用中断指令，用户切换运行模式至等待模式
    ......（此处省略具体程序语句）
}
```

　　若单片机运行状态已切换至等待模式，此时 CPU 停止运行，但片上外设与中断控制器仍保持运行，因此功耗会有所降低。等待模式下可以通过合理配置外设时钟门控"PCG"功能禁止片上外设时钟连接，还可以选择低功耗时钟源（LSI，HSI），进一步降低系统功耗。

　　在等待模式下，所有寄存器与 RAM 中的内容保持不变，之前所定义的时钟配置（主时钟状态寄存器 CLK_CMSR 中的配置状态）也保持不变。当一个内部中断、AWU 或外部中断（包含通信外设中断）请求产生时，CPU 从等待模式唤醒并恢复工作。

启用等待模式究竟对功耗参数有多大的影响呢？读者可以参考意法半导体 STM8S207/208 系列单片机的芯片数据手册相关参数对比得到，等待模式下的数据参数如表 14.5 和表 14.6 所示，容易看出同等条件下等待模式比运行模式的功耗低很多。

表 14.5 当 $V_{DD}=5.0$ V 时 MCU 等待模式总电流消耗情况

对象参数	测定条件($V_{DD}=5.0$ V，$T_A \leqslant 105$ ℃)		典型值	最大值	单位
等待模式运行电流 $I_{DD(WFI)}$	$f_{CPU}=f_{MASTER}=24$ MHz	HSE 晶振输入(24 MHz)	2.4		mA
		HSE 外部信号(24 MHz)	1.8	4.7	
	$f_{CPU}=f_{MASTER}=16$ MHz	HSE 晶振输入(16 MHz)	2.0		
		HSE 外部信号(16 MHz)	1.4	4.4	
		HSI 内部高速 RC(16 MHz)	1.2	1.6	
	$f_{CPU}=f_{MASTER}/128=125$ kHz	HSI 内部高速 RC(16 MHz)	1.0		
	$f_{CPU}=f_{MASTER}/128=15.625$ kHz	HSI 内部高速 RC(16 MHz/8)	0.55		
	$f_{CPU}=f_{MASTER}=128$ kHz	LSI 内部低速 RC(128 kHz)	0.5		

表 14.6 当 $V_{DD}=3.3$ V 时 MCU 等待模式总电流消耗情况

对象参数	测定条件($V_{DD}=3.3$ V，$T_A \leqslant 105$ ℃)		典型值	最大值	单位
等待模式运行电流 $I_{DD(WFI)}$	$f_{CPU}=f_{MASTER}=24$ MHz	HSE 晶振输入(24 MHz)	2.0		mA
		HSE 外部信号(24 MHz)	1.8	4.7	
	$f_{CPU}=f_{MASTER}=16$ MHz	HSE 晶振输入(16 MHz)	1.6		
		HSE 外部信号(16 MHz)	1.4	4.4	
		HSI 内部高速 RC(16 MHz)	1.2	1.6	
	$f_{CPU}=f_{MASTER}/128=125$ kHz	HSI 内部高速 RC(16 MHz)	1.0		
	$f_{CPU}=f_{MASTER}/128=15.625$ kHz	HSI 内部高速 RC(16 MHz/8)	0.55		
	$f_{CPU}=f_{MASTER}=128$ kHz	LSI 内部低速 RC(128 kHz)	0.5		

14.3.5 Halt 停机模式

停机模式是 STM8 单片机低功耗模式中电流消耗最少的一种，在该模式下主时钟会被关闭，即由 f_{MASTER} 提供时钟的 CPU 及所有片上外设均被关闭。因此，所有外设均没有时钟供给，MCU 的数字部分不消耗能量。用户可通过执行 STM8 单片机专用中断指令"HALT"后进入停机模式，可用 C 语言编写程序语句：

```
void main(void)
{
    ......(此处省略具体程序语句)
    asm("HALT");                    //STM8单片机专用中断指令,用户切换运行模式至停机模式
    ......(此处省略具体程序语句)
}
```

在停机模式下，所有寄存器与 RAM 中的内容保持不变，默认情况下时钟配置(主时钟状

态寄存器 CLK_CMSR 中的配置状态）也保持不变。外部中断可将 MCU 从停机模式唤醒。"外部中断"是指配置为中断输入的 GPIO 端口或具有触发外设中断能力的相关端口。

在这种模式下，为了节省功耗主电压调节器被关闭，仅低电压调节器和掉电复位处于工作状态。如果用户需要快速唤醒单片机电源，迅速回归到运行模式，可以对时钟源进行配置。由于片内高速 RC 振荡器时钟源 HSI 的启动速度比 HSE 快，因此，为了减少 MCU 的唤醒时间，可以在进入停机模式前选择 HSI 时钟做为 f_{MASTER} 的时钟源。如果觉得操作比较麻烦，也可以在进入停机模式前设置内部时钟寄存器（CLK_ICKR）中的"FHWU"位选择 HSI 时钟做为 f_{MASTER} 的时钟源，这样一来就不需要再进行时钟源切换了。

需要特别注意的是在默认情况下，微控制器进入停机模式后 Flash 是处于掉电状态的。此时的漏电流可忽略不计，功耗是非常低的。但 Flash 的唤醒时间较长（几个微秒）。如果用户需要从停机模式快速唤醒，可将 Flash 控制寄存器 1（FLASH_CR1）中的"HALT"位置"1"。当微控制器进入停机模式时，就可以确保 Flash 处于等待状态，唤醒时间可以降至几个纳秒，但功耗将增至几微安。

接下来参考意法半导体 STM8S207/208 系列单片机芯片数据手册中的相关参数进行分析比对，停机模式下的数据参数如表 14.7 和表 14.8 所示，容易看出停机模式比等待模式的功耗降低了很多，也可以看出在单片机停机模式下"环境温度"对功耗的影响情况。

表 14.7　当 $V_{DD} = 5.0$ V 时 MCU 停机模式总电流消耗情况

对象参数	测定条件（$V_{DD} = 5.0$ V）	典型值	T_A 至 85 ℃	T_A 至 125 ℃	单位
停机模式运行电流 $I_{DD(H)}$	HSI 时钟唤醒后 Flash 在运行模式	63.5			μA
	HSI 时钟唤醒后 Flash 在掉电模式	6.5	35	100	

表 14.8　当 $V_{DD} = 3.3$ V 时 MCU 停机模式总电流消耗情况

对象参数	测定条件（$V_{DD} = 3.3$ V）	典型值	单位
停机模式运行电流 $I_{DD(H)}$	HSI 时钟唤醒后 Flash 在运行模式	61.5	μA
	HSI 时钟唤醒后 Flash 在掉电模式	4.5	

14.3.6　Active-Halt 活跃停机模式

活跃停机模式与停机模式类似，但是它不需要外部中断唤醒而是使用自动唤醒"AWU"功能，AWU 单元会在一定的延时后产生一个内部唤醒事件，延迟时间是用户可编程的，此处的 AWU 单元本质是一个计数器，其功能可以理解为单片机"睡觉"状态下的"定时闹钟"。

在活跃停机模式下，主振荡器、CPU 和几乎所有的外设都被停止。如果 AWU 单元和独立看门狗"IWDG"计数器已被使能，则只有 LSI 与 HSE 时钟源仍处于运行状态，用以驱动 AWU 单元和 IWDG 计数器。

如果用户需要配置单片机运行状态为活跃停机模式,需首先使能 AWU 功能,然后执行 STM8 单片机专用中断指令"HALT"即可。当 MCU 进入活跃停机模式时,主电压调节器可自动关闭,通过设置内部时钟寄存器(CLK_ICKR)的"REGAH"位可实现此功能。此时 MCU 内核由低功耗电压调节器(LPVR)供电,并且只有 LSI 时钟源可用,因为 HSE 时钟源对于 LPVR 来说电流消耗太大。在唤醒时主电压调节器重新被打开,这需要一个比较长的唤醒时间。

在活跃停机模式下,快速唤醒是很重要的。若用户需要实现快速唤醒,可以在进入活跃停机模式前选择 HSI 时钟作为 f_{MASTER} 的时钟源。如果觉得操作比较麻烦,也可以在进入活跃停机模式前设置内部时钟寄存器(CLK_ICKR)中的"FHWU"位选择 HSI 时钟做为 f_{MASTER} 的时钟源,这样一来就不需要再进行时钟源切换了。这样的操作可以提高 CPU 的执行效率,使 MCU 处于运行状态与低功耗模式之间的时间最短,从而减少整体平均功耗。

在活跃停机模式下,为加快唤醒时间,默认情况下 Flash 处于工作状态,因此并没有降低功耗。为降低功耗,用户可将 Flash 控制寄存器 1(FLASH_CR1)中的"AHALT"位置"0"。在进入活跃停机模式时,会停止向 Flash 供电以降低功耗,但唤醒时间将增至微秒级。

接下来参考意法半导体 STM8S207/208 系列单片机的芯片数据手册中的相关参数进行分析比对,活跃停机模式下的数据参数如表 14.9 和表 14.10 所示,容易看出活跃停机模式比等待模式的功耗要低,但是比停机模式的功耗要高。

表 14.9 当 $V_{DD}=5.0$ V 时 MCU 活跃停机模式总电流消耗情况

对象参数	测定条件($V_{DD}=5.0$ V,$T_A \leqslant -40 \sim 85$ ℃)			典型值	最大值	单位
	主电压调节器	Flash 模式	时钟源			
活跃停机模式下的运行电流 $I_{DD(AH)}$	开启	运行模式	HSE 晶振输入(16 MHz)	1000		μA
			LSI 内部低速 RC(128 kHz)	200	260	
		掉电模式	HSE 晶振输入(16 MHz)	940		
			LSI 内部低速 RC(128 kHz)	140		
	关闭	运行模式	LSI 内部低速 RC(128 kHz)	68		
		掉电模式		11	45	

表 14.10 当 $V_{DD}=3.3$ V 时 MCU 活跃停机模式总电流消耗情况

对象参数	测定条件($V_{DD}=3.3$ V,$T_A \leqslant -40 \sim 85$ ℃)			典型值	单位
	主电压调节器	Flash 模式	时钟源		
活跃停机模式下的运行电流 $I_{DD(AH)}$	开启	运行模式	HSE 晶振输入(16 MHz)	600	μA
			LSI 内部低速 RC(128 kHz)	200	
		掉电模式	HSE 晶振输入(16 MHz)	540	
			LSI 内部低速 RC(128 kHz)	140	
	关闭	运行模式	LSI 内部低速 RC(128 kHz)	66	
		掉电模式		9	

14.4 AWU 自动唤醒"单片机起床吧！"

当单片机的运行状态变更为活跃停机模式后,就需要自动唤醒单元"AWU"提供一个内部的唤醒时间基准唤醒单片机"起床"并且回归到运行状态去。如图 14.4 所示,图中的"小少年"就是 STM8 单片机,漏斗就是唤醒的时间,唤醒时间主要由 AWU 单元相关寄存器中的"AWUTB[3:0]"和"APR[5:0]"决定。当漏斗的时间"走完",就会触发"闹钟",这时候的单片机就该"起床"了。AWU 单元中的时间基准时钟由单片机内部的低速 RC 振荡器时钟 LSI 或通过预分频的外部时钟 HSE 来提供。接下来介绍这个"闹钟",看看"小少年"是如何被"唤醒"的。

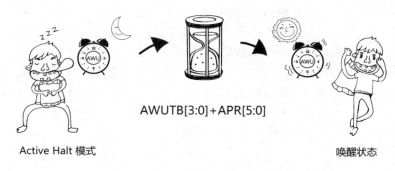

AWUTB[3:0]+APR[5:0]

Active Halt 模式   唤醒状态

图 14.4　活跃停机模式自动唤醒过程

14.4.1　AWU 系统结构及操作流程

AWU 单元的具体结构是什么样子？各种分频参数和时钟选择是什么样的操作顺序？什么时候会触发 AWU 的中断？要想解决这些问题就要涉及对 AWU 单元实现结构的学习和理解,"AWU 结构树"如图 14.5 所示。

在这颗"AWU 结构树"中,"树根部分"是 AWU 可以选择的两种时钟源,即 LSI 时钟源和 HSE 晶振时钟源。具体的时钟源选择由 STM8 单片机选项字节中的时钟选项 OPT4 中的"CKAWUSEL"位来决定,"CKAWUSEL"位为 OPT4 时钟选项的第 2 位,作用是自动唤醒单元时钟选择位,该位为"0"则 128 kHz 的内部低频时钟源 LSI 作为 AWU 的时钟,该位为"1"则选择外部时钟 HSE 分频后的时钟作为 AWU 的时钟源。

如果选择的时钟源为 HSE,在启用时钟源时还需要多一个配置步骤。这是因为考虑到 HSE 晶振时钟源一般情况下振荡频率都比较高,所以设置一道"坎"来进行分频,分频系数的配置通过 STM8 单片机选项字节中的时钟选项 OPT4 来配置,通过配置"PRSC[1:0]"来设定 AWU 的时钟预分频系数,这两位的取值和分频系数关系如下：

若配置 PRSC[1:0]为"00",则配置含义为 24 MHz 到 128 kHz 分频；
若配置 PRSC[1:0]为"01",则配置含义为 16 MHz 到 128 kHz 分频；
若配置 PRSC[1:0]为"10",则配置含义为 8 MHz 到 128 kHz 分频；
若配置 PRSC[1:0]为"11",则配置含义为 4 MHz 到 128 kHz 分频。

在选择和配置完成时钟源参数后,就来到了"树干部分"。经过时钟源选择后的时钟是

f_{LS},需要注意的是此处的 f_{LS} 并不一定是 f_{LSI},而是配置后得到的 128 kHz 时钟。沿着"树干部分"向上观察便引出了 AWU 的操作流程,用户配置 AWU 并且让 AWU 在单片机进入活跃停机状态后能正常"苏醒"就必须要经过如下 5 个步骤:

第 1 步:使用控制/状态寄存器(AWU_CSR)中的"MSR"位和 TIM3 或者 TIM1 的输入捕捉通道 1 来检测 f_{LS} 时钟的频率,测量若发现误差则可通过重新配置异步预分频寄存器(AWU_APR)中的"APR[5:0]"来进行定时时间修正;

第 2 步:通过写异步预分频寄存器(AWU_APR)中的"APR[5:0]"位来配置适当的预分频值;

第 3 步:通过写时基选择寄存器(AWU_TBR)中的"AWUTB[3:0]"来选择需要的自动唤醒延时间隔;

第 4 步:置位控制/状态寄存器(AWU_CSR)中的"AWUEN"位;

第 5 步:执行"HALT"指令,使得单片机进入活跃停机状态。

经过以上 5 个步骤后,AWU 单元就开始工作,等到"闹钟到点儿"之后单片机就会被"叫醒"。需要注意的是 AWU 单元计数器仅仅在"HALT"指令之后 MCU 进入活跃停机模式时才开始计数,AWU 中断同时被使能。

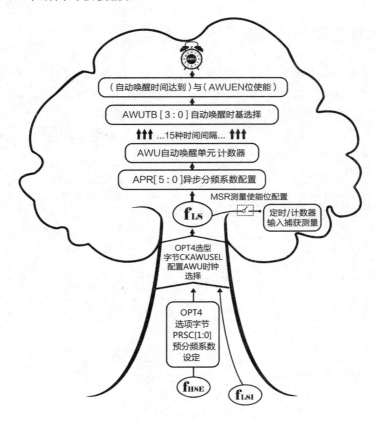

图 14.5 AWU 自动唤醒功能结构树

细心的读者可能观察到了"树干部分"有一个小旁枝,该旁枝是为了修正 f_{LS} 时钟频率所构造的。想要深入理解小旁枝的作用,首先需要了解此处的 f_{LS},如果是由片内低频时钟源

LSI 得到的,那就一定存在频率"误差"。在介绍 STM8 时钟源特点的时候也了解过 LSI 时钟源产生的时钟频率值并非是精准的 128 kHz,它的精度是 128 kHz±12.5%,即为 112～144 kHz,STM8S207/208 系列单片机芯片数据手册中给出的 LSI 振荡频率是在 110～146 kHz 之间。对于定时时间而言,一个存在误差的时钟频率势必会影响计数器的定时时间,这样的误差达到一定值时,"闹钟"就不准了。就好比定的闹钟是早上 7 点起床,由于"闹钟"走时节拍不对了,早上到了 7 点一刻才被"叫醒",显然这会对工作状态产生影响。所以用户如果选择 LSI 时钟源作为 AWU 的时钟时,为了确保最好的精度,它的频率可以通过 TIM3 或者 TIM1 的输入捕捉通道 1 来进行测定,测定的值又可以修正计数参数,可采用如下的步骤弥补修正误差:

第 1 步:将控制/状态寄存器(AWU_CSR)中的"MSR"位置"1"把 LSI 的内部时钟连接到 TIM3 或者 TIM1 定时器的捕捉通道 ICAP1 上;

第 2 步:通过定时器的输入捕捉中断来测量 f_{LS} 的时钟频率;

第 3 步:向异步预分频寄存器(AWU_APR)中的"APR[5:0]"位写入一个适当的值来调整 AWU 预分频参数,然后通过写时基选择寄存器(AWU_TBR)中的"AWUTB[3:0]"来调整自动唤醒时间间隔以得到期望的时间间隔。

14.4.2　AWU 配置及唤醒时间计算

既然 AWU 的时间间隔取决于时基选择寄存器(AWU_TBR)中的"AWUTB[3:0]"位和异步预分频寄存器(AWU_APR)中的"APR[5:0]"位,学习和了解相关寄存器就显得非常必要,按照 AWU 的配置步骤所涉及的寄存器来学习,首先需要了解控制/状态寄存器(AWU_CSR)。该寄存器可以用来使能 AWU 单元、使能测量功能和指示自动唤醒中断的有无等,该寄存器相关位定义及功能说明如表 14.11 所示。

表 14.11　STM8 单片机 AWU_CSR 控制/状态寄存器

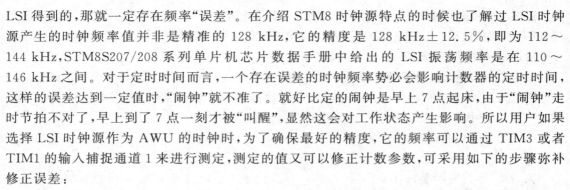

■ 控制/状态寄存器(AWU_CSR)						地址偏移值:(0x00)H	
位　数	位 7	位 6	位 5	位 4	位 3	位 2	位 1	位 0
位名称	保留		AWUF	AWUEN	保留			MSR
复位值	0	0	0	0	0	0	0	0
操　作	—	—	rc_r	rw	→	—	—	rw
位　名	位含义及参数说明							
保留 位 7:6	● 保留位 必须保持清"0"							
AWUF 位 5	● 自动唤醒标志位 此位在自动唤醒模块产生中断时由硬件进行置"1",通过对控制/状态寄存器(AWU_CSR)进行读操作达到清"0"目的,写操作不影响此位的数值							
	0	无自动唤醒中断产生						
	1	自动唤醒中断产生						

续表 14.11

位　名	位含义及参数说明	
AWUEN 位 4	● 自动唤醒使能位 此位由软件置"1"和清"0",可以由此位的状态使能或禁止自动唤醒功能,如果 MCU 进入活跃停机模式或等待模式,则自动唤醒模块按照预先的编程设置延时一段时间后唤醒 MCU	
	0	禁止自动唤醒功能
	1	使能自动唤醒功能
保留 位 3:1	● 保留位 必须保持清"0"	
MSR 位 0	● 测量使能位 此位用来使能 f_{LS} 时钟连接到定时计数器的输入捕获,以允许定时计数器测量低速时钟的频率以便校准和调节	
	0	禁止测量功能
	1	使能测量功能

然后是需要配置 AWU 预分频值,该值是通过写异步预分频寄存器(AWU_APR)中的"APR[5:0]"位来实现,该寄存器的上电复位值是 $(0x3F)_H$,预分频计数器仅仅在"APR[5:0]"值不同于它的复位值 $(0x3F)_H$ 时才开始计数,该寄存器相关位定义及功能说明如表 14.12 所示。

表 14.12　STM8 单片机 AWU_APR 异步预分频寄存器

■ 异步预分频寄存器(AWU_APR)						地址偏移值: $(0x01)_H$	
位　数	位 7	位 6	位 5	位 4	位 3	位 2	位 1	位 0
位名称	保留		APR[5:0]					
复位值	0	0	1	1	1	1	1	1
操　作	—	—	rw	rw	rw	rw	rw	rw

位　名	位含义及参数说明							
保留 位 7:6	● 保留位 必须保持清"0"							
APR [5:0] 位 5:0	● 异步分频值 此位由软件设置选择提供给计数器时钟的分频值,需要注意的是此寄存器不能设置成其初始复位值 $(0x3F)_H$							
	00	$APR_{DIV}=2$	01	$APR_{DIV}=3$	02	$APR_{DIV}=4$	03	$APR_{DIV}=5$
	04	$APR_{DIV}=6$	05	$APR_{DIV}=7$	06	$APR_{DIV}=8$	07	$APR_{DIV}=9$
	08	$APR_{DIV}=10$	09	$APR_{DIV}=11$	0A	$APR_{DIV}=12$	0B	$APR_{DIV}=13$
	0C	$APR_{DIV}=14$	0D	$APR_{DIV}=15$	0E	$APR_{DIV}=16$	0F	$APR_{DIV}=17$
	10	$APR_{DIV}=18$	11	$APR_{DIV}=19$	12	$APR_{DIV}=20$	13	$APR_{DIV}=21$
	14	$APR_{DIV}=22$	15	$APR_{DIV}=23$	16	$APR_{DIV}=24$	17	$APR_{DIV}=25$
	18	$APR_{DIV}=26$	19	$APR_{DIV}=27$	1A	$APR_{DIV}=28$	1B	$APR_{DIV}=29$

位　名	位含义及参数说明							
APR [5:0] 位 5:0	1C	$APR_{DIV}=30$	1D	$APR_{DIV}=31$	1E	$APR_{DIV}=32$	1F	$APR_{DIV}=33$
	20	$APR_{DIV}=34$	21	$APR_{DIV}=35$	22	$APR_{DIV}=36$	23	$APR_{DIV}=37$
	24	$APR_{DIV}=38$	25	$APR_{DIV}=39$	26	$APR_{DIV}=40$	27	$APR_{DIV}=41$
	28	$APR_{DIV}=42$	29	$APR_{DIV}=43$	2A	$APR_{DIV}=44$	2B	$APR_{DIV}=45$
	2C	$APR_{DIV}=46$	2D	$APR_{DIV}=47$	2E	$APR_{DIV}=48$	2F	$APR_{DIV}=49$
	30	$APR_{DIV}=50$	31	$APR_{DIV}=51$	32	$APR_{DIV}=52$	33	$APR_{DIV}=53$
	34	$APR_{DIV}=54$	35	$APR_{DIV}=55$	36	$APR_{DIV}=56$	37	$APR_{DIV}=57$
	38	$APR_{DIV}=58$	39	$APR_{DIV}=59$	3A	$APR_{DIV}=60$	3B	$APR_{DIV}=61$
	3C	$APR_{DIV}=62$	3D	$APR_{DIV}=63$	3E	$APR_{DIV}=64$	3F	不可配置

接下来是要设定自动唤醒的延时间隔，也就是时间长短的一个"档位"。时间间隔的选择和设定通过写时基选择寄存器（AWU_TBR）中的"AWUTB[3:0]"来实现，如果用户不需要使用 AWU 功能，必须载入二进制值"0000"到 AWU_TBR 寄存器的"AWUTB[3:0]"位来降低功耗，该寄存器相关位定义及功能说明如表 14.13 所示。

表 14.13　STM8 单片机 AWU_TBR 时基选择寄存器

■ 时基选择寄存器（AWU_TBR）						地址偏移值：$(0x02)_H$		
位　数	位 7	位 6	位 5	位 4	位 3	位 2	位 1	位 0
位名称	保留				AWUTB[3:0]			
复位值	0	0	0	0	0	0	0	0
操　作	—	—	—	—	rw	rw	rw	rw
位　名	位含义及参数说明							
保留 位 7:4	● 保留位 必须保持清"0"							

AWUTB [3:0] 位 3:0	● 自动唤醒时基选择 此位由软件设置选择自动唤醒的时基，用来定义 AWU 自动唤醒的中断间隔时间，AWU 自动唤醒中断由控制/状态寄存器（AWU_CSR）中的"AWUEN"位置"1"来使能			
	0000	无自动唤醒中断	0001	APR_{DIV}/f_{LS}
	0010	$2 * APR_{DIV}/f_{LS}$	0011	$2^2 * APR_{DIV}/f_{LS}$
	0100	$2^3 * APR_{DIV}/f_{LS}$	0101	$2^4 * APR_{DIV}/f_{LS}$
	0110	$2^5 * APR_{DIV}/f_{LS}$	0111	$2^6 * APR_{DIV}/f_{LS}$
	1000	$2^7 * APR_{DIV}/f_{LS}$	1001	$2^8 * APR_{DIV}/f_{LS}$
	1010	$2^9 * APR_{DIV}/f_{LS}$	1011	$2^{10} * APR_{DIV}/f_{LS}$
	1100	$2^{11} * APR_{DIV}/f_{LS}$	1101	$2^{12} * APR_{DIV}/f_{LS}$
	1110	$5 * 2^{11} * APR_{DIV}/f_{LS}$	1111	$30 * 2^{11} * APR_{DIV}/f_{LS}$

最后一步是由用户置位控制/状态寄存器（AWU_CSR）中的"AWUEN"位，再执行"HALT"指令，使得单片机进入活跃停机状态，配置流程就圆满结束了。

为了获得"AWUTB[3:0]"和"APR[5:0]"(也就是 APR_{DIV} 配置值)的正确值,用户必须根据期望的时间间隔值来找出一个对应的间隔范围,从而找出对应的"AWUTB[3:0]"取值。然后选择 APR_{DIV} 的值来得到一个尽可能接近期望的时间间隔值,这个值也可以通过时基选择寄存器(AWU_TBR)中列出的公式获得,AWU 唤醒时间计算参考关系如表 14.14 所示。

表 14.14 STM8 单片机 AWU 唤醒时间计算参考

时间范围		AWUTB [3:0]	APR_{DIV} 计算公式	APR_{DIV}
$f_{LS}=f$(实际频率)	$f_{LS}=128$ kHz(例)			
$2/f$ 至 $64/f$	$0.015625\sim0.5$ ms	0001	APR_{DIV}/f_{LS}	$2\sim64$
$2*32/f$ 至 $2*2*32/f$	$0.5\sim1.0$ ms	0010	$2*APR_{DIV}/f_{LS}$	$32\sim64$
$2*64/f$ 至 $2*2*64/f$	$1\sim2$ ms	0011	$2^2*APR_{DIV}/f_{LS}$	$32\sim64$
$2^2*64/f$ 至 $2^2*128/f$	$2\sim4$ ms	0100	$2^3*APR_{DIV}/f_{LS}$	$32\sim64$
$2^3*64/f$ 至 $2^3*128/f$	$4\sim8$ ms	0101	$2^4*APR_{DIV}/f_{LS}$	$32\sim64$
$2^4*64/f$ 至 $2^4*128/f$	$8\sim16$ ms	0110	$2^5*APR_{DIV}/f_{LS}$	$32\sim64$
$2^5*64/f$ 至 $2^5*128/f$	$16\sim32$ ms	0111	$2^6*APR_{DIV}/f_{LS}$	$32\sim64$
$2^6*64/f$ 至 $2^6*128/f$	$32\sim64$ ms	1000	$2^7*APR_{DIV}/f_{LS}$	$32\sim64$
$2^7*64/f$ 至 $2^7*128/f$	$64\sim128$ ms	1001	$2^8*APR_{DIV}/f_{LS}$	$32\sim64$
$2^8*64/f$ 至 $2^8*128/f$	$128\sim256$ ms	1010	$2^9*APR_{DIV}/f_{LS}$	$32\sim64$
$2^9*64/f$ 至 $2^9*128/f$	$256\sim512$ ms	1011	$2^{10}*APR_{DIV}/f_{LS}$	$32\sim64$
$2^{10}*64/f$ 至 $2^{10}*128/f$	$0.512\sim1.024$ s	1100	$2^{11}*APR_{DIV}/f_{LS}$	$32\sim64$
$2^{11}*64/f$ 至 $2^{11}*128/f$	$1.024\sim2.048$ s	1101	$2^{12}*APR_{DIV}/f_{LS}$	$32\sim64$
$2^{11}*130/f$ 至 $2^{11}*320/f$	$2.080\sim5.120$ s	1110	$5*2^{11}*APR_{DIV}/f_{LS}$	$26\sim64$
$2^{11}*330/f$ 至 $2^{12}*960/f$	$5.280\sim30.720$ s	1111	$30*2^{11}*APR_{DIV}/f_{LS}$	$11\sim64$

现在理论知识准备得差不多了,计算方法也清楚了,就开始做两个例子动动手吧!

【例 14.1】如果当前 f_{LS} 时钟频率为 128 kHz,设定唤醒时间为 6 ms,试通过计算得出"AWUTB[3:0]"和"APR[5:0]"位的配置数值。

解答:在题目中期望的唤醒时间间隔为 6 ms,从表 14.14 的时间范围中查找 $f_{LS}=$ 128 kHz 时的参数行,发现包含 6 ms 时间范围的最接近的一行是"4~8ms",此时对应的"AWUTB[3:0]"配置值为"0101",即 $(0x05)_H$,通过 C 语言编写配置语句"AWU_TBR = 0x05;"即可对时基选择寄存器(AWU_TBR)进行赋值配置。

此时对应的 APR_{DIV} 计算公式为:

$$T_{唤醒时间}=2^4*APR_{DIV}/f_{LS} \tag{式 14.1}$$

若需要计算 APR_{DIV} 配置"APR[5:0]"参数,可以将式(14.1)进行公式变形如下:

$$APR_{DIV}=(T_{唤醒时间}*f_{LS})/2^4 \tag{式 14.2}$$

此时唤醒时间是已知的 6 ms,f_{LS} 频率为 128 kHz,将参数带入式(14.2)中可计算得到 APR_{DIV} 数值:

$$APR_{DIV}=(6*10^{-3}*128\,000)/2^4=(48)_D$$

再将计算得到的十进制 $(48)_D$ 带入 AWU_APR 异步预分频寄存器中进行分频值查询,可以在 APR[5:0]的位含义关系中查找到"$APR_{DIV}=48$"时所对应的异步分频值为"0x2E",通

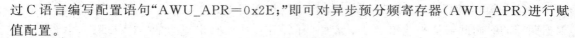

过 C 语言编写配置语句"AWU_APR＝0x2E;"即可对异步预分频寄存器（AWU_APR）进行赋值配置。

最后用 C 语言编写 AWU 单元时间间隔配置语句如下：

```
AWU_APR = 0x2E;             //配置预分频值
AWU_TBR = 0x05;             //配置 AWU 唤醒时间间隔
AWU_CSR| = 0x10;            //使能"AWUEN"位,启动 AWU
asm("HALT");                //执行专用中断指令,进入活跃停机模式
```

【例 14.2】如果当前 f_{LS} 频率为 128 kHz,设定唤醒时间为 3 s,试通过计算得出"AWUTB[3:0]"和"APR[5:0]"配置数值。

解答：在题目中唤醒时间间隔为 3 s,从表 14.14 的时间范围中查找 f_{LS}＝128 kHz 时的参数行,发现包含 3 s 时间范围的最接近的一行是"2.080～5.120s",此时对应的"AWUTB[3:0]"配置值为"1110",即 $(0x0E)_H$,通过 C 语言编写配置语句"AWU_TBR＝0x0E;"对时基选择寄存器（AWU_TBR）进行赋值配置。

此时对应的 APR_{DIV} 计算公式为：

$$T_{唤醒时间} = 5 * 2^{11} * APR_{DIV} / f_{LS} \qquad (式 14.3)$$

若需要计算 APR_{DIV} 配置 APR[5:0]参数,可以将式(14.3)进行公式变形如下：

$$APR_{DIV} = (T_{唤醒时间} * f_{LS}) / (5 * 2^{11}) \qquad (式 14.4)$$

此时唤醒时间是已知的 3 s,f_{LS} 频率为 128 kHz,将参数带入式(14.4)中可计算得到 APR_{DIV} 数值。

$$APR_{DIV} = (3 * 128\,000) / (5 * 2^{11}) = (37.5)_D$$

这时候得到的结果存在小数,可忽略小数部分近似的取 $(37)_D$ 或者 $(38)_D$,假设我们取值为 $(37)_D$,将取值结果带入 AWU_APR 异步预分频寄存器中进行分频值查询,可以在 APR[5:0]的位含义关系中查找到"$APR_{DIV}＝37$"时所对应的异步分频值为"0x23",若取值为 $(38)_D$ 则对应的异步分频值为"0x24"。以 $(0x24)_H$ 为例可以通过 C 语言编写配置语句"AWU_APR＝0x24;"对异步预分频寄存器（AWU_APR）进行赋值配置。

最后用 C 语言编写 AWU 单元时间间隔配置语句如下：

```
AWU_APR = 0x24;             //配置预分频值
AWU_TBR = 0x0E;             //配置 AWU 唤醒时间间隔
AWU_CSR| = 0x10;            //使能"AWUEN"位,启动 AWU
asm("HALT");                //执行专用中断指令,进入活跃停机模式
```

通过这两个例子,读者就应该理解了 AWU 自动唤醒时间间隔的计算。在实际的单片机系统中 f_{LS} 频率未必是 128kHz,对于这样的情况可以从表 14.14 的时间范围中查找"$f_{LS}＝f$(实际频率)"时的参数行,将实际频率带入计算即可。

14.4.3 基础项目 A 验证 AWU"闹钟唤醒"效果

光会计算还不行,为了加深读者对 AWU 的理解,本小节设计一个实验加以验证。实践动手的第一步还是先设计验证思想并构建硬件电路。在设计硬件电路时首先想到的还是用发光二极管指示现象,既方便又直观,关键是电路很简单。系统选定 STM8S208MB 这款单片机作

为主控核心,其 PF5 引脚经过限流电阻 R1 后连接发光二极管 D1,整体硬件电路如图 14.6 所示,若 PF5 引脚输出高电平,则 D1 熄灭,反之亮起。

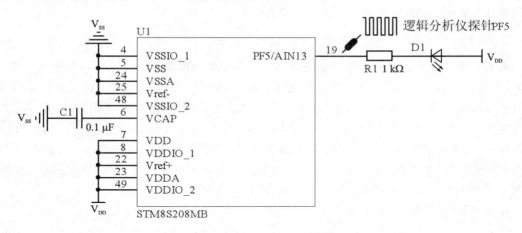

图 14.6 AWU"闹钟唤醒"实验电路原理图

有了硬件电路还远远不够,还需要设计程序"思路",如何配置 AWU 这只"闹钟"? 如何去验证单片机的"睡眠"和"唤醒"? 要解决这两个疑问就要清楚单片机进入低功耗模式的流程,以及在低功耗模式中如何被唤醒。

假设以"活跃停机模式"作为单片机的"睡眠"模式,此时就需要在程序中先配置好 AWU 唤醒单元的相关参数,然后再执行"asm("HALT");"语句使单片机进入活跃停机状态。这么说来,程序的重点就是要实现 AWU 自动唤醒单元的初始化函数"AWU_init()",在这个函数中需要涉及 AWU 单元时钟源的具体选择、活跃停机的唤醒方式、Flash 单元在活跃停机模式下是否掉电、AWU 单元预分频参数、AWU 单元时间间隔配置、AWU 单元功能使能等操作。

说到这里,要解决的问题还真是不少,但是不要着急,有小宇老师陪着你,再多的问题也能被逐一解决。先来说说 AWU 单元时钟源的选择,请读者回忆小宇老师讲过的"AWU 结构树","树根部分"是 AWU 可以选择的两种时钟源,即 LSI 时钟源和 HSE 晶振时钟源,具体的时钟源选择是由 STM8 单片机选项字节中的时钟选项 OPT4 中的"CKAWUSEL"位来决定,"CKAWUSEL"位为 OPT4 时钟选项的第 2 位,作用是自动唤醒单元时钟选择位,该位为"0"则 128 kHz 的内部低频时钟源 LSI 作为 AWU 的时钟,该位为"1"则选择外部时钟 HSE 分频后的时钟作为 AWU 的时钟源。这里选择内部低频时钟源 LSI 作为 AWU 的时钟,这个配置就是默认的,也最简单。

时钟源选定之后就需要使能时钟源,这时候就要回忆本书第 10 章所讲的知识,此时需要配置内部时钟寄存器(CLK_ICKR)中的"LSIEN"位为"1",目的是开启低速内部 RC 振荡器 LSI,还要配置"FHW"位为"1",目的是从停机(Halt)或活跃停机(Active Halt)模式快速唤醒使能。这里讲解的内部时钟寄存器(CLK_ICKR)相应位的功能说明及配置含义可以参见本书第 10 章的表 10.11 获取,利用 C 语言可以编写配置语句如下:

```
CLK_ICKR| = 0x0C;    //打开 LSI 时钟,从活跃停机模式快速唤醒使能
```

时钟源启用了,唤醒模式也确定了,接下来就是要确定 Flash 单元在活跃停机模式中是否掉电。这个功能就要回忆本书第 8 章所讲的知识,需要配置 Flash 控制寄存器 1(FLASH_

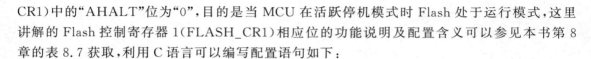

CR1)中的"AHALT"位为"0",目的是当 MCU 在活跃停机模式时 Flash 处于运行模式,这里讲解的 Flash 控制寄存器 1(FLASH_CR1)相应位的功能说明及配置含义可以参见本书第 8 章的表 8.7 获取,利用 C 语言可以编写配置语句如下:

```
FLASH_CR1 | = 0x0B;          //活跃停机模式下 FLASH 不掉电
```

接下来确定 AWU 单元预分频参数和 AWU 单元时间间隔配置。这两个配置可没有那么简单,需要读者动动笔,算一算! 假设当前 f_{LS} 时钟频率是精准的 128 kHz,需要设定唤醒时间为 600 ms,则需要计算出"AWUTB[3:0]"和"APR[5:0]"位的具体数值,并且赋值给相关的寄存器。这时可以回忆本章表 14.14 给出的 AWU 时间范围,在表中查找 $f_{LS}=128$ kHz 时的参数行,发现包含 600 ms 时间范围的最接近的一行是"512 ms～1.024 s",此时对应的"AWUTB[3:0]"配置值为"1100",即 $(0x0C)_H$,通过 C 语言编写配置语句"AWU_TBR = 0x0C;"即可对时基选择寄存器(AWU_TBR)进行赋值配置。

此时对应的 APR_{DIV} 计算公式为:

$$T_{唤醒时间} = 2^{11} * APR_{DIV}/f_{LS} \qquad (式 14.5)$$

若需要计算 APR_{DIV} 配置"APR[5:0]"参数,可以将式(14.5)进行公式变形如下:

$$APR_{DIV} = (T_{唤醒时间} * f_{LS})/2^{11} \qquad (式 14.6)$$

此时唤醒时间是已知的 600 ms,f_{LS} 频率为 128 kHz,将参数带入式(14.6)中可计算得到 APR_{DIV} 数值:

$$APR_{DIV} = (600 * 10^{-3} * 128\,000)/2^{11} = (37.5)_D$$

这时候得到的结果存在小数,可忽略小数部分近似的取 $(37)_D$ 或者 $(38)_D$,假设我们取值为 $(37)_D$,将取值结果带入 AWU_APR 异步预分频寄存器中进行分频值查询,可以在 APR[5:0]的位含义关系中查找到"$APR_{DIV}=37$"时所对应的异步分频值为"0x23",若取值为 $(38)_D$ 则对应的异步分频值为"0x24"。以 $(0x24)_H$ 为例可以通过 C 语言编写配置语句"AWU_APR = 0x24;"对异步预分频寄存器(AWU_APR)进行赋值配置。

有了"AWUTB[3:0]"和"APR[5:0]"位的具体数值后就剩下最关键的一步,也就是配置控制/状态寄存器(AWU_CSR)中的"AWUEN"位为"1",目的是使能自动唤醒功能。说到这里就明白了 AWU 自动唤醒单元初始化函数"AWU_init()"的实现"思路",利用 C 语言可以编写具体的函数实现如下:

```
/************************************************************/
//AWU 自动唤醒单元初始化函数 AWU_init(void),无形参,无返回值
/************************************************************/
void AWU_init(void)
{
  CLK_ICKR | = 0x0C;          //打开 LSI 时钟,从活跃停机模式快速唤醒使能
  FLASH_CR1 | = 0x0B;         //活跃停机模式下 FLASH 不掉电
  AWU_APR = 0x24;             //配置预分频值
  AWU_TBR = 0x0C;             //配置 AWU 唤醒时间间隔
  AWU_CSR1 | = 0x10;          //使能"AWUEN"启动 AWU
}
```

配置函数中的控制/状态寄存器(AWU_CSR)怎么写成了"AWU_CSR1"呢? 如果读者有

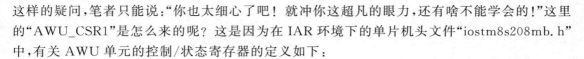

这样的疑问,笔者只能说:"你也太细心了吧！就冲你这超凡的眼力,还有啥不能学会的!"这里的"AWU_CSR1"是怎么来的呢？这是因为在 IAR 环境下的单片机头文件"iostm8s208mb.h"中,有关 AWU 单元的控制/状态寄存器的定义如下:

```
/ * AWU control/status register 1 * /
# ifdef __IAR_SYSTEMS_ICC__
typedef struct
{
  unsigned char MSR        :1;
  unsigned char            :3;
  unsigned char AWUEN      :1;
  unsigned char AWUF       :1;
} __BITS_AWU_CSR1;
# endif
__IO_REG8_BIT(AWU_CSR1,0x50F0,__READ_WRITE,__BITS_AWU_CSR1);
```

这里的控制/状态寄存器(AWU_CSR)就被定义为了"AWU_CSR1",所以不用"纠结",这是正确的写法,只需打开头文件看看便知。

有了 AWU 自动唤醒单元初始化函数"AWU_init()"还不行,还要编写 AWU 单元的中断处理函数,利用 C 语言编写具体的实现语句如下:

```
// ************************* 中断函数区域 *************************/
# pragma vector = 3
__interrupt void AWU_IRQHandler(void)        //自动唤醒 AWU 中断函数
{
  led1 = 0;                    //PF5 输出为低电平,D1 亮起
  AWU_CSR1 | = 0x10;
}
```

中断函数非常简单,也就是执行一个低电平输出(为了便于逻辑分析仪测量电平宽度,从而验证计算的唤醒时间间隔)和重新使能 AWU 单元。有了以上的思路和想法,下面就开始设计程序的总流程,让单片机上电后从 PF5 引脚上输出 6 个电平跳变然后初始化 AWU 单元,随后进入活跃停机状态,如果 AWU 正常被唤醒后再执行 3 个跳变,然后让程序"停住"。按照这个思路,可用 C 语言编写程序实现如下:

```
/ *************************************************************
 * 实验名称及内容:验证 AWU"闹钟唤醒"效果
 *************************************************************/
# include "iostm8s208mb.h"                    //主控芯片的头文件
/ ********************* 常用数据类型定义 *********************/
【略】为节省篇幅,相似语句可以直接参考之前章节
/ ********************* 端口/引脚定义区域 *********************/
# define led1   PF_ODR_ODR5                    //PF5 引脚输出连接至 LED
/ ********************* 函数声明区域 *********************/
void delay(u16 Count);                    //延时函数声明
void led(u8 x);                    //闪烁 LED 功能函数声明
void AWU_init(void);                    //AWU 自动唤醒单元初始化函数声明
```

```
/ ********************* 主函数区域 *********************/
void main( void )
{
  PF_DDR_DDR5 = 1;                      //配置 PF5 引脚为输出引脚
  PF_CR1_C15 = 1;                       //配置 PF5 引脚为推挽输出模式
  PF_CR2_C25 = 0;                       //配置 PF5 引脚低速率输出模式
  led1 = 1;                             //PF5 输出为高电平,D1 熄灭
  led(6);                               //执行 6 次闪烁
  AWU_init();                           //初始化 AWU 自动唤醒配置
  led1 = 1;                             //PF5 输出为高电平,D1 熄灭
  asm("HALT");                          //执行专用中断指令,进入活跃停机模式
  led(3);                               //执行 3 次闪烁
  while(1);
}
/ ***************************************************************/
void delay(u16 Count)
{【略】}//延时函数 delay()
/ ***************************************************************/
//闪烁 LED 功能函数 led(u8 x),有形参 x 用于控制闪烁次数,无返回值
/ ***************************************************************/
void led(u8 x)
{
  while(x--)
  {
    led1 = 0;delay(10);
    led1 = 1;delay(10);
  }
}
/ ***************************************************************/
//AWU 自动唤醒单元初始化函数 AWU_init(void),无形参,无返回值
/ ***************************************************************/
void AWU_init(void)
{
  CLK_ICKR| = 0x0C;                     //打开 LSI 时钟,从活跃停机模式快速唤醒使能
  FLASH_CR1| = 0x0B;                    //活跃停机模式下 FLASH 不掉电
  AWU_APR = 0x24;                       //配置预分频值
  AWU_TBR = 0x0C;                       //配置 AWU 唤醒时间间隔
  AWU_CSR1| = 0x10;                     //使能"AWUEN"启动 AWU
}
// ***************** 中断函数区域 *****************/
#pragma vector = 3
__interrupt void AWU_IRQHandler(void)       //自动唤醒 AWU 中断函数
{
  led1 = 0;                             //重新启动 AWU 返回停机后语句
  AWU_CSR1| = 0x10;
}
```

将程序编译后下载到单片机中并运行,打开上位机软件采集逻辑分析仪测得的波形如图 14.7 所示,可以看到 PF5 引脚出现了 4 个电平区域。

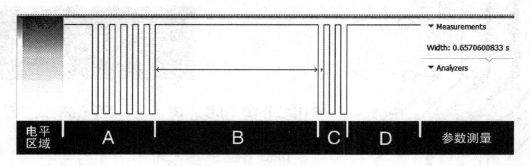

图 14.7 AWU"闹钟唤醒"实验效果

A 区域是单片机上电时的情况,进入主函数后首先执行了 6 次"闪烁",得到了 6 个跳变状态,随后就初始化 AWU 单元然后进入了活跃停机模式。过了 A 区域后就到了 B 区域,这个区域的单片机已经进入了活跃停机模式,也就是说单片机已经"睡着了"。经过测量,B 电平区域的时间宽度大约是 0.62 s,也就是说 620 ms 左右,与我们初始配置的 600 ms 存在一些误差,看待这个误差主要是两个方面,第一个方面是因为 STM8 单片机的 LSI 时钟本身不是精准的 128 kHz,计算中以标准 128 kHz 作为"LS"时钟频率数值带入计算肯定存在误差。第二个方面是因为异步预分频寄存器配置值计算出来后,发现是一个小数$(37.5)_D$,在数值取舍上做了相近处理,综合以上两个方面,唤醒的时间与预定的时间稍微长了一些。

过了 AWU 单元唤醒时间间隔后,"闹钟"就响了,这时候单片机应该"起床了",所以又出现了 C 区域电平,执行了 3 次"闪烁",得到了 3 个跳变状态,随后程序遇到了"while(1)"语句,程序也就"停住"了,至此,AWU"闹钟唤醒"实验圆满成功。

14.5 低功耗 STM8L 系列单片机

在 STM8 单片机的大家族里,根据各单片机的应用偏重又分为各种系列,也就是本书第 2 章所讲解的"五娃出世,各显神通",其中"三娃"STM8L 系列单片机的特点就是方便低功耗设计。如 STM8L051/025、STM8L101、STM8L151/152、STM8L162 等芯片。意法半导体的超低功耗产品线支持多种对功耗极为敏感的应用,例如便携式设备。STM8L 系列是基于 8 位 STM8 内核,与 STM32L 系列一样采用了专有超低漏电流工艺,利用最低功耗模式实现了超低功耗(最低功耗电流可低至 0.30 μA)。

STM8L 系列包括 4 个不同的产品线,适于需要特别注意节约功耗的应用。

STM8L101 系列最低功耗模式:0.30 μA,动态运行模式:150 μA/MHz;

STM8L151/152 系列最低功耗模式:0.35 μA,动态运行模式:180 μA/MHz;

STM8L162 系列最低功耗模式:0.35 μA,动态运行模式:180 μA/MHz;

STM8L051/052 系列最低功耗模式:0.35 μA,动态运行模式:180 μA/MHz。

经过本章的学习,再熟悉了 STM8L 系列单片机的产品线,相信读者可以根据实际系统的需求进行单片机核心的合理选型和系统构建,最终设计出符合性能要求、完成既定功能、注重功耗和其他参数的产品。

第 15 章

"哔啵哔啵～滴滴～"
蜂鸣器激励信号
产生与控制

章节导读：

亲爱的读者,本章将详细介绍 STM8 单片机片内 BEEP 资源信号产生与控制的相关知识和应用。章节共分为 3 个部分,15.1 节让读者回忆生活中的"嘀嘀嘀",引出电磁讯响器的应用,重点讲解了压电式蜂鸣器和电磁式蜂鸣器的原理和应用,随后阐述了一些蜂鸣器的分类及电气参数。15.2 节主要讲解蜂鸣器驱动电路,举例了常规的三极管驱动电路和达林顿管驱动阵列芯片 ULN2003 的应用。15.3 节引入"BEEP 结构树"从原理到寄存器逐一展开讲解,引入了两个实践项目,进一步加深读者对自激励蜂鸣器和外激励蜂鸣器驱动原理的理解。

STM8
Beep

15.1 状态音提示小助手"电/磁讯响器"

在开讲本章知识之前,读者先回忆下生活中的情景。早上 6 点,闹钟"滴滴滴"开响,我努力睁开眼,坐在床上"思考人生",思考到 7 点半起床开始洗脸刷牙,插上豆浆机"滴滴滴"提示我选择档位,选择五谷档位开始工作。等待微波炉,"滴滴滴"提示我面包烤好了,随手打开电脑,"滴滴滴"自检成功后进入系统显示出桌面。终于可以开始一天的工作了,如图 15.1 所示,不禁感叹,生活中有那么多的"滴滴滴"。

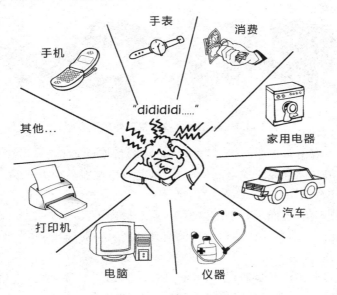

图 15.1　蜂鸣器应用

大到生产线的仪器设备,小到家电玩具,声光提示随处可见。电子设备中的声光提示已经变成一种最基础的人机交互手段和信息表达方式。在"声"的提示方式中,蜂鸣器算是这个舞台的"主角"了。蜂鸣器是一种结构简单、应用广泛的电/磁讯响器,采用直流电压或者交流电压进行供电,有着相当广泛的应用领域,例如计算机里的主板蜂鸣器或机箱蜂鸣器、打印/复印机里控制板上的状态蜂鸣器、电子玩具里的音乐蜂鸣器、汽车电子设备中的倒车蜂鸣器、电话机里的通话提示蜂鸣器、空调/电视等家电中的状态音蜂鸣器等。

蜂鸣器一般由振动装置和谐振装置组成,按照参数和应用面的不同可以进行多种划分。从实现原理上可以分为压电式蜂鸣器、电磁式蜂鸣器、机械式蜂鸣器(不重点讲解)。从激励信号的来源上可以分为自激励源蜂鸣器、外激励源蜂鸣器。从外形和安装方式上可以分为直插式蜂鸣器、贴片式蜂鸣器、引线式蜂鸣器。从供电类型和额定电压上又有直流 1.5 V 蜂鸣器、3 V 蜂鸣器、5 V 蜂鸣器、9 V 蜂鸣器、12 V 蜂鸣器、24 V 蜂鸣器、交流电 220 V 蜂鸣器等。需要注意的是很多蜂鸣器工作电压写成一个电压段,例如标注为 2.5～4.0 V,表示最低电压至少为 2.5 V 才能工作,最高电压不应高于 4.0 V,所以 3.3 V 的工作电压下就可以选择这种蜂鸣器。

15.1.1　压电式蜂鸣器原理与应用

简单的说,压电式蜂鸣器就是一种电/声转换器件。如果将压电材料粘贴在金属片上,在压电材料和金属片两端施加上一个电压时,压电效应就会使蜂鸣片产生机械变形而发出声响。有的场合为了实现声光两种报警方式,在压电式蜂鸣器外壳上还装有发光二极管。压电式蜂鸣器按照信号的供给方式可以分为自激励源压电蜂鸣器和外激励源压电蜂鸣器两种。常见压电蜂鸣器外观及内部构造如图 15.2 所示。

图 15.2　压电式蜂鸣器常见外形及构造

压电式蜂鸣器主要由多谐振荡器、压电蜂鸣片、阻抗匹配器、电气引线、共鸣腔体、外壳等组成。多谐振荡器由晶体管或集成电路构成,当接通供电电源后(1.5~24 V 直流工作电压),多谐振荡器开始起振,输出 1.5~2.5 kHz 频率的音频信号,阻抗匹配器推动压电蜂鸣片发声。自激励源压电蜂鸣器内部可产生激励信号,通电后即可发声,外激励源压电蜂鸣器内部不能产生激励信号,通电后需要外加激励信号促使其发声。一般地,压电式蜂鸣器需要比较高的电压才能有足够的音压。

压电式蜂鸣器的主要特点是体积小、灵敏度高、功耗低、可靠性好,价格低廉,有良好的频率特性。基于这些优点,压电式蜂鸣器广泛应用在各种电器产品的报警和发声方面。比如常见的音乐贺卡、电子手表、袖珍计算器、电子门铃和电子玩具等小型电子用品用的基本都是压电式蜂鸣器。

15.1.2　电磁式蜂鸣器原理与应用

电磁式蜂鸣器主要由振荡器、电磁绕组、磁铁、振动膜片及外壳等组成。接通电源后,自身振荡器或者外部激励信号提供的音频信号电流通过电磁绕组,使得绕在支架上的绕组在支架的芯柱上产生交变的磁通,交变的磁通和磁环恒定磁通进行叠加,使振动膜片在电磁绕组和磁铁的相互作用下,周期性地振动发声。产品的整个频率和声压的响应曲线与间隙值、振片的固有振动频率、外壳频率、磁环的磁强漆包线的线径有直接关系。

电磁式蜂鸣器按照信号的供给方式也可以分为自激励源电磁蜂鸣器(一般有环氧树脂灌封层)和外激励源电磁蜂鸣器(一般无环氧树脂灌封层)两种。常见电磁蜂鸣器外观及内部构造如图 15.3 所示。

电磁式蜂鸣器声压一般都很高,用 1.5 V 的电磁蜂鸣器就可以发出 85 dB 以上的音压了,但是消耗的电流会大大高于压电式蜂鸣器。在相同的尺寸下,电磁式蜂鸣器的响应频率可以做的比较低。电磁式蜂鸣器的主要特点是体积小、可靠性好,价格低廉,有良好的频率特性、声

图 15.3　电磁式蜂鸣器常见外形及构造

压高。基于这些优点,电磁式蜂鸣器广泛应用在各种电器产品的报警、发声方面。比如常见的仪器仪表、电脑主机、医疗设备、电子玩具等电子产品中。

15.1.3　自激励源蜂鸣器

在压电式蜂鸣器和电磁式蜂鸣器中都提到过激励源的供给方式问题,自激励源蜂鸣器,通常也称为"有源蜂鸣器",这里的"源"不是指供电的电源,而是指激励信号源。有源的含义就是在蜂鸣器的内部组成中含有激励信号产生的集成电路,它不需要外加任何音频驱动电路,只要接通直流电源就能直接发出声响。直流电源输入后经过振荡系统的放大取样电路在谐振装置的作用下产生驱动信号,自激励源蜂鸣器的工作发声原理如图 15.4 所示。

图 15.4　自激励源蜂鸣器发声原理

有源蜂鸣器在市面上非常的常见,大多数的单片机开发板上都是有源蜂鸣器,只需要给个直流电压,它就会响。这种蜂鸣器的优点就是用起来非常省事,缺点就是声响频率是固定的,就只有一个单音。当然,有源蜂鸣器还有间断音和连续音的产品,间断音要比连续音的价格贵一些,这是因为两者驱动电路不同的缘故。

15.1.4　外激励源蜂鸣器

外激励源蜂鸣器也可以叫做"无源蜂鸣器",同样的,这里的"源"也指信号源。顾名思义,该类蜂鸣器内部不带振荡信号发生电路,所以如果用直流信号直接为其供电是无法令其"鸣叫"发声的。用户必须提供激励信号驱动其发声,一般驱动信号都是取占空比为 50%,频率为 $2\sim5$ kHz 的方波信号。方波信号输入谐振装置后转换为声音信号输出,"无源"的蜂鸣器其实就相当于一个微型扬声器,只有加音频驱动信号后才能工作,其发声原理如图 15.5 所示。

综上内容读者就能了解自激励源蜂鸣器和外激励源蜂鸣器的区别。如果是简单程序控制并且不需要发音音调变化的场合可以用自激励源蜂鸣器,但是价格会比无源蜂鸣器贵一点,原因是内部构成中多了激励信号产生单元。如果是考虑造价并且需要声调可调的情况下就可以

图 15.5　外激励源蜂鸣器发声原理

选择外激励源蜂鸣器。

15.1.5　蜂鸣器选型原则及参数

蜂鸣器作为常见电子元器件中的一种,也具有多种参数。例如蜂鸣器的外形尺寸、额定电流、额定电压、工作电压范围、声压电平、工作频率等参数。蜂鸣器的参数是选型的依据,在实际的选型中有可能还有很多其他的约束条件,比如外壳的颜色,外壳的材料,能否支持回流焊接等。

现在请读者随小宇老师一起把回忆调到初中时代,物理老师讲解了声音是由振动产生的,在蜂鸣器的参数中也存在激励信号频率与声压的关系,选择某一款蜂鸣器用蜂鸣器测试仪进行测试得到类似图 15.6 所示的频率/声压关系,可以看出该款蜂鸣器激励信号频率接近4 kHz 左右频率时声压可达 80 dB。

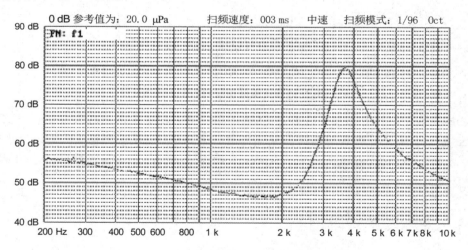

图 15.6　某款蜂鸣器频率/声压关系测量

在蜂鸣器选型时应该选择工作频率符合实际激励信号的,且选取音压一致性较好的频率点作为激励信号。一般的,蜂鸣器激励信号的频率越高,则对应的声音音调也越高,激励信号的频率越低,则音调也越低。蜂鸣器参数中的声压大小是在蜂鸣器两端加以额定的工作电压后,以声压级在距离 10 cm 测得的 dB 数值,此处的分贝(dB)是音压的单位,分贝数越大就代表发出的声音越大。

15.2 蜂鸣器硬件驱动电路设计

明白了蜂鸣器的分类及参数后,就开始搭建电路让它"叫"起来吧!在搭建电路时首先需要解决额定电压和工作电流这两个问题,实际系统中的电压一般是已知的,这时候就需要读者选择额定电压接近或者等于实际系统供电电压的蜂鸣器。由于蜂鸣器的工作电流一般比较大,大概都是十几至几十个毫安,所以单单靠单片机的 GPIO 口直接驱动是不现实的,不仅增加单片机输出电流的负担,还会引起单片机发热,严重时甚至损坏端口内部电路。所以读者要找一个电路单元去驱动蜂鸣器,考虑性价比和电路复杂度一般可以使用三极管搭配阻容电路实现"电子开关"驱动蜂鸣器工作,如果需要驱动的负载不止一路还可以使用专用的 IC 集成电路芯片,例如本节将讲解的 7 路高耐压、大电流达林顿晶体管阵列 ULN2003A/ULN2003D芯片。

15.2.1 三极管开关驱动电路

在常见的蜂鸣器驱动电路中,根据驱动信号的电气特性分为电平的和脉冲的。如果是电平信号就要看具体的电压系列和电平标准,如果是脉冲的还有一定的信号频率,在构建驱动电路时都需要被考虑进去。例如驱动电路供电选择多大?高电平还是低电平触发蜂鸣器鸣叫?用户提供的 0～5 kHz 频率范围内驱动信号能否正常驱动蜂鸣器发声?针对以上的实际考虑,小宇老师推荐如图 15.7 所示的电路。

图 15.7 中(a)的电路供电可以是直流 5.0 V 供电,驱动信号可以是 3.3 V 或者 5.0 V 的电平信号或者脉冲信号,电阻 R1 和 R2 的取值会影响 Q1 的工作状态,该驱动电路输入高电平时,Q1 工作在饱和区域,LS1 正常发声,反之 Q1 工作在截止区域,LS1 停止发声。

再来看看图 15.7 中(b)的电路,驱动信号电平或脉冲的电压应和驱动电路的供电电压一致,可以选择 STM8 单片机系统中常见的直流 3.3 V 和 5.0 V 电压。电阻 R3 和 R4 的取值会影响 Q2 的工作状态,该驱动电路输入低电平时,Q2 工作在饱和区域,LS2 正常发声,反之 Q2工作在截止区域,LS2 停止发声。

看完了图 15.7,下面来分析该电路的原理和器件的作用,电路中的三级管实现电流放大和开关作用,通过三极管的工作区域控制蜂鸣器的发声。该电路是由电阻、电容、三极管、二极管和蜂鸣器共同构成,接下来介绍这些器件在电路中的作用。

(1) 蜂鸣器:这是电路的"主角",如图 15.7 中的 LS1 和 LS2。蜂鸣器是发声元件,在其两端施加直流电压(自激励源蜂鸣器)或者方波驱动信号(外激励源蜂鸣器)就可以发声鸣叫,其主要参数是外形尺寸、额定电流、额定电压、工作电压范围、声压电平和工作频率等。这些都可以根据需要来选择。

(2) 续流二极管:蜂鸣器本质上是一种感性负载,工作电流不能瞬间突变,因此必须要有一个续流二极管为其提供续流。否则,在蜂鸣器两端会产生十几伏乃至更高的尖峰电压,可能会损坏驱动三极管或者干扰整个电路系统,所以图 15.7 中的 D1 和 D2 起续流和保护作用,该电路的二极管也可以用在电磁继电器上。

(3) 滤波电容:图 15.7 中滤波电容 C1、C2、C3、C4 的作用是滤波和去耦,滤除电源的脉动

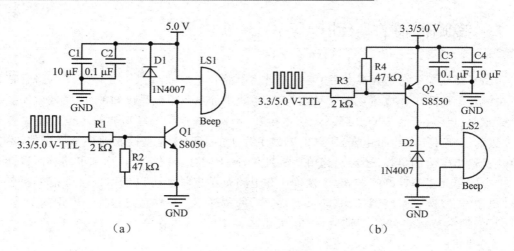

图 15.7　常见蜂鸣器驱动电路

成分,去除高频干扰,用户在实际构建时可以根据电源质量自行添加和取值。

(4) 三极管:在图 15.7 中有两种类型的三极管,图(a)中的 Q1 是 NPN 三极管,实际选型为 S8050,当输入电平或者脉冲信号为高电平时 Q1 饱和导通,蜂鸣器发声,反之 Q1 关闭,蜂鸣器停止发声。图(b)中的 Q1 是 PNP 三极管,实际选型为 S8550,当输入电平或者脉冲信号为低电平时 Q2 饱和导通,蜂鸣器发声,反之 Q2 关闭,蜂鸣器停止发声。根据三极管的类型选择就可以决定蜂鸣器的触发电平类型,在实际系统构建中用户可以根据需要选择具体的触发电平及驱动电路。

15.2.2　基于 ULN2003A/ULN2003D 的驱动电路

利用分立器件搭建驱动电路有时候会比较麻烦,第一是器件本身的差异性不好把控、第二是电路设计时复杂度比较高,而且统一性和稳定性比较低。这时人们就想找到一种专门的解决方案,集成度要高、设计和使用要简单、性价比和功耗都要考虑在内的。

这里就介绍一款比较常用的芯片给大家。ULN2003A/ULN2003D 是一款 7 路高耐压、大电流达林顿晶体管阵列芯片,多用于单片机、智能仪表、PLC、数字量输出卡等控制电路中,可以直接驱动继电器、蜂鸣器、LED、数码管和小型的步进电机等负载。具有电流增益高、耐压高、温度范围宽和带负载能力强等特点。ULN2003A 芯片实物及引脚分布如图 15.8 所示。

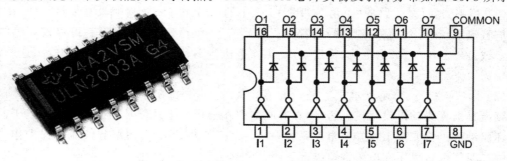

图 15.8　ULN2003A 芯片实物及引脚分布图

通过观察芯片的内部电路可以发现芯片内部设计有续流二极管,可用于驱动继电器和步进电机等电感性负载。单个达林顿管集电极可输出 500 mA 电流。将达林顿管并联可实现更高的输出电流能力。该电路可广泛应用于继电器驱动、照明驱动、显示屏驱动(LED)、步进电机驱动和逻辑缓冲器。

ULN2003A/ULN2003D 的每一路达林顿管串联一个 2.7 kΩ 的基极电阻,在 5 V 的工作电压下可直接与 TTL/CMOS 电路连接,可直接处理原先需要标准逻辑缓冲器来处理的数据。除此之外,ULN2003D 的每一路达林顿管输入级均设计了一个 4 kΩ 的对地下拉电阻,可防止由于单片机状态不定导致的负载误动作。ULN2003A 与 ULN2003D 引脚兼容,唯一区别就在于 ULN2003A 芯片中没有内置 4 kΩ 的下拉电阻。

通过对 ULN2003 系列芯片的了解,单路就可以输出 500 mA 的驱动电流,那不就是"秒杀"蜂鸣器、继电器、LED、小型步进电机等应用了? 真有那么好吗? 笔者不禁就要问了,什么叫做"达林顿"晶体管? ULN2003 系列芯片怎么连接负载?

达林顿管其实是一种"复合管",三极管有 PNP 和 NPN 两种,如果把两个同类型或者是不同类型的三极管按照一定规则串联起来,最后组成一只等效的"新的"三极管就是达林顿管了。这只等效三极管的放大倍数是原二者之积,因此它的特点是放大倍数非常高。达林顿管一般用在高灵敏的放大电路中,放大非常微小的信号,如大功率开关电路。达林顿管的内部结构及组合方式如图 15.9 所示。

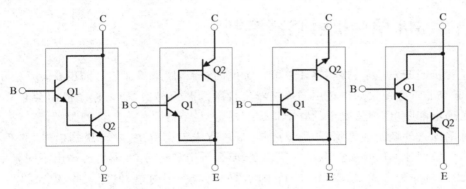

图 15.9 达林顿管内部结构及组合方式

清楚了达林顿管的"构成模型"后就比较好理解这款芯片了。接下来需要解决的就是负载与 ULN2003 系列芯片如何连接的问题。若用户使用 ULN2003A 芯片驱动负载,可以参考图 15.10 所示的电路进行连接。考虑到有些单片机 GPIO 口为弱上拉或者悬浮结构,在上电时单片机输出状态不确定,此时 ULN2003A 的输入级会受电平影响而导致负载误动作,为了避免该情况,读者可以在实际电路中的输入级连接 1 个 4 kΩ 的对地下拉电阻解决,如果用户采用 ULN2003D 芯片驱动则不需要外接此电阻,因为 ULN2003D 芯片的输入级已经内置了 4 kΩ 的对地下拉电阻。

在实际的电路中,蜂鸣器的正极连接到 VCC,蜂鸣器的负极接到 ULN2003 系列芯片的输出端,单片机 GPIO 通过控制 ULN2003 系列芯片的输入端,当 GPIO 输出低电平时,蜂鸣器不发声,反之蜂鸣器发出鸣叫。因此,可以通过程序控制 ULN2003 系列芯片输入端的电平来使蜂鸣器发出声音或者关闭,GPIO 也可以输出脉冲信号调整控制外激励源蜂鸣器音调。另外,

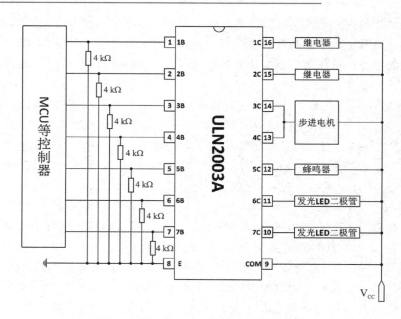

图 15.10　ULN2003A 负载连接参考电路

改变输出方波的占空比,还可以影响蜂鸣器的声音大小。

15.3　STM8 单片机蜂鸣器控制

在单片机的开发板上,蜂鸣器几乎成了标配的资源,用来验证信号输出或者是指示电气状态,使用起来非常方便。如果选用的蜂鸣器是自激励源蜂鸣器,那么程序控制会非常的简单,无非就是通电和断电,声音发出的频率是恒定的,并且不需要什么外部的激励信号供给。如果使用的蜂鸣器是外激励源蜂鸣器,那就麻烦一些,首先就得解决这个"激励信号"的产生问题,要么是程序里面让 GPIO 引脚电平产生跳变,要么是用定时/计数器资源输出不同频率的方波信号,无论是哪一种方式,貌似都没有自激励源蜂鸣器使用简单,但是某些场合需要改变蜂鸣器的音调,这时候就必须要用户通过编程来产生激励信号了。

考虑到程序实现"激励信号"产生的不便,STM8 单片机再次送给人们一件"神器"！单片机本身的片内资源中就具备蜂鸣器的控制输出功能,该功能可以按照蜂鸣器的一般谐振频率通过几条简单的控制语句方便的输出 1 kHz、2 kHz 或者 4 kHz 频率的蜂鸣器激励信号。当然了,并不是说只能产生这 3 种频率,也不是说一定要用在蜂鸣器的驱动上,有了这样的一个功能,用户在使用 C 语言编程时,只需要简单几个语句就能控制蜂鸣器激励信号的频率输出了,确实减少了很多程序工作以及频率设定问题。

STM8 单片机"森林公园"中的"BEEP 结构树"如图 15.11 所示。第一眼看到这棵树是不是感觉很"眼熟"？没错,这棵树和第 14 章的 AWU 自动唤醒单元的"AWU 结构树"差不多,这是因为 AWU 资源和 BEEP 资源都要用到"f_{LS}"时钟。

在这棵"BEEP 结构树"中,"树根部分"是 BEEP 资源可以选择的两种时钟源,即 LSI 时钟源和 HSE 晶振时钟源。具体的时钟源选择由 STM8 单片机选项字节中时钟选项 OPT4 中的"CKAWUSEL"位来决定,"CKAWUSEL"位为 OPT4 时钟选项的第 2 位,作用是自动唤醒单

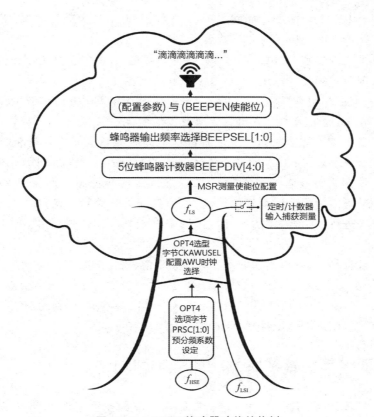

图 15.11 BEEP 蜂鸣器功能结构树

元时钟选择位,该位为"0"则 128 kHz 的 LSI 低频时钟源作为 AWU 的时钟,该位为"1"则选择 HSE 分频后的时钟作为 AWU 的时钟源。说到这里,读者难免有疑问,这里不是讲解 BEEP 资源的时钟配置吗? 为什么会涉及 AWU 的时钟选择位呢? 这就是 BEEP 资源与 AWU 资源的时钟源的"共用问题",AWU 资源和 BEEP 资源的时钟来源其实都是"f_{LS}"时钟。

如果选择的时钟源为 HSE,在启用时钟源时还需要多一个配置步骤。这是因为考虑到 HSE 晶振时钟源一般情况下振荡频率都比较高,所以设置一道"坎"来进行分频,分频系数的配置是通过 STM8 单片机选项字节中的时钟选项 OPT4 来配置,通过配置"PRSC[1:0]"位来设定 AWU 的时钟预分频系数,这两位的取值和分频系数关系如下:

若配置 PRSC[1:0]为"00",则配置含义为 24 MHz 到 128 kHz 分频;

若配置 PRSC[1:0]为"01",则配置含义为 16 MHz 到 128 kHz 分频;

若配置 PRSC[1:0]为"10",则配置含义为 8 MHz 到 128 kHz 分频;

若配置 PRSC[1:0]为"11",则配置含义为 4 MHz 到 128 kHz 分频。

选择和配置完成时钟源参数后,就来到了"树干部分"。经过时钟源选择后的时钟是 f_{LS},需要注意的是,此处的 f_{LS} 并不一定是 f_{LSI},而是配置后得到的 128 kHz 频率时钟。沿着"树干部分"向上观察便引出了 BEEP 资源的操作流程,首先要计算或测量 f_{LS} 时钟源的实际频率,配置蜂鸣器控制/状态寄存器(BEEP_CSR)中的预分频计数器"BEEPDIV[4:0]"数值,然后通过写 BEEP_CSR 寄存器中的"BEEPSEL[1:0]"位来选择 1 kHz,2 kHz 或 4 kHz 的输出频率,接着再将 BEEP_CSR 寄存器中的"BEEPEN"位置"1"来使能 LS 时钟源。经过以上 3 个步骤后就可以完成 BEEP 资源的功能配置了,需要注意的是,预分频计数器"BEEPDIV[4:0]"仅在其值不等于复位值(0x1F)$_H$ 时才开始运行。

细心的读者可能观察到了"树干部分"有一个"小旁枝",该旁枝是为了修正 f_{LS} 频率所构造的。想要深入理解小旁枝的作用,首先需要了解此处的 f_{LS} 时钟如果是由 LSI 低频时钟源得到的,那么就一定存在频率"误差"。如果用户选择 BEEP 资源的时钟源为 HSE,由于 HSE 供给的时钟精度较高,通过选项字节相关选项及位的配置后得到的 f_{LS} 频率也比较精确。学习 STM8 时钟特点的时候也了解过 LSI 时钟源产生的时钟频率值并非精准的 128 kHz,它的精度是 128 kHz±12.5%,即 112~144 kHz 之间,STM8S207/208 系列单片机芯片数据手册中给出的 LSI 振荡频率参考是在 110~146 kHz 之间。若时钟源头都存在误差,输出的蜂鸣器驱动信号就不准确。为了确保最好的精度,可以把 f_{LS} 时钟频率通过 TIM3 或者 TIM1 的输入捕获 1 通道来进行测定,测定的值又可以用来修正预分频计数器"BEEPDIV[4:0]"中的配置数值。

具体的校准方法是,先测得实际的 f_{LS} 时钟频率值,将 f_{LS} 频率值除以 8 之后得到的整数部分定义为 A,小数部分定义为 x。如果 x 小于或者等于"$A/(1+2*A)$"时 $BEEP_{DIV}=A-2$,反之 x 大于"$A/(1+2*A)$"时 $BEEP_{DIV}=A-1$。最后将计算得到的 $BEEP_{DIV}$ 赋值给蜂鸣器控制/状态寄存器(BEEP_CSR)中的"BEEPDIV[4:0]"位。

15.3.1　选项字节配置蜂鸣器功能复用引脚

"拿下"这棵"BEEP 结构树"就可以进行蜂鸣器功能配置了吧? 答案是不能,这才只是个基础知识铺垫的开始,读者还需要弄清楚 3 个问题才能动手实践,第 1 个问题是:STM8 单片机那么多的引脚,这个蜂鸣器要接在哪里啊? 第 2 个问题是:对待自激励源的蜂鸣器也需要配置频率信号输出吗? 如果需要应该如何连接呢? 第 3 个问题是:对待外激励源的蜂鸣器怎么连接,产生激励信号的配置过程是什么?

接下来逐一解决这 3 个问题,先看看如果要使用 STM8 单片机的 BEEP 功能,这个蜂鸣器应该接在哪里? 如果读者欲驱动的蜂鸣器类型为自激励源蜂鸣器,则 STM8 的任何一个 GPIO 都可以"胜任",只需要引脚输出电平信号即可。如果读者欲驱动的蜂鸣器类型为外激励源蜂鸣器,并且需要启用 STM8 单片机的片内 BEEP 功能,则 GPIO 引脚的选取要十分慎重,必须选择复用功能中包含"BEEP"功能的才行。

假设需要驱动外激励信号蜂鸣器,且需要启用片内 BEEP 资源,通过查阅 STM8 单片机各种类型的芯片手册可以发现,不同型号的单片机引脚排布和引脚功能定义都是有差异的,以 STM8S208MB 这款单片机芯片为例,蜂鸣器引脚就是第 77 引脚的"PD4/TIM2_CH1/BEEP",看到这个引脚就知道它肯定"不一般",因为这个引脚有 3 重"身份",涉及端口功能的复用问题,也就是说要启用该单片机的 BEEP 功能首先要将 77 脚的功能配置为 BEEP,实验才能成功,有不少读者就是忽略了这一步导致了实验效果出不来。

将 PD4 端口配置为 BEEP 功能引脚有两种方法,即上位机软件配置选项字节或单片机程序修改选项字节。当 STM8 单片机上电复位后,用户没有自行修改过选项字节参数,PD4 端口的默认功能为普通 GPIO 引脚,不具备 BEEP 功能,所以好多读者的蜂鸣器实验没有成功。

接下来介绍利用上位机软件进行 BEEP 功能启用的方法。常见的修改方法可以利用

STVP 或者 IAR 修改选项字节,首先讲解利用 STVP 编程工具软件的修改方法,配置界面如图 15.12 所示。

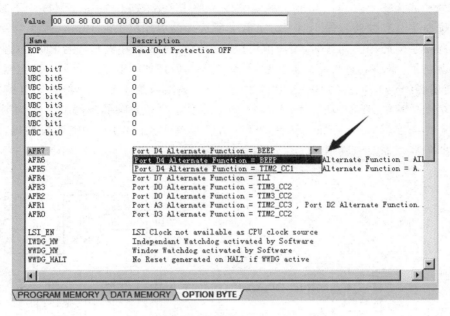

图 15.12 STVP 编程工具软件修改 AFR7 位

在图 15.12 中箭头指向的位置就是 PD4 引脚复用功能的配置选项,该选项是 OPT2 选项中的"AFR7"位,通过单击下拉列表可以发现该位有两个可选配置值,若配置为"Port D4 Alternate Function=BEEP"则表示 PD4 端口的功能为蜂鸣器输出功能,若配置为"Port D4 Alternate Function=TIM2_CC1"(默认配置)则表示 PD4 端口的功能为 TIM2_CH1 功能,如果此时配置为蜂鸣器输出功能,可以发现 Value 数组中的值变为"00 00 80 00 00 00 00 00 00",其中的"80"就代表(0x80)$_H$ 配置值,随后再单击编程写入当前标签页配置参数即可完成选项配置,至于配置操作的详细步骤,读者可以回顾本书第 9 章有关选项字节配置的相关内容。

如果用户使用 IAR 开发环境对"AFR7"位进行配置,可以在进入软件开发环境后单击菜单栏中的 ST-LINK,选择下拉菜单中的"Option bytes…"选项,打开如图 15.13 所示的软件界

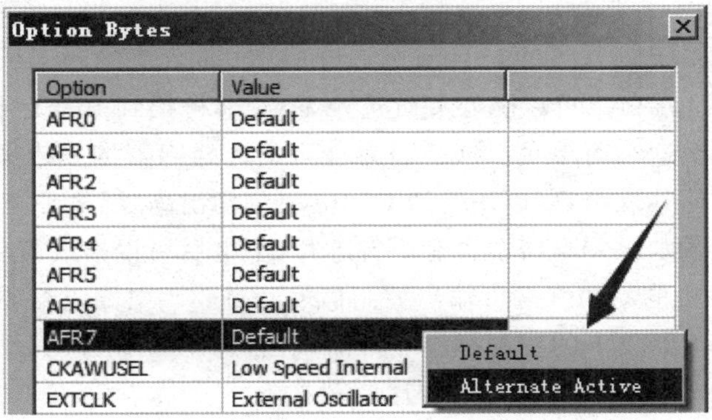

图 15.13 IAR 开发环境修改 AFR7 位

面,在界面中用户可以找到箭头指向的 AFR7 位,发现有两个可选配置值,若配置为"Default"(默认配置)则表示 PD4 端口的功能为 TIM2_CH1 功能,若配置为"Alternate Active"则表示 PD4 端口的功能为蜂鸣器输出功能。配置完成后单击 OK 按钮,习惯性编译一下程序工程,就可以把选项字节参数和程序本身一起下载进所选择的单片机了。

经过选项字节的相关配置后,用户就可以将主控 STM8 单片机芯片的 PD4 引脚连接到蜂鸣器驱动电路了,驱动电路的设计也非常简单,其硬件原理如图 15.14 所示。这里需要特别说明的是,使用 STM8 单片机的 BEEP 功能要有两个"必须",第 1 是必须将驱动电路的激励信号输入连接在单片机 BEEP 功能引脚上,第 2 是必须选用外激励源蜂鸣器。因为通过 BEEP 资源功能寄存器配置后所得到的频率信号(激励信号)只能由 BEEP 功能引脚输出,也只有外激励源的蜂鸣器才需要激励信号。

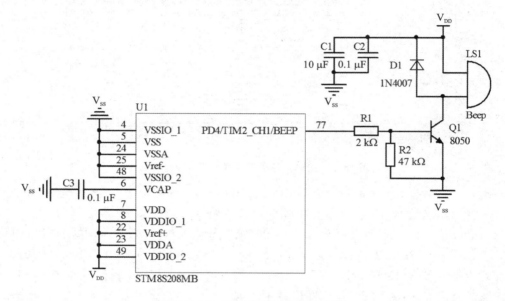

图 15.14　PD4 引脚连接驱动电路

15.3.2　基础项目 A 自激励源蜂鸣器"鸣叫"控制实验

如果用户在搭建系统时购买的是自激励源蜂鸣器,那么使用起来就非常的简单,只要是 STM8 单片机的 GPIO 端口都可以随心配置选用,不必非得接到 BEEP 功能引脚上,也不需要配置选项字节。为什么这么简单呢?这是因为自激励源蜂鸣器的发声频率一般是固定的,不需要外部频率信号驱动其发声,所以用普通 GPIO 引脚输出高/低电平搭配驱动电路后即可完成驱动。还有一种自激励源蜂鸣器中含有语音芯片,上电后可以播放简单的音乐旋律,也可以直接选定 STM8 单片机的 GPIO 端口输出控制信号经过驱动电路进行驱动发声。

驱动自激励源蜂鸣器发声的控制程序非常简单,若采用如图 15.14 所示的硬件电路,基于此硬件平台可以利用 C 语言编写具体的程序实现如下:

```
/******************************************************************
*  实验名称及内容:自激励源蜂鸣器"鸣叫"控制实验
```

```
**********************************************************************/
# include "iostm8s208mb.h"                          //主控芯片的头文件
/*********************** 常用数据类型定义 ***********************/
{【略】}为节省篇幅,相似语句可以直接参考之前章节
/******************** 端口/引脚定义区域 ***********************/
# define BEEP   PD_ODR_ODR4                          //自激励源蜂鸣器驱动电路连接引脚
/********************* 函数声明区域 ***********************/
void delay(u16 Count);                              //延时函数声明
/********************* 主函数区域 ***********************/
void main(void)
{
  PD_DDR_DDR4 = 1;                                  //配置 PD4 引脚为输出引脚
  PD_CR1_C14 = 1;                                   //配置 PD4 引脚为推挽输出模式
  PD_CR2_C24 = 0;                                   //配置 PD4 引脚低速率输出模式
  while(1)
  {
    BEEP = 1;                                       //自激励源蜂鸣器鸣叫
    delay(50);                                      //延时状态维持
    BEEP = 0;                                       //自激励源蜂鸣器停止鸣叫
    delay(50);                                      //延时状态维持
  }
}
/**********************************************************************/
void delay(u16 Count)
{【略】}//延时函数 delay()
```

通过阅读程序源码可以发现,程序结构非常简单,其核心语句其实就是 PD4 引脚的初始化配置和高低电平输出,在程序中可以更改送入 delay()函数的实际参数,使得蜂鸣器鸣叫时间发生变化。

15.3.3 外激励源蜂鸣器控制

本小节介绍如何使用 STM8 单片机片内的 BEEP 功能产生"激励信号"驱动外激励源蜂鸣器发声。"BEEP 结构树"中的 BEEP 功能配置只涉及 1 个寄存器来,即蜂鸣器控制/状态寄存器(BEEP_CSR),该寄存器相关位的功能说明及配置含义如表 15.1 所示。

表 15.1 STM8 单片机 BEEP_CSR 蜂鸣器控制/状态寄存器

■ 蜂鸣器控制/状态寄存器(BEEP_CSR)						地址偏移值:(0x00)$_H$	
位　数	位 7	位 6	位 5	位 4	位 3	位 2	位 1	位 0
位名称	BEEPSEL[1:0]		BEEPEN	BEEPDIV[4:0]				
复位值	0	0	0	1	1	1	1	1
操　作	rw	rw	rw	rw	rw	rw	rw	rw

位　名	位含义及参数说明				
BEEPSEL [1:0] 位 7:6	● 蜂鸣输出频率选择 通过这两位的配置选择蜂鸣器输出的频率				
	00	输出 $f_{LS}/(8*BEEP_{DIV})$ kHz			
	01	输出 $f_{LS}/(4*BEEP_{DIV})$ kHz			
	1x	输出 $f_{LS}/(2*BEEP_{DIV})$ kHz,其中的 $(1x)_B$ 表示"10"或"11"			
BEEPEN 位 5	● 蜂鸣器允许位 此位由软件置"1"或清"0",使能蜂鸣器功能				
	0	禁止蜂鸣器功能			
	1	使能蜂鸣器功能			
BEEPDIV [4:0] 位 4:0	● 蜂鸣器预分频设置 此位由软件置"1"或清"0",用于设置蜂鸣器分频因子 $BEEP_{DIV}$				
	00	$BEEP_{DIV}=2$	01	$BEEP_{DIV}=3$	02	$BEEP_{DIV}=4$
	03	$BEEP_{DIV}=5$	04	$BEEP_{DIV}=6$	05	$BEEP_{DIV}=7$
	06	$BEEP_{DIV}=8$	07	$BEEP_{DIV}=9$	08	$BEEP_{DIV}=10$
	09	$BEEP_{DIV}=11$	0A	$BEEP_{DIV}=12$	0B	$BEEP_{DIV}=13$
	0C	$BEEP_{DIV}=14$	0D	$BEEP_{DIV}=15$	0E	$BEEP_{DIV}=16$
	0F	$BEEP_{DIV}=17$	10	$BEEP_{DIV}=18$	11	$BEEP_{DIV}=19$
	12	$BEEP_{DIV}=20$	13	$BEEP_{DIV}=21$	14	$BEEP_{DIV}=22$
	15	$BEEP_{DIV}=23$	16	$BEEP_{DIV}=24$	17	$BEEP_{DIV}=25$
	18	$BEEP_{DIV}=26$	19	$BEEP_{DIV}=27$	1A	$BEEP_{DIV}=28$
	1B	$BEEP_{DIV}=29$	1C	$BEEP_{DIV}=30$	1D	$BEEP_{DIV}=31$
	1E	$BEEP_{DIV}=32$	1F	此寄存器不能设置为其初始复位值 $(0x1F)_H$		

根据蜂鸣器功能配置的流程和蜂鸣器控制/状态寄存器(BEEP_CSR)中的参数含义,读者可以很容易配置出实际蜂鸣器需要的驱动信号频率并输出。

若用户需要用 C 语言编程,在 PD4 引脚上输出 1 kHz 频率方波驱动信号可以编写下列语句中的任何一句:

```
BEEP_CSR = 0x2E;        //根据 fLS/(8 * BEEPDIV)计算输出 1 kHz
BEEP_CSR = 0x7E;        //根据 fLS/(4 * BEEPDIV)计算输出 1 kHz
```

若用户需要用 C 语言编程,在 PD4 引脚上输出 2 kHz 频率方波驱动信号可以编写下列语句中的任何一句:

```
BEEP_CSR = 0x26;        //根据 fLS/(8 * BEEPDIV)计算输出 2 kHz
BEEP_CSR = 0x6E;        //根据 fLS/(4 * BEEPDIV)计算输出 2 kHz
BEEP_CSR = 0xBE;        //根据 fLS/(2 * BEEPDIV)计算输出 2 kHz,BEEPSEL[1:0] = "10"
BEEP_CSR = 0xFE;        //根据 fLS/(2 * BEEPDIV)计算输出 2 kHz,BEEPSEL[1:0] = "11"
```

若用户需要用 C 语言编程,在 PD4 引脚上输出 4 kHz 频率方波驱动信号可以编写下列语句中的任何一句:

```
BEEP_CSR = 0x22;        //根据 fLS/（8 * BEEPDIV）计算输出 4 kHz
BEEP_CSR = 0x66;        //根据 fLS/（4 * BEEPDIV）计算输出 4 kHz
BEEP_CSR = 0xAE;        //根据 fLS/（2 * BEEPDIV）计算输出 4 kHz,BEEPSEL[1:0] = "10"
BEEP_CSR = 0xEE;        //根据 fLS/（2 * BEEPDIV）计算输出 4 kHz,BEEPSEL[1:0] = "11"
```

【例 15.1】假设有一用户在系统构建中选择了某公司生产的一款外激励源蜂鸣器,通过查阅蜂鸣器产品手册发现当驱动信号频率为 2.9 kHz 时蜂鸣器的声音最响亮,试利用所学进行配置,使得蜂鸣器输出频率满足功能要求。

解答:要实现该配置需要按照蜂鸣器配置步骤来,首先配置"BEEPSEL[1:0]"这两个功能位,选择蜂鸣器输出频率。然后计算得到 $BEEP_{DIV}$ 参数后配置预分频因子"BEEPDIV[4:0]"位,最后使能"BEEPEN"位即可完成功能配置。

根据题目要求,需要配置的蜂鸣器激励信号频率为 2.9 kHz,此时取 f_{LS} 时钟源频率为 128 kHz(根据理想状态进行计算),则通过选择不同的"BEEPSEL[1:0]"功能位配置后有如下 3 种情况:

情况 1:若采用"$f_{LS}/(8 * BEEP_{DIV})$"公式进行计算和输出,将"BEEPSEL[1:0]"功能位配置为"00",则"128/2.9/8"的计算结果为 5.5172(保留 4 位小数),约等于整数 6;

情况 2:若采用"$f_{LS}/(4 * BEEP_{DIV})$"公式进行计算和输出,将"BEEPSEL[1:0]"功能位配置为"01",则"128/2.9/4"的计算结果为 11.0344(保留 4 位小数),约等于整数 11;

情况 3:若采用"$f_{LS}/(2 * BEEP_{DIV})$"公式进行计算和输出,将"BEEPSEL[1:0]"功能位配置为"10"或者"11",则"128/2.9/2"的计算结果为 22.0689(保留 4 位小数),约等于整数 22。

通过计算可以看出采用"$f_{LS}/(4 * BEEP_{DIV})$"公式和"$f_{LS}/(2 * BEEP_{DIV})$"公式计算得到的结果最接近整数值,这样一来频率输出误差就比较小,如果采用"$f_{LS}/(8 * BEEP_{DIV})$"公式计算配置数值,误差就会稍大。利用 C 语言进行程序编写,按照计算结果进行参数配置,可以得到如下的语句:

```
BEEP_CSR = 0x24;        //根据 fLS/（8 * BEEPDIV）计算输出 2.9 kHz
BEEP_CSR = 0x69;        //根据 fLS/（4 * BEEPDIV）计算输出 2.9 kHz
BEEP_CSR = 0xB4;        //根据 fLS/（2 * BEEPDIV）计算输出 2.9 kHz,BEEPSEL[1:0] = "10"
BEEP_CSR = 0xF4;        //根据 fLS/（2 * BEEPDIV）计算输出 2.9 kHz,BEEPSEL[1:0] = "11"
```

也就是说,以上 4 条语句的功能都是用于配置输出频率大致为 2.9 kHz 的信号,只是第一条语句输出信号的精度可能较低,后面几条语句的输出信号精度应该会比第一条语句得到的信号精度要高一些。说到这里,有读者可能就"不服"了,空口无凭,有图才有真相! 下面分别采用以上 4 条语句做实际测量。

利用示波器观察执行第 1 条语句后的输出波形如图 15.15 中(a)所示,可以观察此时输出信号频率为 2.747 kHz,与预想的 2.9 kHz 存在 153 Hz 的频率误差。利用示波器观察执行第 2/3/4 条语句中的任何一条后的输出波形如图 15.15 中(b)所示,可以观察此时频率为 2.976 kHz,与预想的 2.9 kHz 存在 76 Hz 的频率误差,该配置下误差稍小,满足精度需求,也验证了刚才的推断。

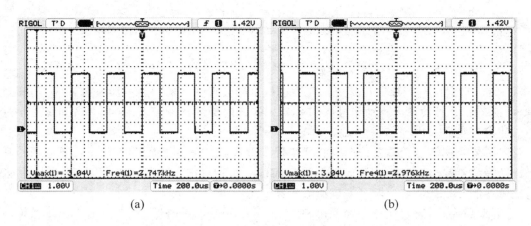

图 15.15　PD4 配置 2.9 kHz 输出时的波形及频率

15.3.4　基础项目 B 外激励源蜂鸣器"变调"效果实验

又到了实践环节,为了让读者掌握 BEEP 功能,现在就做个蜂鸣器"变调"实验吧!要"变调"肯定就是"变频",实践动手的第一步还是先设计验证思想。以 STM8S208MB 这款单片机为例,首先要启用第 77 引脚"PD4/TIM2_CH1/BEEP"的"BEEP"复用功能,将 PD4 端口配置为 BEEP 功能引脚有两种方法,即上位机软件配置选项字节或单片机程序修改选项字节。

如果用户使用 IAR 开发环境对选项字节 OPT2 中的"AFR7"位进行配置,可以在进入软件开发环境后单击菜单栏上的 ST-LINK,选择下拉菜单中的"Option bytes…"选项,在配置界面中找到"AFR7"位,并将其配置为"Alternate Active",则表示 PD4 端口的功能为蜂鸣器输出功能。配置完成后单击 OK 按钮,习惯性编译一下程序工程,就可以把选项字节参数和程序本身一起下载进所选择的单片机了(具体的配置过程可以参考 15.3.1 小节内容)。

接下来要确定 STM8 单片机片内 BEEP 资源的时钟源问题,也就是"BEEP 结构树"的树根部分。为了简化时钟源的选择和配置,直接选择片内低速 RC 振荡器 LSI 时钟源作为 f_{LS} 时钟来源,在程序中首先要启动 LSI 时钟源并且等待其稳定,然后配置 BEEP_CSR 寄存器中的相关参数,最后将示波器探头连接至 PD4 引脚上,方便观察波形和测量频率。

有了程序思路还不行,有了"灵魂"还要有个"好身体"!这个"身体"就是实验系统的硬件电路,为了简化设计,硬件电路直接采用图 15.14 所示的电路,基于此硬件平台可以利用 C 语言编写具体程序实现如下:

```
/******************************************************************
 *  实验名称及内容:外激励源蜂鸣器"变调"效果实验
 ******************************************************************/
# include "iostm8s208mb.h"                    //主控芯片的头文件
/********************常用数据类型定义 ******************/
〖略〗为节省篇幅,相似语句可以直接参考之前章节
/************************ 函数声明区域 *******************/
void delay(u16 Count);                        //延时函数声明
/************************ 主函数区域 ********************/
void main(void)
```

```
{
    CLK_ICKR| = 0x08;                        //启用 LSI 时钟源作为 fLS 时钟
    while((CLK_ICKR&0x10) = = 0);            //等待 LSI 时钟准备好
    while(1)
    {
        BEEP_CSR = 0x2E;delay(20);           //输出 1 kHz 信号
        BEEP_CSR = 0x26;delay(20);           //输出 2 kHz 信号
        BEEP_CSR = 0x22;delay(20);           //输出 4 kHz 信号
        BEEP_CSR = 0x1E;delay(20);           //关闭 BEEP 功能
        BEEP_CSR = 0x22;delay(20);           //输出 4 kHz 信号
        BEEP_CSR = 0x26;delay(20);           //输出 2 kHz 信号
        BEEP_CSR = 0x2E;delay(20);           //输出 1 kHz 信号
        BEEP_CSR = 0x1E;delay(20);           //关闭 BEEP 功能
    }
}
/******************************************************************/
void delay(u16 Count)
{【略】}//延时函数 delay()
```

从以上语句可以看出程序的核心其实就是对 BEEP_CSR 寄存器赋予不同的配置值,让 PD4 引脚输出 1 kHz、2 kHz、4 kHz 频率的驱动信号送至蜂鸣器驱动电路中实现蜂鸣器的"变调","变调"的频率可以通过相关公式计算得到,读者也可以配置为其他的自定义频率加以实验。将程序编译后下载到单片机中并运行,通过示波器抓取"变调"各阶段波形情况如图 15.16 所示。

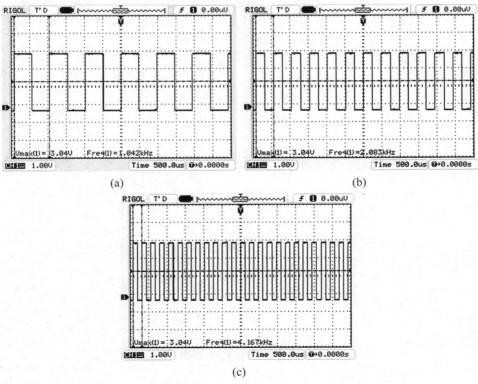

图 15.16　"变声提示"PD4 输出波形及频率测量

　　图 15.16 中(a)为输出 1 kHz 时的实测波形和频率值,图中(b)为输出 2 kHz 时的实测波形和频率值,图中(c)为输出 4 kHz 时的实测波形和频率值,在实际测量中可以明显感觉到蜂鸣器音调的变化,实验效果非常明显。

　　小宇老师建议别在半夜做这个实验,因为这个实验产生的声音实在是太"悦耳"了,听久了难免产生一种"揪心"的感觉。如果读者做完实验一直没有"出声",请务必检查是否是忘记了修改选项字节,一定要将 PD4 引脚配置为 BEEP 功能实验才能成功。当然了,没有"出声"的原因不止一种可能性,还需要检查驱动电路是否正常,检查 PD4 端口是否有信号输出,检查外激励蜂鸣器本身质量问题,排除常规问题后再回过头来看看程序上是否有问题,是否启用了蜂鸣器的时钟源,时钟源的启用是否成功了,BEEP_CSR 寄存器的配置参数是否正确等,都要仔仔细细检查一遍,勤学多练,肯定能成功,这时候才能说:So easy! 小宇老师再也不用担心我的 STM8 学习!

第 16 章

"系统状态监察/执行官" 独立/窗口看门狗 配置及应用

章节导读：

    亲爱的读者，本章将详细介绍 STM8 单片机片内看门狗资源的相关知识和应用。章节共分为 5 个部分，16.1 节将看门狗比作单片机的"监察/执行官"监察系统运行状态，执行必要异常恢复。16.2 节中详细介绍独立看门狗 IWDG 资源的启用和配置，详细讲解了 IWDG 的使用方法、系统结构和实现机制，引入实例计算超时溢出时间。16.3 节中通过硬件/软件系统设计验证了 IWDG 超时溢出效果，加深读者对其机理和配置的理解。16.4 节介绍窗口看门狗 WWDG 的启用和配置，用逻辑表达式阐述了窗口看门狗的复位条件，降低了结构的抽象程度，让读者更好理解。16.5 节验证了 WWDG 超时溢出效果。本章内容是 STM8 单片机系统可靠性研究的重点，请读者一定要多思考多实验，要重点理解看门狗在单片机系统中的应用，学会计算超时溢出时间，学会具体参数配置流程。

WatchDog

16.1　"监察/执行官"IWDG 与 WWDG

本章介绍的是 STM8 单片机的"监察/执行官"看门狗资源,在学习新内容之前还是和往常一样,先来讲个故事一起思考什么是看门狗? 什么情况下需要使用到看门狗技术? 看门狗是靠什么样的"手段"发挥作用的?

在武侠电影中经常会有这样的情节:某某大侠受奸人利用,服下了奸人秘制的"超级无敌XX 丹",这个丹药非常厉害,服用 24 小时后就会毒发身亡。某某大侠如果在 24 小时内完成了奸人安排的任务,某某大侠就能得到解药,反之 24 小时后某某大侠就会头痛欲裂、四肢抽搐、中毒身亡。这个故事中就蕴含着看门狗的"精髓"了。

拿单片机系统来说,系统的构成并不简单,一个功能完备的系统一般由硬件资源和软件程序紧密结合而成。若是系统在运行过程中受到了电气干扰、电网波动、电磁辐射或串入噪声等情况,就有可能影响单片机程序的执行,使得系统出现死循环、程序跑飞、执行操作混乱等"异常"情况,那么单片机靠什么样的机制去检测这样的"异常"状态并且恢复系统正常呢? 这就要使用到看门狗技术。

看门狗是 STM8 单片机的"监察官",如果程序运行正常,就会在规定时间"喂狗"保证看门狗计数器不会发生超时溢出导致系统复位,就像是某某大侠及时服下"解药"保证不会毒发身亡。看门狗又是 STM8 单片机的"执行官",如果程序运行异常,超过了看门狗规定的时间还未"喂狗",看门狗就会强制系统复位,就好比某某大侠 24 小时内没有完成任务就会毒发身亡一样。简而言之,看门狗就是一种在发现程序执行异常后强制让系统发生复位的机制。

看门狗技术适合解决瞬时的、突发的、通过复位操作一般可以得到恢复的故障,通过强制复位机制使系统重新运行。但如果是系统硬件损坏了,或者是单片机电气故障了,看门狗也无能为力了。就像是计算机软件冲突使得操作系统"蓝屏"了,重启一下计算机,有的时候就能恢复正常,如果导致"蓝屏"的故障是硬件损坏或者是操作系统本身的程序崩溃,哪怕是重启也未必能恢复正常。

STM8 单片机中具有两种看门狗,一个是独立看门狗 IWDG,一个是窗口看门狗 WWDG。如图 16.1 所示,IWDG 和 WWDG 就像是 STM8 单片机的"保镖",时时刻刻"监察"STM8 单片机的系统运行状态,当出现异常时及时"执行"系统复位。正是有了这两位"保镖",单片机运行可靠性才有了保障。两种看门狗在结构上和使用上都有很大差异,读者可以根据后续内容进行深入学习和理解。

16.2　独立看门狗 IWDG 启用与配置

独立看门狗 IWDG 是 STM8 单片机看门狗资源之一,该看门狗使用低速内部 RC 振荡器 LSI 作为时钟源,之所以要使用独立于系统运行的时钟源,目的在于如果系统主时钟发生崩溃,至少还有 LSI 时钟源正常运行,保证了 IWDG 的有效性。IWDG 拥有两种启用方式,可以利用选项字节相关项设定为软件程序启用或者硬件启用。IWDG 资源共涉及 3 个寄存器,读者在学习中应该遵循"掌握启用、看懂结构、熟悉配置、学会计算、熟练应用"的步骤,由浅入深的学习。

图 16.1 IWDG 与 WWDG 看门狗

16.2.1 IWDG 启用方法

用户若需要启用独立看门狗 IWDG 有两种方法,即软件程序配置启用或者硬件选项启用。当 STM8 单片机上电复位后,假设用户没有自行修改过选项字节参数,那么 IWDG 资源默认由软件程序配置启用。

如果使用软件程序配置启用独立看门狗,需要通过向键寄存器(IWDG_KR)中写入 $(0xCC)_H$,一旦使能了独立看门狗资源,除了复位之外,不能被关闭。

若用户需要硬件选项启用独立看门狗,可以通过修改选项字节 OPT3 选项中的"IWDG_HW"位来实现。如果用户配置"IWDG_HW"位为硬件启用后,在单片机上电时独立看门狗资源就已经被启动,不再需要用户向键寄存器(IWDG_KR)中写入 $(0xCC)_H$ 了。

软件启用的方法使用得比较多,该部分内容在后续的 IWDG 配置中会详细讲解。接下来介绍利用上位机软件进行硬件启用 IWDG 的方法。常见的修改方法可以利用 STVP 或者 IAR 修改选项字节,首先讲解利用 STVP 编程工具软件的修改方法,配置界面如图 16.2 所示。

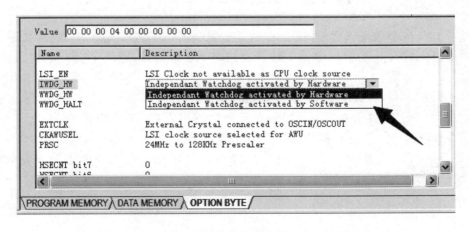

图 16.2 STVP 编程工具软件修改 IWDG_HW 位

图 16.2 中箭头指向的位置就是 OPT3 选项中的"IWDG_HW"位,发现该位有两个可选配置值,若配置为"Independent Watchdog activated by Hardware"则表示由硬件启用独立看门狗,若配置为"Independent Watchdog activated by Software"(默认配置)则表示由软件启用独立看门狗。若用户欲配置 IWDG 为硬件启用,可以单击硬件启用独立看门狗,发现 Value 数组中的值变为"00 00 00 04 00 00 00 00 00",其中的"04"就代表(0x04)$_H$ 配置值,随后再单击写入当前标签页配置参数即可完成配置操作,关于 OPT3 选项的详细内容和配置操作的详细步骤,读者可以回顾本书第 9 章所讲解的选项字节的相关内容。

如果用户使用 IAR 开发环境对"IWDG_HW"位进行配置,可以在进入软件开发环境后单击菜单栏中的 ST-LINK,选择下拉菜单中的"Option bytes…"选项,打开如图 16.3 所示的软件界面,在界面中用户可以找到箭头指向的"IWDG_HW"位,发现有两个可选配置值,若配置为"Hardware"则表示由硬件启用独立看门狗,若配置为"Software"(默认配置)则表示由软件启用独立看门狗。配置完成后单击 OK 按钮,习惯性编译一下程序工程,就可以把选项字节参数和程序本身一起下载进所选择的单片机了。

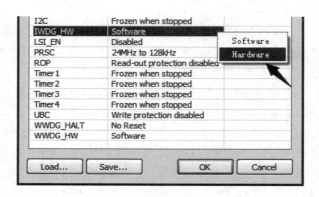

图 16.3 IAR 开发环境修改 IWDG_HW 位

16.2.2 IWDG 系统结构及配置方法

在学习 IWDG 参数配置之前,读者首先需要看懂的是 IWDG 的系统结构,如图 16.4 所示。独立看门狗 IWDG 的时钟源为 LSI 低速内部 RC 振荡器,假设 f_{LSI} 在理想实验环境下(供电电压 VDD 恒定,运行环境温度恒定)的振荡频率刚好为典型振荡频率 128 kHz(实际振荡频率大约为 110～146 kHz),f_{LSI} 经过固定的 2 分频,即得到了 64 kHz 振荡频率值(实际振荡频率大约为 55～73 kHz)后再送入分频单元中供 IWDG 看门狗资源使用。

在独立看门狗的 3 个寄存器中键寄存器 IWDG_KR 非常关键,该寄存器可以由软件写入,写入不同的配置值会有不同的操作含义,该寄存器相应位的功能说明及配置含义如表 16.1 所示。

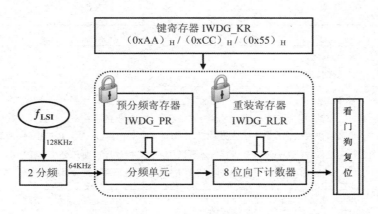

图 16.4 IWDG 系统结构

表 16.1 STM8 单片机 IWDG_KR 键寄存器

■ 键寄存器(IWDG_KR)						地址偏移值：(0x00)$_H$	
位 数	位 7	位 6	位 5	位 4	位 3	位 2	位 1	位 0
位名称	KEY[7:0]							
复位值	—	—	—	—	—	—	—	—
操 作	w	w	w	w	w	w	w	w
位 名	位含义及参数说明							
KEY [7:0] 位 7:0	● 键值设定 该寄存器的 8 位数据可以由软件写入,写入不同的配置值会有不同的操作含义。软件必须在规定的时间内(独立看门狗计数溢出即将启动看门狗复位动作之前)写入(0xAA)$_H$。否则当向下计数器数值达到"0"(计数器下溢出)时,独立看门狗将会产生一个复位动作							
	0xCC	启动独立看门狗						
	0xAA	刷新独立看门狗						
	0x55	允许对受保护的 IWDG_PR 寄存器和 IWDG_RLR 寄存器进行操作						

图 16.4 中虚线框内的分频单元可以对送入的 64 kHz 时钟信号进行再次分频,可以通过配置预分频寄存器(IWDG_PR)中的分频系数"PR[2:0]"位得到 4 分频、8 分频、16 分频、32 分频、64 分频、128 分频和 256 分频等。该寄存器相应位的功能说明及配置含义如表 16.2 所示。

表 16.2 STM8 单片机 IWDG_PR 预分频寄存器

■ 预分频寄存器(IWDG_PR)						地址偏移值：(0x01)$_H$	
位 数	位 7	位 6	位 5	位 4	位 3	位 2	位 1	位 0
位名称	保留					PR[2:0]		
复位值	0	0	0	0	0	0	0	0
操 作	—	—	—	—	—	rw	rw	rw

续表 16.2

位　名	位含义及参数说明			
保留 位 7:3	● 保留位 必须保持清"0"			
PR [2:0] 位 2:0	● 预分频系数 这 3 位是用于指定计数器时钟的分频系数。需要注意的是这个寄存器具有写保护功能,如果需要修改该寄存器中的分频系数,首先要向键寄存器(IWDG_KR)中写入(0x55)_H以允许对受保护的 IWDG_PR 寄存器进行操作。操作完毕后再向键寄存器(IWDG_KR)中写入(0xAA)_H刷新独立看门狗,此时 IWDG_PR 寄存器又会恢复到写保护状态			
	000	计数器时钟 4 分频	100	计数器时钟 64 分频
	001	计数器时钟 8 分频	101	计数器时钟 128 分频
	010	计数器时钟 16 分频	110	计数器时钟 256 分频
	011	计数器时钟 32 分频	111	保留

若 IWDG 启用方式为软件程序启用,用户想配置分频因子为 16 分频,可以用 C 语言编写语句如下:

```
IWDG_KR = 0xCC;          //软件程序启用 IWDG
IWDG_KR = 0x55;          //解除 IWDG_PR 写保护以允许对其进行操作
IWDG_PR = 0x02;          //设定预分频因子为 16 分频
IWDG_KR = 0xAA;          //刷新 IWDG
```

配置好分频单元后就要开始配置 8 位向下计数器单元,该计数器单元是个向下递减的计数器,最大可以配置到(0xFF)_H,最小就是递减到"0"。该单元递减的数值是取自于重装寄存器(IWDG_RLR)中的数值的,用户可通过程序语句向 IWDG_RLR 寄存器中写入独立看门狗计数初值。该寄存器相应位的功能说明及配置含义如表 16.3 所示。

表 16.3　STM8 单片机 IWDG_RLR 重装载寄存器

■ 重装载寄存器(IWDG_RLR)							地址偏移值:(0x02)_H	
位　数	位 7	位 6	位 5	位 4	位 3	位 2	位 1	位 0
位名称	RL[7:0]							
复位值	1	1	1	1	1	1	1	1
操　作	rw	rw	rw	rw	rw	rw	rw	rw
位　名	位含义及参数说明							
RL [7:0] 位 7:0	● RL[7:0]独立看门狗计数器重装载数值 该寄存器中的 8 位数值作用是设定独立看门狗的计数初值,每当用户向键寄存器(IWDG_KR)中写入(0xAA)_H时,该寄存器中的内容就会被传送到看门狗的计数器中,看门狗的计数器将重新从这个设定数值开始向下计数。超时时间由这个设定数值和时钟的预分频系数决定(数值一定,时钟预分频因子越大,超时溢出时间越长;时钟预分频因子越小,超时溢出时间越短)。需要注意的是这个寄存器具有写保护功能,如果需要修改该寄存器中的重装载数值,首先要向键寄存器(IWDG_KR)中写入(0x55)_H以允许对受保护的 IWDG_RLR 进行操作。操作完毕后再向键寄存器(IWDG_KR)中写入(0xAA)_H刷新独立看门狗,此时 IWDG_RLR 寄存器又会恢复到写保护状态							

若 IWDG 启用方式为软件程序启用,用户想配置重装载寄存器中数值为 $(0x8C)_H$,可以用 C 语言编写语句如下:

```
IWDG_KR = 0xCC;              //软件程序启用 IWDG
IWDG_KR = 0x55;              //解除 IWDG_RLR 写保护以允许对其进行操作
IWDG_RLR = 0x8C;             //设定重装载数值为 0x8C
IWDG_KR = 0xAA;              //刷新 IWDG
```

结合 IWDG 启用方法,再加上对 IWDG 系统配置的学习,总结出硬件启用 IWDG 和软件程序启用 IWDG 的一般流程,如图 16.5 所示。在使用过程中按照该流程就可以正常发挥 IWDG 的功能了。

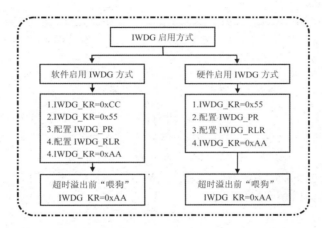

图 16.5　IWDG 配置流程

16.2.3　IWDG 实现机制

了解了 IWDG 系统结构及配置流程后,读者肯定还有不少的疑问,例如:看门狗如何实现超时复位?"喂狗"的真正含义是什么?通过预分频寄存器(IWDG_PR)再次细分时钟频率有什么必要?重装寄存器(IWDG_RLR)中的数值配置依据是什么?接下来带着这些问题仔细分析和思考如图 16.6 所示的 IWDG 实现机制。

分析图 16.6 可知这是一个 y 轴为重装载数值,x 轴为超时时间 Time 的关系图,重装寄存器(IWDG_RLR)中最大能装载的数值为 $(0xFF)_H$,启用 IWDG 后,IWDG 就按照一定的速率开始从 $(0xFF)_H$ 递减至"0",图中有虚线和实线两条斜线,斜率分别为 K1 与 K2。这里的斜率实际上就是"递减的快慢",是由预分频寄存器(IWDG_PR)中的分频因子来决定。设定的分频因子越大,执行递减动作的速度越慢,超时时间就越长;设定的分频因子越小,执行递减动作的速度越快,超时时间就越短。

假设图 16.6 中虚线斜线的预分频寄存器(IWDG_PR)设定为"0",即是对送入 IWDG 单元的"$f_{LSI}/2$"时钟信号再次进行 4 分频操作,用户设定的分频系数小,斜率就显得"陡峭",超时时间 1 就比较短,重装寄存器(IWDG_RLR)中的设定数值由 $(0xFF)_H$ 递减至"0"大概需要 15.9375 ms。

假设图 16.6 中实线斜线的预分频寄存器(IWDG_PR)设定为 $(0x01)_H$,即是对送入

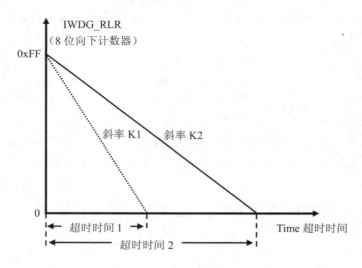

图 16.6　IWDG 实现机制

IWDG 单元的"$f_{LSI}/2$"时钟信号再次进行 8 分频操作,用户设定的分频系数比虚线斜线时候的系数要大,斜率就显得"缓和"一些,超时时间 2 就比超时时间 1 要长,重装寄存器(IWDG_RLR)中的设定数值由$(0xFF)_H$递减至"0"大概需要 31.875 ms。

　　通过这个实现机制图,读者就能明白,启动 IWDG 功能后,重装寄存器(IWDG_RLR)中的初始数值在一定频率的时钟"节拍"下做递减操作,如果递减到"0"时仍没有及时"喂狗",那么看门狗单元就会超时复位,"喂狗"的真正含义就是在 IWDG_RLR 寄存器中的数值递减到"0"之前进行重新赋值避免复位动作。通过预分频寄存器(IWDG_PR)再次细分时钟频率的作用是得到不同的时钟"节拍","节拍"的快慢就影响了 IWDG_RLR 寄存器中的数值递减速度,从而间接调节不同分频因子下的超时溢出时间长度范围。重装寄存器(IWDG_RLR)中的数值也存在配置依据,那就是在确定了分频因子和超时溢出时间长度之后可以通过计算得出,然后再由用户进行赋值操作即可。

16.2.4　IWDG 超时溢出时间计算

　　在启用 IWDG 资源后,超时时间的把握和"喂狗"时间的控制显得非常关键,稍不注意就会造成"养狗不成,反被狗咬"的尴尬情况。读者应该掌握超时时间的计算,计算公式如式(16.1)所示。

$$T_{IWDG超时时间} = 2 * T_{LSI} * P * R \qquad\qquad (式\ 16.1)$$

　　式(16.1)中等号左边的"T"表示 IWDG 看门狗超时溢出的时间,等号右边的"T_{LSI}"表示f_{LSI}时钟源的时钟周期,可通过式 16.2 计算:

$$T_{LSI} = \frac{1}{f_{LSI}(Hz)} \qquad\qquad (式\ 16.2)$$

　　此处需要注意f_{LSI}时钟源的时钟频率在用户的实际环境中受到供电电压 VDD 和工作环境温度的影响有可能并不是典型值 128 kHz,即 T_{LSI} 不一定等于 128 000 分之 1。若用户需要精确计算,可以利用 CCO 时钟输出功能对实际环境下f_{LSI}时钟源的时钟频率进行输出,通过仪器实际测量后代入公式进行计算,当然了,如果实际系统中的超时时间精度要求并不严格,也可以直接用 128 kHz 代入计算。

式(16.1)中的"P"表示预分频寄存器(IWDG_PR)中的分频因子,可通过式(16.3)计算:

$$P = 2^{(PR[2:0]+2)} \qquad\qquad\qquad (式 16.3)$$

在"P"参数的计算中需要注意,如果"PR[2:0]"位取值为$(00)_B$,那么计算"PR[2:0]+2"部分即为 2,这时 2 的 2 次方刚好为 4,即分频因子为 4 分频,同理可得其他的分频因子数。

式(16.1)中的"R"表示重装载寄存器(IWDG_RLR)中的数值,当装载设定数值为最小值"0"时,可通过式(16.4)计算,此时 $R=1$。"R"的最大值为$(0xFF)_H$ 即$(255)_D$ 时 $R=256$。

$$R = RLR[7:0] + 1 \qquad\qquad\qquad (式 16.4)$$

超时时间的计算公式也可以进行变形,如果用户需要求解"R"值,也就是已知超时时间的范围、预分频因子和 f_{LSI} 时钟源的时钟频率之后倒回去反推重载寄存器初值,可以由式(16.5)计算得到,计算时式中分子部分的"T"表示的 IWDG 超时时间,其单位为秒(s),f_{LSI} 时钟源的时钟频率单位为赫兹(Hz)。

$$R_{RLR重装载寄存器初值} = \frac{T_{IWDG超时时间}(s) * f_{LSI}(Hz)}{2 * 2^{(PR[2:0]+2)}} \qquad\qquad (式 16.5)$$

【例 16.1】某 STM8 单片机用户在产品测试中发现程序无故周期性复位,用户怀疑是 IWDG 启用后"喂狗"不及时导致的,用户通过 STM8 单片机 CCO 时钟输出功能实际输出测量,当前产品运行环境下 f_{LSI} 时钟源的时钟频率为 132 kHz,请读者试通过计算得出 IWDG 最短超时时间和最长超时时间(IWDG_PR 寄存器已配置为 32 分频)为该用户提供一个参考数据。

解答:这是一个比较实际的例子,在计算之前先解决一个实际问题。在不同的环境中供电电压 VDD 和环境温度的差异很容易导致 f_{LSI} 时钟源的时钟频率并不是典型的 128kHz 振荡频率,笔者给出表 16.4、表 16.5 和表 16.6 这 3 个表以供读者观察。表中超时时间由计数器数值和时钟预分频器决定,表中对比列出了它们的数值,可以观察到 f_{LSI} 时钟源的时钟频率越高,超时时间越短,时钟频率越低,超时时间越长。

表 16.4 独立看门狗超时时间(假定 f_{LSI} 为 128 kHz)

预分频数 注:f_{LSI} 为 128 kHz	IWDG_PR	超时时间 IWDG_RLR=0	超时时间 IWDG_RLR=0xFF
$(f_{LSI}/2)$再进行 4 分频	0	62.5 μs	15.9375 ms
$(f_{LSI}/2)$再进行 8 分频	0x01	125 μs	31.875 ms
$(f_{LSI}/2)$再进行 16 分频	0x02	250 μs	63.75 ms
$(f_{LSI}/2)$再进行 32 分频	0x03	500 μs	127.5 ms
$(f_{LSI}/2)$再进行 64 分频	0x04	1 ms	255 ms
$(f_{LSI}/2)$再进行 128 分频	0x05	2 ms	510 ms
$(f_{LSI}/2)$再进行 256 分频	0x06	4 ms	1.02 s

表 16.5　独立看门狗超时时间(假定 f_{LSI} 为 110 kHz)

预分频数 注: f_{LSI} 为 110 kHz	IWDG_PR	超时时间 IWDG_RLR=0	超时时间 IWDG_RLR=0xFF
($f_{LSI}/2$)再进行 4 分频	0	72.72 μs	18.54 ms
($f_{LSI}/2$)再进行 8 分频	0x01	145.45 μs	37.09 ms
($f_{LSI}/2$)再进行 16 分频	0x02	290.90 μs	74.18 ms
($f_{LSI}/2$)再进行 32 分频	0x03	581.81 μs	148.36 ms
($f_{LSI}/2$)再进行 64 分频	0x04	1.16 ms	296.72 ms
($f_{LSI}/2$)再进行 128 分频	0x05	2.32 ms	593.45 ms
($f_{LSI}/2$)再进行 256 分频	0x06	4.65 ms	1.186 s

表 16.6　独立看门狗超时时间(假定 f_{LSI} 为 146 kHz)

预分频数 注: f_{LSI} 为 146 kHz	IWDG_PR	超时时间 IWDG_RLR=0	超时时间 IWDG_RLR=0xFF
($f_{LSI}/2$)再进行 4 分频	0	54.79 μs	13.97 ms
($f_{LSI}/2$)再进行 8 分频	0x01	109.58 μs	27.94 ms
($f_{LSI}/2$)再进行 16 分频	0x02	219.17 μs	55.89 ms
($f_{LSI}/2$)再进行 32 分频	0x03	438.35 μs	111.78 ms
($f_{LSI}/2$)再进行 64 分频	0x04	876.71 μs	223.56 ms
($f_{LSI}/2$)再进行 128 分频	0x05	1.75 ms	447.12 ms
($f_{LSI}/2$)再进行 256 分频	0x06	3.50 ms	894.24 ms

接下来依据式(16.1)计算该用户测量数据下的最短超时时间和最长超时时间。最短超时时间是指重装载寄存器(IWDG_RLR)中的初始数值为"0"的情况,这种情况下只需要执行 1 次递减操作,IWDG_RLR 寄存器就会立即溢出超时。那么 IWDG_RLR 寄存器中的"RLR[7:0]"位此时就应该为"0",将已知数据带入式 16.1 可得:

$$T_{最短超时时间} = 2 * \frac{1}{132\,000} * 32 * (0+1) = 484.84 \ \mu s$$

最长超时时间是指重装载寄存器(IWDG_RLR)中的初始数值为(0xFF)$_H$ 的情况,随着时钟脉不断执行递减操作,直到将(0xFF)$_H$ 递减为"0"时才会发生溢出超时。那么 IWDG_RLR 寄存器中的"RLR[7:0]"位此时就应该为"255",将已知数据带入式 16.1 可得:

$$T_{最长超时时间} = 2 * \frac{1}{132\,000} * 32 * (255+1) \approx 124.12 \ ms$$

【例 16-2】某 STM8 单片机用户需要为开发好的单片机控制系统增添 IWDG 功能,若程序运行正常,则执行一次过程控制的平均时间为 175 ms,执行时间最长可能达到 185 ms,若超过 190 ms 则可能发生了系统异常,需要进行复位操作。经过实际测试 f_{LSI} 时钟频率为 146 kHz,请读者帮忙解决 IWDG 看门狗相关参数的计算及配置。

解答:这个例子实际上是一个已知大概的超时时间范围,逆向求解重装载数值的情况。运用式(16.5)即可求解,在求解前还需要初步确定下预分频系数,读者可以参考表 16.6,表中的

测试环境 f_{LSI} 时钟恰好为 146 kHz,由于用户执行一次过程控制时间最大是 190 ms,表 16.6 中预分频因子为 64 时,重装载数值最大时允许的超时时间为 223.56ms,190ms 恰好就比该时间要小(在该时间范围内),所以可以选定预分频因子数为 64。现在将已知条件代入式(16.5)中进行计算可以得到:

$$R_{RLR重装载寄存器初值} = \frac{190 * 10^{-3} * 146\,000}{2 * 64} \approx 216.71$$

将算得的近似结果$(216.71)_D$ 进行四舍五入得到$(217)_D$ 转换为十六进制数为$(D9)_H$。得到重装载初值后即可配置 IWDG,在执行完一次过程控制时间后及时"喂狗"即可实现程序功能。可用 C 语言编写 IWDG 初始化及配置语句如下:

```
IWDG_KR = 0xCC;              //软件程序启用 IWDG
IWDG_KR = 0x55;              //允许对受保护的 IWDG_PR 和 IWDG_RLR 寄存器进行操作
IWDG_PR = 0x04;             //设定预分频因子为 64 分频
IWDG_RLR = 0xD9;            //配置重装载寄存器数值为 0xD9
IWDG_KR = 0xAA;             //刷新 IWDG 相关配置
```

16.3　基础项目 A 验证 IWDG 超时复位

学习完基础的理论知识就开始动手实践吧!在编程之前先设计验证思想,如何才能验证 IWDG 超时溢出复位。如图 16.7 所示,首先想到用 GPIO 输出电平状态的方法比较容易对比观察,设置两个 GPIO 端口,一个用来输出低电平,如果系统没有复位,这个端口就应该一直保持在低电平,反之就会产生跳变状态,这个端口就是用来观察复位状态的。再来一个 GPIO 端口做电平跳变,跳变的时间采用一个"自己变长"的延时函数来控制。延时时间慢慢变长,"喂狗"的时间间隔也在变长,最后导致喂狗"不及时,看门狗 IWDG"生气了"直接"放狗复位"。

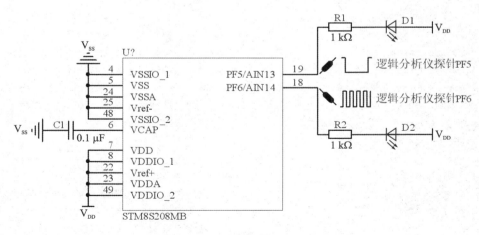

图 16.7　看门狗超时验证电路

验证思想有了,问题就来了。"延时时间自己变长"的延时函数如何编写?如何验证"喂狗"不及时会导致复位? IWDG 复位前最后一次延时时间长度与 IWDG 配置的超时时间有什么关系?有问题就要解决,接下来通过程序和逻辑电平状态图来还原超时溢出过程并分析

IWDG 功能实现,利用 C 语言编写的具体程序实现如下:

```
/*************************************************************
*  实验名称及内容:验证 IWDG 超时复位
*************************************************************/
# include "iostm8s208mb.h"                    //主控芯片的头文件
/******************* 常用数据类型定义 ********************/
{【略】}为节省篇幅,相似语句可以直接参考之前章节
/******************* 端口/引脚定义区域 ********************/
# define led1   PF_ODR_ODR5                   //PF5 输出引脚连接至 D1
# define led2   PF_ODR_ODR6                   //PF6 输出引脚连接至 D2
/******************* 函数声明区域 ***********************/
void delay(u16 Count);  //延时函数声明
/******************* 主函数区域 ***********************/
void main( void )
{
  u16 time = 0;                               //定义循环控制变量 time
  PF_DDR = 0xFF;                              //配置 PF 端口为输出模式
  PF_CR1 = 0xFF;                              //配置 PF 端口为推挽输出模式
  PF_CR2 = 0x00;                              //配置 PF 端口低速率输出
  PF_ODR = 0xFF;                              //初始化 PF 端口全部输出高电平
  led1 = 0;                                   //【A】PF5 引脚输出低电平
  IWDG_KR = 0xCC;                             //软件程序启用 IWDG
  IWDG_KR = 0x55;                //允许对受保护的 IWDG_PR 和 IWDG_RLR 寄存器进行操作
  //******************* 预分频因子配置语句 ********************
  IWDG_PR = 0;                                //设定预分频因子为 4 分频
  //IWDG_PR = 0x01;                           //设定预分频因子为 8 分频
  //IWDG_PR = 0x02;                           //设定预分频因子为 16 分频
  //IWDG_PR = 0x03;                           //设定预分频因子为 32 分频
  //IWDG_PR = 0x04;                           //设定预分频因子为 64 分频
  //IWDG_PR = 0x05;                           //设定预分频因子为 128 分频
  //IWDG_PR = 0x06;                           //设定预分频因子为 256 分频
  //*****************************************************
  IWDG_RLR = 0xFF;                            //配置重装载寄存器数值为最大 0xFF
  IWDG_KR = 0xAA;                             //刷新 IWDG 相关配置
  while(1)
  {
    + + time;                                 //先自增 time
    delay(time);                              //送入实参 time 至 delay 函数执行延时
    IWDG_KR = 0xAA;                           //执行完成 delay 函数后"喂狗"
    led2 = ! led2;                            //喂狗完毕 PF6 引脚状态取反
  }
}
/*************************************************************/
void delay(u16 Count)
{【略】}//延时函数 delay()
```

在程序中如果不启用 IWDG 功能,可以注释掉 main() 函数中的"IWDG_KR＝0xCC"语句。此时将程序编译后下载到单片机中并运行,打开逻辑分析仪的上位机界面进行逻辑电平采集,得到的电平状态如图 16.8 所示,实验中启用了逻辑分析仪的两个通道观察电平逻辑状态,PF5 引脚为图 16.8 中上半部分电平状态,A 区域表示 PF5 引脚上电初始化之后输出高电平,由于程序中执行了"led1＝0"语句,导致 PF5 发生电平跳变并保持 B 区域状态,即低电平。可以发现 PF5 从高电平变化到低电平后就稳定下来了,不再发生跳变,表示单片机没有复位,一直在正常运行,程序语句也在死循环"while(1)"语句体中连续执行。

PF6 引脚为图 16.8 中下半部分电平状态,可以观察到 PF6 引脚在 C 区域也是高电平输出,表示刚上电初始化的状态,进入"while(1)"语句体后开始执行"自己变长"的延时语句并且不断进行引脚状态取反操作,得到了电平跳变宽度由窄变宽的波形 D 区域。分析"自己变长"的延时实现,其实是定义了一个变量 time,该变量每次都进行先自增运算,然后再把自己作为延时函数 delay() 的实参送入延时函数执行,这样一来延时函数执行的次数就与 time 有关,执行延时函数的时间逐渐增长,就形成了如 D 区域所示的电平跳变宽度由窄变宽的波形。

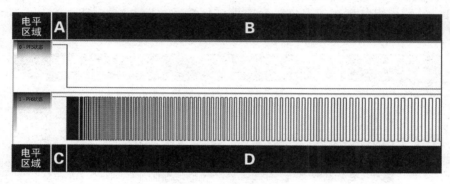

图 16.8 未启用 IWDG 情况

在程序中开启 IWDG 功能之后,也就是执行 main() 函数中的"IWDG_KR＝0xCC"语句,"有趣"的现象就发生了,当程序中将预分频寄存器(IWDG_PR)配置为"0"时,预分频系数为 4 分频,同时配置重装载寄存器(IWDG_RLR)为最大值(0xFF)$_H$,此时将程序重新编译后下载到单片机中并运行,打开逻辑分析仪的上位机界面进行逻辑电平采集,得到的电平状态如图 16.9 所示。

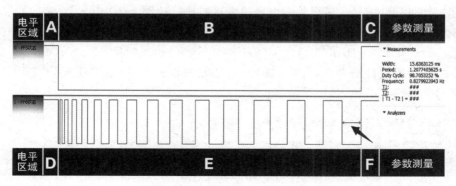

图 16.9 配置 IWDG 预分频因子为 4,重装载值为 0xFF

在图 16.9 的上半部分仍然是 PF5 引脚输出电平状态,在 A 区域是单片机上电初始化输出的高电平,B 区域是正常维持的低电平状态,按理说程序进入"while(1)"语句体之后就没有任何语句可以实现 PF5 引脚电平状态跳变了,但是在图 16.9 中的 C 区域,PF5 引脚分明又产生了跳变,最合理的解释就是单片机发生了复位,导致程序重新从 main() 函数开始执行,在 B 区域跳变到 C 区域的那一瞬间,系统就发生了复位。

再来看图 16.9 的下半部分 PF6 引脚输出电平状态,D 区域是 PF6 上电输出的高电平,E 区域跳变宽度逐渐变宽,观察 E 区域与 F 区域交界处的黑色箭头所对应的参数测量值电平宽度为 15.6363125 ms,这个值正好与表 16.4 第一行中 IWDG_RLR 为最大值$(0xFF)_H$得到的超时时间 15.9375 ms 接近,这就说明随着程序中 time 变量自增变大,导致延时函数的延时时间变长,最终达到了 IWDG 超时时间错过了"喂狗"时机,IWDG"生气了"然后"放狗复位",最后系统就强制性被复位了。

当程序中将预分频寄存器(IWDG_PR)配置为$(0x03)_H$时,预分频因子为 32 分频。同时配置重装载寄存器(IWDG_RLR)为最大值$(0xFF)_H$,此时将程序重新编译后下载到单片机中并运行,打开逻辑分析仪的上位机界面进行逻辑电平采集,得到的电平状态如图 16.10 所示。

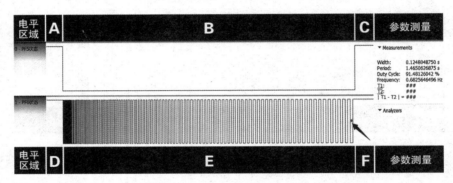

图 16.10　配置 IWDG 预分频因子为 32,重装载值为 0xFF

与图 16.9 类似,图 16.10 上半部分仍然是 PF5 引脚输出电平状态,在 A 区域是单片机上电初始化输出的高电平,B 区域持续的时间明显变长,但是也发生了复位产生了 C 区域电平。观察图 16.10 的下半部分 PF6 引脚输出状态,随着 IWDG 预分频寄存器中分频因子变大,IWDG 超时时间也变大,E 区域得到的电平跳变次数明显比图 16.9 中 E 区域要多,在 E 区域与 F 区域交界处的黑色箭头所对应的参数测量值电平宽度为 0.1248048750 s,这个值正好与表 16.4 第 4 行中 IWDG_RLR 为最大值$(0xFF)_H$得到的超时时间 127.5 ms 接近,这就说明随着程序中 time 变量自增变大,导致延时函数的延时时间变长,最终达到了 IWDG 超时时间,而且错过了"喂狗"时机,最后系统复位了。

16.4　窗口看门狗 WWDG 启用与配置

窗口看门狗 WWDG 是 STM8 单片机的另外一个看门狗资源,与 IWDG 不同的是该看门狗使用的时钟源为 f_{CPU},也就是说如果系统主时钟发生崩溃,WWDG 资源就会无效。WWDG 拥有两种启用方式,可以利用选项字节相关项设定为软件程序启用或者硬件启用。

WWDG 资源结构共涉及 2 个寄存器,即看门狗控制寄存器(WWDG_CR)和看门狗窗口寄存器(WWDG_WR),除寄存器单元外还存在逻辑门电路,也就是说 WWDG 要产生看门狗复位事件与寄存器的相关位、刷新事件的时刻存在逻辑关系,与 IWDG 结构相比稍显复杂,读者需要对这两个寄存器进行深入理解并且熟悉 WWDG 系统结构及配置方法,这样才能准确理解"窗口"的含义,顺利拿下 WWDG。

16.4.1 WWDG 启用方法

STM8 单片机选项字节 OPT3 选项中的"WWDG_HW"位决定 WWDG 资源的启用方式,在未修改的情况下,上电后"WWDG_HW"位系统默认为"0",即采用软件程序方式启用 WWDG 资源。

若用户需要配置 WWDG 采用硬件方式启用,则系统上电时 WWDG 就开始启动,接下来利用上位机软件进行硬件启用 WWDG 资源的方法。常见的可以利用 STVP 或者 IAR 修改选项字节 OPT3 选项中的"WWDG_HW"位,首先讲解利用 STVP 编程工具软件的修改方法,配置界面如图 16.11 所示。

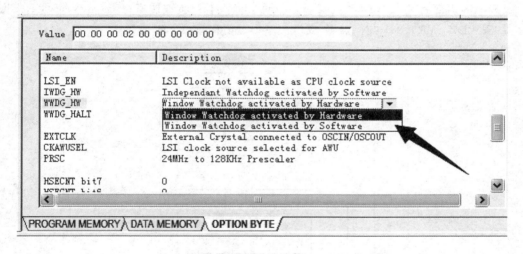

图 16.11　STVP 编程工具软件修改 WWDG_HW 位

图 16.11 中箭头指向的位置就是 OPT3 选项字节中的"WWDG_HW"位,发现该位有两个可选配置值,若配置为"Window Watchdog activated by Hardware"则表示由硬件启用独立看门狗,若配置为"Window Watchdog activated by Software"(默认配置)则表示由软件启用独立看门狗。此处单击硬件启用独立看门狗后,发现 Value 数组中的值变为"00 00 00 02 00 00 00 00 00",其中的"02"就代表(02)$_H$配置值,随后再单击写入当前标签页配置参数即可完成配置操作,关于 OPT3 选项的详细内容和配置操作的详细步骤,读者可以回顾本书第 9 章所讲解的选项字节的相关内容。

如果用户使用 IAR 开发环境对 WWDG_HW 位进行配置,可以在进入软件开发环境后单击菜单栏中的 ST-LINK,选择下拉菜单中的"Option bytes…"选项,打开如图 16.12 所示的软件界面。

在操作界面中用户可以找到箭头指向的"WWDG_HW"位,发现有两个可选配置值,若配

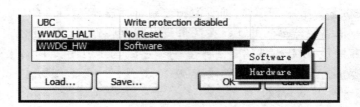

图 16.12　IAR 开发环境修改 WWDG_HW 位

置为"Hardware"则表示由硬件启用独立看门狗,若配置为"Software"(默认配置)则表示由软件启用独立看门狗。配置完成后单击 OK 按钮,习惯性编译一下程序工程,就可以把 Option bytes 参数和程序本身一起下载进所选择的单片机了。

16.4.2　WWDG 系统结构及配置方法

WWDG 的系统结构比 IWDG 的系统结构稍显复杂,如图 16.13 所示。图中虚线框外围的左侧是 WWDG 的时钟源,可以看出 f_{CPU} 在经过固定的 12 288 分频后供窗口看门狗资源使用。虚线框的内部就是 WWDG 资源的核心组成了,由看门狗控制寄存器(WWDG_CR)、窗口寄存器(WWDG_WR)、2 个与门、1 个或门和一个数值比较单元组成。

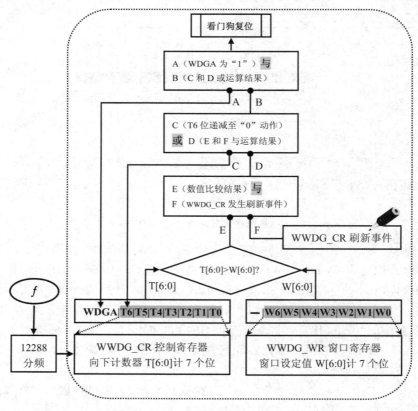

图 16.13　WWDG 系统结构

想要理解 WWDG 结构需要将图 16.13 中虚线框内的核心组成由下至上逐一分解学习,首先学习控制寄存器(WWDG_CR)的组成。该寄存器主要用来软件启动 WWDG 和设定递减数值,寄存器中最高位"WDGA"是 WWDG 资源的软件开启位,剩下的 7 位是一个向下逐次递减的计数器单元,即"T[6:0]",相应位的功能说明及配置含义如表 16.7 所示。

表 16.7 STM8 单片机 WWDG_CR 控制寄存器

■ 控制寄存器(WWDG_CR)							地址偏移值:(0x00)$_H$
位 数	位 7	位 6	位 5	位 4	位 3	位 2	位 1	位 0
位名称	WDGA	T6	T5	T4	T3	T2	T1	T0
复位值	0	1	1	1	1	1	1	1
操 作	rs	rw	rw	rw	rw	rw	rw	rw
位 名	位含义及参数说明							
WDGA 位 7	● 窗口看门狗开启位 该位由软件设置,只能由硬件在复位后清除。当"WDGA"位为"1"时,窗口看门狗开启,可以产生复位,如果在选择字节中使能了硬件启动窗口看门狗功能,则此位不起作用 0 关闭看门狗 1 开启看门狗							
T[6:0] 位 6:0	● 7 位计数器(MSB 至 LSB) 这些位包含窗口看门狗计数器的数值,每过(大约)12 288 个 f_{CPU} 周期后递减一次。"T[6:0]"是一个 7 位向下计数器,取值范围为(0x7F)$_H$~(0x40)$_H$ 之间,如果当它的数值从(0x40)$_H$ 变为(0x3F)$_H$ 时,即"T6"位为"0"时则产生一个窗口看门狗复位							

WWDG 资源的组成中还有一个非常关键的寄存器是窗口寄存器(WWDG_WR),该寄存器是用来装载看门狗窗口值,相应位的功能说明及配置含义如表 16.8 所示。看门狗窗口值"W[6:0]"用来与 WWDG_CR 寄存器中向下逐次递减计数器单元的"T[6:0]"进行比较,若"T[6:0]"大于"W[6:0]"则比较结果为"1",反之为"0"。比较后的结果会送到 WWDG 系统结构中的与门进行逻辑运算。

表 16.8 STM8 单片机 WWDG_WR 窗口寄存器

■ 窗口寄存器(WWDG_WR)							地址偏移值:(0x01)$_H$
位 数	位 7	位 6	位 5	位 4	位 3	位 2	位 1	位 0
位名称	保留	W6	W5	W4	W3	W2	W1	W0
复位值	—	1	1	1	1	1	1	1
操 作		rw	rw	rw	rw	rw	rw	rw
位 名	位含义及参数说明							
保留 位 7	● 保留位 必须保持清"0"							
W[6:0] 位 6:0	● 7 位计数器(MSB 至 LSB) 这些位包含了窗口的数值,即需要与控制寄存器(WWDG_CR)中的递减计数器"T[6:0]"进行比较的数值							

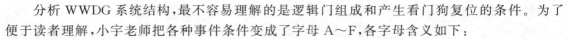
分析 WWDG 系统结构,最不容易理解的是逻辑门组成和产生看门狗复位的条件。为了便于读者理解,小宇老师把各种事件条件变成了字母 A~F,各字母含义如下:

字母 F:WWDG_CR 寄存器发生刷新事件(来自于用户的操作)。

字母 E:数值比较结果(若 $T[6:0] > W[6:0]$ 则比较结果为"1"反之为"0")。

字母 D:E 条件和 F 条件进行与运算的结果。

字母 C:T6 位递减至"0"的事件动作。

字母 B:C 条件和 D 条件进行或运算的结果。

字母 A:WWDG 开启状态("WDGA"位设定值)。

分析以上条件,不难得到一个关于看门狗复位条件的逻辑表达式:

$$Y_{\text{WWDG看门狗复位}} = A * (C + E * F) \tag{式 16.6}$$

有了这个逻辑表达式,对 WWDG 复位条件的理解就算是拿下一半了,下面开始分析该逻辑表达式。如果 WWDG 要产生看门狗复位,式(16.6)中等号左边的"Y"就必须为"1"。观察式子不难得出,A 条件一定要为"1",否则 Y 恒为"0"。那么分析得出能让 Y 等于"1"的条件只有两种,即在 A 为"1"的情况下 C 为"1"或者 E * F 为"1"即可满足复位条件。

先来说说第一种复位满足的情况,即 A 为"1"并且 C 为"1"的情况,A 是 WWDG 的开启状态,A 若为"1",则表示软件开启了 WWDG 资源。C 是 T6 位递减至"0"所产生的事件动作,也就是说控制寄存器(WWDG_CR)中的"$T[6:0]$"不断进行递减操作后,最高位"T6"变成了"0"时系统就会复位。需要注意的是控制寄存器(WWDG_CR)的取值是有范围的,只能取值在 $(0xFF)_H \sim (0xC0)_H$ 之间,除去寄存器中最高位"WDGA"不看,那么剩下的就是 7 位向下递减计数器"$T[6:0]$",它的取值范围为 $(0x7F)_H \sim (0x40)_H$,如果当它的数值从 $(0x40)_H$ 变为 $(0x3F)_H$ 时,即"T6"位为"0"时则产生一个窗口看门狗复位。也就是说如果在"$T[6:0]$"的数值从 $(0x40)_H$ 变为 $(0x3F)_H$ 时还没有及时"喂狗",看门狗就会复位,这种情况是"喂狗"太迟。

第二种复位满足的情况,即 A 为"1"并且"E * F"为"1"的情况,A 是 WWDG 的开启状态,A 若为"1",则表示软件开启了 WWDG 资源。E 是"$T[6:0]$"和"$W[6:0]$"的数值比较结果,若 $T[6:0] > W[6:0]$ 则比较结果为"1",反之为"0"。F 表示用户的"喂狗"操作,即刷新控制寄存器(WWDG_CR)中的"$T[6:0]$"。也就是说如果在 $T[6:0] > W[6:0]$ 的时候刷新 WWDG_CR 寄存器,看门狗就会复位,这种情况是"喂狗"太早。

通过以上的分析,读者就了解了"窗口"的含义,就是不能"喂狗"太早又不能"喂狗"太迟,必须要在一个时间段中进行"喂狗"操作。

16.4.3　WWDG 实现机制

为了进一步理解 WWDG 复位条件和"喂狗"时机,本小节学习 WWDG 实现机制。如图 16.14 所示,图中 x 轴表示超时时间,y 轴表示控制寄存器(WWDG_CR)中的 7 位向下递减计数器"$T[6:0]$"的数值。在图中有两条与 x 轴平行的虚线,一条表示窗口寄存器(WWDG_WR)中"$W[6:0]$"的数值,一条表示"$T[6:0]$"递减至 $(0x3F)_H$ 时的溢出超时线。

在图 16.14 中,灰色部分是两个三角形,三角形 A 表示 $T[6:0] > W[6:0]$ 的情况,此时是禁止刷新控制寄存器(WWDG_CR)的,如果用户强制刷新,则看门狗执行复位,这种情况是"喂狗"太早。三角形 B 表示 $T[6:0] < W[6:0]$ 的情况,即"$T[6:0]$"的数值逐次递减即将变为

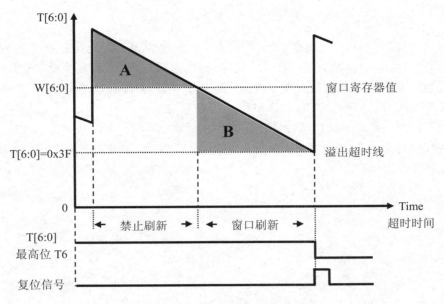

图 16.14　WWDG 实现机制

（0x3F）$_H$ 之前的时间，如果在这个窗口时间内，用户还没有进行"喂狗"，等到"T[6:0]"已经变为（0x3F）$_H$ 时，即"T6"位为"0"时看门狗就会复位，这种情况是"喂狗"太迟。

　　这个"窗口值"的大小是通过窗口寄存器（WWDG_WR）设定实现的，如果用户不对 WWDG_WR 寄存器进行设定，那么单片机上电复位后 WWDG_WR 寄存器默认取值为最大（0x7F）$_H$，这时 T[6:0]＜W[6:0]恒成立，"T[6:0]"大于或者等于（0x40）$_H$ 的这段时间内均可以进行"喂狗"操作，这时的 WWDG 资源相当于一个普通的软件看门狗了。

16.4.4　WWDG 超时溢出时间计算

　　经过对 WWDG 结构和实现机制的学习，读者会发现要启用和配置 WWDG 并不复杂，只需要配置控制寄存器（WWDG_CR）中的"WDGA"位为"1"，然后再配置"T[6:0]"和窗口寄存器（WWDG_WR）中的"W[6:0]"即可。但是溢出超时的时间怎么计算？已知超时时间又怎么计算出"T[6:0]"的设定值？时钟源 f_{CPU} 的频率对超时溢出时间有什么影响？要想解决这些问题就要研究 WWDG 超时溢出时间的计算。

　　首先需要了解的是 WWDG 系统的两个重要寄存器上电后均有默认的复位值，也就是说如果用户未对"T[6:0]"和"W[6:0]"进行设定赋值，"T[6:0]"和"W[6:0]"仍有默认取值。控制寄存器（WWDG_CR）上电复位后默认取值为（0x7F）$_H$，即上电默认 WWDG 不启动，7 位向下递减计数器单元"T[6:0]"取值为（0x7F）$_H$。窗口寄存器（WWDG_WR）上电复位后默认取值也为（0x7F）$_H$。如果上电后选择硬件或者软件程序启动 WWDG，并且用户不对"T[6:0]"和"W[6:0]"进行设定，那么此时的 WWDG 就是一个普通的软件看门狗，这时的超时溢出时间计算非常简单，计算公式如公式（16.7）所示。

$$t_{WWDG超时溢出时间}(s) = \frac{1}{f_{CPU}(Hz)} * 12\,288 * (T[6:0] - 0x3F)$$

$$t_{\text{WWDG}} \text{超时溢出时间}(s) = \frac{1}{f_{\text{CPU}}(\text{Hz})} * 12288 * 64 \qquad \text{（式 16.7）}$$

式（16.7）中的"T[6:0]"上电后默认取值为$(0x7F)_H$，WWDG 一旦启动，7 位向下递减计数器单元"T[6:0]"就会递减，递减到$(0x40)_H$时再次递减一次，也就是变成$(0x3F)_H$时，最高位"T6"就会由"1"变"0"，此时就会发生看门狗复位事件，所以在计算 WWDG 超时溢出时间的时候，取的递减次数是"T[6:0]"减去$(0x3F)_H$，即$(64)_D$。

分析式（16.7），发现公式还可以进行变形，式中的"T[6:0]"可以写成最高位"T6 * 2^6 + T[5:0]"形式，也就是把最高位"T6"拆分出来，因为在 WWDG 正常运行中，若不发生看门狗复位事件，控制寄存器（WWDG_CR）中"T[6:0]"的最高位"T6"必须为"1"，则"T[6:0]"就等价于"1 * 2^6 + T[5:0]"，再将该部分代入式（16.7）中，可以得到式（16.8）。

$$t_{\text{WWDG超时溢出时间}}(s) = \frac{1}{f_{\text{CPU}}(\text{Hz})} * 12288 * (2^6 + T[5:0] - 0x3F)$$
$$\qquad \text{（式 16.8）}$$
$$t_{\text{WWDG超时溢出时间}}(s) = \frac{1}{f_{\text{CPU}}(\text{Hz})} * 12288 * (T[5:0] + 1)$$

针对用户已知的一个大概的时间，需要反向求解"T[6:0]"设定值就显得非常的简单了，将式（16.8）进行变换可以得到式（16.9），即可计算"T[6:0]"设定值。

$$T[6:0] = \frac{t_{\text{WWDG超时溢出时间}}(s) * f_{\text{CPU}}(\text{Hz})}{12288} + 63 \qquad \text{（式 16.9）}$$

通过对超时溢出时间计算的学习，读者发现时钟源 CPU 的频率对超时溢出时间有较大影响。f_{CPU} 时钟频率越高，WWDG 超时溢出的时间取值范围就越小，反之 WWDG 超时溢出的时间取值范围就越大。假设用户选择 HSI 作为单片机上电后运行的时钟源，且配置 HSI 时钟源的分频因子为"00"即不分频，则系统主时钟 f_{MASTER} 就工作在 16 MHz 频率下。若 CPU 时钟也不进行分频，则 $f_{\text{CPU}} = f_{\text{MASTER}} = f_{\text{HSI}} = 16$ MHz，此时配置 WWDG 控制寄存器（WWDG_CR）中的"T[6:0]"数值所对应的超时溢出时间关系如图 16.15 所示，用户可以根据图中关系粗略得到超时溢出时间所对应的递减计数器"T[6:0]"的初值，若用户 f_{CPU} 时钟频率不为16 MHz，也可以按照公式代入实际参量进行精确计算。

若用户选择 HSI 作为系统时钟源，通过配置时钟分频寄存器 CLK_CKDIVR 中的 HSI 分频因子可以得到多种 f_{HSI} 时钟频率值，用户还可以对寄存器中的 CPU 时钟分频因子进行配置得到更多工作频率的 f_{CPU} 时钟，此处列举 4 个较常用的 f_{CPU} 时钟源频率，并且计算出最小/最大"T[6:0]"初始值下的最短和最长超时溢出时间范围，具体参数如表 16.9 所示。

表 16.9 f_{CPU} 典型频率下的 WWDG 超时溢出时间

T[6:0]设定值及超时溢出时间	f_{CPU} 时钟源频率（MHz）			
	2	4	8	16
最小值$(0x40)_H$超时溢出时间	6.144 ms	3.072 ms	1.536 ms	0.768 ms
最大值$(0x7F)_H$超时溢出时间	393.216 ms	196.608 ms	98.304 ms	49.152 ms

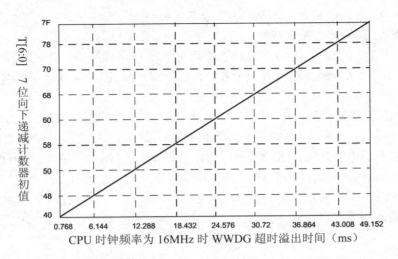

图 16.15 16MHz 频率 f_{CPU} 下的溢出时间与 T[6:0]初值关系

16.4.5 WWDG 在系统低功耗模式下的状态

WWDG 窗口看门狗在系统进入低功耗模式时会有不同的运行状态,掌握该状态可以更好的运用 WWDG 资源。如果系统处于等待(Wait)模式,WWDG 的运行不受影响,递减计数器照常工作执行递减。如果系统处于停机(Halt)模式,WWDG 的运行就要受到单片机 OPT3选项字节中的"WWDG_HALT"位的控制,该选项配置为不同的取值,WWDG 运行状态就不同,接下来利用上位机开发软件配置相关选项参数。

图 16.16 中的箭头指向位置就是 OPT3 选项字节中的"WWDG_HALT"位,发现该位有两个可选配置值,若配置为"No Reset generated on HALT if WWDG active"(默认配置)则表示禁止 WWDG,微控制器进入了停机模式,递减计数器递减一次后停止计数,在微控制器收到一个外部中断或复位之前,它不会再产生看门狗复位。若配置为"Reset generated on

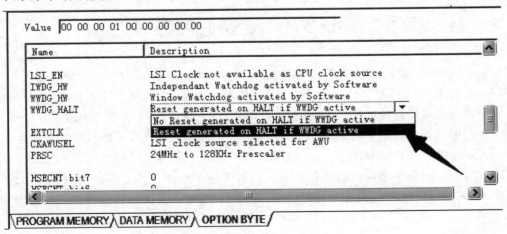

图 16.16 STVP 编程工具软件修改 WWDG_HALT 位

HALT if WWDG active"则表示 WWDG 会继续递减计数,超时溢出时强制系统执行看门狗复位。单击 WWDG 继续递减计数配置后,发现 Value 数组中的值变为"00 00 00 01 00 00 00 00 00",其中的"01"就代表(0x01)$_H$ 配置值,随后再单击写入当前标签页配置参数即可完成配置操作,关于 OPT3 选项的详细内容和配置操作的详细步骤,读者可以回顾本书第 9 章所讲解的选项字节的相关内容。

如果用户使用 IAR 开发环境对"WWDG_HALT"位进行配置,可以在进入软件开发环境后单击菜单栏中的 ST-LINK,选择下拉菜单中的"Option bytes…"选项,打开如图 16.17 所示的软件界面,在界面中用户可以找到箭头指向的"WWDG_HALT"位,发现有两个可选配置值,若配置为"No Reset"(默认配置)则表示 WWDG 被禁止,也就不会产生看门狗复位了,若配置为"Reset"则表示 WWDG 继续运行,超时溢出后执行看门狗复位。配置完成后单击 OK 按钮,习惯性编译一下程序工程,就可以把 Option bytes 参数和程序本身一起下载进所选择的单片机了。

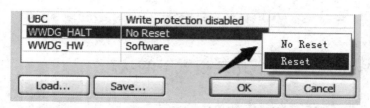

图 16.17　IAR 开发环境修改 WWDG_HALT 位

需要用户朋友特别注意的是,在停机(Halt)模式下如果 OPT3 选项字节的"WWDG_HALT"位配置为 WWDG 继续运行,那么建议在执行 HALT 指令前先刷新 WWDG 窗口看门狗计数器,以避免在唤醒微控制器之后又被看门狗强制进行复位。

如果系统在活跃停机(Active Halt)模式,WWDG 不产生复位,微控制器进入 Active Halt 模式后,看门狗计数器会停止计数,不再递减。当微控制器收到一个振荡器中断或外部中断请求,看门狗计数器会立刻恢复计数。当微控制器被复位,在经过稳定延迟时间之后看门狗计数器将恢复计数。

16.5　基础项目 B 验证 WWDG 超时复位

欲验证 WWDG 超时复位效果,硬件电路可与验证 IWDG 超时复位的电路一致,仍采用图 16.7 所示的电路。设置两个 GPIO 端口,一个用来保持输出低电平,如果系统没有复位这个端口就应该一直保持在低电平,反之就会产生跳变状态,这个端口就是用来观察复位状态的。再来一个 GPIO 端口做电平跳变,跳变的时间采用一个"自己变长"的延时函数来控制。一旦进入"while(1)"循环语句体中就不再"喂狗",最终会因为"喂狗"不及时,导致窗口看门狗 WWDG 超时溢出,强制系统执行看门狗复位。假设用户所使用的 STM8 单片机 OPT3 选项字节中的"WWDG_HW"位配置为软件启动 WWDG,上电后便需要在程序中启动 WWDG 并且配置"T[6:0]"与"W[6:0]"数值,按照这个思路,可以利用 C 语言编写具体程序实现如下:

```
/*********************************************************************
 *  实验名称及内容:验证 WWDG 超时复位
```

```
***********************************************************/
# include "iostm8s208mb.h"                //主控芯片的头文件
/********************* 常用数据类型定义 ********************/
{【略】}为节省篇幅,相似语句可以直接参考之前章节
/********************* 端口/引脚定义区域 ********************/
# define led1    PF_ODR_ODR5             //PF5 输出引脚连接至 D1
# define led2    PF_ODR_ODR6             //PF6 输出引脚连接至 D2
/********************* 函数声明区域 ************************/
void delay(u16 Count);                   //延时函数声明
/********************* 主函数区域 ************************/
void main( void )
{
  u16 time = 0;                          //定义循环控制变量 time
  //CLK_CKDIVR = 0x00;                   //CPU 时钟频率为 16 MHz
  //HSI 分频因子为 00,CPU 时钟分频因子为 000,HSI = Master = CPU = 16 MHz
  CLK_CKDIVR = 0x18;                     //CPU 时钟频率为 2 MHz
  //HSI 分频因子为 11,CPU 时钟分频因子为 000,HSI = Master = CPU = 2 MHz
  PF_DDR = 0xFF;                         //配置 PF 端口为输出模式
  PF_CR1 = 0xFF;                         //配置 PF 端口为推挽输出模式
  PF_CR2 = 0x00;                         //配置 PF 端口低速率输出
  PF_ODR = 0xFF;                         //初始化 PF 端口全部输出高电平
  led1 = 0;                              //PF5 引脚输出低电平
  WWDG_CR = 0xFF;                        //软件启动 WWDG 且 T[6:0] = 0x7F
  WWDG_WR = 0x50;                        //窗口数值 W[6:0] = 0x50;
  //WWDG_CR = 0xFF;                      //过早"喂狗"导致复位
  while(1)                               //过迟"喂狗"导致复位
  {
     + + time;                           //先自增 time
     delay(time);                        //送入实参 time 至 delay 函数执行延时
     led2 = ! led2;                      //PF6 引脚状态取反
  }
}
/***********************************************************/
void delay(u16 Count)
{【略】}//延时函数 delay()
```

在程序的编写过程中,考虑到需要演示出不同 CPU 时钟源频率对 WWDG 超时溢出时间的影响效果,于是在程序的 main()函数内添加了相关时钟源分频因子的配置语句,若程序执行语句"CLK_CKDIVR=0x00"则表示 HSI 时钟的分频因子设定为"00",不进行分频,即得到 16 MHz 频率,此时 CPU 时钟的分频因子为"000",各时钟源在频率值上满足 $f_{CPU} = f_{MASTER} =$

$f_{HSI}=16$ MHz 的情况。设定配置后再执行"WWDG_CR = 0xFF"语句利用程序软件启动 WWDG 资源,并且配置"T[6:0]"计数器的初值为(0x7F)$_H$,接着执行"WWDG_WR = 0x50"语句,配置窗口数值"W[6:0]"的初值为(0x50)$_H$,然后程序便进入"while(1)"死循环语句体中,若 WWDG 功能正常,只需等待超时溢出时间一到,系统便会执行看门狗复位,将程序编译后下载到单片机中并运行可以得到图 16.18 所示的电平状态,可以观察到 PF5 引脚上电平跳变为低电平后持续了 49.3042500 ms 后发生系统复位。

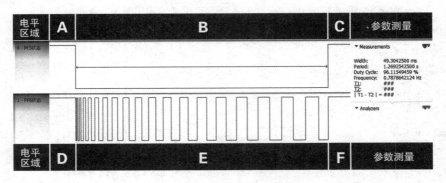

图 16.18　16MHz 频率 CPU 时钟下的实测状态

若用户将"CLK_CKDIVR=0x00"语句进行注释,启用"CLK_CKDIVR=0x18"语句,那么此时 CPU 时钟频率为 2 MHz,也就是说 HSI 时钟的分频因子设定为"11"进行 8 分频之后得到 2 MHz 频率,此时 CPU 时钟分频因子为"000",各时钟源在频率值上满足 $f_{CPU}=f_{MASTER}=f_{HSI}=2$ MHz 的情况。将程序重新编译后下载到单片机中并运行可以得到图 16.19 所示的电平状态,观察到 PF5 引脚上的电平跳变为低电平后持续了 0.3942753750 s 后发生系统复位。

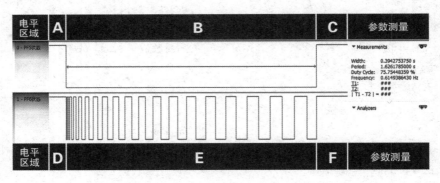

图 16.19　2MHzCPU 频率下的实测状态

在以上 2 个运行实测效果中,除了 CPU 时钟配置发生了更改外,其他语句均不做变动。通过现象的对比可以验证 CPU 时钟频率越高,WWDG 超时溢出的时间范围就越小,反之 WWDG 超时溢出的时间范围就越大。读者可以根据实际需求,按照超时溢出时间的计算公式精确计算,通过自定义配置 CLK_CKDIVR 寄存器参数获得不同工作频率的 CPU 时钟。

该程序除了验证 CPU 时钟频率对 WWDG 超时溢出时间的影响之外,还可以验证"喂狗"太早会导致的结果。程序进入 main()函数后首先执行了 CPU 时钟分频和 GPIO 的初始化,执行"WWDG_CR = 0xFF"语句利用程序软件启动 WWDG,特意配置"T[6:0]"计数器的初值为(0x7F)$_H$,接下来执行了"WWDG_WR = 0x50"语句,配置窗口数值"W[6:0]"的初值为

$(0x50)_H$,这样一来,在初始配置条件下,就满足 $T[6:0]>W[6:0]$ 的关系。按照 16.4.2 和 16.4.3 小节相关内容(图 16.14 中三角形 A 区域)中得到的推论可知,如果在 $T[6:0]>W[6:0]$ 的时候人为刷新控制寄存器(WWDG_CR),看门狗就会复位,这种情况属于"喂狗"太早。那么在以上两句配置语句执行之后,紧接着再次执行"WWDG_CR = 0xFF"语句是否真的会复位呢?怀着这颗好奇心,将程序中第二条"WWDG_CR = 0xFF"语句前面的注释符号去掉,重新编译程序并下载到单片机中并运行,得到了图 16.20 所示的电平状态。

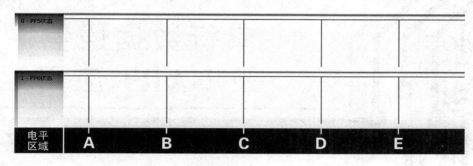

图 16.20 过早"喂狗"产生的电平状态

"乍一看"觉得图 16.20 的电平状态十分"奇怪",图中的 A、B、C、D、E 电平区域都是一个短时间的电平跳变。通过分析可以发现,之所以有这样的瞬时电平跳变状态是与"喂狗"时机把握不当有关,程序中因为过早的"喂狗",导致了系统的复位,周而复始,STM8 不断的被"狗咬",一直发生周期性复位。

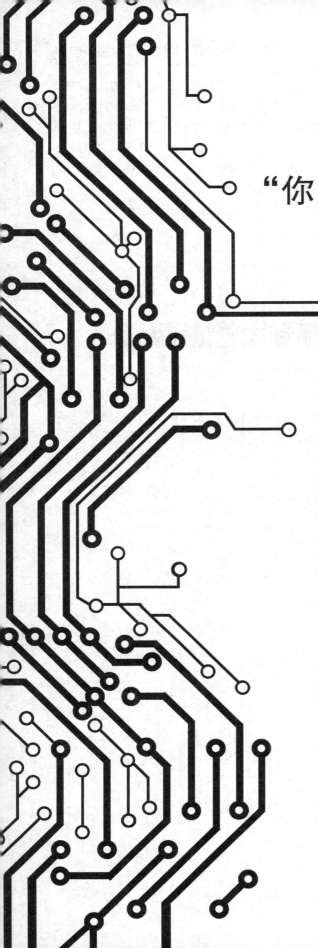

第 17 章

"你来我往,烽火传信"串行数据通信及 UART 应用

章节导读:

亲爱的读者,本章将详细介绍单片机系统中的数据通信和 STM8 系列单片机片上 UART 资源的相关知识和应用。章节共分为 8 个部分,17.1 节主要引入数据通信概念,明确通信模型和对象。17.2 节主要讲解并行/串行通信基础,在理论前导中,小宇老师引入了"大学食堂怎么打餐"、"老王家的 3 个孩子"、"小和尚要修路"等趣味巧例帮助大家理解和掌握。17.3 节讲解了通信系统中的电平标准及转换问题。17.4 节介绍了 DB9 和 DB25 串行接口。17.5 节详细讲解了 STM8 单片机的 UART 资源,从结构到流程再到寄存器配置,都做了详解,并编写了可移植的程序和函数。17.6～17.8 节选取了 3 个实践项目让读者熟悉 UART 应用,其中引入 TTS 语音合成技术 XFS5152CE 芯片的相关知识,为读者后续的创新应用和工程实践提供帮助,如果读者准备好了,那就扬帆起航,进入章节学习吧!

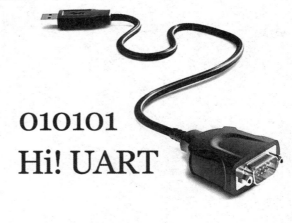

010101
Hi! UART

17.1　"烽火戏诸侯"说单片机数据通信

本小节要学习的是单片机的数据通信模型。放松心情，快乐的开篇，跟随小宇老师一起阅读和思考。在进入正式理论学习之前，首先要给大家讲一个故事，帮助大家建立生活中"数据通信"的相关概念。

相传西周末代天子周幽王，为博得爱妃褒姒一笑，采纳奸臣虢石父的建议，在骊山西秀岭第一峰点燃烽火台上的报警狼烟，招引四方诸侯奔来解围救驾，结果却看到烽火台上一派灯红酒绿，歌舞升平的喧闹场面，于是愤然离去，褒姒看到众诸侯被戏弄的狼狈样，果然破颜一笑，其场面如图 17.1 所示。公元前 771 年，犬戎国入侵西周，当周幽王再举烽火时，却无人前来救援，幽王死于乱箭之中，褒姒被俘献予戎王，西周王朝至此灭亡。

图 17.1　"幽王烽火戏诸侯，褒姒一笑失天下"的故事

这个故事其实就是"幽王烽火戏诸侯，褒姒一笑失天下"。那么这个故事和单片机数据通信有什么联系？其实，在这个故事里想说明就是信息传递和数据通信的要素及过程。读者分析这个故事并且思考，数据通信的目的是传递信息，周幽王想博得褒姒一笑，想出戏弄诸侯的方法，通过点燃烽火台的狼烟向诸侯们传递信息，诸侯们接到信息后的理解就是："周幽王有难，速来营救"，最终诸侯们被戏弄，周幽王达到了目的。

不难从故事中得到，想要完成数据的通信就必须要有信息发送方和信息接收方，信息源头就是周幽王欲向四方诸侯传递的虚假信息，接收信息的对象就是四方诸侯，靠什么方式传递信息呢？那就是点燃烽火台的狼烟，四方诸侯怎么得到信息呢？那就是远距离通过空气介质看到了狼烟的烟雾。由此可以得到一般通信系统中的几个要点：

第一点：有效的数据通信首先需要明确欲传送或者表达的消息。

第二点：消息需要被加工成适合被表达的信息。

第三点：信息必须能够正确的传送到接收端。

第四点:接收端应该能接收信息并且正确理解。

这就是普遍存在于现代生活中的数据通信过程,也可以理解成信息的交互。实际生活中的数据通信过程表现在方方面面,实现通信的方式和手段也很多,如手势、眼神、动作、语言以及发邮件、打电话、听广播、看电视、上网冲浪等,这些都属于消息的传递方式和信息交互的手段。

在实际的单片机系统中,传输的信息都是电信号,通过单片机的通信系统将信息从信息源发送到一个或者是多个目的地,从而把信息进行传递,目的地的设备接收到信息再进行下一步的处理。总结通信要素和流程不难得到如图 17.2 所示的数据通信系统模型。

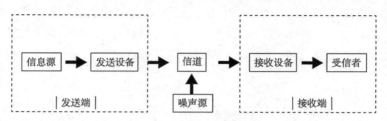

图 17.2　数据通信系统的一般模型

通过分析图 17.2 可以发现,左右两个虚线框表示发送端和接收端,这就是通信过程中的"对象",两个虚线框中间通过信道连接,这就是传输介质,虚线框内还有具体的单元组成。下面就对该图中的各组成单元进行详细介绍,以明确单元功能,理清通信流程。

1. 信息源

信息源也可以简称为"信源",是把各种消息转换成原始的电信号用于被单片机所识别,简单说就是信息的源头,没有源头就没有有效的数据信息,后面的传递就没有意义了。把消息转换后所得到的信号又可以分为模拟信号和数字信号。模拟信号是随时域连续变化的信号,例如麦克风把声音信号进行连续采集后得到的电信号就是模拟信号。数字信号是在时域上离散变化的信号,例如敲打键盘输入至处理器的二进制脉冲信号。两种信号也可以进行相互转换,也就是 A/D 转换和 D/A 转换,有关 STM8 单片机 A/D 资源的相关知识会在本书的第 21 章做详细介绍。

2. 发送设备

发送设备是用于产生适合在信道中传输的信号的设备,也就是对信号进行一定的加工使得信号的特性和传输信道相匹配,并且具有一定的抗干扰能力,具有足够的功率,满足传输距离的要求,不至于在传输过程中因衰减过大导致失效,在这个环节里面可以包含信号的变换、信号功率放大、信号滤波或者信号编码等过程。

3. 信道

信道就是信息传送的通道,是一种物理的媒介。信道也可以按照通信方式分为有线信道和无线信道。如果单片机系统中通信距离比较近,信息发送端和接收端在电气上不需要分开,针对于这样的情况就可以使用有线信道,例如单片机印制电路板上的铜箔走线,或者是单片机系统模块之间的杜邦线连接等。如果单片机通信系统中要求远距离数据传输,不便于远距离布线的情况就可以使用无线信道,信道可以是自由空间。

信道是信号传输的通道,但是在信道中存在有各种干扰和噪声,这些干扰和噪声会对信道中的信号产生不同程度的影响,直接关系到信号通信的质量。噪声对于信号来说是有害的,噪声的强度到达一定程度时可以引起模拟信号的失真或者数字信号的错码,在单片机通信中尤其要注意增强系统的抗干扰性,保证信号传输的有效性。

4. 接收设备

接收设备是对应发送设备而言的,它的作用就是将信号进行放大和反变换。例如信号为了便于传输在发送设备中进行了编码,那么到了接收设备中就需要进行解码,经过反变换过程就可以得到原始的电信号了。接收设备的主要目的就是从受到干扰的接收信号中正确恢复出原始的电信号。

5. 受信者

受信者又可以称为"信宿",也就是信息传递的"目的地",其功能与信源相反,就是把原始的电信号还原得到相应的信息。

为了便于大家进一步理解一般数据通信的过程,对应上述 5 个基本组成,小宇老师再举一例帮助大家理解。例如在使用手机通话的整个过程之中,拨打方对着手机说话,手机负责把声音信息进行采集,从而得到模拟电信号,再由手机进行 A/D 转换得到数字信号(信息源)。数字信号在处理器的控制下通过手机射频通信模块编码或加工后传送至通信网络(发送设备)。通过通信网络将通话数据无线传递到接收方(无线信道)。接收方用户手机把无线传输得到的数据进行解码,得到原始的语音模拟电信号,再经过功率放大器放大(接收设备),最终还原得到放大的原始音频信号并驱动扬声器等负载(受信者),这样接收方就能听到拨打方欲传递的通话内容了。

了解了通信系统中的相关名词,也清楚了通信系统中的传输过程,就可以在此基础之上总结出"STM8 单片机系统中的通信模型",该模型解释了单片机作为"发送端"究竟需要传输哪些信息出去,接收端又如何得到这些信息,其通信模型如图 17.3 所示。

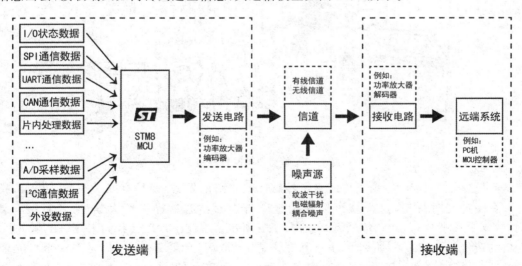

图 17.3 STM8 单片机数据通信系统模型

分析图 17.3 可以发现,图中左侧的发送端结构中 STM8 单片机可以获取和传递的信息有很多,例如:I/O 端口电平的状态、SPI 通信数据、UART 通信数据、CAN 总线通信数据、I²C 通信数据、A/D 采样得到的数据、外设通信数据或者是片内运算处理得到的数据等,有了这些数据后就可以被 STM8 单片机传送到发送电路中。按照信号特性和传输信道的特性,发送电路会对信号进行功率放大或者编码等处理,让信号适合在实际信道中传输。对于信道中的干扰还需要在发送电路侧和传输过程中找到抗干扰的方法,尽量减少信号传输失真,确保信号的正确和有效。等待信号传送到接收电路后,可以进行功率放大以补偿信号传输过程中的衰减或者按照实际需要进行解码操作,再把信号传送给远端系统或者是其他的受信者。

17.2 单片机通信理论铺垫

在理解并行通信和串行通信前,读者先体会一个巧例,就拿大学的食堂来说事儿吧! 假设某大学有师生共计 2 万名,还要假设食堂的饭菜味道不错,师生们都愿意在学校里面就餐。中午饭点到了,师生们要开始就餐了,最头疼的问题就是排队,如果食堂只有 1 个窗口可以打餐,打餐阿姨是"专业"的,打餐一人平均耗时 1 min,如果您排在第 1 866 位,你饿着肚子接过打餐订单,上面写着:"亲爱的同学,你的前面还有 1 865 位同学在等待,预计 31.08 h 后你就能吃上可口的饭菜了哦!",这样"惨不忍睹"的情景如图 17.4 所示。

图 17.4　单窗口排队打餐例图

试问,这样的大学就餐情况你能忍? 然后你就暗暗的发誓,要是有一天我当了校长,我就开 2 万个窗口同时打餐,这样就可以在招生广告上写:"有这样一所大学,全校打餐只要 1 min! 快来就读吧!",这样的情景就好比图 17.5 所示。看完图片后让我们来算一笔账,假设 1 个窗口的造价是 1 000 元,那么 2 万个窗口就是 2 000 万,你要是校长,你觉得这个投入值得吗? 说到这里,问题就来了,开多少个窗口合适? 怎么合理安排打餐方式? 其实,这两个例子之中就暗含并行通信与串行通信的优缺点。

通过以上例子,读者了解了打餐的过程其实就是信号的传递,单窗口的打餐方式就是串行

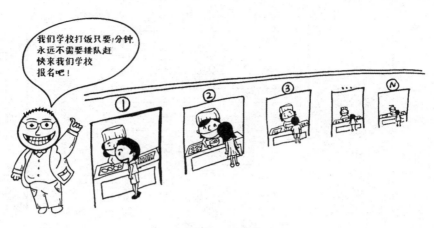

图 17.5 多窗口排队打餐例图

数据通信，多窗口的打餐方式就是并行数据通信。通过 17.1 节读者了解了单片机数据通信系统中传送的都是电信号，那么电信号是如何进行传送的呢？电信号又怎么能表示人们想表达的信息呢？其实，在单片机系统中通常是采用电流或者电压变化来实现数据通信的，以电压信号为例，电压有高也有低，在数字信号系统中通常用电压的高低表示出电平信息，高电平用"1"表示，低电平用"0"表示。如果将这些逻辑电平组合在一起就可以构成特定的数据，用这些特定的数据就可以表示人们想表达的信息了。在单片机的内部，所有的数据都用位来存储，每一位就通常说的二进制数值，在单片机通信系统中常见的通信方式有两种：单片机并行通信和单片机串行通信，两种方式各有优劣，接下来就对其进行展开，让读者对单片机通信方式有一个明晰的认识。

17.2.1 单片机并行通信

所谓单片机"并行通信"是将构成一组数据的各个位同时进行传送，数据位数和传输通道数相等的一种通信方式。在传输时将一组数据拆分为 N 个二进制位，使用 N 个通信信道同时传送出去（8 位数据就用 8 个通道、16 位数据就用 16 个通道）。通信信道彼此独立开来，各自拥有线路资源，其模式如图 17.6 所示。

以 STM8S 系列单片机中的 STM8S208MB 为例，该单片机的 PA 端口共有 8 个引脚，分别是 PA0～PA7，若配置 PA 端口为输出功能，那么向 PA 整个端口赋值一个十六进制数据 $(0xB6)_H$，该数据转换为二进制代码就是 $(10110110)_B$，此时每个二进制位刚好占用一个 GPIO 引脚，当赋值操作完毕之后与该端口连接的外设线路就会接收到 $(0xB6)_H$ 数值的数据，这种方式就是单片机与外设常用的并行通信方式。

并行通信的特点是：如果传输数据位过多就需要多条通信信道，布线成本高，如果并行信道传输一个数据位需要的时间是 T，那么有 n 个数据位对应 n 条通信线路，完成一次整体传输耗时也是 T，传输速度快，在传输过程之中不需要进行数据的串/并转换，但是信道的利用率低。这种通信方式适合近距离、高速率的信号传输。对于单片机而言，并行通信占用的引脚数量通常都是一组或者多组 GPIO 端口，一定程度上会造成引脚资源的浪费，所以在具体的系统中应该按照实际需求来选择相应数据的传输方式。

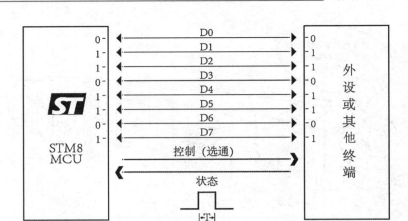

图 17.6　单片机并行通信

17.2.2　单片机串行通信

　　所谓单片机"串行通信"就是把一组数据的各个位拆开成多位，然后按照一定规则分时进行逐位传送的传输方式。这种传输方式采用的传输信道数比较少，速率也较低，一般具备时钟线和数据线，其模式如图 17.7 所示。

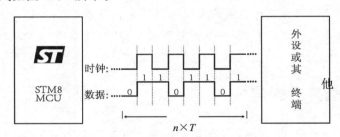

图 17.7　单片机串行通信

　　分析图 17.7 所示模式，串行通信的优点是：数据传输需要的信道通道数量较少，降低了布线成本，线路利用率高，但是通信过程中需要对数据进行串/并转换，如果串行信道传输一个数据位需要的时间是 T，那么有 n 个数据位和 1 条通信线路，完成一次整体传输的耗时将是 $n*T$，由于实际传输过程中还存在传输时间间隔和时延，所以实际耗时是大于 $n*T$ 的，这样一来就会导致传输速度缓慢。这种通信方式适合长距离、低速率的信号传输。

　　在实际的单片机数据通信应用中，串行方式是比较主流的，单片机的串行通信根据规范、形式、数据帧结构、组网方式等方面又可以分为多种，常见的有 DALLAS 公司的 1-Wire 总线，DS18B20 温度传感器就是用的这种总线协议，该部分内容会在第 18 章进行详细学习。还有美国电子工业协会推荐的标准 EIA RS-232-C 协议接口、EIA RS-244-A 协议接口、EIA RS-423-A 协议接口和 EIA RS-485 协议接口等，类似的还有 SM Bus 总线、PS/2 接口、USB 总线、CAN 总线、IEEE-1394 总线以及后续章节将要学习的 SPI 接口、I^2C 总线等。

17.2.3 串行通信位同步方式

通过对单片机串行数据通信的学习,读者了解了串行方式是把数据拆分为多个位,然后分时进行传输,也就是说发送方发送的每一个数据位都是以固定的时间间隔来发送的,这就要求接收方也要遵守时间间隔的约定去接收由发送方发送出的数据位。但是实际的系统中怎么能确保发送方和接收方的时间间隔一致呢?如果时间间隔不一致会如何?本小节就来谈谈串行数据通信的"位同步"问题。

首先应该明白,位同步是要解决单个二进制位传输的同步问题的,造成不同步的原因是数据通信双方的工作时钟频率上存在着差异,这将会导致通信过程中时钟周期的偏差,实现位同步就是要使得接收端和发送端数据同步,让双方在时钟的基准上一致,即数据传输什么时候开始,都有多少位跟随着,各种位的含义和区分边界在哪里等问题。串行通信的位同步方式又可分为两种:异步串行通信方式和同步串行通信方式,下面就对这两种方式展开讲解。

1. 异步串行通信方式

异步串行通信方式又可以称为"起止式异步通信",在实际的单片机通信系统中使用得最为广泛。该方式是使用字符作为传输单位的,数据帧与数据帧之间没有固定时间间隔的约定,可以是不定时长的"空闲位",但是组成数据帧的每一个位之间的时间间隔是确定的。这种用起始位开头、中间包含数据位后面尾随校验位和停止位的格式,称之为"帧",整个数据帧的位组成是靠起始位和停止位来进行定界和识别的,该方式下的通信数据帧格式如图 17.8 所示。

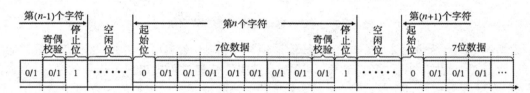

图 17.8 异步串行通信数据帧格式

为了保证异步串行通信正常,通信前通信双方必须事先约定,通信双方必须采用统一的字符数据帧格式和一致的通信波特率。这两点很好理解,例如生活中的对话,肯定有对话的双方,明确主题后必须使用同一个语系对话(数据帧格式),并且说话的速度也要合适(波特率),这样就能顺利完成对话。在这里的"字符数据帧"是事先要约定好的字符的编码形式、数据位校验方式以及起始位和停止位的约定。而"波特率"是指每秒钟通过信道传输的码元数,波特率是衡量传输速率快慢的指标之一。

需要特别注意的是异步串行通信方式与后续学习的同步串行通信方式在"帧"的组成上是有差异的,异步串行通信中的"帧"通常只包含一个数据字节,而同步串行通信中的"帧"可能包含几十个乃至上千个数据字节,习惯性的可以称异步串行通信是"小帧",同步串行通信是"大帧",异步串行通信速率一般低于同步串行通信速率。

异步串行通信的数据帧一般由以下 4 个部分组成:

(1)起始位:设置该位的目的在于告知接收方数据传输开始了,后面连接着的位就是数据帧的其他位,起始位为 1 位,持续一个比特时间的逻辑低电平。

（2）数据位：即为传输字节中的各个组成位，数据位一般可以约定为 5 位/6 位/7 位/8 位/9 位等，具体的位数是取决于传送的信息，比如标准的 ASCII 码取值范围是 0～127，若传送的 ASCII 码数值为 $(127)_D$，转换为二进制数则为 $(1111111)_B$，那就占用 7 位数据位即可。如果采用扩展的 ASCII 码，其取值范围是 0～255，若传送的 ASCII 码数值为 $(255)_D$，转换为二进制数则为 $(11111111)_B$，此时就需要占用 8 位数据位才行。但是要注意，在正常的异步串行通信中发送方和接收方数据位数应该一致，即收发双方都必须要遵循同一套"约定"。

（3）校验位：设置校验位的目的是为了对传送的数据进行一个正确性"验证"，为了形象的说明该位作用，小宇老师引入一个如图 17.9 所示的"老王家的 3 个孩子"的趣例，用生活中的例子来说明信息在传递中的"失真"问题。

图 17.9　消息传输过程中的"失真"现象

分析图 17.9，故事的主人公"老王"是传播信息的源头，老王向他人传达的信息是："老王家有 3 个孩子，老大出国了，老二经商了，老三在读书"，传递过程中出现了信息的错位、信息的丢失、信息的理解错误，传到最后一个人耳朵里的信息变成了："老王家的 3 个孩子都出国了"。这显然就和原始的信息完全不同了，通过这个例子读者领悟到了什么呢？那就是信息在传播的过程中有可能会"失真"，这就导致最终接收到的信息未必"真实"。下面介绍如何去验证最终接收到的信息与信源发出的信息是一致的，这才是重点。

需要验证数据传输的正确性，最有效的办法就是采用数据校验机制，在数据校验机制中存在着很多种数据差错校验方法，常用的有奇偶校验法、循环冗余码校验法等，奇偶校验法在数据通信中最为常用，按照运算方式可分为一般奇偶校验法、垂直奇偶校验法、水平奇偶校验法和垂直水平奇偶校验法等，以一般奇偶校验法为例说明校验原理。

奇偶校验位占 1 位，用于得到进行奇校验或者是偶校验之后的结果，对于偶校验和奇校验来说就是看传输的数据中是否有偶数个或者奇数个高电平，如果对传输数据进行奇偶校验，则不管数据位有多少位，进行校验运算后得到的校验位有且仅有 1 位。

假设传送的数据位有 n 位，对于偶校验来说，校验结果满足式(17.1)：

$$\text{Bit}_0 + \text{Bit}_1 + \text{Bit}_2 + \cdots\cdots + \text{Bit}_{n-1} + \text{Bit}_n = 0 \qquad (式 17.1)$$

式 17.1 中"Bit_{0-n}"代表传输数据位，运算加法为模二加运算，若运算中为"1"的数据位有偶数个，则校验位应为"0"，有奇数个，则校验位应为"1"。

假设传送的数据位有 n 位，对于奇校验来说，校验结果满足式(17.2)：

$$Bit_0 + Bit_1 + Bit_2 + \cdots\cdots + Bit_{n-1} + Bit_n = 1 \qquad \text{(式 17.2)}$$

式 17.2 中"Bit_{0-n}"代表传输数据位,运算加法为模二加运算,若运算中为"1"的数据位有奇数个,则校验位应为"0",有偶数个,则校验位应为"1"。

【例 17.1】若异步串行传输过程中数据位为$(01011100)_B$,则采用奇校验方法校验结果应该为多少?若采用偶校验方法校验结果应该为多少?

解答:对于数据位$(01011100)_B$来说,先看里面有多少个"1",也就是数清楚里面有多少个逻辑高电平,很明显里面有 4 位均为逻辑高电平,高电平的数量为偶数个。

如果用奇校验计算得到的校验位应该为"1",在原始的数据位$(01011100)_B$后面加上一位数据校验位"1",再数数这一串数据中"1"的个数为奇数 5 个,这样才能确保逻辑高电平是奇数个。

如果用偶校验计算得到的校验位应该为"0",在原始的数据位$(01011100)_B$后面加上一位数据校验位"0",再数数这一串数据中"1"的个数为偶数 4 个,这样才能确保逻辑高电平是偶数个。

通过上面的例子,读者理解了奇偶校验法的原理,但是细心的读者可能会有这样的思考,假设数据位原始是$(01011100)_B$,传送到接收方的时候变成了$(00001111)_B$,虽然数据位逻辑高电平仍然是偶数 4 个,但是很明显看出数据位已经错误了,这种情况下不管是采用奇校验还是偶校验都不能检查出错误,那加上数据校验位不就没有什么意义了吗?

读者的想法非常对,所以说,奇偶校验位只适合于简单的数据校验,不会对数据传送的内容进行实质性的校验,使用奇偶校验位的好处是让接收者粗略判断是否有噪声干扰了通信造成数据错误。如果需要对传送数据进行实质校验,则需要用到更复杂一些的数据差错校验方法,如循环冗余码校验法。如果检测到差错数据想要进行差错恢复,还需要用到一些纠错算法,在这里就不详细展开了。

停止位:停止位和起始位是对应的,用于表示这一个数据帧传送完了。停止位的位数一般有 1 位/1.5 位/2 位等,具体可以由软件来设定。由于数据位在传输信道中的传输时序是固定的,并且通信双方可能都拥有自己的时钟,极有可能在通信过程中产生不同程度的延迟,因此,设立停止位不仅可以代表数据帧的结束,还可以为通信双方提供一个修正同步节拍和校正时钟同步的功能。

以上就是一个完整的异步串行通信数据帧的 4 个组成部分,抛开数据帧内部的组成还有一个状态位需要介绍,那就是"空闲位",空闲位的作用是用来表示当前线路处于空闲状态,空闲位位于上一个停止位到下一个数据帧的起始位之间,空闲位通常为逻辑高电平。至此,异步串行通信的数据格式就可以总结为:空闲位、起始位、数据位、校验位、停止位共 5 大部分构成,具体参数如表 17.1 所示。

表 17.1 异步串行通信帧组成及参数说明

参数	起始位	数据位	校验位	停止位	空闲位
逻辑状态	0	0/1	0/1	1	1
占用位数	1 位	5/6/7/8/9 位	1 位或没有	1/1.5/2 位	1 位或 N 位

2. 同步串行通信方式

同步通信是指在收发双方约定的通信速率下,发送端和接收端的时钟信号频率和时钟相位要保持一致,这样就保证了通信双方在发送数据或者是接收数据的时候保持一致的定时关系,从而严格的达到数据同步。在单片机与功能外设的近距离通信系统中,同步串行通信方式应用也非常广泛,例如 SPI、I^2C 等串行接口和协议都是用的同步串行方式,所以通信速度较快。

同步串行通信方式中的"帧"可能包含几十个乃至上千个数据字节,习惯性可以称之为"大帧",这种帧的结构是有别于异步串行通信方式的,每一帧的开始不再是异步通信中的起始位,取而代之的是同步字符或者特定标志符。整个"大帧"的结构一般由同步字符、数据块、校验字符组成,数据块的字符是不受限制的,数据之间没有"空闲位",传输的数据字节数较多,一般通信速度可达到 56 kbps 或以上。在同步串行通信中也有不同格式的数据帧结构,常见的几种同步串行通信数据帧格式如图 17.10 所示。

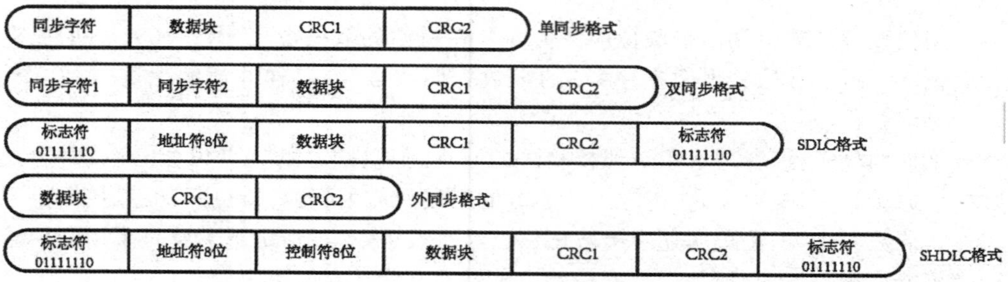

图 17.10　常见几种同步串行通信数据帧格式

同步串行通信方式不仅在数据帧结构上与异步串行通信有明显的差异,在物理连接上也有不同,同步串行通信线路不仅有传输数据的数据线,还有同步收发双方时序的时钟线,同步时钟用于严格控制收发双方数据传输的"节拍",同步时钟由主控方给予,与异步串行通信相比较,硬件结构复杂很多,但是效率和速率上优于异步串行通信。所以,每一种技术都有其特点和适用,读者可以掌握理论知识之后在实际的工作中合理选择通信方式,以满足产品功能的要求。

17.2.4　串行通信数据传送方式

串行数据传送方式是为了说明收发双方传输的"方向性"问题,读者先看一个生活中的例子,假设要在一座大山上修一座寺庙,现在经费吃紧,住持带着众和尚开始思考如何从山下往山上的寺庙修路。一小和尚甲说:"修一条与车身同宽的路吧! 这样就能上山",如图 17.11 (a)所示;小和尚乙说:"甲说得不对,只有上山的路没有下山的路,施主们上了山不能回去,难道都出家当和尚吗? 考虑经费,还是修一条路,上午允许施主们统一上山,下午就让施主们统一下山吧",如图 17.11(b)所示;小和尚丙说:"甲乙说得都不对,应该修两条与车身宽度一致的马路,可以让施主们同时上下山啊!",如图 17.11(c)所示;住持笑眯眯地摸摸小和尚丙的小光头说道:"我看好你哦!"。

分析故事并体会深意,小和尚甲的想法是只能单个方向通车,小和尚乙的想法是分时段可以双向通车,小和尚丙的想法是同时双向通车。聪明的读者肯定能体会出小和尚丙的想法是最合理的。将这个思想用到单片机串行通信中,假设有 A 和 B 两个通信对象,如果 A 只能发送数据,B 只能接收数据,或者说 A 只能接收数据,B 只能发送数据,那么此时 A 与 B 就是单

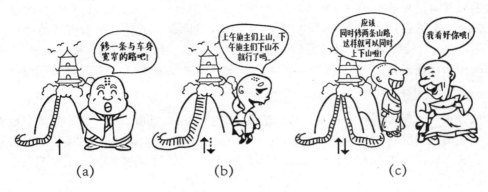

图 17.11 小和尚们的修路思想

工通信方式,如图 17.12(a)所示,这也就是小和尚甲的思想;如果 A 与 B 可以分时段,某一时刻只能一方到另一方,双方身份可以改变,那么此时 A 与 B 就是半双工通信方式,如图 17.12(b)所示,这也就是小和尚乙的思想;如果 A 和 B 双方在同一时刻既能发送数据又能接收数据,那么此时 A 与 B 就是全双工通信方式,如图 17.12(c)所示,这也就是小和尚丙的思想。

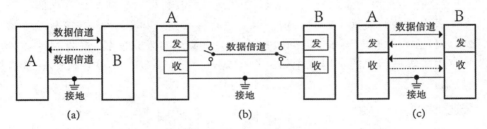

图 17.12 单工/半双工/全双工通信方式示意图

1. 单工通信方式

在该方式中,通信双方中的一方只能是发送数据,另一方只能是接收收据。如果对于异步串行通信方式,通信数据线只需要 1 根,对于同步串行通信至少需要 2 根线(数据线和时钟线)。单片机实际应用中单工方式运用得很多,例如 GPS 模块与单片机通信,假设成型的 GPS 模块向外引出 4 根接线,分别是电源正 VCC、电源地 GND、串行数据发送 TXD、串行数据接收 RXD,这时与单片机连接,在电气上需要为 GPS 模块供电,将 GPS 模块与单片机系统共地,在通信上就只需要将 GPS 模块的串行数据发送 TXD 引脚接到单片机的串行数据接收引脚即可。因为 GPS 模块会向单片机 UART 串口的数据接收引脚源源不断的发送解析后的定位数据包,但是单片机不需要去配置 GPS 模块,即 GPS 模块的串行数据接收 RXD 引脚可以不接线,这种应用就是单工通信方式的典型,通信所需的数据线仅 1 根即可,通信双方的通信方向只能是固定的一个方向,通信双方的"角色"也是固定的一个角色。

2. 半双工通信方式

在该方式中,某一时刻,A 方只能作为数据发送方或者接收方,同样 B 方只能作为数据接收方或者发送方。虽然 A 和 B 都能够发送或者是接收数据,但是不能同时进行数据收发过程。这种连接方式是用"分时"的方法来做到了双向的信息交互,是一种"分时完成"的双工方式,所以称之为半双工通信方式。在单片机实际应用中也广泛存在,例如基于单片机和射频芯片制作的无线对讲机就有半双工模式的。就拿生活中的例子来说明,例如宾馆中的退房流程中,服务前台 A 方占用通道并发送:"401 房间退房,请检查",然后退出信道转换身份为接收方。4 楼工作人员接收前台对讲信息后,占用通道并发送:"401 检查完毕,可以退房"。在这个通信系统中通信信道是公用的,某一时刻信息只能是单向传递,即为半双工通信应用。

3. 全双工通信方式

在该方式中,某一时刻,A 和 B 双方既能发送数据又可以接收数据。分别用 2 根独立的传输线路来连接数据发送方和数据接收方,这样双方就可以同时工作,发送与接收数据之间互不冲突。在实际的单片机与上位机交互的时候使用很多,例如后续的 STM8 单片机和 PC 终端双向通信等。

17.2.5 串行通信时钟及传送速率

通过对同步串行通信和异步串行通信中数据帧组成的学习,读者了解到通信过程中传送的都是一些二进制数据位组成的数据序列,这种数据序列称为比特组,在通信建立后由发送端将数据序列发送出去再由约定的接收方进行接收。二进制数据位组成的序列之间有固定的时间间隔,在发送出去的时候这个时间间隔是由发送时钟来划分和定界的,在接收端被接收的时候是由接收时钟去划分和定界并且取回数据位的。下面就对发送时钟、接收时钟、波特率、比特率、波特率因子等通信中的常用概念做一个了解,也为后续 STM8 单片机串口通信具体参数配置做好知识储备。

1. 发送时钟

发送时钟由发送端的时钟脉冲控制,假设发送端是 STM8 单片机,在发送开始时单片机把片内总线的并行数据传送到芯片内部的移位寄存器中,将其转换为串行数据,移位寄存器受发送时钟脉冲的控制将数据进行移位输出,数据位的时间间隔由时钟周期决定。

2. 接收时钟

接收时钟是由接收端的时钟来控制和检测,假设接收端也是 STM8 单片机,当串行数据接收引脚上接收到了串行数据线上的串行数据后,由接收时钟进行数据位的划分和定界,在接收时钟脉冲的控制和检测下将数据逐位传入接收端内部的移位寄存器,移位寄存器将串行数据转换为并行数据并且传送到芯片内部数据总线上。

3. 波特率

在信息传输通道中,携带数据信息的信号单元叫"码元",每秒钟通过信道传输的码元数称为码元传输速率(R_B),简称波特率或码元速率。码元是指时域上对信号进行编码的单元,这里的信号可以是数字、符号等,对于同一个信号,根据编码方式的不同,得到的码元个数也不一样。所以波特率所指的码元与具体采用的编码方式和进制有关,其参数计算方法如式(17.3)所示,式中的"N"表示传送的数据为 N 进制。

$$波特率(R_B) = \log_2 N \tag{式 17.3}$$

4. 比特率

比特率(R_b)或称信息速率,是用来表示在通信信道上每秒传输的信息量多少,比特率中的信息量是指对信号进行二进制编码时每秒传送的码元数，其参数计算方法如式（17.4）所示，单位为比特/秒（bit/s 或 bps）。

$$比特率(R_b) = \log_2 2 \tag{式 17.4}$$

波特率和比特率其实是两个不同的概念，但是在计算机或者电子类领域工作的开发人员通常不刻意区分两者，这是因为在计算机系统或者是电子类通信系统中，一个信息的表示只能由二进制的"0"和"1"来表示，所以当式 17.3 中的进制"N"等于 2 时就刚好与比特率的计算公式（17.4）相同，这时候 1 波特就相当于 1 比特就是代表 1 位/s。单片机系统中的 UART 通信常用的波特率有 1 200 bps、2 400 bps、4 800 bps、9 600 bps、14 400 bps、19 200 bps、38 400 bps、56 000 bps、57 600 bps、115 200 bps 等。

5. 波特率因子

在通信建立之前，务必要设定好波特率和数据帧的格式，在通信开始时，数据按照指定的波特率被送入到 STM8 单片机内部的输入移位寄存器或输出移位寄存器中，一般是几个时钟周期就移位一次，这个时候就要求接收时钟和发送时钟的时钟周期是设定波特率的倍数关系。波特率因子就是发送或者接收 1 个数据位所需要的时钟脉冲个数，单位是 1/Baud 或者是 $Baud^{-1}$。先来看看如式（17.5）所示的发送时钟/接收时钟与设定的波特率的关系，式中等号左边的"F"表示发送时钟/接收时钟的频率，单位为赫兹（Hz），"n"表示波特率因子，单位是 1/Baud 或者是 $Baud^{-1}$，"B"表示数据传输的波特率，单位是 Baud/s。

$$F = nB \tag{式 17.5}$$

在实际的串行通信中，波特率因子可以设定，如果波特率因子为 32，含义就是 32 个发送/接收时钟周期数据移位一次。在异步串行通信时，常采用波特率因子为 16，即异步串行通信中的发送/接收时钟频率要比设定的波特率高 n 倍。在同步串行通信中，波特率因子则必须为 1。

【例 17.2】如果在单片机异步串行通信中，设定的波特率为 9 600 bps，通信波特率因子为 16，则发送时钟或者接收时钟的频率为多少？

解答：根据公式（17.5），已知波特率因子"n"为 16，通信波特率"B"为 9 600bps，容易计算出 $F = 16 * 9 600 = 153 600 Hz$，即发送时钟或者接收时钟的频率为 153600Hz。

17.2.6 串行信道数据编码格式

本章节开始时讲解了数据通信模型，数据传送的通道称之为信道。信道是连接发送端和接收端的介质，其功能是将信号从发送端传送到接收端的通道。按照传输介质的特性可以将信道分为有线信道和无线信道。有线信道主要传播电信号或者是光信号，而无线信道中传播的主要是电磁波。单片机实际通信系统中的信道类型又可以分为模拟信道和数字信道，两者传输的信号类型是不一样的，如图 17.13 所示。例如：早期的电话线路中就是传送的模拟信号，同轴电缆就适合传送数字信号。也就是说，根据信号的不同也有不同适用的信道，这时就会涉及信号间的转换问题。

分析图 17.13 所示的传输过程，对于单片机系统中传输的数字信号而言，编码是用特定方法把代表的内容转换为数码或把代表的内容转换为电脉冲信号、光信号、无线电波等的过程。与之对应的逆过程就是数据的解码，即用特定方法把数码还原成它所代表的内容或将电脉冲信号、光信号、无线电波等转换成它所代表的信息、数据的过程。

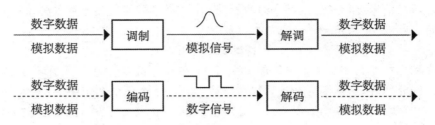

图 17.13　模拟/数字信号传输过程及信道类型

　　数据编码是通信过程中的重要环节，原始的数据信号通过编码可以变为更加适合在数字信道中传输的数字信号，使得接收端具有检错或纠错的能力。对于数字信号传输来说，最简单、最常用的方法是用不同的电平来表示两个二进制数字"1"和"0"，也就是用电压变化组成的矩形脉冲表示数字信号。根据信号是否归零，还可以划分为归零码和非归零码，归零码码元中间的信号回归到低电平，而非归零码遇高电平翻转，低电平时不变。在通信系统中常见的编码还有不归零编码（NRZ）、曼彻斯特编码（Manchester）、差分曼彻斯特编码和密勒编码等。STM8 系列单片机的串口数据编码采用工业标准的 NRZ 数据编码。下面就以 NRZ 不归零编码为例，解说数据编码过程。

　　不归零编码（Non Return To Zero Line Code，NRZ）指的是一种二进制的信号代码，在这种传输方式中，高电平"1"用正电压信号表示，低电平"0"用负电压信号表示，在表示完一个码元后，电压不需回到"0"，一个码元的宽度等于一个时钟脉冲的宽度，所以 NRZ 是一种全宽码。如图 17.14 所示的即为（1110 1100 0101 1010）$_B$ 数据的 NRZ 编码方式。

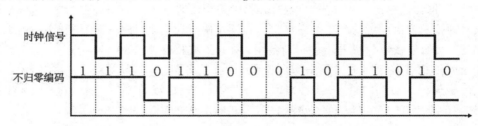

图 17.14　NRZ 编码方式

17.2.7　串行信道中的常见电平标准

　　单片机通信系统中常用的电平标准有 TTL 标准、CMOS 标准和 EIA RS-232C 标准，了解这些电平标准的概念和转换非常重要，接下来就对常见电平标准进行逐一介绍。

　　根据单片机的内部端口制造工艺和电路组成，在单片机的 I/O 系统中常用的电平标准为 TTL 电平标准或 CMOS 电平标准，每种电平标准又有不同的电压系列，如 5 V TTL 电平标准或者 3.3 V CMOS 电平标准，5 V TTL 电平标准中驱动器输出电压在 2.4 V 以上就被认为是高电平，输出电压在 0.4 V 以下就认为是低电平；5 V CMOS 电平标准中驱动器输出电压在 4.44 V 以上才被认为是高电平，输出电压在 0.5 V 以下就认为是低电平（具体器件的高低电平电压阈值请以芯片手册参数为准）。从高电平和低电平的区分上来看，TTL 电平标准和 CMOS 电平标准都是正逻辑电平的电平标准，但是细心的读者会发现 TTL 电平和 CMOS 电平并不相同,哪怕是同一种电压系列对应的电平参数也不一致,要想解决这个问题就要引出不同系统通信器件之间电平标准的转换问题,该问题将在 17.3 小节详细介绍。

RS-232C 标准的全称为 EIA RS-232C 标准,这里的"EIA"是美国电子工业协会 Electronic Industry Association 的英文缩写。有不少单片机学习和开发人员经常把 EIA-RS-232 标准和 232 电平以及 MAX232 芯片混为一谈。这里所讲的 EIA RS-232C 标准经常被简化称为 RS-232 标准,这个标准的全名是"数据终端设备和数据通信设备之间串行二进制数据交换接口技术标准",它在单片机产品与 PC 或者工业计算机通信中是非常常见的一种串行通信接口标准,这个标准里面详细定义了串行通信接口的连接电缆、机械特性、电气特性、信号功能及传送过程。该标准中采用 $-3 \sim -15\ V$ 电压来表示逻辑"1",用 $+3 \sim +15\ V$ 来表示逻辑"0"。在 RTS、CTS、DSR、DTR、DCD 等线路上也使用这样的电平格式(这些线路名称及功能会在本章 17.4 节中进行讲解),用 $+3 \sim +15\ V$ 来表示表示信号接通,反之使用 $-3 \sim -15\ V$ 电压来表示信号断开。不难看出,这样的电气特性规定的通信电平电压必须在 $\pm 3 \sim 15\ V$ 之间,如果在 $-3 \sim +3\ V$ 之间或者低于 $-15\ V$ 高于 $+15\ V$ 的电压就是无意义的电压。所以这种电平标准也称为"RS-232"电平或者不严格的称为"232"电平标准,细心的读者会发现这种电平标准表示高低电平的电压值在逻辑上是颠倒的,所以也称之为负逻辑电平标准。在单片机系统和 PC 或者工业计算机通信中也会涉及到把 RS-232 电平标准与 TTL/CMOS 标准进行电平转换的问题,该问题也将在 17.3 小节中详细展开。

17.3　单片机数据通信电平转换问题及解决方案

在 17.2.7 小节的电平标准知识中引出了单片机实际应用系统中电平标准的不兼容问题,为了解决该问题,在本节将介绍对于两个不同电压系列或者不同电平标准的系统如何进行正常通信的研究,要解决问题就必须了解问题的起因,即:为什么会存在电平标准的差异?

随着科技的不断进步,集成电路芯片的制作工艺不断更新,为了追求更高的处理速度和进一步降低芯片的功耗,低电压供电的数字集成电路芯片不断涌现,单片机领域就存在不同厂家生产的多种内核和结构的单片机,常见的供电电压有 1.8 V、2.5 V、3.3 V 和 5.0 V 等,正是因为处理器采用不同的电压和电平标准,使得逻辑电平转换更加必要,电平转换方式也随逻辑电压、数据总线的形式(如 4 线 SPI,2 线 I^2C,8 线并行数据总线等)以及数据传输速率的不同而多样。

虽然许多逻辑芯片都能实现较高的逻辑电平到较低逻辑电平的转换(如将 5 V 电平转换至 3.3 V 电平)或者 3.3 V 的单片机 I/O 端口能容忍 5 V 的外加电压,但极少有逻辑电路芯片能够将较低的逻辑电平转换为较高的逻辑电平(如将 3.3 V 逻辑转换至 5 V 逻辑)。另外,电平转换器虽然也可以用电阻搭配二极管、三极管和 MOS 管的组合电路来实现,但因受寄生电容的影响,这些方法大大限制了数据的传输速率和降低了电平转换的可靠性。

可见,正确的信号电平可以保证系统的可靠工作,它们能够防止敏感 IC 因过高或者过低的电压条件而受损。常见的电平转换分为单向转换和双向转换,可采用单电源或双电源转换系统进行电平转换。例如,当 1.8 V 的数字电路与工作在 3.3 V 的数字电路进行通信时,需要首先解决的就是电平的转换问题。那么,如何在信号电平之间进行可靠的电平转换呢?下面列举几种常见的电平转换方法。

（1）性价比较高的方法是采用晶体管配合阻容器件搭建转换电路,利用双极型三极管或 MOSFET,在相关引脚上连接阻容器件利用三极管的导通或者截止实现电平输出,输入电平较为灵活,输出电平就是电源正电压,但是这种方法会受到寄生电容的影响,所以应用的场合一般是低速通信场合。

（2）在实际电子产品中,有的产品利用一些芯片引脚能承受较高电压的方法"间接"实现电平转换,凡是允许引脚输入电压超过供电电源的逻辑器件,一般都可以用作降低电平的作用,这是由于芯片引脚的内部电路中构建了专门的电路保护结构,例如 74AHC/VHC 系列芯片,其芯片数据手册的供电电压说明为:"输入电压范围为 0～5.5 V",如果芯片供电为 3.3 V,从引脚输入的信号为 5 V,则可以"间接"实现 5 V 到 3.3 V 数据的电平转换。但是这种方法并不安全,小宇老师也不推荐,这是因为制造出的芯片哪怕是同一个厂家生产的同一种型号,其电气性能都是有差异的,使用不当就会烧毁芯片引脚内部电路,得不偿失。

（3）采用专用的电平转换芯片,这是小宇老师推荐的方法。单片机数据通信系统一般速率是较低的。就拿 STM8 系列单片机来说,UART 串口速率一般不会超过 56kbps,I^2C 数据接口标准通信速率也才 100 kHz,最快速率可以达到 400 kHz,又或者 SPI 串行外设接口数据通信速率最大可以达到 10 MHz,总的来说,一般的单片机各种通信方式下最高的通信速率也不会超过 20 MHz 频率,而且现在市面上的电平转换芯片已经非常的普及,性价比也较高,有的芯片支持的转换速率可达几百兆赫兹,完全可以满足转换需求。

实现逻辑电平转换的方法有很多种,每一种都有不同的优缺点。对于大多数电平转换应用领域,使用双电源电平转换器通常是最佳选择。德州仪器(TI)半导体公司就提供了广泛的双电源电平转换器产品系列,来满足所有混合电压连接需要。在分立器件不是最佳解决方案的情况下,应考虑其他解决方案。故而小宇老师在本节就以德州仪器(TI)半导体公司的单向 8 通道电平转换芯片 SN74LVC8T245、单向 16 通道电平转换芯片 SN74LVC16T2458、自动方向检测双向转换器芯片 TXB0108 以及针对漏极开路应用的自动方向检测双向转换器芯片 TXS0108 等 4 种芯片展开说明和应用,提供给读者几种电平转换解决方案,在单片机实际系统的电平标准转换问题上提供一种切实可行的方法和途径。

17.3.1　单向 8 通道电平转换方案 SN74LVC8T245

德州仪器(TI)半导体公司生产的 SN74LVC8T245 芯片是一种具有可配置电压转换方向和 3 态输出的 8 位双电源总线收发器,从图 17.15 的芯片引脚及定义图中可以看到芯片的左列为 A 边,V_{CCA} 为 A 边系统正电压输入端,A1～A8 为 A 边系统的 8 个转换通道引脚,在芯片的右边为 B 边,V_{CCB} 为 B 边系统正电压输入端,B1～B8 为 B 边系统的 8 个转换通道引脚,GND 为 A 边和 B 边系统的参考零电位输入,在使用时需要把 A 边系统和 B 边系统进行共地处理,这样才能以同一个参考零电位进行电平转换。

在整个芯片引脚中除了转换双方供电的电气引脚和转换通道引脚外还有 2 个重要的控制引脚(DIR 引脚和 OE 引脚),这两个引脚输入高低电平即可对芯片的工作状态和转换方向进行控制,这两个引脚的逻辑电平高与低都是参考 V_{CCA} 边的电平标准的,DIR 引脚为转换方向控制引脚,若 DIR 引脚为低电平则转换方向由 B 边系统向 A 边系统转换,反之则由 A 边系统向 B 边系统转换。OE 控制引脚为芯片的转换使能引脚,若 OE 为低电平,则芯片转换功能关

闭,A 边和 B 边转换通道引脚均输出高阻态,反之芯片的转换
功能开启,芯片正常工作。芯片的 A 边正电压 V_{CCA} 允许输入
的电压范围为 $1.65 \sim 5.5$ V,B 边正电压 V_{CCB} 允许输入的电压
范围也是 $1.65 \sim 5.5$ V,其间可以包含如图 17.16 所示电压取
值的电平标准。

以 SN74LVC8T245 为核心制作的单向 8 通道电平转换模
块实物如图 17.17 所示,电路原理图如图 17.18 所示,在原理
图中 U1 为 SN74LVC8T245 芯片,P1、P2、P3 和 P4 为排针。
P1 有 3 个引针,分别连接到 VCCA 和 DIR 以及 GND,可以通
过外接短路跳线帽来配置其功能,用短路跳线帽短接 VCCA
与 DIR 则是使转换方向由 A 到 B,反之转换方向由 B 到 A。

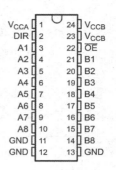

图 17.15　SN74LVC8T245
引脚分布及定义

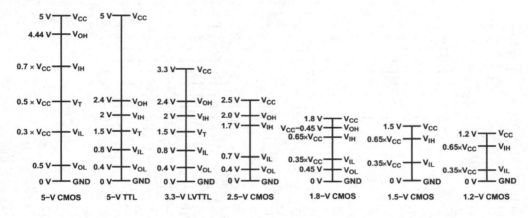

图 17.16　SN74LVC8T245/SN74LVC16T245 可转换的电压标准

P2 有 3 个引针,分别连接到 VCCA 和 OE 以及 GND,可以通过外接短路跳线帽来配置其功
能,用短路跳线帽短接 VCCA 与 OE 则是使能芯片转换功能,反之关闭转换 A 边和 B 边转换

图 17.17　SN74LVC8T245 模块实物

通道输出高阻态。P3 和 P4 为转换通道输出
引脚和电源引脚。

以实际应用举例,假设 STM8 单片机芯
片采用 3.3 V CMOS 电平标准,欲使用 I/O
引脚输出一路时钟脉冲信号与外围 5 V 脉
冲计数芯片连接,需要将 STM8 单片机输出
信号进行电平转换,转换方向仅要求单方
向,如何使用 SN74LVC8T245 模块进行转
换线路的连接呢?

首先将两个系统进行断电操作,将模块
的 V_{CCA} 供电端连接至 STM8 系统的 3.3 V
正电压,将芯片 A 边的 GND 引脚连接到
STM8 系统的 GND 进行共地操作,然后将
OE 引脚连接到 V_{CCA} 正电压,使能芯片工

作,再让 V_{CCB} 供电为外围 5 V 正电压,让芯片 B 边的 GND 连接到外围系统的 GND 进行共地操作。现在就可以配置转换方向了,如果 STM8 只负责向外发送时钟脉冲信号,外围 5 V 供电的计数芯片只负责接收信号,那么就可以把 DIR 引脚与 V_{CCA} 端利用短路帽连接在一起,其目的是将 A 边通道的信号转换到 B 边输出,然后把 STM8 的输出时钟信号引脚接在 A1~A8 这 8 个电平转换通道的任意一个,信号进行转换后将会在 B 边对应电平转换通道上输出 5 V 的时钟脉冲信号供给外围使用。

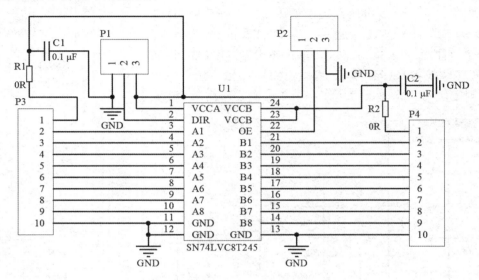

图 17.18　SN74LVC8T245 模块电路原理图

在上述系统的应用中,根据实际情况还需要考虑信号转换的速率问题、芯片的功耗问题、转换通道 I/O 口的电流驱动能力问题等,具体参数可在 TI 官方网站上下载对应芯片型号的数据手册进行查询,在此就不详细展开了。

17.3.2　单向 16 通道电平转换方案 SN74LVC16T245

德州仪器(TI)半导体公司生产的 SN74LVC16T245 芯片是一种具有可配置电压转换方向和 3 态输出的 16 位双电源总线收发器,从图 17.19 的芯片引脚及定义图中可以看到芯片的左列为 B 边,V_{CCB} 为 B 边系统正电压输入端,与 SN74LVC8T245 芯片不同的是 B 边的电平转换通道有 16 个,分为了 1B1~1B8 和 2B1~2B8,芯片的右边为 A 边,V_{CCA} 为 A 边系统正电压输入端,A 边的电平转换通道也有 16 个,分为了 1A1~1A8 和 2A1~2A8,GND 为 A 边和 B 边系统的参考零电位输入,在使用时需要把 A 边系统和 B 边系统进行共地处理,这样才能以同一个参考零电位进行电平转换。

在整个芯片引脚中除了转换双方供电的电气引脚和转换通道引脚外还有 4 个重要的控制引脚,这 4 个引脚输入高低电平即可对芯片的工作状态和转换方向进行控制,这 4 个引脚的逻辑电平高与低都是参考 V_{CCA} 边的电平标准的,与 SN74LVC8T245 芯片不同的是 DIR 引脚在 B 边有两个,分别为 1DIR 和 2DIR,1DIR 为 1B1~1B8 这 8 个转换通道的转换方向控制引脚,若 1DIR 引脚为低电平则转换方向由 B 边系统 1B1~1B8 向 A 边系统 1A1~1A8 对应转换,反之则由 A 边系统 1A1~1A8 向 B 边系统 1B1~1B8 对应转换。2DIR 为 2B1~2B8 这 8 个转换通道的转换方向控制引脚,与 1DIR 类似。OE 控制引脚为芯片的转换使能引脚,也有两个控制引脚,分别是 1OE 和 2OE,若 1OE 为低电平,则芯片 B 边系统 1B1~1B8 和 A 边系统 1A1~1A8 转换功能关闭,B 边系统 1B1~1B8 和 A 边系统 1A1~1A8 转换通道输出高阻态,反之转换功能开启,芯片正常工作,2OE 与 1OE 类似。芯片的 A 边正电压 V_{CCA} 允许输入的电压范围为 1.65~5.5 V,B 边正电压 VCCB 允许输入的电压范围也是 1.65~5.5 V,其间可以包含有如图 17.16 所示电压取值的电平标准。

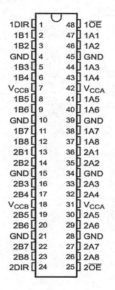

图 17.19　SN74LVC16T245
引脚分布及定义

图 17.20　SN74LVC16T245 模块实物

　　以 SN74LVC16T245 为核心制作的单向 16 通道电平转换模块实物图如图 17.20 所示,电路原理图如图 17.21 所示,在原理图中 U1 为 SN74LVC16T245 芯片,P1、P2、P3、P4、P5 和 P6 为排针。P1 有 3 个引针,分别连接到 VCCA、1DIR 以及 GND,P2 有 3 个引针,分别连接到 VCCA、1OE 以及 GND,P5 有 3 个引针,分别连接到 VCCA、2DIR 以及 GND,P6 有 3 个引针,分别连接到 VCCA、2OE 以及 GND,可以通过外接短路跳线帽来配置其功能,P3 为 B 边 16 个转换通道输出引脚和 B 边电源引脚。P4 为 A 边 16 个转换通道输出引脚和 A 边电源引脚。

　　SN74LVC16T245 芯片与 SN74LVC8T245 的应用基本相同,只是转换通道数不一样,读者在构建自己的电平转换系统时,可以根据实际需要转换的信号路数确定芯片的选型,根据实际情况还需要考虑信号转换的速率问题、芯片的功耗问题、转换通道 I/O 口的电流驱动能力问题等,具体参数可在 TI 官方网站上下载对应芯片型号的数据手册进行查询,在此就不详细展开了。

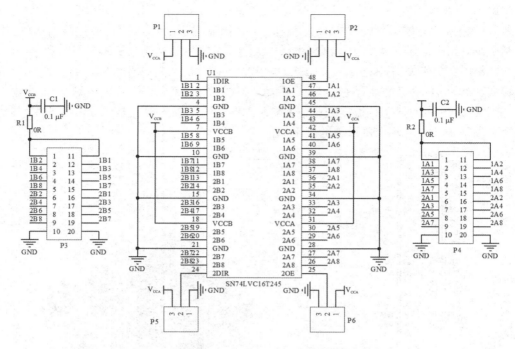

图 17.21　SN74LVC16T245 模块电路原理图

17.3.3　自动方向检测转换器方案 TXB0108

德州仪器(TI)半导体公司生产的自动方向转换检测器方案 TXB0108 芯片是用于对 GPIO 端口等进行双向全自动逻辑电平转换的芯片,芯片应用模型如图 17.22 所示,该芯片专门针对推挽式驱动器进行了优化,可以支持的最大数据传输速率可达 100 Mbps。在供电 V_{CC} 结构上具备隔离特性,OE 使能端输入电压参考于 V_{CCA},芯片功耗较低,支持部分断电模式操作 I_{OFF}。A 端口可供电压范围为 1.2~3.6 V,B 端口可供电压范围为 1.65~5.5 V,在使用时务必要满足($V_{CCA} \leqslant V_{CCB}$)的电压限值条件。也就是说,如果实际转换的电平双方为 3.3 V 系统和 5 V 系统,应该把 3.3 V 系统信号连接在 A 边,将 5 V 系统信号连接在 B 边,两边的输入信号不能超越两边的最大电压范围,否则会损伤芯片。

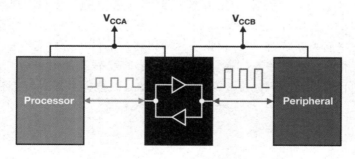

图 17.22　TXB0108 应用模型

同相转换器采用两个单独的可配置电源轨，即 V_{CCA} 和 V_{CCB}。TXB0108 引脚及定义如图 17.23 所示，A 端口设计用于跟踪 V_{CCA}，可接受介于 1.2 V 和 3.6 V 之间的任意供电电压。B 端口则设计用于跟踪 V_{CCB}，可接受 1.65～5.5 V 的任意供电电压。该芯片可在任何的 1.2 V、1.5 V、1.8 V、2.5 V、3.3 V 和 5 V 电压节点之间实现通用的低电压自动双向转换。

需要注意的是，V_{CCA} 供电电压不得超过 V_{CCB}。当输出使能 OE 引脚输入为低电平时，所有输出均被置于高阻抗状态。为确保上电或断电期间的高阻抗状态，OE 引脚应通过一个下拉电阻器连接至 GND，该电阻器的最小值取决于驱动器的电流供应能力。

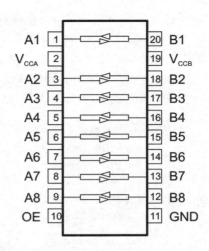

图 17.23　TXB0108/TXS0108 引脚及定义

17.3.4　针对漏极开路应用的自动方向检测转换器方案 TXS0108

德州仪器(TI)半导体公司生产的 TXS0108 芯片是专门针对漏极开路应用的自动方向检测转换器方案，芯片应用模型如图 17.24 所示，芯片可与漏极开路和推挽式驱动器配合工作，最大数据速率可达到 24 Mbps(推挽式)或 2 Mbps(漏极开路)，A 端口可供电压范围为 1.2～3.6 V，B 端口可供电压范围为 1.65～5.5 V，在实际使用时务必满足($V_{CCA} \leqslant V_{CCB}$)的条件。

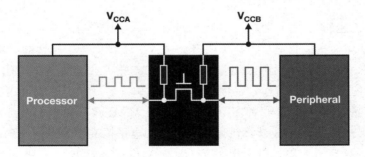

图 17.24　TXS0108 应用模型

该芯片的引脚及定义与 TXB0108 芯片一致，如图 17.23 所示，A 端口设计用于跟踪 V_{CCA}，可接受介于 1.2 V 和 3.6 V 之间的任意供电电压。B 端口则设计用于跟踪 V_{CCB}，可接受 1.65～5.5 V 的任意供电电压。V_{CCA} 必须低于或等于 V_{CCB}。该芯片可在任何的 1.8 V、2.5 V、3.3 V 和 5 V 电压节点之间实现低电压双向转换。当输出使能 OE 引脚输入为低电平时，所有输出均被置于高阻抗状态。为确保上电或断电期间的高阻抗状态，OE 引脚应通过一个下拉电阻器连接至 GND，该电阻器的最小值取决于驱动器的电流供应能力。

TXB0108 芯片和 TXS0108 芯片在使用上也是相似的，假设现有 3.3 V 单片机系统和 5 V 单片机系统需要进行双向通信，很明显就不适合用 SN74LVC8T245 或者 SN74LVC16T245 芯片，因为单向通信芯片没有办法满足信号的双向转换，若用控制信号控制 DIR 方向转换则会影响转换速率和增加转换的复杂性,故而应该根据实际芯片端口的内部结构和电平标准来选择 TXB0108 芯片或 TXS0108 芯片。以 TXB0108 芯片或 TXS0108 芯片为核心制作的双向 8 通道电平转换模块实物图如图 17.25 所示,在使用转换模块时应该首先将 A 系统和 B 系统共地,然后将 3.3 V 系统的引脚连接在 A 边 A1～A8 任意通道中,将 5 V 系统的引脚连接在 B 边 B1～B8 任意通道中,即可得到转换信号。

低电压端口侧	A 边	H　OE　L	B 边	高电压端口侧
1.2～3.6 V供电	Va		Vb	1.65～5.5 V供电
1.2～3.6 V供电	Va		Vb	1.65～5.5 V供电
转换通道 A1	A1		B1	转换通道 B1
转换通道 A2	A2		B2	转换通道 B2
转换通道 A3	A3		B3	转换通道 B3
转换通道 A4	A4		B4	转换通道 B4
转换通道 A5	A5		B5	转换通道 B5
转换通道 A6	A6		B6	转换通道 B6
转换通道 A7	A7		B7	转换通道 B7
转换通道 A8	A8		B8	转换通道 B8
系统地	G		G	系统地
系统地	G		G	系统地

图 17.25　TXB0108/TXS0108 模块实物说明

17.3.5　EIA RS-232C 电平转换方案 MAX232/MAX3232

前 4 个小节讲述的均为德州仪器(TI)半导体公司生产的单向/双向、TTL/COMS 电平转换芯片,电平标准均为正逻辑电平。接下来开始进入对负逻辑电平转换的学习环节,本小节以美信(MAXIM)公司生产的 MAX232 芯片和 MAX3232 芯片做具体方案应用。

随着单片机的应用日益广泛,产品间通信需求越来越多,各生产厂家在生产单片机时一般都会在单片机资源中加入一个或者多个 USART 或 UART,以便于与其他设备构成通信系统。单片机系统与 PC 或者工业计算机通信常会遇到电平标准不兼容的情况。

实际案例中,若 STM8 单片机工作在 3.3 V/5 V 电压下,USART 或 UART 通信电平为 3.3 V/5 V CMOS 电平标准,现欲与 PC 或工业计算机 EIA RS-232C 规定的电平标准进行电平转换,实现双方通信,应该怎么设计?

要解决这个问题,就需要设计一个电平转换单元,该单元应实现正逻辑电平和负逻辑电平的接入、识别和转换,能保证一定的通信速率,通信必须可靠。高性价比方案中以三极管搭配阻容电路实现电平转换最为常见,但设计电路不太简化,受器件性能约束会产生通信延迟现象。在实际产品设计时,考虑稳定性和产品的可维护性也可选择专用芯片来进行设计,如美信(MAXIM)公司生产的 MAX232 芯片或 MAX3232 芯片。

MAX232 芯片是美信(MAXIM)公司专为 EIA/TIA 232E 标准以及 V.28/V.24 通信接口设计的单电源电平转换芯片,芯片使用＋5 V 单电源供电,芯片功耗在 5 μW 内。MAX232 系列芯片内部有一个电源电压转换器,可将输入端的 5 V TTL/CMOS 电平转换为 RS-232 协议中规定的＋3～＋15 V 或－3～－15 V 电压,最终实现双方通信。MAX232 芯片引脚定义及内部构造如图 17.26 所示,在构建实际电路时,可将图中 C1、C2、C3、C4 的容值取为 1 μF (具体取值可参考芯片数据手册获取,不同型号及厂家生产的该类型芯片电容取值有差异)。这 4 个电容和 V＋/V-引脚共同构成电平变换单元。可以在芯片的 16 脚 VCC 端对地加上 C5 去耦合电容,电容 C1、C2、C3 和 C4 的耐压值需高于 16 V,应将其安排在靠近芯片引脚的位置,以缩短器件连线避免引入不必要的干扰和噪声。

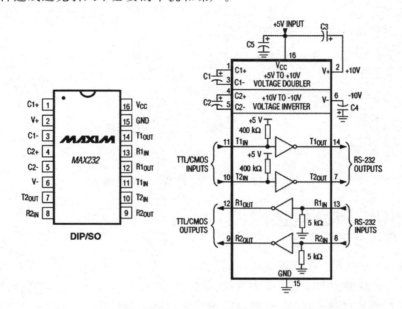

图 17.26　MAX232 芯片引脚定义及内部构造

虽然＋5 V 的供电电压在单片机系统中比较常见,但是在某些低功耗芯片或者低电压工作芯片中,会涉及如 3.3 V 一类的电压电平标准,此时就不可再选择 MAX232 芯片作为电平转换的芯片了,应选用 MAX3232 系列芯片。该系列芯片能够工作在 3.3 V 或 5.0 V 的系统中,因其支持的电压范围宽,在市面上的单片机开发板设计中得到了广泛的应用。MAX3232 在芯片引脚定义上与 MAX232 完全一致,但是在电路构成上有一点差异,若以 MAX3232 为核心构建电路,则应该对图 17.26 进行一点修改,将图中 C1、C2、C3 和 C4 的容值改为0.1 μF,

供电电压为 3.3 V/5.0 V。如图 17.27 所示为基于美信(MAXIM)公司 MAX232/MAX3232 制作的 3 个电平转换模块实物图,模块上的黑色部分为 DB9 串口接口,可以按照需求安装 DB9 公头或者 DB9 母头,由于 MAX232 或 MAX3232 内部支持 2 路收发转换,所以模块上有两个 DB9 接口。

模块的硬件电路原理图如图 17.28 所示,图中 U1 即为 MAX232 或 MAX3232 核心芯片,C1和 C2 电容构成了电源滤波去耦电路,C3、C4、C5和 C6 共同构成了电平变换单元,发光二极管 D1用作电源指示,R1 为电源指示电路的限流电阻,

图 17.27　MAX232/MAX3232 模块实物

P1 为功能排针,J1 和 J2 为两个 DB9 接口,需要说明的是,J1 和 J2 的第 5 脚必须接地不能悬空,很多读者在自行设计时忘记连接第 5 脚,导致通信失败。

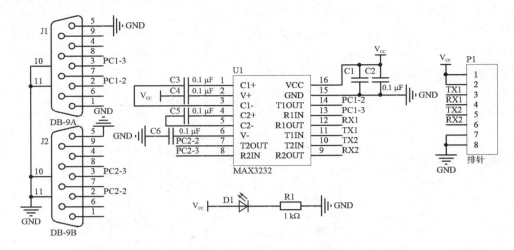

图 17.28　MAX3232 典型电路原理图

17.4　常用串行通信接口

各位读者,回忆一下台式计算机或者笔记本计算机都有哪些外设接口呢? 鼠标、键盘接在 USB 接口上,显示器接在 VGA 接口上,网线是接在 RJ45 接口上。现在的台式计算机和笔记本计算机发展更新速度越来越快,外设端口的升级也越来越频繁,老式计算机上很多的接口已经悄悄的消失了,如实现小数据量软盘读写的软驱接口、实现打印机连接的并行数据接口、实现 Modem 时代的电话线拨号上网 RJ11 接口还有 EIA RS-232C 协议串行通信的 DB25 或者是 DB9 接口。虽然现代化的商用或者家用计算机上已经逐渐取消了 EIA RS-232C 协议串行通信接口,但是在单片机产品设计中或者工业计算机控制领域中 DB25 或者是 DB9 接口仍在广泛的使用。EIA RS-232C 协议发布后,并未强制规定接口种类,众多厂家和制造商采用的机械接口多种多样,如:25 针脚的 DB25、9 针脚的 DB9、15 针脚的 DB15 等,后来 IBM 的计算机上广泛采用了 DB9 接口,所以 DB9 接口最为常见。接下来就对介绍常用的 DB25 和 DB9 接口。

17.4.1　DB25 串口接口及规范

在 DB25 串行接口中分别定义了串行数据发送和接收、串行通信时钟、串行数据收发指示、电流环信号检测、载波检测与控制等功能引脚,在早期的串行通信中较为常用,引脚定义功能较全面。但是该接口的部分功能在简化应用系统中的设计并非全部需要,而且对于连接线路来说,线缆需要多线电缆,增加了系统的造价和复杂度,故而在后续的简化系统通信中常使用 DB9 接口。图 17.29 中(a)为 DB25 公头引针排列,图 17.29 中(b)为 DB25 母头引针排列,由于 DB25 接口的使用较少,所以列出 DB25 接口在 DB9 接口上的对应引针名称及功能定义,如表 17.2 所示。

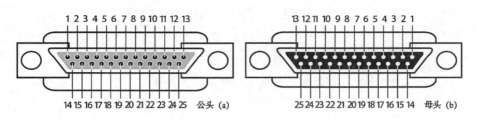

图 17.29　DB25 公头/母头引针排列

表 17.2　DB25 在 DB9 上对应的引针名称及功能定义

引脚	名称	作用	引脚	名称	作用
2	TXD	串口数据发送	7	GND	地线
3	RXD	串口数据接收	8	DCD	数据载波检测
4	RTS	发送数据请求	20	DTR	数据终端就绪
5	CTS	清除发送	22	RI	振铃提示
6	DSR	数据发送就绪			

17.4.2　DB9 串口接口及规范

在 DB9 串行接口中简化定义了串行数据发送和接收、串行通信时钟、串行数据收发指示、载波检测与控制等功能引脚。DB9 接口中不支持电流环接口,在实际应用中可以根据需要,挑选其中的个别引脚加以运用,例如一些符合 RS-232C 标准的设备与 PC 进行通信时可以只连接 TXD、RXD 和 GND 这 3 根线即可。还有一些符合 RS-232C 标准的单工方式通信设备与 PC 只需连接 TXD/RXD 和 GND 即可。图 17.30 中(a)为 DB9 公头引针排列,图 17.30 中(b)为 DB9 母头引针排列,各引针功能定义如表 17.3 所示。

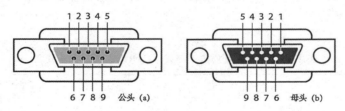

图 17.30　DB9 公头/母头引针排列

表 17.3　DB9 引针名称及功能定义

引脚	名称	作用	引脚	名称	作用
1	DCD	数据载波检测	6	DSR	数据设备准备就绪
2	RXD	串口数据接收	7	RTS	请求发送
3	TXD	串口数据发送	8	CTS	清除发送
4	DTR	数据终端就绪	9	RI	振铃提示
5	GND	地线			

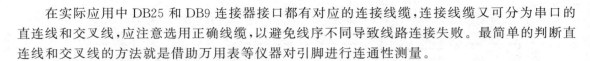

在实际应用中 DB25 和 DB9 连接器接口都有对应的连接线缆,连接线缆又可分为串口的直连线和交叉线,应注意选用正确线缆,以避免线序不同导致线路连接失败。最简单的判断直连线和交叉线的方法就是借助万用表等仪器对引脚进行连通性测量。

17.5　走进 STM8 单片机 USART/UART

通过对前几节的学习,读者了解了串行数据通信的常用概念和通信模型,接下来就可以正式走进 STM8 单片机同步/异步串口收发器相关知识的学习。在这里,USART 是通用同步收发器的英文缩写,UART 是通用异步收发器的英文缩写。在 STM8 系列单片机家族里的通用同步/异步收发器(UART1、UART2 或 UART3)提供了一种灵活的方法与外部设备之间进行单工、半双工、全双工方式的数据交互。STM8 系列单片机的 USART/UART 资源提供了多种波特率选择,并且支持多处理器通信,提供红外协议 IrDA、智能卡功能、也支持 LIN(局部互联网)协议 1.3、2.0 和 2.1 版本以及在主模式下的 LIN/J2602 标准。

17.5.1　STM8 单片机 USART/UART 基础知识

在 STM8S 全系列单片机中,片内总共有 3 个串口资源,分别是 UART1、UART2 和 UART3,该系列不同型号的单片机拥有的串口资源不尽相同,以 STM8S208MB 这款单片机为例,它只拥有 UART1 和 UART3 这两个串口资源。STM8S105 单片机只有 UART2 这个串口资源,STM8S103 单片机只有 UART1 这个串口资源。具体的型号所拥有的串口资源可通过查询该型号芯片的数据手册获得。有的读者看到这里可能会产生疑问,串口资源多与少不都是这些基础的功能吗?串口资源之间有什么差异和区别呢?

首先要弄清楚,UART1、UART2 和 UART3 这 3 个串口资源在功能支持上确实存在差异,例如 UART2 和 UART3 支持 LIN 主模式和从模式,但 UART1 却仅能支持 LIN 主模式。又如 UART1 和 UART2 支持同步通信模式,但 UART3 却只能支持异步通信模式。怎样清晰的理解 3 个串口资源的功能支持呢?小宇老师对其进行了总结,列出 3 个串口资源的功能支持一览表如表 17.4 所示。

表 17.4　STM8 单片机 USART/UART 功能支持一览表

USART/UART 模式及功能	UART1	UART2	UART3
异步通信模式	支持	支持	支持
多处理器通信	支持	支持	支持
同步通信模式	支持	支持	不支持
智能卡模式	支持	支持	不支持
IrDA 红外通信	支持	支持	不支持
半双工单线模式	支持	不支持	不支持
LIN 主模式	支持	支持	支持
LIN 从模式	不支持	支持	支持

17.5.2 收发流程及相关寄存器简介

初步了解了串口资源的功能支持后,读者一定会发现 STM8S 系列单片机比 MCS-51 单片机的 UART 功能要强大很多,不只是串口资源个数增多,而且还可以配置为多种功能模式。

首先要明确的是串行通信中应该要有收发双方,双方通信应遵守同一套协议,正确编写收发双方的串口初始化程序就显得非常关键,要明确流程,配置通信参数,最终才能完成信息交互。对于初学者而言,首先应该提出问题,然后逐一解决。在此,以 STM8S208MB 这款单片机的 UART3 资源为例,列出在异步通信配置中应该考虑的具体问题。

问题 1:从数据帧的构造开始入手,双方如果要建立通信,数据帧的位数怎么设定?

问题 2:数据位后面跟随的是校验位,它的检验方式又如何设定?是否必须?

问题 3:校验位后面跟随的是停止位,它的位数又如何设定?

问题 4:收发双方配置成统一的数据帧格式后,通信波特率怎么配置?

问题 5:怎么才能启动发送或者接收功能?

问题 6:如何把数据发送出去或接收进来?

问题 7:怎样确定发送或者接收过程完毕?

以上 7 个问题是读者应该考虑的,在问题之中就蕴含了串口收发双方的配置过程,将收发双方初始化配置及收发流程进行对比,如图 17.31 所示。

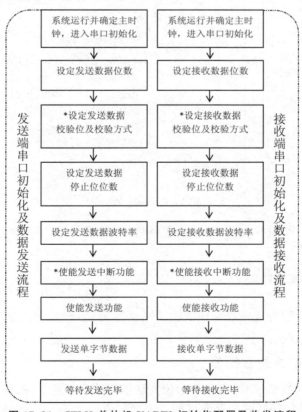

图 17.31 STM8 单片机 UART3 初始化配置及收发流程

分析收发双方流程图 17.31,不难发现收发双方的串口初始化配置过程非常的相似,系统上电后首先确定主时钟源及主时钟频率,这是因为系统主时钟的频率与后续的波特率计算联系紧密。进入串口初始化程序后,前 3 步收发双方都是在初始化配置通信数据帧的格式,例如:数据位设定、校验位设定和停止位设定等。接下来就开始计算和配置通信波特率,随后使能功能位,允许发送功能和接收功能或者开启对应中断功能。最后就是向数据发送寄存器写入发送数据或者从接收寄存器中读出传入数据,等待操作的完成。基本流程较为简单,请各位读者一定要铭记流程,在后续编程中才不至于配置疏漏导致功能错误。需要注意的是,流程图中打"＊"号标志的流程不一定是必须的,用户可根据实际系统功能的需要进行选配,例如:不设定校验位或者不开启对应中断功能。

收发流程的每一步都通过配置相应的寄存器来实现,通过对不同寄存器的读写实现模式的配置、数据位的设定、校验位的启用、校验中断的使能、停止位的位数或者是波特率的设定等。初步了解了收发流程后,接下来就可以开始了解 STM8 系列单片机片内 USART/UART 收发器的功能寄存器组成与作用,将功能寄存器进行分类一览如图 17.32 所示。

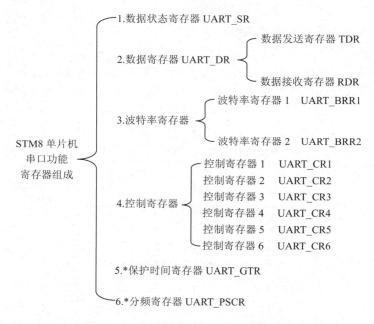

图 17.32　STM8 单片机 USART/UART 寄存器分类一览

17.5.3　数据位配置

接下来按照初始化配置流程逐一解决相关功能的配置,首先要讲解帧结构中数据位数的确定,按照发送端和接收端两个方面来展开讲解。

1. 配置发送数据端的数据位

在配置发送数据端数据位时,首先要明确发送数据的内容和长度,通过对串口控制寄存器1(UART_CR1)中第 4 位"M"的配置即可配置得到相应的字长。若将"M"位配置为"0",则所选数据帧格式为:一个起始位,8 个数据位,n 个停止位(n 取决于串口控制寄存器 3(UART_CR3)中的"STOP[1:0]"位);若配置为"1",则所选数据帧格式为:一个起始位,9 个数据位,一个停止位。若数据位被配置为 9 位,则需要了解串口控制寄存器 1(UART_CR1)中的"T8"和"R8"位,这两个位用于存放发送数据的第 9 位和接收数据的第 9 位。控制寄存器 1(UART_CR1)相关位定义及功能说明如表 17.5 所示。

若用户需要用 C 语言编程配置 UART3 串口发送数据为 8 位字长,可编写语句如下:

```
UART3_CR1 = 0x00;
// ************************************************
//展开 UART3_CR1 赋值二进制数值为:0000 0000
//含义:R8 = 0;          接收数据位不存在第 9 位
//     T8 = 0;          发送数据位不存在第 9 位
//     UARTD = 0;       使能 UART 功能
//     M = 0;           一个起始位,8 个数据位,n 个停止位
//                      n 取决于 UART3_CR3 中的 STOP[1:0]位
//     WAKE = 0;        UART 被空闲总线唤醒
//     PCEN = 0;        (UART 模式)奇偶校验控制被禁用
//     PS = 0;          偶校验(校验功能未启用)
//     PIEN = 0;        校验中断被禁止
// ************************************************
```

表 17.5   STM8 单片机 UART_CR1 控制寄存器 1

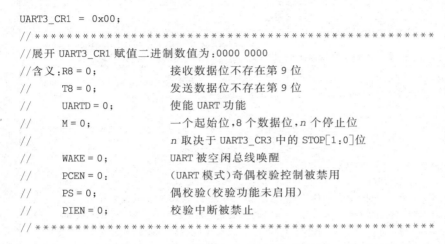

■ 控制寄存器 1(UART_CR1)							地址偏移值:(0x04)H
位 数	位 7	位 6	位 5	位 4	位 3	位 2	位 1	位 0
位名称	R8	T8	UARTD	M	WAKE	PCEN	PS	PIEN
复位值	0	0	0	0	0	0	0	0
操 作	rw	rw	rw	rw	rw	rw	rw	rw

位 名	位含义及参数说明	
R8 位 7	● 接收数据位 8 该位用来在"M"位为"1"时存放接收到数据字的第 9 位	
	0	接收数据字的第 9 位为"0"
	1	接收数据字的第 9 位为"1"
T8 位 6	● 发送数据位 8 该位用来在"M"位为"1"时存放待发送数据字的第 9 位	
	0	待发送数据字第 9 位为"0"
	1	待发送数据字第 9 位为"1"
UARTD 位 5	● UART 功能禁用(用以实现低功耗) 当该位置"1",UART 预分频器和输出在当前字节传输完成后停止工作,用来降低功耗,该位由软件置"1"或者清"0"	
	0	UART 使能
	1	UART 预分频器和输出禁用

位 名	位含义及参数说明	
M 位 4	● 数据字长度配置 该位定义了数据字的长度,由软件对其置"1"和清"0"操作,在数据传输过程中(发送或者接收时),不能修改该位。在 LIN 从模式下,"M"位和串口控制寄存器 3(UART_CR3)中的"STOP[1:0]"位应保持为"0"	
	0	一个起始位,8 个数据位,n 个停止位 (n 的位数取决于 UART_CR3 寄存器中的"STOP[1:0]"位)
	1	一个起始位,9 个数据位,一个停止位
WAKE 位 3	● 唤醒的方法 该位决定了把 UART 唤醒的方法,由软件对该位置"1"或者清"0"	
	0	被空闲总线唤醒
	1	被地址标记唤醒
PCEN 位 2	● 奇偶校验控制使能 UART 模式时: 用该位来选择是否进行硬件奇偶校验控制(对于发送端来说就是校验位的产生,对于接收端来说就是校验位的检测)。当使能了该位,在发送数据的最高位 MSB(如果"M"位为"1",最高位 MSB 就是第 9 位;如果"M"位为"0",最高位 MSB 就是第 8 位)后面插入校验位,对接收到的数据进行检查其校验位,软件对它置"1"或者清"0",一旦该位被置"1",当前字节传输完成后,校验控制才生效	
	0	奇偶校验控制被禁用
	1	奇偶校验控制被使能
	LIN 从模式时: 在 LIN 从模式下,该位用于使能 LIN 标识符奇偶校验检测	
	0	标识符奇偶校验控制被禁止
	1	标识符奇偶校验控制被使能
PS 位 1	● 奇偶校验方式选择 该位用来选择当奇偶校验校验控制使能后,是采用偶校验方式还是奇校验方式,可由软件对它置"1"或清"0",当前字节传输完成后,该选择生效	
	0	偶校验
	1	奇校验
PIEN 位 0	● 校验中断使能 该位为校验中断使能控制,软件对该位置"1"或清"0"	
	0	中断被禁止
	1	当串口数据状态寄存器(UART_SR)中的"PE"位为"1"时产生中断

2. 配置接收数据端的数据位

接收数据端数据位配置与发送端数据位配置方法一致。

17.5.4 校验位配置

1. 配置发送数据端的校验位

在整个异步数据通信数据帧结构中,校验位跟随在数据位之后,仅占用 1 个位。校验位的相关参数设定通过对串口控制寄存器(UART_CR1)中的"PIEN"位、"PS"位和"PCEN"位配置得到。在 UART 模式下第 2 位"PCEN"用来选择是否进行硬件奇偶校验控制,若该位为"1"则使能奇偶校验,反之禁止奇偶校验。第 1 位"PS"用来选择当奇偶校验使能后,是采用奇校验方式还是偶校验方式。第 0 位"PIEN"是校验中断使能控制,这一位若为"1"则开启校验中断,如果发生了数据校验错误事件,就会产生中断,校验错误事件的标志位是串口状态寄存器(UART_SR)的第 0 位"PE"位,串口状态寄存器(UART_SR)相关位定义及功能说明如表 17.6 所示。

表 17.6　STM8 单片机 UART_SR 状态寄存器

■ 状态寄存器(UART_SR)							地址偏移值:(0x00)ᴴ	
位 数	位 7	位 6	位 5	位 4	位 3	位 2	位 1	位 0
位名称	TXE	TC	RXNE	IDLE	OR/LHE	NF	FE	PE
复位值	1	1	0	0	0	0	0	0
操 作	r	rc_w0	rc_w0	r	r	r	r	r
位 名	位含义及参数说明							
TXE 位 7	● 发送数据寄存器空 当 TDR 寄存器中的数据被硬件转移到移位寄存器的时候,该位被硬件置"1"。如果串口控制寄存器 2(UART_CR2)中的"TIEN"位为"1",则产生中断,对串口数据寄存器(UART_DR)的写操作会使该位清零。需要说明的是,串口数据寄存器(UART_DR)其实是由两个寄存器共同构成的,TDR 是发送寄存器,RDR 是接收寄存器,上述说明中的 TDR 寄存器其实就是 UART_DR 中的一个组成寄存器							
	0	数据还没有被转移到移位寄存器						
	1	数据已经被转移到移位寄存器						
TC 位 6	● 发送完成 当包含有数据的一帧发送完成后,由硬件将该位置"1"。如果串口控制寄存器 2(UART_CR2)中的"TCIEN"位为"1",则产生发送完成中断。该位可由用户操作清除(先读 UART_SR 寄存器,然后写入 UART_DR 寄存器)。对于 UART2 和 UART3 资源,该位也可以通过写入"0"来清除							
	0	发送还未完成						
	1	发送已经完成						

位 名	位含义及参数说明	
RXNE 位 5	● 读数据寄存器非空 当 RDR 移位寄存器中的数据被转移到串口数据寄存器(UART_DR)中时,该位被硬件置"1",如果串口控制寄存器 2(UART_CR2)中的"RIEN"位为"1",则产生接收完成中断。对串口数据寄存器(UART_DR)的读操作可以将该位清"0",该位也可以通过写入"0"来清除,对于 UART2 和 UART3 资源,该位也可以通过写入"0"来清除。需要说明的是,串口数据寄存器(UART_DR)是由两个寄存器构成,TDR 是发送寄存器,RDR 是接收寄存器,上述说明中的 RDR 寄存器其实就是 UART_DR 中的一个组成寄存器	
	0	没有收到数据
	1	收到数据,可以进行下一步操作
IDLE 位 4	● 监测到 IDLE 总线 当检测到空闲总线时,该位被硬件置"1",如果串口控制寄存器 2(UART_CR2)中的"IL-IEN"位为"1",则产生中断,该位可由用户操作清除(先读 UART_SR 寄存器,然后写入 UART_DR 寄存器)。"IDLE"位直到"RXNE"位硬件置"1"前不会在再次置"1"(例如一个新 IDLE 总线发生)	
	0	没有检测到空闲总线
	1	检测到空闲总线
OR/LHE 位 3	● OR:过载错误 当"RXNE"位为"1",并且当前接收到的数据在移位寄存器中就绪,准备转移到 RDR 寄存器时,该位由硬件置"1"。如果串口控制寄存器 2(UART_CR2)中的"RIEN"位为"1",则产生中断。该位可由用户操作清除(先读 UART_SR 寄存器,然后写入 UART_DR 寄存器)。当该位置"1",RDR 寄存器的内容不会丢失,但是移位寄存器会被覆盖,上述说明中的 RDR 寄存器其实就是 UART_DR 寄存器中的一个组成寄存器	
	0	未检测到过载错误
	1	检测到过载错误
	● LHE:LIN 报文头错误(LIN 从模式) 在 LIN 报文头接收期间,该位表示 4 种错误类型:断开分界符过短、同步域错误、偏移错误(如果串口控制寄存器 6(UART_CR6)中的"LASE"位为"1")、标识符帧错误	
	0	未检测到 LIN 报文头错误
	1	检测到 LIN 报文头错误
NF 位 2	● 噪声标志位 在接收到的帧检测到噪声时,由硬件对该位置"1"。该位可由用户操作清除(先读 UART_SR 寄存器,然后写入 UART_DR 寄存器)。该位不会产生中断,因为它和"RXNE"位一起出现,而"RXNE"位标志置"1"时能够产生中断	
	0	未检测到噪声
	1	检测到噪声

续表 17.6

位 名	位含义及参数说明	
FE 位 1	● 帧错误 当检测到同步错位,过多的噪声或者检测到"break"符,该位被硬件置"1",该位可由用户操作清除(先读 UART_SR 寄存器,然后写入 UART_DR 寄存器)。该位不会产生中断,因为它和"RXNE"位一起出现,而"RXNE"位标志置"1"时能够产生中断。如果当前传输的字符既产生帧错误又产生过载错误,该字会被发送,但仅有"OR"位会置"1"	
	0	未检测到帧错误
	1	检测到帧错误或者"break"符
PE 位 0	● 奇偶校验错误 在接收模式下,如果出现奇偶校验错误,硬件对该位置"1",该位可由用户操作清除(先读 UART_SR 寄存器,然后写入 UART_DR 寄存器)。在清除"PE"位前,软件必须等待"RXNE"标志位被置"1",如果串口控制寄存器 1(UART_CR1)中的"PIEN"位为"1",则会产生中断	
	0	未发生校验错误
	1	发生校验错误

若用户需要用 C 语言编程配置 UART3 串口发送数据为奇校验方式,同时开启校验错误中断,可编写语句:

```
UART3_CR1 | = 0x07;
//****************************************************
//展开 UART3_CR1 赋值二进制数值为:0000 0111
//含义:R8 = 0;      接收数据位不存在第 9 位
//     T8 = 0;      发送数据位不存在第 9 位
//     UARTD = 0;   使能 UART 功能
//     M = 0;       一个起始位,8 个数据位,n 个停止位
//                  n 取决于 UART3_CR3 中的 STOP[1:0] 位
//     WAKE = 0;    UART 被空闲总线唤醒
//     PCEN = 1;    (UART 模式)奇偶校验控制被使能
//     PS = 1;      启用奇校验
//     PIEN = 1;    校验中断被使能
//****************************************************
```

校验位可以按照需求启用或者不启用,该位的启用状态会导致数据帧格式变化,具体的功能位状态与数据帧格式关系如表 17.7 所示:

表 17.7 校验位与数据帧格式说明

(UART_CR1) "M"位状态	(UART_CR1) "PCEN"位状态	UART 数据帧格式
0	0	1 位起始位＋8 位数据位＋停止位
0	1	1 位起始位＋7 位数据位＋1 位校验位＋停止位
1	0	1 位起始位＋9 位数据位＋停止位
1	1	1 位起始位＋8 位数据位＋1 位校验位＋停止位

2. 配置接收数据端的校验位

接收数据端校验位配置与发送端配置方法一致。

17.5.5　停止位配置

本小节介绍停止位的配置,停止位不仅可以代表数据帧的结束,还可以为通信双方提供一个修正同步节拍和校正时钟同步的功能,所以停止位的位数设定是非常重要的。

1. 配置发送数据端的停止位

在整个异步数据通信数据帧结构中,停止位位于校验位之后,若没有启用校验位,则停止位在数据位末尾。STM8 单片机通信中的停止位可以设定为 1 位/1.5 位/2 位。通过对串口控制寄存器 3(UART_CR3)中第 5 位和第 4 位共同组成的"STOP[1:0]"位进行配置得到。若对"STOP[1:0]"这两位写入"00",则表示配置停止位为 1 位,若写入"10",则表示配置停止位为 2 位,若写入"11",则表示配置停止位为 1.5 位。串口控制寄存器 3(UART_CR3)相关位定义及功能说明如表 17.8 所示。

表 17.8　STM8 单片机 UART_CR3 控制寄存器 3

■ 控制寄存器 3(UART_CR3)							地址偏移值:(0x06)H
位　数	位 7	位 6	位 5	位 4	位 3	位 2	位 1	位 0
位名称	保留	LINEN	STOP[1:0]		CLKEN	CPOL	CPHA	LBCL
复位值	0	0	0	0	0	0	0	0
操　作	—	rw	rw	rw	rw	rw	rw	rw

位　名	位含义及参数说明			
保留 位 7	● 保留位 必须保持清"0"			
LINEN 位 6	● LIN 模式使能 软件对该位置"1"或者清"0"			
	0	LIN 模式被禁止		
	1	LIN 模式被使能		
STOP [1:0] 位 5:4	● 停止位 用来设置停止位的位数,对于 LIN 从模式,这两位应该是"00"			
	00	1 个停止位	01	保留
	10	2 个停止位	11	1.5 个停止位
CLKEN 位 3	● 时钟使能 该位用来使能 SCLK 引脚,UART3 资源上不存在这一位			
	0	SCK 引脚被禁止		
	1	SCK 引脚被使能		

续表 17.8

位 名	位含义及参数说明	
CPOL 位 2	● 时钟极性 用户可以用该位来选择同步模式下 SLCK 引脚上时钟输出的极性，和"CPHA"位配合产生用户希望的时钟/数据的采样关系，在发送端被使能的时候不能对其进行写操作，UART3 资源上不存在这一位	
	0	总线空闲时 SCLK 引脚上保持低电平
	1	总线空闲时 SCLK 引脚上保持高电平
CPHA 位 1	● 时钟相位 用户可以用该位来选择同步模式下 SLCK 引脚上时钟输出的相位。和"CPOL"位配合产生用户希望的时钟/数据的采样关系，在发送端被使能的时候不能对其进行写操作，UART3 资源上不存在这一位	
	0	时钟第一个边沿进行数据捕获
	1	时钟第二个边沿进行数据捕获
LBCL 位 0	● 最后一位时钟脉冲 使用该位来控制在同步模式下，是否在 SCLK 引脚上输出最后发送的那个数据字节（MSB）对应的时钟脉冲，根据串口控制寄存器 1（UART_CR1）中的"M"位选择的 8 位或者 9 位数据格式，最后一位是指被发送数据的第 8 位或者第 9 位，在发送端被使能的时候不能对其进行写操作。UART3 资源上不存在这一位	
	0	最后一位数据的时钟脉冲不从 SCLK 输出
	1	最后一位数据的时钟脉冲会从 SCLK 输出

若用户需要用 C 语言编程配置 UART3 串口数据帧的停止位为 2 位，可编写语句：

```
UART3_CR3 = 0x20；
//********************************************************
//展开 UART3_CR3 赋值二进制数值为：0010 0000
//含义：保留位 = 0；必须保持清零
//      LINEN = 0；LIN 模式被禁止
//      STOP = 10；配置为"10"，2 个停止位
//      CLKEN、CPOL、CPHA、LBCL 这几位在 UART3 上不存在
//********************************************************
```

2. 配置接收数据端的停止位

接收数据端停止位配置与发送端配置方法一致。

17.5.6 波特率计算与配置

在异步串行数据通信中，波特率的取值和配置十分重要。若收发双方波特率约定不一致就会对传输结果造成影响。若一次传输的数据容量较少，波特率偏差不严重，收发双方是可以容忍的，但传输的数据较多，哪怕波特率有较小偏差，也会在传输过程中累积偏差，最终导致数据传输错误或传输失败，故而严格控制收发双方波特率保持一致是十分必要的。本小节介绍

STM8 系列单片机波特率的计算及配置方法。

在讲解串口功能配置时,首先确定了单片机的时钟源和主时钟频率,这是因为主时钟源的频率会影响波特率的具体计算,其计算关系如式 17.6 所示。分子"f_{MASTER}"为单片机的主时钟频率,单位是 Hz。分母"UART_DIV"是串口分频值,在计算过程中需要注意计算得到的 UART_DIV 分频值不应小于 16,f_{MASTER} 的具体取值要根据单片机选定的具体时钟源及时钟频率参数计算得到。

$$串口收发波特率 = \frac{f_{MASTER}}{UART\_DIV} \qquad [式 17.6]$$

假设有 STM8S208MB 单片机构成的通信系统,现选择内部高速 RC 振荡器 HSI 作为时钟源,欲配置通信波特率为 9 600 bps,主时钟分频寄存器(CLK_CKDIVR)中的"HSIDIV[1:0]"位已配置为"01",即对 HSI 时钟频率进行 2 分频操作,此时 $f_{MASTER} = f_{HSI}/2 = 8$ MHz,根据式 17.6,容易得到:

$$UART\_DIV = \frac{8\ 000\ 000}{9\ 600} \approx 833.333$$

将计算得到的 833.333(小数 3 无限循环)近似取值为 $(833)_D$,转换为十六进制数据为 $(0341)_H$,取出十六进制数据的最高位"0"和最低位"1",组成"01"先向波特率寄存器 2(UART_BRR2)进行赋值,即:"UART_BRR2=0x01",然后取出十六进制数据的中间两位"34"向波特率寄存器 1(UART_BRR1)进行赋值,即:"UART_BRR1=0x34",为了让读者更容易的理解,小宇老师将计算过程和赋值过程做成如图 17.33 所示,赋值过程涉及的串口波特率寄存器 1(UART_BRR1)相关位定义及功能说明如表 17.9 所示,串口波特率寄存器 2(UART_BRR2)相关位定义及功能说明如表 17.10 所示。

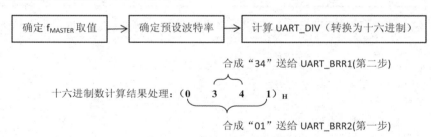

图 17.33 波特率计算过程与赋值过程

表 17.9 STM8 单片机 UART_BRR1 波特率寄存器 1

■ 波特率寄存器 1(UART_BRR1)							地址偏移值:$(0x02)_H$
位 数	位 7	位 6	位 5	位 4	位 3	位 2	位 1	位 0
位名称	UART_DIV[11:4]							
复位值	0	0	0	0	0	0	0	0
操 作	rw	rw	rw	rw	—	rw	rw	rw
位 名	位含义及参数说明							
UART_DIV [11:4] 位 7:0	● UART_DIV 位 若 UART_BRR1 寄存器配置为 $(0x00)_H$ 则意味着 UART 时钟被禁用,这 8 位定义了 16 位 UART 分频数的第二、三半位元组,即中间的 8 位							

表 17.10 STM8 单片机 UART_BRR2 波特率寄存器 2

■ 波特率寄存器 2(UART_BRR2)						地址偏移值:(0x03)ₕ	
位 数	位 7	位 6	位 5	位 4	位 3	位 2	位 1	位 0
位名称	UART_DIV[15:12]				UART_DIV[3:0]			
复位值	0	0	0	0	0	0	0	0
操 作	rw	rw	rw	rw	rw	rw	rw	rw
位 名	位含义及参数说明							
UART_DIV [15:12] 位 7:4	● UART_DIV 位 这 4 位定义了 16 位 UART 分频数的 MSB 高 4 位							
UART_DIV [3:0] 位 3:0	● UART_DIV 位 这 4 位定义了 16 位 UART 分频数的 LSB 低 4 位							

1. 配置发送数据端的通信波特率

在配置具体波特率参数时应该首先确定 f_{MASTER} 取值,然后设定通信波特率并计算出 UART_DIV 分频值,将 UART_DIV 分频值转换为十六进制数后按照规则拆分数据位组合后按照顺序送入波特率寄存器,先写波特率寄存器 2(UART_BRR2),再写波特率寄存器 1(UART_BRR1),写的时候还要注意波特率寄存器 1 不能写入(0x00)ₕ,否则 UART 资源的时钟会被禁用。

若主时钟频率为 8 MHz,欲设定波特率为 9 600 bps,计算得到 UART_DIV 分频值后将其转换为十六进制数值得到(0341)ₕ,用 C 语言编程配置 UART3 串口数据通信波特率设置,可编写语句:

```
UART3_BRR2 = 0x01;     //首先配置波特率寄存器 2
UART3_BRR1 = 0x34;     //然后配置波特率寄存器 1
```

2. 配置接收数据端的停止位

接收数据端波特率配置与发送端配置方法一致。

在波特率的计算和赋值过程中需要注意两点:

第一:首先要确定 f_{MASTER} 取值,而且这个取值与欲设定波特率进行除法运算后,得到的数据往往都是无限循环的小数,不能很精确的得到一个整数值。若对运算数据取整数部分则会导致波特率存在少许偏差。从上述关于波特率的计算中可以看出,若主时钟频率为 8 MHz,欲设定波特率为 9 600 bps,则将计算后得到的 833.333(小数 3 无限循环)近似取值为(833)ᴅ,转换为十六进制数据为(0341)ₕ,赋值后实际测量波特率为 9 603.8 bps,这里就与欲设定值存在"误差",这个误差可以用式(17.7)计算。

$$误差(\%) = \frac{实际测量波特率 - 欲设定波特率}{欲设定波特率} \qquad (式 17.7)$$

通过向式(17.7)中带入数据,计算得到误差为(9 603.8-9 600)/9 600 等于 0.039583%,这个误差值是较小的,在小数据量通信时不会有太大影响,但是在连续大数据量通信时就会造成错码或者丢码,这种情况下,可以把时钟源切换到外部高精准度石英晶体振荡器或者外部有源晶振上以减小时钟误差,或者选择一个特殊的石英晶体振荡器振荡频率数值,让计算后得到的分频值 UART_DIV 刚好是一个整数,注意选用温度漂移小、时钟精准度高的振荡器,这样就能进一步减小通信波特率误差,以满足较高性能要求的通信场合。

第二:对于串口分频值 UART_DIV 需要注意,计算出的分频值不应小于 16。对于波特率寄存器 1(UART_BRR1)和波特率寄存器 2(UART_BRR2)也要注意,波特率寄存器 1 不能赋值为 $(0x00)_H$,否则会关闭波特率时钟造成无法通信,如果计算得到的十六进制数值的 UART_DIV 中间两位刚好为"00",就要想办法重新设定波特率或者改变 f_{MASTER} 时钟的取值,使得波特率寄存器 1 的配置值不为 $(0x00)_H$。对于波特率寄存器的赋值顺序也是固定的,必须先对波特率寄存器 2(UART_BRR2)赋值,再对波特率寄存器 1(UART_BRR1)赋值。

17.5.7　功能使能位配置

在收发双方初始化函数中还应该添加功能使能位设定语句,例如使能发送/接收功能,或者是按照实际需求开启中断功能位,配置发送/接收中断等。

1. 配置发送数据端的发送功能使能

在配置好数据帧格式后,若需要启用数据发送功能还需要使能发送功能位,该位在串口控制寄存器 2(UART_CR2)中,该寄存器相关位的定义及功能说明如表 17.11 所示。通过对该寄存器第 3 位"TEN"位的配置即可开启或者禁止发送功能。

表 17.11　STM8 单片机 UART_CR2 控制寄存器 2

■ 控制寄存器 2(UART_CR2)						地址偏移值:$(0x05)_H$	
位　数	位 7	位 6	位 5	位 4	位 3	位 2	位 1	位 0
位名称	TIEN	TCIEN	RIEN	ILIEN	TEN	REN	RWU	SBK
复位值	0	0	0	0	0	0	0	0
操　作	rw	rw	rw	rw	rw	rw	rw	rw
位　名	位含义及参数说明							
TIEN 位 7	● 发送中断使能 软件对该位置"1"或者清"0"							
	0	中断被禁止						
	1	当 UART_SR 寄存器中的"TXE"位为"1"时,产生中断						
TCIEN 位 6	● 发送完成中断使能 软件对该位置"1"或者清"0"							
	0	中断被禁止						
	1	当 UART_SR 寄存器中的"TC"位为"1"时,产生中断						

续表 17.11

位 名	位含义及参数说明	
RIEN 位 5	● 接收中断使能 软件对该位置"1"或者清零"0"	
	0	中断被禁止
	1	当 UART_SR 寄存器中的"OR"位或者"RXNE"位为"1"时,产生中断
ILIEN 位 4	● IDLE 中断使能 软件对该位置"1"或者清"0"	
	0	中断被禁止
	1	当 UART_SR 寄存器中的"IDLE"位为"1"时,产生 UART 中断
TEN 位 3	● 发送使能 该位使能发送器,软件对该位置"1"或者清"0",在发送过程中,"TEN"位上的"0"脉冲("0"然后"1")会在当前字发送完毕后发送空闲位,"TEN"位置"1"后,到传输开始之前有 1 个位时间的延时	
	0	发送被禁止
	1	发送被使能
REN 位 2	● 接收使能 软件对该位置"1"或者清"0"	
	0	接收被禁止
	1	接收被使能,开始检测 RX 引脚上的起始位
RWU 位 1	● 接收唤醒 UART 模式时: 该位用来决定是否把 UART 置于静默模式,软件对该位置"1"或者清"0",当一个唤醒序列被识别出来时,硬件也会将其清"0",在选中静默模式前("RWU"位为"1"),UART 必须首先接收一个数据字节,否则在通过空闲位检测从静默模式下唤醒的功能无效,在地址标记检测唤醒配置模式下("WAKE"位为 1)且"RXNE"位为 1 时,"RWU"位不能由软件修改 LIN 从模式时: 在 LIN 从模式下,设置"RWU"位允许对 LIN 报文头的检测,而拒绝接收其他字符,当接收数据寄存器满,状态标志位"RDRF"置"1"时,软件不能设置或者清零"RWU"位	
	0	接收器处于正常工作模式
	1	接收器处于静默模式
SBK 位 0	● 发送断开帧 使用该位来发送断开字符,软件可以对该位置"1"或者清"0",应该由软件来置位它,然后在断开帧的停止位时,由硬件将该位复位	
	0	没有发送断开字符
	1	将要发送断开字符

若用户需要用 C 语言编程配置 UART3 串口发送使能,并且不启用发送完成中断功能,可编写语句:

UART3_CR2 = 0x08;

```
// *********************************************************
//展开 UART3_CR2 赋值二进制数值为:0000 1000
//含义:TIEN = 0;        发送中断被禁止
//      TCIEN = 0;      发送完成中断被禁止
//      RIEN = 0;       接收中断被禁止
//      ILIEN = 0;      IDLE 中断被禁止
//      TEN = 1;        发送功能使能
//      REN = 0;        接收功能禁止
//      RWU = 0;        (UART 模式)正常工作模式
//      PIEN = 0;       未发送断开字符
// *********************************************************
```

2. 配置发送数据端的发送完成中断使能

在实际需求中如果需要检测数据是否被硬件传送到移位寄存器中,可以开启发送数据中断使能位,即对串口控制寄存器 2(UART_CR2)中的第 6 位"TIEN"进行置"1"操作,如果"TIEN"位为 1,则串口状态寄存器(UART_SR)中的"TXE"位为"1"时,将产生中断。

在实际需求中如果需要检测数据是否发送完毕,可以开启发送完成中断使能位,即对串口控制寄存器 2(UART_CR2)中的第 6 位"TCIEN"进行置"1"操作,如果"TCIEN"位为 1,则串口状态寄存器(UART_SR)中的"TC"位为"1"时,将产生中断。

若用户需要用 C 语言编程配置 UART3 发送功能使能并且开启串口发送中断使能和发送完成中断使能,可编写语句:

```
UART3_CR2 = 0xC8;
// *********************************************************
//展开 UART3_CR2 赋值二进制数值为:1100 1000
//含义:TIEN = 1;        发送中断被使能
//      TCIEN = 1;      发送中断完成被使能
//      RIEN = 0;       接收中断被禁止
//      ILIEN = 0;      IDLE 中断被禁止
//      TEN = 1;        发送功能使能
//      REN = 0;        接收功能禁止
//      RWU = 0;        (UART 模式)正常工作模式
//      PIEN = 0;       未发送断开字符
// *********************************************************
```

3. 配置接收数据端的接收功能使能

在配置好数据帧格式后,若要启用数据接收功能还需要使能接收功能位,该位在串口控制寄存器 2(UART_CR2)中,通过对第 2 位"REN"位的配置即可开启或者禁止接收功能。

若用户需要用 C 语言编程配置 UART3 串口接收使能,并且不启用接收中断功能,可编写语句:

```
UART3_CR2 = 0x04;
// *********************************************************
//展开 UART3_CR2 赋值二进制数值为:0000 0100
```

```
//含义:TIEN = 0;        发送中断被禁止
//      TCIEN = 0;      发送完成中断被禁止
//      RIEN = 0;       接收中断被禁止
//      ILIEN = 0;      IDLE 中断被禁止
//      TEN = 0;        发送功能禁止
//      REN = 1;        接收功能使能
//      RWU = 0;        (UART 模式)正常工作模式
//      PIEN = 0;       未发送断开字符
// *************************************************
```

4. 配置接收数据端的接收中断使能

在实际需求中如果需要检测是否接收到数据时,可以开启接收中断使能位,即对串口控制寄存器 2(UART_CR2)中的第 5 位"RIEN"进行置"1"操作,如果"RIEN"位为 1,则串口状态寄存器(UART_SR)中的"RXNE"位或"OR"位为"1"时,将产生中断。

若用户需要用 C 语言编程配置 UART3 接收功能使能并且开启接收中断使能,可编写语句:

```
UART3_CR2 = 0x24;
// *************************************************
//展开 UART3_CR2 赋值二进制数值为:0010 0100
//含义:TIEN = 0;        发送中断被禁止
//      TCIEN = 0;      发送完成中断被禁止
//      RIEN = 1;       接收中断被使能
//      ILIEN = 0;      IDLE 中断被禁止
//      TEN = 0;        发送功能禁止
//      REN = 1;        接收功能使能
//      RWU = 0;        (UART 模式)正常工作模式
//      PIEN = 0;       未发送断开字符
// *************************************************
```

17.5.8　异步通信模式下的发送程序

通过对数据帧格式的约定和功能位的使能后,就可以进入正常的发送程序了,发送的过程非常简单,只需要编程者将欲发送的数据传入串口数据寄存器(UART_DR)即可,新数据传入串口数据寄存器(UART_DR)后就相当于传给了内部的"TDR"寄存器,数据开始移位变成串行数据,在进行赋值操作后应该检测数据是否发送成功,具体的检测方法就是判断串口状态寄存器(UART_SR)中的第 6 位"TC"的状态,若该位为"1",则说明数据已经发送完毕,最后别忘记清零"TC"位(最好在发送前后都由用户清零下"TC"位以保证数据发送正常,有的时候不清零"TC"位会造成发送数据的首字节丢失)。串口数据寄存器(UART_DR)如表 17.2 所列。

表 17.12　STM8 单片机 UART_DR 数据寄存器

■ 数据寄存器(UART_DR)								地址偏移值:$(0x01)_H$
位　数	位 7	位 6	位 5	位 4	位 3	位 2	位 1	位 0
位名称	DR[7:0]							
复位值	—	—	—	—	—	—	—	—
操　作	rw	rw	rw	rw	rw	rw	rw	rw
位　名	位含义及参数说明							
DR [7:0] 位 7:0	● 数据值 包含了发送或接收的数据,其值取决于对该寄存器的操作是读取还是写入。由于它是由两个寄存器组成的,一个给发送用(TDR 寄存器),一个给接收用(RDR 寄存器),该寄存器同时具备读写功能。TDR 寄存器提供了内部总线和输出移位寄存器之间的并行接口,RDR 寄存器提供了输入移位寄存器和内部总线之间的并行接口							

若用户需要用 C 语言编程配置 UART3 发送数据过程,可编写 UART3_SendByte()函数的具体实现如下:

```
/***********************************************************************/
//发送单字符函数 UART3_SendByte(),有形参 data,无返回值
/***********************************************************************/
void UART3_SendByte(u8 data)
{
    UART3_SR& = 0xBF;                       //清零发送完成标志位 TC
    UART3_DR = data;                        //发送数据到 UART3 数据寄存器
    while (! (UART3_SR & 0x40));            //等待发送完毕
UART3_SR& = 0xBF;                           //清零发送完成标志位 TC
}
```

17.5.9　异步通信模式下的接收程序

通过对数据帧格式的约定和功能位的使能后,就可以进入等待接收程序了,接收的过程非常简单,可以分为两种情况触发接收动作从而得到接收数据。

第一种是不开启接收中断功能,主动查询接收状态标志位的方法。这种方法是通过对串口状态寄存器(UART_SR)中的第 5 位"RXNE"位进行不停判断来实现。如果该位为"1",则说明收到了数据,反之表示没有收到数据。"RXNE"位为"1"时,就可以对串口数据寄存器(UART_DR)进行读取操作,将传入数据进行接收,再传递给单片机进行处理。

若用户需要用 C 语言编程实现 UART3 主动查询接收过程,可编写 UART3_ReceiveByte()函数,具体实现如下:

```
/***********************************************************************/
//接收字符函数 UART3_ReceiveByte(),无形参,有返回值 USART3_RX_BUF
/***********************************************************************/
u8 UART3_ReceiveByte(void)
```

```
{
    u8 UART3_RX_BUF;                        //定义数据暂存变量
    while (! (UART3_SR & 0x20));            //主动查询"RXNE"位状态是否为1
    UART3_SR& = 0xDF;                       //清零数据寄存器非空标志位 RXNE
    UART3_RX_BUF = UART3_DR;                //从数据寄存器中取回数据
    return   UART3_RX_BUF;                  //将取出数据作为返回参数
}
```

　　第二种是不主动查询接收状态标志位,开启接收中断功能。中断未发生时,程序一直执行主函数中的任务,不受外界任务干扰,当中断触发后再进入中断响应处理函数中执行对应"动作"。要实现中断功能,需要将串口控制寄存器 2(UART_CR2)中的第 5 位"RIEN"位置"1",当串口状态寄存器(UART_SR)中的"RXNE"位或"OR"位为"1"时,即可发生中断。在整个程序中还需要编写中断响应函数才能实现中断的整个功能。

　　若用户需要用 C 语言编程配置 UART3 中断接收过程,可编写串口初始化语句和中断函数两部分语句。

　　接收及中断使能语句:

```
UART3_CR2 = 0x24;
// ＊＊＊＊＊＊＊＊＊＊＊＊＊＊＊＊＊＊＊＊＊＊＊＊＊＊＊＊＊＊＊＊＊＊＊＊＊＊
//展开 UART3_CR2 赋值二进制数值为:0010 0100
//含义:TIEN = 0;          发送中断被禁止
//     TCIEN = 0;         发送完成中断被禁止
//     RIEN = 1;          接收中断被使能
//     ILIEN = 0;         IDLE 中断被禁止
//     TEN = 0;           发送功能禁止
//     REN = 1;           接收功能使能
//     RWU = 0;           (UART 模式)正常工作模式
//     PIEN = 0;          未发送断开字符
// ＊＊＊＊＊＊＊＊＊＊＊＊＊＊＊＊＊＊＊＊＊＊＊＊＊＊＊＊＊＊＊＊＊＊＊＊＊＊
```

　　中断响应函数:

```
/ ＊＊＊＊＊＊＊＊＊＊＊＊＊＊＊＊＊＊＊＊＊ 中断函数区域 ＊＊＊＊＊＊＊＊＊＊＊＊＊＊＊＊＊＊＊＊＊＊＊/
# pragma vector = 0x17
__interrupt void UART3_RX_IRQHandler(void)
{
    char   rec_data;                        //定义变量 rec_data,用于取回接收数据
    UART3_SR& = 0xDF;                       //清零数据寄存器非空标志位 RXNE
    rec_data = UART3_DR;                    //取出数据并赋值给变量 rec_data
    ......(此处省略具体程序语句)
}
```

17.5.10　异步通信模式初始化程序

　　通过以上各小节寄存器配置讲解,读者知道了在进行异步数据通信时必须首先确定通信

数据帧格式,如配置数据位位数、配置校验位、配置停止位。接着是确定接收双方通信波特率,最后是使能相关功能位,编写数据收发函数进行数据通信。下面就分别举例并配置收发端串口初始化函数。

【例 17.3】若有收发双方欲进行双机通信,发送方 STM8 单片机为甲机,接收方 STM8 单片机为乙机,两个单片机分别工作在不一样的主时钟频率下。甲机使用内部高速 RC 振荡器 HSI 时钟源,HSI 时钟源的分频系数为"00",主时钟频率 f_{MASTER} 为 16 MHz;乙机也使用内部高速 RC 振荡器 HSI 时钟源,HSI 时钟源的分频系数为"01",此时主时钟频率 f_{MASTER} 为 8 MHz。双方约定数据帧格式为 1 个起始位、8 个数据位、无校验位、1 个停止位。通信波特率要求 9 600 bps,甲机程序不要求发送中断功能,乙机要求编写接收中断功能,试编写收发双方串口初始化函数。

首先编写串口功能初始化程序如下:

```
/*******************************************************************/
//发送端串口初始化函数 UART3_Init(),无形参和返回值
/*******************************************************************/
void UART3_Init(void)
{
    //1.设定通信数据位数,此处设定为 8 位数据位,无校验位
    UART3_CR1 = 0x00;
    //2.设定通信停止位位数,此处设定为 1 位停止位
    UART3_CR3 = 0x00;
    //3.配置通信波特率参数,此处配置为 9600bps(f_MASTER = 16MHz)
    //计算得到 UART_DIV 十六进制数值为(0682)_H
    UART3_BRR2 = 0x02;                    //首先对 UART3_BRR2 赋值
    UART3_BRR1 = 0x68;                    //然后对 UART3_BRR1 赋值
    //4.仅使能发送功能,不启用发送中断功能
    UART3_CR2 = 0x08;
}
```

然后编写乙机串口功能初始化程序如下:

```
/*******************************************************************/
//接收端串口初始化函数 UART3_Init(),无形参和返回值
/*******************************************************************/
void UART3_Init(void)
{
    //1.设定通信数据位数,此处设定为 8 位数据位,无校验位
    UART3_CR1 = 0x00;
    //2.设定通信停止位位数,此处设定为 1 位停止位
    UART3_CR3 = 0x00;
    //3.配置通信波特率参数,此处配置为 9600bps(f_MASTER = 8MHz)
    //计算得到 UART_DIV 十六进制数值为(0341)H
    UART3_BRR2 = 0x01;                    //首先对 UART3_BRR2 赋值
    UART3_BRR1 = 0x34;                    //然后对 UART3_BRR1 赋值
    //4.仅使能接收功能,并启用接收中断功能
    UART3_CR2 = 0x24;
}
```

乙机的初始化函数已经开启接收中断功能,故而在程序中还应该编写串口中断响应函数:

```
/*********************** 中断函数区域 ************************/
#pragma vector = 0x17
__interrupt void UART3_RX_IRQHandler(void)
{
    char  rec_data;                         //定义变量 rec_data,用于取回接收数据
    UART3_SR& = 0xDF;                       //清零数据寄存器非空标志位 RXNE
    rec_data = UART3_DR;                    //取出数据并赋值给变量 rec_data
    ......(此处省略具体程序语句)
}
```

17.5.11 STM8 单片机智能卡/IrDA/LIN 功能及相关寄存器简介

STM8S 系列单片机除了拥有功能强大的 USART/UART 资源之外,还支持多处理器通信。提供了红外协议 IrDA、智能卡功能,也支持 LIN(局部互联网)协议版本 1.3、2.0 和 2.1 以及在主模式下的 LIN/J2602 标准,以上协议和串行通信方式大多应用于专门的行业发展背景和规范下的,在本节只做简单介绍,若想深入研究,需要阅读相关标准规范文件后再对 STM8 系列单片机做寄存器功能配置。

STM8 系列单片机的智能卡协议是一个单线半双工通信协议,智能卡接口设计成支持 ISO-7816-3 标准所定义的异步协议智能卡。在这种协议下的 UART 应该被设置为 8 位数据位加校验位和 1.5 位停止位。当智能卡模式使能时(串口控制寄存器 5(UART_CR5)中的 "SCEN"位置"1"),UART 可以与异步智能卡通信。

STM8 系列单片机的红外数据通信 IrDA 是一个半双工通信协议。"IrDA"是红外数据组织(Infrared Data Association)的简称,IrDA 已经制订出物理介质和协议层规格,以及 2 个支持 IrDA 标准的设备可以相互监测对方并交换数据。初始的 IrDA 1.0 标准制订了一个串行半双工的同步系统,传输速率为 2 400 bps 到 115 200 bps,传输范围 1 m,传输半角度为 15°~30°。近来 IrDA 扩展了其物理层规格使数据传输率提升到 4 Mbps。PXA27x 就是使用了这种扩展了的物理层规格。

LIN(Local Interconnect Network)是一种低成本的串行通信网络,用于实现汽车中的分布式电子系统控制。LIN 的目标是为现有汽车网络(例如 CAN 总线)提供辅助功能,因此 LIN 总线是一种辅助的总线网络。应用在不需要 CAN 总线的带宽和多功能场合,比如智能传感器和制动装置之间的通信,使用 LIN 总线可以降低成本。LIN 技术规范中除了定义基本协议和物理层外还定义了开发工具和应用软件接口。LIN 通信基于 SCI(UART)数据格式,采用单主控制器/多从设备的模式。这种低成本的串行通信模式和相应的开发环境已经由 LIN 协会制定成标准,LIN 的标准化将为汽车制造商以及供应商在研发应用操作系统方面降低成本。

也正是因为 STM8 系列单片机具备丰富的串行通信片内资源,才能被广泛应用在汽车电子、工业应用、消费电子和医疗设备上。STM8 系列单片机中的智能卡、IrDA、LIN 功能也都是用相应的寄存器来控制的,这里就不详细介绍了。控制寄存器 4(UART_CR4)相关位定义及功能说明如表 17.13 所示、控制寄存器 5(UART_CR5)相关位定义及功能说明如表 17.14 所示、控制寄存器 6(UART_CR6)相关位定义及功能说明如表 17.15 所示、保护时间寄存器

（UART_GTR）相关位定义及功能说明如表 17.16 所示、分频寄存器（UART_PSCR）相关位定义及功能说明如表 17.17 所示，读者在启用相关功能时可以进行查阅。

表 17.13　STM8 单片机 UART_CR4 控制寄存器 4

位　数	位 7	位 6	位 5	位 4	位 3	位 2	位 1	位 0
■ 控制寄存器 4（UART_CR4）						地址偏移值：(0x07)$_H$		
位　数	位 7	位 6	位 5	位 4	位 3	位 2	位 1	位 0
位名称	保留	LBDIEN	IBDL	LBDF	ADD[3:0]			
复位值	0	0	0	0	0	0	0	0
操　作	—	rw	rw	rw	rw	rw	rw	rw
位　名	位含义及参数说明							
保留 位 7	● 保留位 必须保持清"0"							
LBDIEN 位 6	● LIN 断开符检测中断使能 断开符中断屏蔽（使用断开定界符来检测断开符）							
	0	LIN 断开符检测中断被禁止						
	1	LIN 断开符检测中断被使能						
LBDL 位 5	● LIN 断开符检测长度 该位用来选择是 11 位还是 10 位的断开符检测							
	0	10 位的断开符检测						
	1	11 位的断开符检测						
LBDF 位 4	● LIN 断开符检测标志位 LIN 断开符检测标志位（状态标志位），如果"LDBIEN"位为"1"，那么"LBDF"位为"1"时就会产生中断							
	0	未检测到 LIN 断开符						
	1	检测到 LIN 断开符						
ADD [3:0] 位 3:0	● UART 节点地址 这 4 位定义了 UART 节点的地址，用于在多处理器通讯的静默状态下的地址标识唤醒检测							

表 17.14　STM8 单片机 UART_CR5 控制寄存器 5

位　数	位 7	位 6	位 5	位 4	位 3	位 2	位 1	位 0
■ 控制寄存器 5（UART_CR5）						地址偏移值：(0x08)$_H$		
位　数	位 7	位 6	位 5	位 4	位 3	位 2	位 1	位 0
位名称	保留		SCEN	NACK	HDSEL	IRLP	IREN	保留
复位值	0	0	0	0	0	0	0	0
操　作	—	—	r	r	rw	rw	rw	—
位　名	位含义及参数说明							
保留 位 7:6	● 保留位 必须保持清"0"							

续表 17.14

SCEN 位 5	● 智能卡模式使能 该位用来使能智能卡模式, UART3 资源上不存在这一位		
	0	智能卡模式使能	
	1	智能卡模式被禁止	
NACK 位 4	● 智能卡 NACK 使能 该位用来使能校验错误出现时的 NACK 信号发送与否, UART3 资源上不存在这一位		
	0	校验错误出现时, 不发送 NACK	
	1	校验错误出现时, 发送 NACK	
HDSEL 位 3	● 半双工选择 选择单线半双工模式, UART2 和 UART3 资源上不存在这一位		
	0	不选择半双工模式	
	1	选择半双工模式	
IRLP 位 2	● 红外低功耗 该位用来选择普通模式还是低功耗红外模式, UART3 资源上不存在这一位		
	0	普通模式	
	1	低功耗模式	
IREN 位 1	● 红外模式使能 由软件对该位清"0"或者置"1", UART3 资源上不存在这一位		
	0	红外被禁止	
	1	红外使能	
保留 位 0	● 保留位 必须保持清"0"		

表 17.15 STM8 单片机 UART_CR6 控制寄存器 6

■ 控制寄存器 6(UART_CR6)   地址偏移值:(0x09)$_H$

注意:UART1 资源中不存在该寄存器

位 数	位 7	位 6	位 5	位 4	位 3	位 2	位 1	位 0
位名称	LDUM	保留	LSLV	LASE	保留	LHDIEN	LHDF	LSF
复位值	0	0	0	0	0	0	0	0
操 作	rw	—	rw	rw	—	rw	rc_w0	rc_w0

LDUM 位 7	● LIN 分频数更新方法 LDIV 的编写通过写波特率寄存器 1(UART_BRR1)和波特率寄存器 2(UART_BRR2)这两个寄存器实现, 一旦 LDIV 随着同步域结束时得到测量到的波特率时被更新, 则该位由硬件自动清"0"	
	0	LDIV 在对波特率寄存器 1(UART_BRR1)写入以后立即更新 (如果在同一时间没有发生自动重新同步)
	1	LDIV 在对波特率寄存器 1(UART_BRR1)写入以后, 在下一个接收到字符时("RX-NE"位为 1)更新

续表 17. 15

位 名	位含义及参数说明	
保留 位 6	● 保留位 必须保持清"0"	
LSLV 位 5	● LIN 从模式使能 LIN 模式选择,通过该位设定可以完成 LIN 的主从模式切换	
	0	LIN 主模式
	1	LIN 从模式
LASE 位 4	● LIN 自动重同步使能	
	0	LIN 自动重同步禁用
	1	LIN 自动重同步使能
保留 位 3	● 保留位 必须保持清"0"	
LHDIEN 位 2	● LIN 报文头检测中断使能 报文头中断屏蔽	
	0	LIN 报文头检测中断禁用
	1	LIN 报文头检测中断使能
LHDF 位 1	● LIN 报文头检测标志位 该位在 LIN 从模式下检测到 LIN 报文头时由硬件置"1",通过软件写"0"来清零,如果 "LHDIEN"位为 1,那么"LHDF"位为"1"时就会产生中断	
	0	未检测到 LIN 报文头
	1	检测到 LIN 报文头
LSF 位 0	● LIN 同步域 该位仅用于 LIN 从模式,该位提示 LIN 同步域已经被解析。在自动重同步模式下 ("LASE"位为"1"),当 UART 处于 LIN 同步域状态,会等待或者对 RDI 线路上的下降沿 计数,一旦检测到 LIN 断开符,该位即由硬件置"1"。当 LIN 同步域解析完成,该位由硬件 清"0",通过软件对该位写"0"也可以清零该位,并退出 LIN 同步域状态,返回空闲状态	
	0	当前字符不是 LIN 同步域
	1	LIN 同步域(LIN 同步域解析进行中)

表 17.16 STM8 单片机 UART_GTR 保护时间寄存器

■ 保护时间寄存器(UART_GTR) 地址偏移值:UART1 资源为(0x09)$_H$,UART2 和 UART4 资源为(0x0A)$_H$							
位 数	位 7	位 6	位 5	位 4	位 3	位 2	位 1	位 0
位名称	GT[7:0]							
复位值	0	0	0	0	0	0	0	0
操 作	rw	rw	rw	rw	rw	rw	rw	rw

位 名	位含义及参数说明
GT [7:0] 位 7:0	● 保护时间值 这 8 位规定了以波特时钟为单位的保护时间的值。在智能卡模式下,需要这个功能。当保护时间过去后,发送完成标志才被置"1",UART3 资源上不存在这些位

表 17.17　STM8 单片机 UART_PSCR 分频寄存器

■ 分频寄存器(UART_PSCR) 地址偏移值:UART1 资源为(0x0A)_H,UART2 和 UART4 资源为(0x0B)_H							
位 数	位 7	位 6	位 5	位 4	位 3	位 2	位 1	位 0
位名称	PSC[7:0]							
复位值	0	0	0	0	0	0	0	0
操 作	rw	rw	rw	rw	rw	rw	rw	rw
位 名	位含义及参数说明							
PSC [7:0] 位 7:0	● 预分频器值 在红外低功耗模式下时: 可以配置"PSC[7:0]"总共 8 位数据,设定红外低功耗波特率值,如果未使能 IrDA 模式,那么分频设置是无效的。对系统时钟分频已到达低功耗的频率,时钟源被寄存器中的值(仅有 8 位有效)分频。 例如: 配置为(0000 0000)_B:保留(不要写入该值); 配置为(0000 0001)_B:对源时钟进行 1 分频; 配置为(0000 0010)_B:对源时钟进行 2 分频; …… 在智能卡模式下时: 可以配置"PSC[4:0]"总共 5 位设定预分频值。如果未使能智能卡模式,那么分频设置是无效的。即使智能卡模式使能,"PSC[7:5]"也是无效的。对系统时钟进行分频,给智能卡提供时钟,寄存器中给出的值(5 个有效位)乘以 2 后,作为对时钟源的分频因子。 例如: 配置为(00000)_B:保留(不要写入该值); 配置为(00001)_B:对源时钟进行 2 分频; 配置为(00010)_B:对源时钟进行 4 分频; 配置为(00011)_B:对源时钟进行 6 分频; …… 在 UART3 资源上没有这些位,在同时使用智能卡和 IrDA 接口的时候,必须对该寄存器写入正确的值							

17.6　基础项目 A Unique ID"身份证号码"输出实验

终于又到了激动人心的实践环节,做点什么实验"好玩儿"呢? 既然是串口通信,那就先利用串口发送一些数据吧! 这个数据可不能是一般的数据,要来点新知识,想来想去,小宇老师决定做一个 STM8 单片机 Unique ID"身份证号码"输出实验。

所谓的 STM8 单片机"身份证"其实是指 STM8 单片机内部的唯一标识符"Unique ID"，这个"身份证号"是一串支持以字节方式读取，长度为 96 位的唯一标识符，也就是 12 B 长度的一串序列。该标识符是独一无二的，不允许用户修改的。这些标识符在单片机出厂的时候就被写入到了单片机内存中，不同型号的 STM8 芯片的"身份证号"存储位置不同，比如说 STM8S105 系列、STM8S207 系列和 STM8S208 系列芯片的"身份证号"是存储在内存空间的 $(0x48CD)_H \sim (0x48D8)_H$ 区段中，STM8S103 系列芯片则存储在内存空间的 $(0x4865)_H \sim (0x4870)_H$ 区段中。所以，用户在具体使用时应该查阅相关单片机芯片的数据手册，了解了"Unique ID"的地址分配，这样才能正确地获取"身份证"序列码。

有的读者可能会问，这个唯一标识符有什么用呢？这个"用处"就要靠使用者去挖掘了，它可以做成产品的序列号，在程序上稍微做点改动，就可以用这个序列号去认证产品的真伪或者批次，也可以把这个序列号做成认证号，当用户使用产品时可以检测产品的合法性，还可以把这个序列号当成是设备"联网"的身份序号等，具体的用法很多，主要就是看使用者的需求。

该项目以 STM8S208MB 这款单片机为例，通过查询 STM8S207/208 系列单片机芯片数据手册中关于"Unique ID"部分的内容可以得到如表 17.18 所示的序列码和地址分配情况。

表 17.18　STM8207/208 系列单片机 Unique ID 地址分配

序列地址	唯一标识位							
	7	6	5	4	3	2	1	0
$(0x48CD)_H$	U_ID[7:0]							
$(0x48CE)_H$	U_ID[15:8]							
$(0x48CF)_H$	U_ID[23:16]							
$(0x48D0)_H$	U_ID[31:24]							
$(0x48D1)_H$	U_ID[39:32]							
$(0x48D2)_H$	U_ID[47:40]							
$(0x48D3)_H$	U_ID[55:48]							
$(0x48D4)_H$	U_ID[63:56]							
$(0x48D5)_H$	U_ID[71:64]							
$(0x48D6)_H$	U_ID[79:72]							
$(0x48D7)_H$	U_ID[87:80]							
$(0x48D8)_H$	U_ID[95:88]							

观察表 17.18 可以发现，96 位的唯一标识符"U_ID[96:0]"被分割为 12 段，每一段是 8 个位，分别是 U_ID[7:0] ～ U_ID[95:88]，标识符地址是 $(0x48CD)_H \sim (0x48D8)_H$，地址是整体连续的。看到这里就已经知道大致的读取方法了。

首先定义一个字符型指针变量"chipid"，让它指向内存空间的 $(0x48CD)_H$ 这个地址，然后将指针指向的地址中的"内容"给"拿出来"，这个"内容"就是标识符序列码，若取出 $(0x48CD)_H$ 这个地址中的"内容"就肯定是标识符"U_ID[7:0]"。接下来让指针变量"chipid"执行"加 1"操作，由于该指针变量的类型为字符型，所以"加 1"操作后跳转一个字节，刚好就从 $(0x48CD)_H$ 这个地址变成了 $(0x48CE)_H$ 这个地址，然后再次读取该地址中的"内容"，这样的过程需要执行 12 次，也就可以把 96 位标识符全部取出来。

软件上有了思路就来看看硬件,由于唯一标识符是在 STM8 单片机的内部,不涉及片外的资源和电路,所以硬件电路连接非常简单,只需要引出 STM8S208MB 的第 78 引脚"PD5/UART3_TX"和第 79 脚"PD6/UART3_RX"即可,系统的硬件电路如图 17.34 所示。在电路中需要注意的是单片机两只引脚输出的电平标准是 TTL/COMS 电平,不能直接与计算机 DB9 接口相连,此时需要 TTL/COMS 电平与 EIA RS232 电平相互转换的单元,电平转换完成后可将串行数据发送线和串行数据接收线连接至 DB9 接口,DB9 的第 5 脚务必要和单片机系统共地,得到 DB9 接口后就可以通过连接线缆将单片机开发板连接至 PC 终端了。

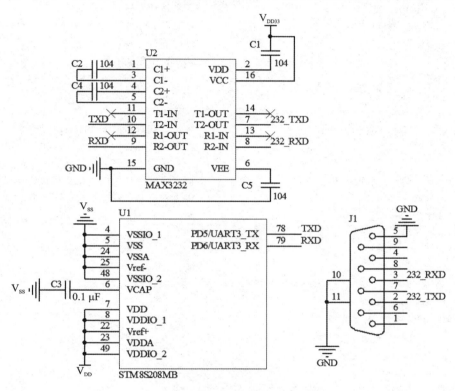

图 17.34 Unique ID"身份证号码"输出实验硬件电路

理清了软件思想,也搭建了硬件电路,此时就可以编写程序了,利用 C 语言编写的具体程序实现如下:

```
/*****************************************************************
* 实验名称及内容:STM8 单片机 Unique ID"身份证号码"输出实验
*****************************************************************/
# include "iostm8s208mb.h"            //主控芯片的头文件
# include "stdio.h"                    //需要使用 printf()函数故而包含该头文件
/****************** 常用数据类型定义 ******************/
{【略】}为节省篇幅,相似语句可以直接参考之前章节
/***************** 用户自定义数据区域 *****************/
# define CHIPID 0x48CD   //定义 STM8S207/208 单片机 Unique ID 存放首地址
/****************** 函数声明区域 ******************/
void delay(u16 Count);                //延时函数声明
```

```c
void UART3_Init(void);                    //串口3初始化函数
void UART3_SendByte(u8 data);             //串口3发送单个字符函数
int putchar(int ch);                      //发送字符重定向函数
/*********************** 主函数区域 *************************/
void main(void)
{
  u8 i;                                   //定义循环控制变量
  u16 temp;                               //用于临时存放取回的 ID 数据
  u8 * chipid;                            //定义指针变量指向序列地址
  CLK_CKDIVR = 0x00;                      //选定 HSI 时钟源,配置频率为 16 MHz
  delay(10);                              //延时等待时钟稳定
  UART3_Init();                           //初始化串口3
  printf(" *******************************************\r\n");
  printf("当前 STM8 芯片 Unique ID"身份证号码"为:\r\n");
  printf(" *******************************************\r\n");
  chipid = (u8 * )CHIPID;                 //将指针变量指向 0x48CD 首地址
  for(i = 0;i<12;i + +)                   //循环 12 次取出 96 位唯一标识符
  {
    temp = (u16) * (chipid + +);         //取出当前地址中的数据且指针递增操作
    printf("0x% 0.2x ",temp);            //以十六进制"0xXX"形式打印数据
  }
  printf("\r\n");                         //回车换行
  printf(" *******************************************\r\n");
}
/**************************************************************/
void delay(u16 Count)
{【略】}//延时函数 delay()
    for (j = 0;j<20;j + +);
  }
}
/**************************************************************/
//初始化函数 UART3_Init(),无形参和返回值
/**************************************************************/
void UART3_Init(void)
{
  //1.设定通信数据位数,此处设定为 8 位数据位,无校验位
  UART3_CR1 = 0x00;
  //2.设定通信停止位位数,此处设定为 1 位停止位
  UART3_CR3 = 0x00;
  //3.配置通信波特率参数,此处配置为 9 600 bps(16 MHz 频率下)
  UART3_BRR2 = 0x03;
  UART3_BRR1 = 0x68;
  //4.使能发送功能
  UART3_CR2 = 0x08;
}
/**************************************************************/
```

```
//发送单字符函数 UART3_SendByte(),有形参 data,无返回值
/********************************************************************/
void UART3_SendByte(u8 data)
{
    UART3_SR& = 0xBF;                     //清零发送完成标志位 TC
    UART3_DR = data;                      //发送数据到 UART3 数据寄存器
    while (! (UART3_SR & 0x40));          //等待发送完毕
    UART3_SR& = 0xBF;                     //清零发送完成标志位 TC
}
/********************************************************************/
//发送字符重定向函数 putchar(),有形参 ch,有返回值
/********************************************************************/
int putchar(int ch)
{
    while((UART3_SR&0x80) = = 0x00);
    UART3_SendByte((u8)ch);              //将 Printf 内容发往串口
    return (ch);
}
```

通读程序,在程序中会发现有两处比较有"意思"的地方。第一个"地方"出现在程序的起始,预编译命令"♯include"包含了一个头文件"stdio.h",这个头文件是标准 C 语言程序设计中的"输入/输出函数库"头文件,因为 C 语言本身并没有输入/输出能力,所以要借助这个头文件所包含的一些与系统输入/输出功能有关的函数库,也称这些函数为"I/O 函数",如果打开"stdio.h"头文件,可以看到头文件中包含了许多种函数的定义,如:getchar()函数、putchar()函数、scanf()函数、printf()函数、gets()函数、puts()函数和 sprintf()函数等,在本项目程序的主函数中就用到了"printf()函数",所以需要在程序中添加该头文件,只有这样才能正常使用 printf()函数功能。

看到这里,有的读者可能会有疑问,"printf()函数"不是标准 C 语言编程时才能使用的吗?为什么单片机的程序里面会出现这个打印函数呢? 这是由于该项目需要用 STM8 单片机的 UART3 资源将数据信息"打印"出来,如果使用"printf()函数"会让程序输出变得非常简单,编程者可以仅用一条简单的语句就实现字符、字符串或变量的输出,这就引出了程序中第二个"有意思"的地方。

STM8 单片机的 UART3 资源是怎么利用 printf()函数输出数据的,就要涉及 C 语言库函数的"重定向"问题。标准 C 语言默认的输出设备一般是计算机屏幕,默认的输入设备一般是计算机键盘,但是要知道,C 语言中的 I/O 函数所使用的终端设备是可以"更改"的,比如说某一台计算机没有显示器,只有打印机,对于这样的情况,编程人员就可以将 C 语言中的 I/O 库函数重定向到打印机设备,这样一来,欲输出的数据就会从打印机中打印出来。

回到 printf()函数上,标准 C 语言的 printf()函数将信息打印到屏幕上输出,在本项目中需要把"屏幕"变成 STM8 单片机的"串口",所以需要对 printf()函数进行重新定向,也就是重新编写了 putchar()函数,该函数的作用就是将欲输出数据定向到 UART3 资源上,将欲"打印内容"传送至 UART3 数据寄存器(UART3_DR),该函数的具体实现如下:

```
/************************************************************/
//发送字符重定向函数 putchar(),有形参 ch,有返回值
/************************************************************/
int putchar(int ch)
{
    while((UART3_SR&0x80) = = 0x00);
    UART3_SendByte((u8)ch);                //将 Printf 内容发往串口
    return (ch);
}
```

将程序编译后下载到单片机中并运行,打开 PC 的上位机串口调试软件,这里选择 Window 系统自带的超级终端来观察串口数据,设定串口号为 COM3(具体串口号要根据用户计算机的实际端口分配来定),通信波特率为 9 600,数据位为 8 位,无奇偶校验位,停止位为 1 位,显示内容为 ASCII 码方式。连接串口成功后复位单片机芯片,得到如图 17.35 所示的返回结果。

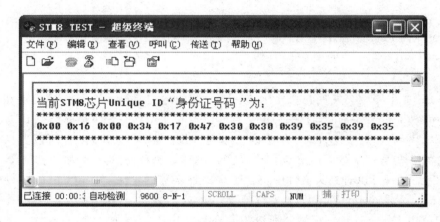

图 17.35　Unique ID"身份证号码"输出效果

观察结果可以看到 UART3 串口资源一共输出了 12 个十六进制数,也就是说实验系统中所用的这款 STM8S208MB 单片机的 Unique ID "身份证号码"为 $(0x001600341747303039353935)_H$,至此,串口打印唯一标识符的实验就成功了,读者可以在实验基础上再构建更为复杂的功能,如产品序列号验证、产品"联网"身份序列码识别等。

17.7　实战项目 A 上/下位机串口命令交互实验

做完了基础项目 A 以后,读者学会了利用 STM8 单片机 UART 资源向外发送数据,学会了 printf()函数的使用,了解了 C 语言库函数的重定向,也清楚了 C 语言"输入/输出函数库"头文件 "stdio. h"的使用,但是,似乎还是少了点什么! 缺少的是什么内容呢? 就是串口资源的数据接收,STM8 单片机的串口资源既可以发送数据,也可以接收数据。本节设计一个上/下位机串口命令交互实验,这里说的"上位机"指的是 PC 终端,"下位机"指的是 STM8 单片机系统。

本项目仍以 STM8S208MB 这款单片机为例,串口交互命令通过计算机和单片机两者的软件数据交互,不涉及片外资源和电路,所以硬件电路连接非常简单,只需要引出 STM8S208MB 的第 78 引脚"PD5/UART3_TX"和第 79 脚"PD6/UART3_RX"即可,系统的硬件电路原理图依然使用基础项目 A 中图 17.34 所示的电路。在电路中需要注意的是单片

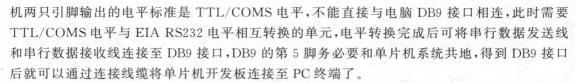
机两只引脚输出的电平标准是 TTL/COMS 电平,不能直接与电脑 DB9 接口相连,此时需要 TTL/COMS 电平与 EIA RS232 电平相互转换的单元,电平转换完成后可将串行数据发送线和串行数据接收线连接至 DB9 接口,DB9 的第 5 脚务必要和单片机系统共地,得到 DB9 接口后就可以通过连接线缆将单片机开发板连接至 PC 终端了。

有了硬件平台就要开始设计软件功能,必须明确串口命令交互的"内容"。这里设计一个"基于串口交互的 STM8 开发板功能调试界面",用串口命令逐一验证开发板的资源和功能,每一个资源例程都对应一个特定的串口指令,比如说:串口发送命令"1",对应功能是开启数码管测试程序,串口发送命令"2",对应是开启 AIN1 模拟通道转换,串口发送命令"?",对应是进入系统帮助界面等等,为了增强程序的健壮性,还需要对"非法命令"进行识别,假设系统只有"1"、"2"和"?"命令,此时输入"3"就是一个非法命令。

理清了软件思想,也搭建了硬件电路,此时就可以编写程序了,利用 C 语言编写的具体程序实现如下:

```
/ *********************************************************
* 实验名称及内容:上/下位机串口命令交互实验
**********************************************************/
# include "iostm8s208mb.h"              //主控芯片的头文件
# include "stdio.h"                      //需要使用 printf()函数故而包含该头文件
/ ******************** 常用数据类型定义 ********************/
【略】为节省篇幅,相似语句可以直接参考之前章节
/ ******************** 函数声明区域 ********************/
void delay(u16 Count);                   //延时函数声明
void UART3_Init(void);                   //串口 3 初始化函数
void UART3_SendByte(u8 data);            //串口 3 发送单个字符函数
void UART3_SendString(u8 * Data,u16 len); //串口 3 发送字符串函数
u8 UART3_ReceiveByte(void);              //串口 3 接收数据函数
int putchar(int ch);                     //发送字符重定向函数
/ ******************** 主函数区域 ********************/
void main(void)
{
    u16 cmd = 0,num = 0;                 //cmd 用来表示命令数值,num 用来表示交互次数
    CLK_CKDIVR = 0x00;                   //选定 HSI 时钟源,配置频率为 16 MHz
    delay(10);                           //延时等待时钟稳定
    UART3_Init();                        //初始化串口 3
    printf(" *************************************\r\n");
    printf("|            上/下位机串口命令交互实验            |\r\n");
    printf(" *************************************\r\n");
    printf("|请输入指令号:示例(1/2/?)\r\n");
    printf(" *************************************\r\n");
    while(1)
    {
        cmd = UART3_ReceiveByte();       //查询法接收串口数据
        num = num + 1;                   //num 用于指示串口交互次数
        switch(cmd)                      //判断串口接收命令值
```

```
        {
            case '1':
            {
                printf("|第%d次命令,",num);
                printf("CMD=【1】,开启数码管测试程序\r\n");
                //用户编写的程序
                printf("|******************************************\r\n");
            }break;
            case '2':
            {
                printf("|第%d次命令,",num);
                printf("CMD=【2】,开启AIN1模拟通道转换\r\n");
                //用户编写的程序
                printf("|******************************************\r\n");
            }break;
            case '?':
            {
                printf("|第%d次命令,",num);
                printf("CMD=【?】,欢迎您使用系统帮助功能！\r\n");
                //用户编写的程序
                printf("|******************************************\r\n");
            }break;
            default:
            {
                printf("|第%d次命令,",num);
                printf("命令非法,请您重新输入\r\n");        //命令异常处理
                //用户编写的程序体
                printf("|******************************************\r\n");
            }
        }
    }
}
/******************************************************************/
//初始化函数UART3_Init(),无形参和返回值
/******************************************************************/
void UART3_Init(void)
{
    //1.设定通信数据位数,此处设定为8位数据位,无校验位
    UART3_CR1 = 0x00;
    //2.设定通信停止位位数,此处设定为1位停止位
    UART3_CR3 = 0x00;
    //3.配置通信波特率参数,此处配置为9600bps
    UART3_BRR2 = 0x03;
    UART3_BRR1 = 0x68;
    //4.使能发送和接收功能
    UART3_CR2 = 0x0C;
```

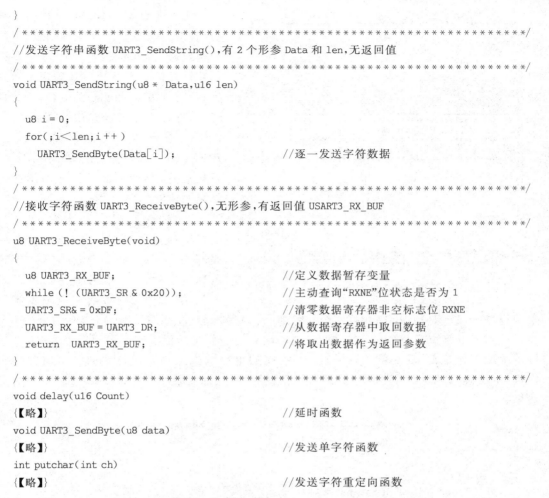

```
}
/********************************************************************/
//发送字符串函数 UART3_SendString(),有 2 个形参 Data 和 len,无返回值
/********************************************************************/
void UART3_SendString(u8 * Data,u16 len)
{
  u8 i = 0;
  for(;i<len;i++)
    UART3_SendByte(Data[i]);                    //逐一发送字符数据
}
/********************************************************************/
//接收字符函数 UART3_ReceiveByte(),无形参,有返回值 USART3_RX_BUF
/********************************************************************/
u8 UART3_ReceiveByte(void)
{
  u8 UART3_RX_BUF;                              //定义数据暂存变量
  while (! (UART3_SR & 0x20));                  //主动查询"RXNE"位状态是否为 1
  UART3_SR& = 0xDF;                             //清零数据寄存器非空标志位 RXNE
  UART3_RX_BUF = UART3_DR;                      //从数据寄存器中取回数据
  return  UART3_RX_BUF;                         //将取出数据作为返回参数
}
/********************************************************************/
void delay(u16 Count)
{【略】}                                         //延时函数
void UART3_SendByte(u8 data)
{【略】}                                         //发送单字符函数
int putchar(int ch)
{【略】}                                         //发送字符重定向函数
```

通读程序,发现在程序主要靠接收字符函数 UART3_ReceiveByte()来实现接收功能,在该函数中定义了一个接收数据的暂存变量"UART3_RX_BUF",这个变量用于保存取回的数据,随后执行"while (! (UART3_SR & 0x20))"语句,该语句的作用是判断 UART3 状态寄存器(UART3_SR)中的"RXNE"位是否等于"1",若该位为"1"表示 STM8 单片机已经收到数据,可以进行下一步操作,此时跳出 while()循环。若该位为"0"则表示 STM8 单片机没有收到数据,此时 while()循环等同于死循环"while(1)",程序会一直等待,直到有数据被接收为止。

如果 STM8 单片机已经接收到数据,UART3 状态寄存器(UART3_SR)中的"RXNE"位会被硬件自动置"1",此时跳出 while()循环,从 UART3 数据寄存器(UART3_DR)中取回数据,并且将数据存放到变量"UART3_RX_BUF"中,最后再通过 return 语句进行返回。接收的数据最终传递给了主函数中的变量"cmd"。

当变量"cmd"收到接收命令后,就可以使用"switch(cmd)"分支选择结构对"cmd"进行数值判断,设定串口命令为"1"、"2"和"?"命令,为了增强程序的健壮性,还需要对"非法命令"进行识别,也就是说除了"1"、"2"和"?"命令,其他命令都是非法命令,可以用 switch()结构中的"default"分支语句进行处理。

图 17.36　上/下位机串口命令交互实验(上电输出)

将程序编译后下载到单片机中并运行,打开 PC 的上位机串口调试软件,设定串口号为 COM3(具体串口号要根据用户计算机的实际端口分配来定),通信波特率为 9 600,数据位为 8 位,无奇偶校验位,停止位为 1 位,接收显示内容为 ASCII 码方式,发送数据格式也是 ASCII 码方式,连接串口成功后复位单片机芯片,得到如图 17.36 所示的返回结果。

观察图 17.36 可以发现,单片机上电复位后打印出了 5 行语句,这些语句是写在主函数 while(1)循环体之前的,打印这些语句的作用主要是为了做一个初始交互界面,读者可以根据实际需求进行增删或者是更改,例如打印公司信息、产品版本号、联系方式、串口交互指令列表等。

看到上电复位后打印的串口数据,说明串口的电气连接没有异常,"下位机"STM8 单片机系统也工作正常,现在就可以通过 PC 终端的串口调试工具发送特定的"串口命令"到下位机,依次发送 ASCII 码格式的"1"、"2"、"3"、"?"之后,实测得到如图 17.37 所示的交互效果。

图 17.37　上/下位机串口命令交互实验(命令交互)

当用户第一次通过上位机串口调试工具发送串口命令"1"到下位机时,主函数中变量"cmd"的值为字符"1"的 ASCII 码,此时"while(1)"循环体中的变量"num"执行"num=num+1"操作,变量"num"用于指示串口交互的次数,随后将"num"输出,并且打印了一条对应于串口命令"1"的语句""CMD=【1】,开启数码管测试程序""。

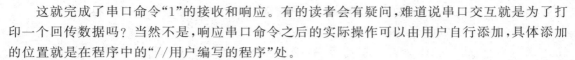

这就完成了串口命令"1"的接收和响应。有的读者会有疑问,难道说串口交互就是为了打印一个回传数据吗? 当然不是,响应串口命令之后的实际操作可以由用户自行添加,具体添加的位置就是在程序中的"//用户编写的程序"处。

分析图 17.37,输入第 1 次串口命令"1"时,主函数变量"cmd"的值为字符"1"的 ASCII 码,变量"num"自增后变为 1,所以输出了第 1 次命令,输入第 2 次串口命令"2"时,主函数变量"cmd"的值为字符"2"的 ASCII 码,变量"num"自增后变为 2,所以输出了第 2 次命令,输入第 3 次串口命令"3"时,主函数变量"cmd"的值为字符"3"的 ASCII 码,需要注意,串口命令不在设定的 3 个命令之内,变量"num"自增后变为 3,所以输出了第 3 次命令,只不过命令是"非法命令"。输入第 4 次串口命令"?"时,主函数变量"cmd"的值为字符"?"的 ASCII 码,变量"num"自增后变为 4,所以输出了第 4 次命令。

至此,完成了上/下位机串口命令交互实验,得到了满意的实验效果。但这个项目的难度还是很低的,只能算是一个串口交互的"雏形",假设不使用查询法而改用中断法应该怎么编写程序? 当串口命令不是简单的"1"、"2"、"?"而是"openA"、"Set 16.5"、"Reset system"或者"AT vel3"等,这些指令的长度变长了,指令表示的含义也丰富了,对待这些指令又如何编写呢? 所以,串口交互的难点不是在串口功能的初始化上,而是形成一套完整、健壮的交互指令集,又要便于用户操作,也要考虑产品后续的兼容和升级,读者可以勤加练习,尝试自己编写上位机软件和下位机程序,动手实验一些小项目,找找"Feel",增加动力!

17.8 实战项目 B 基于 XFS5152CE 的 TTS 语音合成系统

有的读者做完基础项目 A 和实战项目 A 之后可能会思考,这单片机的串口难道就只能做个串口通信吗? 只能传个数据吗? 只能是通过串口调试助手看个结果吗? 这也不好玩儿啊! 小宇老师满足读者的好奇心,其实单片机的串口资源能做的事情太多了,可以双机通信、可以上位机交互、可以多节点控制、可以透传数据、还可以驱动功能各异的芯片或者系统。本节的实战项目 B 就是让 STM8 串口资源控制"TTS"模块进行语音合成。在此项目基础上稍加构思,就可以做成公交报站系统、药房取药系统、银行业务叫号系统、导航仪播报系统等,怀揣着好奇心,跟随小宇老师一起学习吧!

17.8.1 神奇的语音合成"TTS"技术

语音作为声音的一种表现形式,是人们最自然、最平常的交流方式。由人工制作出的语音系统涉及语音合成(speech synthesis),简单的说,该技术就是给机器一张"人工嘴巴",让机器"说话"。按照人类语言功能的不同层次,语音合成也可以分成 3 个层次,第一个层次是从文字到语音的合成,也就是要学习的"TTS"技术,"TTS"是 Text To Speech 的英文缩写,即"从文本到语音"的技术。第二个层次是从概念到语音的合成(CTS,Concept To Speech),第三个层次是从意向到语音的合成(ITS,Intention To Speech),这 3 个层次反映了人类大脑中形成"说话内容"的不同过程,整个过程涉及人类大脑的高级神经活动。现阶段的语音合成技术主要研究从文字到语音(TTS)的合成。

语音合成技术作为人机交互的关键,涉及诸多学科,包括:声学、语言学、数字信号处理、人工智能和模式识别等,已成为中文/英文信息处理领域的一项前沿技术。而且相关的一些产品目前也得到了成功应用,如:汽车导航,电信的呼叫服务,列车站名播报,文本智能阅读、固定电话短消息播报、智能仪表状态播报、智能玩具人机交互、电子导游解说、电子词典词汇朗读等。

说到这"语音人机交互",就会涉及两个方面的技术,一个是语音识别技术,另一个是语音合成技术。语音识别技术是一种信息输入技术,它需要解决的问题是怎样从输入语音中"提取"有用的信息,并且加以识别。而语音合成技术刚好与语音识别技术相反,它需要将输出信息转换成语音,然后再传达给接收者,它所追求的目标不仅是声音清晰(清晰度),还需要有很好的韵律(自然度),让听的人感觉很舒服才行。合理运用这两种技术,就可以构建基于语音的人机交互系统。

本实战项目中用到的功能"主角"是合肥讯飞数码科技有限公司生产的 TTS 芯片 XFS5152CE。该芯片同时具备语音合成功能和语音识别功能(30 个固定识别词汇),若能将其应用到 STM8 单片机开发系统中,肯定就更"好玩儿"更"有趣"。下面就开始学习和研究这款 TTS 功能芯片吧!

17.8.2 初识 XFS5152CE 语音合成芯片

本项目所选择的 TTS 核心芯片是合肥讯飞数码科技有限公司推出的 XFS5152CE,该芯

片是该公司目前功能集成度最高的语音合成芯片,芯片的外观样式如图 17.38 所示,该芯片采用 LQFP 形式 64 引脚封装,芯片的体积仅为 10 mm * 10 mm * 1.4 mm。该芯片可实现中文、英文的语音合成,并集成了语音编码和语音解码功能,可支持用户进行录音和播放,除此之外,还创新性地集成了轻量级的语音识别功能,支持 30 个命令词的识别,并且支持用户的命令词定制需求,该芯片可以广泛应用于车载调度终端、固定电话、信息机、税控机、考勤机、公交车语音报站器、排队机、自动售货机、气象预警机、POS 机、智能仪器和智能仪表等众多需要对即时数据或固定文本数据进行语音合成并播报的场合。

图 17.38 讯飞数码科技 XFS5152CE 芯片外观图

XFS5152CE 芯片支持 UART 接口、I^2C 接口和 SPI 接口这 3 种接口的通信方式,同时具备语音合成和语音识别(30 个固定识别词汇)功能,整个功能芯片共计 64 个引脚,按照引脚的功能划分,可以将其划分为电源引脚、音频信号引脚、通信引脚、内部信号连接引脚和功能设定引脚等,XFS5152CE 芯片具体的芯片引脚分布及功能描述如表 17.19 所示,读者可以在设计印制电路板(PCB)时查询和参考本表内容。

表 17.19　XFS5152CE 芯片引脚分布及功能描述表

编号	引脚名称	引脚功能说明	编号	引脚名称	引脚功能说明
1	VDD12	1.2 V 数字电源输入	33	NC	—
2	UVCC	3.3 V 模拟电源输入	34	NC	—
3	RREF	参考电压 接 10 kΩ 下拉电阻	35	NC	—
4	GND	数字地	36	VDD33	3.3 V 数字电源输入
5	NC	—	37	GND	数字地
6	NC	—	38	NC	—
7	AVCC	3.3 V 模拟电源输入	39	RXD	串口接收
8	AO_P	音频输出正	40	RDY	低电平芯片处于 就绪状态
9	AO_N	音频输出负	41	TXD	串口发送
10	AGND	模拟地	42	SPI_CLK	SPI 时钟输入
11	VCM	模拟参考电压	43	SPI_SSEL	SPI 片选 接 10K 上拉电阻
12	Mic_Bias	麦克偏置电压	44	SPI_SI	SPI 数据输入
13	MIC_N	麦克输入负 不用时悬空	45	SPI_SO	SPI 数据输出
14	AGND	模拟地	46	VDD33	3.3 V 数字电源输入
15	MIC_P	麦克输入正 不用时悬空	47	IIC_SCL	IIC 时钟输入
16	F_D0	信号脚,与 57 脚相连	48	IIC_SDA	IIC 数据接口
17	AVCC	3.3 V 模拟电源输入	49	M_D2	信号脚,与 50 脚相连 加 10 kΩ 上拉
18	VREF	参考电压 外接 0.1 μF 电容到地	50	F_D2	信号脚,与 49 脚 相连加 10 kΩ 上拉
19	NC	—	51	F_D3	信号脚,与 59 脚相连
20	PWR_IN	芯片供电,3.3V	52	GND	数字地
21	F_D1	信号脚,与 60 脚相连	53	A1	与 54 脚相连
22	VDD33_O	3.3 V 电源输出	54	A2	与 53 脚相连
23	VDD12_O	1.2 V 电源输出	55	BAUD2	波特率选择引脚
24	AVDD12	1.2 V 模拟电源输出	56	BAUD1	波特率选择引脚
25	GND	数字地	57	M_D0	信号脚,与 16 脚相连
26	XTALI	晶振输入	58	NC	—
27	XTALO	晶振输出	59	M_D3	信号脚,与 51 脚相连
28	RESET	复位引脚,低有效	60	M_D1	信号脚,与 21 脚相连
29	A4	外加 10 kΩ 上拉电阻	61	NC	—
30	NC	—	62	A3	外加 10 kΩ 下拉电阻
31	NC	—	63	NC	—
32	NC	—	64	GND	数字地

在实战项目中选择的 XFS5152CE 芯片具备以下 7 个方面的功能支持：

（1）支持任意中文文本、英文文本的合成，并且支持中英文混读，可以采用 GB2312、GBK、BIG5 和 UNICODE 这 4 种编码方式。每次合成的文本量最多可达 4 KB。芯片可以实现对输入文本的分析，对常见的数字、号码、时间、日期、度量衡符号等格式的文本芯片能够根据内置的文本匹配规则进行正确的识别和处理，对一般多音字也可以依据其语境正确判断读法，针对同时有中文和英文存在的文本，可实现中英文混读。

（2）支持语音编解码功能，用户可以使用芯片直接进行录音和播放。芯片的语音编解码具备高压缩率、低失真率、低延时的特点，并且可以支持多种语音编码和解码速率。这些特性使它非常适合于数字语音通信、语音存储以及其他需要对语音进行数字处理的场合。如：车载通信、指挥中心等。

（3）支持语音识别功能，可支持 30 个命令词的识别。芯片出厂时默认设置的是 30 个车载、预警等行业常用的识别命令词。客户如需要更改成其他的识别命令词，可进行命令词定制。

（4）芯片内部集成了 80 种常用的提示音效，适合用于不同场合的信息提示、铃声和警报等功能。

（5）支持 UART、I²C、SPI 这 3 种通信方式。如果采用 UART 串口通信方式，可以将芯片通信波特率配置为 4 800 bps、9 600 bps、57 600 bps 和 115 200 bps 这 4 种中的一种，用户可以根据实际情况通过硬件配置选择自己所需的波特率。

（6）支持多种控制命令。如合成文本、停止合成、暂停合成、恢复合成、状态查询、进入省电模式和唤醒等。控制器通过通信接口发送控制命令可以对芯片进行相应的控制。芯片的控制命令非常简单易用，例如：芯片可通过统一的"合成命令"接口播放提示音和中文文本，还可以通过文本标记实现对合成的参数设置。

（7）支持多种方式查询芯片的工作状态。包括：查询状态引脚电平、通过读芯片自动返回的工作状态字、发送查询命令获得芯片工作状态的回传数据等。

17.8.3　搭建 XFS5152CE 硬件平台

初步认识了 XFS5152CE 芯片功能及引脚分布后，读者会得这个芯片"不简单"，看着像是个"64 脚的小蜘蛛"，其实内部构造非常神奇。本小节介绍对 XFS5152CE 中英文语音合成芯片的主要功能和内部构成，然后再按照芯片引脚的相关功能搭建硬件电路平台。XFS5152CE 芯片的内部资源及功能结构如图 17.39 所示。

分析图 17.39，图中的圆角矩形框就是 XFS5152CE 芯片的核心组成，在圆角矩形框左侧部分就是"控制器"，对于实战项目而言，"控制器"就是 STM8S208MB 这款单片机，XFS5152CE 芯片支持 UART 接口、I²C 接口、SPI 接口这 3 种通信方式，可以选择 STM8S208MB 单片机的 UART 接口、I²C 接口和 SPI 接口中的其中一种或者是时序模拟后的 GPIO 引脚连接到 XFS5152CE 芯片电路上，与之进行数据通信。

假设在系统中选用 STM8S208MB 单片机的 UART3 接口与 XFS5152CE 进行串行通信，只需要将 79 脚"PD6/UART3_RX"和 80 引脚"PD5/UART3_TX"引脚连接至 XFS5152CE 模块的 TXD 和 RXD 即可，通信接口连接情况如图 17.40 所示。若用户需要采用其他接口（例

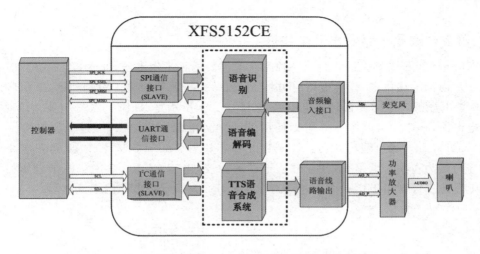

图 17.39　科大讯飞 XFS5152CE 系统结构图

如:I²C 接口、SPI 接口)也可以将单片机的对应接口连接至 XFS5152CE 模块,当然了,连接的引脚不一定非要采用单片机硬件 SPI 和硬件 I²C 引脚,用户也可以用单片机 GPIO 引脚模拟相关时序与 XFS5152CE 模块通信,在硬件连接上务必要保证单片机系统与 XFS5152CE 模块的共地,否则会造成通信失败。

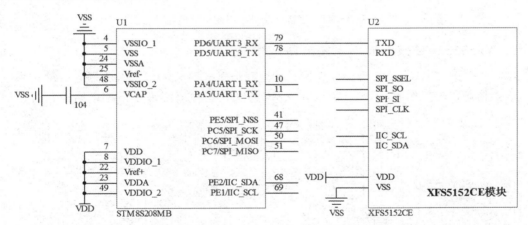

图 17.40　STM8S208MB 与 XFS5152CE 通信连接方式

继续分析图 17.39,在圆角矩形中除了 3 大通信接口单元之外还具备语音识别、语音编解码和 TTS 语音合成系统这 3 个核心单元,如果用户需要使用语音识别功能或者语音编解码功能,就必须在系统中构建麦克风等语音输入设备,将麦克风信号加以处理(放大、降噪,限幅)后通过音频输入接口传送至 XFS5152CE 核心进行处理。如果用户需要使用 TTS 语音合成系统功能,就必须在系统中添加音频功率放大器电路和驱动负载(扬声器)。

经过对图 17.39 的分析,不难得出基于 XFS5152CE 芯片的语音合成最小系统中应该包括:电源电路、XFS5152CE 核心最小系统电路、语音信号输入电路和输出音频信号功率放大电路等。在此基础之上,还可以构建音频信号输入/输出接口电路、通信电平转换单元电路、核心功能引针输出电路和 UART 波特率配置电路等辅助电路,接下来,按照电路需求逐一搭建和实现。

1. 语音合成最小系统电源电路

在 XFS5152CE 中英文语音合成芯片系统中需要两种工作电压,即 3.3 V 和 1.2 V。1.2 V 电压由芯片内部输出供电,设计电路时可将 XFS5152CE 芯片的第 1 引脚和第 23 引脚直接相连。3.3 V 电压的产生需要设计供电电路,如图 17.41 所示是 XFS5152CE 中英文语音合成模块的供电电路,在电源电路中 V_{CC} 可以使用外部 5 V 电源作为输入,经过低压差稳压(LDO)芯片 AMS1117-3.3 稳压输出,得到 XFS5152CE 芯片需要的 3.3 V 工作电压,在电路中将该电压网络命名为 V_{DD33},电容 C3 用于输入电源的滤波,电容 C4 和 C5 用于输出电压的滤波和去耦,D1 发光二极管用于指示稳压电路工作状态,R8 为指示灯电路的限流电阻。

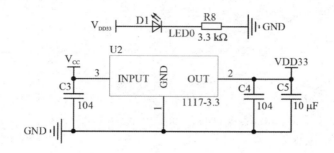

图 17.41 语音合成最小系统电源电路

2. XFS5152CE 核心最小系统电路

本项目中的 TTS 中英文语音合成核心芯片就是 XFS5152CE 芯片,所以它的最小系统电路一定要构建正确。如图 17.42 所示,在 XFS5152CE 芯片核心最小系统电路中包含了数字

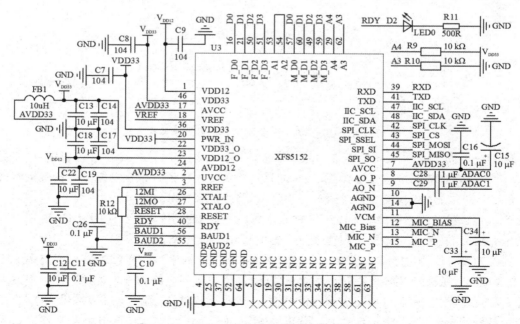

图 17.42 XFS5152CE 芯片核心最小系统电路图

供电电路、模拟供电电路、芯片内部信号连接电路、就绪状态指示电路等,其中 XFS5152CE 芯片的数字电源引脚包括第 1、4、22、23、25、36、37、46、52 和 64 等,模拟电源引脚包括 2、7、10、11、14、17、18、20 和 24 等,在数字供电电路和模拟供电电路中有非常多的电容器件,大多用于供电的滤波和去耦,以保障核心芯片供电电源的稳定,读者在设计具体印制电路板(PCB)时应该将这些电容安排在尽量靠近芯片的位置,注意信号的走线问题。芯片内部信号连接引脚包括 16、21、29、49、50、51、53、54、57、59、60 和 62 等,这些引脚负责连接芯片内部单元用于数据传输,所以这些引脚的连线应该尽可能短,还要避免经过石英晶体振荡器等频率较高的电路和器件,以保证芯片运行的稳定性。核心最小系统电路中的 5、6、19、30、31、32、33、34、35、38、58、61 和 63 等引脚是"无功能连接"引脚,引脚描述为"NC",这些引脚应该悬空处理。芯片第 40 引脚指示芯片就绪状态,所以在核心最小系统电路中特别设计了就绪状态指示灯电路,D2 即为指示发光二极管,R11 为限流电阻,当芯片就绪时(无合成任务,等待具体指令)第 40 引脚输出低电平,D2 熄灭,当芯片忙碌时(正在进行合成/编码/解码/识别任务,不能执行其他指令)第 40 引脚输出高电平,D2 亮起。

亲爱的读者看完核心最小系统电路后是不是觉得缺点什么?确实如此,在核心最小系统电路中还应该包含 XFS5152CE 芯片正常工作的两大重要电路,即时钟电路和复位电路。具体的设计电路如图 17.43 所示,图中左侧部分电路即为外部石英晶体振荡器电路,Y1 选用 12 MHz 石英晶体振荡器,晶振两端连接到"12MI"和"12MO"电气网络,时钟电路中的负载电容 C40 和 C46 选取 27 pF 容值(按照实际情况可以选择 20~30 pF),电阻 R23、电容 C40 和 C46 均是辅助晶振起振的。XFS5152CE 芯片的复位条件是将芯片第 28 引脚 RESET 置为低电平,时间持续 40 ms 以上。在实际设计中采用 RC 阻容低电平复位电路来实现,如图 17.43 右侧所示,电阻 R17 取值为 100 kΩ,电容 C43 取值为 2.2 μF,S1 为手动复位按键,若用户需要高可靠性的复位功能电路,也可以将 RC 阻容复位电路更改为专用复位芯片电路,如采用类似于 CAT811/CAT812 这种专用复位芯片对 XFS5152CE 核心进行复位。图 17.43 中间部分的电阻 R16、R19、R22、R24、R26 和 R28 主要是对通信或者信号线进行上拉,以防止线路受到干扰产生不定状态。

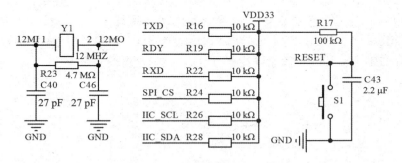

图 17.43 时钟/复位/线路上拉电路图

3. 语音信号输入电路

在应用中如果需要使用到语音识别功能或者语音编码功能,就需要设计语音信号输入电路,通过音频输入接口将外部输入信号送到 XFS5152CE 芯片中进行处理,语音信号的输入可以用麦克风(驻极体)等设备和元器件搭相关电路来实现,语音信号输入前置处理电路可以参考图 17.44 所示的电路进行设计,图中的 LS1 元器件为驻极体受话器,主要是把环境中的声音转变为微弱的电信号,电路中的 Q1 与阻容器件搭配可以降低噪声并且放大驻极体输出的微弱电信号,电路中有 4 个重要的电气网络,第一个是偏置电压 MIC_BIAS,该网络连接至 XFS5152CE 芯片的第 21 引脚,第二个是 MIC_VCC 网络(图中有两处),该网络仅产生于前置电路内部,用于连接相关电路,第三个是 MIC_N 网络,该网络连接至 XFS5152CE 芯片的第 13 引脚,第四个是 MIC_P 网络,该网络连接至 XFS5152CE 芯片的第 15 引脚。

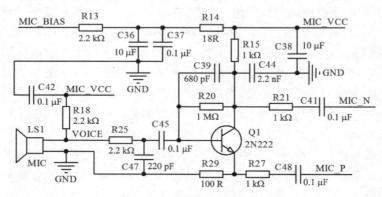

图 17.44　语音信号输入前置降噪放大电路图

4. 输出音频信号功率放大电路

由于 XFS5152CE 合成语音输出信号有限,无法直接驱动外置扬声器,故而在电路中设计了音频功率放大电路,读者可以参考如图 17.45 所示的电路。电路中的 U1 是 D 类音频功率放大器芯片 HXJ8002,该芯片是一个单通道 3 W、BTL 桥接式的音频功率放大器,它能够在工作电压为 5 V 负载电阻为 3 Ω 的情况下提供 THD＜10％、平均值为 3 W 的输出功率。HXJ8002 是为提供大功率,高保真音频输出而专门设计的。该芯片构成的音频放大电路用极少的外部元件就可以实现放大,简化了线路设计、节省了电路板空间、降低了生产成本,并且能工作在低电压条件下(供电电压范围 2.0～5.5 V)。HXJ8002 不需要耦合电容、自举电容或者缓冲网络,所以它非常适用于小音量和低重量的低功耗系统中。实际的功放电路部分采用 3.3 V 供电,负载采用 3 W 4R 扬声器,功放芯片 U1 采用 SOP 形式的 8 脚贴片封装,体积小巧,发热量适中,P1 为两孔喇叭插座连接器,可以连接扬声器的正负端。

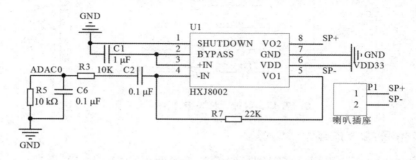

图 17.45　输出音频信号功率放大电路电路图

5. 音频信号输入/输出接口电路

一般来说语音输入可以用模块上的驻极体输入,语音输出可以直接利用经过音频功率放大后的插座连接喇叭,但是有时候需要获得更优质的音频信号输入,或者是更大功率的音频信号输出,就需要把 XFS5152CE 芯片的音频输入通道和音频输出通道"引出",可以设计如图 17.46 所示的电路。如图 17.46 左侧所示,第一个想到的就是用 3.5mm 标准的立体声耳机插座便于将音频信号进行输入/输出,用绿色的立体声插座 P3 连接 ADAC1(经过电容耦合连接至 XFS5152CE 芯片第 9 引脚)和 ADAC0(经过电容耦合连接至 XFS5152CE 芯片第 8 引脚)网络,这个绿色的插座 P3 主要负责输出语音合成信号。然后用粉红色的立体声插座 P2 连接 VOICE 网络,该电气网络是连接到语音信号输入前置降噪放大电路中的,具体连接可以参考图 17.44 所示的电路,这个粉红色的插座 P2 主要负责输入外部语音信号。图 17.46 右侧部分是 XFS5152CE 核心模块的功能引针,利用双列排针 P4 将相关网络引出,便于用户连接使用,具体使用时可以用杜邦线进行连接。

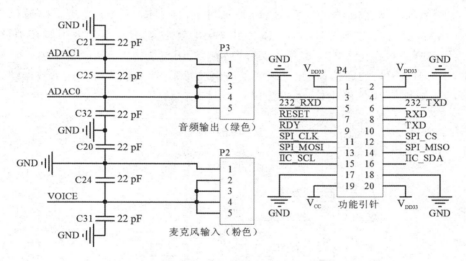

图 17.46 音频信号输入/输出接口及功能引针电路图

6. 通信电平转换单元及核心功能引针输出电路

如果 XFS5152CE 芯片模块需要与 PC 终端通过 DB9 接口相连,需要将 3.3 V TTL 电平标准转换为 RS-232 电平标准,电路中使用 MAX3232 电平转换芯片进行电平转换,电路原理如图 17.47 所示,转换后的收发信号连接到 PC 终端的 DB9 接口第 2、3 引脚,在计算机设备管理器中选择相应串口,配置串口通信参数后,便可以使用上位机软件对 XFS5152CE 模块进行控制,需要强调的是 DB9 接口的第 5 引脚务必和 XFS5152CE 模块进行共地处理,确保通信成功。

7. UART 波特率配置电路

XFS5152CE 芯片的 UART 通信接口支持 4 种通信波特率,分别是 4 800 bps、9 600 bps、57 600 bps 和 115 200 bps,波特率的配置可以通过 XFS5152CE 芯片上的第 56 引脚 BAUD1 和第 55 引脚 BAUD2 上的电平来进行硬件选择。为了方便用户对波特率进行修改,可以设计

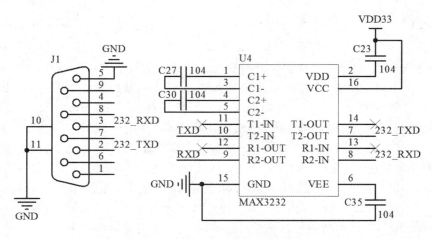

图 17.47　MAX3232 电平转换电路图

如图 17.48 所示的电路,将 BAUD1 和 BAUD2 通过 R1、R2、R4 和 R6 连接至拨码开关 K1 的 1、3、5 和 7 引脚,然后拨码开关 K1 的 4 和 8 引脚接电就是高电平,2 和 8 引脚接地就是低电平,通过拨码选择就可以配置波特率了。实际电路中若用户选择 UART 接口方式实现 STM8 单片机和 XFS5152 模块的通信,首先应该配置通信波特率,然后设置串口通信数据帧格式为 1 位起始位,8 位数据位,1 位停止位,无校验位。

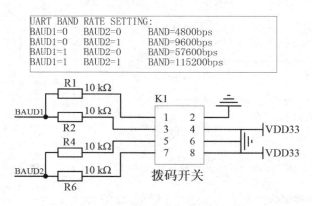

```
UART BAND RATE SETTING:
BAUD1=0    BAUD2=0    BAND=4800bps
BAUD1=0    BAUD2=1    BAND=9600bps
BAUD1=1    BAUD2=0    BAND=57600bps
BAUD1=1    BAUD2=1    BAND=115200bps
```

图 17.48　UART 波特率配置电路图

根据上述讲解的核心电路和相关辅助电路制作 XFS5152CE 中英文语音合成模块的整体电路原理图,然后根据电气要求制作印制电路板(PCB),接着焊接相关器件(电阻、电容、芯片、插接件)之后就可以得到语音合成模块实物,如图 17.49 所示。读者觉得怎么样?是不是感觉"蛮漂亮"的,学习完成之后读者可以利用制板软件,如:Altium Designer,设计一款基于 XFS5152CE 核心的语音合成模块,加入 STM8 单片机单元,为实际的产品增加语音合成功能。

在模块制作完成之后,就要学会使用它,模块上设计了功能引针,引出了重要的 22 个功能网络,读者可以将杜邦线连接到这些网络上,实现对 XFS5152CE 模块的控制,功能引针的具体分布如图 17.50 所示。

系统功能引针中主要包含 3 类引针,第一类是电源引脚,包括 V3、V5 和 GND,第二类是

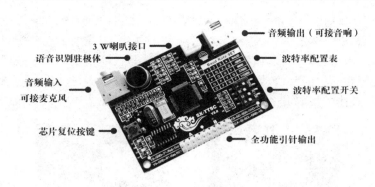

图 17.49 XFS5152CE 模块实物图

左

1	2	3	4	5	6	7	8	9	10
V3	GND	T*	Rxd	Txd	CS	SO	SDA	GND	V3
V3	GND	R*	Res	RDY	CLK	SI	SCL	GND	V5
13	14	15	16	17	18	19	20	21	22

右

图 17.50 XFS5152CE 模块功能引针分布图

通信接口引脚,UART 接口可以选择 Rxd、Txd、T* 和 R*,I^2C 接口可以选择 SDA 和 SCL, SPI 接口可以选择 CS、SO、SI、CLK 等,第三类是模块功能接口,若想复位模块,可以将引针中的 Res 拉低至少 40 ms,若想获取模块当前工作状态(忙碌状态或者是就绪状态),可以用 STM8 单片机的 GPIO 连接至 XFS5152CE 模块功能引针中的 RDY 引脚,若该脚为"1"则系统忙碌,若该脚为"0"则系统就绪,等待指令下达。功能引针的引脚名称及功能如表 17.20 所示。

表 17.20 XFS5152CE 模块引脚名称及功能

引脚名称	引脚功能
Txd	TTL 电平串行数据发送引脚
Rxd	TTL 电平串行数据接收引脚
T*	RS-232 电平串行数据发送引脚
R*	RS-232 电平串行数据接收引脚
RDY	芯片就绪指示电平输出引脚(低电平就绪)
Res	模块复位引脚(低电平复位)
SCL	SPI 串行通信时钟引脚
SI	SPI 串行通信数据输入引脚
SO	SPI 串行通信数据输出引脚
CS	SPI 片选引脚
SDA	I^2C 串行通信数据引脚
CLK	I^2C 串行通信时钟引脚
V3	3.3 V 供电输入引脚
V5	5 V 供电输入引脚
GND	GND 系统电源地端

有了模块就有了硬件平台,接下来还需要明白硬件平台的使用步骤和方法,若用户需要用 UART 接口实现 STM8 单片机与 XFS5152CE 模块的通信,首先要断电并配置波特率参数,模块上的丝印层标注了波特率配置表,设置波特率的方法是拨动模块上的拨码开关到设定位置,配置完一种波特率后不要经常改动,这是因为拨码开关也有寿命,经常更改会破坏开关内部结构导致机械损坏,具体的拨码开关状态与波特率配置的关系如图 17.51 所示。

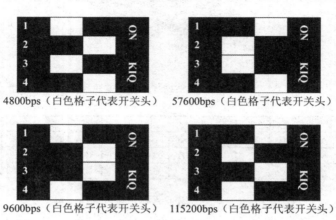

4800bps(白色格子代表开关头)　　57600bps(白色格子代表开关头)

9600bps(白色格子代表开关头)　　115200bps(白色格子代表开关头)

图 17.51　拨码开关状态与波特率配置

波特率参数配置完成后就可以分情况的进行连线操作,若单片机控制系统是 3.3 V 供电,要实现单片机系统与 XFS5152CE 模块的通信,则可以将语音合成模块的 V3、GND、Txd 和 Rxd 这 4 个引脚连接至单片机系统对应引脚。若单片机控制系统是 5 V 供电,则可以连接语音合成模块的 V5、GND、Txd 和 Rxd 即可,但是需要将单片机的 TXD 和 RXD 引脚与语音合成模块上的 Txd 和 Rxd 进行电平转换(5 V TTL 电平与 3.3 V TTL 电平),以免损坏 XFS5152CE 芯片。若控制系统是计算机终端,可以将语音合成模块的 V5 或者 V3 引脚连接至外部供电电源、将 GND 引脚连接计算机的 DB9 接口的第 5 引脚、T * 和 R * 引脚连接 DB9 接口的第 2 引脚和第 3 引脚。模块上的 V3 和 V5 只能接一个,不能同时都接。对于其他接口,如 I²C、SPI 方式控制 XFS5152CE 模块的情况,一定要先连接信号线,再连接喇叭或者音响接口,最后连接供电线,在操作的过程中务必断电,连线完毕后还应该仔细检查。

硬件电路连接完毕后就可以开始软件控制部分的学习了,在软件指令学习之前,需明确 XFS5152CE 模块在进行语音合成、语音识别和语音编解码这 3 个主要操作时的具体流程,将流程加以记忆,这样才能对 XFS5152CE 的功能产生更深入的理解。

在语音合成系统中,STM8 单片机主控制器和 XFS5152CE 芯片之间可以通过 UART 接口、I²C 接口或者 SPI 接口连接,控制器可通过上述通信接口向 XFS5152CE 芯片发送控制命令和文本,XFS5152CE 芯片接收到文本后合成为语音信号输出,输出的信号经功率放大器进行放大后连接到喇叭进行播放。

用户在使用语音识别功能时,上位机首先发送启动语音识别功能的相关命令给 XFS5152CE 芯片,芯片正确接收指令后,会开始采集麦克风或者驻极体处的语音信号,采集完毕后会通过内部的识别单元将输入语音信号进行转换,然后产生相应的识别结果,最后通过通信接口将识别结果回传给控制器。

用户在使用语音编解码功能时(通信接口必须选择 UART 接口,并且波特率设置为

115 200 bps),上位机发送启动编解码的命令给 XFS5152CE,芯片内部的语音编解码模块把采集到的音频数据进行编码并通过 UART 接口实时传送给上位机,或者对上位机传送来的音频数据进行解码并实时播放出来。

17.8.4 详解 XFS5152CE 功能控制命令

本小节介绍 XFS5152CE 芯片的功能控制命令,这一部分命令不需要读者记忆,需要用到时可以随时翻看,STM8 单片机驱动 XFS5152CE 芯片进行语音合成时会用到这些指令。XFS5152CE 芯片内部的功能指令非常多,为了节省篇幅,这里主要只介绍语音合成和语音识别类指令,其他的指令可以参考合肥讯飞数码科技有限公司发布的《XFS5152CE 语音合成芯片用户开发指南》。

XFS5152CE 芯片支持多种控制命令,具体命令如表 17.21 所示。

表 17.21　XFS5152CE 控制指令表

命令功能		指令说明
语音合成	合成命令	合成本次发送的命令
	停止合成命令	停止当前的合成动作
	暂停合成命令	暂停正在进行的合成
	恢复合成命令	继续合成被暂停的文本
文本缓存	发送缓存文本命令	把需要缓存的文本发送到芯片缓存区特定的 区段
	播放缓存文本命令	播放缓存区内已存储的多段文本
语音编解码	开始语音编码命令	设置语音编码的参数,并启动语音编码
	开始语音解码命令	设置语音解码的参数,并启动语音解码
	发送数据到芯片进行解码命令	根据指定的压缩等级发送一帧数据给芯片进行解码播放
	停止语音编解码命令	停止执行语音编码或解码操作
语音识别	启动语音识别命令	启动语音识别功能
	停止语音识别命令	停止当前的识别
系统功能	状态查询命令	查询当前芯片的工作状态
	进入省电模式	使芯片从正常工作模式进入省电模式
	唤醒命令	使芯片从省电模式进入正常工作模式

XFS5152CE 芯片在上电初始化成功时会向上位机发送一个字节的"初始化成功"回传,初始化不成功时不发送回传。收到一个命令帧后 XFS5152CE 芯片会判断此命令帧正确与否,如果命令帧正确则产生"正确的命令帧"回传,如果命令帧错误则返回"不能识别命令帧"回传。收到状态查询命令时,如果芯片正处于合成状态,则返回"芯片忙碌状态"回传,如果芯片处于空闲状态则返回"芯片空闲状态"回传。在一帧数据合成完毕后,会自动返回一次"芯片空闲状态"的回传,XFS5152CE 芯片遇到上述情况时,都会向上位机发送一个字节的回传,上位机可根据这个"回传"来判断芯片目前的状态,具体回传信息及触发条件如表 17.22 所示:

表 17.22　XFS5152CE 回传信息及触发条件列表

回传名称	数值	触发条件
初始化成功	0x4A	上电芯片初始化成功后,芯片自动发送回传
正确的命令帧	0x41	收到正确的命令帧
不能识别命令帧	0x45	收到错误的命令帧
芯片忙碌状态	0x4E	芯片处在正在合成状态,收到状态查询命令帧
芯片空闲状态	0x4F	芯片处在空闲状态,收到状态查询命令帧,或一帧数据合成结束,芯片处于空闲状态

　　上位机或者 STM8 单片机发送给 XFS5152CE 芯片的所有语音合成命令都需要用"帧"的方式进行封装后传输。帧的结构如表 17.23 所示,帧结构由帧头标志、数据区长度和数据区 3 部分组成,帧头标志是固定的 1 个字节,默认为 $(0xFD)_H$,数据区长度分为高低字节各占 1 个字节,高字节在前,低字节在后。数据区即为汉字或英文的编码数据,可占 4 KB 以下长度(这是因为 XFS5152CE 芯片一次最多能接收 4 KB 数据),数据帧组成部分的具体说明如表 17.24 所示。

表 17.23　XFS5152CE 通信命令帧结构

帧头标志	数据区长度	数据区
0xFD	0xXX 高字节,0xXX 低字节	Data

表 17.24　XFS5152CE 帧结构说明

名称	长度	说明
帧头标志	1 B	定义为十六进制 $(0xFD)_H$
数据区长度	2 B	用两个字节表示,高字节在前,低字节在后
数据区	小于 4 KB	命令字和命令参数,长度和"数据区长度"一致

　　数据区由命令字和命令参数组成的,上位机或者 STM8 单片机可以使用命令字来实现语音合成芯片的各种功能,如开始合成、停止合成、暂停合成、恢复合成、状态查询、进入省电模式和唤醒到正常模式等,常用命令字及参数如表 17.25 所示。

表 17.25　XFS5152CE 命令字及参数说明

名称	发送的数据	说明
命令字	0x01	语音合成命令
	0x02	停止合成命令,没有参数
	0x03	暂停合成命令,没有参数
	0x04	恢复合成命令,没有参数
	0x21	芯片状态查询命令
	0x88	芯片进入省电模式
	0xFF	芯片从省电模式返回正常工作模式
命令参数	不同命令字有不同参数列表,详见各命令字说明	

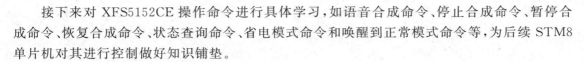

接下来对 XFS5152CE 操作命令进行具体学习,如语音合成命令、停止合成命令、暂停合成命令、恢复合成命令、状态查询命令、省电模式命令和唤醒到正常模式命令等,为后续 STM8 单片机对其进行控制做好知识铺垫。

1. 语音合成命令

语音合成命令用于将待合成文本按照命令帧形式传送到 XFS5152CE 芯片中并开始合成,该命令的命令字为 $(0x01)_H$,该命令的参数及结构如表 17.26 所示。

表 17.26 XFS5152CE 语音合成命令

名称	发送的数据	说明			
命令字	0x01	带文本编码设置的文本播放命令			
参数列表	0xXX	1 B 表示文本的编码格式取值为 0~3	参数取值		文本编码格式
			0x00		GB2312
			0x01		GBK
			0x02		BIG5
			0x03		UNICODE
	Data	待合成文本的二进制内容			

命令帧格式结构	帧 头	数据区长度		数据区		
	0xFD	高字节	低字节	命令字	编码格式	文本编码
		0xHH	0xLL	0x01	0x00 至 0x03	……

示例部分:

若文本编码格式为"GB2312"的文本,合成"科大讯飞"数据帧为:

FD	00	0A	01	00	BF	C6	B4	F3	D1
B6	B7	C9							

若文本编码格式为"GBK"的文本,合成"科大讯飞"数据帧为:

FD	00	0A	01	01	BF	C6	B4	F3	D3
8D	EF	77							

若文本编码格式为"BIG5"的文本,合成"科大讯飞"数据帧为:

FD	00	0A	01	02	AC	EC	A4	6A	B0
54	AD	B8							

若文本编码格式为"UNICODE"的文本,合成"科大讯飞"数据帧为:

FD	00	0A	01	03	D1	79	27	59	AF
8B	DE	98							

特别说明	当 XFS5152CE 芯片正在合成文本的时候,如果又接收到一帧有效的合成命令帧,芯片会立即停止当前正在合成的文本,转而合成新收到的文本。

如表 17.26 所示,通过分析示例部分数据帧内容很容易发现数据帧特点。在 4 种文本编码格式下对同一个合成文本所生成的数据帧是不同的,但是开头都是相似的(灰色底色数据)。数据帧的开头都是以 $(0xFD)_H$ 开头,后面跟随的 $(0x00)_H$ 和 $(0x0A)_H$ 就是数据区长度的高低

字节,高字节在前,低字节在后。而紧跟其后的(0x01)$_H$是语音合成命令的命令字。随后发出的十六进制数就是编码格式的选择,设定为(0x00)$_H$是采用 GB2312 编码格式,设定为(0x01)$_H$是采用 GBK 编码格式,设定为(0x02)$_H$是采用 BIG5 编码格式,设定为(0x03)$_H$是采用 UNICODE 编码格式。后续未加灰色底色显示的数据即为不同编码格式下的文本数据,容易看出不同的编码形式下文本数据差别非常大,接下来简要介绍常见的汉字编码格式。

GB2312 码是中华人民共和国国家标准汉字信息交换用编码,全称《信息交换用汉字编码字符集基本集》,标准号为 GB2312-80(GB 是"国标"二字的汉语拼音缩写),由中华人民共和国国家标准总局发布,1981 年 5 月 1 日实施。习惯上称国标码、GB 码,或区位码。它是一个简化字汉字的编码,通行于中国大陆地区,新加坡等地也使用这一编码。GB2312-80 收录简化汉字及一般符号、序号、数字、拉丁字母、日文假名、希腊字母、俄文字母、汉语拼音符号、汉语注音字母,共 7 445 个图形字符。其中汉字以外的图形字符 682 个,汉字 6 763 个。GB2312-80 规定,"对任意一个图形字符都采用两个字节(B)表示。每个字节均采用 GB1988-80 及 GB2311-80 中的 7 位编码表示。两个字节中前面的字节为第一字节,后面的字节为第二字节。"习惯上称第一字节为"高字节",第二字节为"低字节"。

在创造 UNICODE 之前,有数百种编码系统。但是,没有任何一个编码可以包含足够的字符。例如,仅欧州共同体就需要好几种不同的编码来包括所有的语言。即使是单一的一种语言,如英语,也没有哪一个编码可以适用于所有的字母,标点符号,和常用的技术符号。这些编码系统也会互相冲突。也就是说,两种编码可能使用相同的数字代表两个不同的字符,或使用不同的数字代表相同的字符。任何一台特定的计算机(特别是服务器)都需要支持许多不同的编码,但是数据在进行编码时也会有损坏的危险。而在 UNICODE 标准中,提供了 1 114 112 个码点,不仅可以包含当今世界使用的所有语言文字和其他符号,也足够容纳绝大多数具有历史意义的古文字和符号。并且,UNICODE 给每个字符提供了一个唯一的数字,不论是什么平台,不论是什么程序,不论什么语言。UNICODE 标准已经被工业界的领导们所采用,例如:Apple、HP、IBM、JustSystem、Microsoft、Oracle、SAP、Sun 等。最新的标准都需要 UNICODE,例如 XML、Java、ECMA Script、LDAP、CORBA 3.0、WML 等,并且 UNICODE 是实现 ISO/IEC10646 的正规方式。许多操作系统,所有最新的浏览器和许多其他产品都支持它。UNICODE 标准的出现和支持它的工具的存在,是近来全球软件技术最重要的发展趋势。

GB2312-80 仅收汉字 6 763 个,这大大少于现有汉字,随着时间推移及汉字文化的不断延伸推广,有些原来很少用的字,现在变成了常用字,例如:朱镕基的"镕"字,未收入 GB2312-80,现在大陆的报业出刊只得使用(金+容)、(金容)、(左金右容)等来表示,形式不统一,这使得表示、存储、输入和处理都非常不方便,对于搜索引擎等软件的构造来说也不是好消息,而且这种表示没有统一标准。

为了解决这些问题,以及配合 UNICODE 的实施,全国信息技术化技术委员会于 1995 年 12 月 1 日发布《汉字内码扩展规范》。GBK 向下与 GB2312 完全兼容,向上支持 ISO-10646 国际标准,在前者向后者过渡过程中起到了承上启下的作用。

GBK 是 GB2312-80 的扩展,是向上兼容的。它包含了 20 902 个汉字,其编码范围是 0x8140～0xFEFE,剔除高位 0x80 的字位。其所有字符都可以一对一映射到 UNICODE 2.0。GBK 亦采用双字节表示,总体编码范围为 0x8140～0xFEFE 之间,首字节在 0x81～0xFE 之间,尾字节在 0x40～0xFE 之间。微软公司自 Windows 95 简体中文版开始支持 GBK 代码,

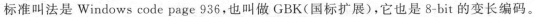

标准叫法是 Windows code page 936，也叫做 GBK（国标扩展），它也是 8-bit 的变长编码。

BIG5 是中国台湾计算机界实行的汉字编码字符集。它包含了 420 个图形符号和 13 070 个繁体汉字（不包含简化汉字）。编码范围是 0x8140～0xFE7E 和 0x81A1～0xFEFE，其中 0xA140～0xA17E 和 0xA1A1～0xA1FE 是图形符号区，0xA440～0xF97E 和 0xA4A1～0xF9FE 是汉字区。

2. 语音停止合成命令

语音停止合成命令用于停止当前的语音合成，该命令的命令字为(0x02)_H，该命令的参数及结构如表 17.27 所示。

表 17.27　XFS5152CE 语音停止合成命令

帧头	数据区长度		数据区
	高字节	低字节	命令字
0xFD	0x00	0x01	0x02

3. 语音暂停合成命令

语音暂停合成命令用于暂停当前的语音合成，该命令的命令字为(0x03)_H，该命令的参数及结构如表 17.28 所示。

表 17.28　XFS5152CE 语音暂停合成命令

帧头	数据区长度		数据区
	高字节	低字节	命令字
0xFD	0x00	0x01	0x03

4. 语音恢复合成命令

语音恢复合成命令用于恢复当前的语音合成，该命令的命令字为(0x04)_H，该命令的参数及结构如表 17.29 所示。

表 17.29　XFS5152CE 语音恢复合成命令

帧头	数据区长度		数据区
	高字节	低字节	命令字
0xFD	0x00	0x01	0x04

5. 语音状态查询命令

语音状态查询命令用于语音合成状态查询，该命令的命令字为(0x21)_H，通过该命令获取相应参数，来判断 TTS 芯片是否处在合成状态，返回(0x4E)_H 表明芯片仍在合成中，返回 (0x4F)_H 表明芯片处于空闲状态，该命令的参数及结构如表 17.30 所示。

表 17.30　XFS5152CE 语音状态查询命令

帧头	数据区长度		数据区
0xFD	高字节	低字节	命令字
	0x00	0x01	0x21

6. 进入省电模式命令

进入省电模式命令用于将芯片进入省电模式,该命令的命令字为(0x88)$_H$,芯片进入省电模式后,需要发送唤醒命令到芯片,把芯片从省电模式中唤醒,进入正常的工作模式(待合成状态),才可以进行下一次合成操作。该命令的参数及结构如表 17.31 所示。

表 17.31　XFS5152CE 芯片进入省电模式命令

帧头	数据区长度		数据区
0xFD	高字节	低字节	命令字
	0x00	0x01	0x88

7. 芯片唤醒命令

芯片唤醒命令用于将芯片从省电模式中唤醒,该命令的命令字为(0xFF)$_H$,该命令用于使芯片重新进入正常的工作模式(待合成状态),以便进行下一次合成操作。该命令的参数及结构如表 17.32 所示。

表 17.32　XFS5152CE 芯片唤醒命令

帧头	数据区长度		数据区
0xFD	高字节	低字节	命令字
	0x00	0x01	0xFF

8. 启动语音识别命令

启动语音识别命令用于启动一次语音识别过程,该命令的命令字为(0x10)$_H$,该命令的参数及结构如表 17.33 所示。

表 17.33　XFS5152CE 启动语音识别命令

帧头	数据区长度		数据区
0xFD	高字节	低字节	命令字
	0x00	0x01	0x10

9. 停止语音识别命令

停止语音识别命令用于停止当前的语音识别过程,该命令的命令字为(0x1F)$_H$,该命令的参数及结构如表 17.34 所示。

表 17.34　XFS5152CE 停止语音识别命令

帧头	数据区长度		数据区
0xFD	高字节	低字节	命令字
	0x00	0x01	0x1F

如果用户启用了语音识别功能就必须要注意语音识别过程结束后的回传数据，回传数据的类型有 4 种，即：返回识别结果 ID、语音识别过程中出现超时、语音识别过程中出现拒识和语音识别过程中出现内部错误等，这些情况下对应的回传数据及触发条件如表 17.35 所示。

表 17.35　XFS5152CE 芯片唤醒命令

回传类型	回传数据					触发条件
返回识别 结果 ID	帧头	数据区长度		数据区		上位机启动识别命令后，有识别 结果产生时，最长检测到语音 4 s 会出结果或者产生拒识别
	0xFC	高字节 0xXX	第字节 0xXX	命令字 0x01	识别结果 0xXX	
出现超时	0xFC	0x00	0x01	0x02		上位机启动识别命令后，检测无 人说话时，5 s
出现拒识	0xFC	0x00	0x01	0x03		上位机启动识别命令后，无结 果时
出现 内部错误	0xFC	0x00	0x01	0x04		上位机启动识别命令后，资源出 错时

17.8.5　简单易用的"文本控制标记"

XFS5152CE 芯片的语音合成功能支持多种文本控制标记，可以满足用户对语音合成发音人、音量、语速和语调等的设置。文本控制标记的格式一般是半角中括号（即"[]"）内一个小写字母、一个阿拉伯数字，如："[m3]"，标记的使用方法和合成文本完全一致。用户可以把标记作为文本单独发送到芯片上，如：只发送"[v3]"到芯片上，设置合成音量为 3 级，或者把标记和其他要合成的文本放在一起发送给芯片，如："[v3]我在小声说话，[v10]我在大声说话"。标记只是作为控制标记实现设置功能，不会合成为声音输出。如："[s1]我慢条斯理，[s8]我快言快语"中，经过标记的设置，前一句合成语速会很慢，后一句合成语速会很快，但不会读出"s1"和"s8"。通过文本标记，配合 STM8 系列单片机串口编程控制，可以非常方便的发挥XFS5152CE 芯片所支持的功能。XFS5152CE 芯片所支持的文本控制标记及使用说明如表 17.36 所示。

表 17.36　XFS5152CE 文本控制标记一览

文本控制 标记的作用	控制 标识	文本控制标记详细功能说明	默认 配置
合成风格 设置	[f?]	? 为 0，一字一顿的风格	[f1]
		? 为 1，正常合成	

文本控制 标记的作用	控制 标识	文本控制标记详细功能说明		默认 配置
合成语种 设置	[g?]	? 为 0，自动判断语种		
		? 为 1，阿拉伯数字、度量单位、特殊符号等合成为中文		
		? 为 2，阿拉伯数字、度量单位、特殊符号等合成为英文		
设置单词的 发音方式	[h?]	? 为 0，自动判断单词发音方式		[h1]
		? 为 1，字母发音方式		
		? 为 2，单词发音方式		
设置对汉语 拼音的识别	[i?]	? 为 0，不识别汉语拼音		[i0]
		? 为 1，将"拼音＋1 位数字（声调）"识别为汉语拼音，例如：hao3		
选择发音人	[m?]	中英文 发音人	? 为 3，设置发音人为小燕（女声，推荐发音人）	[m3]
			? 为 51，设置发音人为许久（男声，推荐发音人）	
			? 为 52，设置发音人为许多（男声）	
			? 为 53，设置发音人为小萍（女声）	
			? 为 54，设置发音人为唐老鸭（效果器）	
			? 为 55，设置发音人为许小宝（女童声）	
设置数字 处理策略	[n?]	? 为 0，自动判断		[n0]
		? 为 1，数字作号码处理		
		? 为 2，数字作数值处理		
数字"0"在英文、 号码时的读法	[o?]	? 为 0，读成"zero"		[o0]
		? 为 1，读成"欧"音		
合成过程中 停顿时间	[p?]	? 为无符号整数，表示停顿的时间长度，单位为毫秒（ms）		
设置姓名 读音策略	[r?]	? 为 0，自动判断姓氏读音		[r0]
		? 为 1，强制使用姓氏读音规则		
设置语速	[s?]	? 为语速值，取值：0～10		[s5]
设置语调	[t?]	? 为语调值，取值：0～10		[t5]
设置音量	[v?]	? 为音量值，取值：0～10		[v5]
设置提示 音处理策略	[x?]	? 为 0，不使用提示音		[x1]
		? 为 1，使用提示音		
设置号码中 "1"的读法	[y?]	? 为 0，合成号码"1"时读成"幺"		[y0]
		? 为 1，合成号码"1"时读成"一"		
是否使用韵律 标记"＊"和"♯"	[z?]	? 为 0，"＊"和"♯"读出符号		[z0]
		? 为 1，处理成韵律，"＊"用于断词，"♯"用于停顿		
单个汉字 强制指定拼音	[＝?]	? 为标记前一个汉字的拼音＋声调（1～5 分别表示阴平，阳平，上声，去声和轻 声）5 个声调。例如："着[＝zhuo2]手"，"着"字读作"zhuó"		
恢复默认 的合成参数	[d]	所有设置（除发音人设置、语种设置外）恢复为默认值		

需要注意的是,所有的控制标识均为半角字符。控制标识需要按照语音合成命令的格式发送,控制标记作为文本进行合成,即合成命令是"帧头＋数据区长度＋合成命令字＋文本编码格式＋控制标记文本"的格式。控制标识为全局控制标识,也就是只要用了一次,在不对芯片进行复位、断电或者使用"[d]"恢复默认设置的条件下,其后发送给芯片的所有文本都会处于它的控制之下。这里的"[d]"也是 XFS5152CE 文本标记中的一个,用于恢复默认的合成参数。当芯片掉电或是复位后,原来设置过的标识会失去作用,芯片将恢复到所有的默认值。

17.8.6　方便实用的"提示音"

XFS5152CE 芯片内部集成了 80 首声音提示音,用户可以依据使用场合选用性的作为信息提示音。提示音在使用上没有特殊性,与合成普通文本的合成命令相同。但需要注意的是,提示音名称前面或后面紧接着是英文、字母或数字时,需要使用标点符号、空格、回车等与其他字母隔开,芯片才能够识别提示音。XFS5152CE 内含的 25 首"信息提示音"名称如表 17.37 所示,XFS5152CE 内含的 25 首"铃声提示音"名称如表 17.38 所示,XFS5152CE 内含的 30 首"报警提示音"名称如表 17.39 所示。

表 17.37　XFS5152CE 内含信息提示音列表

信息提示音（25 首）				
sound101	sound102	sound103	sound104	sound105
sound106	sound107	sound108	sound109	sound110
sound111	sound112	sound113	sound114	sound115
sound116	sound117	sound118	sound119	sound120
sound121	sound122	sound123	sound124	sound125

表 17.38　XFS5152CE 内含铃声提示音列表

铃声提示音（共 25 首）				
Sound201	Sound202	Sound203	Sound204	Sound205
Sound206	Sound207	Sound208	sound109	Sound210
Sound211	Sound212	Sound213	Sound214	Sound215
Sound216	Sound217	Sound218	Sound219	Sound220
Sound221	Sound222	Sound223	Sound224	Sound225

表 17.39　XFS5152CE 内含报警提示音列表

警报提示音（共 30 首）				
Sound301	Sound302	Soun303	Sound304	Sound305
Sound306	Sound307	Sound308	Sound309	Sound310
Sound311	Sound312	Sound313	Sound314	Sound315
Sound316	Sound317	Sound318	Sound319	Sound320
Sound321	Sound322	Sound323	Sound324	Sound325
Sound326	Sound327	Sound328	Sound329	Sound330

XFS5152CE 芯片还预留了 200 KB 的存储空间,对批量采购的客户可提供提示音添加、

定制的服务。用户可以添加采样率为 16 K 和采样精度为 16 bit 且音频文件扩展名为".wav"的音频文件,不是此格式的文件需要进行转换。用户可以添加的音频文件总量可达 4 M(由于提示音在存放到芯片时会进行格式转换,压缩比例是 20:1,200 K * 20 即为 4 M)。如果用户需要添加总量超过 4 M 的提示音,可支持把内部提示音删除一部分,获得更多的存储空间。需要注意的是增加提示音的名称不能与已有的提示音重合。

17.8.7　语音识别命令词

XFS5152CE 芯片还支持 30 个命令词的语音识别,芯片出厂时默认设置的是 30 个车载、预警等行业常用识别命令词,用户是不可以自行更改的,如用户因为实际需要必须更改成其他的识别命令词,可进行命令词定制,也就是芯片出厂前就要求批量更改,然后再购买使用。语音识别命令词的具体内容如表 17.40 所示。

表 17.40　XFS5152CE 语音识别命令词

语音识别命令词(共 30 个)				
我在吃饭	我在修车	我在加油	正在休息	同意
不同意	我去	现在几点	今天几号	读信息
开始读	这是哪儿	打开广播	关掉广播	打开音乐
关掉音乐	再听一次	再读一遍	大声点	小声点
读短信	读预警信息	明天天气怎么样	紧急预警信息	开始
停止	暂停	继续读	确定开始	取消

17.8.8　上位机软件实现 XFS5152CE 功能控制

上位机对 XFS5152CE 芯片的调用及控制方式可以分为简单调用方式、标准调用方式和查询芯片工作状态方式。这里的"上位机"可以指发送命令并接收回传数据的单片机,也可以指 PC,运行在 PC 上的控制软件可称为"上位机控制软件",接下来对 3 种调用和控制方式做简要说明。

1. 简单调用方式

简单调用是指用户不用关心 XFS5152CE 的工作状态,即不管芯片是在合成状态或者是空闲状态,只需要发送文本数据到 XFS5152CE 即可合成为语音输出。在简单调用情况下,上位机只要与 XFS5152CE 之间建立起 UART、SPI、或者 I^2C 这 3 种通信方式中的一种,即可发送合成命令来实现文本的合成,上位机不需要判断 XFS5152CE 的回传数据或状态引脚 RDY 的输出。如前一帧文本还没有合成完,就再次发送文本到 XFS5152CE 将会中断前次合成,而执行新的合成。

2. 标准调用方式

若上位机需要确保上次文本被完整合成之后,再发送合成命令帧合成下一段文本,则需要通过回传确定芯片的工作状态。假设在应用中需要合成的文本为 5 KB,超过了 XFS5152CE

芯片一个命令帧所能容纳的最大文本长度(4 KB),这时需要分两次给 XFS5152CE 芯片发送文本信息,这个过程可以分为 3 个步骤去完成。第 1 步:上位机首先给 XFS5152CE 芯片发送一个文本合成命令帧,携带不超过 4 KB 的文本。第 2 步:上位机等待 XFS5152CE 芯片自动返回的回传信息,直到收到"0x4F"回传,说明前面的文本已合成完毕,或使用查询芯片的状态引脚、发送查询命令的方法,确认上一帧文本合成完毕。第 3 步:上位机向芯片再次发送一个文本合成命令帧,发送出剩下的文本。

3. 查询芯片工作状态的方法

欲获取芯片的工作状态可以通过硬件和软件两种方式进行查询。

若采用硬件方式,可通过查询输出引脚 RDY 的电平来判断芯片的工作状态。当 RDY 处于高电平时,表明芯片正在合成文本。当 RDY 处于低电平时,表明芯片处于空闲状态。

若采用软件方式,可通过发送状态查询命令帧来查询芯片的工作状态。当收到上位机发送的状态查询命令帧后,芯片会自动向上位机发送当前芯片状态的回传。上位机根据芯片状态的回传数据来判断当前芯片是处于空闲状态还是文本合成状态。

如果用户选择的上位机是 PC 终端,通信方式采用 UART 方式,可以将 PC 的 DB9 端口连接到 XFS5152CE 模块上,然后配置模块上的波特率参数,检查接线无误后再为 XFS5152CE 模块供电,此时打开 XFS5152CE 语音芯片 PC 端上位机控制软件,如图 17.52 所示,打开软件进入操作界面后,应首先选择通信端口。具体的端口号可以在计算机设备管理器中查询得到,

图 17.52 XFS5152CE 上位机控制软件操作界面

然后选择通信波特率。可以选择发音人,设置语速、语调、音量。单击"载入演示文本"按钮,在"TTS 控制框"中单击"合成"按钮,芯片即可收到来自 PC 的串行控制命令,随后进行语音合成,若在合成期间,输入新内容再次单击合成,则原来的合成状态被打断停止,开始合成新内容。

在上位机软件中还有语音编解码、语音识别、状态查询及芯片休眠等功能,具体的操作方法都非常简单,读者可以基于硬件模块做相应的尝试,具体使用方法及效果在这里就不再赘述了。

17.8.9 串口驱动 XFS5152CE 语音合成程序源码

铺垫了那么多的理论知识,好不容易才到了实践环节,读者都等不及了吧!那么,现在就开始动手实践吧!在动手实践之前先要想好实验功能,为了让大家简单的理解操作流程,本小节选定以语音合成功能作为实验内容,程序中应该体现"文本控制标记"和"语音数据帧"的使用,选定 STM8S208MB 这款单片机作为主控制器芯片,驱动 XFS5152CE 模块进行语音合成,合成的内容为中文男声/中文女声/唐老鸭效果/中文女童声的"欢迎大家进入 STM8 学习",然后再试着合成英文的"Welcome to start learning STM8",其他效果大家可以尝试在本例程之上修改,稍加构思,就可以做成公交报站系统、药房取药系统、银行业务叫号系统、导航仪播报系统等。

有了实验目标就开始搭建实验硬件平台,假设使用 STM8S208MB 这款单片机的 UART3 接口与 XFS5152CE 进行 UART 接口方式串行通信,只需要将单片机芯片的 79 脚"PD6/UART3_RX"和 80 引脚"PD5/UART3_TX"引脚连接至 XFS5152CE 模块的 Txd 和 Rxd 即可,然后为 XFS5152CE 模块供电,最后将单片机系统与 XFS5152CE 模块共地处理,通信接口连接情况如图 17.53 所示。若用户需要采用其他接口(例如:I^2C 接口、SPI 接口)也可以将单片机的对应接口连接至 XFS5152CE 模块,当然了,连接的引脚不一定非要采用单片机硬件 SPI 和 I^2C 引脚,用户可以用单片机 GPIO 引脚模拟相关时序与 XFS5152CE 模块通信,在硬件连接上务必要保证单片机系统与 XFS5152CE 模块的共地,否则会造成通信失败。

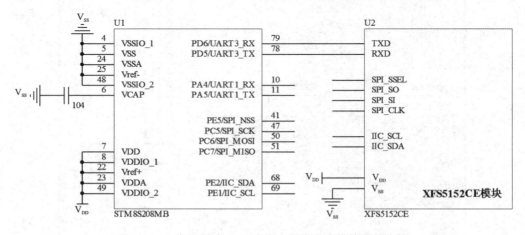

图 17.53 串口驱动 XFS5152CE 语音合成模块硬件连接

硬件平台搭建完毕后,就可以开始着手软件的设计,在软件程序中主要解决 2 个问题。第一个问题是发音人的选择和合成文本存储的问题,通过查询 XFS5152CE 芯片的用户手册,可以发现该芯片支持的发音人一共有 6 个,即为中文女声"小燕"、中文男声"许久"、中文男声"许多"、中文女声"小萍"、唐老鸭效果器、中文女童声"许小宝"。发音人的选择问题就要用到之前学过的"文本控制标记",可以通过查询本章表 17.36 中关于"发音人选择"的文本控制标记,将标记与待合成的文本写在一起,"装进"定义的字符串数组中,利用 C 语言编写相关字符串数组定义和初始化语句如下:

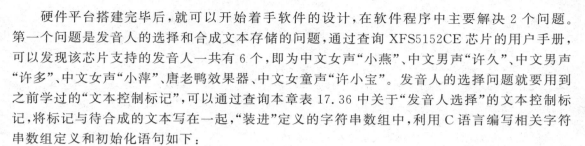

```
/*********************** 用户自定义数据区域 ***********************/
char szText1[] = {"[m3]欢迎大家进入 STM8 学习"};          //中文女声"小燕"
char szText2[] = {"[m51]欢迎大家进入 STM8 学习"};         //中文男声"许久"
char szText3[] = {"[m52]欢迎大家进入 STM8 学习"};         //中文男声"许多"
char szText4[] = {"[m53]欢迎大家进入 STM8 学习"};         //中文女声"小萍"
char szText5[] = {"[m54]欢迎大家进入 STM8 学习"};         //唐老鸭效果器
char szText6[] = {"[m55]欢迎大家进入 STM8 学习"};         //中文女童声"许小宝"
char szText7[] = {"[h2][m3]Welcome to start learning STM8"};  //英文女声
```

定义的语句一共有 7 条,对这些语句中的文本标记加以解释,"[m3]"标记选择的发音人为中文女声"小燕","[m51]"标记选择的发音人为中文男声"许久","[m52]"标记选择的发音人为中文男声"许多","[m53]"标记选择的发音人为中文女声"小萍","[m54]"标记选择的发音人为唐老鸭效果器,"[m55]"标记选择的发音人为中文女童声"许小宝"。这些标记都比较好理解,但是最后一句中存在两个文本标记,"[h2]"文本标记的含义是设置系统采用单词方式发音,这是因为这个数组中是一串英文语句,若不加"[h2]"文本标记,则语音合成的效果是一个字母一个字母的念,就不是单词的发音,后面跟随的"[m3]"是选择中文女声"小燕"作为发音人,同时用了这两个文本标记的意思就是由"小燕"用英文单词的方式合成"Welcome to start learning STM8"这句话。

看到这里,是不是愈发觉得"文本控制标记"非常的实用,读者可以挑选本章表 17.36 中的文本控制标记进行逐一实验,尝试各种效果,加深对 XFS5152CE 芯片的理解。

第二个问题是要解决语音合成数据"帧"的构造问题,通过对之前几节的学习,读者知道 XFS5152CE 芯片的数据帧是由帧头标志、数据区长度和数据区 3 部分组成,帧头标志是固定的 1 个字节,默认为 $(0xFD)_H$,数据区长度分为高低字节各占 1 个字节,高字节在前,低字节在后。数据区即为汉字或英文的编码数据,可占 4 KB 以下长度(这是因为 XFS5152CE 芯片一次最多能接收 4 KB 数据)。这里面就又要涉及两个问题,也就是文本编码格式采用什么格式?文本编码后的数据长度怎么来计算?说到这两个问题就要牵涉到 IAR 开发环境下的中文编码问题和 C 语言中的"string.h"头文件使用,此处先不做展开讲解,通读程序后再做体会。

有了目标就可以尝试程序的编写,利用 C 语言编写具体的程序实现如下:

```
/*********************************************************
*  实验名称及内容:串口驱动 XFS5152CE 语音合成程序源码
*********************************************************/
#include "iostm8s208mb.h"      //主控芯片的头文件
#include "stdio.h"             //需要使用 printf()函数故而包含该头文件
```

```c
#include "string.h"                                  //需要求字串长度故包含该头文件
/************************* 常用数据类型定义 **************************/
【略】为节省篇幅,相似语句可以直接参考之前章节
/************************* 用户自定义数据区域 **************************/
char szText1[] = {"[m3]欢迎大家进入 STM8 学习"};           //中文女声"小燕"
char szText2[] = {"[m51]欢迎大家进入 STM8 学习"};          //中文男声"许久"
char szText3[] = {"[m52]欢迎大家进入 STM8 学习"};          //中文男声"许多"
char szText4[] = {"[m53]欢迎大家进入 STM8 学习"};          //中文女声"小萍"
char szText5[] = {"[m54]欢迎大家进入 STM8 学习"};          //唐老鸭效果器
char szText6[] = {"[m55]欢迎大家进入 STM8 学习"};          //中文女童声"许小宝"
char szText7[] = {"[h2][m3]Welcome to start learning STM8"}; //英文女声
/************************* 函数声明区域 **************************/
void delay(u16 Count);                               //延时函数声明
void UART3_Init(void);                               //串口 3 初始化函数
/************************* 主函数区域 **************************/
void main(void)
{
  u8 i;                                              //定义循环控制变量
  u8 nLength = 0;                                    //存放文字编码长度
  CLK_CKDIVR = 0x00;                                 //选定 HSI 时钟源,配置频率为 16MHz
  delay(10);                                         //延时等待时钟稳定
  UART3_Init();                                      //初始化串口 3
  nLength = strlen(szText1);                         //利用 strlen 函数求字串长度
  UART3_SR& = 0xBF;                                  //清零发送完成标志位 TC
  UART3_DR = 0xFD;                                   //发送语音合成帧头
  while((UART3_SR&0x40) == 0);                       //等待帧头发送完成
  UART3_SR& = 0xBF;                                  //清零发送完成标志位 TC
  UART3_DR = 0x00;                                   //发送高位字节
  while((UART3_SR&0x40) == 0);                       //等待数据长度高字节发送完成
  UART3_SR& = 0xBF;                                  //清零发送完成标志位 TC
  UART3_DR = nLength + 2;                            //发送低位字节
  while((UART3_SR&0x40) == 0);                       //等待数据长度低字节发送完成
  UART3_SR& = 0xBF;                                  //清零发送完成标志位 TC
  UART3_DR = 0x01;                                   //发送语音合成命令
  while((UART3_SR&0x40) == 0);                       //等待语音合成命令发送完成
  UART3_SR& = 0xBF;                                  //清零发送完成标志位 TC
  UART3_DR = 0x00;                                   //发送文本编码格式
  while((UART3_SR&0x40) == 0);                       //等待文本编码格式发送完成
  UART3_SR& = 0xBF;                                  //清零发送完成标志位 TC
  for (i = 0;i<nLength;i ++)                         //发送文本编码数据
  {
    UART3_DR = szText1[i];                           //逐一将数据发送出去
    while((UART3_SR&0x40) == 0);                     //等待数据发送完毕
    UART3_SR& = 0xBF;                                //清零发送完成标志位 TC
  }
  while(1);
```

```
}
/ * * * * * * * * * * * * * * * * * * * * * * * * * * * * * * * * * * * * * * * * * * * * *
void delay(u16 Count)
【略】                                          //延时函数
void UART3_Init(void)
【略】                                          //初始化函数
```

在程序中主函数里主要完成了 3 个任务,首先进行系统主时钟频率的配置,然后初始化串口相关寄存器,最后进行 XFS5152CE 语音合成数据帧构造,最终将合成数据帧内容传送到 XFS5152CE 模块中进行语音合成。

在主函数中首先定义了用于循环控制的变量"i"和求取文字编码长度的变量"nLength",然后执行"CLK_CKDIVR=0x00"语句,该语句的作用是配置系统主时钟频率,确定 f_{MASTER} 取值,为后续的波特率计算做好准备。该语句将时钟分频寄存器(CLK_CKDIVR)配置为 "0x00",即上电默认选择的单片机高速内部 RC 振荡器时钟源,并且不进行分频操作,则主时钟 f_{MASTER} 频率为 16 MHz。

确定了系统主时钟频率后,就可以计算串口分频数值"UART_DIV",然后初始化串口资源。有的读者会思考,在波特率计算和配置中若选用的主时钟为 16 MHz,欲设定波特率为 9 600 bps,则计算结果存在偏差,在进行大量文本数据发送语音合成时,会不会因为通信波特率的偏差而导致数据传输错误呢? 小宇老师只能说:"确实有可能!"针对这个问题最简单的解决办法就是修改系统主时钟 f_{MASTER} 的时钟源,不选用内部高速 RC 振荡器 HSI 作为系统主时钟,改选特定频率取值的外部高精度低温漂系数的石英晶体振荡器 HSE 作为主时钟,即可减少波特率偏差。具体配置方法可使用时钟自动切换程序,在上电后将主时钟由 HSI 时钟源切换为 HSE 时钟源即可,利用 C 语言可以编写时钟源切换流程语句如下:

```
// * * * * * * * * * * * * * * * HSI->HSE 时钟自动切换流程及注释说明 * * * * * * * * * * * * * * *
//如果 CLK_CMSR 中的主时钟源为 HSI,则 CLK_CMSR = 0xE1
//如果 CLK_CMSR 中的主时钟源为 LSI,则 CLK_CMSR = 0xD2
//如果 CLK_CMSR 中的主时钟源为 HSE,则 CLK_CMSR = 0xB4
if(CLK_CMSR! = 0xB4)              //判断主时钟状态寄存器 CLK_CMSR 中的
//主时钟源是否是 HSE,若不是则进入 if 程序段
{
    //1.首先要配置时钟切换使能位"SWEN"位 = 1,使能切换过程
    CLK_SWCR| = 0x02;            //展开为二进制"0000 0010","SWEN"位 = 1
    //2.选择主时钟源,对主时钟切换寄存器 CLK_SWR 写入欲切换时钟
    CLK_SWR = 0xB4;             //配置 CLK_CMSR 中的主时钟源为 HSE
    //3.等待时钟切换控制寄存器 CLK_SWCR 中的切换中断标志位"SWIF"位 = 1
    while((CLK_SWCR & 0x08) == 0);
    //4.清除相关标志位
    CLK_SWCR = 0;
}

// * * * * * * * * * * * * * * * * * * * * * * * * * * * * * * * * * * * * * * * * * * * * *
```

当然了,若合成文本数据量较少,一般不会出现通信失败的情况,假设仍然采用 HSI 作为

主时钟源,不对时钟源频率进行预分配操作,则主时钟频率为 16 MHz,根据已知参数,可以利用本章学习的公式 17.6 加以变形,可以计算得到串口分频参数"UART_DIV"的配置值,计算过程如下:

$$UART\_DIV = \frac{16\,000\,000}{9\,600} \approx 1\,666.66$$

将计算得到的 1 666.66(小数 6 无限循环)近似取值为 $(1\,667)_D$,转换为十六进制数据为 $(0683)_H$,取出十六进制数据的第最高位"0"和最低位"3",组成"03"先向波特率寄存器 2 (UART_BRR2)进行赋值,即:"UART_BRR2 = 0x03",然后取出 16 进制数据的中间两位 "68"向波特率寄存器 1(UART_BRR1)进行赋值,即:"UART_BRR1 = 0x68"即可。获得波特率参数后,就可以按照系统功能编写串口 3 初始化函数 UART3_Init(),利用 C 语言编写的具体实现语句如下:

```
/******************************************************************/
//初始化函数 UART3_Init(),无形参和返回值
/******************************************************************/
void UART3_Init(void)
{
    //1.设定通信数据位数,此处设定为 8 位数据位,无校验位
    UART3_CR1 = 0x00;
    //2.设定通信停止位数,此处设定为 1 位停止位
    UART3_CR3 = 0x00;
    //3.配置通信波特率参数,此处配置为 9 600 bps(16 MHz 频率下)
    UART3_BRR2 = 0x03;
    UART3_BRR1 = 0x68;
    //4.使能发送功能
    UART3_CR2 = 0x08;
}
```

说到这里,就要解决我们之前说到的一个问题,也就是"语音合成数据帧"如何去构造。XFS5152CE 芯片的数据帧是由帧头标志、数据区长度和数据区三部分组成,帧头标志是固定的 1 个字节,默认为 $(0xFD)_H$,对于帧头,处理起来"So easy"! 就直接通过串口将其发送出去即可,利用 C 语言编写实现语句如下:

```
UART3_SR& = 0xBF;                  //清零发送完成标志位 TC
UART3_DR = 0xFD;                   //发送语音合成帧头
while((UART3_SR & 0x40) == 0);     //等待帧头发送完成
UART3_SR& = 0xBF;                  //清零发送完成标志位 TC
```

接下来发送数据长度区,数据区长度分为高低字节各占 1 个字节,高字节在前,低字节在后。这个长度怎么求解呢? 这就要引出 C 语言的字符串处理函数,需要使用求串长函数 strlen(),有的读者要问,这个函数要自己编写吗? 可以自己编写,也可以直接利用 C 语言提供的字符串处理函数库,该函数就包含在"string.h"头文件中,所以在程序起始部分用预编译命令"♯include"包含了该头文件。

在 C 语言提供的"string.h"头文件中包含有非常多实用的字符串处理函数,包括求字符串长度函数 strlen(str)、字符复制函数 strcpy(str1,str2)、字符串比较函数 strcmp(str1,

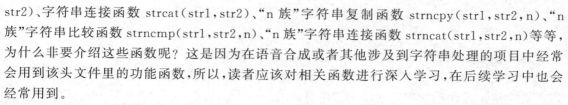

str2)、字符串连接函数 strcat(str1,str2)、"n 族"字符串复制函数 strncpy(str1,str2,n)、"n
族"字符串比较函数 strncmp(str1,str2,n)、"n 族"字符串连接函数 strncat(str1,str2,n)等等，
为什么非要介绍这些函数呢？这是因为在语音合成或者其他涉及到字符串处理的项目中经常
会用到该头文件里的功能函数，所以，读者应该对相关函数进行深入学习，在后续学习中也会
经常用到。

　　本项目需要得到语音合成文本内容的字符串长度，所以需要使用"string. h"头文件中包
含的求串长函数 strlen()，该函数中送入的实际参数为字符串数组名，也就是"szText1[]"数
组的首地址，求串长函数执行之后存在返回值，该返回值是一个不包含字符串结束标志"\0"在
内的实际长度值，将该数值赋值给变量"nLength"，所以有了以下这条 C 语言语句：

```
nLength = strlen(szText1);              //利用 strlen 函数求字串长度
```

　　得到合成文本的字符串长度，就可以继续构造"语音合成数据帧"结构，首先发送合成数据
区长度的高 8 位，等待数据传送完毕，然后发送合成数据区长度的低 8 位，等待数据传送完毕，
利用 C 语言编写实现语句如下：

```
UART3_DR = 0x00;                        //发送高位字节
while((UART3_SR & 0x40) == 0);          //等待数据长度高字节发送完成
UART3_SR& = 0xBF;                       //清零发送完成标志位 TC
UART3_DR = nLength + 2;                 //发送低位字节
while((UART3_SR & 0x40) == 0);          //等待数据长度低字节发送完成
UART3_SR& = 0xBF;                       //清零发送完成标志位 TC
```

　　看到这里突然感觉"不对"，为什么发送低位数据长度时发送的数值是"nLength＋2"而不
是"nLength"呢？这是因为发送到 XFS5152CE 模块的实际数据帧结构中还包含后续的合成
命令字"0x01"和文本编码格式"0x00"这两个字节，需要把这两个字节的长度也考虑进来，所
以发送的数据长度会是"nLength＋2"。将数据区长度的高字节和低字节分别赋值后就可以
发送语音合成命令字"0x01"，等待数据传送完毕，该指令的含义是执行语音合成命令，随后发
送文本数据编码格式"0x00"，等待数据传送完毕，该指令的含义是文本数据编码格式选择
"GB2312"格式。利用 C 语言编写实现语句如下：

```
UART3_DR = 0x01;                        //发送语音合成命令
while((UART3_SR & 0x40) == 0);          //等待语音合成命令发送完成
UART3_SR& = 0xBF;                       //清零发送完成标志位 TC
UART3_DR = 0x00;                        //发送文本编码格式
while((UART3_SR & 0x40) == 0);          //等待文本编码格式发送完成
UART3_SR& = 0xBF;                       //清零发送完成标志位 TC
```

　　以上的几个操作已经完成了"语音合成数据帧"的帧头标志、数据区长度(高低字节)、语音
合成指令、文本编码格式等部分的构造，紧接着就到了数据帧的"重头戏"，也就是数据区内容，
可以采用一个 for 循环将文本编码逐一发送，直到全部文本编码内容都发送完毕即可。

```
for(i = 0;i<nLength;i++)                //发送文本编码数据
{
  UART3_DR = szText1[i];                //逐一将数据发送出去
  while((UART3_SR&0x40) == 0);          //等待数据发送完毕
```

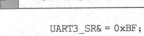

```
UART3_SR& = 0xBF;                          //清零发送完成标志位 TC
}
```

　　至此就完成了"语音合成数据帧"的全部构造,将程序编译后下载到单片机中并运行,突然间,耳畔响起中文女声"小燕"说的"欢迎大家进入 STM8 学习",这时候,小宇老师觉得,这个声音是世界上最动听的声音,这个项目做得很值!

　　亲爱的读者,串口通信接口的设备和功能芯片非常的多,不管是做什么有关串口通信的项目,都必须深入理解 STM8 单片机的 UART 资源,熟悉功能配置,只有这样才能在各式需求中找到解决办法。

第 18 章

"通信神功, 脚踏独木桥"
1-Wire 单总线
器件编程及应用

章节导读：

亲爱的读者, 本章将详细介绍 1-Wire 单总线串行通信协议, 以单总线数字温度传感器 DS18B20 为例详细讲解 STM8 单片机 GPIO 模拟单总线读写时序、初始化时序实现传感器的功能操作。章节共分为 7 个部分, 18.1 节讲解 1-Wire 单总线通信协议的基本概念、技术特点和应用场合。18.2 节选定 DS18B20 温度传感器进行参数说明, 包括引脚、电气性能、应用电路等。18.3 节详细介绍 DS18B20 内部组成和结构。18.4 节重点讲解 1-Wire 器件的初始化时序、读写时序, 把时序图程序化, 构建了相关功能实现函数。18.5、18.6、18.7 这 3 节是实战项目, 分别实现单点测温、ROM 序列读取和多点测温串口交互。本章内容所讲解的技术要点适用于 1-Wire 协议相关器件, 读者可以多尝试、多理解, 顺利"拿下"单总线通信, 为以后工作中接触到的相关设备或器件打好基础。

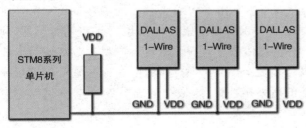

18.1 初识"独木桥"单总线串行通信

通过第九章读者应该能体会串行通信的优缺点了,本章介绍串行通信中的"脚踏独木桥"这一通信"神功",即 1-Wire 单总线串行通信技术。开篇之初先来讲一个笑话。说是有一天一个小学生在自然课上问老师:"老师,电灯为什么要用两根电线才能亮"? 老师向他解释说:"一根电线让电进来,而另一根电线还要让电回去"。小学生听后高兴地说:"那我们剪断一根电线好了! 只让电进来,不让电回去,这样一来学校就再也不会停电了呢"! 说完这个笑话回想小宇老师自己,小时候的我也天真的以为只需要一根火线就能用电了,小时候知识储备不足,满脑子里都是奇怪的想象。

虽然只是笑话,但是从这个笑话中仔细想想,如图 18.1 所示,在串行通信系统中如果时钟信号线、数据信号线、控制信号线、设备电源线若能"共用"一根线缆传输,总线上有主机(Master)还有从机(Slave),它们都"脚踩独木桥",主机发射"龟派气功",按照 1、2、3 的步骤去与从机进行交互,这样的通信方式肯定是非常的低成本,而且结构简单布线也方便,那么,究竟有没有这样的技术手段呢?

图 18.1 "通信神功"1-Wire 单总线通信概念

答案是肯定的,美信(Maxim)集成产品公司的全资子公司达拉斯(Dallas)半导体公司就拥有一项专有技术,即单总线串行通信技术。这种技术就是将时钟线、数据线、控制线和电源线合并为了一根线,只要是符合单总线协议标准的器件都能够以从机的身份挂接到单总线上与主机进行通信,这种串行总线是半双工通信方式,要求单总线上的所有器件必须要遵循"一套规则"。该技术的研制和推广为各领域提供了"新思路",比如电池行业,可以基于 1-Wire 技术进行电池电量监测和通信;又如仪器仪表行业可以利用 1-Wire 技术进行参数采集和上位机数据传输;再如传感器制造行业可以利用 1-Wire 技术研究新型的数字化/可编程的传感器,利用单线接口将传感器采集到的温度、湿度、光强、气体浓度、电压、电流等参量以数字信号形式通过单总线传送到处理器中,单总线上可以挂接多个 1-Wire 总线器件,这样一来就可以形成传感器的分布网络,按照需求可以进行合理的网络拓扑设计,最终形成 1-Wire 采集网络。可见,单总线技术的发展前景很大,应用面很广。

对单总线技术有基本的了解后,下面介绍 1-Wire 技术的优缺点。该技术允许在单总线上挂接多个 1-Wire 总线器件,通过单条连接线解决了控制(器件支持的功能指令)、通信(数据读写)和供电(主要指短距离"寄生供电"方式)三大问题。现在市面上基于该技术的元器件非常多,例如各种单总线传感器、单总线存储器、单总线时钟芯片和单总线网络驱动芯片等。利用该技术构建的系统具有结构简单、成本低廉、节省微处理器 I/O 资源、便于总线扩展和系统维护等优点,适用于单个主机设备控制一个或多个从机设备,可以广泛应用于传感器参数测量和可寻址低速测控等领域。

有的读者看完会说:1-Wire 不愧是"通信神功",既然这么"牛"那还要 I^2C、SPI 和 CAN 这些总线干嘛呢？干脆都用 1-Wire 取代了岂不是好？其实,任何技术都讲究一个"适用",单总线技术本身的技术特点也约束了其适用范围。首先说挂接器件数,理论上说一条单总线上可以挂接很多满足 1-Wire 的器件,其实不然,拿达拉斯(Dallas)半导体公司生产的单总线数字温度传感器 DS18B20 来说,理论上可支持挂接 2^{48} 个器件,但是随着挂接器件的增多,总线的驱动能力就成为了"瓶颈",实测挂接数量在 8 个以上时就会出现不稳定现象,如果想要正常且稳定的进行通信就首先解决总线驱动电路问题。再来说距离问题,制约 1-Wire 通信距离的因素也有很多,例如单总线线缆的材质,总线驱动能力,挂接的器件数量以及通信线路的抗干扰能力等,在具体的设计中都需要考虑。一般来说,1-Wire 总线更适合中短距离低速(100kbit/s 以下的速率)通信的应用。最后来说说 1-Wire 的软件控制方面,小宇老师想说:"事物不止一面,一方面看似很简单,另一面就有可能很复杂"。1-Wire 单总线系统就是这样,硬件连接非常简单,由于各种信号都"共用"了该线路,所以要求线上的单总线器件必须遵守严格的通信协议,这样才能保障通信的正确性和数据的完整性。

说到 1-Wire 单总线的通信协议,就要回过头来看看图 18.1,图中作为主机 Master 的"悟空"发送出的"龟派气功"包含有 3 个步骤,第一是发送初始化时序,其目的是让主机获取单总线上的从机设备状态,让从机准备工作。第二是发送 ROM 命令,其目的是让主机从多个从机设备中挑选出一个特定 ROM 序列的设备进行"对象选择"。第三是发送功能命令,其目的是对具体的从机设备进行功能配置。以上 3 个步骤顺序是固定的,并且缺一不可,按照步骤正确的进行相关操作后才能获取数据或者配置功能。

18.2　DS18B20 数字温度传感器简介

18.1 节"初识"1-Wire 单总线协议后,读者对该技术的技术特点和应用有了大致的了解,本节以达拉斯(Dallas)半导体公司生产的单总线数字温度传感器 DS18B20 为例,进一步体会 1-Wire 功能并了解 DS18B20 驱动方法。

18.2.1　DS18B20 功能描述

传统的温度测量一般采用热电偶、热敏电阻和晶体管等器件输出温度变化的模拟信号,然后经过前端信号通道切换单元和放大电路后得到模拟电压量,再传送至微处理器单元中的 A/D 转换单元中进行模拟量转换,最终得到数字量。整个处理流程还要考虑小信号的干扰问题,温度传感前端的非线性问题,以及放大电路设计和 A/D 采样电路的问题,稍不注意就会影响温度采集的精度和可靠性。

本节所介绍的 DS18B20 是达拉斯(Dallas)半导体公司推出的一款增强型单总线温度传感器,该传感器供电范围较宽,测温范围为 $-55\sim+125$ ℃,可以满足一般测温应用,传感器具有性价比高、转换精度高、体积小、可以支持单总线多点组网等特点,应用非常广泛。该款传感器内置了温度传感和 A/D 转换,可以直接将被测温度转换为数字量存储在内部的暂存器中。挂接在单总线上的主机可以启动相关操作步骤,然后以单线串行的方式读取暂存温度数据,由于挂接在总线上的每个 DS18B20 都有唯一的地址,所以省去了通道选择电路,按照"ROM 标识"来选取特定的 DS18B20 设备即可该传感器使系统结构更加简单、性能更加稳定、系统的抗干扰能力也更强,非常适合于低速中距离温度测控。

DS18B20 单线式数字温度传感的主要技术指标有:传感器具备 1-Wire 单总线接口,可方便挂接到单总线上进行温度采集和数据传送;每个设备都有一个唯一的 64 位光刻 ROM 序列,用于区别对象;传感器支持供电范围为 3.0～5.5 V,支持外部供电和"寄生"供电方式;测温的分辨率可以由用户配置为 9～12 位(默认 12 位),对应的温度转换时间为 93.75～750 ms,对应的温度分辨率为 0.5 ℃、0.25 ℃、0.125 ℃、0.0625 ℃,可实现高精度测温;测温范围为 −55～125 ℃,在 −10～85 ℃ 内测温精度为 ±0.5 ℃;具有温度报警功能,用户可根据需要设置报警上下限,设定的限值掉电后不丢失,直接输出数字温度信号,同时可传送 CRC 校验码;支持多点组网功能,可应用于多点分布系统,多个 DS18B20 可挂接在一条总线上,实现组网内的多点测温。

18.2.2　DS18B20 引脚/封装及实物

一般市面上的 DS18B20 有 3 种封装形式,如图 18.2 所示,图中(a)是 TO-92 封装形式正视图,这种封装形式的 DS18B20 最为常见,总共有 3 个引脚,分别是电源负极引脚 GND、信号输入输出引脚 DQ、电源正极引脚 VDD,引脚的分布可由图中(b)TO-92 封装形式仰视图(从引脚方向仰视封装)获知。图中(c)是 8 脚 SO 封装形式,脚距宽度为 150 mils,图中(d)是 μSOP 封装形式,两种形式的芯片引脚中"N. C."表示该引脚无功能定义,可以不连接电路使其保持悬空,其他的 GND、DQ、VDD 与 TO-92 封装引脚功能一致。

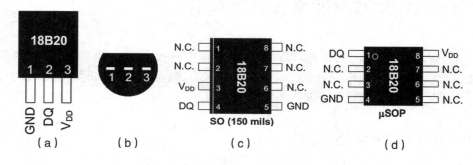

图 18.2　DS18B20 常见封装及引脚分布

DS18B20 的"庐山真面目"如图 18.3 所示。图中(a)和(c)是 TO-92 封装形式的正反面,有读者可能要说:"这不就是个三极管吗"? 如果你也是这样认为那就大错特错了,原来接触到的中小功率三极管、晶闸管、场效应管的外观看起来确实是这个"样子",但是需要知道晶圆的封装形式多种多样,切记不能以封装的外形判定器件功能。图中(d)为 8 脚贴片封装实物,值得一提的是图(b)所示的样子,其实这并不是官方给出的封装形式,而是某些厂家对 TO-92 封装形式的 DS18B20 进行的一点"改造",由于很多测温场合含有电解质的液体,使用这种不锈钢头内部用绝缘导热胶灌封密闭后的封装形式更为适合,在不锈钢管末尾处用热缩管或者环氧树脂进行填封后引出 3 根一定长度的电气导线(GND、DQ、VDD)即可。

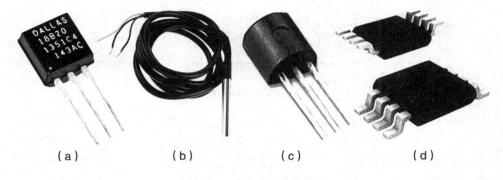

$$(a) \qquad (b) \qquad (c) \qquad (d)$$

图 18.3   DS18B20 实物图

18.2.3   DS18B20 典型硬件电路

DS18B20 的硬件电路非常简单,按照供电方式的不同可以分为外部供电方式和"寄生"供电方式。"寄生"供电方式如图 18.4 所示,所谓"寄生"供电就是说单个 DS18B20 设备的电能是从总线上"间接"获取到的,DQ 引脚不仅有信号输入/输出功能,还担负着取电的"责任",从机设备 DS18B20 的 VDD 和 GND 引脚需要连接在一起当成电源负极使用,在系统工作时,如果 1-Wire 总线的信号线为高电平时,DQ 引脚也为高电平状态,此时通过 DQ 引脚"窃取"信号能量传送到 DS18B20 内部为其供电,同时一部分能量会传送到寄生电源电路单元中的内部电容并为其充电,当总线为低电平时寄生电源电路单元的内部电容会释放自己的能量为DS18B20 继续供电。

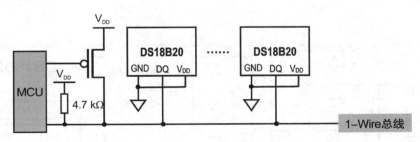

图 18.4   DS18B20"寄生"供电方式

采用"寄生"供电方式的 DS18B20 看起来都像是"单脚站立"在总线上的,这种供电方式可以应用在需要温度探测和空间受限的场合,该方式大大降低了连线的复杂度。但这种方式也有非常大的局限,从实际系统的软件操作来考虑,DS18B20 设备在启动温度转换和存储数据到 EEPROM 时需要供电电流,若总线上的从机设备非常多,这个电流就必须要保障。也就是说如果供电要靠"寄生"方式得到足够的电量,那么就必须在总线电路上提供强上拉电路,如图18.4 中所示的 MOSFET 元器件和上拉电阻,上拉电阻可取用 5 kΩ 左右。如果采用"寄生"供电方式,供电电压幅值、器件连接数量、总线线缆材质和长度都会影响通信的稳定性和正确性,故而在条件允许的情况下小宇老师强烈推荐采用"外部"供电方式,其连接电路如图 18.5

所示。

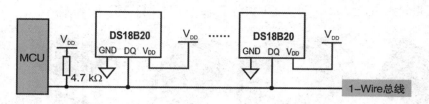

图 18.5　DS18B20 外部供电方式

　　图 18.5 所示的即为 DS18B20 的外部供电方式,该方式要求每一个接入单总线的设备都由外部独立供电,不再采用"寄生"方式从总线上取电,这种方法虽然对供电线路提出了更高的要求,但是保证了系统运行的稳定性,充分提供了设备在启动温度转换和存储数据到 EEP-ROM 时所需的操作电流,经过实测,采用外部供电方式的设备工作状态非常稳定。

18.3　DS18B20 系统结构

　　DS18B20 也是"麻雀虽小,五脏俱全",如图 18.6 所示,在其内部含有电源单元、ROM 单元、存储器逻辑控制单元、温度转换单元、高速暂存器单元等,电源单元由寄生电源电路、内部电源供电电路和电源检测电路等单元构成,主要用来保障 DS18B20 的宽电压输入和正常运行。ROM 单元中装载的是一个光刻 64 位序列,正是有了这个唯一的"身份证"信息,总线上的各设备才能得以区分和方便主机设备对其进行识别。存储器逻辑控制单元主要用于控制内部存储器操作,内部存储器是由一个高速暂存器和一个掉电非易失性电可擦除的 EEPROM 单元组成,高速暂存器是一个 9 B 的单元,其中装载了温度转换数值的高低位、高温限值和低温限值、配置寄存器信息以及 CRC 校验数值等,读者需要重点学习和了解 ROM 单元以及内部存储器单元。

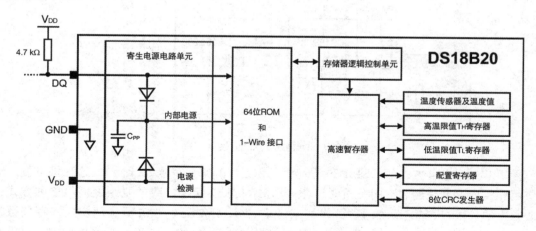

图 18.6　DS18B20 系统结构框图

18.3.1 器件"身份证"64 位光刻 ROM 序列

为了在单总线上识别设备地址，要求每个挂接入单总线的设备都必须具备唯一的"身份证"，为了区分总线上的不同器件，DS18B20 生产厂商在产品内部光刻了一个 64 位的二进制 ROM 代码作为芯片的唯一序列号。如图 18.7 所示，64 位二进制 ROM 序列由 3 个部分组成，从低位到高位的第一部分是 8 位家族产品代码，接着的 48 位是每个单总线器件的唯一序列号，最后的 8 位是对于家族产品代码区段和序列号区段这 56 位的 CRC 循环冗余校验码，这就是 DS18B20 的通信"身份证"，正是因为有了这个序列，挂接在单总线上的多个器件才能被主机正确的识别。

| 8位CRC码 | 48位序列号 | 8位家族产品代码 |
| MSB LSB | MSB LSB | MSB LSB |

图 18.7   64 位光刻 ROM 组成结构

只了解 64 位光刻 ROM 组成结构还不够，还需要知道实际操作 DS18B20 的时候应该使用哪些 ROM 有关的命令，比如：如何读取设备的 ROM 序列？如何迅速找到总线上众多设备中的其中一个？这些问题的解决都要涉及 ROM 指令，ROM 指令的作用就是允许主机检测总线上的所有设备，获取设备的"身份"信息，让主机知道有没有设备处于报警状态等。DS18B20 设备中有关 ROM 操作的指令一共有 5 个，如表 18.1 所示：

表 18.1   DS18B20 设备 ROM 指令一览

指令码	指令作用	指令功能描述
0x33	读取 ROM	当单总线上仅有 1 个从机设备时可以用该指令读取 DS18B20 设备中的 64 位 ROM 序列码
0x55	匹配 ROM	发出该命令后接着发出欲匹配的 64 位 ROM 序列码，此时总线上的与发出序列相同的设备做出响应，确定对象后方便为下一步操作做好准备
0xF0	搜索 ROM	确定单总线上的挂接设备个数，并且依次识别器件的 64 位 ROM 序列码，为以后对器件的具体操作做好准备
0xCC	跳过 ROM	若总线上仅有 1 个从机设备，可以采用本指令跳过 ROM 序列码操作过程，直接对其进行功能操作
0xEC	警报搜索	执行该指令后，总线上的设备中仅采集温度值超过了设备内部存储器设定的高温限值或者低温限值的设备做出响应

了解了 ROM 指令表后，读者可以根据总线上从机设备的具体情况选择性的使用 ROM 指令。对于总线上存在的从机设备情况可以发出读取 ROM 指令(0x33)$_H$，逐个获取单个从机具体的 64 位 ROM 序列码，存放在程序的数组中，有了序列码信息就相当于掌握了总线设备的"设备名单"。"名单在手，通信无忧"，此时再发出匹配 ROM 指令(0x55)$_H$ 选定具体要操作

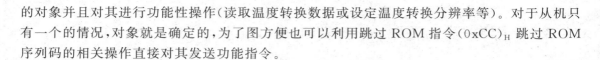

的对象并且对其进行功能性操作(读取温度转换数据或设定温度转换分辨率等)。对于从机只有一个的情况,对象就是确定的,为了图方便也可以利用跳过 ROM 指令($0xCC)_H$ 跳过 ROM 序列码的相关操作直接对其发送功能指令。

18.3.2　器件内部 9 字节存储器

说到 DS18B20 的功能实现就必须要讲解器件内部的存储器单元,18.3.1 小节的 ROM 序列是设备的"身份证",本小节讲解的内部存储器就是 DS18B20 功能配置的核心,设备内部的存储器由一个高速暂存器和一个掉电非易失性电可擦除 EEPROM 单元共同组成,其组成结构和对应关系如图 18.8 所示。

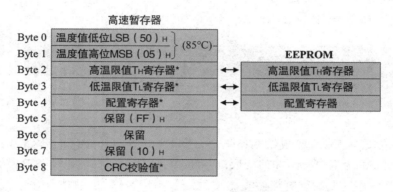

图 18.8　设备内部存储器组成结构

先来说说高速暂存器,所谓"暂存"就是温度转换数值和配置信息临时存放的场所,该单元包含 9 个字节。如图 18.8 所示,其中 Byte0 和 Byte1 这两个字节用来存放温度值数据的低字节 LSB 和高字节 MSB,这两个字节只能读不能写。Byte2 和 Byte3 这两个字节用来存放高温限值 T_H 和低温限值 T_L,温度高于高温限值或者是低于低温限值设备就会进入报警状态,这个功能其实很实用,但是不一定每个用户都会使用到,不使用 DS18B20 的温度限值警报功能时,T_H 和 T_L 这两个寄存器也可以作为通用存储器来对待,Byte4 这个字节是配置寄存器,该寄存器主要用于配置温度转换的分辨率,不配置该寄存器也可以,因为上电时设备已经配置了默认的转换分辨率为 12 位。Byte5、Byte6 和 Byte7 这 3 个字节为保留字节。Byte8 这个字节是以上 8 个字节的 CRC 循环冗余校验值。

细心的读者可能发现了,在图 18.8 中高速暂存器的 Byte2、Byte3、Byte4 这 3 个字节都标注了"＊"号,并且与 EEPROM 单元之间存在双向箭头,其表达的含义是这 3 个字节的配置信息可以复制到掉电非易失性电可擦除 EEPROM 中进行保存,这样一来,哪怕是设备掉电也不会影响到原配置信息的保留,需要恢复配置信息时只需要从 EEPROM 中恢复即可,这个过程中会用到 DS18D20 功能指令。DS18B20 的功能指令用来实现设备功能操作,比如说启动温度转换、配置转换的分辨率、配置设备的温度限值报警功能又或者是获取 DS18B20 的供电方式等,DS18B20 设备中有关功能操作的指令一共有 6 个,如表 18.2 所示:

表 18.2 DS18B20 设备功能指令一览

指令码	指令作用	指令功能描述
0x44	温度转换	启动 DS18B20 开启温度采集和转换,结果存放在高速暂存器第 0 字节(温度值低位)和第 1 字节(温度值高位)中
0xBE	读暂存器	读取内部高速暂存器中字节 0~字节 8 共计 9 个字节的内容
0x4E	写暂存器	执行该命令允许主机向从机写入 3 个字节的数据,第 1 个字节写入高温限值 T_H 中,第 2 个字节写入低温限值 T_L 中,第 3 个字节写入配置寄存器中
0x48	复制暂存器	该命令是将高速暂存器中的 Byte2(高温限值)、Byte3(低温限值)和 Byte4(配置寄存器)这 3 个字节的内容保存到掉电非易失性电可擦除 EEPROM 单元中
0xB8	重调 EEPROM	该命令将 EEPROM 中所保存的高温限值、低温限值和配置寄存器这 3 个字节的内容恢复到高速暂存器中的 Byte2、Byte3 和 Byte4 这 3 个字节中
0xB4	读供电方式	该命令是获取设备的供电方式,若从机设备采用外部供电方式则向主机发送"1",若从机设备采用寄生供电方式则向主机发送"0"

对 DS18B20 设备的功能指令进行初步学习后,读者就需要深化理解,直击实际应用,把最关心的 3 个问题解决掉。第一:所谓的转换分辨率如何配置?第二:温度转换值是如何分布在高速暂存器的 Byte0 和 Byte1 这两个字节中,温度转换值与转换分辨率有什么关系?第三:怎样配置温度限值?弄清楚以上 3 个问题才能彻底解决以后程序上的"瓶颈",非常多的读者正是因为不清楚温度值存储格式,导致在实际程序开发过程中无法理解总线获取数据的真正含义,导致算不出测量温度。

首先解决第一个问题,所谓的转换分辨率如何配置?介绍 DS18B20 设备的基本特点时已提过设备测温的分辨率由用户配置为 9~12 位(默认 12 位)。分辨率的配置实际是通过配置高速暂存器中的 Byte4 配置寄存器来实现的,配置寄存器的组成结构如图 18.9 所示。

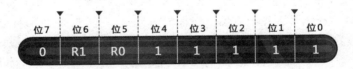

位 7	位 6	位 5	位 4	位 3	位 2	位 1	位 0
0	R1	R0	1	1	1	1	1

图 18.9 配置寄存器组成结构

配置寄存器 R0(位 5)和 R1(位 6)的取值就决定了设备当前的温度转换分辨率,在设备上电时默认配置 R0=1,R1=1(12 位分辨率),完成一次温度转换的最大时间约为 750 ms。R0 与 R1 位的功能配置参数如表 18.3 所示。从表格中不难发现温度转换分辨率越高,最大转换时间越长,反之最大转换时间越短,所以读者在具体系统构建时应该综合考虑分辨位数和转换时间的关系。

接下来解决第二个问题,温度转换值如何分布在高速暂存器的 Byte0 和 Byte1 这两个字节中,温度转换值与转换分辨率有什么关系?想要解决这个问题,就要介绍 DS18B20 这个器件的特别之处,作为温度传感器常见的器件都是得到模拟信号,但是 DS18B20 却是直接得到温度值量化后的数字信号,这个数字信号就存放在高速暂存器的 Byte0 和 Byte1 这两个字节中,其存放的格式如图 18.10 所示。

表 18.3　配置寄存器 R0/R1 位功能配置

R1 位	R0 位	温度转换分辨位数	最大转换时间	
0	0	9	93.75ms	($t_{CONV}/8$)
0	1	10	187.5ms	($t_{CONV}/4$)
1	0	11	375ms	($t_{CONV}/2$)
1	1	12	750ms	(t_{CONV})

	位 7	位 6	位 5	位 4	位 3	位 2	位 1	位 0
低字节	2^3	2^2	2^1	2^0	2^{-1}	2^{-2}	2^{-3}	2^{-4}
	位 15	位 14	位 13	位 12	位 11	位 10	位 9	位 8
高字节	S	S	S	S	S	2^6	2^5	2^4

图 18.10　温度值存储格式

在高速暂存器中温度值被分为高低两个字节存放,每个字节有 8 位,高字节中的高 5 位是符号位,图中用字母"S"表示(图中浅灰色部分),如果采集转换得到的温度值是正数,则"S"位均为"0",若为负数,则"S"位均为"1"。在两个字节中抛开 S 符号位不算,其实只有 11 个位可以用,如果 DS18B20 配置为 12 位转换分辨率,温度寄存器的所有位都是有效的,对于 11 位分辨率,位 0 未定义,对于 10 位分辨率,位 0 和位 1 未定义,对于 9 位分辨率,位 2、位 1 和位 0 均未定义,图 18.10 的数据($2^6 \sim 2^{-4}$)存放格式就是以 12 位转换分辨率情况举例存放的。

【例 18.1】假设从机 DS18B20 温度转换分辨率为 12 位,试分别计算所在环境温度为 $+125\ ℃$、$+25.0625\ ℃$、$0\ ℃$、$-55\ ℃$ 时所对应的温度值存放格式(温度值高位 MSB+温度值低位 LSB)。

解答:例题中给出的温度值,有正温度值、负温度值还有温度为 $0\ ℃$ 的情况,要得到温度在 DS18B20 中的数值信息就要首先知道温度转换分辨率是多少位,并且按照温度值高低位存储格式进行十进制整数部分和小数部分的转换,最后得到十六进制数表示形式。

（1）假设温度值为 $+125\ ℃$,可以将 $(125)_D$ 转换为二进制数得到 $(1111101)_B$,其转换方法为整数部分除以 2,若存在商数,则将商数部分再继续除以 2,直到得 0 为止,将余数逆序排列,$(125)_D$ 的转换过程如图 18.11 所示。

```
2 | 125        -------- 余数=1
  2 | 62       -------- 余数=0
    2 | 31      -------- 余数=1
      2 | 15     -------- 余数=1
        2 | 7     -------- 余数=1
          2 | 3    -------- 余数=1
            2 | 1   -------- 余数=1
              0
```

图 18.11　十进制整数 125 转换为二进制过程

取值方向

得到转换后的二进制数值了还不算完,还需要把二进制数按照 DS18B20 温度数值的存储格式依次填入,由于 $+125\ ℃$ 是正温度,所以符号位 S 为"0",小数部分 $2^{-1} \sim 2^{-4}$(温度值低位 LSB 位 0～位 3)位也为"0",可以按照如图 18.12 所示方式装入温度值数据:

（2）假设温度值为 $+25.0625℃$,就要涉及十进制小数部分的转换,首先把这个温度的整数部分 $(25)_D$ 转换为二进制数得到 $(11001)_B$,然后将 $(0.0625)_D$ 部分进行转换。十进制小数转

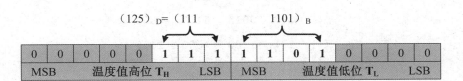

图 18.12 十进制 125 温度值存储格式

换为二进制数的方法为小数部分乘以 2,取结果的整数部分,若小数部分不为 0 则将小数部分
继续乘以 2,取结果的整数部分,直到小数部分为 0 为止,将取得的整数部分顺序排列,
$(0.0625)_D$ 的转换过程如图 18.13 所示。

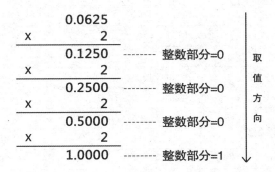

图 18.13 十进制小数 0.0625 转换为二进制过程

得到小数部分的二进制数后还需要把整数部分拼合进来,然后按照 DS18B20 温度数值的
存储格式依次填入,由于 $+25.0625$ ℃是正温度,所以符号位 S 为"0",小数部分 $2^{-1} \sim 2^{-4}$ (温
度值低位 LSB 位 0 至位 3)位为"0001",即 $(25.0625)_D = (11001.0001)_B$,按照如图 18.14 所示
方式装入温度值数据:

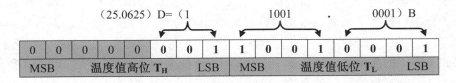

图 18.14 十进制 25.0625 温度值存储格式

(3) 假设温度值为 0℃,这个取值最简单,直接可以得到 $(0000\ 0000\ 0000\ 0000)_B$,然后按
照 DS18B20 温度数值的存储格式依次填入即可。

(4) 假设温度值为 -55℃,这涉及负数的表示形式,简单的说就是求解 $(55)_D$ 对应的补码。
如图 18.15 所示,首先把 $(55)_D$ 转换为二进制得到 $(110111)_B$,然后参考本例题中 $+125$ ℃的存
放格式将 $(110111)_B$ 依次填入 DS18B20 的高低两个字节中,得到 $(0000\ 0011\ 0111\ 0000)_B$ 形
式,将这个二进制数进行取反得到 $(1111\ 1100\ 1000\ 1111)_B$,在反码的基础上进行加 1 操作即
可得到其补码 $(1111\ 1100\ 1001\ 0000)_B$,转换的十六进制为 $(FC90)_H$。

本例给出了几种情况的温度值转换过程和转换方法,其中涉及到进制转换和补码求解的
知识,这些知识可以通过学习"数字电子技术"类书籍获取,接下来列举更多的温度转换实例如
表 18.4 所示,读者可以拿出几个实战计算下,通过计算和结果比对加深对温度值存储格式的
理解。

原码：0000　0011　0111　0000

反码：1111　1100　1000　1111

＋　　　　　　　　　　　　　　　　1

1111　1100　1001　0000　补码

图 18.15　求十进制 55 的补码过程

表 18.4　温度数值转换格式实例

温度值/℃	输出二进制数值				输出十六进制数值
＋125	0000	0111	1101	0000	(07D0)H
＋85	0000	0101	0101	0000	(0550)H
＋25.0625	0000	0001	1001	0001	(0191)H
＋10.125	0000	0000	1010	0010	(00A2)H
＋0.5	0000	0000	Byte2	1000	(0008)H
0	0000	0000	0000	0000	(0000)H
－0.5	1111	1111	1111	1000	(FFF8)H
－10.125	1111	1111	0101	1110	(FF5E)H
－25.0625	1111	1110	0110	1111	(FE6F)H
－55	1111	1100	1001	0000	(FC90)H

　　读者看到这里是不是"眼前一黑"？小宇老师提示，千万不能"晕倒"，因为得到二进制温度值依然不能算出实际的温度。以 18.4 第一行的数据为例来说，若从实际的单总线上取回温度数据（0000 0111 1101 0000）$_B$，该二进制数据对应的温度值应该是＋125 ℃，将该二进制数据转换为十进制数据得到（2000）$_D$，有的读者"惊呆了"，这是什么情况？原来，得到的温度值数据还需要根据分辨位数的不同乘以最小分辨率取值才能得到，比如例 18.1 中的转换分辨位数为 12，则对应的温度最小分辨率为 0.0625 ℃，此时将（2000）$_D$ 乘以 0.0625 就恰好等于（125）$_D$，这样就得到了实际的温度值。按照这个方法，对于 9 位分辨率情况应该乘以 0.5 得到实际温度值，对于 10 位分辨率情况应该乘以 0.25 得到实际温度值，对于 11 位分辨率情况应该乘以 0.125 得到实际温度值，对于 12 位分辨率情况应该乘以 0.0625 得到实际温度值。

　　最后解决第三个问题，怎样配置温度限值？所谓"温度限值"就是高温阈值和低温阈值，当实际采样测量的温度值超过高温限值或者是低于低温限值的时候，对应的 DS18B20 设备就会发出报警信号。高速暂存器中的 Byte2 和 Byte3 这两个字节用来存放高温限值 T_H 和低温限值 T_L，EEPROM 中也有两个字节与之对应用来保存配置值，以防止断电丢失。T_H 寄存器和 T_L 寄存器都采取如图 18.16 所示的存储结构。

图 18.16　T_H/T_L 温度限值存储结构

存储结构中的最高位"S"表示符号位,如果写入的温度限值是正数则"S"位为"0",反之若为负数则"S"位为"1",细心的读者一定会发现这个存储结构中有效温度值的位数只有 7 位,结构中没有 $2^{-1}\sim2^{-4}$,也就是说配置的温度阈值没有小数位,所以读者在具体的写入过程中需要注意温度数据取值和位数。

18.4 DS18B20 功能配置流程

DS18B20 设备采用了严格的 1-Wire 单总线通信协议来保证数据的完整性和有效性。这里的"通信协议"就是图 18.1 中作为主机 Master 的"悟空"发送出的"龟派气功",18.1 小节已经介绍过具体步骤,第一是发送初始化时序,其目的是让主机获取单总线上的从机设备状态,让从机准备工作。第二是发送 ROM 命令,其目的是让主机从多个从机设备中挑选出一个欲操作 ROM 序列的设备进行"对象选择"。第三是发送功能命令,其目的是对具体的从机设备进行功能配置。以上 3 个步骤顺序是固定的,并且缺一不可,从时序的角度来看这 3 个操作其实就是给出初始化电平脉冲、在单总线上进行写"0"、写"1"、读"0"和读"1"。本节介绍 DS18B20 设备的相关时序和配置流程。

18.4.1 设备初始化流程

不管是主机欲向从机写数据,还是主机欲读取从机的数据,都需要从初始化阶段开始。初始化实际就是主机发送复位脉冲且从机正确回复应答脉冲的过程,目的是让主机"知道"从机已经在线且做好准备,就好比领导开会常说:"同志们都到了吧"! 同志们齐声说:"到了,可以开会了"! "领导"就是主机,"同志们"就是从机。具体的初始化时序如图 18.17 所示。

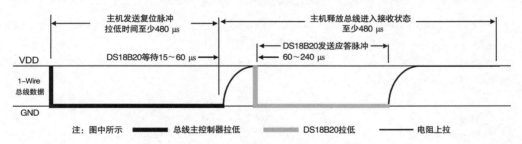

图 18.17 设备初始化时序

初始化时序开始时,主机首先将数据总线电平由"1"置"0",也就是发送复位脉冲,置"0"的时间至少 480 μs,随后主机释放掉数据总线并且进入接收状态,此时数据总线在外部上拉电阻的作用下将数据总线由"0"上拉恢复至"1",从机 DS18B20 检测到数据总线上的上升沿变化后等待 15~60 μs 然后做出回应,发出应答脉冲拉低数据总线 60~240 μs,主机在进入接收状态后到从机应答的整个阶段至少要 480 μs。

用 C 语言编写具体的功能时可以参照以下两个功能函数。

DS18B20_DQ_DDR()函数,用来配置 DQ 单总线引脚的具体方向,因为在初始化时序中涉及置位总线和读取总线的操作,这就对 STM8 单片机的引脚方向配置提出了要求,必须灵活地变更 GPIO 的方向,实现电平输出至单总线和从单总线上读取电平状态。需要注意程序

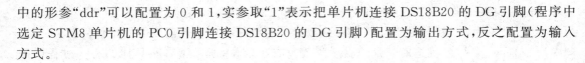

中的形参"ddr"可以配置为 0 和 1,实参取"1"表示把单片机连接 DS18B20 的 DG 引脚(程序中选定 STM8 单片机的 PC0 引脚连接 DS18B20 的 DG 引脚)配置为输出方式,反之配置为输入方式。

```
/*******************************************************/
//设备 DQ 引脚方向性配置函数 DS18B20_DQ_DDR(),有形参 ddr 无返回值
/*******************************************************/
void DS18B20_DQ_DDR(u8 ddr)
{
  if(ddr == 1)                      //配置为输出方式
  {
    PC_DDR_DDR0 = 1;                //配置 PC0 引脚为输出引脚
    PC_CR1_C10 = 1;                 //配置 PC0 引脚为推挽输出模式
    PC_CR2_C20 = 0;                 //配置 PC0 引脚低速率输出模式
  }
  else                              //配置为输入方式
  {
    PC_DDR_DDR0 = 0;                //配置 PC0 引脚为输入引脚
    PC_CR1_C10 = 1;                 //配置 PC0 引脚为弱上拉输入模式
    PC_CR2_C20 = 0;                 //禁止 PC0 引脚外部中断功能
  }
}
```

DS18B20_reset()函数按照初始化时序编写,需要注意的是程序中的 delay()函数送入的具体实参需要根据 STM8 的时钟频率和具体的延时时间要求确定,本程序中设定 STM8 时钟源为 HSI,频率为 16 MHz,送入 delay()函数的实参数值可以满足大致的延时时间。

```
/*******************************************************/
//设备初始化时序产生函数 DS18B20_reset(),无形参和返回值
/*******************************************************/
void DS18B20_reset(void)
{
  u8 x;                             //变量 x 用于取回总线电平状态
  DS18B20_DQ_DDR(1);                //改变 DQ 引脚方向性为输出方式
  DS18B20_DQ = 1;                   //控制器首先应为高电平状态
  delay(1700);                      //延时大约 800 μs
  DS18B20_DQ = 0;                   //控制器拉低总线发送复位脉冲
  delay(1700);                      //拉低时间大约 800 μs
  DS18B20_DQ = 1;                   //控制器释放总线
  delay(65);                        //DS18B20 等待大约 30 μs
  DS18B20_DQ_DDR(0);                //改变 DQ 引脚方向性为输入方式
  delay(65);                        //等待 DS18B20 应答脉冲大约 30 μs
  x = PC_IDR_IDR0;                  //取回总线电平状态
  printf("|[1].开始检测 DS18B20......\r\n");
  while(x);                         //等待应答脉冲出现低电平
  printf("|[2].DS18B20 检测成功\r\n");
```

```
delay(1150);                    //控制器等待至少 480 μs
}
```

怎么样得到大致的延时时间呢？随着时钟源配置的不同,延时函数的通用性和可移植性都很差,延时时间把握不准确就注定读写时序都会失败。其实,要得到大致的延时时间很简单,在主函数中执行以下的几条 C 语言语句:

```
while(1)                        //主函数死循环,连续执行循环体语句
{
  Led = ! Led;                  //使得 GPIO 引脚状态不断翻转
  delay(x);                     //翻转时间由该句控制,其中的 x 可以由用户按照需求更改
}
/**********************************************************************/
//延时函数 delay(),有形参 Count 无返回值
/**********************************************************************/
void delay(u16 Count)
{
  do{ }                         //直到型循环执行空操作
  while(Count--);               //Count 形参控制执行次数影响延时时间
}
```

主函数进入该循环体后会不断翻转设定的 GPIO 引脚,这时编写 delay() 函数的内部实现,随意设定一个 x 作为实参送入,用逻辑分析仪测量引脚状态获得时序,从上位机中可以轻松测量到跳变时间宽度,这个宽度就是大致的延时时间。由此可见,在实际应用中逻辑分析仪是数字信号系统调试和逻辑控制调试的"利器",读者可以尝试使用仪器,解决实际问题。

回到初始化时序产生函数 DS18B20_reset(),在该函数中引入串口信息打印语句会让程序指令的执行过程更加明了,每个步骤的实现都尽在编程者的掌握之中,具体的串口配置和printf()函数的运用读者可以参考串口章节,需要注意串口信息的打印也需要时间,有的时候程序检测不到单总线设备也可能是由于串口打印语句造成的,在执行打印过程中花费的时间与打印数据量和打印速度有关,若时间过长则会影响 DS18B20 初始化的时序要求,最终导致初始化失败,所以小宇老师推荐另一种行之有效的方法,就是"点灯",拿几个 GPIO 引脚出来,若实现了某一过程和语句就点亮特定的发光二极管,用发光二极管的状态确定程序执行流程,不仅生动形象而且便于调试。

还有就是关于函数中的"while(x)"语句,该语句的作用是等待应答脉冲出现低电平,x 表示当前单总线上的电平状态,若总线电平为高,则语句等同于"while(1)"即死循环,后续语句无法执行,一直等待总线电平状态为低,才能跳出 while 循环,程序语句本身没有问题,但是这样的检测方法不一定最优,原因在于实际系统中由于各种原因可能导致单片机检测不到DS18B20 或者 DS18B20 没有正确应答,这样的语句等同于"死循环",所以读者在实际编程中可以尝试编写带有结束条件的等待程序,若等待超时就退出或者执行其他的动作。

18.4.2　写数据至从机流程

初始化时序完毕后就该主机"大显身手"了,按照 DS18B20 操作顺序,主机应该发送 ROM

指令,发送相关指令到单总线上就是"写"的过程,由于单总线上读写都必须逐位操作,也就是写过程也分为写"1"过程和写"0"过程,只要按照时序要求的"写时隙"将总线置高或者置低即可。小宇老师回忆一个儿时的游戏,为读者讲解下"时隙"的概念。小学的体育课上经常组织跳绳儿,为了讲究团队合作,老师要求一个人跳绳儿的过程中另一个同学也加入其中,变成一根绳儿两个人跳,如果这个人进入的时间"掐得准"那么就能继续保持两人跳绳儿状态,如果早了或者迟了加入就会破坏跳绳的动作,那就得重新来过了,这里的进入时间也就是这里说的"时隙"。具体的写时序如图 18.18 所示。

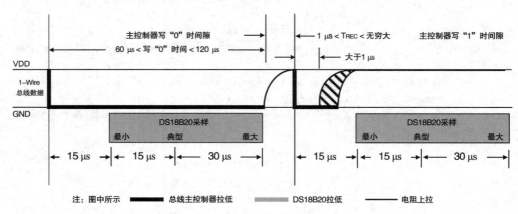

图 18.18　写数据至单总线过程时序

写时隙有两种类型:写"1"时隙和写"0"时隙,所有的写时隙至少持续时间为 $60\mu s$ 且两个独立的时隙之间至少需要 $1\mu s$ 的恢复时间,写时隙过程是由主机拉低 1-Wire 总线宣布开始,若要产生写"1"时隙,则主机拉低总线约 $15\mu s$ 后释放,当总线释放后,上拉电阻会把总线电平重新拉高。若要产生写"0"时隙,则主机拉低总线至少 $60\mu s$ 后释放,当总线释放后,上拉电阻会把总线电平重新拉高。在写时隙起始后的 $15\sim60\mu s$ 时间内,挂接在单总线上的 DS18B20 器件会对总线电平状态进行采样,如果在此期间采样为高电平,则 DS18B20 被写入位信息"1",如果为低电平,则被写入位信息"0"。

这么看来,在所有的写时隙过程中单片机连接 DS18B20 的 DG 引脚配置可以一直保持输出模式,用 C 语言编写具体的功能实现,可以参照下面给出的 DS18B20_Wbyte( )函数的相关语句。

```
/ * * * * * * * * * * * * * * * * * * * * * * * * * * * * * * * * * * * * * * * * * * * * * * * * * * * * * * * * /
//设备写一个字节函数 DS18B20_Wbyte( ),有形参 xbyte 无返回值
/ * * * * * * * * * * * * * * * * * * * * * * * * * * * * * * * * * * * * * * * * * * * * * * * * * * * * * * * * /
void DS18B20_Wbyte(u8 xbyte)
{
  u8 i,x = 0;                      //i 为循环控制变量,x 为取位运算变量
  DS18B20_DQ_DDR(1);               //改变 DQ 引脚方向性为输出方式
  for(i = 0;i<8;i+ +)              //8 次循环实现逐位写入
  {
    x = xbyte & 0x01;              //从最低位取值到最高位
    if(x)                         //写"1"
    {
```

```
    DS18B20_DQ = 0;                    //DQ 单总线拉低
    delay(30);                         //延时大约 15 μs
    DS18B20_DQ = 1;                    //DQ 单总线写入"1"
    delay(100);                        //延时大约 45 μs
    DS18B20_DQ = 1;                    //最终保持高电平
}
else                                   //写"0"
{
    DS18B20_DQ = 0;                    //DQ 单总线拉低
    delay(30);                         //延时大约 15 μs
    DS18B20_DQ = 0;                    //DQ 单总线写入"0"
    delay(100);                        //延时大约 45 μs
    DS18B20_DQ = 1;                    //最终保持高电平
}
    xbyte = xbyte>>1;                  //右移一位实现逐位移出
    }
}
```

在函数中需要注意几个关键的语句,"x＝xbyte & 0x01"这个语句中的"xbyte"是该函数的形式参数,对应送入该函数的实参,将形参"按位与"上(0x01)$_H$的目的在于得到送入实参的最低位(位 0),按照写入的流程应该是"先发低位再发高位"。"xbyte＝xbyte>>1"这一句的功能是送完一位数据位后,将传入实参的数据整体右移一位,这样一来最低位就被"顶掉"了,原数据的次低位变成了当前数据的最低位,接着再进行下一轮的写入过程。

18.4.3 主机读取数据流程

写时隙过程往往是主机"说话",从机收到相关指令后也应该"回答",这时候就要涉及读时隙,主机只有在发出读时隙时 1-Wire 总线上的相关设备才能向主机逐位传输数据,所以,当主机已经发送 ROM 指令和相关功能指令后,必须马上产生读时序将 DS18B20 的结果数据取回。读数据至主机过程时序如图 18.19 所示,所有的读时隙至少持续时间为 60 μs 且两个独立的时隙之间至少需要 1 μs 的恢复时间,读操作是主机发起的,主机首先拉低总线至少 1 μs

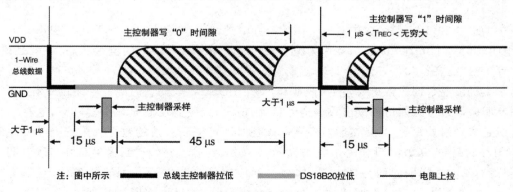

图 18.19 读数据至主机过程时序

后再释放总线,当总线释放后,上拉电阻会把总线电平重新拉高。从机设备检测到主机的读时隙后向总线发送"1"或"0",若从机 DS18B20 发送"1"则总线上产生高电平,反之总线上产生低电平,从机发出的数据在总线上会维持大约 15 μs,之后从机释放总线,总线重新由上拉电阻拉高。所以,在通常情况下主机的采样时间在时隙起始后的 15 μs 之内即可(实际在时隙起始后10 μs 开始采样即可)。

从时序图中可以看出在读时隙过程中单片机连接 DS18B20 的 DG 引脚配置需要变更模式,在主机发送读操作的时候希望端口被配置为输出模式,在读取 DS18B20 反馈数据的时候希望端口被配置为输入模式,这样一来就必须在程序中改变 GPIO 的方向寄存器。还有一个需要注意的地方,单总线上的读取只能是逐位取回,也就是说一个字节的数据要读 8 次,首先读回的是最低位,循环读取 8 次后才能取回最高位,这样就需要编程实现一个取单个"位"状态的函数,然后把取位得到的状态通过返回值进行返回,如果需要用 C 语言编写具体的功能实现可以参照下面给出的 DS18B20_Rbit()功能函数的相关语句。

```
/*****************************************************************/
//设备读取单个位函数 DS18B20_Rbit(),无形参,有返回值 rbit
/*****************************************************************/
u8 DS18B20_Rbit(void)
{
  u8 rbit = 0,x = 0;              //rbit 是最终位数据,x 是取状态变量
  DS18B20_DQ_DDR(1);             //改变 DQ 引脚方向性为输出方式
  DS18B20_DQ = 0;                //DQ 单总线写入"0"
  delay(30);                     //延时大约 15 μs
  DS18B20_DQ = 1;                //释放 DQ 单总线
  DS18B20_DQ_DDR(0);             //改变 DQ 引脚方向性为输入方式
  delay(20);                     //延时应在 15 μs 之内
  //(对于不同产地和厂家的 DS18B20,该延时参数会有变动,需要查询手册)
  x = PC_IDR_IDR0;               //获取单总线电平状态
  if(x)                          //状态判定
    rbit = 0x80;                 //若为高电平则最高位"1"得到 0x80,反之为初始值 0
  delay(150);                    //延时大约 60 μs
  return rbit;                   //返回最终位数据
}
```

在 DS18B20_Rbit()函数中有三个语句要弄清楚,第一个就是"x＝PC_IDR_IDR0"这个语句,很明显 PC_IDR_IDR0 是 PC0 作为输入模式时从单总线上取回的电平状态,也就是说"x"肯定等于"1"或者是"0"。第二个语句就是添加了特别注释的"delay(20)"语句,这个延时的长短对于主机读取数据非常重要,不同产地和厂家的 DS18B20 的读时隙有一定的变化,有的读者朋友照搬该程序可能得到读出数据全为"1"的情况,最终温度总是显示"4096",这种结果极有可能是该延时长短的问题,按照时序微调该延时即可读到有效的数据。第三个需要注意的就是"if(x)"语句,函数中用 if 语句把"x"这个变量作为判断条件,说到这里有好多读者朋友就要"费解"了,如果说取回的是低电平,那么 x 就应该是"0",进行 if 判定的条件为假,不执行"rbit＝0x80"语句,这时的返回值 rbit 为初值$(0x00)_H$。如果说取回的是高电平,那么 x 就应该是"1",进行 if 判定后就应该执行 if 后续的一条语句,返回值 rbit 为$(0x80)_H$。那么为什么

不让 rbit 等于$(0x01)_H$反而让其等于$(0x80)_H$呢?在这里我们故意将低位的"1"移到最高位是便于取完 8 个位后的重组,说到位的"重新组合"就是把循环 8 次取位所得到值通过移位运算变成一个字节。如果要理解字节的生成方法就需要看以下的 DS18B20_Rbyte()函数。

```
/*******************************************************************/
//设备读字节函数 DS18B20_Rbyte(),无形参,有返回值 rbyte
/*******************************************************************/
u8 DS18B20_Rbyte(void)
{
  u8 rbyte = 0,i = 0,tempbit = 0;          //rbyte 是最终得到的字节,i 为循环控制变量
                                           //tempbit 为逐位取出的中间运算变量
  for(i = 0;i<8;i+ +)                      //8 次循环实现逐位拼合
  {
    tempbit = DS18B20_Rbit();             //读取单个位
    rbyte = rbyte>>1;                      //右移实现将高低位排列
    rbyte = rbyte|tempbit;                 //或运算移入数据
  }
  return rbyte;                            //返回最终字节
}
```

在 DS18B20_Rbyte()这个函数中,循环 8 次执行 DS18B20_Rbit()函数,并将单个"位"数据给变量"tempbit",然后再通过"rbyte=rbyte>>1"语句和"rbyte=rbyte | tempbit"语句最终实现单个"位"数据的拼合,读取 8 次位状态最终得到了一个字节,再将拼合完成的"rbyte"变量返回。

18.5　实战项目 A 单点 DS18B20 温度值测量串口打印

通过前几个小节的学习,读者了解了单总线技术的特点,认识了单总线测温传感器 DS18B20,也清楚了操作流程和相关时序,本节进入实战环节。实战部分总共设计了 3 个项目,项目 A 实现了单点温度采集,项目 B 实现了 ROM 序列的读取,项目 C 实现了 3 点测温和串口交互。实战项目 A 是比较简单和基础的,既然是温度测量,其目的肯定是得到温度值,小宇老师在该项目中设计了一个比较"干净而且纯粹"的温度采集程序,为什么说干净而且纯粹呢?主要目的是突出主角"DS18B20",不添加复杂的外围,做一个硬件简化,软件精髓的例程。最后得到温度值,方便读者进行程序移植和数据的进一步加工,至于读者将这个温度值变量送到 LCD 显示,还是做温度报警,还是做参量的反馈可以自行发挥。

18.5.1　单点测量硬件电路原理

首先构建如图 18.20 所示的硬件电路,电路中只需要 1 个 DS18B20 设备即可。

可以看出,电路构成非常的简单,图 18.20 中的 U1 是 STM8 单片机,其具体型号为 STM8S208MB,将 PB0 端口通过限流电阻 R1 连接至发光二极管 D1 阳极,发光二极管阴极接地。这里的发光二极管主要用来辅助指示,例如初始化成功时可以让其点亮,设备不存在或者通信异常时可以让其闪烁,具体的功能可由读者设计和实现。用 PC0 端口当作 1-Wire 单总

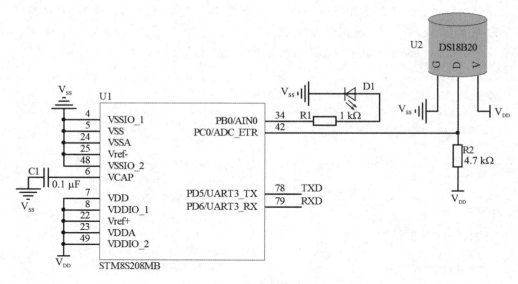

图 18.20　单点温度测量电路原理图

线数据线连接至 DS18B20 的 DG 引脚，还需要连接上拉电阻 R2 至 V_{DD}，实际系统中 V_{DD} 取值为 5 V，R2 取值为 4.7 kΩ。单片机引出串口 3 的 TXD 引脚和 RXD 引脚连接后续的 USB 转串口芯片 CH340G 上，这样一来就可以通过 PC 的 USB 接口配合上位机串口调试软件观察串口打印数据了。

第 17 章的单片机与 PC 之间的串口通信介绍了 MAX3232 芯片，该芯片实现串口 EIA-RS232 电平的转换，但随着计算机的发展现在的台式计算机上 DB9 串口接口已经越来越少，便携式笔记本计算机上的 DB9 串口接口更是消失殆尽，大多数的 PC 目前都具备 USB 接口，所以本项目通过一个 USB 总线的转接芯片实现 USB 转串口的双向通信，将单片机发送的数据通过 USB 传送至 PC，PC 通过上位机调试助手也可以将数据发送给单片机进行处理。

接下来就一起来认识一下转换芯片 CH340 这个"主角"，该芯片是江苏沁恒股份有限公司生产的一个基于 USB 总线的转接芯片（已经推出免外部晶振的 CH340E/C/B 版本和超小体积 CH340E 芯片），实现 USB 转串口、USB 转 IrDA 红外或者 USB 转打印口的功能。在串口方式下，CH340 提供常用的 MODEM 联络信号，用于为计算机扩展异步串口，或者将普通的串口设备直接升级到 USB 总线接口，芯片的实物和引脚功能介绍如图 18.21 所示，图中（a）为 CH340T 芯片的引脚功能分布，共计 20 个引脚，后缀为"T"的芯片实物图如图中（b）所示，图中（c）为 CH340G 芯片的引脚功能分布，共计 16 个引脚，后缀为"G"的芯片实物图如图中（d）所示，本项目中使用的转换器芯片型号为 CH340G。

CH340 系列芯片内置了 USB 数据信号线的上拉电阻，"UD＋"和"UD-"这两个引脚可直接连接到 USB 总线上。芯片还内置了电源上电复位电路，正常工作时需要外部向"XI"引脚提供 12 MHz 频率的时钟信号。一般情况下，时钟信号由 CH340 内置的反相器通过晶体稳频振荡产生。外围电路只需要在"XI"和"XO"引脚之间连接一个 12 MHz 频率的石英晶体振荡器即可，为了使振荡器能够快速稳定的起振，可以在"XI"和"XO"引脚对地连接 20～30 pF 的负载电容（通常取值 22pF）。

CH340 芯片支持 5 V 电源电压或者 3.3 V 电源电压，当使用 5 V 工作电压时，CH340 芯

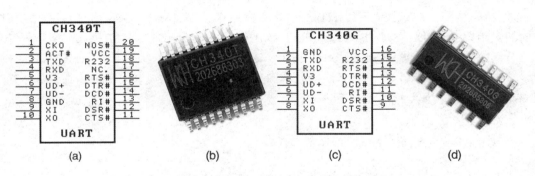

图 18.21 CH340T/G 芯片引脚分布及实物图

片的"VCC"引脚连接外部 5 V 电源,"V3"引脚应该外接容量为 4 700 pF 或者 0.01 μF 的电源退耦电容;当使用 3.3 V 工作电压时,CH340 芯片的"V3"引脚应该直接与"V_cc"引脚相连接,同时连接到外部的 3.3 V 电源,并且保证与 CH340 芯片相连接的其他电路的工作电压不能超过 3.3 V,以防止灌电流过大,烧毁转换器芯片。按照 CH340G 引脚的功能要求和厂家给出的参考电路,项目中设计的转换电路原理图如图 18.22 所示,U3 即为 CH340G 转换器芯片,P1 为贴片式 5Pin 引脚 Mini USB 连接座,C3 和 C4 为电源滤波和去耦电容,系统供电 V_{DD} 取值为 5 V,C2 为"V3"引脚的电源去耦电容,X1 为 12 MHz 振荡频率的石英晶体振荡器,C5 和 C6 为时钟电路的负载电容。

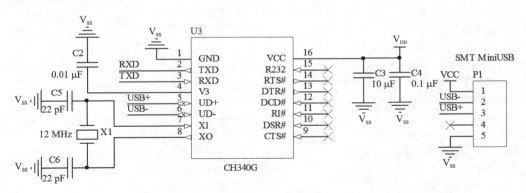

图 18.22 CH340G 串口/USB 转换电路原理图

构建完成硬件电路后,应该检查系统供电是否正确,用 Mini USB 连接线连接电路接口,并且在 PC 上安装 CH340 系列芯片的驱动程序,需要注意驱动程序的版本号和操作系统的支持。以 Window XP 为例,安装完成芯片驱动程序后,在"我的电脑"设备管理器"端口(COM 和 LPT)"资源下拉列表中会出现"USB-SERIAL CH340(COM3)"字样,这里的 COM 号不一定是 COM3,其串口号由操作系统分配。接下来的操作就是打开串口调试助手选定串口号、通信波特率、校验位位数、停止位位数、数据位位数等配置,选定完成后即可按照字符或者十六进制数形式发送和接收显示串口交互数据了。

18.5.2 单点测量程序设计及功能测试

在程序设计中重点设计和实现 7 个与 DS18B20 有关的函数,该函数可以在读者实际的项目中进行移植,7 个函数分别是 DS18B20 初始化时序函数 DS18B20_reset(),DG 单总线引脚方向配置函数 DS18B20_DQ_DDR(u8 ddr),DS18B20 初始化函数 DS18B20_init(),DS18B20 写字节函数 DS18B20_Wbyte(u8 x),DS18B20 读总线位函数 u8 DS18B20_Rbit(),DS18B20 读字节函数 u8 DS18B20_Rbyte(),温度取值和处理函数 DS18B20_get_Temperature()等,利用 C 语言编写的具体程序实现如下:

```
/ * * * * * * * * * * * * * * * * * * * * * * * * * * * * * * * * * * * * * * * * * * * * * * *
*  实验名称及内容:单点 DS18B20 温度值测量串口打印
* * * * * * * * * * * * * * * * * * * * * * * * * * * * * * * * * * * * * * * * * * * * * * * */
# include "iostm8s208mb.h"                     //主控芯片的头文件
# include "stdio.h"                            //需要使用 printf()函数故而包含该头文件
/ * * * * * * * * * * * * * * * * 常用数据类型定义 * * * * * * * * * * * * * * * * * */
【略】为节省篇幅,相似语句可以直接参考之前章节
/ * * * * * * * * * * * * * * * * * 端口/引脚定义区域 * * * * * * * * * * * * * * * * * * */
# define LED                 PB_ODR_ODR0      //PB0 指示灯引脚位定义
# define DS18B20_DQ          PC_ODR_ODR0      //PC0 单总线引脚位定义
/ * * * * * * * * * * * * * * * * * 用户自定义数据区域 * * * * * * * * * * * * * * * * * * */
static u16 Tem_u16 = 0;                        //整数温度值变量
static float Tem_f = 0;                        //浮点数温度值变量
u8 flag = 0;                                   //温度值正负标志变量
/ * * * * * * * * * * * * * * * * * 函数声明区域 * * * * * * * * * * * * * * * * * * * */
void delay(u16 Count);                         //延时函数声明
void UART3_Init(void);                         //串口 3 初始化函数
void UART3_SendByte(u8 data);                  //串口 3 发送单个字符函数
void UART3_SendString(u8 * Data,u16 len);      //串口 3 发送字符串函数
u8 UART3_ReceiveByte(void);                    //串口 3 接收数据函数
int putchar(int ch);                           //发送字符重定向函数
void DS18B20_reset(void);                      //DS18B20 初始化时序
void DS18B20_DQ_DDR(u8 ddr);                   //DG 单总线引脚方向配置函数
void DS18B20_init(void);                       //DS18B20 初始化函数
void DS18B20_Wbyte(u8 x);                      //DS18B20 写字节函数
u8 DS18B20_Rbit(void);                         //DS18B20 读总线位函数
u8 DS18B20_Rbyte(void);                        //DS18B20 读字节函数
void DS18B20_get_Temperature(void);            //温度取值和处理函数
/ * * * * * * * * * * * * * * * * * 主函数区域 * * * * * * * * * * * * * * * * * * * * */
void main(void)
{
  CLK_CKDIVR = 0;                              //选定 HSI 时钟源配置频率为 16 MHz
  delay(1000);                                 //延时等待时钟稳定
  PB_DDR_DDR0 = 1;                             //配置 PB0 端口为输出模式
  PB_CR1_C10 = 1;                              //配置 PB0 端口为推挽输出模式
  PB_CR2_C20 = 0;                              //配置 PB0 为低速率速率输出
  LED = 0;                                     //使 PB0 输出低电平,D1 熄灭
  DS18B20_DQ_DDR(1);                           //配置 DQ 单总线为输出模式
  DS18B20_DQ = 1;                              //配置 DQ 单总线为高电平状态
```

```
  UART3_Init();                              //初始化串口 3
  delay(1000);                               //延时等待配置稳定
  printf("|****************************************|\r\n");
  printf("|1-Wire 单总线协议 DS18B20 温度值测量与串口打印实验效果|\r\n");
  printf("|****************************************|\r\n");
  DS18B20_init();                            //初始化 DS18B20 设备
  DS18B20_get_Temperature();                 //温度取值和处理
  delay(1000);                               //等待采样转换完成
  if(flag == 1)                              //温度正负判断
    printf("|采集环境温度值为【正温度值】\r\n");
  else
    printf("|采集环境温度值为【负温度值】\r\n");
  printf("|温度浮点小数值为:%f \r\n",Tem_f);
  printf("|四舍五入的温度整数值为:%d \r\n",Tem_u16);
  printf("|****************************************|\r\n");
  while(1);   //程序死循环"停止"于此处
}
/**************************************************/
//延时函数 delay(),有形参 Count,无返回值
/**************************************************/
void delay(u16 Count)
{
  do{ }                                      //直到型循环执行空操作
  while(Count--);                            //Count 形参控制执行次数影响延时时间
}
/**************************************************/
void UART3_Init(void)
{【略】}                                      //UART3 串口初始化函数
void UART3_SendByte(u8 data)
{【略】}                                      //发送单字符函数
void UART3_SendString(u8 * Data,u16 len)
{【略】}                                      //发送字符串函数
u8 UART3_ReceiveByte(void)
{【略】}                                      //接收字符函
int putchar(int ch)
{【略】}                                      //发送字符重定向函数
/**************************************************/
//设备初始化时序产生函数 DS18B20_reset(),无形参和返回值
/**************************************************/
void DS18B20_reset(void)
{
  u8 x;
  DS18B20_DQ_DDR(1);                         //改变 DQ 引脚方向性为输出方式
  DS18B20_DQ = 1;                            //控制器首先应为高电平状态
  delay(1700);                               //延时大约 800 μs
  DS18B20_DQ = 0;                            //控制器拉低总线发送复位脉冲
```

```
    delay(1700);                                  //拉低时间大约 800 μs
    DS18B20_DQ = 1;                               //控制器释放总线
    delay(65);                                    //DS18B20 等待大约 30 μs
    DS18B20_DQ_DDR(0);                            //改变 DQ 引脚方向性为输入方式
    delay(65);                                    //等待 DS18B20 应答脉冲大约 30 μs
    x = PC_IDR_IDR0;                              //取回总线电平状态
    printf("|[1].开始检测 DS18B20......\r\n");
    while(x);                                     //等待应答脉冲出现低电平
    printf("|[2].DS18B20 检测成功\r\n");
    delay(1150);                                  //控制器等待至少 480 μs
}
/*********************************************************/
//设备 DQ 引脚方向性配置函数 DS18B20_DQ_DDR(),有形参 ddr 无返回值
/*********************************************************/
void DS18B20_DQ_DDR(u8 ddr)
{
    if(ddr == 1)                                  //配置为输出方式
    {
      PC_DDR_DDR0 = 1;                            //配置 PC0 引脚为输出引脚
      PC_CR1_C10 = 1;                             //配置 PC0 引脚为推挽输出模式
      PC_CR2_C20 = 0;                             //配置 PC0 引脚低速率输出模式
    }
    else                                          //配置为输入方式
    {
      PC_DDR_DDR0 = 0;                            //配置 PC0 引脚为输入引脚
      PC_CR1_C10 = 1;                             //配置 PC0 引脚为弱上拉输入模式
      PC_CR2_C20 = 0;                             //禁止 PC0 引脚外部中断功能
    }
}
/*********************************************************/
//设备初始化函数 DS18B20_init(),无形参和返回值
/*********************************************************/
void DS18B20_init(void)
{
    DS18B20_reset();                              //DS18B20 初始化时序
    delay(1000);                                  //等待初始化结束
    DS18B20_Wbyte(0xCC);                          //写 ROM 指令(跳过 ROM)
    DS18B20_Wbyte(0x44);                          //写功能指令(温度转换)
    printf("|[3].启用温度转换\r\n");
}
/*********************************************************/
//设备写一个字节函数 DS18B20_Wbyte(),有形参 xbyte 无返回值
/*********************************************************/
void DS18B20_Wbyte(u8 xbyte)
{
    u8 i,x = 0;                                   //i 为循环控制变量,x 为取位运算变量
```

```
  DS18B20_DQ_DDR(1);                    //改变 DQ 引脚方向性为输出方式
  for(i = 0;i<8;i + +)                  //8 次循环实现逐位写入
  {
    x = xbyte & 0x01;                   //从最低位取值到最高位
    if(x)                               //写"1"
    {
      DS18B20_DQ = 0;                   //DQ 单总线拉低
      delay(30);                        //延时大约 15 μs
      DS18B20_DQ = 1;                   //DQ 单总线写入"1"
      delay(100);                       //延时大约 45 μs
      DS18B20_DQ = 1;                   //最终保持高电平
    }
    else                                //写"0"
    {
      DS18B20_DQ = 0;                   //DQ 单总线拉低
      delay(30);                        //延时大约 15 μs
      DS18B20_DQ = 0;                   //DQ 单总线写入"0"
      delay(100);                       //延时大约 45 μs
      DS18B20_DQ = 1;                   //最终保持高电平
    }
    xbyte = xbyte>>1;                   //右移一位实现逐位移出
  }
}
/ * * * * * * * * * * * * * * * * * * * * * * * * * * * * * * * * * * * * * * * * * * * * * * */
//设备读字节函数 DS18B20_Rbyte(),无形参有返回值 rbyte
/ * * * * * * * * * * * * * * * * * * * * * * * * * * * * * * * * * * * * * * * * * * * * * * */
u8 DS18B20_Rbyte(void)
{
  u8 rbyte = 0,i = 0,tempbit = 0;       //rbyte 是最终得到的字节,i 为循环控制变量
                                        //tempbit 为逐位取出的中间运算变量
  for(i = 0;i<8;i + +)                  //8 次循环实现逐位拼合
  {
    tempbit = DS18B20_Rbit();           //读取单个位
    rbyte = rbyte>>1;                   //右移实现将高低位排列
    rbyte = rbyte|tempbit;              //或运算移入数据
  }
  return rbyte;                         //返回最终字节
}
/ * * * * * * * * * * * * * * * * * * * * * * * * * * * * * * * * * * * * * * * * * * * * * * */
//设备读取单个位函数 DS18B20_Rbit(),无形参有返回值 rbit
/ * * * * * * * * * * * * * * * * * * * * * * * * * * * * * * * * * * * * * * * * * * * * * * */
u8 DS18B20_Rbit(void)
{
  u8 rbit = 0,x = 0;                    //rbit 是最终位数据,x 是取状态变量
  DS18B20_DQ_DDR(1);                    //改变 DQ 引脚方向性为输出方式
  DS18B20_DQ = 0;                       //DQ 单总线写入"0"
```

```
    delay(30);                              //延时大约 15 μs
    DS18B20_DQ = 1;                         //释放 DQ 单总线
    DS18B20_DQ_DDR(0);                      //改变 DQ 引脚方向性为输入方式
    delay(20);                              //延时应在 15 μs 之内
    //(对于不同产地和厂家的 DS18B20，该延时参数会有变动，需要查询手册)
    x = PC_IDR_IDR0;                        //获取单总线电平状态
    if(x)                                   //状态判定
      rbit = 0x80;                          //若为高电平则最高位"1"得到 0x80 反之为初始值 0
    delay(150);                             //延时大约 60 μs
    return rbit;                            //返回最终位数据
}
/ ***********************************************************/
//设备温度获取和转换函数 DS18B20_get_Temperature()，无形参和返回值
/ ***********************************************************/
void DS18B20_get_Temperature(void)
{
    u8 msb_byte = 0,lsb_byte = 0;           //msb 是温度值高位，lsb 是温度值低位
    DS18B20_reset();                        //初始化时序
    delay(1000);                            //等待初始化稳定
    DS18B20_Wbyte(0xCC);                    //写 ROM 指令(跳过 ROM)
    DS18B20_Wbyte(0xBE);                    //写功能指令(读暂存器)
    delay(1000);                            //等待配置稳定
    printf("|[4].开始温度读取操作\r\n");
    lsb_byte = DS18B20_Rbyte();             //读取第一个低位数据字节
    msb_byte = DS18B20_Rbyte();             //读取第二个高位数据字节
    printf("|[5].温度数据 MSB：% d\r\n",msb_byte);
    printf("|[6].温度数据 LSB：% d\r\n",lsb_byte);
    Tem_u16 = msb_byte;                     //先将高位给全局变量 Tem_u16
    Tem_u16 = Tem_u16<<8;                   //然后将 Tem_u16 低 8 位左移为高 8 位
    Tem_u16 = Tem_u16|lsb_byte;             //拼合低位给 Tem_u16 低 8 位
    printf("|[7].拼合数据 Tem_u16:% d\r\n",Tem_u16);
    if(Tem_u16< = 0x07FF)                   //温度值正负判断
    {
      flag = 1;                             //温度值为正(最高能测到 125 摄氏度)
      Tem_f = Tem_u16 * 0.0625;             //乘以 0.0625 最小分辨值得到 12 位温度实际值
      Tem_u16 = (u16)(Tem_f + 0.5);         //4 舍 5 入得到温度整数值
    }
    else
    {
      flag = 0;                             //温度值为负(最低能测到 - 55 摄氏度)
      Tem_u16 = ~(Tem_u16 - 1);             //此时数据是补码形式
      //采用"补码 - 1"再按位取反的方法得到对应原码，把负温度变成正温度
      Tem_f = Tem_u16 * 0.0625;             //乘以 0.0625 最小分辨值得到 12 位温度实际值
      Tem_u16 = (u16)(Tem_f + 0.5);         //4 舍 5 入得到温度整数值
    }
    printf("|[8].温度参数转换完成\r\n");
```

}

将程序编译后下载到单片机中并运行,打开 PC 的上位机串口调试软件,这里选择 Window 系统自带的超级终端来观察串口数据,设定串口号为 COM3(具体串口号要根据用户计算机的实际端口分配来定),通信波特率为 9600,数据位为 8 位,无奇偶校验位,停止位为 1 位,显示内容为 ASCII 码方式。连接串口成功后复位单片机芯片,得到如图 18.23 所示的返回结果。

图 18.23 单点温度测量串口打印参数

在图 18.23 中看到程序首先检测 DS18B20,若检测到应答脉冲会打印"DS18B20 检测成功",然后再开始执行跳过 ROM 匹配和启动温度转换指令,得到温度后取回数据进行计算,取回的温度值高位为 $(1)_D$,温度值低位为 $(139)_D$,重新进行拼合后得到了 Tem_u16 变量数据为 $(395)_D$,再乘上 0.0625 后得到实际温度值 24.6875 ℃,经过程序语句"Tem_u16=(u16)(Tem_f+0.5)"的运算后实现了浮点数据的四舍五入,通过强制类型转换(u16)将四舍五入后的值赋值给了 Tem_u16 变量,最后得到了 25 ℃。若采集得到的温度值为负数,则不能直接处理,此时应该把 Tem_u16 变量减 1 后的结果按位取反才能得到对应的原码,得到原码之后再进行"Tem_f=Tem_u16 * 0.0625"处理即可。

18.6 实战项目 B 读取单设备"身份证"64 位 ROM 序列

实战项目 A 顺利获取了环境温度值,读者是不是觉得其实也并不复杂,所谓的功能操作在底层无非就是单总线的初始化时序和读写时序而已,至于采集的温度或者发送的命令就是一个"特殊"的数据而已。接下来读者就可以按照实战项目 A 的编程思路编写一个获取 64 位设备 ROM 序列码的函数,硬件体系结构仍然使用图 18.20 所示的电路。在编程之前,首先要明确编程思想,要获取单个设备 ROM 序列就不能执行跳过 ROM 指令,即"DS18B20_Wbyte(0xCC)"语句,应该改写该指令为读取 ROM 指令语句"DS18B20_Wbyte(0x33)",然后再连续从单总线上读取 8 次数据,把这些数据存放在一个数组中或者直接通过串口打印出来即可。

为了节省篇幅,完整的程序在本书的相关例程资源包中,此处给出具体的取 ROM 序列码的功能函数,利用 C 语言编写获取设备 ROM 序列号函数 DS18B20_get_ROM()的具体实现如下:

```c
/*******************************************************************/
//获取设备 ROM 序列号函数 DS18B20_get_ROM(),无形参和返回值
/*******************************************************************/
void DS18B20_get_ROM(void)
{
  u8 i;                              //msb 是温度值高位,lsb 是温度值低位
  DS18B20_reset();                   //初始化时序
  delay(1000);                       //等待初始化稳定
  printf("|[3].准备获取设备 ROM 序列号......\r\n");
  DS18B20_Wbyte(0x33);               //写 ROM 指令(读取 ROM)
  delay(1000);                       //等待配置稳定
  ROM_tab[0] = DS18B20_Rbyte();      //读取第 1 个 ROM 数据字节
  ROM_tab[1] = DS18B20_Rbyte();      //读取第 2 个 ROM 数据字节
  ROM_tab[2] = DS18B20_Rbyte();      //读取第 3 个 ROM 数据字节
  ROM_tab[3] = DS18B20_Rbyte();      //读取第 4 个 ROM 数据字节
  ROM_tab[4] = DS18B20_Rbyte();      //读取第 5 个 ROM 数据字节
  ROM_tab[5] = DS18B20_Rbyte();      //读取第 6 个 ROM 数据字节
  ROM_tab[6] = DS18B20_Rbyte();      //读取第 7 个 ROM 数据字节
  ROM_tab[7] = DS18B20_Rbyte();      //读取第 8 个 ROM 数据字节
  for(i = 0;i<8;i++)
  {
    printf("|第%d 个 ROM 序列数据为:0x%x\r\n",i,ROM_tab[i]);
  }
}
```

和项目 A 的操作一致,将程编译后下载到单片机中并运行,打开 PC 上 Window 系统自带的超级终端来观察串口数据,设定串口号为 COM3,通信波特率为 9 600,数据位为 8 位,无奇偶校验位,停止位为 1 位,显示内容为 ASCII 码方式。连接串口成功后复位单片机芯片,得到如图 18.24 所示的返回结果,该设备的 64 位 ROM 序列为:$(0x28)_H$、$(0x4C)_H$、$(0x0B)_H$、

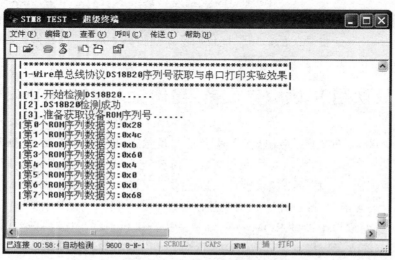

图 18.24　单设备 ROM 序列码串口打印参数

$(0x60)_H$、$(0x04)_H$、$(0x00)_H$、$(0x00)_H$、$(0x68)_H$,这个序列的读取方法务必要学会,这样才能掌握设备的"身份证",为实战项目 C 做准备。

18.7 实战项目 C 串口交互三点 DS18B20 温度采集系统

如果要真正发挥单总线通信就绝对不能只对一个器件进行操作,项目 A 为了简单入门采取了单点设备温度测量,程序中使用跳过 ROM 指令,这种指令其实不能区分设备"身份"的,这样一来单总线上的设备数量就只能是 1 个,从而导致无法实现多点温度测量。所以,项目 3 重新构建了如图 18.25 所示的硬件电路。

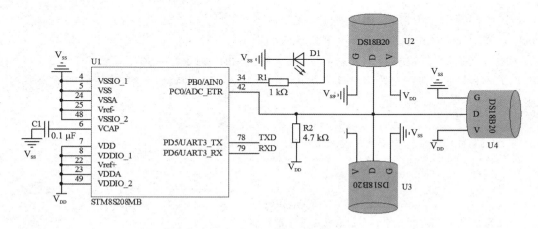

图 18.25 串口交互三点 DS18B20 温度采集系统硬件电路

通过观察可以发现,该图与项目 A 中的电路非常相似,图 18.25 中的 U1 是 STM8 单片机,具体型号为 STM8S208MB,将该单片机的 PB0 端口通过限流电阻 R1 连接至发光二极管 D1,这里的发光二极管主要用来辅助指示。用 PC0 端口当作 1-Wire 单总线数据线连接至 3 个 DS18B20 的 DG 引脚,还需要连接上拉电阻 R2 至 V_{DD},实际系统中 V_{DD} 取值为 5 V,R2 取值为 4.7 kΩ。单片机引出串口 3 的 TXD 引脚和 RXD 引脚连接后续的 USB 转串口芯片 CH340G 电路。需要注意的是 3 个 DS18B20 的 DG 连线尽量不要太长,实验阶段可以用 10 cm 内的杜邦线进行连接。

要进行设备的"身份"区分还是要回到实战项目 B 中,首先要做的是分别获取到这 3 个设备的"身份证"信息,利用读取 ROM 指令将 3 个设备的 ROM 序列码存放在数组中,为后续的 ROM 匹配做准备,按照项目 B 的方法逐一取出 ROM 信息,如图 18.26 所示。然后根据实验得到的 ROM 序列在程序中建立对应的数组如下:

```
u8 deviceA[8] = {0x28,0x8B,0xE3,0x2F,0x04,0,0,0xEC};        //第一个设备 ROM 序列码
u8 deviceB[8] = {0x28,0x14,0xB8,0x5F,0x04,0,0,0x34};        //第二个设备 ROM 序列码
u8 deviceC[8] = {0x28,0x4C,0x0B,0x60,0x04,0,0,0x68};        //第三个设备 ROM 序列码
```

有了"身份名单"之后,实现多点温度采集就简单多了。在整个项目中,有 3 个设备同时挂接在单总线上,所以应该得到 3 个不同的温度值数据,在程序中首先要判断用户欲获取的设备编号,然后再启用转换,最后用串口打印设备温度值。当然了,不用选择设备编号也可以,读者

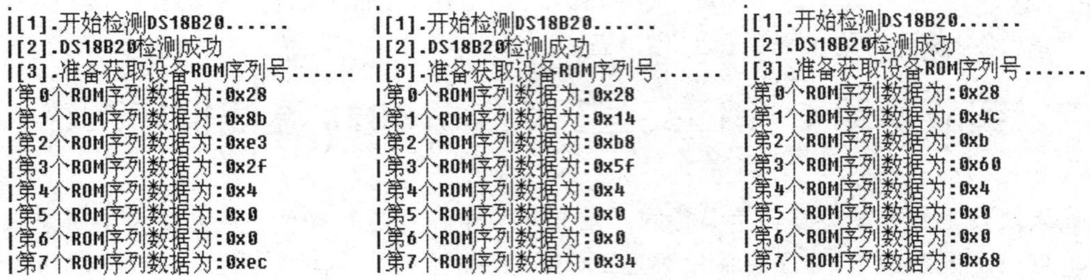

```
|[1].开始检测DS18B20......        |[1].开始检测DS18B20......        |[1].开始检测DS18B20......
|[2].DS18B20检测成功              |[2].DS18B20检测成功              |[2].DS18B20检测成功
|[3].准备获取设备ROM序列号......   |[3].准备获取设备ROM序列号......   |[3].准备获取设备ROM序列号......
|第0个ROM序列数据为:0x28         |第0个ROM序列数据为:0x28         |第0个ROM序列数据为:0x28
|第1个ROM序列数据为:0x8b         |第1个ROM序列数据为:0x14         |第1个ROM序列数据为:0x4c
|第2个ROM序列数据为:0xe3         |第2个ROM序列数据为:0xb8         |第2个ROM序列数据为:0xb
|第3个ROM序列数据为:0x2f         |第3个ROM序列数据为:0x5f         |第3个ROM序列数据为:0x60
|第4个ROM序列数据为:0x4          |第4个ROM序列数据为:0x4          |第4个ROM序列数据为:0x4
|第5个ROM序列数据为:0x0          |第5个ROM序列数据为:0x0          |第5个ROM序列数据为:0x0
|第6个ROM序列数据为:0x0          |第6个ROM序列数据为:0x0          |第6个ROM序列数据为:0x0
|第7个ROM序列数据为:0xec         |第7个ROM序列数据为:0x34         |第7个ROM序列数据为:0x68
        (a)                              (b)                              (c)
```

图 18.26　3 个设备对应的 ROM 信息

可以连续打印 3 个温度值,具体的功能可以由读者自行发挥,若需要选择设备编号这就会涉及串口的数据交互,所以需要编写一个串口接收函数 u8 UART3_ReceiveByte(),该函数会将具体的接收数据返回,然后再对函数返回值进行判定即可。为了节省程序篇幅,完整的程序在本书的相关例程资源包中,此处给出具体的串口交互 3 点测温源程序,利用 C 语言编写相关程序实现如下:

```c
/*********************************************************************
* 实验名称及内容:串口交互 3 点 DS18B20 温度采集系统
*********************************************************************/
#include "iostm8s208mb.h"              //主控芯片的头文件
#include "stdio.h"                      //需要使用 printf()函数故而包含该头文件
/********************** 常用数据类型定义 **********************/
{【略】}为节省篇幅,相似语句可以直接参考之前章节
/********************** 端口/引脚定义区域 **********************/
#define    LED            PB_ODR_ODR0   //PB0 指示灯引脚位定义
#define    DS18B20_DQ     PC_ODR_ODR0   //PC0 单总线引脚位定义
/********************** 用户自定义数据区域 **********************/
static u16 Tem_u16 = 0;                //整数温度值变量
static float Tem_f = 0;                //浮点数温度值变量
u8 flag = 0;                           //温度值正负标志变量
u8 deviceA[8] = {0x28,0x8B,0xE3,0x2F,0x04,0,0,0xEC};    //第一个设备 ROM 序列码
u8 deviceB[8] = {0x28,0x14,0xB8,0x5F,0x04,0,0,0x34};    //第二个设备 ROM 序列码
u8 deviceC[8] = {0x28,0x4C,0x0B,0x60,0x04,0,0,0x68};    //第三个设备 ROM 序列码
/********************** 函数声明区域 **********************/
void delay(u16 Count);                 //延时函数声明
void UART3_Init(void);                 //串口 3 初始化函数
void UART3_SendByte(u8 data);          //串口 3 发送单个字符函数
void UART3_SendString(u8 * Data,u16 len); //串口 3 发送字符串函数
u8 UART3_ReceiveByte(void);            //串口 3 接收数据函数
int putchar(int ch);                   //发送字符重定向函数
void DS18B20_reset(void);              //DS18B20 初始化时序
void DS18B20_DQ_DDR(u8 ddr);           //DG 单总线引脚方向配置函数
void DS18B20_init(void);               //DS18B20 初始化函数
void DS18B20_Wbyte(u8 x);              //DS18B20 写字节函数
u8 DS18B20_Rbit(void);                 //DS18B20 读总线位函数
u8 DS18B20_Rbyte(void);                //DS18B20 读字节函数
void DS18B20_get_Temperature(u8 ch);   //温度取值和处理函数
```

```
/************************ 主函数区域 ************************/
void main(void)                              //主函数
{
    u16 cmd = 0, num = 0;                    //cmd 用来表示命令数值,num 用来表示交互次数
    CLK_CKDIVR = 0;                          //选定 HSI 时钟源配置频率为 16MHz
    delay(1000);                             //延时等待时钟稳定
    PB_DDR_DDR0 = 1;                         //配置 PB0 端口为输出模式
    PB_CR1_C10 = 1;                          //配置 PB0 端口为推挽输出模式
    PB_CR2_C20 = 0;                          //配置 PB0 为低速率速率输出
    LED = 0;                                 //使 PB0 输出低电平,LED 熄灭
    DS18B20_DQ_DDR(1);                       //配置 DQ 单总线为输出模式
    DS18B20_DQ = 1;                          //配置 DQ 单总线为高电平状态
    UART3_Init();                            //初始化串口 3
    delay(1000);                             //延时等待配置稳定
    printf("|*********************************************|\r\n");
    printf("|   1-Wire 单总线协议 DS18B20 串口交互三点测温系统交互界面   |\r\n");
    printf("|*********************************************|\r\n");
    printf("|请输入欲转换设备号:示例(1/2/3)|\r\n");
    while(1)
    {
        cmd = UART3_ReceiveByte();           //查询法接收串口数据
        num = num + 1;                       //num 用于指示串口交互次数
        switch(cmd)                          //判断串口接收命令值
        {
            case 0x01:
            {
                printf("|第 %d 次命令,",num);
                printf("CMD =【1】,");
                DS18B20_get_Temperature(1);  //执行设备 1 温度获取和转换
                delay(1000);
                if(flag == 1)                //判断温度正负
                    printf("设备 A 正温度,");
                else
                    printf("设备 A 负温度,");
                printf("温度值为:%f \r\n",Tem_f);
    printf("|*********************************************|\r\n");
            }break;
            case 0x02:
            {
                printf("|第 %d 次命令,",num);
                printf("CMD =【2】,");
                DS18B20_get_Temperature(2);  //执行设备 2 温度获取和转换
                delay(1000);
                if(flag == 1)                //判断温度正负
                    printf("设备 B 正温度,");
                else
                    printf("设备 B 负温度,");
                printf("温度值为:%f \r\n",Tem_f);
    printf("|*********************************************|\r\n");
```

```
          }break;
        case 0x03:
          {
            printf("|第%d次命令,",num);
            printf("CMD=【3】,");
            DS18B20_get_Temperature(3);            //执行设备3温度获取和转换
            delay(1000);
            if(flag==1)                            //判断温度正负
              printf("设备C正温度,");
            else
              printf("设备C负温度,");
            printf("温度值为:%f\r\n",Tem_f);
printf("|*************************************************|\r\n");
          }break;
        default:printf("|命令非法,请您重新输入\r\n");    //命令异常处理
      }
    }
}
/*******************************************************************/
void delay(u16 Count)
{【略】}                                           //延时函数delay()
void UART3_Init(void)
{【略】}                                           //初始化函数UART3_Init()
void UART3_SendByte(u8 data)
{【略】}                                           //发送单字符函数UART3_SendByte()
void UART3_SendString(u8 * Data,u16 len)
{【略】}                                           //发送字符串函数UART3_SendString()
u8 UART3_ReceiveByte(void)
{【略】}                                           //接收字符函数
int putchar(int ch)
{【略】}                                           //发送字符重定向函数putchar()
void DS18B20_reset(void)
{【略】}                                           //设备初始化时序产生函数DS18B20_reset()
void DS18B20_DQ_DDR(u8 ddr)
{【略】}                                           //设备DQ引脚方向性配置函数DS18B20_DQ_DDR()
void DS18B20_init(void)
{【略】}                                           //设备初始化函数DS18B20_init()
void DS18B20_Wbyte(u8 xbyte)
{【略】}                                           //设备写一个字节函数DS18B20_Wbyte()
u8 DS18B20_Rbyte(void)
{【略】}                                           //设备读字节函数DS18B20_Rbyte()
u8 DS18B20_Rbit(void)
{【略】}                                           //设备读取单个位函数DS18B20_Rbit()
/*******************************************************************/
//温度转换与处理函数DS18B20_get_Temperature(),有形参ch无返回值
/*******************************************************************/
void DS18B20_get_Temperature(u8 ch)
{
```

```
u8 i,msb_byte = 0,lsb_byte = 0;              //i 是循环控制变量,msb_byte 是温度值高位
                                             //lsb_byte 是温度值低位
DS18B20_init();                              //初始化所有设备进行温度转换
delay(1000);                                 //等待初始化稳定
DS18B20_reset();                             //初始化时序
delay(1000);                                 //等待初始化稳定
DS18B20_Wbyte(0x55);                         //写 ROM 指令(匹配 ROM)
delay(1000);                                 //等待配置稳定
switch(ch)                                   //选择通道
{
  case 1:
    {
      for(i = 0;i<8;i + + )                  //循环 8 次写入
      {
        DS18B20_Wbyte(deviceA[i]);           //写 ROM 指令 A(匹配 ROM)
      }}break;
  case 2:
    {
      for(i = 0;i<8;i + + )                  //循环 8 次写入
      {
        DS18B20_Wbyte(deviceB[i]);           //写 ROM 指令 B(匹配 ROM)
      }}break;
  case 3:
    {
      for(i = 0;i<8;i + + )                  //循环 8 次写入
      {
        DS18B20_Wbyte(deviceC[i]);           //写 ROM 指令 C(匹配 ROM)
      }}break;
}
DS18B20_Wbyte(0xBE);                         //写功能指令(读暂存器)
lsb_byte = DS18B20_Rbyte();                  //读取第一个低位数据字节
msb_byte = DS18B20_Rbyte();                  //读取第二个高位数据字节
Tem_u16 = 0;                                 //清零全局变量以免影响设备初值
Tem_f = 0;                                   //清零全局变量以免影响设备初值
Tem_u16 = msb_byte;                          //先将高位给全局变量 Tem_u16
Tem_u16 = Tem_u16<<8;                        //然后将 Tem_u16 低 8 位左移为高 8 位
Tem_u16 = Tem_u16|lsb_byte;                  //拼合低位给 Tem_u16 低 8 位
if(Tem_u16< = 0x07FF)                        //温度值正负判断
{
  flag = 1;                                  //温度值为正(最高能测到 125 摄氏度)
  Tem_f = Tem_u16 * 0.0625;                  //乘以 0.0625 最小分辨值得到 12 位温度实际值
  Tem_u16 = (u16)(Tem_f + 0.5);              //4 舍 5 入得到温度整数值
}
else
{
  flag = 0;                                  //温度值为负(最低能测到 - 55 摄氏度)
  Tem_u16 = ~(Tem_u16 - 1);                  //此时数据是补码形式
  //采用"补码 - 1"再按位取反的方法得到对应原码
  Tem_f = Tem_u16 * 0.0625;                  //乘以 0.0625 最小分辨值得到 12 位温度实际值
```

```
    Tem_u16 = (u16)(Tem_f + 0.5);                   //4 舍 5 入得到温度整数值
  }
}
```

将程序编译后下载到单片机中并运行，打开 PC 串口调试助手软件，设定串口号为 COM3，通信波特率为 9 600，数据位为 8 位，无奇偶校验位，停止位为 1 位，将接收区"按十六进制显示"选购去掉（串口调试软件选项可能有差异，读者可以按照自己具体使用的串口调试助手软件进行相关操作），换成以 ASCII 码形式显示接收数据。连接串口成功后复位单片机芯片，得到如图 18.27 所示的前 4 行内容。

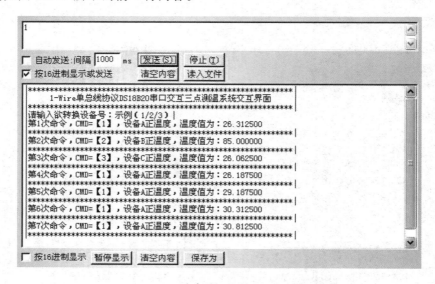

图 18.27　三点温度采集实验串口交互界面

为什么复位后得到的返回区只有前 4 行内容呢？因为这时候需要用户进行串口交互选定欲转换的设备编号，此时用户应在串口调试助手软件的发送区域选择"按十六进制显示或发送"，然后在数据发送框中输入"1"，这里的"1"就是十六进制的"0x01"了（若读者朋友们实验时没有点取十六进制发送，串口将不会正常响应，此时的"1"并不是 0x01 而是字符形式的'1'），点击发送，程序返回"第 1 次命令，CMD【1】，设备 A 正温度，温度值为 26.312500"。这条返回数据中的命令次数是用程序 main 函数中定义的"num"变量来实现的，设备编号 CMD 是用程序 main 函数中定义的"cmd"变量来实现的，温度转换的正负情况是用全局变量"flag"判断得到的，温度值是由"Tem_f"变量计算得到的。

在实际的测试过程中 A 设备和 C 设备放在室内，在前 3 句交互命令中 A、C 设备都是 26 ℃左右，B 设备放在温开水杯壁上，所以是 85 ℃，然后用手捏住 A 设备，可以看到后续温度逐渐升高，到此 3 点温度采集的测试就完成了！读者可以马上动手验证一下，体会测温的技巧和观察实验效果。

第 19 章

"击鼓声响,双向传花"
串行外设接口 SPI
配置及应用

章节导读:

　　亲爱的读者,本章将详细介绍 STM8 单片机同步串行外设接口 SPI 的相关知识和应用。章节共分为 6 个部分,19.1 节引入"击鼓声响,双向传花"的趣味例子,讲解 SPI 时钟、环形数据的传输流程和通信模型。19.2 节中主要介绍了 STM8S 系列单片机的 SPI 资源特征。19.3 节主要讲解 SPI 资源的组成结构,在结构中逐一讲解相关的"新名词"和配置方法。19.4 节则是详细学习 SPI 资源功能有关的 8 个寄存器。19.5 节主要讲解 SPI 通信"角色"的配置流程和程序实现,在本节中引入三线 SPI 双机交互实验,清晰明了地展示 SPI 主/从配置方法和通信机制。19.6 节主要引入华邦电子的 Flash 存储器芯片,深入讲解了该芯片的相关寄存器和操作时序,且引入两个实战项目深化 SPI 理解,本章内容非常重要,需要读者在实际研究中慢慢累积经验然后深入研究。

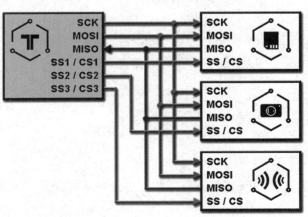

19.1 "击鼓传花"说 SPI"玩儿法"

本章将详细学习 STM8S 系列单片机 SPI 资源的原理及应用,深入理解 SPI 通信原理和熟悉 STM8 单片机硬件 SPI 资源对于编程者和设计者而言的好处。

说起 SPI 同步串行接口,就要理解其通信原理,按照小宇老师的"一贯作风",先上一个生活中的游戏,记得这是小宇老师攻读"幼儿园学位"时最喜欢做的游戏,名字叫做"击鼓传花"。如图 19.1 所示,这个游戏非常简单,中间摆个大鼓,由一位同学击鼓,大家都围着鼓站成一个密闭环形,放两个花朵在环形人群中,若鼓手敲鼓 1 次则花朵传递一次,若鼓声停止,则手拿花朵的两个同学就出列给大家表演节目。说到这个表演节目,非常的有意思,鉴于这部分内容和 SPI 没有什么关系,那就"咔嚓"掉吧!

图 19.1 "击鼓声响,双向传花"游戏

SPI 是串行外设接口(Serial Peripheral Interface)。最早提出 SPI 接口的是大名鼎鼎的摩托罗拉 Motorola 公司,该接口是一种高速的、全双工、同步方式的通信总线,并且在芯片的引脚上只占用 4 根线,节约了芯片的引脚,同时为印制线路板(PCB)在布局上节省了空间,正是出于这种简单易用的特性,如今越来越多的芯片集成了这种通信协议,一个典型的 SPI 通信系统如图 19.2 所示。

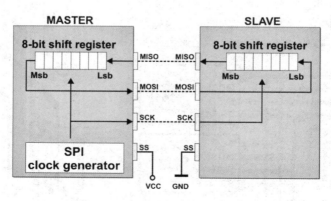

图 19.2 典型 SPI 通信系统

要构成一个通信系统,起码应该有通信双方,SPI 同步通信一般是一主一从或者是一主多从,这个"主"就是主设备,一般由具备控制功能的单元担任,比如微控制器芯片,这个"从"就是从设备,一般是各种功能外设单元,比如各种具备 SPI 接口的功能芯片。现在市面上有相当多的电子器件都具备 SPI 同步串行接口,比如传感器芯片、模拟/数字转换芯片、音频处理芯片、图像信号调理芯片、存储器芯片等,这类芯片的通信数据量都较大,所以需要较高速的通信接口和协议,这也就是 SPI 的一个优点,本章会详细介绍。

　　图 19.2 左边的灰色框表示主设备 MASTER,右边的灰色框表示从设备 SLAVE。主设备一般只有一个,但是从设备可以不止一个,那么,问题就来了! 若系统中存在"一主多从",究竟是哪个从设备和主机通信呢? 其实,各个从设备都具备一个特殊的引脚"SS",有的设备将"SS"引脚又叫做"NSS"引脚,这个引脚就是从设备的片选引脚,若片选上了则从设备有效,反之从设备无效,若主设备是 STM8 单片机,则一般使用 STM8 单片机的 GPIO 连接这些从设备的"SS"引脚,以控制从设备的有效性。图 19.2 中主设备的"SS"引脚默认接电,从设备的"SS"引脚默认接地,这是一种硬件配置主/从"角色"的方法,这种方法一般用在一主一从的情况,后续介绍的软件配置"角色"的方法,适合于用在一主多从的情况。

　　分析图 19.2 发现在主设备和从设备中都具备一个 8 位移位寄存器"8-bit shift register",这个寄存器就是实现 SPI"环形数据通信"的重要单元,也就是"击鼓声响,双向传花"游戏中的环形人群。下面模拟一遍花朵(数据)的传送方向和过程,首先数据从主设备的 MOSI 引脚传出来,什么是 MOSI? "M"表示主设备,"O"表示输出,"S"表示从设备,"I"表示输入,也就是说"主设备输出,从设备输入",然后数据由从设备的 MOSI 引脚进去到 8 位移位寄存器,这里需要注意,数据的传送有两种格式,一种是高位在前低位在后,图中的"MSB"表示最高有效位,一种是低位在前高位在后,图中的"LSB"表示最低有效位,关于数据格式的知识点后面会讲解,此处不做详细介绍。

　　数据到达从设备的移位寄存器后由从设备接收,此时从设备会处理接收到的数据并作出响应,把相应的数据由 MISO 引脚输出到主设备,这里的 MISO 与 MOSI 各字母表示的含义是一致的,MISO 引脚的功能是"主设备输入,从设备输出"。从设备输出的数据被主设备中的移位寄存器接收,再由主设备进行处理。简单"梳理"一遍,就是主设备的数据从主设备 MOSI 引脚输出,由从设备 MOSI 引脚输入,从设备数据由从设备 MISO 输出,再由主设备 MISO 引脚输入。这就构成了一个数据传输"环",读者务必要理解。

　　有了传输数据的"环"就能把 SPI"玩儿"起来吗? 当然不是,因为还缺少"鼓手"!

　　缺了鼓手的游戏就没有了"节拍",观察图 19.2,在主设备中还专门有个"SPI clock generator"单元,该单元是 SPI 通信时钟"节拍"发生器,该单元产生的时钟脉冲由主设备 SCK 引脚传出并连接至从设备 SCK 引脚,这样一来才能达到通信双方共用一个时钟"节拍",这样才能体现"同步"。

19.2　STM8 同步串行外设接口简介

　　SPI 的通信过程就如 19.1 节内容所讲,通信过程很简单,读者务必要理解通信过程,这样才能在后续的学习中加深体会。学习 STM8 单片机的 SPI 资源其实就是解决 3 个问题,即如何配置、如何传送/接收数据、如何把握好时序。要解决这些问题就要先了解 STM8 同步串行外设接口(SPI)的资源配置情况和特征。

STM8 单片机的同步串行外设接口允许单片机芯片与其他具备 SPI 接口的设备以半/全双工、同步、串行方式通信。此接口可以被配置成主模式，并为从设备提供通信时钟（SCK）。接口还能以多主配置方式工作，它可以用于多种用途，包括带或不带第三根双向数据线的双线单工同步传输，在通信过程中还可以使用 CRC 校验来进行通信数据可靠性校验。

STM8 单片机的 SPI 资源主要拥有以下特征：

（1）支持主或从操作的 3 线式全双工同步传输；

（2）支持带或不带第三根双向数据线的双线单工同步传输方式；

（3）传输数据帧的格式可以自行选择，可以配置为 8 或 16 位；

（4）主模式通信频率最大可至 $f_{MASTER}/2$，最大 SPI 速度可达 10 MHz；

（5）从模式通信频率最大可至 $f_{MASTER}/2$；

（6）主模式和从模式下均可以由软件或硬件进行 NSS 管理；

（7）时钟极性和相位可以编程设定；

（8）数据传输顺序可以编程设定，选择 MSB 在前或 LSB 在前；

（9）拥有专用发送和接收标志用于触发中断；

（10）拥有 SPI 总线忙状态标志；

（11）主模式出错和溢出标志可触发中断；

（12）拥有硬件 CRC 机制保障通信的可靠性，在发送模式下，CRC 值可以被作为最后一个字节发送，在接收到最后一个字节时自动进行 CRC 出错检查；

（13）具备唤醒功能，在全或半双工只发送模式下 MCU 可以从低功耗模式唤醒。

19.3　STM8 单片机 SPI 资源结构

看完 STM8 单片机的 SPI 资源特征后各位读者有什么样的感觉呢？如果读者的感觉是"这都是些什么玩意儿？虽然都是汉字，怎么一个都读不懂"，恭喜您！您的感觉是正常的。为什么这么说呢？主要是因为这些特征是对 STM8 单片机 SPI 资源功能性的概括，里面有非常多"新名词"，也引出非常多配置上的疑问，但是不要紧，本章会逐一介绍"万里长征第一步"就是弄明白 SPI 资源整体的结构是什么样子的，其结构图如图 19.3 所示。

通常 STM8 单片机的 SPI 接口通过 4 个引脚与外部器件相连，即图 19.3 中左侧所示的 MISO 引脚、MOSI 引脚、SCK 引脚和 NSS 引脚。

MISO 引脚是"主设备输入，从设备输出"引脚，该引脚在从模式下发送数据，在主模式下接收数据。以 STM8S208MB 这款单片机为例，MISO 功能与 GPIO 资源的 PC7 引脚功能复用，引脚号为 51，引脚名称为"PC7/SPI_MISO"。

MOSI 引脚是"主设备输出，从设备输入"引脚，该引脚在主模式下发送数据，在从模式下接收数据。以 STM8S208MB 这款单片机为例，MOSI 功能与 GPIO 资源的 PC6 引脚功能复用，引脚号为 50，引脚名称为"PC6/SPI_MOSI"。

SCK 引脚是 SPI 串行时钟引脚，产生的时钟信号从主设备输出，由从设备输入。以 STM8S208MB 这款单片机为例，SCK 引脚与 GPIO 资源的 PC5 功能功能复用，引脚号为 47，引脚名称为"PC5/SPI_SCK"。

NSS 引脚是从设备选择引脚。配置主/从模式时，这是一个可选的引脚。它的功能是用

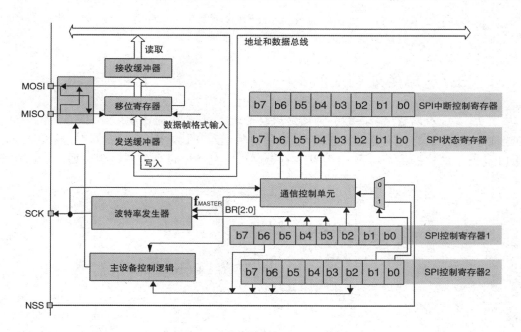

图 19.3 STM8 单片机 SPI 系统结构

来作为"片选引脚"，让主设备可以单独地与特定的从设备进行通信，以避免数据线上的冲突。从设备的 NSS 引脚可以被主设备的 GPIO 引脚驱动和选择。以 STM8S208MB 这款单片机为例，NSS 功能与 GPIO 资源的 PE5 引脚功能复用，引脚号为 41，引脚名称为"PE5/SPI_NSS"。

SPI 功能的 4 根引脚都是"功能复用"的，一个引脚上拥有"多重身份"，对于编程者和开发者来说，特别要注意当使用 SPI 的高速模式时，SPI 数据输出端口对应的 GPIO 模式必须配置为快速斜率输出模式，也就是说在端口配置为输出模式时，对应的端口控制寄存器 2（Px_CR2）中的相应位应该配置为"1"，即 GPIO 引脚输出速度最大为 10 MHz，以满足要求 SPI 接口通信的总线速度。

在 SPI 通信系统中，通信的建立总是由主设备发起。主设备通过 MOSI 引脚把数据发送给从设备，从设备通过 MISO 引脚回传数据。这意味着，全双工通信的数据输出和数据输入是用同一个时钟信号来进行同步的，时钟信号总是由主设备通过 SCK 引脚提供给从设备。

在图 19.3 中，比较粗的"空心线"表示地址和数据总线，主要连接 SPI 资源中的接收和发送缓冲器以及移位寄存器。主设备（STM8 单片机）接收的数据通过 MISO 引脚以"串行"的方式在时钟"节拍"（SCK）下逐位送到移位寄存器中，由移位寄存器把数据"一截一截重新组装"成为并行数据存放到接收缓冲器中，然后再由主设备通过数据总线把数据"拿走"。主设备（STM8 单片机）欲发送的数据则是通过内部数据总线先行传送到发送缓冲器中，然后再由发送缓冲器把数据通过数据总线转移到移位寄存器中，此时移位寄存器在时钟"节拍"（SCK）下把数据"一截一截逐位砍断"并通过 MOSI 引脚逐一发送出去。

继续看图 19.3，注意与通信控制单元有关的其实是 4 个主要的寄存器，它们是 SPI 中断控制寄存器（SPI_ICR）、SPI 状态寄存器（SPI_SR）、SPI 控制寄存器 1（SPI_CR1）和 SPI 控制寄存器 2（SPI_CR2）。除了这 4 个寄存器外还有其他的寄存器，与 SPI 资源有关的寄存器共有 8 个，它们就是学习的重点。SPI 资源的全部功能控制都是由它们去设定的，比如 SPI 的波特率时钟配置为多高？数据帧的格式是怎样的？SPI 的中断标志、通信模式、收发数据都和这些具体的寄存器有关，读者可以先做了解，后续会逐一介绍。

19.3.1　主/从角色如何扮演？

从图 19.3 中可以看出"NSS"引脚就是从设备选择引脚，但是沿着"NSS"引脚连入 SPI 资源的连线发现，该引脚并不是直接连接到"通信控制单元"的，该硬件引脚的信号连线是经过了如图 19.4 所示的这样一个结构，该结构有什么特殊之处呢？设备的角色到底如何"扮演"呢？

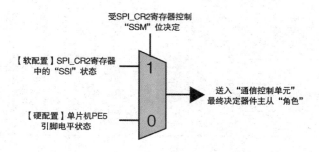

图 19.4　SPI 主从"角色"配置方法

其实主从"角色"的"扮演"有硬配置和软配置两种方法，具体采用哪一种方法由 SPI 控制寄存器 2(SPI_CR2)来控制，若 SPI 控制寄存器 2(SPI_CR2)中的"SSM"位为"1"则使能软件从设备管理，即采用软配置方法，此时 SPI 设备的"角色"就由 SPI 控制寄存器 2(SPI_CR2)中的"SSI"位来决定，若该位为"1"则设备为"主设备"，反之设备为"从设备"，此时的"NSS"引脚就不能再用来决定 SPI 的主从"角色"了，"NSS"引脚就变成了一个普通的 GPIO 引脚。但是当 SPI 控制寄存器 2(SPI_CR2)中的"SSM"位为"0"时则禁止软件从设备管理，即采用硬配置方法，此时的 SPI 到底是什么样的"角色"就只看"NSS"引脚的电平状态即可，若"NSS"引脚状态为"1"则设备为"主设备"，反之设备为"从设备"。

为了方便读者理解，表 19.1 用于理清主从"角色"配置方法并加以说明。

表 19.1　主从"角色"配置方法

设备"角色"	软件从设备管理 SSM 位	内部从设备选择 SSI 位	NSS 引脚配置
主设备	0(硬配置)	无效	需将引脚配置为弱上拉输入模式且连接至高电平
	1(软配置)	1	用作普通 GPIO
从设备	0(硬配置)	无效	需将引脚配置为弱上拉输入模式且连接至低电平
	1(软配置)	0	用作普通 GPIO

19.3.2　传输数据高/低位谁在前?

仔细观察图 19.3 还可以发现一些"有趣"的地方,比如在移位寄存器单元旁边有个"数据帧格式输入",这里的"数据帧格式"指的就是 MSB 方式数据帧和 LSB 方式数据帧。

MSB(Most Significant Bit)代表最高有效位。通常,MSB 位于二进制数的最左侧。如果采用 MSB 方式组织 SPI 数据帧格式,就是"高位在前,低位在后",数据帧位组成如图 19.5 所示,若启用该方式则需要配置 SPI 控制寄存器 1(SPI_CR1)中的"LSBFIRST"(帧格式)位为"0",该方式是默认方式。

图 19.5　数据帧格式(MSB)

LSB(Least Significant Bit)代表最低有效位。通常,LSB 位于二进制数的最右侧。如果采用 LSB 方式组织 SPI 数据帧格式,就是"低位在前,高位在后",数据帧位组成如图 19.6 所示,若启用该方式则需要配置 SPI 控制寄存器 1(SPI_CR1)中的"LSBFIRST"(帧格式)位为"1"。

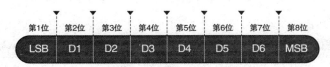

图 19.6　数据帧格式(LSB)

在配置数据帧格式时需要特别注意,一个系统内的 SPI 接口器件,不论主从"角色",都要统一数据帧格式,这是数据得以发送成功的关键。

19.3.3　时钟极性与时钟相位

回到"击鼓声响,双向传花"的游戏中,有些"游戏规则"还没有明确,就是关于击鼓手和传花同学的"配合"问题。比如击鼓手敲几次鼓传花一次呢? 是在鼓声敲响的时候传还是在鼓声之后传? 传花人是顺时针传花还是逆时针传花呢? 搞清楚这些问题,"游戏"才能正常进行。

这些"问题"也表现在 SPI 通信的过程中,"敲鼓手"就是 SCK 同步串行时钟,传花的环形人群自然是 MOSI 引脚或者是 MISO 引脚上输入/输出的数据,这两个"对象"的相互"配合"就是数据传输时序。数据传输时序由 3 个要素来确定,第一是数据帧格式,第二是时钟极性、第三是时钟相位,时钟极性"CPOL"是用来确定在 SPI 总线空闲的时候时钟线 SCK 保持什么样的电平,时钟相位"CPHA"是用来确定数据传送是发生在时钟"节拍"的哪一个边沿。

这里的时钟极性"CPOL"和时钟相位"CPHA"其实是 SPI 控制寄存器 1(SPI_CR1)中的两个功能位,若"CPOL"位配置为"0",则 SPI 通信空闲状态时,串行时钟线 SCK 保持低电平,反之 SPI 通信空闲状态时,串行时钟线 SCK 保持高电平。若"CPHA"配置为"1",则数据采样从第二个时钟边沿开始,反之数据采样从第一个时钟边沿开始。

为了给读者最"直观"且"清晰"的说明,"二话不说,直接上图"。若 STM8 单片机直接上电后,数据帧格式应该是"高位在前,低位在后",即采用 MSB 方式组织数据,这是因为 SPI 控制寄存器 1(SPI_CR1)中的"LSBFIRST"(帧格式)位上电默认为"0"。此时将 SPI 控制寄存器 1 中的"CPHA"(时钟相位)位配置为"1",则数据采样从 SCK 时钟信号的第二个时钟边沿开始(当"CPOL"位为"0"时对应的就是 SCK 时钟下降沿,当"CPOL"位为"1"时对应的就是 SCK 时钟上升沿),在 MISO 引脚或者 MOSI 引脚上的数据将在第二个时钟传输周期被锁存,该配置下的 SPI 数据传输时序如图 19.7 所示。

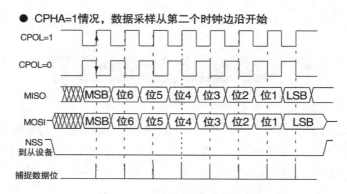

图 19.7　时钟相位"CPHA＝1"时的 SPI 数据传输时序

若 STM8 单片机直接上电后,不改变"LSBFIRST"(帧格式)位配置,数据帧格式依然保持"高位在前,低位在后",此时将 SPI 控制寄存器 1(SPI_CR1)中的"CPHA"(时钟相位)位配置为"0",则数据采样从 SCK 时钟信号的第一个时钟边沿开始(当"CPOL"位为"0"时对应的就是 SCK 时钟上升沿,当"CPOL"位为"1"时对应的就是 SCK 时钟下降沿),在 MISO 引脚或者 MOSI 引脚上的数据将在第一个时钟传输周期被锁存,该配置下的 SPI 数据传输时序如图 19.8 所示。

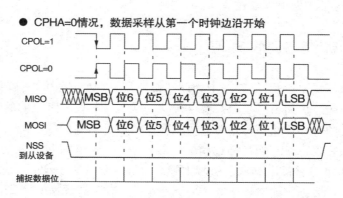

图 19.8　时钟相位"CPHA＝0"时的 SPI 数据传输时序

综合以上内容,时钟极性、时钟相位、数据帧格式这 3 者是通过"配合"产生最终的数据传输时序,一旦配置好数据帧格式后,时钟极性和时钟相位就能够组合成 4 种可能的时序关系,如表 19.2 所示。

表 19.2 时钟相位、时钟极性组合与采样关系

时钟相位 CPHA	时钟极性 CPOL	数据采样时机
0	0	采样发生在 SCK 时钟上升沿
0	1	采样发生在 SCK 时钟下降沿
1	0	采样发生在 SCK 时钟下降沿
1	1	采样发生在 SCK 时钟上升沿

SPI 通信一旦建立，时钟相位"CPHA"、时钟极性"CPOL"和数据帧格式就不能再进行更改了，所以读者应该在使能 SPI 通信过程之前配置好相关参数，若需改变时钟相位"CPHA"、时钟极性"CPOL"和数据帧格式，必须将 SPI 控制寄存器 1（SPI_CR1）中的"SPE"位清"0"以禁止 SPI 设备。

在同一个 SPI 体系中，各设备都应该遵循同一套数据通信时序，也就是说不管是主设备还是从设备的时钟相位"CPHA"、时钟极性"CPOL"和数据帧格式都应该保持一致，这些参数的配置非常重要，读者需要对相关知识点进行记忆并运用到后续实践中。

19.4 SPI 资源相关寄存器简介

本节介绍与 SPI 资源相关的寄存器，熟练掌握寄存器相关位配置及含义。与 SPI 相关的寄存器一共有 8 个，也可以说成是"5 类"，即 SPI 控制寄存器、SPI 中断控制寄存器、SPI 状态寄存器、SPI 数据寄存器和 SPI 多项式检验相关寄存器这"5 类"功能寄存器。相关寄存器名称及功能如图 19.9 所示。

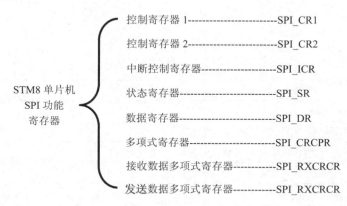

图 19.9 SPI 资源相关寄存器名称及功能

19.4.1 SPI_CR1 控制寄存器 1

SPI 控制寄存器 1（SPI_CR1）的主要功能是配置 SPI 通信时序参数，确定 SPI 设备的主从"角色"，配置通信数据帧格式、时钟相位"CPHA"、时钟极性"CPOL"、配置 SPI 通信速率和控制 SPI 功能是否开启。其功能非常重要，在 SPI 初始化程序中的使用频率也是最高的，该寄存

器相关位定义及功能说明如表 19.3 所示。

表 19.3　STM8 单片机 SPI_CR1 SPI 控制寄存器 1

■ SPI 控制寄存器 1(SPI_CR1)						地址偏移值:(0x00)_H		
位　数	位 7	位 6	位 5	位 4	位 3	位 2	位 1	位 0
位名称	LSBFIRST	SPE	BR[2:0]			MSTR	CPOL	CPHA
复位值	0	0	0	0	0	0	0	0
操　作	rw	rw	rw	rw	rw	rw	rw	rw
位　名	位含义及参数说明							
LSBFIRST 位 7	● 帧格式 当通信正在进行的时候,不能修改该位							
	0	先发送 MSB(最高有效位)						
	1	先发送 LSB(最低有效位)						
SPE 位 6	● SPI 使能 当通信正在进行的时候,不能修改该位							
	0	禁止 SPI 设备						
	1	开启 SPI 设备						
BR[2:0] 位 5:3	● 波特率控制 当通信正在进行的时候,不能修改这些位							
	000	$f_{MASTER}/2$		100	$f_{MASTER}/32$			
	001	$f_{MASTER}/4$		101	$f_{MASTER}/64$			
	010	$f_{MASTER}/8$		110	$f_{MASTER}/128$			
	011	$f_{MASTER}/16$		111	$f_{MASTER}/256$			
MSTR 位 2	● 主设备选择 当通信正在进行的时候,不能修改该位							
	0	配置为从设备						
	1	配置为主设备						
CPOL 位 1	● 时钟极性 当通信正在进行的时候,不能修改该位							
	0	空闲状态时,SCK 保持低电平						
	1	空闲状态时,SCK 保持高电平						
CPHA 位 0	● 时钟相位 当通信正在进行的时候,不能修改该位							
	0	数据采样从第一个时钟边沿开始						
	1	数据采样从第二个时钟边沿开始						

　　若读者需要设定 SPI 为主设备,数据采样从第二个时钟边沿开始,空闲状态时,SCK 时钟引脚保持高电平,且数据帧格式为高位在前低位在后,通信时钟频率为主时钟频率的二分之一,可以利用 C 语言编写程序语句如下:

```
SPI_CR1 = 0x07;
// ********************************************************
//展开 SPI_CR1 赋值二进制数值为:0000 0111
//含义:LSBFIRST = 0;        先发送最高有效位
//     SPE = 0;             禁止 SPI 设备
//     BR[2:0] = 000;       波特率时钟配置为 fmaster/2
//     MSTR = 1;            配置为主设备
//     CPOL = 1;            空闲状态时,SCK 保持高电平
//     CPHA = 1;            数据采样从第二个时钟边沿开始
// ********************************************************
```

注意:程序中是将 SPE 位清"0"的,其目的是禁止 SPI 设备运行。也就是说 SPI 数据通信时序的配置应该在通信建立前配置完成,当相关参数全部配置妥当后再开启 SPI 设备,可以利用如下 C 语言编程程序使能 SPI 设备:

```
SPI_CR1| = 0x40;          //位或 0x40 的目的在于单独将 SPE 位置"1"
```

19.4.2　SPI_CR2 控制寄存器 2

SPI 控制寄存器 2(SPI_CR2)是对控制寄存器 1 的功能性"补充",从寄存器的安排来看,读者可以感受到 STM8 单片机 SPI 功能的强大,在控制寄存器 2 中主要配置 SPI 的数据传输模式(全双工模式、单线接收模式、单线双向收发模式等),还可以使能 CRC 校验功能以验证 SPI 通信的有效性和正确性,常用的是主从"角色"的软配置相关位,该寄存器相关位定义及功能说明如表 19.4 所示。

表 19.4　STM8 单片机 SPI_CR2 SPI 控制寄存器 2

■ SPI 控制寄存器 2(SPI_CR2)							地址偏移值:(0x01)H
位　数	位 7	位 6	位 5	位 4	位 3	位 2	位 1	位 0
位名称	BDM	BDOE	CRCEN	CRCNEXT	保留	RXOnly	SSM	SSI
复位值	0	0	0	0	0	0	0	0
操　作	rw	rw	rw	rw	rw	rw	rw	rw

位　名	位含义及参数说明	
BDM 位 7	● 双向数据模式使能	
	0	选择双线单向数据模式
	1	选择单线双向数据模式
BDOE 位 6	● 双向模式下输出使能 该位和"BDM"位结合起来控制双向模式下传输的方向,主模式下使用 MOSI 引脚,从模式下使用 MISO 引脚	
	0	输入使能(只接收模式)
	1	输出使能(只发送模式)

位　名	位含义及参数说明	
CRCEN 位 5	● 硬件 CRC 计算使能 正确的操作是先关闭 SPI("SPE"位清"0"),然后再写该位	
	0	CRC 计算禁止
	1	CRC 计算使能
CRCNEXT 位 4	● 接着发送 CRC	
	0	下一个发送的数据来自 Tx 缓冲区
	1	下一个发送的数据来自 Tx CRC 计数器
保留 位 3	● 保留位 必须保持清"0"	
RXOnly 位 2	● 只接收 该位和"BDM"位一起选择双线单向模式下传输的方向,此位还可用于多从系统中,该从设备不被访问时,被访问的其他从设备的输出不会被破坏	
	0	全双工(同时发送和接收)
	1	输出禁止(只接收)
SSM 位 1	● 软件从设备管理 当该位被置"1"时,"SSI"位的值代替"NSS"引脚的输入控制从设备的选择	
	0	禁止软件从设备管理
	1	使能软件从设备管理
SSI 位 0	● 内部从设备选择 只有"SSM"位被置"1"的情况下该位才有效,"NSS"引脚上的电平决定于该位的值,而不是"NSS"引脚上 I/O 端口的值	
	0	从模式
	1	主模式

若读者需要设定 SPI 为双线单向数据模式,使能输入功能,不需要开启 CRC 校验功能,且使能软件从设备管理将设备"角色"定义为主设备,则可以利用 C 语言编写程序语句如下:

```
SPI_CR2 = 0x03;
// ***************************************************
//展开 SPI_CR2 赋值二进制数值为:0000 0011
//含义:BDM = 0;              选择双线单向数据模式
//     BDOE = 0;             输入使能(只接收模式)
//     CRCEN = 0;            CRC 计算禁止
//     CRCNEXT = 0;          下一个发送的数据来自 Tx 缓冲区
//     RXOnly = 0;           全双工(同时发送和接收)
//     SSM = 1;              使能软件从设备管理
//     SSI = 1;              主模式
// ***************************************************
```

19.4.3 SPI_ICR 中断控制寄存器

SPI 中断控制寄存器(SPI_ICR)主要包含各种状态标志位的使能位,若单片机采用"状态标志位中断法"响应 SPI 各种中断申请,就必须要配置该寄存器,若单片机采用"状态标志位查询法"则可以不配置该寄存器,该寄存器相关位定义及功能说明如表 19.5 所示。

表 19.5 STM8 单片机 SPI_ICR SPI 中断控制寄存器

■ SPI 中断控制寄存器(SPI_ICR)						地址偏移值:(0x02)$_H$	
位 数	位 7	位 6	位 5	位 4	位 3	位 2	位 1	位 0
位名称	TXIE	RXIE	ERRIE	WKIE	保留			
复位值	0	0	0	0	0	0	0	0
操 作	rw	rw	rw	rw	—	—	—	—
位 名	位含义及参数说明							
TXIE 位 7	● Tx 缓冲空中断使能							
	0	TXE 中断禁止						
	1	TXE 中断使能,当"TXE"标志置"1"时,允许产生中断请求						
RXIE 位 6	● Rx 缓冲非空中断使能							
	0	RXNE 中断禁止						
	1	RXNE 中断使能,当"RXNE"标志置"1"时,允许产生中断请求						
ERRIE 位 5	● 错误中断使能							
	0	错误中断禁止						
	1	错误中断使能,当出现错误情况时(CRC 错误 CRCERR、溢出错误 OVR、主模式错误 MODF),允许产生中断请求						
WKIE 位 4	● 唤醒中断使能							
	0	唤醒中断禁止						
	1	唤醒中断使能,当"WKUP"标志置"1"时,允许产生中断请求						
保留 位 3:0	● 保留位 必须保持清"0"							

若读者需要采用"状态标志位查询法"处理 SPI 资源产生的相关事件,可以将相关中断使能禁止,利用 C 语言编写程序语句如下:

```
SPI_ICR = 0x00;
//********************************************************
//展开 SPI_CR2 赋值二进制数值为:0000 0000
//含义:TXIE = 0;       TXE 中断禁止
//     RXIE = 0;       RxNE 中断禁止
//     ERRIE = 0;      错误中断禁止
//     WKIE = 0;       唤醒中断禁止
//********************************************************
```

19.4.4　SPI_SR 状态寄存器

SPI 状态寄存器(SPI_SR)非常重要,各类 SPI 事件的标志位都在该寄存器中。在程序中,时常需要判断该寄存器中的相应位。比如:获取当前总线的状态是忙碌还是空闲,通信过程中是否发生相关事件的错误,在单片机进入低功耗状态后 SPI 有没有被成功唤醒,发送接收的缓冲区内是否存在数据等。该寄存器相关位定义及功能说明如表 19.6 所示。

表 19.6　STM8 单片机 SPI_SR SPI 状态寄存器

■ SPI 状态寄存器(SPI_SR)							地址偏移值:(0x03)ₕ	
位　数	位 7	位 6	位 5	位 4	位 3	位 2	位 1	位 0
位名称	BSY	OVR	MODF	CRCERR	WKUP	保留	TXE	RXNE
复位值	0	0	0	0	0	0	1	0
操　作	r	rc_w0	rc_w0	rc_w0	rc_w0	—	r	r
位　名	位含义及参数说明							
BSY 位 7	● 总线忙标志 该位由硬件置"1"或清"0",单线双向主接收模式下,禁止查询"BSY"标志							
	0	SPI 空闲						
	1	SPI 正忙于通信或者 Tx 缓冲区非空						
OVR 位 6	● 溢出标志 该位由硬件置"1",由软件清"0"							
	0	没有发生溢出错误						
	1	发生溢出错误						
MODF 位 5	● 模式错误 该位由硬件置"1",由软件清"0"							
	0	没有发生模式错误						
	1	发生模式错误						
CRCERR 位 4	● CRC 错误标志 该位由硬件置"1",由软件清"0"							
	0	收到的 CRC 值和 SPI_RXCRCR 值匹配						
	1	收到的 CRC 值和 SPI_RXCRCR 值不匹配						
WKUP 位 3	● 唤醒标志 该位由软件清"0",当 STM8 处于 Halt 模式并且配置为从模式,在 SCK 的第一个采样沿,该位置"1"							
	0	没有发生唤醒事件						
	1	发生唤醒事件						
保留 位 2	● 保留位 必须保持清"0"							

续表 19.6

位 名	位含义及参数说明	
TXE 位 1	● 发送缓冲区空	
	0	发送缓冲区非空
	1	发送缓冲区空
RXNE 位 0	● 接收缓冲区非空	
	0	接收缓冲区空
	1	接收缓冲区非空

要注意了!SPI 状态寄存器(SPI_SR)第 5 位"MODF"需要进行说明,该位涉及的模式错误不止一种,常见的模式错误有:主模式错误(在片选引脚硬件模式管理下,主设备的 NSS 脚被拉低时或者在片选引脚软件模式管理下,SSI 位被复位时就会发生主模式错误)、溢出错误(当主设备已经发送了数据字节,而从设备还没有清除前一个数据字节产生的"RXNE"时,就会产生溢出错误)、CRC 错误。(当设置了 SPI_CR2 寄存器上的"CRCEN"位时,CRC 错误标志用来核对接收数据的正确性,如果在发送 SPI_TXCRCR 值的过程中,移位寄存器中接收到的值和 SPI_RXCRCR 寄存器中的值不匹配,SPI_SR 寄存器上的"CRCERR"标志就会被置位,也就是发生了校验错误。)

若读者需要通过 SPI 发送字节出去,但是又不知道是否发送完毕,在发送的过程中还需要把接收到的内容"取回",可以利用 C 语言编写程序语句如下:

```
/************************************************************/
//SPI 模块发送字节函数 SPI_SendByte(),有形参 byte,有返回值
/************************************************************/
u8 SPI_SendByte(u8 byte)
{
    while(! (SPI_SR&0x02));         //等待发送缓冲区为空
    SPI_DR = byte;                  //将发送的数据写到数据寄存器
    while(! (SPI_SR&0x01));         //等待接收缓冲区非空
    return SPI_DR;                  //返回 SPI 数据寄存器内容
}
```

在 SPI 模块发送字节函数 SPI_SendByte()中,"byte"是一个形式参数,用于存放实际需要发送的字节内容,当执行该函数时首先应该判断 SPI 状态寄存器(SPI_SR)的"TXE"位,因为该位是发送缓冲器状态的标志位,若该位为"1"则说明没有数据在发送缓冲区内,可以正常的写入数据到发送缓冲区,但是若该位为"0"则说明现在有数据"正在发送"且占用着发送缓冲区,此时就不能向发送缓冲区写入数据,所以程序中使用"while(! (SPI_SR&0x02))"语句来做判断。

若发送缓冲区是空的,则执行"SPI_DR=byte"语句将欲发送的数据送出,并且接收由从设备返回的数据。类似的使用"while(! (SPI_SR&0x01))"语句来判断 SPI 状态寄存器(SPI_SR)的"RXNE"位,若接收缓冲区非空,再把数据取出并返回。

19.4.5　SPI_DR 数据寄存器

SPI 数据寄存器（SPI_DR）是数据的"交换站"，专门用于存放欲发送的数据或者是接收到的数据，该寄存器还有两个缓冲区，缓冲区的状态标志位是 SPI 状态寄存器（SPI_SR）中的"TXE"位和"RXNE"位。该寄存器相关位定义及功能说明如表 19.7 所示。

表 19.7　STM8 单片机 SPI_DR SPI 数据寄存器

■ SPI 数据寄存器（SPI_DR）						地址偏移值：(0x04)$_H$	
位　数	位 7	位 6	位 5	位 4	位 3	位 2	位 1	位 0
位名称	DR[7:0]							
复位值	0	0	0	0	0	0	0	0
操　作	rw	rw	rw	rw	rw	rw	rw	rw
位　名	位含义及参数说明							
DR [7:0] 位 7:0	● 数据寄存器 用于存放待发送或已经收到的数据，数据寄存器对应有两个缓冲区：一个用于写（发送缓冲区），另外一个用于读（接收缓冲区）。写操作将数据写到发送缓冲区，读操作将返回接收缓冲区里的数据							

19.4.6　SPI_CRCPR 多项式寄存器

SPI 多项式寄存器（SPI_CRCPR）主要包含 CRC 校验机制中所使用的多项式值，该值可以调整，上电复位值默认为(0x07)$_H$，该寄存器相关位定义及功能说明如表 19.8 所示。

表 19.8　STM8 单片机 SPI_CRCPR SPI 多项式寄存器

■ SPI 多项式寄存器（SPI_CRCPR）						地址偏移值：(0x05)$_H$	
位　数	位 7	位 6	位 5	位 4	位 3	位 2	位 1	位 0
位名称	CRCPOLY[7:0]							
复位值	0	0	0	0	0	1	1	1
操　作	rw	rw	rw	rw	rw	rw	rw	rw
位　名	位含义及参数说明							
CRCPOLY [7:0] 位 7:0	● CRC 多项式寄存器 该寄存器包含了 CRC 计算时用到的多项式，其上电复位值为(0x07)$_H$，根据应用可以设置其他数值							

19.4.7　SPI_RXCRCR 接收数据多项式寄存器

SPI 接收数据多项式寄存器（SPI_RXCRCR）用来装载接收数据计算的 CRC 数值，该寄存器相关位定义及功能说明如表 19.9 所示。

表 19.9　STM8 单片机 SPI_RXCRCR SPI 接收数据多项式寄存器

■ 接收数据多项式寄存器(SPI_RXCRCR)							地址偏移值:(0x06)_H
位　数	位 7	位 6	位 5	位 4	位 3	位 2	位 1	位 0
位名称	RxCRC[7:0]							
复位值	0	0	0	0	0	0	0	0
操　作	r	r	r	r	r	r	r	r
RxCRC [7:0] 位 7:0	● 接收 CRC 寄存器 在启用 CRC 计算时,"RxCRC[7:0]"中包含了依据收到的字节计算的 CRC 数值,在 SPI 控制寄存器 2(SPI_CR2)中的"CRCEN"位置"1"时,该寄存器被复位,CRC 计算使用多项式寄存器(SPI_CRCPR)中配置的多项式。不能在 SPI 状态寄存器(SPI_SR)中的"BSY"标志为"1"时读该寄存器,这时的读取数值是错误的							

19.4.8　SPI_TXCRCR 发送数据多项式寄存器

SPI 发送数据多项式寄存器(SPI_TXCRCR)用来装载发送数据计算的 CRC 数值,该寄存器相关位定义及功能说明如表 19.10 所示。

表 19.10　STM8 单片机 SPI_TXCRCR SPI 发送数据多项式寄存器

■ 发送数据多项式寄存器(SPI_TXCRCR)							地址偏移值:(0x07)_H
位　数	位 7	位 6	位 5	位 4	位 3	位 2	位 1	位 0
位名称	TxCRC[7:0]							
复位值	0	0	0	0	0	0	0	0
操　作	r	r	r	r	r	r	r	r
位　名	位含义及参数说明							
TxCRC [7:0] 位 7:0	● 发送 CRC 寄存器 在启用 CRC 计算时,"TxCRC[7:0]"中包含了依据将要发送的字节计算的 CRC 数值,在 SPI 控制寄存器 2(SPI_CR2)中的"CRCEN"位置"1"时,该寄存器被复位,CRC 计算使用多项式寄存器(SPI_CRCPR)中配置的多项式。不能在 SPI 状态寄存器(SPI_SR)中的"BSY"标志为"1"时读该寄存器,这时的读取数值是错误的							

19.5　不同"角色"的初始化流程及配置

本节介绍 STM8 单片机 SPI 资源"角色"配置方法,熟悉不同"角色"的配置流程,实际上就是灵活运用相关的寄存器对相关功能位进行设定,将 SPI 资源配置为主模式或者从模式、开启或者关闭 SPI 中断、启用或者禁止 CRC 多项式校验功能、配置 SPI 通信方式等。这一部分内容非常关键,主/从设备的配置流程有所差异,读者可以先行记忆,然后在后续实践项目中继续加深理解。

19.5.1　主设备初始化流程及配置

若需配置设备"角色"为主设备,则需要为整个 SPI 通信过程提供串行时钟,串行时钟信号由芯片的 SCK 引脚产生并连接至从设备的 SCK 引脚,配置步骤包含如下 5 个步骤:

(1) 首先要初始化相关引脚的输入/输出模式。在主设备中 SCK 引脚就应该配置为快速斜率输出的推挽输出模式,MOSI 引脚也应该被配置为推挽输出模式,MISO 引脚应该被配置为弱上拉输入模式,以 STM8S208MB 这款单片机为例,SCK 功能复用在 PC5 引脚上,MOSI 功能复用在 PC6 引脚上,MISO 功能复用在 PC7 引脚上。编程者应编写一个函数如 SPI_GPIO_Master_Init()用于初始化相关引脚模式,利用 C 语言编写程序语句如下:

```c
/*******************************************************/
//配置 SPI 引脚模式函数 SPI_GPIO_Master_Init(),无形参,无返回值
/*******************************************************/
void SPI_GPIO_Master_Init(void)
{
    PC_DDR_DDR5 = 1;              //配置 PC5(SPI_SCK)端口为输出模式
    PC_CR1_C15 = 1;              //配置 PC5(SPI_SCK)端口为推挽输出模式
    PC_CR2_C25 = 1;              //配置 PC5(SPI_SCK)端口高速率输出
    PC_DDR_DDR6 = 1;              //配置 PC6(SPI_MOSI)端口为输出模式
    PC_CR1_C16 = 1;              //配置 PC6(SPI_MOSI)端口为推挽输出模式
    PC_CR2_C26 = 1;              //配置 PC6(SPI_MOSI)端口高速率输出
    PC_DDR_DDR7 = 0;              //配置 PC7(SPI_MISO)端口为输入模式
    PC_CR1_C17 = 1;              //配置 PC7(SPI_MISO)端口为弱上拉输入模式
    PC_CR2_C27 = 0;              //禁止 PC7(SPI_MISO)端口外部中断
}
```

(2) 确定串行数据帧格式、SPI 通信速率、时钟极性和时钟相位。数据帧格式主要是指采用 MSB 方式(输出数据高位在前,低位在后)或者是 LSB 方式(输出数据低位在前,高位在后),用户可以通过 SPI 控制寄存器 1(SPI_CR1)中的"LSBFIRST"位进行配置得到。所谓的 SPI 通信速率其实就是串行通信的波特率,用户可以通过 SPI 控制寄存器 1(SPI_CR1)中的"BR[2:0]"位进行配置得到。时钟极性"CPOL"是用来确定在 SPI 总线空闲的时候时钟线 SCK 保持什么样的电平,用户可以通过 SPI 控制寄存器 1(SPI_CR1)中的"CPOL"位进行配置得到。时钟相位"CPHA"是用来确定数据传送是发生在时钟"节拍"的哪一个边沿,用户可以通过 SPI 控制寄存器 1(SPI_CR1)中的"CPHA"位进行配置得到。因为这些功能位都在 SPI 控制寄存器 1(SPI_CR1)中,那配置流程就"So easy"了! 假设用户需要配置 SPI 为主设备,数据采样从第二个时钟边沿开始,空闲状态时,SCK 时钟引脚保持高电平,且数据帧格式为"高位在前,低位在后",通信时钟频率为主时钟频率的二分之一,利用 C 语言编写程序语句如下:

```c
SPI_CR1 = 0x07;
// **************************************************
//展开 SPI_CR1 赋值二进制数值为:0000 0111
//含义:LSBFIRST = 0;          先发送最高有效位
//     SPE = 0;              禁止 SPI 设备
```

```
//      BR[2:0] = 000;              波特率时钟配置为 fmaster/2
//      MSTR = 1;                   配置为主设备
//      CPOL = 1;                   空闲状态时,SCK 保持高电平
//      CPHA = 1;                   数据采样从第二个时钟边沿开始
// ****************************************************************
```

(3) 配置设备的"角色"。用户可以根据实际情况选择用硬件配置方法或者是软件配置方法。若采用硬件配置方法应该将单片机"NSS"功能引脚连接到高电平,以 STM8S208MB 这款单片机为例,"NSS"功能是复用在 PE5 引脚上,若采用硬件配置方法就可以将 PE5 连接到 V_{DD} 并且保证在数据帧传输的整个过程中"NSS"引脚都保持高电平,与此同时还要保证 SPI 控制寄存器 1(SPI_CR1)中的"MSTR"位为"1"。若采用软件配置方法应该把 SPI 控制寄存器 2(SPI_CR2)中的"SSM"位和"SSI"位置"1"。若读者朋友需要设定 SPI 为双线单向数据模式,使能输入功能,不需要开启 CRC 校验功能,且使能软件从设备管理将设备"角色"定义为主设备,则可以利用 C 语言编写程序语句如下:

```
SPI_CR2 = 0x03;
// ****************************************************************
//展开 SPI_CR2 赋值二进制数值为:0000 0011
//含义:BDM = 0;                选择双线单向数据模式
//      BDOE = 0;                输入使能(只接收模式)
//      CRCEN = 0;               CRC 计算禁止
//      CRCNEXT = 0;             下一个发送的数据来自 Tx 缓冲区
//      RXOnly = 0;              全双工(同时发送和接收)
//      SSM = 1;                 使能软件从设备管理
//      SSI = 1;                 主模式
// ****************************************************************
```

(4) 按照实际需要使能或者禁止中断功能。也就是配置 SPI 中断控制寄存器(SPI_ICR)中的相关位。

(5) 使能 SPI 功能启动收发流程。当相关参数全部配置妥当后就可以开启 SPI 设备,使能 SPI 传输,用户可以通过 SPI 控制寄存器 1(SPI_CR1)中的"SPE"位进行配置得到。可以利用 C 语言编写程序使能 SPI 设备:

```
SPI_CR1 |= 0x40;              //位或 0x40 的目的在于单独将 SPE 位置"1"
```

通过以上 5 步即可完成主设备相关参数设定,在主设备数据传输过程中,当字节被写进发送缓冲器时,发送过程就开始了。在发送第一个数据位时,数据字节被并行地(通过内部数据总线)传入移位寄存器,而后串行地移出到 MOSI 脚上,数据帧格式是采用 MSB 方式还是 LSB 方式,取决于 SPI 控制寄存器 1(SPI_CR1)中"LSBFIRST"位的设置。数据从发送缓冲器传输到移位寄存器后逐位串行发送出去,当发送缓冲器为空时"TXE"标志将被置"1",如果用户在初始化 SPI 资源时设置了 SPI 中断控制寄存器(SPI_ICR)中的"TXIE"位为"1",将产生中断请求。需要说明的是,在 SPI 成功建立并开始数据传输后,如果欲发送的数据不止 1 个,需要被逐一送入发送缓冲器,这样一来就会形成一个连续的数据传输流,在发送数据之前一定要判断"TXE"标志位是否为"1",一定要等到发送缓冲器为空后再装载下一个数据。

当 SPI 数据传输完成时,移位寄存器里的数据会被传送到接收缓冲器内,并且"RXNE"标

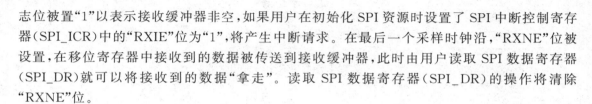

志位被置"1"以表示接收缓冲器非空,如果用户在初始化 SPI 资源时设置了 SPI 中断控制寄存器(SPI_ICR)中的"RXIE"位为"1",将产生中断请求。在最后一个采样时钟沿,"RXNE"位被设置,在移位寄存器中接收到的数据被传送到接收缓冲器,此时由用户读取 SPI 数据寄存器(SPI_DR)就可以将接收到的数据"拿走"。读取 SPI 数据寄存器(SPI_DR)的操作将清除"RXNE"位。

19.5.2 从设备初始化流程及配置

若需配置设备"角色"为从设备,则不需要"主动"提供串行时钟,串行时钟信号由主设备提供,这样一来在从设备中就可以不用去配置 SPI 通信速率参数了,配置步骤可以参考如下 5 个步骤:

(1) 首先要初始化相关引脚的输入/输出模式。在从设备中,SCK 引脚应该配置为弱上拉输入模式,MOSI 引脚也应该被配置为弱上拉输入模式,MISO 引脚被配置为推挽输出模式,以 STM8S208MB 这款单片机为例,SCK 功能复用在 PC5 引脚上,MOSI 功能复用在 PC6 引脚上,MISO 功能复用在 PC7 引脚上。编程者应编写一个函数如 SPI_GPIO_Slave_Init()用于初始化相关引脚模式,利用 C 语言编写程序语句如下:

```
/************************************************************/
//配置 SPI 引脚模式函数 SPI_GPIO_Slave_Init(),无形参,无返回值
/************************************************************/
void SPI_GPIO_Slave_Init(void)
{
  PC_DDR_DDR5 = 0;              //配置 PC5(SPI_SCK)端口为输入模式
  PC_CR1_C15 = 1;              //配置 PC5(SPI_SCK)端口为弱上拉输入模式
  PC_CR2_C25 = 0;              //配置 PC5(SPI_SCK)端口禁止外部中断
  PC_DDR_DDR6 = 0;              //配置 PC6(SPI_MOSI)端口为输入模式
  PC_CR1_C16 = 1;              //配置 PC6(SPI_MOSI)端口为弱上拉输入模式
  PC_CR2_C26 = 0;              //配置 PC6(SPI_MOSI)端口禁止外部中断
  PC_DDR_DDR7 = 1;              //配置 PC7(SPI_MISO)端口为输出模式
  PC_CR1_C17 = 1;              //配置 PC7(SPI_MISO)端口为推挽输出模式
  PC_CR2_C27 = 0;              //配置 PC7(SPI_MISO)端口低速率输出
}
```

(2) 确定串行数据帧格式、时钟极性和时钟相位。这 3 者参数的设定必须和主设备配置一致。假设主设备的数据采样从第二个时钟边沿开始,空闲状态时,SCK 时钟引脚保持高电平,且数据帧格式为"高位在前,低位在后",通信时钟频率为主时钟频率的二分之一,则从设备也要保持一致,需要注意的是从设备的串行时钟由主设备提供,所以不用配置 SPI 通信速率,即 SPI 控制寄存器(SPI_CR1)中的"BR[2:0]"这 3 位无效。利用 C 语言编写程序语句如下:

```
SPI_CR1 = 0x03;
//*************************************************
//展开 SPI_CR1 赋值二进制数值为:0000 0011
//含义:LSBFIRST = 0;          先发送最高有效位
//      SPE = 0;              禁止 SPI 设备
```

```
//      BR[2:0] = 000;          从设备而言此 3 位无效,具体值可以忽略
//      MSTR = 0;               配置为从设备
//      CPOL = 1;               空闲状态时,SCK 保持高电平
//      CPHA = 1;               数据采样从第二个时钟边沿开始
//*****************************************************
```

（3）配置设备的"角色"。用户可以根据实际情况选择用硬件配置方法或者是软件配置方法。若采用硬件配置方法应该将单片机"NSS"功能引脚连接到低电平,以 STM8S208MB 这款单片机为例,"NSS"功能是复用在 PE5 引脚上,若采用硬件配置方法就可以将 PE5 连接到 V_{SS} 并且保证在数据帧传输的整个过程中"NSS"引脚都保持低电平,与此同时还要保证 SPI 控制寄存器 1(SPI_CR1)中的"MSTR"位为"0"。若采用软件配置方法应该设置 SPI 控制寄存器 2(SPI_CR2)中的"SSM"位为"1","SSI"位为"0"。若读者朋友需要设定 SPI 为双线单向数据模式,使能输入功能,不需要开启 CRC 校验功能,且使能软件从设备管理,将设备"角色"定义为从设备,则可以利用 C 语言编写程序语句如下：

```
SPI_CR2 = 0x02;
//*****************************************************
//展开 SPI_CR2 赋值二进制数值为:0000 0010
//含义:BDM = 0;             选择双线单向数据模式
//      BDOE = 0;           输入使能(只接收模式)
//      CRCEN = 0;          CRC 计算禁止
//      CRCNEXT = 0;        下一个发送的数据来自 Tx 缓冲区
//      RXOnly = 0;         全双工(同时发送和接收)
//      SSM = 1;            使能软件从设备管理
//      SSI = 0;            从模式
//*****************************************************
```

（4）按照实际需要使能或者禁止中断功能。也就是配置 SPI 中断控制寄存器(SPI_ICR)中的相关位。

（5）使能 SPI 功能启动收发流程。当相关参数全部配置妥当后就可以开启 SPI 设备,使能 SPI 传输,用户可以通过 SPI 控制寄存器 1(SPI_CR1)中的"SPE"位进行配置得到。可以利用 C 语言编写程序使能 SPI 设备：

```
SPI_CR1 |= 0x40;             //位或 0x40 的目的在于单独将 SPE 位置"1"
```

通过以上 5 步即可完成从设备相关参数设定。

19.5.3　基础项目 A 三线 SPI 接口双机通信实验

了解了 STM8 单片机 SPI"角色"配置,又掌握了 8 个功能寄存器的配置,本小节开始"动手"实践,想要得到满意的效果就要选个比较有"特色"的项目,既能突出主/从设备配置流程,又能体现数据交互,还要看到明显的现象。这样的项目才能让读者理解 SPI 通信和配置,加深对 SPI 资源功能的理解。本小节选定双机通信实验作为基础实验项目 A,在实验项目中使用两个单片机单元,将两个单片机分明命名为"甲机"和"乙机",甲机系统中有两个按键,将这两个按键定义为加 1 功能和减 1 功能,乙机系统中有个 1 位 8 段单色共阴极数码管,可以显示 0

～9 的数字,操控显示数据的按键就是甲机系统中的两个功能键,甲乙机系统之间通过 3 线 (SCK、MISO、MOSI)SPI 连接,从设备选择引脚"NSS"采用硬件配置方法直接连接到 VSS 或者 VDD,下面将甲乙机的硬件/软件分开讲解,逐一攻破知识点,体会 SPI 通信过程。

先看甲机系统,甲机系统核心单片机为 STM8S208MB,作为 SPI 通信的主设备单元,系统硬件电路原理如图 19.10 所示。该单元中硬件分配 PB0 和 PB1 端口分别连接 S1 和 S2 两个轻触按键,S1 按键为"加 1"功能键,S2 按键为"减 1"功能键。因为设备的"角色"为主设备且为硬件配置方法,所以将 NSS 引脚直接连接到 VDD 保持高电平。

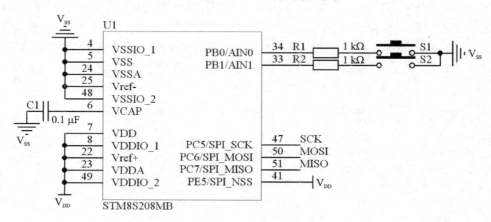

图 19.10 甲机主设备硬件电路原理图

甲机硬件电路非常简单,搭建完毕后就可以编写甲机软件了。甲机软件需要实现的功能是初始化甲机 SPI 资源配置,设定甲机通信"角色"为主设备,然后实现两个按键的特定功能,例如按下 S1 按键后启动 SPI 传输,向从设备传送(0xF0)$_H$,按下 S2 按键后启动 SPI 传输,向从设备传送(0x0F)$_H$,以不同的传输值来区分加 1 和减 1 操作。重点实现 SPI 引脚模式配置函数 SPI_GPIO_Master_Init()和 SPI 模块配置函数 SPI_CONFIG(),有了程序思路就可以编程了,利用 C 语言编写具体程序实现语句如下:

```
/*******************************************************
 * 实验名称及内容:三线 SPI 接口双机通信实验[主设备端]
 *******************************************************/
# include "iostm8s208mb.h"              //主控芯片的头文件
/******************* 常用数据类型定义 *******************/
{【略】}为节省篇幅,相似语句可以直接参考之前章节
/******************* 端口/引脚定义区域 *******************/
# define   KEYA   PB_IDR_IDR0           //加功能按键,占用 PB0 引脚
# define   KEYB   PB_IDR_IDR1           //减功能按键,占用 PB1 引脚
/******************* 函数声明区域 *******************/
void delay(u16 Count);                  //延时函数声明
void SPI_GPIO_Master_Init(void);        //配置 SPI 引脚模式函数声明
void SPI_CONFIG(void);                  //SPI 模块配置函数声明
/******************* 主函数区域 *******************/
void main(void)
{
```

```
    PB_DDR_DDR0 = 0;                         //配置 PB0 端口为输入模式
    PB_CR1_C10 = 1;                          //配置 PB0 端口为弱上拉输入模式
    PB_CR2_C20 = 0;                          //禁止 PB0 端口外部中断
    PB_DDR_DDR1 = 0;                         //配置 PB1 端口为输入模式
    PB_CR1_C11 = 1;                          //配置 PB1 端口为弱上拉输入模式
    PB_CR2_C21 = 0;                          //禁止 PB1 端口外部中断
    SPI_GPIO_Master_Init();                  //配置 SPI 引脚模式
    SPI_CONFIG();                            //初始化 SPI 资源功能
    while(1)
    {
      if(KEYA == 0)                          //若加功能按键按下
      {
        delay(10);                           //延时去除按键"抖动"
        if(KEYA == 0)
        {
          while(! (SPI_SR&0x02));            //等待发送缓冲器为空
          SPI_DR = 0xF0;                     //将发送的数据写到数据寄存器
          while(KEYA == 0);                  //KEYA"松手"检测
        }
      }
      if(KEYB == 0)                          //若减功能按键按下
      {
        delay(10);                           //延时去除按键"抖动"
        if(KEYB == 0)
        {
          while(! (SPI_SR&0x02));            //等待发送缓冲器为空
          SPI_DR = 0x0F;                     //将发送的数据写到数据寄存器
          while(KEYB == 0);                  //KEYB"松手"检测
        }
      }
    }
}
/ * * * * * * * * * * * * * * * * * * * * * * * * * * * * * * * * * * * * * * * * * * * * * * * * * * * * * * * * /
void delay(u16 Count)
{【略】}                                       //延时函数
void SPI_GPIO_Master_Init(void)
{【略】}                                       //配置 SPI 引脚模式函数
/ * * * * * * * * * * * * * * * * * * * * * * * * * * * * * * * * * * * * * * * * * * * * * * * * * * * * * * * * /
//SPI 模块配置函数 SPI_CONFIG(),无形参,无返回值
/ * * * * * * * * * * * * * * * * * * * * * * * * * * * * * * * * * * * * * * * * * * * * * * * * * * * * * * * * /
void SPI_CONFIG(void)
{
    SPI_CR1 = 0x07;                          //主设备,总线空闲时 SCK 高电平,第 2 个时钟采样
    SPI_CR2 = 0x00;                          //确定数据模式,全双工,硬件配置"角色"
    SPI_ICR = 0x00;                          //禁止相关中断
    SPI_CR1| = 0x40;                         //位或 0x40 的目的在于单独将 SPE 位置"1"
```

}

细致看一遍程序可以发现,该程序实际就是检测两个功能按键的状态并发送特定数值给从机,程序难度是"相当的低",其实给出甲机程序的目的不是为了讲解多么复杂的算法,就是给读者一个简单的认识,"深入浅出"地讲解主设备的配置流程和 SPI 通信的建立。程序进入主函数后首先初始化了 S1 和 S2 按键的 GPIO 输入/输出模式,然后配置了与 SPI 功能有关的引脚模式(SCK、MISO、MOSI、NSS),接着就开始配置 SPI 模块功能,最后进入一个死循环"while(1)"中,这个死循环内包含一个语句体,其作用是不断的检测 S1 按键和 S2 按键,若 S1 按键按下则启动 SPI 传输,向从设备传送(0xF0)$_H$。

如果在单片机程序下载并运行前将主设备的 SCK 和 MOSI 引脚连接到逻辑分析仪的两个逻辑捕捉通道上,然后再为单片机上电,此时打开逻辑分析仪上位机软件开始捕获两个引脚的逻辑状态,按下 S1 按键后发现由主设备产生的 SPI 通信时序如图 19.11 所示。

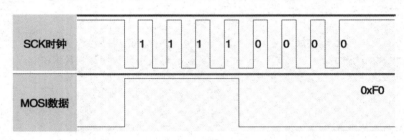

图 19.11　S1 按下时产生的 SPI 通信时序

仔细分析图 19.11,因为在主设备 SPI 模块功能配置中,将数据帧格式配置为了"高位在前,低位在后",并且设置时钟极性"CPOL"为"1",所以在 SPI 总线空闲时 SCK 时钟线会保持为高电平,而且将时钟相位"CPHA"也配置为"1",这样一来数据的采集就是从 SCK 时钟线上的第二个时钟边沿开始,分析 SPI 传输时序,不难看出在 MOSI 引脚上正好输出(0xF0)$_H$,这个数据值就代表了 S1 按键的"加 1"功能。

若重新启动逻辑分析仪的捕获功能,并且按下 S2 按键,此时主设备会再次启动 SPI 传输,向从设备传送(0x0F)$_H$,按下 S2 按键后发现由主设备产生的 SPI 通信时序如图 19.12 所示。不难看出在 MOSI 引脚上正好输出(0x0F)$_H$,这个数据值就代表了 S2 按键的"减 1"功能。

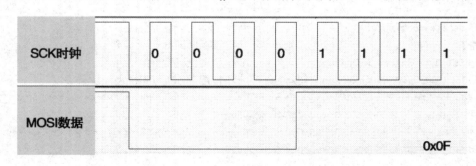

图 19.12　S2 按下时产生的 SPI 通信时序

接着介绍乙机的硬件电路和软件实现,在乙机的硬件电路中,特别设计了一个 1 位 8 段单色共阴数码管用于显示 0~9 的数码,这个数码管上所显示的数字加减情况受甲机的两个按键控制。在硬件上分配 PB 一组 GPIO 端口控制数码管的段码引脚,数码管的共阴极连接到 V_{ss},由于乙机设备的"角色"为从设备且为硬件配置方法,所以将 NSS 引脚直接连接到 Vss 保持低电平,乙机电路原理图如图 19.13 所示。

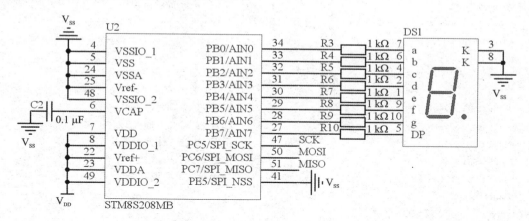

图 19.13 乙机从设备硬件电路原理图

乙机硬件电路也非常简单,搭建完毕后就可以编写乙机软件了。乙机软件需要实现的功能是初始化乙机 SPI 资源配置,设定乙机通信"角色"为从设备,然后建立数码管显示用的段码数组,为了兼容共阴极数码管和共阳极数码管的段码取值,可以在程序中建立两个数组来实现,利用 C 语言可以编写程序语句如下:

```
u8 tableA[] = {0x3F,0x06,0x5B,0x4F,0x66,0x6D,0x7D,0x07,0x7F,0x6F};
//共阴数码管段码 0~9
u8 tableB[] = {0xC0,0xF9,0xA4,0xB0,0x99,0x92,0x82,0xF8,0x80,0x90};
//共阳数码管段码 0~9
```

接着再编写 SPI 引脚模式配置函数 SPI_GPIO_Slave_Init() 和 SPI 模块配置函数 SPI_CONFIG(),这两个函数和甲机的对应函数"很相似",但是又有不同,其功能配置主要是按照 19.5 小节所讲的配置流程进行编写。在程序中主要是"取回" SPI 接收到的数据,如果接收到的数据为 $(0xF0)_H$,意思是甲机让乙机数码管上的显示值执行"加 1"操作,如果接收到的数据为 $(0x0F)_H$,意思是甲机让乙机数码管上的显示值执行"减 1"操作。有了程序思路就可以编程了,利用 C 语言编写程序语句如下:

```
/ * * * * * * * * * * * * * * * * * * * * * * * * * * * * * * * * * * * * * * * * * * *
*  实验名称及内容:三线 SPI 接口双机通信实验[从设备端]
* * * * * * * * * * * * * * * * * * * * * * * * * * * * * * * * * * * * * * * * * * * * /
# include "iostm8s208mb.h"                    //主控芯片的头文件
/ * * * * * * * * * * * * * * * * 常用数据类型定义 * * * * * * * * * * * * * * * * * * * /
{【略】为节省篇幅,相似语句可以直接参考之前章节
/ * * * * * * * * * * * * * * * * 用户自定义数据区域 * * * * * * * * * * * * * * * * * * /
u8 tableA[] = {0x3F,0x06,0x5B,0x4F,0x66,0x6D,0x7D,0x07,0x7F,0x6F};
//共阴数码管段码 0-9
u8 tableB[] = {0xC0,0xF9,0xA4,0xB0,0x99,0x92,0x82,0xF8,0x80,0x90};
//共阳数码管段码 0-9
```

```
/ ************************ 函数声明区域 *************************/
void delay(u16 Count);                          //延时函数声明
void SPI_GPIO_Slave_Init(void);                 //配置 SPI 引脚模式函数声明
void SPI_CONFIG(void);                          //SPI 模块配置函数声明
/ ********************* 主函数区域 ************************/
void main(void)
{
  u8 num = 0,i = 0;                             //变量 num 用于存放接收数据
                                                //i 用于数码管的段码数组下标的引用
  PB_DDR = 0xFF;                                //配置 PB 端口为输出模式
  PB_CR1 = 0xFF;                                //配置 PB 端口为推挽输出模式
  PB_CR2 = 0x00;                                //配置 PB 端口低速率输出
  SPI_GPIO_Slave_Init();                        //配置 SPI 引脚模式
  SPI_CONFIG();                                 //初始化 SPI 资源功能
  while(1)
  {
    while(! (SPI_SR&0x01));                      //若接收数据缓冲区非空
    num = SPI_DR;                               //取出数据
    if(num == 0xF0)                             //若接收数据为 0xF0 则表示加 1 操作
    {
      i = i + 1;
      if(i>9)
      i = 0;
      PB_ODR = tableA[i];                       //送出相应段码到数码管端口 PB
    }
    if(num == 0x0F)                             //若接收数据为 0x0F 则表示减 1 操作
    {
      if(i == 0)
      i = 10;
      i = i-1;
      PB_ODR = tableA[i];                       //送出相应段码到数码管端口 PB
    }
  }
}
/ **********************************************************/
void delay(u16 Count)
{【略】}                                          //延时函数
void SPI_GPIO_Slave_Init(void)
{【略】}                                          //配置 SPI 引脚模式函数
/ **********************************************************/
//SPI 模块配置函数 SPI_CONFIG(),无形参,无返回值
/ **********************************************************/
void SPI_CONFIG(void)
{
  SPI_CR1 = 0x03;                               //从设备,总线空闲时 SCK 高电平,第 2 个时钟采样
  SPI_CR2 = 0x00;                               //确定数据模式,全双工,硬件配置"角色"
```

```
SPI_ICR = 0x00;                    //禁止相关中断
SPI_CR1 |= 0x40;                   //位或 0x40 的目的在于单独将 SPE 位置"1"
}
```

将程序编译后下载到乙机单片机中,将两个系统断电,此时连接甲乙两机的 SPI 通信线 (SCK、MISO、MOSI),然后检查硬件连接和供电。确保电气连接无误后打开电源,正常情况下乙机的数码管上无任何显示数码,此时按下甲机的 S2 按键,发现乙机数码管上显示"9",再按一次显示"8",可以证明减 1 功能操作正常,同样的方法也可以测试加 1 功能,双机系统交互的加减操作效果如图 19.14 所示。

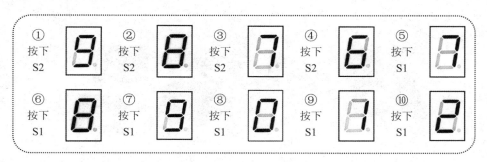

图 19.14 甲乙机 SPI 交互数码管加减操作效果

至此,主从"角色"的 SPI 双机交互程序就实践成功了,各位读者在"兴奋"之余还可以在此简单程序的基础上添加稍微复杂一些的功能函数,例如 CRC 检验函数和 SPI 多机通信函数。在 SPI 资源功能的配置上可以深入研究下时钟极性、时钟相位、数据帧格式对于 SPI 通信的影响,研究一下如何保证 SPI 通信的抗干扰性和防止 SCK 时钟信号错误移位的问题。实际的 SPI 在应用时还会有很多"新问题",需要读者慢慢累积经验,熟能生巧,在对待 SPI 接口器件时还需要学习器件本身的一些指令和寄存器,例如 19.6 小节要接触的 Flash 存储器,所以深入学习 SPI 应用的"路还很长",还需要继续"加把劲儿"!

19.6 初识 Winbond 华邦 W25Qxx 系列存储颗粒

本节要讲解的"主角"是台湾 winbond 华邦电子公司推出的串行 Flash 存储颗粒 W25Qxx 系列芯片,该系列芯片就支持 SPI 接口通信,正好可以构建到 STM8 单片机系统中用于存储数据, W25Qxx 系列包含 W25Q10、W25Q20、Q25Q40、W25Q80、W25Q16、W25Q32、W25Q64、Q25Q128、W25Q256 等,各芯片容量均不一样,价格也随容量大小而变化。

19.6.1 W25Qxx 系列存储颗粒概述

以 W25Q16 芯片为例,芯片前面的首字母"W"表示是华邦公司的产品,"25"是系列名称,"Q"表示双路或者 4 路 SPI(Dual/Quad SPI),后面的"16"表示容量,即 16 Mbit(比特),特别要注意这里的 16 M 并不是平时说的"16 MB"。1 个 Byte 由 8 个 bit 组成,因此 W25Q16 的容量其实是 16/8 = 2 MB。相似的,W25Q32 就是 4 MB,W25Q64 就是 8 MB,需要说明的是 W25Q10 不是 10 Mbit,而是 1 Mbit,W25Q20 是 2 Mbit。

W25Q16 存储颗粒芯片可以为空间、引脚有限以及注重功耗的系统提供存储解决方案。可以用该芯片存储声音、文本和数据,用途十分广泛。比如做一个"TTS 语音库",可以把语音合成的相应发声音频存放到该芯片中,又比如用在液晶显示上,可以向芯片内写入常用字库文件,将存储器芯片当作字库芯片等。该芯片的工作电压支持 2.7～3.6 V,正好可以用在大多数的单片机控制系统中,以 3.3 V 电压与芯片进行通信和数据存储。芯片工作时的电流也非常小,芯片掉电时的电流低于 1 μA,读写时的电流也仅在 4 mA 左右,这样一来就节省了系统的功耗。芯片的工作温度支持−40～85 ℃,所有的芯片提供标准的封装,如图 19.15 所示,常见的有图 19.15 中(a)所示的贴片 SOIC 形式 8 脚封装、(b)所示的双列直插 PDIP 形式 8 脚封装、(c)所示的贴片 SOIC 形式 16 脚封装和(d)所示的贴片 WSON 形式 8 脚封装等。

(a)   (b)   (c)   (d)

图 19.15   W25Qxx 系列存储器芯片封装实物

W25Q16 由 8192 个编程页组成,每个编程页的大小是 256 B,每页的 256 B 用一次页编程指令即可完成。当然,不同容量的 W25Qxx 系列芯片编程页的数量和大小均不相同,读者在具体存储颗粒芯片选型时应该参考对应的芯片数据手册进行查询,此处讲解 W25Q16 芯片的相关参数为后续内容作铺垫,本章的实战项目会用到这些知识点的应用。芯片支持灵活的数据擦除方式,比如每次擦除 16 页(扇区擦除)、128 页(32 KB 块擦除)、256 页(64 KB 块擦除)和全片擦除,芯片至少可以写/擦除 100 000 次,数据保存长达 20 年。W25Q16 有 512 个可擦除扇区或 32 个可擦除块,最小 4 KB 扇区允许更灵活的应用去存取数据和参数。

W25Q16 支持标准串行外围接口(SPI)和高速双倍/4 倍 SPI 输出,W25Qxx 系列存储器芯片的引脚分布如图 19.16 所示。双倍/4 倍用的引脚为串行时钟 CLK 引脚、片选端 CS 引脚、串行数据 DI 引脚、串行数据 DO 引脚、写保护 WP 引脚和保持 HOLD 引脚。SPI 最高通信速率可以支持到 104 MHz,双倍速是 208 MHz,4 倍速是 416 MHz。这个传输速率非常快,堪比 8 位和 16 位的并行 Flash 存储器芯片。STM8 单片机硬件与之进行通信时一般采用标准 SPI 接口,通信速率受单片机 SPI 性能制约,最大通信速率在 10 MHz 以下,但是这个速率已经满足大多数应用了。此外,W25Q16 还支持 JEDEC 固态技术协会标准,具有唯一的 64 位识别序列号,也就是芯片的"身份证",有了"身份证"就可以做特定产品的区分和认证,后续的实战项目会详细介绍。

图 19.16 中(a)表示双列直插 PDIP 形式 8 脚封装的引脚分布,(b)表示贴片 SOIC 形式 16 脚封装的引脚分布,(c)表示贴片 WSON 形式 8 脚封装的引脚分布,(d)表示贴片 SOIC 形式 8 脚封装的引脚分布,不管是哪一种封装,都具备 CS、DO、DI(DIO 引脚)、WP、CLK、HOLD、VCC 和 GND 引脚,下面详细介绍这些引脚的功能。

(1) 最简单的引脚肯定是 VCC 和 GND,这两个引脚是芯片的供电引脚,GND 为电源地,VCC 为电源正,只需要给 VCC 供电 2.7～3.6 V 即可,在实际设计电路时应该在靠近芯片位

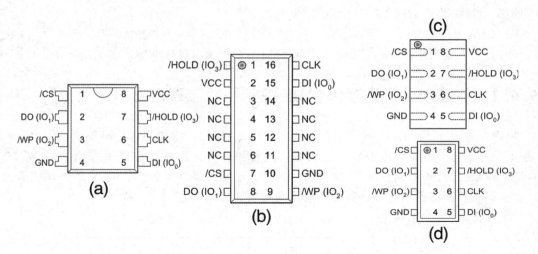

图 19.16　W25Qxx 系列存储器芯片引脚分布

置添加去耦和滤波电容以去除高频干扰和稳定电源供电。

（2）CS 引脚，该引脚的作用是"Chip Select Input"，即芯片的片选引脚，片选引脚决定主机对设备的操作是否可用。当片选引脚为高电平时，芯片未被选择，此时串行数据相关的引脚（DI、DO、WP 和 HOLD）全部都是高阻态。一般来说芯片未被选择时的功耗是很低的（待机功耗），除非芯片内部正在进行擦除和编程。当片选引脚变成低电平时，芯片功耗会从待机功耗增长到正常工作状态下的功耗，使得芯片能够正常读写数据，芯片上电后如果需要执行一条指令，需要先在 CS 引脚上产生一个下降沿，CS 引脚可以根据系统实际情况按照需求添加上拉电阻至 VCC。

（3）DO 和 DI（DIO）引脚，DO 引脚的作用是 SPI 串行数据输出，芯片内部的数据会在串行时钟 CLK 的下降沿"节拍"下输出，供控制端读取，DI（DIO）引脚的作用与 DO 引脚刚好相反，该引脚是 SPI 串行数据输入，主控制端的数据在串行时钟 CLK 的上升沿"节拍"下被锁存进入 W25Q16 芯片。需要特别说明的是这个引脚的"DIO"解释，不少的芯片手册将这个 DI 引脚称为"DIO"引脚，这是什么含义呢？其实这个引脚很特殊，一般情况下这个引脚就是 DI 引脚，但是使用"快速双输出指令"后这个引脚就会变成 DO 功能，此时芯片就有两个 DO 引脚了，这时从芯片输出的数据量增大，输出效率提高。

（4）WP 引脚比较重要，该引脚的作用是对芯片进行写保护，以防止芯片内部状态寄存器被更改，该位的配置可以将状态寄存器的块位"BP2"、"BP1"和"BP0"以及状态寄存器的保护位"SRP"结合起来，从而对存储器芯片进行一部分或者全部的硬件保护，该引脚低电平有效。在实际设计硬件时若需要对 Flash 芯片进行读写必须要将该引脚置"1"，否则将不能写入数据到芯片中。也有很多设计把 WP 引脚直接接地处理，这种情况一般都是利用外部的烧录设备（如：编程器、烧录机）已经对芯片内部"烧写"了重要数据，在系统中只需要对该芯片进行"读"操作，不允许写操作去修改或者破坏原有数据。

（5）当 HOLD 引脚是低电平时，设备的状态会被"暂停"，DO 引脚将变成高阻态，DI 和 CLK 引脚上的信号将被忽略。当 HOLD 引脚为高电平时，设备重新恢复工作。这个引脚的功能经常用在多个设备共享同一个 SPI 信号的情况下。当不存在多个设备共享同一个 SPI 信

号的情况时可以将该引脚连接到 VCC 供电端。

（6）最后说一说 CLK 引脚，该引脚就是"击鼓传花"活动中的"击鼓手"了，没有了 CLK 串行时钟，数据也就无法正常通信了。串行时钟输入引脚为串行数据输入和输出操作提供时序。

19.6.2　W25Qxx 系列存储颗粒"控制和状态寄存器"

编程人员操作 W25Q16 时应该获取到芯片现在的状态，比如芯片是不是被写保护了？芯片是不是处于写入状态？现在能不能对芯片进行操作等。这些问题需要控制器对 W25Q16 的特定"对象"进行查询或者配置，这个"对象"就是本小节要介绍的 W25Qxx 系列存储器芯片的"控制和状态寄存器"，该寄存器的相应位及其功能含义如表 19.11 所示。

表 19.11　W25Qxx 系列存储器芯片的"控制和状态寄存器"

MSB 位 S7	S6	S5	S4	S3	S2	S1	LSB 位 S0
SRP	保留	TB	BP2	BP1	BP0	WEL	BUSY

从表 19.11 可知，该寄存器是由 8 个位（S0 至 S7）组成，从 LSB 最低有效位开始分别是芯片忙标志位"BUSY"、写保护位"WEL"、块区域保护位"BP0～BP2"、底部和顶部块区保护位"TB"以及状态寄存器保护位"SRP"，熟悉这些位的功能和掌握使用方法十分必要，下面详细介绍这些位的功能。

（1）先来"认识"最低位，即芯片忙标志位"BUSY"。该位是个只读位，当芯片正在执行页编程、扇区擦除、块区擦除、芯片擦除或者写状态寄存器这些指令时，芯片处于"忙碌"状态，该位会由芯片硬件自动置"1"。这种情况下，除了"读状态寄存器"指令还能使用，其他的指令都会被忽略。当编程、擦除和写状态寄存器指令执行完毕后，该位会由芯片硬件自动清"0"，这时候芯片就可以接收其他指令了。

（2）次低位是写保护位"WEL"，这个位也是个只读位。当芯片执行完成"写使能"指令后，该位会由芯片硬件自动置"1"，当芯片处于"写保护状态"时，该位为"0"。什么情况下芯片会处于"写保护"呢？主要有两种情况，第 1 种情况是芯片掉电后上电时，第 2 种是执行写禁止、页编程、扇区擦除、块区擦除、芯片擦除和写状态寄存器等指令以后。

（3）"BP2"、"BP1"和"BP0"这 3 个位共同组成了"块"区域保护位。这 3 个位是可读可写的，可以用"写状态寄存器"指令置位这些块区域保护位。在默认状态下，这些位都为"0"，即块区域处于未保护状态下。可以设置为"块区域没有保护"、"块区域部分保护"或"块区域全部保护"这 3 种状态。当"SPR"位为"1"或芯片 WP 引脚为低电平的时候，这些位不可以被更改。

（4）第 5 位是底部和顶部块区保护位"TB"，该位是可读可写位。该位默认为"0"，表明顶部和底部块区处于未被保护状态下。"TB"位决定块区域保护位（"BP2"、"BP1"和"BP0"）是否受保护，可以用"写状态寄存器"指令将该位置"1"。当"SPR"位为"1"或芯片的 WP 引脚为低电平时，这些位不能被更改。以 W25Q16 芯片为例，读者可以参考表 19.12 中的内容深入理解"TB"位与块区域保护位（"BP2"、"BP1"和"BP0"）的关系，表中的"x"位状态随意，可以不用关心。

表 19.12　TB、BP2、BP1、BP0 位配置与 W25Q16 存储器保护关系

状态寄存器相应位				W25Q16 存储区域保护情况			
TB	BP2	BP1	BP0	块	地址	密度/bit	分配部分
x	0	0	0	NONE	NONE	NONE	NONE
0	0	0	1	31	1F0000H~1FFFFFH	512 K	顶部 1/32
0	0	1	0	30 和 31	1E0000H~1FFFFFH	1 M	顶部 1/16
0	0	1	1	28~31	1C0000H~1FFFFFH	2 M	顶部 1/8
0	1	0	0	24~31	180000H~1FFFFFH	4 M	顶部 1/4
0	1	0	1	16~31	100000H~1FFFFFH	8 M	顶部 1/2
1	0	0	0	0	000000H~00FFFFH	512 K	底部 1/32
1	0	0	1	0 和 1	000000H~01FFFFH	1 M	底部 1/16
1	0	1	1	0~3	000000H~03FFFFH	2 M	底部 1/8
1	1	0	0	0~7	000000H~07FFFFH	4 M	底部 1/4
1	1	0	1	0~15	000000H~0FFFFFH	8 M	底部 1/2
x	1	1	x	0~31	000000H~1FFFFFH	16 M	全部

（5）第 6 位是保留位,也就是没有功能的位,当执行读出状态寄存器值指令时,该位保持为"0"。在实际读状态寄存器值的时候可以将该位的取回值舍弃。

（6）最高位是状态寄存器保护位"SRP",该位是可读可写位。该位结合 WP 引脚可以实现禁止写状态寄存器功能,该位默认值为"0"。当"SRP"位为"0"时,WP 引脚不能控制状态寄存器的"禁止写"。当"SRP"位为"1"且芯片的 WP 引脚为低电平时,"写状态寄存器"指令失效。当"SRP"位为"1"且芯片的 WP 引脚为高电平时,可以执行"写状态寄存器"命令。

19.6.3　W25Qxx 系列存储颗粒功能指令详解

为了方便地使用和控制 W25Qxx 系列存储芯片,华邦的 W25Qxx 芯片内置了 15 个基本指令,指令名称及操作代码如表 19.13 所示。STM8 单片机可以通过 SPI 总线传送这 15 个基本的指令控制芯片功能。

每个指令都在片选 CS 引脚的下降沿开始传送,DI(DIO)引脚上数据的第一个字节就是指令代码,在时钟 CLK 引脚的上升沿采集 DI(DIO)引脚数据,数据的排列是"高位在前,低位在后"。

指令的长度从一个字节到多个字节不等(具体看指令类别),有的时候还会跟随地址字节、数据字节和伪字节(dummy bytes),也可能是这 3 种字节的组合形式。在片选 CS 引脚的上升沿完成指令传输,所有的读指令都可以在任意的时钟位完成,而所有的写、编程和擦除指令只能是在一个字节的边界后才能完成,否则指令将不起作用,这个特征就可以保护芯片不被意外写入。当芯片正在被编程、擦除或写状态寄存器的时候,除了"读状态寄存器"指令,其他所有的指令都会被忽略,直到擦写周期结束。

表 19.13 　 W25Qxx 系列存储芯片控制指令集

指令名称	字节 1	字节 2	字节 3	字节 4	字节 5	字节 6	下个字节
写使能	06H						
写禁止	04H						
读状态寄存器	05H	S7～S0					
写状态寄存器	01H	S7～S0					
读数据	03H	A23～A16	A15～A8	A7～A0	D7～D0	下个字节	继续
快速读	0BH	A23～A16	A15～A8	A7～A0	伪字节	D7～D0	下个字节继续
快速读双输出	3BH	A23～A16	A15～A8	A7～A0	伪字节	I/O 为(D6、D4、D2、D0) O 为(D7、D5、D3、D1)	每四个时钟一个字节
页编程	02H	A23～A16	A15～A8	A7～A0	D7～D0	下个字节	直～256 个字节
块擦除(64K)	D8H	A23～A16	A15～A8	A7～A0			
扇区擦除(4K)	20H	A23～A16	A15～A8	A7～A0			
芯片擦除	C7H						
掉电	B9H						
释放掉电/器件 ID	ABH	伪字节	伪字节	伪字节	ID7～ID0		
制造/器件 ID	90H	伪字节	伪字节	00H	M7～M0	ID7～ID0	
JEDEC ID	9FH	M7～M0 生产商	ID15 ～ID8 存储器 类型	ID7 ～ID0 存储器 容量			

　　仔细观察表 19.13,指令名称一共有 15 种,字节 1 就是指令代码,数据的传输都是高位在前低位在后,比如(S7～S0)。在字节的表格中有很多是带"_"下划线的,这些单元格的内容表示数据从 DO 引脚读取到主机。最后 3 行的指令有点"意思",发送这些指令后可以从芯片的 DO 引脚取回几个部分的数据,这几个部分的数据是按照如表 19.14 所示内容来安排的,不同的 W25Qxx 系列芯片取值参数不尽相同,读者可以查询相应存储器芯片的数据手册得到,此处以 W25Q16 为例进行讲解。

表 19.14 W25Q16 器件标识

指令	代码	读取回数据含义
释放掉电/器件 ID	ABH	伪字节不确定,ID7~ID0 为 $(0x14)_H$
制造/器件 ID	90H	伪字节不确定,字节 4 为 $(0x00)_H$。M7~M0 为 $(0xEF)_H$,该值表示生产商,由于 W25Qxx 系列芯片均为华邦电子生产,多以该值为固定值。ID7~ID0 为 $(0x14)_H$
JEDEC ID	9FH	M7~M0 为 $(0xEF)_H$,该值表示生产商,由于 W25Qxx 系列芯片均为华邦电子生产,多以该值为固定值。ID15~ID0 为 $(0x4015)_H$

　　了解了 15 种指令名称及代码,读者就可以将它们进行整理,写成 C 语言能用的语句方便程序中使用,为了使用方便,这里采用宏定义语句"♯define",为不同的指令取一个名称并定义其指令代码,利用 C 语言编写的具体程序实现如下:

```
/*********************** W25Q16 操作命令 ************************/
♯define  WREN              0x06        //对 W25Q16 写使能命令
♯define  WDIS              0x04        //对 W25Q16 写禁止命令
♯define  RDSR              0x05        //读 W25Q16 状态寄存器命令
♯define  WRSR              0x01        //写 W25Q16 状态寄存器命令
♯define  READ              0x03        //从 W25Q16 中读取数据命令
♯define  FASTREAD          0x0B        //从 W25Q16 中快速读取数据命令
♯define  FastRead_DualOut  0x3B        //从 W25Q16 中快速读双输出数据命令
♯define  WRITE             0x02        //往 W25Q16 页编程命令
♯define  Block_E           0xD8        //块擦除命令
♯define  Sector_E          0x20        //扇区擦除命令
♯define  Chip_E            0xC7        //芯片擦除命令
♯define  PowerD            0xB9        //芯片掉电命令
♯define  RPowerD_ID        0xAB        //芯片掉电释放/器件 ID 命令
♯define  Manufacturer_ID   0x90        //芯片制造商/器件 ID 命令
♯define  JEDEC_ID          0x9F        //芯片 JEDEC ID 序列命令
♯define  Dummy_Byte        0xFF        //自定义伪字节(FF 是随便取的)
```

　　只是了解指令代码和指令功能还远远不够,这些是"皮毛"知识点,作为编程者还需要知道这些指令如何"下达",芯片怎样响应这些指令,指令执行后芯片返回的数据怎么读取,其含义又是什么。解决这些问题后,才可以动手实践。下面逐一介绍 15 个指令,即写使能指令、写禁止指令、读状态寄存器指令、写状态寄存器指令、读数据指令、快速读指令、快速读双输出指令、页编程指令、块擦除指令、扇区擦除指令、芯片擦除指令、掉电指令、释放掉电/器件 ID 指令、制造/器件 ID 指令和 JEDEC ID 指令等,小宇老师已经感受到图书面前的读者已经"迫不及待"了,那么就这样愉快的开始吧!

1. 写使能指令

　　写使能指令的指令代码是 $(0x06)_H$,如果主机向存储器芯片发送写使能指令将会使芯片"状态寄存器"中的"WEL"位(写保护位)置"1",该位置"1"后芯片才能执行"页编程"、"扇区擦除"、"块擦除"、"芯片擦除"和"写状态寄存器"动作。当芯片的片选 CS 引脚出现下降沿后,写使能指令代码 $(0x06)_H$ 从芯片 DI(DIO)引脚输入,在时钟 CLK 引脚出现上升沿的时候被芯片内部采集,这时候再拉高片选 CS 引脚以完成指令的写入。写使能指令时序如图 19.17 所示。

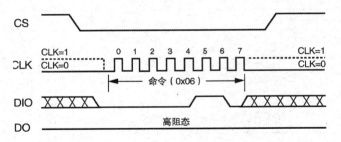

图 19.17　写使能指令时序图

　　理解了指令写入过程就可以用 C 语言去"表达"具体的操作,该指令是常用指令,可以利用 C 语言编写 Flash 写使能函数 SPI_FLASH_WriteEnable(),在函数中调用的 SPI_Send-Byte 函数传入的实参是"WREN",该指令的指令码为(0x06)ₕ,程序中的"FLASH_CS"表示 STM8 单片机的具体 GPIO,对"FLASH_CS"进行赋值其实就是让 GPIO 引脚输出高电平或者低电平,从而改变与之连接的 W25Q16 芯片 CS 引脚状态,具体的程序实现如下:

```
/*********************************************************************/
//FLASH 写使能函数 SPI_FLASH_WriteEnable(),无形参,无返回值
/*********************************************************************/
void SPI_FLASH_WriteEnable(void)
{
    FLASH_CS = 0;                    //拉低片选线选中芯片
    SPI_SendByte(WREN);              //传送写使能命令 06H
    FLASH_CS = 1;                    //拉高片选线不选中芯片
}
```

2. 写禁止指令

　　写禁止指令的指令代码是(0x04)ₕ,如果主机向存储器芯片发送写禁止指令将会使芯片"状态寄存器"中的"WEL"位(写保护位)清"0"从而让芯片进入"写保护状态"。当芯片的片选 CS 引脚出现下降沿后,写禁止指令代码(0x04)ₕ 从芯片 DI(DIO)引脚输入,在时钟 CLK 引脚出现上升沿的时候被芯片内部采集,这时候再拉高片选 CS 引脚以完成指令的写入。需要注意的是在执行完"写禁止"、"页编程"、"扇区擦除"、"块区擦除"、"芯片擦除"和"写状态寄存器"指令之后,芯片"状态寄存器"中的"WEL"位会自动变为"0"。写禁止指令时序如图 19.18 所示。

3. 读状态寄存器指令

　　读状态寄存器指令的指令代码是(0x05)ₕ,当芯片的片选 CS 引脚被拉低出现下降沿后,主机就开始把指令代码(0x05)ₕ 从芯片的 DI(DIO)引脚发送至存储器芯片,在时钟 CLK 引脚出现上升沿的时候指令数据会被存储器芯片采集到内部,存储器芯片识别指令代码后会把"状态寄存器"的当前值从 DO 引脚输出给主机,数据在时钟 CLK 引脚的下降沿输出,高位在前,低位在后。读状态寄存器指令在任何时候都可以使用,甚至在编程、擦除和写状态寄存器的过程中也可以用,这样一来就可以通过状态寄存器的"BUSY"位来判断编程、擦除和写状态寄存

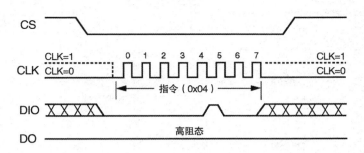

图 19.18 写禁止指令时序图

器周期有没有结束,从而让用户知道芯片是否可以接收下一条指令。如果芯片片选 CS 引脚没有被拉高,则状态寄存器的值会一直从 DO 引脚输出,直到芯片片选 CS 引脚被拉高出现上升沿之后,读状态寄存器指令才算是结束了。读状态寄存器指令时序如图 19.19 所示。

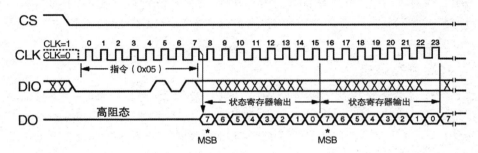

图 19.19 读状态寄存器指令时序图

该指令也是常用指令,可以利用 C 语言编写读 Flash 芯片状态寄存器至写周期结束函数 SPI_FLASH_WaitForWriteEnd(),这个函数的主要作用其实就是"判忙",通过函数的执行可以让编程者掌握存储器芯片状态寄存器的现状,等待芯片"不忙"的时候再执行其他的操作。在函数中调用的 SPI_SendByte 函数传入的实参是"RDSR",该指令的指令码为 $(0x05)_H$。程序中的"FLASH_CS"表示 STM8 单片机的具体 GPIO,对"FLASH_CS"进行赋值其实就是让 GPIO 引脚输出高电平或者低电平,从而改变与之连接的 W25Q16 芯片 CS 引脚状态,具体的程序实现如下:

```
/******************************************************************/
//读 Flash 芯片状态寄存器至写周期结束函数 SPI_FLASH_WaitForWriteEnd()
//无形参,无返回值
/******************************************************************/
void SPI_FLASH_WaitForWriteEnd(void)
{
    u8 FLASH_Status = 0;                    //定义 Flash 芯片状态寄存器值变量
    FLASH_CS = 0;                           //拉低片选线选中芯片
    SPI_SendByte(RDSR);
    //发送读状态寄存器命令,发送后状态寄存器的值会被传送到 STM8
    //循环查询标志位 等待写周期结束
    do
    {
```

```
        FLASH_Status = SPI_SendByte(Dummy_Byte);
        //发送自定伪字节指令 0xFF 用于生成 FLASH 芯片时钟
        //并将 FLASH 状态寄存器值读回 STM8
    }
    while((FLASH_Status & 0x01) == 1);          //等待芯片非忙碌状态
    FLASH_CS = 1;                                //拉高片选线不选中芯片
}
```

程序中"while((FLASH_Status & 0x01)==1)"这 1 条语句的作用是"等待芯片非忙碌状态","FLASH_Status"变量是读取回的芯片状态寄存器值,将"FLASH_Status"与(0x01)$_H$进行"按位与"操作,结果肯定只有两种,要么结果为"0",要么结果为"1"。当结果是"0"的时候语句等效于"while(0)"条件为假,while 语句退出,若结果为"1"的时候语句等效于"while(1)"条件为真,while 语句相当于是"死循环",这时候只有结果为"0"才能跳出循环。为什么要"按位与"(0x01)$_H$呢? 这是因为芯片状态寄存器的最低有效位刚好就是"BUSY"位,若该位为"1"则芯片处于"忙碌状态",反之芯片处于"非忙碌状态",所以要通过"按位与"(0x01)$_H$的方法间接判断"BUSY"位的状态。

4. 写状态寄存器指令

写状态寄存器指令的指令代码是(0x01)$_H$,执行"写状态寄存器"指令之前,需要先执行"写使能"指令。首先拉低芯片片选 CS 引脚使其产生下降沿,然后把写状态寄存器指令的指令代码(0x01)$_H$从存储芯片的 DI(DIO)引脚送到芯片内部,然后再把欲设置的状态寄存器值通过 DI(DIO)引脚送到芯片内部,拉高芯片片选 CS 引脚令其产生上升沿,此时指令就结束了。如果发送完欲设置的状态寄存器值后并没有把芯片片选 CS 引脚拉高,或者是拉高的时间"晚了",该值就不能被成功的写入,最终会导致指令操作无效。

需要特别注意,芯片的"状态寄存器"中只有"SRP、TB、BP2、BP1 和 BP0"这几个位可以被写入,其他的位都是"只读位",其值不会发生改变。在该指令执行的过程中,状态寄存器中的"BUSY"位(忙标识)为"1"时,可以用"读状态寄存器"指令读出状态寄存器的当前值加以判断,当指令执行完毕后,"BUSY"位会自动变为"0","WEL"位(写保护位)也会自动变为"0"。通过对"TB、BP2、BP1 和 BP0"这些位进行置"1"或者清"0",就可以实现将芯片的部分或全部存储区域设置为只读。通过对"SRP"位(状态寄存器保护位)置"1",再把芯片 WP 引脚拉低,就可以实现禁止写入状态寄存器的功能。写状态寄存器指令时序如图 19.20 所示。

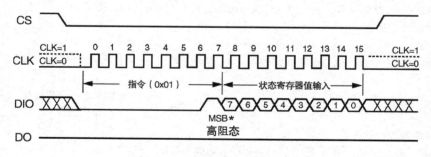

图 19.20 写状态寄存器指令时序图

5. 读数据指令

读数据指令的指令代码是$(0x03)_H$,该指令允许主机读出一个或一个以上的字节。使用该指令时首先把芯片片选 CS 引脚拉低令其产生下降沿,然后把指令代码$(0x03)_H$通过芯片 DI(DIO)引脚送到芯片内部,在指令代码之后还需要送入 24 位的地址,这个地址用来表示读取的目的地址,这些数据在芯片 CLK 引脚出现上升沿的时候被芯片采集至内部。芯片接收完 24 位地址之后,就会把相应地址的数据在芯片 CLK 引脚的下降沿从芯片 DO 引脚送出,格式为"高位在前,低位在后"。当主机读取完毕这个地址的数据后,地址会自动增加,然后通过芯片 DO 引脚把下一个地址的数据送出,形成一个连续的数据流。也就是说,只要时钟在工作,通过一条读数据指令,就可以把整个芯片存储区的数据读出来。这里就有一个问题,怎么保持时钟信号一直存在呢? 其实可以在读取过程中向芯片发送"伪字节"数据,伪字节数据并没有实际控制意义,仅用于产生连续读取数据过程中所需的时钟信号。最后把芯片片选 CS 引脚拉高产生上升沿,读数据指令就结束了。当芯片在执行编程、擦除和读状态寄存器指令的周期内,读数据指令将不起作用。读数据指令时序如图 19.21 所示。

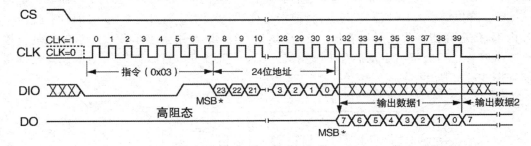

图 19.21 读数据指令时序图

该指令也是常用指令,可以利用 C 语言编写从 Flash 读取 N 字节的数据函数 SPI_FLASH_BufferRead(),在函数中调用的 SPI_SendByte 函数传入的实参是"READ",该指令的指令码为$(0x03)_H$。程序中的"FLASH_CS"表示 STM8 单片机的具体 GPIO,对"FLASH_CS"进行赋值其实就是让 GPIO 引脚输出高电平或者低电平,从而改变与之连接的 W25Q16 芯片 CS 引脚状态,具体的程序实现如下:

```
/********************************************************/
//从 FLASH 读取 N 字节的数据函数 SPI_FLASH_BufferRead()有 3 个形参,无返回值
//pBuffer 一个指针,用于存放从 Flash 读取的数据缓冲区的指针,ReadAddr 用于
//从 FLASH 的该地址处读数据,NumByteToRead 用于指定需要读取的字节数
/********************************************************/
void SPI_FLASH_BufferRead(u8 * pBuffer, u32 ReadAddr, u16 NumByteToRead)
{
    FLASH_CS = 0;                              //拉低片选线选中芯片
    SPI_SendByte(READ);                       //发送读数据命令
    SPI_SendByte((ReadAddr&0xFF0000)>>16);    //发送 24 位 Flash 地址,先发高 8 位
    SPI_SendByte((ReadAddr&0xFF00)>>8);       //再发中间 8 位
    SPI_SendByte(ReadAddr&0xFF);              //最后发低 8 位
    while(NumByteToRead--)                     //计数
```

```
{
    * pBuffer = SPI_SendByte(Dummy_Byte);        //读一个字节的数据
    pBuffer + + ;                                //指向下一个要读取的数据
}
FLASH_CS = 1;                                    //拉高片选线不选中芯片
}
```

在程序中需要处理"ReadAddr"变量，这个变量装载的是欲读取地址，该地址是 24 位，在实际传送的时候不能直接通过 SPI 总线进行发送，需要把高 8 位先发送，然后发中间 8 位，最后发低 8 位，也就是满足"高位在前，低位在后"的原则。发送完成后需要取回读出的数据，在此过程中若需要取回不止 1 个字节的数据，必须保持时钟信号有效，可以利用"伪字节"来实现时钟信号的维持。

6. 快速读数据指令

快速读数据指令的指令代码是(0x0B)₍H₎，所谓的"快速读数据"指令和"读数据"其实差不多，两者的区别在于"快速读数据"指令运行在较高的传输速率下，执行该指令时需要先把芯片片选 CS 引脚拉低令其产生下降沿，然后把指令代码(0x0B)₍H₎通过芯片 DI(DIO)引脚传送到芯片内部，传送完指令代码后接着传送 24 位地址，这个地址用来表示读取的目的地址。接着等待 8 个时钟之后数据将会从芯片 DO 引脚送出，主机就可以进行读取操作了。读数据指令时序如图 19.22 所示。

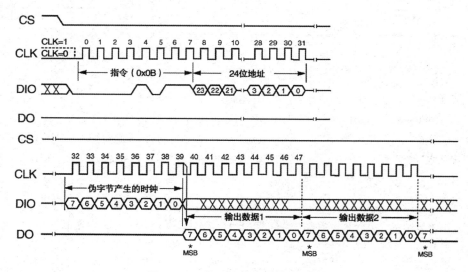

图 19.22　快速读数据指令时序图

7. 快速读双输出数据指令

快速读双输出数据指令的指令代码是(0x3B)₍H₎，"快速读双输出数据"指令和"快速读数据"指令很相似，两者的区别在于"快速读双输出数据"指令是从两个引脚输出数据，这两个引脚是芯片的 DO 引脚和 DIO 引脚，这里的"DIO"原本是"DI"功能，使用该指令时就会变成输出功能。这样一来传输速率就两倍于标准的 SPI 传输速率了，这个指令特别适合于需要在一上电就把代码从芯片下载到内存中的情况，或者缓存代码段到内存中运行的情况。"快速读双输出数据"指令和"快速读数据"指令的时序差不多，首先把芯片片选 CS 引脚拉低令其产生下降沿，把指令代码(0x3B)$_H$ 通过芯片 DI(DIO)引脚传送到芯片内部，然后把 24 位地址通过芯片 DI(DIO)引脚也传送到芯片内部，接着等待 8 个时钟之后数据将会分别从芯片 DO 引脚和芯片 DIO 引脚送出去，芯片 DIO 引脚送出偶数位，芯片 DO 引脚送出奇数位。快速读双输出数据指令时序如图 19.23 所示。

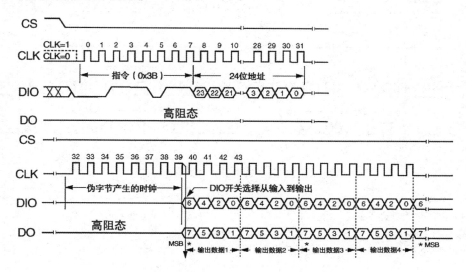

图 19.23　快速读双输出数据指令时序图

8. 页编程指令

页编程指令的指令代码是(0x02)$_H$，在执行页编程指令之前，需要先执行写使能指令，而且要求待写入的区域位全都为"1"，也就是说需要先把待写入的区域进行擦除清空，擦除动作非常重要，它直接决定数据是否能正确写入。首先把芯片片选 CS 引脚拉低令其产生下降沿，把指令代码(0x02)$_H$ 通过芯片 DI(DIO)引脚传送到芯片内部，然后再把 24 位地址传送给芯片，接着传送欲写入的字节到芯片。在写完数据之后，需要把芯片 CS 引脚拉高产生上升沿。写完一页数据(256 B)之后，必须把地址改为 0，不然的话，如果时钟还在继续，地址将自动变为页的开始地址，这样一来就会造成"错误覆盖"。在页编程指令执行过程中，用"读状态寄存器"指令可以检测芯片状态寄存器的最低有效位"BUSY"位(忙标志)为"1"，当指令执行完毕后，"BUSY"位会自动清"0"。如果需要写入的地址处于"写保护"状态，"页编程"指令会无效。页编程指令时序如图 19.24 所示。

该指令也是常用指令，可以利用 C 语言编写向 Flash 写入页数据函数 SPI_FLASH_Page-Write()和向 Flash 写入页数据函数 SPI_FLASH_BufferWrite()，前者用于执行页编程指令，后者用于解决写入数据的边界问题(不足 256 B 或超过了 256 B 的情况)。函数中调用的 SPI_SendByte 函数传入的实参是"WRITE"，该指令的指令码为(0x02)$_H$。程序中的"FLASH_CS"表示 STM8 单片机的具体 GPIO，对"FLASH_CS"进行赋值其实就是让 GPIO 引脚输出高电平或者低电平，从而改变与之连接的 W25Q16 芯片 CS 引脚状态，向 FLASH 写入页数据函数 SPI_FLASH_PageWrite()具体的程序实现如下：

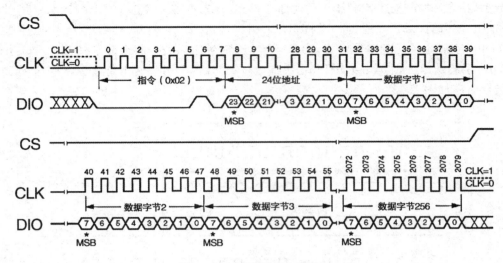

图 19.24　页编程指令时序图

```
/****************************************************************/
//向 FLASH 写入页数据函数 SPI_FLASH_PageWrite()有 3 个形参,无返回值
//pBuffer 是一个指针,用于指向欲写入数据,WriteAddr 用于指定写入地址
//NumByteToWrite 用于说明写入数据字节数,所写数据不可超过超过每一页的限制
/****************************************************************/
void SPI_FLASH_PageWrite(u8 * pBuffer, u32 WriteAddr, u16 NumByteToWrite)
{
  SPI_FLASH_WriteEnable();                      //先使能对 Flash 芯片的操作
  FLASH_CS = 0;                                 //拉低片选线选中芯片
  SPI_SendByte(WRITE);                          //发送页写命令
  SPI_SendByte((WriteAddr&0xFF0000)>>16);       //发送 24 位 FLASH 地址,先发高 8 位
  SPI_SendByte((WriteAddr&0xFF00)>>8);          //再发中间 8 位
  SPI_SendByte(WriteAddr&0xFF);                 //最后发低 8 位
  while(NumByteToWrite--)                       //发送地址后紧跟欲写入数据
  {
    SPI_SendByte( * pBuffer);                   //发送欲写入 FLASH 的数据
    pBuffer + + ;                               //指向下一个要写入的数据
  }
  FLASH_CS = 1;                                 //拉高片选线不选中芯片
  SPI_FLASH_WaitForWriteEnd();                  //等待写操作结束
}
```

　　程序需要处理"WriteAddr"变量,这个变量装载的是欲写入页地址,该地址是 24 位,在实际传送的时候不能直接通过 SPI 总线进行发送,需要把高 8 位先发送,然后发中间 8 位,最后发低 8 位,也就是满足"高位在前,低位在后"的原则。

　　在某些时候,主机需要向芯片写入的字节数不足 256 B,这时候有效字节之外的其他字节都是无用的。如果写入的字节大于 256 B,多余的字节将会加上无用的字节覆盖刚刚写入的 256 B。所以编程人员需要保证写入的字节小于或等于 256 B,如果实在是大于 256 B 就要在程序上想办法。这就需要构造一个对写入数据大小进行判断并且可以处理数据边界问题的函

数,向 Flash 写入页数据函数 SPI_FLASH_BufferWrite()具体的程序实现如下:

```
/ * * * * * * * * * * * * * * * * * * * * * * * * * * * * * * * * * * * * * * * * * * * * * * * * * * * * */
//向 FLASH 写入页数据函数 SPI_FLASH_BufferWrite()有 3 个形参,无返回值
//pBuffer 是一个指针,用于指向欲写入数据,WriteAddr 用于指定写入地址
//NumByteToWrite 用于说明写入数据字节数,所有数据不可超过超过每一页的限制
/ * * * * * * * * * * * * * * * * * * * * * * * * * * * * * * * * * * * * * * * * * * * * * * * * * * * * */
void SPI_FLASH_BufferWrite(u8 * pBuffer, u32 WriteAddr, u16 NumByteToWrite)
{
  u8 NumOfPage = 0,NumOfSingle = 0,Addr = 0,count = 0,temp = 0;
  Addr = WriteAddr % 256;                      //判断要写入的地址是否页对齐
  //每一页最多可以写 256 字节,W25X16 共有 8192 页
  count = 256 - Addr;                          //计算本页剩余的空间大小
  NumOfPage = NumByteToWrite/256;              //计算总共要写几个整数页面
  NumOfSingle = NumByteToWrite % 256;          //计算不足一页的数据字节个数
  if(Addr == 0)                                //此时 Addr 为 0 则写入的地址是对齐的
  {
    if (NumOfPage == 0)                        //数据没有单独剩余,写一页就够了
    {
      SPI_FLASH_PageWrite(pBuffer,WriteAddr,NumByteToWrite);//写入数据
    }
    else                                       //欲写入的数据比较多,不止写一页
    {
      while(NumOfPage -- )                     //循环写入整数页面数据
      {
        SPI_FLASH_PageWrite(pBuffer,WriteAddr,256);  //写入整页数据
        WriteAddr += 256;                      //"翻页",指向下一页的地址
        pBuffer += 256;                        //指针也整体移动,为下次写整页做好准备
      }
      SPI_FLASH_PageWrite(pBuffer,WriteAddr,NumOfSingle);
                                               //把剩下的不足一页的数据写完
    }
  }
  else                                         //此时 Addr 不为 0 则写入的地址是不对齐的
  {
    if (NumOfPage == 0)                        //数据没有单独剩余,写一页就够了
    {
      if (NumOfSingle>count)                   //欲写入的数据比本页的数据还多
      //判断所要写入的地址所在的页是否还有足够的空间写下要存放的数据
      {
        temp = NumOfSingle - count;            //计算除去本页剩余后还有多少数据要写
        SPI_FLASH_PageWrite(pBuffer,WriteAddr,count);//先写本页剩余空间
        WriteAddr + = count;                   //"翻页",本页剩下的空间已写完
        pBuffer + = count;                     //指针也整体移动,为下次写整页做好准备
        SPI_FLASH_PageWrite(pBuffer,WriteAddr,temp);
        //再往新的一页写入剩下的 temp 个数据
```

```
            }
        else                                    //欲写入的数据小于本页剩余空间,可以写入
        {
            SPI_FLASH_PageWrite(pBuffer,WriteAddr,NumByteToWrite);   //写入数据
        }
    }
    else                                        //欲写入的数据比较多,不止写一页
    {
        NumByteToWrite -= count;                 //重新计算填充本页剩余后的字节数
        NumOfPage = NumByteToWrite/256;          //计算总共要写几个整数页
        NumOfSingle = NumByteToWrite % 256;      //计算不足一页的数据字节个数
        SPI_FLASH_PageWrite(pBuffer,WriteAddr,count);//先写本页剩余空间
        WriteAddr += count;                      //"翻页",本页剩下的空间已写完
        pBuffer += count;                        //指针也整体移动,为下次写整页做好准备
        while(NumOfPage -- )                     //循环写入整数页面数据
        {
            SPI_FLASH_PageWrite(pBuffer,WriteAddr,256);  //写入整页数据
            WriteAddr += 256;                    //"翻页",指向下一页的地址
            pBuffer += 256;                      //指针也整体移动,为下次写整页做好准备
        }
        if(NumOfSingle! = 0)                     //若数据还有零散剩余
        {
            SPI_FLASH_PageWrite(pBuffer,WriteAddr,NumOfSingle);
            //新页中写入最后的剩余数据
        }
    }
}
```

9. 块擦除指令

块擦除指令的指令代码是$(0xD8)_H$,该指令的作用是把一个块区域内的内容(64 KB)全部变为"1",即片上数据字节都变为$(0xFF)_H$。在块擦除指令执行前需要先执行"写使能"指令。首先拉低芯片片选 CS 引脚产生下降沿,把指令代码$(0xD8)_H$通过芯片 DI(DIO)引脚传送到芯片内部,送出 24 位块区域地址到芯片内部,然后把存储芯片片选 CS 引脚拉高产生上升沿。如果没有及时把芯片片选 CS 引脚拉高,该指令将不起作用。在指令执行周期内,可以执行"读状态寄存器"指令,可以获取到"BUSY"位的状态为"1",当块擦除指令执行完毕后,芯片状态寄存器的最低有效位"BUSY"位会自动清"0","WEL"位(状态寄存器保护位)也会变为"0"。如果需要擦除的地址处于"只读状态",指令将不起作用。块擦除指令时序如图 19.25 所示。

该指令也是常用指令,可以利用 C 语言编写 Flash 芯片块擦除函数 SPI_FLASH_Block-Erase()。在函数中调用的 SPI_SendByte 函数传入的实参是"Block_E",该指令的指令码为$(0xD8)_H$。程序中的"FLASH_CS"表示 STM8 单片机的具体 GPIO,对"FLASH_CS"进行赋值其实就是让 GPIO 引脚输出高电平或者低电平,从而改变与之连接的 W25Q16 芯片 CS 引

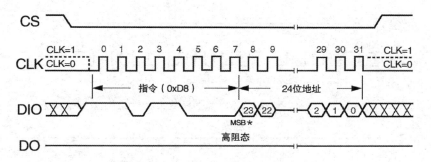

图 19.25 块擦除指令指令时序图

脚状态,Flash 芯片块擦除函数 SPI_FLASH_BlockErase()具体的程序实现如下:

```
/*******************************************************************/
//FLASH 芯片块擦除函数 SPI_FLASH_BlockErase()
//有形参 BlockAddr 用于指定块区域地址,无返回值
/*******************************************************************/
void SPI_FLASH_BlockErase(u32 BlockAddr)
{
    SPI_FLASH_WriteEnable();              //FLASH 写使能
    FLASH_CS = 0;                         //拉低片选线选中芯片
    SPI_SendByte(Block_E);                //发送块擦除命令,随后发送要擦除的段地址
    SPI_SendByte((BlockAddr&0xFF0000)>>16); //发送 24 位 FLASH 地址,先发高 8 位
    SPI_SendByte((BlockAddr&0xFF00)>>8);  //再发中间 8 位
    SPI_SendByte(BlockAddr&0xFF);         //最后发低 8 位
    FLASH_CS = 1;                         //拉高片选线不选中芯片
    SPI_FLASH_WaitForWriteEnd();          //等待块清除操作完成
}
```

在程序中需要处理"BlockAddr"变量,这个变量装载的是欲清除内容的块区域地址,该地址是 24 位,在实际传送的时候不能直接通过 SPI 总线进行发送,需要把高 8 位先发送,然后发中间 8 位,最后发低 8 位,也就是满足"高位在前,低位在后"的原则。程序最后需要调用 SPI_FLASH_WaitForWriteEnd()函数等待芯片执行块清除操作完成。

10. 扇区擦除指令

扇区擦除指令的指令代码是(0x20)$_H$,执行该指令的作用是将一个扇区内容(4 KB)擦除全部变为"1",即片上数据字节都变为(0xFF)$_H$。在执行扇区擦除指令之前,需要先执行"写使能"指令,保证芯片状态寄存器中的"WEL"位(写保护位)为"1"。首先拉低芯片片选 CS 引脚产生下降沿,把指令代码(0x20)$_H$ 通过芯片 DI(DIO)引脚传送到芯片内部,然后再把 24 位扇区地址传送到芯片内部,最后拉高芯片片选 CS 引脚产生上升沿。如果在指令传送完毕后没有及时把芯片片选 CS 引脚拉高,指令将不起作用。在指令执行期间,芯片状态寄存器的最低有效位"BUSY"位(忙标志)为"1",可以通过"读状态寄存器"指令获取"BUSY"位状态。当指令执行完毕后,"BUSY"位会自动清"0",芯片状态寄存器中的"WEL"位(写保护位)也会自动变为"0"。如果需要擦除的扇区地址处于"只读状态",指令将不起作用。扇区擦除指令时序如图 19.26 所示。

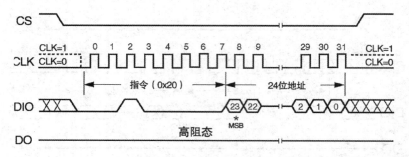

图 19.26 扇区擦除指令指令时序图

11. 芯片擦除指令

芯片擦除指令的指令代码是 $(0xC7)_H$，该指令将会使整个芯片存储区的所有位都变为"1"，即片上数据字节都变为 $(0xFF)_H$。在执行芯片擦除指令之前需要先执行"写使能"指令。首先把芯片片选 CS 引脚拉低令其产生下降沿，然后再把指令代码 $(0xC7)_H$ 通过芯片 DI (DIO)引脚传送到芯片内部，最后拉高芯片片选 CS 引脚产生上升沿。传送完成指令后如果没有及时拉高芯片片选 CS 引脚，指令将不起作用。在芯片擦除指令执行周期内，可以执行"读状态寄存器"指令访问芯片状态寄存器的最低有效位"BUSY"位(忙标志)，这时 BUSY 位应为"1"，当芯片擦除指令执行完毕后，"BUSY"位会自动清"0"，芯片状态寄存器的"WEL"位(写保护位)也会自动变为"0"。若芯片内部存在任何一个块区处于保护状态(具体由"BP2"、"BP1"、"BP0"等位设定)，指令都会失效。芯片擦除指令时序如图 19.27 所示。

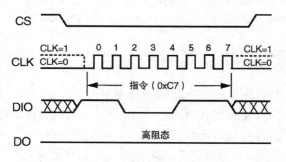

图 19.27 芯片擦除指令时序图

该指令也是常用指令，可以利用 C 语言编写擦除整个 Flash 芯片数据函数 SPI_FLASH_ChipErase()。在函数中调用的 SPI_SendByte 函数传入的实参是"Chip_E"，该指令的指令码为 $(0xC7)_H$。程序中的"FLASH_CS"表示 STM8 单片机的具体 GPIO，对"FLASH_CS"进行赋值其实就是让 GPIO 引脚输出高电平或者低电平，从而改变与之连接的 W25Q16 芯片 CS 引脚状态，擦除整个 Flash 芯片数据函数 SPI_FLASH_ChipErase()具体的程序实现如下：

```
/*******************************************************************/
//擦除整个 FLASH 芯片数据函数 SPI_FLASH_ChipErase(),无形参,无返回值
/*******************************************************************/
void SPI_FLASH_ChipErase(void)
{
    SPI_FLASH_WriteEnable();              //FLASH 写使能
```

```
FLASH_CS = 0;                           //拉低片选线选中芯片
SPI_SendByte(Chip_E);                   //发送芯片擦除命令
FLASH_CS = 1;                           //拉高片选线不选中芯片
SPI_FLASH_WaitForWriteEnd();            //等待写操作完成
}
```

12. 掉电指令

掉电指令的指令代码是$(0xB9)_H$，尽管芯片在待机状态下的电流消耗已经很低了，但掉电指令可以使得待机电流消耗进一步降低。这个指令很适合应用在电池供电的场合，可以最大限度地节省系统的功耗。首先把芯片片选 CS 引脚拉低产生下降沿，然后把指令代码$(0xB9)_H$通过芯片 DI(DIO)引脚传送到芯片内部，最后把芯片片选 CS 引脚拉高产生上升沿，指令就执行完毕了。如果没有及时拉高芯片片选 CS 引脚，指令无效。执行完"掉电"指令之后，除了"释放掉电/器件 ID"指令，其他指令都无效。掉电指令时序如图 19.28 所示。

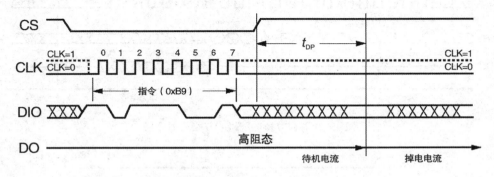

图 19.28　掉电指令时序图

13. 释放掉电/器件 ID 指令

释放掉电/器件 ID 指令的指令代码是$(0xAB)_H$，这个指令有两个作用，一个是"释放掉电"，一个是读出"器件 ID"。当只需要发挥"释放掉电"用途时，指令时序是先把芯片片选 CS 引脚拉低令其产生下降沿，把指令代码$(0xAB)_H$通过芯片 DI(DIO)引脚传送到芯片内部，然后拉高芯片片选 CS 引脚令其产生上升沿。然后经过 t_{RES1} 时间间隔后，芯片即可恢复到正常工作状态。在编程、擦除和写状态寄存器指令执行周期内，执行该指令无效。若还需要启用"器件 ID"读取功能，则发送指令代码后还需再发 3 个伪字节，再读取芯片 DO 引脚上的数据，然后经过 t_{RES2} 时间间隔后，芯片即可恢复到正常工作状态。仅释放掉电时序如图 19.29 所示，释放掉电/器件 ID 指令时序如图 19.30 所示。

14. 制造/器件 ID 指令

制造/器件 ID 指令的指令代码是$(0x90)_H$，该指令不同于"释放掉电/器件 ID"指令，该指令读出的数据包含了 JEDEC 标准制造号和特殊器件 ID 号。首先把芯片片选 CS 引脚拉低令其产生下降沿后把指令代码$(0x90)_H$通过芯片 DI(DIO)引脚传送到芯片内部，接着把 24 位地址$(0x000000)_H$送到芯片，芯片会先后把"生产 ID"和"器件 ID"通过芯片 DO 引脚在芯片时钟CLK 引脚的上升沿发出。如果把 24 位地址写为$(0x000001)_H$，ID 号的发送顺序就会颠倒，即先发"器件 ID"后发"生产 ID"，ID 号都是 8 位数据，制造/器件 ID 指令时序如图 19.31 所示。

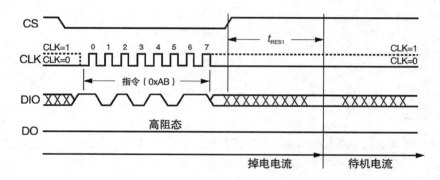

图 19.29　仅释放掉电时序图

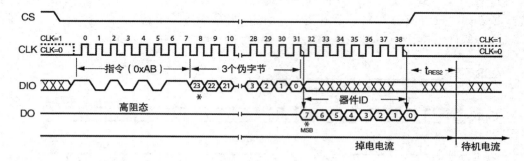

图 19.30　释放掉电/器件 ID 指令时序图

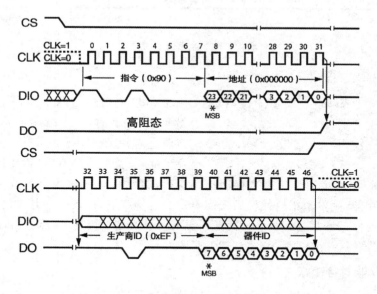

图 19.31　制造/器件 ID 指令时序图

15. JEDEC ID 指令

JEDEC ID 指令的指令代码是 $(0x9F)_H$，该指令是出于产品兼容性考虑而提供的电子识别器件 ID 号。首先把芯片片选 CS 引脚拉低令其产生下降沿，然后把指令代码 $(0x9F)_H$ 通过芯片 DI(DIO)引脚传送到芯片内部，此时"生产商 ID"、"存储器类型 ID"、"存储器容量 ID"将会依次从芯片 DO 引脚在芯片 CLK 引脚为下降沿时送出。每个 ID 都是 8 位数据,高位在前,低位在后。JEDEC ID 指令时序如图 19.32 所示。

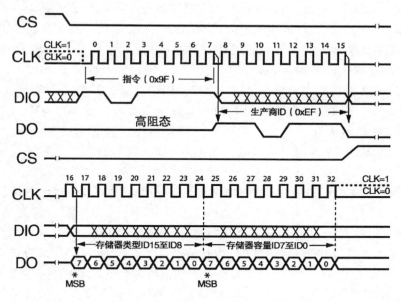

图 19.32 JEDEC ID 指令时序图

该指令也是常用指令,可以利用 C 语言编写读取 Flash 芯片 ID 序列函数 SPI_FLASH_ReadID()。在函数中调用的 SPI_SendByte 函数传入的实参是"JEDEC_ID",该指令的指令码为(0x9F)$_H$。程序中的"FLASH_CS"表示 STM8 单片机的具体 GPIO,对"FLASH_CS"进行赋值其实就是让 GPIO 引脚输出高电平或者低电平,从而改变与之连接的 W25Q16 芯片 CS 引脚状态,读取 FLASH 芯片 ID 序列函数 SPI_FLASH_ReadID()具体的程序实现如下:

```
/******************************************************************/
//读取 FLASH 芯片 ID 序列函数 SPI_FLASH_ReadID(),无形参,有返回值
/******************************************************************/
u32 SPI_FLASH_ReadID(void)
{
    u32 Temp = 0,Temp0 = 0,Temp1 = 0,Temp2 = 0;      //定义 ID 序列的暂存变量
    FLASH_CS = 0;                                     //拉低片选线选中芯片
    SPI_SendByte(JEDEC_ID);                           //发送读取芯片 ID 命令
    Temp0 = SPI_SendByte(Dummy_Byte);                 //从 FLASH 中读取第 1 个字节数据
    Temp1 = SPI_SendByte(Dummy_Byte);                 //从 FLASH 中读取第 2 个字节数据
    Temp2 = SPI_SendByte(Dummy_Byte);                 //从 FLASH 中读取第 3 个字节数据
    FLASH_CS = 1;                                     //拉高片选线不选中芯片
    Temp = (Temp0<<16)|(Temp1<<8)|Temp2;              //拼合数据组成芯片 ID 码序列
    return Temp;                                      //返回 ID 序列
}
```

19.6.4 实战项目 A 串口打印 W25Q16 存储器芯片器件 ID

介绍完 W25Q16 芯片后就可以开始实践了,首先要设计一个实验项目,突出 STM8 的

SPI 配置和应用,然后要利用 15 个 W25Qxx 芯片功能指令做出效果,观察数据。为了便于观察和操作,本小节选定 JEDEC ID 指令取出存储器芯片器件的 ID 号,这个 ID 号就是 W25Q16 的"身份证",对于这"一大串儿"的数据怎么观察最简单呢? 首先想到的是串口打印,可以使用 STM8 的 UART1 资源,将串口进行重定向,然后用 printf() 函数将相关信息打印出来。

要完成实验首先需要构建实验项目的硬件体系结构,实际系统选定 STM8S208MB 这一款单片机作为 SPI 通信的主设备,W25Q16 作为 SPI 通信的从设备。硬件电路原理图如图 19.33 所示。单片机的 PC5 引脚复用功能为 SPI_SCK,将该引脚连接至 W25Q16 的 CLK 引脚上,单片机的 PC6 引脚复用功能为 SPI_MOSI,将该引脚连接至 W25Q16 的 DI 引脚上,主要用于主机输出数据到从机。单片机的 PC7 引脚复用功能为 SPI_MISO,将该引脚连接至 W25Q16 的 DO 引脚上,主要用于从机输出数据到主机。需要特别注意的是单片机的 PE5 引脚复用功能为 SPI_NSS,如果单片机是采用硬件配置法配置主从"角色",该脚应该直接连接到 VDD 上。但是在本系统中单片机的主从"角色"采用软件配置方法,也就是说是用软件内部"搞定",此时的 PE5 就当做一个普通的 GPIO 端口引脚使用,将该引脚作为 W25Q16 的"片选"作用连接到 U2 的 CS 引脚,若 PE5 输出"1"则不选中 W25Q16 芯片,主机发送的 SPI 数据对于 U2 来说是无效的,若 PE5 输出"0"则选中 W25Q16 芯片,此时单片机与 W25Q16 才能正常建立 SPI 通信。该方法适用于一主控制多从的情况,若从机个数为 N 个,可以分配单片机的 N 个 GPIO 连接至从设备的 NSS 端进行"片选",确保主设备在某一时刻只对应一个有效的从设备。

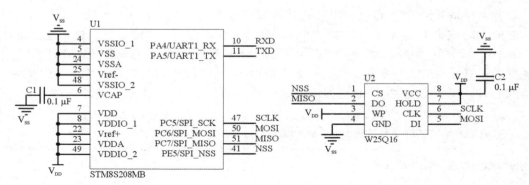

图 19.33　STM8S208MB 与 W25Q16 芯片硬件电路连接图

单片机选用串口 1(UART1 资源)打印信息,所以使用 PA4 引脚和 PA5 引脚。PA4 引脚为串口 1 的数据接收引脚,PA5 位串口 1 的数据发送引脚。

由于串口 1 引脚发送的电平信号无法直接连接至计算机 USB 接口或者 DB9 接口,所以需要设计电平信号转换单元。为了实现该功能可以设计基于 CH340G 芯片的 USB 转 TTL 串口电路,其电路原理如图 19.34 所示,U3 为 CH340G 芯片,P1 为迷你 USB 接口通过连接线缆连接到电脑 USB 端口上,RXD 和 TXD 连接到图 19.33 所示 STM8 主控电路中的相应电气网络即可。设计完成后我们就可以采用串口通信将相关内容和信息从串口输出,由计算机中的串口超级终端接收信息并显示。

硬件平台搭建完毕后就可以编写程序实现了,在程序中主要是实现串口打印器件的 ID 号,首先定义一个变量来"装载"ID 号,比如定义一个变量名为"FLASH_ID"的变量。然后编

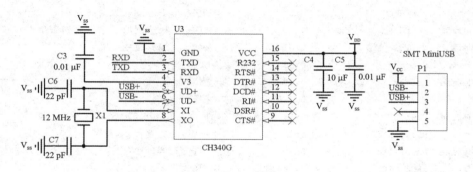

图 19.34 基于 CH340G 的 USB 转 TTL 串口电路

写 STM8 单片机 SPI 相关引脚的初始化函数 SPI_FLASH_GPIO_Init(),在这个函数中可以
"顺便"初始化 PE5 引脚,从而为单片机"片选"W25Q16 芯片做好准备。接着编写实现 STM8
单片机 SPI 功能的配置函数 SPI_CONFIG(),利用该函数将单片机配置为 SPI 主设备,还要
定义一个 SPI 收发功能的函数 SPI_SendByte(),用于单片机和 W25Q16 的数据收发。因为读
取 W25Q16 的芯片 ID 号属于存储器芯片的功能指令,利用 JEDEC ID 指令时序,按照时序编
写一个函数 SPI_FLASH_ReadID(),让这个函数具备一个返回值,返回程序读取到的 ID 数值
即可。

以上想到的是 SPI 实现的"基础",由于数据信息需要通过串口 1 进行打印输出,所以还需
要编写串口有关的函数,例如 UART1 串口初始化函数 UART1_Init()、UART1 发送单字符
函数 UART1_SendByte()、UART1 发送字符重定向函数 putchar()等,把函数的设置想"清
除"就是理清了程序功能,因为 C 语言的精髓就是把大的问题分成小的问题,让一个个功能函
数发挥其作用,最终解决这个"大问题"。

思路通了程序编写就简单多了,利用 C 语言编写的具体程序实现如下:

```
/ *********************************************************************
* 实验名称及内容:串口打印 W25Q16 存储器芯片器件 ID
*********************************************************************/
# include "iostm8s208mb.h"                    //主控芯片的头文件
# include "stdio.h"                           //需要使用 printf()函数故而包含该头文件
/ ******************* 常用数据类型定义 ***********************/
【略】为节省篇幅,相似语句可以直接参考之前章节
/ ******************* 端口/引脚定义区域 ***********************/
# define FLASH_CS          PE_ODR_ODR5        //硬件分配 Flash 片选引脚芯片
/ ******************* 用户自定义数据区域 ***********************/
# define HSIClockFreq       16000000          //系统时钟频率,单位为 Hz
# define BaudRate           9600              //欲设定波特率
static  u32 FLASH_ID = 0;                     //全局变量 FLASH_ID 用于存放 Flash 芯片的 ID 号
/ ******************* W25Q16 操作命令 ***********************/
# define  WREN              0x06              //对 W25Q16 写使能命令
# define  WDIS              0x04              //对 W25Q16 写禁止命令
# define  RDSR              0x05              //读 W25Q16 状态寄存器命令
# define  WRSR              0x01              //写 W25Q16 状态寄存器命令
# define  READ              0x03              //从 W25Q16 中读取数据命令
```

```
#define    FASTREAD              0x0B        //从 W25Q16 中快速读取数据命令
#define    FastRead_DualOut      0x3B        //从 W25Q16 中快速读取双输出数据命令
#define    WRITE                 0x02        //往 W25Q16 页编程命令
#define    Block_E               0xD8        //块擦除命令
#define    Sector_E              0x20        //扇区擦除命令
#define    Chip_E                0xC7        //芯片擦除命令
#define    PowerD                0xB9        //芯片掉电命令
#define    RPowerD_ID            0xAB        //芯片掉电释放/器件 ID 命令
#define    Manufacturer_ID       0x90        //芯片制造商/器件 ID 命令
#define    JEDEC_ID              0x9F        //芯片 JEDEC ID 序列命令
#define    Dummy_Byte            0xFF        //自定义伪字节(FF 是随便取的)
/******************** 函数声明区域 ***********************/
void delay(u16 Count);                       //延时函数声明
void SPI_FLASH_GPIO_Init();                  //配置 SPI 引脚模式及使能从机片选函数声明
void SPI_CONFIG(void);                       //SPI 模块配置函数声明
void UART1_Init(void);                       //UART1 串口初始化函数声明
void UART1_SendByte(u8 data);                //UART1 发送单字符函数声明
int putchar(int ch);                         //UART1 发送字符重定向函数声明
u8 SPI_SendByte(u8 byte);                    //SPI 模块发送字节函数声明
u32 SPI_FLASH_ReadID(void);                  //读取 Flash 芯片 ID 序列函数声明
/******************** 主函数区域 ***********************/
void main(void)
{
    CLK_CKDIVR = 0x00;                       //设置时钟为内部 16 MHz 高速时钟
    SPI_FLASH_GPIO_Init();                   //配置 SPI 引脚模式及使能从机片选
    SPI_CONFIG();                            //初始化 SPI 资源模块
    UART1_Init();                            //串口 1 初始化
    printf("|*********************************************|\r\n");
    printf("|****** 串口打印 W25Q16 存储器芯片器件 ID 实验效果 ******|\r\n");
    printf("|*********************************************|\r\n");
    FLASH_ID = SPI_FLASH_ReadID();           //读取该 FLASH 的芯片 ID 并打印到串口
    printf("|【系统提示】:芯片 ID 序列号为:%ld\r\n",FLASH_ID);
    printf("|*********************************************|\r\n");
    while(1);
}
/*********************************************************/
void delay(u16 Count)
{【略】}                                       //延时函数
void SPI_FLASH_GPIO_Init(void)
{【略】}                                       //配置 SPI 引脚模式及使能从机片选函数
void UART1_SendByte(u8 data)
{【略】}                                       //UART1 发送单字符函数
int putchar(int ch)
{【略】}                                       //UART1 发送字符重定向函数
/*********************************************************/
//SPI 模块配置函数 SPI_CONFIG(),无形参,无返回值
```

```
/*******************************************************************/
void SPI_CONFIG(void)
{
    SPI_CR1 = 0x07;                            //主设备,总线空闲时 SCK 高电平,第 2 个时钟采样
    SPI_CR2 = 0x03;                            //确定数据模式,全双工,软件配置"角色"
    SPI_ICR = 0x00;                            //禁止相关中断
    SPI_CR1| = 0x40;                           //位或 0x40 的目的在于单独将 SPE 位置"1"
}
/*******************************************************************/
//UART1 串口初始化函数 UART1_Init(),无形参和返回值
/*******************************************************************/
void UART1_Init(void)
{
    u16 baud_div = 0;                          //定义变量用于计算得到波特率取值
    UART1_CR1 = 0x00;                          //8 位数据位,无校验位
    UART1_CR3 = 0x00;                          //1 位停止位
    baud_div = HSIClockFreq/BaudRate;          //求出分频因子
    UART1_BRR2 = baud_div&0x000F;
    UART1_BRR2| = ((baud_div&0xF000)>>8);      //先给 BRR2 赋值
    UART1_BRR1 = ((baud_div&0x0FF0)>>4);       //最后再设置 BRR1
    UART1_CR2 = 0x08;                          //使能发送功能
}
/*******************************************************************/
//SPI 模块发送字节函数 SPI_SendByte(),有形参 byte,有返回值
/*******************************************************************/
u8 SPI_SendByte(u8 byte)
{
    while(! (SPI_SR&0x02));                    //等待发送缓冲区为空
    SPI_DR = byte;                             //将发送的数据写到数据寄存器
    while(! (SPI_SR&0x01));                    //等待接收缓冲区非空
    return SPI_DR;                             //返回 SPI 数据寄存器内容
}
/*******************************************************************/
//读取 FLASH 芯片 ID 序列函数 SPI_FLASH_ReadID(),无形参,有返回值
/*******************************************************************/
u32 SPI_FLASH_ReadID(void)
{
    u32 Temp = 0,Temp0 = 0,Temp1 = 0,Temp2 = 0; //定义 ID 序列暂存变量
    FLASH_CS = 0;                              //拉低片选线选中芯片
    SPI_SendByte(JEDEC_ID);                    //发送读取芯片 ID 命令
    Temp0 = SPI_SendByte(Dummy_Byte);          //从 FLASH 中读取第 1 个字节数据
    Temp1 = SPI_SendByte(Dummy_Byte);          //从 FLASH 中读取第 2 个字节数据
    Temp2 = SPI_SendByte(Dummy_Byte);          //从 FLASH 中读取第 3 个字节数据
    FLASH_CS = 1;                              //拉高片选线不选中芯片
    Temp = (Temp0<<16)|(Temp1<<8)|Temp2;       //拼合数据组成芯片 ID 码序列
    return Temp;                               //返回 ID 序列
```

　　}

　　通读程序,发现程序并不复杂。在程序中有 2 个"地方"值得一讲,第一个"地方"是在 UART1 串口初始化函数 UART1_Init()之中,在该函数关于波特率配置的地方有几句语句比较"特别",它们是:

```
baud_div = HSIClockFreq/BaudRate;                    //求出分频因子
UART1_BRR2 = baud_div&0x000F;
UART1_BRR2| = ((baud_div&0xF000)>>8);                //先给 BRR2 赋值
UART1_BRR1 = ((baud_div&0x0FF0)>>4);                 //最后再设置 BRR1
```

　　"乍一看"第一句是个除法运算,得到的数值赋值给了"baud_div",这个变量其实就是专门用来装载波特率计算结果的,那么运算式中的"HSIClockFreq"和"BaudRate"并未在函数中定义,这两个"变量"是哪里来的? 难道是系统头文件中的? 当然不是,它们被定义在了程序的前端,是如下两条宏定义语句:

```
#define HSIClockFreq          16000000        //系统时钟频率,单位为 Hz
#define BaudRate              9600            //欲设定波特率
```

　　在程序中采用宏定义的方法定义了这两个常量,"HSIClockFreq"表示当前系统的时钟频率,因为在主函数中执行了"CLK_CKDIVR=0x00"语句,设置时钟为内部 16 MHz 高速时钟,所以将"HSIClockFreq"取值为 16000000,"BaudRate"就是欲配置的波特率。

　　再回到除法运算式,得到的结果应该是"16 000 000/9 600"约等于 1 666,即(0682)$_H$。回想第 17 章关于波特率计算的相关知识,应该把(0x02)$_H$ 赋值给 BRR2 寄存器,然后把(0x68)$_H$ 赋值给 BRR1 寄存器,问题是怎么通过运算去实现呢? 这也就是以下 3 条语句的作用:

```
UART1_BRR2 = baud_div&0x000F;
UART1_BRR2| = ((baud_div&0xF000)>>8);                //先给 BRR2 赋值
UART1_BRR1 = ((baud_div&0x0FF0)>>4);                 //最后再设置 BRR1
```

　　通过计算后的"baud_div"中装载的是(0682)$_H$,第一语句的作用是将十六进制波特率(0682)$_H$ 中的(2)$_H$ 保留下来,此时 BRR2 中数值为(2)$_H$,然后再把十六进制波特率(0682)$_H$ 中的(0)$_H$ 保留下来,但是(0)$_H$ 在最高位,需要进行右移 8 位运算,得到的结果再和原来的(2)$_H$ 进行"按位或"运算,最终得到的数值即为(02)$_H$。最后一句话就是取出十六进制波特率(0682)$_H$ 中的(68)$_H$,执行"(baud_div&0x0FF0)"后得到的并不是(68)$_H$ 而是(680)$_H$,所以需要把结果右移 4 位变成(68)$_H$ 后再赋值给 BRR1 即可。

　　第二个值得一讲的"地方"是读取 Flash 芯片 ID 序列函数 SPI_FLASH_ReadID(),在该函数中首先拉低片选线选中 W25Q16 芯片,然后送出 JEDEC ID 指令,该指令的指令代码是(0x9F)$_H$,在程序中已经被宏定义为"JEDEC_ID"。发送指令完成后 SPI 总线上会产生"生产商 ID"、"存储器类型 ID"、"存储器容量 ID"3 个部分数据信息。这些数据会依次从 W25Q16 芯片的 DO 引脚送出。每个 ID 都是 8 位数据,高位在前,低位在后。在程序中使用了 3 个变量依次接收(Temp0、Temp1 和 Temp2),在数据接收时为了保持 SCK 上的时钟,发送了伪字节"Dummy_Byte",该字节已经在程序的前端宏定义为(0xFF)$_H$,这个取值实际上是用户自定的,可以进行更改。

　　整个程序的其他部分难度较低,各功能函数在前几小节中也有讲解,此处就不再赘述。将程序编译后下载到单片机中并运行，打开 PC 的上位机串口调试软件，这里选择 Window 系统自带的超级终端来观察串口数据，设定串口号为 COM3（具体串口号要根据用户计算机的实际端口分配来定），通信波特率为 9 600，数据位为 8 位，无奇偶校验位，停止位 1 位，显示内容为 ASCII 码方式。连接串口成功后复位单片机芯片，得到如图 19.35 所示效果。

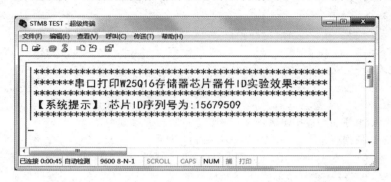

图 19.35　串口打印 W25Q16 存储器芯片器件 ID 效果图

19.6.5　实战项目 B W25Q16 存储芯片数据读写实验

各位读者做完实战项目 A 有什么感觉？是不是觉得花了大"力气"，结果就只得到了一个芯片 ID 号？其实项目 A 的主要目的是让读者了解单片机与 W25Q16 的通信流程，用"轻量级"程序让大家快乐入门。W25Q16 是个具备 SPI 接口的存储器芯片，存取数据才是最应该掌握的，尝试编写芯片的页擦除功能、块擦除功能、向固定的地址写入数据或者读出数据才是"重点"。明确了目标就可以开始实践了，实战项目 B 就是在实战项目 A 的基础上做进一步的提高。

实战项目 B 中依然采用实战项目 A 中的硬件平台，只是改写了软件部分，实现更丰富的功能。在程序中除了构建 SPI 引脚模式配置函数 SPI_FLASH_GPIO_Init()、SPI 资源功能配置函数 SPI_CONFIG()、SPI 模块发送字节函数 SPI_SendByte() 以及串口 1 的相关功能函数之外，还需要实现 W25Q16 的特定功能。

在实验中挑选出 W25Q16 的写使能功能，并编写 Flash 写使能函数 SPI_FLASH_WaitForWriteEnd()、还有 W25Q16 的页写入功能，并编写 Flash 写入页数据函数 SPI_FLASH_PageWrite()、以及读数据功能，并编写从 Flash 读取 N 字节的数据函数 SPI_FLASH_BufferRead()、最后实现 W25Q16 的块擦除和芯片擦除函数 SPI_FLASH_BlockErase() 和 SPI_FLASH_ChipErase()。

相关功能指令的时序图和功能实现在 19.6.3 小节已经详细讲解，所以程序中涉及的时序思路就不再赘述了。思路通了程序编写就简单多了，利用 C 语言编写的具体程序实现如下：

```
/*****************************************************************
* 实验名称及内容:W25Q16 存储芯片数据读写实验
*****************************************************************/
# include "iostm8s208mb.h"          //主控芯片的头文件
# include "stdio.h"                  //需要使用 printf()函数故而包含该头文件
```

```
/ * * * * * * * * * * * * * * * * * * * * * * 常用数据类型定义 * * * * * * * * * * * * * * * * * * * * * * * * /
【略】为节省篇幅,相似语句可以直接参考之前章节
/ * * * * * * * * * * * * * * * * * * * * 端口/引脚定义区域 * * * * * * * * * * * * * * * * * * * * * * * * * /
# define  FLASH_CS          PE_ODR_ODR5           //硬件分配 Flash 片选引脚芯片
/ * * * * * * * * * * * * * * * * * * * * 用户自定义数据区域 * * * * * * * * * * * * * * * * * * * * * * * * /
# define  HSIClockFreq        16000000            //系统时钟频率,单位为 Hz
# define  BaudRate           9600               //欲设定波特率
# define  RxBufferSize        64                //定义接收数组容量
u8 RxBuffer[RxBufferSize];
# define  countof(a) (sizeof(a)/sizeof( *(a)))
u8 Tx_Buffer[] = "      思修电子工作室 SX-STM8S 学习板\r\n       深入浅出\
STM8 单片机入门、进阶与应用实例\r\n       我是测试数据,不是打广告\
,我真的是测试数据\r\n";            //定义发送内容数组
# define  BufferSize (countof(Tx_Buffer)-1)
u8 Rx_Buffer[BufferSize];          //定义接收数组
static u32 FLASH_ID;              //全局变量 FLASH_ID 用于存放 FLASH 芯片的 ID 号
/ * * * * * * * * * * * * * * * * * * * * W25Q16 操作命令 * * * * * * * * * * * * * * * * * * * * * * * * * /
# define  WREN             0x06      //对 W25Q16 写使能命令
# define  WDIS             0x04      //对 W25Q16 写禁止命令
# define  RDSR             0x05      //读 W25Q16 状态寄存器命令
# define  WRSR             0x01      //写 W25Q16 状态寄存器命令
# define  READ             0x03      //从 W25Q16 中读取数据命令
# define  FASTREAD           0x0B      //从 W25Q16 中快速读取数据命令
# define  FastRead_DualOut      0x3B      //从 W25Q16 中快速读取双输出数据命令
# define  WRITE             0x02      //往 W25Q16 页编程命令
# define  Block_E            0xD8      //块擦除命令
# define  Sector_E           0x20      //扇区擦除命令
# define  Chip_E            0xC7      //芯片擦除命令
# define  PowerD            0xB9      //芯片掉电命令
# define  RPowerD_ID         0xAB      //芯片掉电释放/器件 ID 命令
# define  Manufacturer_ID      0x90      //芯片制造商/器件 ID 命令
# define  JEDEC_ID           0x9F      //芯片 JEDEC ID 序列命令
# define  Dummy_Byte         0xFF      //自定义伪字节(FF 是随便取的)
/ * * * * * * * * * * * * * * * * * * * * 函数声明区域 * * * * * * * * * * * * * * * * * * * * * * * * * * /
void delay(u16 Count);                //延时函数声明
void SPI_FLASH_GPIO_Init();             //配置 SPI 引脚模式及使能从机片选函数声明
void SPI_CONFIG(void);                //SPI 模块配置函数声明
void UART1_Init(void);                //UART1 串口初始化函数声明
void UART1_SendByte(u8 data);           //UART1 发送单字符函数声明
void UART1_SendString(u8 * Data,u16 len);    //UART1 发送字符串函数声明
int putchar(int ch);                 //UART1 发送字符重定向函数声明
u8 SPI_SendByte(u8 byte);              //SPI 模块发送字节函数声明
void SPI_FLASH_WriteEnable(void);         //FLASH 写使能函数声明
void SPI_FLASH_WaitForWriteEnd(void);
//读 Flash 芯片状态寄存器至写周期结束函数声明
void SPI_FLASH_PageWrite(u8 * pBuffer, u32 WriteAddr, u16 NumByteToWrite);
```

```c
//向 FLASH 写入页数据函数声明
void SPI_FLASH_BufferWrite(u8 * pBuffer, u32 WriteAddr, u16 NumByteToWrite);
//向 FLASH 写入多页数据函数声明
void SPI_FLASH_BufferRead(u8 * pBuffer, u32 ReadAddr, u16 NumByteToRead);
//从 FLASH 读取 N 字节的数据函数声明
u32 SPI_FLASH_ReadID(void);                    //读取 FLASH 芯片 ID 序列函数声明
void SPI_FLASH_BlockErase(u32 BlockAddr);      //FLASH 芯片块擦除函数声明
void SPI_FLASH_ChipErase(void);                //擦除整个 FLASH 芯片数据函数
/* ********************* 主函数区域 ***********************/
void main(void)
{
    CLK_CKDIVR = 0x00;                         //设置时钟为内部 16 MHz 高速时钟
    delay(100);                                //等待时钟稳定
    SPI_FLASH_GPIO_Init();                     //配置 SPI 引脚模式及使能从机片选
    SPI_CONFIG();                              //初始化 SPI 资源模块
    UART1_Init();                              //串口初始化
    printf("| *********************************************** |\r\n");
    printf("| *********** W25Q16 存储芯片数据读写实验 *********** |\r\n");
    printf("| *********************************************** |\r\n");
    SPI_FLASH_ChipErase();                     //擦除整个 Flash 芯片数据
    FLASH_ID = SPI_FLASH_ReadID();             //读取该 Flash 的芯片 ID 并打印到串口
    printf("|【系统提示】:芯片 ID 序列号为:% ld\r\n",FLASH_ID);
    printf("|----------------------------------------------------|\r\n");
    printf("|【系统提示】:正在向 FLASH 芯片写入数据为:\r\n");
    UART1_SendString(Tx_Buffer,BufferSize);    //打印写入数据
    SPI_FLASH_BlockErase(0x000000);            //在写入之前先擦除 W25X16
    SPI_FLASH_BufferWrite(Tx_Buffer,0x000000, BufferSize);       //对 W25X16 进行写入
    SPI_FLASH_BufferRead(Rx_Buffer,0x000000,BufferSize);         //对 W25X16 进行读取
    printf("|----------------------------------------------------|\r\n");
    printf("|【系统提示】:从 FLASH 芯片读出数据为:\r\n");
    UART1_SendString(Rx_Buffer,BufferSize);    //打印读出数据
    printf("| *********************************************** |\r\n");
    while(1);
}
/* ********************************************************* */
void delay(u16 Count)
{【略】}                                        //延时函数
void SPI_FLASH_GPIO_Init(void)
{【略】}                                        //配置 SPI 引脚模式及使能从机片选函数
void SPI_CONFIG(void)
{【略】}                                        //SPI 模块配置函数
void UART1_Init(void)
{【略】}                                        //UART1 串口初始化函数
void UART1_SendByte(u8 data)
{【略】}                                        //UART1 发送单字符函数
int putchar(int ch)
```

```
【略】                                    //UART1 发送字符重定向函数
/* **********************************************************************/
//UART1 发送字符串函数 UART1_SendString(),有形参 Data 和 len,无返回值
//形参 Data 是字符串数据,len 是字符串的长度
//引用举例:UART1_SendString("思修电子",sizeof("思修电子"))
/* **********************************************************************/
void UART1_SendString(u8 * Data,u16 len)
{
  u16 i = 0;                              //定义循环变量 i 用于控制字符串逐个字符打印
  for(;i<len;i + + )
    UART1_SendByte(Data[i]);             //逐个发送字符数据
}
/* **********************************************************************/
//SPI 模块发送字节函数 SPI_SendByte(),有形参 byte,有返回值
/* **********************************************************************/
u8 SPI_SendByte(u8 byte)
{
  while(! (SPI_SR&0x02));                //等待发送缓冲区为空
  SPI_DR = byte;                         //将发送的数据写到数据寄存器
  while(! (SPI_SR&0x01));                //等待接收缓冲区非空
  return SPI_DR;                         //返回 SPI 数据寄存器内容
}
/* **********************************************************************/
//FLASH 写使能函数 SPI_FLASH_WriteEnable(),无形参,无返回值
/* **********************************************************************/
void SPI_FLASH_WriteEnable(void)
{
  FLASH_CS = 0;                          //拉低片选线选中芯片
  SPI_SendByte(WREN);                    //传送写使能命令 06H
  FLASH_CS = 1;                          //拉高片选线不选中芯片
}
/* **********************************************************************/
//读 Flash 芯片状态寄存器至写周期结束函数 SPI_FLASH_WaitForWriteEnd()
//无形参,无返回值
/* **********************************************************************/
void SPI_FLASH_WaitForWriteEnd(void)
{
  u8 FLASH_Status = 0;                   //定义 Flash 芯片状态寄存器值变量
  FLASH_CS = 0;                          //拉低片选线选中芯片
  SPI_SendByte(RDSR);
//发送读状态寄存器命令,发送后状态寄存器的值会被传送到 STM8
//循环查询标志位 等待写周期结束
  do
  {
    FLASH_Status = SPI_SendByte(Dummy_Byte);
```

```
                    //发送自定伪字节指令 0xFF 用于生成 FLASH 芯片时钟
                    //并将 FLASH 状态寄存器值读回 STM8
   }
   while((FLASH_Status & 0x01) == 1);              //等待芯片非忙碌状态
   FLASH_CS = 1;                                   //拉高片选线不选中芯片
}
/**********************************************************************/
//向 FLASH 写入页数据函数 SPI_FLASH_PageWrite()有 3 个形参,无返回值
//pBuffer 是一个指针,用于指向欲写入数据,WriteAddr 用于指定写入地址
//NumByteToWrite 用于说明写入数据字节数,所写数据不可超过超过每一页的限制
/**********************************************************************/
void SPI_FLASH_PageWrite(u8 * pBuffer, u32 WriteAddr, u16 NumByteToWrite)
{
   SPI_FLASH_WriteEnable();                        //先使能对 Flash 芯片的操作
   FLASH_CS = 0;                                   //拉低片选线选中芯片
   SPI_SendByte(WRITE);                            //发送页写命令
   SPI_SendByte((WriteAddr&0xFF0000)>>16);         //发送 24 位 Flash 地址,先发高 8 位
   SPI_SendByte((WriteAddr&0xFF00)>>8);            //再发中间 8 位
   SPI_SendByte(WriteAddr&0xFF);                   //最后发低 8 位
   while(NumByteToWrite--)                         //发送地址后紧跟欲写入数据
   {
      SPI_SendByte( * pBuffer);                    //发送欲写入 FLASH 的数据
      pBuffer ++ ;                                 //指向下一个要写入的数据
   }
   FLASH_CS = 1;                                   //拉高片选线不选中芯片
   SPI_FLASH_WaitForWriteEnd();                    //等待写操作结束
}

/**********************************************************************/
//向 FLASH 写入页数据函数 SPI_FLASH_BufferWrite()有 3 个形参,无返回值
//pBuffer 是一个指针,用于指向欲写入数据,WriteAddr 用于指定写入地址
//NumByteToWrite 用于说明写入数据字节数,所写数据不可超过超过每一页的限制
/**********************************************************************/
void SPI_FLASH_BufferWrite(u8 * pBuffer, u32 WriteAddr, u16 NumByteToWrite)
{
   u8 NumOfPage = 0,NumOfSingle = 0,Addr = 0,count = 0,temp = 0;
   Addr = WriteAddr % 256;                         //判断要写入的地址是否页对齐
   //每一页最多可以写 256 字节,W25X16 共有 8192 页
   count = 256 - Addr;                             //计算本页剩余的空间大小
   NumOfPage = NumByteToWrite/256;                 //计算总共要写几个整数页面
   NumOfSingle = NumByteToWrite % 256;             //计算不足一页的数据字节个数
   if(Addr == 0)                                   //此时 Addr 为 0 则写入的地址是对齐的
   {
      if (NumOfPage == 0)                          //数据没有单独剩余,写一页就够了
```

```
    {
        SPI_FLASH_PageWrite(pBuffer,WriteAddr,NumByteToWrite);  //写入数据
    }
    else                                    //欲写入的数据比较多,不止写一页
    {
        while(NumOfPage -- )                //循环写入整数页面数据
        {
            SPI_FLASH_PageWrite(pBuffer,WriteAddr,256);  //写入整页数据
            WriteAddr += 256;               //"翻页",指向下一页的地址
            pBuffer += 256;                 //指针也整体移动,为下次写整页做好准备
        }
        SPI_FLASH_PageWrite(pBuffer,WriteAddr,NumOfSingle);
                                            //把剩下的不足一页的数据写完
    }
}
else                                        //此时 Addr 不为 0 则写入的地址是不对齐的
{
    if (NumOfPage == 0)                     //数据没有单独剩余,写一页就够了
    {
        if (NumOfSingle > count)            //欲写入的数据比本页的数据还多
        //判断所要写入的地址所在的页是否还有足够的空间写下要存放的数据
        {
            temp = NumOfSingle - count;     //计算除去本页剩余后还有多少数据要写
            SPI_FLASH_PageWrite(pBuffer,WriteAddr,count); //先写本页剩余空间
            WriteAddr += count;             //"翻页",本页剩下的空间已写完
            pBuffer += count;               //指针也整体移动,为下次写整页做好准备
            SPI_FLASH_PageWrite(pBuffer,WriteAddr,temp);
            //再往新的一页写入剩下的 temp 个数据
        }
        else                                //欲写入的数据小于本页剩余空间,可以写入
        {
            SPI_FLASH_PageWrite(pBuffer,WriteAddr,NumByteToWrite);  //写入数据
        }
    }
    else                                    //欲写入的数据比较多,不止写一页
    {
        NumByteToWrite -= count;            //重新计算填充本页剩余后的字节数
        NumOfPage = NumByteToWrite/256;     //计算总共要写几个整数页
        NumOfSingle = NumByteToWrite % 256; //计算不足一页的数据字节个数
        SPI_FLASH_PageWrite(pBuffer,WriteAddr,count); //先写本页剩余空间
        WriteAddr += count;                 //"翻页",本页剩下的空间已写完
        pBuffer += count;                   //指针也整体移动,为下次写整页做好准备
        while(NumOfPage -- )                //循环写入整数页面数据
```

```
        {
           SPI_FLASH_PageWrite(pBuffer,WriteAddr,256);   //写入整页数据
           WriteAddr += 256;                              //"翻页",指向下一页的地址
           pBuffer += 256;                                //指针也整体移动,为下次写整页做好准备
        }
        if(NumOfSingle!= 0)                                //若数据还有零散剩余
        {
           SPI_FLASH_PageWrite(pBuffer,WriteAddr,NumOfSingle);
           //新页中写入最后的剩余数据
        }
     }
  }
}
/ ****************************************************************/
//从 Flash 读取 N 字节的数据函数 SPI_FLASH_BufferRead()有 3 个形参,无返回值
//pBuffer 一个指针,用于存放从 FLASH 读取的数据缓冲区的指针,ReadAddr 用于
//从 Flash 的该地址处读数据,NumByteToRead 用于指定需要读取的字节数
/ ****************************************************************/
void SPI_FLASH_BufferRead(u8 * pBuffer, u32 ReadAddr, u16 NumByteToRead)
{
  FLASH_CS = 0;                                       //拉低片选线选中芯片
  SPI_SendByte(READ);                                 //发送读数据命令
  SPI_SendByte((ReadAddr&0xFF0000)>>16);              //发送 24 位 FLASH 地址,先发高 8 位
  SPI_SendByte((ReadAddr&0xFF00)>>8);                 //再发中间 8 位
  SPI_SendByte(ReadAddr&0xFF);                        //最后发低 8 位
  while(NumByteToRead--)                              //计数
  {
     * pBuffer = SPI_SendByte(Dummy_Byte);            //读一个字节的数据
     pBuffer + + ;                                    //指向下一个要读取的数据
  }
  FLASH_CS = 1;                                       //拉高片选线不选中芯片
}
/ ****************************************************************/
//读取 FLASH 芯片 ID 序列函数 SPI_FLASH_ReadID(),无形参,有返回值
/ ****************************************************************/
u32 SPI_FLASH_ReadID(void)
{
  u32 Temp = 0,Temp0 = 0,Temp1 = 0,Temp2 = 0;
  FLASH_CS = 0;                                       //拉低片选线选中芯片
  SPI_SendByte(JEDEC_ID);                             //发送读取芯片 ID 命令
  Temp0 = SPI_SendByte(Dummy_Byte);                   //从 Flash 中读取第 1 个字节数据
  Temp1 = SPI_SendByte(Dummy_Byte);                   //从 Flash 中读取第 2 个字节数据
  Temp2 = SPI_SendByte(Dummy_Byte);                   //从 Flash 中读取第 3 个字节数据
```

```
    FLASH_CS = 1;                                      //拉高片选线不选中芯片
    Temp = (Temp0<<16)|(Temp1<<8)|Temp2;               //拼合数据组成芯片 ID 码序列
    return Temp;                                        //返回 ID 序列
}
/* ***************************************************************************/
//FLASH 芯片块擦除函数 SPI_FLASH_BlockErase()
//有形参 BlockAddr 用于指定块区域地址,无返回值
/* ***************************************************************************/
void SPI_FLASH_BlockErase(u32 BlockAddr)
{
    SPI_FLASH_WriteEnable();                           //FLASH 写使能
    FLASH_CS = 0;                                       //拉低片选线选中芯片
    SPI_SendByte(Block_E);                             //发送块擦除命令,随后发送要擦除的段地址
    SPI_SendByte((BlockAddr&0xFF0000)>>16);            //发送 24 位 FLASH 地址,先发高 8 位
    SPI_SendByte((BlockAddr&0xFF00)>>8);               //再发中间 8 位
    SPI_SendByte(BlockAddr&0xFF);                       //最后发低 8 位
    FLASH_CS = 1;                                       //拉高片选线不选中芯片
    SPI_FLASH_WaitForWriteEnd();                        //等待块清除操作完成
}
/* ***************************************************************************/
//擦除整个 FLASH 芯片数据函数 SPI_FLASH_ChipErase(),无形参,无返回值
/* ***************************************************************************/
void SPI_FLASH_ChipErase(void)
{
    SPI_FLASH_WriteEnable();                           //Flash 写使能
    FLASH_CS = 0;                                       //拉低片选线选中芯片
    SPI_SendByte(Chip_E);                              //发送芯片擦除命令
    FLASH_CS = 1;                                       //拉高片选线不选中芯片
    SPI_FLASH_WaitForWriteEnd();                        //等待写操作完成
}
```

　　整个程序中的各功能函数比实战项目 A 稍显复杂,但是理解 W25Q16 功能指令时序后都可以读懂。将程序编译后下载到单片机中并运行,打开 PC 的上位机串口调试软件,这里选择 Window 系统自带的超级终端来观察串口数据,设定串口号为 COM3(具体串口号要根据用户计算机的实际端口分配来定),通信波特率为 9600,数据位为 8 位,无奇偶校验位,停止位 1 位,显示内容为 ASCII 码方式。连接串口成功后复位单片机芯片,得到如图 19.36 所示效果。

　　通过这个实验的学习,读者应该掌握 W25Qxx 系列芯片的读写方法,可以将该类存储器芯片应用到实际系统中,例如做一个基于串口的数据采集器,将数据全部存入 W25Qxx 芯片中,或者自己做一个 TTS 语音合成器,通过串口识别汉字编码然后找到 FLASH 芯片中的发音文件并进行解码播报,又或者做一个大型点阵屏的字库和图像数据存储,试着把单片机本身无法装载的内容"转移"到外部存储颗粒中,然后通过 SPI 将相关数据读回单片机进行数据处理。单片机就好比是"计算机主机",FLASH 存储颗粒就好比是计算机"硬盘"。

　　Flash 存储芯片的种类众多,容量、引脚、封装、电气性能都不一样,但是大多数存储芯片

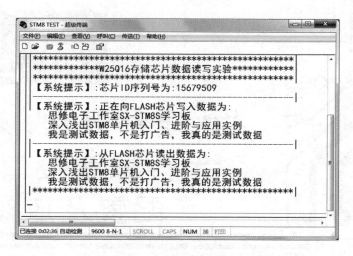

图 19.36 W25Q16 存储芯片数据读写实验效果图

都具备 SPI 接口,所以要深入理解 SPI 通信原理及配置方法,用好用会 STM8 单片机强大的 SPI 资源,这样一来遇到其他 SPI 接口的芯片也不必"惧怕",来一个会一个,会一个用一个。

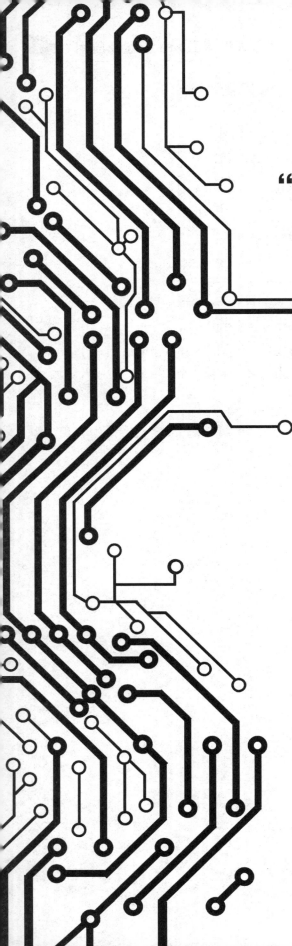

第 20 章

"大老爷升堂,威武!"
串行总线接口 I²C
配置及应用

章节导读:

　　亲爱的读者,本章将详细介绍 STM8 单片机串行总线接口 I²C 的相关知识和应用。章节共分为 3 个部分。20.1 节引入了古代公堂审案的场景,用幽默诙谐的讲解描述了"官"(主机)与"民"(从机)的对话(通信过程),目的是为了让大家快乐地掌握 I²C 通信的基本流程和基本概念。20.2 节主要讲解标准 I²C 总线协议,讲解了通信相关的时序并引出了起始信号、终止信号、从机寻址、应答信号等概念。20.3 节主要讲解 Atmel 公司生产的串行 EEPROM"AT24Cxx"系列芯片,引入了 4 个实践项目帮助大家理解和运用,项目中利用 STM8 系列单片机 GPIO 引脚"模拟"出 I²C 通信时序然后再控制 AT24Cxx 系列芯片进行数据操作。本章内容非常基础,读者务必要"拿下"相关知识点,以后开发中遇到 I²C 接口的其他功能芯片才能触类旁通。

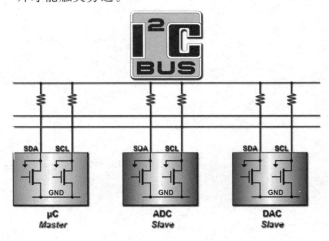

20.1 "大老爷升堂问案"说 I²C"玩法"

本章介绍 STM8 系列单片机的 I²C 应用。翻开这一页不少读者对章节名称产生了疑惑,什么叫做"大老爷升堂,威武!"呢?为了讲解 I²C 总线知识,便于读者理解,小宇老师特意把古代的公堂给"搬"了上来。各位读者拿笔坐好,且听小宇老师慢慢道来!

肃穆的公堂之上,头顶着"明镜高悬"匾额的县太爷端坐在公案之后,公案之上摆放着笔墨纸砚、案件的卷宗、官印、惊堂木什么的。县太爷旁边站着师爷宣读材料记录供词,如狼似虎的衙役们分列两班,堂下跪着瑟瑟发抖的原告和被告。忽然间,惊堂木一声脆响,师爷站出来吼一嗓子"升堂"!衙役们齐声吼"威武"!这些场景就如图 20.1 所示的庄严威武。

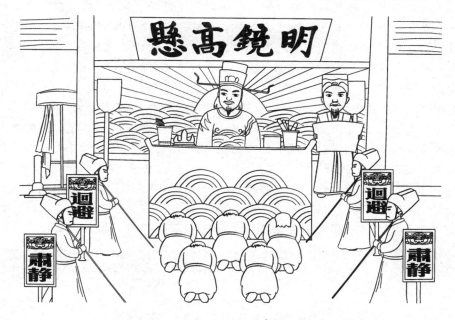

图 20.1 古代县令堂审问案情景图

读者不禁会问,这古代的"堂审细节"与 STM8 系列单片机 I²C 资源有"半毛钱"关系吗?当然有关系!公堂之上的官民"对话",这个过程可以方便地让人们理解 I²C 总线的通信流程。县太爷叫做"官",也就是 I²C 通信中的"主设备"。把堂下跪着的原告和被告叫做"民",也就是 I²C 通信中的"从设备"。这官民之间就是"通信"的双方。一般来说,堂审过程中具备"话语权"的"官"只有一个(在实际系统中也有多个"官员"的情况,在此暂不展开,章节的后续内容中会讲解"多主机"情况),但是"民"可能就不止一个,也就是说在 I²C 通信中,从设备的数量可以是多个,它们都"挂接"在 I²C 总线之上。"官"能对"民"做什么呢?常见的要么是"问话",要么就是"用刑"。"问话"就相当于是主设备读取从设备的"数据","用刑"就相当于主设备对从设备的"写入"或者其他操作。如果是"问话",则官和民的对话流程应该类似于图 20.2 所示。

分析图 20.2,首先要升堂才能开始审理案件,这"升堂"就是建立通信的开始,称之为"起始信号"或"开始信号"。升堂之后就要开始审理案件,自然就会涉及原告和被告,但是县太爷会选谁问话呢?有两种可能,第一种是"全体人员都听好了!",这种问话是针对所有人的,在

官		民		官	民	官	
升堂	传"王铁锤"	问话	草民在	我记得...	接着说	就是这样	...	退堂

图 20.2　官府从人犯处问话（主设备接收从设备数据）

I²C 通信中称之为"广播寻址"方式，也就是说通过"发送广播地址"的方式让 I²C 总线上所有的器件都能参与通信并全部选中。第二种是"传王铁锤"，这"王铁锤"就是一个选定的人犯，既不是"李钢蛋"也不是"张勇敢"，虽说堂下的人犯都听到了县太爷的问话，但是只有"王铁锤"才能站出来答话，这也就是发送特定的器件地址进行"寻址"。找到这个人犯后就需要对其进行"操作"，图 20.2 是县太爷向人犯"问话"的流程，这里的"问话"就是县太爷听取人犯的述说，就好比是 I²C 通信中的主设备接收从设备数据。问话以后王铁锤就回答"草民在"，这个回答很重要，它反映了两个问题，第一是王铁锤正确"识别"到县太爷的"问话"请求，第二是王铁锤对"问话"命令做出了响应，在 I²C 通信中称之为"从机应答"。人犯应答之后就开始述说案情"我记得..."，述说一个阶段之后，也就是数据组成了一个数据帧，此时人犯"歇了歇"等待县太爷的指示，听到县太爷说"继续"，这个"继续"就是县太爷对人犯讲述内容的一个肯定，并且要求人犯（从设备）继续讲述（传输数据），在 I²C 通信中把县太爷的"继续"称之为"主机应答"信号，意思是主机（县太爷）接收到了从机（人犯）的数据并继续保持数据传输。此时人犯继续讲述案件，等到讲述得差不多了，县太爷也就不会再说"继续"，也就是图 20.2 中的"..."状态，这个状态在 I²C 通信中称之为"主机非应答"或"主机无应答"，也就是说主机不希望读取数据了，从机此时就可以停止了。县太爷得到了人犯的"回话"，然后宣布"退堂"，这"退堂"就是案件审理的结尾，在 I²C 通信中称之为"停止信号"或"终止信号"。

按照这个"问话"的流程很容易想到"用刑"的流程，其流程如图 20.3 所示。

官		民	官	民	官
升堂	传"李钢蛋"	用刑	冤枉啊！	打二十大板	哎哟喂！	退堂

图 20.3　官府执行判决到人犯（主设备发送数据到从设备）

在图 20.3 中，升堂、传"李钢蛋"这两步都和"问话"流程是一样的，只是此时对人犯是"用刑"。人犯一听要用刑，为了表示惊恐和人犯的响应，说了一句"冤枉啊！"，这个就是"从机应答"。县太爷作为"主设备"开始发送具体的操作"打二十大板！"，然后就开始执行，只听见执行完成后人犯叫了一声"哎哟喂！"，也就是"从机应答"信号，表示主设备向从设备的写入操作已经完成，此时县太爷宣布"退堂"，也就是 I²C 通信中的"停止信号"。

理解了以上的官民对话流程，也就解决了 I²C 主设备与从设备的读写关系，官府从人犯处"问话"的流程就类似于 I²C 通信中主设备接收从设备数据的流程，其过程如图 20.4 所示。

主			从	主	从	主	
起始	7/10 位从机地址	R/W	从应答	数据	主应答	数据	主非应答	停止

图 20.4　主设备接收从设备数据

在通信开始时，首先由主机发送"起始信号"表示通信开始，然后发送 7/10 位从机地址和

1个读写控制位(若 R/W 位为"1"则表示读操作)，此处若发送"广播地址"则 I^2C 总线上的所有器件都会响应，若发送特定从机地址，则 I^2C 总线上的所有器件收到地址字节后会和自己的地址进行比较，只有比较结果相同的从设备才会返回一个"从机应答"信号，并开始向主设备发送数据，主设备收到数据后会向从设备反馈一个"主机应答"信号，从设备收到"主机应答"信号之后再向主设备发送下一个数据，当主设备完成数据接收后不再需要继续接收时会向从设备发送一个"主机非应答"信号(ACK＝1)，从设备收到该信号之后便会停止发送数据，最后主设备会发送一个"终止信号"以释放总线，结束通信。

需要注意的是，主机需要接收数据的数量由主机自身决定，当主机向从机发送"主机非应答"信号的时候，从机便结束本次数据传送并且释放总线。所以"主机非应答"信号具有两个作用，第一个作用是表明前一个从设备数据已经接收成功，第二个作用是停止从机的继续发送。

接下来思考"官府执行判决到人犯"的流程，该流程就类似于 I^2C 通信中主设备发送数据到从设备的流程，其过程如图 20.5 所示。

主			从	主	从	主
起始	7/10 位从机地址	R/W	从应答	数据	从应答	停止

图 20.5　主设备发送数据到从设备

在通信开始时，主设备首先要检测总线的状态，既然是要写入数据到从设备，主设备就必须要等到总线为"空闲状态"(即 SDA、SCL 两根通信线上均为高电平)时发送一个"起始信号"才能开始通信。

如果总线"空闲"，就可以发送 7/10 位从机地址和 1 个读写控制位(若 R/W 位为"0"则表示写操作)，如果此时发送"广播地址"，则 I^2C 总线上的所有器件都会响应，若发送特定从机地址，则 I^2C 总线上的所有器件收到地址字节后会和自己的地址进行比较，只有比较结果相同的从设备才会返回一个"从机应答"信号，主设备收到从设备的应答信号之后，开始发送第一个字节的数据，从设备收到数据后会返回一个应答信号给主设备，如果主设备需要写入的数据不止一个字节，那么此时主设备收到应答信号后还会再次发送下一个数据字节，当主机发送最后一个数据字节并收到从设备的应答信号后，通过向从设备发送一个"终止信号"就可以结束本次通信并释放总线。从设备一旦收到"终止信号"，就会退出与主机之间的通信。

需要注意的是，主机通过发送从机地址与对应的从机建立通信关系，而"挂接"在总线上的其他从机虽然也收到了地址码，但因为与自身的地址不相符合，因此退出了与主机的通信。主机的每一次发送过程(写数据到从机)，其写入的数据数量不受限制，主机是通过"终止信号"通知从机写入操作的结束，从机收到"终止信号"之后会退出本次通信。主机的每一次发送过程都是通过从机的"应答信号"获知从机的接收状况，如果从机没有及时应答(可能是由于从机内部"忙碌"或者电气连接出现问题)，则数据写入就会发生错误，此时可以由主机重新发送数据，再次尝试写入数据到从机。

20.2　初识标准 I^2C 总线协议

利用"古代堂审问案"的官民对话，读者大致了解了 I^2C 总线上主设备与从设备的通信流程,但这个流程仅仅是 I²C 总线知识的一部分,本节全面系统地介绍 STM8 系列单片机 I²C 总线功能,下面先了解一些标准 I²C 总线协议的基础知识。

I²C 总线是由 Philips 飞利浦公司开发的一个简单易用的双向两线总线系统,其设计用于实现 IC 之间的控制和通信,这个总线也称为“Inter IC”或“I²C”总线。该总线是近年来在微电子通信控制领域广泛采用的一种新型总线标准。它是同步通信的一种特殊形式,具有接口线路少、控制方式简单、器件封装小、通信速率高等优点。在主从通信中,可以有多个 I²C 总线器件同时“挂接”在 I²C 总线上,通过器件地址来区分通信的对象。

所有符合 I²C 总线通信协议的器件都具备一个片上 I²C 接口,使得器件之间可以直接通过 I²C 总线进行通信,这个设计理念解决了很多在设计数字控制电路时遇到的接口问题,大大简化了设计的复杂度。该总线协议和电气标准实际上已经成为了一个国际标准,得到了广泛的应用,典型的通信系统电气连接如图 20.6 所示。

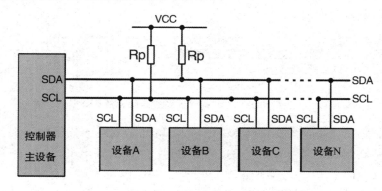

图 20.6 基于 I²C 总线架构的通信系统电气连接

仔细分析图 20.6,读者发现整个总线线路只有 2 根,一根叫做“SDA”是串行数据线,另外一根叫做“SCL”是串行时钟线,所有具备 I²C 接口的芯片或器件都是通过这两根线连接到 I²C 总线上的。总线上还有两个上拉电阻“Rp”,这个电阻在不同的器件数量和通信速率下取值会有变化。说到这里,就产生了一些疑问,这个 I²C 总线上的主从“角色”是如何分配的?上拉电阻 Rp 的作用是什么?那么多的设备都连接到总线上,怎么区分各自的“身份”?数据线只有 1 根,数据传输速率有多高?虽说 I²C 总线简化了芯片和设备间的连接,但是通信性能怎么保障?I²C 总线上的最大接入设备数量怎么确定?

这就叫作“一石激起千层浪”,不分析不要紧,一分析该图产生的疑问就非常之多,有了疑问是好事,至少会给读者学习的目标和动力,但是疑问个数较多怎么办?那就只能平心静气的逐一攻破了!

20.2.1 “相关人等”I²C 总线上的“角色”

还是从“古代堂审问案”的官民对话入手,县太爷是“官”,县太爷决定堂审的开始与结束,整个堂审的流程和进度也都是受控于县太爷的。这就是 I²C 通信中的“主设备”或称之为“主机”,主机的主要作用是初始化发送流程,产生起始信号、时钟信号、终止信号和必要的应答信号。原告与被告是“民”,当县太爷问话的时候就只能老老实实地作答,也就是 I²C 通信中的“从设备”或称之为“从机”,是被主机寻址和操纵的器件。

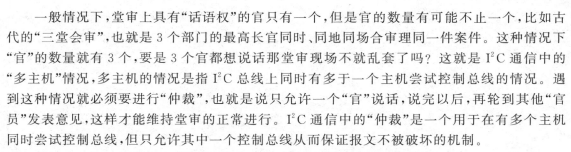

一般情况下,堂审上具有"话语权"的官只有一个,但是官的数量有可能不止一个,比如古代的"三堂会审",也就是 3 个部门的最高长官同时、同地同场合审理同一件案件。这种情况下"官"的数量就有 3 个,要是 3 个官都想说话那堂审现场不就乱套了吗?这就是 I²C 通信中的"多主机"情况,多主机的情况是指 I²C 总线上同时有多于一个主机尝试控制总线的情况。遇到这种情况就必须要进行"仲裁",也就是说只允许一个"官"说话,说完以后,再轮到其他"官员"发表意见,这样才能维持堂审的正常进行。I²C 通信中的"仲裁"是一个用于在有多个主机同时尝试控制总线,但只允许其中一个控制总线从而保证报文不被破坏的机制。

在 I²C 总线上的数据无非就是"收收发发",发送数据到总线的器件称之为"发送器",从线接收数据的器件称之为"接收器",这两者的"定义"要看实际情况。主机不一定只管"发"也有"收"的功能。举个例子说,假设主机 A 要向从机 B 发送数据,那么主机 A 就作为"主机发送器",从机 B 就作为"从机接收器",反过来主机 A 要接收从机 B 发来的数据,那么主机 A 就作为"主机接收器",从机 B 就作为"从机发送器",所以,发送器和接收器的"身份"要具体问题具体分析,按照实际数据流向而定。

由此看出,I²C 总线其实是一个多主机的总线机制,这就是说可以连接多于一个能控制总线的器件到总线,由于主机通常是微控制器,所以在讲解 STM8 系列单片机 I²C 总线实战应用时也是把单片机作为主机来讲解。

所有加入 I²C 总线的器件或者设备都是连接到"两线"上的,即串行数据线 SDA 和串行时钟线 SCL,SDA 和 SCL 都是双向线路,都通过一个电流源或上拉电阻连接到正的电源电压,当总线空闲时这两条线路都是高电平,连接到总线的器件输出级必须是漏极开路或集电极开路才能执行"线与"的功能。I²C 总线上串行的 8 位双向数据传输位速率有 3 种模式,这 3 种模式出现在了 I²C 协议发展的 3 个标准之中,就像是我国的"汽车、火车、飞机",不断地完善,不断地提速,在标准模式下的数据通信速率可达 100 kbit/s,在快速模式下的数据通信速率可达 400 kbit/s,在高速模式下的数据通信速率可达 3.4 Mbit/s。连接到总线的器件数量只由总线电容是 400 pF 的限制决定。连接到总线上的器件一般都配备有滤波器单元,可以滤除总线数据线上的毛刺波形,以保证数据的完整和有效。

I²C 总线是两线制通信,连接到总线的器件都有一个唯一的地址以区别各自的"身份",就好比古代堂审时人犯都有各自的姓名,比如"王铁锤"、"李钢蛋"或者"张勇敢"。在总线上的每一个设备都可以作为发送器或接收器,具体的"角色"扮演由器件的功能决定。

在 I²C 通信中常见的从机器件地址有 7 位地址和 10 位地址,标准模式的 I²C 总线规范在 20 世纪 80 年代的初期就已经存在了,它规定数据传输速率可达 100 kbit/s。而且 7 位寻址这个概念在发展中迅速普及,已然作为了一个被全世界接受的标准,而且飞利浦 Philips 公司和其他供应商提供了几百种不同的兼容 IC,为了符合更高速度的要求以及制造更多从机地址给数量不断增长的新器件,标准模式 I²C 总线规范在原有基础之上不断地升级和扩展,如今的 I²C 快速通信模式位速率可达 400 kbit/s,高速模式(Hs 模式)位速率可达 3.4 Mbit/s,还支持 10 位从设备地址寻址,允许使用 1 024 个从机地址,真可谓是提升了"不止一点"。

"从机地址长度"的变化其实很好理解。在人口众多的我国,姓名叫"李刚"、"张军"的人重复率极高,所以现在有很多子女的家长为孩子取名 4 个汉字的名字,这样一来重复率就大大降低。拿我们熟悉的西班牙画家和雕塑家毕加索来说,他的中文译名全称为"帕布罗.迭戈.荷瑟.山迪亚哥.弗朗西斯科.德.保拉.居安.尼波莫切诺.克瑞斯皮尼亚诺.德.罗斯.瑞米迪欧斯. 西波瑞亚诺. 德. 拉. 山迪西玛. 特立尼达. 玛利亚. 帕里西奥. 克里托. 瑞兹. 布拉斯科. 毕加索", 这名字不仅"霸气"而且十分的长, 相信这样的名字几乎不可能重名。所以, 在 I^2C 通信中采用新的 10 位从机地址寻址策略就可以很好的解决多地址分配问题, 适应新器件增长的需要。

在实际的 I^2C 通信系统中从机地址的选择并不是一定要选择 10 位, 在带有快速模式或高速 (Hs 模式) 模式的 I^2C 总线系统中, 如果有可能的话, 应该首选 7 位地址, 因为它是最简单的硬件解决方案, 而且报文长度最短, 可以减小数据传输量。有 7 位和 10 位地址的器件可以在相同的 I^2C 总线系统中混合使用, 不需要考虑是哪种模式的系统。现有的和未来的主机都能产生 7 位或 10 位的地址, STM8 单片机 I^2C 资源中的自身地址位数就可以进行自定义修改和配置。

20.2.2 "升堂退堂"数据有效性及起止条件

说到 I^2C 总线通信的两根线, 就不得不说这两根线上所传输的"信号"。在数据通信时首先要保证"电平信号的有效性", 也就是说在 SDA 数据线上每传输一个数据位就应该在 SCK 时钟线上对应产生一个时钟脉冲。在实际系统构建时, 连接到 I^2C 总线上的的器件有可能具有不同的制造工艺, 比如说 CMOS 制造工艺、NMOS 制造工艺、双极性制造工艺等。不同的制造工艺会导致电气性能的差异, 这样一来, 各器件在总线线路上表现出的低电平"0"和高电平"1"的电压阈值就有可能不统一, 对于这样的情况, 可能会需要用到"电平转换"单元进行转换, 此时就需要用户合理选择电平转换方案以确保信号电平的统一性和有效性。

保证电平信号有效之后就要保证"传输数据的有效性", 在 I^2C 总线通信中约定数据线 SDA 上的数据位必须在时钟线 SCK 的高电平周期内保持稳定, 数据线 SDA 上的电平状态只有在时钟线 SCL 上的时钟信号为低电平时才能发生改变, 简单的来说就可以总结为一句话: "时钟为高, 数据有效, 时钟为低, 数据可变", 其时序如图 20.7 所示。

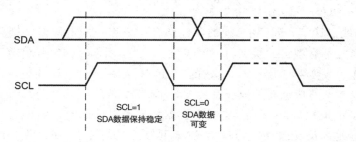

图 20.7 I^2C 总线数据有效性时序情况

当然了, 在两根通信线上还有两种极其重要的"条件信号", 就好比古时候的堂审, 开始堂审的时候县太爷要"升堂", 案件审理完了还要"退堂"。在 I^2C 总线通信开始时需要主机产生时钟信号和"起始条件" (在时序图中常表示为"START"条件或者简化表示为"S"条件), 该信号的产生是在串行时钟线 SCL 保持高电平时将串行数据线 SDA 由高电平置低使其产生下降沿的过程。在 I^2C 总线通信阶段性结束时需要产生"停止条件" (在时序图中常表示为"STOP"条件或者简化表示为"P"条件), 该信号的产生是在串行时钟线 SCL 保持高电平时将串行数据线 SDA 由低电平置高使其产生上升沿的过程。两种条件信号时序如图 20.8 所示。

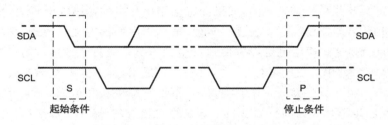

图 20.8　起始条件与停止条件时序

在 I²C 总线的通信过程中,起始条件和停止条件一般由主机产生,I²C 总线在起始条件后被认为处于"总线忙"的状态,在停止条件的某段时间后总线被认为再次处于"总线空闲"的状态。如果在总线中产生了重复起始条件("Sr"条件)而不产生停止条件,总线会一直处于"总线忙"的状态,此时的起始条件"S"和重复起始条件"Sr"在功能上是一样的。符号"S"作为一个通用的术语既可以表示起始条件又可以表示重复起始条件,除非有特别声明的"Sr"条件。如果连接到总线的器件内部有"专用"的硬件 I²C 接口(例如 I²C 接口芯片或者具备 I²C 硬件接口的微控制器),这类芯片或者设备在检测起始条件和停止条件时多数是硬件直接检测,检测过程不需要用户编程实现,使用十分简便。对于没有专用 I²C 硬件接口的微控制器来说,起始条件和停止条件的检测方法就要复杂一些,需要让微控制器在每个时钟周期至少采样两次串行数据线 SDA 来判断有没有发生电平跳变,I²C 的通信过程也需要用 GPIO 引脚去"模拟"I²C通信时序得到。

这里所讲的 I²C 通信"模拟时序"其实应用得非常的多,很多读者在学习 MCS-51 内核单片机时就经常使用,由于大多数的"51"单片机都不具备 I²C 硬件接口,所以开发者经常使用GPIO 进行时序"模拟",这种情况下,通信过程中的每一个环节都需要开发者按照时序去编程实现,虽然麻烦了点,但是可以加深编程者对 I²C 通信过程的理解,也可以方便移植。所以本章的内容主要讲解 STM8 系列单片机 GPIO"模拟"I²C 时序实现数据通信,STM8 系列单片机的硬件 I²C 资源可由读者在学习本章内容之后自行学习。

20.3　初识 Atmel 公司 AT24Cxx 系列 EEPROM 芯片

在学习 I²C 串行通信的时候必须要选择一个"实操对象",这个对象的选择十分重要,既要凸显 I²C 串行总线的读写流程,又不能涉及太多 I²C 之外的复杂功能,需要找一个难度低、好"上手"的器件去练习。在市面上的单片机开发板资源中,所有的 I²C 实验几乎都用了AT24Cxx 系列串行 EEPROM 作为讲解实例,这是因为该芯片使用简单,芯片本身是一个掉电非易失的 EEPROM 单元,可以方便地验证 I²C 串行通信、器件寻址与应答、数据读写、页写(连续写入)或者连续读出操作,该芯片还十分"有用",广泛应用于掉电后数据非易失的场合,比如家用空调,每次上电时都能显示出上一次设定的模式和温度。

大多数的初学者在学习 I²C 串行通信时都会有很多疑惑,比如 I²C 的起始信号、终止信号、从机应答、主机应答、主机非应答和器件寻址这些关键的环节是如何产生的? 只要学习I²C 串行通信就可能接触到 AT24Cxx 系列串行 EEPROM 芯片,这么说来,I²C 是不是 EEP-ROM 存储器的代名词呢?

有这样的疑问是很正常的,首先 I²C 的起始信号、终止信号、从机应答、主机应答、主机非应答、器件寻址这些环节是非常重要的,如果读者采用单片机的 GPIO 引脚去"模拟"I²C 的通信时序,那么这些环节就需要编程者去逐一实现,虽然程序的编写较为繁琐,但是可以加深大家对 I²C 通信的理解,这些程序也可以方便地移植到不具备硬件 I²C 接口的微控制器上。如果读者采用 STM8 系列单片机的硬件 I²C 接口去实现通信,那么这些环节都是靠配置一些寄存器得到的,用户不用"亲自"编写时序流程,只需要读写和设定相关寄存器即可。还有一些读者觉得 I²C 就是 EEPROM 存储器的代名词,这是绝对错误的,基于 I²C 接口的功能芯片相当的多,比如 LCD 液晶驱动器芯片、GPIO 扩展芯片、RAM 芯片、EEPROM 芯片、A/D 转换器芯片、D/A 转换器芯片等。所以读者可以先行学习 I²C 串行通信有关的知识,然后再去了解相关的芯片,只要"拿下"了 I²C 通信流程及时序理解,任何基于 I²C 接口的功能芯片都能触类旁通。

20.3.1 AT24Cxx 系列芯片简介

本小节请出"主角"AT24Cxx 系列芯片。该系列芯片是由 Atmel 公司开发的串行 EEPROM 单元,该系列不同芯片的 EEPROM 容量大小也有不同,常见的芯片型号有 AT24C01、AT24C02、AT24C04、AT24C08、AT24C16、AT24C32、AT24C64、AT24C128 和 AT24C256 等。本小节主要研究 AT24C02 芯片,该芯片是一个 2 K 串行 EEPROM 单元,内部含有 256 B,有一个 8 B 页写缓冲器,该芯片可以通过 I²C 串行总线接口进行数据读写操作,芯片还有一个专门的写保护功能(WP 引脚)。该芯片具备多种封装形式,常见的 SOIC 封装如图 20.9(a)所示,TSSOP 封装如图 20.9(b)所示,双列直插 PDIP 封装如图 20.9(c)所示,MAP 封装如图 20.9(d)所示。

(a)   **(b)**   **(c)**   **(d)**

图 20.9 **AT24Cxx 系列芯片封装外观**

不同封装形式的引脚分布不尽相同,常见的 SOIC 封装引脚分布如图 20.10(a)所示,TSSOP 封装引脚分布如图 20.10(b)所示,双列直插 PDIP 封装引脚分布如图 20.10(c)所示,MAP 封装引脚分布如图 20.10(d)所示。在这些封装的引脚分布中,"A0"、"A1"和"A2"引脚是器件地址选择引脚,"SDA"引脚为串行数据/地址的输入/输出端,"SCL"引脚为串行时钟的输入端,"WP"引脚为"写保护"配置端,"VCC"引脚可以连接到电源正极,"GND"引脚可以连接到电源地。

分析图 20.10,可以看到 AT24Cxx 系列芯片的引脚数量比较少,可以将这 8 个引脚大致划分为 3 类,第一类"I²C 接口通信引脚"是"SCL"和"SDA",第二类"供电引脚"是"VCC"和"GND",第三类"芯片功能引脚"是"A0"、"A1"、"A2"和"WP"。下面详细介绍这些引脚。

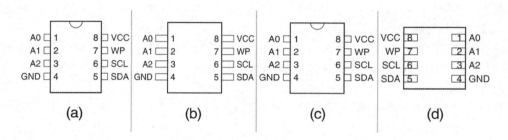

图 20.10 AT24Cxx 系列芯片各封装下的引脚分布

"SCL"串行时钟输入引脚用于产生器件数据发送或接收过程中所需的时钟"节拍",这是一个输入引脚。"SDA"串行数据/地址的输入/输出引脚用于器件数据的发送或接收,"SDA"是一个开漏输出引脚,可与其他开漏输出或集电极开路输出引脚进行线或功能。

"A0"、"A1"和"A2"引脚是器件地址的输入端,这些引脚可以在多个存储器件级联的时候使用,可用于设置各自的器件地址(通过引脚上的不同电平状态来区分同一个总线上的不同芯片),当这些引脚悬空时,默认值为"0"。当使用 AT24C01 或 AT24C02 芯片时,同一个 I²C 总线上最多可级联 8 个芯片。如果总线上只有一个 AT24C02 芯片被总线寻址,这 3 个地址输入引脚可以悬空或直接连接到 GND 处理。如果总线上只有一个 AT24C01 芯片被总线寻址,这 3 个地址输入引脚必须连接到 GND。当使用 AT24C04 芯片时,最多可连接 4 个器件到总线上,该器件仅使用"A1"和"A2"地址引脚,"A0"引脚未使用,可以将"A0"引脚连接到 GND 或悬空处理,如果只有一个 AT24C04 芯片被总线寻址,"A1"和"A2"地址引脚可悬空或连接到 GND。当使用 AT24C08 芯片时,最多可连接 2 个器件到总线上,且仅使用地址引脚"A2",该芯片"A0"和"A1"引脚未使用,可以将其连接到 GND 或悬空处理。如果只有一个 AT24C08 芯片被总线寻址,"A2"引脚可悬空或连接到 GND。当使用 AT24C16 芯片时最多只可以连接 1 个器件,所有地址引脚都未使用,引脚可以连接到 GND 或悬空处理。

"WP"引脚是"写保护"配置引脚,如果"WP"引脚连接到 VCC 端(也就是高电平),此时存储器内所有的内容都会被写保护,芯片中的数据变为"只读",不允许写入。当"WP"引脚连接到 GND 端(也就是低电平)或者是悬空时,可允许器件进行正常的读/写操作。

20.3.2 AT24Cxx 系列芯片写操作时序

熟悉了引脚功能以后,本小节介绍 AT24Cxx 系列芯片的读/写时序。写时序比较简单,所以先介绍写时序过程。

在 I²C 串行通信建立之前,主机需要发送一个"起始信号"启动发送过程,然后发送主机需要寻址的从机地址。对于 AT24Cxx 系列芯片来说,从机地址共有 7 位,在 7 位地址中高 4 位固定为 $(1010)_B$,接下来的 3 位由"A2"、"A1"和"A0"引脚上的电平状态决定。从机芯片的寻址地址格式如图 20.11 所示,图中的"A0"、"A1"和"A2"分别对应 AT24Cxx 系列芯片的第 1～3 引脚,"P0"、"P1"和"P2"对应存储阵列字地址。

假设使用 AT24C02 芯片作为从机,那么在同一个 I²C 总线上最多可以"挂接"8 个 AT24C02 芯片,用户可以分别将这 8 个芯片的"A0"、"A1"和"A2"引脚上的电平状态配置为"000"、"001"、"010"、"011"、"100"、"101"、"110"和"111",这样就用"硬件方法"为从机芯片分

配了地址。同样的，AT24C04 只启用了"A2"和
"A1"地址配置引脚，所以最多只能"挂接"4 个。
AT24C08 只启用了"A2"地址配置引脚，最多只能
"挂接"2 个。AT24C16 没有启用地址配置引脚，最
多只能"挂接"1 个。

不管是 AT24Cxx 系列芯片的读操作还是写操
作，"寻址器件"都是至关重要的一步，如果 I²C 总线
上根本就不存在所寻址的器件，那么读操作和写操

图 20.11　AT24Cxx 系列芯片寻址地址格式

作都是无意义的。当主机发送起始信号之后，就会发出从机地址，从机地址一般常用 7 位地址
（也有 10 位地址的情况），从机地址发出后，I²C 串行总线上的所有从机都会接收到该地址并
将主机发送的地址和自身地址进行比对，如果比对成功则需要发出"从机应答"信号，如果比对
不成功，从机可以"无视"主机的寻址请求。

主机是如何"告知"从机当前是要进行写操作还是读操作的呢？这个问题非常好！要解决
这个问题就需要分析图 20.11 所示内容，大家一定注意到在 7 位地址之后有个"R/W"位，该
位就是读/写控制位，如果"R/W"位为"0"则表示当前是写操作，如果"R/W"位为"1"则表示当
前是读操作。也就是说，主机在发出起始信号之后，紧接着发出了"从机地址＋读/写控制"数
据帧，这个数据帧里面包含了两个重要部分。

AT24Cxx 系列芯片的写操作分为两种模式，第一种模式称为"字节写入模式"，第二种模
式称为"页写入模式"。"字节写入模式"可以指定 AT24Cxx 系列芯片的任何一个存储地址作
为写入地址，然后向该地址中写入一个单字节数据，这种方法比较灵活，但是写入速度很慢，每
次写入一个数据都要遵循"起始、寻址、指定地址、写入数据、停止"的过程。"页写入模式"可以
指定 AT24Cxx 系列芯片的任何一个存储地址作为页写入操作的起始地址，然后连续写入多
个数据到页缓冲器中，页缓冲器再把写入数据"搬移"到非易失存储区域去保存。这种方法比
较简单，写入速度远远高于"字节写入模式"，写入数据遵循"起始、寻址、指定页写首地址、连续
写入一页数据、停止"的过程。

读者又要问，"页缓冲器"有多大呢？要是写的内容不足一页怎么处理？要是写的内容比
一页还多又怎么办？"页缓冲器"的大小和具体的 AT24Cxx 系列芯片型号有关，AT24C01/02
芯片的"页缓冲器"可以一次写入 8 个字节，AT24C04/08/16 芯片的"页缓冲器"可以一次写入
16 个字节。如果用户欲写入的数据不足一页也可以按页写入，如果数据超过一页大小，可以
将数据进行"切割"，按页方式依次写入即可。

下面介绍"字节写入模式"。"字节写入模式"下的通信时序如图 20.12 所示。通信开始
时，先由主机发送起始命令和从机地址信息以及"R/W"读写选择位（由于此时执行的操作是
写操作，所以 R/W 位应该为"0"）。如果寻址的从机在总线中并且功能正常，则主机发送寻址
操作后应该收到来自从机的第一次应答信号（ACK），也就是说 SDA 线路应该被从机置低。
收到从机应答信号之后，主机会继续发出一个"欲写入数据的存储单元地址"，这个地址字节发
送给从机后，从机又会产生第二次应答信号（ACK），此时主机发送出欲写入数据，从机将数据
取回并产生第三次应答信号（ACK），在主机产生终止信号后从机（AT24Cxx 系列芯片）开始
内部数据的擦写操作，在内部数据擦写的过程中从机不再应答主机的任何请求，此时的从机进
入了"忙碌"状态，也就是说，AT24Cxx 系列芯片会把从总线取回的数据存放到芯片内部的非

易失区域。AT24Cxx 系列芯片把数据成功写入非易失区域所花费的时间称为"写周期时间",也就是"t_{WR}"时间,"写周期时间"是指从一个写时序的有效终止信号到芯片内部编程/擦除周期结束的这一段时间,在写周期时间内,总线接口电路禁止,SDA 引脚保持为高电平,器件不响应外部操作。这个周期时间的具体取值需要读者查阅具体芯片的数据手册,以 AT24C02 这款芯片为例,该时间参数是低于 10 ms 的。

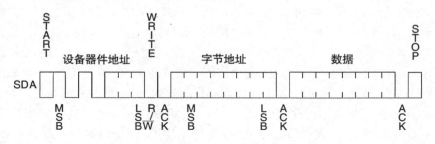

图 20.12　"字节写入模式"通信时序图

　　需要说明的是,I²C 总线在进行主机数据写入从机过程时,主机每成功地发送一个字节数据,从机都必须产生一个应答信号作为"回应",应答的从机会在第 9 个时钟周期时将 SDA 线路拉低以表示其收到了一个 8 位数据,AT24Cxx 系列芯片在接收到起始信号和从器件地址之后会与自身地址进行"比较",如果主机是在"呼叫"自己,则从机会发送一个应答信号以响应主机的"呼叫"。

　　接着介绍"页写入模式"。"页写入模式"的通信时序如图 20.13 所示。用页方式写入 AT24C01/02 芯片可一次写入 8 个字节数据,用页方式写入 AT24C04/08/16 芯片则可以一次写入 16 个字节的数据,这里的字节大小其实就是器件内部的"页缓冲器"容量。页写操作的启动和字节写操作是一样的,不同之处在于页方式写入了一个字节数据之后并不急于产生终止信号,而是等到一页数据都写完之后,才产生 1 次终止信号。主机可以连续发送 P 个字节(AT24C01/02 可以发 7 个,AT24C04/08/16 可以发 15 个)。每发送一个字节数据 AT24Cxx 系列芯片都会产生一个从机应答并将字节地址低位自动加 1,高位保持不变。如果在终止信号之前,主机发送的数据超过了"P+1"个字节,则地址计数器将自动翻转,先前写入的数据会被覆盖。接收到终止信号后,AT24Cxx 系列芯片会启动内部写周期将数据写到非易失区域。

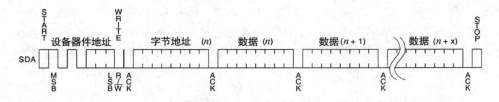

图 20.13　"页写入模式"通信时序图

20.3.3　AT24Cxx 系列芯片读操作时序

　　学习了 AT24Cxx 系列芯片的写操作时序之后读者感觉如何呢?是不是觉得也不难?本小节介绍 AT24Cxx 系列芯片的读操作时序,读操作和写操作在很多地方都是相似的,读者可以对比起来进行理解和加深。

AT24Cxx 系列芯片读操作的初始化方式和写操作是一样的,仅仅需要把"R/W"位的"0"置为"1"即可。AT24Cxx 系列芯片支持 3 种不同的读操作方式:"立即地址读方式"、"选择读方式"和"连续读方式"。

先介绍"立即地址读方式"。AT24Cxx 系列芯片内部的地址计数器内容为最后操作字节的地址加 1,也就是说,如果上次读/写的操作地址为"N",则"立即读方式"的地址实际上是从"N+1"开始的,如果"N 等于 E"(这里的"E"表示 AT24Cxx 系列芯片的上限地址,对于 AT24C01 芯片来说"E"等于 127,对于 AT24C02 芯片来说"E"等于 255,对于 AT24C04 芯片来说"E"等于 511,对于 AT24C08 芯片来说"E"等于 1 023,对于 AT24C16 芯片来说"E"等于 2 047),则 AT24Cxx 系列芯片的内部地址计数器将翻转到"0"地址并且继续输出数据。

"立即地址读方式"的通信时序如图 20.14 所示,AT24Cxx 系列芯片接收到从主机发送的"器件地址+R/W 位为 1"的数据帧之后,会与自身地址进行对比,如果比对成功则发出从机应答信号(ACK),然后发送芯片内部"N+1"地址所存储的一个 8 位字节数据,主机读回数据后会发送"主机非应答"信号(NO ACK),然后产生一个终止信号,至此,通信过程就顺利结束了。

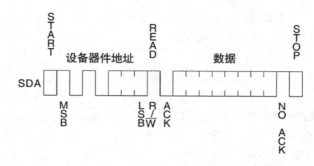

图 20.14 "立即地址读方式"通信时序图

接着介绍"选择读方式",其通信时序图如图 20.15 所示。该方式允许主机对 AT24Cxx 系列芯片内部任意地址的数据进行读操作。其通信时序如图 20.15 所示,在通信开始时,主机首先发送起始信号、"从机地址+R/W 位为 0"和欲读取的数据地址执行一个"伪写"操作过程,什么叫"伪写"呢? 意思是说,实际操作是"写操作",但是想实现的功能却是"读操作"。在"伪写"操作过程之后应该收到来自 AT24Cxx 系列芯片的从机应答,主机重新发送起始信号、"从机地址+R/W 位为 1"并且等待 AT24Cxx 系列芯片的从机应答。收到从机应答信号之后

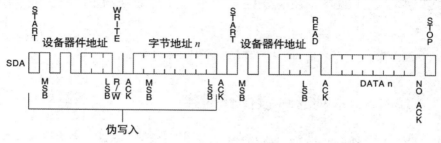

图 20.15 "选择读方式"通信时序图

就可以读回数据了,读回数据后主机会发送"主机非应答"信号(NO ACK),然后产生一个终止信号,至此通信过程就顺利结束了。

最后介绍"连续读方式"。该方式和"立即地址读方式"以及"选择读方式"大同小异,可以通过"立即地址读方式"以及"选择读方式"操作启动连续读取流程,在 AT24Cxx 系列芯片发送完一个 8 位的字节数据之后,主机不是产生"主机非应答"信号,而是产生一个"主机应答"信号来响应从机,意思是"告知"AT24Cxx 系列芯片继续送出数据,读者要特别注意了,"主机应答"信号的意思是主机需要更多的数据,要求从机继续把数据送出。每当主机发出"主机应答"信号之后,从机都会产生"从机应答"。如果主机"不想"再读取数据了,就会发送一个"主机非应答"信号以表示读取操作的结束。

在连续读取数据的过程中,AT24Cxx 系列芯片内部的地址计数器会执行加 1 操作,也就是说主机可以连续地读取一整块连续数据,当读取的数据地址慢慢递增到"E"时(这里的"E"表示 AT24Cxx 系列芯片的上限地址,对于 AT24C01 芯片来说"E"等于 127,对于 AT24C02 芯片来说"E"等于 255,对于 AT24C04 芯片来说"E"等于 511,对于 AT24C08 芯片来说"E"等于 1023,对于 AT24C16 芯片来说"E"等于 2047),AT24Cxx 系列芯片的内部地址计数器将翻转到"0"地址并且继续输出数据。

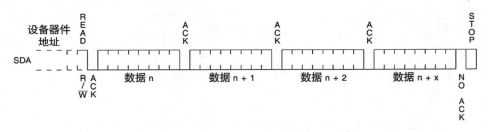

图 20.16 "连续读方式"通信时序图

需要注意的是,当 AT24Cxx 系列芯片工作于读模式时,主机会在发送一个 8 位数据之后释放 SDA 线路(也就是把 SDA 线路拉高)并且等待一个从机应答信号(也就是检测 SDA 线路是否被从机拉低)。在数据读取过程中,如果从机收到来自主机的"主机应答"信号,则 AT24Cxx 系列芯片会继续发送数据,如果主机发出了"主机非应答"信号,则从机会停止数据传送并且等待终止信号。

20.3.4 基础项目 A STM8 模拟 I²C 读/写 AT24C02 应答测试实验

到现在为止,读者学习了 I²C 串行总线的通信流程,也学习了 AT24Cxx 系列芯片的读写时序,但是总感觉"不太踏实",有这种感觉是因为自己没有去"实践"过。接下来的几个小节会用 4 个实践项目彻底拿下 AT24Cxx 系列芯片数据读写,从项目中加深对 I²C 串行总线通信的理解。项目以 AT24C02 芯片为实操对象,利用 STM8 系列单片机 GPIO 引脚"模拟"I²C 通信时序,逐一实现 AT24C02 应答测试实验、单字节读写 AT24C02 实验、多字节读写 AT24C02 实验和页写入 AT24C02 实验等项目功能。本节设立的 4 个实践项目难度依次递增,每一个项目都是在前一个项目的基础上构建的,所以项目的难度是呈梯级变化的,项目中的知识点全部建立在之前的理论基础上。

要想实践就必须明确实验步骤和实验目标,实验目标是用 STM8 系列单片机 GPIO 引脚"模拟"I^2C 通信时序去读写 AT24C02 芯片中的数据,第一个实践项目是 AT24C02 芯片应答测试,有的读者会说:"应答测试就是读取从机应答信号,这难度也太低了吧!",实验项目的难度确实很低,但是要想成功,就必须要走出正确的第一步!有很多读者一开始就编写了非常多复杂的功能函数去尝试芯片读写,反而容易耗费时间且多走弯路,所以本小节选定一个难度较低的项目作为"第一步"。

实验以 AT24C02 芯片作为实操对象,I^2C 总线上最多可以"挂接"8 个该芯片,读者只需要配置芯片的"A0"、"A1"和"A2"引脚电平状态即可用"硬件方法"分配从机地址了,为了降低硬件电路的复杂度,实验中只"挂接"了一个 AT24C02 芯片单元到 I^2C 总线上,为了简化电路连接,直接将"A0"、"A1"和"A2"引脚连接到了电源地。实际搭建的实验硬件电路如图 20.17 所示。

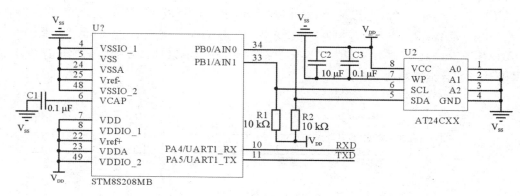

图 20.17　STM8 模拟 I^2C 读写 AT24C02 实验电路原理图

分析图 20.17,实际项目以 STM8S208MB 单片机为主控制核心,单片机分配了两个 GPIO 作为 I^2C 总线的时钟线和数据线,此处分配 PB0 引脚作为串行数据线,该引脚连接到了 AT24C02 芯片的 SDA 引脚。分配 PB1 引脚作为串行时钟线,该引脚连接到了 AT24C02 芯片的 SCL 引脚。电路中为 SDA 和 SCL 两条线路上分别添加了 R1 和 R2 这两个上拉电阻,实际取值为 10 kΩ。写保护 WP 引脚直接连接到了电源地,此时 AT24C02 芯片的写保护被禁止,单片机可以正常地对 AT24C02 芯片进行读写操作。电容 C2 和 C3 为 AT24C02 芯片供电端的去耦滤波电容。AT24C02 芯片的"A0"、"A1"和"A2"引脚连接到了电源地,此时的 7 位从机地址就由 AT24C02 芯片固定的高 4 位$(1010)_B$ 加上"硬件方法"配置的低 3 位$(000)_B$ 共同构成。

为了方便地观察实验数据,读者可以在主控电路基础之上构建串口数据打印功能。考虑到 STM8 单片机的串口功能引脚是 TTL/COMS 电平标准的,无法直接与计算机端连接,所以设计一个基于 CH340G 芯片的 USB 转 TTL 串口电路,其电路原理如图 20.18 所示,在图中的 U3 为 CH340G 芯片,P1 为迷你 USB 接口,通过该接口连接 USB 线缆到计算机端的 USB 端口上,"RXD"和"TXD"连接到图 20.17 所示的 STM8 主控电路中的相应电气网络即可。

硬件电路搭建完成之后就可以着手软件程序的编写了,在软件中编写一个延时函数 delay()用于进行 I^2C 总线通信过程中的延时和电平时序之间的延时。还需要编写 I^2C 总线通信过

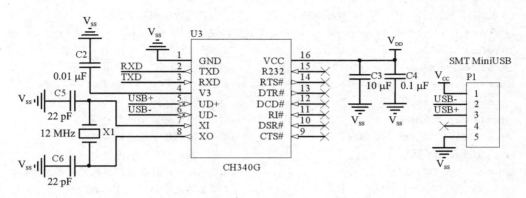

图 20.18 基于 CH340G 的 USB 转 TTL 串口电路

程中的起始信号配置函数 I2C_START()、终止信号配置函数 I2C_STOP()、单字节数据写入函数 I2C_Write8Bit()。这 3 个函数主要是由时序图"转换"而来,均是使用单片机的 GPIO 引脚"模拟"出的通信时序。

说到用 GPIO 引脚去"模拟"相关时序就引出了一个"头疼"的问题,SDA 线路是 I²C 通信中的串行数据线,作为主机来说,写入数据到总线的时候主机是"主机发送器",主机要读取从机数据时主机是"主机接收器",也就是说,不同情况下主机充当的"角色"不同,这就要求 SDA 引脚必须满足"双向模式",那么,PB0 引脚(实际作为 SDA 引脚)需要怎么配置呢? 要解决这个问题就需要编写一个 SDA 串行数据引脚方向性配置函数 I2C_SDA_DDR(),通过向该函数送入不同的实际参数得到 PB0 引脚的不同初始化配置,从而改变 PB0 引脚的输入/输出模式。

以上问题都考虑清楚以后,就该考虑如何观察实验效果了。首先想到用一个发光二极管来指示 AT24C02 芯片的应答情况,如果发光二极管亮起说明答应成功,如果熄灭说明应答失败。仔细地想想这个方法,虽然简单,但是在后续的实践项目中用处不大,所以干脆启用串口资源打印相关数据吧! 有了这个要求就必须编写 3 个与串口资源有关的函数,以 STM8 系列单片机片上 UART1 资源为例,需要编写 UART1 串口初始化函数 UART1_Init()和 UART1 发送单字符函数 UART1_SendByte(),如果希望使用 Printf()函数直接打印相关数据,还需要编写 UART1 发送字符重定向函数 putchar()。有关 UART1 资源的相关知识可由读者回顾第 17 章所讲解的相关内容,此处就不做重复讲解了。

思路通了程序编写就简单多了,利用 C 语言编写 STM8 模拟 I²C 读写 AT24C02 应答测试实验的具体程序实现如下:

```
/*********************************************************************
* 实验名称及内容:STM8 模拟 I2C 读写 AT24C02 应答测试实验
*********************************************************************/
# include "iostm8s208mb.h"              //主控芯片的头文件
# include "stdio.h"                      //需要使用 printf()函数故而包含该头文件
/********************* 常用数据类型定义 *********************/
【略】为节省篇幅,相似语句可以直接参考之前章节
/********************* 端口/引脚定义区域 *********************/
# define   SDA_OUT      PB_ODR_ODR0      //I2C 总线时钟引脚 PB0(输出)
# define   SDA_IN       PB_IDR_IDR0      //I2C 总线时钟引脚 PB0(输入)
```

```
#define    SCL                PB_ODR_ODR1          //I2C 总线时钟引脚 PB1
/*********************** 用户自定义数据区域 ************************/
#define    HSIClockFreq       16000000             //系统时钟频率,单位为 Hz
#define    BaudRate           9600                 //欲设定波特率
/*********************** 函数声明区域 ************************/
void delay(u16 Count);                             //延时函数声明
void UART1_Init(void);                             //UART1 串口初始化函数声明
void UART1_SendByte(u8 data);                      //UART1 发送单字符函数声明
int putchar(int ch);                               //UART1 发送字符重定向函数声明
void I2C_SDA_DDR(u8 ddr);                           //I2C_SDA 串行数据引脚方向性配置函数声明
void I2C_START(void);                              //I2C 总线起始信号配置函数声明
void I2C_STOP(void);                               //I2C 总线终止信号配置函数声明
u8 I2C_Write8Bit(u8 DAT);                          //I2C 总线单字节数据写入函数声明
/*********************** 主函数区域 ************************/
void main(void)
{
  u8 ACK = 0;                                      //定义变量用于存放应答信号
  CLK_CKDIVR = 0x00;                               //设置时钟为内部 16 MHz 高速时钟
  delay(200);                                      //延时系统时钟稳定
  UART1_Init();                                    //串口 1 初始化
  delay(200);                                      //延时等待串口初始化完成
  PB_DDR_DDR1 = 1;                                 //配置 PB1 引脚(SCL)为输出模式
  PB_CR1_C11 = 1;                                  //配置 PB1 引脚(SCL)为推挽输出模式
  PB_CR2_C21 = 0;                                  //配置 PB1 引脚(SCL)低速率输出模式
  printf("|*****************************************************|\r\n");
  printf("|          STM8 模拟 I2C 读写 AT24C02 应答测试实验          |\r\n");
  printf("|*****************************************************|\r\n");
  printf("|【系统提示】:第一次 I2C 总线器件寻址...\r\n");
  printf("|【系统提示】:起始信号...\r\n");
  I2C_START();                                     //产生 I2C 通信起始信号
  printf("|【系统提示】:寻址器件 0xA0...\r\n");
  ACK = I2C_Write8Bit(0xA0);                       //发送(器件地址 + 写操作)并取回应答信号
  if(ACK == 0)                                     //如果收到从机应答
    printf("|【系统提示】:找到了地址为 0xA0 的 AT24C02 芯片! \r\n");
  else                                             //没有收到从机应答
    printf("|【系统提示】:逗我呢? 找不到啊! \r\n");
  printf("|【系统提示】:终止信号...\r\n");
  I2C_STOP();                                      //产生 I2C 通信终止信号
  printf("|*****************************************************|\r\n");
  printf("|【系统提示】:第二次 I2C 总线器件寻址...\r\n");
  printf("|【系统提示】:起始信号...\r\n");
  I2C_START();                                     //产生 I2C 通信起始信号
  printf("|【系统提示】:寻址器件 0xC0...\r\n");
  ACK = I2C_Write8Bit(0xC0);                       //发送(器件地址 + 写操作)并取回应答信号
  if(ACK == 0)                                     //如果收到从机应答
    printf("|【系统提示】:找到了地址为 0xC0 的 AT24C02 芯片! \r\n");
```

```
  else                                    //没有收到从机应答
    printf("|【系统提示】:逗我呢？找不到啊！\r\n");
  printf("|【系统提示】:终止信号...\r\n");
  I2C_STOP();                             //产生 I2C 通信终止信号
  printf("| ***********************************************|\r\n");
  while(1);                               //死循环,程序"停止"
}
/ *******************************************************************/
void delay(u16 Count)
{【略】}                                   //延时函数
void UART1_Init(void)
{【略】}                                   //UART1 串口初始化函数
void UART1_SendByte(u8 data)
{【略】}                                   //UART1 发送单字符函数
int putchar(int ch)
{【略】}                                   //UART1 发送字符重定向函数
/ *******************************************************************/
//I2C_SDA 串行数据引脚方向性配置函数 I2C_SDA_DDR(),有形参 ddr,无返回值
/ *******************************************************************/
void I2C_SDA_DDR(u8 ddr)
{
  if(ddr == 1)                            //配置为输出方式
  {
    PB_DDR_DDR0 = 1;                      //配置 PB0 引脚(SDA)为输出引脚
    PB_CR1_C10 = 1;                       //配置 PB0 引脚(SDA)为推挽输出模式
    PB_CR2_C20 = 0;                       //配置 PB0 引脚(SDA)低速率输出模式
  }
  else                                    //配置为输入方式
  {
    PB_DDR_DDR0 = 0;                      //配置 PB0 引脚(SDA)为输入引脚
    PB_CR1_C10 = 1;                       //配置 PB0 引脚(SDA)为弱上拉输入模式
    PB_CR2_C20 = 0;                       //禁止 PB0 引脚(SDA)外部中断功能
  }
}
/ *******************************************************************/
//I2C 总线起始信号配置函数 I2C_START(),无形参,无返回值
/ *******************************************************************/
void I2C_START(void)
{
  I2C_SDA_DDR(1);                         //配置 SDA 引脚为推挽输出模式
  SDA_OUT = 1;                            //SDA 引脚置为高电平
  SCL = 1;                                //SCL 引脚置为高电平
  delay(1);                               //延时等待
  SDA_OUT = 0;                            //将 SDA 置低产生下降沿(产生起始信号)
  delay(1);                               //延时等待
  SCL = 0;                                //将 SCL 置低产生下降沿(允许 SDA 数据传送)
```

```
    delay(1);                                          //延时等待
}
/* ************************************************************* */
//I2C 总线终止信号配置函数 I2C_STOP(),无形参,无返回值
/* ************************************************************* */
void I2C_STOP(void)
{
    I2C_SDA_DDR(1);                                    //配置 SDA 引脚为推挽输出模式
    SDA_OUT = 0;                                       //SDA 引脚置为低电平
    SCL = 0;                                           //SCL 引脚置为低电平
    delay(1);                                          //延时等待
    SCL = 1;                                           //将 SCL 引脚置高产生上升沿
    delay(1);                                          //延时等待
    SDA_OUT = 1;                                            //将 SDA 引脚置高产生上升沿(产生终止信号)
    delay(1);                                          //延时等待
}
/* ************************************************************* */
//I2C 总线单字节数据写入函数 I2C_Write8Bit(u8 DAT),有形参 DAT
//有返回值 I2C_Write_ACK(应答信号变量值),若返回值为"0"则有从机应答
//若返回值为"1"则从机无应答
/* ************************************************************* */
u8 I2C_Write8Bit(u8 DAT)
{
    u8 num,I2C_Write_ACK = 0;                          //定义循环控制变量 num
    //定义应答信号变量 I2C_Write_ACK
    I2C_SDA_DDR(1);                                    //配置 SDA 引脚为推挽输出模式
    delay(1);                                          //延时等待
    for(num = 0x80;num! = 0;num>> = 1)                 //执行 8 次循环
    {
        if((DAT&num) == 0)                             //按位"与"判断 DAT 每一位值
            SDA_OUT = 0;                               //判断数值为"0"送出低电平
        else
            SDA_OUT = 1;                               //判断数值为"1"送出高电平
        delay(1);                                      //延时等待
        SCL = 1;                                       //拉高 SCL 引脚以保持 SDA 引脚数据稳定
        delay(1);                                      //延时等待
        SCL = 0;                                       //拉低 SCL 引脚以允许 SDA 引脚数据变动
        delay(1);                                      //延时等待
    }
    SDA_OUT = 1;                                       //置高 SDA 引脚电平(释放数据线)
    delay(1);                                          //延时等待
    SCL = 1;                                           //拉高 SCL 产生应答位时钟
    delay(1);                                          //延时等待
    I2C_SDA_DDR(0);                                    //配置 SDA 引脚为弱上拉输入模式
    delay(1);                                          //延时等待
    I2C_Write_ACK = SDA_IN;                            //取回 SDA 线上电平赋值给应答信号变量
```

```
    delay(1);                           //延时等待
    SCL = 0;                            //将 SCL 引脚置低
    return I2C_Write_ACK;               //将应答信号变量值进行返回
}
```

通读程序,发现有很多功能函数都是前面已经介绍,只有 I²C 总线通信过程中的起始信号配置函数 I2C_START()、终止信号配置函数 I2C_STOP()、单字节数据写入函数 I2C_Write8Bit() 和 SDA 串行数据引脚方向性配置函数 I2C_SDA_DDR() 是"新面孔"。

为了便于读者"看清"I²C 总线通信时序,将逻辑分析仪的探针连接到 AT24C02 芯片的 SDA 和 SCL 引脚上。在实际测量中将逻辑分析仪的 CH0 通道连接到 AT24C02 芯片的 SDA 引脚,将 CH1 通道连接到 AT24C02 芯片的 SCL 引脚,然后再将逻辑分析仪的电源地与本项目电路中的电源地进行"共地"处理。将程序编译后下载到单片机中并运行,打开逻辑分析仪上位机软件开始捕获,此时按下单片机系统复位键,捕获得到的 I²C 通信时序如图 20.19 所示。

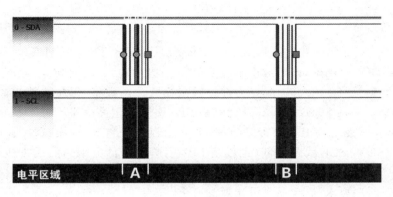

图 20.19　AT24C02 应答测试实验实测电平逻辑

分析图 20.19,可以看到在逻辑分析仪捕获的整个过程中出现了两个电平区域 A 和 B,这两个电平区域代表了主函数中的两次"器件寻址"的过程,电平区域 A 是执行"ACK＝I2C_Write8Bit(0xA0)"语句所产生的,寻址器件地址为 $(0xA0)_H$。电平区域 B 是执行"ACK＝I2C_Write8Bit(0xC0)"语句所产生的,寻址器件地址为 $(0xC0)_H$。将两个电平区域进行放大观察,可以看到两个电平区域的开头和结尾都有一些相似的波形。两个电平区域开头部分的波形如图 20.20 所示。

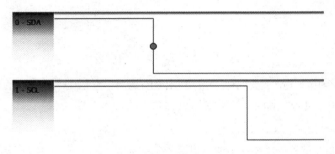

图 20.20　I²C 总线起始信号时序

该部分波形是由 STM8 系列单片机发出的,是"起始信号",该时序是由总线起始信号配置函数 I2C_START()所产生的,该函数的具体实现如下:

```
/**********************************************************************/
//I2C总线起始信号配置函数 I2C_START(),无形参,无返回值
/**********************************************************************/
void I2C_START(void)
{
    I2C_SDA_DDR(1);              //配置 SDA 引脚为推挽输出模式
    SDA_OUT = 1;                 //SDA 引脚置为高电平
    SCL = 1;                     //SCL 引脚置为高电平
    delay(1);                    //延时等待
    SDA_OUT = 0;                 //将 SDA 置低产生下降沿(产生起始信号)
    delay(1);                    //延时等待
    SCL = 0;                     //将 SCL 置低产生下降沿(允许 SDA 数据传送)
    delay(1);                    //延时等待
}
```

结合 I2C_START()函数代码和图 20.20 分析时序,进入 I2C_START()函数之后首先调用了 I2C_SDA_DDR()函数,该函数用于改变 PB0 引脚的输入/输出模式,此时送入该函数的实际参数为"1",就是将 PB0 引脚配置为推挽输出模式。函数将 SDA 线路拉高(也就是 PB0 引脚输出高电平),又将 SCL 线路拉高(也就是 PB1 引脚输出高电平),然后执行延时函数,让 SDA 线路和 SCL 线路的高电平状态保持一段时间。随后先将 SDA 线路置低(也就是 PB0 引脚输出低电平),再将 SCL 线路置低(也就是 PB1 引脚输出低电平),然后再执行延时函数让 SDA 线路和 SCL 线路的低电平状态保持一段时间。这个过程就完成了起始信号的产生,完全符合 I^2C 通信时序要求的,也是十分重要的一个"开头"时序。

接着看一下两个电平区域结尾部分的波形,实测波形如图 20.21 所示。

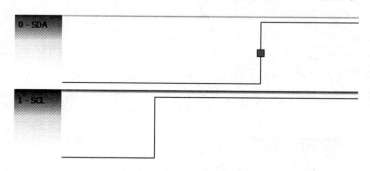

图 20.21 I^2C 总线终止信号时序

该部分波形也是由 STM8 系列单片机发出的,是"终止信号",该时序是由总线终止信号配置函数 I2C_STOP()所产生的,该函数的具体实现如下:

```
/**********************************************************************/
//I2C总线终止信号配置函数 I2C_STOP(),无形参,无返回值
/**********************************************************************/
void I2C_STOP(void)
```

```
{
    I2C_SDA_DDR(1);            //配置 SDA 引脚为推挽输出模式
    SDA_OUT = 0;              //SDA 引脚置为低电平
    SCL = 0;                  //SCL 引脚置为低电平
    delay(1);                 //延时等待
    SCL = 1;                  //将 SCL 引脚置高产生上升沿
    delay(1);                 //延时等待
    SDA_OUT = 1;              //将 SDA 引脚置高产生上升沿(产生终止信号)
    delay(1);                 //延时等待
}
```

　　结合 I2C_STOP() 函数代码和图 20.21 分析时序,进入 I2C_STOP() 函数之后首先调用了 I2C_SDA_DDR() 函数将 PB0 引脚配置为推挽输出模式。函数先将 SDA 线路置低(也就是 PB0 引脚输出低电平),又将 SCL 线路置低(也就是 PB1 引脚输出低电平),然后执行延时函数让 SDA 线路和 SCL 线路的低电平状态保持一段时间。随后先将 SCL 线路拉高(也就是 PB1 引脚输出高电平),再将 SDA 线路拉高(也就是 PB0 引脚输出高电平),然后再执行延时函数让 SDA 线路和 SCL 线路的高电平状态保持一段时间。这个过程就完成了终止信号(或称停止信号)的产生过程,这个过程是完全符合 I²C 通信时序要求的,也是十分重要的一个"结尾"时序。

　　这两个电平区域除了具有相似的"开头"和"结尾"之外,中间的电平部分就各不相同了,电平区域 A"中间部分"的时序逻辑如图 20.22 所示。

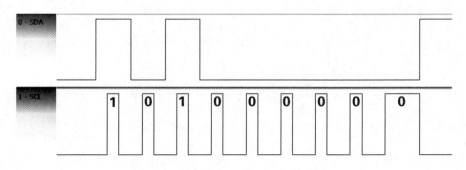

图 20.22　电平区域 A 的中间部分(0xA0 寻址过程)

　　分析图 20.22,如果将前 8 个 SCL 串行时钟高电平时所对应的 SDA 电平状态取出,得到的数据正好是 (0xA0)_H,前面已经介绍电平区域 A 是执行"ACK＝I2C_Write8Bit(0xA0)"语句所产生的,这个 (0xA0)_H 可不是一个随便取值的数据,这个数据表示一个从机地址为 $(1010000)_B$ 的器件。看到这里,是不是觉得这个二进制地址十分"眼熟"？没错！这就是 AT24C02 芯片的从机地址。在本项目中的硬件电路连接中将 AT24C02 芯片的"A0"、"A1"和"A2"引脚连接到了电源地,此时的 7 位从机地址就是由 AT24C02 芯片固定的高 4 位 $(1010)_B$ 加上"硬件方法"配置的低 3 位 $(000)_B$ 共同构成的。

　　不对啊！ $(0xA0)_H$ 转换为二进制并不是 7 位,而应该是 8 位啊！这也没错,需要注意的是 $(0xA0)_H$ 其实是由"器件地址＋R/W 位"组合而成的,最低位是 R/W 位,该位为"0"说明是写操作,反之为读操作, $(0xA0)_H$ 的高 7 位 $(1010\ 000)_B$ 就是 AT24C02 芯片的 7 位从机地址,最低位的"0"就是当前的"R/W"位。

图 20.22 中 SCL 线路的第 9 个时钟保持为高电平时对应 SDA 线路上出现了低电平,这个电平信号就是来自总线上 AT24C02 芯片所产生的"从机应答"信号了。凭什么说第 9 个时钟所对应的低电平就是从机导致的呢? 要解决这个问题就要"搞清楚"单字节数据写入 I2C_Write8Bit() 的函数实现,该函数的具体程序语句如下:

```
/*************************************************************/
//I2C 总线单字节数据写入函数 I2C_Write8Bit(u8 DAT),有形参 DAT
//有返回值 I2C_Write_ACK(应答信号变量值),若返回值为"0"则有从机应答
//若返回值为"1"则从机无应答
/*************************************************************/
u8 I2C_Write8Bit(u8 DAT)
{
  u8 num,I2C_Write_ACK = 0;            //定义循环控制变量 num
  //定义应答信号变量 I2C_Write_ACK
  I2C_SDA_DDR(1);                      //配置 SDA 引脚为推挽输出模式
  delay(1);                            //延时等待
  for(num = 0x80;num! = 0;num>> = 1)   //执行 8 次循环
  {
    if((DAT&num) == 0)                 //按位"与"判断 DAT 每一位值
      SDA_OUT = 0;                     //判断数值为"0"送出低电平
    else
      SDA_OUT = 1;                     //判断数值为"1"送出高电平
    delay(1);                          //延时等待
    SCL = 1;                           //拉高 SCL 引脚以保持 SDA 引脚数据稳定
    delay(1);                          //延时等待
    SCL = 0;                           //拉低 SCL 引脚以允许 SDA 引脚数据变动
    delay(1);                          //延时等待
  }
  SDA_OUT = 1;                         //置高 SDA 引脚电平(释放数据线)
  delay(1);                            //延时等待
  SCL = 1;                             //拉高 SCL 产生应答位时钟
  delay(1);                            //延时等待
  I2C_SDA_DDR(0);                      //配置 SDA 引脚为弱上拉输入模式
  delay(1);                            //延时等待
  I2C_Write_ACK = SDA_IN;              //取回 SDA 线上电平赋值给应答信号变量
  delay(1);                            //延时等待
  SCL = 0;                             //将 SCL 引脚置低
  return I2C_Write_ACK;                //将应答信号变量值进行返回
}
```

这个函数实现并不复杂,进入函数之后定义了变量 I2C_Write_ACK,该变量用于装载应答信号的结果,如果该变量的值为"0"则说明从机产生了应答(寻址成功),也就是说在第 9 个时钟脉冲为高电平时,从 SDA 线路上取回的电平状态为低电平。如果该变量的值为"1",则说明从机没有产生应答(寻址失败),也就是说在第 9 个时钟脉冲为高电平时,从 SDA 线路上取回的电平状态为高电平。

定义 I2C_Write_ACK 变量之后,调用了 I2C_SDA_DDR() 函数,其目的是将 PB0 引脚配置为推挽输出模式,此时 SDA 线路保持高电平,随后进入了一个 for() 循环。这个循环的作用

是将欲写入数据进行"逐位"拆分,然后再把"拆分"后的数据位以串行方式传送到 I²C 总线上。

　　for()循环执行完成后,欲写入数据就传送完毕了。此时程序会跳出 for()循环。跳出 for()循环之后,程序执行了"SDA_OUT=1"语句,这条语句十分重要,按照道理说,循环 8 次以后将 SDA 线路拉高了,也就是说第 9 个时钟脉冲为高电平时 SDA 线路应该保持高电平才对,为什么图 20.22 中 SCL 线路的第 9 个时钟保持为高电平时对应 SDA 线路上出现了低电平呢? 唯一合理的解释就是从机把 SDA 线路置低了,这个过程就是"从机应答"。

　　电平区域 B"中间部分"的时序逻辑如图 20.23 所示。

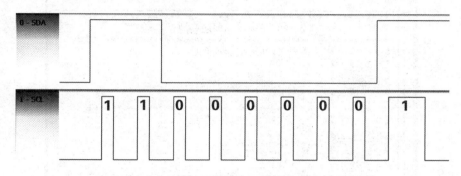

图 20.23　电平区域 B 的中间部分(0xC0 寻址过程)

　　分析图 20.23,如果将前 8 个 SCL 串行时钟高电平时所对应的 SDA 电平状态进行取出,得到的数据正好是(0xC0)$_H$,之前介绍过,电平区域 B 是执行"ACK=I2C_Write8Bit(0xC0)"语句所产生的,这个(0xC0)$_H$ 是随便定义的一个数据,以这个数据作为从机地址去寻址注定是失败的,这是因为当前 I²C 总线上根本就不存在地址为(0xC0)$_H$ 的从机。发送这个寻址命令后发现,在 SCL 线路的第 9 个时钟保持为高电平时,对应 SDA 线路上仍然保持高电平,也就是说没有从机去拉低 SDA 线路,即没有收到"从机应答"信号。

　　分析完了 A 电平区域和 B 电平区域的时序之后是不是感觉"豁然开朗"呢? 测量得到的两个电平区域就是两次寻址的过程,第一次发送(0xA0)$_H$ 数据到 I²C 总线,寻址成功了,第二次发送(0xC0)$_H$ 数据到 I²C 总线,寻址失败了。

　　最后梳理一下整个程序的脉络。从主函数开始看起,程序进入主函数之后首先定义了相关变量,然后配置了时钟源及工作频率,选定内部高速 RC 时钟源 HSI 作为系统时钟源,分频系数为"不分频",也就是说单片机工作在 16 MHz 频率下。随后初始化了 UART1 资源,在UART1 资源的初始化函数中主要配置了串行通信数据帧格式、通信波特率和相关中断。紧接着又配置了 PB1 引脚的模式,将 PB1 引脚配置为推挽输出模式。然后打印了项目标题和提示信息,调用 I2C_START()函数产生起始信号,第一次向 I²C 总线上发送了"器件地址+写操作"数据帧并取回应答信号,发送的实际数据为(0xA0)$_H$,应答信号存放在了变量 ACK 中,此时 ACK 的值为"0",表示收到了器件地址为(0xA0)$_H$ 的从机应答,随后由主机(STM8 单片机)产生了终止信号,表示本次通信结束了。紧接着又向 I²C 总线第二次发送了"器件地址+写操作"数据帧并取回应答信号,发送的实际数据为(0xC0)$_H$,应答信号存放在了变量 ACK中,此时 ACK 的值为"1",表示没有收到器件地址为(0xC0)$_H$ 的从机应答,随后由主机(STM8单片机)产生了终止信号,表示本次通信结束了。

　　将程序编译后下载到单片机中并运行,打开计算机上的超级终端软件建立串口连接,选定

CH340G 设备在计算机中对应的串口号(可以通过计算机设备管理器中"端口"一项查询),设定通信波特率为 9 600 bps,数据位为 8 位,起始位为 1 位,停止位为 1 位,无奇偶校验位。打开超级终端窗口后按下单片机系统中的复位键,若程序运行正常将会打印出该基础项目标题,可以得到如图 20.24 所示效果。

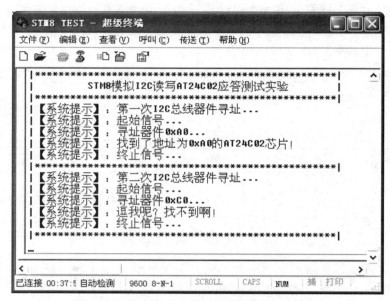

图 20.24　AT24C02 应答测试实验串口打印信息

20.3.5　基础项目 B STM8 模拟 I²C 单字节读/写 AT24C02 实验

经过了基础项目 A 的实践,就算是踏出了成功的"第一步"了。基础项目 A 主要是实现了起始信号、终止信号、单字节数据写入等功能,本小节在项目 A 的基础之上实现任意地址单字节的读写操作。

在本项目中依然使用基础项目 A 的硬件电路,仍然以 AT24C02 作为实操对象,选择 STM8S208MB 单片机作为主控制器,项目的区别只是修改了软件程序。本项目的功能是实现一个"复位/断电情况下的数据自加"功能,也就是说单片机上电后会读取 AT24C02 芯片中的特定地址(实际选定 0x01 这个地址),然后取出地址中的数据进行串口打印,假设此时打印出的数据为 $(0x07)_H$,随着程序的执行,将 $(0x07)_H$ 进行加 1 操作变为 $(0x08)_H$,然后再将 $(0x08)_H$ 重新写入到 AT24C02 芯片的特定地址(实际选定 0x01 这个地址)中。写入完毕后将单片机系统进行复位或者断电操作,观察第二次上电时的串口打印数据。正常的情况下,打印出的数据应为上一次的数据加 1。

项目涉及单字节数据的写操作和读操作,应该编写单字节数据写入函数 I2C_Write8Bit(),这个函数在项目 A 中已经实现了,这里就不用再次编写了。还需要编写一个单字节数据读出(发送非应答)函数 I2C_Read8BitNACK(),这个函数中有两个需要注意的地方,第一个需要注意的是,读操作函数必须要满足 AT24Cxx 系列芯片的"选择读方式"所规定的时序,这部分的知识 20.3.3 小节已经介绍,此处就不再赘述。第二个需要注意的是,读写的是单个字节,也就是说不需要连续读取多个数据,当读取完一个字节数据之后应该向从机发送一个"主机非应答"信号,以表示数据读取完毕了,不再需要继续读取了,发送完"主机非应答"信号之后别忘记还要发送一个"终止信号"以表示本次通信的结束。

本项目的一个难点是理解"单字节数据写入"和"选择读方式"的通信流程,为了理清思路便于调用,单独编写两个函数。编写一个 AT24Cxx 读出单个字节函数 AT24Cxx_ReadByte(u8 ADDR),这个函数中有一个形式参数"ADDR",用于指定读取数据的地址,也就是要"告诉"AT24Cxx 芯片,主机要"读哪里的数据"。然后再编写一个 AT24Cxx 写入单个字节函数 AT24Cxx_WriteByte(u8 ADDR,u8 DAT),这个函数中有两个形式参数,第一个形式参数"ADDR"用于指定数据写入的地址,也就是要"告诉"AT24Cxx 芯片,主机要把数据"写到哪里去",第二个形式参数"DAT"用于传入实际需要写入 AT24Cxx 芯片的"内容"。

思路通了程序编写就简单多了,利用 C 语言编写 STM8 模拟 I²C 单字节读写 AT24C02 实验的具体程序实现如下:

```
/ * * * * * * * * * * * * * * * * * * * * * * * * * * * * * * * * * * * * * * * /
 *  实验名称及内容:STM8 模拟 I2C 单字节读写 AT24C02 实验
/ * * * * * * * * * * * * * * * * * * * * * * * * * * * * * * * * * * * * * * * /
# include "iostm8s208mb.h"               //主控芯片的头文件
# include "stdio.h"                       //需要使用 printf() 函数故而包含该头文件
/ * * * * * * * * * * * * * * * * 常用数据类型定义 * * * * * * * * * * * * * * * /
{【略】}为节省篇幅,相似语句可以直接参考之前章节
/ * * * * * * * * * * * * * * * * 端口/引脚定义区域 * * * * * * * * * * * * * * /
# define   SDA_OUT      PB_ODR_ODR0      //I2C 总线时钟引脚 PB0(输出)
# define   SDA_IN       PB_IDR_IDR0      //I2C 总线时钟引脚 PB0(输入)
# define   SCL          PB_ODR_ODR1      //I2C 总线时钟引脚 PB1
/ * * * * * * * * * * * * * * * * 用户自定义数据区域 * * * * * * * * * * * * * * /
# define   HSIClockFreq   16000000       //系统时钟频率,单位为 Hz
# define   BaudRate       9600           //欲设定波特率
u8   GETAT24Cxx_DAT = 0x00;              //定义全局变量用于保存 AT24Cxx 读回数据值
/ * * * * * * * * * * * * * * * * 函数声明区域 * * * * * * * * * * * * * * * * * /
void delay(u16 Count);                   //延时函数声明
void UART1_Init(void);                   //UART1 串口初始化函数声明
void UART1_SendByte(u8 data);            //UART1 发送单字符函数声明
int putchar(int ch);                     //UART1 发送字符重定向函数声明
void I2C_SDA_DDR(u8 ddr);                //I2C_SDA 串行数据引脚方向性配置函数声明
void I2C_START(void);                    //I2C 总线起始信号配置函数声明
void I2C_STOP(void);                     //I2C 总线终止信号配置函数声明
u8 I2C_Write8Bit(u8 DAT);                //I2C 总线单字节数据写入函数声明
u8 I2C_Read8BitNACK(void);               //单字节数据读出(发送非应答)函数声明
u8 AT24Cxx_ReadByte(u8 ADDR);            //AT24Cxx 读出单个字节函数声明
void AT24Cxx_WriteByte(u8 ADDR,u8 DAT);  //AT24Cxx 写入单个字节函数声明
/ * * * * * * * * * * * * * * * * 主函数区域 * * * * * * * * * * * * * * * * * /
void main(void)
{
  CLK_CKDIVR = 0x00;                     //设置时钟为内部 16 MHz 高速时钟
  delay(200);                            //延时系统时钟稳定
```

```
    UART1_Init();                                //串口 1 初始化
    delay(200);                                  //延时等待串口初始化完成
    PB_DDR_DDR1 = 1;                             //配置 PB1 引脚(SCL)为输出模式
    PB_CR1_C11 = 1;                              //配置 PB1 引脚(SCL)为推挽输出模式
    PB_CR2_C21 = 0;                              //配置 PB1 引脚(SCL)低速率输出模式
    delay(200);                                  //延时等待串口初始化完成
    GETAT24Cxx_DAT = AT24Cxx_ReadByte(0x01);     //读取指定地址的数据
    if(GETAT24Cxx_DAT == 0xFF)                   //若数据为 0xFF
    AT24Cxx_WriteByte(0x01,0x00);                //则将该地址的数据清零
    printf("| ***********************************************|\r\n");
    printf("|           STM8 模拟 I2C 单字节读写 AT24C02 实验           |\r\n");
    printf("| ***********************************************|\r\n");
    printf("|【系统提示】:从 AT24C02 芯片 0x01 地址读出一个数据...\r\n");
    printf("|【系统提示】:数据读取成功,该数据为:");
    printf(" %d\r\n",GETAT24Cxx_DAT);
    printf("|【系统提示】:进行数据加 1 写会操作...\r\n");
    GETAT24Cxx_DAT += 1;                         //将读出数据进行加 1 操作
    AT24Cxx_WriteByte(0x01,GETAT24Cxx_DAT);      //再将数据写回到原地址
    printf("|【系统提示】:颤抖吧! 少年,请复位观察是否加一成功? \r\n");
    printf("| ***********************************************|\r\n");
    while(1);                                     //死循环,程序"停止"
}
/* ************************************************************* */
void delay(u16 Count)
{【略】}                                          //延时函数
void UART1_Init(void)
{【略】}                                          //UART1 串口初始化函数
void UART1_SendByte(u8 data)
{【略】}                                          //UART1 发送单字符函数
int putchar(int ch)
{【略】}                                          //UART1 发送字符重定向函数
void I2C_SDA_DDR(u8 ddr)
{【略】}                                          //I2C_SDA 串行数据引脚方向性配置函数
void I2C_START(void)
{【略】}                                          //I2C 总线起始信号配置函数
void I2C_STOP(void)
{【略】}                                          //I2C 总线终止信号配置函数
u8 I2C_Write8Bit(u8 DAT)
{【略】}                                          //I2C 总线单字节数据写入函数
/* ************************************************************* */
//单字节数据读出函数(发送非应答)I2C_Read8BitNACK()
//无形参,有返回值(读出的单字节数据)
/* ************************************************************* */
u8 I2C_Read8BitNACK(void)
{
    u8 x,I2CDATA;                                //定义循环控制变量 x,读出数据暂存变量 I2CDATA
```

```
  I2C_SDA_DDR(1);                          //配置 SDA 引脚为推挽输出模式
  SDA_OUT = 1;                             //首先确保主机释放 SDA
  delay(1);                                //延时等待
  I2C_SDA_DDR(0);                          //配置 SDA 引脚为弱上拉输入模式
  delay(1);                                //延时等待
  for(x = 0x80;x! = 0;x>> = 1)             //从高位到低位依次进行
  {
    delay(1);                              //延时等待
    SCL = 1;                               //将 SCL 引脚置为高电平
    if(SDA_IN == 0)                        //读取 SDA 引脚的电平状态并进行判定
      I2CDATA& = ~x;                       //判定为"0"则将 I2CDATA 中对应位清零
    else
      I2CDATA| = x;                        //判定为"1"则将 I2CDATA 中对应位置"1"
    delay(1);                              //延时等待
    SCL = 0;                               //置低 SCL 引脚以允许从机发送下一位
  }
  I2C_SDA_DDR(1);                          //配置 SDA 引脚为推挽输出模式
  delay(1);                                //延时等待
  SDA_OUT = 1;                             //8 位数据发送后拉高 SDA 引脚发送"非应答信号"
  delay(1);                                //延时等待
  SCL = 1;                                 //将 SCL 引脚置为高电平
  delay(1);                                //延时等待
  SCL = 0;                                 //将 SCL 引脚置为低电平完成"非应答位"并保持总线
  return I2CDATA;                          //将读出的单字节数据进行返回
}
/* * * * * * * * * * * * * * * * * * * * * * * * * * * * * * * * * * * * * * * * */
//AT24Cxx 读出单个字节函数 AT24Cxx_ReadByte(),有形参 ADDR
//ADDR 为欲读出数据的地址,有返回值 AT24C_DATA(读出的单字节数据)
/* * * * * * * * * * * * * * * * * * * * * * * * * * * * * * * * * * * * * * * * */
u8 AT24Cxx_ReadByte(u8 ADDR)
{
  u8 AT24C_DATA;                           //定义变量用于存放读出数据
  I2C_START();                             //产生 I2C 通信起始信号
  I2C_Write8Bit(0xA0);                     //写入(器件地址 + 写)指令
  I2C_Write8Bit(ADDR);                     //指定欲读取 AT24Cxx 芯片的地址
  I2C_START();                             //产生 I2C 通信起始信号
  I2C_Write8Bit(0xA1);                     //写入(器件地址 + 读)指令
  AT24C_DATA = I2C_Read8BitNACK();         //单字节读取(发送非应答)
  I2C_STOP();                              //产生 I2C 通信终止信号
  return AT24C_DATA;                       //返回实际读取到的数据值
}
/* * * * * * * * * * * * * * * * * * * * * * * * * * * * * * * * * * * * * * * * */
//AT24Cxx 写入单个字节函数 AT24Cxx_WriteByte(),有形参 ADDR、DAT
//ADDR 为欲写入地址,DAT 为欲写入数据,无返回值
/* * * * * * * * * * * * * * * * * * * * * * * * * * * * * * * * * * * * * * * * */
void AT24Cxx_WriteByte(u8 ADDR,u8 DAT)
```

```
    {
        I2C_START();                        //产生 I2C 通信起始信号
        I2C_Write8Bit(0xA0);                //写入(器件地址 + 写)指令
        I2C_Write8Bit(ADDR);                //指定欲写入 AT24Cxx 芯片的地址
        I2C_Write8Bit(DAT);                 //写入实际数据
        I2C_STOP();                         //产生 I2C 通信终止信号
    }
```

通读程序,在函数声明区域内的函数差不多都是已经详细介绍过,只有单字节数据读出(发送非应答)函数 I2C_Read8BitNACK()、AT24Cxx 读出单个字节函数 AT24Cxx_ReadByte()和 AT24Cxx 写入单个字节函数 AT24Cxx_WriteByte()是"新面孔"。

这 3 个函数是实现项目功能的关键,先介绍 AT24Cxx 写入单个字节函数 AT24Cxx_WriteByte(),该函数的函数实现如下:

```
/********************************************************************/
//AT24Cxx 写入单个字节函数 AT24Cxx_WriteByte(),有形参 ADDR、DAT
//ADDR 为欲写入地址,DAT 为欲写入数据,无返回值
/********************************************************************/
void AT24Cxx_WriteByte(u8 ADDR,u8 DAT)
{
    I2C_START();                        //产生 I2C 通信起始信号
    I2C_Write8Bit(0xA0);                //写入(器件地址 + 写)指令
    I2C_Write8Bit(ADDR);                //指定欲写入 AT24Cxx 芯片的地址
    I2C_Write8Bit(DAT);                 //写入实际数据
    I2C_STOP();                         //产生 I2C 通信终止信号
}
```

该函数有两个形式参数,"ADDR"为欲写入数据的地址,"DAT"为欲写入数据。进入函数之后首先由主机产生 I²C 总线通信的起始信号,然后调用单字节写入函数 I2C_Write8Bit()写入"器件地址 + 写"指令,I2C_Write8Bit()函数原本是有返回值的,其返回值为"应答信号",如果该函数的返回值为"0",说明寻址成功,从机正常应答,反之寻址失败。此处并没有去"理睬"该函数的返回值,这是因为项目中的器件只有 1 个,一般情况下都会正常应答,所以没有取回该函数的返回值进行判断。当然了,读者如果需要获取每一步的"状态和进度"也可以定义一个变量去接收该函数的返回值,然后加以判断,通过串口将相关信息进行打印即可。

主机对从机进行寻址之后紧接着执行了"I2C_Write8Bit(ADDR)"语句,其含义是指定欲写入 AT24C02 芯片的地址,该地址可以由用户自行定义,只要不超出 AT24C02 芯片的地址上限即可。在实际的程序中"ADDR"指定为 $(0x01)_H$。指定地址后主机就开始送出欲写入 AT24C02 芯片的实际数据了,该过程利用"I2C_Write8Bit(DAT)"语句去实现,"DAT"就是用户送入的数据。当从机寻址成功,写入的地址明确了,写入的数据也完成的时候就应该产生 I²C 总线通信的"终止信号"了。

接下来介绍 AT24Cxx 读出单个字节函数 AT24Cxx_ReadByte(),该函数的函数实现如下:

```
/********************************************************************/
//AT24Cxx 读出单个字节函数 AT24Cxx_ReadByte(),有形参 ADDR
```

```
//ADDR 为欲读出数据的地址,有返回值 AT24C_DATA(读出的单字节数据)
/*******************************************************************/
u8 AT24Cxx_ReadByte(u8 ADDR)
{
    u8 AT24C_DATA;                      //定义变量用于存放读出数据
    I2C_START();                        //产生 I2C 通信起始信号
    I2C_Write8Bit(0xA0);                //写入(器件地址 + 写)指令
    I2C_Write8Bit(ADDR);                //指定欲读取 AT24Cxx 芯片的地址
    I2C_START();                        //产生 I2C 通信起始信号
    I2C_Write8Bit(0xA1);                //写入(器件地址 + 读)指令
    AT24C_DATA = I2C_Read8BitNACK();    //单字节读取(发送非应答)
    I2C_STOP();                         //产生 I2C 通信终止信号
    return AT24C_DATA;                  //返回实际读取到的数据值
}
```

该函数具备一个形式参数,"ADDR"为欲读取数据的地址。进入函数之后首先定义了一个变量 AT24C_DATA 用于存放即将要读到的数据。然后由主机产生 I²C 总线通信的起始信号,调用单字节写入函数 I2C_Write8Bit(),写入"器件地址 + 写"指令(0xA0)$_H$,写入了"AD-DR"指定欲读取数据的地址,随后又产生了一次起始信号,接着写入了"器件地址 + 读"指令(0xA1)$_H$。看到这里,有的读者开始"纳闷"了,这不是读数据的过程吗,怎么一直都是在"写入"而不是"读出"呢? 这个过程是"伪写"流程,该部分的知识也在 20.3.3 小节中,此处就不再赘述了。

"伪写"流程结束之后就执行了"AT24C_DATA = I2C_Read8BitNACK()"语句,该语句的作用是取回从机数据并且发送"主机非应答"信号,这条语句的关键是 I2C_Read8BitNACK()函数,该函数的实现如下:

```
/*******************************************************************/
//单字节数据读出函数(发送非应答)I2C_Read8BitNACK()
//无形参,有返回值(读出的单字节数据)
/*******************************************************************/
u8 I2C_Read8BitNACK(void)
{
    u8 x,I2CDATA;                       //定义循环控制变量 x,读出数据暂存变量 I2CDATA
    I2C_SDA_DDR(1);                     //配置 SDA 引脚为推挽输出模式
    SDA_OUT = 1;                        //首先确保主机释放 SDA
    delay(1);                           //延时等待
    I2C_SDA_DDR(0);                     //配置 SDA 引脚为弱上拉输入模式
    delay(1);                           //延时等待
    for(x = 0x80;x! = 0;x>> = 1)        //从高位到低位依次进行
    {
        delay(1);                       //延时等待
        SCL = 1;                        //将 SCL 引脚置为高电平
        if(SDA_IN == 0)                 //读取 SDA 引脚的电平状态并进行判定
            I2CDATA& = ~x;              //判定为"0"则将 I2CDATA 中对应位清零
        else
```

```
        I2CDATA | = x;                    //判定为"1"则将 I2CDATA 中对应位置"1"
      delay(1);                          //延时等待
      SCL = 0;                           //置低 SCL 引脚以允许从机发送下一位
    }
    I2C_SDA_DDR(1);                      //配置 SDA 引脚为推挽输出模式
    delay(1);                            //延时等待
    SDA_OUT = 1;                         //8 位数据发送后拉高 SDA 引脚发送"非应答信号"
    delay(1);                            //延时等待
    SCL = 1;                             //将 SCL 引脚置为高电平
    delay(1);                            //延时等待
    SCL = 0;                             //将 SCL 引脚置为低电平完成"非应答位"并保持总线
    return I2CDATA;                      //将读出的单字节数据进行返回
  }
```

通读该程序的实现语句，发现并不复杂，无非就是用 PB0 和 PB1 引脚"模拟"了"选择读方式"的通信时序。进入函数后首先定义了变量"x"用于控制 for()循环次数，同时定义了变量"I2CDATA"用于装载读回的数据。随后将 PB0 引脚配置为推挽输出模式，同时拉高 SDA 线路，经过延时之后又将 PB0 引脚配置为弱上拉输入模式。说到这里就产生了疑问，为什么要突然把 PB0 引脚的模式进行改变呢？这是因为后续过程需要主机"取回"SDA 线路上的电平，所以单片机需要把 PB0 引脚变更为输入模式，通过读取"PB_IDR_IDR0"的值获取 SDA 线路电平状态。程序中的"SDA_OUT"与"SDA_IN"已经定义在了程序的前端，具体的宏定义语句如下：

```
/* * * * * * * * * * * * * * * * * * * * * 端口/引脚定义区域 * * * * * * * * * * * * * * * * * * * * * * * */
#define   SDA_OUT    PB_ODR_ODR0               //I2C 总线时钟引脚 PB0(输出)
#define   SDA_IN     PB_IDR_IDR0               //I2C 总线时钟引脚 PB0(输入)
#define   SCL        PB_ODR_ODR1               //I2C 总线时钟引脚 PB1
```

将 PB0 引脚变更为弱上拉输入模式后就进入了一个 for()循环，该循环的目的是连续 8 次取回 SDA 线路上的电平状态并且逐位存放到变量"I2CDATA"之中。for()循环执行完毕后就将 PB0 引脚再次变更为推挽输出模式，同时拉高 SDA 线路，需要说明的是，在第 9 个时钟周期内保持 SDA 线路为高电平就是"主机非应答"信号，该信号的含义是不需要再继续读取数据了，发送完"主机非应答"信号之后就将变量"I2CDATA"的值进行了返回。

I2C_Read8BitNACK()函数的返回值实际上就是局部变量"I2CDATA"的值，这个值被 AT24Cxx_ReadByte()函数中的局部变量"AT24C_DATA"接收，AT24Cxx_ReadByte()函数将该值接收之后产生 I²C 停止信号终止读取过程，最后又将变量"AT24C_DATA"的值传给全局变量"GETAT24Cxx_DAT"。如此看来，从 AT24C02 芯片取出数据真是"一波三折"！

最后梳理整个程序的脉络。从主函数开始，程序进入主函数之后首先定义相关变量，然后配置时钟源及工作频率，选定内部高速 RC 时钟源 HSI 作为系统时钟源，分频系数为"不分频"，也就是说单片机工作在 16 MHz 频率下。随后初始化 UART1 资源，在 UART1 资源的初始化函数中主要配置串行通信数据帧格式、通信波特率和相关中断。紧接着配置 PB1 引脚的模式，将 PB1 引脚配置为推挽输出模式。说到这里，以上的操作步骤都比较简单，读者阅读起来也没有什么障碍和难点，但是随后出现的 3 条语句就有点让人"费解"了，这 3 语句如下：

```
GETAT24Cxx_DAT = AT24Cxx_ReadByte(0x01);          //读取指定地址的数据
if(GETAT24Cxx_DAT == 0xFF)                          //若数据为 0xFF
AT24Cxx_WriteByte(0x01,0x00);                       //则将该地址的数据清零
```

第一条语句的作用是调用 AT24Cxx_ReadByte()函数实现 AT24C02 芯片特定地址数据的读取,实际送入的参数是$(0x01)_H$,意思就是让单片机读取 AT24C02 芯片$(0x01)_H$地址区域所存储的数据值。得到数据值后赋值给全局变量"GETAT24Cxx_DAT",接下来进行数值判断,如果$(0x01)_H$地址中的数值为$(0xFF)_H$则将$(0x00)_H$数值写入到$(0x01)_H$地址之中覆盖掉原来的数值,这个操作便于读者观察数据的递增过程,将最大值数据进行"归零"处理。

将程序编译后下载到单片机中并运行,打开计算机上的超级终端软件建立串口连接,选定 CH340G 设备在计算机中对应的串口号(可以通过计算机设备管理器中"端口"一项查询),设定通信波特率为 9 600 bps,数据位为 8 位,起始位为 1 位,停止位为 1 位,无奇偶校验位。打开超级终端窗口后按下单片机系统中的复位键,若程序运行正常将会打印出该基础项目标题,显示出第一次读取 AT24C02 芯片$(0x01)_H$地址中的数据,此时再次按下单片机的复位按键,又打印出了该基础项目标题,又显示出了第二次读取 AT24C02 芯片$(0x01)_H$地址中的数据,正常情况下两次得到的数据是不相同的,第二次读取的数据值恰好为第一次的数据值加 1,经过实测得到如图 20.25 所示效果。

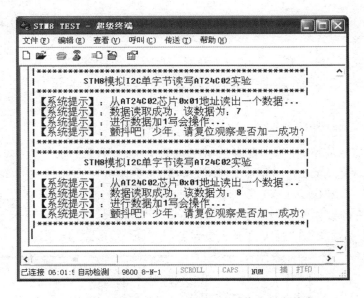

图 20.25　单字节读写 AT24C02 实验串口打印信息

分析图 20.25,实验现象已经证明了实验的成功,但是感觉有点"模糊",数据到底是怎么被读出来的? 又是怎样变化加 1 的呢? 读者肯定不满足于图 20.25 所示的结果,还想深入地分析。小宇老师搬出逻辑分析仪,并且捕捉了单片机与 AT24C02 芯片的通信时序。实际系统中将逻辑分析仪的 CH0 通道连接到 AT24C02 芯片的 SDA 引脚,将 CH1 通道连接到 AT24C02 芯片的 SCL 引脚,然后再将逻辑分析仪的电源地与本项目电路中的电源地进行"共地"处理。打开逻辑分析仪上位机软件开始捕获,捕获到的第一次 I²C 通信时序如图 20.26 所示。

第一次 I²C 通信时序是单字节读出数据的过程,也就是单片机读取 AT24C02 芯片

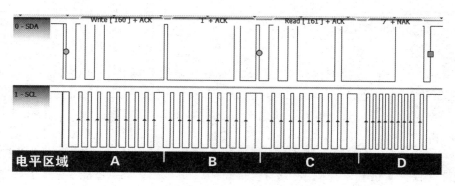

图 20.26 单字节读出数据时序(取回数据为$(0x07)_H$)

$(0x01)_H$ 地址区域所存储的数据值过程。观察图 20.26,整个读取过程中可以大致分为 4 个电平区域,电平区域 A 是"Write[160]+ACK"过程,这里的"160"是一个十进制数值,也就是$(0xA0)_H$ 转换后得到的,后面的"ACK"是指从机应答信号。电平区域 B 是"1+ACK"过程,这里的"1"指的是$(0x01)_H$ 地址,"ACK"是指从机应答信号。电平区域 C 是"Read[161]+ACK"过程,这里的"161"是一个十进制数值,也就是$(0xA1)_H$ 转换得到的,"ACK"是指从机应答信号。电平区域 D 是"7+NAK"过程,这里的"7"是从 AT24C02 芯片$(0x01)_H$ 地址区域所读出的数据,"NAK"是指"主机非应答"信号,这个信号是专门让单片机发出来的,意思是不再需要继续读取数据了。

有的读者看完图 20.26 就会产生一个疑问,为什么当前读出的数据为"7",复位一次单片机读出的数据会变成"8"呢?这个变化主要是主函数中的以下两条语句所实现的:

```
GETAT24Cxx_DAT + = 1;                     //将读出数据进行加 1 操作
AT24Cxx_WriteByte(0x01,GETAT24Cxx_DAT);   //再将数据写回到原地址
```

第一条语句比较简单,就是实现变量 GETAT24Cxx_DAT 的加 1 操作,假设读取到的数据为"7",那么此时变量 GETAT24Cxx_DAT 的值将变为"8"。第二条语句也很简单,就是把加 1 之后的 GETAT24Cxx_DAT 数值重新写回 AT24C02 芯片的$(0x01)_H$ 地址,这样一来,$(0x01)_H$ 地址原有的数据就被加 1 后的数据"覆盖"了,将单片机复位后再次上电时,读出的数据就变为"8"了。实际写入的过程也被捕获到了,其时序如图 20.27 所示。

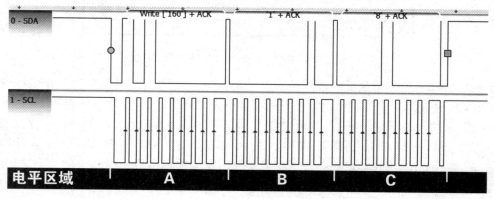

图 20.27 单字节写入数据时序(写入数据为$(0x08)_H$)

分析图 20.27,这是一次单字节数据写入过程,也是单片机将修改后(执行了加 1 运算)的数据重新写回 AT24C02 芯片(0x01)ₕ 地址的过程。整个写入过程大致分为 3 个电平区域,电平区域 A 是"Write[160]+ACK"过程,这里的"160"是一个十进制数值,也就是(0xA0)ₕ 转换后得到的,后面的"ACK"是指从机应答信号。电平区域 B 是"1+ACK"过程,这里的"1"指的是(0x01)ₕ 地址,"ACK"是指从机应答信号。电平区域 C 是"8+ACK"过程,这里的"8"是主机欲写入(0x01)ₕ 地址的数据,"ACK"是指从机应答信号。

20.3.6 实战项目 A STM8 模拟 I²C 多字节读/写 AT24C02 实验

通过对单字节数据写入和读出时序的分析,读者进一步理解了 I²C 通信协议及 AT24C02 芯片数据的操作,但是对于多个字节的写入又如何去实现呢? 本小节就动手实现一个多字节读写 AT24C02 实验。本项目依然使用基础项目 A 的硬件电路,仍然以 AT24C02 作为实操对象,选择 STM8S208MB 单片机作为主控制器,项目的区别只是修改了软件程序。

本项目需要实现多个字节的连续写入,应该把欲写入的数据"装起来",事先存放在一个地方。怎么去实现这一功能呢? 建立一个静态数组,具体的实现语句如下:

```
static  u8  Read_AT24Cxx_DAT[5];          //定义读出数据存放数组
static  u8  Write_AT24Cxx_DAT[5] = {0x01,0x02,0x03,0x04,0x05};
//定义写入数据存放数组
```

上面定义了两个数组,Write_AT24Cxx_DAT[5]数组用于存放欲写入 AT24C02 芯片的数据集合,在定义时已经为其初始化了。Read_AT24Cxx_DAT[5]数组用于装载从 AT24C02 芯片连续读出的数据,该数组没有进行初始化,因为定义的数组是"静态"类型的(也就是采用"static"关键字定义的数组),所以其内部数据均为"0"。

有了这两个数组就相当于有了存放数据的"容器",下面实现项目的具体功能。编写一个 AT24Cxx 写入多个字节函数 AT24Cxx_WriteNByte(u8 * BUF, u8 ADDR,u8 LEN),这个函数应有 3 个形式参数,第一个形式参数"BUF"是数据指针,用来指向一个欲写入数据的起始地址,在实际的程序中该指针指向 Write_AT24Cxx_DAT[5]数组的首地址。为什么要指向该数组呢? 原因很简单,这个数组中所存放是欲写入 AT24C02 芯片的数据。第二个形式参数"ADDR"是欲写入地址,这个地址是主机定义的,也就是"告诉"AT24C02 芯片,数据是从"哪里开始写"。第三个形式参数"LEN"是欲写入数据长度,这个"长度"是用来"告诉"AT24C02 芯片,数据要"写多少个"。

在连续读出数据的过程中需要主机向从机发送"主机应答"信号,需要编写一个单字节数据读出(发送应答)函数 I2C_Read8BitACK(),如果主机不再需要继续读取数据时还需要向从机发送"主机非应答"信号,这也需要编写一个单字节数据读出(发送非应答)函数 I2C_Read8BitNACK(void),这个函数在 20.3.5 小节的基础项目 B 中已经介绍。

为了验证写入的数据是否成功,还需要编写一个多个字节连续读出的函数 AT24Cxx_ReadNByte(u8 * BUF, u8 ADDR,u8 LEN),这个函数与多个字节写入函数是相似的。该函数也有 3 个形式参数,第一个形式参数"BUF"是数据指针,用来指向存放读出数据的地址,在实际的程序中该指针指向了 Read_AT24Cxx_DAT[5]数组的首地址。为什么要指向该数组呢? 原因很简单,这个数组存放着实际从 AT24C02 芯片中读出的数据。第二个形式参数

"ADDR"是欲读取数据的首地址,这个地址也是主机定义的,也就是"告诉"AT24C02 芯片,数据是从"哪里开始读"。第三个形式参数"LEN"是欲读取数据长度,这个"长度"用来"告诉"AT24C02 芯片,数据要"读多少个"。

如果数据读写顺利,Write_AT24Cxx_DAT[5]数组中的 5 个数据就会连续写入到 AT24C02 芯片,如果写入数据的首地址是(0x01)$_H$ 地址,那么可以推断出 AT24C02 芯片的 (0x01)$_H$ 地址写入了"0x01",(0x02)$_H$ 地址写入了"0x02",(0x03)$_H$ 地址写入了"0x03",(0x04)$_H$ 地址写入了"0x04",(0x05)$_H$ 地址写入了"0x05"。连续写入完成之后又将数据连续读出,并将读出数据存放到 Read_AT24Cxx_DAT[5]数组,如果写入成功了,那么读出的数据和写入的数据应该对应相等才对。也就是说,Read_AT24Cxx_DAT[0]应该为"0x01",Read_AT24Cxx_DAT[1]应该为"0x02",Read_AT24Cxx_DAT[2]应该为"0x03",Read_AT24Cxx_DAT[3]应该为"0x04",Read_AT24Cxx_DAT[4]应该为"0x05"。

写入的数据和读出的数据怎么进行等值比对呢? 有的读者可能会说:这还不简单,直接把 Write_AT24Cxx_DAT[5]数组中的每一个数据依次和 Read_AT24Cxx_DAT[5]数组中的每一个数据进行大小判断呗! 这个方法确实可行,但是麻烦,有没有什么简单的办法? 小宇老师想了想,可以使用 C 语言函数库中的 memcmp()函数,该函数可以比较内存空间的"N"个数值,得到数值的大小关系。该函数的声明语句在头文件"string.h"之中,因此需要在项目程序中包含该头文件。将 Write_AT24Cxx_DAT[5]数组与 Read_AT24Cxx_DAT[5]数组作为实际参数送到 memcmp()函数中进行比较就可以判断数值关系。如果比较后得到的返回值为"0",则说明两个数组中的数据是等值的,如果返回值不为"0",则说明数据中的数据存在差异。这样就可以通过 memcmp()函数的返回值来判定 AT24C02 芯片数据读写的一致性了。

思路通了程序编写就简单多了,利用 C 语言编写 STM8 模拟 I²C 多字节读写 AT24C02 实验的具体程序实现如下:

```
/ * * * * * * * * * * * * * * * * * * * * * * * * * * * * * * * * * * * * * * * * * * * *
 * 实验名称及内容:STM8 模拟 I2C 多字节读写 AT24C02 实验
 * * * * * * * * * * * * * * * * * * * * * * * * * * * * * * * * * * * * * * * * * * * */
#include "iostm8s208mb.h"              //主控芯片的头文件
#include "stdio.h"                     //需要使用 printf()函数故而包含该头文件
#include "string.h"                    //需要使用 memcmp()函数故而包含该头文件
/ * * * * * * * * * * * * * * * 常用数据类型定义 * * * * * * * * * * * * * * * * * * */
【略】为节省篇幅,相似语句可以直接参考之前章节
/ * * * * * * * * * * * * * * 端口/引脚定义区域 * * * * * * * * * * * * * * * * * * * */
#define   SDA_OUT     PB_ODR_ODR0      //I2C 总线时钟引脚 PB0(输出)
#define   SDA_IN      PB_IDR_IDR0      //I2C 总线时钟引脚 PB0(输入)
#define   SCL         PB_ODR_ODR1      //I2C 总线时钟引脚 PB1
/ * * * * * * * * * * * * * * 用户自定义数据区域 * * * * * * * * * * * * * * * * * * */
#define   HSIClockFreq    16000000     //系统时钟频率,单位为 Hz
#define   BaudRate        9600         //欲设定波特率
static   u8   Read_AT24Cxx_DAT[5];     //定义读出数据存放数组
static   u8   Write_AT24Cxx_DAT[5] = {0x01,0x02,0x03,0x04,0x05};
//定义写入数据存放数组
/ * * * * * * * * * * * * * * * 函数声明区域 * * * * * * * * * * * * * * * * * * * * */
void delay(u16 Count);                 //延时函数声明
```

```c
void UART1_Init(void);                    //UART1 串口初始化函数声明
void UART1_SendByte(u8 data);             //UART1 发送单字符函数声明
int putchar(int ch);                      //UART1 发送字符重定向函数声明
void I2C_SDA_DDR(u8 ddr);                 //I2C_SDA 串行数据引脚方向性配置函数声明
void I2C_START(void);                     //I2C 总线起始信号配置函数声明
void I2C_STOP(void);                      //I2C 总线终止信号配置函数声明
u8 I2C_Write8Bit(u8 DAT);                 //I2C 总线单字节数据写入函数声明
u8 I2C_Read8BitNACK(void);                //单字节数据读出(发送非应答)函数声明
u8 I2C_Read8BitACK(void);                 //单字节数据读出(发送应答)函数声明
void AT24Cxx_ReadNByte(u8 * BUF, u8 ADDR,u8 LEN);
//AT24Cxx 读出多个字节函数声明
void AT24Cxx_WriteNByte(u8 * BUF, u8 ADDR,u8 LEN);
//AT24Cxx 写入多个字节函数声明
/ * * * * * * * * * * * * * * * * * * * * * * 主函数区域 * * * * * * * * * * * * * * * * * * * * * * * * * /
void main(void)
{
  u8 i;                                   //定义变量 i 用于控制循环次数
  CLK_CKDIVR = 0x00;                      //设置时钟为内部 16 MHz 高速时钟
  delay(200);                             //延时系统时钟稳定
  UART1_Init();                           //串口 1 初始化
  delay(200);                             //延时等待串口初始化完成
  PB_DDR_DDR1 = 1;                        //配置 PB1 引脚(SCL)为输出模式
  PB_CR1_C11 = 1;                         //配置 PB1 引脚(SCL)为推挽输出模式
  PB_CR2_C21 = 0;                         //配置 PB1 引脚(SCL)低速率输出模式
  printf("| ***************************************************** |\r\n");
  printf("|          STM8 模拟 I2C 多字节读写 AT24C02 实验          |\r\n");
  printf("| ***************************************************** |\r\n");
  AT24Cxx_WriteNByte(Write_AT24Cxx_DAT,0x01,sizeof(Write_AT24Cxx_DAT));
  printf("|【系统提示】:正在连续写入以下数据...\r\n");
  for(i = 0;i<sizeof(Write_AT24Cxx_DAT);i + + )//连续写入 5 个字节的数据
  {
    printf("|【%d】写入第%d 位数据值为:0x%x\r\n",i,i,Write_AT24Cxx_DAT[i]);
  }
  printf("|【系统提示】:写入完毕,进入大家来找茬阶段! \r\n");

  AT24Cxx_ReadNByte(Read_AT24Cxx_DAT,0x01,sizeof(Read_AT24Cxx_DAT));
  //连续读出 5 个字节的数据
  printf("|【系统提示】:正在连续读出以下数据...\r\n");
  for(i = 0;i<sizeof(Read_AT24Cxx_DAT);i + + )  //连续读取数据
  {
    printf("|【%d】读出第%d 位数据值为:0x%x\r\n",i,i,Read_AT24Cxx_DAT[i]);
  }
  printf("|【系统提示】:系统正在比对写入/读出数据的正确性...\r\n");
  if(! memcmp(Write_AT24Cxx_DAT,Read_AT24Cxx_DAT,sizeof(Read_AT24Cxx_DAT)))
    printf("|【系统提示】:数据读写比对一致,好厉害哦! \r\n");
  else
```

```
    printf("|【系统提示】:数据读写比对异常,找找原因吧! \r\n");
    printf("| ********************************************|\r\n");
    while(1);                                    //死循环,程序"停止"
}
/* ********************************************************/
void delay(u16 Count)
{【略】}                                          //延时函数
void UART1_Init(void)
{【略】}                                          //UART1 串口初始化函数
void UART1_SendByte(u8 data)
{【略】}                                          //UART1 发送单字符函数
int putchar(int ch)
{【略】}                                          //UART1 发送字符重定向函数
void I2C_SDA_DDR(u8 ddr)
{【略】}                                          //I2C_SDA 串行数据引脚方向性配置函数
void I2C_START(void)
{【略】}                                          //I2C 总线起始信号配置函数
void I2C_STOP(void)
{【略】}                                          //I2C 总线终止信号配置函数
u8 I2C_Write8Bit(u8 DAT)
{【略】}                                          //I2C 总线单字节数据写入函数
/* **********************************************************/
//单字节数据读出函数(发送非应答)I2C_Read8BitNACK()
//无形参,有返回值(读出的单字节数据)
/* **********************************************************/
u8 I2C_Read8BitNACK(void)
{
    u8 x,I2CDATA;                                //定义循环控制变量 x,读出数据暂存变量 I2CDATA
    I2C_SDA_DDR(1);                              //配置 SDA 引脚为推挽输出模式
    SDA_OUT = 1;                                 //首先确保主机释放 SDA
    delay(1);                                    //延时等待
    I2C_SDA_DDR(0);                              //配置 SDA 引脚为弱上拉输入模式
    delay(1);                                    //延时等待
    for(x = 0x80;x! = 0;x>> = 1)                 //从高位到低位依次进行
    {
        delay(1);                                //延时等待
        SCL = 1;                                 //将 SCL 引脚置为高电平
        if(SDA_IN == 0)                          //读取 SDA 引脚的电平状态并进行判定
            I2CDATA& = ～x;                       //判定为"0"则将 I2CDATA 中对应位清零
        else
            I2CDATA| = x;                        //判定为"1"则将 I2CDATA 中对应位置"1"
        delay(1);                                //延时等待
        SCL = 0;                                 //置低 SCL 引脚以允许从机发送下一位
    }
    I2C_SDA_DDR(1);                              //配置 SDA 引脚为推挽输出模式
    delay(1);                                    //延时等待
```

```
    SDA_OUT = 1;                          //8 位数据发送后拉高 SDA 引脚发送"非应答信号"
    delay(1);                             //延时等待
    SCL = 1;                              //将 SCL 引脚置为高电平
    delay(1);                             //延时等待
    SCL = 0;                              //将 SCL 引脚置为低电平完成"非应答位"并保持总线
    return I2CDATA;                       //将读出的单字节数据进行返回
}
/*****************************************************************/
//单字节数据读出函数(发送应答)I2C_Read8BitACK()
//无形参,有返回值(读出的单字节数据)
/*****************************************************************/
u8 I2C_Read8BitACK(void)
{
    u8 x,I2CDATA;                         //定义循环控制变量 x,读出数据暂存变量 I2CDATA
    I2C_SDA_DDR(1);                       //配置 SDA 引脚为推挽输出模式
    delay(1);                             //延时等待
    SDA_OUT = 1;                          //首先确保主机释放 SDA
    delay(1);                             //延时等待
    I2C_SDA_DDR(0);                       //配置 SDA 引脚为弱上拉输入模式
    delay(1);                             //延时等待
    for(x = 0x80;x! = 0;x>> = 1)          //从高位到低位依次进行
    {
        delay(1);                         //延时等待
        SCL = 1;                          //将 SCL 引脚置为高电平
        if(SDA_IN == 0)                   //读取 SDA 引脚的电平状态并进行判定
            I2CDATA& = ~x;                //判定为"0"则将 I2CDATA 中对应位清零
        else
            I2CDATA| = x;                 //判定为"1"则将 I2CDATA 中对应位置"1"
        delay(1);                         //延时等待
        SCL = 0;                          //置低 SCL 引脚以允许从机发送下一位
    }
    I2C_SDA_DDR(1);                       //配置 SDA 引脚为推挽输出模式
    delay(1);                             //延时等待
    SDA_OUT = 0;                          //8 位数据发送后置低 SDA 引脚发送"应答信号"
    delay(1);                             //延时等待
    SCL = 1;                              //将 SCL 引脚置为高电平
    delay(1);                             //延时等待
    SCL = 0;                              //将 SCL 引脚置为低电平完成"应答位"并保持总线
    return I2CDATA;                       //将读出的单字节数据进行返回
}
/*****************************************************************/
//AT24Cxx 读出多个字节函数 AT24Cxx_ReadNByte(),有形参 BUF,ADDR 和 LEN
//BUF 是数据指针,ADDR 为欲读取地址,LEN 为欲读取数据长度,无返回值
/*****************************************************************/
void AT24Cxx_ReadNByte(u8 * BUF,u8 ADDR,u8 LEN)
{
```

```
  u8 RLEN;                                //定义变量 RLEN
  RLEN = LEN;                             //将欲读取数据长度赋值给 RLEN
  do
  {
    I2C_START();                          //产生 I2C 通信起始信号
    if(I2C_Write8Bit(0xA0))               //写入(器件地址 + 写)指令
    {
      I2C_STOP();                         //产生 I2C 通信终止信号
    }
    break;
  }while(1);                              //若能跳出 while(1)说明寻址成功
  I2C_Write8Bit(ADDR);                    //写入欲读取地址
  I2C_START();                            //产生 I2C 通信起始信号
  I2C_Write8Bit(0xA1);                    //写入(器件地址 + 读)指令
  while(RLEN>1)                           //若读取数据长度大于 1(未读完还要再读)
  {
    * BUF + + = I2C_Read8BitACK();        //读取单个数据且发送主机应答
    //读回数据实际是放到了数据指针指向的"读出数据数组"Read_AT24Cxx_DAT 中
    //读取过程中下标递增
    RLEN--;                               //读取数据长度递减(每读出一个,数据长度就减一)
  }
  * BUF = I2C_Read8BitNACK();             //读取单个数据且发送主机非应答
  //这条语句的"主机非应答"意思是不再继续读取数据了
  I2C_STOP();                             //产生 I2C 通信终止信号
}
/ * * * * * * * * * * * * * * * * * * * * * * * * * * * * * * * * * * * * * * * * * * * * * * * * * * * * * * */
//AT24Cxx 写入多个字节函数 AT24Cxx_WriteNByte(),有形参 BUF,ADDR 和 LEN
//BUF 是数据指针,ADDR 为欲写入地址,LEN 为欲写入数据长度,无返回值
/ * * * * * * * * * * * * * * * * * * * * * * * * * * * * * * * * * * * * * * * * * * * * * * * * * * * * * * */
void AT24Cxx_WriteNByte(u8 * BUF,u8 ADDR,u8 LEN)
{
  u8 x;                                   //定义变量 x 用于控制循环次数
  for(x = 0;x<LEN;x + +)                  //x 必须小于数据长度
  {
    do
    {
      I2C_START();                        //产生 I2C 通信起始信号
      if(I2C_Write8Bit(0xA0))             //写入(器件地址 + 写)指令
      {
        I2C_STOP();                       //产生 I2C 通信终止信号
      }
      break;
    }while(1);                            //若能跳出 while(1)说明寻址成功
    I2C_Write8Bit(ADDR + +);             //写入地址递增
    I2C_Write8Bit( * BUF + +);           //数据指针递增
    I2C_STOP();                           //产生 I2C 通信终止信号
```

```
    }
}
```

通读程序,发现连续数据的写入过程中是有"讲究"的。如果主机读取一个字节的数据之后还想要接着读取下一个数据,主机会发送"主机应答"信号,如果读取一个字节数据之后不想继续读取数据了,主机会发送"主机非应答"信号。这两个信号的产生是由程序中的 I2C_Read8BitACK(void)函数和 I2C_Read8BitNACK(void)函数所实现的。

这两个函数有什么区别呢? 为了研究这两个函数的具体实现,再回到程序之中仔细阅读。"乍一看",这两个函数简直是"一模一样",但是仔细阅读会发现它们的差异,单字节数据读出函数(发送应答)的函数实现如下:

```
u8 I2C_Read8BitACK(void)
{
    ......(此处省略具体程序语句)
    SDA_OUT = 0;          //8 位数据发送后置低 SDA 引脚发送"应答信号"
    delay(1);             //延时等待
    SCL = 1;              //将 SCL 引脚置为高电平
    delay(1);             //延时等待
    SCL = 0;              //将 SCL 引脚置为低电平完成"应答位"并保持总线
    return I2CDATA;       //将读出的单字节数据进行返回
}
```

该函数的起始部分语句和单字节数据读出函数(发送非应答)的函数实现是一样的,所以这里省略了函数前半部分的程序语句,主要看函数后面部分的程序语句。单字节数据读出函数(发送非应答)的函数实现如下:

```
u8 I2C_Read8BitNACK(void)
{
    ......(此处省略具体程序语句)
    SDA_OUT = 1;          //8 位数据发送后拉高 SDA 引脚发送"非应答信号"
    delay(1);             //延时等待
    SCL = 1;              //将 SCL 引脚置为高电平
    delay(1);             //延时等待
    SCL = 0;              //将 SCL 引脚置为低电平完成"非应答位"并保持总线
    return I2CDATA;       //将读出的单字节数据进行返回
}
```

通过对比,可以发现在 I2C_Read8BitACK(void)函数读取一个字节之后,执行"SDA_OUT=0"语句,拉低 SDA 线路,作用是产生"主机应答"信号,意思是"告诉"从机,数据还没有读完,需要继续读取。而在 I2C_Read8BitNACK(void)函数读取一个字节之后,执行"SDA_OUT=1"语句,拉高 SDA 线路,作用是产生"主机非应答"信号,意思是"告诉"从机,数据读取到此为止了,不再需要继续读取。

最后梳理整个程序的脉络。从主函数开始看起,程序进入主函数之后首先定义相关变量,然后配置时钟源及工作频率,选定内部高速 RC 时钟源 HSI 作为系统时钟源,分频系数为"不分频",也就是说单片机工作在 16 MHz 频率下。随后初始化 UART1 资源,在 UART1 资源的初始化函数中主要配置串行通信数据帧格式、通信波特率和相关中断。紧接着又配置 PB1 引脚的模式，将 PB1 引脚配置为推挽输出模式。接下来就利用串口打印了项目标题和相关提示信息，执行到这里就出现了一条非常重要的语句如下：

```
AT24Cxx_WriteNByte(Write_AT24Cxx_DAT,0x01,sizeof(Write_AT24Cxx_DAT));
```

这条语句是调用了 AT24Cxx 写入多个字节函数，程序向该函数送入了 3 个实际参数，第一个实际参数"Write_AT24Cxx_DAT"为发送数据数组的"数组名称"，其作用是将数据指针"＊BUF"指向了 Write_AT24Cxx_DAT[] 数组的首地址。第二个实际参数"0x01"是欲写入数据到 AT24C02 芯片的起始地址，这个地址是自定义的，只要不超过 AT24C02 芯片所支持的合法地址都是可以的。第三个实际参数"sizeof(Write_AT24Cxx_DAT)"是欲写入数据的具体长度，这个参数有点"意思"，为什么这么说呢？这个参数其实是运算后得到的，这种写法具有很好的程序适用性。从参数本身入手，该参数是调用了 C 语言函数库中的 sizeof() 函数，然后将 Write_AT24Cxx_DAT[] 数组名称作为实际参数传入了 sizeof() 函数，其功能是计算 Write_AT24Cxx_DAT[] 数组的大小，如果数组中"装"了 5 个数据，那么利用 sizeof() 函数求解出的数值就是"5"。分析形式参数的含义不难理解，这条语句的作用就是将 Write_AT24Cxx_DAT[] 数组中的 5 个数据（也就是实际的数组大小）从 AT24C02 芯片的 $(0x01)_H$ 地址处连续写入。

随着主函数的继续执行，程序通过串口又打印了一些提示信息，利用一个简单的 for() 循环将 Write_AT24Cxx_DAT[] 数组的内容依次输出，输出这些数据的目的是让测试者"知道"是哪些数据进行了写入，随后又执行了一条非常重要的语句如下：

```
AT24Cxx_ReadNByte(Read_AT24Cxx_DAT,0x01,sizeof(Read_AT24Cxx_DAT));
```

这条语句是调用了 AT24Cxx 读出多个字节函数，程序也向该函数送入了 3 个实际参数，第一个实际参数"Read_AT24Cxx_DAT"是用于保存读出数据数组的"数组名称"，其作用是将数据指针"＊BUF"指向了 Read_AT24Cxx_DAT[] 数组的首地址。第二个实际参数"0x01"是欲读取 AT24C02 芯片数据的起始地址，这个地址是自定义的，只要不超过 AT24C02 芯片所支持的合法地址都是可以的。第三个实际参数"sizeof(Read_AT24Cxx_DAT)"是欲读出数据的具体长度，这个参数是运算得到的，是将 Read_AT24Cxx_DAT[] 数组名称作为实际参数传入了 sizeof() 函数，从而得到了该数组的大小。分析形式参数的含义不难理解，这条语句的作用就是从 AT24C02 芯片的 $(0x01)_H$ 地址处连续读出 5 个数据（也就是实际的数组大小），然后将数据依次存放到 Read_AT24Cxx_DAT[] 数组之中。

这两条关键语句执行完毕之后，就可以验证写入的数据和读出的数据是否等值了，这个功能是依靠 C 语言函数库中的 memcmp() 函数来实现的。调用 memcmp() 函数的具体语句如下：

```
if(! memcmp(Write_AT24Cxx_DAT,Read_AT24Cxx_DAT,sizeof(Read_AT24Cxx_DAT)))
    printf("|【系统提示】:数据读写比对一致,好厉害哦! \r\n");
else
    printf("|【系统提示】:数据读写比对异常,找找原因吧! \r\n");
```

送入 memcmp() 函数的实际参数有 3 个，第一个实际参数"Write_AT24Cxx_DAT"是发送数据数组的"数组名称"，也就是 Write_AT24Cxx_DAT[] 数组的首地址。第二个实际参数"Read_AT24Cxx_DAT"是用于保存读出数据数组的"数组名称"，也就是 Read_AT24Cxx_

DAT[]数组的首地址。第三个实际参数"sizeof(Read_AT24Cxx_DAT)"是 Read_AT24Cxx_DAT[]数组的大小,在实际的程序中,Write_AT24Cxx_DAT[]数组和 Read_AT24Cxx_DAT[]数组其实是一样大的,也就是说它们的"容量"是一样的。送入实际参数之后,memcmp()函数就会比较两个数组中的数据字节,如果两个数据中的数据一致,则 memcmp()函数返回值为"0",此时 if()语句的条件为真,将会通过串口打印出"|【系统提示】:数据读写比对一致,好厉害哦!"提示信息,反之打印出"|【系统提示】:数据读写比对异常,找找原因吧!"提示信息。

理清主函数的执行过程后,将程序编译后下载到单片机中并运行,此时打开计算机上的超级终端软件建立串口连接,选定 CH340G 设备在计算机中对应的串口号(可以通过计算机设备管理器中"端口"一项查询),设定通信波特率为 9 600 bps,数据位为 8 位,起始位为 1 位,停止位为 1 位,无奇偶校验位。打开超级终端窗口后按下单片机系统中的复位键,若程序运行正常将会打印出该实战项目标题,接着显示出连续写入 AT24C02 芯片(0x01)ₕ 地址的 5 个数据,写入完毕后又打印出从 AT24C02 芯片(0x01)ₕ 地址连续读出的 5 个数据,最后再进行写入数据和读出数据的比对。第一次实测得到了如图 20.28 所示效果。

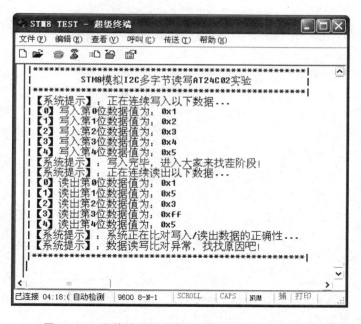

图 20.28 芯片忙碌导致写入异常时的串口打印信息

看到如图 20.28 所示的实测结果,小宇老师的脑子"嗡"的一声,为什么写入数据和读出数据不一致呢?这是小宇老师的"自我抹黑"招数吗?绝对不是,这是因为程序出了问题。一起来分析分析,连续数据的写入和连续数据的读出操作有可能是哪一个环节出了问题呢?要么是写入错了,要么是读出有问题,先来看看写入环节。AT24Cxx 写入多个字节函数的具体实现如下:

```
void AT24Cxx_WriteNByte(u8 * BUF,u8 ADDR,u8 LEN)
{
    u8 x;                        //定义变量 x 用于控制循环次数
```

```
for(x = 0;x<LEN;x + +)                 //x 必须小于数据长度
{
  do
  {
    I2C_START();                       //产生 I2C 通信起始信号
    if(I2C_Write8Bit(0xA0))            //写入(器件地址 + 写)指令
    {
      I2C_STOP();                      //产生 I2C 通信终止信号
    }
    break;
  }while(1);                           //若能跳出 while(1)说明寻址成功
  I2C_Write8Bit(ADDR + +);            //写入地址递增
  I2C_Write8Bit( * BUF + +);          //数据指针递增
  I2C_STOP();                          //产生 I2C 通信终止信号
}
}
```

分析这个函数,"LEN"是写入数据的长度,也就是说"LEN"为多少就需要执行多少次 for ( )循环。每一次的循环都要遵循"起始信号、从机寻址、指定欲写入地址、写入数据和终止信号"。说到这里,小宇老师突然想到了什么。不知道各位读者是否还记得 20.3.2 小节所讲解的 AT24Cxx 系列芯片的写操作时序。在这一部分内容中提到过一个"t_{WR}"时间;这个参数被称为 AT24Cxx 系列芯片的"写周期时间",是指从一个写时序的有效终止信号到 AT24Cxx 芯片内部编程/擦除周期结束的这一段时间,在写周期时间内,总线接口电路禁止,SDA 引脚保持为高电平,器件不响应外部操作。

这么说来,读写数据之所以不一致,有可能是写得"太快"了,前一个数据写入后,AT24C02 芯片内部正处于"忙碌"状态(也就是将写入数据"搬移"到非易失区域),此时又写了一个数据,就可能造成写入失败,最终导致了读写数据不一致的情况。应该怎么解决这个问题呢?可以在写入一个数据字节后延时一段时间,等待 AT24C02 芯片"忙碌"完毕之后再去写入下一个数据字节。这个延时时间取多少合适呢?

查询 AT24C02 芯片的数据手册,可以发现该芯片的"写周期时间"是低于 10 ms 的。因此可以在 AT24Cxx_WriteNByte( )函数末尾处的"I2C_STOP( )"语句之后添加"delay(100)"语句,以实现单字节数据写入后的延时等待,改动后的 AT24Cxx_WriteNByte( )函数结构如下:

```
void AT24Cxx_WriteNByte(u8 * BUF,u8 ADDR,u8 LEN)
{
    ......(此处省略具体程序语句)
    I2C_STOP();             //产生 I2C 通信终止信号
    delay(100);             //延时等待 AT24C02 渡过"写周期时间"
}
}
```

修正了相关函数之后,将程序重新编译后下载到单片机中并运行,此时打开计算机上的超级终端软件建立串口连接,按下单片机系统中的复位键,第二次实测得到了如图 20.29 所示效果。

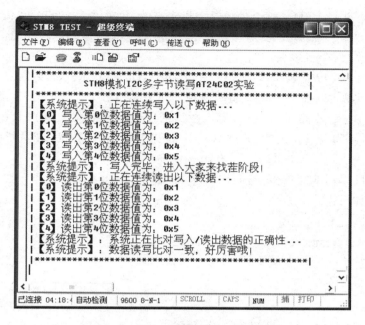

图 20.29 写入正常时的串口打印信息

看到这个实测图,心里总算是有了一丝"欣慰",通过这次排错也引出了一些思考。修改后的多字节数据写入函数每执行一次,就必须要经历起始信号、从机寻址、指定欲写入地址、写入数据、终止信号和延时(渡过 AT24C02 芯片的"写周期时间"),这个过程比较耗时,每次写入都要等待,写入数据比较少的时候还体会不到有什么差别,写入的数据一旦变多,写入的时间就变得很长了,这种方法也有局限性。

20.3.7 实战项目 B STM8 模拟 I²C 页写入 AT24C02 实验

通过实战项目 A,读者了解了多字节读写 AT24C02 芯片的过程和方法,也通过分析错误得知,这种方法必须要经历多次起始信号、从机寻址、指定欲写入地址、写入数据、终止信号和延时(渡过 AT24C02 芯片的"写周期时间"),整体写入速度较低,方法上存在局限性。

有没有一种比较快速的方法实现数据的连续写入呢? 答案是肯定的,Atmel 公司在 AT24Cxx 系列芯片中内置了"页缓冲器",前面介绍的时候已经提到过,只是当时的并不知道这个单元有什么具体的作用。所谓"页",就是对写入数据进行"组织",不是用"字节写入模式"的方法,而是把数据组合成以"页"为单位的整体,一次性地写入一页,一整页的"写周期时间"与单独写入一个数据的"写周期时间"是一致的,这样一来就明显提升了写入速度和效率。

本项目依然使用基础项目 A 的硬件电路,仍然以 AT24C02 作为实操对象,选择 STM8S208MB 单片机作为主控制器,项目的区别只是修改了软件程序。在程序中需要编写一个 AT24Cx 页写入函数 AT24Cxx_Write_PAGE(u8 * BUF,u8 ADDR,u8 LEN),该函数具备 3 个形式参数,第一个形式参数"BUF"是数据指针,用来指向一个欲写入数据的起始地址,在实际的程序中该指针指向了 Write_AT24Cxx_DAT[5]数组的首地址。为什么要指向该数组呢?原因很简单,这个数组中所存放的内容是欲写入 AT24C02 芯片的数据。第二个形式参数"ADDR"是欲写入地址,这个地址是主机定义的,也就是"告诉"AT24C02 芯片,数据是从"哪里开始写"。第三个形式参数"LEN"是欲写入数据长度,这个"长度"是用来"告诉"AT24C02 芯片,数据要"写多少个"。这 3 个形式参数的概念和名称与 20.3.4 小节实践项目 A 中学习的 AT24Cxx_WriteNByte(u8 * BUF, u8 ADDR, u8 LEN)函数是一致的,但是两个函数内部的具体实现是完全不同的。页写入模式只需要经历 1 次起始信号、从机寻址、指定欲写入地址和终止信号。在整个过程中,写入数据的次数等于欲写入 AT24C02 芯片的数据个数,写入过程中也不需要进行延时(渡过 AT24C02 芯片的"写周期时间"),所以这种方式的速度很快。

思路通了程序编写就简单多了,利用 C 语言编写 STM8 模拟 I²C 页写入 AT24C02 实验的具体程序实现如下:

```
/ *************************************************************
 * 实验名称及内容:STM8 模拟 I2C 页写入 AT24C02 实验
 *************************************************************/
# include "iostm8s208mb.h"              //主控芯片的头文件
# include "stdio.h"                      //需要使用 printf()函数故而包含该头文件
# include "string.h"                     //需要使用 memcmp()函数故而包含该头文件
/ ******************* 常用数据类型定义 *********************/
【略】为节省篇幅,相似语句可以直接参考之前章节
/ ******************* 端口/引脚定义区域 *********************/
# define    SDA_OUT        PB_ODR_ODR0    //I2C 总线时钟引脚 PB0(输出)
# define    SDA_IN         PB_IDR_IDR0    //I2C 总线时钟引脚 PB0(输入)
# define    SCL            PB_ODR_ODR1    //I2C 总线时钟引脚 PB1
/ ******************* 用户自定义数据区域 *********************/
# define    HSIClockFreq   16000000       //系统时钟频率,单位为 Hz
# define    BaudRate       9600           //欲设定波特率
static  u8   Read_AT24Cxx_DAT[5];         //定义读出数据存放数组
static  u8   Write_AT24Cxx_DAT[5] = {0x01,0x02,0x03,0x04,0x05};
//定义写入数据存放数组
/ ******************* 函数声明区域 *********************/
void delay(u16 Count);                    //延时函数声明
void UART1_Init(void);                    //UART1 串口初始化函数声明
void UART1_SendByte(u8 data);             //UART1 发送单字符函数声明
int putchar(int ch);                      //UART1 发送字符重定向函数声明
void I2C_SDA_DDR(u8 ddr);                 //I2C_SDA 串行数据引脚方向性配置函数声明
void I2C_START(void);                     //I2C 总线起始信号配置函数声明
void I2C_STOP(void);                      //I2C 总线终止信号配置函数声明
u8 I2C_Write8Bit(u8 DAT);                 //I2C 总线单字节数据写入函数声明
u8 I2C_Read8BitNACK(void);                //单字节数据读出(发送非应答)函数声明
u8 I2C_Read8BitACK(void);                 //单字节数据读出(发送应答)函数声明
void AT24Cxx_ReadNByte(u8 * BUF, u8 ADDR,u8 LEN);
//AT24Cxx 读出多个字节函数声明
void AT24Cxx_Write_PAGE(u8 * BUF,u8 ADDR,u8 LEN);//AT24Cx 页写入函数声明
/ ******************* 主函数区域 *********************/
```

```c
void main(void)
{
  u8 i;                                  //定义变量 i 用于控制循环次数
  CLK_CKDIVR = 0x00;                     //设置时钟为内部 16 MHz 高速时钟
  delay(200);                            //延时系统时钟稳定
  UART1_Init();                          //串口 1 初始化
  delay(200);                            //延时等待串口初始化完成
  PB_DDR_DDR1 = 1;                       //配置 PB1 引脚(SCL)为输出模式
  PB_CR1_C11 = 1;                        //配置 PB1 引脚(SCL)为推挽输出模式
  PB_CR2_C21 = 0;                        //配置 PB1 引脚(SCL)低速率输出模式
  printf("|*******************************************************|\r\n");
  printf("|           STM8 模拟 I2C 页写入 AT24C02 实验            |\r\n");
  printf("|*******************************************************|\r\n");
  AT24Cxx_Write_PAGE(Write_AT24Cxx_DAT,0x01,sizeof(Write_AT24Cxx_DAT));
  //页写入数据
  printf("|【系统提示】:正在连续写入以下数据...\r\n");
  for(i = 0;i<sizeof(Write_AT24Cxx_DAT);i + + )//连续写入数据
  {
    printf("|【%d】写入第 %d 位数据值为:0x%x\r\n",i,i,Write_AT24Cxx_DAT[i]);
  }
  printf("|【系统提示】:写入完毕,进入大家来找茬阶段! \r\n");

  AT24Cxx_ReadNByte(Read_AT24Cxx_DAT,0x01,sizeof(Read_AT24Cxx_DAT));
  printf("|【系统提示】:正在连续读出以下数据...\r\n");
  for(i = 0;i<sizeof(Read_AT24Cxx_DAT);i + + )  //连续读取数据
  {
    printf("|【%d】读出第 %d 位数据值为:0x%x\r\n",i,i,Read_AT24Cxx_DAT[i]);
  }
  printf("|【系统提示】:系统正在比对写入/读出数据的正确性...\r\n");
  if(! memcmp(Write_AT24Cxx_DAT,Read_AT24Cxx_DAT,sizeof(Read_AT24Cxx_DAT)))
    printf("|【系统提示】:数据读写比对一致,好厉害哦! \r\n");
  else
    printf("|【系统提示】:数据读写比对异常,找找原因吧! \r\n");
  printf("|*******************************************I*********|\r\n");
  while(1);                              //死循环,程序"停止"
}
/* *************************************************************** */
void delay(u16 Count)
{【略】}                                  //延时函数
void UART1_Init(void)
{【略】}                                  //UART1 串口初始化函数
void UART1_SendByte(u8 data)
{【略】}                                  //UART1 发送单字符函数
int putchar(int ch)
{【略】}                                  //UART1 发送字符重定向函数
void I2C_SDA_DDR(u8 ddr)
{【略】}                                  //I2C_SDA 串行数据引脚方向性配置函数
void I2C_START(void)
{【略】}                                  //I2C 总线起始信号配置函数
```

```
void I2C_STOP(void)
{【略】}                                    //I2C 总线终止信号配置函数
u8 I2C_Write8Bit(u8 DAT)
{【略】}                                    //I2C 总线单字节数据写入函数
u8 I2C_Read8BitNACK(void)
{【略】}                                    //单字节数据读出函数(发送非应答)
u8 I2C_Read8BitACK(void)
{【略】}                                    //单字节数据读出函数(发送应答)
void AT24Cxx_ReadNByte(u8 * BUF,u8 ADDR,u8 LEN)
{【略】}                                    //AT24Cxx 读出多个字节函数
/*********************************************************/
//AT24Cx 页写入函数 AT24Cxx_Write_PAGE(),有形参 BUF,ADDR 和 LEN
//BUF 是数据指针,ADDR 为页起始写入地址,LEN 为欲写入数据长度,无返回值
/*********************************************************/
void AT24Cxx_Write_PAGE(u8 * BUF,u8 ADDR,u8 LEN)
{
  while(LEN>0)                             //如果欲写入数据长度不为 0
  {
    do
    {
      I2C_START();                         //产生 I2C 通信起始信号
      if(I2C_Write8Bit(0xA0))              //写入(器件地址 + 写)指令
      {
        I2C_STOP();                        //产生 I2C 通信终止信号
      }
      break;
    }while(1);                             //若能跳出 while(1)说明寻址成功
    I2C_Write8Bit(ADDR);                   //写入欲写入数据的地址
    while(LEN>0)                           //如果欲写入数据长度不为 0
    {
      I2C_Write8Bit( * BUF + + );          //写入单字节数据(数据指针后自增)
      LEN--;                               //数据长度 LEN 递减
      ADDR + + ;                           //写入地址递增
      if((ADDR&0x07) == 0)                 //如果数据等于或大于 8 个则一页写满
      {
        break;                             //跳出 while 循环否则继续写
      }
    }
    I2C_STOP();                            //产生 I2C 通信终止信号
    delay(100);                            //延时等待
  }
}
```

通读程序会发现函数声明区域的绝大部分函数都已经介绍过,唯一的一个"新面孔"就是页写入函数 AT24Cxx_Write_PAGE()。分析该函数的实现,进入函数之后首先是产生起始信号,然后寻址从机,如果寻址成功就跳出 while(1)循环。进入 while(LEN>0)循环体,该循环体非常重要,循环内先将单个数据写入,长度变量"LEN"进行减 1 操作,地址变量"ADDR"进行加 1 操作,执行"if((ADDR&0x07)＝＝0)"语句。这个语句十分巧妙,如果"ADDR"地址

数值等于或者大于 8 时 if()条件为真，这时候就会执行"break"语句，反之一直执行 while(LEN＞0)循环体，直到长度变量"LEN"不满足"LEN＞0"的条件为止。为什么循环次数要小于 8 次呢？这是因为本项目中所使用的 AT24C02 芯片的"页缓冲器"最多允许写入 8 个字节数据，所以说具体的循环次数和实际使用的芯片有关。while(LEN＞0)循环体每执行一次，长度变量"LEN"就减 1，当长度变量"LEN"不满足"LEN＞0"的条件时就会跳出 while(LEN＞0)循环体，执行"I2C_STOP()"语句，此时页写入过程就结束了。

弄明白了页写入函数 AT24Cxx_Write_PAGE()之后，整个项目的程序就没有难点了。接下来梳理整个程序的脉络。从主函数开始看起，程序进入主函数之后首先定义相关变量，然后配置时钟源及工作频率，选定内部高速 RC 时钟源 HSI 作为系统时钟源，分频系数为"不分频"，也就是说单片机工作在 16 MHz 频率下。随后初始化了 UART1 资源，在 UART1 资源的初始化函数中主要配置了串行通信数据帧格式、通信波特率和相关中断。紧接着又配置了 PB1 引脚的模式，将 PB1 引脚配置为推挽输出模式。接下来就利用串口打印了项目标题和相关提示信息，然后执行了页写入函数如下：

```
AT24Cxx_Write_PAGE(Write_AT24Cxx_DAT,0x01,sizeof(Write_AT24Cxx_DAT));
```

页写入数据完成之后打印相关写入信息和系统提示信息，然后执行连续读取数据的函数语句如下：

```
AT24Cxx_ReadNByte(Read_AT24Cxx_DAT,0x01,sizeof(Read_AT24Cxx_DAT));
```

该语句执行完毕之后，再使用 C 语言库函数中的 memcmp()函数对 Write_AT24Cxx_DAT[]数组和 Read_AT24Cxx_DAT[]数组中的内容进行比对，最后根据 memcmp()函数的返回值打印出不同的提示信息，调用 memcmp()函数及返回值判断的相关语句如下：

```
if(! memcmp(Write_AT24Cxx_DAT,Read_AT24Cxx_DAT,sizeof(Read_AT24Cxx_DAT)))
    printf("|【系统提示】:数据读写比对一致,好厉害哦! \r\n");
else
    printf("|【系统提示】:数据读写比对异常,找找原因吧! \r\n");
```

理清了主函数的执行过程之后，将程序编译后下载到单片机中并运行，得到的串口打印信息和实战项目 A 中图 20.29 所示的串口打印信息是一致的。说到这里，本项目是不是该圆满的结束了？其实不然，多个数据的"字节写入模式"速度较慢，"页写入模式"速度较快，实际情况是不是如此呢？为了让读者信服，小宇老师必须拿出"证据"。

下面实测和对比这两种方式下的通信时序。实验中需要用到逻辑分析仪，将逻辑分析仪的 CH0 通道连接到 AT24C02 芯片的 SDA 引脚，将 CH1 通道连接到 AT24C02 芯片的 SCL 引脚，然后再将逻辑分析仪的电源地与本项目电路中的电源地进行"共地"处理。将"字节写入模式"的程序编译后下载到单片机中并运行，同时打开逻辑分析仪上位机软件开始捕获，按下单片机系统的复位键，捕获得到的通信时序如图 20.30 所示。

分析图 20.30，向 AT24C02 芯片中连续写入了 5 个字节的数据，采用了"字节写入模式"的方法，从通信开始到结束的整个过程中经历了 5 次起始信号、从机寻址、指定欲写入地址、写入数据、终止信号和延时(渡过 AT24C02 芯片的"写周期时间")的过程，整体写入速度较低，图 20.30 中 SDA 线路的 5 次电平跳变区域就是 5 次数据写入的过程，SCL 线路的 5 次时钟(由于串行时钟一直在跳变，所以在图中只能看到 5 个"黑块")如图中下半部分 CH1 通道采集

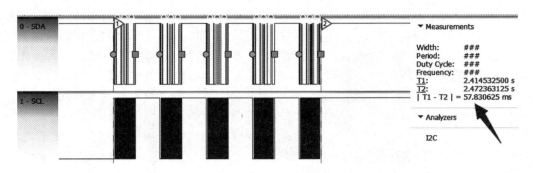

图 20.30 多字节数据"字节写入模式"下的时序

的电平所示。经过逻辑分析仪的辅助测量，从第一次数据写入到最后一次数据写入一共花费了 57.830625ms，这个时间比较长。现在将"页写入模式"的程序编译后下载到单片机中并运行，同时打开逻辑分析仪上位机软件开始捕获，此时按下单片机系统的复位键，捕获得到的通信时序如图 20.31 所示。

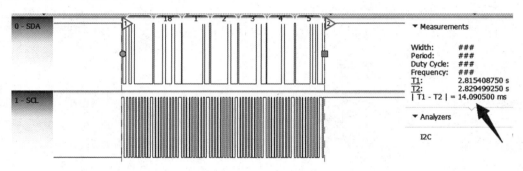

图 20.31 多字节数据"页写入模式"下的时序

分析图 20.31，该时序是采用了"页写入模式"。该方式下只有 1 次起始信号、从机寻址、指定欲写入地址和终止信号。在 SDA 线路上的小圆圈就是"起始信号"，在电平末尾的小方块就是"终止信号"，在整个写入过程中没有明显的分隔，写入过程中也不需要进行延时（渡过 AT24C02 芯片的"写周期时间"），经过逻辑分析仪的辅助测量，从第一次数据写入到最后一次数据写入一共花费了 14.090500 ms，这个时间比较短。通过分析，很容易看出图 20.31 和图 20.30 有着明显的区别，所以"页写入模式"的速度很快，整体耗时少。

说到这里，本章的相关知识就讲述完毕了，章节虽然写完了，探索的路才刚刚开始！I^2C 通信是非常重要的，后续的项目开发一定会用到，AT24Cxx 芯片也是常用的 EEPROM 存储器件，读者也要完全掌握其运用。I^2C 不是初学者的"坎儿"，读者也不用无限放大它在心中的"阴影"，如果静下心来，理清了通信过程，玩转了代表型器件，同样接口的相关器件就能触类旁通。万事开头难，一回生二回熟，三回四回没感觉，五回六回 So easy！

第 21 章

"对内翻译官"模/数(A/D)转换器原理及应用

章节导读：

　　亲爱的读者,本章将详细介绍 STM8 单片机 A/D 转换器的原理及应用。章节共分为 6 个部分,21.1 节讲解了电信号的分类和作用,让读者了解模拟信号与数字信号如何互相转换,从而引出本章"主角儿"。21.2 节主要讲解 STM8S207/208 系列单片机中的 ADC2 资源,对其结构、模式、指标展开详细讲解。21.3 节中主要讲解"如何用" A/D 资源功能寄存器,特别引入了"七步走"配置流程,方便读者理解。21.4 节提出了 A/D 系统设计时必须考虑和注意的可靠性和精准度问题。在 21.5 节实战项目 A 中实测了外部电压,对采集的电压值进行功能扩充,显示电压等级和状态。在 21.6 节实战项目 B 中引入"一线式"A/D 矩阵键盘,活学活用判定键值,本章内容需要读者熟练掌握,为实际项目研发做好基础铺垫。

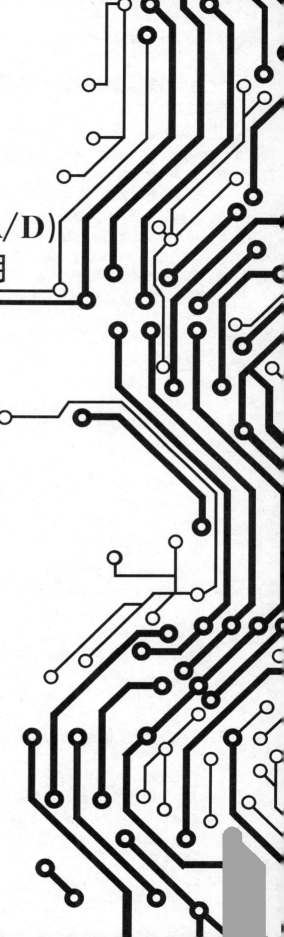

21. 1　表达消息的"电信号"

不知不觉已经到了最后一个章节,在本章接触和学习 STM8 单片机非常重要的一个资源"模数转换",该资源实现模拟信号到数字信号的转换,将外部的模拟电参量信号转换为数字信号供 STM8 单片机接收和处理,以便单片机能"感知"外部"消息"。亲爱的读者继续"加把劲儿",让小宇老师呈现上本书最后一个"传奇故事"。

回顾所学,在 STM8 核心所构成的系统中离不开软硬件设计,在搭建的电路中传递的究竟是什么呢? 这就是本节的主角"电信号"。要想理解电信号,首先要搞清信号的实质。简单的说,信号就是一种反映消息的物理量,比如人们说话的时候传输的语音信号,在房间里需要获取的温度、湿度、二氧化碳浓度等参量,又或者工业控制中的电机转速、液/气压力、液/气流量、重量等,这些都是信号,信号就是一种消息的表现形式。如图 21.1 所示,信号的形式非常的多,从不同的角度去划分可以得到非常多的信号分类。

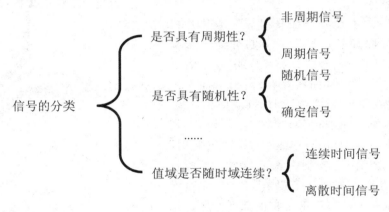

图 21.1　信号的分类

要想传递信号获取信息就必须要有表达信息的手段,例如在电子世界中就可以通过各种相关的传感器把非电信号转换为电信号,信息便可以通过电信号进行传送、交换、存储和提取。微控制器接收和处理这些电信号后才能"感知"信息做出回应。例如要想获取电机的转速,可以在电机联动的转盘上添加编码器和编码盘,将电机的运转状态"表达"为电平脉冲信号传送到单片机,单片机就能接收脉冲并根据脉冲数量和脉冲宽度计算出转速。又如想要处理声音信号,可以用驻极体将声音信号转换为随时间连续变化的电压信号,再将其送至相关采集前端单元进行放大、去噪等处理,随后进行模拟数字转换并送至微处理器进行处理或者存储。

21. 1. 1　模拟信号 Analog signal

在电子电路中,通常将信号按照值域是否随时域连续变化的特征将其分为模拟信号和数字信号。如图 21.2 所示,模拟信号(Analog signal)是一种数值在时域上连续变化的信号,例如正弦波信号。习惯性的称这种物理量为"模拟量",表示模拟量的电信号称为"模拟电信号",工作运行在这种信号下的电子电路称为"模拟电子电路"。用热电偶来举例,热电偶可以用来测量物体温度,其原理是将温度信号转换为电压或者电流信号,由于环境温度不能突变,所以得到的电压或者电流信号在时间域上就有连续性,每个时刻都代表一个具体的模拟量取值,温度与电信号的转换关系就可以对模拟值的测定和量化反映得到环境温度值。

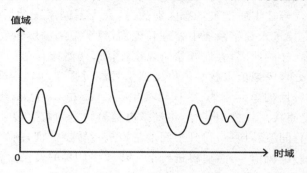

图 21.2   模拟信号数值变化曲线

21.1.2   数字信号 Digital signal

在熟悉的单片机信号处理中,大多都为数字信号,也就是通常所说的高低电平信号。如图21.3 所示,数字信号(Digital signal)是一种数值在时域上离散变化的信号,例如数字脉冲信号。这类信号的变化可以是突变的,在时间域上离散分布,数值并非连续变化。习惯性的称这种物理量为"数字量",表示数字量的电信号称为"数字电信号",工作运行在这种信号下的电子电路称为"数字电子电路"。需要注意的是数字信号的数值变化都是基于一个最小数量单位的整数倍的,如果取值小于这个最小数值单位就没有物理意义了。用飞机场安检计数来举例,一个安检通道中来往的人数是无规律的,计数的对象是通过安全检查通道的人数,这个人数的最小单位就是 1 个人,很显然,通过的人数必须是 1 的整数倍,不能出现安检通过了 3.75 个人,这个 0.75 个人就显得"诡异"了,所以不是 1 的整数倍的统计结果对于该系统来说是无效的、无意义的。

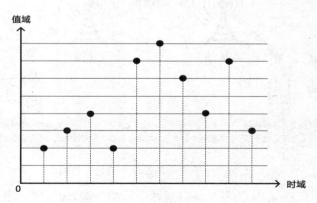

图 21.3   数字信号数值分布特征

21.1.3　A/D 转换与 D/A 转换

模拟信号和数字信号在本质上是具有区别的,这就为不同系统的搭建和信号处理带来了难题,模拟信号不能直接送入数字系统中处理和识别,数字系统输出的数字信号也不能直接用于模拟电路中。基于这样的原因,人们开始研究模拟信号与数字信号的相互转换系统。

为了使数字电路处理模拟信号就必须将模拟信号经过采集和转换变为数字信号,将实现模拟信号至数字信号转换的单元称为 A/D 转换单元(Analog to Digital)。常见的 A/D 转换器有 2 种类型,一种是直接采样模拟信号,将模拟电信号转换为数字信号送入处理器处理。另一种是把模拟信号进行间接转换后,得到中间参量再进行转换处理,例如将模拟电压信号间接转换为频率信号或者是电流信号,然后再进行下一步数字信号的转换。常见的 A/D 转换器有并联比较型 A/D 转换器、逐次逼近型 A/D 转换器、V-F 变换型 A/D 转换器、双积分型 A/D 转换器等,不同类型的转换器构成原理不同,各有特点和适用范围,读者可自行展开深入学习,相关的理论知识可以参考数字电子技术类书籍。

为了使模拟电路处理数字信号就必须将数字信号转换为模拟信号,将实现数字信号至模拟信号转换的单元称为 D/A 转换单元(Digital to Analog)。常见的 D/A 转换器有权电阻网络 D/A 转换器、倒 T 型电阻网络 D/A 转换器、权电容网络 D/A 转换器、权电流型 D/A 转换器和开关树结构型 D/A 转换器等,不同类型的转换器构成原理不同,各有特点,读者可自行展开深入学习。

对于 A/D 转换器和 D/A 转换器来说,有非常多的指标去衡量转换的综合性能,其中转换精度和转换速度是用户在转换器选型时比较关心的,当然,很多用户在具体选型时还会注重转换器的供电电压、通信方式、通道数量、工作温度范围、工作模式、芯片的封装或者厂家等。

说了这么多,转换器具体用在哪里呢? 日常生活中常见吗? 如图 21.4 所示,小宇老师以随身携带的手机做个例子说明转换器的应用。

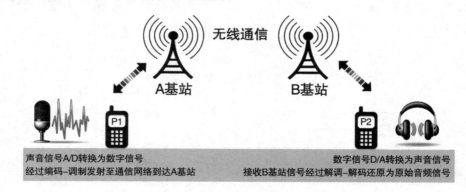

图 21.4　手机通讯过程中的信号转换

在图 21.4 中,手机终端 P1 为发出语音通话请求的一端,输入的声音信号是由手机中的驻极体或受话器等传感器单元转换为的模拟电信号,在建立通话前需要启用 A/D 转换功能将声音电信号转换为数字信号,得到数字信号后再送到 P1 手机的处理器中进行数字编码和信号调制,然后通过无线信道发射至通信网络到达邻近的基站 A,基站 A 将 P1 终端通话请求通过无线通信传递给基站 B,基站 B"找到"接收终端 P2 后将接收到的信号进行解调和数字解码,通过 D/A 转换还原为原始音频信号,在经过相关电路后(如音频功率放大电路)驱动发声器件(如扬声器)后进行播报发声,至此,P1 和 P2 才能顺利完成语音通话。

在生活中,A/D 转换和 D/A 转换的应用可远远不止于手机通话,计算机中的"声卡"就是一块高转换速度、高分辨率、高性能的 A/D 转换和 D/A 转换系统,麦克风语音通话要用 A/D 转换,播放音乐要用 D/A 转换。又如 mp3/mp4 便携式音视频播放器,录音功能就是 A/D 转换,解码后得到声音信号就是 D/A 转换。再如智能电饭锅/煲汤锅/煮茶器/酸奶机,涉及温度控制和功率控制的设备,都离不开 A/D 转换和 D/A 转换,在这些设备中首先利用温度传感器将温度物理量转换为电信号,再用 A/D 转换得到数字信号送给微处理器处理,经过闭环算法和闭环控制,输出功率控制信号,改变电热丝通断状态或者工作电压,从而形成温度与功率控制的"智能化"系统,也就是厂商产品宣传时说的"微电脑控制"。当实际温度达到设定温度后,设备会自动断开电热丝,温度降低后,控制核心又会及时"感知"温度变化,利用闭环控制达到恒温,此类设备中的恒温、加热、预约、档位调整、防干烧都是需要单片机控制的。

21.2 STM8 单片机逐次逼近型 A/D 资源

在中高端单片机芯片中,A/D 资源很常见,不同单片机的 A/D 资源在模拟输入通道数量、分辨率、转换速度等方面存在差异,以本书所讲解的 STM8 系列单片机为例,就具备有 ADC1 和 ADC2 这两个 10 位的逐次比较型 A/D 转换器,可以提供多达 16 个多功能的输入通道(实际通道数量需查阅具体单片机型号的芯片数据手册)。A/D 转换的各个通道可以执行单次或者连续的转换模式。

ADC2 资源的功能比较基础,ADC2 具有 10 位的分辨率,支持单次和连续的转换模式,单次转换就是转换一次后停止,连续转换就是持续不断的重复转换,直到用户下达停止命令。可配置 A/D 转换时钟频率的预分频系数(f_{MASTER} 时钟频率可以被配置为 2~18 分频),通过预分频机制可以改变 A/D 转换速度。可以选择 ADC 专用外部中断(ADC_ETR)或者定时器1 触发信号(TRGO)来作为外部触发信号,不仅可以由软件开启 ADC 资源,还能由 TIM1 执行自定义时间后触发开启,满足用户的功能需求。对于具有正负参考电压"V_{REF} 引脚"的单片机型号来说,ADC2 还具有模拟放大功能,即改变正负参考电压的取值范围($V_{\text{SSA}} \leqslant V_{\text{REF-}} \leqslant V_{\text{SSA}} + 500$ mV,2.75 V $\leqslant V_{\text{REF+}} \leqslant V_{\text{DDA}}$)。在转换结束时可产生中断,转换后得到的数据拥有灵活的数据对齐方式(左对齐或右对齐),模拟信号通道输入电压"V_{IN}"的范围支持 $V_{\text{SSA}} \leqslant V_{\text{IN}} \leqslant V_{\text{DDA}}$。

相对于 ADC2 资源,ADC1 资源就更加高级一些,除了具备 ADC2 的全部功能外还具有一些扩展功能,ADC1 支持带缓冲的连续转换模式,数据缓冲的大小根据不同的型号有所差异。还支持单次和连续转换的扫描模式,具有上限和下限门槛的模拟看门狗,模拟看门狗事件发生可产生中断。

21.2.1　STM8 单片机 A/D 资源配备

基本了解 ADC1 和 ADC2 资源后,发现 ADC1 可以叫做"高级型转换器",ADC2 可以叫做"基础型转换器",需要特别注意的是两种 A/D 转换并不是每个 STM8 单片机都同时具备的,这就要说一说 A/D 转换资源的配备问题。

本书重点讲解的 STM8S207/208 系列单片机仅具有 ADC2 资源,STM8S103/105 系列单片机中仅具备 ADC1 资源,所以,读者在具体学习时需要参考相应系列单片机数据手册确定资源的分配。

21.2.2　ADC2 系统结构

本小节开始介绍 ADC2 资源。先介绍 ADC2 资源的组成结构,如图 21.5 所示。图中核心部分为逐次逼近 ADC 模拟/数字转换单元,该单元的转换时钟来自于 f_{MASTER} 时钟,经过预分频器的 2～18(用户配置)分频后得到 f_{ADC} 时钟供 A/D 转换资源使用。核心框图下方有 3 条配置线,弄明白相关位配置、模拟通道的选择和 ADC 转换模式的启用是学习 ADC2 资源的关键,接下来就对这 3 条线代表的具体含义展开学习。

第 1 条线(左侧线)是 ADON 上电唤醒/启动转换,当用户首次将 ADC 配置寄存器 1(ADC_CR1)中的"ADON"位置"1"时,其目的是上电唤醒 ADC 单元,当用户第二次将 ADC 配置寄存器 1(ADC_CR1)中的"ADON"位置"1"时,其目的是启动 ADC 单元的转换功能。

第 2 条线(中间线)是 CONT 单次/连续转换,当用户将 ADC 配置寄存器 1(ADC_CR1)中的"CONT"位置"0"时启用单次转换模式,当"CONT"位置"1"时就开启了连续转换模式,直到此位被软件复位。

第 3 条线(右侧线)是模拟信号输入通道选择,通过对 ADC 控制/状态寄存器(ADC_CSR)中的"CH[3:0]"位(选择转换通道位)进行配置之后可以选择需要进行 A/D 转换的模拟通道,配置值对应 AIN0～AIN15 引脚(实际通道数量需查阅具体单片机型号的芯片数据手册)。

经过时钟预分频配置、相关位/模拟通道配置、ADC 转换模式选择、转换数据对齐方式设定等步骤后,ADC 就可以正常进行转换了,转换完成后会将数据按照设定的对齐方式(左对齐或者右对齐)存放至 ADC 数据寄存器高位寄存器(ADC_DRH)和 ADC 数据寄存器低位寄存器(ADC_DRL)中,与此同时 ADC 控制/状态寄存器(ADC_CSR)中的转换结束标志"EOC"被置"1"并产生中断请求传送至 CPU,CPU 响应中断请求后再将数据通过内部地址/数据总线取回。

分析图 21.5 可知启动 ADC 转换的触发信号有 3 种,即软件触发、TIM1 定时器 1(TR-GO)信号触发和 ADC_ETR 外部引脚触发。需要说明的是,软件触发是指对 ADC 配置寄存器 1(ADC_CR1)中的"ADON"进行配置操作导致的 ADC 转换,首次将该位置"1"用于唤醒 ADC 单元,再次将其置"1"用于启动 A/D 转换,ADC 外部信号触发引脚"ADC_ETR"的触发来自 GPIO 端口中 PC0 引脚的第二复用功能或者是通过选项字节配置后的 PD3 引脚。

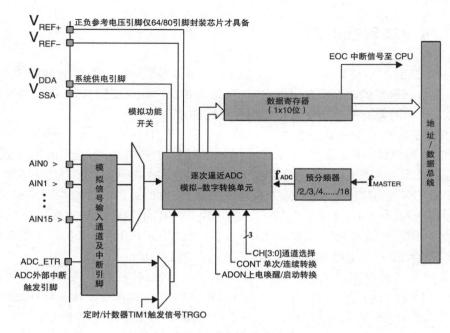

图 21.5 ADC2 资源系统结构

至此,ADC2 的整体结构就比较"明朗"了,读者需要记忆 ADC2 资源的系统结构,了解了构成之后再学习转换模式和寄存器配置就会比较容易了。在图 21.5 的左侧部分是 ADC2 资源相关的正/负参考电压输入引脚(仅 64/80 引脚封装的单片机芯片才具备)、系统供电引脚、模拟信号输入通道引脚、ADC 外部中断触发引脚等,相关引脚及功能说明如表 21.1 所示。

表 21.1 A/D 转换单元相关引脚一览

引脚名称	输入信号类型	引脚功能说明
V_{DDA}	模拟电源正	该引脚为模拟电源供电端,如果单片机芯片外部没有 V_{DDA} 引脚则是连接到 V_{DD} 引脚上
V_{SSA}	模拟电源地	该引脚为模拟电源地端,如果单片机芯片外部没有 V_{SSA} 引脚则是连接到 V_{SS} 引脚上
V_{REF-}	参考电压负极	A/D 转换单元使用的参考电压负极,电压范围是 $V_{SSA} \sim V_{SSA} + 500$ mV,对于没有外部 V_{REF-} 引脚的单片机芯片(48 引脚封装或者更少引脚的封装)该脚是连接到 V_{SSA} 端
V_{REF+}	参考电压正极	A/D 转换单元使用的参考电压正极,电压范围是 $2.75V \sim V_{DDA}$,对于没有外部 V_{REF+} 引脚的单片机芯片(48 引脚封装或者更少引脚的封装)该脚是连接到 V_{DDA} 端
AIN[15:0]	模拟输入信号	可以支持最多 16 个模拟信号输入通道,每次只有一个模拟信号通道被 A/D 转换
ADC_ETR	数字输入通道	外部触发信号输入引脚

21.2.3 ADC2 转换模式

ADC1 资源在 A/D 资源中最为高级,支持 5 种转换模式:单次模式、连续模式、带缓存的连续模式、单次扫描模式和连续扫描模式。ADC2 资源的功能就比较基础,仅支持单次模式和连续模式,本小节重点介绍 ADC2 支持的两种转换模式。

首先介绍最为简单的单次转换模式,该模式适用于对不同通道逐一转换取值的场合。ADC 单元仅在由 ADC 控制/状态寄存器(ADC_CSR)中的"CH[3:0]"选定的模拟通道上完成一次转换,该模式是在当 ADC 配置寄存器 1(ADC_CR1)中的"CONT"位为"0"时通过对该寄存器中的"ADON"位置"1"来启动的,一旦转换完成,转换后得到的数据将存储在 ADC 数据寄存器(ADC_DR)中,ADC 控制/状态寄存器(ADC_CSR)中的转换结束标志位"EOC"被置"1"。若此时 ADC 控制/状态寄存器(ADC_CSR)中的"EOCIE"位为"1",即使能转换结束中断,那么此时将产生一个中断请求传送至 CPU。

单次转换模式时序如图 21.6 所示,ADC 单元上电后,软件首次将 ADC 配置寄存器 1(ADC_CR1)中的"ADON"位置"1",用于上电唤醒 ADC 单元,在开始精确转换之前 ADC 需要一个稳定时间,即图中 ADC 运行情况中的上电延迟时间(大约是 7 μs 时长),之后的转换就不再需要"稳定延迟时间间隔"了。延迟时间后软件再次将"ADON"位置"1"用于启动转换,此时 ADC 单元开始对所设定的模拟通道值进行 A/D 转换,一次 ADC 转换需要 14 个时钟周期,在转换完成后 ADC 控制/状态寄存器(ADC_CSR)中的转换结束标志"EOC"被置"1",同时转换结果被保存在 10 位 ADC 数据寄存器(ADC_DR)里,此时 ADC 进入转换结束停止状态,用户可用软件将"EOC"标志位清"0"。

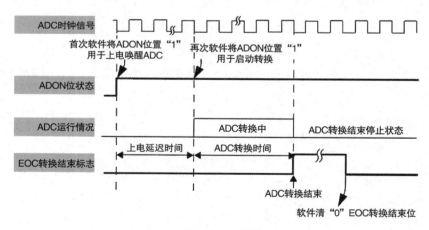

图 21.6 ADC2 单次转换模式时序(CONT="0")

如果完成一次转换后需要对新的模拟通道进行转换,可以将"EOC"标志位进行清"0"之后设定 ADC 控制/状态寄存器(ADC_CSR)中的"CH[3:0]"位选定欲转换的模拟通道号,再次用软件将 ADC 配置寄存器 1(ADC_CR1)中的"ADON"位置"1"用于启动转换,然后再重复单次转换流程。需要说明的是,若 ADC 单元完成了所有的转换任务,且系统暂时不会再使用 ADC 功能时,用户可以将"ADON"位置"0"用于关闭 ADC 电源,减少系统功耗。

接着介绍连续转换模式,其转换时序如图 21.7 所示,在该模式中 ADC 单元完成一次转换后就立刻开始下一次的转换。比较适用于选定模拟通道的多次连续 A/D 转换场合。当 ADC 配置寄存器 1(ADC_CR1)中的"CONT"位被置"1"时,ADC 单元就被设定为连续转换模式,当 ADC 单元上电后,软件首次将 ADC 配置寄存器 1(ADC_CR1)中的"ADON"位置"1",用于上电唤醒 ADC,在开始精确转换之前 ADC 需要一个稳定时间,即图 21.7 中 ADC 运行情况中的上电延迟时间(大约是 7 μs 时长),之后的转换就不再需要"稳定延迟时间间隔"了。延迟时间后软件再次将"ADON"位置"1"用于启动转换。当完成第 1 次 ADC 转换后,转换数据结果被保存在 ADC 数据寄存器(ADC_DR)中,同时 ADC 控制/状态寄存器(ADC_CSR)中的转换结束标志"EOC"被置"1",如果此时 ADC 控制/状态寄存器(ADC_CSR)中的"EOCIE"位已被置"1",将产生一次中断,紧接着开始第 2 次 ADC 转换,直到第 N 次 ADC 转换,相邻的转换过程之间没有间隔,连续进行 A/D 转换直到"ADON"位被清"0"(关闭 ADC 电源)或者"CONT"位被清"0"(切换为单次转换模式)时才能停止连续转换。需要注意的是,在该模式中用户必须要在当前转换结束之前读取转换数据,否则转换数据寄存器会被下一次转换数据所覆盖,并由用户利用软件对"EOC"标志位进行清"0"。

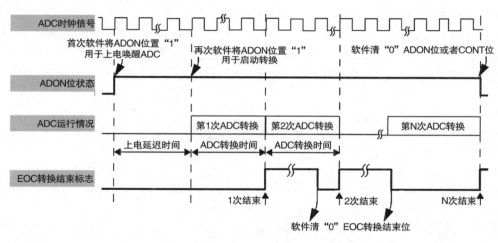

图 21.7 ADC2 连续转换模式时序(CONT="1")

21.2.4 ADC2 转换速度

通过对 ADC2 系统组成结构的学习,读者了解到 ADC 核心单元的转换速度与 f_{ADC} 时钟频率有很大的关系,f_{ADC} 时钟是由 f_{MASTER} 时钟经过预分频器的 2~18(用户配置)分频后得到的,时钟的预分频因子由 ADC 配置寄存器 1(ADC_CR1)中的"SPSEL[2:0]"位决定。以 STM8S207/208 系列单片机为例,参考其芯片数据手册中关于 10 位 ADC 特性的章节,其中有数据给出当单片机芯片工作在 3~4.5 V 以下时,f_{ADC} 时钟频率最大可达 4 MHz,当单片机芯片工作在 4.5~5.5 V 时,f_{ADC} 时钟频率最大可达 6 MHz。因为 ADC 单元转换一次需要 14 个 ADC 时钟周期(其中包含 3 个采样 ADC 时钟和 11 个转换过程时钟),所以在不同的 f_{ADC} 时钟频率下得到的转换时间不同。

若 f_{ADC} 时钟频率为 4 MHz,则完成一次转换最短时间为 14 * (1/4 MHz)等于 3.5 μs,若 f_{ADC} 时钟频率为 6 MHz,则完成一次转换最短时间为 14 * (1/6 MHz)约等于 2.3 μs。读者在使用 ADC 资源对模拟信号进行转换时,要考量模拟信号频率合理配置 f_{ADC} 时钟频率以达到转换要求。

21.2.5 ADC2 分辨率及转换精度

在评价 A/D 转换器的性能时,分辨率这个指标非常的重要,简单的说分辨率就是 A/D 转换器对模拟信号的"分辨"能力。ADC 器件数据手册上标注的 8 位、10 位、12 位、16 位、24 位和 32 位等字样,就是该器件的分辨率参数,A/D 转换器的分辨率一般都以输出二进制的位数表示,位数越多则分辨率越高,n 位分辨率的 A/D 转换器能区分 2^n 个不同的电压等级。

例如 A/D 转换器分辨率为 8 位,模拟通道中输入信号电压为 5 V,则 A/D 转换器能区分的最小电压等级为 $5/2^8 = 19.53$ mV,又如 A/D 转换器分辨率为 10 位,模拟通道中输入信号电压为 3.3 V,则 A/D 转换器能区分的最小电压等级为 $3.3 V/2^{10} = 3.22$ mV。

本节讲解的 ADC2 资源就是 STM8 系列单片机中的基本型 10 位分辨率 ADC,如果单片机的引脚资源较少,低于 48 个引脚封装的单片机不具备正负参考电压引脚。这时候负参考电压引脚 V_{REF-} 默认连接至 V_{SSA} 端,正参考电压引脚 V_{REF+} 默认连接至 V_{DDA} 端,此时 ADC2 的量化分辨率可通过式(21.1)求解:

$$\text{ADC2 量化分辨率(1LSB)} = \frac{V_{DDA} - V_{SSA}}{2^{10}} \qquad (式 21.1)$$

如果单片机引脚封装是 64 或 80 脚,带有正负参考电压引脚时,量化分辨率可由式(21.2)求解:

$$\text{ADC2 量化分辨率(1LSB)} = \frac{V_{REF+} - V_{REF-}}{2^{10}} \qquad (式 21.2)$$

在实际的量化需求中有可能要求尽量提高量化分辨率,以提升量化精度,分析式(21.2),不难知道只要减小"V_{REF+}-V_{REF-}"这个分子的值即可提升分辨率,也就是说通过改变正负电压参考值(即减小正参考电压引脚 V_{REF+} 电压值或者升高负参考电压引脚 V_{REF-} 电压值)就可以调节分辨率的大小。A/D 转换单元使用的参考电压负极,电压范围是 $V_{SSA} \sim V_{SSA} + 500$ mV,A/D 转换单元使用的参考电压正极,电压范围是 2.75 V$\sim V_{DDA}$。

21.3 ADC2 资源配置与应用

通过对 ADC2 资源系统结构、转换模式、转换速度、分辨率及转换精度等基础知识的学习,读者大致了解了 ADC2 资源的工作原理和流程以及 A/D 转换中的性能衡量指标。本节介绍对 ADC2 资源进行初始化,进一步了解其配置流程,根据所学的相关寄存器编写初始化程序,启用 ADC2 资源功能。

21.3.1 ADC2 初始化流程"七步走"

在学习寄存器配置之前需要理清思路,了解 ADC2 资源如何配置。小宇老师给出 ADC2 资源配置"七步走"的初始化流程供读者参考,具体的配置流程如图 21.8 所示。

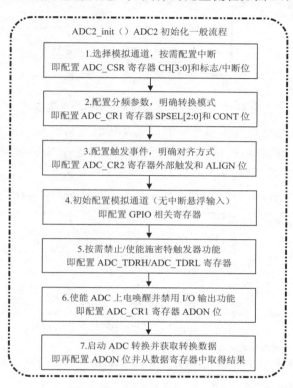

ADC2_init() ADC2 初始化一般流程

1.选择模拟通道,按需配置中断
即配置 ADC_CSR 寄存器 CH[3:0]和标志/中断位

2.配置分频参数,明确转换模式
即配置 ADC_CR1 寄存器 SPSEL[2:0]和 CONT 位

3.配置触发事件,明确对齐方式
即配置 ADC_CR2 寄存器外部触发和 ALIGN 位

4.初始配置模拟通道(无中断悬浮输入)
即配置 GPIO 相关寄存器

5.按需禁止/使能施密特触发器功能
即配置 ADC_TDRH/ADC_TDRL 寄存器

6.使能 ADC 上电唤醒并禁用 I/O 输出功能
即配置 ADC_CR1 寄存器 ADON 位

7.启动 ADC 转换并获取转换数据
即再配置 ADON 位并从数据寄存器中取得结果

图 21.8 ADC2 资源配置流程"七步走"

21.3.2 ADC2 相关寄存器及配置

本小节按照 ADC2 资源配置流程的"7 步走"介绍 ADC2 资源相关寄存器,熟练掌握寄存器相关位配置及含义。与 ADC2 资源相关的寄存器一共有 7 个,也可以说成是"5 个",即控制/状态寄存器、配置寄存器 1、配置寄存器 2、数据寄存器(高位/低位)和施密特触发器禁止寄存器(高位/低位)这"5 个"功能寄存器。控制/状态寄存器(ADC_CSR)具备模拟输入通道选择、转换结束标志位设定和转换结束中断使能等功能。配置寄存器 1(ADC_CR1)用于配置预分频参数和设定转换模式,还可以上电唤醒/开启转换 ADC 功能。配置寄存器 2(ADC_CR2)用于配置外部触发方式及触发使能,还可以设定转换数据对齐方式。数据高位寄存器(ADC_DRH)和数据低位寄存器(ADC_DRL)用于存放转换所得的数据,施密特触发器禁止寄存器高位(ADC_TDRH)和施密特触发器禁止寄存器低位(ADC_TDRL)用于使能或者禁止施密特触发器功能以节省能耗。相关寄存器名称及功能如图 21.9 所示。

(1)第 1 步是选择模拟通道,按需配置中断。在这一步中需要配置控制/状态寄存器

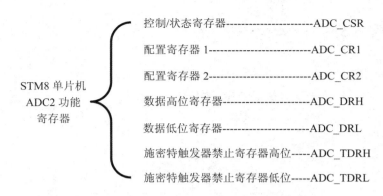

图 21.9　ADC2 资源相关寄存器名称及功能

（ADC_CSR）中的相关位，该寄存器相关位的定义及功能说明如表 21.2 所示。通过对"CH[3：0]"这 4 位的设定来选择具体的模拟信号输入通道 AIN0～AIN15，如果用户需要在转换结束时产生中断信号，可以配置"EOCIE"位为"1"。

表 21.2　STM8 单片机 ADC_CSR 控制/状态寄存器

■ ADC 控制/状态寄存器（ADC_CSR）						地址偏移值：(0x20)$_H$	
位　数	位 7	位 6	位 5	位 4	位 3	位 2	位 1	位 0
位名称	EOC	AWD	EOCIE	AWDIE	CH[3:0]			
复位值	0	0	0	0	0	0	0	0
操　作	rw	rc_w0	rw	rw	rw	rw	rw	rw
位　名	位含义及参数说明							
EOC 位 7	● 转换结束标志位 此位在 A/D 转换结束后由硬件置"1"，通过软件清"0"							
	0	转换未结束						
	1	转换结束						
AWD 位 6	● 模拟看门狗标志（此位在 ADC2 资源上无效，ADC1 资源上此位有效）							
EOCIE 位 5	● EOC 转换结束标志的中断使能 由软件置"1"或清"0"，设置此位用于使能转换结束中断							
	0	禁止转换结束中断						
	1	使能转换结束中断						
AWDIE 位 4	模拟看门狗使能位（此位在 ADC2 资源上无效，ADC1 资源上此位有效）							

续表 21.2

位　名	位含义及参数说明			
CH [3:0] 位 3:0	● 模拟通道选择位 此位由硬件置"1"和清"0",此位用于选择要转换的模拟通道			
	0000	模拟通道 AIN0	0001	模拟通道 AIN1
	0010	模拟通道 AIN2	0011	模拟通道 AIN3
	0100	模拟通道 AIN4	0101	模拟通道 AIN5
	0110	模拟通道 AIN6	0111	模拟通道 AIN7
	1000	模拟通道 AIN8	1001	模拟通道 AIN9
	1010	模拟通道 AIN10	1011	模拟通道 AIN11
	1100	模拟通道 AIN12	1101	模拟通道 AIN13
	1110	模拟通道 AIN14	1111	模拟通道 AIN15

若读者需要设定模拟通道为 AIN8,且使能转换结束中断功能,可以利用 C 语言编写程序语句如下:

```
ADC_CSR = 0x28;    //对应二进制为"00101000",EOCIE = 1,CH[3:0] = 1000
```

(2) 第 2 步是配置分频参数,明确转换模式。在这一步中需要对 ADC 资源配置寄存器 1 (ADC_CR1)进行相关配置,该寄存器相关位的定义及功能说明如表 21.3 所示。通过配置 "SPSEL[2:0]"这 3 位选择相应的预分频参数,配置完成后就确定了 f_{ADC} 时钟的频率。若用户需要配置 ADC 单元工作在单次转换模式可以将"CONT"位清"0",反之配置为连续转换模式将"CONT"位置"1"即可。

表 21.3　STM8 单片机 ADC_CR1 配置寄存器 1

■ ADC 配置寄存器 1(ADC_CR1)							地址偏移值:$(0x21)_H$
位　数	位 7	位 6	位 5	位 4	位 3	位 2	位 1	位 0
位名称	保留	SPSEL[2:0]			保留		CONT	ADON
复位值	0	0	0	0	0	0	0	0
操　作	—	rw	rw	rw	—	—	rw	rw
位　名	位含义及参数说明							
保留 位 7	● 保留位 　必须保持清"0"							
SPSEL [2:0] 位 6:4	● 预分频选择位 由软件设置这 3 位来选择相应的预分频数,建议在 ADC 单元进入低功耗模式时改变 "SPSEL[2:0]"位,这是因为在转换时更新操作可能对内部时钟产生一个干扰,如果在非低功耗模式下改变通道,则用户须忽略第一次转换结果							
	000	$f_{ADC} = f_{MASTER}/2$			001	$f_{ADC} = f_{MASTER}/3$		
	010	$f_{ADC} = f_{MASTER}/4$			011	$f_{ADC} = f_{MASTER}/6$		
	100	$f_{ADC} = f_{MASTER}/8$			101	$f_{ADC} = f_{MASTER}/10$		
	110	$f_{ADC} = f_{MASTER}/12$			111	$f_{ADC} = f_{MASTER}/18$		

位 名	位含义及参数说明
保留 位 3:2	● 保留位 必须保持清"0"
CONT 位 1	● 连续转换模式配置位 此位由软件置"1"和清"0",如果此位置"1",将产生连续转换,直到此位被软件复位
	0 | 单次转换模式
	1 | 连续转换模式
ADON 位 0	● A/D 转换开/关位 此位由软件置"1"或清"0",须通过写此位来把 ADC 从低功耗模式唤醒,并且触发 A/D 转换。如果此位是"0"时,首次将此位置"1",将把 ADC 从低功耗模式下唤醒。如果此位已经为"1",再次将此位置"1",启动 A/D 转换。一旦 ADC 上电,所选转换通道的 I/O 输出功能就被禁用了,如果此寄存器中除了"ADON"位的其他位同时改变,那么将不能触发转换,这样可避免产生一次错误的转换
	0 | 禁止 ADC 转换,并且进入低功耗模式
	1 | 使能唤醒 ADC 并开始 A/D 转换

若读者需要设定 ADC 工作模式为连续转换模式,已知系统主时钟 f_{MASTER} 时钟频率为 8 MHz,需配置 f_{ADC} 时钟频率为 1 MHz,则预分频参数应该为 8 分频,可以利用 C 语言编写程序语句如下:

```
ADC_CR1 = 0x42;    //对应二进制为"01000010",SPSEL[2:0] = 100,CONT = 1
```

（3）第 3 步是配置触发事件,明确对齐方式。在这一步中需要对 ADC 配置寄存器 2 （ADC_CR2）进行相关配置,该寄存器相关位定义及功能说明如表 21.4 所示。ADC2 资源支持的触发事件一共有 2 类,一个是内部定时器 1 产生的 TRGO 事件,另一个是 ADC_ETR 引脚上的外部中断,若用户需要选择具体事件源可以配置"EXSEL[1:0]"这两位,外部触发事件的使能或者禁止由"EXTTRIG"位控制。若用户需配置转换完成时数据的对齐方式,可配置 "ALIGN"位,配置完成后需要注意数据位数分配和读取顺序。

表 21.4　STM8 单片机 ADC_CR2 配置寄存器 2

■ ADC 配置寄存器 2（ADC_CR2）							地址偏移值:(0x22)$_H$
位　数	位 7	位 6	位 5	位 4	位 3	位 2	位 1	位 0
位名称	保留	EXTTRIG	EXSEL[1:0]		ALIGN	保留	SCAN	保留
复位值	0	0	0	0	0	0	0	0
操　作	—	rw	rw	rw	rw	—	rw	—
位 名	位含义及参数说明							
保留 位 7	● 保留位 必须保持清"0"							

位 名	位含义及参数说明		
EXTTRI 位 6	● 外部触发使能位 此位可由软件置"1"或清"0",该位用来使能外部触发从而触发一次转换		
	0	禁止外部触发转换	
	1	使能外部触发转换	
EXSEL [1:0] 位 5:4	● 外部事件选择位 这两位由软件写入设置,用来选择 4 种类型的外部事件触发和启动 A/D 转换		
	00 内部定时器 1 的 TRGO 事件	01	ADC_ETR 引脚上的外部中断
	10 保留	11	保留
ALIGN 位 3	● 数据对齐方式 此位由软件置"1"或清"0",用于配置转换数据对齐方式		
	0	数据左对齐方式,读顺序为先读高,后读低。 高 8 位字节在 ADC_DRH 寄存器,其余低位字节在 ADC_DRL 寄存器	
	1	数据右对齐方式,读顺序为先读低,后读高。 低 8 位字节在 ADC_DRL 寄存器,其余高位字节位在 ADC_DRH 寄存器	
保留 位 2	● 保留位 必须保持清"0"		
SCAN 位 1	● 扫描模式使能(此位在 ADC2 资源上无效,ADC1 资源上此位有效)		
保留 位 0	● 保留位 必须保持清"0"		

若读者需要启用外部事件触发 ADC 转换,选定外部事件为 ADC_ETR 引脚上的外部中断,设定转换数据对齐方式为右对齐方式,可以利用 C 语言编写程序语句如下:

```
ADC_CR2 = 0x58;    //对应二进制为"01011000",EXTTRI = 1
//EXSEL[1:0] = 01,ALIGN = 1
```

这里对数据对齐方式展开学习,因为 1 个寄存器只有 8 位,ADC2 资源是个 10 位分辨率的转换单元,转换后得到的 10 位数据用一个寄存器来装载就"装不下",所以将数据寄存器分为了高位和低位两个 8 位寄存器。

若采用左对齐方式,则"ALIGN"位配置为"0",该方式下的数据组织形式如图 21.10 所示。高 8 位数据被写入 ADC_DRH 寄存器,其余的低位数据被写入 ADC_DRL 寄存器,读取时必须先读高位再读低位。

若采用右对齐方式,则"ALIGN"位配置为"1",该方式下的数据组织形式如图 21.11 所示。低 8 位数据被写入 ADC_DRL 寄存器中,其余的高位数据被写入 ADC_DRH 寄存器中,读取时必须先读低位再读高位。

ADC_DRH 寄存器装载的是转换数据的高位,相关位定义及功能说明如表 21.5 所示。

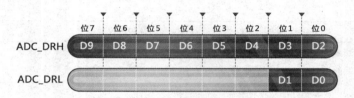

图 21.10   ADC2 转换数据左对齐方式（ALIGN="0"）

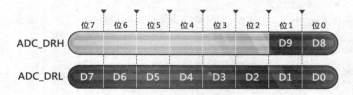

图 21.11   ADC2 转换数据右对齐方式（ALIGN="1"）

表 21.5   STM8 单片机 ADC_DRH 数据高位寄存器

■ ADC 数据高位寄存器（ADC_DRH）							地址偏移值：(0x24)_H
位 数	位 7	位 6	位 5	位 4	位 3	位 2	位 1	位 0
位名称	DH[7:0]							
复位值	—	—	—	—	—	—	—	—
操 作	r	r	r	r	r	r	r	r
位 名	位含义及参数说明							
DH [7:0] 位 7:0	● 数据高位 这些位由硬件置"1"或清"0"，并且为只读，当 ADC 单元处于单次或非缓冲转换模式时，寄存器的值为 ADC 转换结果的高位值。至于数据对齐方式是采用左对齐还是右对齐，由 ADC 配置寄存器 2（ADC_CR2）中的"ALIGN"位决定							

ADC_DRL 寄存器装载的是转换数据的低位，相关位定义及功能说明如表 21.6 所示。

表 21.6   STM8 单片机 ADC_DRL 数据低位寄存器

■ ADC 数据低位寄存器（ADC_DRL）							地址偏移值：(0x25)_H
位 数	位 7	位 6	位 5	位 4	位 3	位 2	位 1	位 0
位名称	DL[7:0]							
复位值	—	—	—	—	—	—	—	—
操 作	r	r	r	r	r	r	r	r
位 名							位含义及参数说明	
DL [7:0] 位 7:0	● 数据低位 这些位由硬件置"1"或清"0"，并且为只读，当 ADC 单元处于单次或非缓冲转换模式时，寄存器的值为 ADC 转换结果的低位值。至于数据对齐方式是采用左对齐还是右对齐，由 ADC 配置寄存器 2（ADC_CR2）中的"ALIGN"位决定							

（4）第 4 步是初始配置模拟通道（无中断悬浮输入）。在这一步中需要配置与 GPIO 引脚有关的寄存器。配置前要弄清模拟通道功能都是与哪些 GPIO 引脚复用的，以 STM8S207/

208 系列单片机为例,参考其芯片数据手册中的引脚描述章节得知模拟通道 0~7 与 PB0~PB7 端口对应复用,模拟通道 8 和 9 与 PE7 和 PE6 端口对应复用,模拟通道 10 与 PF0 端口对应复用,模拟通道 11~15 与 PF3~PF7 端口对应复用。观察发现,这些模拟通道并不是按照规律进行排布的,而是"零零散散"的分布在各组 GPIO 端口中,有的占用整个 GPIO 端口组的复用功能,有的占用个别引脚的复用功能。若使用模拟信号输入通道功能,需要把对应的 GPIO 引脚配置为无外中断悬浮输入模式,配置端口数据方向寄存器(Px_DDR)、端口控制寄存器 1(Px_CR1)和端口控制寄存器 2(Px_CR2)的相关功能。相关寄存器的位组成及功能说明可由读者回顾第 4 章所讲解的 GPIO 资源相关内容。

若读者需要启用模拟通道 0~15(共计 16 个模拟通道),需将引脚模式配置为无外中断悬浮输入模式,可以利用 C 语言编写程序语句如下:

```
PB_DDR = 0;              //对应二进制"00000000",PB 组均为输入模式
PB_CR1 = 0;              //对应二进制"00000000",PB 组均为悬浮输入
PB_CR2 = 0;              //对应二进制"00000000",PB 组均禁止外中断
PE_DDR &= 0x3F;          //对应二进制"00111111",PE7 和 PE6 为输入模式
PE_CR1 &= 0x3F;          //对应二进制"00111111",PE7 和 PE6 为悬浮输入
PE_CR2 &= 0x3F;          //对应二进制"00111111",PE7 和 PE6 禁止外中断
PF_DDR &= 0x06;          //对应二进制"00000110",除 PF1 和 PF2 外均为输入模式
PF_CR1 &= 0x06;          //对应二进制"00000110",除 PF1 和 PF2 外均为悬浮输入
PF_CR2 &= 0x06;          //对应二进制"00000110",除 PF1 和 PF2 外均禁止外中断
```

(5) 第 5 步是按需禁止/使能施密特触发器功能。在这一步中需要配置施密特触发器禁止寄存器(高位/低位),该寄存器相关位的定义及功能说明如表 21.7 和表 21.8 所示。ADC_TDRH 和 ADC_TDRL 寄存器可以用来禁止 AIN0~AIN15 模拟输入引脚中的施密特触发器工作,禁止施密特触发器工作可以降低 I/O 引脚的功耗。

表 21.7 STM8 单片机 ADC_TDRH 施密特触发器禁止寄存器高位

■ ADC 施密特触发器禁止寄存器高位(ADC_TDRH)							地址偏移值:(0x26)$_H$
位 数	位 7	位 6	位 5	位 4	位 3	位 2	位 1	位 0
位名称	TD[15:8]							
复位值	0	0	0	0	0	0	0	0
操 作	rw	rw	rw	rw	rw	rw	rw	rw
位 名	位含义及参数说明							
TD [15:8] 位 7:0	● 施密特触发器禁止高位 这些位由软件置"1"或清"0",当"TDx 位"置"1"时,即便是当时该通道并无 A/D 转换,也禁止该通道相应的施密特触发器功能,此配置目的是为了降低 I/O 口的静态功耗所设计的							
	0	使能施密特触发功能						
	1	禁止施密特触发功能						

表 21.8　STM8 单片机 ADC_TDRL 施密特触发器禁止寄存器低位

■ ADC 施密特触发器禁止寄存器低位（ADC_TDRL）						地址偏移值：(0x27)$_H$		
位　数	位 7	位 6	位 5	位 4	位 3	位 2	位 1	位 0
位名称	TD[7:0]							
复位值	0	0	0	0	0	0	0	0
操　作	rw	rw	rw	rw	rw	rw	rw	rw
位　名	位含义及参数说明							
TD [7:0] 位 7:0	● 施密特触发器禁止低位 这些位由软件置"1"或清"0"，当"TDx"位置"1"时，即便是当时该通道并无 A/D 转换，也禁止该通道相应的施密特触发器功能，此配置目的是为了降低 I/O 口的静态功耗所设计的							
	0	使能施密特触发功能						
	1	禁止施密特触发功能						

　　若读者需要禁止 AIN0～AIN15 模拟输入引脚中的施密特触发器工作，可以利用 C 语言编写程序语句如下：

```
ADC_TDRH = 0xFF;    //对应二进制为"1111 1111"，TD[15:8] = 0xFF
ADC_TDRL = 0xFF;    //对应二进制为"1111 1111"，TD[7:0] = 0xFF
```

　　（6）第 6 步是使能 ADC 上电唤醒并禁用 I/O 输出功能。当 ADC 上电后，首次软件将"ADON"位置"1"，用于上电唤醒 ADC，如果 ADC 一旦开启，那么对应的模拟信号通道 I/O 功能将被禁用。

　　（7）第 7 步是启动 ADC 转换并获取转换数据。若"ADON"位已经被置"1"，在经过 ADC 上电延迟时间（大约是 7 μs 时长）后，再次用软件将"ADON"位置"1"就可以启动转换，此时 ADC 单元开始对所设定的模拟通道进行 A/D 转换，在转换完成后转换结束标志"EOC"被置"1"，同时转换结果保存在 10 位 ADC 数据寄存器里。

　　读取 ADC 转换结果时，需要根据所选择的数据对齐方式（左对齐/右对齐）按照指定的顺序连续使用两条指令来读取数据寄存器高位和低位。为了保证数据的一致性，MCU 采用了内部锁存机制，用户按照顺序对 ADC_DRH 寄存器或 ADC_DRL 寄存器进行读取时，另外一个寄存器的转换数据结果不会被修改。因此，用户必须按照数据对齐方式下规定的读取顺序进行操作，否则容易得到错误的数值。在左对齐模式下，应该先读数据寄存器高位字节寄存器，再读数据寄存器低位字节寄存器。在右对齐模式下，应该先读数据寄存器低位字节寄存器，再读数据寄存器高位字节寄存器。

21.4　A/D 转换系统可靠性设计

　　构建可靠的 ADC 转换系统可是一个"精细"活儿，有不少读者在使用 STM8 单片机 ADC 时由于各方面的原因，实际测量的结果和专业仪器测量的结果相差甚远，这是什么原因导致的呢？有用户说 ADC2 资源明明是一个 10 位的逐次比较型 A/D 转换器，但是做出的效果还不比 8 位的 A/D 转换器，这是 A/D 性能造成的吗？更有用户说 A/D 分辨率就决定了转换和测量的精度，这种说法正确吗？要解决上述问题就要学习关于 A/D 转换系统可靠性设计的相关知识。

A/D 系统的整体精准度和可靠性并不只取决于 A/D 单元的分辨率,精准度和整个系统都有密切关系,整体精准度和可靠性的评估需要考量 A/D 单元或器件性能、参考电压性能、供电电源性能、采样电路性能、软件处理设计、通道器件精度、环境温度和电气干扰参数等,这些参数都会对 A/D 转换带来影响,并不是说 A/D 单元的分辨率越高精度就越高,比如让一个百米赛跑的冠军(高性能 A/D)穿个拖鞋(不可靠的电路)去跑步估计大奖与他无缘,又比如让野猪(低性能 A/D)带上千里马的马蹄铁(高可靠性电路)速度也不会快到哪儿去。所以,A/D 转换的可靠性设计是个"大工程",更是一个"精细活儿"。

21.4.1 供电及转换参考电压优化

A/D 单元一般都是"耗电大户",当 A/D 单元进行转换时对电源功率、电源的性能会提出较高的要求,A/D 单元"吃"的是电源供电,就像是人吃的是食物,食物的营养关系到人的健康,电源的性能关系到 A/D 单元工作的稳定性和精准度。STM8S 系列单片机中的电源引脚有 V_{DDA}、V_{DD}、V_{DDIO}、V_{SS}、V_{SSA}、V_{SSIO}。这些引脚关系到芯片内部的数字供电、模拟供电和 I/O 端口供电,按理说应该分开连接,必须做到电源之间的滤波、隔离和共地,但是有时为了图方便,将 V_{DDA}、V_{DD}、V_{DDIO} 都连在一起,然后将公共端直接连接到电源正,将 V_{SS}、V_{SSA}、V_{SSIO} 都连在一起,然后将公共端直接连接到电源地,这样一来芯片内部的数字电路、模拟电路和 I/O 端口电路的供电来源就变成了"一根线上的蚂蚱",当供电电源出现波动或混入了高频噪声之后,这些信号和波动就会影响单片机内部电路的工作,导致单片机 A/D 转换结果不稳定,也会使单片机内部时钟源频率值出现偏差,严重的时候可能会让单片机程序"跑飞",所以正确处理供电电路是非常必要的。

处理供电电路时可以在电源电路中添加如图 21.12 所示的 LC 低通滤波器或者加上去耦/滤波电容保障供电的稳定,条件允许的情况下可以选择线性稳压电源或者高质量低纹波的开关稳压电源。实际系统电路中的 DC-DC 转换单元在性能匹配和设计允许的情况下应该尽量选择 LDO(低压差稳压)类器件而不选择高频开关稳压芯片。

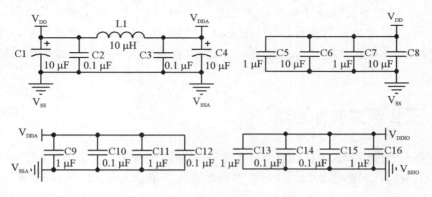

图 21.12 电源处理电路

图 21.12 中的 V_{DD} 与 V_{DDA} 之间采用 LC 电路进行电源滤波,C5～C8 为 V_{DD} 供电的去耦/滤波电容,C9～C12 为 V_{DDA} 供电的去耦/滤波电容,C13～C16 为 V_{DDIO} 供电的去耦/滤波电

容,STM8S 系列单片机的供电引脚不止一个,所以可以将电路图中的各电容放在接近供电引脚的位置,在设计印制电路板(PCB)时要注意电容和引脚距离应尽可能小。在 PCB 设计中妥善处理"数字地"和"模拟地"的连接方式,以免互相串扰对相关电路造成影响。对于电源务必要保证 3 点,即"干净"、"稳定"和"满足供电要求"。

接下来介绍"参考电压",所谓"参考"指的是 ADC 量化电压的"参照物",就像是测身高的"尺子"一样,参考电压不准确或者存在波动和干扰,A/D 转换的数值必定是不精确的。STM8 系列单片机中 64 个引脚或者 80 个引脚带有 A/D 资源的单片机型号一般会把参考电压正"V_{REF+}"和参考电压负"V_{REF-}"这两个引脚单独引出来,要一个"精准"的参考电压供 AD 单元使用,需要借助"电压基准源",电压基准源芯片负责产生一路或者多路稳定、精确和低温度漂移的电压,市面上常见有 1.2 V、2.5 V、3.3 V、4.096 V、5 V、7.5 V 和 10 V 等多种电压值的电压基准芯片,常见型号如:AD584、AD588、AD586、ADR02ARZ 等,很多半导体厂商都推出不同型号的电压基准源芯片,各芯片的价格、温度漂移参数、输出电压值、供电范围、电压精准度、引脚数量和封装形式都不尽相同,读者在具体项目设计时可以广泛选型,挑选一种符合项目要求的电压基准源。

21.4.2　采样前端电路处理

实际的 A/D 测量系统很难保证输入信号一定是"纯净"的,绝大多数的场合下输入模拟信号都混合有不同程度的干扰,若输入信号存在高频干扰信号就会使 A/D 采样值出现浮动,造成测量数据的不稳定,比如测量示数无规则大幅度跳动,即常说的"测量数据总是飘来飘去,跳上跳下"。对于这样的情况可以在采样电路中引入 RC 低通滤波器,这种方法属于硬件改造采样前端的方法,参考电路如 21.13 所示。

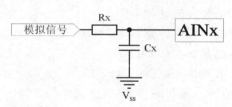

图 21.13 中电阻"Rx"和电容"Cx"的具体取值和信号频率及 A/D 采样率有关,模拟信号经

图 21.13　利用 RC 低通滤波电路设计采样前端

过 Rx 和 Cx 后,混合的高频信号会被旁路到地,这样就改善并提高了模拟输入通道 AINx 采样的准确性,需要注意的是当普通 GPIO 被配置为 ADC 复用功能时,引脚的 I/O 功能会被自动禁用,编程者应将 GPIO 配置为悬浮输入方式,以避免弱上拉输入方式对模拟输入通道的干扰。

21.4.3　采样数据软件滤波

在采样前端电路中引入 RC 低通滤波器就是一种硬件方法的滤波,硬件方法的滤波器常用电感、电容、电阻和运放等器件构成形式多样的有源或者无源低通、高通、带通、带阻滤波器形式,对于模拟输入通道数量较少的情况较为适用。在某些场合,使用硬件滤波效果较好,大大减少了软件的复杂度,但是造价较高,模拟输入通道一旦增多则电路设计就会变得复杂,若硬件滤波电路的设计中存在缺陷可能会影响端口信号采集。

基于以上的原因,硬件方法滤波在某些情况下具有局限性,其实人们可以用软件程序方法实现软件滤波,效果也比较好,将"软件程序滤波"也称为"数字滤波",数字滤波的方法有很多种,每一种都有各自的优缺点,开发者可以根据不同的测量参数特点进行滤波算法的选择。

说到"滤波算法"是不是感觉有点"高深"? 其实不然,当人们打开电视看到各种选拔类节目的时候,选手的最终成绩计算方法一般都是"去掉一个最高分,去掉一个最低分",当评委比较多的时候可能是"去掉 x 个最高分,去掉 x 个最低分",然后再把剩下的分数求"平均分"即为选手的最终得分。这是什么? 这就是算术平均滤波法。

在选手成绩计算时采用平均数来表示一个数据的"集中趋势",如果数据中(评委打分)出现几个极端数据(过高分或者过低分),那么平均数对于这组数据所起的代表作用就会削弱,导致评分不公平,为了消除这种现象,可以将少数极端数据去掉(先排序分数然后去掉"两头"极端值),只计算余下数据的平均数,并把所得的结果作为总体数据的平均数。

所以,在评定选拔类项目的成绩时,常常采用在评分数据中分别去掉一个(或多个)最高分和一个(或多个)最低分,再计算平均分的办法,以避免极端数据造成的不良影响。

按照这样的滤波方法,利用 C 语言去描述和设计一个"滤波思想",编写算数平均值滤波程序的具体实现语句如下:

```
void AVG_AD_Vtemp(void)
{
  u8 i,j;                               //定义排序用内外层循环变量 i 和 j
  u16 temp;                             //定义中间"暂存"变量 temp
  for(i = 10;i > = 1;i--)               //外层循环
  {
    for(j = 0;j < (i-1);j + + )         //内层循环
    {
      if(AD_Vtemp[j] > AD_Vtemp[j + 1]) //数值比较
      {
        temp = AD_Vtemp[j];             //数值换位
        AD_Vtemp[j] = AD_Vtemp[j + 1];
        AD_Vtemp[j + 1] = temp;
      }
    }
  }
  for(i = 2;i < = 7;i + + )             //去掉 2 个最低,去掉 2 个最高
    AD_val + = AD_Vtemp[i];            //将中间 6 个数值累加
  AD_val = (u16)(AD_val/6);            //累加和求平均值
}
```

以上程序语句就是 AVG_AD_Vtemp()函数的函数体,在使用该函数时必须先定义一个 AD_Vtemp[]数组,该数组中装的 10 个 A/D 采样数据(10 个评委的评分),紧接着要对 A/D 采样数据(评委打分)进行排序,可以从高到低,也可以从低到高。若采用由低到高排序则忽略 AD_Vtemp[0]、AD_Vtemp[1](两个最小 A/D 采样数据)、AD_Vtemp[8]、AD_Vtemp[9](两个最大 A/D 采样数据),将中间的 6 个 A/D 采样数据进行累加再求平均值,最后得到的 AD_val 值就是滤波后的值(选手最终成绩)。

这是一个非常简单的算术平均值滤波方法,常见的滤波算法还有限幅滤波法、中位置滤波

法、递推平均滤波法、一阶滞后滤波法、一阶低通/高通/带通滤波法和卡尔曼滤波法等,各种滤波法的滤波原理都不一样,适用于不同的应用场合,比如偶然因素引入噪声的情况、周期性干扰情况、快速抖动情况等场合,所以"没有最好的滤波算法,只有最适合的滤波算法"。由于这里使用的软件滤波方法都是基于单片机平台进行滤波,所以滤波算法占用的 ROM 大小、所需要的 RAM 开支、对浮点数、乘法、除法、数值变换运算的要求就必须要考虑,读者必须按照实际情况合理选择滤波算法,以得到稳定可信的 A/D 采样数据。

21.5 实战项目 A 电压采集和低/高压等级指示器

终于到了激动人心的动手实践环节,在实践之前首先要构思一个有趣味性的项目需求,ADC 单元采集回来的其实就是一个"A/D 采样数值",这个数值有什么作用呢?这个数值怎么转换为电压呢?电压和数值之间又有什么关系呢?

假设要构建的系统采用 STM8S 系列单片机中的 STM8S208MB 单片机作为系统控制核心,通过查阅该款单片机芯片数据手册发现该单片机的 A/D 资源中仅具备 ADC2 资源,ADC2 资源是一个 10 位分辨率的 A/D 转换器,若系统采用 5 V 电压供电,参考电压 V_{REF+} 和 V_{REF-} 也为 5 V,ADC2 量化时就可以将 5 V 电压"分割"为 2^{10},即 1024"份儿",最小分辨率电压值为 5/1024=0.0048828125 V,即 4.8828125 mV。计算是非常简单的,但是要注意,这里的 5 V 其实不一定是准确的 5 V,实际测量有可能在 5 V 上下波动,对于这样的情况参考电压就不再准确了,在不添加电压基准源的情况下只能取具体测量的参考电压值代入计算,假设实际测量参考电压值为"U_x",则最小分辨率电压值为"$U_x/1024$"。A/D 采样数值乘上最小分辨率电压值后就是当前通道的模拟电压值。

接下来设计项目功能,在项目中要充分发挥 ADC2 资源的作用,采集并显示一路电压,得到电压值后做一定的扩展,比如当测量的实际电压高于某一个电压值(高压阈值)或者是低于某一个电压值(低压阈值)时会有"动作"。而且需要把 0~5 V 的电压分为 100 个等级,看到等级后可以点亮一个光柱型的 LED 模块,用于电压高低的指示或者做其他扩展,当然了,这些都是小宇老师的设想,具体的电压等级和显示器件可由读者自行选定。

有了实践的需求和想法就可以开始搭建硬件电路了,实际系统硬件电路如图 21.14 所示,电路依然选择字符型 1602 液晶模块作为电压和相关信息的显示单元,在电路中 V_{DD} 和 V_{DDA} 之间连接了 LC 滤波电路,在 V_{DDA} 与 V_{SSA} 之间添加了 C2~C5 的电容器件用于滤波和去除高频干扰,在 V_{DD} 与 V_{SS} 之间添加了 C12~C15 的电容器件用于滤波和去除高频干扰,在 V_{REF+} 和 V_{REF-} 之间也添加了 C10 和 C11 的电容器件用于滤波和去除高频干扰,V_{REF+} 和 V_{REF-} 连接到了 P1 器件上,P1 其实是一个双排 4 针排针,在实际系统中用"短路帽"将 V_{REF+} 与 V_{DDA} 直接连接,把 V_{REF-} 和 V_{SS} 直接连接。PB0 为外部模拟信号输入通道,PC0~PC7 作为字符型 1602 液晶的数据端口,PD0 连接 1602 液晶模块的数据/命令选择端,PD1 连接 1602 液晶模块的使能信号端口,在整个系统中只需要向 1602 液晶写入数据而不需要从 1602 液晶模块读取数据,所以将 1602 液晶模块的 RW 引脚直接接地处理了。

硬件平台搭建完毕后就可以编写程序实现了,考虑到项目中的具体功能,首先设定 3 个常量,常量"V_ref"为当前参考电压值,这个值需要在系统硬件构建完毕后用万用表测量得到,需要注意的是尽可能采用精度较高的万用表,否则会影响后续的计算导致测量电压不准确。常

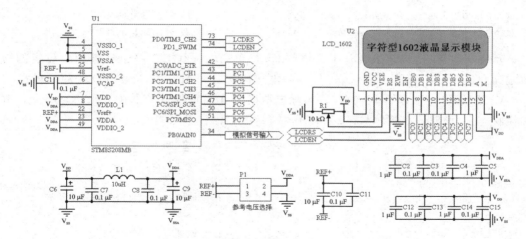

图 21.14 电压采集和低/高压等级指示器硬件电路

量"Low_V"为用户设定的低电压阈值,该电压阈值应该在 0～5 V 之间,实际设定为 1 V,即 1 000 mV,常量"High_V"为用户设定的高电压阈值,该电压阈值应该在 0～5 V 之间,实际设定为 4 V,即 4 000 mV。在常量定义时采用了 const 常量定义方法,这种方法可以指定常量的数据类型。

接下来要理清程序思路,首先要配置和初始化字符型 1602 液晶和 ADC2 资源,读者已经非常熟悉字符型 1602 液晶模块的使用,此处就不再赘述其配置流程了,按照 21.3.1 小节介绍的 ADC2 资源"七步走"配置流程,构建 ADC_init() 函数。配置完成后还需要启动 A/D 转换并且取回转换后的结果,在实际编写 A/D 转换函数 ADC_GET() 中启动一次 A/D 需要采集 10 次结果并存放于 AD_Vtemp[10] 数组,有了结果后还要进行"软件滤波",所以需要构建一个滤波函数 AVG_AD_Vtemp() 用于去掉两个最高采集值,去掉两个最低采集值,然后取中间 6 次累加后求均值,获取到滤波后的采样数值"AD_val"后就可以求解实际电压了。

硬件系统搭建完毕后,用可调线性稳压电源为系统供电,用万用表实际测量参考电压值为 5.21 V,所以将"V_ref"常量赋值为 5 210,则最小分辨率电压值为 5 210/1 024＝5.087 890 625 mV。当前通道的模拟电压值"GETvoltage"即为 A/D 采样数值"AD_val"乘上最小分辨率电压值 5.087 890 625,用 C 语言编写计算表达式为:

```
GETvoltage = (u16)(AD_val * V_ref/1 024);      //计算对应电压(mV)
```

为了减少单片机运算量,可以将上述表达式直接写成:

```
GETvoltage = (u16)(AD_val * 5.087 890 625);     //计算对应电压(mV)
```

得到转换电压"GETvoltage"之后还需要将其显示到 1602 液晶模块上,由于"GETvoltage"所表示的电压为毫伏单位,所以要分别取出千位、百位、十位和个位送到 1602 液晶模块的显示地址,在千位和百位之间需要显示一个'.'小数点位。

若需要将 0～5 V 电压粗略的量化为 100 个等级,则可以将千位和百位取出,将千位乘 10 后加上百位,所得数值乘以 2 再与 100 进行取模运算,就可以将电压等级变量"Level"的值域约束在 0～99 之间即 100 个等级,用 C 语言编写相关语句为:

```
Level = ((qian * 10 + bai) * 2) % 100;                    //计算等级并约束值域(0 至 99)
```

```
LCD1602_DIS_CHAR(2,10,table3[Level/10]);                //在设定地址写入十位
LCD1602_DIS_CHAR(2,11,table3[Level%10]);                //在设定地址写入个位
```

显示完成等级后,就开始做电压阈值判断,若实际电压"GETvoltage"在用户设定的高低阈值之间则显示'N'表示正常状态,若实际电压"GETvoltage"低于用户设定的低电压阈值"Low_V"则显示'L'表示低压状态,若实际电压既不在正常状态又不在低压状态那肯定就是在高压状态了,此时应该显示'H'表示高压状态,用 C 语言编写相关语句为:

```
if(GETvoltage>Low_V && GETvoltage<High_V)        //电压阈值判断
    LCD1602_DIS_CHAR(2,15,'N');                  //在设定地址写入'N'正常状态
else if(GETvoltage<Low_V)                        //电压阈值判断
    LCD1602_DIS_CHAR(2,15,'L');                  //在设定地址写入'L'低压状态
else
    LCD1602_DIS_CHAR(2,15,'H');                  //在设定地址写入'H'高压状态
```

思路通了程序编写就简单多了,利用 C 语言编写的具体程序实现如下:

```
/ ********************************************************************
 *  实验名称及内容:电压采集和低高压等级指示器
 ********************************************************************/
# include "iostm8s208mb.h"                       //主控芯片的头文件
/ ********************* 常用数据类型定义 *********************/
【略】为节省篇幅,相似语句可以直接参考之前章节
/ ********************* 端口/引脚定义区域 *********************/
# define    LCDRS        PD_ODR_ODR0             //LCD1602 数据/命令选择端口 PD0
# define    LCDEN        PD_ODR_ODR1             //LCD1602 使能信号端口 PD1
# define    LCDDATA      PC_ODR                  //LCD1602 数据端口 D0~D7 连接至 PC
/ ********************* 用户自定义数据区域 *********************/
u8 table1[] = " === ADC2 GET_V == ";            //LCD1602 显示电压和等级界面
u8 table2[] = "V: .       L:   S: ";            //V 表示电压 L 表示等级 S 表示状态
u8 table3[] = {'0','1','2','3','4','5','6','7','8','9'};//0~9 字符数组
static u16 AD_Vtemp[10] = {0};                   //装载 10 次 ADC 采样数据
static u16 AD_val = 0;                           //ADC 单次采样数据
static u16 GETvoltage = 0;                        //获取到的电压
const   u16  V_ref = 5210;                        //使用 const 常量定义 V_ref 当前参考电压
const   u16  Low_V = 1000;                        //使用 const 常量定义 Low_V 低电压阈值
const   u16  High_V = 4000;                       //使用 const 常量定义 High_V 高电压阈值
/ ********************* 函数声明区域 *********************/
void delay(u16 Count);                           //延时函数声明
void ADC_init(void);                             //ADC2 初始化函数声明
void ADC_GET(void);                              //ADC2 模数转换函数声明
void AVG_AD_Vtemp(void);                         //平均值滤波函数声明
void LCD1602_Write(u8 cmdordata,u8 writetype);   //写入液晶模组命令或数据
void LCD1602_init(void);                         //LCD1602 初始化函数
void LCD1602_DIS_CHAR(u8 x,u8 y,u8 z);           //在设定地址写入字符数据
void LCD1602_DIS(void);                          //显示字符函数
/ ********************* 主函数区域 *********************/
```

```
void main(void)
{
  u8 qian,bai,shi,ge,Level;                           //定义取位变量和电压等级变量
  PD_DDR| = 0x0F;                                      //配置 PD0~PD4 为输出模式
  PD_CR1| = 0x0F;                                      //配置 PD0~PD4 为推挽输出模式
  PD_CR2& = 0xF0;                                      //配置 PD0~PD4 低速率输出
  PC_DDR = 0xFF;                                       //配置 PC 端口为输出模式
  PC_CR1 = 0xFF;                                       //配置 PC 端口为推挽输出模式
  PC_CR2 = 0x00;                                       //配置 PC 端口低速率输出
  PC_ODR = 0xFF;                                       //初始化 PC 端口全部输出高电平
  ADC_init();                                          //ADC2 初始化
  LCD1602_init();                                      //LCD1602 初始化
  LCD1602_DIS();                                       //显示电压采集及等级显示功能界面
  while(1)
  {
    ADC_GET();                                         //启动并获取 ADC 转换数据
    AVG_AD_Vtemp();                                    //求 6 次平均值(去掉 2 个最低去掉 2 个最高)
    delay(50);                                         //延时
    GETvoltage = (u16)(AD_val * 5.087890625);          //计算对应电压(mV)
    AD_val = 0;                                        //清零 ADC 转换数据
    qian = GETvoltage/1000;                            //取转换电压千位
    bai = GETvoltage % 1000/100;                       //取转换电压百位
    shi = GETvoltage % 100/10;                         //取转换电压十位
    ge = GETvoltage % 10;                              //取转换电压个位
    LCD1602_DIS_CHAR(2,2,table3[qian]);                //在设定地址写入千位
    LCD1602_DIS_CHAR(2,3,'.');                         //在设定地址写入小数点
    LCD1602_DIS_CHAR(2,4,table3[bai]);                 //在设定地址写入百位
    LCD1602_DIS_CHAR(2,5,table3[shi]);                 //在设定地址写入十位
    LCD1602_DIS_CHAR(2,6,table3[ge]);                  //在设定地址写入个位
    Level = ((qian * 10 + bai) * 2) % 100;             //计算等级并约束值域(0~99)
    LCD1602_DIS_CHAR(2,10,table3[Level/10]);           //在设定地址写入十位
    LCD1602_DIS_CHAR(2,11,table3[Level % 10]);         //在设定地址写入个位
    if(GETvoltage>Low_V && GETvoltage<High_V)          //电压阈值判断
      LCD1602_DIS_CHAR(2,15,'N');                      //在设定地址写入'N'正常状态
    else if(GETvoltage<Low_V)                          //电压阈值判断
      LCD1602_DIS_CHAR(2,15,'L');                      //在设定地址写入'L'低压状态
    else
      LCD1602_DIS_CHAR(2,15,'H');                      //在设定地址写入'H'高压状态
    delay(50);                                         //延时
  }
}
/ * * * * * * * * * * * * * * * * * * * * * * * * * * * * * * * * * * * * * * * * * * * * * * * * * * * * * * * * /
void delay(u16 Count)
{【略】}                                                 //延时函数
void LCD1602_Write(u8 cmdordata,u8 writetype)
{【略】}                                                 //写入液晶模组命令或数据函数
```

```
void LCD1602_init(void)
{【略】}                                   //LCD1602 初始化函数
void LCD1602_DIS(void)
{【略】}                                   //显示字符函数
void LCD1602_DIS_CHAR(u8 x,u8 y,u8 z)
{【略】}                                   //设定地址写入字符函数
/*******************************************************************/
//ADC2 初始化流程"七步走"函数 ADC_init(),无形参,无返回值
/*******************************************************************/
void ADC_init(void)
{
    //1.选择模拟通道,按需配置中断
    ADC_CSR = 0x00;                       //选择通道 AIN0(PB0),禁止中断
    //2.配置分频系数,明确转换模式
    ADC_CR1 = 0x02;                       //配置预分频为 fMaster/2,连续转换模式
    //3.配置触发事件,明确对齐方式
    ADC_CR2 = 0x08;                       //禁止外部触发,数据右对齐(先读低再读高)
    //ADC_CR2 = 0x00;                      //禁止外部触发,数据左对齐(先读高再读低)
    //4.初始配置模拟通道(无中断悬浮输入)
    PB_DDR_DDR0 = 0;                      //配置 PB0 端口为输入模式
    PB_CR1_C10 = 0;                       //配置 PB0 端口为悬浮输入模式
    PB_CR2_C20 = 0;                       //配置 PB0 端口禁止外部中断
    //5.按需禁止                          //使能施密特触发器功能
    ADC_TDRL = 0x00;                      //使能施密特触发器
    //6.使能 ADC 上电唤醒并禁用 I/O 输出功能
    ADC_CR1 |= 0x01;                      //首次将 ADON 位置 1 用于唤醒
    //7.启动 ADC 转换并获取转换数据
    //ADC_GET();                          //用户编写的 ADC 转换函数
}
/*******************************************************************/
//ADC2 模数转换函数 ADC_GET(),无形参,无返回值
/*******************************************************************/
void ADC_GET(void)
{
    u8 num = 0;                           //循环控制变量,用于控制次数
    ADC_CR1 = 0x02;                       //配置预分频为 fMaster/2,连续转换模式
    ADC_CR1 |= 0x01;                      //首次将 ADON 位置 1 用于唤醒
    ADC_CR1 |= 0x01;                      //再次将 ADON 位置 1 用于启动 ADC 转换
    while(num<10)                         //采 10 次结果
    {
        while((ADC_CSR & 0x80) == 0);     //等待 ADC 转换结束
        ADC_CSR &= 0x7F;                  //清除 ADC 转换完成标志位
        AD_Vtemp[num] = (u16)ADC_DRL;     //先将 ADC 转换数据低位赋值
        AD_Vtemp[num] |= (u16)ADC_DRH<<8; //再将左移 8 位后的高位数据与原低位数据进行或连接
        //再将左移 8 位后的高位数据与原低位数据进行或连接
        //高位数据 + 低位数据 = 完整 ADC 采样数据结果
```

```
    num ++ ;                          //循环控制变量自增
  }
  ADC_CR1 &= 0xFE;                    //关闭 ADC 转换
}
/ * * * * * * * * * * * * * * * * * * * * * * * * * * * * * * * * * * * * * * * * * * * * * * * /
//平均值滤波函数 AVG_AD_Vtemp(),无形参,无返回值
/ * * * * * * * * * * * * * * * * * * * * * * * * * * * * * * * * * * * * * * * * * * * * * * * /
void AVG_AD_Vtemp(void)
{
  u8 i,j;                            //定义排序用内外层循环变量 i 和 j
  u16 temp;                          //定义中间"暂存"变量 temp
  for(i = 10;i>= 1;i-- )             //外层循环
  {
    for(j = 0;j<(i-1);j++)           //内层循环
    {
      if(AD_Vtemp[j]>AD_Vtemp[j+1])  //数值比较
      {
        temp = AD_Vtemp[j];          //数值换位
        AD_Vtemp[j] = AD_Vtemp[j+1];
        AD_Vtemp[j+1] = temp;
      }
    }
  }
  for(i = 2;i<= 7;i++)               //去掉 2 个最低去掉 2 个最高
    AD_val += AD_Vtemp[i];           //将中间 6 个数值累加
  AD_val = (u16)(AD_val/6);          //累加和求平均值
}
```

将程序编译后下载到单片机中并运行,观察字符型 1602 液晶模块上的显示效果,如图 21.15 所示,此时测得外部输入模拟电压值为 0.376 V,液晶上的电压等级显示为"06",当前电压低于用户设定的低压阈值 1 V,也就是采集得到的电压值小于常量"Low_V"的定义数值,所以电压状态为低压状态,显示为"S:L"。

需要注意的是,外部系统的地必须和 A/D 转换系统的地进行"共地"处理,外部模拟电压如果不方便产生,可以利用电位器产生,将电位器的中间可调引脚连接至 PB0 模拟通道,然后将电位器的另外两个引脚连接至 5 V 电压的 V_{DD} 和 V_{SS} 即可。

如果对外部模拟电压进行调节,使得电压慢慢升高,当外部模拟电压值大于 1 V 时字符型 1602 液晶上所显示的状态"S:"会由"L"变成"N",此时测得外部输入模拟电压值为 3.439 V,液晶上的电压等级显示为"68",此时的电压是在低压阈值"Low_V"与高压阈值"High_V"之间,实际显示效果如图 21.16 所示。

图 21.15　低压状态电压值及等级显示

图 21.16　正常状态电压值及等级显示

继续升高外部模拟电压,当电压值超过 4 V 时,字符型 1602 液晶上所显示的状态"S:"会由"N"变成"H",此时测得外部输入模拟电压值为 4.528 V,液晶上的电压等级显示为"90",也就是说实际测量的电压已经高于高压阈值"High_V"所定义的数值了,实际显示效果如图 21.17 所示。

图 21.17　高压状态电压值及等级显示

基于这个简单的程序读者还可以继续拓展功能,如果轮流开启多个模拟通道可以设计一个多通道模拟电压采集系统,如果加上继电器单元及相关电路可以制作一个过压保护器。如果配合模拟量输出的传感器,还可以做成传感测量和控制装置,所以,ADC2 资源本身并不复杂,复杂的问题都在实际需求之中,读者可以多实践多体会,着手构建几个 A/D 转换的应用系统,自然就能熟练的掌握 ADC2 资源功能了。

21.6　实战项目 B "一线式"4×4 矩阵键盘设计与实现

本小节设想并制作一个"一线式"4 * 4 矩阵键盘,这里的"一线式"并不是指的 1-Write 单线协议通信,而是指 4 * 4 矩阵键盘中的 16 个按键各自对应输出一个模拟电压值,所谓的"一线"就是模拟电压的输入线,也就是用 1 根线上的电压反映出 16 个按键的状态,想法很好就要求设计很"巧",第一个问题就是如何产生 16 个不同的模拟电压对应 16 个按键?

要解决这个问题要从最简单的电路原理开始思考,首先想到的就是分压电路,若一个电路中电阻以串联的方式连接,每个电阻间的电位必定和电源电压存在分压关系,只要选择合适的电阻阻值就可以细分电压从而得到不同按键按下电压各异的效果,根据这样的想法加以计算和实验,大致按照 0.3 V 作为一个分隔,设计"一线式"4 * 4 矩阵键盘部分电路,如图 21.18 所示。S1～S16 即为 16 个按键,R1～R27 为计算后取值的电阻,ADKEY 线为 A/D 采样线,需要将 ADKEY 连接到 STM8 单片机指定的模拟通道上,电路中的 V_{DD} 取 5 V(实际供电时需要将 V_{DD} 调节到尽量准确)。

当 S1 按下时相当于直接把 ADKEY 点连接到地,全部的电压都加在 R1 上,所以 ADKEY 点电压为 0 V,当 S2 按下时电路中存在 R1、R2 和 R3 这 3 个电阻,欲计算 ADKEY 点电位可以列出计算式如式(21.3)所示:

$$\text{ADKEY(K2 按下)} = \frac{\text{VDD} * (\text{R2} + \text{R3})}{\text{R1} + \text{R2} + \text{R3}} = \frac{5 * (330 + 330)}{10\,000 + 330 + 330} \approx 0.31 \text{ V}$$

（式 21.3）

当 S3 按下时电路中存在 R1、R2、R3、R4 和 R5 这 5 个电阻,欲计算 ADKEY 点电位同样可以根据式(21.3)的计算方法代入数据得到式(21.4)所示:

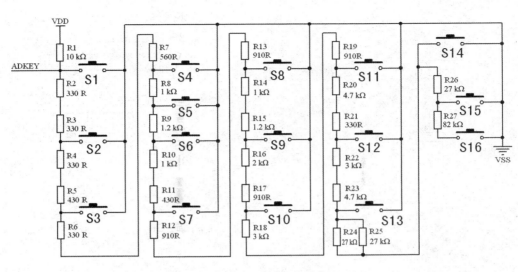

图 21.18 "一线式"4*4 矩阵键盘电路原理图

$$\text{ADKEY(K3 按下)} = \frac{5 * (330 + 330 + 330 + 430)}{10\,000 + 330 + 330 + 330 + 430} \approx 0.622 \text{ V} \qquad (式\ 21.4)$$

同理可以计算其他按键按下电压,如表 21.9 所示:

表 21.9 "一线式"4*4 矩阵键盘 5V 供电时按键电压对应关系

按键名称	对应电压/V	按键名称	对应电压/V
S1	0	S9	2.495
S2	0.31	S10	2.814
S3	0.622	S11	3.133
S4	0.938	S12	3.428
S5	1.243	S13	3.734
S6	1.554	S14	4.057
S7	1.863	S15	4.375
S8	2.185	S16	4.691

构建完成按键电路后需要设计系统主控部分,如图 21.19 所示,在电路中 V_{DD} 和 V_{DDA} 之间连接了 LC 滤波电路,在 V_{DDA} 与 V_{SSA} 之间添加了 C2～C5 的电容器件用于滤波和去除高频干扰,在 V_{DD} 与 V_{SS} 之间添加了 C12～C15 的电容器件用于滤波和去除高频干扰,在 V_{REF+} 和 V_{REF-} 之间也添加了 C10 和 C11 的电容器件用于滤波和去除高频干扰。V_{REF+} 和 V_{REF-} 连接到 P1 器件上,P1 其实是一个双排 4 针排针,在实际系统中用"短路帽"将 V_{REF+} 与 V_{DDA} 直接连接,把 V_{REF-} 和 V_{SS} 直接连接。

在实验中如果利用 1602 液晶只能显示简单字符信息,不便显示和模拟出按键被按下时的具体位置,所以项目采用串口通信将相关内容和信息从串口输出,由计算机中的串口超级终端接收信息并显示,这样一来就可以支持中文和格式输入/输出了。为了实现该功能需要设计基于 CH340G 芯片的 USB 转 TTL 串口电路,其电路原理如图 21.20 所示,U2 为 CH340G 芯片,P2 为迷你 USB 接口通过连接线缆连接到电脑 USB 端口上,RXD 和 TXD 连接到图 21.19

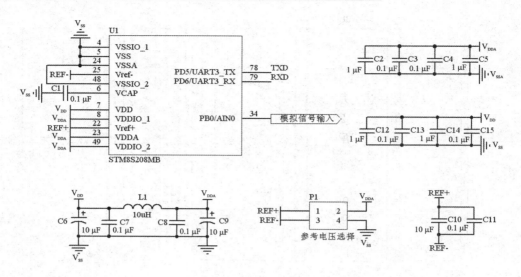

图 21.19 "一线式"4 * 4 矩阵键盘主控电路

所示 STM8 主控电路中的相应电气网络即可。

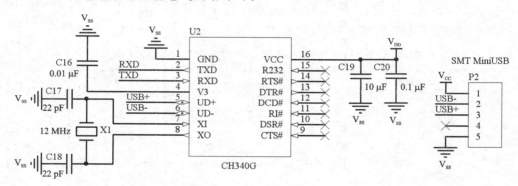

图 21.20 基于 CH340G 的 USB 转 TTL 串口电路

　　硬件平台搭建完毕后就可以编写程序实现了,按照在基础项目 A 中讲解的 ADC2 资源"七步走"配置流程,构建 ADC_init() 函数。配置完成后还需要启动 A/D 转换并且取回转换后的结果,在实际编写 A/D 转换函数 ADC_GET() 中启动一次 A/D 需要采集 10 次结果并存放于 AD_Vtemp[10] 数组,有了结果后还要进行"软件滤波",所以需要构建一个滤波函数 AVG_AD_Vtemp() 用于去掉两个最高采集值,去掉两个最低采集值,然后取中间 6 次累加后求均值,获取到滤波后的采样数值"AD_val"后就可以求解电压了。

　　硬件系统搭建完毕后,用输出电压可调的线性稳压电源为系统供电,用万用表实际测量参考电压值为 5.21 V,调节电源输出电压至 5.00 V(要尽量精确),最小分辨率电压值应为 5 000/1 024＝4.882 812 5 mV。当前通道的模拟电压值"GETvoltage"即为 A/D 采样数值"AD_val"乘上最小分辨率电压值 4.882 812 5,得到转换电压"GETvoltage"后就可以开始判定按键键值了,在编写判定程序之前需要定义 3 个变量,首先定义"KS"变量作为按键按下标志位,当 KS＝0 时表示无按键按下,反之表示有按键按下,然后定义"qian"变量和"bai"变量分别表示"GETvoltage"变量的千位和百位,要实现这些功能可以用 C 语言编写相关语句如下:

```
GETvoltage = (u16)(AD_val * 4.8828125);          //计算对应电压(mV)
AD_val = 0;                                       //清零 ADC 转换数据
qian = GETvoltage/1 000;                          //取转换电压千位
bai = GETvoltage % 1 000/100;                     //取转换电压百位
```

得到千位和百位主要是用于判断特定按键按下时所对应的电压,那么电压取多少代表特定按键呢? 这就需要认真分析表 21.9 中的内容。按照表中按键与电压的对应关系,可以划定一个按键的电压取值范围,用 C 语言编写按键判定语句如下:

```
if(qian == 0)
{
        if(bai<1){KS = 1;KEY_NO = 0;}            //S1 按键电压 0 判断低于 0.1
        else if(bai<5){KS = 1;KEY_NO = 1;}       //S2 按键电压 0.31 判断 0.1~0.5 之间
        else if(bai<8){KS = 1;KEY_NO = 2;}       //S3 按键电压 0.622 判断 0.5~0.8 之间
        else {KS = 1;KEY_NO = 3;}                //S4 按键电压 0.938 判断 0.8~1.0 之间
}
else if(qian == 1)
{
        if(bai<1){KS = 1;KEY_NO = 3;}            //S4 按键电压 0.938 判断 1.0~1.1 之间
        else if(bai<5){KS = 1;KEY_NO = 4;}       //S5 按键电压 1.243 判断 1.1~1.5 之间
        else if(bai<7){KS = 1;KEY_NO = 5;}       //S6 按键电压 1.554 判断 1.5~1.7 之间
        else {KS = 1;KEY_NO = 6;}                //S7 按键电压 1.863 判断 1.7~2.0 之间
}
else if(qian == 2)
{
        if(bai<3){KS = 1;KEY_NO = 7;}            //S8 按键电压 2.185 判断 2.0~2.3 之间
        else if(bai<7){KS = 1;KEY_NO = 8;}       //S9 按键电压 2.495 判断 2.3~2.7 之间
        else {KS = 1;KEY_NO = 9;}                //S10 按键电压 2.814 判断 2.7~3.0 之间
}
else if(qian == 3)
{
        if(bai<3){KS = 1;KEY_NO = 10;}           //S11 按键电压 3.133 判断 3.0~3.2 之间
        else if(bai<6){KS = 1;KEY_NO = 11;}      //S12 按键电压 3.428 判断 3.2~3.6 之间
        else {KS = 1;KEY_NO = 12;}               //S13 按键电压 3.734 判断 3.6~4.0 之间
}
else if(qian == 4)
{
        if(bai<2){KS = 1;KEY_NO = 13;}           //S14 按键电压 4.057 判断 4.0~4.2 之间
        else if(bai<5){KS = 1;KEY_NO = 14;}      //S15 按键电压 4.375 判断 4.2~4.5 之间
        else if(bai<8){KS = 1;KEY_NO = 15;}      //S16 按键电压 4.691 判断 4.5~4.8 之间
        else KS = 0;                             //无按键按下
}
```

思路通了程序编写就简单多了,利用 C 语言编写的具体程序实现如下:

```
/ ****************************************************************************/
 *  实验名称及内容:"一线式"4 * 4 矩阵键盘设计与实现
```

```
 *************************************************************/
# include "iostm8s208mb. h"                    //主控芯片的头文件
# include "stdio. h"                            //需要使用 printf()函数故而包含该头文件
/*********************** 常用数据类型定义 ************************/
【略】为节省篇幅,相似语句可以直接参考之前章节
/*********************** 用户自定义数据区域 ***********************/
static u16 AD_Vtemp[10] = {0};                  //装载 10 次 ADC 采样数据
static u16 AD_val = 0;                          //ADC 单次采样数据
static u8 KEY_NO = 0;                           //按键键值码
static u16 GETvoltage = 0;                      //获取到的电压
/*********************** 函数声明区域 ***************************/
void delay(u16 Count);                          //延时函数声明
void UART3_Init(void);                          //串口 3 初始化函数
void UART3_SendByte(u8 data);                   //串口 3 发送单个字符函数
int putchar(int ch);                            //发送字符重定向函数
void ADC_init(void);                            //ADC2 初始化函数声明
void ADC_GET(void);                             //ADC2 模数转换函数声明
void AVG_AD_Vtemp(void);                        //平均值滤波函数声明
void Printf_KEY(u8 keynum);                     //打印模拟键盘按下位置分布
/*********************** 主函数区域 ***********************/
void main(void)
{
  u8 KS = 0,qian,bai;                           //KS 为按键按下标志位,qian 为千位,bai 为百位
  CLK_CKDIVR = 0x00;                            //选定 HSI 时钟源,配置频率为 16 MHz
  delay(50);                                    //延时等待时钟稳定
  ADC_init();                                   //初始化 ADC2
  UART3_Init();                                 //初始化串口 3
  printf("| ************************************************************|\r\n");
  printf("| ******"一线式"4 * 4 矩阵键盘设计与实现实验效果 ******|\r\n");
  printf("| ************************************************************|\r\n");
  while(1)
  {
    ADC_GET();                                  //启动 AD 转换获取 AD 采样数据 AD_val
    AVG_AD_Vtemp();                             //求 6 次平均值(去掉 2 个最低去掉 2 个最高)
    delay(50);                                  //延时
    GETvoltage = (u16)(AD_val * 4.8828125);     //计算对应电压(mV)
    AD_val = 0;                                 //清零 ADC 转换数据
    qian = GETvoltage/1000;                     //取转换电压千位
    bai = GETvoltage % 1000/100;                //取转换电压百位
    if(qian == 0)
    {
      if(bai<1){KS = 1;KEY_NO = 0;}            //S1 按键电压 0 判断低于 0.1
      else if(bai<5){KS = 1;KEY_NO = 1;}       //S2 按键电压 0.31 判断 0.1~0.5 之间
      else if(bai<8){KS = 1;KEY_NO = 2;}       //S3 按键电压 0.622 判断 0.5~0.8 之间
      else {KS = 1;KEY_NO = 3;}                //S4 按键电压 0.938 判断 0.8~1.0 之间
    }
    else if(qian == 1)
    {
```

```
        if(bai<1){KS = 1;KEY_NO = 3;}              //S4 按键电压 0.938 判断 1.0～1.1 之间
        else if(bai<5){KS = 1;KEY_NO = 4;}          //S5 按键电压 1.243 判断 1.1～1.5 之间
        else if(bai<7){KS = 1;KEY_NO = 5;}          //S6 按键电压 1.554 判断 1.5～1.7 之间
        else {KS = 1;KEY_NO = 6;}                    //S7 按键电压 1.863 判断 1.7～2.0 之间
    }
    else if(qian == 2)
    {
        if(bai<3){KS = 1;KEY_NO = 7;}              //S8 按键电压 2.185 判断 2.0～2.3 之间
        else if(bai<7){KS = 1;KEY_NO = 8;}          //S9 按键电压 2.495 判断 2.3～2.7 之间
        else {KS = 1;KEY_NO = 9;}                    //S10 按键电压 2.814 判断 2.7～3.0 之间
    }
    else if(qian == 3)
    {
        if(bai<3){KS = 1;KEY_NO = 10;}             //S11 按键电压 3.133 判断 3.0～3.2 之间
        else if(bai<6){KS = 1;KEY_NO = 11;}         //S12 按键电压 3.428 判断 3.2～3.6 之间
        else {KS = 1;KEY_NO = 12;}                   //S13 按键电压 3.734 判断 3.6～4.0 之间
    }
    else if(qian == 4)
    {
        if(bai<2){KS = 1;KEY_NO = 13;}             //S14 按键电压 4.057 判断 4.0～4.2 之间
        else if(bai<5){KS = 1;KEY_NO = 14;}         //S15 按键电压 4.375 判断 4.2～4.5 之间
        else if(bai<8){KS = 1;KEY_NO = 15;}         //S16 按键电压 4.691 判断 4.5～4.8 之间
        else KS = 0;                                //无按键按下
    }
    delay(200);                                     //延时等待
    if(KS == 1)                                     //判断是否有按键按下
    {
        printf("【系统提示】:您所按下的按键为 % d\r\n",KEY_NO);
        //printf("【系统提示】:按键为 % d,万位和千位为: % d   % d\r\n",KEY_NO,qian,bai);
        Printf_KEY(KEY_NO);                         //打印模拟键盘按下位置分布
        KS = 0;                                     //清除按键按下标志位
    }
    delay(500);                                     //延时启动下一次转换和键值判断
  }
}
/* ************************************************************************/
void delay(u16 Count)
{【略】}                                             //延时函数
void UART3_Init(void)
{【略】}                                             //UART3 串口初始化函数
void UART3_SendByte(u8 data)
{【略】}                                             //发送单字符函数
int putchar(int ch)
{【略】}                                             //发送字符重定向函数
void ADC_init(void)
{【略】}                                             //ADC2 初始化函数
void ADC_GET(void)
{【略】}                                             //ADC2 模数转换函数
```

```
void AVG_AD_Vtemp(void)
{【略】}                                    //平均值滤波函数
/***********************************************************/
//模拟键盘按下位置函数 Printf_KEY(),有形参 keynum 取值范围为 0 至 15,
//无返回值,无按键按下则应该为【】,有按键按下则应该为【■】
/***********************************************************/
void Printf_KEY(u8 keynum)
{
  u8 a = 0;                                //循环控制变量
  printf("| ***** 模拟键盘按下位置分布 ***** |\r\n");   //打印标题
  for(;a<16;a++)                           //循环比较 16 个按键
  {
    if(a == keynum)                        //若循环变量与实际按键键值相等
      printf("【■】");                      //有按键按下标识样式
    else
      printf("【  】");                     //无按键按下标识样式
    if((a+1) % 4 == 0)                      //打印 4 个按键标识换行一次
      printf("\r\n");                       //回车换行
  }
  printf("| ***************************** |\r\n");   //打印分割线
}
```

　　将程序编译后下载到单片机中并运行,打开计算机上的超级终端软件,建立串口连接,选定 CH340G 设备在计算机中对应的串口号(可以通过计算机设备管理器中"端口"一项查询),设定通信波特率为 9 600 bps,数据位为 8 位,起始位为 1 位,停止位为 1 位,无奇偶校验位。打开超级终端窗口后按下单片机系统中的复位键,若程序运行正常将会打印出该实战项目标题,可以得到如图 21.21 所示效果。

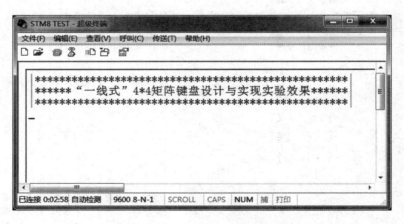

图 21.21　串口打印实验内容标题

　　通读程序可以发现,在程序主函数中关于按键标志位"KS=1"的检测语句中有几条非常重要的语句,即:

```
if(KS == 1)                    //判断是否有按键按下
{
```

```
    printf("【系统提示】:您所按下的按键为%d\r\n",KEY_NO);
    //printf("【系统提示】:按键为%d,万位和千位为:%d    %d\r\n",KEY_NO,qian,bai);
    Printf_KEY(KEY_NO);          //打印模拟键盘按下位置分布
    KS = 0;                      //清除按键按下标志位
}
```

在默认情况下程序注释了第 2 条语句,当程序经过判断得到键值"KEY_NO"后打印出键值内容,并且将键值内容作为实际参数送给 Printf_KEY() 函数,Printf_KEY() 函数接收到实际参数后送给形参"keynum",进入一个 16 次的循环,循环控制变量为"a",经过循环后"a"的取值为 0～15,如果传入的键值内容(当前 keynum 取值)等于"a"则打印出按键按下标识"【■】",若键值内容不等于"a"则打印出无按键按下标识"【 】",函数打印出的标识分为 4 行,每行打印 4 个标识,函数执行完毕后即可打印出键盘按下时位置分布的信息,实测按下"0"号键和"10"号键得到的打印情况如图 21.22 所示。

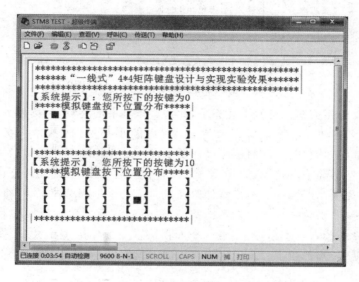

图 21.22 串口打印模拟键盘按下位置分布图

若实际的系统中有个别按键"失灵"或者是键值检测出错,可能是按键判别时的电压取值不正确或者是硬件电路中的电阻取值有误,最简单的方法是将 qian 变量和 bai 变量打印出来与表 21.9 中内容进行比较,再根据实际测得的按键电压修改主函数中键值判定的相关取值即可修正误差,可以将主函数中关于按键标志位"KS=1"的检测语句体修改如下:

```
if(KS == 1)                     //判断是否有按键按下
{
    //printf("【系统提示】:您所按下的按键为%d\r\n",KEY_NO);
    printf("【系统提示】:按键为%d,万位和千位为:%d    %d\r\n",KEY_NO,qian,bai);
    //Printf_KEY(KEY_NO);         //打印模拟键盘按下位置分布
    KS = 0;                      //清除按键按下标志位
}
```

将程序工程重新编译后下载到单片机中,再次打开计算机上的超级终端软件,建立串口连接,可以实测各按键按下时的采回数据,其效果如图 21.23 所示,用该功能检查按键电压是否正常,从而排除按键判别程序的漏洞得到正确的键值。

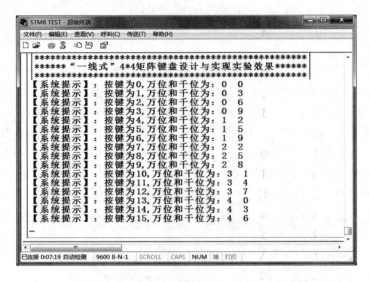

图 21.23　取回按键实际测量 A/D 采样数值

说到这里本章的相关知识点就讲述完了,此处亦是本书的终点,若读者一直坚持看到了这段文字,心里一定要明白:小宇老师已经完成了"你的小书童"的基本任务,伴随你学习了STM8 单片机的基础知识,但是你的单片机开发工程师之路才刚刚开始!

舒一口气,这本书终于写完了,写作 17 余月,整合大量手册,紧跟 ST 公司官方最新脚步,克服和优化传统"死板"教学。我"熬夜修仙",连键盘上的字母都磨掉了,一个人关在屋子里对着录像软件手舞足蹈,讲着一个人原创的冷笑话,说着简化后的单片机原理和故事,这一切的工作只为告诉亲爱的读者一个道理:如果一个人在该奋斗的年龄想得太多、做的太少,那么在享乐的年龄苦的就多、甜的就少。人的潜力是无限的,做一行爱一行,那你会收获一个世界!

参考文献

[1] STMicroelectronics Ltd. STM8 8-bit MCU family(Version 15. 10)[OL]. http://www. st. com/.

[2] STMicroelectronics Ltd. STM8S207/208xx datasheet(Doc ID:14733. Version 13. 0) [OL]. http://www. st. com/.

[3] STMicroelectronics Ltd. STM8S007xx/STM8S20xx Errata sheet(Version 6. 0)[OL]. http://www. st. com/.

[4] STMicroelectronics Ltd. RM0016 Reference manual:STM8S series and STM8AF series 8-bit microcontrollers (Doc ID:14587. Version 12)[OL]. http://www. st. com/.

[5] STMicroelectronics Ltd. AN2752 Application Note:Getting started with the STM8S and STM8A(Doc ID:14651. Version 5)[OL]. http://www. st. com/.

[6] STMicroelectronics Ltd. AN2857 Application Note:STM8S and STM8A family power management(Doc ID:15241. Version 3)[OL]. http://www. st. com/.

[7] STMicroelectronics Ltd. AN3265 Application Note:Handling hardware and software failures with the STM8S-DISCOVERY(Doc ID:17860. Version 1)[OL]. http://www. st. com/.

[8] STMicroelectronics Ltd. AN3260 Application Note:Building a thermometer using the STM8S-DISCOVERY(Doc ID:17836. Version 1)[OL]. http://www. st. com/.

[9] STMicroelectronics Ltd. AN3280 Application Note:Displaying variable voltage on a bar of LEDs using STM8S-DISCOVERY(Doc ID:17983. Version 1)[OL]. http://www. st. com/.

[10] STMicroelectronics Ltd. AN3332 Application Note:Generating PWM signals using STM8S-DISCOVERY(Doc ID:18399. Version 1)[OL]. http://www. st. com/.

[11] STMicroelectronics Ltd. AN3259 Application Note:RS232 communications with a terminal using the STM8S-DISCOVERY(Doc ID:17835. Version 1)[OL]. http://www. st. com/.

[12] STMicroelectronics Ltd. PM0044 Programming manual:STM8 CPU programming manual(Doc ID:13590. Version 3. 3)[OL]. http://www. st. com/.

[13] STMicroelectronics Ltd. PM0051 Programming manual:How to program STM8S and STM8A Flash program memory and data EEPROM(Doc ID:14614. Version 3. 3) [OL]. http://www. st. com/.

[14] STMicroelectronics Ltd. TN0189 Technical note:STM8 bootloader frequently asked questions(Doc ID:16979. Version 2)[OL]. http://www. st. com/.

[15] 潘永雄. STM8S 系列单片机原理及应用[M]. 西安:西安电子科技大学出版社,2011.

[16] 范红刚,张洋,杜林娟. STM8 单片机自学笔记[M]. 北京:北京航空航天大学出版社, 2014.

[17] 阎石. 数字电子技术基础[M]. 5 版. 北京:高等教育出版社,2006.